柴油发动机系统设计

DIESEL
engine system design

〔美〕辛千凡 (Qianfan Xin) 著
〔美〕辛千凡 (Qianfan Xin) 译

上海科学技术文献出版社
Shanghai Scientific and Technological Literature Press

图书在版编目（CIP）数据

柴油发动机系统设计 /（美）辛千凡著 . —上海：上海科学技术文献出版社，2015.1
书名原文：Diesel engine system design
ISBN 978-7-5439-4466-4

Ⅰ . ① 柴… Ⅱ . ① 辛… Ⅲ . ① 柴油机—系统设计 Ⅳ . ① TK42

中国版本图书馆 CIP 数据核字（2013）第 280403 号

责任编辑：忻静芬
封面设计：许　菲

柴油发动机系统设计
[美]辛千凡 (Qianfan Xin)　著　　[美]辛千凡 (Qianfan Xin)　译
出版发行：上海科学技术文献出版社
地　　址：上海市长乐路 746 号
邮政编码：200040
经　　销：全国新华书店
印　　刷：常熟市人民印刷厂
开　　本：787×1092　1/16
印　　张：60.5
字　　数：1 510 000
版　　次：2015 年 1 月第 1 版　2015 年 1 月第 1 次印刷
书　　号：ISBN 978-7-5439-4466-4
定　　价：380.00 元
http://www.sstlp.com

作者简介

辛千凡博士(英文名 Harry Xin),1991 年毕业于中国同济大学热能工程专业,获工学学士学位,后分别于 1997 年和 1999 年获位于美国圣路易斯市的华盛顿大学机械工程科学硕士和科学博士学位。1999 年起在美国的纳威司达(Navistar)公司工作,目前是该公司柴油发动机性能与系统集成高等分析部门的主管。专长是柴油发动机系统设计并以此工作知名业界。历年来多次主持国际汽车工程师学会商用车年会发动机系统设计部分的会议,担任该学会商用车动力系及传动系委员会 2012 年度主席,并任多个国际学术期刊的论文评委(SAE International Journal of Commercial Vehicles,ASME Journal of Dynamic Systems,Measurement and Control)和编委,以及客座主编(International Journal of Powertrains),中国云南省内燃机重点实验室学术委员会委员,并兼任昆明理工大学客座教授。

作者联系地址:

Dr. Qianfan (Harry) Xin

Engineering Manager, Engine Performance and System Integration

Product Analysis

Navistar, Inc.

2601 Navistar Drive

Lisle, IL 60532

USA

电子邮箱:QianfanHarryXin@yahoo.com;844978661@qq.com

电话:+1(美国)847 902 1007 +86(中国)15974931027

谨以此书献给并纪念我亲爱的父亲辛宪锡

目　　录

第一部分
柴油发动机系统设计中的基本概念——分析式设计过程、耐久性、可靠性、优化

第二部分

柴油发动机系统设计中的发动机热力学循环、车辆动力系性能和排放

第三部分
柴油发动机系统设计中的动力学、摩擦、噪声、振动和不平顺性

附录

中文版前言

本书是基于我在 2011 年由英国的 Woodhead Publishing 出版的英文版 *Diesel Engine System Design* 一书修改而成的中文版原创性专著。我曾作为 20 世纪 90 年代从中国赴美攻读博士的留学人员,目前在美国工作。这本第一部反映发动机系统工程主流前沿技术和理论(即发动机系统设计领域)的书出版三年以来,陆续得到各方的重视和积极反馈。我用中文母语写作此部经修改并加强了的中文版的意图,是为了推动这一领域的发展。

柴油发动机系统设计理论是现代内燃机设计技术的一个重要组成部分,是工业界实施系统设计职能的基础。柴油机经历了一百多年的发展,已经成为性能优良、在国民经济各个领域得到广泛应用的热能动力机械。自 20 世纪 90 年代起在柴油机上大规模应用的电子控制技术已经使柴油发动机发展成为一个名副其实的具有特殊系统工程特征的、机电一体化的复杂高科技产品。柴油机内部的众多影响因素和部件之间的相互关系复杂,且具有很强的非线性和时变性特征。21 世纪的节能减排要求、不断提升的对强劲动力需求和发动机可靠性的需求,以及对轻巧灵便的装置和低廉价格的要求都对柴油机的设计提出了更为严格的挑战。部件的创新技术和多学科的系统集成设计技术已经越来越清晰地成为内燃机行业中两大相辅相成的时代潮流。正如 2010 年出版的、由中国国家自然科学基金委员会工程与材料科学部编写的《机械工程学科发展战略报告(2011—2020)》里关于对机械工程学科战略地位、总体发展趋势和学科发展布局的指导思想中所阐述的,复杂机电系统的集成科学是十一个机械工程学科领域中的一个重要领域(注:其他十个领域分别为机构学与机械振动学、机械的驱动与传动科学、零件与结构的失效与安全服役科学、机械表面界面科学与摩擦学、生物制造与仿生制造科学、高性能精确成形制造科学、高能束与特种能场制造科学、高精度数字化制造科学、机械的制造与运行参数测量科学、微/纳制造科学与技术)。而内燃机的系统集成科学又与其他几个领域有着密切的交叉关系(如结构的失效与可靠性、摩擦学、系统运行参数检测与表征)。集成科学的核心是系统工程,而系统工程在具体的"产学研"实践中的核心是系统设计。从系统工程的高度大力发展内燃机系统设计理论和技术是符合国家重大战略需求并密切结合国际科技前沿发展的重要举措,也是动力机械工程学科发展的基本任务。事实上,中国航天工程的成功发展就是依靠了强有力的系统工程技术和总体设计技术。我们今天在内燃机领域开始谈系统的原因,是因为现在已到了定义系统工程在柴油机领域怎么搞法的时候了。由于精密化、电控化和部门集成化的工业实践需要,柴油机的研发需要一个清晰而完整的,具有战略性、前瞻性和引领性的系统设计理论。而系统设计工作正是科学技术发展到今天我们占领柴油发动机设计的战略制高点。发动机系统设计领域同时也是联系内燃机教学、科研和工程设计实践的一个很好的重要桥梁。它也是催生新思想和跨学科的源泉。

系统设计需要系统设计人员执行和部件设计人员配合。柴油发动机系统设计人员需要注意以下四个原则:第一,不脱离实际,即做基于部件基础并与部件设计相辅相成的系统设计工作;第二,不脱离验证,即搞基于实验基础的、与实验技术相辅相成的计算分析技术;第三,不脱离主流,即做基于七大发动机核心领域的系统设计工作(即发动机工作过程与空气系统、燃烧排放、代用燃料、后处理技术、电子控制与标定、动力系与传动系的性能匹配、结构耐久性与可靠性);第四,开发兼顾轻载和重载发动机的全面的现代柴油动力技术。发动机系统设计人员要有全方位的使命感、责任感和对一个行业的引领职责。由于系统设计在复杂的清洁柴油发动机设计和研发过程中的特殊领衔地位,此工作职能不仅对于发动机系统设计及研发人员至关重要,而且对于其他子系统和部件人员也具有关键的指导作用。

国际汽车工程师学会(SAE)在过去的几年里每年在美国芝加哥的商用车年会(COMVEC)上举办发动机系统设计分支的学术论文研讨。我注意到国内也已经开始对与系统设计相关的领域予以重视,如在中国内燃机学会2012年征文中开列的近十个领域中的第二个领域即为"内燃机总体设计与系统集成技术"。内燃机系统设计(包括总体设计),作为现代内燃机设计技术的关键部分,其重要性在目前全球化的产学研各界已经有了一定共识。另外,2013年1月中国北方和东部出现的大面积严重空气污染,以及国务院于2013年2月6日随即下发的关于加强内燃机工业节能减排的意见,都表明在内燃机领域应用先进技术大力开展节能减排的迫切需要。

中国柴油机的科研在过去的十年中有了突飞猛进的发展,这一点可以从国内发表的与日俱增的高水平论文中得到体现。但是大量的国内外论文还只是局限于部件水平的论述,几乎看不到系统设计方面的研究。基于以上所述的系统设计人员的重要责任,在这种背景下,广大内燃机工作者,尤其是系统设计人员,很需要有一本基本概念清晰、理论全面而深入、内容丰富而关键、涉及面广、实用性强、技术先进,并能结合中国实际的书。我希望本书能基本符合上述要求。与原英文版相比较,此书的中文版增补了以下一些重要章节:

- 第1.9节　系统工程和系统设计的组织理论;
- 第1.10节　柴油发动机不同用途的运行特性和设计特点的总结;
- 第7.2.3节　燃油喷射对柴油机性能的影响;
- 第7.2.5节　传统柴油机燃烧系统方面的最新进展;
- 第7.2.6节　先进的低温燃烧系统;
- 第7.2.7节　代用燃料和天然气发动机;
- 第7.3.3节　虚拟发动机标定与系统设计;
- 第8.1.6节　一氧化二氮排放;
- 第12.6节　余热回收和可用能分析;
- 第13.4.5节　考虑瞬态排放控制和性能的机械增压和电动增压系统;
- 第13.8节　涡轮复合增压;
- 第13.9节　发动机减小排量、降低转速和降低呼吸;
- 第14.5.3节　基于模型的控制和预测式动态在线控制器;
- 第15.4.3节　普适于不同氮氧化物排放水平的发动机硬件选型和标定的系统设计方法;
- 第16章　排放和燃料经济性法规及其对先进发动机技术研究和技术路线选择的影响;
- 第17.2节　柴油发动机系统设计的文献学研究和学科规划与建设。

中文版还纠正了原英文版中的一些排版错误,给出了大量重要的中文文献,并且对柴油机系统设计符号表体系和书末索引部分做了修订。与原英文版的做法相同,中文版中在引用他人成果或观点之处均做了明确的引文标注。我希望此书能够帮助国内的广大内燃机工作者从分工过细的局限中开拓思路,从科学技术各个环节的相互联系上,综合地、全面地解决好一个系统的技术问题。

撰写中文版的主要目的之一是为国内的读者系统而全面地分类挑选与柴油发动机系统设计有

关的重要中文文献和推荐阅读资料,介绍已有基础和发展需求,以供读者在每一个课题上进一步开展学习和科研之用,并联结系统与部件专业之间的工作关系。本着这一原则,每章按照各节的论题对中文文献的挑选和开列均比较详细,把国内过去二十多年的 35 个学术期刊(不包括高校学报)的 8 000 余篇柴油机中文论文按照系统设计的需要进行了分类整理和提炼,以期为系统设计的全局发展打下一个比较好的基础。这项分类和提炼的工作非常艰巨,但是很有必要,也是需要首先做的并具有指导意义的系统性规划工作。这些文献代表了国内在与系统设计有关的其他领域(主要是各子系统或部件专业)的最高水平或最相关的科研成果或所采用的工作方法。每个领域内这些支持文献的丰富或匮乏程度体现出系统设计在国内该领域的已有基础和发展需要。系统人员可以通过对这些重要支持文献的学习和借鉴,了解分类提炼挑选的意图,迅速掌握课题综述和在部件层面已有的工作基础、方法和需求并发现不足;并且可以通过跨学科的交叉综合,策划整体科研布局以及丰富发展符合系统设计需要的工作方法。

与以往出版的国内外内燃机书籍(往往大多为教科书或对一个子系统、部件或分技术的论述)不同,本书首次提出了一个完整的柴油发动机设计方面的系统工程和系统设计的理论框架体系和方法,以及对系统设计本身的科研需求与每个子系统之间的关系的论述。具体地,书中谈到了柴油发动机系统设计的需求、起源与发展,以及穿插于全书中的它的三个支柱和使命。第一个支柱和使命是发动机系统性能指标规范的设计和优化,即发动机系统设计的基本业务。第二个支柱和使命是高等分析方法与模拟技术。第三个支柱和使命是基于性能模型的发动机先进核心技术开发。

关于第一个支柱和使命,书中提出,在发动机研发周期中产生并维护准确的发动机系统设计指标规范是系统设计的最核心业务。书中论述了柴油机系统设计在性能、耐久性、封装性(即形状与装配性)和成本这四大产品属性方面的挑战和特征,描述了系统设计和分析中输出数据的种类,提出了分析式的发动机设计的技术过程和具体的工作操作原则,以及设计指标的优化。认识到目前系统设计的一个中心任务是发动机泵气损失和发动机压差的控制,我将柴油发动机系统设计定义为一个服务于现代设计的、以空气系统性能为核心的、以耐久性和可靠性为约束条件的、以能量管理为基础的、以无偏差的虚拟系统样机指标为追求目标的技术领域。柴油发动机系统设计将各个子系统的性能和各种发动机技术集成整合起来,并以优化的手段将它们恰当地匹配在一起,以达到对整个发动机系统进行精密设计和准确设计的目的。这一领域总领和集成从系统层面到部件层面的各部分设计,依靠采用高等模拟分析计算方法和工具来产生高质量的具体系统设计指标。它要求使用系统工程的方法和工作流程来协调不同的产品设计属性和各个子系统或部件。它依靠先进的系统优化技术来处理发动机子系统之间的复杂的相互作用。这一领域还要求在系统设计的前期阶段和在产生系统设计指标时就认真考虑发动机耐久性和可靠性的要求。为定目标而设计、为多变性而设计和为可靠性而设计是这一领域的三个重要理念和方法。定点设计(或定目标设计)的理念,即既不设计不足也不做过度设计,在书中有完整的阐述。另外,发动机系统设计这一领域需要使用一种高层面的、概括式的工作方法来组织、提炼和简化低层面的技术细节,并搭建各层面之间技术通话的桥梁。它还需要系统设计人员有能力和意愿介入并直接掌控某些关键子部件的设计(尤其是在性能和耐久性方面),以追求最高的工作效率。书中还对系统设计工作对人员提出的比较高的训练要求以及要求大跨度大纵深的复合型人才做了详细论述。

在对第二个支柱和使命的理论论述中,书中提出研发高等系统分析方法和计算模型保证了柴油发动机系统设计领域以自己需要的方法和模式进行长久的可持续发展。整个柴油机系统设计被划分成十六个技术领域来管理和开发,以支撑第一个支柱(系统设计基本业务)和第三个支柱(先进的发动机核心技术)。这十六个领域有其各自的、从系统设计需求出发的科研方法。它们分别是:

(1) 发动机系统设计理论中的系统工程理论和组织理论以及分析式的设计过程(即建立以发动机系统设计理论为依据的,以集成化、部门化和专业化为三要素的,以在产品研发活动中的四维空间元素——工作职能、产品属性、产品实体、产品用途——为组织基础的清晰的需求体制);

(2) 发动机系统的耐久性和可靠性;

(3) 发动机系统的优化技术;

(4) 发动机缸内循环工作过程和空气燃气流动网路;

(5) 发动机与车辆的匹配和动力系动力学;

(6) 发动机制动性能;

(7) 燃烧、排放与发动机标定;

(8) 柴油发动机后处理集成和匹配;

(9) 配气机构系统设计;

(10) 发动机系统的摩擦;

(11) 发动机系统的噪声、振动和不平顺性;

(12) 发动机散热量和冷却系统;

(13) 发动机空气系统设计;

(14) 发动机瞬态性能和电子控制;

(15) 发动机系统指标设计和子系统之间的相互影响;

(16) 柴油发动机用于不同用途时的运行特性和设计特点(即系统工程师进行系列化和多用途化设计时关于产品属性方面的优先重点考量)。

  在对第三个支柱和使命的穿插论述中,书中用大量的插图和数据阐述了依靠性能模拟将系统集成的方法应用于先进的发动机核心技术开发中,有力地保证了柴油发动机系统设计领域及其人员能够始终处于发动机核心技术的前沿并引领技术潮流。

  中国的柴油发动机系统设计领域的发展,需要从系统层面到部件层面的"产学研"之间的密切合作和扩大影响,需要政府、研究所、工业界、行业学会、企业、咨询业和大学的重视、支持和实施,可谓任重而道远。由于发动机行业对于国家的工业界和学术界的重要性,我希望看到更多的人加入到系统设计的领域中。前途是令人鼓舞的。

  最后,我非常感谢上海科学技术文献出版社为此书中文版的出版所做出的极大努力,特别是参与此书出版的编辑们和工作人员。我也感谢英国的 Woodhead Publishing 出版社的 Martin Woodhead 先生和 Julie Pleasance 女士在版权方面所做的工作。

辛千凡
2014 年 10 月于美国芝加哥

英文版前言

柴油发动机(以下简称柴油机)因其优越的热效率和可靠性被公认为是在可预见的未来里最有前途的动力装置。柴油机被广泛地应用于商用车辆、工业用途以及今天的乘用车(轿车)和轻型货车上。现代的排放法规和客户的需求推动着柴油机工程成为一个为满足柴油机优化设计要求的快速增长的应用学科。从事柴油机设计的工程技术人员的人数也在快速地与日俱增。对于先进设计理论和专业参考书的需求已变得越来越迫切和明显。此书汇集了我个人在与柴油机性能分析和系统设计交叉相关的众多领域的经验总结和探索成果。这本书亦力图为柴油机工业界建立一个明确的和新兴的柴油发动机系统设计领域。

柴油机设计是非常复杂的。它涉及从主设备制造商到供应商的很多人员和企业。为了使得设计过程顺利进行,一个能够建立正确的发动机性能指标的系统设计方法至关重要。当我在纳威司达(Navistar,一个全球化的技术领先的柴油机和卡车制造企业)工作时,我注意到当今的发动机工业界共同面临或存在着以下的一些挑战性的问题和现象:

(1) 学术教育与工业设计实践之间的断档(即工程技术人员不知道如何把他们从课堂里学到的发动机知识应用到日常的分析和设计工作中去);

(2) 缺乏关于柴油机性能和系统集成方面的比较全面的诠释性参考文献或教科书。人们只能依赖于一些零散发表的技术论文、未公开发表的公司内部的报告以及在每个相关子领域里工作人员的口头论述。问题在于,这些零散的信息往往不能给所需要的工程技术人员提供直接的答案以满足其日常的设计需要和所面临的挑战;

(3) 缺乏一个关于柴油机系统设计的统一而系统的理论。来自不同领域和单位的技术人员采用不同的甚至错误的方法,导致很大的混乱和分歧。这种现象使得在柴油机工业界内部的合作与交流沟通都变得十分困难;

(4) 对相关应用工程学科的科研方向指导和倡导不足,以至于不能满足柴油机系统设计方面的自身需求。

柴油机是复杂的机电一体化机械产品。柴油机的系统属性可分为四大类别,分别称作性能、耐久性、封装性和成本。其中,性能(即功能)是引导其他几个属性的最重要属性。静态(稳态)设计和动态(瞬态)设计对于满足柴油机的性能要求来说都非常重要。另外,作为工业化商品,柴油机不但需要被设计得满足一个标称目标性能,而且需要满足统计概率上的产品的变化性和可靠性。发动机性能和系统设计是一个范围很广的技术领域,几乎对参与发动机设计业务的每个人都有影响。它涉及很多不同的子领域和工作职能,如系统、子系统和部件的设计、排放的测试和标定、车辆和后处理装置的集成、发动机电子控制、耐久性测试等。几年以前,我开始逐步从一些工程技术人员那里听到一些写一本书的请求和建议,他们希望我能够全面而系统地论述一下以上谈到的关于系统设计的问题。我认为这本书应该写成能够作为训练初入此行业的新工程师们的有效工具。它还应提供全面的而且易查易用的参考文献。它应该提供一套进行系统设计和分析的标准方法。它还应能够给为了加强柴油机系统设计的工作质量而进行的未来科研工作提供发展的视野和远见。

我在过去的工作中看到不少的工程技术人员不了解发动机系统是怎么设计的,也深感很多人在把应用基础知识应用于工业设计实践中所遇到的困境。我认为,我们真正需要的是一座能够将以下三个紧密相关的方面联系起来的桥梁:传授基本原理的教科书、先进的科研工作以及在柴油机技术人员的现实世界中的设计实践。

不论从高层次的产品策略规划到详细层面的产品设计来讲,系统设计对于柴油机产品研发中的并行工程的流程集成都是非常重要的。柴油机系统设计是现代发动机领域里基于性能的新兴技术领域。本书中所提出的设计理论由系统工程原理为先导,以先进的优化理论为基础,达成对一个广泛范围内的产品属性(性能、耐久性、封装性和成本)从系统层面到部件层面进行集成的、精密的系统设计和概率性的系统设计。在系统设计中,不同发动机的配置方案被予以比较,系统性能设计指标由不同领域的分析工具所产生(例如发动机工作循环模拟、车辆和动力系的动力学)。系统设计涵盖一系列核心技术专业,如车辆、发动机和后处理装置之间的集成、热力学循环性能、发动机空气系统设计和涡轮增压匹配、发动机系统的摩擦、NVH(噪声、振动和不平顺性)的系统集成,以及电子控制。

柴油发动机系统设计(英文简称 DESD)在设计和研发过程中的重要性已被广泛地认识到。柴油发动机系统设计的概念最早在我 2008 年撰写的一章书中所提出。这章的标题是"Heavy-duty diesel engine system design"(中文译名为"重载柴油发动机系统设计"),收录于由英国的布鲁内尔大学(Brunel University)的赵华(Hua Zhao)教授主编的"*Advanced Direct Injection Combustion Engine Technologies and Development*(*Volume* 2:*Diesel engines*)"一书中。后在 2009 年 10 月 6 日于美国芝加哥举办的国际汽车工程师学会商用车工程年会上,我曾经有机会向大约 70 位来自发动机界的人士讲述了柴油发动机系统设计的概念。

我最初对柴油机系统设计的兴趣大概可以追溯到 1995—1999 年期间,我在位于美国圣路易斯市的华盛顿大学攻读科学博士学位的时候。我当时的研究是关于发动机活塞组润滑动力学的课题。这方面的经历启发了我在发动机摩擦、动力学以及关于子系统设计和发动机总体性能之间的关系等方面的兴趣。当我于 1999 年在纳威司达公司参加工作后,我一直从事发动机性能与系统集成方面的高等分析模拟工作。我有机会把自己从事的工作汇总为一个独特的职能领域,即柴油机系统设计,并于 2003 年成为我所在的公司的发动机系统设计部门的主管。

本书的意图是建立柴油发动机系统设计理论,包括在模拟、设计和高等科研中所采用的方法。本书的主题是以产品开发周期的早期阶段的性能指标来设计一个好的发动机系统。在本书阐述的理论中,尽可能包括每一个对系统设计工作的质量产生显著影响的部件。

本书力图将柴油机工程技术人员所应该了解的发动机性能和系统设计的内容联系在一起,以便使他们能够很快地掌握所有的重要议题。这本书由四大部分组成。第一部分论述柴油机系统设计、耐久性和系统优化的基本概念。第二部分至第四部分重点论述发动机性能与系统集成(英文简称 EPSI)。限于篇幅,本书不可能非常详细地阐述每一个课题。因此,在范围完整的大框架下,本书只对过去没有建立起来的或不完善的领域予以详述。它们包括:第 1 章(发动机系统设计的概念)、第 2 章(发动机系统的耐久性和可靠性)、第 3 章(系统设计中的优化方法)、第 4 章(发动机空气系统的数学基础)、第 5 章(车辆性能)、第 6 章(发动机制动)、第 7 章(从燃烧到系统设计再到标定)、第 9 章(配气机构系统设计)、第 10 章(系统的摩擦)、第 11 章(系统的噪声、振动和不平顺性)、第 12 章(散热量)、第 13 章(泵气损失和空气系统的设计理论)以及第 15 章(系统指标设计、子系统相互作用的优化)。对于简要论述的议题,每章的参考文献和书目一节提供了大量的已组织好的学习材料,以指导读者找到该领域最重要的进展。

第 2 章(耐久性和可靠性)对系统设计来讲是难度最大的一个课题,但它也是从长久来看极为重要的一个领域。发动机性能指标直接与耐久性限制条件有关。而且,为可靠性而设计实际上是设计的终极目标。

第 5 章的第一部分(车辆性能和发动机与车辆之间的匹配)为读者提供了一个详细的、梳理顺畅的分析方法的总结,尽管这个领域有着一个悠久的历史。第 5 章的第二部分(混合动力系统)简要总结了发动机系统设计在混合动力系统开发中的角色和作用。读者可以从提供的参考文献和书目中了解更详细的关于混合动力系统的讨论。

第 11 章(系统的噪声、振动和不平顺性,即英文缩写 NVH)论述了在系统模拟方面一个非常具有挑战性的领域。系统的 NVH 对于柴油机系统设计来说是一个非常重要的研究方向。NVH 分析起来是极其复杂的。第 11 章给出的总结把所有有关的部分串接起来,并试图为系统工程师建立一个基础。事实上,那些难以分析的 NVH 属性往往并不太影响发动机系统设计指标的生成。但是也应当意识到,如果没有一个好的前期系统设计,在设计的后期阶段从部件层面来修正 NVH 方面的问题,往往要付出很大的代价。许多 NVH 的分析方法在部件和子系统的层面是已经存在的,系统工程师需要花力气来集成或整合它们。

第 8 章(后处理集成)和第 14 章(系统动力学、瞬态性能以及发动机控制)是两个在系统设计中能够显著改进发动机产品竞争力的领域。由于书的篇幅有限,与本书其他章节相比,这两个领域的论述不是那么详细。为方便读者,其参考文献和书目部分提供了一大批精心挑选出来的资料。特别要说明的是,柴油机瞬态性能和电子控制在本书中不做详述,因为这些议题已经在另两本最近已出版的书中有详细论述(即 Rakopoulos 和 Giakoumis 于 2009 年所著的"*Diesel Engine Transient Operation - Principles of Operation and Simulation Analysis*";以及 Guzzella 和 Onder 于 2004 年所著的"*Introduction to Modeling and Control of Internal Combustion Engine Systems*")。

柴油机系统设计的技术精髓可以被简要理解为以下三个方面:

- 四个主要驱动目标(即排放、功率密度、燃料经济性和可靠性);
- 四大属性(即性能、耐久性、封装性和成本);
- 四支分析柱石(即静态或稳态设计、动态设计或系统动力学、热力学第一定律、热力学第二定律)。发动机热力学以状态变量构成静态系统设计的基础,而系统动力学构成了与瞬态过程有关的动态系统设计和发动机控制的基础。本书力图在这些方面提供丰富的信息以阐述这些思想观点和理念。

本书旨在侧重于阐述高等分析方法来解决实际的设计问题,而非进行纯理论研究或讲授发动机基础知识。因此,书中展示了大量的发动机性能模拟的分析结果。本书的主要读者为设计和开发工程师,而非软件开发人员。因此,书中力图限制复杂的理论方程方面的内容。其实这些方程往往就是构成今天广泛使用的各类工程计算商业软件包的基础。关于这些方程的讨论,可见其他已出版或发表的书籍或文献。

我希望这本书能使广大的发动机工程科技人员获益,这些专业人员往往在不同的学科中从事着关于现代的带增压和排气再循环(英文简称 EGR)的低排放柴油机的设计和开发工作。这本书力图为科技人员和管理人员提供一个关于发动机系统设计指标是如何产生的这方面的系统理解。本书能够使系统设计工程师把书中的方法和工作知识直接地运用于其日常的设计和科研中去。这本书也能够为学术界的科研人员介绍发动机设计方面的知识,以便扩展他们的视野,使他们能够更好地支持来自于柴油机工业界的实际而又关键的需求。最后,本书亦可帮助高年级大学生和研究生了解工业界是如何在系统层面上处理设计问题的。

在我繁忙的工作日程之外写作此书对我来说是一个极大的挑战。几乎 2009 年的所有晚上的时间、周末和节假日都被用于这本书的写作。我非常感激我的妻子 Katty 的理解和支持。没有她的支持，这本书是不可能完成的。我很感谢布鲁内尔大学(Brunel University)的赵华教授提供的有益建议。我非常感谢我与纳威司达公司的同事们所进行的讨论。我也要感谢英国的 Woodhead Publishing 的 Sheril Leich 为此书的立项，并感谢该出版社的 Sheril Leich 和 Cathryn Freear 为此书的出版所做的专业准备工作。

辛千凡
2010 年于美国芝加哥

符　号　表

A	面积		为1时),每个公式中的定义和数值均不同
A_c	接触面积		
A_{EGR}	排气再循环阀门开度的理论有效流通面积	C_c	成本,费用
		C_{cav}	考虑气蚀或润滑油膜破裂对黏性摩擦力减小效果的气蚀因数
A_{ex}	发动机排气门的瞬时流通面积		
A_h	传热面积	C_{cf}	超过允许容差后对恢复功能所造成的成本
A_{in}	发动机进气门的瞬时流通面积		
A_s	热力学第二定律中的㶲	C_{cl}	置信水平
A_T	涡轮有效截面面积	C_{MSD}	田口的均方差
A_V	车辆前端迎风面积	C_d	空气系统阀门或者整个装置或系统的气体流动阻力因数
$A_{VAL, eff}$	发动机气门有效流通面积		
$A_{VAL, cyl}$	发动机气门暴露在气缸内一侧的阀头面积	$C_{d, CAC\text{-}IT}$	包括进气节气门开度和中冷器在内的总气体流动阻力因数
$A_{VAL, port}$	发动机气门暴露在气道一侧的阀背面积	$C_{d, EGR}$	排气再循环阀门开度的流动阻力因数,或者整个排气再循环环路的气体流动阻力因数(当特别注明时)
a	加速度或减速度		
$\dot{a}$	跃度(即加速度相对于时间的导数)		
		$C_{d, exh}$	总排气流动阻力因数,包括从涡轮出口算起到大气的全部装置
a_{amp}	加速度的振幅		
a_{CAM}	凸轮加速度		
a_e	椭圆接触面积的长半轴	$C_{d, int}$	总进气流动阻力因数,包括从大气算起到压气机进口的全部装置
a_V	车辆加速度		
a_{VACL}	以分贝(dB)为单位的振动加速度级	$C_{d, IT}$	进气节气门开度的流动阻力因数,或者包括进气节气门和中冷器在内的总流动阻力因数(当特别注明时)
a_{VAL}	气门加速度		
B	燃料总能量中损失于发动机本体冷却液散热量的百分比		
		C_E	发动机的气缸中心距
B_E	发动机气缸直径		
b	宽度	C_f	包括气门和气道在内的总流动因数
b_e	赫兹椭圆接触面积的半宽度		
C, C_i	系数(有量纲时)或因数(量纲	C_{ij}, $C_{i,j}$	系数或因数($i=1, 2, 3, \cdots; j$

	$=1, 2, 3, \cdots$;每个公式中的定义和数值均不同)	F	力
C_s	噪声系数	$F(\cdots)$	在多目标优化中的被约束的单目标函数
C_q	质量损失系数	F_a	车辆空气气动阻力
C_{sr}	变矩器速比	F_{acc}	车辆辅助附件装置造成的等效施加于车轮上的阻力
C_{tr}	变矩器扭矩比		
C_{T0}	涡轮内部在等熵条件下的理论气流速度	F_{amp}	力的振幅
		F_{br}	作用于车轮上的来自于刹车闸片的制动力
c	摩擦副或配气机构等的间隙		
c_B	轴承半径方向的间隙	F_{df}	等效施加于车轮上的传动系摩擦力
c_E	发动机能力因子		
c_P	活塞裙部与气缸壁之间的间隙	F_{dr}	作用于车轮上的来自于传动系缓速器的阻力
c_p	定压比热		
c_{SC}	弹簧线圈之间的间隙或距离	F_{er}	作用于车轮上的来自于发动机制动器的缓速力
c_{TV}	变矩器输入能力因子		
c_v	定容比热	F_f	摩擦力
c_{VT}	配气机构间隙	$F_{f, stem}$	气门杆的摩擦力
D	损伤	$F_{f, v}$	黏性摩擦力
D_s	热力学第二定律中的㶲损耗	F_{gas}	气体载荷(力)
d	直径	F_{gl}	在上下坡时重力作用于车轮上的沿车辆纵向(即道路方向)的分力
d_{SC}	弹簧线圈直径		
d_{SP}	弹簧平均直径		
d_T	涡轮工作轮平均直径	$F_{gas, VAL}$	作用于气门上的净气体载荷
d_{VAL}	气门或阀门的直径	F_i	沿车辆纵向的车辆惯性力
$d_{VAL, ref}$	气门或阀门的参考直径	$F_{lub, an}$	作用于活塞副推力面一侧的法向润滑油膜压力
E	能量		
E_a	活化能	$F_{lub, th}$	作用于活塞主推力面一侧的法向润滑油膜压力
E_k	动能		
$E_{k, slap}$	活塞敲击动能	F_n	在法线方向(法向——垂直于表面的方向)的力或载荷
$E_{k, V}$	车辆动能		
E_p	势能	F_{pre}	气门弹簧的预紧力
$E_{p, V}$	车辆势能	F_{rf}	车辆轮胎与地面之间的滚动摩擦阻力
$\dot{E}$	能量随时间的变化率或功率		
e	偏心距或偏置量	F_{rt}	活塞环的张力
e_1	从气缸中心线到曲轴中心线的横向距离(正值表示向活塞的副推力面一侧偏置)	F_{SP}	弹簧力(载荷)
		F_t	等效作用于车轮上的来自于发动机点火运行的牵引力
e_2	从活塞中心线到活塞销中心线的横向距离(正值表示向活塞的副推力面一侧偏置)	$\tilde{F}_{groove}$	在活塞环与环槽之间的横向摩擦力(以活塞环单位长度计)
		$\tilde{F}_{lub}$	摩擦部件单位长度上的润滑油

	膜法向压力	$f_{O_2, air}$	大气中的氧质量分数
$\widetilde{F}_{lub, ring}$	活塞环单位长度上的润滑油膜法向压力	$f_{O_2, IM}$	进气歧管充量中的氧质量分数
$\widetilde{F}_n$	单位长度上的法向力	f_{ova}	活塞裙部的椭圆度
$\widetilde{F}_{tension}$	活塞环单位长度上的弹力	f_{PDF}	概率密度函数
$f(\cdots)$	函数或目标函数	f_{pr}	压比
f^R	某函数 $f(\cdots)$ 的百分位数	f_q	频率
f_a	车辆的空气气动阻力因数	f_{ql}	循环加载频率
f_{adh}	道路附着因数	f_{RA}	摇臂比
f_{adp}	发动机适应性因数	f_r	分数
$f_{A/F}$	发动机空燃比	f_{ri}	额定工况强化系数
$f_{A/F, stoi}$	理论配比空燃比(即化学当量空燃比)	f_{rpr}	气缸压力升高率
f_b	发动机扭矩储备因数	f_{rf}	滚动摩擦阻力因数
$f_{CAM, ac}$	凸轮加速度尖峰宽度系数	$f_{RMSE\%}$	均方根误差的百分数
f_{C-C}	连杆长度与曲柄长度之比(即连杆曲柄比)	f_{slip}	轮胎打滑
f_{ccpr}	缸内最高压力与理论压缩压力之比	f_{sd}	配气机构静态挠度因子
		f_{sf}	安全因数
f_{CDF}	累积分布函数	$f_{S/N}$	信号噪音比(信噪比)
f_{cm}	关于流量的冷却能力乘数	f_{sr}	转速储备因数
f_{cor}	碰撞恢复因数	f_{swr}	涡流比
f_{cov}	变异系数	$f_v(\cdots)$	目标函数 $f(\cdots)$ 的方差
$f_{c\varepsilon}$	关于冷却器效能的冷却能力乘数	$f_{VF\eta}$	车辆货运效率的改进百分比
f_{dd}	配气机构动态挠度因子	f_w	磨损系数
f_{EGR}	排气再循环率	f_{Wahl}	弹簧的 Wahl 应力修正因数
$f_{ET\eta}$	发动机热效率的改进百分比	f_x	摩尔分数
f_f	部件可靠度增长的可行性	G	燃料总能量中流失于零散热量损失的百分比
f_{fail}	故障率,失效率	G_G	吉布斯自由焓
f_{fri}	摩擦因数	G_r	道路坡度
f_{hu}	湿度	g	重力加速度
f_{iEGR}	内部残余废气分数,又称内部排气再循环率	$g(\cdots)$	优化中的约束函数
f_{lift}	发动机气门升程的圆度因数	H	焓
f_n	固有频率	H_o	量纲为1的油膜厚度
$f_{n, SP}$	气门弹簧的固有频率(作为分布质量元件)	$\dot{H}_{exh, firing}$	在发动机点火运行时的排气焓流率
f_{NTU}	换热器的传热单元数	$\dot{H}_{exh, retarding}$	在发动机缓速运行时的排气焓流率
f_{O_2}	氧的质量分数	h	比焓,或缸内气体的比焓值
		h_1, h_2, h_3, h_4	在活塞推力面上活塞裙部的四个顶角处的距气缸壁间隙或润滑油膜厚度

h_o	润滑油膜厚度		重心越低)
h_r	可靠性工程中的风险函数	L_{clear}	气缸和燃烧室内的余隙高度
h_w	磨损中的表面压痕硬度	L_q	质量损失
I	转动惯量	l	位移,行进距离或升程
I_{drive}	车辆传动系的转动惯量	l_a	海拔高度
I_E	发动机的转动惯量	$l_{a,V}$	车辆运行的海拔高度
I_{irr}	热力学第二定律中的不可逆性	l_{CAM}	凸轮升程
I_R	可靠性重要度	$l_{CAM,ramp}$	随凸轮转角而变的凸轮型线的
I_{RA}	摇臂的转动惯量		缓冲段高度
I_s	声强	l_{RA}	摇臂长度
I_{SIL}	以分贝(dB)为单位的声强级	$l_{r,V}$	车辆制动(刹车)距离
I_{TC}	增压器的转动惯量	l_{SP}	弹簧长度
i	编号	l_V	车辆行驶距离
i_{ax}	车桥传动比	l_{VAL}	气门升程
i_F	前置或后置齿轮传动系的指	$l_{VAL,design}$	在配气机构设计转速时的气门
	示符		升程
i_{gr}	变速箱齿轮传动比	$l_{VAL,max}$	最大气门升程
i_{grn}	变速箱齿轮数	l_{VDL}	以分贝(dB)为单位的振动位
J	扭矩		移级
J_E	发动机有效扭矩	$l_{w,sl}$	磨损滑动位移
$J_{E,r}$	作用于曲轴上的发动机缓速有	M	力矩
	效扭矩	Ma	马赫数
J_f	摩擦扭矩	m	质量,缸内气体质量,或者最大
j	编号		编号
K	反应常数,或者其他常数	$m(\cdots)$	优化中的等式约束函数
k_c	导热系数	$m_{E,mov}$	发动机运动件集总质量
K_h	总体传热系数	m_{fuel}	消耗的燃料质量
K_s	部件或物质系统的刚度	m_{fuelB}	喷射到气缸内的燃料质量
$K_{s,SP}$	弹簧刚度	m_{fuelC}	每个发动机工作循环内喷射的
$K_{s,VAL}$	气门或气门杆的刚度		总燃料质量
$K_{s,VT}$	配气机构的总刚度	m_J	轴颈质量
k	试验设计中因子的总数目	m_P	活塞质量
k_r	反应速率	m_V	总的车辆质量
k_v	黏性摩擦系数或因数	m_{VAL}	气门质量
L	长度(比如管子或部件等),或	m_{VT}	配气机构等效质量
	者部件在运动方向上的宽度	$\dot{m}$	质量流量
L_B	轴承长度	$\dot{m}_{air}$	发动机新鲜(纯)空气质量流量
$L_{CG,P}$	从活塞重心到裙部上沿的垂向	$\dot{m}_{EGR}$	排气再循环质量流量
	距离(正值表示活塞重心位于	$\dot{m}_{ex}$	在涡轮进口处或排气歧管或排
	裙部上沿以下,正值越大表示		气道内的发动机排气质量流量

	（注：这个参数受排气再循环的抽取位置影响）
$\dot{m}_{exh}$	在涡轮出口的发动机排气质量流量
$\dot{m}_{fuel}$	燃料质量流量（喷油量）
$\dot{m}_{T}$	实际涡轮质量流量
$\dot{m}_{WG}$	涡轮废气旁通质量流量
$\tilde{m}_{AT}$	后处理装置中的贵金属用量
$\tilde{m}_{ring}$	单位活塞环长度上的活塞环质量
N	转速，速度
N_{B}	滑动轴承的转速
N_{C}	压气机的转速
N_{design}	配气机构的设计转速
N_{E}	发动机曲轴的转速
N_{f}	达到失效所要求的负载周期数
N_{T}	涡轮的转速
N_{TC}	增压器的转速
Nu	努塞尔数
N_{V}	车速
N_{Vw}	相对于风速的车辆速度
n	最大编号，试验设计中的试验次数，样本数，或者网格点数等
n_{c}	燃烧噪声指数
n_{E}	发动机气缸数
n_{G}	曲轴和燃油喷射系统之间的齿轮啮合齿数
n_{l}	负载周期数
n_{s}	一个发动机工作循环内的曲轴转数
n_{SC}	弹簧线圈数
n_{sm}	排烟值，烟度值
n_{VAL}	发动机气门数
O	气门、节气门、废气旁通阀或涡轮叶片的开度，或者加速踏板位置
O_{a}	开度面积
O_{ang}	开启角度
O_{dia}	开度等效直径

P	概率
$P_{failure}$	失效概率
Pr	普朗特数
p	压强，缸内气压（气体压力），或者试验设计的拟合器模型中的回归系数的个数
$p_{asperity}$	在混合润滑或边界润滑中的粗糙接触压力
p_{comp}	缸内压缩压力
p_{cyl}	缸内压力
p_{EM}，p_{3}	排气歧管压力
p_{ex}	排气道压力
$p_{exhaust}$	排气冲程内的气缸压力
p_{IM}，p_{2a}	进气歧管增压压力
p_{in}	进气道压力
p_{inj}	燃油喷射压力
p_{intake}	进气冲程内的气缸压力
p_{l}	作用在滑动摩擦部件上的载荷压力，或平均赫兹接触压力
p_{lub}	润滑油膜内的压力
p_{max}	最高气缸压力
p_{port}	进、排气道内的气体压力
p_{s}	声压
p_{SPL}	以分贝（dB）为单位的声压级
$p_{SPL,E}$	发动机总的噪声声压级
Q	热量，或者通过系统边界交换的热量
Q_{fuel}	燃料能量
Q_{wall}	通过气缸盖、活塞和气缸套的壁面所交换的热量
$\dot{Q}$	传热速率或称散热量
$\dot{Q}_{base\text{-}coolant}$	从发动机本体传给冷却液的散热量
$\dot{Q}_{hrj,firing}$	在发动机点火运行时的冷却液散热量
$\dot{Q}_{hrj,retarding}$	在发动机缓速运行时传给冷却系统的不可回收的耗散热量
$\dot{Q}_{miscellaneous}$	零散热量损失
q	单位质量的比热量，或者在多目标优化中的目标函数总数目

q_{LHV}	燃料的低热值	T_{EM}	排气歧管气体温度
$\tilde{q}$	热通量	T_{ex}	排气道内的排气温度
R	可靠性,可靠度	T_f	达到蠕变失效所需要的时间
R_{adj}^2	调整的确定系数	T_{flash}	闪光温度
R_d^2	确定系数(即复相关系数的平方)	T_{in}	进气道内的进气温度
		T_{sink}	冷却介质进口温度,即传热器环境温度
Re	雷诺数		
R_{ex}	排气的气体常量	T_{wall}	部件的金属壁面温度
R_{gas}	气体常量	$T_{1, ROA}$	已包括环境温升效应(ROA)的压气机进口气体温度
R_i	第 i 个部件或子系统的可靠性或可靠度		
		T_{2a}	进气歧管内的混合气体充量温度
R_{in}	进气充量的气体常量		
R_N	维修次数	T_3	排气歧管内的排气温度
$R_{prediction}^2$	预测变异系数	t	时间
R_S	系统的可靠性或可靠度	t_l	加载时间
r	半径,或者编号	U	内能,或者缸内气体的内能
r_B	轴承半径	U_{lub}	量纲为 1 的速度参数
r_{ROC}	曲率半径	u	比内能,或者编号
r_{tire}	轮胎的动态半径	V	容积,或者缸内瞬时工作容积
S	材料强度	$V_{act, E}$	发动机工作气缸的总排量(不包括停缸的非工作气缸)
S_E	发动机冲程(行程)长度		
S_E/B_E	发动机行径比(即行程与气缸直径之比)	V_{cyl}	气缸工作容积
		V_E	发动机排量
S_e	熵	V_o	电池的电压
S_{lub}	润滑工况参数	V_w	磨损体积
$S_{lub, sr}$	润滑参数	$\dot{V}$	体积流量
S_{ODE}	常微分系统的刚性比	$\tilde{V}_{EV}$	单位排量的发动机体积(体积排量比)
S_{SE}, S_{SR}, S_{ST}	响应曲面方法中的统计函数		
s	应力	$\tilde{V}_{EW}$	单位功率的发动机体积(体积功率比)
s_e	比熵		
s_{fl}	疲劳极限应力	v	速度,或者相对速度
s_{SP}	弹簧扭转应力	v_a	声速
s_u	极限应力	v_{air}	空气粒子局部颤振运动的速度
T	温度,或者缸内气体温度	v_{CAM}	凸轮速度
T_{EGR}	在排气再循环冷却器出口的排气再循环气体温度	v_{im}	碰撞速度
		v_{mp}	活塞平均速度
T_{CACout}	在中冷器出口(在与排气再循环气体混合之前)的气体温度	v_P	活塞滑动速度
		v_{sound}	声速
T_{ch}	特征温度	v_{sp}	空速(空间速度)

v_T	涡轮工作轮的平均叶尖速度	x, y, z	在 x、y、z 方向上的运动位移
v_{VVL}	以分贝（dB）为单位的振动速度级	$\dot{x}, \dot{y}, \dot{z}$	在 x、y、z 方向上的速度
W	功	$\ddot{x}, \ddot{y}, \ddot{z}$	在 x、y、z 方向上的加速度
w	质量（重量），或者权重因数	x_{ring}	活塞环在径向（又称横向）的位移
w_c	在响应曲面方法中的典型相关变量（规范变量）	x_2	活塞销的横向位移
$\dot{W}$	功率	Y	响应，或者功能性能参数
$\dot{W}_E$	发动机有效功率	$y(\phi)$	依曲轴转角变化的活塞纵向（即垂向）位移
$\dot{W}_C$	压气机功率	Y^*	响应参数 Y 的坐标转换
$\dot{W}_{Eacc}$	发动机辅助附件功率	$\bar{Y}$	Y 的平均值
$\dot{W}_f$	摩擦功率	$\hat{Y}$	Y 规范化或归一化后的值
$\dot{W}_{f,E}$	发动机摩擦功率	$\hat{Y}$	用回归模型近似或预测的响应参数 Y 的值
$\dot{W}_{f,TC}$	涡轮增压器摩擦功率	Z	功能性能或响应的组合
$\dot{W}_{ind}$	发动机指示功率	Z_r	阻力
$\dot{W}_r$	缓速功率	Z_s	声阻抗
$\dot{W}_s$	声功率	Z_{sm}	机械阻抗
$\dot{W}_{SWL}$	以分贝（dB）为单位的声功率级	Z_{sr}	辐射阻抗
$\dot{W}_T$	涡轮功率		

$\tilde{\dot{W}}_E$	单位排量的发动机有效功率（功率排量比）	**希腊字母**	
$\tilde{\dot{W}}_{EA}$	单位活塞面积的发动机有效功率（功率面积比）	Δ	变化或区别
$\bar{w}_{C_xH_y}$	C_xH_y 的分子量	$\Delta\dot{H}_{in\sim ex}$	从进气歧管到排气歧管的气体焓流量的升幅
$\tilde{w}_{EV}$	单位排量的发动机质量（质量排量比）	Δl_{SP}	弹簧压缩幅度
$\tilde{w}_{EW}$	单位功率的发动机质量（质量功率比）	Δp	压差
X	因子	$\Delta p_{1\sim 2}$	从 1 到 2 的压力降
$\bar{X}$	X 的平均值	Δp_{CAC}	中冷器的气体压力降
$\hat{X}$	X 规范化或归一化后的值	Δp_{clean}	清洁的柴油颗粒过滤器中的气体压力降
X_d	确定性的控制因子（确定性的设计变量）	Δp_E	发动机压差
X_{fuel}	在一个发动机工作循环里燃烧掉的燃料的瞬时分数	$\Delta p_{IntakeThrottle},$ Δp_{IT}	进气节气门的压力降
X_p	非确定性的随机噪音因子（即干扰因子）	Δp_{loaded}	收集了一定量的碳烟的柴油颗粒过滤器中的气体压力降
X_r	非确定性的随机控制因子（随机设计变量）	Δp_{regen}	再生后的柴油颗粒过滤器中的气体压力降
		Δs	应力范围或应力幅度
		ΔT	温度降幅

ΔT_{recir}	中冷器前冷却空气发生回流造成的温升	φ_B	轴承偏位角或姿态角
ΔT_{ROA}	环境温升(即充量空气温度从环境大气温度到压气机进口处温度的上升幅度)	γ	在统计分布中的形状参数
		η	效率,通常用于与热力学第一定律相关的内容
Δt	时间步长或时间间隔	η_{BSFC}	有效燃油消耗率(即有效功率时间质量油耗)
Δt_{ac}	车辆加速时间	η_{com}	燃烧效率
ΔX	X 的变化量	η_{cyl}	从缸内到涡轮进口的能量传递效率
$\Delta \varepsilon$	应变范围		
$\Delta \phi$	曲轴转角步长	η_C	压气机效率
$\Delta \phi_{CAM, ac}$	凸轮正加速度尖峰的宽度	η_{FC}	燃料消耗量
$\Delta \phi_{com}$	燃烧持续期	$\eta_{E, mech}$	发动机的机械效率
Φ	冷却器或冷却系统的冷却能力	$\eta_{r, CR}$	压缩释放式制动器的缓速过程效率
Λ	冲量		
Θ	峰度	$\eta_{r, exh}$	缓速器可用排气能量比率
Ω	发动机压缩比	$\eta_{r, heat}$	缓速器热耗散比率
Ω_{eff}	发动机有效压缩比	η_{regen}	柴油颗粒过滤器再生效率
Ψ	偏度	η_T	涡轮效率
		η_{TC}	涡轮增压器效率
α	在统计分布中的位置参数	$\eta_{TC, mech}$	涡轮增压器机械效率
α_g	从缸内气体到气缸内壁的传热系数	η_t	传动系效率
		η_{th}	发动机热效率
β	在统计分布中的尺度参数	η_{trax}	变速差速器(与变速箱连成一体的驱动桥或联合传动器)的机械效率
β_2	活塞动力学中活塞的倾转角		
δ	燃烧放热率中的形状因子,物体厚度,或者变形量		
		η_{TV}	变矩器效率
ε	应变	η_{ts}	增压系统的效率
ε_B	轴承的无量纲偏心量	η_{vol}	发动机充量因数(容积效率或充气效率)
ε_{cooler}	冷却器效能		
ϕ	角位移或发动机曲轴转角	κ	热容比($\kappa = c_p/c_v$)
ϕ_{CAM}	凸轮定时(正时)	λ	Lambda 控制(空燃比控制),或者润滑油膜厚度与表面粗糙度的比值(即 lambda 比值)
ϕ_e	当量比(实际空气燃料比与理论空气燃料比之间的比值)		
ϕ_f	燃料与空气的当量比	λ_c	响应曲面方法的典型相关分析中矩阵的特征值或特征根
ϕ_{inj}	喷油定时(正时)		
ϕ_{SOC}	燃烧始点定时(正时)	$\lambda_{ODE, max}$	刚性常微分方程的最大特征值均值
ϕ_{VAL}	配气定时(正时)	μ	化学势
χ	在热力学第二定律或㶲中的效率	μ_{cp}	化学势
		μ_v	润滑油的动力黏度
φ	活塞或轴承的圆周方向	ϖ_{BMEP}	有效平均压力

ϖ_{FMEP}	摩擦平均有效压力
ϖ_{IMEP}	指示平均有效压力
ϖ_{PMEP}	泵气平均有效压力
θ	道路坡度角,或者其他角度
ϑ_e	发射率
ϑ_m	弹性模量或剪切模量
ϑ_P	泊松比
ϑ_{SB}	斯蒂芬-玻尔兹曼常量
ρ	密度
ρ_{air}	空气密度
ρ_{SP}	弹簧材料的密度
σ	标准差
σ^2	方差
σ_{sr}	表面粗糙度
σ_{Sh}	强度分布的标准差
σ_{ss}	应力分布的标准差
σ^2_{SV}	样本方差
ς	过量空燃比(当量比的倒数)
τ	剪切应力
τ_f	功能容差
υ	误差
υ_{RMSE}	均方根误差
ω	角速度
ω_{pw}	稳流涡流测试中的桨轮角速度
ξ	车辆转动质量因数
ψ	有效功率时间质量排放量
ζ	阻尼系数
$[O_2]$	氧气的摩尔浓度

下角标

AMB	环境
a	空气气动阻力
ac	加速度
acc	辅助附件
act	工作气缸
active	弹簧的工作线圈
air	新鲜(纯)空气
amp	变化幅度
ave	平均值
B	轴承

b	边界润滑
bc	压缩冲程的开始
br	车辆的刹车闸片制动器
C	压气机
CAC	中冷器
CACcooling	中冷器的冷却介质(冷却环境)
CACout	中冷器出口的空气或混合气体充量
CAM	凸轮
CON	连杆
CRK	曲轴
c	蠕变
cal	模型标定或调整
cc	在拉力下的蠕变和在压力下的蠕变
com	燃烧
comp	压气机
cond	传导
conv	对流
corr	修正的
cp	在拉力下的蠕变和在压力下的塑性变形
cyl	气缸
D	损伤
DOC	柴油氧化型催化器
DPF	柴油颗粒过滤器
d	确定性的控制因子
design	配气机构的设计转速
df	传动系摩擦
dr	传动系缓速器
drive	传动系
E	发动机
EBPV	排气背压阀
EGR	排气再循环气体
EGRC	排气再循环冷却器
EGRV	排气再循环阀门
EM	排气歧管
e	弹性的
ec	压缩冲程的结束
eff	有效的

eq	等效的	LHV	低热值
er	发动机缓速（制动）	LubeOilCons	润滑油消耗
ex	在涡轮进口之前的缸内排气过程或排气气流	LNT	稀薄氮氧化物捕集器
		LP	低压级
exh	从涡轮出口到环境大气的排气系统，或者在涡轮出口或其后的排气气流	LT	低温级
		l	载荷或加载
		level	水平地面（无坡度的平地）
exhaust	排气冲程	lower	低限
FUEL	燃料或燃油	lub	润滑
f	摩擦	MIX	空气和排气的混合气
fc	疲劳和蠕变	MLA	机械间隙调节器
firing	发动机点火运行工况	m	混合润滑
g	重力	max	最大
gas	气体或气压载荷	mech	机械摩擦
gr	变速器齿轮	min	最小
grade	道路坡度	mixture	新鲜（纯）空气和排气再循环气体的混合气
HLA	液压间隙调节器		
HP	高压级	mot	拖动或倒施工况
HT	高温级	n	法线方向（法向）
h	流体动力润滑	O_2	氧气
hrj	散热量	o	气流的总量或滞止全量状态参数（比如总压和总温）
IM	进气歧管		
INJ	燃油喷射	obs	观察值的
ISC	压气机间冷器（即介于两级压气机之间的充量空气中间冷却器）	out	控制体的出口
		P	活塞
IT	进气节气门	p	塑性的，或者非确定性的随机干扰（噪音）因素
i	惯性力		
ia	不工作的，未用的	pc	在拉力下的塑性变形和在压力下的蠕变
i, j, k	编号		
id	滞燃或滞燃期	pcyl	气缸压力
im	碰撞	pp	在拉力下的塑性应变和在压力下的塑性变形
in	进气过程，或者进气空气或混合气		
		pre	弹簧预紧力
ind	指示的	PUMP	泵
inj	燃油喷射	PUSH	推杆
inl	控制体的进口	q	频率
int	从环境大气到压气机进口的进气系统	R	可靠性，可靠度
		RA	摇臂
intake	进气冲程	RAD	散热器
J	轴颈	ROA	环境温升（即从环境大气到压

	气机进口的充量空气温升)	VT	配气机构
r	缓速(制动),或者非确定性的随机控制因子	WB	车轮上的刹车闸片制动器
		WG	涡轮的废气旁通阀
rad	辐射	v	黏性的
recir	再循环	w	磨损
ref	参考状态或参考物体	wall	部件的金属壁面
retarding	发动机或车辆的制动或缓速运行工况	x	水平方向、横向或 x 方向
		y, z	垂直方向或 y、z 方向
rf	车辆轮胎与道路之间的滚动摩擦阻力	0	参考状态,初始状态,或者热力学第二定律中的死态
ring	活塞环	1, 2	能量平衡方法 1 和 2
S	系统	1, 2, 3	在发动机气流网路中的位置,系数编号,或者试验设计的试验次数编号等
SC	弹簧线圈		
SCR	选择性催化还原		
Sh	强度	1	压气机进口
SOC	燃烧始点	2	压气机出口
SP	弹簧	2a	在发动机系统布置图或发动机气流网路中紧随 2 号位置以后的地方(即进气歧管)
SPL	声压级		
s	声音,或者气流的静止状态参数(比如静压)		
		3	涡轮进口或排气歧管
sf	安全因数	4	涡轮出口
sink	冷却介质的入口状态或冷却器环境状态		

上角标

sl	滑动的	abs	绝对压力
slap	活塞敲击	g	全局的
sr	速比	gauge	表压
ss	应力	L	下限
stoi	理论配比的(即化学当量的)	l	局部的
T	涡轮	limit	极限
TC	涡轮增压器	max	优化中的最大值
T/C	涡轮或压气机	min	优化中的最小值
TV	变矩器	n	标称值,中间值
t	牵引力	opt	优化的
tan	切线方向(切向)	p	最大的,最高的
tr	扭矩比	T	转置的
turb	涡轮	target	设计的目标值
upper	上限	U	上限
V	车辆	v	底谷
VAL	气门	$(1, 2, 3, \cdots, i)$	迭代次数
VGT	可变截面涡轮或其叶片开度	'	转置的矢量

单位和单位转换

Btu/min	每分钟英热单位（功率单位）
deg	度或（°）（角度单位）
ft	英尺（长度单位）
gauge	表压
h	小时（时间单位）
hp	马力（功率单位）
in	英寸（长度单位）
in Hg	英寸汞柱高度（压力或压强测量单位），也表示为 inch Hg 或 ″Hg
L	升（体积单位）
lb	磅（质量单位）
lbf	磅力（力单位）
lbf · ft	磅力英尺（扭矩单位）
lb/(hp · h)	每马力每小时磅质量（燃料消耗率单位）
lb/h	每小时磅质量（质量流量单位）
lb/min	每分钟磅质量（质量流量单位）
mile	英里（长度或距离单位）
min	分钟
mpg	英里每加仑（燃油经济性单位）
mph	英里每小时（速度单位）
ppm	百万分率（浓度单位）
psi	每平方英寸上的磅力（压强或应力单位），也表示为 lbf/in^2
r/min	每分钟转数，1 r/min = (1/60) s^{-1}，也表示为 rpm
s	秒（时间单位）

℃	摄氏度（温度单位）
℉	华氏度（温度单位）

(℉ − 32) × 5/9 = ℃

(℉ − 32) × 5/9 + 273.15 = K

℃ × 9/5 + 32 = ℉

1 Btu/min = 0.017 584 kW

1 EJ = 10^{18} J

1 ft = 0.304 8 m

1 lbf · ft = 1.355 82 N · m

1 g/(hp · h) = 1.341 g/(kW · h)

1 hp = 0.745 7 kW

1 in = 0.025 4 m

1 in Hg = 0.033 863 bar

1 lbf = 4.448 N

1 lbf/in = 175.1 N/m

1 lb/(hp · h) = 608.28 g/(kW · h)

1 lb/h = 1.26 × 10^{-4} kg/s

1 lb/min = 0.007 56 kg/s

1 lb = 0.453 6 kg

1 mph = 1.609 km/h = 0.447 m/s

1 mpg 相当于 2.352 L/km

1 mpg = 0.425 km/L

1 mile = 1 609.34 m

1 psi = 0.068 95 bar

1 mbar = 0.001 bar

1 U.S. gallon = 3.785 L

缩写词和首字母缩略语表（英汉对照）

AAMA	The American Automotive Manufacturers Association	美国汽车制造商协会
ABT	(emission) averaging, banking, and trading	排放的平均、积累和交换策略
ACEA	Association des Constructeurs Europeens d'Automobiles	欧洲汽车制造商协会
AECD	auxiliary emissions control device	辅助排放控制装置
A/F	air-to-fuel ratio or air-fuel ratio	空气燃料比或空燃比
ALT	accelerated life testing	加速寿命试验
ANOVA	analysis of variance	方差分析
API	American Petroleum Institute	美国石油学会
APQP	advanced product quality planning	先进产品质量策划
APU	auxiliary power unit	辅助动力装置
A/R	turbine ratio of area to distance	涡轮的面积距离比
ASQ	American Society for Quality	美国质量协会
ASTM	American Society for Testing and Materials	美国试验和材料协会
ATDC	after top dead center	上止点后
ATP-LD	Advanced Technology Powertrains for Light-Duty Vehicles	用于轻型车辆的先进技术动力系
B5	a fuel blend of 5％ biodiesel and 95％ diesel	由5％的生物柴油和95％的普通柴油所组成的混合燃料
BB	Box-Behnken 试验设计方法	
BDC	bottom dead center	下止点
BEM	boundary element method	边界元法
BGR	braking gas recirculation	制动气再循环
BL	boundary lubrication	边界润滑
BMEP	brake mean effective pressure	有效平均压力
BOM	bill of materials	材料清单
BS	brake specific	有效功率时间的
BSFC	brake specific fuel consumption	有效燃油消耗率（即有效功率时间质量油耗）
BSN	Bosch smoke number	波许烟度值
BSU	Bosch smoke unit	波许烟度值
BTDC	before top dead center	上止点前
BVO	braking valve opening (timing)	制动气门开启定时（正时）

C	criticality　　关键度
CA50	crank angle for 50% burn in heat release analysis　　放热率分析中在50%燃烧点处的曲轴转角
CAC	charge air cooler　　中冷器
CAFE	Corporate Average Fuel Economy　　企业平均燃料经济性
CAI	controlled auto-ignition　　可控自动点火
CARB	California Air Resources Board　　加利福尼亚州空气资源委员会
CBSFC	cycle brake specific fuel consumption　　循环有效燃油消耗率
CCC	central composite circumference　　中心复合边设计
CCF	central composite faced　　中心复合面设计
CCV	crankcase ventilation　　曲轴箱通风
CDA	cylinder deactivation　　停缸
CDF	cumulative distribution function　　累积分布函数
CDPF	catalyzed diesel particulate filter　　催化式柴油颗粒过滤器
CFD	computational fluid dynamics　　计算流体动力学
CFR	United States Code of Federal Regulations　　美国联邦法规
CG	center of gravity　　重心
CGI	compacted graphite iron　　蠕墨铸铁
CH_4	methane　　甲烷
CI	compression ignition　　压燃(压缩点火)
CIMAC	Conseil International des Machines a Combustion（the International Council on Combustion engines）　　国际内燃机学会
CNG	compressed natural gas　　压缩天然气
CO	carbon monoxide　　一氧化碳
CO_2	carbon dioxide　　二氧化碳
conrod	connecting rod　　连杆
CR	compression ratio　　压缩比
CTL	coal to gas and then to liquid　　将煤先气化再液化
CVT	continuously variable transmission　　无级变速器
D	detection of failure modes　　检测故障模式
DEER	Directions in Engine-Efficiency and Emissions Research　　发动机效率和排放研究的方向(学术会议)
DESD	diesel engine system design　　柴油发动机系统设计
DF	deterioration factor　　劣化因数
DFMEA	design failure mode and effects analysis　　设计故障模式影响分析
DI	direct injection　　直接喷射
DIT	dynamic injection timing　　动态喷油定时(正时)
DME	dimethyl ether　　二甲醚
DOC	diesel oxidation catalyst　　柴油氧化型催化器
DoE	design of experiments　　试验设计

DOF	degrees of freedom	自由度
DPF	diesel particulate filter	柴油颗粒过滤器
DVP&R	design verification plan and report	设计验证计划和报告
E	energy transfer	能量转换
ECA	Emission Control Area (along shorelines for marine engines)	排放控制区(沿海岸线的,对于船用发动机而言)
ECU	engine control unit	发动机控制单元
EBP	exhaust back pressure	排气背压
EGR	exhaust gas recirculation	排气再循环
EHD	elastohydrodynamic lubrication	弹性流体动力润滑
EHL	elastohydrodynamic lubrication	弹性流体动力润滑
EMA	Engine Manufacturers Association	发动机制造商协会
EOI	end of injection	燃油喷射终止
EOTD	engine outlet coolant temperature difference over ambient	发动机出口的冷却液与环境大气之间的温度差
EPA	US Environmental Protection Agency	美国环境保护署
EPI	exhaust-pulse-induced (compression brake)	排气脉冲引导的压缩式制动器
EPSI	engine performance and system integration	发动机性能与系统集成
ESC	European Stationary Cycle	欧洲稳态循环
EVC	exhaust valve closing	排气门关闭
EVO	exhaust valve opening	排气门开启
FAME	fatty acid methyl ester	脂肪酸甲酯
FE	fuel economy	燃料经济性
FEA	finite element analysis	有限元分析
FEAD	front end accessory devices	前端附属装置
FEL	family emissions level	发动机系族排放水平
FMEA	failure mode and effects analysis	故障模式影响分析
FMEP	friction mean effective pressure	摩擦平均有效压力
FMETA	failure mode and effect tree analysis	故障模式和影响树分析
FPI	Fast Probability Integration	快速概率积分
FSN	filter smoke number	滤纸烟度值
F-T	Fischer-Tropsch 方法	
FTP	Federal Test Procedure	联邦测试程序
FTP-75	Federal Test Procedure drive cycle for light-duty vehicle emissions	用于轻型车辆排放的联邦测试程序驾驶循环
GA	genetic algorithm	遗传算法
GAWR	gross axle weight rating	车桥额定总质量
GCVW	gross combined vehicle weight	组合车辆总质量
GDI	gasoline direct injection (engine)	汽油直接喷射发动机
GEM	Gas Emissions Model	气体排放模型

genset　　　　　generator set　　发电机组
GHG　　　　　　greenhouse gas　　温室气体
GVW　　　　　　gross vehicle weight　　车辆总质量
GVWR　　　　　gross vehicle weight rating　　车辆额定总质量
GTL　　　　　　gas-to-liquid　　由气到液
H　　　　　　　hydrogen atom　　氢原子
H_2　　　　　　hydrogen　　氢气
H_2O　　　　　water　　水
HC　　　　　　　hydrocarbons　　碳氢化合物
HCCI　　　　　　homogeneous charge compression ignition　　均质充量压燃着火
HCF　　　　　　high cycle fatigue　　高循环疲劳
HD　　　　　　　heavy duty　　重型或重载
HD-UDDS　　　　heavy-duty Urban Dynamometer Driving Schedule　　重载城市测功器驾驶计划
HEV　　　　　　hybrid electric vehicle　　电动混合动力车辆
HFC　　　　　　hydrofluorocarbons　　氢氟碳化物
HHV　　　　　　hybrid hydraulic vehicle　　液压混合动力车辆
HIL　　　　　　hardware-in-the-loop　　硬件在环
HLA　　　　　　hydraulic lash adjuster　　液压间隙调节器
HP　　　　　　　high pressure (stage)　　高压级
HPL　　　　　　high pressure loop　　高压环路
HRR　　　　　　heat release rate　　放热率
HSDI　　　　　　high speed direct injection　　高速直喷
HT　　　　　　　high temperature (stage)　　高温级
HTHSV　　　　　high-temperature high-shear viscosity　　高温高剪切黏度
HTR　　　　　　high temperature radiator　　高温级散热器
HWFET　　　　　highway fuel economy test　　高速公路燃料经济性测试
HWY　　　　　　highway　　高速公路
I　　　　　　　　information exchange　　信息交换
I4　　　　　　　inline four-cylinder engine　　直列四缸发动机
I6　　　　　　　inline six-cylinder engine　　直列六缸发动机
ICE　　　　　　internal combustion engine　　内燃机
ICP　　　　　　injection command pressure　　喷射指令压力
IDI　　　　　　indirect injection　　非直接喷射
IMEP　　　　　indicated mean effective pressure　　指示平均有效压力
IMO　　　　　　International Maritime Organization　　国际海事组织
IMT　　　　　　intake manifold gas temperature　　进气歧管气体温度
IMTD　　　　　intake manifold temperature difference (the difference between the charge air cooler outlet fresh air temperature and the ambient temperature)　　进气歧管温差(即中冷器出口的新鲜空气温度与环境大气温度之差)
INCOSE　　　　International Council on Systems Engineering　　国际系统工程学会

ISC	inter-stage cooler 间冷器(即介于两级压气机之间的充量空气中间冷却器)
ISFC	indicated specific fuel consumption 指示燃料消耗率
ISO	International Organization for Standardization 国际标准化组织
IT	intake throttle 进气节气门
IVC	intake valve closing 进气门关闭
IVO	intake valve opening 进气门开启
JFO	Jakobsson–Floberg–Olsson (JFO) cavitation boundary condition Jakobsson–Floberg–Olsson(JFO)气蚀边界条件
LCF	low cycle fatigue 低循环疲劳
LD	light duty 轻型或轻载
LEV	low emission vehicle 低排放车辆
LNG	liquefied natural gas 液化天然气
LNT	lean NO_x trap 稀薄氮氧化物捕集器
LP	low pressure (stage) 低压级
LPL	low pressure loop 低压环路
LSD	low sulfur diesel, a diesel fuel which contains less than 500 ppm of sulfur 低硫柴油(即具有低于 500 ppm 硫含量的柴油)
LPG	liquefied petroleum gas 液化石油气
LSL	lower specification limit 规格指标的下限
LT	low temperature (stage) 低温级
LTC	low temperature combustion 低温燃烧
LTR	low temperature radiator 低温级散热器
M	material exchange 材料交换
MAF	mass air flow 空气质量流量
MAP	manifold air pressure 进气歧管压力
MBC	model-based controls 基于模型的控制
MCS	Monte Carlo simulation 蒙特卡罗模拟
MDPV	medium-duty passenger vehicle 中型乘用车
MEP	mean effective pressure 平均有效压力
MIMO	multi-input multi-output 多个输入和多个输出
ML	mixed lubrication 混合润滑
MLA	mechanical lash adjuster 机械间隙调节器
MOGA	multi-objective genetic algorithm 多目标遗传算法
mpg	miles per gallon (of fuel) 每加仑燃料的行驶英里数
MTBF	mean time between failures 平均故障间隔时间
MTTF	mean time to failure 平均无故障时间
MV	mean value (model) 平均值(模型)
N	nitrogen atom 氮原子
N_2	nitrogen 氮气
N-A-P-D-Q-P	一种理性的工程师生产力管理系统

NEDC	New European Driving Cycle	新欧洲驾驶循环
NGV	natural gas vehicle	天然气车辆
NH_3	ammonia	氨
NHTSA	National Highway Traffic Safety Administration	美国国家高速公路交通安全署
NMHC	non-methane hydrocarbons	非甲烷碳氢化合物
NN	neural network	神经网络
NO	nitric oxide	一氧化氮
NO_2	nitrogen dioxide	二氧化氮
N_2O	nitrous oxide	一氧化二氮
NO_x	oxides of nitrogen	氮氧化物
NRSC	non-road stationary cycle	非道路稳态循环

NRTC　　　non-road transient composite test cycle (for EPA Tier 4 emissions certification)
非道路瞬态组合试验循环(为美国环保署第四阶段排放认证用)

NTE	Not-to-Exceed	不超过
NTU	number of transfer units	传热单元数
NVH	noise, vibration, and harshness	噪声、振动和不平顺性
O	occurrence of effects	影响效应发生
O_2	oxygen	氧气
OBD	on-board diagnostics	在线诊断
ODE	ordinary differential equation	常微分方程
OEM	original equipment manufacturer	主设备制造商
OHC	overhead cam	顶置凸轮
OHV	overhead valve	顶置气门
OPOC	opposed-piston opposed-cylinder (engine)	对动活塞式和对置气缸式发动机
ORC	organic Rankine cycle	有机兰金循环

OTAQ　　　EPA Office of Transportation and Air Quality　　　美国环保署的交通和空气质量办
公室

P	physical connection	物理连接
PCCI	premixed charge compression ignition	预混充量压燃着火
PCP	peak cylinder pressure	最高气缸压力
PD	proportional-differential	比例-微分
PDF	probability density function	概率密度函数
PFQI	Pareto front quality index	帕雷托前锋质量指数
PI	proportional-integral	比例-积分
PID	proportional-integral-differential	比例-积分-微分
PM	particulate matter	颗粒物
PMEP	pumping mean effective pressure	泵气平均有效压力
PNLT	Post New Long Term Emission	后新长期排放(标准)
QALT	quantitative accelerated life test	定量加速寿命试验
RAR	rear axle ratio	后轴传动比

RBDO	reliability-based design optimization	基于可靠性的设计优化
RCCI	reactivity controlled compression ignition	反应控制压燃点火
rev	revolution	转数
RMC	ramped mode cycle	过渡工况循环
RMS	root-mean-square	均方根
RMSE	root-mean-square error	均方根误差
RNG	renewable natural gas	可再生天然气
ROA	rise over ambient	环境温升(即从环境大气到压气机进口的充量空气温升)
ROC	radius of curvature	曲率半径
rpm	revolution per minute	转数每分钟
RPN	risk priority number	风险优先数
RSM	response surface methodology	响应曲面方法
RT	real-time	实时
S	severity of effects	影响效应的严重性
SAE	Society of Automotive Engineers	汽车工程师学会
SASR	solid ammonia storage and release	固氨储存和释放
S/B	stroke-to-bore ratio	行程缸径比(行径比)
SCR	selective catalytic reduction	选择性催化还原
SEA	statistical energy analysis	统计能量分析
SECA	SO_x Emission Control Area	硫氧化物排放控制区
SET	Supplemental Emissions Test	补充排放测试
SFC	specific fuel consumption	比燃料消耗率
SFMEA	system failure mode and effects analysis	系统故障模式影响分析
SI	spark ignition	火花点燃式
SIL	software-in-the-loop	软件在环
S/N	signal-to-noise ratio	信号噪音比(信噪比)
SOC	state of charge (for battery)	电池的充电状态
SOC	start of combustion (for engine)	发动机的燃烧始点
SOF	soluble organic fraction	可溶性有机组分
SOI	start of injection	喷射始点
SO_x	sulfur oxides	硫氧化物
SPL	sound pressure level	声压级
SUV	sport utility vehicle	运动型多用途汽车
TC	turbocharging, turbocharged, or turbocharger	涡轮增压、涡轮增压的或涡轮增压器
TBN	total base number	总碱值
TDC	top dead center	上止点
TDCF	top dead center of firing	点火上止点
TDI	turbocharged direct injection	涡轮增压直喷
TM	thermo-mechanical	热机械

TS-SRP	total strain–strain range partitioning	总应变–应变范围分区
turbo	turbocharger	涡轮增压器
TWC	three-way catalytic converter	三效催化转化器
UIC	Union Internationale des Chemins de fer (the International Union of Railways) 国际铁路联盟	
ULSD	ultra-low sulfur diesel, a diesel fuel which contains less than 15 ppm of sulfur 超低硫柴油(即具有低于 15 ppm 硫含量的柴油)	
US06	Supplemental Federal Test Procedure (SFTP) driving cycle to complement the FTP-75 test cycle and represent aggressive, high speed and/or high acceleration driving behavior and rapid speed fluctuations for light-duty vehicle emissions　用以补充 FTP-75 试验循环的为轻型车辆排放认证的联邦测试程序,代表着急加速、车辆高速驾驶和快速速度波动的驾驶行为	
USCAR	United States Council for Automotive Research	美国汽车研究学会
USL	upper specification limit	规格指标的上限
V6	Vee-bank six-cylinder engine	V 形六缸发动机
V8	Vee-bank eight-cylinder engine	V 形八缸发动机
VAL	vibration acceleration level	振动加速度级
VAT	variable area turbine	可变面积涡轮
VCR	variable compression ratio	可变压缩比
VDL	vibration displacement level	振动位移级
VGC	variable geometry compressor	可变几何截面压气机
VGT	variable geometry turbine	可变几何截面涡轮
VIRCAL	virtual calibration	虚拟标定
VNT	variable nozzle turbine	可变喷嘴涡轮
vol. effi.	volumetric efficiency	充量因数(容积效率或充气效率)
VVA	variable valve actuation	可变气门驱动
VVL	variable valve lift, or vibration velocity level	可变气门升程,或者振动速度级
VVT	variable valve timing	可变配气定时(正时)
WE-VVA	wastegating elimination variable valve actuation	消除废气旁通的可变气门驱动
WG	wastegate or wastegate opening	废气旁通或废气旁通阀开度
WHR	waste heat recovery	余热回收
WR-VVA	wastegating reduction variable valve actuation	减少废气旁通的可变气门驱动
ZWB	zero-wheel-braking	不采用车轮刹车闸片制动
1-D	one-dimensional	一维
2-D	two-dimensional	二维
3-D	three-dimensional	三维
℃A	degrees of crank angle	曲轴转角角度

第一部分

柴 油 发 动 机 系 统 设 计

柴油发动机系统设计中的基本概念
——分析式设计过程、耐久性、可靠性、优化

1

分析式设计过程和柴油发动机系统设计

摘要：柴油发动机系统设计(英文简称 DESD)在开发现代低排放的带排气再循环(EGR)的柴油机中是一个重要的具有主导作用的工作职能。它代表着发动机设计模式的一个重大转变,引领和集成从系统层面到部件层面的设计,并依靠先进的分析模拟工具来制定高质量的系统设计指标。本章介绍柴油机系统设计的基本概念,并为这一新兴技术领域的理论和方法提供一个概述。本章的中心主题是如何在产品开发周期的早期阶段设计一个良好的发动机系统性能指标。本章采用系统工程的方法,并将可靠性和抗扰性(稳健性)工程的概念用于柴油机系统设计中,以解决为定目标而设计、为多变性而设计和为可靠性而设计所遇到的优化问题。本章还提出一个由属性驱动的系统设计过程。该过程代表着从系统层面到子系统或部件层面的先进的分析式发动机设计,以协调不同的产品属性和子系统。系统设计中的四大属性——性能、耐久性、封装性、成本——都被详细地予以阐述。本章还讨论了竞争性基准分析技术。另外,在侧重于发动机性能与系统集成(EPSI)的基础上,对柴油机系统设计中的技术领域、理论基础和所采用的工具进行了介绍。本章还阐述了系统设计与组织理论、专业化、部门化和集成化之间的关系。最后,对不同用途的柴油机的运行特征和设计特点做了总结。

1.1 车用柴油发动机设计的特征和挑战

1.1.1 柴油发动机分类

柴油机是一种使用柴油燃料的压燃式发动机。根据不同的分类标准,柴油机可以被分为很多不同的种类(表 1.1)。对于系统设计来讲,了解每一类柴油机之间的差异和各自独有的特征是非常重要的。根据每个工作循环的曲轴转数,柴油机可以分为四冲程(即每个循环曲轴旋转两圈)和二冲程(即每个循环曲轴旋转一圈)。根据排放标准和发动机的用途,柴油机可以分为道路用、非道路用和固定式。道路用柴油机包括用于卡车、客车和汽车的。非道路用包括船用、工业用(比如驱动空气压缩机的柴油机)、建筑设备用、农用(例如拖拉机)和铁路机车用柴油机。关于最新的排放标准和分类,读者可以参考美国环境保护署的网站 www. epa. gov,或者 DieselNet 的网页 www. DieselNet.com,以及 Rakopoulos 和 Giakoumis(2009)书中的附录 A。根据道路用柴油机的排放认证方法,柴油机可以分为重载和轻载(表 1.2)。美国汽车制造商协会(英文简称 AAMA)按照车辆质量(重量)将卡车分为三类(重型、中型、轻型)和八级(表 1.3)。重载发动机一般用于商用车(卡车、客车)、一些非道路车辆、船用发动机、发电机组、工业电厂等。轻型用途一般包括乘用车(轿车)、多功能运动车(越野车)和轻型货车(如一些皮卡)。

表 1.1　柴油发动机分类

分类标准	变化种类
冲程数	四冲程,二冲程
排放标准	道路用,非道路用
用途	道路用(卡车、客车、轿车),非道路用(船用、工业用、建筑设备用、农用、机车用等),固定式
车用排放认证方法	重量级重型,中量级重型,轻量级重型;轻型
车辆质量	重型,中型,轻型
曲轴额定转速	高速(N_E>1 000 r/min 或者 v_{mp}>9 m/s)
	中速(N_E= 300~1 000 r/min 或者 v_{mp}=6~9 m/s)
	低速(N_E<300 r/min 或者 v_{mp}<6 m/s)
燃油喷射方式	直喷,非直喷
空气管理	涡轮增压(带或不带中冷),机械增压(带或不带中冷),自然吸气
空气冷却介质	水冷,空气冷却
缸内氮氧化物排放控制方法	排气再循环,非排气再循环
氮氧化物后处理控制	非选择性催化还原,选择性催化还原
气缸数	单缸,多缸
型式设计特征	顶置凸轮或顶置气门等
	四气门气缸盖或两气门气缸盖等
	直列式、V 型、对置活塞式等
使用的燃料	轻液体燃料,重液体燃料,多燃料(例如生物柴油、双燃料——天然气和柴油)

表 1.2　美国环保署关于车辆质量的分类

车辆质量	分 类	排放认证
<3 856 kg(8 500 lb)总质量	轻型	车辆底盘测试
>3 856 kg(8 500 lb)总质量	轻量级重型:在 110 000 mile 的有效使用寿命期内满足法定排放标准	发动机测功机测试
>3 856 kg(8 500 lb)总质量	中量重型:185 000 mile 的有效使用寿命期	发动机测功机测试
>3 856 kg(8 500 lb)总质量	重量级重型:290 000 mile 的有效使用寿命期	发动机测功机测试

表 1.3　美国汽车制造商协会关于车辆质量的分类

级别	车辆质量	分类
第一级	<6 000 lb 总质量	轻型卡车
第二级	6 001~10 000 lb 总质量	轻型卡车
第三级	10 001~14 000 lb 总质量	轻型卡车
第四级	14 001~16 000 lb 总质量	中型卡车
第五级	16 001~19 500 lb 总质量	中型卡车
第六级	19 501~26 000 lb 总质量	中型卡车
第七级	26 001~33 000 lb 总质量	重型卡车
第八级	>33 000 lb 总质量	重型卡车

注:lb 为英制质量单位,1 lb=0.453 6 kg

柴油机也可以分为低速(曲轴的额定转速低于 300 r/min)、中速(300~1 000 r/min)和高速(高于 1 000 r/min)。另外,也可以使用对应于额定转速的活塞平均速度来分类。例如,活塞平均速度低于 6 m/s 的为低速机,6~9 m/s 的为中速机,超过 9 m/s 的为高速机。图 1.1 中的大量数据显示了北美高速柴油机的曲轴转速相对于活塞平均速度的变化情况。由于各个发动机行程上的差异,图中数据点的分布非常分散,故而在横纵轴上的两个速度之间并不存在明确的一个设计趋势。由此可见,以上根据速度而进行的分类也只是一个大致的区分。

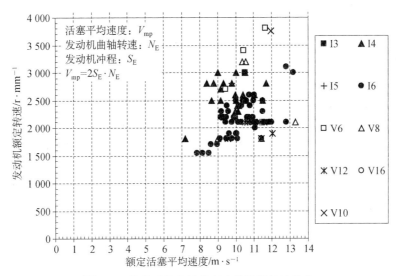

图 1.1 北美重载和轻载高速柴油机转速分布

根据不同的燃油喷射方式,柴油机可以分为直接喷射和非直接喷射。根据充气方法的不同,柴油机可以分为自然吸气式、机械增压式、空气动力(废气)涡轮增压式发动机。根据不同的冷却介质,柴油机可以分为水冷式和风冷式。大多数现代柴油机是直喷、涡轮增压(带中冷或称增压空气冷却)和水冷式发动机。根据缸内氮氧化物(NO_x)排放控制的方法和氮氧化物后处理技术,柴油机又可分为排气再循环、非排气再循环、选择性催化还原(SCR)、非选择性催化还原发动机。此外,根据所使用的不同燃料或者燃料的兼容性,柴油机可以分为使用轻型液体燃料、重型液体燃料和多燃料的发动机。这本书的主体部分集中于论述用于车辆的、四冲程、道路用、重载、涡轮增压、带排气再循环的柴油机。

在关于柴油机工作知识的学习中,重视对行业标准和国家标准的了解是非常基本而重要的。在世界范围内的内燃机领域里,美国汽车工程师学会(SAE)和国际标准化组织(ISO)的两大标准体系是在汽车和发动机行业的设计和测试工作中具有指导意义的重要文件体系。ISO 的标准和工作程序对于全球化的企业和非道路用的应用场合特别有用。在本章末尾的参考文献部分所开列的 ISO 标准(ISO 1204,ISO 2710,ISO 7967-1,ISO 21006)和 SAE J604 介绍了一些关于内燃机的基本定义和基础知识。关于其他与发动机有关的 ISO 和 SAE 标准,读者可以在各章的参考文献一节以及 Mollenhauer 和 Tschoeke(2010)所著的书中找到。

1.1.2 柴油机和汽油机之间的比较

了解柴油机的基本特征对于发动机系统设计和动力系的技术评估是非常重要的。与汽油机相

比,柴油机具有以下的优点:

- 燃油消耗量和二氧化碳排放量较低。虽然机械摩擦损失可能会随着高压缩比所导致的最高气缸压力的增加而增加,但是柴油机所使用的高压缩比一般会使发动机具有比较高的热力学循环效率。柴油机通常不需要使用进气节气门(除了一些在排气再循环柴油机上的特殊需要外),所以泵气损失比较低;
- 功率较高。柴油的燃烧不受像在汽油机里自燃的那种严格限制,所以柴油机可以使用很大的气缸直径,并可以采用很高的进气增压压力,喷射更多的燃料以匹配所获得的大量增压空气来产生很高的功率;
- 低转速时具有较高的扭矩,以及更好的驾驶性能。柴油的燃烧允许使用很高的增压压力,这样柴油机就可以产生比汽油机更高的扭矩;
- 由于柴油燃烧需要采用较高的空气燃料比(空燃比),柴油机具有很低的一氧化碳(CO)排放量和碳氢化合物(HC)排放量。

应当指出的是,在现代柴油机中,由于使用排气再循环(即抽取部分排气混入进气歧管)对氮氧化物进行缸内控制,如果整个系统设计不当的话,无进气节流操作的传统优势可能会部分丧失。这是因为在某些工况下,关小进气节气门开度能帮助驱动所需要的排气再循环气体的流量。另外,较高的排气再循环率(定义为排气再循环质量流量与进气歧管总充量的质量流量之比)会导致由于进气增压压力的增加而造成的较高气缸压力。如此高的气缸压力可能会导致所允许的空燃比或发动机的压缩比必须减小。尽管有以上一些复杂局限,综上所述,优越的燃油经济性以及较高的功率和低转速扭矩是柴油机在中载和重载发动机应用中占统治地位的主要原因。

但是,与汽油机相比,柴油机也面临着如下一些在设计上的挑战:

- 由于气缸内的空气与燃油所构成的混合物进行非均匀燃烧,发动机本体(即排气后处理装置之前)的颗粒物(PM)排放和排烟比较高;
- 由于柴油机中进行的是非均匀燃烧,它需要大量的空气,因而空气利用率较低;
- 发动机排气尾管出口处的氮氧化物的控制更为困难一些。有效用于汽油机的对氮氧化物进行控制的三效催化器不能用于柴油机,这是因为柴油机采用在较高的空燃比下进行的稀薄富氧燃烧方式;(注:柴油机排放控制在 Majewski 和 Khair 于 2006 年出版的著作中有详述。)
- 由于柴油机进行稀薄富氧燃烧,它具有较低的排气温度。这会造成柴油颗粒过滤器(DPF)在某些再生工况时(例如部分负荷和低转速)遇到困难;
- 柴油机有来自于燃油喷射、燃烧和机械冲击方面的更高的噪声;
- 柴油机具有较大的质量(重量)。由于压缩比比较高,柴油机需要使用较重的结构来承受较高的气缸压力;
- 柴油机的成本比较高,这主要是由于其复杂而昂贵的燃油喷射装置、柴油颗粒过滤器和氮氧化物后处理装置造成的;
- 柴油机的额定转速比较低,这是由于受其非均匀燃烧所造成的较慢的缸内燃烧速度所限制的。汽油机由于燃烧速度较快,额定转速往往可以高达 6 000～7 000 r/min 甚至更高,而车用柴油机的额定转速通常限制在 2 000～4 000 r/min;
- 柴油机具有较低的功率密度(即每单位发动机排量的功率较低),这是由于其额定转速方面的限制,因此额定功率也相应受到一些局限;
- 柴油机在冷起动时更为困难。

柴油机所面临的上述挑战是它重要的系统特性,尽管它们从柴油机的本质机理上讲是不利的,或者说不是什么好的特性。在柴油机系统设计中,进一步提高优势,同时尽量减少(或至少不再扩大)缺点,是极为重要的。

1.1.3 柴油发动机的历史、特征和面临的挑战

柴油机的历史可以追溯到 19 世纪末鲁道夫·狄塞尔的开创性工作。Cummins Jr. (1993) 和 Grosser (1978) 给出了关于柴油机早期历史的详细论述和关于狄塞尔本人的传记。柴油机是热效率最高的燃用液体燃料的动力推进装置,从陆地和海洋运输到固定式动力发电都具有广泛的应用范围。柴油机历史的发展一直伴随着其自身的特点和持续面临的各种挑战。

根据其压缩点火机理,柴油机允许使用一个大范围内的具有不同品质的柴油燃料。因此,在第一次世界大战之前,柴油机就很早被广泛用于船舶推进和固定式发电;而这些地方往往都需要使用廉价的低品质的柴油燃料。由于其燃油喷射和燃烧的机理,柴油机一般比汽油机的转速要低,这使得柴油机具有较低的摩擦损失。柴油机将燃油喷入气缸,与在压缩冲程结束时被压缩的炽热空气相混合。它不需要像汽油机那样依靠使用进气节气门来调节空气流量以保持一个理论配比空燃比。柴油机使用比汽油机更高的压缩比,因此本质上具有更高的指示热效率。所有上述特点(即较低的转速、较小的进气节流泵气损失、更稀薄的富氧空气与燃料的混合物,以及更高的压缩比),使柴油机具有比其竞争对手(汽油机)更高的有效热效率。因此,柴油机在 20 世纪的上半叶经历了在陆地运输领域内的快速发展,从而牢固确立了作为商用车辆(即卡车和客车)中最高效的发动机的地位。柴油机过去一直在重型卡车、铁路机车和远洋船舶的市场中占据着主导地位,而这些领域对高的热效率、优越的耐久性和可靠性或者高的低速扭矩一直具有很严格的要求。

柴油机的发展一直持续不断地被强大输出功率的需求所驱动着。由于燃油喷射系统的局限性和非均匀燃烧中较慢的扩散燃烧速率所需时间方面的限制,柴油机不能像高速汽油机那样依靠高转速来产生高功率密度。在增压技术尚未出现的早期年代,这转速方面的差异导致在功率密度上柴油机与汽油机相比具有很大的差距。增压技术的出现改变了这种状况。柴油的辛烷值较低这个特点使得柴油机能够被增压到很高的气缸压力和温度而不出现在汽油机中所遇到的自燃或爆震的风险和问题。在 20 世纪后半叶所广泛采用的涡轮增压和中冷技术大大提高了柴油机的功率密度水平。据 Hikosaka (1997) 指出,通过使用涡轮增压,重载柴油机的最大有效平均压力已呈指数级增长,从 20 世纪 20 年代的大约 500 kPa[①] 增加到了 90 年代的 2 000 kPa 以上,而且目前仍然在持续上升。在乘用车(含轿车)市场上,自 20 世纪 80 年代以来,涡轮增压已经使轻载柴油机的功率密度急剧上升,达到了一个与汽油机接近的水平(Hikosaka, 1997)。柴油机已日益变得更紧凑和动力更加强劲,并且具有更低的噪声。更高的有效平均压力和使用排气涡轮所造成的排气能量回收也进一步提高了柴油机的热效率。另一方面,应当指出的是,较高的有效平均压力要求发动机具有更耐久的结构(例如曲轴和活塞组),以便承受更大的最高气缸压力。

20 世纪 70 年代发生的石油危机极大地推动了节能动力系统的发展,特别是以"从矿井到车轮"的效率这个视角来看。这个效率是"从矿井到燃料箱"和"从燃料箱到车轮"这两个效率的组合。尽管具有较高的噪声(在怠速即最低空载转速时最为明显)和较高的成本,柴油机向轻型车辆和轿车市场的渗透和扩张在持续快速增长,尤其是在欧洲和亚洲这样一些高燃油价格以及燃油税政策有利于柴油的地区(Challen 和 Baranescu, 1999)。

---

① 1 bar = 10^5 Pa

关于较低的噪声、振动和不平顺性[①](NVH)的要求对于个人交通工具的动力系统来说已变得越来越重要。间接喷射(IDI)式柴油机比直接喷射(DI)式柴油机具有更低的燃烧噪声,但是代价为油耗的增加。直到 20 世纪 90 年代,间接喷射技术仍然在轻型车辆领域中占据着主导的市场份额。由于燃油喷射系统的进步和与之相关的燃烧噪声问题的解决,加上改进结构设计来减少 NVH,直喷式柴油机从 20 世纪 80 年代后期以来便在轻型车辆市场中逐步取代了非直喷式柴油机。商用车市场不像轻型车辆那样对噪声那么敏感或苛刻,因此直喷技术很早就被广泛应用。直喷式柴油机比非喷射式的燃油经济性大约要好 10%～15%,而比气道喷射式汽油机要好 30%～40%。直喷式的燃油经济性较好的原因主要包括以下几方面。首先,直喷式不需要采用一个分开的燃烧室,因此就没有由预燃室或涡流室内的喉口部的气流阻力所引起的节流损失。其次,直喷式发动机由于具有比较小的燃烧室传热面积,耗散给冷却水的散热损失也较小。关于不同发动机的燃料消耗的比较,读者可以参考 Hikosaka(1997)的论文。

在过去的几十年里,柴油机的设计在众多方面取得了持续的巨大的进步,使得油耗、重量、NVH 和成本都在不断下降。同时,瞬态性能、耐久性和可靠性都在不断增强。通过改进活塞组的设计,发动机的摩擦和润滑油的消耗也在减少。通过精心匹配涡轮增压器和改进发动机的容积效率(例如通过采用四气门设计),泵气损失在不断减少。混流式和可变截面涡轮(VGT)增压器已被大量用来降低发动机的泵气损失和改善瞬态响应。可变气门驱动(VVA)和可变涡流技术也在柴油机领域内予以重视和研究。各种不同的燃烧室设计(包括无涡流的静态燃烧室和带涡流的)被大量提出,用以提高燃烧效率和减少散热损失。更加紧凑的和流动阻力较小的换热器也相继出现。而且,由于部件供应商在设计上的努力改进,发动机辅助附件的耗功损失也已经大幅度下降。

余热回收自 20 世纪 80 年代以来就受到广泛关注。涡轮复合增压曾是一项被大力研究的、具有高潜力的技术。它可以回收在涡轮增压器的涡轮出口处的排气热量,用以驱动另一个动力涡轮来产生机械功返还到发动机曲轴上以添加一些有效功。另外,值得关注的是在 20 世纪 80～90 年代所进行的关于低散热量柴油机(即所谓的"绝热"发动机)的研究。发起这项研究的初衷是在动力缸内的部件表面(例如活塞、气缸盖、气缸套)使用热绝缘材料来大幅减少传热损失。不久,人们发现绝热发动机在燃油经济性上的收益远远低于最初的预期。许多其他方面的设计困难也相继出现,比如气缸内的摩擦学问题和过高的氮氧化物排放。后来,随着更严格的排放法规的出现,对绝热发动机的兴趣逐渐偃旗息鼓,至少对于那些不能从严格的排放法规中得到豁免的发动机类别而言(比如非军用发动机)。无论如何,绝热发动机的研发毕竟激发了工业界应用热力学第二定律分析内燃机的兴趣,也积累了在缸内散热量控制方面的一些宝贵的经验教训;而散热量控制仍然是现代低氮氧化物发动机设计中的一个极为重要的课题。

自 20 世纪 90 年代后期以来关于道路用和紧随其后的非道路用的全球各个排放法规的制定(主要起源于美国、欧洲和日本),给了现代柴油机、清洁燃料和润滑油技术另一个主要研发动力,也可以说是迄今为止的一个最新的强有力推动。Lloyd 和 Cackette (2001)给出了关于柴油机对环境和人类健康影响的一个重要评述,包括从发动机本体设计到燃油和后处理技术在柴油机排放控制方面的总结。Cadle 等人(2008)论述了移动式污染源对环境空气质量和排放的影响。他们的工作总结了在 2007 年召开的第 17 届 Coordinating Research Council, Inc. 公司(CRC)道路用车辆排放研讨会上的研究成果,包括对以下方面内容的比较全面的涵盖:累计排放量模型、柴油机道路用和非道路用排放、燃料影响、颗粒物表征、测量方法和便携式排放测量系统、排放控制措施。关于其他相

---

① 有的中文文献将不平顺性(harshness)称为平顺性或舒适性。

关研究,读者可以借鉴 Sawyer 等人(2000)、Franz(2002)、Leister(2004)的工作。

在美国,重载道路用发动机是根据联邦测试程序(FTP)、补充排放测试(SET)和"不超过"(NTE)这几个排放法规来认证的。轻载道路用发动机是根据 FTP-75 和 US06 排放法规来认证的。与配备有三效催化器的汽油机相比,不带后处理装置的柴油机在排气尾管处具有较低的未燃碳氢化合物(HC)、可以忽略不计的一氧化碳(CO)、较高的颗粒物(PM)和氮氧化物[①]排放。柴油机具有较低的碳氢化合物和一氧化碳排放量的原因是它以稀薄富氧的高空燃比运行,尤其是在部分负荷时。由于柴油的低挥发性,柴油机几乎没有蒸发排放量。在冷起动排放方面,柴油机也比汽油机低。柴油机在排放上所面临的挑战主要是对氮氧化物和碳烟的控制。柴油机本身具有在排放和性能上的固有折中或权衡,即氮氧化物与碳烟之间的折中,氮氧化物与碳氢化合物之间的折中,以及氮氧化物与有效燃油消耗率(即有效功率时间质量油耗)之间的折中。折中意味着在改变一个设计或标定因子的值的时候,改进一个响应参数不可能不伴随着另一个响应参数的牺牲。折中的一个典型例子是燃油喷射定时的影响。推迟燃油喷射定时会使氮氧化物排放量减少,但是会导致碳烟排放和有效燃油消耗率增加。为了打破一个设计或标定因素所造成的折中,就需要改进另一个因素。例如,当燃油喷射压力增加时,在同样的喷油定时下,碳烟和有效燃油消耗率就都能够被降低。柴油机设计上的挑战一直都是围绕着同时减少排放和燃料消耗。排放达标、功率密度、结构强度和可靠性是彼此相互关联和权衡的。低排放会要求使用较高的空气或排气再循环流量,因而导致较大的最高气缸压力;而这正与对更高的功率密度的需求相竞争。自从排放法规变得更加严格以来,发动机功率密度的增加步伐就开始放缓。先进的高压燃油系统、电子控制系统、后处理装置(例如柴油氧化型催化器和柴油颗粒过滤器)、低硫燃料是柴油机排放控制自 20 世纪 80 年代以来出现的四项先进技术。

现代柴油发动机用以满足美国 2004—2010 年的排放法规的另一个重要特征是使用排气再循环(EGR)。该技术已被用来作为一种非常有效的手段来减少氮氧化物,尤其是在美国。在某些欧洲和亚洲国家,基于液体尿素的选择性催化还原(SCR)技术被用来代替排气再循环以控制氮氧化物排放。但是,很多人对基于尿素的 SCR 技术仍存在很多担心,比如装置成本和运营费用、重量、封装空间、排气阻力增加、电子控制系统的复杂性、氨气泄漏、在非常寒冷天气下的相容性、基础设施的成熟性、车辆客户的维护负担、保证在用排放达标等。在 2010 年以后的大多数美国柴油发动机上,EGR 和 SCR 技术其实是被同时使用的。

如果说增压中冷是用来提高功率密度和降低颗粒物排放,那么排气再循环在现代发动机中主要是用来控制氮氧化物排放。排气再循环依靠降低缸内的氧气浓度和燃烧温度这个机理来降低氮氧化物排放。与旧时代的涡轮增压的非排气再循环发动机相比,排气再循环发动机从系统到部件都有着非常不同的设计考虑。例如,在非排气再循环发动机设计中的通常做法是把涡轮匹配得使进气歧管压力比排气歧管压力高一些,这是因为它没有驱动排气再循环气流的需要。在这种情况下,一个负值的压力差或称负发动机压差就形成了。发动机压差在这里定义为排气歧管压力减去进气歧管压力。这样的一个负发动机压差不仅造成正的泵气功(而不是负的泵气损失)从而使得有效燃油消耗率得以下降,它还通过配合使用较大的气门重叠角来促进缸内的气体交换和扫气,以减小作用在气缸盖、排气门、排气歧管和涡轮上的热负荷。气门重叠角在这里指的是在排气门关闭定时与进气门开启定时之间的曲轴转角差。在气门重叠期间,排气门和进气门都处于开启状态。此外,非排气再循环发动机的空燃比可以设计得非常高,而且一般都不至于出现超过最大气缸压力极限的问题。高的空燃比能提高燃烧效率,同时减少碳烟排放。然而,在排气再循环发动机中,这些优势就都

---

① 氮氧化物(NO_x),主要是 NO 和 NO_2,NO_2/NO 的比例大约为 5%～25%。

消失了,这是因为驱动排气再循环气流需要一个正的发动机压差(即排气歧管压力必须高于进气歧管压力)。增加使用颗粒物和氮氧化物的后处理装置使排气阻力增加,这进一步使涡轮增压器的匹配复杂化。另外,在瞬态或后处理再生时所需要的排气再循环开启和关闭的操作,会导致发动机气流和温度发生波动;这就要求系统设计的方法必须十分仔细,以优化所涉及的所有子系统和运行工况。其他与排气再循环有关的设计挑战还包括控制进气冷凝水、冷却液的散热量和发动机部件的磨损。

除排气再循环外,现代柴油机还以其他几个排放控制技术为特点。一些新颖的燃烧概念(例如低温燃烧、均质充量压燃着火)正在深入研发中。超高燃油喷射压力对燃料系统提出了新的严格要求,包括在低发动机转速和高转速都实现高压喷射(比如采用高压共轨燃油系统)。推迟燃油喷射定时已成为满足氮氧化物排放标准的有效手段(尤其是对于缸内排放控制技术来讲),而这一举措往往导致有效燃油消耗率升高。在推迟的喷油定时情况下,在很多转速和负荷工况(包括全负荷),缸内燃烧压力已不再像过去那样比在燃烧上止点处的压缩压力还高。上止点处的压缩压力这时通常会成为最高气缸压力。多次喷射方法(预喷射、主喷射、后喷射)和喷射速率整形在设计和标定工作中也变得十分必要。清洁和高效的燃烧方向在 Hikosaka(1997)的放热率分析中有详细的展示。另外,空气和排气再循环的混合气的进气充量冷却已被证实是控制氮氧化物排放的一个有效措施,尽管在控制进气冷凝水和散热量方面仍然存在很大的挑战。而且,柴油颗粒过滤器已经成为满足严格的美国 2007 年排放法规的必要技术。综上所述,先进的排气再循环、空气管理、燃油喷射、燃烧、后处理、电子控制是现代柴油发动机满足严格的排放标准的六大关键技术。

先进的燃油配方(低芳香烃含量、超低的硫含量)和改善的润滑油添加剂(即对灰分的控制和为了后处理装置兼容性以避免中毒或结垢)也是为了满足严格的排放法规所必需的。例如,美国环保署 2007 年排放法规就是得到了 2006 年的超低硫柴油标准的支持。美国道路用车辆所使用的柴油燃料中的硫含量的体积浓度已经从 500×10^{-6}(500 ppm)降低到了自 2006 年开始实行的 15×10^{-6}(15 ppm)。这样的超低硫燃料也将被要求在大部分的非道路用车辆中使用。

在不久的将来满足温室气体排放和燃油经济性法规以及持续地改善油耗是柴油机技术发展的下一个主要动力。在化石燃料耗尽之前,柴油机在未来的几十年内将继续作为最流行的内燃机而存在。今天几乎整个的重载动力市场和很大一部分的中载动力市场都在使用柴油机(Boesel 等人,2003)。非道路用车辆也以柴油动力作为主体。根据美国环保署的数据,美国高速公路运输所使用的能源消耗的 23% 是用在重型卡车上,1% 用在客车,32% 用在轻型货车,44% 用在轿车。如果说满足排放法规是目前为了开发更好的发动机的推动力的话,那么将来的推动力将会是燃油经济性、温室气体排放、NVH、可靠性和成本。二氧化碳排放量控制或燃油经济性法规对发动机制造企业提出了另一个严峻挑战。需要注意的是,二氧化碳排放量与燃油经济性之间存在一个直接的关联(Menne 和 Rechs,2002;Steinberg 和 Goblau,2004)。另外,正如 Dopson 等人(1995)所指出的,美国和欧洲这两个主要的立法地域在燃油经济性立法上所采用的方法是不同的。美国的方法是基于企业平均燃油经济性(CAFE)的标准确定的。这个标准允许制造商在测算时混合他们的产品和销售。欧洲的燃油经济性立法方法是仅考虑二氧化碳法规的。过去在油耗方面的一些著名项目包括美国的 55% 热效率的重载发动机、欧洲的每百千米 3 L 油耗的轿车(3 L/100 km 相当于 33.3 km/L)和美国政府与企业之间为研发新一代车辆而建立的伙伴合作关系(PNGV)项目中的 34 km/L 的轿车等。

在轻载动力方面,美国联邦政府和美国汽车研究学会(USCAR)发起过一个名为 PNGV 的项目。该学会是由美国几家主要汽车主设备制造企业成立的,包括福特汽车公司、通用汽车公司和克莱斯勒公司。Boggs 等人(1997)讨论了 PNGV 项目的燃油经济性目标和降低整车重量的必要性。高速直喷式(HSDI)柴油机在此项目中被确定为最有前途和燃油经济性最佳的动力装置(在常规动力系统中)或者是主要的动力装置(对于混合动力系统来说)。发动机排量减小已经成为在未来的轿车或混合动力汽车上获取较高的热效率的一种趋势。然而,排量下降也带来一系列在燃烧、结构设计和 NVH 等方面的重大挑战。例如,从 NVH 角度讲,把一台四缸的发动机转换成三缸结构就不是一件容易的事情(Ecker 等人,2000)。另外,当发动机排量变小后,燃烧室的面积容积比(面容比)会变坏,可用于燃烧的空气所占的比例也会减少。改善燃油消耗,同时以具有最低成本的后处理技术满足最严格的美国第二阶段第五档(Tier 2 Bin 5)的轻型排放法规,对于轻载柴油机来说是所面临的一个主要挑战。

在重载动力方面,努力探索提高热效率和开发匹配更好的代用燃料的工作历来都十分活跃。重型车辆技术发展的重点一直都集中在减少排放、提高燃料经济性(即节能减排)和使用非石油来源的代用燃料上(Eberhardt,1999)。使用传统的石油基燃料的量产化车用重载柴油机的热效率水平目前已经可以达到 40% 以上。而与之相比,汽油机的热效率水平往往只是在 30% 左右。最近的研究表明,将柴油机的热效率提高到 55% 左右,在技术上是可以实现的(Eberhardt,1999)。为了实现排放达标和较高的热效率,并且同时降低发动机和车辆的总体成本,未来的柴油机先进技术的开发工作主要包括以下七个领域的内容:①缸内燃烧技术;②空气系统技术;③瞬态性能的电子控制技术;④余热回收技术;⑤排气后处理技术;⑥燃料品质和代用燃料技术;⑦混合动力系匹配技术。

在环境和大气保护、能源资源安全和低碳运输等因素驱动下,未来全球柴油机的技术路线将受满足排放法规和温室气体排放或燃料经济性法规的双重制约。另外,发动机的设计和标定也必须满足在线诊断法规。从全球角度来看,从 20 世纪 90 年代末到 2010 年左右的二十多年的排放法规时代即将过去,而在未来的一二十年内的温室气体或燃料经济性法规的时代已经来临。以美国在 2014—2017 年即将开始实施的温室气体排放法规为例,它是第一个关于中载和重载发动机的燃料经济性的法规,包括对燃料消耗量的规定和关于二氧化碳(CO_2)、甲烷(CH_4)、一氧化二氮(N_2O)、空调制冷剂等气体的排放标准。二氧化碳的排放量与燃料消耗量之间存在着直接的相关性。该法规对发动机和卡车分别予以规范,以确保这两者的技术均能为达到各自的标准而持续改进。它将车辆及其发动机大体分为三类:7 级和 8 级的重型牵引车辆(第一类)、2b 级和 3 级的一些轻型货车(第二类)、其他的卡车等(第三类)。二氧化碳排放量或燃料消耗量所采用的测试认证方法不仅对于发动机和车辆而言是不同的,而且在不同类里也是不同的。例如,第一类中的发动机使用稳态十三工况法,而车辆则使用美国环保署的温室气体排放模型(GEM)。第二类中的发动机和车辆均使用底盘测功机予以测试。第三类中的发动机使用联邦测试程序的瞬态工况进行测试,而车辆则使用 GEM。压燃式发动机的甲烷和一氧化二氮的排放量采用重载发动机的联邦测试程序认证。美国环保署关于发动机的二氧化碳排放法规的限值按照车辆用途和功率范围划分,以 g/(hp·h)[①]为单位,而且这些发动机在大幅降低燃料消耗率的情况下还必须满足美国环保署 2010 年的严格的排放法规[即 0.2 g/(hp·h)的氮氧化物限值]。美国环保署关于车辆的二氧化碳排放法规的限值按照车辆的用途、重量和设计特征划分,以 g/(ton·mile)为单位。另外,为了鼓励行业发展,对于采用先进技术给予激励额度,例如混合动力、电动汽车、废热回收、代用燃料技术等。值得注意的是,美国的温室气体排放法规未对氮氧化物的选择性催化还原后处理装置中的工作液(液态尿素)的消耗量予以立法限制。实际上,尿素的生产与天然气或煤炭等不可再生资源的消耗密切相关。合理策划发动机产品在这些法规中的归类,对于制定企业产品的技术路线十分重要;而以排放设计为基准

---

① 1 g/(hp·h)=1.341 g/(kW·h)

的、以燃料经济性为主导的发动机系统设计的作用将会变得越来越强有力。

尽管先进的清洁柴油机仍将占据大部分重载动力的市场份额,柴油混合动力系统可能在未来的几十年内变得越来越受欢迎,从而成为重型车辆上最先进的动力总成。电动或液压混合动力系统均能显著减少排放和节省燃油,这得益于一系列混合动力技术的优点,包括再生制动能量回收(特别是对于那些市内送货和城市交通中常见的走走停停式的工作循环)、发动机怠速关闭、排量减小以及利用发动机的最佳运行工况进行驾驶等。

天然气发动机(例如压缩天然气即CNG,以及液化天然气即LNG)和双燃料的天然气柴油发动机也将在重型车辆市场增加自己的份额,尤其是公交车辆、客车、市内送货车辆和垃圾回收车辆等。生物柴油、由气到液技术(GTL)或者人工合成的柴油燃料将会有更多的应用市场。相比之下,作为主推进动力来讲(而不是作为辅助动力装置即APU),燃料电池在可预见的未来仍将面临在商品化方面的技术和成本上的巨大挑战。

为了使用户满意,在燃料经济性上或者更公平地讲在"工作液经济性"上的市场竞争将会更为激烈。工作液经济性是指包括燃料和后处理工作液(例如尿素)这两者在内的经济性衡量。这种竞争不仅会发生在各柴油机制造企业之间,也会发生在柴油机与其他一些向其挑战的先进动力总成技术之间,比如直喷式汽油机(GDI)(Asmus,1999)。未来的柴油机将具有一系列与改善燃油经济性相关的先进设计特点,例如余热回收(WHR)、停缸运行、可变气门驱动(VVA)、与电动或液压混合动力相集成、先进的智能控制等。所有这些即将面临的挑战都需要在柴油机设计(Xin,2010)和车辆动力系集成(SAE PT-87,2003;Seger等人,2010)的工作中采用一个优化而系统的方法。另外,使用一个系统的设计方法还可以强有力地支持和协调在每个子系统或部件层面所发生的技术创新,并且为传统的机械设计领域内的一些问题(例如减少摩擦损失和NVH)提供新的解决方案和思路。总而言之,先进的发动机系统设计的最终目标就是要在产品开发周期中以低成本和快节奏开发出优异的产品。

以上对系统设计需要考虑的一些方面做了论述,下面就柴油机的技术路线予以简要总结。从全球的研发历史来看,大体上有三条路线:①高排气再循环无选择性催化还原;②无排气再循环加选择性催化还原;③中度排气再循环加选择性催化还原。柴油颗粒过滤器一般都是必需的。这三条排放控制的技术路线对于柴油机本体氮氧化物排放限值的确定、系统的配置、性能、耐久性、成本和应对温室气体排放法规的措施都具有深远的影响。这些路线也与燃料的含硫量限值、选择性催化还原装置的转化效率和所希望使用的尿素溶液消耗量有关。排气再循环影响柴油和低碳代用燃料的燃烧模式、发动机的噪声和散热量等。它还影响泵气损失、瞬态响应能力、相关的空气系统选型和喷油定时(即泵气损失与指示功率损失之间的折中)。相应地,它也影响着几个关键的与耐久性有关的系统设计性能参数,例如最大允许的最高气缸压力、排气歧管压力和气体温度、压气机出口空气温度。如果采用高排气再循环路线,完全依靠先进的缸内技术来控制氮氧化物排放,这对于推动发动机行业的技术进步具有积极意义。但是这条路线在技术上难度最大,技术含量最高,对空气系统和冷却系统的设计要求也最严格(比如采用最小的涡轮面积以驱动大量排气再循环气流以及采用很大的散热器来冷却排气再循环);在由于删除氮氧化物后处理装置而获得最低的发动机成本的同时,燃料消耗率也由于喷油定时的推迟而较高。相比之下,无排气再循环的技术路线则走的是另一个极端;而且,由于不依靠排气再循环而只依靠高效率的选择性催化还原装置来降低氮氧化物排放,喷油定时往往被限制得不能太提前(否则氮氧化物排放过高),这样燃料消耗率就不能达到最低。第一条和第二条技术路线在满足最严格的氮氧化物排放法规方面都存在不同程度的困难。目前比较现实而成熟和容易的技术路线是第三条。这条路线在合理可控的泵气损失设计范围内最大限度地利用排气再循环的各方面优势,并大幅度提前喷油定时以降低燃料消耗率(只要不超过最高气缸压力的设计限值)。该路线与满足温室气体排放法规也具有较好的衔接性。这条路线从发动机行业技术进步的角度、产品综合属性的角度或者产品竞争力的角度来讲不一定是最佳的,但是它的确是一条最容易实现和满足所有法规的技术路线。第 16 章的第 16.4 节对这个问题有更为详细的论述。

1.2　柴油发动机系统设计中系统工程的概念

1.2.1　系统工程原理

1.2.1.1　系统工程定义

系统工程在过去的几十年里已被成功地运用于航空航天和国防产品的开发中。其在汽车行业中的零星应用始于 20 世纪 90 年代。过去一直没有一个如何在柴油发动机系统设计中运用系统工程原理的理论。根据 Kossiakoff 和 Sweet(2003)在他们关于系统工程的经典教科书中的定义,系统工程的功能是"指导复杂系统的工程"。系统被定义为"一组相互关联的、为一些共同的目标来一起工作的组成部分或部件"。事实上,在系统工程的英文名词的拼写上,关于是应该写成"多系统工程"(即 systems engineering)还是"单系统工程"(system engineering),并没有一致的认同。在柴油机系统设计中,只有一个系统,那就是整个发动机作为一个整体。复杂的系统往往具有一个层次结构,这个结构由一系列称为子系统的、具有相互作用的元素组成。一个子系统又可以由一些更加简单的功能实体组成,比如子组件、部件、子部件和零件。一个系统,如果从层级链的视角相对扩大到一个更高的水平来看的话,也有可能会变成它的上一级系统中的一个子系统。正如 Kossiakoff 和 Sweet(2003)所指出的,"由于系统工程的功能是一个指导性功能,它就要行使其权威性;具体地讲,就是体现在要建立目标(要求和指标规范)、制定任务分配、进行评价(设计审查、分析和测试)以及控制产品的整体配置。"

从 Kanefsky 等人(1999)、Armstrong(2002)和 Austin(2007)所引述的由国际系统工程学会(INCOSE)所给出的定义来看:

"系统工程是一个能够成功地实现或构造各个系统的跨学科的方法和手段。它着重于在开发周期的早期阶段定义用户的需求和所需要的功能,并记录这些要求,然后进行设计合成和系统验证,同时把以下内容作为一个完整的问题来考虑:性能、成本和进度、测试、制造、培训和支持、运行和回收处置。系统工程把这些专业和专门的团队集成到一个团队中,把整个团队的努力化成一个结构有序的、从概念到生产再到运行的一个开发过程。以提供优质产品来满足用户需求为目标,系统工程兼顾了所有用户在商业和技术方面的需求。"

从本书后面所提出的系统设计的理念和结构框架来看,以上这个定义虽然在系统工程领域被长期使用,但其实仍然存在着一些概念不太清晰的问题。另一个由 Austin(2007)提出的定义指出,"系统工程是一个为复杂系统的开发所执行的一个正式过程,它由一套设定的要求或需求所驱动,并从这个系统在其整个生命周期里的预定使命所衍生。"

Jackson 等人(1991)试图将系统工程引入到汽车行业中,并试图应用系统工程的原理来进行汽车变速器的设计。他们解释了用于规划、协调和执行产品开发的系统工程的一些程序和工具。Kanefsky 等人(1999)给出了一个关于将系统工程的方法应用于发动机冷却系统设计方面的概述,侧重于需求分析、功能分析和目标设定。Armstrong(2002)在他著名的 SAE Buckendale 讲座中以电子控制集成为例,总结了在不同的产品开发阶段中系统工程的角色和作用。Austin(2007)则为汽车工程领域提供了一个关于系统工程方法的比较好的介绍。迄今为止,关于系统工程的最全面的普通的通用理论大概当属 Kossiakoff 和 Sweet(2003)的著作。在下面的章节里,本书先将系统工程的主要原则做一个研究和总结。然后,系统工程中某些传统观点的缺陷将被明确地一一指出,同时提出一个新的适用于柴油机系统设计的系统工程理论。

1.2.1.2 界面——系统工程的焦点

一个系统的性能会受它的外部环境(例如环境温度和海拔高度)影响,或者与其他平行的系统(例如发动机相对于汽车传动系来讲)具有相互作用。定义和控制这些影响效应和在系统的外部界面或接口处的相互作用,是系统工程师的独特职责。在系统内部也存在着在子系统的各种内部边界或接口处所发生的相互作用。同样地,定义这些内部界面,以及为实现兼容性和可靠性而对它们进行控制,也是系统工程师的主要职责。所谓控制是施加于那些连接、隔离或转换相互作用的元素上的。经验表明,很大一部分系统故障都是发生在界面处。对系统元素之间的界面设计进行严格控制是系统工程的一个重要课题。界面的要求必须包含或体现在系统设计的指标之中。另外,验证界面要求也必须包括在系统验证计划中。

1.2.1.3 系统工程的阶段和作用

系统工程的过程通常被表达为一个“V”形图(Austin,2007)。V 形的左边一支包含一个从系统、子系统到部件层面的自上而下的逐级派送过程。它包括产品定义、需求分析以及设计指标的开发和分配。V 形的底部是产品设计和样机制备。V 形的右边一支包含一个从部件、子系统到系统层面的自下而上的集成过程。它包括产品的功能需求检验和测试验证。V 形的左右两支是靠传递验证的结果来进行联系和沟通的。

在系统的生命周期模型里,系统工程的活动由以下三个阶段组成,即概念开发、工程开发和开发后的工作。据 Kossiakoff 和 Sweet(2003),概念开发包括以下内容:建立系统的需求,探索可行的概念以定义功能或性能方面的要求,基于性能、成本、进度和风险选择合适的系统概念,以及定义系统的功能指标。工程开发包括以下内容:在前期的高等技术开发阶段验证新技术,识别和降低风险,按照设计指标把概念转化成硬件和软件的具体设计内容,以及制备和测试集成好的产品样机。开发后的工作包括生产和部署所说的产品系统,以及配套系统的运行和维护。

系统工程是项目和计划管理的一部分。它是兼蓄工程技术和管理的一个统一过程。正如Armstrong(2002)所指出的,项目管理的本质就是权衡技术参数、进度、成本、市场影响力和现有资源之间的各个方面,以达到完成整个项目的目的。系统工程中所包括的作业任务通常有以下内容:

- 协助项目管理和任务管理方面来管理工作报表和风险;
- 进行系统的概念、构架或型式配置的设计与选择;
- 根据用户协议(含必需的内容和希望具有的内容)和约束条件进行系统的需求分析;
- 进行系统的功能分析,把要求(或称需求)从用户的语言转换成工程技术领域内的对应内容;
- 设定目标;
- 识别和管理系统元素之间的关键界面;
- 用合成、优化和平衡的方法来设计系统指标;
- 从系统层面到子系统和部件层面,逐级派送和向下分配硬件和软件的系统设计指标;
- 通过系统设计审查和具有技术纪律约束的决策过程对子系统进行技术协调和指导;
- 通过良好的技术文件记录和集成来进行产品的系统验证测试,以检验系统的功能和需求。

关于上述任务的具体描述,读者可参见 Kanefsky 等人(1999)、Armstrong(2002)以及 Kossiakoff 和 Sweet(2003)的论文或著作。系统工程提供了为复杂系统进行开发的一个有序过程。这样的过程能够在子系统设计开始之前,就识别和解决在系统设计中存在的关键问题。系统工程在整个项目中的作用是极为偏向于早期的预测和设计阶段的(即主张在前期投入大量的资源来完成大量的工作),而非后期的集成和验证阶段。系统工程非常强调对功能目标、要求(需求)和约束条件进行前期分析,基于客户提供的信息来定义好一个合乎逻辑的产品。许多经验表明,发现关于系统要求或需求方面的问题越晚,那么把这个问题修好所花费的费用就越昂贵。事实上,这里面的费用关系不只是一个线性的增加,而通常是指数级的增长(Austin,2007)。系统工程过程中的关键环节之一,在于整个设计必须严格地接受在功能要求和系统指标方面所进行的完整分析的领导。

功能要求是设计指标的基础。功能要求也是为什么某一项内容需要被包括在设计中的原因。对要求或需求的管理与对设计概念和产品构架型式配置的管理同等重要。不停地把系统要求作为一个移动或不确定的目标变来变去,会使系统设计变得非常困难和不稳定。不过,在很多时候,用户要求方面的变化是不可避免的。而且有时也很难准确地为某些系统要求确定一个工程技术层面的具体设计目标。比如,在发动机项目的早期阶段,用排放模型很准确地预测满足某个氮氧化物和碳烟排放量标准所需要的空燃比和排气再循环率就比较困难。这个时候,认真地记录系统需求变化及其可追溯性技术文件就十分重要,这同时也包括大范围地跟踪记录在系统、子系统和部件的设计指标上由于系统的需求发生变化而导致的更改。

系统工程分配和平衡各个要求,来决定每个系统元素应该承担多大的技术开发风险,并决定在所有的产品属性(例如性能、耐久性、重量、几何尺寸、外观、装配、成本)和元素之间的最佳权衡。在详细设计阶段和测试阶段,系统工程的作用是维护经过持续修订的系统设计指标,并确保系统的开发遵循最新的指标,同时保证数据管理从最开始的要求一直到最终的设计都具有良好的可追溯性。除了在项目的早期阶段逐级下派系统的要求和设计指标外,系统工程师也应该把整个设计从部件、子系统到系统从下向上进行集成,并在后续的系统验证阶段管理它们之间的界面。

另外,系统工程师还肩负着一个责任,那就是主动地建立起一个在项目管理与所有的子系统之间的有序交流网络。系统工程师在项目管理会议上起着积极的作用,审查设计的状况并解决权衡中的问题。系统工程的过程已经被实践证明能够显著地减少在项目开发后期所发现的问题数量和严重性,并且同时能够降低成本。

1.2.1.4 风险管理

风险指的是不能满足要求的可能性,以及不满足要求对于整个项目成败影响后果的严重性。在系统开发中用来识别和减小风险的方法被称为风险管理。一个更为定量的风险评估的办法是考虑问题的发生概率,以及它一旦发生所产生的后果(Austin,2007)。加权因数可以用来帮助确定需要优先考虑的风险。在一个项目的开始阶段,由于暂时无法预知很多不利事件,因而风险较高。随着开发的深入进展,风险被分析和测试手段系统性地减少和消除。先进技术的开发和系统设计的进行一般都发生在概念研发阶段,这个时候应该有意识地大幅度降低整个项目的风险。先进技术的研发阶段往往会使一些新的技术或概念变得成熟,并把它们变成在大批的量产化上可行的技术。系统设计可以确保必要的权衡都得到了分析,风险得到了评估、平衡和缓解。减轻风险的方法通常包括把一些过高的要求降低些,准备一些退路和备选替代途径等。关于系统风险、设计风险和降低风险的更多技术,将在后面的与抗扰性工程原理有关的章节中予以介绍。

发动机开发项目中的风险例子包括与结构强度有关的增大的最高气缸压力、升高的散热量、互相冲突的封装空间(例如复杂的涡轮增压器、冷却模块和后处理设备)、发动机的重量、产品的成本等。

1.2.1.5　折中与平衡的设计决策

系统工程的一个主要观点是为了实现整个系统作为一个整体的成功,需要在关键系统属性之间或各子系统之间的设计折中上取得一个最佳的平衡。最佳平衡的一个例子是在性能(即功能)与成本之间的折中或权衡。可以画一条曲线,它的横轴是成本,纵轴是性能与成本的比值(或称功能与成本的比值、价值比、成本效益)。总体最佳的系统性能可以选在这条曲线上接近于性能成本比的峰值处,只要这个峰值点也满足最低可以接受的性能要求即可。这个平衡的系统原则确保了在系统设计的决策过程中,没有任何一个系统属性是被允许过度增长或过度设计的,即不允许以牺牲其他同样重要的属性为代价。在发动机系统的开发中,进行以价值为导向的设计是很重要的(这里所说的价值指的是性能与成本之间的比值)。关于平衡的决定的另一个例子是科技进步与风险之间的权衡。新的先进技术往往包含许多不确定性(风险)和机会。已经投入使用的生产技术或量产化技术具有最低的风险,但它们可能很快就会过时。推荐正确的技术路线,包括可以承受的和经过平衡的风险,是系统工程师在一个项目中的首要职责。系统工程师需要具备在整体项目管理上的深入的技术知识和广阔的视野,以便能够为项目做出正确的平衡的决定。系统工程师实际上是决定如何同时实现系统的性能和项目承受能力这些目标的最终权威。

1.2.1.6　模块化和集成化

系统工程的另一个原则是部件的模块化和集成化,以方便技术管理。系统设计或集成侧重于系统元素之间的界面。模块化设计使得工作易于管理,部件易于组装。车辆冷却模块和动力总成控制模块分别是设备的硬件设计和电子控制方面的两个例子。一些模块是由提供全方位服务的系统供应商设计、测试和提供的,而其他模块则是由主设备制造企业来集成或整合。把系统模块化和把子系统在界面集成化是系统工程的中心任务之一。

1.2.1.7　系统工程师的资历要求

对系统工程师的需求在大型的复杂系统中体现得最为明显。另外,系统工程的工作职能必须能够适应现有的早已存在的组织结构。从本质上讲,系统工程师无疑是整个产品设计中最有影响力的技术引领者。从流程上看,子系统专家在系统工程师的"下游"工作,来完成和实现某个给定子系统的完整设计。如果每一个子系统专家都能够按照系统工程师的协调把自己的本职工作做好,整个系统将会被很顺利地开发出来;而且这个系统作为众多子系统的总和,一定会体现出一个很高的集成化程度。这个过程需要系统工程师具备下列资质:

- 在一个或多个传统的工程学科具有坚实的背景;
- 在一个或多个专业领域已展示出技术成就和权威;
- 喜欢跨学科的学习和来自广泛的不同技术学科的挑战;
- 熟悉组织机构内的所有功能专业,而且非常了解产品及其开发过程,特别是在系统层面的集成;
- 有勇气打破存在于不同的技术专家之间的技术语言障碍或壁垒,并搭建他们之间的交流桥梁;
- 精通于处理大规模的优化分析;
- 能够以开放的态度对待新思想、新主意和新流程;
- 具有良好的沟通技巧和流程管理技能,能够领导一个项目或任务,并能维持在众多的具有相互作用的个人和团体之间的有效沟通和交流。

1.2.2　柴油发动机系统设计在系统工程方面所面临的挑战

1.2.2.1　发动机系统工程师的学术背景

系统工程的传统理论(Kossiakoff 和 Sweet，2003)认为，系统工程以指导和协调每个单独元素的设计来联接各个传统的工程学科，并确保系统元素之间的相互作用和各个界面都互相兼容和彼此支持。这一理论承认由于缺乏一个量化的知识体系或者具体的技术专长，像这样的作为一个专业来定义的所谓系统工程领域并未被广泛地在学术界和工业界作为一个独特的或独立的学科所认可或承认，因为按照这样定义的传统的系统工程与工程技术学科(比如机械工程和电子工程)并没有对应关系。事实上，大多数技术人员往往抵制成为这样定义的所谓"通才"，因为他们担心会失去从他们的专业领域所获得的承认。

由于传统的系统工程理论认为一个只做"集成"而无须介入设计细节的工作职能对于系统工程师来讲大概就足够了，使得这样的理论相信没有经过专业工程训练的数学或物理专业的毕业生都可以来做系统工程师的工作。遗憾的是，对于柴油机系统设计来说，这种理论是根本行不通的。一个不产生系统层面设计数据的、只做所谓"协调"事宜的工作职能已被充分证明在发动机公司是无效的，而且是违反发动机研发的科学规律的组织做法。发动机系统工程师必须具备传统的工程学科的专业技能，以便做好系统设计和集成的工作并指导子系统和部件的设计细节工作。过去的大量经验表明，在柴油机系统设计中，最成功的系统工程师是出身于以下的工程专业之一：热流科学、燃烧、动力学、电子控制。

1.2.2.2　技术广度与深度

传统的系统工程观点要求系统人员具备以下的三维专长：极大的技术广度(宽度)、中等的技术深度、适中的管理技能。然而，广度这个词一直没有被明确地界定或赋予内涵。在柴油机系统设计中，广度其实是指产品实体(子系统或部件，例如配气机构和涡轮增压器)、产品属性[性能、耐久性、封装性(packaging)或称形状与装配性、成本]、工作职能的技能(即分析、设计、测试)、产品的用途等。深度是指对于以上任何一个特定主题细节的理解认识水平和详细程度，比如对理论和实验知识的理解、对有关影响因素的理解以及对不同主题之间的相互作用的理解。这里所说的主题可以指一个子系统，也可以指一个属性、工作职能或产品用途。

1.2.2.3　工作责任

传统的系统工程观点(Armstrong，2002)认为在一个组织机构内的系统工程团队或部门需要由一个跨学科团队人员组成，他们工作于系统层面，并代表着所有相关职能的领域。从本质上讲，这样的理论认为系统工程师其实就是项目的技术经理，他们与设计和开发部门密切合作。在柴油机系统设计中，系统工程师并不等同于项目经理的角色。系统工程师最好能够具备关于子系统和部件的深入知识，这主要是由于他们需要与部件工程师密切合作，来对那些对系统层面性能产生重大影响的部件进行设计。

传统的系统工程理论自从诞生以来就一直受到一些负面声音的质疑和挑战，比如"在专家们的头上再加上一个系统工程师，到底有什么价值？"这样的声音之所以存在，是因为系统设计的复杂性还没有被清晰地理解。如果运用一个由产品属性驱动的系统设计方法和按照元素划分的产品开发组织构造(详见下文提出的理论)，那么设置具备深入部件设计知识的系统工程师的好处就显而易见了。另一方面，这种方法也的确对工程技术人员提出了两个挑战，那就是，对于系统工程师来说，希望他们能够精通所有子系统的某个给定的产品属性；对于子系统专家而言，则是建议他们能够掌握对于一个给定的子系统来讲对不同的属性予以协调的能力。

1.2.2.4　系统工程师的设计工具

系统工程师所产生的高质量的系统设计指标是确保子系统和部件设计成功的源泉和关键。在柴油机系统设计中,系统工程师需要采用先进的模拟工具在系统优化的层面进行准确和复杂的计算。近似计算对于发动机工作过程来说往往是不够的,也不符合精密工程的原则和要求。

1.2.3　柴油发动机系统设计中的系统工程——属性驱动的系统设计过程

1.2.3.1　属性驱动的设计过程

传统的系统工程理论(Armstrong,2002)将设计活动分为两个阶段:初步设计和详细设计。初步设计紧随系统工程过程中另外两个更早期的阶段,即系统的需求分析和功能分析。"功能分析确定了基本的系统功能,并将前面所定义的系统要求转换成特定的系统性能特点和约束条件"(Armstrong,1996)。详细设计阶段的后面跟随着样机制备、测试、集成、生产、支持等阶段。产生系统指标的活动被视为初步设计的一部分。每个专业或子系统的技术团队在其详细设计中都使用系统指标作为指南。

在柴油机系统设计中,因为需要精确的系统指标,而不是一个粗略的初步估计,一些详细设计工作就需要被拉升到系统层面来进行。例如,详细的涡轮增压器匹配需要在系统指标制定的时候进行,而不是等到后面的一个详细设计阶段。因此,再把发动机设计工作强行区分为初步设计和详细设计这两类就不妥了。取而代之的划分角度和方法应该是,设计工作分为系统设计、子系统设计和部件的设计。对于上述的每一个设计层面来讲,具体的工作可以按照以下的四大类产品属性来进一步划分[图1.2(a)]:①性能;②耐久性;③封装性;④成本。

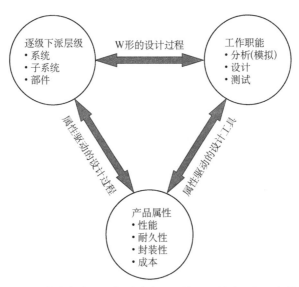

图1.2(a)　柴油发动机系统设计中的系统工程设计空间和相关元素

现代柴油发动机技术主要被下列七个产品子属性或设计考虑因素所推动:
(1) 在全球范围内满足严格的排放法规(主要为氮氧化物和碳烟);
(2) 改进燃料经济性和降低二氧化碳排放,并满足相关的严格法规。在发动机设计中,这主要涉及五个重要的方面:减少泵气损失(与空气系统设计有关),提高燃烧效率(与先进的清洁低温燃烧技术有关),减少发动机摩擦,回收排气余热能量,回收机油和冷却液的能量(尤其是在固定

式发动机的运行工况中);

(3) 实现高功率密度和高扭矩密度来改善车速和加速性能以及发动机的瞬态响应,同时降低发动机重量,减小尺寸,降低材料成本,减少摩擦,获得较高的热效率、较少的散热量和较低的排放。发动机额定功率和最大扭矩的设计是一个需要与排放和耐久性相平衡的复杂任务;

(4) 降低发动机的噪声和振动。在它们与燃料消耗之间往往存在着折中;

(5) 改善发动机的耐久性、可靠性和安全性。这些与发动机系统的设计参数和载荷有关(例如气体的压力、温度和流量),也与结构尺寸以及发动机的运动学和动力学有关;

(6) 实现紧凑和方便的封装性以及良好的可维护性;

(7) 降低成本。在新一代柴油机中,所增加的成本在很大程度上与排放控制装置有关,比如更为昂贵的燃油喷射系统、先进的增压系统、颗粒物和氮氧化物的后处理系统等。

这些子属性可以用一个多元素加权分布图〔亦称蛛网图,见图 1.2(b)〕很方便地表达和比较。这种图也适合比较任何其他元素。通常,图中曲线包络下的较大面积表示较好的系统。不同的元素可以按照一个指定的顺序沿圆周方向予以布置,图中的节点可以沿着轴向移动,元素之间的夹角可以调节来反映元素的权重。蛛网图比表格灵活,因为它能将各元素用一个闭环连接起来,而且能清晰地显示彼此的相互联系和作用。

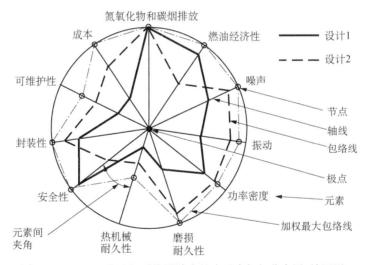

图 1.2(b) 用于柴油机系统设计中的多元素加权分布图(蛛网图)

发动机的整个设计工作内容是由系统工程师和子系统专家恰当分担的。从这个意义上讲,那些与性能属性相关的工作大概可以被视为在传统理论的定义中所说的"初步设计"(虽然这个设计的本质已经是相当详细而根本不是初步的了),而那些与耐久性和封装性相关的设计工作大概可以对应于传统理论中所说的"详细设计"。这里所提出的柴油机系统设计理论以一个属性驱动的设计方法交织于一个三层的逐级下派过程,从而更为有效率地取消了"初步设计"阶段(图 1.3)。此外,系统层面的设计可以直接敲定部件层面的设计细节,如果该部件与其他部件有着关键的相互作用从而影响着整个发动机系统性能的话。这个以系统为导向的设计过程的一个典型例子就是凸轮型线设计。整个凸轮轴的设计本身属于部件层面的工作,但是凸轮型线从容积效率到配气机构动力学对发动机系统的整体性能具有极为重大的影响。因此,凸轮型线的设计是由系统工程师在系统设计层面就完全确定了的。

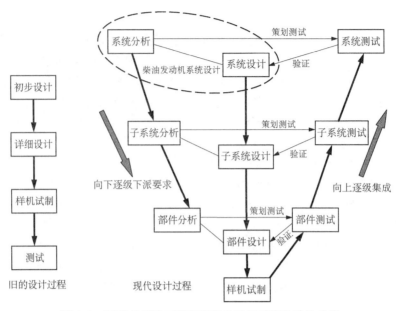

图 1.3 W 形的系统工程流程和发动机系统设计的功能

1.2.3.2 由属性和部件组成的区域和工作范围

系统工程理论认为系统工程师用他们对整个系统的技术知识来指导开发工作(图 1.4)。对于复杂的发动机设计来讲,一个人或者一个部门不可能了解所有相关领域。因此,有必要明确定义系统工程师的工作范围。设计工作区域可以被描述为一个由属性相对于子系统或部件所组成的二维空间(图 1.5)。要想开发好每个部件的各个属性,就需要采用各种不同的工作职能和工具。例如,性能的开发需要性能模拟分析、三维实体建模、样机设计和制备以及功能测试。耐久性的开发需要结构分析、样机设计和制备以及耐久性测试。封装性这个属性需要图纸设计和组件的三维实体建模来检查是否有尺寸或位置上的矛盾冲突,并要求采用性能分析和耐久性分析来检查是否存在功能上的干扰。目前封装性与测试活动的关系不大。成本这个属性则主要需要分析活动,而不是设计和

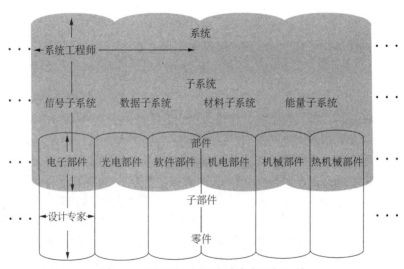

图 1.4 系统工程师和设计专家的知识域

(引自 Kossiakoff 和 Sweet,2003)

测试。如图 1.5 所示,一个人通常不可能精通在这个二维设计空间内的全部内容。沿着水平和垂直方向划分,可以使每个人或部门的工作范围易于管理并具有良好的秩序。

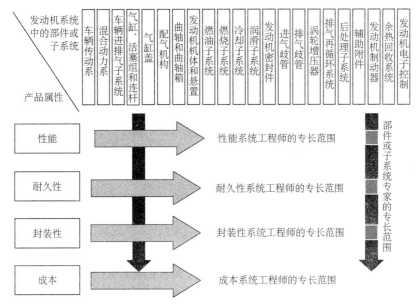

图 1.5 属性驱动的设计过程中的发动机设计的子系统领域和属性

1.2.3.3 工程师之间的协调

图 1.5 显示,工程技术人员包括两种类型:系统工程师和子系统(或部件)专家。在柴油机系统设计中,可以按照产品属性定义四种类型的系统工程师,即性能系统工程师、耐久性系统工程师、封装性系统工程师、成本系统工程师。通常情况下,由于功能在驱动其他三个属性方面的领衔性和重要性,性能系统工程师在整个系统的设计中起着领导作用。每种类型的系统工程师的专业技能是横跨所有的子系统或部件(图 1.5)。这种横向的技能安排的必要性,是由于系统设计的目的就是为了解决存在于所有子系统之间的冲突并把它们整合成一个整体。另一方面,在每个给定的子系统(或部件)内沿垂直方向的技能安排,使得部件工程师或专家能够在职业上或者在重视系统集成的企业组织结构内予以发展。这种垂向的技能安排的必要性,是由于部件工程师最终要对其部件负责,这就要求其必须调和四大属性之间的所有冲突。另外,如图 1.5 所示,子系统设计专家有责任从最底层的零件、子部件和部件一直向上集成到子系统层面。虽然这四种类型的系统工程师们可以坐在一起把在四大属性之间所存在的系统层面的折中都策划清楚,但是最终所有子系统和部件设计的细节还是要由拥有设计决定权和所有权的子系统或部件专家来完成。

图 1.5 中的二维设计空间所展示的属性相对于子系统的关系,包括它们之间的相互作用,反映了设计中所需要的完整技术知识。一个发动机项目的总工程师,在理想情况下应该是一个掌握所有这些知识的人,再加上分析、设计和测试工作职能的知识和产品用途的知识。另外,还应当注意到,在理想情况下,以上所述的两种类型的技术人员(系统工程师和子系统或部件专家)所提供的总工作技能应该被管理得等于在这个二维设计空间内所需要的总知识(见图 1.6 中的模型 A)。如果这两种类型的技术人员所提供的总工作技能显著地不足的话,产品设计中将势必出现技能的差距或缺口。另一方面,技能上显著的供过于求意味着人力过剩、管理不善、由于重复而造成的浪费和组织效率的低下(即图 1.6 中模型 A 的一个被滥用的版本)。从模型 A 到 B,组织效率是下降的,但是训练系统工程师的难度在模型 A 中较大。另外,模型 B 反映出当系统工程师沦为子系统之间的

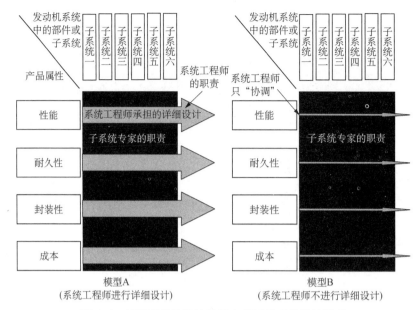

图 1.6 属性驱动的设计过程中的两种系统设计模式

"传声筒"时,其作用将会显著降低,甚至变得没什么用处。

如果没有一个胜任的系统工程师的指导,子系统或部件专家会很容易丧失对整个系统的全视野,尤其在他们只是狭隘地专注于自己的设计细节时。上面谈到的模型 A 的那个被滥用的版本指的是系统工程师和子系统专家毫无必要地在同样的事情上重复工作。在模型 B 中,对于柴油机系统设计来说,系统工程师的作用是肤浅和无效的。模型 A 对于发动机设计是一个更好的系统工程模型。它确保了关键的系统设计参数直接由系统工程师掌控,以求最大限度地提高设计效率。应当指出的是,模型 B 对于极为庞大而复杂的系统来说可能是合理的,因为那种系统中存在很多并行的子系统,而且层级链中具有许多子系统层(例如飞机设计)。

由图 1.5 可见,性能系统工程师和子系统或部件专家的工作范围可能会重叠,例如在后处理性能方面。恰当地把彼此的岗位职责协调定义好,可以很容易地避免这种重叠。一个通用的原则是,在给定的一个产品属性范围内,最终会影响整个系统的集成需求的内容需要由系统工程师来设计或者密切监控。其余的在四大属性中的属于子系统或部件的局部内容则应该由子系统或部件专家来设计。另外,根据图 1.5,系统工程师有责任沿水平方向(即横跨子系统)整合,而子系统专家负责沿垂直方向(即纵跨属性)整合。他们全部的工作都需要进行交叉审查,以便最有效地把所有人员的技能作为一个群体来使用,对这个二维设计区域进行检查与平衡。

系统工程师最好能具备子系统属性方面的深入知识,以便进行无缺陷的系统集成。当然,系统工程师在部件设计细节上的参与程度取决于属性的本质。例如,性能对系统层面整体性的影响一般比封装性要大。这就需要性能系统工程师比封装性系统工程师更加注重部件的设计细节。虽然性能系统工程师能缓解部件专家在性能方面的工作负荷,部件专家仍然需要花很多的精力来处理大量的组装和设计细节方面的工作。因此,在一个跨职能团队中,为了完成一个设计,系统工程师和部件工程师是同等重要的。

图 1.7 显示了关于系统工程师和子系统或部件专家的作用和职责的一个例子。系统工程师定义系统设计指标,子系统或部件专家执行并实现这些指标。综上所述,图 1.5～图 1.7 提出了一个强有力的、产品属性驱动的发动机系统设计和集成的方法。

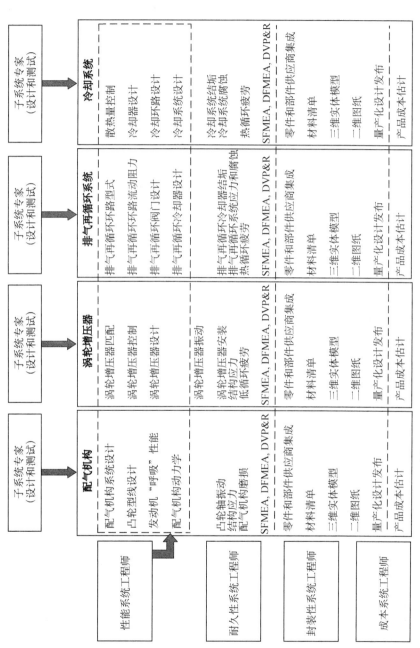

图 1.7 发动机系统设计中的工作职责区域示意图

1.2.3.4 不同属性所对应的工作职能

在四大属性中(性能、耐久性、封装性、成本),性能是唯一能够以先进计算分析内容为主的属性。耐久性工作对结构模拟和实验验证测试均非常依赖。封装性是艺术和科学的结合,通常主要依赖于经验设计。成本分析在柴油机设计工作中还没有发展到一个高级的水平,虽然这一领域可能会非常复杂和具有吸引力。表1.4总结了产品属性与工作职能相匹配的一些可行方案。分析工程师通常是系统设计人员的最佳人选。设计或测试工程师通常是子系统或部件专家的更好人选,因为大多数的子系统或部件工作主要涉及封装性和耐久性。本书的重点是跨越各子系统的性能属性。

表 1.4　产品属性和工作职能

相关属性 \ 工作职能	分析工程师	设计工程师	测试工程师
性能系统工程师	Y	N	N
耐久性系统工程师	Y	Y	Y
封装性系统工程师	N	Y	N
成本系统工程师	Y	Y	N

Y:表示"是"或"有可能";N:表示"否"或"不太可能"。

系统工程的理论在柴油机系统设计中很重要。它有助于建立一个设计过程或机制,使其对系统设计中的人为错误有更强的抵抗力而少受干扰。系统工程原理的合理应用可以显著提高设计质量和流程效率,最终为用户提供更好的产品。

1.2.4 系统工程的工具和方法

1.2.4.1 修改自由度的概念

Menne 和 Rechs(2002)指出,修改自由度被定义为在产品开发阶段进行设计变更的自由程度。这个开发阶段包括一个概念选择阶段、一个设计阶段和一个验证阶段。在早期的概念选择阶段,决策中的修改自由度相对来讲比较大。随着项目推进到后续阶段,修改自由度就没那么多了,更多的设计数据已被确定下来和发布出去。到了要开始投产的时候,就没有任何可以修改的自由度了。

1.2.4.2 因果图和蛛网图

因果图又称为"鱼刺"图、石川图或"羽毛"图(第3章的图3.22给出一个示例)。另外,帕雷托图在原因分解分析或原因分布分析中也是一个很有用的工具。另外,前面提到的蛛网图[图1.2(b)]在系统设计中很直观和方便,可以用来比较不同的设计方案、产品属性或者产品研发活动中的任何可比或可集成的元素。

1.2.4.3 决策树

一个决策过程可以用"决策树"来展示。一个决定可以是好的,也可以是坏的。在早期阶段做出正确的决定非常重要,因为这时做出的一个坏的决定所造成的缺陷可能到了整个开发过程结束时都校正不过来,即使在后期做了一连串的良好决策来试图校正以后。这就意味着在项目开发的早期阶段确定正确的发动机系统设计指标是极其重要的。

1.2.4.4 以价值为导向的设计分析中的决策矩阵

决策过程是系统设计的一个重要组成部分。它指导在不同的备选方案之间进行技术概念选择,评判选择的目标并提供标准。目标可以分为强制性的目标和理想目标两种。后者又称可以商量的目标。能否满足强制性的目标会在决策中产生"行"还是"不行"的评定。而对于可以商量的目标,产品属性评级需要被量化,再乘以加权因数来平衡不同目标之间的相对重要性。相互冲突的目标需要靠协商和折中(妥协)来解决。不同的设计概念需要在总加权属性评级和性能成本比(即价值比)的基础上进行比较。

1.3　柴油发动机系统设计中可靠性工程和抗扰性工程的概念

1.3.1　可靠性工程和抗扰性工程中的关键元素

上一节介绍的系统工程的概念奠定了柴油机系统设计的过程,对发动机产品的四大属性也做了介绍。可靠性工程和抗扰性①工程的概念谈的是产品的质量、设计的目标和方法。它们涉及多变性(variability)和概率。柴油机系统设计的终极目标是为可靠性而设计。对于柴油机来说,可靠性工程和抗扰性工程有六个关键元素,即多变性、性能、耐久性、封装性、质量、可靠性,如图 1.8 所示。下面的章节将详细定义和讨论每一个概念。对这些概念进行清晰而严密的定义和区分是构建整个柴油机系统设计理论体系的逻辑基础,具有极其重要的意义。

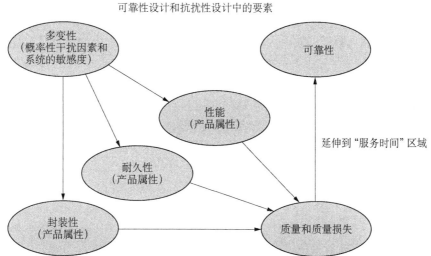

图 1.8　发动机系统设计中的可靠性工程和抗扰性工程概念

发动机的系统属性具有因多变性而造成的概率随机性质。简言之,多变性代表着系统所面临的概率干扰因素(noise factors)。性能指的是发动机的功能(例如功率、散热量和排放)。耐久性指的是发动机的结构能力(例如强度和应力,疲劳和磨损)。封装性指的是发动机的形状、美学特征、几何尺寸、重量、相对位置、可装配性等。质量指的是在发动机交付给用户之前,产品指标的实现程度或完善程度(假设指标是好的并满足用户的要求)。可靠性基本上是质量在时间域上退化程度的一个衡量,考察的是在发动机通过了质量检验并由用户投放使用以后在性能、耐久性和封装性这三

---

① 抗扰性(robustness)在大多数中文出版物中迄今为止被译为稳健性或鲁棒性,而其英文本意实为对干扰因素的抵抗能力,与稳健的中文含意不太吻合。

个方面的变化情况。质量和可靠性是受工程设计(即控制设计指标以满足用户的要求)和制造(即在产品实物上实现设计指标)两方面影响的。本书只涉及受工程设计影响的方面。

对于一个发动机产品来讲,性能和耐久性这两个属性的质量对用户最为重要。事实上,很多由于封装性的问题或差错而引起的质量问题(例如重量、间隙、大小、形状)往往也会通过性能和耐久性的问题反映出来。一个纯粹而孤立的封装性问题(比如外观和颜色)对发动机的可靠性来讲基本上没什么影响。因此,封装性在下面的章节中就不予详细阐述了。

如图1.8中的箭头所示,柴油机系统设计的过程需要经历一系列的步骤,从评估输入参数的多变性开始,到设计产品属性,再到达成规定的质量,最终到实现长期的质量保证(即可靠性)。而这最终的一站就是设计的终极目标。可靠性工程和抗扰性工程的工作过程涉及非确定性的概率设计。这一方法比之于较为基本的确定性设计方法和技巧来讲更为先进。

应当指出的是,"质量"、"可靠性"和"耐久性"这些名词,在中文和外文的文献中经常被误用,而且它们之间的区别也往往含糊不清。这种情况也发生在一些本章所引用的参考文献之中。下面将就每一个重要的概念及其相关的设计方法予以详述和澄清。

1.3.2 多变性的概念

多变性表示不确定或无法控制的噪音(即干扰)因素及其对系统敏感度的影响。它是一个非确定性设计的概念。具有不确定性就带有风险。一个对于干扰因素敏感的系统会表现出不稳定的性能(即不抗扰)。传统上讲,柴油机一直是在确定性条件下进行设计的,即在标准的、控制好的实验室测试条件下或排放认证条件下。把产品控制在设计指标的范围之内,希望可以保证设计质量。然而,当把柴油机放到现实世界中去使用时,许多由各种干扰因素引起的问题在偏离设计条件的情况下就出现了。对于所有可能的运行条件来讲,该系统可能是被过度设计的(例如,过大的排放达标裕度、过大的最高气缸压力或冷却液散热量的安全裕度),因此产品的成本过高。或者,对于某些干扰条件来说,该系统可能是设计不足的,因此它在使用中就会失效。在柴油机系统设计中,需要采用抗扰性工程来避免上述这两种情况。为抗扰性而设计(或称"为概率而设计")是应当采用的一个方法,以实现一个为产品群体中的大多数着想的、成本效益比划算的设计。此外,为了在早期阶段发现由干扰因素所造成的系统故障模式,并找到解决办法以确保可靠性,为多变性而设计也是非常必要的。

对于发动机产品来讲,与不确定性或多变性相关的风险可以分为系统风险和设计风险。风险是通过故障模式影响分析(FMEA)来管理的。Stamatis(2003)提供了一个关于故障模式影响分析的详细解释。一个系统或设计的故障模式影响分析方法通常包括以下三个步骤:
(1) 识别潜在的故障模式、发生的可能性和影响的严重性,以评估风险;
(2) 采用风险优先数(RPN)给故障模式排序,以确立优先次序;
(3) 采取行动来执行设计变更或过程变更,以尽量减少风险。

柴油机系统设计的系统故障模式影响分析过程如图1.9所示。故障模式影响分析是在概念设计完成后,由一个以工程、制造和可靠性人员所组成的跨职能团队来发起的。在设计确定和发布之前,故障模式影响分析需要连续不断地更新和维护。Arcidiacono和Campatelli(2004)介绍了一个用于可靠性设计过程的故障模式和影响树分析(FMETA)的方法。

容差被定义为上下限的极限值。超过这些极限值的话,就需要采取在经济代价上可以衡量的行动来弥补(Fowlkes和Creveling,1995)。容差确立了指标的允许值范围。在系统或设计的故障模式影响分析中,一般总是假设故障模式是由设计缺陷造成的。把设计指标的容差搞得足够宽(即不要过分约束)是很重要的,这样可以使制造过程中的变化对系统或产品的性能只有很少的影响或

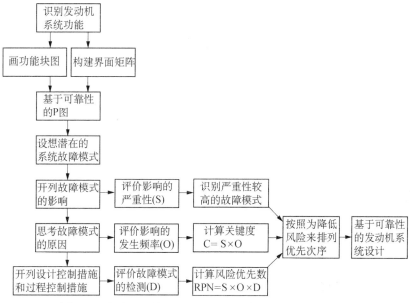

图 1.9 发动机系统设计中的系统故障模式影响分析过程

者根本没有影响。

故障模式的原因可能来自系统设计、部件设计、材料选择、样机制备等。故障模式可分为两类：与干扰因素有关的和与干扰因素无关的。每一类都由一个特定的抗扰性工程的工具来处理。在故障模式影响分析中，功能框图(图 1.10)和界面矩阵(图 1.11)可以用来识别与干扰因素无关的故障模式。功能框图的目的是找出每一个功能框的所有输入和输出，以及功能框之间的界面。界面的形式可以是物理的或力的连接、能量传递、物质交换以及信息或信号交换。系统的界面矩阵把界面

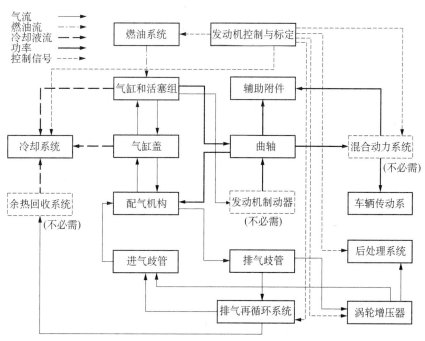

图 1.10 抗扰性分析工具——柴油发动机系统的功能框图

系统故障模式影响分析的界面矩阵及
界面形式符号和重要性度量值

P: 物理联系
E: 能量传递
M: 材料交换
I: 信息交换

2＝为实现功能所必须具有的(即必需的)
1＝对于功能来讲是有益的,但不是绝对必要的(即希望具有的)
0＝不影响功能(即无关紧要的)
－1＝导致负面影响,但是不造成完全失去功能(即不希望具有的)
－2＝为实现功能所必须避免的(即非常有害的)

	柴油发动机系统																		
	承受影响的每个子系统或部件																		
	传动系统	混合动力	气缸盖	配气机构	气缸与活塞组	连杆	曲轴	进气歧管	排气歧管	涡轮增压器	排气再循环系统	燃料系统	冷却系统	余热回收	发动机制动器	附属配件	后处理	发动机控制	发动机标定
传动系统	■																		
混合动力		■																	
气缸盖			■																
配气机构				■															
气缸与活塞组					■														
连杆						■													
曲轴							■												
进气歧管								■											
排气歧管									■										
涡轮增压器										■									
排气再循环系统											■								
燃料系统												■							
冷却系统													■						
余热回收														■					
发动机制动器															■				
附属配件																■			
后处理																	■		
发动机控制																		■	
发动机标定																			■

(左侧纵向标注:施加影响的每个子系统或部件)

图 1.11 抗扰性分析工具——柴油发动机系统的界面矩阵和子系统相互作用

用紧密程度、重要性和它们的潜在影响予以量化。它是一个很有用的工具,可以用来管理柴油机系统设计中由于子系统的相互作用而产生的界面和故障的潜在原因。如果一个子系统的行为依赖于另一个子系统的行为,就存在相互作用。

参数图,即 P 图(图 1.12)是用于识别与干扰因素有关的故障模式的。参数图可以识别预期的输入和输出参数、干扰因素、控制因素和错误状态。干扰因素是非功能预期的界面或干扰影响的来源。这些因素可能会导致在发动机使用期间出现功能上的偏差、中断或失效。它们是故障模式的原因。干扰因素在产品设计中或使用期间是不可控的(即控制它们是不可能、不切实际或非常昂贵的)。一般来说,干扰因素包括以下五个来源:

(1) 件与件或者台与台之间的变化(例如,在部件的几何形状或材料性能方面制造上的变化,产品控制参数上的变化,诸如发动机压缩比、配气定时、涡轮增压器、燃油喷射定时、喷油器上的差别或变化漂移、可控变量的容差);

(2) 内部环境干扰因素(也叫系统相互作用干扰因素或附近周边干扰因素,即一个子系统对另一个子系统的不利影响,或者由于来自相邻子系统或车内系统运行环境的输入变化而引起的子系统的相互作用,例如传感器信号的变化、空气流量传感器的变化和信号漂移、排气温度的变化、发动机本体排放组分的变化);

(3) 外部环境干扰因素(例如环境温度、湿度、海拔高度、路面状况);

(4) 用户使用情况(例如,意外和可预见的对产品的误用和滥用,现实世界中使用的工作循环或负载,发动机使用的不同种类的燃料、润滑油或冷却剂,在柴油颗粒过滤器中积累的碳烟和相应的背压升高);

(5) 随着时间或车辆里程的变化(即与时间有关的退化或老化,例如,部件的磨损,腐蚀,疲劳,部件强度下降,催化剂的物理或化学上的退化而导致的转化效率下降,以及在回收更换材料中积聚的杂质,如发动机机油里的碳烟、柴油颗粒过滤器中的积灰以及相应的背压增加、排气再循环冷却器结垢等)。

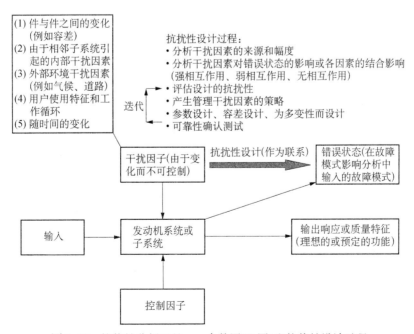

图 1.12 抗扰性分析工具——参数图(P 图)和抗扰性设计过程

　　在系统设计或可靠性验证中，几种干扰因素可以结合起来，形成一个更坏或最坏的干扰情况，以减少测试次数。当干扰源存在时，那些仅勉强满足最低功能要求的台件会表现出功能受损，而且这可能会导致故障的发生。例如，一个很勉强的边缘部件在极端环境条件下和最大喷油量情况下可能会发生失效。应当指出，对于多缸发动机，缸与缸之间的变化（例如，排气再循环分布变化、最高气缸压力、温度、热通量、排气道压力和温度）不是干扰因素。它是可以通过设计来改进的控制变量。在通常情况下，在概率设计中，最坏的气缸的参数应被选择为代表着整个发动机的特征参数。另外，部件或系统的故障或灾难性的失效通常属于干扰因素。例如，当排气再循环阀门出现故障而在额定功率完全关闭的时候，所有排气都会流向涡轮，这时压气机可能会超速。虽然在系统设计中涡轮增压器的匹配应该把目标定在正常运行工况，而不是像这样的故障失效模式，然而，作为可靠性和抗扰性设计的一部分，需要检查这样的故障模式影响。

　　控制因素是那些在设计或标定中可以被改变的因素，以影响部件或系统的平均响应并减少多变性。响应指的是部件或系统的输出参数，比如以力、能量、物质、信号等形式。例如，可变截面涡轮叶片开度的标定设置点就是一个控制因素，但因涡轮执行器的误差而引起的叶片开度的容差则是一个干扰因素。改变控制因素的值可以使系统的功能更抗扰（即对干扰因素的影响更不敏感）。错误状态可以识别故障模式。错误状态反映了预定功能的偏离，它们是潜在的故障模式。故障模式一共有七种，即：①动作遗漏；②动作过度；③动作不完整；④错误动作；⑤动作不稳定；⑥动作太慢；⑦动作太快。例如，柴油机后处理系统的错误状态可能包括尾气排放值超标、背压过高、有效燃油消耗率增加、柴油颗粒过滤器再生周期之间的间隔时间过短等。

　　最后，可以用一个抗扰性的检查清单来管理干扰因素和故障模式。每个故障事件用原因发生的频率（O）、后果的严重性（S）和检测能力（D）来评估（图1.9）。为了量化风险，对每个故障模式可以设有一个风险优先数，它是用故障发生的频率、严重程度和检测性的乘积来计算。通常，需要变更设计以减少故障发生的频率和后果的严重性，进而降低风险。

1.3.3　性能的概念

　　性能是柴油机系统中最重要的属性，代表发动机的功能。如图1.8所示，性能也是产品质量的一个主要组成部分。发动机的性能大体包括以下六个类别的在气体侧、液体侧和固体侧的特性：

(1) 位移、速度和加速度（如发动机转速的瞬态响应、车辆的加速度）；
(2) 力和扭矩（如发动机的点火扭矩、振动）；
(3) 能量及其时间变化率（如发动机功率、冷却液散热量、排气㶲）；
(4) 流体状态参数（如环境空气的压力和温度、发动机气流流量、燃油流量、冷却液流量、尾气排放物的流量和浓度）；
(5) 噪声（如燃烧噪声、排气噪声、活塞敲击噪声）；
(6) 电子控制信号。

　　应当指出，通过上述参数派生出来的参数通常也属于性能属性，例如燃油经济性或有效燃油消耗率（定义为燃油质量流量与发动机有效功率之比）。发动机的质量和可靠性这二者均是用性能、耐久性和封装性这三大属性来衡量的。例如，如果一台发动机在使用中出现了功率不足的问题，这属于一个性能方面的可靠性问题，而不是耐久性方面的质量问题。

　　特定的发动机性能参数通常能从发动机项目的功能目标表查到，包括：

● 运行环境条件（如海拔高度范围、大气温度范围、湿度范围）；
● 发动机转速范围（如最高额定转速、最高控制转速或调速器转速、最高空载转速、最低空载转速、

最大超速极限);

- 发动机功率和扭矩输出及其转速(通常由全负荷扭矩曲线来定义);
- 发动机摩擦和辅助附件的功率损失(如拖动摩擦功率、前端附属装置的耗功);
- 瞬态工况和驾驶循环排放量(如 HC, CO, NO_x 或 NMHC+NO_x,非甲烷碳氢化合物、颗粒物、甲醛、在加速或全负荷时的排烟);
- 白烟水平;
- 排气臭味;
- 燃油经济性(如在额定功率、最大扭矩和典型部分负荷工况时的有效燃油消耗率);
- NVH(如全负荷噪声、空载噪声、急速噪声、涡轮增压器噪声、1/3 倍频带中心频率、发动机悬置支座最大位移、发动机平衡、共振);
- 发动机起动性能(如在不同的寒冷环境温度下的起动时间、热起动时间、电热塞的起动等待时间、无辅助冷起动的最低起动转速、冷起动的转矩要求);
- 发动机急速质量(如热态急速转速及其最大变化幅度、失火);
- 燃油系统(如燃油的硫含量、柴油燃料或代用燃料的规格、最大燃油流量输送能力、最大燃油压力、最大燃油泵阻力、最高回油温度);
- 进气系统(如进气阻力、最大空气流量、在压气机进口的最高环境温升、压气机出口的最高空气温度、中冷器的流动阻力);
- 排气系统(如最高排气歧管气体温度、最大排气再循环流量、最大排气流量、排气阻力);
- 后处理系统(如在柴油颗粒过滤器再生时和稀薄氮氧化物捕集器的氧浓度工况调节时发动机的扭矩变化幅度);
- 冷却系统(如冷却液种类、发动机散热量、水泵流量、发动机入口处和出口处最高的冷却液温度、最高机油温度、恒温器控制设置点);
- 驾驶室加热器(如加热器芯子的流量)。

功能目标表中也经常规定下列内容,但它们不是性能属性:

- 发动机的耐久性寿命(如以行驶里程表示的 B10 寿命);
- 维护时间间隔(如机油和机油过滤器的更换周期,柴油颗粒过滤器的服务期限,调整配气机构间隙的时间间隔——这些都属于耐久性);
- 发动机和后处理装置的重量(这些都属于封装性属性);
- 发动机的基本构架和型式配置(如排量、气缸型式、缸径、行程、缸间距、点火次序、曲轴旋转方向、压缩比、活塞平均速度、发动机的长宽高尺寸、配气机构型式、燃烧系统和涡轮增压的型式)。

安全性属于性能的一个子属性,它不宜归列为独立的一大类产品属性。发动机安全性的例子包括为了安全而限制船用发动机的排气歧管表面温度(比如采用水冷)或隔热,为了气体燃料发动机的严格安全要求而根据所用燃料成分对发动机零件表面的设计温度予以限制,在大型发动机的曲轴箱上设置放爆阀或者在气缸盖上设置安全阀,运转件防护措施,超速保护装置,安全保护和超限警报系统,防火设计,以及舰船用柴油机抗冲击能力等。发动机与车辆安全性相关的例子包括发动机制动器的性能,如规定其可持续工作的时间。有些与安全性有关的问题,在设计上有时也被耐久性属性所涵盖,如考虑冲击载荷和保证关键部件不发生断裂或严重的热机械故障等。综上可见,发动机的功能要求主要是由性能参数构成的。因此,本书的核心是集中于系统设计中的发动机性能这一属性。

1.3.4   耐久性的概念

1.3.4.1   耐久性的定义

发动机的耐久性或持久性是另一个影响发动机的质量和可靠性的主要属性。它在文献中经常与可靠性相混淆。按照由克莱斯勒公司、福特汽车公司和通用汽车公司联合制订的先进产品质量策划（APQP）手册中给出的定义，耐久性是指"一个产品在用户的期望水平下，在使用寿命期内能够持续运作且无需因急剧磨损而大修或重建的概率"。该 APQP 手册也同时定义了可靠性为"一个产品在一个给定的测量时刻，在指定的环境和工作循环条件下，在用户的期望水平下能够持续运作的概率"。耐久性的另一个定义由 O'Connor(2002) 按如下给出："耐久性是可靠性的一个特殊方面，它与一个产品经受与时间相关的退化机理影响的能力有关。广义的时间也可以包括车辆行驶距离和运行的工作循环数等。依赖于时间的时变退化机理指的是诸如疲劳、磨损、腐蚀、电气参数变化等。耐久性通常表达为在急剧磨损发生之前所能够经历的一个最短时期。"

耐久性的上述定义其实是有些模糊不清的。发动机的耐久性实际上应该被更好地定义为与硬件的结构能力相关的一种概率。这种能力指的是能够经受住时变（即依赖于时间）或非时变（即不依赖于时间）的热、力或化学机理的影响。这些机理指的是诸如断裂、疲劳、磨损、腐蚀、蠕变、变形、结垢、堵塞和电气参数变化等。上面所说的时变或时间依赖性指的是累计服务时间或使用时间。非时变指的是与累计时间无关的那些情形，比如过载所造成的突然破裂。

在发动机产品交给用户使用之前，耐久性是质量的一部分。在产品交付使用以后，耐久性就演变成可靠性的一部分。换句话说，在发动机研发测试期间里发生的结构故障叫做耐久性问题，而不是可靠性问题。然而，在发动机产品交付用户使用以后，任何一个结构故障都叫做与耐久性属性相关的可靠性问题。这样的一个定义，明确区分了耐久性（作为一个产品属性）与可靠性之间的区别。可靠性其实是延伸到使用服务时间区域上的"总体质量"的一个特征。应当注意，可靠性不是产品的一个属性。

需要强调的是，可靠性的概念覆盖全部三大属性的失效模式：性能、耐久性、封装性。因此，认为耐久性与可靠性本质上是等价的观点是不恰当的，也非常不利于构建系统设计的理论逻辑和工作体系。耐久性通常表示为在任何一种结构性故障（例如急剧磨损）发生之前所能经历的一个最短时间或车辆行驶里程。例如，一个 B10 耐久性寿命是指直到 10% 的产品总数失效时的一段指定预期寿命（比如 20 000 h 或 161 万 km）。一个 B50 耐久性寿命是指直到 50% 产品总数失效时的一段指定预期寿命。

1.3.4.2   应力-强度的相干性模型

结构耐久性的概念可以由著名的应力-强度相干性模型如图 1.13 所示。该图显示了部件强度和应力的随机概率分布。应力代表负荷，而强度代表部件抵御负荷的结构能力。应力和强度都是随机参数，并具有对应于输入干扰因素变化的概率分布。例如，作用于气缸盖的最高气缸压力可以被视为一种广义"应力"。它具有一个概率分布，这个分布是由于以下因素造成的：发动机压缩比的制造容差，由涡轮增压器的废气旁通阀控制的容差所造成的进气歧管增压压力的变化，由于柴油颗粒过滤器中的碳烟量变化而造成的排气阻力的变化，环境温度的变化等。影响气缸盖的结构强度的干扰因素包括气缸盖表面的波纹度、平整度和表面光洁度，以及气缸盖和垫片材料的性能等。当应力大于强度时，故障就发生了。图 1.13 的应力和强度分布曲线的重叠区域大体表示失效的概率。应力-强度相干性模型将在第 2 章中关于耐久性和可靠性的讨论中有详细论述。

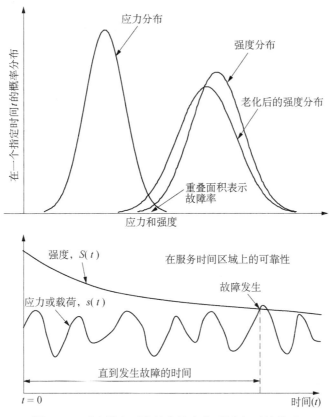

图 1.13 耐久性和可靠性中的应力-强度相干性模型

1.3.4.3　发动机系统设计中耐久性的作用

耐久性与性能是相互关联的。耐久性的极限值在发动机系统设计中被作为设计约束条件来使用,以确定可以获得的最大性能及其适当的硬件尺寸大小。图 1.13 显示,为了控制故障率(失效率),要么需要增加强度(即把强度概率曲线向右平移或者缩小其分布范围),要么必须减小应力。在最高气缸压力的例子里,为了减小压力以获得更好的耐久性,就需要对一些控制因素比如发动机的压缩比、进气歧管压力或燃油喷射定时做出修改,而这就会影响发动机的性能和排放。应力和强度分布的耐久性分析有助于确定最大设计极限,并确定在一个耐久的系统设计中所能够使用的设计参数的标称设计目标或标定目标(例如最高气缸压力以及排气歧管气体压力和温度,不论是循环平均值还是尖峰值)。这些极限或标称目标能确保发动机在系统负荷上不超载,并在结构强度上也能被设计得足够强。

1.3.5　质量、抗扰性和质量损失函数的概念

质量这个词大概是在工程系统设计中最常见但也最含糊的字眼。为了确定质量在柴油机系统设计中的作用,我们需要回顾一下质量工程中的几个重要概念。提高质量的工程方法在日本被称为"质量工程"(由于田口玄一博士的开创性工作),在西方则被称为"抗扰性设计"。

质量通常被定义为性能达到预期的程度。美国质量协会(ASQ)提供的关于质量的定义为:"质量是指商品和服务的卓越性,尤其是符合要求并满足用户的程度。"国际标准化组织的 ISO 8402 标准将质量定义为"一个产品或服务承担其满足明示或隐含需求的能力的功能和特性的总和。"质量

有时也被松散地定义为符合指标规范。需要注意的是,时间依赖性没有包括在这些定义之中。例如,如果一个质量检查员不考虑时间依赖性的话,他关于质量的观点可能就是一个产品用一个指标规格来评估衡量。这个产品要么通得过检验,要么通不过检验。当产品通过检验时,它就被交付给用户。用户知道这个产品在未来的某个时刻可能会失效,并且接受这样的一种随时间而推移的"可靠性"风险。这种定义方法对质量不提供任何沿时间变迁的衡量标准。

O'Connor(2002)讨论了基于时间的质量概念。另外,正如 Rausand 和 Hoyland(2004)所指出的那样,"产品的质量不仅仅是由其在交付给用户时符合规格的程度所标志的,而且还由其在整个生命周期里满足这些规格的能力所标志。"然而,为了避免可靠性和质量这两个概念之间的争议,Rausand 和 Hoyland(2004)又主张:"根据常见的用法,质量是指在生产出来的时候产品符合其规格的程度,而可靠性则表示产品在其使用寿命期内继续符合规格的能力。因此,可靠性是质量在时间域上的延伸"。这种对质量的定义是符合柴油机系统设计的需要的。有关质量和可靠性工程的更多细节讨论在 Chandrupatla(2009)的著作中有所提供。

一个发动机产品的质量,按其设计和制造的那样,主要是指它在满足用户需求方面的一致性,而这些需求包括性能、耐久性和封装性这三大属性。如图 1.8 所示,质量是发动机系统设计的一个中间设计目标。它的重要性在于,它汇集和衡量所有三大产品属性。质量最终延伸或演化成在使用服务时间域上的可靠性。在系统设计过程中,关于三大属性以及它们之间的合成质量衡量是不容忽视的。质量目标可以用来作为优化设计的目标。

产品的需求通常受属性和价格影响(Hazelrigg, 1998)。发动机属性方面的质量和可靠性直接影响柴油机的品牌形象和产品需求。应当指出,有时人们认为可靠性问题是一个严重的问题,是产品不能正常运作的问题;而往往认为质量问题是一个不太严重的问题,认为该产品仍然可以正常工作,只是有点讨厌而已。这种认识从工程意义上讲,是对可靠性和质量概念的一种误解和错误认识。事实上,产品问题的严重程度可以用一个质量损失的成本函数来表示。一个小的质量损失,可能只是给客户带来一些小的成本增加,而并不影响该产品的基本使用功能。然而,在产品使用期内的某一时刻所发生的一个大的质量损失可能会造成产品功能的灾难性故障。这两种情形都代表可靠性问题,只不过它们的严重程度有所不同。

在田口玄一博士开发出连续质量损失函数的方法之前,在传统的离散式"通过-失败"质量理论中,样品被视为要么通过,要么失败。所有处于指标规格范围之内的设计都被认为是同样地好,而所有处于指标规格范围以外的设计都被视为同样地坏(图 1.14)。然而,顾客的质量感觉并不是那么简单的台阶式的。顾客认为刚刚勉强满足规格要求的一个产品的质量当然不如完美无缺地达到性能目标的一个产品的质量好。因此,质量损失,比如功能或性能损失,应该是一个相对于性能而言的连续和渐进的特征,而不是像传统的质量理论中所描述的是一个离散或级跳式的特征。

质量工程或抗扰性设计是一个获取对干扰因素不敏感响应的过程。抗扰性设计需要一个量化了的质量定义。如前所述,当产品的质量由于各种干扰因素偏离了标称目标(又称名义目标)时,质量损失实际上是连续的,而不是离散和突变的。产品质量通常用一个质量损失函数来定义(Fowlkes 和 Creveling, 1995)。如图 1.14 所示,A 和 B 这两种设计对于一个特定的功能性能参数来说,分别具有两条不同的概率分布曲线。这个例子中的指标规格是由一个标称目标和一个容差范围所组成的,这个容差范围代表了从规格下限到上限可以接受的极限值范围。设计 A 有较多的样本(即较高的概率)围绕在这个所谓的"好"的标称目标周围。但是由于其标准差较大,它也有很多的样本散落在规格范围之外。另一方面,设计 B 具有一个平移了的尖峰分布和更窄范围的概率分布曲线,使得它只有很少的样品达到那个"好"的标称设计目标;但是它所有的样本都落在规格范围之内。这个例子说明,落在指标规格范围以内与达到目标并不具有相同的含义。因此,在评估不同的设计时,重要的是要考虑设计的概率分布特征。

田口玄一博士提倡的是,不但要让所有的产品(样本)都落在指标规格范围之内,而且要尽量争取让所有的产品都达到标称目标。他提出一种计算质量损失函数的方法,来评价容差范围对经济性的影响。田口把脱离标称目标的产品性能的质量损失定义为一些由功能变化和有害的副作用所造成的、在整个生命周期内的货币损失值。这个质量损失是与用户对功能变化的宽容程度和对社会所造成的成本有关的。他定义这个质量损失代表着返工、修理、保修费用、顾客的不满意度、损坏的名声和制造企业最终失去市场份额这些所有损失的总和。他定义的这个质量损失,作为一种成本,以二次方的增长速度随距目标的偏差值而增长。按照这个定义,质量在产品达到中间的标称目标时为最好,因为这时质量损失最小。田口使用这个质量损失函数来量化一个设计的质量,并用来确定所需要的容差。

目前有很多各种各样的模型可以用来估计质量损失,一般都是采用响应的均值和标准差。图1.14和表1.5表示了一个典型的质量损失函数。附录中表A.1总结了统计学中经常使用的一些

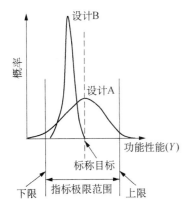

质量损失函数:

$$L_q(Y) = \frac{C_{cf,\ upper}}{\tau_f^2}(Y-\bar{Y})^2 + \frac{C_{cf,\ lower}}{\tau_f^2}(Y-\bar{Y})^2$$

τ_f:功能容差
C_{cf}:超过容差后,为实现功能所产生的成本

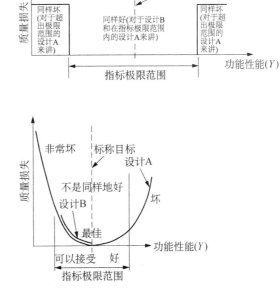

图 1.14 质量损失函数

表 1.5 抗扰性设计中的田口质量损失公式

参数名称	参数符号	公　式
田口的质量损失函数	$L_q(Y)$	$L_q(Y) = C_q \cdot (Y - Y_{target})^2$
田口的均方差	C_{MSD}	$C_{MSD} = \frac{1}{n}\sum_{i=1}^{n}(Y_i - Y_{target})^2 = \frac{1}{n}\sum_{i=1}^{n}(Y_i - \bar{Y})^2 + (\bar{Y} - Y_{target})^2$
田口的平均质量损失函数	$\bar{L}_q(Y)$	$\bar{L}_q(Y) = C_q \cdot C_{MSD} = C_q \cdot [\sigma^2 + (\bar{Y} - Y_{target})^2] \approx C_q \cdot [\sigma_{SV}^2 + (\bar{Y} - Y_{target})^2]$

相关计算公式。用来量化多变性的两个基本的样本统计量是 $\bar{Y}$ 和 σ^2_{SV}，它们各自代表了概率分布的中央位置和宽度。直方图是另一种用来描述事件发生频率的分布的方式。从表 1.5 所示的平均质量损失方程来看，有如下的关系式：

$$\bar{L}_q(Y) \approx C_q \cdot \left[\sigma^2_{SV} + (\bar{Y} - Y_{target})^2\right] \tag{1.1}$$

式中 C_q 是质量损失系数。尽量减小方差（即多变性）或使响应的均值 $\bar{Y}$ 达到目标值 Y_{target} 可以减少质量损失。这种由田口开发的方法为抗扰性设计打下了一个理论基础。

质量不仅包括几何尺寸上满足容差的程度和一致性，而且包括功能要求上满足规格的程度和一致性。例如，一台电视机的质量可以用它的外观和图像的清晰度来衡量。对于柴油机系统设计来讲，发动机产品的质量指的是在满足性能、耐久性和封装性这三个结合在一起的要求上的一致性。由田口开发的质量损失函数在包装设计和制造容差领域中量化质量偏差是最有用处的。一般来讲，直接把该质量损失函数应用于柴油机系统设计是比较困难的，这是因为在系统设计中将一个产品属性的偏差所造成的货币成本量化是比较困难的。在系统设计中使用质量和质量损失概念的一个比较简单有效的方法是使用一个属性参数及其工程单位，而不是使用成本和货币单位。发动机属性的质量损失可以简化为与依变参数有关的一个连续函数。例如，如图 1.15 所示，如果要量化排气再循环率或冷却液散热量的质量损失，质量损失函数可以构造成一个关于发动机出口冷却液温度和氮氧化物排放量的加权函数，而这两个参数都与排气再循环率和散热量有关。冷却液温度是耐久性的一个指标，它随冷却液散热量的增加而增加。氮氧化物排放量受排气再循环率影响，而后者又反过来直接影响冷却液散热量。排气再循环率或散热量越低，氮氧化物排放量就越高。质量损失的另一个例子是空燃比的影响。一个偏离标称目标的较高的空燃比会导致过高的最高气缸压力，而低于标称目标的较低的空燃比会导致较高的碳烟排放量或排气歧管气体温度。从本质上讲，发动机系统设计中的质量损失函数可以简化为任何连续的组合函数。该函数可以作为系统优化中的目标函数使用。质量损失函数可以用来确定标称设计的目标值和所允许的容差。

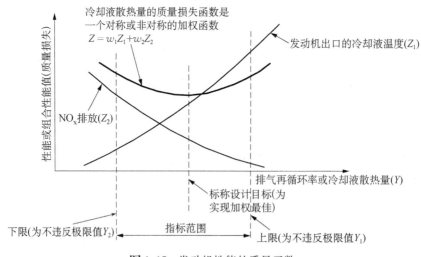

图 1.15 发动机性能的质量函数

用于提高质量的田口抗扰性设计的另一个重要的抗扰性指标是信号噪音比（或称信噪比，S/N）。一个良好的质量，要求性能要符合标称目标，同时具有较低的多变性（即较小的变化范围）。

田口强调减少设计上的多变性,并认为这样设计出来的都一致地"比较好"的产品比那种不一致的、大起大落的产品(即有时甚至"更好",但平均来看总体更坏)要更好。关于田口对质量、质量损失函数、信噪比和抗扰性设计的概念论述在 Fowlkes 和 Creveling(1995)的书中有详细的介绍。

1.3.6　可靠性的概念

1.3.6.1　可靠性的定义

可靠性对产品的品牌形象有很大影响。客户期望一个有良好质量的产品随时间的推移,能够可靠地运行。耐久性、质量和可靠性方面的问题导致保修的问题和费用。在保修期内发生的故障,常给制造企业带来高成本的困扰。良好的可靠性会降低保修成本,并提高品牌形象。今天的发动机比以往设计得具有更长的保修期或保修里程、更低的故障率和更好的可靠性。

可靠性作为一个技术考量是在第一次世界大战以后在飞机发动机的应用中出现的。当时,可靠性是以每小时飞行时间内所发生的事故数量来衡量的(Rausand 和 Hoyland,2004)。可靠性意味着与一个产品的失效和无故障时间相关的一种可依靠性(图 1.13)。可靠性通常考虑的是在时域上的失效问题。一般地,可靠性被定义为在特定的应用条件下,在产品的整个生命周期内履行质量要求的程度。据 Chandrupatla(2009),"可靠性是系统或部件可以在规定的条件下和指定的时间间隔内执行其预定功能的概率。"另据 O'Connor(2002),"可靠性是一个产品在规定的条件下和规定的时间期限内执行所需的功能而不发生故障的概率。"如 Rausand 和 Hoyland(2004)所概括的那样,直到20 世纪 60 年代,可靠性一直被定义为"产品在规定的条件下和规定的时间期限内执行一个所需功能的概率。"他们指出,一个更好和更通用的可靠性定义,按照 ISO 8402 标准中所给出的那样,"可靠性是一个产品在给定的环境和作业条件下和规定的时间期限内执行一个所需功能的能力。"这里所说的一个所需的功能,可以是一个单一功能,也可以是为了完成一个指定的服务几个功能的结合。一个硬件系统可能能够通过工厂的生产流水线上的初始质量标准检测,但是它可能无法在客户使用时在所指定的时间期限内可靠地运行。Rausand 和 Hoyland(2004)这样定义:"根据常见的用法,质量是指在生产出来的时候产品符合其规格的程度,而可靠性表示产品在其使用寿命期内继续符合规格的能力。因此,可靠性是质量在时间域上的延伸。"

在柴油机系统设计中,可靠性是指在发动机投入使用服务后,随着时间推移,如何可靠地维持性能、耐久性和封装性三方面质量的能力。根据可靠性的定义,它包含两个与概率影响有关的要素:干扰因子和时间。这些因素体现在图 1.16 中的可靠性"浴盆"曲线上。当一个产品在指标规格上非常勉强地可以被接受时,稍微一点外部的干扰因素就可以使这个产品在它的使用寿命的早期阶段出现故障。图 1.16 中所示的故障率下降意味着一种类似于"婴儿死亡率"的现象,即有先天缺陷的产品早早就失效了。早期故障率随着时间的推移而降低,因为那些早期失效的产品逐渐离开了产品样本群。一个恒定的故障率是"浴盆"曲线底部的一个最明显特征。这个故障率是由一些随机故障事件造成的,比如外部或内部的环境干扰因素或者用户使用中的干扰因素。最终,退化或恶化的干扰因素(例如急剧磨损)以及环境和使用干扰因素的累积效应导致产品寿命结束的那种失效;这种失效以随着时间的推移故障率持续急剧增加为特征。"为可靠性而设计"的工作目标就是为了使产品的可用寿命更长。相比之下,抗扰性设计的目标是使设计的产品在生命周期内对所有的干扰因素都不敏感。

在一般情况下,可靠性可以分为三类:硬件、软件、人员。柴油机系统设计的工作范围主要涉及发动机系统和部件硬件的可靠性。从失效时间的概率分布函数,可以求取可靠度(Rausand 和 Hoyland,2004)。可靠性通常采用以下方式来表示:

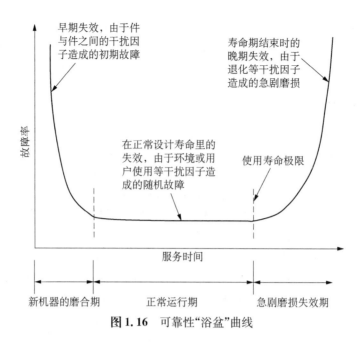

图 1.16 可靠性"浴盆"曲线

(1) 故障率和平均无故障时间(见图 1.13,如在 40×10^4 km 的车辆行驶距离内总产品数的 1‰失效;或者轿车运行 161×10^3 km 无需进行发动机调整;或者商用卡车运行 161×10^4 km 无大修);

(2) 在一段时间内的故障数(如,$R_N/1\,000$ 或者每千台的维修次数);

(3) 故障时间比指定使用寿命长的事件所发生的概率(例如,如果指定的使用寿命为三年,而故障时间是四年,那么可靠度就是 100%);

(4) $R=1-P_{\text{failure}}$,式中的 P_{failure} 是失效的概率或称故障率。在一个给定的行驶里程数时的故障率可以通过正在使用的发动机保修信息来统计。

　　为了进一步说明可靠性中的干扰因素和时间因素,图 1.13 用应力-强度相干性模型的随机概率分布图表示了一个结构可靠性的例子。应当指出,在图 1.13 的上半部分所示的应力和强度的概率分布曲线是由干扰因素所构成的,这两根曲线可以包括、也可以不包括时间因素在内(回顾前面所述,所讨论的干扰因素之一是随时间的变化)。在服务时间域上,应力和在用负荷随时间不受控制地发生变化。部件的强度也随时间变化,因为一些故障机理(如蠕变和腐蚀)会使部件的材料性能随着时间的推移而恶化。这种随时间变化的特点显示在图 1.13 的下部。由故障时间所表达的可靠性就是当应力超过强度的时间。由于所牵涉的高度不确定性,用统计学的方法或精确的数学计算来预测可靠性其实都是非常困难的。

1.3.6.2　发动机系统设计中可靠性的作用

　　可靠性受产品生命周期内的所有阶段影响(工程设计、制造、运行和维护等)。虽然可靠性可以通过很多途径来改善,比如控制生产制造中的多变性和人为的变化因素、质量控制,或者通过实施预防性的维护策略,然而,设计在提高可靠性中起着至关重要的作用。可靠性工程是一个确保可靠性在设计阶段就被有效控制了的工作过程。可靠性工程中所做的努力包括依靠解决故障原因来控制风险,以防止或尽量减少故障的发生。类似于为可靠性而设计的概念在 Kececioglu(2003)和 Kumar 等人(2006)的论著中有一些阐述。关于发动机系统设计中的可靠性的更深入讨论,将在第 2 章中进行。关于可靠性的基础知识,读者可以参考 Ireson 等人(1996)、Bignonnet 和 Thomas (2001)、Kuehnel 等人(2005)、Dodson 和 Schwab(2006)、Klyatis 和 Klyatis(2006)、Rahman 等人

(2007)、Zhou 和 Li(2009)以及 Klyatis(2010)的著作或论文。

1.3.7　系统设计——从"为定目标而设计"到"为多变性而设计"再到"为可靠性而设计"

1.3.7.1　系统设计方法概述

如前所述,多变性和可靠性在本质上是非确定性的。如果不考虑属性的统计概率分布特征,对于一个定目标的单点设计通常会造成要么过度设计、要么设计不足。可靠而抗扰的柴油机系统设计要求使用以下几个方法:

- 为定目标而设计(即为一个特定的单点定目标进行设计,无论是标称目标还是极限目标);
- 为多变性而设计(即为标称目标的平均值及其容差范围这二者进行设计,以获得抗扰的和灵敏的设计);
- 为可靠性而设计(即为随时间变化的多变性而设计,或称为时域退化而设计)。

在上述的三种方法中,为定目标而设计是系统设计的基础和最基本的技术。它是一个确定性的设计方法。许多分析技术可以有效地应用于这一类方法以获得一个精密的设计。本书的其余部分将对这个基本技术给予全面介绍,以期加强基础。为多变性而设计是一种更高级的技术,而且是非确定性的。它将"为定目标而设计"中的单点设计扩大为更复杂的一维设计,并加入了属性参数的概率分布。概率分布具有不确定性或者说"模糊性",因而设计将由此失去它精密的本质。在测试数据中的抽样不足可能会导致不准确的概率分布。为可靠性而设计甚至更复杂,因为由于在模型中加入了服务时间这个随机因素,它进一步把一维设计扩大成二维设计。由于所涉及的不确定因素更多,为可靠性而设计在本质上是最不精确的。而且,由于难以准确地预测可靠性,属性参数随着时间变化的概率分布可能会不准确。然而,一旦能够成功模拟的话(比如基于大量的实验室、现场或售后服务数据的支持),为可靠性而设计将会为发动机系统设计给出最好的工作质量。图 1.17 说明了这三种设计方法的演变。图 1.17 显示,柴油机系统设计的终极目标是使产品在使用寿命期内具有优异的可靠性。

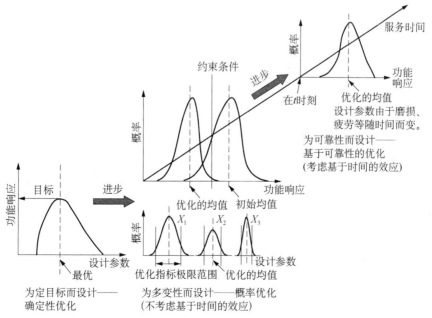

图 1.17　发动机系统设计优化——为定目标而设计、为多变性而设计、为可靠性而设计

1.3.7.2 为定目标而设计

为定目标而设计是当具有单点目标时的传统的确定性设计方法。它可以进一步分为两个子方法：为标称值而设计和为极限值而设计。这个目标可以是发动机设计和标定参数的标称值（即为标称值而设计）或者极限值（即为极限值而设计）。例如，设计发动机的系统载荷和结构强度使之能够承受 20 MPa 的最高气缸压力极限值。为了确保气缸压力在任何运行条件下、在具有所有干扰因素的情况下都不超过 20 MPa 这个极限值目标，发动机的额定功率工况就需要折算标定成在标准实验室条件下最高气缸压力只能达到 18 MPa，并将其作为一个标称值目标使用。这 2 MPa 的差异是作为一个设计安全裕度来涵盖任何偏离标称值的标准差（图 1.18）。为定目标而设计是在发动机系统和部件的设计中非常有用而且仍然普遍采用的一个设计方法，对稳态和瞬态的问题都普遍适用。在为定目标而设计的数学表述中，一个最关键的问题是方程的数目必须与未知数的数目相匹配，这样才可以获得确定性的解。下面提供两个为定目标而设计的例子：

(1) 在一个给定的发动机转速和功率下，假设空燃比和排气再循环率是已知的要求参数（即输入），求取涡轮面积和排气再循环阀门的开度；

(2) 对于一个预设的发动机转速和负荷随时间变化的瞬态排放循环，假设空燃比和排气再循环率的瞬态历程是已知的（即输入参数），求取涡轮面积和排气再循环阀门的开度按时间变化的瞬态历程。

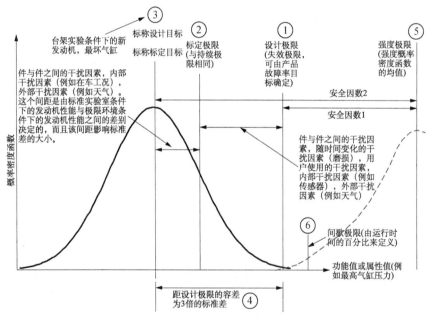

图 1.18 发动机系统设计的约束条件或极限

为定目标而设计是柴油机系统设计中的基本设计技术，它也是迈向更高级的非确定性设计的基石和踏板。为定目标而设计的缺点在于，如果不考虑属性参数概率分布的信息或者缺乏可靠的以往经验，选择出一个既不过度设计也非设计不足的合适的目标值是很困难的。为多变性而设计就是为了解决这个问题而提出的。

1.3.7.3 为多变性而设计

为多变性而设计兼顾了控制因素和干扰因素两者的影响，通过改变控制因素来控制属性参数的均值和变化范围这两个方面。为多变性而设计包括两个子方法：抗扰性设计和灵敏度设计。前者对应着输入干扰因素,后者对应着输入控制因素。为多变性而设计的目的是要获取一个对干扰因素不敏感而对控制因素敏感的合格设计。合格的设计意味着系统响应参数的概率分布具有一个合理的均值和标准差范围,使得预先确定的某一个百分比的产品数量能够满足性能、耐久性和封装性的要求而无故障。这里说的响应可以是性能、耐久性和封装性方面的任何输出参数。

抗扰性是指系统或部件的响应对于输入干扰因素在一个特定范围内的变化不敏感,或者不会受到不利影响,即使多变性的来源仍未消除。抗扰性可以用信噪比来衡量。抗扰性设计想要控制的是干扰因素的影响,而且是通过改变控制因素来进行的,以实现所定义的抗扰性。敏感度分析、均值设计(用于设置标称目标)、容差设计(用于设置指标规格范围)是抗扰性设计中的三个重要内容。

抗扰性设计不应与灵敏度设计相混淆。发动机需要作为一个灵敏的系统能迅速地对输入控制因素做出响应,例如实现良好的瞬态性能。需要注意,发动机系统需要对控制因素反应灵敏而不应对干扰因素敏感,以确保在存在不确定性因素的环境中能稳定运行。

应用于发动机上的抗扰性设计的例子有很多。例如,发动机的燃油系统必须能稳定供油,不管外部或内部的干扰因素怎么变化。不稳定的供油会导致发动机在巡航、加速和减速时功率忽高忽低,或者在怠速时转速不稳定,从而产生振动和噪声问题,以及其他驾驶性能方面的问题。发动机里的高温可能会导致燃料蒸发(比如汽油),可能会使得喷油器供油不足。一个抗扰的供油设计需要隔离或者减少这些来自外部温度的不利影响。

为多变性而设计需要用到随机参数的统计概率分布。输入因素一般可以用几种类型的分布来模拟或描述,比如正态分布、均匀分布和贝塔分布(见附录中表 A.2)。不同输入因素的概率分布组合会为输出响应参数产生一个概率分布。可以用同时搜索或优化的方法来寻找控制因素的合适均值和标准差,以获取理想的响应概率分布。通过这样为多变性而设计的方法找到的设计方案,通常比使用确定性设计方法得到的方案更为经济和更加抗扰。

如图 1.19 所示,当多个设计约束条件同时存在时,正如发动机设计中通常遇到的情形一样,确

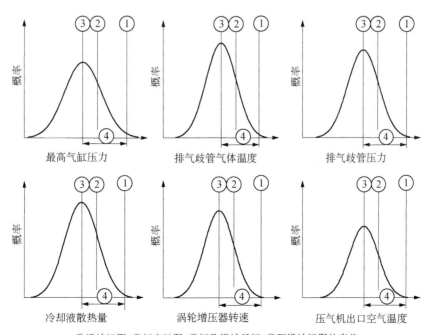

①设计极限;②标定极限;③标称设计目标;④距设计极限的容差

图 1.19 不同的发动机系统设计目标和约束条件之间的协调

定性的方法不能独立而完整地处理"为极限目标值而设计"的问题,特别是当只有一个约束条件采用了极限目标值的时候。这是因为这个极限值的单目标点并不代表所有不同的设计约束条件的不同的极限值的目标点都发生在同一个设计点。例如,当最高气缸压力等于 20 MPa 时,分析为极限值而设计的问题,由于空燃比比较高,这种情况所给出的排气歧管气体温度其实可能会比气缸压力等于 18 MPa 的设计情形要低。因此,这种 20 MPa 的设计点就不能被同时用来评估排气歧管的耐久性。为多变性而设计的概率方法则没有这种限制,因为它可以同时产生所有设计约束条件的统计分布,从而使所有设计约束条件的极限值都很容易识别,如图 1.19 所示。这样,再加上使用多目标优化,就可以找到一个满足所有约束条件的解。蒙特卡罗模拟是用于为多变性而设计的一个有效工具,这个课题将在第 3 章中详述。

在排放、冷却和车辆燃料经济性领域的文献对为多变性而设计和抗扰性设计方面的研究工作有所记载。Yan 等人(1993)以及 Dave 和 Hampson(2003)用试验设计方法和蒙特卡罗模拟分析了关于发动机排放和有效燃油消耗率的抗扰性设计。Rahman 和 Sun(2003)分析了发动机冷却系统设计以求控制冷却液的温度。Catania 等人(2007)介绍了一个关于车辆燃料经济性分析的抗扰性优化工作。

1.3.7.4 为可靠性而设计

为可靠性而设计是为多变性而设计在服务时间域上的延伸。它的一个例子是在涡轮增压器匹配中考虑由于柴油颗粒过滤器里的碳烟量变化而导致的排气阻力变化。排气阻力(即整个后处理系统的压力降)显著影响涡轮增压器的匹配和发动机系统设计。当排气阻力增加时,涡轮的膨胀比和发动机的空气流量通常都会降低。这会导致最高气缸压力下降以及排气歧管气体温度增加。涡轮增压器匹配中的标称目标设计点的确定取决于排气阻力。如果排气系统只有一个消声器,那么在额定功率工况时的背压就是确定的。然而,配备有柴油颗粒过滤器的现代柴油机与这样的系统不同,它具有随时间变化的随机波动的背压——即在碳烟积累阶段逐渐增加并且在柴油颗粒过滤器再生后急剧减小。仅仅对应于一个干净的或者满载碳烟的柴油颗粒过滤器所做的涡轮增压器匹配,其结果是非常不同的。如果能够找到一个在车辆寿命期内排气阻力的概率分布,就可以把涡轮增压器匹配得更好,从而平衡好系统的效率和耐久性。

正如为定目标而设计一样,为多变性或可靠性而设计也往往伴随着使用优化技术。在基于可靠性的设计优化(RBDO)中,为了减少计算时间,先进行一轮确定性的优化来预选会很有帮助。然后再把不确定性因素的概率变化加到预选出来的亚优化方案中,做进一步优化。基于可靠性的设计优化通常包括以下几个步骤:
(1)用确定性的试验设计(DoE)来预选变量以确定关键因子;
(2)用确定性的试验设计中的响应曲面拟合来建立拟合器模型;
(3)用关键因子进行非时变的非确定性变量的分析;
(4)用关键因子进行时变的非确定性变量的可靠性优化;
(5)进行确认计算。
以上这些优化课题将在第 3 章中予以详述。

1.4 柴油发动机系统设计中成本工程的概念

1.4.1 为利润而设计和为价值而设计

成本(费用)是柴油机系统设计的四大属性之一。一个零件或系统的成本是与设计有关的,具体体现在需要采用的材料和用于制造和维护它的过程。成本工程的中心主题是为利润而设计。企业的收入直接与产品的市场需求有关,而这个需求则受产品属性和市场价格影响。设计的其他属性都伴随着成本这个属性,而且这些属性之间可以折中或优化。收入基本上是价格乘以需求量(或销售量)。利润是收入与成本之差。关于这些经济学词汇的确切定义,读者可以参见 Ostwald 和 McLaren(2004)的著作。为利润而设计是一个应用目标成本法的过程;其中,设计效果按照需求、收入、成本和利润进行评估,而且利润在工程设计和决策中被以最大化来追求。为利润而设计的精髓在于确保产品符合一个市场目标价格,以便使产品具有竞争力。成本工程中的另一个重要概念是价值。价值定义为功能与成本的比值,或称成本效益。把价值最大化,也应在设计上予以考虑。

1.4.2 发动机系统成本分析的需求

许多发动机项目都因对产品成本和价格控制不力而失败。在当今竞争高度激烈的市场上,用户对发动机产品的功能要求也越来越严格。更好的燃料经济性、更高的功率、更快的加速性能、更低的噪声、更长的可靠性寿命是其中的几个例子。另一方面,日益蓬勃发展的供应商产业正试图给发动机制造企业提供大范围的、具有高级或豪华功能的昂贵部件或模块化的子系统。两级可变截面涡轮增压器、电动辅助增压、无凸轮配气机构、混合动力系统就是其中的几个例子。一个发动机产品,可以被搞得同时把许多先进或高级的功能都投进去,以获得优异的功能性能。但是,这样的做法在经济上可能根本就行不通。发动机开发中关于系统成本的集成和控制已经变得越来越迫切,以求能设计出最便宜的并能满足用户需求的产品。

虽然在几乎所有的发动机部件中都存在着降低成本的机会,但是主要有三个方面在推动着高昂的产品成本,即排放达标、提高燃料经济性、高级功能。对于低排放发动机而言,以下部件与发动机的主要的成本增加有关(按从高到低的次序排列):

- 后处理装置(选择性催化还原装置,柴油颗粒过滤器,稀薄氮氧化物捕集器,碳氢化合物加注剂量,贵金属用量,关于压力、温度和氮氧化物排放量的额外所需要的传感器等);
- 涡轮增压器(例如两级涡轮增压器或可变截面涡轮);
- 排气再循环系统(尺寸更大的排气再循环冷却器、更多的各种冷却器、更多的排气再循环阀门、进气节气门等);
- 燃油喷射器(比如要求更高的喷油压力);
- 气缸盖(比如要求能承受更高的气缸压力或燃气温度);
- 活塞和活塞环(要求能承受更高的气缸压力,以及活塞冷却方面的设计变更等);
- 曲轴箱(要求能够承受更高的气缸压力)。

以下改善燃料经济性的技术可能会产生高昂的产品成本:

- 电动混合动力或液压混合动力系统;
- 使用兰金循环、布雷敦循环或斯特林循环进行余热回收;
- 涡轮复合增压;
- 可变气门驱动;
- 可变压缩比;
- 可变涡流比;
- 停缸;
- 无级变速器;
- 灵活冷却。

与高昂的产品成本有关的发动机高级功能包括以下这些例子：

- 高的输出功率(影响结构强度或发动机的大小)；
- 苛刻的加速性能和瞬态响应要求(与硬件设计和软件电子控制有关)；
- 大功率发动机制动器或传动系缓速器(用于重型卡车下坡车速控制)；
- 缸内压力的实时监控和闭环燃烧控制；
- NVH 和降噪功能(例如低噪声的发动机封闭技术或设计材料选择)。

上述内容中的每一条都对发动机产品的整体成本具有重大影响。如果不小心计划和予以控制的话，整个发动机将面临着成本高昂的风险。在柴油机系统设计中，对各种先进技术在其整个生命周期内的综合成本路线图的规划非常重要。在不同的子系统或部件之间对成本结构进行协调和平衡也很重要。另外，在这个成本设计的过程中，需要实现四大属性(性能、耐久性、封装性、成本)之间的适当平衡。通常情况下，性能、耐久性或封装性工程师不具备足够的知识或资格来进行系统成本设计。成本设计需要掌握关于所有发动机部件和先进技术的产品成本竞争性基准分析方面的深入而最新的知识和资料。这些信息的获取需要涉及很大的范围，从主设备制造企业的整体动力系统成本，到全球各个供应商的部件产品的成本。成本设计还需要具备关于成本与其他三大属性之间的关系的全面知识。另外，在系统工程的环境下所产生的子系统设计模块化和集成化这两大趋势，需要成本工程师研究和提出究竟如何进行模块化和集成化才是最具成本效益的方法。而且，成本工程师还需要确定由谁来负责模块化和集成化。例如，一个供应商可能愿意提供给发动机制造企业一个全集成的余热回收子系统(包括换热器、涡轮和电控系统)，并要靠这个集成包收取高额的费用。由于其简单方便，尽管这个集成包在性能或耐久性工程师看来是很有吸引力的，但是它对于发动机制造企业来讲可能并不是一个经济上可行的选择。主机制造企业可能更愿意把这个余热回收子系统用一种不同的但是却更具成本效益的方式来模块化地包给一些不同的全球供应商，然后自己来做集成的工作，从而不需要付给别人高昂的费用。以上要阐明的是，系统性能、耐久性或甚至封装性工程师能够提出一个满足功能等要求的系统设计方案，但是他们通常优化不了产品的成本结构。所有这些基于成本的活动，必须由高度称职的成本工程师来计划、执行和优化。很明显，这样的一个系统成本设计的工作职能，是一个独立的、全职的、庞大的工程职能岗位，而绝不是一个小小的依附于设计或财务上的补充职能。

1.4.3　确定设计目标成本的过程

成本工程师在发动机开发中的成本设计活动，是新产品开发的整体财务分析的一部分。财务分析的特点如 Menne 和 Rechs(2002)所述，可以用四个主要阶段来描述，即：①成本目标计算；②单项成本计算；③单项成本核查；④监控运行成本。产品成本设计始于项目的出台，一直持续到开始投产，发生在这样一个长时间范围内。为利润而设计的过程起始于一个订好了市场价格和利润目标的顶部层面。在项目一开始，从财务的角度看，产品成本的目标被设置为发动机的最大允许成本，该目标能够使发动机的市场价格(如与用户协商后的)带来一定水平的净资产收益率。这个财务成本目标是各项全都包括了的成本，包括购买的材料和零件、产品制造加工的模具和工艺、制造劳动成本、保修成本等。最终，这个成本目标可以被剥离成包括总的产品原材料和零部件的一个发动机系统成本。这个目标然后被发动机系统设计团队通过对子系统设计成本的集成和优化，"翻译"成为一个努力满足于用户的功能要求的技术路线图。在成本目标的设定过程中，需要进行一些团队之间的商量和迭代，以消除不一致的地方。有时，功能与成本之间需要做出一些权衡。这样建立起来的初始成本目标然后被分配给不同的开发阶段和工作领域，并逐级下派到较低的子系统和部件层面。成本目标最终由不停的迭代和降低成本的活动来确定和完成。在产品成本控制中,需要把实际报告的费用与估计的成本进行比较,而且需要识别、确定和专注于那些严重偏离最初估计的工作领域。

1.4.4 发动机系统成本分析的目的

工程设计驱动成本。成本工程师所执行的是一个关于产品的成本-技术结构的工程设计职能。成本工程师既不是项目管理中的财务总监,也不是采购或财务中的财务分析师。成本工程师往往既不计划或不控制发动机开发中的劳动力成本,也不计算定价和企业的盈利能力。取而代之的是,发动机系统成本工程师的工作专注于成本结构的技术设计,而这主要涉及材料和零部件的成本和产品寿命。发动机系统成本设计和分析的目的通常包括以下六种类型:

(1) 为各种尖端发动机技术(例如后处理、先进燃烧技术、代用燃料、改善燃料经济性、混合动力技术)做精密的企业成本-效益分析论证;
(2) 为工程设计决策做需求—收入—成本—利润方面的分析,以期最大限度地提高企业的盈利能力(即实施、推动和控制为利润而设计);
(3) 进行成本回收期分析以优化初始产品成本(或固定费用)和运行成本(例如通过减少运行中的燃料消耗来抵消和回收较高的初始成本);
(4) 采用以价值为基础的设计来平衡子系统成本和技术选择,优化单台发动机的成本结构,在发动机量产化设计中满足功能要求和成本目标;
(5) 为改进设计进行全生命周期内节约成本方面的估计;
(6) 实施竞争性基准成本分析。

1.4.5 成本分析中费用和影响因素的分类

产品的总成本可以被定义为单位制造成本、生命周期成本和质量损失成本的总和。当使用成本来计算与功能要求相关的价值时(注意到价值是功能与成本之比),重要的是要使用产品总成本。单位制造成本包括所有的制造成本,如可变成本、固定成本和模具成本。生命周期成本包括所有的运营成本和保修、维修以及日常维护的成本等。质量损失成本则计入了由生产商、用户和社会所产生的一些不那么有形的成本(或称无形成本)。

产品的成本也可以细分为两类:可变成本和固定成本。可变成本包括直接材料、直接人工和可变管理开销(例如直接材料或零部件的成本、供应商的运输成本、保修成本、直接生产的劳动力成本、非工资劳动力成本、生产模具成本和一些间接费用)。可变成本的货币金额随产品的产量而变化。固定成本的货币金额在一个特定的时期内是保持不变的,即使产量发生变化。固定成本的例子包括资本开支和一些固定的间接费用。固定成本可以被产量所"稀释"(从单台成本的角度看)。工程研发和设计的费用可以作为间接费用的一部分,或者也可以单列出来处理(如果这项费用特别大的话)。图 1.20 说明了成本、价格、产量与利润之间的关系。

一般来讲,成本工程师在进行成本分析时需要考虑以下一些因素:
(1) 可变成本;
(2) 固定成本;
(3) 生产方法;
(4) 产品产量;
(5) 产品的生命周期(年度和生命周期内的行驶里程数、小时数或年数),用户使用情况(如车辆的重

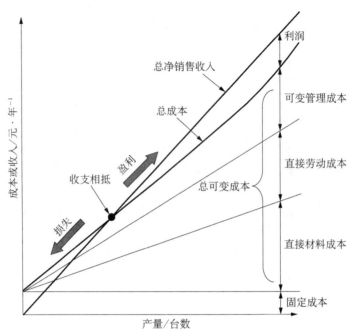

图 1.20　成本、价格、产量和利润的示意图

量和驾驶循环),以及运营成本(例如燃料费用、机油和维护费用以及后处理装置的运行费用);

(6) 材料清单(BOM)或者成本与材料清单;

(7) 产品指标规格和技术图纸;

(8) 采购和供应商的来源与成本数据;

(9) 利率、汇率和通货膨胀率;

(10) 折旧。

在上述因素中,购买材料和零部件的成本以及产品的生命周期对于柴油机系统成本工程师来讲是最为重要的。另外,许多因素都包含着一定范围的地域或时域上的多变性或不确定性(如柴油价格和车辆每年积累的里程数)。系统的成本分析和估计并不是一门精确的科学。关于成本的统计和概率分析的详情,读者可以参考 Ostwald 和 McLaren(2004)的著作。

1.4.6　发动机系统成本分析的方法

图 1.21 表示了一个包含有许多影响因素的成本回收期分析的例子。假设具有某种发动机技术的设备需要让用户花费一笔初始购置成本。该设备可以是任意的技术装置,例如像有机兰金循环那样的余热回收设备,或者某种后处理装置。发动机的有效燃油消耗率或车辆的燃料经济性可以靠使用这样的设备来改善,因此运营的燃料成本可以降低。使用一个简单的现金流量贴现法可以判断收回设备成本投资所需要的时间。利率和净现值需要予以考虑,来体现货币的时间价值。图 1.21 中的横轴显示的是一辆柴油车预期的年累计行驶里程。纵轴显示的是用节省燃料来抵消设备成本所预期需要耗费的时间。投资回收期就是花在购置设备上的钱除以每年从运营上节省下来的钱。据图中观察可知,车辆的行驶里程对于投资回收期有着指数效应的影响。设备的成本对于投资回收期起着决定性的作用。零售柴油价格、车辆的燃料经济性和节能百分比都对投资回收

期具有很大影响。能够使投资回收期变短的总体趋势可以归纳为以下几点:降低设备成本,提高燃料经济性的节能比率,增加车辆的年行驶里程,提高柴油价格。对于重型长途卡车来说,短于三年的投资回收期是比较好的,因为很多车队大约每三至四年就更换卡车。

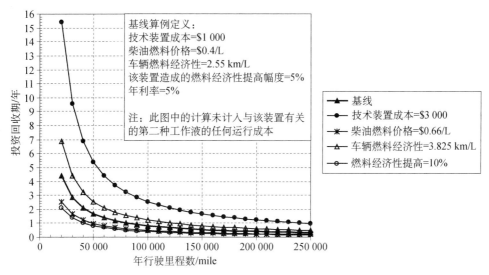

图 1.21 成本回报分析

图 1.21 是成本分析所采用方法的一个通用示意图。应该指出的是,在图中,任何与第二种工作液(即除了燃油之外的)有关的额外成本费用并未被包括在内,比如用于选择性催化还原的液基尿素(如果上述设备是指一个选择性催化还原装置的话)。当这样的第二种工作液的运营成本也被包括在内时,投资回收期将会变得比图 1.21 中所显示的长得多(坏得多)。

1.4.7 关于目前发动机成本分析方法的评述

关于成本分析以及工程与管理中成本估算的基本理论,读者可以参考 Park 和 Jackson(1984)、Ostwald 和 McLaren(2004)以及 Humphreys(2005)的著作。

在关于汽车技术的成本-效益分析方面,立法机构和科研院所一直在很大程度上对以下一些方向的成本分析颇感兴趣:先进的柴油机排放后处理技术,先进燃料,各种动力总成技术的从矿井到车轮的效率,以及能源政策。一般来讲,从整个社会全局的角度所得出的关于某项特定技术的结论到了企业的层面就不一定仍然有效或成立,这是由于在销售量和其他技术经济因素上所做的假设差异造成的。每家公司都有其独特的情况,重要的是要发展自己的成本-效益分析,以便做出一个明智的业务决策。

Walsh(1983,1984)研究了在北美市场进行柴油机微粒排放控制的成本和效益。Browning(1997)提供了一个关于满足美国 2004 年重载柴油机排放标准所需要的技术和所增加的成本的概述。Burke(2003)使用 Excel 电子表格的成本模型,显示了当不同的电动混合动力系统(轻度混合和全混合)在轻型车辆(轿车和中型尺寸的运动型多用途汽车)上应用时在节省油耗与经济费用吸引力之间的权衡。

各州和地方政府机构常用成本效益作为一个重要标准来决定是否推行某个特定的排放控制计划。成本效益定义为所花费的货币金额与此花费所产生的效果之比。在美国得克萨斯州的一个政府项目里,Prozzi 等人(2004)调查了在高速公路修建设备车队上使用乳化柴油的成本效益。他们很仔细地量化了许多影响成本的地方(例如燃料成本的增加,推行和转换新技术所产生的成本,对燃料经济性的负面影响效果,重新加油的负面影响,柴油与乳化液进行混合的成本,由于扭矩损失所造成设备生产率下降的成本增加,增加的维修成本,燃料储存成本等)。他们的结论是,所测试的那种燃料(Lubrizol 公司的 $PuriNO_x$)是一种相对来讲比较昂贵的减少氮氧化物排放的策略;而且当车队把旧发动机换成新的更清洁的电控发动机后,这个策略在减少氮氧化物排放方面将会使成本效益变得更坏。Matthews 等人(2005)评估了一种超低硫柴油对于排放、燃油经济性和维护成本的影响。他们也采用了少排放每吨氮氧化物所需要耗费的成本货币值这种形式计算成本效益。

生命周期评估是对一项技术从生产到使用再到最终处置所做出评估的一种"从摇篮到坟墓"式的方法。Ginn 等人(2004)介绍了一个全面的生命周期经济性评估。他们比较了重型卡车上使用的、能够替代传统的柴油机怠速方式的四项备选技术。长途卡车往往需要怠速运行很长的时间(比如隔夜),以加热或冷却驾驶室,保持发动机暖机,以及运行一些电器附属装置。一辆卡车的怠速时间可以长达每年 2 400 h。怠速导致大量的排放、燃油消耗和发动机磨损的增加。Ginn 等人(2004)比较了四种替代方案(即辅助动力装置、直燃式加热器、卡车停车点充用电、先进的卡车停车点充用电),并评估了它们各自的排放优点、对环境的影响、燃油节省量、节约的维修和磨损、投资回收期、净现值,以及每美元成本所给出的排放减少量(即成本效益的倒数)。

Li 等人(2004)介绍了一个用于发动机歧管表面精加工的设计决策的需求-成本-利润的经济分析方法。他们用发动机循环模拟软件计算了由于歧管表面粗糙度的改进给功率和燃油消耗率所带来的性能优势。微观经济理论和需求-成本-利润的模型与优化技术一起被引入到他们的分析中,将发动机性能模拟、成本分析和业务决策联系在一起,其优化工作是将与设计有关的利润最大化。这项工作提供了一个为利润而设计的有益尝试。

柴油发动机系统的成本分析是一个新兴的和具有挑战性的重要跨学科领域。它将会受到来自于工程技术行业的越来越多的关注。

1.5 竞争性基准分析

1.5.1 竞争性基准分析的需求

基准评估是确定比较标准的一个系统的方法。它可以揭示在产品属性上的差距,并能为改进设计提供思路。基准评估应包括同类产品中最高水平的目标属性的衡量参数,并研究这样高水平的属性是如何通过其他设计参数或标定参数实现的。

1.5.2 竞争性基准分析的方法

重载柴油机的经验设计细节可以从很多书籍中找到(例如,Merrion 和 Weber 于 1999 年的概述;Heisler,1995;以及 Hoag 于 2006 年的车用发动机设计教科书)。这些著作涵盖了发动机整体布局和部件细节的经验设计准则,包括发动机平衡、气缸盖、机体、水套、轴承、垫片、活塞、曲轴、凸轮轴等。另一方面,先进的设计软件和有限元分析方法等在这些领域都已得到了广泛的应用,并在文献中有大量著述。但是,从柴油机系统设计的观点来看,另一大类在这些传统的设计领域能够有效提高分析质量的而却往往被忽视的有力方法其实是运用竞争性基准设计分析技术。这一技术的特点是,使用大量的不同发动机的设计数据来形成一批有逻辑和有组织的经验趋势曲线,以分析一个基本设计参数相对于另一个基本设计参数的变化趋势,并检查所要进行的设计是否落在趋势范围的内部或外部,如图 1.22 所示。一个简单的例子是按照多个发动机的额定功率水平来画出行程缸径比相对于发动机排量的变化趋势。这样得出的竞争性数据分析对于行程和缸径设计来说是一种非常简明有效的手段。事实上,高级的竞争性基准分析工作比这单纯的作图要复杂得多,因为它不但要挑选经验的设计数据或实验数据来作图,而且需要采用启发式建模,有时还需要用到相似性理论,来提取和组合一些明显易得的设计参数以反映基本的物理概念。在每一个复杂的机械系统中,通常能够提取出一个基本设计参数或者几个以某种组合的形式结合在一起的基本设计参数,用一个相当直观而简单的方式来体现它们在性能或耐久性方面的物理本质。通过这样的分析,可以迅速识别出主要的设计问题,以便进行进一步的检查。因此,寻找每个部件和系统的那些特征设计参数是非常重要的。而且,从更大的视角来看,竞争性基准分析与复杂的信息提取技术也密切相关。

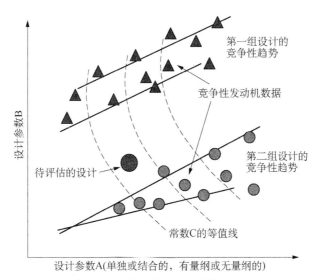

图 1. 22 竞争性基准分析的方法

1.5.3 发动机系统设计的基本参数

发动机系统设计的特征通常由某些描述整体性能或设计的基本系统参数来衡量,比如功率密度、车辆的功率质量比、不降低额定功率的高海拔能力、冷起动能力、在高温环境下足够的冷却能力等。基本发动机系统设计参数对于从整体的系统层面提纲挈领地分析性能和耐久性属性来讲非常重要。下面开列和解释一些常用的基本发动机系统参数:
- 气缸数量——它影响发动机的紧凑性和力矩的平衡;
- 发动机排量——它影响发动机的功率密度;
- 缸心距、连杆长度和活塞压缩高度——它们影响发动机的基本尺寸;
- 发动机缸径——它影响行程缸径比(行径比)、发动机重量和磨损;
- 发动机行程——它影响行径比、活塞平均速度、发动机转速和摩擦;
- 行程缸径比——它影响缸径、行程、转速、燃烧室余隙、排放、散热量;

- 发动机的压缩比——它影响排放、热力学循环效率、最高气缸压力、发动机的摩擦和冷起动能力；
- 额定功率——它通常决定了在结构设计上的最严重的热机械条件；
- 额定有效平均压力——它是每单位发动机排量的额定扭矩，可以用来比较不同大小的发动机；
- 额定转速——它影响额定功率以及车辆发动机与变速器之间的匹配；
- 额定活塞平均速度——它影响进气道、排气道和气缸内的气流速度、部件的热负荷和惯性负荷、发动机的摩擦和磨损；
- 最大扭矩——它决定了扭矩储备因数和涡轮面积；
- 最大扭矩转速——它影响转速储备因数以及发动机与变速器的匹配；
- 最大有效平均压力——它是每单位发动机排量的最大扭矩，可以用来比较不同大小的发动机；
- 扭矩储备因数——它等于最大扭矩与在额定功率时的扭矩之比，影响车辆的驾驶性能、爬坡性能和发动机抵抗负荷增加的稳定性；
- 转速储备因数——它等于额定转速与最大扭矩转速之比，影响车辆的驾驶性能和爬坡性能；
- 适应性因数——它等于扭矩储备因数乘以转速储备因数；
- 额定强化系数——它等于额定有效平均压力乘以额定活塞平均速度；
- 发动机重量（质量）——它与排量、功率和最高气缸压力密切相关；
- 发动机排量功率（也称为功率密度或功率排量比）——它是每单位发动机排量的额定功率；
- 功率面积比（每单位活塞面积的发动机功率）——它基本反映了燃烧室每单位面积的热负荷；
- 质量排量比（也称为质量密度或每单位排量的发动机质量）——它反映了结构设计的有效性和发动机的紧凑性；
- 发动机功率质量（也称为质量功率比）——它是质量密度与功率密度之比，即功率质量比的倒数；
- 体积排量比（也称为体积密度或每单位排量的发动机体积）——它反映了发动机包装设计的紧凑性；
- 体积功率比（它是每单位功率的发动机体积）——它是体积密度与功率密度之比；
- 发动机的功率或扭矩与一个发动机动力配套用途参数之间的比值——它是发动机作为功率源或扭矩源与它的用途之间进行匹配的一个基本参数。例如，对于道路用卡车来说，它可以是额定功率与车重之比。

下面简单讨论上述的基本发动机系统参数之间的关系。根据有效平均压力和活塞平均速度的定义：

$$\varpi_{BMEP} = \frac{\dot{W}_E n_s}{V_E N_E} \tag{1.2}$$

$$v_{mp} = 2 S_E N_E \tag{1.3}$$

发动机有效功率可以推导如下，它与有效平均压力、缸径的平方和活塞平均速度成正比（注：对于四冲程发动机，$n_s = 2$；对于二冲程，$n_s = 1$）：

$$\dot{W}_E = \frac{\varpi_{BMEP} V_E N_E}{n_s} = \frac{\varpi_{BMEP} \pi B_E^2 n_E S_E N_E}{4 n_s}$$
$$= \left(\frac{\pi}{8 n_s}\right) \varpi_{BMEP} B_E^2 n_E v_{mp} \tag{1.4}$$

发动机的最大有效平均压力反映了承受最高气缸压力和热负荷的结构能力。最大允许的有效平均压力在过去的几十年里一直在持续增长,以满足用较小的发动机产生更高的扭矩输出的需求。从式(1.4)可以观察到,在给定的有效平均压力下,增大缸径可以增加发动机功率。进气和排气过程的空气流动阻力和由惯性负荷所造成的部件应力与 v_{mp}^2 成正比。活塞组的摩擦力和热通量与 v_{mp} 成正比。活塞组的磨损率相对于 v_{mp} 可能按比例增长或呈指数级增加。因此,v_{mp} 的增加可能会导致部件应力和热负荷的增加、ϖ_{BMEP} 的减少和因磨损增加而造成的发动机寿命减少。活塞平均速度是一个影响性能、耐久性和可靠性的关键参数,它的取值需要非常谨慎。

通常地,所有上述的基本发动机系统参数的数值都能从公开发表的文献中或发动机产品的目录中得到。使用这些公开信息,可以很方便地进行竞争性基准设计分析。这是一个很重要的领域,可以进行大量的数据挖掘。

1.5.4 发动机性能的竞争性基准分析

图 1.23 显示了包括道路和非道路在内的大量的北美重载柴油机的几个基本的系统参数之间的关系分析。据观察,在一个大范围内,发动机的额定功率或最大扭矩与排量之间呈现出非常线性的关系。大多数发动机的额定转速都处于大约 1 500～3 000 r/min,对应于额定活塞平均速度

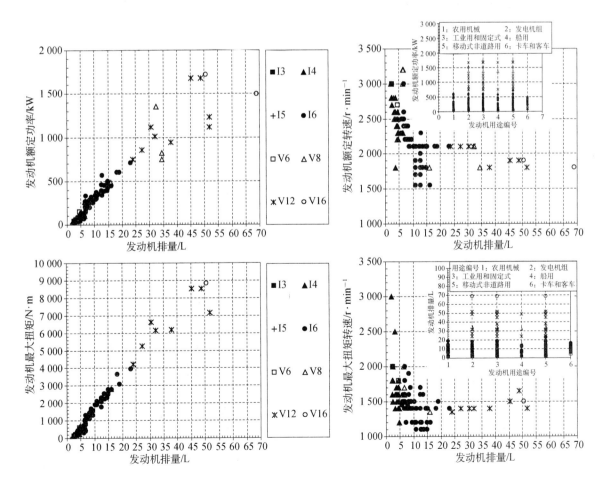

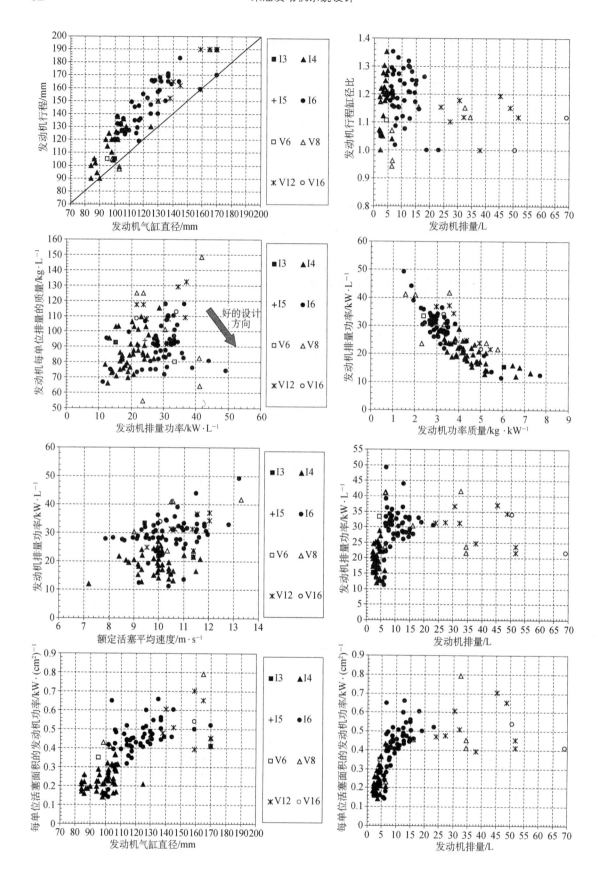

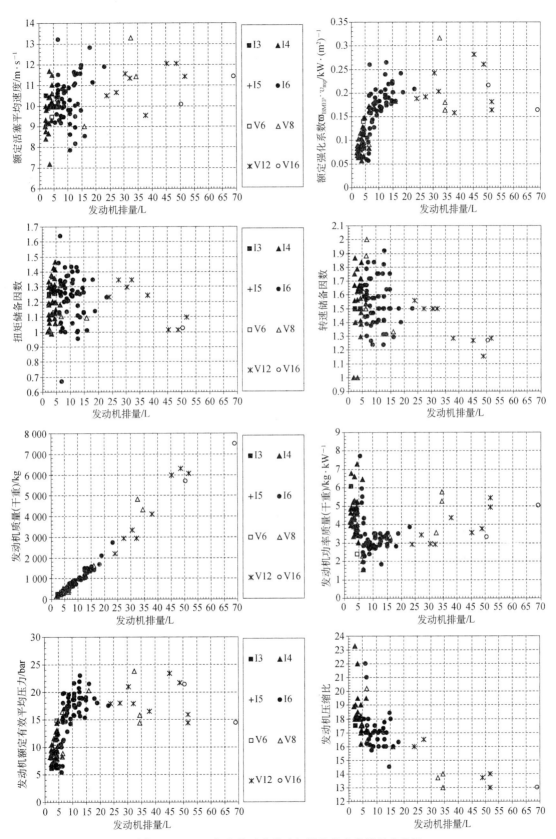

图 1.23 2008 年北美重载柴油机性能的竞争性基准分析

大约 8~12 m/s。大多数排量大于 7 L 的发动机的额定转速大约在 1 500~2 400 r/min。最大扭矩转速在 1 100~1 700 r/min。大多数行径比大约为 1.1~1.3。当发动机的气缸缸径增加时,如果打算将活塞平均速度保持不变,发动机的转速就需要降低。缸径尺寸往往与冲程具有相同的数量级(大型低速船用柴油机除外)。因此,较大缸径的发动机(例如重载)比较小缸径的发动机(例如轻载)具有低得多的转速。从图 1.23 还可以看到,当发动机的功率质量增加时,排量功率很明显地下降。另一个明显的趋势是,当缸径增大时,每单位活塞面积的功率也增加。大多数发动机的扭矩储备因数大约为 1~1.45,转速储备因数大约为 1.3~1.8。发动机干重与排量之间存在一个明显的相关性。发动机功率质量的变化范围很大,从 2 kg/kW 到 8 kg/kW,这主要是由于小型发动机造成的。大多数排量大于 7 L 的柴油机的功率质量看起来大体在 2.8~3.6 kg/kW。

　　图 1.24 给出了北美道路用 5~16 L 重载柴油机的竞争性基准分析。当发动机的排量增大时,额定功率或最大扭矩很明显地增加。另一个明显的趋势是,当功率质量增加时,排量功率下降。发动机的干重随着缸径几乎呈线性增加。图 1.25 给出了轻载柴油机和一些用于小型货车(如皮卡)的重载柴油机的基准分析结果。关于这些轻载柴油机的细节内容介绍,读者可以参见 Xin(2011c)的论文。

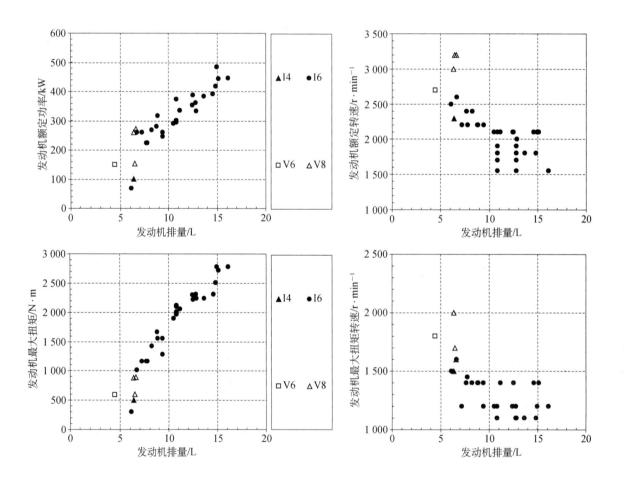

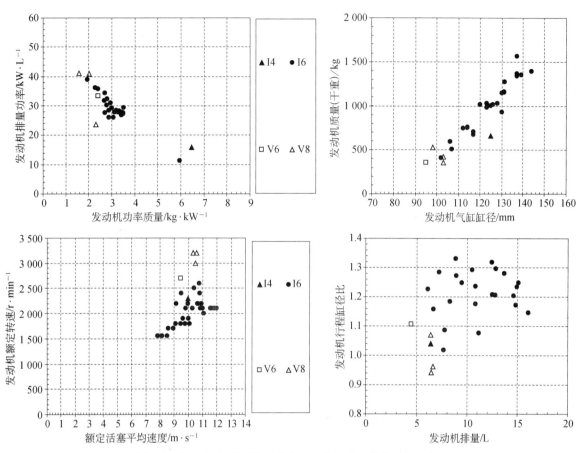

图 1.24 2008 年北美道路用重载柴油机性能的竞争性基准分析

1.5.5 机械设计中的竞争性基准分析

1.5.5.1 发动机机体和曲轴箱的设计

大多数用于轿车和卡车的柴油机都是直列 4 缸(I4)、直列 6 缸(I6)、V6 和 V8 型发动机。发动机的往复运动质量大约正比于气缸直径的立方。I4 型发动机具有比较短的机体长度。虽然 I4 发动机的二阶往复惯性力不平衡,但力的振动幅值相对较小,只相当于主惯性力的一小部分。对于缸径比较小的 I4 发动机,发动机的平衡还是令人满意的。因此,I4 发动机在对发动机尺寸大小有严格要求的乘用车和轻型货车上很受欢迎。I6 型发动机的平衡最好,也能为涡轮增压提供强大的排气脉冲能量。I6 是在商用卡车和客车上最流行的形式。带 90°机体夹角的 V8 型发动机,由于其良好的平衡性能和较低的机身高度,也很受欢迎。V6 型发动机在长度和高度方面是最紧凑的,往往用于一些轿车和轻型货车上。但是带 90°机体夹角的 V6 发动机有一个不平衡的二阶往复惯性力,而带 120°机体夹角的 V6 发动机有一个不平衡的主惯性力。这些都是在发动机选型设计中需要注意的地方。关于发动机设计的其他细节,读者可见 Hoag(2006)的著作,包括气缸数、发动机平衡、V形机的机体夹角和不均匀的点火次序。

高的刚度和强度以及低的 NVH 和重量对于发动机机体的设计来讲是很重要的。可以作为竞争性基准分析的参数包括以下一些:发动机宽度,旋转运动部件和发动机机体内壁之间的尺寸间

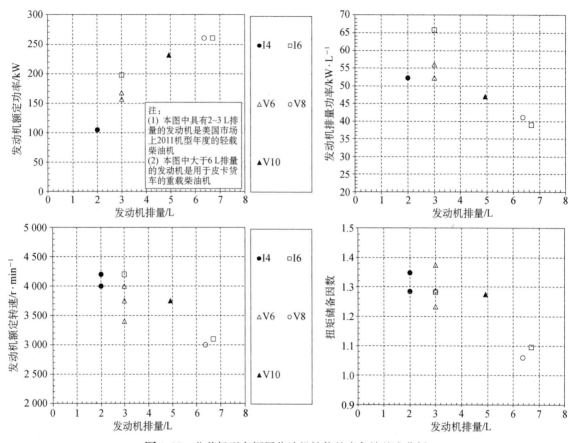

图 1.25 北美轻型车辆用柴油机性能的竞争性基准分析

隙,发动机长度,以及"C_E/B_E"比——即缸心距与缸径之比。这个 C_E/B_E 比值反映了发动机长度方向的紧凑性,它受曲轴长度、气缸盖设计和气缸套设计影响。将各种发动机的 C_E/B_E 比值或发动机机体或气缸盖的某个典型厚度相对于缸径作图,是在机体方面进行竞争性基准设计分析的典型例子。连杆长度和活塞压缩高度则是两个影响发动机高度的主要设计参数。

1.5.5.2 气缸套设计

对于气缸套设计来讲,以下是需要考虑的要点:尽量减小在缸套与活塞环或活塞裙部之间的摩擦和磨损,尽量减少由于活塞敲击和气缸套振动而引起的水套的穴蚀,在气缸套顶部有足够的冷却,在气缸套周向和轴向有适当的金属表面温度,减小气缸变形,采用高刚度来减少噪声和振动。

1.5.5.3 气缸盖设计

气缸盖设计的课题通常包括以下一些内容:气门数目、气门直径、气门座角度、气道流量因数和涡流比、进气道和排气道的布置方向(比如避免排气加热进气道)、壁厚、排气道长度和散热损失、冷却、在气门之间的火力面区域上的温度控制以防止热机械疲劳、气缸盖垫片的设计等。气缸盖设计的基本竞争性基准参数包括:

- 气道直径与气道长度之比;
- 气道长度与缸径之比;

- 涡流比相对于流量因数的特征曲线——可以用来评估缸内湍流与充量因数之间的权衡；
- 气缸盖螺栓的数量和气缸盖的高度——可以用来评估刚度和密封性能；
- 气缸盖底部的壁厚与缸径之比——以评估机械负荷与热负荷的权衡。

1.5.5.4 连杆、曲轴和轴承的设计

动力转换部件的设计准则通常包括以下内容：在缸内气压负荷和惯性力载荷作用下在压缩、拉伸、扭转和弯曲运动方面具有足够的机械强度和刚度，具有较轻的部件重量和平衡重量，具有紧凑的几何尺寸，具有平滑的倒角和较低的局部应力，润滑油供油孔角度的结构设计要合理，轴承间隙的设置要适当，具有较低的轴承磨损、摩擦和撞击噪声等。这方面的基本竞争性基准参数包括：

- 连杆长度——它影响发动机的高度、宽度和活塞组动力学；
- 连杆长度与曲柄半径之比——它影响二阶往复惯性力和活塞的侧推力；
- 连杆大端（大头）曲柄销轴承的直径——它影响摩擦和旋转质量；
- 主轴承直径——它需要满足强度和润滑要求，并有助于调整曲柄臂厚度、曲柄销直径和缸心距；
- 主轴承轴颈与连杆大端轴颈之间的重叠度——它影响曲轴的强度；
- 轴承的长宽比（即长度除以直径）——它影响曲轴主轴承的摩擦学和结构强度特征。

1.6 子系统的相互作用和分析式发动机系统设计过程

1.6.1 发动机子系统的相互作用

柴油机往往是专门为其用途而设计的。在高速公路的应用场合，重载发动机往往用于重卡和客车。这些车辆的工作循环在很多时候是位于高负荷区域，而且很多时间用于全负荷工况。相比之下，轿车和轻型货车通常运行于很低的负荷和相对较低的发动机转速（与其额定转速相比），只在很短暂的瞬态才会运行于高速和高负荷工况。工作循环上的差异决定了与耐久性和燃油经济性等属性有关的发动机系统设计的特点。

由于其很多部件的功能彼此相互影响，这一复杂性质使发动机设计成为最复杂的工业设计之一。从工作介质角度来看，发动机内的空气与燃料混合燃烧，产生动力，也伴随着排放污染。燃油系统的功能和设计与燃烧系统密切相关。发动机系统设计实际上主要是与空气管理有关，这是因为气侧性能决定了发动机的主要性能和系统负荷。发动机有这样几个主要的子系统与空气输送和泵气损失有关，它们是：进气歧管、排气歧管、气缸盖、配气机构、涡轮增压器、排气再循环环路、冷却器、排气后处理装置。它们的性能影响着一些关键的系统参数，比如空气流量和排气再循环流量、排气温度、最高气缸压力、增压压力和背压。这些子系统之间的优化需要仔细地进行。现代电控发动机需要一个定目标的精密设计来获得所需要的空燃比、排气再循环率和进气歧管气体温度，以便达到在关键运行转速和负荷工况下的标称设计和标定目标。同时，在设计上不应违反耐久性方面的设计极限或约束条件。过度设计和设计不足都属于不可接受的。下面的一些原则可以用来确定一个给定的设计参数是否应该在系统层面予以优化，还是应该在子系统或部件层面予以优化。如果这个参数被几个子系统所共享，那么它就是一个系统层面的参数，因为它的变化涉及所有相关的子系统。例如，涡轮增压器的匹配就是一个典型的系统设计问题，因为它直接对空燃比和排气再循环环路的阻力降设计有影响。相比之下，排气歧管的支管设计则更像是一个局部的部件设计问题。随着系统优化更加广泛而深入地介入到整个发动机中来解决不同部件之间的相互作用问题，系统

与子系统或部件之间的工作范围和职责边界的划分可能会变得模糊。系统工程的目的就是要确保子系统之间的相互作用具有优异的功能。

发动机子系统的相互作用发生在各个子系统之间的界面,也发生在发动机系统与每个子系统之间。发动机本体与后处理装置之间、发动机本体与涡轮增压器之间、燃烧系统与燃油系统之间、配气机构与涡轮增压器之间的相互作用只是其中的几个例子。相互作用不但体现在稳态和瞬态运行上(即静态和动态工况),也体现在硬件特性和软件控制之间的边界上。因此,一个系统层面的分析对于理解发动机子系统的相互作用来讲是非常必要的。这样的系统分析包括发动机的热力学第一定律、第二定律、传热、流体力学、动力学和电子控制等方面的内容。

对于每个产品属性来讲,发动机系统设计的任务包括以下内容:
- 识别和确定受每个子系统影响的系统设计目标参数;
- 分析这些系统设计目标参数是如何受每个子系统影响的;
- 优化这些子系统和整个系统;
- 在四大产品属性(性能、耐久性、封装性、成本)之间进行优化。

1.6.2　经验式发动机设计过程

图 1.26 表示了一个经验式的反复试凑的发动机设计过程,该过程缺乏系统工程和并行工程的理念。经验式的设计过程往往具有以下缺点:
(1) 缺乏高等分析;
(2) 缺乏一个系统工程的方法来指导整个设计工作。因此,在设计过程的最初阶段没有一个精密定义了的系统设计指标;

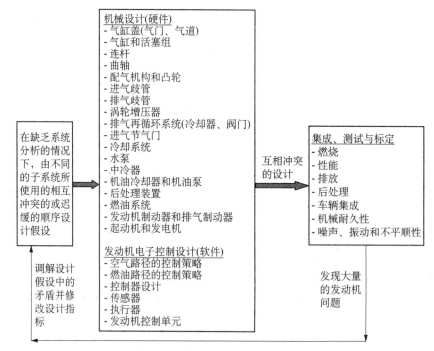

图 1.26　经验式发动机设计过程

（3）采用顺序式的设计方式。不同的子系统团队使用相互矛盾的设计要求或假设；

（4）设计效率低下，设计质量差。

柴油机是一种非常复杂的机电一体化机器。它包含许多子系统和部件（如前面的图1.5所示）。在经验式设计过程中，不同的子系统的详细设计在缺乏正式的需求分析和发动机系统指标的情况下贸然开始，这势必导致工作的重复和资源的浪费。由于许多由此造成的设计问题是在后续阶段的测试和集成过程中被逐步发现的，大量的工作和资源要花费在从系统层面调和这些冲突的问题。一些部件的设计工作可能因此完全报废而重新开始。

1.6.3 先进的分析式发动机系统设计过程

1.6.3.1 并行工程过程

先进的分析式发动机系统设计过程是以系统工程、并行工程和先进产品质量策划（APQP）为特征的。并行工程是一个多职能团队为了一个共同目标而努力的设计或制造过程。它用一个并行工程过程取代一系列的顺序式阶段，从而缩短开发周期。在顺序式的过程中，工作结果是从一个领域交接到另一个领域来逐步执行的。在并行过程中，所有的子系统或部件领域都同时开展他们的设计工作，并以一个统一的系统设计指标为指导。

APQP指的是一个定义和建立一些必要步骤的结构化过程。这些步骤用来确保一个产品能够满足用户的期望（APQP参考手册，1995）。在一个发动机项目的初始阶段，大量的工作应该花在系统设计上，通过使用先进的模拟工具来分析功能要求。然后，把系统设计指标分发给所有的子系统设计团队。由于主要的风险因素已经被系统设计团队所分析和解决，关键的界面和功能分析也已经由他们所完成，各子系统的设计人员可以在一个低得多的失败风险下开始他们的设计。APQP采用流程规划来确保设计变更或相应的开发工作量从发动机项目的开始阶段直到结束阶段能够持续不断地减少，从而达到向投产阶段的顺利过渡。

工程产品的开发过程已经从过去传统上的一个比较缓慢的按部就班的迭代修改过程发展到了今天的一个加速合并和简化的过程。在这个加速而"争取一次做对"的过程中，科研的职能（研究院）和高等工程设计（开发中心）的职能往往是集成演化成合二为一地结合在一起为了几代产品而同时工作的，而已经不再是还像过去那样在流程上作为上下游而加以区分，或者在组织结构上作为不同的部门（比如研究院和设计中心两套人马）加以分隔，即不再是脱节式地你搞你的预研一代，我搞我的开发一代，他搞他的生产一代。过去的经验教训表明，发动机项目中最大的浪费之一就是预研班子按照自己的组织和流程搞出来的东西交接给另一套下游开发班子后必须推倒重来，这里面的原因就是整个组织和流程还不够集成化。

产品工程的组织流程和项目管理的其他方面的内容在Menne和Rechs（2002）的书中有详细的介绍，包括关于项目中的一些关键检查环节的总结。另外，Dubensky（1993）提供了一个详细的关于子系统的封装性和结构设计的并行工程过程。设计和工作流程所采用的工具在Carey（1992）和Gale等人（1995）的论文中有详述。Mikulec等人（1998）和Delprete等人（2009）的文中给出了一些关于发动机概念布局分析的例子。Merrion（1994）介绍了柴油机的具体设计细节。

1.6.3.2 发动机开发中的工程技术工作职能

发动机系统或每个部件的工程工作职能可以划分为三种类型，即分析、设计、测试。分析职能可以进一步大体划分为两个主要领域：热流性能和机械结构。一个人或一个部门一般来讲不可能从事所有部件或系统的全部三个工作职能。在大型工程企业中,分析、设计和测试通常都是分开在不同的部门里进行的。因此,跨职能的合作是进行成功集成的关键之一。

"分析"这个工作职能可以定义为使用先进的计算工具来定义和产生设计指标以及分析发动机的四大产品属性的一种活动。"设计"的传统工作职能可以定义为采用计算机辅助设计(CAD)工具、图纸和样机来实现设计指标的一种活动。"测试"的工作职能可以定义为使用实验手段来验证设计指标的一种活动。关于这三个工作职能的严格定义是系统设计理论的基石之一,具有极为重要的组织、管理和技术意义。

在产品开发过程中,设计往往处于一个中心角色,它得到来自分析和测试的支持。模拟是分析的一部分,它可以提供很多难于测量或无法测量的详细参数信息,例如在所有部件中的传热、气流组分、流过气门或在歧管内的瞬时压力或流量。在设置一个发动机实验时,在实验前进行模拟来预测是否可以满足测试目标往往是非常有益的。测试可以确认发动机系统设计指标或者找出不足。必须认识到,许多因素会导致不准确的系统模拟结果,包括模型的质量、假设、部件或子系统的不正确输入数据等。模拟模型的调整校准以及与实验数据相比较永远是非常必要的。只有当成功地验证了一个模型之后,该模型才能有把握地用来预测和产生系统设计指标。分析和测试这两个职能不但在工作方法的管理和规划上具有很大相似性,而且应该是相辅相成、互相加强的伙伴关系。系统设计工程师需要积极地参与测试的策划,以帮助确定测试目标和步骤,从而及早地发现各种问题。测试策划和测试数据分析是一个系统工程师的主要职责之一。

柴油机系统设计在工业界是一个全新的设计和集成职能。系统工程理论(Armstrong,2002)认为,系统工程师必须从设计部门发布定义系统的数据。由于柴油机系统分析人员(尤其是性能分析)所做的很大一部分计算模拟工作都是直接规划整个系统和产生系统设计指标,"系统分析"工程师的这部分所谓分析工作很自然地就应该被定义和认定为"系统设计"工作,而并非只是一种分析。换句话说,除了系统测试人员外,大多数系统工程师都是设计工程师;他们被赋予对整个系统的设计权力并发布和管理系统设计指标。他们使用先进的系统模拟分析软件作为设计工具。他们不只是一个配角式的分析或模拟工程师。随着柴油机系统设计在产品开发中的重要性被逐步地认识,发动机性能分析的工作职能将会在发动机的整个设计过程中起主导作用。相应地,系统测试工程师运行实验台来验证发动机系统指标。他们的工作与系统设计工程师的工作相辅相成。

1.6.3.3　先进的分析式发动机系统设计过程

图1.27展示了一个从概念到投产的先进的分析式发动机设计和开发工作流程。图中的众多功能领域的输入和输出交互式地相互影响,如双箭头所示。位于图中间位置的项目管理职能,控制着规定的项目进度和预算。发动机研制过程的效率取决于在一个特定的组织内,产生的技术指标或设计研发中的数据变更由系统团队分派到部件团队的过程有多么清晰。虽然不同的功能领域之间的交流沟通渠道是比较复杂的,总体上看整个过程还是具备一个最佳的"自上而下"的流程,正如图中的较厚的大块箭头所示。在技术指标由粗糙的手工计算而产生的旧时代,精密设计和优化是不可能的。今天,随着发动机热力循环性能计算机模拟的有效利用,准确地预测发动机空气系统的性能和子系统之间的相互作用已经完全可行。分析式系统设计这种功能应该被安排在研发链的最顶端。正如Hoag(2006)对发动机开发过程的阐述那样,其实发动机开发中的一个共同目标应该是持续地改进上游的分析能力和最大限度地减少在样机测试阶段的成本。图1.28表示了分析式发

动机系统设计的一个更为详细的工作过程。图 1.29 表示了柴油机系统设计的技术范围和一些典型业务的例子。

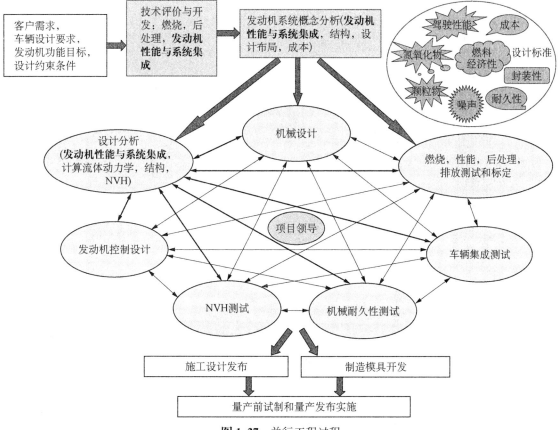

图 1.27 并行工程过程

图 1.30 表示了一个定义汽车动力系统的流程。该流程将发动机系统设计与它的上一层工作——动力系的系统设计——联系在一起。一个典型的发动机项目的第一步工作往往是规划。车辆层面的要求被作为设计目标逐级下派到发动机系统层面。当发动机系统设计指标被确定后,这些设计目标被进一步分解到部件层面。在规划中必须全面地考虑一个大范围内的很多属性设计标准,包括性能(排放、燃料经济性、加速性等)、耐久性、封装性、成本。在不同标准之间通常需要做出权衡,例如采用不同发动机排量时所造成的 0~96.5 km/h 的加速性能与燃料经济性之间的权衡。较大的排量通常能够提供更好的自然吸气的"呼吸"能力,从而使车辆的初始加速性能更好些。但较大的发动机在驾驶循环内会更频繁地运行于较低的有效平均压力水平,因此油耗会变得较差。另外,还需要注意到,在这种"自上而下"的设计流程中,改变项目的需求目标或系统设计指标将会扰乱开发进程,也会导致需要在约定的修改自由度范围以外进行额外的修改工作。因此,必须积极地预见到未来的项目需求,以便能够有所准备,并且很仔细地确定项目的目标。另外,系统设计指标也必须准确地产生,以尽可能避免额外的修改。图 1.31 表示了动力系设计决策树的一个例子。

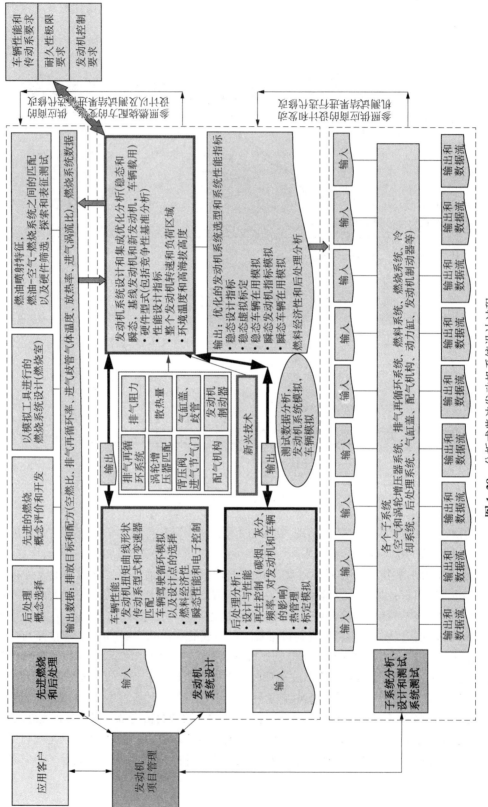

图 1.28　分析式柴油发动机系统设计过程

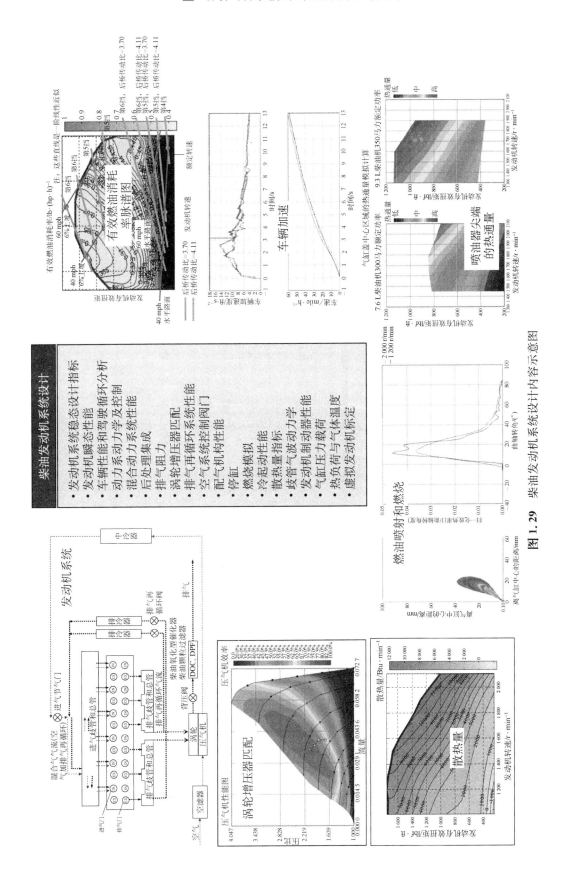

图 1.29 柴油发动机系统设计内容示意图

64　　　　　　　　　　　　　　　　　柴油发动机系统设计

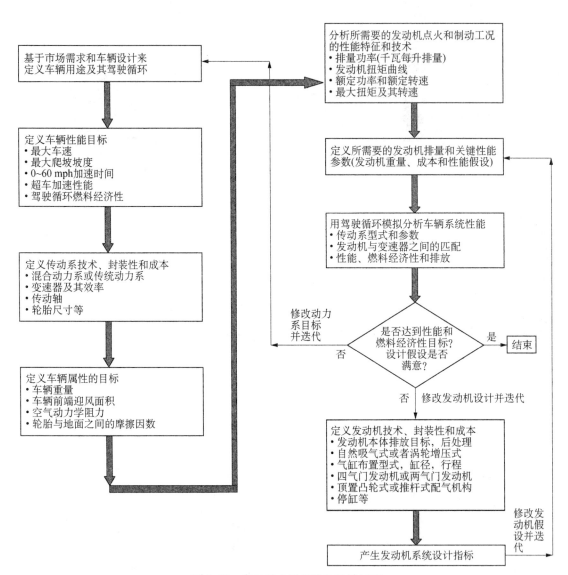

图 1.30　定义动力系统的设计过程

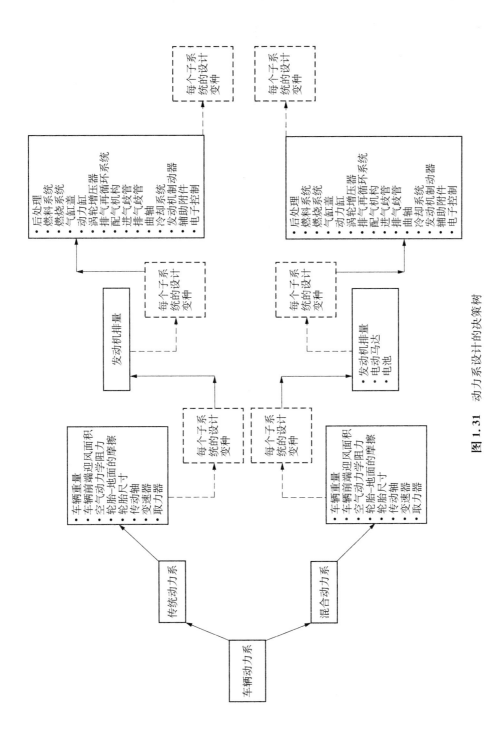

图 1.31 动力系设计的决策树

1.7 发动机系统设计指标

1.7.1 发动机设计指标概述

工程技术上的设计文件包括原理图、功能框图、计算机模拟结果、报告、图纸、图形、材料清单、可追溯性文件、工程指标、材料指标等。工程设计的指标通常是指对一个设计的描述——即包括它做什么，它如何运作，以及它是如何构建的。发动机设计指标一般包括一套完整的关于发动机是如何设计、操作、维护、修理的机密信息，分为系统和部件两个层面。所谓的技术出版物一般包括操作手册、诊断手册、维修手册、服务手册等。

系统的功能指标是指能够完整而简要地描述系统所有达到运行要求的功能的一份文件。系统指标作为系统的定义，应该包括使命、运作概念、配置、系统的界面、功能、目标、要求、硬件和软件的性能特点、文件的修订历史、所采用的工作方法等。设计指标还保证了在设计过程中能够有一套技术纪律或规定，以辖制不同功能领域之间的协调。系统设计指标需要从系统层面逐级下派到子系统和部件层面，并在发动机开发过程中不断地被更新以保持其有效性；而分析式发动机设计过程本质上就是一个持续和迭代地管理（包括生成、实施和验证）设计指标的过程（图 1.32）。

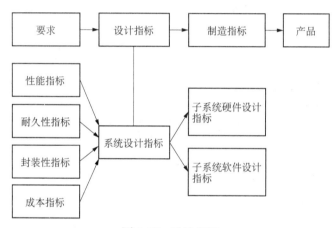

图 1.32 设计指标

系统指标往往包括对所有要提供的功能予以标识和说明，并包括与之相关的每个子系统所需要满足的定量化要求（Kossiakoff 和 Sweet，2003）。Armstrong（2002）给出了以下另一个关于通用的系统指标的经典定义：

"系统指标需要描述一个系统的技术和功能要求，为各功能区域分配要求，记录设计约束条件，并定义在功能区域之间以及与其他系统之间的界面。系统指标也需要确定必要的性能要求和为了确保实现全部要求的实验规定。关于使用任何现有设备的要求，也需要在指标中予以规定。"

柴油机设计指标和很多相关技术文件的现状是，事实上，在发动机行业内部或者甚至在同一企业或组织内部，关于发动机产品的数据文件或标准设计文件（包括系统指标）所应包含的内容至今都没有一个统一性或一致性。这种状况就对业界提出了这样一个需求——需要研究并提出一个统一的说法、流程和各方都认可的数据格式内容和技术文件模式来管理设计指标和相关文件，并方便业界的技术交流和管理交流。

柴油机的开发项目通常始于一个描述系统要求的高层次的（即用来与动力配套客户对话的）功

能目标文件。这些功能目标需要随时更新并被所有的参与方在整个项目的过程中所遵循。这些功能目标包括发动机结构的基本定义(例如排量、V 形或直列式、配气机构类型)、性能目标(例如额定功率、燃料经济性、车辆加速性能、排放值、噪声水平)、整体包装的几何尺寸和重量、耐久性目标(例如 B10 寿命、最高气缸压力)、发动机的整体成本目标等。

系统设计指标的必要性是被实践证明了的而毋庸置疑,这是因为在项目的各个阶段工作的不同群体需要依靠一个详细而又明确的设计目标来协调。在柴油机系统设计中,上面所说的项目功能目标需要用计算工具被准确地"翻译"成更详细的、可操作的工程设计指标,以便实施设计和进行测试验证。例如,发动机功率、燃料经济性和排放方面的功能目标要求,需要被转化为在不同的发动机转速和负荷工况时发动机的设计空气流量、压力、温度和散热量等参数。这些系统参数将被每个子系统用来做硬件选型、设计和软件控制。瞬态排放和车辆加速性的要求,需要转化成发动机控制器和控制软件所需要具有的功能。混合动力系统的燃料经济性和排放的目标要求,需要转化为监督控制策略的某些功能框图。这种转化或"翻译"是采用系统设计职能中的模拟分析手段或辅助测试手段来进行的。

一个设计指标通常由标称目标和允许的容差范围(即上限和下限)所组成。它们确保了在具有干扰因素的情况下,控制因素在均值和标准差的选取上能够设计得当。这方面的一个例子是在一个给定的发动机转速和负荷工况下的排气再循环率。其标称目标值的设定是用来满足控制氮氧化物排放的要求。排气再循环率会由于排气再循环阀门开度和发动机压差上的干扰因素而发生变化。这个变化范围需要被控制在一定的容差之内。

柴油机系统设计指标可以划分为四个方面:性能、耐久性、封装性、成本。下面的几个小节将对它们分别做出介绍。

1.7.2 系统性能指标

1.7.2.1 硬件和软件的系统指标介绍

柴油机系统性能的设计指标是以性能参数和硬件设计参数或标定参数来表达的。性能参数的例子包括发动机转速、功率、燃料流量、空气流量、有效燃油消耗率、空燃比、排气再循环率、进气歧管气体压力和温度、排气歧管气体压力和温度、发动机压差、充量因数、进气和排气阻力、散热量等。硬件设计参数或标定参数用来实现预定的性能。发动机系统层面的关键硬件设计参数的例子包括发动机排量、压缩比、气门尺寸、凸轮定时(影响充量因数)、涡轮面积(影响空燃比和排气再循环率)、排气再循环冷却器的流动阻力和效能(影响进气歧管气体温度)、后处理系统的压力降(影响排气阻力)等。标定参数指的是电控可调参数,例如可变截面涡轮的叶片开度、排气再循环阀门的开度、喷油定时等。

1.7.2.2 发动机系统设计的输出结果

发动机系统设计和分析工作一般产生三种类型的输出数据。它们是:
(1) 性能(或其他产品属性)的敏感度分析数据及优化结果;
(2) 系统性能(或产品属性)的设计指标;
(3) 特定问题的根源分析。
具体来讲,系统指标一般指的是对于一个给定的发动机概念来说,在整个发动机转速和负荷区域上的所有关键的稳态和瞬态发动机性能和排放的预测参数。因为牵涉到系统硬件选型,关键和极限工况对于系统指标来讲特别重要,比如在各种环境温度和海拔高度时的额定功率、最大扭矩和驾驶循环内的部分负荷工况。系统指标还定义了以下一些被每个子系统的设计供应商或用户所使用的数据:涡轮增压、排气再循环环路设计、电子控制装置、发动机的散热量等。系统指标需要兼顾标称目标(即为定标称目标而设计)以及极限值和范围(即为多变性和可靠性而设计)。

性能敏感度分析和优化是指关于任何稳态或瞬态性能的参变量扫值模拟分析或试验设计(DoE)优化,以便比较选择不同的型式概念或者论证设计指标中的硬件选型大小。例如,敏感度分析可以用来论证所能达到的最大额定功率,或者两级涡轮增压中的最佳涡轮面积,或者在不同的车重时瞬态车辆加速的时变过程。系统指标应当依据优化的结果来制订。

更具体地讲,发动机系统设计指标需要包括以下五个方面:

(1) 稳态性能设计指标;

(2) 稳态虚拟标定预测;

(3) 稳态车辆载用[1]模拟(例如,与发动机实验台条件相比,在增压空气冷却、排气阻力、散热器性能和发动机机舱内的热流环境条件等方面所发生的变化对发动机造成的影响);

(4) 瞬态指标的模拟;

(5) 瞬态车辆载用模拟。

上述的根源分析是指对任何特定问题或故障的模拟,以揭示原因。例如,排气再循环流量在最大扭矩工况时不足,这可能是由于过大的涡轮面积造成发动机压差不足。另一个例子是由于冷却器的故障或过低的空燃比引起排气歧管气体温度过高。一般地,对于根源分析的需求应尽可能少,这可以通过成功的前期指标设计和系统优化来实现。系统性能指标通常是发动机设计的四个系统指标(性能、耐久性、封装性、成本)中最重要的。

在产生发动机系统设计指标的过程中,往往需要考虑现成的(已有的)解决方案或设计,以简化设计。现成的设计通常在某个特定的发动机上已被充分测试或验证过,其成本和制造方法也均已知。在新发动机的测试验证之前,系统设计需要通过模拟分析来核实所选择的现成解决方案。

1.7.3 系统的耐久性

在系统设计中,耐久性设计指标是由"应力"和"强度"来表达的。这里所说的应力是指任何广义负荷,通常从性能指标参数而来(例如最高气缸压力、气缸的热通量、排气歧管气体温度、压缩机出口空气温度)。这里所说的强度是指所希望达到的并代表着系统或部件能力的结构设计参数。强度也被性能方面作为一个设计约束条件来使用,以便迭代修改性能指标。Makartchouk(2002)和Delprete 等人(2009)提供了发动机结构方面初步计算的一些方法和例子。

1.7.4 系统的封装性

系统的封装性指的是重量、大小、形状、部件的位置以及部件之间的间隙等。良好的发动机封装性要求重量轻、结构紧凑、形状适合发动机机舱空间,并且要求部件之间具有合理的相对位置和间隙,不能存在功能或尺寸上的干扰。发动机的封装性设计目前主要由三维实体建模来处理。过去内燃机行业中所讲的总体设计大多指的就是发动机整体布局的封装性。

发动机的重量一般可以通过部件的体积来估计。主要部件的代表性尺寸可以分为两类:①由发动机的基本设计参数所决定的尺寸,例如缸径和冲程;②由耐久性要求所决定的与发动机的运行转速和气缸压力载荷有关的尺寸。重量、尺寸和成本对于 NVH 的设计来说特别重要,即当寻求一个封装性方面没有问题的、声学效果又好的解决方案时。Schuchardt 等人(1993)提出了封装性的"数量"和"质量"的重要不同概念,以及在他们所研究的发动机进气噪声控制方面封装性与性能之间的关系。

---

① 车辆载用指发动机在车辆上的装载使用工况。

发动机和部件的尺寸大小和总体形状在极大程度上受以下内容的影响：发动机型式（即气缸数、直列、V 形或对置式），缸径，冲程，连杆长度，配气机构类型（推杆式或顶置凸轮式），涡轮增压器型式（单级、两级、双平行），排气再循环冷却器大小，以及前端附属装置等。部件尺寸也与性能有关，对于柴油机后处理装置尤为如此。对于一台给定的车辆来说，后处理装置的尺寸通常受车辆底板下部结构中的可用空间所限制。一个较小的后处理部件，会具有较高的空速（空间速度）和较低的工作效率。举例来说，在稀薄氮氧化物捕集器尺寸与燃料消耗率之间存在着一个权衡，即较小的尺寸会导致较高的燃料消耗率。

另外，部件之间的相对位置和间隙的设计，在封装性领域值得高度重视。发动机部件的性能和耐久性的特征往往与严酷的热机械边界条件直接相关。它们受相邻部件的传热和振动影响。系统封装性工作的一个首要重点就是优化所有的子系统或部件之间的相对位置，并将它们作为一个整体来尽量减少热机械效应的负面影响。封装性工作历来都是以设计经验为主，在实践和文献中分析式的成分尚不多见。这个领域实际上是一个很复杂的并且值得用高等分析方法去探索、整理并上升到分析式理论高度的领域。

应当指出的是，在现代柴油机的系统设计中，为可制造性而设计和为可维护性而设计是封装性方面的两个重要趋势和理念。它们代表着优化设计功能、可制造性、易装配性与易维护性这四个方面之间关系的工作过程。

1.7.5　系统的成本

发动机系统的成本可以用材料清单和运行成本来估算。性能、耐久性和封装性这三大属性都直接影响成本。发动机系统的成本指标策划了所采用的技术的投资成本和运行成本。它还在各个子系统和产品属性之间进行协调，以确定每个子系统和属性的最大允许成本并控制发动机的总成本。

1.8　柴油发动机系统设计的工作流程和组织

1.8.1　柴油发动机系统设计的特征和原理

1.8.1.1　柴油发动机系统设计的学术背景和特征

柴油机是一个机械系统。根据美国国家科学基金会（小组督导委员会，1984）给出的定义，机械系统可以被定义为机械或机电部件的互连体，由计算和信息网络（并常常由人）协调和控制，以完成涉及机械力、机械运动和能量流的动态任务。机械系统的领域可以进一步划分为以下四个主要学科：设计方法及交互式图形学，动力学系统及控制，机器动力学，摩擦学。设计方法这个学科研究的是计算机辅助工程、优化和其他通用技术。动力学系统及控制这个学科研究的是相互作用的子系统或部件的动力学特征和控制，包括它们的能量流、运动和力。机器动力学涉及的是运动学、动力学、固体力学、材料科学、声学和有限元方法，一般来讲与耐久性和可靠性密切相关。摩擦学是关于润滑、摩擦和磨损的科学和技术。

柴油发动机系统设计是一个多学科的应用领域，具备上述学科的特点。首先，它需要一个由系统工程和抗扰性工程所支持的优化方法。其次，它需要一个系统动力学的方法来处理瞬态（动态）的性能和控制以及稳态（静态）性能。再次，它需要描述关键的系统和子系统特征的动态运动分析，如车辆纵向动力学、活塞组动力学和配气机构动力学。最后，它涉及发动机部件的摩擦和磨损分析，因为摩擦直接影响发动机的工作效率。

柴油机系统也是一个硬件和软件控制相结合的系统。它要求对硬件的型式和大小进行适当的选定和匹配，来实现目标性能；它也需要用电子软件控制来实现在快速变化和高度非线性的瞬态过程中的系统性能。只有当使用高质量的分析工具或模拟模型时，才能够完成一个正确的系统设计。

另外，柴油机还是一个热力学能量系统，它依靠流体工作介质产生动力。这样的一个系统的性能设计指标主要讲的就是发动机内部的气侧压力、温度和流量。先进的能量系统分析和设计需要同时使用热力学第一定律和第二定律。第一定律提供了系统内部的能量分布状况，而第二定律则揭示了不可逆性、可用性以及每个部件和每个系统过程可以发挥出的最大潜力。发动机系统设计在一个宽阔范围内涵盖了一系列技术专业，包括热力学循环性能、车辆-发动机-后处理的集成、燃烧排放模拟、空气系统设计和涡轮增压器匹配、摩擦和润滑动力学、动力系统动力学、电子控制等。

1.8.1.2　柴油发动机系统设计和发动机性能与系统集成

按照产品属性划分，柴油机系统设计包括四个主要分支：性能、耐久性、封装性、成本。性能是领衔的分支，并承担整个系统设计的大部分工作和最后各分支总成工作。柴油机系统设计中的性能分支的完整名称是"发动机性能及系统集成"（EPSI）。EPSI 的职能在前面的图 1.27 中有过介绍。EPSI 分析和集成各种发动机的子系统性能、技术和属性，并使用优化方法恰当地匹配它们。这个领域在与热流、动力学和控制相关的内容上进行大规模复杂计算，以导出精密的系统设计方案。它为此而使用大量的分析工具，例如发动机循环模拟软件或分析模型和先进的数据处理技术。

系统设计对于柴油机产品设计的并行工程中的集成来讲非常重要，不论是从高层面的产品战略规划还是到详细的量产化设计。柴油机系统设计领域具有以下三个使命或支柱：

(1) 提供发动机系统设计和分析，产生并维护管理系统设计指标；
(2) 开发先进的发动机系统分析方法和模拟技术；
(3) 以系统集成的观点和模拟分析手段来开发先进的发动机核心技术。

1.8.2　柴油发动机系统设计的理论基础和工具

柴油机系统设计中所使用的工具有以下几个。第一个是发动机循环模拟。完整的缸内循环性能模拟初现于有了数字式计算机的 20 世纪 60 年代。这方面的计算机程序由 Benson 和 Woods (1960) 以及 Borman (1964) 做了开创性的工作。发动机循环模拟的初步运用比较简单，主要限于一些研究机构内。因此，当时的发动机设计决策，还是主要通过测试而非计算来进行。20 世纪 80 年代以来，发动机循环模拟逐渐从研究机构转移到生产设计和开发过程中，来直接支持设计（Morel 和 LaPointe，1994）。今天的发动机研发面对的是比过去复杂得多的发动机，而且需要用比以往任何时候都短得多的时间提出优化的设计方案。分析式的设计过程必然要求发动机循环模拟成为用于量产化的发动机系统设计的标准工具之一。

发动机系统设计和分析的主要基础是建立在热力学循环模拟上的。发动机循环性能模型是零维（即空间均匀的，基于相对于时间的常微分方程）或一维（基于歧管压力气波动力学的偏微分方程）模型。该模型的输入参数包括发动机尺寸、子系统特征以及发动机标定参数诸如喷油定时和排气再循环阀门开度。模型的输出数据包括两种类型：①基于曲轴转角的瞬时值（例如气体压力、温度、流量）；②循环平均值的宏观系统性能参数（例如发动机的扭矩、空燃比、冷却液散热量、燃油消耗率）。稳态和瞬态性能均可以在不同的大气环境条件下计算得到。目前市场上有几个流行的发动机循环模拟的商业软件包，比如伽马技术公司（Gamma Technologies）的 GT-POWER（Morel 等人，1999）、里卡多公司（Ricardo）的 WAVE、AVL 公司的 BOOST。图 1.33 表示了一个发动机循环模拟模型示例。发动机系统设计建模中的关键课题包括以下内容：

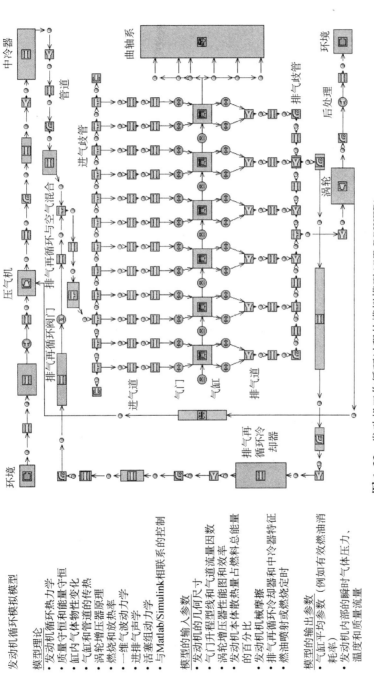

图1.33 发动机工作循环过程的模拟模型（GT-POWER）

发动机循环模拟模型

模型理论
• 发动机循环热力学
• 质量守恒和能量守恒
• 缸内气体物性变化
• 气缸和管道的传热
• 涡轮增压器原理
• 燃烧和放热率
• 一维气波动力学
• 进排气组动声学
• 活塞组动力学
• 与Matlab/Simulink相联系的控制

模型的输入参数
• 发动机的几何尺寸
• 气门升程型线和气道流量因数
• 涡轮增压器性能图和效率
• 发动机本体散热量占燃料总能量的百分比
• 发动机机械摩擦
• 排气再循环冷却器和中冷器特征
• 燃油喷射或点燃绕定时

模型的输出参数
• 气缸平均参数（例如有效燃油消耗率）
• 发动机内部的瞬时气体压力、温度和质量流量

- 进气阻力(以压降随进气流量的变化为特征);
- 排气阻力(以压降随排气流量的变化为特征);
- 发动机进气门和排气门(以瞬时有效气门流通面积为特征);
- 进气歧管和排气歧管(以歧管的容积、传热和压降摩擦损失为特征);
- 发动机气缸(以充量因数、机械摩擦和发动机本体散热量为特征);
- 冷却器(以流动阻力和传热效能为特征);
- 排气再循环阀门和进气节气门(以通过阀门孔口的流动阻力为特征);
- 涡轮(以有效面积和效率为特征);
- 压气机(以流量范围和效率为特征)。

关于发动机循环模拟的更多讨论将在第 4 章中进行。

发动机系统设计中的第二个工具是车辆和动力系模拟。该模型可以用来计算发动机和传动系统内的力和力矩,以及车辆的瞬态运动。这类分析工作的主要目的包括发动机与变速器的匹配、混合动力系统的监督控制、车辆的瞬态加速性能、驾驶循环的燃料经济性和组合排放等。这类模型考虑了路面坡度、车轮滚动阻力、空气气动阻力、制动器、动力系的惯性、离合器、液力变矩器和变速器的特性、驱动桥、驾驶员的行为、动力总成控制,以及发动机的性能特点(例如基于脉谱图的平均值模型,或者高保真的曲柄转角分辨率模型)。这类模型通常有两种不同的运行方法,即前进法(动力学方法)和后退法(运动学方法)。在前进法中,传动系部件和车辆的运动方程沿时间进行数值积分,以获取系统的瞬态速度和扭矩。这方面的一个例子是预测 0~96.5 km/h 的加速和换挡过程。在后退法中,行驶车速沿时间的变化曲线是做为模型的输入来使用。驱动车辆所需的动力系部件的速度和扭矩是基于车辆的力平衡方程来求得。这方面的一个例子是计算在一个给定的驾驶循环内的发动机运行点以及相应的油耗和排放。典型的车辆模拟软件包括伽马技术公司(Gamma Technologies)的 GT-DRIVE(Morel 等人,1999)和 AVL 公司的 CRUISE。基于 Simulink 编程的其他动力系动力学模型曾由 Moskwa 等人(1999)和 Assanis 等人(2000)介绍过。关于发动机与车辆匹配的更多讨论将在第 5 章中进行。

柴油机系统设计的第三个工具是后处理模拟,其主要目的包括以下内容:

- 模拟各个后处理装置出口处和车辆排气尾管处的排放值;
- 后处理配置结构的选型;
- 确定后处理部件的尺寸;
- 确定贵金属用量;
- 在车辆的所有运行条件下,控制柴油颗粒过滤器的再生,以实现安全而节省燃油的运行;
- 优化与其他发动机子系统之间的相互作用。

在过去的几年里,学术界和工业界在单独的后处理部件的模拟方面已取得了显著的进展,例如柴油氧化型催化器、柴油颗粒过滤器、稀薄氮氧化物捕集器、选择性催化还原等。对于柴油机系统设计来说,一个更有价值的工具实际上是与发动机集成在一起的、系统层面的后处理模型。这种集成的柴油机后处理模型已由伽马技术公司(Gamma Technologies)的 Tang 等人(2007)和 Wahiduzzaman 等人(2007)在 GT-POWER 中有所开发。基于 Simulink 编程的其他集成式模型由 Rutland 等人(2007)和 He(2007)介绍过。柴油氧化型催化器的模型可以模拟由于柴油颗粒过滤器再生时燃油加注的碳氢化合物氧化所产生的排气温度升高。柴油氧化型催化器模型包括从一氧化碳、碳氧化合物和一氧化氮氧化为二氧化碳、水和二氧化氮的化学反应动力学。柴油颗粒过滤器的模型可以是零维(也称为集总参数)模型,也可以是一维模型。一维模型考虑了排气动力学和颗粒物的氧化沿装置轴向的变化。模型的输入参数是从涡轮出口来的排气流量以及排气管的热量损失信息等。柴油颗粒过滤器模型可以模拟深床过滤、烟尘饼状过滤、过滤器内的颗粒物沉积等，以及由此产生的压力降。这类模型可以模拟过滤器内碳烟的热氧化和催化氧化的再生过程。关于发动机与后处理装置集成的更多讨论将在第 8 章中进行。

发动机系统设计的第四个工具是优化和概率分析。试验设计(DoE)方法已被广泛用于采用部分析因分析的试验方案设置输入因子的水平值，达成高效率的试验数据信息采集。在试验设计方案中的每次试验运行可以用发动机循环模拟软件来计算数据。输出数据称为响应。响应曲面方法(RSM，Myers 和 Montgomery，2002)往往被用来构造数学模型(例如多项式拟合器)，以便将各个输入因子与每个给定的响应参数联系起来。然后，拟合器可以用来进行优化。在一定的优化约束条件下，通过将目标函数最小化或最大化(例如最大限度地减小有效燃油消耗率)来搜索全局最优解。另外，概率分析(Baker 和 Brunson，2002)可以用来处理基于多变性或可靠性的优化中的系统设计任务。对应于随机输入因子的发动机响应的概率分布可以用计算成千上万个算例的蒙特卡罗方法来模拟。每个算例都可以用一个模拟模型来产生响应数据。然后，把这些成千上万的响应数据用统计软件来处理，就可以获得响应参数的概率分布。基于多变性或可靠性的设计约束条件可以用于优化中，以确定控制因子的最佳均值和容差范围。第 3 章将详细介绍优化和概率分析方法。

车辆行业的一个发展趋势是将发动机、动力系和车辆的设计与电子控制进行集成化操作。因此，人们希望能有一个集成化的模拟环境，将所有的发动机系统设计工具都包括在内，以获得系统之间完美无瑕的连接，并实现轻松方便的数据共享。伽马技术公司(Gamma Technologies)已在这方面取得了很好的进展，将这样的一些工具集成在 GT-SUITE 这个软件环境内(Ciesla 等人，2000；Silvestri 等人，2000；Morel 等人，2003)。

1.8.3 发动机性能与系统集成的技术领域

关于柴油机系统设计中与性能有关的领域，大体有两类研究工作(图 1.34)。第一类链接系统

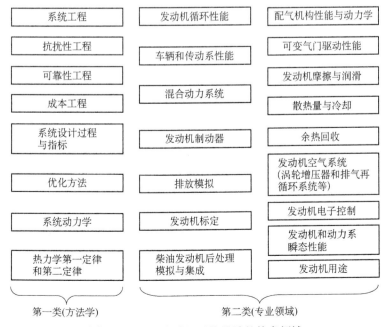

图 1.34 柴油发动机系统设计的技术领域

设计与通用设计方法,例如何在柴油机系统设计中运用可靠性工程原理,或者如何有效地制定系统动力学模型来提高系统设计质量。第二类工作搞的是每个关键学科领域中的分析和建模,以及各个领域之间的相互作用。表1.6给出了发动机系统设计所需的技能集。

表 1.6 柴油发动机系统设计中每个属性所要求的技能集

编号	性能	耐久性	封装性	成本
1	热力学			
2	燃烧			
3	流体力学			
4	传热学	传热学	传热学	
5	摩擦学	摩擦学		
6	振动	振动	振动	
7	系统动力学	系统动力学		
8	控制			
9	声学	声学	声学	
10	概率和统计	概率和统计	概率和统计	概率和统计
11		材料	材料	
12		固体力学		
13				成本工程
14		有限元分析		
15		三维实体模拟	三维实体模拟	
16	优化方法	优化方法	优化方法	优化方法
17	发动机系统设计理论	发动机系统设计理论	发动机系统设计理论	发动机系统设计理论
18	数值模拟分析	数值模拟分析		数值模拟分析
19	发动机设计	发动机设计	发动机设计	发动机设计
20	发动机测试	发动机测试		
21	发动机用途	发动机用途	发动机用途	发动机用途

发动机性能与系统集成包括以下七大技术领域。

技术领域1,发动机系统指标设计与热力学循环性能:

- 基本的发动机运行性能(额定功率、扭矩曲线等);
- 基本的发动机设计的配置形式(缸径、行程、压缩比等);
- 稳态全负荷或关键工况的发动机性能和系统设计指标及其优化;
- 虚拟发动机标定和基于模型的优化;
- 进排气歧管气波动力学;
- 涡轮增压和机械增压;
- 排气再循环子系统的性能;
- 配气机构的性能(配气定时、凸轮设计、配气机构动力学);
- 可变气门驱动系统的性能;
- 停缸性能;
- 各种空气控制阀对发动机性能的影响;
- 排气阻力;

- 发动机的散热量；
- 冷却环路的性能；
- 燃油喷射、燃烧和排放的模拟；
- 发动机的摩擦与润滑；
- 冷起动和怠速性能；
- 发动机制动器的性能；
- 瞬态发动机性能(负载响应、涡轮增压器滞后性、暖机、排放循环、驾驶循环等)和瞬态发动机系统设计；
- 燃料经济性改进路线图；
- 余热回收和热力学第二定律分析；
- 代用燃料发动机的性能。

　　技术领域 2，后处理子系统的性能、控制和模拟：

- 后处理性能和排放的模拟；
- 后处理性能匹配和标定；
- 后处理控制。

　　技术领域 3，发动机控制模拟：

- 为基于模型的控制而进行的热流和空气系统性能模拟；
- 发动机控制策略和算法的评估；
- 虚拟传感器的性能模型；
- 在线诊断和故障诊断的模拟。

　　技术领域 4，车辆、动力系和传动系的性能与匹配：

- 车辆加速、起步、爬坡能力、驾驶性能、缓速性能；
- 传动系的配置形式和驱动桥的传动比分析选择；
- 发动机与变速器之间的匹配；
- 车辆驾驶循环的燃料经济性和性能；
- 瞬态动力系动力学。

　　技术领域 5，混合动力系统的性能、监督控制策略的分析和系统设计。

　　技术领域 6，发动机动力学和为实现系统设计目的的 NVH、耐久性和可靠性分析。

　　技术领域 7，用于发动机的优化、抗扰性工程和系统工程的通用技术，系统设计可视化和动态显示技术，以及数据处理技术。

　　图 1.35 表示了在系统设计和性能分析中，介于车辆性能、车辆系统动力学、车辆控制、发动机和动力系性能这四者之间的技术关系。图中所示的关系从发动机提升至整个车辆层面，给出了一个基于以下几方面的技术关系来管理和划分车辆系统设计与发动机应用的扩展示例：车辆运动(即最终用途或应用需要)、轮胎力(即作用介质)、应用系统的性能、应用系统的动力学控制、发动机(即动力源)。从图 1.35 中可以看到，发动机在这样一个更大的系统(即它上一级层面的用途或应用系统)中并不是一个孤立而无相互作用的单独角色。另外，从车辆系统设计的策划角度来讲，与发动机的特点所不同的是，发动机系统设计是主要基于内部的气侧性能和气体载荷，而车辆系统设计的工作重点则是主要基于外部的空气动力学载荷和车辆动力学载荷与性能，尽管车辆会与发动机共享一些动力性、燃料经济性和冷却方面的内容。关于车辆总体设计和技术趋势的内容，读者可参考第 5 章的中文参考文献栏"车辆设计技术历史与趋势"。

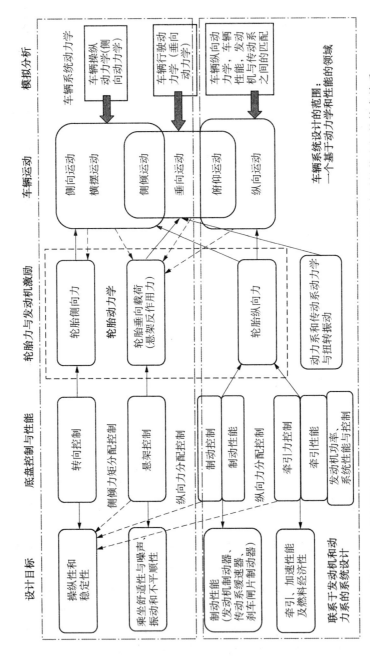

图 1.35 系统设计中车辆性能、车辆系统动力学、车辆控制与发动机和动力系性能之间的技术关系
(部分内容参考了 Furukawa 和 Abe，1997；喻凡和林逸，2005)

1.8.4　柴油发动机系统设计的工作流程

发动机系统性能分析的特点是在很大范围的多个技术专业内处理大规模复杂的数据。以下是在发动机产品开发过程中成功实施系统设计和分析的五个关键因素：

(1) 有效沟通不同的功能领域内的技术数据，以确保及时的信息共享；

(2) 以系统而完整的技术体系建立分析作业任务的类别和相应的标准分析程序(步骤)，以确保分析设计工作的质量和一致性；

(3) 开发先进的数据处理模板，以求最大限度地提高工作效率；

(4) 为发动机系统设计人员提供有效的培训；

(5) 在发动机系统设计所包括的所有领域内进行有组织的科研工作，以开发先进的分析方法和模拟模型。

柴油机系统设计的关键是揭示在各个设计和属性参数之间的本质性的参变量依赖关系，以获得优化的系统解决方案。图 1.36～1.38 总结了在进行系统指标设计时所涉及的流程和任务。

1.9　系统工程和系统设计的组织理论

1.9.1　发动机产品应用开发中组织理论与系统工程的关系

前面各节对自上向下的系统设计概念做了详细的论述。本节的重点是将视角扩大到一个更大的概念——系统集成或称集成化。对于一个发动机的应用产品开发来讲，除了评估技术和管理维护系统设计指标外，系统设计人员往往面临以下两个重要问题。一是如何在企业里协调各种技术关系，二是如何获取发动机用途方面的知识(包括各种用途的发动机的排放、运行和设计特征)，把系统集成工作做好(Xin, 2011, 2011a, 2011b, 2011c)。本节将从组织理论和企业管理的角度对前面论述的柴油机系统设计中的一些概念做一个梳理，以便从理论上确立产品研发企业的组织设计原则、与系统设计的关系以及系统设计在企业结构中和工作流程中的地位。作为一个配合，第 1.10 节将给出发动机用途(应用)方面的总结。

现代柴油机是高科技的机电一体化复杂产品。现代发动机企业和整车或设备企业在设计精密化、电控化和部门集成化的要求下，已经越来越迫切地在产品开发环节中把发动机系统设计职能予以明确和强化，来实现以系统工程为先导的、以分析式的精密系统设计指标(含系统载荷)的管理为中心的高效而严格的研发过程。系统设计与系统集成在不同的意义上交叉同属系统工程应用技术。系统设计包括了系统集成中的大部分工作，尤其是在分析和设计这两个工作职能上。它将产品的不同属性(性能、耐久性、封装性、成本)以及不同的子系统和部件优化集成起来，注重用先进的模拟分析和计算手段在开发周期的前期产生详细的系统设计指标，并在开发周期的全程予以贯穿和维护。系统集成则是一个在产品开发方面内涵更大的概念，包括了在开发阶段后期通过分析、设计和测试等各种工作职能所进行的整合。简而言之，系统设计是自上向下的过程，是系统集成的基础；系统集成还包括自下向上的整合验收过程。

柴油机系统设计人员不但需要掌握基本的设计技能，而且必须作为企业的核心人员和技术管理人员了解系统设计与产品用途特征、项目管理和产品研发组织结构之间的关系。从组织管理的角度来看，一个长期困扰众多发动机研发企业的痼疾是如何清晰有效地管理和集成在研发活动中的不同元素。从组织理论和系统工程的角度来看，这两个领域无论在学术上还是在实践上目前均

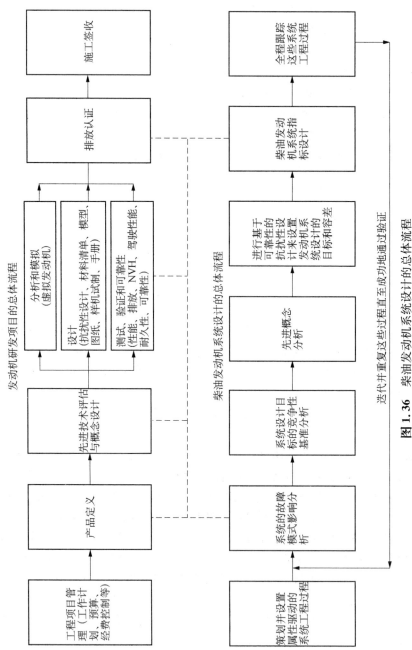

图 1.36 柴油发动机系统设计的总体流程

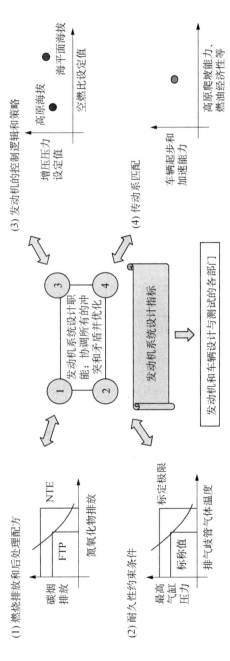

发动机系统设计工作中的"3-3-6"操作方法：

● 3类分析工作：(1)参变量变化规律(敏感度)，(2)系统设计点(额定工作状况)，(3)失效分析，原因分析，路线图规划及其他。

● 3种全负荷发动机系统设计分析和数据组织形式
  ➤ 单一硬件和软件控制型式，多种环境温度和海拔高度条件。
  ➤ 多种硬件和软件控制型式，单一额定功率，单一环境温度和海拔高度条件。
  ➤ 单一硬件和软件控制型式，多个额定功率，单一环境温度和海拔控制假设。

● 3条原则来处理燃烧排放配方，耐久性约束条件，硬件和软件控制假设
  ➤ 原则一：不改变现实的或已有的硬件和控制，降低额定功率以达到不违反耐久性设计约束条件和排放方面适反。
  ➤ 原则二：不改变现实的或已有的硬件和控制，不降额，展示在目标功率下看哪些设计约束条件和排放违反。
  ➤ 原则三：改变硬件或软件控制到实际的状况，不降额，展示在目标功率下所有的耐久性设计约束条件和排放配方均可满足。

● 6步设计法来优化发动机系统设计指标
  ➤ 第一步：确定关键的发动机转速和负荷工况以及需要考虑的环境温度和海拔高度。
  ➤ 第二步：确定发动机系统设计点的燃烧排放配方。
  ➤ 第三步：确定发动机系统设计约束条件。
  ➤ 第四步：确定发动机的控制逻辑和控制策略，以及在硬件和软件控制标定方面所允许的变化。
  ➤ 第五步：确定传动系匹配方面的要求和限制条件(如果需要或适用的话)。
  ➤ 第六步：调整发动机循环模拟模型，并根据上述第二步到第五步中的要求确定系统的设计点。

(1) 燃烧排放和后处理配方

碳烟排放 / NTE / FTP / 氮氧化物排放

(2) 耐久性约束条件

最高气缸压力 / 标定极限 / 标称值 / 排气管气体温度

发动机系统设计指标

发动机系统设计：协调所有的冲突和矛盾并优化

(3) 发动机的控制逻辑和策略

增压压力设定值 / 高原海拔 / 海平面海拔 / 空燃比设定值

(4) 传动系匹配

车辆起步和加速能力 / 高原爬坡能力，燃油经济性等

图1.37　发动机系统设计的四个象限以及通过系统优化来平衡所有折中中的必要性

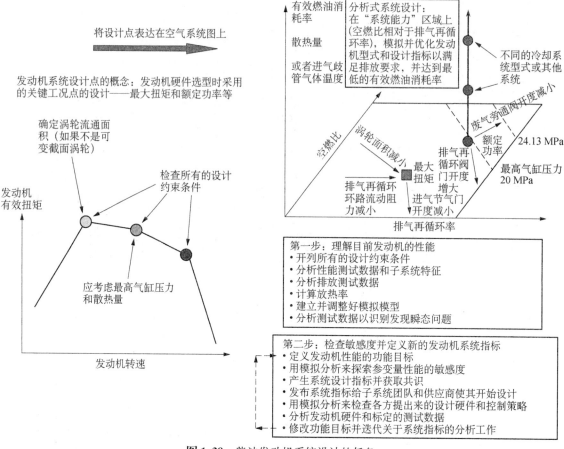

图 1.38　柴油发动机系统设计的任务

联系得不够紧密,其实甚至是脱节而互不相关的,尤其是关于工程产品开发方面。系统设计这个职能的诞生,要求这两个领域必须结合起来,产生以系统设计为中心的系统工程流程管理理论和与之相匹配的组织结构设计理论。专业化、部门化、集成化是发动机产品开发中组织结构设计的三个最关键的方面。本节将提出组织结构设计理论中的一些基本观点和概念,包括开发活动中的四大元素和三大集成、组织设计的理性原则、组织结构法则、理性的工程研发生产力管理等。

1.9.2　建立以发动机系统设计理论为依据的需求体制———个有长远意义的战略制高点

按照钱学森的划分(钱学森等人,1988,2007),系统工程在现代科学技术结构体系中的位置如图 1.39 所示。现代科学技术的两大趋势是:①学科越分越细;②互相交叉走向综合一体化。如前所述,专业化、部门化和集成化是发动机系统设计理论中的系统工程理论部分的三要素。建立以此系统工程理论为依据的需求体制,根据此集成理论为发动机系统设计的流程条例、技术装备、组织结构和训练体制这四大方面提供理论依据并建立工作组织体制,对于系统设计学科的发展和工业界的应用都是具有长远意义的战略举措。要高度重视和开创发动机系统设计理论中系统工程理论和组织理论的研究。这方面的系统工程理论的研究工作,就好比以战略、战役法、战术构成军事艺术,以美军的"空地一体作战"和前苏军的"大纵深立体战役"的军事作战思想和理论为依据,对作战条令、武器装备、部队结构和部队训练这形成军事作战潜力的四大方面提出新的需求,为产生新的作战条令、武器装备、部队结构和训练计划提供理论依据,最后产生新水平的合成化部队。这就是以作战理论为依据的需求体制。我们设计往往就好比是在作战,我们的体制和队伍必须要在竞争中打得赢。

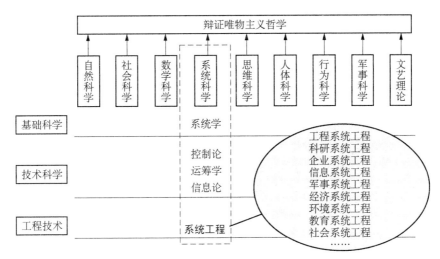

图 1.39 现代科学技术结构体系和系统工程在其中的位置

集成化理论的研究,是发动机系统设计理论中的系统工程理论研究的突破口,因为它代表了系统设计在组织活动中的终极目的——集成化。任何一种强调单一工作职能(分析、设计、测试这三大工种)制胜的理论都会在内燃机行业过时,就好比在军事领域中过去种种的强调单一军种作战制胜的理论都已经相继过时了一样。发动机系统设计部类似于航天工程中成功运用了的总体设计部和军事领域中的联席总参谋部,但功能和行为方式不完全相同(由于各自工作的复杂程度不同所决定),而且也远不同于在内燃机企业中传统的总体设计室(系统设计比总体设计更为复杂)。这就是我们在发动机领域的系统工程理论和组织理论中要研究的特殊问题。

"系统设计过程模拟"是研究发动机系统设计流程和企业组织有效性的一个方法,用数学的运筹学方法来模拟相当复杂的一个设计和系统总成(集成)过程,给出评价的目标参数以便定量化研究。这类工作就好比用作战模拟的计算机模型来研究战术以评价作战条令、力量结构规划、部队编制和武器系统的作战效能等,即研究"如何打仗"。

1.9.3 为发动机产品开发开展组织理论研究的重要性

产品的开发是由企业完成的,企业是组织的形式之一。组织是具有技术、物质结构、社会结构和文化的一个集合体,存在于环境中并与环境相互作用(Hatch,2006)。组织具有复杂的、动态的、为了目标而努力的工作过程。组织效率与组织战略、领导、道德和文化一样,是组织研究中的中心课题之一。根据 Tompkins(2005)给出的定义,"组织理论研究组织的正式结构、内部过程、外部约束条件以及组织与其成员之间的相互影响。"组织理论研究的重点通常是组织本身,而不是其人员。组织理论也研究人的行为,但是在组织宏观层面的形式上研究。组织行为学的研究是在微观的层面研究个人的主观能动性、工作风格、心理学效应等内容。

组织理论在人类学、社会学、政治学、工商行政管理学、运筹学、工业经济学、工业心理学、组织

心理学、组织行为、人力资源学等领域有着悠久的历史。这个学科对工商管理界有着巨大的影响。社会学家研究组织理论的目的,是为了找出组织对于社会结构和人的行为的影响。管理学家研究组织理论的目的,是为了寻找劳动分工和管理模式的有效性。工程师研究组织理论的目的,是为了基于独特的工程产品开发特征找到有效的系统集成方法提高企业的工作效率。随着发动机系统设计在复杂产品研发中的重要性被越来越深刻地认识到,开展组织理论及其与系统工程之间的关系的研究,已经成为一个刻不容缓的需求,以便使得系统设计人员、产品应用项目人员和企业管理人员能够清晰地定义组织结构及其相应的系统集成工作流程,用组织理论和系统工程中的系统理论思想有效执行系统设计职能和项目管理职能。

1.9.4 组织理论综述

组织理论经过一百多年的发展,已经变得五花八门、十分庞杂。因此这里有必要梳理和挑选出适合发动机产品研发的主流组织理论。一些学者(例如 Hatch,2006)将组织理论分成四大流派:古典理论(1900 到 20 世纪 50 年代)、现代理论(20 世纪 60 年代到 70 年代)、符号解释理论(20 世纪 80 年代),以及后现代理论(20 世纪 90 年代及以后)。不同的流派是基于它们当时时代的社会技术条件而建立的。新的流派不能取代旧的流派,而且也并不一定意味着更加先进。正如 Hatch(2006)所指出的,现代组织理论的核心是寻找普适的法则、方法和技术来高效而客观地组织和控制,以科学的严谨来倡导理性的结构、规则、标准流程和日常工作。而符号解释理论和后现代理论则带有很大的主观性和随意性。在工程产品开发中应用组织理论的重点应该是使用古典理论和现代理论的原则。

组织理论的区划还与对组织的分类研究有关。组织可以按照各种标准分成不同的类别,比如营利性的和非营利性的,私营的和公立的,正式的和非正式的。组织也可以被视为封闭系统(过去的观点)和开放系统(较新的观点)。在封闭系统的观点中,强调的往往是科学管理、领导风格和工作过程。在开放的观点中,研究的重点往往是组织与其环境在各方面的相互作用。另外,还可以使用静态和动态的方法来研究组织。在古典理论的静态方法中,重点是放在组织结构、劳动分工、专业化、挑选雇员、控制雇员、规定、制度、交流渠道、权力分配等。而现代理论中所使用的动态方法则不只局限于静态结构,还添加了人的行为因素和环境对组织发展的影响(例如开放系统问题、决策、主观能动性)。对于工程产品开发的组织理论研究来讲,静态和动态的方法都很重要。

起源于劳动分工和理性理论(Smith,1776),历史上最具影响力的古典组织理论包括 Frederick Taylor 的科学管理理论(1911)、Henri Fayol 的行政管理理论(1919/1949)和 Max Weber 的理想官僚制管理理论(1924/1947)。Taylor(1911)用劳动分工和计件工资制(一个理性的、客观的生产力测量系统)研究了如何提高工人劳动生产率的问题。Taylor 还发现采用标准化工作流程和奖惩制度对劳动生产率的提高非常重要。Taylor 谈到,管理的任务就是计划和控制,这意味着管理人员对于提高组织的生产率是负有主要责任的。Taylor 作为科学管理之父,第一个指出了管理层的主要职责是使组织具有高效的生产力。Taylor 的很多观点在今天看来都已经是不言而喻的常识了,有些则已经落伍或趋于片面(例如生产第一、人员第二的观点)。但是,很好地理解这些基本管理原则对于在现代条件下进一步进行工程产品研发的组织理论研究是十分必要的。

Fayol 的理论(1919/1949)指出了商业组织的六大活动(即技术、商业、财务、安全、会计、管理),组织管理中的五要素(即计划、组织、命令、协调、控制),"参谋部"权威的重要性,以及他的著名的十四条管理定律(即工作分工、职权和责任、纪律、统一指挥、统一领导、个人利益服从整体利益、报酬、集中、等级链、秩序、公平、人员的稳定、首创精神、团结精神)。Fayol 的很多原则至今在管理理论和实践中仍被广泛使用。Mooney 和 Reiley(1931)以及 Gulick 和 Urwick (1937)对行政管理理论也做出过很大贡献。这些行政管理理论都强调建立普适于所有组织的一套定律或原则。

Weber 的官僚制理论(1924/1947)描述了他当时认为的理想的官僚制组织。"官僚"这个词今天被很多人当成了迟缓、僵化和冷酷的代名词,而在 Weber 那个时代,官僚制没有今天的这些负面含义,因为那个时代的官僚制组织结构比它之前的更糟糕的封建制和家庭制组织结构具有更先进的理性意义。官僚制是一种具有以下七个特征的有逻辑的理性形式:

(1) 层级节制的权力体系(即源于职位的集权权威、清晰的权力层级和严格的命令链、明确的权力线和控制线、统一指挥、窄的控制跨度);

(2) 依照规程办事的运作机制(即正式的规定、制度和标准作业程序);

(3) 在管理和决策中的正规的书面沟通、文件和记录;

(4) 合理的劳动分工和专业化(即规定每个岗位的权力和责任并将其规范化和制度化);

(5) 适应工作需要的专业培训机制;

(6) 合理合法的人事行政制度(即在管理中基于能力或技术资格挑选胜任的人员和决定任期);

(7) 组织管理的非人格化(即管理人员与雇员之间的理性和客观的管理关系,以及在组织中管理工作是以法律、法规、条例和正式文件等来规范组织成员的行为)。

Weber 的官僚制原则对组织效率的改进曾起到过广泛的影响(Blau and Meyer, 1988),但是也受到过一些批评,比如对权力的一味接受、较强的非人性化和冷漠倾向,以及由劳动分工和专业化给雇员带来的隔离感。

与较严格而机械的古典管理理论相比,现代组织理论则更关注人的精神的、感情的(即非理性、非物质或非经济性的)需求和影响,以及更为灵活而有机的组织结构。具有代表性的工作包括著名的在 1924—1932 年由 Elton Mayo 等人所进行的开创性的霍桑实验(Scott, 2003)、Follett 的工作(1923)、Chester Barnard 的组织理论(1938)和 Herbert Simon 的决策理论(Simon,1957)。人的精神上的和心理上的需求形成了在正式组织内的非正式组织的基础。正式和非正式的组织具有不同的但是却同等重要的组织目标。追求最高效率往往是正式组织的目标,而追求个人的满足感往往是非正式组织的目标。这两个组织构成了社会的生活基础。正式的组织可以"设计"出来(例如靠使用组织结构图),而非正式组织则"设计"不出来,但是会受组织文化等的影响。Barnard(1938)指出,组织理论是现代管理理论的核心。他还指出,管理人员的权威其实来自下级的接受程度,而不是来自组织内部的自上而下的权力层级结构。Barnard 把组织从本质上视为交流系统。他相信组织效率取决于雇员对其物质的、经济的和精神的需求的满足程度。这一被人广为接受的理论的含义是,组织设计不但需要满足业务目标,而且还需要满足在人的需求关系方面的目标。

March 和 Simon(1958)以及 March(1968)的努力使得组织研究成为一个被广为承认的独立的学术领域。另外两个在现代管理理论中颇具影响力的人物是 Peter Drucker(1973)和 W. Edwards Deming(2000)。Deming 的著名的十四条管理原则对于日本和后来美国的管理界产生了巨大影响。与 Taylor(1911)类似,Deming 强调管理人员在提高组织生产率方面所必须起到的关键作用。其他主流组织理论包括 Lawrence 和 Lorsch 的权变理论(1969)和 Scott 的系统理论(2003)等。Scott 视组织为复杂的社会和技术开放系统,组织的生产率取决于组织结构、人员与组织环境之间的相互作用。

综上所述,组织理论涵盖三类研究:①组织与环境之间的关系;②组织结构与文化;③组织内部人的行为。组织结构上的缺陷会导致低落的士气和缺乏主观能动性、缺乏协调和集成、无力有效地应对外部环境发生的变化(French等人,1985)。需要注意的是,今天的企业不应被只作为一个确保最高效率和利润的层级机构,它实际上还是人们归属和一起成长的地方;在这里,人们满足他们在感情和创新上的需求。从事工程产品开发的人员通常是受过我们这个社会的职业训练系统所给予的良好正式教育的高度专业的人员。他们的职业目标、满意程度、主观能动性、发展需求、技术兴趣、学习能力、与正式和非正式组织的相互影响以及对组织文化的适应性都受组织的环境和内部工作流程影响。另外,他们作为工程师或主管的行为直接影响着组织的生产率和执行特定工作职能的效能(例如作为系统工程师或应用工程师)。尽管本节将重点论述组织结构设计、流程和工程师生产力评估等方面的理性思考内容,那些非理性的、人的行为的因素在工程产品开发中是不应该被忽视的。关于组织理论的更具体的内容,读者可以参考Scott(2003)、Tompkins(2005)和Xin(2011a)的著作或论文。

1.9.5　产品开发中组织结构设计的理性思考

组织结构是影响组织效率的关键因素,它决定着劳动分工、流程协调和集成的方式。组织设计就是将结构、流程、奖励和人员才能与业务战略相配合的过程(Lawrence和Lorsch,1967;Drucker,1973;Nadler等人,1992;Galbraith,1995)。组织设计一般由以下几部分工作组成:定义目标和战略,操作流程设计,结构上进行战略分组和操作分组,进一步定义职责和工作岗位,设置奖励和控制系统,以及其他实施任务(Melcher,1976;Mintzberg,1983;Galbraith,1995;Burton等人,2006)。组织可以用以下七个要素来表征:目标、战略、技术、环境、规模、文化、结构。在组织设计中,需要考虑这些要素。

组织结构可以被进一步用以下十个因素来表征:①复杂性(即在组织的纵向和横向以及地理位置上的活动数量和子系统数量);②层级(即纵向的层级数、命令链和控制跨度);③人员比例(即在不同的部门和功能领域中各种人员的比例,比如管理、文书、专业人员的比例);④中央集权程度(即有权力做决策的层级数);⑤专业化(即劳动分工程度);⑥部门化(即分组);⑦集成化;⑧标准化(即使用标准工作程序来执行相同或类似任务的程度);⑨正规化(即关于规定、制度、政策和程序的正式书面文件的数量);⑩职业化(即工作岗位所要求的正式教育和职业训练的程度)。

专业化是进行部门化和设置层级秩序的原因。部门化(或分组)是必要的,因为对于协调来讲,需要把类似的专业化工作集中在一个部门内进行。部门化可以基于技术相似性原则或者沟通和决策的相互依存关系原则,按照功能、产品、顾客、地理位置或者流程来进行。典型的部门化例子是将组织结构划分为几大部分,比如工程、制造、市场、金融、采购、人力资源、产品应用等。部门化也会影响组织内部的横向关系。本节讨论的是在工程产品开发内的部门化。

集成化在广义上指的是将产品的实体、属性和工作职能予以结合。集成化可以在一个部门内部发生,但更多地指的是在一个组织内部不同部门之间的联系。在组织之间的关系上,横向的集成化指的是在提供类似的服务或产品的组织之间的一种安排。纵向的集成化指的是在提供一个连续性服务或产品上虽不近似但是却彼此相关的组织之间的一种安排。纵向集成化(向下或向上集成,取决于观看的位置)的一个例子是,一个组织的产品开发业务范围包括从车辆、发动机一直到其他供应商部件的更低层级。

在组织结构设计的分组中,本书认为有两种方法:按照流程分组和按照元素分组。按照流程分组是一个传统方法,需要先构建一个优化的业务技术流程(比如集成过程),然后再进行组织结构设计(注意通常不是反过来的顺序)。在按照元素分组中,需要先确定业务活动中的所有要素,然后进行全部的排列组合以覆盖所有的要素和联系界面,再选出最佳的组合。通常这两种分组方法在良好的组织结构设计中所给出的结果是一致的,因为一个好的流程应该包括并逻辑清晰地反映出业务活动中的所有要素。

经过对古典和现代的组织理论进行提炼和扩展,现将适用于产品开发的组织设计和管理的八条理性原则提出并总结如下,以用来检查任何组织结构设计或工作流程设计的合理性:

(1) 确定并集中组合业务活动中的所有要素,布置一个由这些要素所构成的多维工作空间,用按照元素分组和按照流程分组的方法设计组织结构中的战略分组和运营分组;

(2) 对于每个应用产品项目,按照工作职能、产品属性和产品实体建立完整而一致的专业化、部门化和集成化过程;

(3) 按照工作职能、产品属性和产品实体建立标准化的操作程序;

(4) 按照工作职能、产品属性和产品实体,通过建立和实施一个训练系统来培养人员的技术兴趣;

(5) 对工程专业技术开发工作,建立一个客观的生产力衡量系统;

(6) 在产品开发和项目管理签收上执行使用正式的文件和记录;

(7) 实施统一指挥(较好)或者协调的多重指挥(次之);

(8) 实行对信息和交流的中心化管理,并在团队环境中进行协调的决策。

1.9.6 常见的组织结构种类介绍

根据不同的特征,组织结构大体地在相对意义上分成两类:机械的和有机的。在古典工业时代(1900—1950),层级式的机械结构占大多数。在现代工业时代(1950—1980),层级式的结构变得更为有机(例如矩阵结构的出现)。在今天的工业信息时代(1980 至今),很多组织机构已经演变为更为有机的形式,比如网络型。今天的工程技术组织机构大多数仍比较机械。它们具有中等程度的正规化、中央集权和跨度控制。它们也具有正式的训练体系以及书面和口头的交流。需要注意的是,虽然组织结构在向着更为有机和跨职能网络的方向演变发展,清晰的工作流程永远是需要的,以便定义数据流和组织内部不同部门之间的工作关系。

今天几乎所有的组织均起源于 Max Weber 的理想官僚制结构。目前流行的组织结构类型包括纵向(垂直)结构、横向(水平)结构或者它们的结合(比如在项目管理中所使用的矩阵结构或混合结构)。纵向结构含有几个层级,可以在层级之间交流信息,并以命令链自顶向下地逐级下派命令。现在大多数的组织机构都具有垂直的特征。在横向结构(也称扁平结构)中,只有极少的层级或者没有层级。信息在更为直接的横向接触中分享,促进了交流。全球化、竞争性和来自客户的更严格的要求等动力,已促使很多公司的组织结构变得更为扁平化和更加具有流动性。

纵向结构通常包括 4 种形式:线型、功能型、线型加功能型、事业部型(亦称产品型)。线型结构[图 1.40(a)]形式简单,并具有明确的单一指挥命令链,适合在简单环境中运作的小规模组织。它的缺点是功能专业化和横向协调不足。功能型结构虽然可以实现深度的功能专业化并在每个功能部门内为多个产品提供高效的共享资源,但是在层级链的下级部门可能会从不同的功能部门直接收到多重甚至冲突的命令。功能型结构的缺点往往是不同功能部门之间的横向交流和协调不足,使得组织反应迟缓和不灵活。线型加功能型结构[见图 1.40(b)]将线型和功能型的优点结合起来,但在线型命令与功能部门建议之间可能会存在冲突。事业部型结构[见图 1.40(c)]是线型结构的一个特例,它将组织按照产品应用类别或地理区域划分,每个产品部门都拥有全套的、横向协调良好的功能子部门(如工程、销售、市场)。事业部型结构下散布在各产品部门里的功能子部门的问题是,它们可能会造成资源上的重复和浪费,也不利于功能专业的深化发展,而且在不同的产品之间不容易实现一致的技术策略。

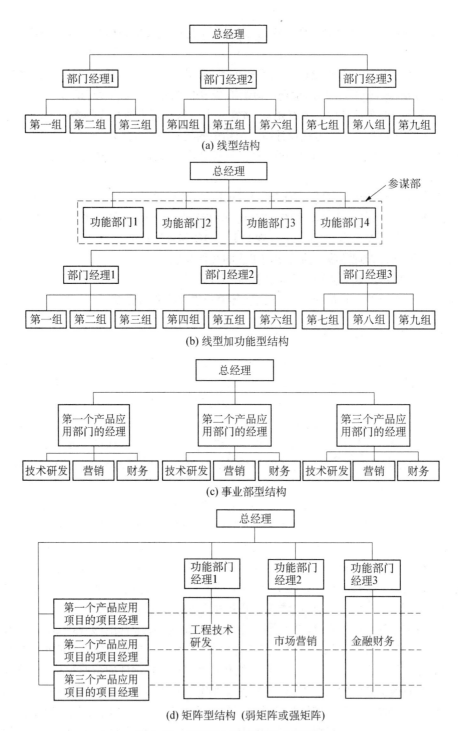

(a) 线型结构

(b) 线型加功能型结构

(c) 事业部型结构

(d) 矩阵型结构 (弱矩阵或强矩阵)

图 1.40　常用的组织结构形式示意图

当一个公司具有多个产品、在多个国家经营业务或者服务很多客户市场份额时,通常需要采用某种形式的矩阵型组织结构(弱矩阵或强矩阵),部署具有流动性的团队和在部门之间实行"虚线"式的汇报关系。矩阵组织结构[图 1.40(d)]从项目管理结构演变而来(Kolodny,1979),最初于20世纪50年代出现。自从20世纪80年代以来经历了几次兴衰之后,它已演变成为今天的企业中最受欢迎的(同时也是最难维护的)组织结构之一。矩阵型结构最适合那种拥有有限的功能资源但却有很多产品应用类型的中等规模公司。它将功能型和事业部型这两种形式的部门化方法结合起来,代表着在传统的纵向官僚制方法与横向自主项目管理方法之间的一个折中,能够最大限度地使用跨功能资源。矩阵结构设立有固定的功能部门和临时的集成功能资源的项目或任务管理团队。项目经理负责管理预算、客户接口交流、风险管理、项目计划和审查、产品应用集成协调等,有时还负责确定直接的技术数据。功能部门的经理负责开发技术能力,并提供共享的资源和技术方面的数据来支持多个产品应用项目。矩阵结构可能会造成来自部门经理和项目经理的双重或者甚至多重的命令链。如果管理得好的话,矩阵结构能同时拥有纵向的功能优点和横向的项目优点。如果协调得不好,多重命令链会在不同的项目之间以及在项目部门与功能部门之间产生冲突和干扰。取决于项目经理对功能资源有多大的控制权力(与功能经理相比),矩阵结构可以分为弱矩阵(即较少的权力或无权力)、平衡矩阵(相同的权力)和强矩阵(更多的权力)。在这些矩阵中,一般来讲没有哪种是绝对最好的,使用得成功与否完全取决于一个组织内的特定情形。然而,本书认为,弱矩阵结构对于发动机产品开发是足够的和合适的,因为设计、分析和测试的责任以及技术参数的确定和集成都可以由而且也应该由功能部门来处理。矩阵项目管理团队的职责通常应该被局限于预算、交流协调和集成协调等。关于矩阵结构和项目管理方面的更多内容,读者可以参考 Sayles (1976)、Hill 和 White(1979)、Mintzberg(1983)、Cleland(1984)、Larson 和 Gobeli(1987)、Burton 等人(2006)、Gunn(2007)、Martin(2008)、Galbraith(2009)、De Laurentis 等人(2010)的著作或论文。

1.9.7　发动机产品应用开发中关于部门化和集成化的组织结构设计理论

1.9.7.1　发动机产品开发中的关键概念——四大元素和三大集成

系统工程对于产品开发的组织设计和柴油机系统设计均非常重要。它使用严格而清晰的逻辑来处理复杂的过程和所有牵涉因素之间的关系。在组织设计中的专业化、部门化和集成化的首要任务是识别和合并那些覆盖整个业务活动的所有元素。在发动机和车辆的产品开发中有四大元素:产品实体、产品属性、工作职能、产品用途(也称应用)。如前所述,产品实体指的是发动机、动力系、车辆这些系统,以及它们的子系统和部件,包括硬件和软件(见表 1.7)。柴油机实体与五类工作流体发生关系:空气(或燃气)、燃油、润滑油、冷却液、氮氧化物后处理装置的工作液(例如液基尿素,注意这种工作液对于某些发动机不一定有)。产品属性指的是性能、耐久性、封装性、成本。需要注意的是,这里的性能是指广泛意义上的功能,包括气侧(例如排放、油耗、功率、扭矩、加速性、瞬态响应、代用燃料兼容性等)、液侧(例如热流和传热特性)、固侧(例如动力学、振动、噪声),以及由气、液、固侧引起的可操纵性、舒适性和安全性方面的与人机关系有关的特征(例如车辆操纵和驾驶性能、发动机制动器扭矩、防爆要求、发动机零件表面温度限值要求、车身抗撞击能力)。耐久性问题基本上指的是任何与损伤有关的、使产品部分或全部失去其功能或性能的恶化情况。工作职能指的是产品开发中的分析、设计、测试。每个工作职能都需要覆盖所有的产品属性和实体。例如,测试包括性能测试和耐久性测试,系统测试和部件测试,实验台测试和现场测试等。这些因素之间的任意组合所形成的关系,许多都是很显而易见的。值得注意的是封装性测试和成本测试这两个组合概念,因为它们超出了传统的工作内容。封装性测试指的是在实验室中使用测量装置来验证封装性属性,例如重量、形状和间隙。成本测试指的是使用实验的手段(例如在市场和采购中)来验证所分析和设计的成本,与市场上的真实成本相比较。目前,在发动机开发中的封装性测试和成本测试的活动是极少的。然而,随着发动机设计工艺的精细化和成本控制的重要性的日益提高,这些活动将来可能会增加到一个显著的水平。分析和测试在工作组织上具有相似性——分析是使用虚拟模拟的模型来指导设计,而测试是使用真实的实验设备来验证设计。每个工作职能均有其独特的技能以及对软件和硬件的管理。另外,每个工作职能都有两类工程师:系统工程师和部件工程师。

表 1.7　发动机和车辆的产品实体列表

发动机产品实体	车辆产品实体
发动机系统	车辆系统
气缸、活塞组和连杆	动力系子系统
气缸盖	混合动力子系统和高电压部件
配气机构	车辆热管理子系统
曲轴和曲轴箱	动力系和传动系密封件
发动机机体和悬置	车辆进气子系统
燃料子系统	车辆排气子系统
燃烧子系统	传动系子系统
冷却子系统	变速器、变矩器、离合器
润滑子系统	传动系缓速器
发动机密封件	刹车闸片制动器
进气歧管	轮胎
排气歧管	悬架子系统
涡轮增压器和机械增压器	转向子系统
排气再循环子系统	车架和车身
后处理装置	车辆外部
发动机辅助附件	车辆内部
发动机制动器	车辆附属配件
余热回收装置	空调子系统
发动机电子控制	动力系电子控制
	车辆电子控制

　　产品用途或应用指的是满足客户使用需要的设计和运行特征。发动机的用途包括轻载、中载、重载、道路用、非道路用、汽车用、机车用、船用、农业机械用、建筑设备用、固定式动力用、军用等。每个应用项目都有其独特的设计需要,尽管很多项目可以共享一部分基本设计。从工作职能的角度来看,应用指的是"协调"集成活动(即在产品开发活动中帮助各职能部门把某个发动机项目的分析、设计、测试结果组合在一起,就好比项目总工程师的角色)、市场调查与开拓(例如寻找新客户)、现场服务(例如为客户安装和调试发动机)、质量和可靠性追踪等。协调集成的工作性质要求应用工程师或总工程师作为系统工程师来工作。然而,他们实际的工作内容是侧重于协调,而不是去执行独立的直接的分析、设计或测试活动。这三个工作职能活动和它们之间的集成都是职能部门要做的工作。例如,作为一个对比来看,发动机系统设计工程师的职责是执行直接的设计工作。由于系统设计所具有的领衔作用,应用工程师往往让发动机系统设计工程师在项目中代行协调集成的职责。

　　在由这四大元素组成的复杂的四维产品开发工作空间内,存在着很多种集成(图 1.41～图1.42)。例如,发动机系统性能设计工程师主要集成各个子系统的性能,并将耐久性作为设计约束条件来考虑。配气机构子系统或部件的设计工程师或专家的职责是把配气机构的四大属性予以集成,并考虑来自分析和测试的意见。对于一个发动机应用项目来讲,最重要的三大集成分别是按照工作职能集成、按照产品属性集成、按照产品实体集成(见后面的图 1.45)。

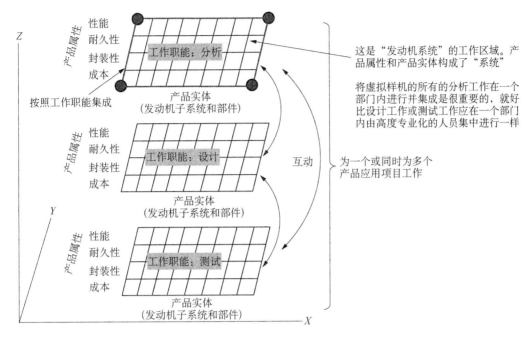

图 1.41 集成式产品开发中的四维元素——为实现产品实体、属性和用途
的 3 种工作职能(分析、设计、测试)之间的界面示意图

按照产品实体集成所完成的所有各个部件的集成板,需要再经过一道按照产品属性集成的工序,以保证整个系统满足
要求。顺利进行自下向上的系统集成的基础是执行以分析为引导的、以系统设计为先导和中心的自上向下的设计过程

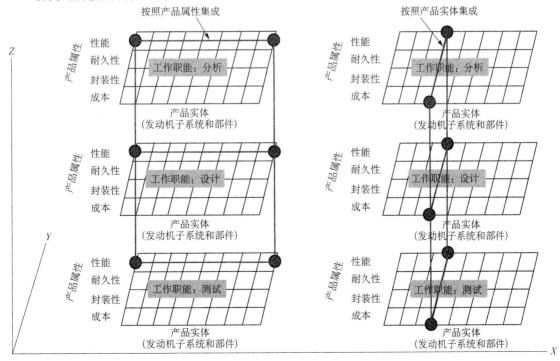

图 1.42 基于元素的集成"板"示意图

1.9.7.2　发动机产品开发的组织结构设计方法——按照元素分组和按照过程分组

将组织结构和发动机应用项目团队按照具有技术逻辑的方式予以策划，对于集成化的要求和企业工作效率的提高都是至关重要的。在组织结构中和四维工作空间的活动中适当地安排和平衡这四大元素不仅是科学，而且是艺术。为了理顺这些复杂的关系，需要有一个强大的系统设计职能。系统设计人员将指导和协调在工作空间内的所有团队，以确保全部的开发活动在技术上具有逻辑性、在流程上具有纪律性。系统设计人员需要有能力从技术观点上发现组织层级上存在的问题，并帮助纠正在组织结构中由于严重的交叉混合所引起的问题。这不但对企业管理有好处，而且对其自身顺利执行发动机系统设计、集成和协调的工作职能也有益。

传统上讲，组织结构设计是在工作流程确定之后进行的。这一设计方法叫做部门化中的按照过程分组。需要强调的是，这一方法成功的关键是要设计一个充分定义好的、以任务签收来驱动的集成过程，因为部门化中的一个关键问题就是建立部门之间的集成关系。组织结构设计的另一个方法叫做按照元素分组。理想上讲，这两种方法应该殊途同归，因为元素和过程应互相联系，并且在组织结构中互不缺失和互不冲突。按照元素分组的方法成功的关键是元素数目不能太多（例如不能超过四个）。否则，在多维元素空间内的全析因组合数目会以指数级增长到无法管理的数量，这样就无法挑选出合适的组织设计方案。不注意有层次地控制元素个数是很多组织结构失败的根源，因为在那种情况下人们不加提炼组合地使用大量的元素来划分组织内的产品开发活动。结果就造成组织结构被淹没在一大堆不完整的、零碎的、没有组织性的"碎片"之中，比如这里冒出一个排放部门或磨损部门，那里又冒出一个燃油经济性部门、配气机构部门或发动机冷却液部门。幸运的是，大多数工程产品开发都是能够按照只有四大元素来进行部门化划分的（即实体、属性、工作职能、用途）。如图 1.41 所示，一个四维工作空间管理起来还是比较方便而可行的。另外还要注意的是，部门的杂乱林立是集成化的巨大障碍。如果一个部门为了自己的局部利益而不恰当地索要人力物力并违反发动机研发规律地盲目扩张，甚至为了达到个人目的而想壮大自己的部门从而在组织层级上得到升迁，这就会破坏组织结构的逻辑性和清晰性并干扰集成化和整体利益。企业高管必须有知识、有能力、有魄力识别这样的狭隘部门主义并予以遏制和调整。

如图 1.43～图 1.44 所示，使用按照元素分组的方法进行组织结构设计时，可以有很多种安排方式，比如在组织层级上按照产品实体、属性、工作职能、用途或者它们之间的混合组合来排序。不同的组织结构，在为发动机产品应用项目服务时具有不同的工作效率。交叉混合指的是将不平行或不可比的概念（即不同元素）放在同一个组织层级水平上进行混合。这里强调注意在同一个组织层级内的可比性的原因是，产品集成化的本质其实就是在每个组织层级内进行比较、平衡和折中，达到优化的结果。例如，在产品属性中，性能、耐久性、封装性和成本是在一个元素之内的平行而可比的概念，因此可以进行彼此折中和集成。然而，测试（属于一个工作职能）和配气机构（属于一个产品实体）就不是平行或可比的概念，因为它们分属两个不同的元素，故而不能以彼此折中或优化来进行集成。四大元素之间的某些交叉混合有时在组织结构中是无法避免的，而且甚至不一定坏。例如，当强调某种形式或某个方面的"集成"时，或者当某些元素（例如工作职能）在层级结构中不能被直接地连接于另一个元素时（例如在图 1.44 中，需要将产品实体在层级结构中直接置于设计职能层级之下，而需要将产品属性直接置于分析或测试职能层级之下），就可以允许或者应当考虑交叉混合。但是，一般地，作为一个原则，交叉混合应该被尽量减少，以确保清晰、一致和完整的工作职责，并减少内部冲突。

较高的组织层级通常意味着在技术管理、中央集权和集成方面拥有更大的权力。在层级上匹配良好的同级横向设置是非常重要的，因为按照组织理论，在某个级别的中央集权意味着决策的权

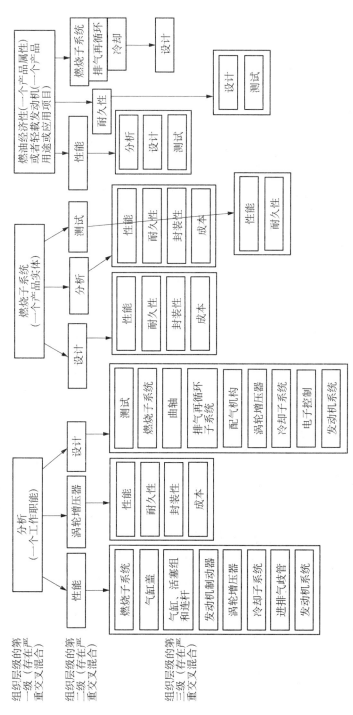

图 1.43 发动机产品开发的组织结构内具有严重交叉混合的例子

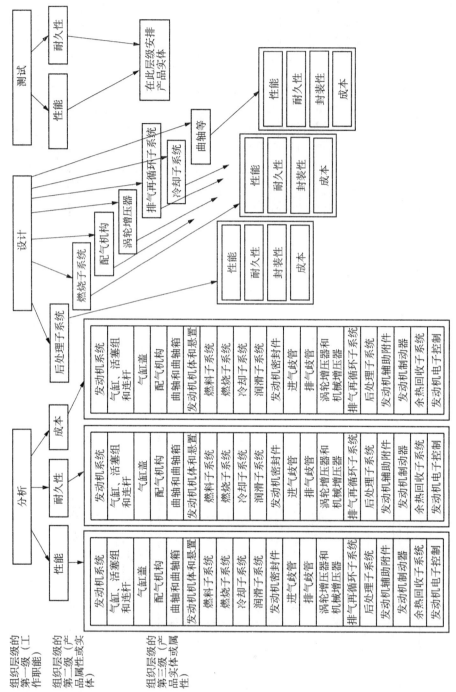

图 1.44 发动机产品开发中的良好组织结构示例

威和权力(例如关于集成的权力)。严重的交叉混合不仅损害中央集权,而且会在工作过程中产生不清楚的或多重的输入和输出数据流或信息流。严重的交叉混合的一个例子是成立一个发动机燃料消耗部门(即一个"产品属性"部门),在同一个组织层级上与一个空气系统设计部门(即一个"产品实体"部门)或者一个发动机测试部门(即一个"工作职能"部门)或者一个重载发动机应用部门(即一个"用途"部门)一起平行工作。这里的问题在于,所有三个工作职能(分析、设计、测试)实际上已经在为所涉及的产品实体的燃料经济性属性而工作了,并且把工作成果化为其各自的技术数据和结论。如果这个燃料消耗部门被设置为一个真正的功能部门而非一个弱矩阵应用项目部门[①],那么它在输入数据、输出数据和结论管理方面的强势功能将势必与同等强势的其他功能部门的职能发生冲突。在部门化中将不平行或不可比的概念进行严重的交叉混合通常会由于在数据输入和输出渠道上的重叠、多余、浪费、误传、不一致、冲突、间隙空档或缺失而使得整个工作过程变得非常难于管理,从而极大地降低组织效率和效能。如果勉强建立起来的工作流程只能用来适应一个已经存在的坏的组织结构的话,调和由于严重的交叉混合在组织结构中制造出来的问题通常变成一个"集成"的艺术。严重的交叉混合的一个坏例子显示于图 1.43 中。组织结构的一个良好例子表示在图 1.44 中。应当注意的是,在组织结构中经常需要加强某些元素,以至于这些元素在组织层级中被人为地提高上去与其他非平行元素进行严重地交叉混合。如果对于所需要强调的特殊集成有一个很好的理由的话,这种做法不一定总是坏的。然而,它一般来讲是有问题的,而且难以管理和遵循。关于按照元素分组进行组织设计的具体方法以及不同的元素在不同的层级中进行布置的优缺点,读者可以参考 Xin(2011)的论述。

1.9.7.3 发动机产品开发中的系统集成过程

关于界面管理的产品开发集成理论在已发表的文献中有大量论述,特别是在系统工程领域(Menne 和 Rechs,2002,11~20 页,179~185 页;Kossiakoff 和 Sweet,2003,90~116 页,273~312 页;Lubraico 等人,2003;Sevcovic 和 Rotz,2004;Pereira 和 Giantaglia,2005;Liviero 和 Kaminski,2006;Austin,2007;De Laurentis 等人,2010;Underwood 等人,2010;Seger,2010;Seger 等人,2011;Jeitler 和 Atzwanger,2011),以及并行工程(同步工程)领域(Hartley,1992,263~271 页;Miller,1993,25~49 页;Dubensky,1993;Morel 和 LaPointe,1994;Fleischer 和 Liker,1997,77~112 页,313~368 页;Monplaisir 和 Singh,2002,69~81 页)。然而,现有的集成化理论没有与组织理论联系起来,因此不能为运营过程的工作成果(包括文件)和元素的整合提供明确的指导。为了改善这一局面,图 1.45 提供了一个比较明确的集成过程和其中每类工程师的职责。需要注意的是,逐级集成的中央集权可以也应该对应于组织结构的层级。在流程中越靠后的集成签收,越对应着更高的组织层级和权力。在集成过程中,严格遵循工作流程的跨部门数据管理和会议管理是职能部门和项目管理成功的关键。工作会议的目的一般有五个:①交流信息;②暴露问题和解决问题;③督促检查成果;④展示成果并获得对功劳的认可;⑤讨论决策。数据管理水平和会议管理水平既标志着企业的效率,也能从很大程度上反映出系统集成化水平。

1.9.7.4 从按照元素分组和按照集成过程分组导出的产品开发组织结构法则

基于上述讨论,作为对前面提出的前两条组织设计和管理的理性原则的进一步诠释,现提出以下八条用于发动机和车辆产品开发的组织结构法则:

(1) 任何组织结构设计方法均应完整、一致、清晰地涵盖所有四大元素(产品实体、产品属性、工作职能、用途或应用),而不应该有重叠、重复、多余、冲突和缺失;

---

① 弱矩阵部门只具有相对较弱的"协调"功能。

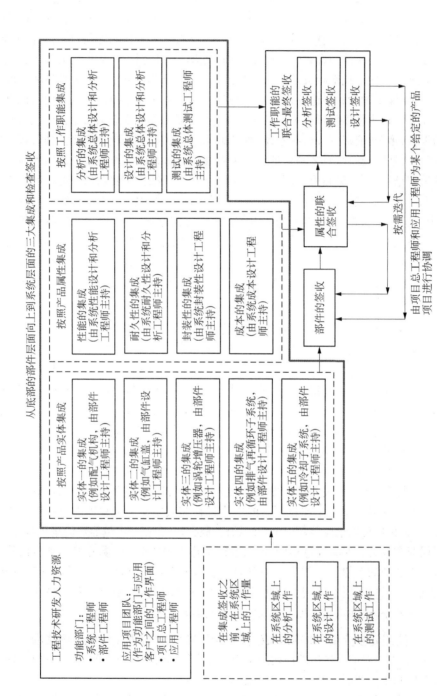

图 1.45 带有多重集成的、基于元素的、由签收控制的工程产品开发流程

(2) 对于拥有多种产品的中型或大型的组织来讲,在矩阵结构中的每个应用产品项目通常不应该拥有自足的、独立的、囊括所有其他三大元素(即产品实体、产品属性、工作职能)的业务单元。这三大元素应该被永久地布置在各个功能部门内作为共有资源予以分享。这三大元素的布置应该恰当地考虑专业化、部门化和集成化,以便同时服务于多个应用产品项目,以期最大限度地提高组织效率;

(3) 在任何层级制的组织结构中,组织效率取决于在不同的组织层级内安排产品实体、产品属性和工作职能这三大元素的清晰程度,并且取决于组织结构中严重交叉混合的程度;

(4) 适度的交叉混合是允许的。当工作过程要求某种特定的层级顺序时,特别是从在系统层面和部件层面安排分析、设计和测试活动的角度来看,适度的交叉混合甚至是应予以考虑的。然而,严重的交叉混合应该予以避免或者尽量减少,因为它会导致重叠、重复、多余、冲突和缺失。严重的交叉混合也会使得在产品开发过程中管理输入和输出数据的关系及其一致性变得非常困难;

(5) 在每个给定的组织层级内的产品实体、产品属性和工作职能中的每一个元素,均应在其向下派生的组织层级内完整地涵盖其他两个元素,否则就会出现严重的交叉混合;

(6) 一般来讲,如果产品属性被置于比产品实体更高的组织层级,安排部件设计会有困难。如果产品实体被置于比产品属性或工作职能更高的组织层级,安排系统设计、系统分析和系统测试会有困难;

(7) 对于一个给定的产品应用项目而言,集成化可以按照下列三大元素以某种优先顺序进行:①产品实体;②产品属性;③工作职能。至于说哪个元素占据在工作流程签收链中的最后一个节点,或者说相应地占据组织结构中的最高层级,取决于哪个元素在集成化中更为重要,也取决于需要签收批准的产品开发文件的种类;

(8) 对于发动机和车辆产品开发而言,由于这类工作在发动机和车辆的系统层面具有输入和输出技术数据方面的很强的元素相互作用,集成化的最佳顺序(从前到后)一般应该是这样的:产品实体(对于设计来讲,这个顺序是由于部件设计图纸的签收需要所决定的)或产品属性(对于分析和测试来讲,这个顺序是由于将整个系统作为一个基于物理本质的整体来处理的需要所决定的),然后是工作职能(即将其置于组织层级的最顶层,图1.45)。

1.9.8 专业化和为发动机系统设计的 N-A-P-D-Q-P 工程师生产力管理系统

工程技术人员的生产力衡量和管理对于组织效率的提高很重要。它与专业化的技术领域策划和部门化管理有关,尤其是对于可以通过操作流程标准化来解决的常规作业的管理来讲。生产力管理系统可以用来控制任务时间、数据质量和技术纪律。在工程分析、设计和测试任务中,技术人员的生产力可以在功能部门内通过以成果衡量的日、周、月任务管理体系来衡量,具体形式和影响因子如以下提出的"N-A-P-D-Q-P"框架体系:

$$工程师生产力 = \sum_{i=1}^{N}(A_i \cdot P_i \cdot D_i \cdot Q_i) + P' \tag{1.5}$$

与传统的关于蓝领工人生产力管理的科学管理理论中的计件制(Taylor, 1911)不同,N-A-P-D-Q-P体系用技术人员的劳动时间和工作质量以时间为单位(例如星期数)来衡量生产力。这一思路的根据是,如果一个人在一项作业上低效率地工作而花费了比应该花的标准时间更长的时间,在一个给定的考察时间区段(比如一年)内他或她就没有足够的时间剩下来去从事其他的作业,这样所计算出来的生产力就会低。式(1.5)中的 N 是以分析、设计、测试等成果代表的有效任务数。任务可以分为两类:非常规的高等科研和常规的工作。式(1.5)中的 A 是以小时或周为单位的、由某个选定的标准参考级别的一位工程师高效率工作所需要花费的标准任务时间。A 与作业种类的划分或者本质上讲与技术领域的专业化管理和详细策划有关,也与规定的作业分解步骤中的时间管理有关;它反映了劳动成本目标,其标准的制定是基于当前水平下的人力技术水平和标准工作程序中所规定的成果数量和质量。A 是整个专业化和任务管理体系的基础,其展开的内涵相当复杂。技术作业指的是在技术领域下的具体特定的关于产品实体或属性的分析、设计或测试等课题,比如涡轮增压器匹配。对于非常规科研工作,A 比较难确定,因此可比常规工作适当放宽。管理无明确预期的非常规任务的关键是使用严格的计划来尽量减少不确定性,以及将非常规任务逐步用摸索出来的标准程序予以常规化,以便节省未来的相关任务时间。式(1.5)中的 P 是一个反映工程师级别、任务工作人数和业务熟悉水平的任务时间权重因子,可以按照下式计算:

$$P = [1 + f \cdot (L_s - L_a)] \cdot S \cdot V \tag{1.6}$$

式中,L_a 是工程师的实际技术级别,L_s 是对应于 A 的标准参考级别。级别越高,L_a 或 L_s 的值越大。f 是一个级差因子(例如 10%~15%),S 是一个反映任务参与人数的贡献比例因子($0 < S \leqslant 1$),V 是反映业务熟悉水平的新手因子(例如 $1 < V < 2$)。对 V 值的控制要考虑平衡人员的兴趣发展与整个部门的生产效率。V 值过大或者高 V 值的任务过多的话,整个部门的效率就会下降。在式(1.5)中,A 乘以 P 定义为给定任务的作业时间因子,反映了所需要的规定任务时间。D 是难度因子,与任务时间无关。"D"在生产力管理系统中的引入是为了鼓励参与高难度的非常规任务。对于常规任务,$D = 1$。对于非常规任务,D 值的选取可以分档规定(例如 $D = 1.1$ 或 1.2)。Q 是一个由主管确定的质量因子,从几乎为零(例如 0.1)到大于 1(例如 1.5)。如果实际任务时间短于规定时间,Q 将简单反映每一步的工作质量(例如系统性、完整性、条理性、准确性、有效性、创新性等任务质量评价指标)。如果实际任务时间比规定的时间更长而且任务的截止日期还不能延期的话,Q 将不仅反映质量,而且需要反映时间的拖延和对项目造成的损失,可以按下式计算:

$$Q = T \cdot q = \left(1 - \frac{t_{\text{actual}} - A \cdot P}{t_{\text{actual}}} \cdot \alpha \right) \cdot q \tag{1.7}$$

式中,T 是一个时间延迟因子($0 < T < 1$),t_{actual} 是每个工程师花费的实际时间,$A \cdot P$ 是每个参与者的规定任务时间,α 是一个严重性因子(例如,$0 < \alpha < 1$)。q 是一个质量因子(通常 $0.1 < q < 1.5$)。在这个模型中,任务延迟不仅会间接地减小 N 值(因为在一年中会剩下更少的时间来执行别的任务),而且会作为一个惩罚性因子直接降低 Q 值。式(1.5)中的 P' 反映了其他在正常任务中没有包括进来的显著的积极贡献。人员的生产力绩效目标期望值可以简单地设置为年度工作周数。

这个理性的 N-A-P-D-Q-P 管理系统可以在某些情况下按照需要来使用,作为一个将生产力量化比较的工具,采用统计数据评判任务管理和执行的有效性。需要注意的是,工程技术活动往往是确定性的常规工作和不确定性的非常规工作的一个复杂混合。由于有时很难准确地确定非常规科研工作所需要花费的时间,这一理性系统会存在主观性和保留一定的灰色(模糊)管理成分。这样的话,不同人员之间和不同年份之间的生产力数字就不一定可比。在进行人的管理、团队的管理和专业化管理时,虽然这一系统的精度在人员贡献上有时不足以区分相近的生产力数字,但是它确实可以捕捉到和科学地量化极低的生产力情形。另外,还需要注意的是,生产力其实只是人员对组织的贡献和价值的众多方面中的一个方面。这个理性衡量系统的框架希望在工程技术专业化管理方面起到抛砖引玉的作用。

1.10 柴油发动机不同用途的运行特性和设计特点的总结

为了实现柴油发动机系统设计的三个使命和支持所对应的三个支柱的发展(即产生和维护系统设计指标,开发系统设计所需要的高等分析方法和模拟模型,以及使用系统方法研发先进发动机核心技术),系统设计人员需要全面了解各种用途的柴油机的不同的工作原理、排放和运行特性以及设计特征,以便实现系列化设计、多用途设计(通用化设计)和标准化设计。在系统设计中对柴油机的用途开展研究是第二个支柱的十六个技术领域中的一个重要领域(其他十五个领域分别是本书的前 15 章)。

1.10.1 共性和差异

系列化设计和多用途设计是发动机系统设计中的两个重要考虑因素。现将这两个概念与各种不同的发动机用途的共性和差异总结如下。任何现代柴油发动机设计的共同考虑因素包括以下内容:满足排放标准,具有良好的耐久性和可靠性,低油耗,高功率密度,低 NVH,方便和良好的可维护性,体积小巧,重量轻,以及成本低廉。然而,由于其各自独特的运行性质和要求,不同的应用场合在各种属性上可能具有不同的优先考虑。例如,船用发动机要求极高的可靠性和燃油经济性,而道路用车辆需要比其他的应用场合具有更出色的加速能力。

发动机的额定功率、扭矩和转速必须与动力系相匹配,以满足其特定的应用需求,因为各种用途的载荷因子不一样。载荷因子是指在每个给定的发动机转速下实际运行的有效扭矩与全负荷扭矩之比。有时载荷因子以喷油量之比(而非扭矩之比)来近似。重型卡车在加速或爬坡时的载荷因子可达 100%,而在水平路面高速公路巡航时只有 20%。载荷因子经常与运行中所花费的时间百分比一起评估。例如,重型卡车可能有 5% 的时间花费在额定功率,10% 的时间在最大扭矩,5% 在中等转速全负荷,80% 在低速和中速的部分负荷。整体载荷因子是在整个发动机转速和负荷区域上的载荷因子的时间加权平均值。大型船用发动机一般在非常高的整体载荷因子下运行,而其他应用情形则通常较低。非道路建筑设备发动机的整体载荷因子通常为 40%~80%,农业设备发动机为 40%~80%,重型卡车发动机为 20%~50%,轻型货车发动机为 12%~16%,轻型轿车发动机为 8%~12%。

各种用途发动机的性能差异也表现在它们全负荷扭矩曲线的形状,或者从本质上讲扭矩储备值(即从额定功率的扭矩到较低转速的最大扭矩的增加量)。建筑和农业设备所使用的移动式非道路发动机通常要求比道路用发动机具有更大的扭矩储备,而大型船用和机车用发动机则不怎么要求具有扭矩储备,发电机组的发动机甚至没有扭矩曲线,因为它们通常只在一个恒定的发动机转速运行(例如 1 500 或 1 800 r/min)。另外,不同的应用情形对于发动机在转速和负荷区域上的运行范围也有不同的要求。发电机组和船用发动机通常工作在非常稳定的转速或负荷工况。农用发动机在运行工况上就不那么稳定。道路用车辆发动机的转速和负荷的变化范围非常大。许多建筑设备发动机在负荷和转速瞬态振荡最严重的情况下运行。

发动机用途上的差异会导致非常不同的设计措施。例如,发动机的整体几何形状或尺寸会不同,另外对装在发动机本体上的部件(比如歧管和涡轮增压器)和辅助附件(比如水泵)的功能和封装性的要求也不同。另一个例子是关于如何为小型轻载发动机和大型重载发动机增加功率密度。功率密度正比于平均有效压力(MEP)与发动机转速的乘积。轻载发动机的功率密度通常靠同时提高平均有效压力(通过涡轮增压)和发动机转速这两者来增加,因为它们的气缸直径和冲程都相对较小。这样,增加发动机转速可能并不会超过活塞平均速度的设计极限。轻载柴油机需要在同一市场上与其汽油机对手在功率密度上竞争。因此,它们的额定转速往往设计得相当高(3 500~4 500 r/min,虽然仍比汽油的 6 000~7 000 r/min 的额定转速要低),只要柴油的燃烧过程仍然能够有效地进行。相反,重载柴油机则主要依靠提高平均有效压力来增加功率密度,这是由于它们具有较长的冲程及其所导致的在活塞平均速度上的局限性,以及高额定转速所带来的一些问题,比如涡轮增压器匹配困难、过高的燃油消耗、摩擦、磨损、排放和噪声。强化平均有效压力的程度通常被涡轮增压(例如压气机出口空气温度)和发动机结构(最高气缸压力、热负荷、散热量)所局限。

虽然为适用于一个特定用途而裁定发动机设计是必要的,但是系统设计的正确做法不在于强调或扩大不同用途之间的差异。相反,重点应是把它们之间的共同特点扩大到最大限度,以实现多用途设计。这点对于服务于今天的全球化和多元化客户市场的大型发动机制造企业来讲尤为重要。

1.10.2 系列化设计和多用途设计

系列化发动机的设计方法是使用不同数量的气缸、不同的单缸排量或者不同的充量密度(即自然吸气、涡轮增压、涡轮增压加中冷)以便在各种发动机转速和有效平均压力水平下形成一系列的产品,覆盖一个大范围的额定功率和扭矩,同时最大限度地保持在部件设计和发动机型式上的共性。系列设计的典型例子包括:保持缸心距恒定并增大缸径或冲程或气缸数目(例如,Ⅰ2,Ⅰ3,Ⅰ4,Ⅰ5,Ⅰ6;V6,V8,V12,V16);选择不同的涡轮增压器来提供不同的平均有效压力和相应的额定转速。应当指出,系列化设计的决定会在早期设计阶段影响许多发动机系统设计参数,例如设计约束条件(最高气缸压力、部件强度等)和封装性(例如气缸盖型式)。

多用途发动机的设计方法是使用相同的发动机排量和发动机本体(基体)设计,以适应不同的用途目的,来满足其各自在功率、扭矩、所附部件、辅助附件、封装性等方面的要求。多用途设计成功的关键之一是在不牺牲发动机基体设计的耐久性和可靠性的情况下,实现紧凑和轻量的设计。紧凑的设计可以依靠使用短的缸心距、短的连杆长度和低的活塞压缩高度来实现。这三个尺寸控制着发动机的长度、高度和重量。所附部件和辅助附件可以在后续阶段根据不同用途的具体要求来设计和安装。这些部件包括:歧管、涡轮增压器、泵、冷却器、过滤器、油底壳、冷却风扇等。

系列化设计和多用途设计是两个重要的系统设计理念。它们使用最少数量的基体发动机作为型谱来覆盖发动机在排量、功率、扭矩和用途等方面的宽广市场需求。随着涡轮增压在各种不同用途上的广泛使用和日益增长的可靠性要求,系列化和多用途设计对于今天的柴油机更为可行和重要。

1.10.3 不同柴油机用途的特征

关于柴油机用途特征方面的资料过去比较零散和匮乏。关于这方面的详细介绍,读者可以参考笔者的一个比较全面和简明的总结(Xin, 2011c),其中包括按照不同的柴油机用途分类完整开列的 274 篇相关英文文献。Xin(2011c)在以下几个方面给出了综述。关于所有重载柴油机,采用了竞争性基准分析方法揭示出一些发动机系统参数的趋势(比如不同型式柴油机的功率、缸径、排量、平均有效压力、活塞平均速度)。例如,发动机排量功率与功率质量之间存在着明显的非线性相关性,可拟合表达为:

$$\tilde{W}_{E} = \frac{80}{\tilde{w}_{EW}^{0.95}} \tag{1.8}$$

式中，$\tilde{W}_E$ 是以 kW/L 为单位的发动机排量功率，$\tilde{w}_{EW}$ 是以 kg/kW 为单位的发动机功率质量（图1.23）。另一个明显的关联是发动机的干重量是排量的一个弱二次函数，拟合如下：

$$w_E = 95V_E + 0.3V_E^2 \tag{1.9}$$

式中，w_E 是以 kg 为单位的发动机干重量（质量），V_E 是以 L 为单位的发动机排量（图1.23）。Xin (2011c)总结了大量的道路用重载柴油机和在美国市场上2011年度的道路用轻载柴油机，并对轻载与重载之间的区别和它们的设计特征做了评述。该文还对陆基移动式非道路柴油机（工程和农用机械）、机车用柴油机、各类船用柴油机（包括大型低速二冲程柴油机）、固定式柴油机的独特排放法规、燃料、运行特性和设计特征等做了综述。最后，简要总结了代用燃料和二冲程柴油机的应用前景。

关于各种不同用途的柴油机在系统设计方面的关键考虑因素的总结详列于表1.8。表中关于每一项在各个不同用途之间的相对重要程度只起一个大致的指示作用。这个重要性可能会依照特定的发动机应用项目的功能目标要求在主观认知上发生变化，并相应地在设计优先重点上发生变化。需要注意的是，稳态硬件选型方法意味着发动机系统参数（比如额定功率之类的属性参数、涡轮增压之类的设计参数、空燃比之类的标定参数）需要基于最严苛的稳态条件予以选择。瞬态硬件选型方法意味着发动机系统参数可以基于最严苛的瞬态条件予以选择，特别是当耐久性寿命的要求不是很苛刻的时候或者当最严苛的瞬态条件不持续很久、不至于导致机械损伤或热损伤或失效的时候。与稳态硬件选型方法相比，采用瞬态方法的好处通常是节约产品成本或者具有增强的性能（例如获得更高的额定功率），但是瞬态选型在分析上更为复杂些。表1.8可以很方便地用来在不同的产品属性和用途上对发动机系统设计的方案进行比较，以便获得最有效的系列化设计和多用途设计。

1.11　参考文献和书目

1.11.1　英文参考文献和书目

1.11.1.1　分析式设计过程和柴油发动机系统设计

Advanced Product Quality Planning (APQP) and Control Plan [M]. Reference manual. 1995. Chrysler Corporation, Ford Motor Company, and General Motors Corporation.

Anderson R C. 1991. Electronic diesel engine controls for industrial applications: a systems perspective [C]. SAE paper 912684.

Arcidiacono G, Campatelli G. 2004. Reliability improvement of a diesel engine using the FMETA approach [J]. *Quality and Reliability Engineering International*, 20: 143-154.

Armstrong L. 1996. Systems engineering as a structured design process [C]. SAE paper 962178.

Armstrong L R. 2002. *Electronic System Integration* [M]. The 47th L. Ray Buckendale Lecture, SP-1727. Warrendale, PA: SAE International.

Asmus T. 1999. A manufacturer's perspective on IC engine technology at century end [C]. ASME paper No. 99-ICE-202. *1999 Fall Technical Conference*, ICE-Vol. 33-1: 1-9.

Assanis D, Filipi Z, Gravante S, Grohnke D, Gui X, Louca L, Rideout G, Stein J, Wang Y. 2000. Validation and use of SIMULINK integrated, high fidelity, engine-in-vehicle simulation of the International class VI truck [C]. SAE paper 2000-01-0288.

Austin T E. 2007. Why have a systems engineering (SE) capability for automotive product development?- questions and answers [C]. SAE paper 2007-01-0782.

Baker J, Brunson D. 2000. Statistical modelling of engine systems [M]//Edwards S P, Grove D M, Wynn H P (editors). *Statistics for Engine Optimization*. Suffolk: Professional Engineering Publishing. 61-82.

Baranescu R A. 2003. Advance diesel technology - the "green" solution for the future of transportation [C]. *Hart World Fuels Conference*. Washington D. C.

表 1.8　关于不同用途柴油机的系统设计考虑因素总结

参数	道路用重型柴油机	道路用轻型柴油机	陆基移动式非道路工程机械用柴油机	陆基移动式非道路农业机械用柴油机	陆基移动式非道路军用车辆用柴油机	铁路机车用柴油机	高速船用柴油机	大型低速船用柴油机	固定式柴油机
产品属性：									
排放	++	++++	++~+++	++	++	+	++	+	+
燃油经济性	+++	++	++	++	++	+	+~++	+++	+++
噪声	++	+++	+~++	++	++	+	+	+	++
振动	++	++++	+~++	++	+	+	+	+	+
额定功率	++	++	++	++	+++	++	+++	+++	+++
功率排量比	+++	++++	++	++	+++	++	+++	++++	+++
质量功率比	+++	++++	++	++	+++	++	+++	++++	+++
负荷率	++	++	++	++	++	++	++	+++	+++
在发动机转速和负荷区域上的变化幅度	++++	++++	+++~++++	+++~++++	++	++	+	+	+
负荷变化的剧烈程度	++~+++	+++	+++	++	+++	+	++	+	+++
瞬态响应	+++	+++	++	++	+++	++	+++	+	++
加速性能	++	+++	+++	+	+++		++	+	
发动机扭矩储备和扭矩曲线	++	++	+++	++	+++		++		+
燃用重质燃油的能力								+	
适用代用燃料的能力	+++	++	++	++	+++	+	+	+	+++
防尘能力	+	+	+++	+++	+++				
抗腐蚀能力	++	+	++	++	++		+++		+
耐火性和可靠性	+++	+	+++	++	+++	++	+++	+	++
封装性和设计方面的紧凑性	+++	++++	++	++	+++	+	++~+++	+++	++
可维护性	+++	++++	+++	++	++	+	++	+	+++
发动机成本	+++	++++	+++	+++	+++	+	++	+	+

续 表

参数	道路用重型柴油机	道路用轻型柴油机	陆基移动式非道路工程机械用柴油机	陆基移动式非道路农业机械用柴油机	陆基移动式非道路军用车辆用柴油机	铁路机车用柴油机	高速船用柴油机	大型低速船用柴油机	固定式柴油机
环境条件：									
热环境温度	+++	+++	++++	++++	+++	++++	+++	+	++
高海拔高度	+	+	+	+	+	+		+	+
发动机子系统：									
发动机压缩比	+++	++++	+++	+++	+++	++	+++	+	+~+++
配气机构	推杆式或顶置凸轮式	顶置凸轮式	推杆式或顶置凸轮式	推杆式或顶置凸轮式	推杆式或顶置凸轮式	推杆式（四冲程），扫气口式（二冲程）	推杆式或顶置凸轮式	扫气口式（二冲程）	推杆式
涡轮、涡轮增压增压方法	径流式，脉冲增压	径流式，脉冲增压	径流式，脉冲增压	径流式，脉冲增压	径流式或轴流式，脉冲增压	轴流式，定压增压	径流式，脉冲增压	轴流式，定压增压	径流式，定压，轴流式，定压增压
中冷器	空气冷却	空气冷却	空气冷却	空气冷却	空气冷却	空气冷却或水冷却	水冷却	水冷却	空气冷却
散热器	有迎面风	有迎面风	无迎面风	无迎面风	无迎面风	有迎面风	无迎面风	无迎面风	无迎面风
排气再循环子系统	外部、带冷却	外部、带冷却	外部、带冷却	外部、带冷却	外部、带冷却	外部或内部	外部、带冷却	内部热排气再循环	外部或内部
排气歧管	空气冷却	空气冷却	空气冷却	空气冷却	空气冷却	空气冷却	水冷却	水冷却	空气冷却
发动机制动器	用	不用	用或不用	不用	用	不用	不用	不用	不用
柴油颗粒过滤器	用	用	用	用	不用	不用	用或不用	不用	用
氮氧化物后处理装置	用或不用	用	用或不用	用或不用	不用	用或不用	用或不用	用	用或不用
余热回收装置					用或不用			用	
系统设计方法：									
稳态发动机硬件选型	需要	需要	需要	需要	需要	需要	需要	需要	需要
瞬态发动机硬件选型	需要	需要	需要	需要	需要	需要	需要	需要	

注："+"号越多，表示该项相对来讲越重要，越严格或越严重。"~"号表示在一个给定的柴油机用途类别内的不同应用场合具有一个范围。"用或不用"表示可有可无，或者表示一些产品为"用"，而另一些产品为"不用"。

Benson R S, Woods W A. 1960. Wave action in the exhaust system of a supercharged two-stroke engine model [J]. *International Journal of Mechanical Science*, (1): 253-281.

Bignonnet A, Thomas J J. 2001. Fatigue assessment and reliability in automotive design [C]. SAE paper 2001-01-4061.

Boesel J, Romeo S, Brotherton T. 2003. Advanced fuels and technology forecasts for heavy-duty vehicles [C]. SAE paper 2003-01-3404.

Boggs D, Belaire R C, Bartunek B, Dürnholz M, Ecker H J. 1997. A small displacement DI diesel engine concept for high fuel economy vehicles [C]. SAE paper 972680.

Borman G L. 1964. *Mathematical Formulation of Internal Combustion Processes and Performance Including Comparison with Experiment* [D]. Ph. D. dissertation. Madison, WI: University of Wisconsin.

Browning L H. 1997. Technologies and costs for on-road heavy-duty engines meeting 2004 emissions standards [C]. SAE paper 973256.

Burke A. 2003. Saving petroleum with cost-effective hybrids [C]. SAE paper 2003-01-3279.

Cadle S H, Ayala A, Black K N, Graze R R, Koupal J, Minassian F, Murray H B, Natarajan M, Tennant C J, Lawson D R. 2008. Real-world vehicle emissions: a summary of the seventeenth coordinating research council on-road vehicle emissions workshop [J]. *Journal of the Air and Waste Management Association*, 58 (1): 3-11.

Carey W R. 1992. *Tools for Today's Engineer: Strategy for Achieving Engineering Excellence* [M]. The 38th L. Ray Buckendale Lecture, SAE SP-913. SAE paper 920040. Warrendale, PA: SAE International.

Catania A E, d'Ambrosio S, Guenna G M, Petrolo D, Pilo L, Strazzullo L. 2007. New modeling for reliable evaluation of parameter variability effects on vehicle fuel consumption [C]. SAE paper 2007-01-0328.

Challen B, Baranescu R (editors). 1999. *Diesel Engine Reference Book* [M]. 2nd edition. Warrendale, PA: SAE International.

Chandrupatla T. 2009. *Quality and Reliability in Engineering* [M]. New York, NY: Cambridge University Press.

Ciesla C, Keribar R, Morel T. 2000. Engine/powertrain/vehicle modeling tool applicable to all stages of the design process [C]. SAE paper 2000-01-0934.

Cummins Jr. C L. 1993. *Diesel's Engine: Volume One, From Conception to 1918* [M]. Wilsonville, OR: Carnot Press.

Dave A, Hampson G J. 2003. Robust engine design using engine simulations [C]. SAE paper 2003-01-0371.

Delprete C, Pregno F, Rosso C. 2009. Internal combustion engine design: a practical computational methodology [C]. SAE paper 2009-01-0477.

Dodson B, Schwab H. 2006. *Accelerated Testing: A Practitioner's Guide to Accelerated and Reliability Testing* [M]. Warrendale, PA: SAE International.

Dopson C, Taitt D, Sandford M H. 1995. Powertrain systems definition process [C]. SAE paper 950811.

Doueihi M S. 2007. Emissions regulations impact on heavy duty engines, fuels and oils [C]. *2007 Annual Fuels and Lubes Asia Conference and Exhibition*.

Dubensky R G. 1993. Simultaneous engineering of powertrain subsystems – design aspects [C]. SAE paper 932894.

Eberhardt J J. 1999. Overview of the DOE heavy vehicle technologies R&D program [C]. SAE paper 1999-01-2235.

Ecker, H J, Schwaderlapp M, Gill D K. 2000. Downsizing of diesel engines: 3-cylinder / 4-cylinder [C]. SAE paper 2000-01-0990.

Fowlkes W Y, Creveling C M. 1995. *Engineering Methods for Robust Product Design: Using Taguchi Methods in Technology and Product Development* [M]. Reading, MA: Addison-Wesley Publishing Company.

Franz N. 2002. EPA releases toxics risk assessment [J]. *Chemical Week*, 164 (24): 34.

Furukawa Y, Abe M. 1997. Advanced chassis control systems for vehicle handling and active safety [J]. *Vehicle System Dynamics*, 28 (213): 59-86.

Gale N F, Widener S K, Sui P C, Zhang H. 1995. Analytical engine design methods: a review [C]. SAE paper 950806.

Ginn J, Toback A, Hearne J, Marchese A J, Hesketh R P, Amundsen C. 2004. Life cycle and economic analysis of heavy duty diesel vehicle idling alternatives [C]. SAE paper 2004-01-0637.

Grosser M. 1978. *Diesel, the Man & the Engine* [M]. Newton Abbot, UK.

Gschwandtner G, Gschwandtner K, Eldridge K. 1986. Historic emissions of sulfur and nitrogen oxides in the United States from 1900 to 1980 [J]. *Journal of the Air Pollution Control Association*, 36 (2): 139-149.

Hazelrigg G A. 1998. A framework for decision based engineering design [J]. *Journal of Mechanical Design*, 120: 653-658.

He Y. 2007. Development of an integrated diesel exhaust aftertreatment simulation tool with applications in aftertreatment system architecture design [C]. SAE paper 2007-01-1138.

Heisler H. 1995. *Advanced Engine Technology* [M]. Warrendale, PA: SAE International.

Hikosaka N. 1997. A view of the future of automotive diesel engines [C]. SAE paper 972682.

Hoag K L. 2006. *Vehicular Engine Design* [M]. Vienna: SAE International and Springer-Verlag.

Humphreys K K (editor). 2005. *Project and Cost Engineers' Handbook* [M]. 4th edition. New York, NY: Marcel Dekker.

Ireson W G, Coombs C F, Moss R Y. 1996. *Handbook of Reliability Engineering and Management* [M]. 2nd edition. New York, NY: McGraw-Hill.

ISO Standard 1204. 1990. Reciprocating internal combustion engines – Designation of the direction of rotation and of cylinders and valves in cylinder heads, and definition of right-hand and left-hand in-line engines and locations on an engine [S].

ISO Standard 2710. Reciprocating internal combustion engines – Vocabulary [S]. Part 1 (2710-1) and Part 2 (2710-2).

ISO Standard 7967-1. 2005. Reciprocating internal combustion engines – Vocabulary of components and systems-Part 1: Structure and external covers [S].

ISO Standard 21006. 2006. Internal combustion engines-Engine weight (mass) declaration [S].

Jackson M R, Gunderson M L, Maanen K D V. 1991. A systems engineering approach to subsystem design: automotive transmissions [C]. SAE paper 911936.

Kanefsky P, Nelson V A, Ranger M. 1999. *A Systems Engineering Approach to Engine Cooling Design* [M]. The 44th L. Ray Buckendale Lecture, SP-1541. SAE paper 1999-01-3780. Warrendale, PA: SAE International.

Kececioglu D B. 2003. Keynote address: robust engineering design-by-reliability [C]. SAE paper 2003-01-0141.

Kestly M, Popielas F, Grafl D, Weiss A. 2000. Accelerated testing of multi-layer steel cylinder head gaskets [C]. SAE paper 2000-01-1188.

Killmann I G, Tholen P. 1999. Aircooled engines [M]//Challen B, Baranescu R (editors). *Diesel Engine Reference Book*. 2nd edition. Warrendale, PA: SAE International. 424-448.

Klyatis L M. 2010. *Accelerated Reliability and Durability Testing Technology* [M]. Oxford, UK: Wiley-Blackwell.

Klyatis L M, Klyatis E. 2006. *Accelerated Quality and Reliability Solutions* [M]. Oxford, UK: Elsevier Science.

Kossiakoff A, Sweet W N. 2003. *Systems Engineering: Principles and Practice* [M]. Hoboken, NJ: John Wiley and Sons.

Kuehnel W, Weise S, Krueger U, Sekler H, Stephenson P. 2005. The validation process – one key element of reliability management [C]. SAE paper 2005-01-1778.

Kumar U D, Crocker J, Chitra T, Saranga H. 2006. *Reliability and Six Sigma* [M]. New York, NY: Springer Science + Business Media.

Leister M E. 2004. Clean diesel future impacts [C]. *Hart World Fuels Conference*. San Antonio, TX. March 23-25.

Li Z, Georgiopoulos P, Papalambros P Y, Filipi Z, Wu G, Yang X. 2004. Model based analysis of performance-cost tradeoffs for engine manifold surface finishing [C]. SAE paper 2004-01-1561.

Lloyd A C, Cackette T A. 2001. Diesel engines: environmental impact and control [J], *Journal of the Air and Waste Management Association*, 51 (6): 809-847.

Majewski W A, Khair M K. 2006. *Diesel Emissions and Their Control* [M]. Warrendale, PA: SAE International.

Makartchouk A. 2002. *Diesel Engine Engineering: Thermodynamics, Dynamics, Design, and Control* [M]. New York, NY: Marcel Dekker.

Matthews R, Hall M, Prozzi J, Machemehl R, Anthony J, Ullman T, Baker R, Lewis D. 2005. The Texas diesel fuels project, part 4: fuel consumption, emissions, and cost-effectiveness of an ultra-low-sulfur diesel fuel compared to conventional diesel fuels [C]. SAE paper 2005-01-1724.

McGeehan J A. 2004. Diesel engines have a future and that future is clean [C]. SAE paper 2004-01-1956.

Menne R J, Rechs M N. 2002. *The System Integration Process for Accelerated Development* [M]. Warrendale, PA: SAE International.

Merrion D F. 1994. *Diesel Engine Design for the* 1990s [M]. The 40th L. Ray Buckendale Lecture, SAE SP-1011. SAE paper 940130. Warrendale, PA: SAE International.

Merrion D, Weber K E. 1999. Trucks and buses [M]//Challen B, Baranescu R (editors). *Diesel Engine Reference Book*. 2nd edition. Warrendale, PA: SAE International. 553-585.

Mikulec A, Reams L, Chottiner J, Page R W, Lee S. 1998. Cranktrain component conceptual design and weight optimization [C]. SAE paper 980566.

Mollenhauer K, Tschoeke H (editors). 2010. *Handbook of Diesel Engines* [M]. Translator: Johnson K G E (translator). Springer-Verlag Berlin Heidelberg.

Morel T, Keribar R, Leonard A. 2003. Virtual engine/powertrain/vehicle simulation tool solves complex interacting system issues [C]. SAE paper 2003-01-0372.

Morel T, Keribar R, Silvestri J, Wahiduzzaman S. 1999. Integrated engine/vehicle simulation and control [C]. SAE paper 1999-01-0907.

Morel T, LaPointe L A. 1994. Concurrent simulation and testing concept in engine development [C]. SAE paper 940207.

Moskwa J J, Wang W, Chen S X, Munns S A. 1999. Using dynamic modular diesel engine models to understand system interactions and performance [C]. SAE paper 1999-01-0976.

Myers R H, Montgomery D C. 2002. *Response Surface Methodology: Process and Product Optimization Using Designed Experiments* [M]. 2nd edition. New York, NY: John Wiley & Sons.

O'Connor P. 2002. *Practical Reliability Engineering* [M]. Chichester: John Wiley & Sons.

Ostwald P F, McLaren T S. 2004. *Cost Analysis and Estimating for Engineering and Management* [M]. Upper Saddle River, NJ: Pearson Education.

Panel Steering Committee for the Mechanical Engineering and Applied Mechanics Division of the National Science Foundation. 1984. Research needs in mechanical systems – report of the select panel on research goals and priorities in mechanical systems [J]. *Transactions of the ASME*, *Journal of Tribology*, 106: 2-13.

Park W R, Jackson D E. 1984. *Cost Engineering Analysis: A Guide to Economic Evaluation of Engineering Projects* [M]. 2nd edition. New York, NY: John Wiley & Sons.

Prozzi J, Machemehl R, Matthews R, Baker R, DeFries T H, Lewis D. 2004. The Texas diesel fuels project, part 3: cost-effectiveness analyses for an emulsified diesel fuel for highway construction equipment fleets [C]. SAE paper 2004-01-0086.

Rahman S, Kayupov M, Li J, Mourelatos Z P. 2007. Balance between reliability and robustness in engine cooling system optimal design [C]. SAE paper 2007-01-0594.

Rahman S, Sun R. 2003. Robust engineering of engine cooling system [C]. SAE paper 2003-01-0149.

Rakopoulos C D, Giakoumis E G. 2009. *Diesel Engine Transient Operation: Principles of Operation and Simulation Analysis* [M]. London: Springer-Verlag London Limited.

Rausand M, Hoyland A. 2004. *System Reliability Theory: Models, Statistical Methods, and Applications* [M]. Hoboken, NJ: John Wiley & Sons.

Ruff J, Vedak B, Decker J. 1981. Corporate average regulated emissions for off-highway engines – an optimizational analysis [C]. SAE paper 810960.

Rutland C J, England S B, Foster D E, He Y. 2007. Integrated engine, emissions, and exhaust aftertreatment system level models to simulate DPF regeneration [C]. SAE paper 2007-01-3970.

SAE PT – 87. 2003. *Truck Systems Design Handbook* [M]. Volume II. Warrendale, PA: SAE International.

SAE Surface Vehicle Recommended Practice J604. 1995. Engine terminology and nomenclature-general [S].

Sawyer R F, Harley R A, Cadle S H, Norbeck J M, Slott R, Bravo H A. 2000. Mobile sources critical review: 1998 NARSTO assessment [J]. *Atmospheric Environment*, 34 (12-14): 2161-2181.

Schuchardt M E, Dear T A, Ingard K U. 1993. An air induction system for a four-cylinder engine: design, noise control and engine efficiency [C]. SAE paper 931317.

Seger J P, Hwang L K, Dendrick B, McIntire K, Geng H, Bartholomew B. 2010. 2010 medium and heavy duty vehicle integration [C]. SAE paper 2010-01-1956.

Silvestri J, Morel T, Long O, Schernus C, Rauscher M. 2000. Advanced engine/drivetrain/vehicle modeling techniques [C]. *9th Aachener Kolloquium Fahrzeug-und Motorentechnik*.

Stamatis D H. 2003. *Failure Mode and Effect Analysis: FMEA from Theory to Execution* [M]. Milwaukee, WI: ASQ Quality Press.

Steinberg P, Goblau D. 2004. Fuel Consumption [M]//Basshuysen R, Schafer F (editors). *Internal Combustion Engine Handbook*. Warrendale, PA: SAE International. 737-751.

Tang W, Wahiduzzaman S, Leonard A. 2007. A lumped/1-D combined approach for modeling wall-flow diesel particulate filters – applicable to integrated engine/aftertreatment simulations [C]. SAE paper 2007-01-3971.

Wahiduzzaman S, Tang W, Wenzel S, Leonard A. 2007. Modeling of integrated aftertreatment systems [C]. SAE paper 2007-01-4127.

Walsh M P. 1983. The benefits and costs of light duty diesel particulate control [C]. SAE paper 830179.

Walsh M P. 1984. The costs and benefits of diesel particulate control II [C]. SAE paper 840177.

Xin Q. 2010. Heavy-duty diesel engine system design [M]//Zhao H (editor). *Advanced Direct Injection Combustion Engine Technologies and Development, Volume 2: Diesel Engines*. Cambridge, UK: Woodhead Publishing. Chapter 12, 376-539.

Yan J, Rogalla R, Kramer T. 1993. Diesel combustion and transient emissions optimization using Taguchi methods [C]. SAE paper 930600.

Zhou J, Li D. 2009. Reliability verification: plan, execution, and analysis [C]. SAE paper 2009-01-0561.

Xin Q. 2011a. *Diesel Engine System Design* [M]. Cambridge, UK: Woodhead Publishing.

Xin Q. 2011b. Overview of diesel engine applications for engine system design – Part 2: general performance characteristics [C]. SAE paper 2011-01-2179.

Xin Q. 2011c. Overview of diesel engine applications for engine system design – Part 3: operating and design characteristics of different applications [C]. SAE paper 2011-01-2180.

1.11.1.2　系统工程和系统设计的组织理论

Austin T E. 2007. Why have a systems engineering (SE) capability for automotive product development?– questions and answers [C]. SAE paper 2007-01-0782.

Barnard C. 1938. *The Functions of the Executive* [M]. Cambridge, MA: Harvard University Press.

Blau P M, Meyer M W. 1988. *Bureaucracy in Modern Society* [M]. 2nd edition. Random House USA Inc.

Burton R M, DeSanctis G, Obel B. 2006. *Organizational Design: A Step-by-Step Approach* [M]. Cambridge, UK: Cambridge University Press.

Cleland D I (editor). 1984. *Matrix Management Systems Handbook* [M]. New York, NY: Van Nostrand Reinhold.

De Laurentis T, Okano V W L, Matienzo R M. 2010. Applying project management concepts to powertrain integration management when developing global products in the automotive industry [C]. SAE paper 2010-36-0147.

Deming W E. 2000. *Out of the Crisis* [M]. Cambridge, MA: MIT Press.

Drucker P F. 1973. *Management: Tasks, Responsibilities, Practices* [M]. New York, NY: Harper & Row.

Dubensky R G. 1993. Simultaneous engineering of powertrain subsystems – design aspects [C]. SAE paper 932894.

Fayol H. 1919/1949. *General and Industrial Management* [M]. London: Pitman. (First published in 1919.)

Fleischer M, Liker J K. 1997. *Concurrent Engineering Effectiveness: Integrating Product Development Across Organizations* [M]. Cincinnati, OH: Hanser Gardner Publications.

Follett M P. 1923. *The New State: Group Organization and the Solution of Popular Government* [M]. New York, NY: Longmans, Green and Co. (Originally published in 1918.)

French W L, Kast F E, Rosenzweig J E. 1985. *Understanding Human Behaviour in Organizations* [M]. Longman Higher Education.

Galbraith J R. 1995. *Designing Organizations: An Executive Briefing on Strategy, Structure, and Process* [M]. San Francisco, CA: Jossey-Bass.

Galbraith J R. 2009. *Designing Matrix Organizations that Actually Work: How IBM, Procter & Gamble and Others Design for Success* [M]. San Francisco, CA: Jossey-Bass.

Gulick L, Urwick L (editors). 1937. *Papers on the Science of Administration, Institute of Public Administration* [M]. New York, NY: Columbia University.

Gunn R A. 2007. *Matrix Management Success: Method Not Magic* [M]. West Conshohocken, PA: Infinity Publishing.

Hartley J R. 1992. *Concurrent Engineering: Shortening Lead Time, Raising Quality, and Lowering Costs* [M]. Portland, OR: Productivity Press.

Hatch M J. 2006. *Organization Theory: Modern, Symbolic, and Postmodern Perspectives* [M]. 2nd edition. New York, NY: Oxford University Press.

Hill R E, White B J. 1979. *Matrix Organization and Project Management* [M]. Ann Arbor, MI: University of Michigan Press.

Jeitler B, Atzwanger M. 2011. Minimization of risks and difficulties from DESIGN to MASS PRODUCTION for powertrain components and modules [C]. SAE paper 2011-01-0524.

Kolodny H F. 1979. Evolution to a matrix organization [J]. *Academy of Management Review*, 4: 543-553.

Kossiakoff A, Sweet W N. 2003. *Systems Engineering: Principles and Practice* [M]. Hoboken, NJ: John Wiley and Sons.

Larson E W, Gobeli D H. 1987. Matrix management: contradictions and insight [J]. *California Management Review*, 29: 126-138.

Lawrence P R, Lorsch J W. 1967. Differentiation and integration in complex organizations [J]. *Administrative Science Quarterly*, 12: 1-47.

Lawrence P R, Lorsch J W. 1969. *Organization and Environment* [M]. Homewood, IL: Richard D Irwin, Inc.

Liviero F, Kaminski P C. 2006. Managing communication channels on transnational projects [C]. SAE paper 2006-01-2534.

Lubraico M, Frias J C, Pereira T S. 2003. Vehicle program management concept [C]. SAE paper 2003-01-3644.

March J G, Simon H. 1958. *Organizations* [M]. New York, NY: John Wiley.

March J G. 1968. *Handbook of Organizations* [M]. Rand McNally.

Martin P K. 2008. *The New Matrix Management* [M]. Cincinnati, OH: Martin Training Associates.

Melcher A J. 1976. *Structure and Process of Organizations: A Systems Approach* [M]. Englewood Cliffs, NJ: Prentice Hall.

Menne R J, Rechs M N. 2002. *The System Integration Process for Accelerated Development* [M]. Warrendale, PA: SAE International.

Miller L C G. 1993. *Concurrent Engineering Design: Integrating the Best Practices for Process Improvement* [M]. Dearborn, MI: Society of Manufacturing Engineers.

Mintzberg H. 1983. *Structure in Fives: Designing Effective Organizations* [M]. Englewood Cliffs, NJ: Prentice Hall.

Monplaisir L, Singh N (editors). 2002. *Collaborative Engineering for Product Design and Development* [M]. Stevenson Ranch, CA: American Scientific Publishers.

Mooney J D, Reiley A C. 1931. *Onward Industry! The Principles of Organization and Their Significance to modern Industry* [M]. New York, NY: Harper & Row.

Morel T, LaPointe L A. 1994. Concurrent simulation and testing concept in engine development [C]. SAE paper 940207.

Nadler D A, Gerstein M S, Shaw R B. 1992. *Organizational Architecture: Designing for Changing Organizations* [M]. San Francisco, CA: Jossey-Bass.

Pereira T S, Giantaglia P E. 2005. Bringing project management practices into automotive programs [C]. SAE paper 2005-01-4093.

Sayles L R. 1976. Matrix organization: the structure with a future [J]. *Organization Dynamics*, (Autumn): 2-17.

Scott W R. 2003. *Organizations: Rational, Natural, and Open Systems* [M]. 5th edition. Upper Saddle River, NJ: Prentice Hall.

Seger J P. 2010. Vehicle integration for US EPA 2010 emissions and lowest cost of ownership [C]. SAE paper 2010-01-1956.

Seger J P, Hwang L K, Shao J, Grana T, Charlton S J. 2011. A systems engineering approach for the design of low carbon, fuel efficient, diesel engine powertrains for commercial vehicles [C]. SAE paper 2011-01-2189.

Sevcovic M, Rotz J. 2004. Systems engineering efforts – what, when and how much [C]. SAE paper 2004-01-2615.

Simon H. 1957. *Administrative Behavior* [M]. 2nd edition. New York, NY: Macmillan. (First published in 1945.)

Smith A. 1957. *Selections from "The Wealth of Nations"* [M]. Edited by Stigler G J. New York, NY: Appleton Century Crofts. (Originally published in 1776.)

Taylor F W. 1911. *The Principles of Scientific Management* [M]. New York, NY: Harper.

Tompkins J R. 2005. *Organization Theory and Public Management* [M]. Belmont, CA: Thomson Wadsworth.

Underwood S E, Maxim B, Cristiano J J. 2010. Simulating an integrated business environment that supports systems integration [C]. SAE paper 2010-01-2305.

Weber M. 1947. *The Theory of Social and Economic Organization* [M]. Edited by Henderson A H and Parsons T. Glencoe, IL: Free Press. (First published in 1924 in German.)

Xin Q. 2011. Overview of diesel engine applications for engine system design – Part 1: systems engineering and rational considerations of product R&D organization design [C]. SAE paper 2011-01-2181.

1.11.2　中文参考文献和书目

1.11.2.1　车用柴油发动机设计的特征和挑战

车用柴油发动机设计的特征和难点

柴油机设计手册编辑委员会.柴油机设计手册[M].北京:中国农业机械出版社,1984.

冯健璋.中小型柴油机扩缸变型设计研究[J].内燃机学报,1994,12(2):186-189.

符锡侯.多缸柴油机缸心距的确定[J].内燃机工程,1991,12(3):1-10.

符锡侯,杨杰民编著.车辆用柴油机总体设计[M].上海:上海交通大学出版社,1992.

洪伟,陈大伟,王立军,孙济美,杨旭.扩缸与增压——提高现有柴油机功率的两种途径分析[J].内燃机学报,1998,16(3):292-298.

侯天理,何国炜编著.柴油机手册[M].上海:上海交通大学出版社,1993.

黄流军.车用发动机可变技术综述[J].内燃机与动力装置,2009(4):5-9.

蒋德明,阎小俊.面向21世纪的高速重载直喷式柴油机的新技术[J].车用发动机,1999(5):1-6.

万欣,林大渊主编.内燃机设计[M].天津:天津大学出版社,1989.

吴兆汉,汪度民,林桐藩,方球编.内燃机设计[M].北京:北京理工大学出版社,1990.

许道延,丁贤华主编.高速柴油机概念设计与实践[M].北京:机械工业出版社,2003.

杨连生主编.内燃机设计[M].北京:中国农业机械出版社,1981.

姚春德编著.内燃机先进技术与管理[M].天津:天津大学出版社,2010.

袁兆成主编.内燃机设计[M].北京:机械工业出版社,2008.

周梅,裴毅强,赵谊,彭秀英,李志军.可变技术在车用柴油机上的应用[J].内燃机,2005(3):15-19.

朱仙鼎主编.中国内燃机工程师手册[M].上海:上海科学技术出版社,2000.

封装性

陈力.柴油机外观质量的控制和改进[J].柴油机设计与制造,2009,16(3):53-56.

顾寄南,蔡健敏.产品可装配性评价技术的研究现状和发展方向[J].机械设计,2003,20(12):1-3.

华润兰.汽车内燃机减重途径分析[J].内燃机学报,1995,13(3):281-285.

康睿哲,左正兴,张儒华.参数化装配实体模型在柴油机总体概念设计中的应用[J].车用发动机,2000(1):28-31.

李承谦.柴油机前端附件驱动系统的设计[J].柴油机设计与制造,2008,15(1):14-15,24.

倪计民,孟铭.6V150车用柴油机减重技术[J].内燃机工程,2000(3):14-18.

唐琳,高慧莉,向彦均.现代发动机的造型设计策略研究[J].小型内燃机与摩托车,2008,37(3):27-30.

许锋,满长忠编著.内燃机制造工艺教程[M].大连:大连理工大学出版社,2006.

徐杨,姜永胜,孙锁柱.乘用车发动机舱内部件间隙确定[J].客车技术,2009(1):22-24.

杨文彬.符合装配要求的结构设计准则(1,2,3)[J].机械设计,1999(3):8-10,1999(4):7-9,1999(5):4-5.

张志军,杨震寰,杨贵春.高功率密度柴油机紧凑性研究[J].车用发动机,2009(4):37-40.

郑寿森,祁新梅,杜晓荣,王治森.产品可装配性设计评价指标体系[J].机械设计,1999(3):26-28.

周庆玲主编.柴油机制造工艺设计[M].哈尔滨:哈尔滨工程大学出版社,2009.

柴油机的技术历史和发展趋势

曹大为,褚超美.生命周期评价及其在汽车排放领域的作用[J].汽车技术,2006(2):43-46.

邓泽英.我国柴油机的发展现状及其排放控制技术[J].小型内燃机,2000,29(5):31-34.

董红霞,刘泉山,徐小红.国内外汽车-油品-排放项目研究概述[J].车用发动机,2008(6):5-7.

方茂东.我国汽车的排放与控制[J].汽车技术,2002(6):1-4.

何林华.车用柴油发动机的发展趋势[J].客车技术与研究,2004(3):1-3.

蒋德明.要充分重视内燃机技术在最近所取得的突破性进展[J].内燃机,1998(3):3-4.

蒋德明.内燃机研究的新进展[J].柴油机,2003(1):1-3.

李建新,任继文.柴油机的未来[J].车用发动机,2004(1):1-5.

李骏,宫艳峰,李康,窦慧莉.一汽集团乘用车动力总成低碳技术策略[J].汽车工程,2010,32(7):555-558,569.

李骏,曲卫东,高巍.汽车动力总成节能环保先进技术分析[J].汽车技术,2009(5):1-7.

刘巽俊.汽车发动机在节能和排放领域的新进展[J].汽车技术,2001(4):1-4.

刘宜,周校平,乔信起,黄震.我国柴油机迎接欧-Ⅲ排放限值的技术准备[J].内燃机工程,2005,26(2):54-57.

欧阳明高.我国节能与新能源汽车发展战略与对策[J].汽车工程,2006,28(4):317-321.

沈敏德,王仁人,宫涛,万金领.柴油机绿色设计与制造技术[J].车用发动机,2002(4):6-8.

司康.目前国外商用汽车动力系统主要新技术[J].客车技术,2008(5):3-6,10.

奚美丽.发动机应对美国2007排放法规的技术方案(一、二)[J].重型汽车,2006(5):36-38,2006(6):29-32.

谢程宁,苏雨萍,宁智.车用柴油机技术现状及发展趋势[J].山东内燃机,2005(3):1-5.

徐家龙,藤泽英也.21世纪的汽车发动机[J].汽车技术,2000(1):1-6.

杨忠敏.车用动力柴油化的技术研究与开发方向[J].柴油机设计与制造,2004(1):3-6.

王建昕,王志,陈虎.2006年国际SAE年会及汽车动力系统研究进展[J].汽车工程,2006,28(6):509-515.

翁祖亮(1999a).内燃机产业关键技术分析[J].内燃机工程,1999(2):1-9.

翁祖亮(1999b).我国内燃机产品与技术发展预测[J].内燃机工程,1999(3):1-7.

杨克磊,戴良萌.从燃烧经济性看原动力机的发展[J].小型内燃机,1999,28(5):34-36.

周蓉,梁荣光.现代车辆动力新技术发展综述[J].内燃机,2008(3):3-5.

车用柴油机排放法规

常英杰,金海,王世龙,朱红玲.现行及未来的车用压燃式发动机排放法规[J].柴油机,2004(3):5-10,33.

陈超,李浩,邓成林,庞海龙.柴油车排放法规最新动态[J].内燃机与动力装置,2010(6):7-10.

郭德昌,于建清,王伟先.浅议车用柴油机欧Ⅱ和欧Ⅲ排放标准之异同[J].柴油机设计与制造,2005,14(2):10-13,50.

郝勇,孙健,王启峰,郑晓晨.重型车用柴油机排放法规及技术路线综述[J].内燃机与动力装置,2009(3):51-55.

刘伏萍.浅析重型发动机排放测试标准[J].重型汽车,2008(3):38-39.

汪卫东.国外三大汽车排放法规体系[J].柴油机设计与制造,2003(4):4-8.

汪卫东.国内外汽车排放法规对比分析[J].商用汽车,2004(11):86-89.

杨寿藏.全球中、重载用车用柴油机排放法规和对策[J].柴油机设计与制造,2002(2):4-14.

张红建.欧洲重载柴油机排放法规及其测试方法的对比[J].柴油机设计与制造,2002(2):25-31,47.

柴油机行业的产业对策

高宗英,袁银南,杜家益.抓住加入WTO的机遇 加速内燃机工业的技术进步 迎接经济全球化的严峻挑战[J].柴油机,2002(6):1-3,44.

黄汉之.国内内燃机行业发展展望[J].柴油机设计与制造,2004(2):3-8,27.

李德桃,潘剑锋,薛宏,杨文明.能源对内燃机和其他动力装置发展的巨大影响[J].小型内燃机与摩托车,2008,37(4):88-90.

司康(2008a).国内车用柴油机主要生产企业最新发展动态——国内车用柴油主要生产企业调研报告系列(1)[J].重型汽车,2008(3),29-33.

司康(2008b).国内主要商用车企业柴油机资源及国Ⅲ产品开发状况——国内车用柴油机主要生产企业调研报告系列(2)[J].重型汽车,2008(4),25-27.

王昌文.众专家论述我国内燃机发展方向和趋势——我国内燃机发展需要解决"四大"问题[J].内燃机与配件,2010(12):36-37.

翁祖亮.我国中小功率内燃机可持续发展战略研讨[J].柴油机,2002(1):5-8.

张华红.内燃机工业发展与环境保护[J].山东内燃机,2005(4):41-44.

1.11.2.2 柴油发动机系统设计中的系统工程概念

陈建明,张仲义.基于系统工程的系统分类法及应用[J].系统工程学报,2000,15(1):61-66,85.

陈浚.驾驭系统工程 推进动力先行[J].航空系统工程,1992(1):18-21.

冯家澍.试论航空科技工业的系统工程[J].航空系统工程,1992(1):2-6.

冯连胜.综合评定产品质量的一种新方法[J].机械强度,1991,13(3):1-5.

何永钧.通过实践探索适用于飞机研制的系统工程[J].航空系统工程,1995(3):20-23.

黄广龙,余忠华,吴昭同.产品设计方案的风险性研究[J].农业机械学报,2001,32(4):67-69,95.

黄欣荣.复杂性科学的研究纲领初探[J].系统科学学报,2009,17(3):9-14.

姜慧,徐燕申,谢艳,林汉元.机械产品模块化设计总体规划方法的研究[J].机械设计,1999(12):1-2.

军事科学院军事运筹分析研究所.论钱学森对中国军事科学发展的杰出贡献[J].军事运筹与系统工程,2010,24(4),11-14.

柴国英,熊伟,王晓暾,韩琦.QFD 在柴油机总体概念设计中的应用[J].车用发动机,2008 年 6 月,增刊,总第 176 期:57-61,65.

刘继贤.军事能力建设与军事系统工程[J].军事运筹与系统工程,2010,24(4):5-10.

吕佩.加速航空工业管理现代化与加强航空科技大系统总体设计[J].航空系统工程,1992(1):39-42.

孟赤兵.关于航空科学技术研究运用系统工程的思考[J].航空系统工程,1993(3):2-6.

苗东升.复杂性研究的成就与困惑[J].系统科学学报,2009,17(1):1-5.

齐二石,李从东,姚钢.现代工业工程理论研究与发展概况[J].系统工程学报,1995,10(3):6-12.

钱学森,等著.论系统工程(增订本)[M].第 2 版.长沙:湖南科学技术出版社,1988.

钱学森,等著.论系统工程[M].新世纪版.上海:上海交通大学出版社,2007.

[美] 斯格特著.组织理论:理性、自然和开放系统[M].第 4 版.黄洋,等译.北京:华夏出版社,2001.

孙东川,林福永,孙凯编著.系统工程引论[M].第 2 版.北京:清华大学出版社,2009.

吴琦,张东荣.系统科学和机械设计[J].机械设计,1993(3):1-6.

杨君顺,韩超艳.基于系统理论的产品设计及其评价体系的建立与研究[J].包装工程,2006,27(4):233-234,237.

姚秩崇,于景元.系统科学的探索之路[J].系统科学学报,2009,17(2):12-14.

袁治平.论符合中国国情的工业工程方法论[J].系统工程学报,1995,10(3):1-5.

张承谦.大设计概念与工业工程[J].系统工程学报,1995,10(3):131-136.

张文宪.系统工程及其应用[J].航空系统工程,1995(3):2-8.

张宇光.柴油机社会运用工程的效益与可持续发展探讨[J].柴油机,2006,28(4):42-46.

赵存如.钱学森关于军事系统学的论述[J].军事运筹与系统工程,2010,24(2):8-12.

1.11.2.3　柴油发动机系统设计中可靠性工程和抗扰性工程的概念

陈立周.工程稳健设计[J].机械设计,1998(7):4-5.

陈立周,翁海珊.工程稳健优化设计[J].机械设计,1998(8):6-9.

陈明,王国华,陈云,陈炳森.大型复杂产品失效模式分析[J].机械设计,2006,23(9):6-8,41.

陈人领,潘双夏,沈彤.稳健设计研究现状[J].机械设计,2003,20(8):1-3.

程贤福.公理设计与稳健设计的统一关系研究[J].机械强度,2010,32(2):243-249.

顾唯明.机械可靠性工程学的范畴和展望[J].机械工程,1990(3):33-34.

郭惠昕.稳健设计研究现状与模糊稳健设计研究进展[J].机械设计,2005,22(2):1-5.

接婧.国际学术界对鲁棒性的研究[J].系统工程学报,2005,20(2):153-159.

李斌.机械产品可靠性指标体系的研究[J].机械设计,1995(5):1-3.

李艳敏,吴立言,贺朝霞,刘岚.机械可靠性分析方法评述[J].机械设计,2004,21(10):1-4.

马俊林,王春艳,曾昭翔.对"浴盆"曲线表达方式的探讨[J].内燃机车,1997(12):19-21.

汪胜陆.机械产品可靠性设计方法及其发展趋势的探讨[J].机械设计,2007,24(5):1-3.

王正.车用发动机可靠性技术发展研究[J].车用发动机,2010(5):1-6.

徐凯,朱梅林.发动机可靠性技术的应用及展望[J].小型内燃机,1998,27(2):10-14,31.

张蕾,张文明,申焱华.偏好函数在稳健设计中的应用[J].机械强度,2008,30(1):108-111.

中华人民共和国机械行业标准 JB/T 51104—1999,中小功率柴油机产品质量分等[S].

中华人民共和国机械行业标准 JB/T 51127—1999,中小功率柴油机产品可靠性考核[S].

朱杨,高焱,王洪山,陈利.浅析六西格玛方法在实际中的应用[J].内燃机与动力装置,2010(4):78-82.

朱正萱,郑称德,韩之俊.基于稳健思想的抗疲劳设计研究[J].机械设计,2000(10):42-44.

1.11.2.4　柴油发动机系统设计中成本工程的概念

李荐名.我国制造业成本设计的理论与方法研究综述[J].机械工程学报,2005,41(7):11-18.

刘运强.价值工程在客车研发中的应用[J].客车技术与研究,2006(5):48-51.

刘子先,李从东,沈惠璋.集成化产品成本估计系统设计[J].机械设计,2001(12):3-5.

孙洁.浅谈柴油机设计中的成本控制[J].柴油机设计与制造,2006,14(3):47-49.

王建国,孙爱军.内燃机产品设计和改进中应推行价值工程[J].内燃机,1991(1):15-18.

韦英伟,李春荣.论柴油机降成本[J].内燃机,2007(2):48-51.

徐安德.关于全寿命费用的控制和管理[J].航空系统工程,1992(4):31-36.

杨淑琴,郭伟,苏梅.产品寿命周期费用理论及其在轿车领域中的应用[J].机械设计,2002(8):13-14,51.

叶德丽.价值工程在客车开发设计中的应用[J].客车技术与研究,1991,13(3):231-235.

余开莲,张根保,任显林.基于成本比重的价值优化方法及其在产品开发中的应用[J].汽车工程,2009,31(2):189-192,196.

张月明.在新产品开发过程中推行价值工程[J].汽车技术,1998(9):1-3,8.

赵波.汽车产品组合策略和定价策略研究[J].重型汽车,2004(1):23-25.

1.11.2.5 竞争性基准分析

毕翔云.柴油机主要结构参数的确定[J].内燃机,1989(2):1-7.

褚超美,王军伟,王博.发动机零部件结构知识库管理系统的研究与开发[J].汽车工程,2008,30(3):275-278.

胡金荣,朱梅林.柴油机参数设计的回归分析模型及其应用[J].柴油机,1993(6):17-22.

时瑞祥.日本4 000 r/min以上车用柴油机主要参数的分析[J].小型内燃机,1989(3):25-31.

舒歌群.往复式内燃机主要参数和性能的统计分析[J].小型内燃机,1997,26(6):11-14,23.

万耀青.反求工程及其在内燃机中的应用[J].内燃机工程,1993,14(2):20-23.

许云.内燃机CAD工程数据库的研究与开发[J].内燃机工程,1992,13(3):39-43,56.

袁兆成,李惠珍,方华,高峰.配气机构零件结构参数的回归分析[J].汽车技术,1990(1):18-22.

1.11.2.6 子系统的相互作用和分析式的发动机系统设计过程

毕玉华,易宁,何自力.现代设计理论及方法在内燃机设计中的应用前景[J].云南工业大学学报,1998,14(4):4-8.

程不时.近十年来兴起的一门新学科——设计学(设计理论与方法学)[J].航空系统工程,1995(3):9-12.

丁奉,张海明,余放,杨子龙.柴油机预测设计方法研究[J].柴油机,2006,28(4):3-6.

丁良旭.虚拟技术与汽车工业[J].客车技术与研究,2002,24(2):1-5.

董仲元,吉晓民,吕传毅.近年来国际设计方法学研究的发展[J].机械设计,1993(6):1-6.

关立文,黄洪钟,赵正佳,王知行.机械产品概念设计:综述与展望[J].机械设计,2001(8):5-9.

黄立,刘子强,刘晓英,李新才.工程数据库在柴油机零部件参数管理中的应用[J].柴油机,2008,30(4):12-15.

计维斌,倪计民,王伟.模拟计算精度分析及与试验技术的协调[J].柴油机,2008,30(3):45-49.

李惠珍,袁兆成,李盛成.内燃机现代设计方法的进展[J].内燃机学报,1992,10(1):1-5.

李志鹏,王艳丽,强智臻.柴油机数字化设计研究[J].车用发动机,2009(6):24-27.

刘永红,任工昌,王步康,张优云.内燃机虚拟试验的建模方法[J].内燃机工程,2003,24(4):19-22.

邱先文,刘书亮,夏瑞敏,张宝茹,冯捷.车用发动机设计中计算机技术的应用概况[J].汽车工程,2002,24(6):542-545.

邵慰严,符锡候.论现代设计理论和方法与我国内燃机设计的发展[J].内燃机工程,1993,14(2):11-16.

吴锋,张才三,张金伦,杨震寰.发动机总体设计专家系统实施构想[J].车用发动机,1998(5):45-47,53.

臧权同.综述现代设计理论和方法在机车发动机上的应用[J].内燃机工程,1993,14(2):30-37.

张继春,黄博,徐斌.基于参数化技术的内燃机数字原型系统研究[J].汽车技术,2006(5):4-8.

张莉,殷国富.基于知识驱动的产品快速设计技术研究[J].汽车工程,2010,32(6):547-552.

张文锋,陈飞,邵慰严.内燃机企业知识工程的开发和应用[J].内燃机工程,2004,25(4):69-72.

郑长虹.基于数字样机技术的柴油机产品研发平台[J].车用发动机,2009(6):1-6.

1.11.2.7 发动机系统设计指标和标准化

陈民忠,程玉发.内燃机产品的标识要求[J].山东内燃机,2004(6):24-26.

蒋丽庆,张恭良.建立企业标准体系的探索[J].柴油机设计与制造,1993(2):50-54.

商国华.谈汽车行业燃油消耗率、系数与因数量名称之差错[J].重型汽车,1998(3):40-41.

商国华.对发动机行业常用术语表达的意见[J].柴油机,2001(5):51-52.

王朗佳,吴国志.加强企业标准化工作促进企业技术进步[J].内燃机与动力装置,2006(6):16-18.

吴永刚,李相国,刘军.我国汽车强制性标准体系综述[J].重型汽车,2002(5):25-27.

吴远熵.柴油机标准化设计探讨[J].内燃机,1991(4):35-36,22.

张锡纯.标准化系统工程研究对象的探讨与建模刍议[J].航空系统工程,1994(2):35-42.

张志伟.引进柴油机产品的标准化[J].柴油机,1997(2):38-39.

中华人民共和国国家标准GB 725—2008,内燃机产品名称和型号编制规则[S].

中华人民共和国国家标准 GB/T 1147.1—2007,中小功率内燃机 第1部分:通用技术条件[S].

中华人民共和国国家标准 GB/T 1883.1—2005,往复式内燃机 词汇 第1部分:发动机设计和运行术语[S].

中华人民共和国国家标准 GB/T 3367.1—2000,铁道机车名词术语 柴油机零部件名词[S].

中华人民共和国国家标准 GB/T 3367.7—2000,铁道机车名词术语 柴油机术语[S].

中华人民共和国国家标准 GB 4556—2001,往复式内燃机防火[S].

中华人民共和国国家标准 GB/T 6809.1—2003,往复式内燃机 零部件和系统术语 第1部分:固定件及外部罩盖[S].

中华人民共和国国家标准 GB/T 6809.2—2006,往复式内燃机 零部件和系统术语 第2部分:气门、凸轮轴传动和驱动机构[S].

中华人民共和国国家标准 GB/T 6809.3—2006,往复式内燃机 零部件和系统术语 第3部分:主要运动件[S].

中华人民共和国国家标准 GB/T 6809.4—2007,往复式内燃机 零部件和系统术语 第4部分:增压及进排气管系统[S].

中华人民共和国国家标准 GB/T 6809.5—1999,往复式内燃机 零部件和系统术语 第5部分:冷却系统[S].

中华人民共和国国家标准 GB/T 6809.6—1999,往复式内燃机 零部件和系统术语 第6部分:润滑系统[S].

中华人民共和国国家标准 GB/T 6809.7—2005,往复式内燃机 零部件和系统术语 第7部分:调节系统[S].

中华人民共和国国家标准 GB/T 6809.8—2000,往复式内燃机 零部件和系统术语 第8部分:起动系统[S].

中华人民共和国国家标准 GB/T 6809.9—2007,往复式内燃机 零部件和系统术语 第9部分:监控系统[S].

中华人民共和国国家标准 GB/T 8188—2003,内燃机排放术语和定义[S].

中华人民共和国国家标准 GB 9486—1988,柴油机稳态排气烟度及测定方法[S].

中华人民共和国国家标准 GB/T 9487—2008,柴油机自由加速排气烟度的测量方法[S].

中华人民共和国国家标准 GB 14097—1999,中小功率柴油机噪声限值[S].

中华人民共和国国家标准 GB/T 21404—2008,内燃机 发动机功率的确定和测量方法 一般要求[S].

中华人民共和国国家标准 GB/T 21405—2008,往复式内燃机 发动机功率的确定和测量方法 排气污染物排放试验的附加要求[S].

中华人民共和国机械行业标准 JB/T 8895—1999,中小功率柴油机通用技术条件[S].

1.11.2.8 柴油发动机系统设计的工作流程和组织

黄雨华,董遇泰主编.现代机械设计理论和方法[M].沈阳:东北大学出版社,2001.

[联邦德国] R.柯勒著.机械设计方法学[M].党志粱,田世亭,唐静,线惠中译.北京:科学出版社,1990.

孙靖民主编.现代机械设计方法[M].哈尔滨:哈尔滨工业大学出版社,2003.

王成焘主编.现代机械设计——思想与方法[M].上海:上海科学技术文献出版社,1999.

王存磊,殷承良,陈俐.发动机采用 BOOST 建模和与 CRUISE 联合仿真的研究[J].汽车工程,2010,32(1):26-30,36.

喻凡,林逸编著.汽车系统动力学[M].北京:机械工业出版社,2005.

张晓宇,刘敬平,詹樟松,闵龙,杨汉乾.发动机性能数字式开发平台的构建与应用[J].内燃机学报,2008,第26卷增刊:59-67.

1.11.2.9 系统工程和系统设计的组织理论

程宏.产品专业研究工作的学术水平与技术价值[J].内燃机学报,1990,8(1):1-4.

陈力.浅析 8D 质量改进方法及管理[J].柴油机设计与制造,2009,16(1):51-53.

杜式斌,王晓敏.并行工程在客车产品开发中的应用[J].客车技术与研究,2004,26(2):15-17.

韩雁飞,江敬灼.综合集成理论技术发展分析[J].军事运筹与系统工程,2006,20(1):3-7.

洪忠欢,王祖华.试验技术的系统工程管理[J].航空系统工程,1992(2):2-12.

黄丽华,钱宇,薛华成.企业过程的定义及辨识方法[J].系统工程学报,1997,12(3):70-81.

黄丽华,何辉,薛华成.基于规则和方法的企业过程优化[J].系统工程学报,2000,15(3):209-216,266.

何浩,徐燕申.并行设计研究现状及其发展趋势[J].机械设计,1998(1):1-4.

缪勇,倪计民.建立整车和发动机产品开发体系的若干问题[J].小型内燃机与摩托车,2004(6):42-44.

亓汝石.并行工程在客车开发过程中的应用[J].客车技术与研究,2000,22(3):12-14.

阮镰.系统工程在90年代的新发展——并行工程的挑战[J].航空系统工程,1994(2):2-9.

唐锡晋.对综合集成研究发展的认识和相关研究[J].军事运筹与系统工程,2003(3):2-5.

汪峥,严洪森,刘霞玲,宋文忠.并行工程团队的定量化组织方法[J].系统工程学报,2001,16(6):443-449.

王志云.企业文化与员工激励体系的研究和建立[J].内燃机与配件,2010(4):36-39.

徐起贺.现代机械产品创新设计集成化方法研究[J].农业机械学报,2005,36(3):102-105.

徐胜利,张梅,叶丰.并行工程管理系统在产品开发过程中的应用[J].汽车工程,2002,24(5):416-418,433.

杨建梅.组织的系统结构定义探讨[J].系统工程学报,2002,17(5):441-444,457.

杨小辉,杨东.项目管理在汽车新产品开发中的应用[J].重型汽车,2009(3):28-29.

杨育武,刘瑜.并行工程概述[J].航空系统工程,1994(3):14-17.

张磊.项目管理的构成及发展[J].柴油机设计与制造,2010,16(1):47-53.

张明.并行工程在汽车产品开发中的运用[J].重型汽车,2003(3):15-17.

张树武.生产率管理系统模型及实践意义[J].系统工程学报,1995,10(3):54-60.

张艳岗,李伟环.内燃机产品结构与配置管理技术研究[J].柴油机设计与制造,2010,16(2):53-56.

赵焕明,顾力强,朱大林.并行工程在客车开发过程中的应用[J].客车技术与研究,2003,25(5):15-18.

1.11.2.10　柴油发动机不同用途的运行特性和设计特点的总结

道路用重载柴油发动机

董尧清,纪丽伟,周岳康.我国中重型车用柴油机实现欧Ⅲ排放法规的技术路径[J].汽车技术,2005(5):1-6.

黄功胤,楼狄明,张宁宁.国内外重型车用柴油机的现状及发展趋势[J].车用发动机,2003(1):6-10.

黄英,孙业保主编.车用内燃机[M].第2版.北京:北京理工大学出版社,2007.

蒋德明.重型载货车用柴油机的展望[J].柴油机,2008,30(6):8-14.

李新波.新法规下我国牵引车动力匹配现状及发展[J].重型汽车,2005(3):36-37.

刘晓叙,陈敏.国内重型汽车柴油机的现状和展望[J].柴油机,2000(6):10-13,18.

钱进.国产重卡柴油机发展趋势[J].内燃机,2005(4):5-6,9.

张铁军.重卡发动机功率升级的经济驱动因素及环境影响因素分析[J].商用汽车杂志,2007(9):63-67.

道路用轻载柴油发动机

常宗慈.轿车用柴油机的结构与设计要点[J].小型内燃机,1991(4):21-25.

董春波,居钰生.我国经济型轿车柴油机的发展策略[J].汽车技术,2004(2):1-6.

董仁,赵福全,袁兆成,吴成明.先进技术在4D20轿车柴油机开发中的应用[J].汽车技术,2010(9):15-18.

郝勇,孙健,吉学之,王启峰.我国轻型车用柴油机技术现状分析[J].内燃机与动力装置,2009(4):1-4.

李金印,黄鸣升,苏异新,钟洪文.轿车用小型柴油机的技术开发[J].汽车技术,2006(10):12-15.

梁文,范云,丁仲毅,王兴光,翟忠平.新型高强化轻型车用柴油机的开发[J].柴油机,2008,30(4):1-7.

冒晓建,肖文雍,周兴利,卢成委,杨林,卓斌.轿车动力柴油化的技术措施探析[J].汽车工程,2006,28(7):611-617.

缪勇,倪计民,周奇.柴油机轿车在中国的开发和应用[J].柴油机,2003(4):8-10,26.

欧阳俊,梁荣光.现代柴油汽车的发展前景[J].内燃机,2005(6):1-3.

马乔林.轿车用直喷式柴油机的研究现状及前景展望[J].小型内燃机与摩托车,2009,38(4):93-96.

马维忍,何旭,柴国英,徐元利.中小缸径柴油机的发展现状[J].小型内燃机与摩托车,2005,34(6):35-38.

汪云,姜利.轿车用直喷式柴油机技术分析[J].内燃机,2002(5):16-19.

武辉成.我国轿车动力柴油化发展探讨[J].汽车工业研究,2004(12):9-11.

吴健全,任继文,卜晓明.轿车柴油机[J].车用发动机,2000(3):1-6,2000(4):1-5,2000(5):1-7.

徐维新,戚正刚.轿车柴油机研究现状及发展[J].柴油机,1997(6):1-9.

客车柴油发动机

陈荫三.欧洲大客车发展动向[J].客车技术与研究,2003,25(1):43-45.

冯国胜.客车发动机功率的影响因素及选取方法[J].客车技术与研究,1994,16(4):210-215.

吉国光.浅析我国大中型客车技术现状与发展趋势[J].客车技术,2005(3):4-8.

江兴智.公路营运客车选型的燃油经济性分析[J].客车技术与研究,2003,25(6):18-20.

李春荣.论后置式公交车柴油化动力改装[J].内燃机,2006(6):23-25,28.

桑璟如.浅谈我国大中型公路客车底盘设计的发展变化[J].客车技术与研究,2004,26(2):1-4.

沈健,王杰,骆元.论我国城市客车工况循环标准修改的重要性[J].客车技术与研究,2005(5):39-41.

王海洪.国内旅游大客车动力性现状分析及改进对策[J].重型汽车,1999(3):8-10.

王利.城市客车传动系优化设计[J].客车技术,1995(4):17-18.

王美凤.城市客车技术发展趋势与建议[J].客车技术,2009(3):3-6.

汪晓晖.长前悬前置发动机客车的利弊[J].客车技术与研究,1999,21(3):11-12,20.

王卫鸿.前置发动机客车总体布置的新思路[J].客车技术与研究,2004,26(5):15-17.

王文.浅谈后置发动机客车底盘部分设计[J].重型汽车,2000(6):10-13.

王仪林.后置客车发动机的选配[J].客车技术与研究,2010(4):33-36.

吴永胜.浅谈客车发动机及其附件系统的布置[J].客车技术与研究,2002,24(5):22-25.

徐斌.旅游客车节能降耗研究[J].汽车技术,2009(12):28-33.

许兆勤.城市客车运行特点及动力配置[J].客车技术,2003(1):13-15.

徐中明,熊正荣,杨忠福.客车动力性和燃油经济性的参数敏感性分析[J].客车技术与研究,1998,20(1):13-17.

杨天新,田洪彪(2005a).客车发动机在中国的现状和发展趋势[J].柴油机设计与制造,2005,14(2):1-3.

杨天新,田洪彪(2005b).客车发动机在世界的现状和发展趋势[J].柴油机设计与制造,2005,14(2):4-6,21.

杨义安.发动机前下置技术在高档客车上的应用[J].客车技术与研究,2003,25(2):18-19,21.

张波.客车后置发动机附件设计[J].客车技术与研究,2003,25(2):22-24.

陆用移动式非道路柴油发动机及单缸机

董敬,庄志,常思勤编.汽车拖拉机发动机[M].第3版.北京:机械工业出版社,2000.

冯春晃主编.工程机械内燃机[M].大连:大连海事大学出版社,1999.

郭春文.SC8DK电控国3柴油机与汽车起重机的逻辑功能设计[J].柴油机设计与制造,2007,15(4):33-35.

郭凌崧.柴油摩托车展望[J].摩托车技术,2008(5):64-66.

饶辉章,倪计民,李勇,王岳宇,蒋长龙,刘筱萍.车用发动机在涉水条件下的性能研究[J].车用发动机,2009(1):63-66.

邵仁恩.小型通用柴油机的发展建议[J].山东内燃机,2003(1):4-8.

申立中,雷基林,陈建明,毕玉华,颜文胜.新型卧式非道路用双缸柴油机的开发[J].内燃机工程,2011,32(1):79-84.

谭建伟,葛蕴珊,李文祥,张世鹰.非道路用柴油机与车用重型柴油机排放标准相关性研究[J].车辆与动力技术,2005(4):15-18.

谈益欢.C6121柴油机与工程机械性能匹配的研究[J].柴油机设计与制造,2009,16(1):7-12.

唐维新,杨建华.小型风冷柴油机研制中的几项关键技术[J].内燃机工程,2003,24(2):22-24.

万德玉.石油钻机柴油机的适应性要求及其对策[J].柴油机,1991(5):1-2.

王安忠,孙洁,郝利华.钻井用柴油机的高效匹配与使用[J].内燃机与动力装置,2009(4):42-44.

王定祥主编.现代工程机械内燃机[M].北京:机械工业出版社,2004.

王磊,姜宏,李玲.浅析欧洲非道路排放法规[J].内燃机与动力装置,2010(4):46-48.

王云龙.论新一代单缸柴油机的特征与创新[J].柴油机,2000(4):4-8.

魏春源,何长贵编著.风冷柴油机[M].北京:机械工业出版社,1998.

席瑞культ,赵炎菊,郭宏恩.降低拖拉机变负荷平均燃油消耗率的措施及效果[J].内燃机,2009(6):55-57.

谢亚平,计维斌.《非道路用柴油机燃料消耗率限值》标准中限值的影响因素研究[J].柴油机,2010,32(4):1-4,28.

严兆大,胡章其,沈宏泉,俞小莉,沈瑜铭,张红生.小功率风冷柴油机的技术现状[J].内燃机工程,1994,15(2):25-33.

杨建华.小型风冷柴油机的发展方向[J].内燃机,1994(1):3-7.

姚怀新主编.工程机械发动机理论与性能[M].北京:人民交通出版社,2007.

张敏华,倪成茂.非道路用压燃式发动机EPA第Ⅳ阶段排放法规简介[J].内燃机,2008(1):50-53.

中华人民共和国国家标准GB/T 8190.4—2010,往复式内燃机 排放测量 第4部分:不同用途发动机的稳态试验循环[S].

中华人民共和国国家标准GB/T 20891—2007,非道路移动机械用柴油机排气污染物排放限制及测量方法(中国Ⅰ、Ⅱ阶段)[S].

周南,李大恺,王宗跃.小缸径多缸增压柴油机发展综述[J].山东内燃机,2003(2):16-20.

周裕干,丁明,田伟.农用车和轻型机动车及其小缸径多缸柴油机的现状和动向[J].山东内燃机,2002(2):1-5.

铁路用柴油发动机

鲍维千.列车在最高速度运行时的剩余加速度的合理确定[J].内燃机车,1998(1):30-34.

鲍维千,杜怡.黔桂线牵引动力改革方案的探讨[J].内燃机车,1991(8):1-6.

鲍维千,罗成宝.内燃机车的粘着、轴重及轮径[J].内燃机车,1992(5):1-4.

陈石华.关于货运内燃机车牵引性能的探讨[J].内燃机车,1993(2):1-4.

陈似松.提高机车粘着能力,适应铁路重载运输[J].内燃机车,1998(7):36-39.

程永陆.美国内燃机车的发展及其对我们的启示[J].内燃机车,1993(2):8-17,23.

程永陆.内燃动车(组)的发展概况及在我国的开发和应用前景[J].内燃机车,1996(4):3-14.

程永陆.美国直流传动内燃机车的最新发展及给我们的启示[J].内燃机车,2008(2):1-6.

董锡明.近代机车柴油机的发展趋势与技术状况[J].内燃机车,1991(8):7-13.

董锡明.近代机车柴油机的发展[J].内燃机车,1996(7):7-13.

冯翰湘,陈克安.电力传动内燃机车牵引计算方法探讨[J].内燃机车,1990(8):16-22.

冯庚斌,孙景斌.铁路牵引用柴油机整机质量水平综合判定[J].内燃机车,1990(3):44-51.

傅景常,赵兴文,赵玢.内燃机车的发展前景[J].内燃机车,1997(11):2-11,14.

郭臣善.机车柴油机最新标准剖析[J].内燃机车,2000(10):45-48.

韩宝仁.重载列车用内燃机车选型浅析——对 2·东风4C 型机车的分析说明[J].内燃机车,1998(3):14-19,30.

韩才元.关于我国铁路牵引动力现代化的几个重要问题[J].内燃机车,1989(3):10-17.

韩才元.三十二年来我国内燃机车的发展[J].内燃机车,1989(10):32-46.

韩才元.中国电力牵引和内燃牵引的实践效果[J].内燃机车,1990(10):1-13.

韩才元(1992a).再谈内燃、电力机车在平原地区的运能问题[J].内燃机车,1992(6):1-6,10.

韩才元(1992b).电力牵引和内燃牵引论证中的几个重要问题[J].内燃机车,1992(9):4-11.

韩才元.90 年代以来世界内燃机车的发展和开发国产第四代内燃机车的建议[J].内燃机车,1997(2):1-15,48.

韩才元.展望 21 世纪的内燃机车和内燃动车[J].内燃机车,2000(2):1-11.

韩才元.我国内燃牵引动力的新发展[J].内燃机车,2002(1):2-5.

韩才元.国内外内燃机车技术水平的比较(上、中、下)[J].内燃机车,2004(1):2-5,2004(2):1-6,2004(3):1-4.

韩长虎,梁绍敏,王秀华.列车节能运行两个论断之探讨[J].内燃机车,2002(4):16-19.

韩晓军,李海燕,肖锦龙.内燃机车用柴油机的发展与展望[J].铁道机车车辆,2010,30(1):54-57.

李斌.交流传动内燃机车牵引特性计算方法[J].内燃机车,1999(12):5-8.

李国强.关于快速货运列车内燃牵引动力若干问题的思考[J].内燃机车,2001(3):1-6.

李人宪主编.车用柴油机[M].第 2 版.北京:中国铁道出版社,2010.

李维,李明海.机车柴油机主要技术参数的现状及发展趋势[J].柴油机,2006,28(6):1-4.

钱兴华.行驶风对机车柴油机增压压力影响的探讨[J].内燃机车,1997(7):33-35,42.

乔英忍.我国铁路动车和动车组的发展(上、中、下)[J].内燃机车,2006(1):2-7,2006(2):1-6,2006(3):1-6,12.

唐松柏,李海滨.关于东风7D 型机车功率随海拔变化而修正的研究[J].内燃机车,1998(11):16-20,15.

王德志,葛二民.机车发生机破的运输经济损失计算[J].内燃机车,1993(6):1-5.

王月明.内燃动车组与液力传动[J].内燃机车,2001(7):1-4.

王树德.交流传动技术是电传动机车发展的必然趋势[J].内燃机车,1994(1):5-18,40.

王冀.提高我国内燃机车牵引性能的有效途径[J].内燃机车,1991(11):22-32.

王贤.国内外机车柴油机经济性及改善措施[J].内燃机车,2009(1):27-29.

王勇智,张大勇.交流传动技术的发展及在我国的开发应用[J].内燃机车,2002(10):1-4,10.

王尊一.对柴油机试验的铁道行业标准的认识和说明[J].内燃机车,2004(1):25-31,44.

谢子方,高向东.列车制动技术的研究与展望[J].内燃机车,2007(2):26-29.

许人华.繁忙干线客、货列车提速运行对内燃机车功率、粘着、速度的要求[J].内燃机车,1996(12):1-7,13.

杨安立.回眸二十年 展望新世纪——2010 年的中国铁路机车车辆[J].内燃机车,1999(5):1-16.

杨雄京.世界铁路机车车辆产品市场综述[J].内燃机车,2010(7):1-7,11.

于书元.论我国内燃动车(组)的技术选择[J].内燃机车,2001(5):12-15.

张辉,黎明,罗艳辉.重载牵引内燃机车功率及轴式的确定[J].内燃机车,1997(1):9-11,8.

张岩.新世纪内燃机车的新发展和新对策[J].内燃机车,2008(5):1-6.

周虹伟.我国内燃牵引动力国产化工作重点及再创新发展方向[J].铁道机车车辆,2010,30(1):48-50.

朱建昌主编.内燃机车电传动[M].北京:中国铁道出版社,2009.

船舶舰艇用柴油发动机

蔡锦文,蒲启南.高真空高背压自由涡轮增压系统和增压器的研究[J].柴油机,1997(4):5-15.

陈新传,陈华清,安卫.国外舰用柴油机的发展及启示[J].柴油机,2003,25(6):6-9.

崔毅,朱义伦,邓康耀.水下柴油机工作特性研究[J].内燃机工程,2007,28(3):11-14.

段远才,董元佳,薛亚凡.涡轮增压柴油机高排气背压下变工况性能的研究[J].内燃机工程,1989,10(1):44-49.

冯明志,吴惠忠.船舶大功率柴油机的发展与技术创新[J].柴油机,2007,29(2):1-4,27.

顾宏中.大功率柴油机的发展与展望[J].柴油机,2002,24(1):1-4,8.

顾宏中.舰船大功率柴油机技术发展[J].柴油机,2004,26(1):1-4,19.

顾宏中.大功率柴油机的技术发展[J].柴油机,2005,27(1):1-4.

顾宏中.船用大功率柴油机技术发展和研究[J].柴油机,2007,29(2):5-9.

顾宏中.中国舰船柴油机研发百年回眸——中国内燃机百年纪念[J].柴油机,2008,30(5):1-6,2008,30(6):1-7,14.

何兵,平涛.大功率柴油机的研究发展[J].柴油机,2003,25(1):4-8.

黄少竹主编.现代船舶柴油机故障分析[M].大连:大连海事大学出版社,2005.

李军,朱震海,季文.船用柴油机标准现状与需求分析[J].柴油机,2006,28(3):42-45.

李来彬.大功率柴油机技术的发展[J].山东内燃机,2006(1):10-13.

林剑峰,张敏.柴油机的控制策略[J].柴油机,2004,26(6):5-8.

刘赟,徐绍佐.船舶综合电力推进系统综述[J].柴油机,2004,26(2):1-3,20.

刘宏.斯太尔重型汽车柴油机船用可行性探讨[J].汽车研究与开发,1994(4):11-17,30.

陆金铭编著.船舶动力装置安装工艺学[M].北京:国防工业出版社,2006.

陆威崙.现代船用柴油机特性曲线的研讨[J].柴油机,2005,27(4):15-20.

陆威崙.船用柴油机发电机组主要性能指标浅析[J].柴油机,2009,31(6):12-18.

陆威崙.用于大型舰船的联合动力装置和实例分析[J].柴油机,2010,32(2):7-11.

罗述健.高速船用柴油机的功率标定与船舶动力的选型[J].柴油机设计与制造,2005,14(1):11-18.

罗述健.环境保护对船用柴油机的要求及其对策[J].柴油机设计与制造,2007,15(1):6-10.

任自中,王新权.国外中高速高 p_{me} 船用柴油机的研发趋势[J].柴油机,2003,25(6):1-5.

孙培廷主编.船舶柴油机[M].大连:大连海事大学出版社,2002.

王锋.大功率高速船用柴油机主要技术参数的发展[J].柴油机,2006,28(1):5-8.

吴金源,唐小亚,易智强,洪晓玲,高荃.大功率柴油机发展动向[J].柴油机,2004增刊:6-9.

吴金源,唐小亚.国外舰船柴油机技术展望[J].柴油机,2005,27(2):1-3,23.

吴金源,王德银,沈忆闽,张纳新,夏小莺.船用柴油机产业发展研究[J].柴油机,2009,31(5):1-5.

肖昌龙,张新玉,张文平,靳相玮.闭式循环柴油机性能的试验研究[J].内燃机学报,2009,27(2):153-159.

徐达人.涡轮增压四冲程柴油机水下工况的工作过程研究[J].内燃机工程,1989,10(3):44-49.

徐定海,冀亚森.世界大功率柴油机发展应用综述[J].柴油机,1999,21(3):1-5.

姚辉,黄锦星.船用柴油机许可证技术引进的现状及发展探讨[J].柴油机,2004,26(6):9-12.

姚辉,黄锦星.船用大功率柴油机许可证制造技术创新的关键[J].柴油机,2010,32(2):1-6,17.

张宏波,葛蕴珊,张文平.闭式循环柴油机系统的仿真研究[J].内燃机工程,2004,25(3):24-26,32.

张杰,杨传富,于军.世界船舶排放法规的进展及其主要配套技术探讨[J].柴油机,2007,29(5):1-6.

张南林.舰船柴油机技术现状及发展趋势[J].舰船科学技术,2010,32(1):17-21.

张卫东,陈国钧.闭式循环柴油机(CCD)特性的仿真研究[J].内燃机工程,2001,22(3):6-10.

张卫东,李燕飞,陈国钧.闭式循环柴油机配氧及其控制策略实验研究[J].内燃机学报,2005,23(6):567-571.

张学文,满长忠,唐运榜,赵寅策.低速船用柴油机电控共轨系统新进展[J].内燃机,2010(5):1-2,6.

张永浩,杨铁勇.浅谈某潜用柴油发电机组使用与保养[J].柴油机,2009,31(6):54-56.

郑爱民,於仲义.国内外船用柴油机标准对比分析综述[J].舰船标准化工程师,2005(3):14-16.

中华人民共和国船舶行业标准 CB/T 3253—1994,船用柴油机技术条件[S].

中华人民共和国国家标准 GB/T 5741—2008,船用柴油机排气烟度测量方法[S].

中华人民共和国国家标准 GB/T 6301—1986,船用柴油机燃油消耗率测定方法[S].

中华人民共和国国家标准 GB/T 8840—2009,船用柴油机排气烟度限值[S].

中华人民共和国国家标准 GB/T 15097—2008,船用柴油机排气排放污染物测量方法[S].

庄保怡,甘海燕,王锋,梁刚.当代船用中高速柴油机的发展和对策[J].柴油机,2002,24(5):8-11.

固定式柴油发动机

陈金涛,赵同宾,艾钢,曾宪友,邱爱华,王登峰.带脉冲负荷柴油发电机组的建模与仿真[J].柴油机,2009,31(6):23-26,30.

陈敏,刘晓叙,符纯华.系列船用柴油机动力装置转动惯量配置研究[J].四川轻化工学院学报,2001,14(3):55-59.

陈特銮.发电用大功率中速柴油机的运行经济性[J].内燃机工程,1994,15(1):1-6.

军奇编著.柴油发电机组实用技术[M].北京:机械工业出版社,2006.

李明,姜春明,王术新.船用柴油发电机组的选型探讨[J].舰船科学技术,2004,26(3):31-33.

刘常峰,陈瑾,赵同宾,曾宪友.基于Simulink柴油发电机组工作性能仿真[J].柴油机,2010,32(6):15-19.

刘晓叙,陈敏,符纯华.系列柴油发电机组转动惯量配置研究[J].机械,2000,27(3):7-9.

胡明.世界各国关于往复式发动机固定电站的排放法规[J].柴油机,2010,32(1):18-22,30.

王术新,姜春明.船用柴油发电机组的研究现状与发展趋势[J].舰船科学技术,2004,26(4):23-25.

许维达.柴油发电机组的技术发展[J].内燃机工程,1997,18(2):1-7.

杨贵恒,贺明智,袁春,陈于平编著.柴油发电机组技术手册[M].北京:化学工业出版社,2008.

中华人民共和国国家标准 GB/T 4712—2008,自动化柴油发电机组分级要求[S].

中华人民共和国国家标准 GB/T 12786—2006,自动化内燃机电站通用技术条件[S].

中华人民共和国国家标准 GB/T 13032—2010,船用柴油发电机组[S].

军用柴油发动机

杜志歧.坦克装甲车辆总体设计的初步探讨[J].车辆与动力技术,2001(1):54-59.

刘福水,张卫正,张幽彤.国外主战坦克动力的现状发展趋势及技术分析[J].兵工学报(坦克装甲车与发动机分册),1999(2):55-60.

任继文,高锦昌,吴建全,郭海滨.俄罗斯坦克装甲车辆动力探析[J].车用发动机,2004(4):1-4,42.

任继文,吴建全,张然治,段金栋,杨立红.未来战斗系统与高功率密度柴油机[J].车用发动机,2002(4):1-5.

任继文,张然治,郭海滨.整体推进系统——坦克动力发展趋势[J].车用发动机,2001(4):6-9.

任继文,张然治,吴建全,李建新.新军事变革理论和陆军装备动力[J].车用发动机,2003(4):6-11,17.

杨立红,吴建全,段金栋.国外步兵战车动力装备现状及发展趋势[J].车用发动机,2002(5):1-5.

张然治,任继文.国外坦克装甲车辆发动机装备现状技术水平分析和发展趋势研究[J].车用发动机,1998(4):1-11,1998(5):5-11,1998(6):1-6,12.

张永锋,骆清国,马向平,桂勇.几种高功率密度装甲车辆发动机的发展现状[J].车辆与动力技术,2006(3):60-64.

张玉申.高功率密度柴油机及其关键技术[J].车用发动机,2004(3):5-7,11.

中华人民共和国国家军用标准 GJB/Z 12—1990,装甲车辆发动机系列[S].

中华人民共和国国家军用标准 GJB 59.40—1992,装甲车辆试验规程 车辆发动机装车试验[S].

中华人民共和国国家军用标准 GJB 711—1989,军用汽车发动机试验规程[S].

中华人民共和国国家军用标准 GJB 1069.1—1991,水面舰艇用高速柴油机技术要求[S].

中华人民共和国国家军用标准 GJB 1094.1—1991,潜艇柴油机技术要求[S].

中华人民共和国国家军用标准 GJB 6054—2007,柴油机联合推进系统规范[S].

朱仙鼎主编.特种发动机[M].北京:机械工业出版社,1992.

代用燃料发动机

陈家昌,郭家强,闫平,王成.我国车用燃料技术发展路径分析研究[J].汽车技术,2007(7):1-6.

陈敏.国内车用发动机代用燃料研究综述[J].柴油机,2003(5):8-11.

崔心存编.内燃机的代用燃料[M].北京:机械工业出版社,1990.

范岚岚,何邦全.天然气发动机的研究现状[J].小型内燃机与摩托车,2007,36(1):74-79.

宫艳峰,刘圣华,蒋德明.含氧燃料对内燃机燃烧和排放性能的影响[J].内燃机,2004(3):21-23,27.

韩树,毕小平,张更云.柴油机燃用水煤浆技术的综述[J].内燃机工程,1998,19(4):5-9.

何邦全,王建昕,阎小光.柴油机含氧燃料的研究进展[J].农业机械学报,2003,34(1):134-138.

胡志远,谭丕强,楼狄明,董尧清.柴油及其替代燃料生命周期排放评价[J].内燃机工程,2007,28(3):80-84.

黄勇成,周龙保,蒋德明.清洁燃料 F-T 柴油在柴油机中应用的研究[J].内燃机工程,2005,26(5):18-23.

黄勇成,王尚学,周龙保.F-T 柴油对直喷式柴油机燃烧和排放的影响[J].内燃机工程,2007,28(2):19-23.

季永青,王美红,马林才.生物柴油制备以及在柴油机上应用的关键技术研究[J].内燃机,2009(3):38-42.

贾文昌,黄海波.柴油发动机改装单燃料天然气发动机关键技术分析[J].轻型汽车技术,2006(6):11-14,16.

连萌,葛玉萍.柴油机代用燃料研究现状评析[J].黄河水利职业技术学院学报,2010,22(3):52-54.

林在犁,杨学杰.世界能源状况及车用天然气发动机技术发展[J].柴油机,2005,27(4):4-8.

林在犁,巫波,刘清泉.本世纪我国内燃机燃料的发展分析[J].内燃机,2009(6):1-5.

刘福水,郝利君,Heitz Peter Berg.氢燃料内燃机技术现状与发展展望[J].汽车工程,2006,28(7):621-625.

楼狄明,朱忠,胡志远.柴油替代燃料经济性分析[J].车用发动机,2005(6):5-9.

毛功平,王忠,顾士强,黄兆春,许光举,黄慧龙.生物柴油发动机 NO_x 排放控制技术[J].小型内燃机与摩托车,2008,37(5):66-70.

孟凡生,阴秀丽,蔡建渝,马隆龙,吴创之.我国低热值燃气内燃机的研究现状[J].内燃机,2007(3):46-49.

钱爱华,唐娟.国外气体发动机的进展[J].山东内燃机,2006(1):1-9.

申章庆,杨青.车用发动机代用燃料的研究现状及发展趋势[J].柴油机,2006,28(2):43-48.

宋林萍,吕志进.二甲醚(DME)发动机排放性研究[J].内燃机与动力装置,2010(4):36-39.

王永红,徐小红,刘泉山.国内外生物柴油的研究应用进展[J].润滑油与燃料,2003,13(1):20-24.

王宇,马凡华.氢燃发动机国内外研究进展概览[J].小型内燃机与摩托车,2007,36(6):85-88.

杨帅,张振东,应启戛,周毅,李秀元.GTL 柴油作为柴油机清洁代用燃料可行性分析[J].汽车工程,2007,29(1):33-36,82.

姚春德,李云强.醇燃料——未来汽车的石油替代燃料[J].柴油机,2004,26(1):5-9.

曾庆平,袁晓东,郭和军,何建宏.柴油机清洁含氧燃料及其发展[J].内燃机与动力装置,2007(2):51-54.

张国强,郭巍,曲延涛.氢内燃机的热力学性能分析[J].车用发动机,2005(6):22-24.

张永锋,骆清国,刘福水.氢气发动机的研究现状与发展前景[J].小型内燃机与摩托车,2007,36(1):70-73.

郑霞君.气体燃料与气体发动机工作性能[J].柴油机,2003,25(6):27-30.

周冬.柴油机改装天然气发动机的意义及技术措施[J].山东内燃机,2005(1):10-13,16.

2

柴油发动机系统设计中的耐久性和可靠性

摘要：在系统设计的最初阶段，就需要考虑耐久性和可靠性的问题。本章介绍柴油机系统设计中这方面的理论和分析方法。先介绍耐久性的相关课题，然后通过对系统层面的载荷和耐久性设计约束条件的讨论详细论述性能与耐久性之间的关系，并系统地介绍热机械故障的基础知识以及在气缸盖、排气歧管、配气机构、活塞、涡轮增压器和后处理装置上的应用。然后讨论气缸套穴蚀、发动机的磨损和排气再循环冷却器的耐久性，最后总结了一个系统耐久性和可靠性的综合分析方法。

2.1 发动机耐久性的问题

由于用户对发动机的维修时间间隔和寿命提出了严格的要求，耐久性便成为一个十分重要的论题。在追求更高的功率密度、更低的排放和更长的使用寿命的同时，相应地所产生的更高的热负荷或机械负荷在设计要求上对现代柴油发动机的耐久性构成极大的挑战。发动机结构的耐久性问题，在系统设计中是制约性能的重要因素。它基于故障模式主要分为以下几类：断裂（急性破裂和慢性开裂），屈曲，热机械故障（主要包括烧蚀、过度的热变形、在高温、蠕变、氧化和腐蚀下的断裂和疲劳），气缸套、燃油系统和冷却系统中的穴蚀，在所有的摩擦学接触部位（活塞组、轴承、配气机构、喷油器等）发生的磨损和润滑油退化失效，排气再循环冷却器的结垢、沸腾和腐蚀，缸内部件上的结垢和沉积物，氢脆。

需要注意的是，这里所涉及的范围不包括与发动机电子器件有关的诸如过热之类的耐久性问题。在上述机理中，断裂、热机械故障、磨损和冷却器结垢与柴油机系统设计中所使用的设计约束条件或设计极限切相关，因此将在后面的几节中予以详述。关于其余的机理，为照顾全章的完整性，在这里仅做简要介绍。屈曲是弹性部件的一个失效模式，指的是在一个细长物体（如推杆或长连杆）的两端施加很大的压缩应力时所产生的一种不稳定现象。屈曲应力小于极限抗压强度。穴蚀是一种由于气泡破裂造成的高能微爆所导致的破坏现象。这些气泡是在流动系统中由于不良的动态压力而萌生的。结垢和沉积的例子包括以下一些情形：喷油器结焦，燃烧室内和气门座处的碳烟积累，以及导致气缸内壁磨光的活塞顶岸沉积物。氢脆是指当水分解时所产生的氢气进入金属内部时（比如在焊接过程中），金属材料变得更呈脆性的一种情况。这时，材料会变得不容易抵御冲击负荷、变形和低循环疲劳。

对于发动机的所有部件来说，其故障模式纷繁复杂。现代柴油机的大多数故障通常发生于以下一些部件：燃油喷射系统、涡轮增压器、排气再循环系统、后处理装置、气缸盖、活塞组、排气歧管、配气机构。电子传感器、润滑和冷却系统等处有时也可能发生失效。耐久性故障的例子包括：在活塞、涡轮增压器、气缸盖、排气歧管、柴油颗粒过滤器、摇臂支点板和曲轴箱等处的开裂，气门阀头和弹簧断裂,活塞烧蚀和刮伤,气缸内壁磨光,可变截面涡轮的叶片卡死,排气再循环阀门的热变形,涡轮叶片与机壳之间由于高温蠕变所造成的过盈,推杆屈曲,喷油器滑阀和线圈的故障,喷油器结焦(碳烟沉积物的形成),在气门座和阀杆上的积碳所造成的气门卡死和泄漏,垫片、水套、涡轮增压器、燃油管路和机油冷却器处的泄漏,缸套穴蚀,活塞环和轴承处的异常磨损,发动机机油的燃油稀释,由于碳烟和未燃碳氢化合物造成的排气再循环冷却器的结垢,排气再循环冷却器的膜态沸腾,以及进气歧管的腐蚀。

发动机的耐久性问题可以是一种"急性的"(快速爆发的)、灾难性的故障,也可以是一种"慢性的"(缓慢发展的)轻度故障。正常磨损的发动机部件需要定期按照预定的服务期予以更换。发动机的耐久性寿命通常是指到发动机大修时刻的时间,即大修寿命。以慢性积累的磨损为标志,当发动机开始出现过度的磨损、机油消耗或窜气(漏气)时,发动机就需要大修了。刮伤、划伤和异常磨损的状况以及轴承变色都是慢性耐久性问题的迹象。

2.2 发动机性能、负荷和耐久性方面的系统设计

2.2.1 发动机系统层面的负荷和耐久性设计约束条件

所有的耐久性问题一般与以下四个要素相关:载荷、部件的结构设计、材料、制造。当载荷过高或者当结构设计和材料不够强健的时候,故障就会发生。虽然结构设计和材料强度大多属于部件层面的课题,但载荷往往是系统层面的参数。系统设计工程师决定载荷,并将其逐级下派到部件设计团队,使其采用合适的材料进行结构设计,以承受指定的负荷。这里负荷指的是一般意义上的任何机械的、热的或与流体相关的参数。例如,气缸压力和气门座冲击力是机械负荷;气缸盖的热通量是热负荷;发动机本体的碳烟排放量是与气流有关的作用于柴油颗粒过滤器上的负荷。

下列的发动机性能参数在系统设计中与负荷有关,并且属于耐久性设计的约束条件或极限:
- 发动机的有效扭矩;
- 活塞平均速度和活塞组的惯性负荷;
- 最高气缸压力、温度和热通量;
- 排气歧管压力和气体温度;
- 压气机出口的空气温度和压气机的压比;
- 涡轮增压器的转速;
- 冷却液散热量和发动机出口的冷却液温度;
- 中冷器和排气再循环冷却器出口的气体温度;
- 配气机构载荷;
- 活塞敲击动能;
- 与柴油颗粒过滤器再生和机油问题有关的发动机本体碳烟排放量。

表2.1开列了主要的设计约束条件。其他不直接与系统设计的负荷有关的零散部件或子系统未予列出,例如电子装置和传感器,在燃油、冷却和润滑系统中的其他部件,泵、密封件、换气装置。发动机本体的碳烟流量影响润滑油的退化失效和部件磨损。它也影响颗粒过滤器的再生频率和耐久性。排气歧管压力的极限值通常是指循环平均值和最大瞬时脉动值。

表 2.1 作为耐久性设计约束条件的系统性能参数

参数	变速器和传动系	气缸盖	活塞组	气缸套	配气机构(气门,凸轮等)	连杆和曲轴	轴承	曲轴箱	进气歧管	排气歧管	涡轮增压器	排气再循环系统(阀门和冷却器等)	中冷器	喷油器	后处理装置(柴油颗粒过滤器等)
发动机有效扭矩	x														
活塞平均速度			x		x	x	x								
最高气缸压力		x	x			x	x	x							
最高缸内气体温度和气缸热通量		x	x		x									x	
排气歧管气体温度										x	x	x			
排气歧管压力										x	x	x			
压气机出口气体温度													x		
压气机压缩比											x				
涡轮增压器转速											x				
散热量和发动机出口冷却液温度		x	x												
冷却器出口气体温度			x									x	x		
活塞碰击动能				x											
配气机构载荷					x	x	x								
发动机本体出口碳烟排放量					x				x						x
机油中碳烟的百分比			x		x	x	x								

负荷是一个系统参数,原因有三。首先,作用于不同部件上的大多数负荷,本质上是由发动机的气侧性能要求所产生的(例如气体压力、温度、流量)。因此,它们是在系统选型的设计阶段就被确定的。例如,最高气缸压力是由功率密度、排放限值和最佳的发动机压缩比决定的。另一个例子是,当采用较高的空燃比来减少额定功率时的碳烟排放时,有时需要提高最大允许排气歧管压力的设计极限。第三个例子是,出于对腐蚀和碳氢化合物结垢的顾虑,不能将排气再循环冷却器出口的排气温度设计得过低。系统人员需要了解所要求的设计极限对可靠性的影响。

其次,不同种类的负荷在发动机热力学过程的性能本质上是互相关联和权衡的,因此需要在系统层面进行协调。例如,当空燃比增加或喷油定时提前时,最高气缸压力增高,但是排气歧管气体温度会下降。另一个平衡不同的耐久性约束条件的例子可以追溯到 20 世纪 70 年代的 Zinner (1971)所做的研究。他为了在给定的发动机排量下增加柴油机功率,比较了增加有效平均压力和增加活塞平均速度这两种不同的设计方案。发动机部件在较高的功率时所承受的机械负荷和热负荷通常都会增加。基于一个简化的分析,Zinner 的结论是,为了满足更高的功率密度的要求,增加有效平均压力是比增加活塞平均速度更简单、更便宜并且更可靠的方法。

第三,众多子系统的整体设计和大小选型都需要在系统层面进行协调,以确保整个系统是优化的、每个子系统或部件的负荷是被最佳控制的。一个例子是凸轮型线设计和气门弹簧力的选择。凸轮型线影响发动机的进排气性能,与凸轮相匹配的配气机构的负荷应该由系统工程师来确定。另一个例子是为两级涡轮增压器选择间冷器的大小,以控制高压级压气机出口的空气温度。间冷器的大小选型是对多个不同设计方案进行综合比较和平衡的结果,涉及在高温环境下或高海拔条件下为了控制压气机出口的空气温度在间冷器、涡轮增压器性能和排气再循环率之间的协调。

2.2.2　系统性能与耐久性之间的迭代设计

在性能、耐久性、封装性和成本之间,通常存在着权衡或折中,如图 2.1 所示。例如,发动机的结构总是可以设计得非常结实,以承受极高的气缸压力;但是这样做所带来的坏处是发动机的重量增加和成本升高。如果最大允许的系统负荷值可以在早期的设计阶段就予以准确指定,那么从系统层面到部件层面的反复迭代过程就会变得容易些,以确保在负担得起的成本和可容纳的封装性条件下负荷参数与部件强度能够很好地匹配。

系统性能工程师和耐久性工程师需要确保在系统层面设计的负荷,对于下游的每个子系统来说是合理的、能够承受的设计目标,即可以通过详细的部件设计来实现的目标。透彻地了解发动机的耐久性问题是如何产生的、分析的和解决的,对于系统设计人员来说是非常必要的,因为这样才能恰当地确定或提出设计极限值。发动机的耐久性实验验证通常需要在项目开发的后期阶段进行长时间的测试。一个详细的部件层面的有限元结构分析往往需要很长的计算时间来模拟故障和估计部件寿命。为了在早期的系统设计阶段考虑结构的抗扰性和可靠性,需要开发分析模型来确定耐久性设计约束条件的适当极限值。这里需要的是一个计算速度很快的系统层面的耐久性和可靠性模型,以估计系统负荷对发动机寿命的影响。由于耐久性问题的极端复杂性,作为系统设计约束条件的极限值(例如最大允许气缸压力和排气温度)往往只能依靠实际经验来模糊确定。

2.2.3　系统耐久性工程师的作用

在进行性能与耐久性之间的迭代设计过程中,系统与部件人员之间的一个关键问题是要确定合理的负荷参数或系统设计约束条件的极限值。如图 2.1 所示,系统人员从曲线上选择一个点作为系统设计指标逐级下派给部件人员。如果这些负荷值从耐久性的角度来看是不合理的,系统设计人员就需要在迭代过程中和部件设计人员一起对它们进行反复的修改。

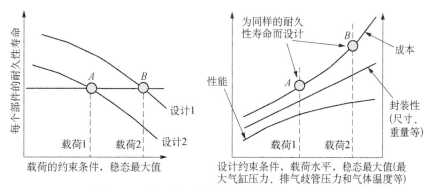

图2.1　为发动机系统设计而进行的耐久性分析

为了进行系统优化,性能工程师需要耐久性方面的设计脉谱图。这些图的性能参数随负荷或设计约束条件而变化(图2.1)。这些图应该包括关键的设计参数和材料参数的敏感度变化研究,最好是针对每个故障模式和每个主要部件。对于封装性和成本这两个属性,需求是类似的,因为系统性能工程师需要将所有四大属性的脉谱图整合在一起。系统人员的一个主要任务是根据实验数据和数值模拟结果,产生各部件的耐久性脉谱图,然后通过适当的集成,为整个发动机系统组装汇编出一个耐久性脉谱图。

目前,根据预先选定的耐久性设计约束条件的假设,发动机系统设计在性能方面已经达到了一个高度精密的、定目标设计的成熟水平。因此,约束条件的有效性和准确性自然便成为一个需要进一步细究的问题。如果对应于某个令人满意的可靠性标准的耐久性约束条件确定得不正确,在性能方面的精密设计能力就根本不能确保在耐久性和可靠性方面产出良好的设计结果。从为可靠性而设计的角度来看,这种精度不相称或失衡的状况可能会成为整个发动机系统设计的瓶颈。

在设计的早期阶段,不可能采用详细的有限元分析或大量实验工作来寻找适当的、最大允许的设计约束条件。快速有效的启发式建模和竞争性基准分析可以用来有效地满足上述需求。虽然很具有挑战性,更好地预测发动机的耐久性和可靠性是提高柴油机系统设计质量的未来发展方向。

2.3　耐久性与可靠性之间的关系

正如第1章中讨论的,耐久性与可靠性之间的关系可概括如下。可靠性是反映任何一种质量问题在产品投入使用以后发生失效的可能性的一种概率。这种质量问题可以是耐久性、性能、封装性或者制造方面的问题。失效概率可以由产品群体中个体变化所引起,也可以由环境变化引起。耐久性则是产品的一个属性,反映了结构方面的耐久能力。如果一个设备在使用期间从来没有正常运行过,这是一个质量问题。如果一个设备曾经良好地工作过一次,但第二次就坏了,这是一个可靠性问题。而且,这个可靠性中失效的问题可以是一个性能问题(例如,由于临时过大的摩擦力或过热,设备不能正常工作,虽然它并没有结构上不可逆转的损坏),也可以是一个耐久性问题(例如因为破裂或疲劳,设备失效)。可靠性可以使用用户服务数据以及在设计和验证阶段的发动机开发数据来评估。耐久性的开发工作需要筛除并解决大部分的(如果不是全部的)将在服务使用中所遇到的问题。耐久性的问题,有时可以用一台样机在试验台上予以解决,有时可以用大量的样品并考虑环境干扰因素来研究其失效概率。当使用概率统计的方法在设计阶段研究一个性能或耐久性的问题时,这样的工作本质上就是为可靠性而设计;而这正是我们所要追求的终极设计目标。

耐久性研究的重点是如何在设计阶段解决结构强度问题,而可靠性研究的重点是统计在耐久性开发工作后还有多少个问题仍然在使用中出现。例如,如果某项工作是修改活塞设计以防止过早破裂,这应该被称为耐久性工作。另一方面,如果问题的重点是统计在使用了一百万英里的行驶里程后,在不同的用户使用条件下,总的产品数量中有多高的活塞故障率,这种问题就是一个可靠性的话题。这种定义上的差异反映出这样一个现状,那就是在结构耐久性领域,使用安全因数的确定性研究方法是方便和可以接受的(虽然简化);而在可靠性领域,概率方法一直是必需的。

2.4　发动机的耐久性测试

发动机的耐久性测试是在有了样机以后验证设计的最重要的开发工作。重型车辆的耐久性测试在 Murphy(1982)的工作中有所总结。Goshorn 和 Krodel(1978)以及 Alcraft(1984)介绍了柴油机的耐久性测试。Yamagata(2005)介绍了关于汽车发动机部件材料特性的基础知识。

每个发动机制造企业都根据自身的经验开发了独特的耐久性试验循环,来验证结构部件和发动机系统。进行耐久性测试是让机器经历足够高的机械负荷和热负荷(各种应力)和足够数量的疲劳循环(例如数百个小时)。耐久性测试的规定因产品不同而不同,取决于发动机的具体要求,并没有一个统一固定的标准。典型的发动机耐久性测试包括在实验室中的全负荷测试、过载供燃油测试、负荷循环测试、在车现场测试等。具体的试验循环包括低温环境循环、热循环、深度热冲击、共振循环、过载循环、高负荷因子与热循环结合叠加的循环、发动机制动循环等。例如,热疲劳循环从空载到全负荷往复运行数百小时,来验证气缸盖垫片连接处的密封性能和排气歧管的耐久性。发动机部件在这样的测试里被置于很大的热梯度条件下进行验证。热冲击试验是通过迅速改变热循环里的温度变化率来进行的。值得注意的是,许多代用燃料的耐久性试验是按照发动机制造商协会(EMA)所建议的循环来进行的,以确定在磨损和积碳方面的差异。

此外,现代柴油发动机大多都配备了排气再循环系统和许多控制阀门。这些新设备的长期耐久性需要进行验证。它们的某些测试需要在低转速和低负荷进行(例如碳烟积累测试、柴油颗粒过滤器再生测试),而不是使用传统的高转速和高负荷条件。

由于故障机理不同,不同的发动机部件可能会在不同的发动机转速或负载遇到它们各自最恶劣的耐久性条件。峰值应力也不一定发生在稳态全负荷或最大功率条件下。例如,热负荷在最大扭矩时可能会比在额定功率时更高。最大凸轮应力可能会发生在起动速度,而不是额定转速。机油控制问题在低怠速和部分负荷时可能最为严重。气缸盖由低循环疲劳造成的最坏的开裂情况可能会出现在热循环后,而不是在稳态全负荷运行后。总之,不同的驾驶循环对不同的部件可能会产生不同的耐久性问题,因为故障的机理与发动机的转速、负荷和周期历程有关。

研究在发动机测功机上的试验循环与现实世界中真实使用循环之间的对应关系是很重要的,这样可以避免对发动机进行过度设计或设计不足。测功机的耐久性测试所使用的负荷循环需要能代表现实世界中的使用情况。为了节省测试时间,有时在实验室中进行加速耐久性测试,用特意提高发动机转速、负荷或加载循环频率的方法来加快磨损和结构故障的发生。

发动机在车的现场耐久性测试是在各种气候条件下进行的,例如正常环境温度、湿热、干热、寒冷潮湿、寒冷干燥、海平面高度、高海拔地区等。测试需要能代表现实世界的各种驾驶条件,包括最坏的情形,例如高速公路驾驶、全负荷和低负荷的情况。在车辆现场测试中,需要记录一些重要的发动机参数,包括车速、燃料经济性、机油消耗、废机油的数据(为磨损分析使用)、发动机转速、油门踏板位置、燃油喷射压力和喷油量、排气歧管压力、涡轮出口压力、排气再循环阀门的工作循环、涡轮增压器控制方面的工作循环、流体温度(燃油、机油、冷却液、空气)。

部件的实验台测试、金相分析和发动机机油分析在设计验收前也很重要,这些工作与材料选择、磨损和可靠性密切相关。定期的机油采样和分析能防止一些由重大故障而引发的修理和灾难性故障。在发动机耐久性测试结束时,往往根据经验来确定验收结果,同时也对设计裕度予以验证。

在可靠性预测中,将以下三组数据彼此关联起来是非常重要的:预测的耐久性寿命、预测的可靠性、所收集的可靠性服务数据或使用数据。耐久性评估和预测在很大程度上依赖于测试,要么在发动机实验室中采用专门设计的加速测试,要么用在车的现场测试。耐久性的 B10 或 B50 寿命目标可以用韦布尔图导出。该图描绘了故障率(通常位于垂直轴)与产品寿命、运行循环数或者车辆行驶距离(位于横轴)之间的函数关系。故障特征(如早期失效、随机故障)可以靠韦布尔曲线的贝塔斜率来评估。

2.5　加速的耐久性和可靠性测试

加速的耐久性和可靠性测试是一个快速发展的技术领域,它使设计人员能够更迅速地确定产品的耐久性或可靠性。在一定控制条件下的实验室加速测试的目的是要以较低的测试成本和较短的测试时间获取能够代表现实世界中使用方式的结果。将一个设计置于一套组合并放大了的应力之下,可以在短时间内获得多个失效模式以及它们的发生次序和分布。在真实使用服役期间运行于低得多的应力水平下并随着时间推移而慢慢出现的相同故障,在实验室中的应力过度(过载)条件下会在短期内迅速显现。但应该指出,一般来讲加速测试中加速的程度越大,测试的结果就越失真。

发动机的耐久性加速测试非常复杂,因为涉及多种类型的负荷和故障模式,而且往往很难把这些类型分解成比较简单的情况或循环。加速测试需要确定适当的加速因子。发动机的耐久性开发往往采用加速测试,包括专门设计的循环和负荷率。从系统设计的需要来讲,对于一些关键约束条件,最好能够找出加速测试与现实世界使用情况之间的相关性。例如,如果一个加速耐久性测试的结论是需要用 200 bar 最高气缸压力作为设计约束条件,那么需要确认的问题是,对于 200 bar 能否代表非加速的现实世界中的情形,这种猜测究竟有多么可信。系统设计人员需要了解一些加速测试知识,包括这些测试是如何设计的以及测试结果是如何解释的。

关于加速测试的基本理论,读者可以参考 Nelson(1990)、Dodson 和 Schwab(2006)、Escobar 和 Meeker(2006)、Klyatis 和 Klyatis(2006)、Klyatis(2010)的论述。关于发动机或车辆应用方面的加速测试的更详细资料,读者可以参考 Indig 和 Williams(1984)、Goshorn 和 Krodel(1978)、Krivoy 等人(1986)、Dystrup 等人(1993)、Vertin 等人(1993)、Davis 和 Christ(1996)、Kestly 等人(2000)、Niewczas 和 Koszalka(2002)、Feng 和 Chen(2004)、Evans 等人(2005)、Franke 等人(2007)的论述。

2.6　发动机部件的结构设计和分析

发动机部件结构设计和分析的目的是以低制造成本的材料选择和形状优化来实现轻巧耐用的产品。为了获得令人满意的热机械结构耐久性,以下是一些通用的设计原则:增加结构刚度,避免部件在刚度和温度分布上出现较大梯度,避免大的应变,采用冷却来降低部件金属温度。为了获得良好的磨损耐久性,通用的设计原则包括减少负荷和促进流体动力润滑。

发动机的结构分析通常包括以下几个方面:挠度、塑性、应力和应变的静态分析,热机械疲劳,磨损,穴蚀,疲劳寿命分析,多体动力学、振动和模态分析,瞬态结构分析,流体与结构之间的相互作用。有限元分析(FEA,Haddock,1984)加上先进的本构材料模型,是结构设计中的常规工具。它可以处理复杂的部件几何形状并识别局部应力集中。另外,结构设计中广泛使用安全因数。在有限元模型中,每个节点上的安全因数都基于计算的应力予以确定,这样可以获得关于安全因数的一个空间分布,以检查在给定负荷条件下,最关键或危险的部位在什么位置。

今天的部件设计中的结构分析能力已经发展到了一个比较先进的水平,能够比较准确地预测关键的故障区域和疲劳寿命。从系统设计的需要来看,今后分析工作的趋势是集成各个部件和各个故障模式,以实现全系统的耐久性验证,以及包括使用概率的方法来预估发动机结构的可靠性。

2.7 发动机系统设计中的系统耐久性分析

以系统负荷作为输入数据,在详细的部件设计开始之前进行系统设计中的耐久性分析,有以下三个目的:提供发动机主要部件的初步结构选型和应力应变的强度评估,估计耐久性和可靠性寿命,以及帮助性能专业确定耐久性设计约束条件和极限值。在系统设计的早期阶段,详细的部件设计分析是费时而不切合实际的。系统的耐久性计算通常并不需要一个完整而复杂的有限元分析,而要求用快速简化的替代模型来取代有限元模型。因此,通常可以忽略源于复杂的几何形状的应力集中方面的详细信息。系统分析的方法有两种,即使用安全因数概念的确定性方法,以及更先进的使用可靠性或故障率概念的概率方法。Makartchouk(2002)总结了用确定性方法对发动机部件的结构进行概念评价的方法,包括手算公式。Kececioglu(2003)介绍了使用概率方法的结构分析。

对于连杆、曲轴、轴承和配气结构的初步结构计算来讲,它们的载荷可以靠发动机循环模拟计算和这些机构的多体动力学计算获得。这包括气缸压力负荷、部件的惯性负载和振动载荷。在活塞、气缸盖和排气歧管的热机械疲劳问题中,机械负荷和热负荷用发动机循环模拟来计算。所需的气体温度和传热系数的边界条件,也能以此获得。某些循环模拟软件(例如 GT-POWER)还能进行一些简单的有限元分析,获取部件内部的金属温度分布。后面的若干节将详细论述疲劳损伤模型。至于气缸套穴蚀问题,可以用活塞组动力学计算活塞敲击动能(详见第 11 章)。在活塞环、凸轮和气门座等处的磨损如今也可以模拟。

结构分析通常始于采用一个确定性模型来分析应力与强度之间的关系以及安全因数。然而,只考虑标称情况是不够的,这里标称值指的是材料的平均物性、平均使用参数和预先选定的安全因数的一个组合。设计人员必须也要考虑所有干扰因素的非确定性概率分布,例如负荷的变化、材料物性的潜在变化、不同的用户使用情况、制造容差。从概率的角度来看,结构性故障可以用常用的应力-强度概率分布曲线或应力-强度干涉模型来表述(见图 1.13)。这里"应力"通指任何类型的载荷,"强度"通指部件的最大结构能力。机械故障(例如断裂或疲劳)往往是由过载或强度下降造成的。过载可以是由于产品误用或者采用了不足的设计极限所造成。强度下降可以是由于材料物性退化、高温蠕变、疲劳、腐蚀或化学侵蚀所造成。概率分析的内容将在后面与可靠性有关的节中详述。

2.8 热机械故障基础

2.8.1 热机械结构概念的概述

系统的耐久性分析是柴油机系统设计的重要组成部分。故障失效机理和结构耐久性分析领域中的众多概念是非常复杂的。大多数出身于发动机性能专业的系统人员都不熟悉结构分析的概念,因此有必要进行扼要的介绍。与诸如磨损和穴蚀的其他一些机械故障的机理相比,热机械故障的理论对于发动机系统设计的耐久性来讲是最为重要的,这是因为有两个关键的性能参数直接与其相关,即最高气缸压力和排气歧管气体温度。

本节提炼总结了与热机械故障有关的关键概念和已有的分析方法,为发动机系统耐久性分析奠定一个基础。很多教科书都详细讲述了结构分析的基础知识(例如 Draper,2008),所以这里不必详细而完整地讲授基础内容。这一领域中的三个最基本的概念是应力、应变、强度。它们之所以重要,是因为应力和应变作为失效控制标准,在不同的故障机理中的用法是不同的。强度与所选定的结构设计极限值有关。另一个重要概念是损伤。在损伤模型中,由不同的机理或载荷循环类型引起的失效,可以结合起来一起评估,以推测可靠性寿命。本节将介绍热机械故障的模式,主要包括断裂、疲劳和蠕变。疲劳将予以详述,重点放在热疲劳、高循环疲劳(也称高周疲劳,英文简称 HCF)和低循环疲劳(也称低周疲劳,LCF)。关于结构耐久性分析方面的深入讨论,读者可见 Rie 和 Portella(1998),Nicholas(2006),以及 Yu(2002)的论述。关于热机械结构分析的详细内容,读者可以参考由 LMS International 公司的人员完成的一系列研究成果(Nagode 和 Zingsheim,2004;Nagode 和 Hack,2004;Nagode 和 Fajdiga,2006,2007;Nagode 等人,2008,2009a,2009b;Rosa 等人,2007;Seruga 等人,2009)。美国汽车工程师学会标准也提供了一些关于耐久性和可靠性方面的信息(SAE J450,J965,J1099,J2816,JA1000-1,JA1000)。

2.8.2 机械故障的基本概念

2.8.2.1 应力

当应力高于屈服极限时,材料在塑性区域工作。极限强度或屈服强度与实际应力的比值被定义为安全因数。在应力的一维模型中,其他两维的影响被忽略,应力张量被缩减到只有一个分量,与标量应力无异。在这种情况下的应力被称为单向轴向应力。在弹性材料的工程应用中,当一个结构元件被拉长或压缩时,通常假设其横截面积在变形过程中保持不变。事实上,截面积会发生少量变化,取决于材料的泊松比。根据截面积恒定不变的假设确定的应力称为工程应力或名义应力。考虑截面积变化而计算出的应力,称为真实应力。单向轴向压缩产生的真实应力小于名义应力。单向轴向拉伸产生的真实应力大于名义应力。

由于外部负荷、残留应力和结构的几何形状,载荷能在发动机部件中产生多向轴向应力(Bignonnet 和 Thomas,2001)。虽然在许多情况下,单向轴向应力的计算对于初步分析来讲是足够准确的,但是往往需要使用有限元分析来计算具有复杂几何形状的部件在多向轴向负荷下的应力。

应力的一些例子包括在材料铸造工艺过程中和热处理过程中的残余应力,由于非弹性变形而产生的残余应力,由于压装和拧紧螺栓(螺栓负载)而产生的预应力,由于气体载荷和惯性载荷所产生的动态机械应力,以及由于不同零件的不同热膨胀系数和部件内部的温度梯度所引起的受约束的热膨胀而造成的压应力等。残留应力指的是当造成应力的原有诱因被去除后仍残留的应力。不受控制的残留应力是不希望出现的。应力松弛是指材料的应力随时间的增加而下降,而应变保持不变的现象。应力松弛可能会影响紧固件和弹簧的加载行为。应力或应变集中是部件设计中的一个常见问题,它常导致部件失效,即使在低负荷情况下。负荷和部件的几何形状设计细节,这两者决定了应力集中发生的位置和幅值。在系统设计阶段的应力估计工作中,在没有部件设计细节的情况下,假设部件设计人员能够成功解决任何应力集中的问题,以至于这种局部的应力集中问题不会成为制约整个系统性能的瓶颈,是一种合理的假设和有效的工作方式。

2.8.2.2　应变

机械应变是对材料物质内部粒子之间的相对位移所导致的宏观变形的一种几何描述。应变由外部约束或载荷引起。应变有两种类型:弹性应变和塑性应变。应力-应变曲线通常被用来描述在一个载荷循环内的物质结构的行为(例如图 2.2 中所示的迟滞回线)。应力-应变曲线,加上从热疲劳试验中获得的材料特性,可以帮助有限元结构分析做得比较准确。

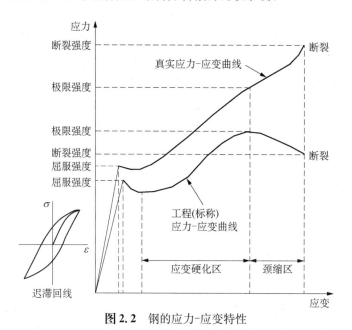

图 2.2　钢的应力-应变特性

在应力-应变关系上,有两种类型的模型。在基于塑性变形理论的应力-应变模型中,应变被表达为应力、温度和时间的函数。在基于塑性增量理论的统一的应力-应变模型中,塑性和蠕变的应变增量被视为一个非弹性应变增量。上述两种类型的典型模型分别是 Robinson 模型和 Sehitoglu 模型,这两个模型在 Ogarevic 等人(2001)的文中有所引述。部件的寿命可以基于塑形应变幅值或应力幅值(或这两者)来预测。

2.8.2.3　强度

屈服强度是使材料的应变从弹性变形变化到永久塑性变形的应力。当应力低于屈服强度时,所有的变形都是能恢复的,因为该变形处于弹性范围内。对于不能接受塑性变形的设计情形,屈服强度是作为设计极限值使用的。一些延性金属的屈服点定义采用所谓的"0.2%偏置应变"规则。

极限强度是材料在发生断裂之前可以承受压缩、拉伸或剪切载荷的最大应力(即图 2.2 中所示的工程应力-应变曲线上的峰值)。取决于不同材料,压缩和拉伸的极限强度在数值上可能很类似,也可以非常不同。例如,钢这种延性材料的极限抗压强度和极限抗拉强度是相近的,而铸铁这种脆性材料的极限抗压强度远远高于其极限抗拉强度。在极限抗拉强度下,将出现在拉伸载荷下的缩颈现象(即由于塑性流而产生的截面积缩小)。需要注意的是,当材料受到压缩载荷时,不存在颈缩现象。在拉伸载荷作用下经过了颈缩阶段后,材料就会破裂;这时,储存的弹性能量以噪声和热量的形式释放出来。在材料断裂时所达到应力称为断裂强度。发动机部件承受周期性的压缩和拉伸应力的一个典型例子是连杆。

无论是屈服强度还是极限强度,它们都是材料温度的函数。超过一定温度(例如对于铁,超过375 ℃),极限强度便开始下降。一般地,拉应力对部件是很不利的,而压应力能缓解材料的疲劳(Kim 等人,2005)。

2.8.3 损伤和损伤模型

损伤被定义为实际循环数(或时间)与要求的循环数(或时间)之间的比值。该要求的循环数指的是达到一个预先定义的宏观失效的循环数(例如由于低循环或高循环疲劳而产生的裂纹长度、磨损量)。结构分析中的损伤的概念通常是指热机械疲劳的失效,但它可以很容易地扩展到其他机械故障所造成的损伤,例如磨损和穴蚀。疲劳损伤主要包括三种机理:疲劳、蠕变、氧化。损伤可以由单一类型或多种类型的循环载荷造成。对于车辆驾驶或发动机使用期间所产生的复杂的应力-时间历程来讲(例如从热机械模拟或测试数据中获得的),一种常用的将它们分解成一组简单的疲劳循环的方法是"雨流分解"方法(Matsuish 和 Endo, 1968)。

在多种类型的载荷循环联合作用下估计疲劳损伤的最简单的方法,是假设每种周期性载荷所贡献的疲劳损伤具有如下的线性积累特征:

$$D = \sum_{i=1}^{m} \frac{n_{li}}{N_{fi}} = 1 \tag{2.1}$$

式中,D 是在整个应力-应变历程中的总累计损伤;N_{fi} 是在分解后的简单疲劳循环中第 i 个类型的载荷下达到预先定义的失效标准所需要的循环数;n_{li} 是在第 i 个类型的载荷下的实际载荷循环数;m 是载荷循环类型的总数。当损伤值 $D=1$ 时,假设疲劳失效发生。事实上,在现实中 D 可以大于 1 或小于 1。

上述损伤模型可以扩展到包括各种损伤机理的独立叠加,以考虑由于疲劳、蠕变和氧化等造成的综合效果。下面的这个模型目前被广泛采用:

$$D = D_1 + D_2 + D_3 + \cdots + D_1 D_2 + \cdots$$
$$= \sum_{i=1}^{m_1} \frac{n_{li,1}}{N_{fi,1}} + \sum_{i=1}^{m_2} \frac{t_{li,2}}{T_{fi,2}} + \sum_{i=1}^{m_3} \frac{t_{li,3}}{T_{fi,3}} \tag{2.2}$$
$$+ \cdots + C_{1,2} \left(\sum_{i=1}^{m_1} \frac{n_{li,1}}{N_{fi,1}} \cdot \sum_{i=1}^{m_2} \frac{t_{li,2}}{T_{fi,2}} \right) + \cdots$$

式中,D 是总损伤;D_1 是疲劳造成的损伤;D_2 是蠕变造成的损伤;D_3 是氧化或退化造成的损伤,等等。$D_1 D_2$ 是两个机理之间的损伤的相互作用项。$C_{1,2}$ 是一个表征相互作用效应重要性的常数(例如,$C_{1,2}=-0.5 \sim 0.5$)。T_{fi} 是在第 i 个类型的温度或机械载荷作用下达到蠕变失效所需要的时间,t_{li} 是在第 i 个类型的蠕变载荷下实际的蠕变时间。通过使用实验数据或数值模拟模型,可以用公式(2.2)计算 D 的值。当 $C_{1,2}=0$ 和 $D=1$ 时,意味着由于不同的失效机理所造成的损伤的积累是按照最简单的损伤线性积累模型而变化。实验证据表明,由于疲劳、蠕变和氧化的综合影响所造成的总损伤并不总是给出 $D=1$。事实上,D 的实际测量数据是在 $D=1$ 这条线附近波动[图 2.3(a)]。

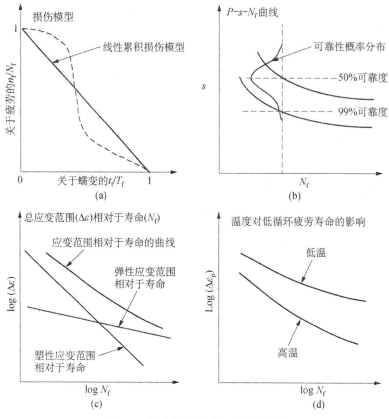

图 2.3　损伤模型和耐久性寿命分析

应力-强度相干性模型传统上一直被用于结构耐久性的概率可靠性评价中。由于许多热机械疲劳问题需要使用塑性应变（例如低循环疲劳）而不是应力作为评价标准，在这种情况下，损伤通常被用来代替应力-强度模型中的应力。对于每一种材料、每个部件设计以及在一个给定的车辆行驶里程或发动机运行小时数的使用加载过程来讲，可以计算对应的一个损伤指示参数。可以反复使用蒙特卡罗模拟方法对整个产品群体来进行这种损伤计算，包括所有多变性因素，以便构造一条应力-强度相干性曲线。

用于产品寿命预测的损伤模型（即确定到达失效所需要的总循环数），要么是基于应力的方法（如 Chaboche 方法），要么是基于应变的方法（例如 Sehitoglu 方法，以及由 Manson 和 Halford 开发的总应变-应变范围分区方法，也称 TS-SRP 方法）。正如 Ogarevic 等人（2001）在关于热机械疲劳的综述论文中总结的，当前三个最广为接受的寿命预测方法是 TS-SRP 方法、Sehitoglu 方法、Chaboche 方法。

TS-SRP 方法是最早能够预测热机械疲劳寿命的方法之一。该方法基于这样一个现象：与热机械疲劳有关的任何应力-应变迟滞回线的应变范围，可分为四个基本的应变范围元素，以分别考虑它们对疲劳寿命的不同影响。这种分区方法所采用的划分标准是取决于蠕变是否发生，以及应变是属于压缩应变还是拉伸应变。该应变范围的四个组成部分为：

（1）拉伸的塑性应变和压缩的塑性应变，即 $\Delta\varepsilon_{pp}$；

（2）拉伸的塑性应变和压缩的蠕变，即 $\Delta\varepsilon_{pc}$；

（3）拉伸的蠕变和压缩的塑性应变，即 $\Delta\varepsilon_{cp}$；

(4) 拉伸的蠕变和压缩的蠕变,即 $\Delta\varepsilon_{cc}$。

应变范围 $\Delta\varepsilon$ 与疲劳寿命 N_f 之间的关系将在第 2.8.5 节中介绍。以上所说的应变范围的四个组成部分的疲劳寿命从低到高的排序为:$N_{f,cp}$,$N_{f,cc}$,$N_{f,pc}$,$N_{f,pp}$(图 2.4)。由于总损伤是这四种机理的叠加,受疲劳和蠕变影响的总寿命 $N_{f,fc}$ 可由以下基于单一类型的循环加载损伤模型给出:

$$\frac{1}{N_{f,fc}} = \frac{1}{N_{f,pp}} + \frac{1}{N_{f,pc}} + \frac{1}{N_{f,cp}} + \frac{1}{N_{f,cc}} \qquad (2.3)$$

式(2.3)可以引入加权因子或比例因数来进一步修正,以便更准确地预测寿命。Ogarevic 等人(2001)评述了 TS-SRP 方法的历史和细节内容。

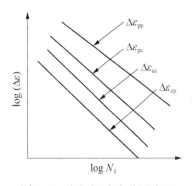

图 2.4　总应变-应变范围分区

在 Sehitoglu 方法中,热机械疲劳循环的总损伤是疲劳、氧化和蠕变所造成的损伤总和,疲劳寿命用基于应变的方法计算。Chaboche 方法是一种基于应力的方法。事实上,人们普遍认为,对于低循环疲劳,应变方法比应力方法更适合,因为低循环疲劳主要是受塑性应变控制,而不是像高循环疲劳那样受弹性应力控制。例如,在 Chaboche 模型中,对于每个分解的简单疲劳循环,由纯疲劳造成的失效所需要的循环数 N_{fi} 可基于应力按如下计算(这种算法被 Morin 等人(2005)用于柴油机缸盖分析):

$$N_{fi} = \left(\frac{s_u - s_{i,max}}{s_{i,max} - s_{fl}}\right)\left(\frac{\Delta s_i}{C_1}\right)^{-C_2} \qquad (2.4)$$

式中,i 表示第 i 个分解的简单疲劳循环;s_u 是极限应力;$s_{i,max}$ 是最大应力;s_{fl} 是疲劳极限应力;Δs_i 是应力幅值;C_1 和 C_2 是材料常数。

上述三个目前流行的寿命预测模型以及与其对应的材料测试步骤,在 Ogarevic 等人(2001)的文中有详述。应当指出,这三种方法不能互换。因此,一旦选择了一种方法,就不易改用另一种,因为与其相关的经验数据库通常是基于其中一个方法而建立的。

2.8.4　热机械故障模式

发动机的机械故障主要包括断裂(裂纹和破裂)、屈曲、疲劳、蠕变、腐蚀、氧化、穴蚀、磨损、结垢、沸腾、沉积。断裂可由机械过载造成(例如由于破裂或折断引起的灾难性迅速失效),或者由疲劳造成(疲劳引起的慢慢扩张和发展的微观小裂缝造成的宏观大裂缝或碎块)。疲劳包括高循环疲劳和低循环疲劳。屈曲是细长部件的一个特殊故障模式。蠕变是材料在应力下的一种慢性塑性变形。断裂、疲劳和蠕变的原因是应力。

发动机的热故障是指任何由温度效应而引起或加剧的失效,这些效应包括热应力、热膨胀和材料在高温下的物性退化。材料的机械性能在高温下的加速退化或老化会显著降低材料抵抗失效的强度。热机械故障是指机械故障和热故障的综合影响效果。只有暴露在正常环境温度下的发动机部件才可能会遇到纯机械故障,这时热效应可以微弱到忽略不计(例如压气机进气管、发动机悬置支架)。大多数发动机部件经历的是机械和热的双重效应,故而可能会发生热机械故障。最常遇到的故障是在气缸盖、排气歧管或活塞顶部凹腔(燃烧室)内。例如,气缸盖的气侧可能会发生高温下的低循环疲劳故障,而气缸盖的冷却液侧可能会发生高温下的高循环疲劳故障。哪个故障先发生,取决于特定的发动机应用情况。另外,机械故障和热故障模式之间存在相互作用,在诸如疲劳、蠕变和氧化这些各种更详细的故障模式之间也具有相互作用。这些相互作用会影响部件的寿命。

2.8.4.1　热故障

热故障由热负荷引起,而热负荷实际上指的就是部件里的金属温度、温度梯度和热应力。发动机部件的热负荷与气体温度、热通量、部件设计和材料物性有关。暴露在过高温度下的部件可能会发生由烧蚀、变形、腐蚀、蠕变、松弛和热疲劳引起的故障。过度的热变形会引起刮伤和间隙过盈问题,并加剧摩擦部件的磨损。交变的热应力和应变会导致热疲劳,尤其在蠕变和松弛影响下。当机械应力和热应力的总和超过材料的极限抗拉强度时,热应力会加剧机械断裂故障。当功率密度增加时,热故障往往变得比机械故障更难控制。热故障已成为发动机可靠性的主要制约因素。关于热负荷的详细介绍,读者可参考 Heywood(1988)和 French(2003)的著作。

缸内气体温度和排气歧管气体温度是两个最重要的发动机系统和部件的热负荷指标。缸内气体温度影响气缸盖、排气门、气门座、喷油器端部和活塞的金属温度。排气温度影响气门座、排气歧管、涡轮的金属温度。应当指出的是,缸内最高气体温度与排气歧管气体温度并不总是对应一致的。在一个固定的发动机转速,由较高的功率或较低的空燃比导致的较高的缸内最高温度会相应给出较高的排气温度。然而,由推迟燃油喷射定时而导致的较低的缸内最高温度却会造成排气温度升高。另外,在不同的发动机转速下传递到部件中的热量与绝对时间尺度有关,而不是与曲轴转角尺度有关。需要注意的是,其实在热机械循环里使用该循环内的最高温度来预测恒温疲劳寿命有可能既不安全也不保守(Ogarevic 等人,2000)。

2.8.4.2　烧蚀和过度的热变形

烧蚀的典型例子包括:由于过度喷油使动力缸内的部件非正常烧坏,回火,在柴油颗粒过滤器里碳烟的失控燃烧等。过度的热变形通常发生在活塞、气缸盖和排气管中。另外,部件温度过高会导致其他工作液失效的问题。例如,在活塞顶环位置的活塞温度不应过高,否则活塞环的润滑会失效,从而导致活塞环对气缸内壁的刮伤或者活塞环卡死在环槽里。

2.8.4.3　断裂和破裂

断裂是发动机部件中一种常见的结构耐久性问题。断裂是指一块材料在应力加载下分离成两块或更多碎块。断裂可以是部件在一次单一的机械超载事件中于瞬间迅速断裂,也可以是由于长期疲劳所导致的慢性裂纹萌生和扩展的最终积累结果。当所施加的负荷大于部件的极限强度(抗拉、抗压或抗剪强度)时,机械过载现象就会发生。它可以导致拉伸破坏、压缩破坏、剪切破坏或弯曲破坏(即拉伸和压缩两个力都存在)。延性破裂是延性材料的一种极限失效方式,是由于拉伸造成的大范围塑性变形引起的。而在脆性断裂中,材料破裂前并不发生塑性变形。拉伸下的破裂是发生在经历了以下几个阶段以后:塑性变形、颈缩、空穴萌生、裂纹形成、裂纹扩展、表面分离。相比之下,疲劳下开裂的机理则是不同的。另外,在高温下金属材料的极限强度会降低,这使得断裂更容易发生。

2.8.4.4　疲劳

根据应力的来源,疲劳可分为机械疲劳和热疲劳。对于发动机部件来讲,这些效应通常是结合在一起,通称热机械疲劳。根据失效的循环数,疲劳分为高循环疲劳(HCF)和低循环疲劳(LCF)。高循环疲劳失效发生于低应力和弹性变形条件下,经历一个很高的循环次数以后(例如大于 10^4 次循环)。低循环疲劳失效发生于高应力和塑性变形条件下,经历一个很少的循环次数以后(例如小于 10^4 次循环)。需要注意的是,机械疲劳和热疲劳这两者均可以是高循环疲劳或低循环疲劳。另外,一个载荷循环的时间尺度可以相差很大,从发动机的一个循环周期(例如由气缸压力引起的高循环疲劳中的加载循环)到几个小时(例如在缓慢的热循环的低循环疲劳中的加载循环)。虽然低循环疲劳中每个循环的损伤大于高循环疲劳的,但是如果低循环疲劳的发生频率远低于高循环疲劳的,高循环疲劳故障有可能会先于低循环疲劳发生。不同的故障模式(例如不同的裂纹位置)可能具有不同的疲劳机理(即是低循环还是高循环,是热应力引起的还是机械应力引起的)。关于疲劳的机理和模拟,在第2.8.5节有详述。

2.8.4.5 蠕变

蠕变是金属材料的塑性变形随时间缓慢变化的一个不可逆过程。在此过程中,材料所受应力低于屈服强度。蠕变由长期应力引起,并产生慢性应变积累或应力松弛。蠕变一般来讲是有害的,并与随时间发展的沿晶间开裂和空穴增长有关。蠕变中应变的增加通常随时间呈非线性变化。无论是热应力或机械应力,均可以产生蠕变,但热应力往往是首要因素。蠕变在同相加载条件下特别显著,而在非同相加载时就不那么显著。在交变机械应力或热应力下的蠕变大于静态蠕变。蠕变随温度增加。蠕变应变率在高温下随金属温度按指数级增长。当金属温度高于大约30%的熔化温度时,蠕变的影响就变得显著。大的蠕变应变可能会导致裂纹和断裂。当温度足够高时,即使设计应力远比屈服强度低,蠕变也可能以塑性变形出现,从而导致部件失效。蠕变和塑性变形发生在热循环内的高温条件下。当热负荷被去除后,它们会产生拉应力。在分析发动机高温运行下遇到的热故障时,需要考虑蠕变。蠕变产生的塑性应变可以模拟为时间、温度和压力的函数。在蠕变应力分析中,需要考虑与变化率相关的粘塑性理论。

2.8.4.6 腐蚀

发动机中的化学腐蚀是由于在燃烧室、进排气系统和排气再循环系统的废气中以及在润滑油中的腐蚀性燃烧产物(例如燃料中的硫)造成的。腐蚀会加剧部件的疲劳和磨损。

2.8.4.7 氧化

氧化损伤是由于在裂纹尖端和断裂处反复形成的氧化层引起的。在无循环载荷时,氧化层厚度的增长速度与时间的平方根成正比。在循环加载条件下,氧化层厚度的增长速度要高得多,这是因为氧化层反复破裂,从而将新鲜表面暴露在环境里(Ogarevic 等人,2001)。Su 等人(2002)在对气缸盖故障的研究中,介绍了氧化损伤和蠕变损伤模拟的细节内容。

2.8.5 疲劳

2.8.5.1 材料疲劳

疲劳是当材料经历循环载荷时的一种缓慢的、与循环次数有关的、不可逆的塑性变形过程。疲劳可以由小于极限抗拉强度甚至小于屈服强度的应力引起。疲劳从宏观上看体现为裂纹的萌生和传播,从微观上讲是由于材料内的穿晶断裂引起的。疲劳的原因和过程从断裂力学上可以解释为几个阶段:裂纹成核和萌生,裂纹扩展,以及最终的延性破坏。诸如循环硬化、蠕变和塑性等的材料特性或现象对疲劳均有重要影响。疲劳与蠕变不同。蠕变体现在材料内部一些空穴的变形和增长,而这些空穴主要是在高温下由晶间断裂所引起的。另外,蠕变与时间有关,而非载荷循环次数。

2.8.5.2 疲劳寿命

疲劳寿命定义为工件在指定失效方式发生之前所能承受的具有某种特定特征的最大加载循环数。显而易见,对于发动机而言,循环次数与发动机转速有关,它可以被转换为等价的耐久性小时数。循环应力、残余应力、材料物性、内部缺陷、晶粒尺寸、温度、设计的几何形状和尺寸、表面质量、氧化和腐蚀等均影响疲劳寿命。按不同的疲劳机理作用可以将部件的疲劳寿命从低到高这样排列:热冲击,高温低循环疲劳,低温低循环疲劳,高循环疲劳。在评估疲劳失效的风险时,如果部件在经历了一千万次循环后仍未失效,往往可以假设它在无限多次循环后也仍是安全的。

总疲劳寿命等于裂纹形成和裂纹扩展的寿命之和。疲劳寿命与载荷幅度的循环历程有关,因为裂纹萌生比裂纹扩展需要更大的应力。发动机部件的疲劳寿命可以用应变、应力或能量的方法来确定。由于疲劳是一个受多种因素影响的非常复杂的过程,通常地,使用宏观的现象学方法来模拟疲劳机理对疲劳寿命的影响,往往比使用微观的方法更为有效。

2.8.5.3　疲劳强度和疲劳极限

疲劳强度定义为经过一个指定的疲劳寿命期后,疲劳失效发生时的应力值。疲劳极限定义为当疲劳寿命足够长时(例如 10～500 百万次循环),疲劳失效发生时的应力值。铁合金和钛合金具有某个疲劳极限值,低于此值时该材料能有无限寿命而不失效。而其他材料(例如铝和铜)就不具备这样一个无限寿命疲劳极限,这种材料最终会失效,即使在小应力下。对于这些材料,需要选择一定的负载循环次数作为疲劳寿命设计目标。

2.8.5.4　热疲劳

发动机的热疲劳通常指的是热机械疲劳问题,热疲劳在其中起着一个主导作用。热疲劳是由循环热应力和热应变所造成的宏观裂纹体现出的疲劳失效。这些热应力和热应变是在受约束的热变形下,由于温度变化、空间温度梯度和高温造成的。在无机械负载时,热疲劳也可能会发生。所说的约束包括外部(如螺栓力)和内部的(例如温度梯度和由于连接的材料不同所造成的不同热膨胀程度)。压应力可由高温下的螺栓力产生,或在具有较高的热膨胀系数的材料内生成。拉应力可在部件冷却时产生,或在具有较低的热膨胀系数的材料内生成。在有几何约束的条件下,当温度变化时,热应力会由于循环往复的材料膨胀和收缩而产生。经过很多个加热和冷却循环,就会生成裂纹。热疲劳可以是低循环疲劳,也可以是高循环疲劳,取决于热应力的幅度(与材料的屈服强度相比)。热疲劳寿命可以用应力(对于高循环疲劳而言)或塑性应变(对于低循环疲劳而言)作为失效指标来预测,但通常采用应变而不是应力。另外,热疲劳寿命主要取决于材料的延展性,而不是材料的强度。

非恒温疲劳有时会比恒温疲劳更具破坏力。恒温疲劳发生在以一个恒定的温度来施加拉伸或压缩循环的情形。非恒温疲劳则发生在一个循环内当部件的温度和应变同时变化时。内燃机有时会在恒温状态下以稳态长时间运行,例如在固定式发电机组的应用场合或某些耐久性测试中。但是汽车发动机在大幅度变化的热循环里经常会遇到复杂得多的非恒温疲劳。

当材料暴露于一定温度以上时,材料的机械性能会随着时间恶化。材料的极限强度会由于机械性能在高温下的老化而下降。这就加剧了热疲劳中塑性变形的发生。实验结果已证实,在一个热循环中(例如从发动机的高转速负荷工况到低转速负荷工况),部件的最高温度比部件的最低温度或循环平均温度对热疲劳寿命的影响要大得多。部件的最高金属温度也比循环的温度范围更重要,这是因为材料的抗疲劳性能在高温下会迅速恶化。这意味着在发动机系统设计中,虽然使用循环最高温度来预测恒温疲劳寿命可能并不总是安全的,但在大多数情况下,还是应该采用最高气体温度和最大热通量作为设计约束条件。

热疲劳寿命可以靠降低温度和温度梯度或者减轻几何约束来提高。例如,减少金属壁厚可以减小气侧表面温度和热膨胀,从而提高疲劳寿命。在部件上开槽或凹沟则可以消除热膨胀的约束。

2.8.5.5　热机械疲劳

发动机的热疲劳通常同时伴随着热应力和机械应力。在热机械疲劳中,压缩应力和拉伸应力往往超过材料的屈服强度。经常会发生热机械疲劳失效的三个典型的发动机部件分别是气缸盖、活塞、排气歧管。热机械疲劳(高循环疲劳或低循环疲劳)的故障包括由以下三个机理造成的累积损伤:机械疲劳或热疲劳、氧化和退化、蠕变。氧化是环境变化造成的。退化是指化学分解和由于温度变化或机械疲劳而导致材料强度的恶化。材料老化也影响损伤,但起次要作用。

发动机的系统设计、部件设计和耐久性测试是三个密切相关的领域,以共同实现成功的设计和对热机械疲劳寿命的预测。完整的热机械疲劳分析包括应力-应变预测和寿命预测。其中的要素包括以下几个(图2.5):

- 动态热负荷;
- 动态机械负荷;
- 瞬态部件温度分布;
- 在低温和高温下的材料本构规律或特性;
- 应力和应变;
- 疲劳准则和损伤指标;
- 部件寿命预测;
- 统计概率的预测,以考虑产品群体中的变化。

其中,温度场的计算取决于发动机的受热历程和热惯性,以及在瞬态循环中的气体温度和质量流量。对于详细的部件设计来讲,三维应力和非恒温循环的影响在损伤指标的计算中比较重要。Ogarevic 等人(2001)给出了一个关于发动机热机械疲劳的全面评述。热机械疲劳寿命预测的模拟方法在 Swanger 等人(1986)、Lowe

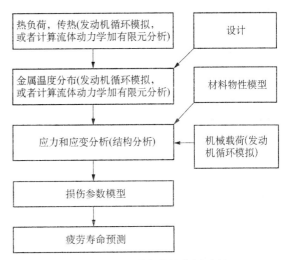

图2.5 热机械疲劳的分析过程

和 Morel(1992)、Zhuang 和 Swansson(1998)、Ahdad 和 Soare(2002)的论文中有所论述。Junior 等人(2005)讨论了柴油机的累积疲劳损伤。Fessler(1984)评述了变形和应力分析工作。

2.8.5.6 高循环疲劳

高循环疲劳是由小的弹性应变引起的、在失效发生之前经历了很多次负载循环的一种疲劳。它的应力来自于均值和交替应力的组合。均值应力可以由残余应力、装配载荷或极不均匀的温度分布而引起。交变应力是在任何给定频率下的机械应力或热应力。发动机的高循环疲劳中的典型载荷参数是循环往复的气缸压力负荷或部件的惯性力负荷。

由于高循环疲劳中的主导应变主要是弹性应变,所以它需要一个较高的载荷循环次数来达到疲劳失效。它的应力比低循环疲劳的要低,而且也低于材料的屈服强度。相比之下,低循环疲劳中的主导应变是塑性的。高循环疲劳通常没有像在低循环疲劳中那么大的宏观塑性变形。高循环疲劳的典型例子是与气缸盖的水侧火力岸相连的切向进气道上的裂缝,以及在气门座区域、活塞、曲轴和连杆内的裂缝。

由于高循环疲劳主要受弹性变形控制,使用应力作为失效准则通常比使用应变更为方便。部件的高循环疲劳寿命通常用一个应力-寿命曲线来表征[即s-N_f曲线,图2.3(b)],用循环应力幅值相对于失效循环次数的对数刻度来作图。对于恒定不变的循环载荷,关于高循环疲劳的s-N_f曲线的一个常用经验公式通常为:

$$s^{C_1} N_f = C_2 \tag{2.5}$$

式中,C_1 和 C_2 是常数;s 是载荷循环的最大应力;N_f 是用失效循环次数表示的高循环疲劳寿命。较高的应力会导致较短的高循环疲劳寿命,而较高的材料强度可以提高高循环疲劳寿命。

2.8.5.7 低循环疲劳

低循环疲劳是由大塑性应变引起的、在失效发生前只需经历较低次数负载循环的一种疲劳。低循环疲劳中具有由机械负荷或热负荷造成的高于材料屈服强度的应力。例如,在一个载荷循环中,当热的受压区域被冷却后,就可能会形成很高的拉伸应力。这个应力可能会超过屈服强度,造成较大的塑性变形。正如其他很多故障一样,低循环疲劳造成的裂纹通常起源于应力或应变集中的小区域。低循环疲劳的失效标准可以体现在部件上出现一个具有一定长度或深度的宏观裂纹或整个断裂。其失效的典型例子是经过热循环后在气缸盖的气门"鼻梁区"和排气歧管内出现的裂缝。

一个部件的低循环疲劳寿命可以用塑性应变幅值或应力幅值来预测,以塑性应变幅值更为合适和更加常用。事实上,最大拉应力和应变幅值这两者在低循环疲劳寿命的预测中都非常有用。一般情况下,较大的塑性应变会导致较短的寿命。更好的材料延展性能够提高低循环疲劳寿命。如果一个部件经历的是低循环疲劳,那么较高的材料强度可能反而会降低它的使用寿命,这是因为较高的材料强度通常会降低延展性。

在单一类型的循环加载情况下(即塑性应变范围在每个加载循环内保持恒定),塑性应变的变形通常可以采用在 20 世纪 50 年代由 Manson 和 Coffin 开发的Manson-Coffin关系式来预测。该公式将塑性应变的范围与低循环疲劳寿命之间的关系描述如下:

$$\Delta\varepsilon_p N_f^{-C_3} = C_4 \qquad 即 \qquad \Delta\varepsilon_p = C_4 N_f^{C_3} \tag{2.6}$$

式中,$\Delta\varepsilon_p$ 是塑性应变范围;N_f 是达到疲劳失效的载荷循环次数。需要注意的是,$2N_f$ 是在应力-应变迟滞回线上的回转次数。C_3 和 C_4 是经验材料常数。C_3 称为疲劳延性指数,通常在 $-0.5 \sim$ -0.7 之间。较高的材料温度会使 C_3 的值更负。C_4 是一个经验常数,称为疲劳延性系数,它与材料的断裂延展性密切相关。从式(2.6)可以看到,较大的塑性应变范围会导致较低的低循环疲劳寿命循环次数。

Manson 后来提出一个使用总应变的更通用关系式,具有如下形式。式中包括弹性和塑性应变在内的总应变是用来作为低循环疲劳寿命的指标:

$$\Delta\varepsilon_{total} = \Delta\varepsilon_p + \Delta\varepsilon_e = C_4 N_f^{C_3} + C_6 N_f^{C_5} \tag{2.7}$$

式中,$\Delta\varepsilon_e$ 是弹性应变范围,等于弹性应力范围除以杨氏模量。$\Delta\varepsilon_p$ 是塑性应变范围;C_6 是一个与疲劳强度有关的系数;C_3 和 C_5 是材料常数。式(2.7)可以用于构建部件的应变-寿命图[图 2.3(c),使用对数刻度]。

柴油机的低循环疲劳通常是由高于蠕变温度的部件温度所引起的较大热应力而造成。蠕变温度通常等于以开尔文为单位的金属熔化温度的 30%~50%。很多诸如蠕变、松弛、氧化和材料退化等因素都开始在高温时产生重大影响。在较低温度下,疲劳是主要的失效机理,而在高温时蠕变可能会变得更加重要。高温低循环疲劳寿命通常比在较低温度下的低循环疲劳寿命短得多[图 2.3(d)]。材料的延展性是确定低循环疲劳寿命的另一个主要因素。延展性受温度影响。此外,如果加载循环的频率变慢,高温低循环疲劳寿命将缩短,因为在较低的循环频率下,蠕变和氧化的作用更加突出。当考虑蠕变效应时,式(2.6)修正如下,而且这样的修正在现今已被广泛用于低循环疲劳寿命预测:

$$\Delta\varepsilon_{pc} = C_4 (N_f f_{ql}^{C_7-1})^{C_3} \tag{2.8}$$

式中,$\Delta\varepsilon_{pc}$是非弹性应变范围,包括塑性应变范围和蠕变应变范围;C_7是一个材料常数;f_{ql}是循环加载频率,这里考虑了与时间相关的蠕变的影响(例如蠕变保持时间)和松弛的影响等。式(2.7)中的弹性应变项也可以做类似的修正。

Barlas 等人(2006)给出了一个源于纯蠕变的失效循环数的关于发动机气缸盖的分析计算,他们采用的是在 $t_1 \sim t_2$ 时间区间内的以下积分:

$$\frac{1}{N_f} = \frac{1}{C_8+1}\int_{t_1}^{t_2}\left(\frac{s}{C_9}\right)^{C_{10}}\mathrm{d}t \tag{2.9}$$

式中,C_8,C_9和C_{10}是纯蠕变的材料常数或常量;s是由 Von Mises 应力、最大主应力和应力张量的迹组成的线性组合所对应的一个等价应力。

严格地说,基于恒温和单向轴向条件的古典低循环疲劳定律(例如Manson-Coffin关系)对于现实世界中的非恒温、多向轴向问题是无效的。因此,现行的流行分析方法对于现实世界中的发动机耐久性问题,或多或少都只是一些简化近似的处理。预测非恒温、多轴向问题的部件低循环疲劳寿命是非常困难的,尤其对于在发动机系统设计中的前期设计和概念层面上的结构寿命分析工作来讲。Lederer 等人(2000)深入讨论了传统的低循环疲劳寿命理论在疲劳寿命预测方面的局限性。他们也展示了使用一种比较合理的、简化的非恒温低循环疲劳判断标准。他们关于关键失效部位的模拟计算结果与测试结果相比,吻合较好。

2.8.5.8 热冲击

热冲击是指当部件的热通量和温度梯度突然快速变化时,部件经历大幅度突变的热应力和热应变的过程。部件在热冲击下容易产生裂缝。在热冲击时产生的应力比在正常加载循环中的应力高很多,而且甚至会超过材料的极限强度。虽然有其独特的特点,热冲击可以视为一种严重的低循环疲劳。用于分析热冲击故障的标准可以是应变或应力,以应变为合适。

热冲击会使材料失去延展性,并相应地缩短部件正常的低循环疲劳寿命和热疲劳寿命。它也可能导致脆性断裂。它的寿命比正常的低循环疲劳寿命短得多。具有较低的导热系数和较高的热膨胀系数的材料,在抵御热冲击方面最薄弱。通过比较缓慢地改变温度以减小温度梯度,可以防止热冲击。增大材料的一个"热冲击参数"也可以改善抵抗热冲击的能力。这个热冲击参数反映了材料抵抗热冲击的能力,它正比于导热系数和材料所能抵抗的最大拉力,并且反比于热膨胀系数和材料的杨氏模量。

2.9 柴油发动机的热机械故障

2.9.1 气缸盖的耐久性

2.9.1.1 气缸盖的故障机理

气缸盖的疲劳和开裂是发动机耐久性的最重要问题之一。气缸盖的耐久性受热机械疲劳所制约。控制气缸盖的最高金属温度和最大温度梯度,是解决热疲劳问题的关键。气缸盖有两个主要的故障模式:第一,由气缸压力负荷(高应力)引起的在冷却液侧的高循环疲劳裂纹;第二,由严重的热负荷(高塑性应变)引起的在气体侧的低循环疲劳裂纹。Kim 等人(2005)指出,对于高速直喷柴油机的气缸盖来讲,在水套区域由高循环疲劳造成的裂缝往往比气侧火力岸处由低循环疲劳造成的裂缝更容易发生。Maassen(2001)总结了柴油机气缸盖的各种故障模式。

柴油机气缸盖承受以下四种类型的载荷,这些载荷影响疲劳寿命:

- 在制造过程中产生的预应力,例如由于铸造、热处理(如淬火)和加工过程造成的残余应力;
- 装配载荷,例如螺栓力和压装载荷。它和残余应力影响平均应力值;
- 由于缸内气体压力而造成的机械运行负荷;
- 运行工作循环中的高温缸内气体及其大幅度温度变化引起的热负荷。

2.9.1.2 气缸盖的高循环疲劳

由于柴油机在较高气缸压力和热负荷下运行,气缸盖里的拉伸应力会容易导致高循环疲劳裂纹发生,特别是在气缸盖的水套区域。一些研究认为,热处理工艺过程中所产生的较高拉伸性残余应力是造成在长进气道根部产生裂纹的原因,并在此形成整个气缸盖内最低的安全因数(Kim 等人,2005)。他们还发现,气缸盖螺栓力在裂纹处导致弯曲变形和拉伸应力。由于部件温度分布的不均匀,气缸与气缸之间的应力水平可能会变化较大。解决裂纹问题的设计措施包括在开裂处增加抗弯刚度以减少弯曲量,并在制造过程中用更好的热处理工艺过程来减小拉伸残余应力。Hamm 等人(2008)详述了气缸盖高循环疲劳问题的解决方案。他们用最低安全因数作为设计的评价标准来比较不同的设计。

2.9.1.3 气缸盖的低循环疲劳

气缸盖内的低循环疲劳裂纹主要发生在以下位置:气侧火力面上喷油器孔和排气门座之间,预热塞孔和排气门座之间,以及气门之间的"鼻梁区",特别是进气门与排气门之间的"鼻梁区"。裂纹主要由高的热负荷、大的温度梯度以及在相对变化较缓慢的热循环中的热应力而造成,在高温下材料强度下降也是一部分原因。气缸盖中高温下受约束的热膨胀产生压应力。当气缸盖温度在低负荷条件下降低时,材料发生收缩,这导致较高的拉压力。较大的温度变化加上蠕变和材料热老化的影响,使得局部拉应力超过了材料在高温时的屈服强度,并由此产生较大的塑性应变幅值。经过一系列这样冷热反复的热循环后,裂纹就萌生了,并在累积的损伤下扩展。这种热疲劳循环的一个典型例子就是发动机起动-停机工况。

虽然在进排气门之间的"鼻梁区"金属温度比两个排气门之间的"鼻梁区"金属温度低,但是进排气门之间的"鼻梁区"通常在低循环疲劳方面更为薄弱,因为那里具有更大的温度梯度(Zieher 等人,2005)。在这个区域的低循环热疲劳对发动机系统设计施加了一个热负荷方面的与热循环有关的约束条件。缓解低循环热疲劳问题的方法之一是限制最高缸内气体温度值(或排气温度值)并防止气缸盖金属温度上升到一个阈值。高于该阈值时,材料的弹性极限(屈服强度)便开始下降(Gale,1990)。

2.9.1.4 气缸盖的热机械疲劳寿命预测

在文献方面,Gale(1990)评述了柴油机气缸盖的设计。Kim 等人(2005)和 Hamm 等人(2008)提供了一些关于柴油机气缸盖的热机械疲劳问题的设计解决方案。Maassen(2001)详细讨论了气缸盖的残余应力、高循环疲劳和低循环疲劳。Koch 等人(1999)、Lee 等人(1999)、Maassen(2001)、Su 等人(2002)、Zieher 等人(2005)、Barlas 等人(2006)研究了柴油机气缸盖的热机械疲劳失效的结构模型。Su 等人(2002)分析了铸铝缸盖,Zieher 等人(2005)分析了铸铁缸盖(灰铸铁、蠕墨铸铁、球墨铸铁)。Koch 等人(1999)开发了一个模拟工具,来计算给定的发动机运行循环中随时间变化的应变和应力。在气缸盖的有限元分析模型中,他们采用循环的温度变化和热负荷作为输入边界条件。

铸铝制成的柴油机气缸盖的热机械损伤通常包括疲劳、氧化和蠕变的积累(Su 等人,2002)。灰铸铁气缸盖的损伤包括额外的另一个机理——脆性。Zieher 等人(2005)描述了铸铁气缸盖的一个本构模型、损伤模型和寿命预测模型,并考虑了疲劳、蠕变和脆性这三个机理。他们指出,对于灰铸铁,脆性破坏在具有较大热应变的热循环中起着重要的作用。

Su 等人(2002)介绍了一个统一的粘塑性本构模型来模拟材料的物性变化,并将单向轴向热机械疲劳寿命分析拓展到了应力和疲劳损伤的三维分析。Barlas 等人(2006)在他们的本构模型中考虑了材料老化的影响,这个因素对于柴油机气缸盖的耐久性分析来讲十分重要。

2.9.2 排气歧管的耐久性

2.9.2.1 排气歧管负荷及对发动机性能的影响

排气歧管由入口法兰、排气管、排气支管、出口法兰、垫片和螺栓等组成。作用在排气歧管上的负荷有以下四种类型,其中第一类和第二类负荷一般是排气歧管的主要负荷:

(1) 由排气歧管气体温度和相关的具有周期性变化的金属温度场(包括温度水平和温度梯度)造成的热负荷(热应力);

(2) 由外部约束条件,比如局部约束螺栓力和不同的热膨胀,所产生的应力;

(3) 由诸如涡轮增压器等的外部附件施加的动态激励。动态激励影响噪声和振动,由此引起的机械应力有时会导致高循环疲劳。事实上,高循环疲劳失效问题很少在排气歧管中遇到。这样的问题主要都是由于支架或安装座的不恰当设计造成的;

(4) 排气歧管气压。这类负荷对于排气歧管耐久性的影响可以忽略不计。

热循环会在发动机运行的很多情形下遇到,比如在起动和关机时的暖机和降温过程,或者在以不同的转速和负荷运行时。热负荷或与热循环有关的热应力有时会导致应力高于排气歧管材料的屈服强度,造成低循环疲劳。

排气歧管的气体温度是影响涡轮增压器性能的一个关键系统设计参数。它受很多参数影响,比如喷油量、进气歧管气体温度、空燃比、排气再循环率、燃油喷射定时、排气道和排气歧管散热量等。在许多情况下,较低的最高缸内温度会对应于较低的排气歧管气体温度(例如当排气再循环率增加时)。因此,排气歧管气体温度经常被用来作为一个衡量作用于"缸内"部件上的热负荷的方便而可测的指标。例如,在设计或标定中,出于对气缸盖(而非排气歧管)的耐久性考虑,可能会基于排气温度而降低发动机的额定功率(或者另一种做法往往是基于机油和冷却液温度)。但是,应当指出,这种相关性或同步性并不总是成立的,因为最高缸内气体温度受发动机在压缩冲程和膨胀冲程的热力循环过程影响,而排气歧管气体温度主要受排气冲程内的缸内气体温度影响。关于这一点,前面有过论述。

2.9.2.2 排气歧管压力对耐久性的影响

排气歧管压力是最重要的发动机系统设计参数之一。透彻地了解这个参数对耐久性的影响是必需的,这样才能恰当地指定排气歧管压力的设计极限值。排气歧管压力主要与发动机排气流量、涡轮面积和排气歧管容积有关。它影响涡轮的压比,因而影响进气歧管增压压力和空燃比。它也极大地影响发动机压差(即排气歧管压力减进气歧管压力)。当发动机的功率密度增加或者所允许的发动机本体碳烟排放量下降时,在额定功率工况往往需要更高的进气歧管压力。这就对发动机的结构强度提出了挑战,以承受相对应的更高的最高气缸压力、压气机出口的空气温度、排气歧管压力。这里值得注意的是,压气机出口的空气温度影响诸多部件的低循环疲劳寿命,比如压气机的叶轮和机壳、橡胶密封件、中冷器及其连接管。

在发动机的设计和性能排放的标定中,出于耐久性顾虑,不应该超过以下两个不同的参数的极限值:发动机压差和排气歧管压力。发动机压差是泵气损失的一个指标,它也影响排气门在进气冲程中是否会跳浮离开气门座。在快速瞬态加速、寒冷气候下运行或排气制动时,排气再循环阀门可能会保持关闭,这致使大量排气流过涡轮,会产生一个很高的发动机压差。如果要防止排气门跳浮脱离气门座或者限制跳浮后排气门的反弹幅度,就需要采用预紧力足够大的排气门弹簧。如果弹簧的预紧力过大,配气机构的摩擦损失和凸轮应力就可能过高。排气歧管压力本身通常具有由气波动力学效应而引起的较大脉动特征。脉动的峰值不论在发动机点火工况还是发动机制动工况都往往会比循环平均值高很多(比如 $100\sim200$ kPa)。

非常高的排气歧管压力本身一般并不会造成排气歧管的结构失效,因为歧管壁面通常是足够厚的。排气歧管与气缸盖之间存在一个垫片,以防止高温排气泄漏或者空气从外部渗入。这个垫片可以承受比排气歧管的正常运行压力水平高得多的压力。垫片的泄漏问题通常不是由于歧管压力造成的。泄漏是由于热疲劳所引起的变形造成的。当发动机压差控制得很好时,高的排气歧管压力本身也不会对排气配气机构产生不利影响。最大允许的排气歧管压力往往发生在全负荷或排气制动工况,而通常不会被以下因素所限制或决定:排气再循环冷却器接在排气歧管上的进气接头、涡轮的轴颈轴承、涡轮的止推轴承、涡轮的密封、涡轮增压器的润滑油泄漏。排气歧管压力的最大允许设计极限值通常由以下因素决定:

- 排气再循环阀门;
- 排气再循环冷却器中薄管的疲劳;
- 气门杆密封和气门导管;
- 在涡轮进口处的排气管或排气再循环连管上加装的薄壁弹性波纹管;
- 涡轮工作轮的高循环疲劳寿命(与强大的压力脉冲冲击波有关);
- 传感器及其在排气歧管内的安装座。

事实上,上述所有六条内容均可以在设计上予以改善,以承受较高的排气歧管压力,使得它们不会成为妨碍提高整个发动机的允许歧管压力极限值的瓶颈。应当指出的是,最高允许排气歧管压力,作为发动机系统设计中最为重要的约束条件之一,不应该随便由某个供应商(例如排气再循环系统或涡轮增压器供应商)在没有合理理由时强行指定。否则,发动机制造企业将没有必要地在发动机系统设计和性能排放标定中过分地约束自己。

2.9.2.3 排气歧管的热机械低循环疲劳

热机械低循环疲劳是排气歧管的主要失效机理。此种失效体现为歧管上的裂纹和垫片泄漏,主要由高排气温度和金属中的大温度梯度引起。裂纹最可能发生在歧管上那些受约束的变形区域或者温度梯度较大的区域(如在某些过渡段圆角上)。排气歧管泄漏通常是由于在歧管与相邻部件之间接口处的热负荷所造成的塑性变形引起的。在排气歧管中的较高压应力是由于较高的材料温度和螺纹连接造成的热膨胀受约束所造成的。当应力超过材料的屈服强度,塑性变形或塑性应变就会发生。当发动机冷下来后,原来的压应力变成了局部拉应力,而且可能会超过材料的抗拉屈服强度。这种由循环热负荷造成的反复大幅度塑性应变会导致歧管的热机械低循环疲劳失效。在歧管的故障模式中,存在以下三个按重要性顺序排列的机理:由于塑性变形造成的疲劳、蠕变、氧化。在全负荷高温条件下,排气歧管主要承受压缩载荷(即非同相载荷),而蠕变的影响是次要的。

2.9.2.4 排气歧管耐久性的设计方案

排气歧管在耐久性方面的基本设计问题是要最大限度地减少热应力和热变形,以避免大的塑性应变幅度和疲劳裂纹。排气歧管的耐久性一般是一个部件层面的问题,特别是对于新发动机来讲,因为正确的材料选择和局部的细节设计往往总可以解决与排气温度有关的几乎所有问题。材料选择是成本与抗热能力之间的权衡。柴油机的排气管气体温度一般低于汽油机。基于最高排气歧管气体温度的要求,可以适当选择歧管的设计类型和材料。较好的材料能提高热疲劳寿命,并降低蠕变效应。氧化问题往往可以靠通过使用更抗氧化的材料来解决,但往往要与高温强度做一个权衡(Gocmez 和 Deuster,2009)。Park 等人(2005)详细讨论了排气歧管的材料选择、高温抗氧化性能和热疲劳等方面的课题。Gocmez 和 Deuster(2009)给出一个关于排气歧管故障模式、寿命预测和优化设计的评述。

局部设计细节(例如形状、装配约束条件)和气体温度都极大地影响排气歧管的低循环疲劳寿命。如果所有的部件设计方案都用尽了,但仍然无法控制低循环疲劳的塑性应变,就必须在系统设计中降低发动机运行时的排气管气体温度。这必然会影响发动机的性能(例如功率和空燃比)。

2.9.2.5 排气歧管的热机械疲劳寿命预测

排气歧管的热疲劳寿命测试通常需要很长时间才能完成。采用模拟计算方法预测排气歧管的热疲劳寿命对于概念设计阶段和详细设计阶段均非常重要。模拟可以帮助迅速确定可以接受的气体温度水平和适当的排温设计极限值,确定歧管关键故障部位,并指导部件设计消除局部结构弱点。

关于排气歧管的全面的有限元结构分析包括对螺栓力、金属温度场、应力-应变响应、疲劳寿命和垫片压力分布等的评价。金属温度分布通常是低循环疲劳分析中最重要的边界条件。在发动机系统设计中关于硬件尺寸选型的考虑,主要是在全负荷工况下,而这时排气歧管气体温度达到最高。简化的耐久性分析可以使用在热循环中所遇到的最高温度来评估排气歧管的疲劳寿命。但是应当指出,最高排气温度并不一定在排气歧管内导致最高的应力或应变。有时在一个热循环内的最低温度可能会导致最大的拉应力。对于系统设计人员来说,真正的问题是,在稳态全负荷工况下排气温度可以被设计得多高,以至于在全负荷耐久性测试和缓慢变化的瞬态热循环这两种重要情形下所对应产生的热应变能够满足设计要求。另外,排气歧管耐久性和疲劳寿命的模拟应该考虑在高温低循环疲劳中所涉及的所有三个主要机理:由于循环塑性应变产生的疲劳,蠕变,以及氧化。

在设计的早期阶段对排气歧管的简化热机械模拟,能用来筛选一些概念设计,例如靠最大限度地减小某个热应力指示参数进行筛选(Park 等人,2006)。他们提出的这样一个指示参数是弹性有效应力与屈服强度之间的比值。这样的简化计算比完整的有限元分析方法简便迅速,并适合于系统设计。

研究人员在过去的十几年里在排气歧管的热机械疲劳分析上有一定的进展。Watanabe 等人(1998)开发了一种使用塑性应变作为评价标准的分析方法,来判断汽油机排气歧管的热疲劳寿命。他们的模拟结果与发动机耐久性实验结果吻合得很好。Lederer 等人(2000)详细论述了柴油机排气歧管的热机械疲劳分析方法,包括热边界条件计算、材料特性和疲劳寿命估计。Mamiya 等人(2002)讨论了采用内壁和外壁的传热模型来计算排气歧管金属温度的一个详细过程。他们采用一种简化方法估计低循环疲劳寿命,并假设裂纹的主要成因是大的热塑性应变范围(从有限元分析导出),而且应变集中区域是可能失效的关键部位。他们采用传统的Manson-Coffin关系式来模拟疲劳寿命。与疲劳实验数据相比,他们的简化方法具有可以接受的准确度,故而该方法的有效性得到了一定的验证。Ahdad 和 Soare(2002)提出使用一种基于能量的热机械疲劳标准来分析排气歧管寿命。Delprete 和 Rosso(2005)详细描述了采用有限元分析进行排气歧管应力应变计算的瞬态结构模拟(即依时间而变化)。他们发现,排气歧管中的最大等效应力(Von Mises 应力)发生在热循环结束时;这时金属温度下降到了热循环内的最低水平。他们的结论是,简化的有限元分析模型是能够模拟排气歧管的热结构行为的,而且计算时间短。因此,他们这种计算方法对发动机系统设计领域来说是很有吸引力的。

2.9.3 发动机气门的耐久性

2.9.3.1 配气机构的耐久性问题

发动机配气机构的耐久性问题包括以下内容:气门的热机械疲劳,气门弹簧的机械疲劳,凸轮的疲劳和磨损,气门座的磨损,气门杆的刮伤和磨损,在其他界面上的磨损(例如摇臂轴、摇臂前端垫)等。许多配气机构的耐久性问题都与系统层面的负荷或设计参数有关,例如排气温度、气门弹簧力、气门落座速度。提高发动机功率密度的结果往往是在气门和气门座上施加了更高的气缸压力和热负荷。另外,降低排放和燃料消耗的设计要求需要将凸轮升程型线设计得更"陡峭",并往往要求使用更大的气门弹簧力来更好地控制配气机构部件的运动。另一方面,耐久性要求的提高需要配气机构的设计更为经久耐用。产品利润和盈利方面的要求需要配气机构设计在材料选择和设计复杂性上必须节省成本。所有上述要求都需要系统工程师在柴油机设计的早期阶段考虑配气机构的耐久性。

2.9.3.2 气门材料和设计

常见的气门故障模式包括以下五个现象:气门头部开裂,气门杆断裂,气门杆卡死和刮伤,气门膨出,气门表面出沟槽(Johnson 和 Galen,1966)。在过去的半个世纪以来,排气门的材料和设计呈现出巨大的演变和发展,而进气门的材料和设计上的变化则小得多(Schaefer 等人,1997)。现代柴油发动机的气门设计变化被性能要求所驱动。例如,要求发动机具有更好的进排气功能对使用四气门提出了设计需求。当每个气缸使用四个气门时,每个气门的尺寸就变小。另外,要求配气机构动力学性能更为优越对轻质配气机构便提出了设计需求。通过减小气门杆的直径,也可以尽可能地减小气门重量。

与气门耐久性有关的最重要的参数是金属工作温度、所承受的应力水平和气门暴露其中的腐蚀性燃烧产物的特性。气门头部内的循环拉应力幅值大小是最高气缸压力的函数。排气门的金属温度与排气温度和冷却状况密切相关。现代四冲程柴油机有两个与排气温度密切相关的性能特点。首先,当排气再循环率逐渐增加以及氮氧化物排放量相应地越来越低时,排气温度变得越来越低(如果功率密度不增加)。第二,由于需要采用比进气歧管压力更高的排气歧管压力驱动排气再循环气流,直接从进气道短路到排气道的扫气量就变得很少或者根本没有。因此,与非排气再循环发动机相比,排气再循环发动机对排气门的新鲜空气扫气冷却效果就弱得多。另外,需要注意的是,进气门温度比排气门温度低得多。这种在温度上的差异导致进气门和排气门在热膨胀程度和配气机构间隙上都有很大不同。

气门内的温度分布、金属温度对气门钢性能的影响、热应力、机械应力和气门座设计这些课题,在过去都被非常全面而深入地研究过。现代发动机对气门设计的要求大体集中在高温疲劳强度和耐磨性方面,以期实现更长的气门使用寿命并使发动机功率密度能更高。一般来讲,气门材料的选择是一个部件层面的细节设计问题。材料具有足够的强度是抵抗高温疲劳的关键。另外,材料选择是介于性能、耐久性与成本之间的一个权衡。

在选择气门合金和热处理方法的设计过程中,需要考虑材料的耐腐蚀性,这是因为腐蚀会显著降低材料的疲劳强度。气门的受腐蚀程度直接受燃油的物性影响。使用低硫柴油和低硫酸盐灰分机油可以减少进气门和排气门在高温时受到的硫化腐蚀。另外,排气再循环气体也可能会对进气门造成一些基于酸性的腐蚀。

内燃机气门的耐久性在过去的几十年里被广泛研究(Newton,1952;Newton 等人,1953;Tauschek,1956;Johnson 和 Galen,1966;Giles,1966;Wang,2007)。Schaefer 等人(1997)给出了一个关于在过去的五十年里重载柴油机气门材料和设计方面的重要而全面的评述。他们的论述涵盖了与气门耐久性相关的材料和设计方面的所有主要设计准则。

2.9.3.3 气门落座速度和气门杆断裂

由疲劳引起的气门杆断裂的耐久性风险是被气门落座冲量(即气门落座速度乘以质量)所控制的,而这个落座速度在很大程度上受凸轮型线设计控制。凸轮设计也影响发动机的性能和配气机构动力学。在发动机运行时,往复循环的气门落座过程会在气门头部和气门杆内产生一个循环拉伸应力。在高负荷工况下,由于气缸盖的热变形较大,气门不能均匀地沿着圆周方向落座。这将造成在气门和气门座上增加额外的落座应力,并在气门杆与气门弹簧座挡圈之间的界面上造成弯曲应力。

气门落座速度主要受凸轮加速度型线的影响,其次受凸轮型线关闭侧的缓冲段设计的影响。气门落座速度也影响发动机的噪声和振动。如果凸轮加速度型线的形状过于陡峭(比如为了获得高充气效率)或设计不当,进气门落座速度可能会过高。排气门的落座速度偏高的原因如下:①为了实现较低的泵气损失而采用非常陡峭的排气凸轮加速度型线;②为了减小过高的缸内再压缩压力而采用非常陡峭的排气凸轮关闭侧型线(注意:该压力常由于在具有高排气再循环率的柴油机中使用小涡轮面积造成);③设计不良的排气凸轮加速度型线;④设计不当的凸轮型线的关闭侧缓冲段。

2.9.4 凸轮的疲劳和应力

2.9.4.1 凸轮应力简介

大多数配气机构凸轮和从动件的故障可以分为两大类:疲劳和磨损。凸轮的接触疲劳常称为剥落或层裂(或剥蚀、点蚀、片落)。剥落是在高接触应力下由于疲劳而产生的金属故障,反映于内部裂纹蔓延扩张到表面并伴随着材料脱落。加强材料的性能或者减小最大赫兹弹性应力,可以避免接触表面发生剥落。赫兹应力是这类高循环疲劳故障的一个良好指标。

刮伤是由于高接触压力所伴随的润滑油膜破裂造成接触面微焊的结果。刮伤发生于接触部分呈部分塑性变形时。在配气机构中,严重的粘着磨损指的就是常说的刮伤。刮伤和磨损与接触区域的润滑条件和温度有关。

应当指出,凸轮应力不是唯一用来判断凸轮-从动件界面上的耐久性的参数。另外两个重要参数分别是润滑油膜厚度(详见第 10 章)和闪光温度(对平底从动件而言,在第 2.11 节中讨论)。图 2.6 给出了一台重载柴油机推杆式配气机构的凸轮应力和油膜厚度的模拟计算结果。据观察,油膜厚度在较低的发动机转速(700 r/min)时较小。油膜厚度在凸轮顶部较小,而那里的凸轮应力达到最大。在凸轮两翼部位的油膜厚度随着润滑油的卷吸速度而变化。相对于曲轴转角而变化的油膜厚度和凸轮应力的变化规律是各不相同的。在有些凸轮应力较大的地方,油膜厚度较小。

两个弹性物体在载荷下相接触处的变形状态和应力计算分析是由著名的海因里希·赫兹在很久以前建立的。赫兹应力(一种压应力)是凸轮应力评估中所常用的唯一主应力。凸轮应力是一个

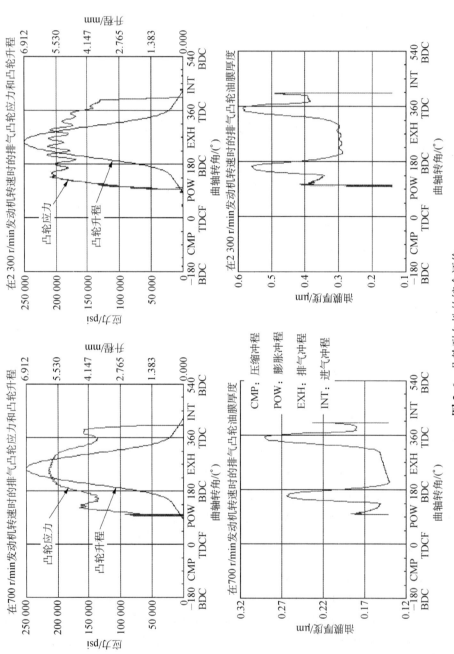

图 2. 6 凸轮耐久性的综合评价

重要的发动机系统设计参数,它影响着摇臂比、凸轮型线、凸轮加速度、弹簧力、凸轮基圆直径、滚轮直径等的设计决策。凸轮应力主要由凸轮受力和凸轮曲率半径所决定(图 2.7)。较大的弹簧力、配气机构振动力和气体载荷都会使凸轮应力升高。赫兹应力正比于凸轮受力的平方根。在低发动机转速下,凸轮应力随凸轮转角变化的函数呈现出一个光滑的分布形式,其峰值应力发生于凸轮顶部(图 2.8)。凸轮顶部应力在发动机起动转速时可能会达到最大;这时由于转速很低,动态的惯性力作用微不足道。在高转速下或当配气机构承受较高的气体载荷时,凸轮应力的分布形式会变得很震荡,而且峰值可能会出现于凸轮的两翼部位。凸轮的赫兹应力计算,包括针对于不同材料的凸轮应力极限值和设计指导原则,在 Turkish(1946)、Korte 等人(1997,2000)和 Krepulat 等人(2002)的工作中有详细的总结或讨论。

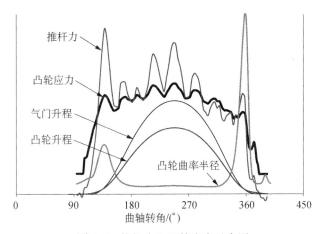

图 2.7 推杆力和凸轮应力示意图

2.9.4.2 与滚轮从动件配合的凸轮应力

滚轮从动件已越来越多地用于避免在平底从动件的滑动接触中常遇到的闪光温度过高的问题。滚轮从动件也被用来解决由于较高的凸轮载荷所造成的应力升高的问题。当凸轮的载荷超过滑动接触所能承受的应力极限和闪光温度极限值时,就必须采用滚动接触设计。滚轮从动件还可以大大减少配气机构的摩擦损失。另外,它还能够使凸轮型线设计采用负曲率半径,从而以更陡峭的凸轮加速度型线实现更好的发动机吸气和排气性能。

相对于滑动接触来讲,滚动接触造成在凸轮与从动件之间的接触应力增加。然而,滚动接触所允许的最大应力极限值也远比滑动接触的允许限值要高。如果把滚轮加个圆冠,则可以避免由装载错位造成的滚轮与凸轮瓣之间的边缘载荷问题,而且最大允许凸轮应力极限值还可以进一步增加。各种具有不同成本的不同材料的应力极限值各不相同。这个应力限值也与接触面上的润滑条件有关。不同的发动机公司为其各自的产品建立了最大允许凸轮应力极限值的不同设计标准。教科书中所说的应力限值(例如 Turkish,1946)一般来讲只能作为一个指导性的大致参考值来使用。

较小的凸轮曲率半径和较小的滚轮圆冠半径(即较大的圆冠高度),会使凸轮应力升高(图 2.8)。较大的滚轮圆冠半径会使得在凸轮与滚轮之间的接触椭圆的长轴变得更长。计算得到的接触椭圆区域应该保持在凸轮瓣的宽度以内,并不应超过在滚轮宽度范围以外的 $10\%\sim20\%$ 以上。Korte 等人(2000)给出了滚轮从动件的设计和耐久性分析的详细内容。

Krepulat 等人(2002)深入探讨了在凸轮应力计算方面现有的两种方法之间的比较。一种方法是分析式的赫兹方程,另一种是更为先进的有限元分析方法。有限元分析模型可以处理那些由于

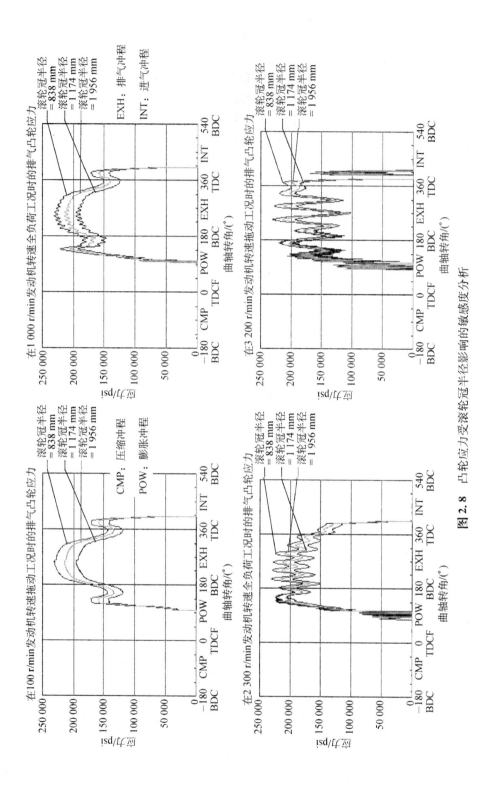

图 2.8 凸轮应力受滚轮冠半径影响的敏感度分析

一些限制性的假设而用赫兹方程无法处理的更为复杂的计算。这些限制性的假设包括边缘载荷效应、非线性和塑性材料的行为、接触物体的复杂几何形状（例如对数滚轮圆冠型线（Fujiwara 和 Kawase，2007），或者测量得到的不规则的滚轮圆冠型线）。Krepulat 等人（2002）同时指出了将圆柱体滚轮的赫兹方程不正确地应用于带圆冠的滚轮或凸轮瓣时的一些计算"陷阱"。他们发现，这样的凸轮应力误算会比正确值低 30%。

滚轮的偏斜运动会影响凸轮的弹性变形和应力。Ito(2006)研究了滚轮偏斜的动力学运动随凸轮转角的变化规律。他发现偏斜运动受凸轮型线、滚轮型线、从动件与导管之间的错位程度以及从动件的转动惯量等影响。另外，滚轮打滑可能会造成磨损和耐久性问题。滚轮偏斜运动和滚轮打滑是与滚轮从动件模拟有关的两个主要研究课题。滚轮打滑及其摩擦将在第 10 章中详述。

2.9.5 发动机活塞和曲轴的耐久性

活塞大概是结构耐久性被研究得最为广泛深入的发动机部件。活塞的热机械耐久性主要受最高气缸压力、热负荷和活塞冷却影响。活塞的传热率和温度随发动机的转速和扭矩而升高。最高的活塞温度通常发生在额定功率工况。Roehrle(1978)和 Thiel 等人(2007)研究了机油喷射冷却和发动机的运行工况条件对活塞温度分布的影响。Furuhama 和 Suzuki(1979)用实验方法研究了活塞冠的下表面无强制冷却的活塞和活塞环的温度分布。Woschni(1979)以及 Wu 和 Chiu(1986)分别用理论和数值的方法对活塞的温度分布进行了计算。关于柴油机活塞的结构计算、设计、疲劳寿命、材料和耐久性分析方面的大量总结，读者可以参见以下一些文献：Makartchouk(2002)、Munro(1999)、Spengler 和 Young(1986)、Myers(1990)、Keribar 等人(1990)、Afonso 等人(1991)、Myers 和 Chi(1991)、Castleman(1993)、Vertin 等人(1993)、Barnes 和 Lades(2002)、Reichstein 等人(2007)、Cha 等人(2009)。

曲轴耐久性的研究在文献中也有大量的论述和总结：Law(1984)、Henry 等人(1992)、Park 等人(2001)、Zoroufi 和 Fatemi(2005)、Williams 和 Fatemi(2007)、Montazersadgh 和 Fatemi(2007，2008)、Choi 和 Pan(2009)、Çevik 等人(2009)的工作。故而本书不予详述。

2.9.6 涡轮增压器的耐久性

涡轮增压器主要是由专门的供应商进行设计。在柴油机系统设计中的涡轮增压器耐久性问题主要涉及压气机叶轮的低循环疲劳和涡轮工作轮的高循环疲劳。压气机的耐久性与叶轮和机壳的温度以及旋转轴的转速有关。叶轮和机壳的温度主要受压气机出口的空气温度控制。当发动机转速和负荷变化时，压气机的转速变化所引起的交变应力可能会导致压气机发生低循环疲劳。涡轮中的高循环疲劳与叶片的振动有关，有时还与在叶片的固有频率下发生的共振有关。在一些涡轮进口压力特别高的情况下，强大的压力脉冲冲击波会发生在涡轮喷嘴或喉口处。这些气压波冲击下游的涡轮工作轮，形成会导致工作轮发生高循环疲劳故障的动态激励。排气歧管的气体温度对于涡轮的耐久性来讲通常不是一个主要的顾虑，这是因为柴油机在较高的空燃比下运行，因此柴油机涡轮所经受的排气温度实际上比汽油机涡轮的要低很多。

与废气旁通涡轮相比，可变截面涡轮（VGT）具有以下优点：降低发动机的泵气损失和燃料消耗率，能够灵活地调节排气再循环率和空燃比，具有更快的瞬态响应，以及能够提高发动机的制动能力等。可变截面涡轮已在所有不同大小的柴油机中（从乘用轻型轿车到八级重型卡车）以及不同用途的柴油机上（例如从道路用到诸如农业和建筑设备的非道路用，再到船用发动机）越来越受欢迎。然而，可变截面涡轮一般往往比固定截面涡轮或废气旁通涡轮有更多的耐久性问题，这是由于它增加了用来控制涡轮面积的一些移动部件。可变截面涡轮的耐久性问题通常包括以下内容：热变形、过盈或咬死、热机械疲劳、蠕变、磨损、腐蚀、沉积物。更为轻巧、便宜、耐热、可靠的可变截面涡轮是未来设计改进的主要发展方向。

关于涡轮增压器的耐久性，以下的著作有广泛而深入的论述和总结：Watson 和 Janota(1982)、Japikse 和 Baines(1997)、Baines(2005)，Japikse(1996)、Moustapha 等人(2003)的工作。Engels (2002)、Ryder 等人(2002)和 Christmann 等人(2010)探讨了压气机的低循环疲劳和将寿命计算纳入涡轮增压器匹配的方法。Ahdad 和 Soare(2002)、Längler 等人(2010)和 Bist 等人(2010)给出了涡轮机壳的热机械疲劳寿命预测的分析方法。Heuer 等人(2006)探讨了涡轮工作轮的热机械分析。Kitson 等人(2006)、Chen(2006)和 Kulkarni 等人(2010)分析了由涡轮叶片振动所导致的涡轮高循环疲劳。Banisoleiman 和 Rattenbury(2006)评述了船用发动机的涡轮增压器的可靠性数据。Furukawa 等人(1993)探讨了可变截面涡轮的可靠性。

2.9.7 柴油氧化型催化器和颗粒过滤器的耐久性

现代柴油发动机使用后处理装置(例如柴油氧化型催化器和柴油颗粒过滤器)以减少排放污染。后处理装置的耐久性问题包括热、机械和化学的故障。热劣化故障包括烧结、合金化和氧化。机械故障包括物理破损、热冲击、孔隙结构堵塞和结垢。化学退化故障包括催化剂中毒、抑制和生命周期不稳定性。Takahashi 等人(1995)和 Shinozaki 等人(1998)研究了柴油氧化型催化器的耐久性问题。

许多柴油颗粒过滤器的耐久性问题直接与其再生性能有关。再生给发动机本体和过滤器增加了热机械负荷和耐久性风险，主要包括以下方面：
- 过滤器再生失控和非控制再生中的过度热应力造成载体和涂料失效；
- 由催化剂硫分中毒(源于柴油或润滑油)造成催化过滤器性能退化；
- 载体或沉垫材料由于过度振动而失效；
- 过滤器发生热老化；
- 过滤器组件发生结构故障。

环境温度和使用的工作循环对于柴油颗粒过滤器的耐久性来讲是需要考虑的重要干扰因素，例如在寒冷气候下的恶劣使用条件及其工作循环工况。

Zhan 等人(2006)提出了一些控制柴油颗粒过滤器再生的方法，以保护其耐久性寿命。Zhan 等人(2007)给出了关于过滤器耐久性失效模式和验证测试方法的一个全面总结。他们介绍了各种过滤器载体和整个组件的各个耐久性测试程序，包括过滤器的装机加速热老化试验循环、加速灰分积累测试、热和冷的振动测试、阶梯式步进振动测试、淬冷测试、热分布测试、装车耐久性测试等。Stroia 等人(2008)讨论了一个由柴油氧化型催化器、稀薄氮氧化物捕集器和柴油颗粒过滤器组成的柴油机后处理系统的耐久性测试步骤。Gulati 等人(1992)、Umehara 和 Nakasuji(1993)以及 Kuki 等人(2004)对柴油颗粒过滤器的应力和疲劳寿命进行了耐久性分析。关于其他柴油颗粒过滤器的耐久性研究，读者可以借鉴 Locker 等人(2002)、Fayard 等人(2005)、Sappok 等人(2009)的工作。

2.10 重载柴油发动机气缸套的穴蚀

2.10.1 气缸套的穴蚀故障

湿式气缸套中的流体穴蚀侵蚀是重载柴油机中的另一种慢性故障模式。它可能会在发动机运行几百小时以后导致缸套的冷却液侧出现点蚀和穿孔，而这些问题是通过冷却液蒸汽气泡的形成和剧烈破裂而造成的。在水套上造成的腔洞会导致发动机冷却液与润滑油混合，因此严重损坏发动机。水套穴蚀造成的金属材料物质流失的速率会比正常的磨损要快，因此穴蚀可能会成为影响柴油机寿命和可靠性的一个制约因素。

缸套的横向振动会引发冷却液压力以膨胀波和压缩波的形式波动。当局部动态冷却液压力在压力波的膨胀阶段变得很低时，压力就有可能降低到冷却液的蒸汽压力水平，这时蒸汽气泡便开始形成和长大。这种情况即使在缸套局部振动速度为零时也可能会发生。在后续的压缩波阶段，冷却液压力波使气泡变得不稳定。然后，气泡会破裂或剧爆并通过微射流释放出巨大的能量。如果气泡在缸套壁面附近破裂，这些强有力的微射流会以高速和很高的局部冲击压力撞击壁面。气泡的突然破裂在缸套表面产生了一个循环往复的激烈冲击载荷。当微射流的压力超过材料的强度时，损伤便会迅速积累，并最终导致气缸套穴蚀故障的发生。

2.10.2　气缸套穴蚀的影响因素和设计解决方案

Hercamp(1993)以及 Demarchi 和 Windlin(1995)详细评述了气缸套穴蚀问题。Zhou 和 Hammitt(1990)总结了缸套穴蚀的潜在机理。他们指出，穴蚀侵蚀与腐蚀不同，因为在穴蚀中脱落的金属比在腐蚀中的情形从颗粒和物块的体积大小上看要大得多。Hosny 等人(1996)也对柴油机的缸套穴蚀机理做了解释。他们将其归纳为一个具有如下六个步骤的过程：①发动机加载；②活塞动力学；③缸套振动；④冷却水套内的压力波动；⑤气泡的形成和破裂；⑥缸套材料表面的损伤。

影响缸套穴蚀的主要因素可以归纳如下。穴蚀是由缸套振动引起的，而缸套振动主要是由活塞敲击激励的。作为活塞敲击的动力学响应，缸套做横向振动，并导致冷却液的压缩波和膨胀波做周期性动态变化。Yonezawa 和 Kanda(1985)研究了活塞敲击和缸套振动。Demarchi 和 Windlin(1995)获取了活塞敲击与缸套穴蚀之间的因果关系和良好的相关性。他们采用很大的活塞配缸间隙(用超大的缸径)做了测试，以加速测试的方式证实了缸套的穴蚀。Bederaux-Cayne(1996)证实了活塞销偏置量对冷却液压力波动和缸套穴蚀有重大影响。通过更好地设计活塞质量、活塞销偏置量、配缸间隙和活塞裙部刚度来尽量减少活塞敲击的动能，可以缓解缸套穴蚀的问题。活塞敲击将在第 11 章详述。

缸套穴蚀在较高的发动机转速和负荷或者较高的功率密度时变得更加严重。Hosny 等人(1996)总结认为，穴蚀只有在高转速和高负荷工况时才严重到足以造成故障。他们认为其部分的原因是在这些条件下，最高气缸压力增加，相应地造成活塞敲击缸套的强度也增加。

缸套振动受其固有频率和刚度影响。增加缸套的金属壁厚和刚度(例如通过更好地设计缸套支撑、密封圈、减震或阻尼装置)，能减少振动的表面速度和缸套穴蚀。然而，过厚的缸套金属壁面会对其传热和热机械耐久性产生不利影响。增大水套整体厚度(宽度)可以靠改变液波动力学来减少冷却液压力波的波动，使穴蚀的发生受到抑制。冷却液侧的缸套表面材料物性也很重要，包括硬度、抗拉强度、耐穴蚀涂层、导热系数、耐腐蚀性。另外，缸套表面需要光滑以避免产生会帮助成核形成气泡的粗糙点。

冷却液的压力对穴蚀有直接影响。较高的平均压力会使波动的动态压力更难以向低处达到冷却液的蒸汽压力水平，这样就不容易生成气泡。冷却液的蒸气压受冷却液温度和物性的强烈影响，比如冷却液成分、流体声速、添加剂等。冷却液的成分影响表面张力和冷却液的黏度，这会影响气泡的增长规模和破裂过程。例如，与水和乙二醇的混合物相比，纯水会加剧穴蚀，因为纯水产生的气泡比较大而且气泡破裂也更剧烈。人们已经发现,冷却液的流量和速度对穴蚀并不产生重大影响,因为仅由冷却液的流速形成的动态冷却液压力降与缸套振动所引起的压力波动相比是微不足道的(Hosny 等人,1996)。

2.10.3　气缸套穴蚀的实验研究

缸套穴蚀可以通过以下几个方法予以检测和量化,例如在实验室的振动试验台测试中测量缸套的质量损失,用放射性方法在冷却液中跟踪缸套金属材料流失,或者测量缸套外表面的振动和冷却液脉动压力。除了跟踪上述与振动和压力信号相关的宏观过程外,人们还研发出了新的检测方法,用来跟踪与气泡动力学和气泡破裂相关的微观过程,以便检测缸套的穴蚀强度。穴蚀强度或严重程度可以通过测量在缸套表面的冷却液蒸汽气泡的高频爆裂声学信号来表征(Hosny,1996;Hosny 等人,1996)。据研究,用这种方法测量的流体穴蚀强度,依缸套的振动水平增加而增加。需要注意的是,穴蚀噪声的测量有时可能会存在问题,因为难以将流体的穴蚀噪声与其他在相同频率范围内的噪声(例如燃烧噪声)区分开来。

2.10.4　气缸套穴蚀的分析预测

就像其他诸如疲劳、磨损和蠕变这些慢性的耐久性问题一样,重载柴油机缸套的穴蚀是一个需要在发动机设计的早期阶段就予以考虑的重要问题。为了减少研究穴蚀问题的耐久性测试时间和成本,人们希望开发先进的模拟计算工具,以量化参变量设计影响,并预测穴蚀的严重程度和损伤。缸套穴蚀主要受活塞敲击控制。因此,缸套穴蚀的模拟方法在很大程度上可以沿用在活塞-缸套的NVH 领域中所使用的分析技术,特别是活塞组动力学和缸套振动响应的部分(第 11 章中将详述活塞敲击噪声)。缸套穴蚀分析中的独特特点是冷却液的动态压力波动和气泡动力学计算。

在柴油机系统设计中,包括活塞二阶运动在内的活塞组动力学数据可以很容易地产生。这些数据,基于一定的活塞间隙假设,反映了系统作用于活塞和缸套上的载荷。这些数据包括了发动机转速、负荷和气缸压力的影响。它们可以在 NVH 和缸套穴蚀这两个领域实现模拟计算模型和数据的共享,以便在设计的早期阶段一并应对这些性能和耐久性方面的问题。

缸套穴蚀模拟计算的方法包括以下五个步骤:
(1) 活塞组动力学模型建模,以预测激励源和撞击动能,并生成活塞撞击力相对于时间变化的一个激励函数;
(2) 缸套的有限元模态分析,或者采用简化的缸套动力学模型来分析,以便从瞬态时间分布和缸套空间分布上预测缸套外表面的振动速度;
(3) 冷却液流动模拟,以预测在水套内的动态冷却液压力波的传播和波动,并预测穴蚀发生的部位;
(4) 气泡动力学模拟,以预测气泡的增长、破裂和对缸套壁面进行微射流冲击的行为;
(5) 关于点蚀和穿孔故障的损伤和缸套寿命预测。

这样的模拟计算涉及发动机运行条件、活塞和缸套的设计参数、冷却水套的设计参数和冷却液物性。上面第四步中提到的内容,由于气泡动力学的复杂性,通常难以实现。为了使模型能够更加准确地预测缸套的瞬态响应,第二步和第三步可以结合在一起以考虑冷却液与缸套之间的相互作用效应(即由冷却液造成的缸套阻尼效果)。有时为了简化起见,第三步可以省略,代之以使用一个预先确定的缸套壁面的速度阈值。如果速度高于此临界阈值,便可假设穴蚀发生。阈值的大小依赖于冷却液物性。为了控制缸套穴蚀问题,获取缸套表面速度的高临界阈值和减少缸套的横向振动速度是要追求的设计目标。在上面第二步中,作为一个输出参数,往往需要计算穴蚀安全因数。该安全因数的定义为,在缸套表面的每个空间节点上,临界阈值速度与计算的缸套的循环中最大振动速度之间的比值。

Katragadda 和 Bata(1994)研究了缸套穴蚀中的气泡形成和破裂。他们的研究包括关于流体流动中的穴蚀现象的理论流体力学分析以及气泡动力学模拟。Lowe(1990)提出了一个缸套穴蚀的分析式模拟方法以预测缸套的瞬态响应。他的工作给出了临界穴蚀速度。Hosny 和 Young(1993)开发了一个可以在早期设计阶段使用的缸套穴蚀的分析式预测模型。该模型的输入数据是来自活塞动力学的撞击力。输出数据是缸套振动和点蚀预测。发动机转速-负荷区域上的穴蚀强度脉谱图(Hosny 等人,1996)是在发动机运行区域上表达穴蚀区边界的一个很好方式。Green 和 Engelstad(1993)模拟了冷却液压力波的传播,并试图预测气泡形成的位置和穴蚀位置。他们强调了将冷却液流动和压力波传播包括在缸套的有限元分析振动模型内的重要性,因为这样可以考虑到冷却液与缸套之间的相互作用。

2.11 柴油发动机的磨损

2.11.1 磨损基础

磨损是材料随着时间的推移逐渐损失的一种现象。虽然发动机的磨损常常显得像是一个局部的部件层面问题,但它需要在系统设计的早期阶段就予以考虑,因为部件磨损寿命与系统载荷密切相关。例如,最高气缸压力影响气门座、活塞组和发动机轴承的磨损寿命。系统设计人员需要考虑所有影响发动机磨损的相关参数,并熟练掌握预测磨损寿命的模拟技术。

发动机部件的磨损通常经历三个阶段:①磨合期,在此阶段材料磨损的变化率较高;②稳定的正常运行期,在此期间磨损速率保持稳定;③急剧磨损(磨坏)的故障阶段,在此阶段磨损率很高,导致快速失效。一般来讲,发动机中存在四种常见的磨损类型:粘附磨损、磨料磨损、腐蚀磨损、冲击磨损。粘附磨损是最常见的磨损形式,有时也称为滑动磨损。它发生在具有高接触应力和显著滑动的界面上。润滑油膜厚度是粘附磨损的一个良好指示参数。粘附磨损发生在有金属表面粗糙接触存在的混合润滑和边界润滑区域。(润滑和摩擦将在第 10 章中详述。)当一个较硬的粗糙表面或坚硬的固体颗粒在另一个较软的表面上滑动时,可能会发生粘附磨损。由于在发动机机油中的颗粒影响,粘附磨损可能也会出现于宏观的流体动力润滑区域。这些颗粒的数目主要取决于发动机的碳烟排放量和机油老化程度。在这种情况下,粘附磨损是三个物体参与的磨损,即碳烟颗粒在一个表面上自由滚动和滑动并刮划。腐蚀磨损发生在当部件暴露于腐蚀性的燃烧产物(如硫酸)中时,例如气门表面出沟槽。冲击磨损发生在冲击表面,比如气门座。Kato(2002)对磨损的机理做了具体解释。Macian 等人(2003)基于机油分析对发动机的磨损率做了研究。

根据 Archard 方程(1953),粘附磨损的体积等于滑动面上的接触载荷、滑动距离、粘附磨损系数以及两表面复合硬度之倒数的乘积,即

$$V_{w,sl} = \frac{f_w F_n l_{w,sl}}{h_w} \tag{2.10}$$

式中,$V_{w,sl}$ 是磨损体积;f_w 是磨损系数;F_n 是接触力(负荷);$l_{w,sl}$ 是滑动距离;h_w 是两个接触表面之间较软表面的压痕硬度(N/m^2)。Archard 方程常被用来计算滑动接触中的磨损体积。

磨损计算中的一个要点是确定磨损系数。该系数将许多复杂的影响因素(例如材料、冶金、润

滑、抗磨损添加剂)集总成一个系数。Booser(1997)的书中提供了许多典型材料的粘附磨损系数。磨损系数的数值取决于两个表面的材料、润滑区域和其他环境因素。流体动力润滑中几乎没有磨损,因此,可以视为 $f_w = 0$。混合润滑中的磨损系数取值介于流体动力润滑与边界润滑之间。为了简单起见,可以假设磨损系数大约与 λ 比值成线性关系,该 λ 比值定义为润滑油膜厚度与复合粗糙度之间的比值(详见第 10 章)。

式(2.10)最初是为粘附磨损提出的。它也被成功地用于模拟磨料磨损(Suh 和 Sridharan,1975)和微动磨损(Stower 和 Rabinowicz,1973),正如 Lewis 和 Dwyer-Joyce(2002)指出的。Pint 及 Schock(2000)提出了具有类似的模型形式的一个广义的总磨损系数,它包括活塞环遇到的所有三种磨损类型(即粘附磨损、磨料磨损、腐蚀磨损)对总磨损的贡献。

冲击磨损可以按下式模拟(Fricke 和 Allen,1993;该式也用于 Lewis 和 Dwyer-Joyce,2002),以气门落座冲击磨损为例:

$$V_{w,im} = f_{w,im} n_l E^C_{k,im} = f_{w,im} n_l \left(\frac{1}{2} m v^2_{im} \right)^C \qquad (2.11)$$

式中,$V_{w,im}$ 是冲击磨损体积;m 是载荷循环次数;$E_{k,im}$ 是每个循环的冲击能量;$f_{w,im}$ 和 C 是凭经验确定的磨损常数。当采用式(2.11)计算气门落座磨损时,m 可取等效配气机构质量;v_{im} 为气门落座速度。

2.11.2　发动机轴承的磨损

McGeehan 和 Ryason(1999)给出了柴油机轴承故障的分析。轴承耐久性的传统评估一向只侧重于预测最小油膜厚度和最大油膜压力。Xu 等人(1999)和 Ushijima 等人(1999)开发出一种磨损模型和一个疲劳参数,来表征发动机轴承的失效机理。在他们的模型中,磨损量被假设正比于金属粗糙接触的强度和滑动运动的频率。他们提出的疲劳参数,正比于一个磨损参数(该磨损参数对应于表面裂纹的密度)、最大油膜压力、最大摩擦力、轴承表面积。该疲劳参数反比于一个油膜厚度极限值、平均滑动速度、载荷循环的时间、材料强度、轴颈转速、平均摩擦力矩。

2.11.3　活塞环和活塞销的磨损

Taylor(1998)简要介绍了一个活塞环磨损模型。该模型类似于 Colgan 和 Bell(1989)开发的关于凸轮和从动件的模型。Pint 及 Schock(2000)在模拟活塞环的磨损时,采用了一个广义总磨损系数,该系数考虑了所有涉及的磨损机理,包括粘附磨损、磨料磨损和腐蚀磨损。Takakura 等人(2005)研究了使用高含硫量柴油燃料时的活塞环和缸套的磨损机理。他们认为,使用高含硫量燃料的磨损机理是以腐蚀磨损和磨料磨损为主,由排气再循环冷却器出口处的酸性冷凝水形成的硫酸水溶液所造成。Merritt 等人(2008)研究了活塞销和连杆小端(小头)轴瓦的磨损。

2.11.4　凸轮的磨损

2.11.4.1　凸轮磨损的机理

配气机构凸轮的主要磨损机理是粘附磨损。凸轮磨损分析的核心问题是在设计阶段预测凸轮表面磨损的位置。以前的实验工作已证实,一个具有较高赫兹应力和较厚油膜厚度的凸轮可能会比一个具有较低赫兹应力但较薄油膜厚度的凸轮的磨损要少。这表明,凸轮的疲劳(主要与赫兹应力有关)和磨损(主要与油膜厚度有关)具有不同的失效机理。这也说明良好的润滑设计在凸轮磨损控制中至关重要。

凸轮磨损通常发生在凸轮顶部附近和凸轮侧翼某些位置(从凸轮顶部算起大约 40 ℃)。凸轮的开启侧和关闭侧的某些位置具有很薄的弹性流体动力润滑油膜,而且润滑油的卷吸速度理论上达到最小(几乎为零)。磨损容易发生于凸轮的这些位置。卷吸速度标志着沿着润滑表面被泵向接触区的润滑油数量。实验表明,凸轮磨损通常发生在油膜厚度最薄的部位。

Narasimhan 和 Larson(1985)介绍了磨损的基础知识,并给出了一个关于配气机构磨损和材料性能方面的比较全面的评述。Purmer 和 van den Berg(1985)从凸轮型线上测量了凸轮磨损量,并指出最大凸轮磨损发生于当弹流润滑条件变得比较恶劣和危险的地方。他们还指出,配气机构几何参数和运动学方面的较小变化能显著改善润滑油的卷吸速度,从而改变磨损的模式和凸轮表面发生磨损的位置。

Ito 等人(1998)通过测量摩擦和磨损,用实验的方法研究了凸轮磨损的机理。他们发现,凸轮磨损局限于跨越凸轮顶部的、在两个理论最小(近似为零)的油膜厚度点之间的一个区域范围内,而这两个点对应着理论零卷吸速度。他们发现,凸轮磨损始于最小油膜厚度的两个位置(约±40°凸轮转角),然后向凸轮顶部方向扩展。在这两个位置上,所测得的摩擦因数达到整个凸轮循环内的峰值,表明其具有严重的边界润滑状态。他们还发现,混合润滑和边界润滑在凸轮顶部周围起主导作用,而弹流润滑发生于凸轮的两个侧翼。另外,他们的实验结果揭示了机油变质和供油温度过高对于平底从动件来讲是与凸轮磨损相关性很强的两个影响因素。

应当指出,在高负荷发动机中,由于作用在排气凸轮上的较高气体载荷,排气凸轮在排气门开启时受到的力和应力都非常高。这个气体载荷会影响凸轮的赫兹应力,也可能会影响油膜厚度。因此,排气凸轮在对应于排气门开启定时的位置也容易发生磨损。

在高接触压力和恶劣的润滑条件下,与钢部件相比,陶瓷材料具有优异的抗磨损和抗咬死性能。陶瓷材料能够防止在粘附磨损和刮伤中的微焊现象。使用陶瓷滚轮取代传统的钢制滚轮能够显著减少在凸轮与从动件界面上的磨损量(Kitamura 等人,1997)。Leonard 等人(1995)研究了在一个可变气门定时系统中的滚轮从动件的磨损特性。

2.11.4.2 凸轮磨损的模拟

凸轮的最小油膜厚度可以基于弹流润滑理论(第 10 章中详述)予以计算。依凸轮转角而改变的润滑油的卷吸速度可以根据配气机构运动学求出。卷吸速度在很大程度上决定了弹流润滑的有效性。

Yang 等人(1996)基于凸轮闪光温度的概念,为一个平底从动件凸轮开发了一个关于润滑和表面温度的计算模型。他们指出,只计算油膜厚度和最大赫兹应力是不足以解释或预测他们在实验中观察到的凸轮磨损模式的。因此,必须计算凸轮与从动件之间的表面温度。他们认为,在表面温度与凸轮磨损之间存在一个很强的关联,因为他们的发动机耐久性实验结果表明磨损大体上始于对应着最高表面温度的位置。他们计算的凸轮表面温度在凸轮两个侧翼的两个零油膜厚度处和在凸轮顶部均达到了多个最大值(尖峰值)。因此,他们的结论是,凸轮磨损发起于具有最高表面温度的位置,然后朝着表面温度保持相对较高的凸轮顶部方向传播和扩展。这一理论与他们的凸轮耐久性实验结果的观察相一致。

Colgan 和 Bell(1989)提出了一个重要的配气机构磨损模型来计算凸轮和从动件的磨损。Coy(1997)基于 Archard 磨损定律提出了一个更为简单的配气机构粘附磨损模型,并假设磨损系数在整个混合润滑区域里是油膜厚度的一个线性函数。

2.11.5 凸轮的闪光温度

计算凸轮与从动件接触表面的闪光温度的计算方法,由 Dyson 和 Naylor(1960)在半个世纪以前做过介绍。最大凸轮表面温度与凸轮磨损的发生位置强烈相关(Yang 等人,1996)。凸轮闪光(或表面)温度的计算,需要被纳入平底从动件的凸轮设计和耐久性分析中。凸轮闪光温度是凸轮设计中最重要的三个设计标准之一:赫兹应力、闪光(或表面)温度、油膜厚度。凸轮闪光温度通常在凸轮表面的三个位置达到最大值或尖峰值,即凸轮顶部和两个具有零凸轮加速度的最大偏心位置。Ito 等人(2001)和 Yang 等人(1996)都详细讨论了凸轮闪光温度的计算方法。

2.11.6 气门杆的磨损

气门杆与气门导管之间的界面以及气门座与气门座镶圈之间的界面在现代发动机设计中已变得更具挑战性。由于更严格的机油消耗控制和采用气门杆密封,气门座处的润滑变得很少,这可能会增加气门座磨损以及气门杆与导管之间的磨损。目前广泛采用的解决进气门和排气门的气门杆刮伤问题的方案是在气门杆上镀铬。在某些四气门设计中,为了节约成本而使用非导引的气门横臂(气门桥),这可能会增加作用于气门杆上的侧向负荷和弯曲载荷,从而诱发或增加气门杆刮伤(Schaefer 等人,1997)。

2.11.7 气门座的磨损

2.11.7.1 气门座内陷和磨损的机理

气门座的磨损是冲击磨损和滑动(粘附)磨损这两大机理的综合效应。它导致气门座内陷或冲击的问题。气门座内陷是现代柴油机的一个主要问题。正如 Schaefer 等人(1997)指出的,更大的最高气缸压力加上为了更严格地控制机油消耗而导致的在气门落座表面上更少的润滑,造成了更高的接触应力和更大的气门座滑动运动,从而增加了气门座内陷的倾向。气缸盖和气门座的更大变形,以及相应的较大错位,也增加了气门座的滑动磨损。对气门座磨损最有影响的因素包括气门落座速度、气门重量、气门座面角度、气门头部刚度、气门座材料硬度、最大气缸压力、冲击磨损常数。磨损常数与气门座材料抵抗冲击磨损的能力有关。Dissel 等人(1989)、Wang 等人(1995,1996)、Lewis 和 Dwyer-Joyce(2002)研究了排气门和进气门的气门座及其镶圈的磨损。

Lewis 和 Dwyer-Joyce(2002)对发动机设计参数与气门座磨损之间的关系进行了全面研究。他们发现,柴油机进气门座的内陷随着燃烧负荷、气门落座速度和气门错位量的增加而增加。气门座内陷源于气门落座时的撞击。当在燃烧压力作用下气门头部偏转楔入气门座内时,气门在气门座上的滑动也造成气门座内陷。气门落座的冲击在气门座上围绕着座面的轴向并沿着座的镶圈周向形成了一系列像"山脊"和"山谷"一样的一圈圈突起变形和撞刨造成的凹陷。气门落座的冲击也会在气门座镶圈上产生裂纹。他们发现,气门的内陷量随着气门落座速度和载荷循环次数的增加而增加。气门相对于气门座的错位,减小了当气门落座时气门与座之间的初始接触面积。因此,错位会增加气门座的变形。另外,对于铸造的镶圈材料来讲,气门内陷(或磨损量)大约与气门落座速度的平方成正比。

2.11.7.2 气门座角度

气门座的角度与发动机的进排气性能和气门座的磨损耐久性均直接有关。在气缸压力负荷下,与较小(较平坦)的气门座角度相比,较大的气门座角度可以提高气门的流量,但是可能会导致更多的横向滑动运动和气门座的粘附磨损。进气门座的磨损往往比排气门座的磨损更严重一些,部分原因是,与排气门相比,在进气门与进气门座的镶圈之间的界面上的润滑更少一些。因此,在汽车柴油机中,进气门座的角度(一般以 30°为典型)通常比排气门座的角度(一般以 30°~45°为典型)要小一些。虽然使用更好的气门座镶面或座的镶圈可以减少气门座磨损,但是,正如 Schaefer 等人(1997)指出的那样,使用扁平化的气门座角度在尽量减少气门座磨损方面大概仍然是最具成本效益的方式。

2.11.7.3 气门座磨损的模拟

文献中很少报道关于气门座磨损模拟方面的研究。气门座耐久性模型可以使在设计的早期阶段就能评估气缸压力和气门落座速度对气门座磨损的影响。这种模型有助于揭示在不同设计概念之间的相对或定性的比较。

Lewis 和 Dwyer-Joyce(2002)提出了一个半经验模型来预测进气门座的内陷和磨损。在他们的模型中,总气门座磨损是冲击磨损和滑动磨损的总和。冲击磨损与气门落座的冲量有关。滑动磨损与最高气缸压力有关。因此,总气门座磨损是气门落座速度、气缸压力和载荷循环次数的函数。他们发现,冲击磨损对总磨损的贡献大于滑动磨损的贡献。然而,相对贡献值的大小与气门座的材料有关。例如,滑动磨损对总磨损的贡献值从铸造的气门座镶圈所具有的 30%变化为烧结的气门座镶圈所具有的 2%。

2.11.8 排气再循环发动机部件的磨损

2.11.8.1 排气再循环对发动机机油的影响

气缸内的润滑油在膨胀冲程会大量接触燃烧产物中的碳烟。发动机转速、负荷、空燃比、排气再循环率和窜气量都会影响机油中的碳烟量。机油老化是指机油中碳烟值的增加、黏度的增大和总碱值(TBN)的下降。机油黏度增大的原因可能是由于不溶物组分和碳粒的存在(Sasaki 等人,1997;George 等人,2007)。碳烟导致的机油黏度增大可能会抵消因使用轻质机油而带来的燃油经济性收益。机油中碳烟的百分比几乎随发动机运行小时数(或车辆行驶里程数)呈线性增加,并受发动机本体碳烟排放流量和驾驶循环影响。当积累的里程数很高时,如果机油中的碳烟百分比很高,机油甚至会黏得像凝胶一样。文献中以往的理论表明,在低负荷工况或混合驾驶循环内,排气再循环对机油老化和发动机的磨损没有什么影响;但是在高负荷工况,排气再循环可能会增加发动机的磨损(Dennis 等人,1999)。发动机本体的碳烟排放流量通常会随着转速和负荷而增加。在高转速和高负荷下,较高的排气再循环率一般倾向于使碳烟排放流量增大。

基于柴油机中常见的氮氧化物与碳烟之间的权衡,人们可能会认为用于控制氮氧化物的一些措施(例如推迟燃油喷射定时和增加排气再循环率)会导致碳烟排放增加,而这些碳烟会被传递到润滑油里加速机油老化。其实,当采用了更先进的高压燃油喷射系统和空气系统时,这样的一个权衡不一定总是成立的。换言之,现代高排气再循环柴油机能用更高压力的燃油喷射和先进的空气系统来实现在高排气再循环率下具有很低的发动机本体碳烟排放水平,从而在机油中的碳烟量和磨损方面没有什么恶化。发动机本体的碳烟控制是磨损耐久性方面的一个重要系统设计课题。如果在高排气再循环率的情况下难以减少发动机本体的碳烟排放,那么就需要考虑诸如增大油底壳容积、减小换油服务间隔以及在摩擦学设计上获取更好的油膜厚度等设计措施,以期能够容纳在机油中增加的碳烟量。一些经过化学处理的机油滤清器可以使碳烟在机油中保持分散而不结团块,以便能维持较长的换油间隔。加强型的机油滤清器还能帮助维持机油总碱值。

如果不采取适当的设计措施来减少、控制或容纳碳烟排放,增加排气再循环量通常会增加机油的老化速率,从而在一定程度上增加发动机中摩擦部件的磨损。在这种情况下,高发动机负荷和高排气再循环率这两者的组合可能会增加发动机的磨损。然而,在全负荷加低排气再循环率的工况,或者在低负荷工况,大量使用排气再循环通常不会大大加剧发动机的磨损。

2.11.8.2　碳烟对磨料磨损的影响

磨料磨损的三种常见机理是开沟、切割、碎裂。研究结果表明,含有大量碳烟颗粒的润滑油能导致磨损的增加(Mainwaring,1997)。Green 等人(2006)用基础试样进行了实验,研究了被碳烟颗粒污染的机油对配气机构部件磨损造成的影响。他们证实,由于金属滑动磨损、碳烟颗粒磨损以及在接触面上供油不足等原因,磨损量随机油中的炭黑含量水平而增加。Ishiki 等人(2000)进行实验后发现,活塞的摩擦力在压缩冲程的后半程随排气再循环率的增加而增大,其原因是碳烟沉积在顶环槽内;然而活塞的摩擦力在压缩冲程的中部随排气再循环率的增加而减小。他们发现,活塞环的磨损基本上是机油中碳烟含量和燃烧室中碳烟含量的一个函数,而不是简单地随着排气再循环率发生变化。Dennis 等人(1999)评述了排气再循环对磨损之影响的一些假想机理,包括抗磨添加剂的吸收、碳烟颗粒产生的磨损、腐蚀和酸性引发的磨损(即腐蚀磨损和磨料磨损机理)。他们认为,排气再循环所造成的并由腐蚀引发的磨损不是很显著。

2.11.8.3　硫对腐蚀磨损的影响

由于排气再循环气体中酸性物质的影响,机油的总碱值随机油老化而下降。高的总碱值能中和酸的影响。减少燃料中的含硫量可以推迟总碱值的下降。含硫量高的燃料可能会由于酸的影响而增加发动机的磨损。Furuhama 等人(1991)发现,低温腐蚀磨损主要不是由于机油总碱值下降引起的。实际上,它是由于积聚在活塞顶岸空间内的强酸性冷凝水造成的。Dennis 等人(1999)从实验中发现,燃料的含硫量对动力缸内部件的磨损有很大影响,具体地是在活塞环和缸套内侧,而且这个影响随着机油老化而明显加重。日本武藏技术研究所的研究人员进行了一系列实验,试图了解带排气再循环的柴油机发生异常磨损的原因。他们发现,对于他们所测试的燃料,排气再循环气体中含有的酸性成分可能会导致活塞环磨损增加(Furuhama 等人,1991;Urabe 等人,1998;Ishiki 等人,2000)。

2.12　排气再循环冷却器的耐久性

排气再循环一般被用于控制氮氧化物,有时也被用于控制排气温度。排气再循环冷却器(简称排冷器)的耐久性问题通常包括结垢、堵塞、冷凝、沸腾、腐蚀、冷却液泄漏。

2.12.1　排气再循环冷却器内的结垢和堵塞

排气再循环冷却器结垢是指由于固态或半固态物质在气侧沉积结垢导致传热能力和气侧流动阻力方面的性能随着时间的推移而下降的现象。排冷器堵塞是指由于严重结垢所造成的气侧压力降大幅度增加。排冷器中的气侧沉积物是指以下物质的结合或混合:热泳碳粒沉积、凝结的碳氢化合物、发生于冷却器管内的冷却表面上的酸性物质。

排冷器结垢可能会导致传热性能显著恶化,有时下降达 20%～30% 的数量级(Hoard 等人,2008)。这将导致进气歧管和排气歧管气体温度升高,并影响氮氧化物排放。气侧压力降可能会略有增加(例如几个百分点)或者显著增加(堵塞时)。当排冷器发生堵塞时,如果发动机的电子控制系统无法弥补排冷器中的高流动阻力,排气再循环流量将比理想流量要低,这样就达不到氮氧化物排放控制的目标。

排冷器的结垢特性随时间变化。沉积物起初积累得很快,过了 50～200 h 后沉积速率变得缓慢而平稳(Hoard 等人,2008)。因此,因结垢而造成的冷却性能下降的变化率最初是相当大的。然而,过段时间后排冷器的效能会渐近地趋向于一稳定值(Zhang 等人,2004)。人们认为最后能稳定的原因是基于某些与沉积物去除和沉积速率变化有关的机理。

排冷器结垢的机理是复杂的,它在很大程度上取决于排冷器设计和发动机的运行条件,例如碳烟、碳氢化合物和酸性物质的数量和组分、冷凝水、排气温度、气流速度、流动压力波动。以下一些情况可能会导致严重的排冷器结垢或堵塞:燃烧过程中产生过多的碳烟,为协助柴油颗粒过滤器再生而采用非常推迟的燃油后喷射,低负荷运行时产生过度的碳氢化合物排放,失火。大量的冷凝物会使排冷器结垢更为恶化,因为重质的湿碳烟或碳氢化合物的沉积物比干燥蓬松的碳烟沉积物要坏。当排冷器中有液膜(例如凝结水、泄漏的冷却剂、未燃和凝结的碳氢化合物)存在时,碳烟和碳氢化合物结垢的问题可能会加剧。

排冷器的形式(翅片式或管壳式)会影响其结垢特性。排冷器管中的高速气流可能会使沉积物减少,但是会导致较大的压力降。而降低管内气体流速则会增加沉积量。在碳烟结垢和沉积物积累方面,最不利的工况是低转速或低负荷,因为这时排气再循环量和气体温度均较低;在这种情况下,用低的管内气流速度很难将沉积物吹除。在某些驾驶工况时的高排气流速可能具有一种吹刮的自净作用,以去除排冷器内的碳烟沉积。这样的自净特性能帮助避免排冷器管道堵塞,并保持足够好的传热和压降性能。

排冷器的结垢和堵塞是复杂的问题,其解决方案需要依靠排冷器设计、燃烧研发、排放标定、后处理、电控等各团队之间的协调努力。排冷器翅片密度的选择对缓解结垢问题非常关键。以冷却能力和流动阻力为标志的排冷器大小的选型需要基于稳定后的结垢状态来确定,而不是基于清洁状态来确定,这样才能预留足够的设计裕度。Hoard 等人(2008)建议,为了考虑最坏情况下的使用运行状况,排冷器的选型需要留出 30% 左右的裕度,以便在结垢时仍能达到所需要的冷却能力。事实上,结垢裕度百分比值需要根据具体的排冷器设计细节和发动机运行条件来确定。一个能够模拟在驾驶循环内排冷器的碳烟和碳氢化合物结垢的计算模型对于系统设计中的排冷器选型是非常有用的。这样的模型还可以预测排冷器性能恶化。在排冷器的上游使用柴油氧化型催化器和柴油颗粒过滤器,可以去除大量的碳氢化合物和碳烟,从而减少结垢。另外,可以尽量减少使用排气再循环,以缓解结垢。例如,在进气歧管气温很低时,或者在那些于平时的驾驶循环中不常遇到的情形下(例如超出FTP、SET 或 NTE 这几个排放控制区域时),可以减少排气再循环的用量,以期更好的耐久性。

在排气再循环冷却器结垢的文献方面,Hoard 等人(2008)给出了回顾和评述。Zhang 等人(2004)、Bravo 等人(2005,2007)、Zhan 等人(2008)、Mulenga 等人(2009)和 Chang 等人(2010)用实验方法研究了碳烟沉积的机理和排冷器结垢的控制方法。Abarham 等人(2009a,2009b)、Teng和 Regner(2009)以及 Teng(2010)开发了排冷器结垢的模型。Lepperhoff 和 Houben(1993)讨论了液膜、气体温度、冷却液温度和雷诺数对排冷器内沉积物的影响。

2.12.2 排气再循环冷却器内的沸腾

排气再循环冷却器内的沸腾是一种发生膜态沸腾致使冷却管道的金属温度过高的故障模式。沸腾是由于在相对较高的散热量与相对较低的冷却液流速之间出现了设计或运行上的不匹配而造成的结果。

当冷却器内的管道足够热或者冷却液的沸点温度足够低时,与管道接触的冷却液便会瞬间蒸发而形成一层蒸气膜。在管道表面与冷却液之间形成的这层蒸气膜会像一道屏障一样使传热变差。因此,管道金属温度会迅速接近气体温度并造成冷却器的损伤。同时,排冷器出口的气体温度会迅速上升。膜态沸腾发生在以下几种情况:①排冷器的冷却液流量过低;②冷却液压力过低;③冷却液温度过高;④散热量过高。

膜态沸腾与核态沸腾不同;后者加强传热,并且不会导致金属温度过高。最大允许的冷却器管道金属温度是由核态沸腾所限制的,超过该极限后就会发生故障。在核态沸腾与膜态沸腾之间存在一个不稳定的过渡沸腾状态,它使得冷却液的蒸气膜以不稳定的方式不停地形成和破裂。过渡沸腾也可能会导致冷却器内金属温度过高的故障。

冷却液的理论沸点温度可以基于冷却液的压力来计算。增大冷却液压力可以升高沸点温度阈值。如果排冷器中的冷却液侧具有较小的流动阻力,则可以帮助冷却液保持一个理想的较高的沸点阈值(例如在排冷器中使用流动阻力较小的挡板设计)。另外,冷却液的组分也影响沸点。例如,水作为冷却液就比按照50:50混合的水和乙二醇的混合物更容易沸腾。排冷器的设计必须在冷却液的理论沸点温度阈值与实际冷却液温度之间预留足够大的裕度,以便能照顾到产品群体中的多变性以及在整个发动机的转速-负荷区域上和极限环境条件下运行的要求。

膜态沸腾通常容易发生在发动机全负荷和中低速条件下,例如最大扭矩工况附近,那里的散热量相对较高而冷却液流量则相对较低。沸腾既可能发生在稳态工况,也可能发生于瞬态工况。在瞬态热循环里,发动机的负荷从高端降到低端或怠速,排冷器管道的热惯性可能会导致沸腾。需要采取适当的保护措施以防止冷却液在这样的瞬态工况下沸腾。

对于一个给定的排气再循环冷却器来讲,其允许的最大热负荷是冷却液发生沸腾时的散热量。排冷器内沸腾的最坏情况通常发生在较低的冷却液压力和过高的排气温度同时发生的时候,例如在高海拔地区或存在较大的进气阻力或排气阻力时。排冷器需要被设计得能够容纳所需要的散热量,而不出现膜态沸腾。为了避免沸腾,在所有运行条件下给排冷器提供足够高的冷却液压力和流量是很重要的。但另一方面,冷却液的流量不应过度设计以至于沸腾裕度过大。否则,水泵耗功将过高,而且排冷器的冷凝问题也可能会变得更糟。

2.12.3　排气再循环冷却器内的腐蚀和冷凝

2.12.3.1　酸性腐蚀和冷凝液

现代柴油机通常采用较高的排气再循环率和较低的排气再循环冷却器出口的气体温度来控制缸内的氮氧化物排放。排气再循环气流含有腐蚀性气体。这些气体中含有从燃烧中产生的硫和氮的化合物。腐蚀会发生在排气再循环冷却器中出现冷凝液时。

燃油含硫量水平影响排冷器的腐蚀和发动机动力缸内部件的腐蚀。燃料中的大部分硫经燃烧转化为气态二氧化硫或被吸收到颗粒物上。二氧化硫与排气中的氧发生反应,形成三氧化硫。三氧化硫与水蒸气反应,会形成硫酸。经过冷却的排气再循环机制,这些腐蚀性气体返回入进气歧管。如果排冷器出口的气体温度非常低,就可能会形成具有很强腐蚀性的化合物冷凝液,尤其是硫酸。在接近酸的露点温度的较低部件温度下,酸的存在会增加腐蚀。排气中的硫酸在将近150 ℃时会凝结。距露点温度的裕度据认为是影响腐蚀的最重要参数(Kass等人,2005)。

腐蚀速率取决于硫酸的凝结和形成,而这与燃料的含硫量、排气再循环率、距露点温度的裕度、环境湿度均有关。高含硫量柴油(例如硫的体积浓度350×10^{-6})加上排冷器出口的冷凝液,会导致发动机发生很高的腐蚀速率;而超低硫柴油(低于硫的体积浓度15×10^{-6})则不产生显著的腐蚀(Kass等人,2005)。使用超低硫柴油,并通过限制凝结水以避免在排气再循环环路内出现酸的冷凝,可以最大限度地减少硫酸腐蚀。McKinley(1997)、Kreso等人(1998)和Mosburger等人(2008)

讨论了排冷器中硫酸凝结的问题。Moroz 等人(2009)研究了柴油和生物柴油的酸性冷凝问题。

2.12.3.2　冷凝水

发动机中有两类冷凝液:酸和水。冷凝液会造成三个耐久性问题:气缸内的润滑油被水稀释、酸性腐蚀、加剧排冷器结垢。冷凝水可能会发生于任何冷却器的出口(例如中冷器、排气再循环冷却器、压气机级间冷却器或称间冷器),并最终出现在进气歧管内。排冷器的冷凝液会发生在当排冷器出口的气体温度低于该局部的冷凝温度时。冷凝温度受气体压力和湿度影响。在较高的环境湿度(即较高的水的露点温度)、较高的排气再循环气体压力或者较低的排冷器出口气体温度下,排气再循环气流中的水就容易凝结。冷凝水的流量等于排气再循环气流中的水的质量流量减去饱和水蒸气的质量流量。排气再循环气流中的水的质量流量可以根据排气再循环率和排气中的水的流量计算出来。排气中的水来自摄入的环境空气中的水分和在燃烧过程中形成的水。饱和水蒸气的流量可以根据水蒸气的饱和压力来计算,该饱和压力随排气温度的变化而变化。

对于重载发动机,在排冷器出口处较高的冷凝水流量通常出现在转速-负荷区域上的低速高负荷工况区(即最大扭矩附近),这是由于以下因素的综合效应所造成:相对较高的排气再循环气体流量、较高的排气再循环气体压力、较冷的排冷器出口气体温度。在额定功率或低负荷时,冷凝水流量通常较低。可以接受的冷凝水流量阈值由发动机耐久性测试确定。

使硫酸蒸气凝结的温度比水蒸气凝结的温度要高。排气再循环气体中含有酸性燃烧产物。因此,排气再循环气体中的冷凝水是酸性的,可以导致腐蚀问题。对于一个给定的燃油含硫量来讲,排冷器出口和进气歧管处的气体温度的设计目标需要设置得足够高,以尽量减少水和硫酸冷凝所引起的耐久性风险。除了部件成本和封装性考虑外,排冷器的冷却能力设计,最终其实是介于水或酸冷凝液的耐久性控制要求与氮氧化物排放控制要求(或者有时还是排气歧管气体温度控制要求)之间的一个平衡。

总之,在排气再循环冷却器设计中,各种不同方面的设计目标应当予以适当选择和匹配,这其中包括碳烟和碳氢化合物的排放流量、排冷器内从气体到冷却液的温度梯度、排冷器出口的气体温度、冷凝水的流量等。

2.13　柴油发动机系统的可靠性

2.13.1　发动机系统可靠性分析的目的

可靠性对产品的品牌形象有很大影响。而且,良好的可靠性可以降低产品的保修成本。发动机系统的可靠性分析的目的包括以下内容:
(1) 使用为可靠性而设计的概念,以确保在柴油机系统设计的早期阶段正确地选择耐久性约束条件;
(2) 检查每个子系统或部件的可靠性和使用寿命,并进行可靠性分配,以优化整个系统的使用寿命和成本。

对于第一个目的,需要考虑产品的多变性,针对整个发动机产品群体的一个给定服役时间,来指定一个系统可靠性的设计目标。可靠性问题的概率性质要求在分析中使用非确定性的方法。并且需要采用系统的耐久性模型估算发动机的使用寿命,或者估计在指定寿命时发动机的可靠度。

取决于每个部件的耐久性模型的成熟程度,上面所说的第二个目的要么尽量在系统设计的早期阶段实现,要么可以在详细设计的后期阶段当有了部件样机后通过系统集成来实现。系统的可靠性模型应该表述为各部件可靠性的函数。在各部件之间需要进行可靠性分配,以满足系统的可靠性目标,并同时满足每个部件的可靠性目标最低要求。另外,还需要评估可靠性重要度和可靠度的提高对成本的影响。可以采用非线性带约束条件的优化手段来尽量减少系统成本。与其他"定目标设计"的部件相比,如果某些部件在使用寿命或可靠性方面被过度设计,以至于造成这些部件与其他部件之间的极不匹配,这些部件的使用寿命或可靠性就需要在设计中被降低,以便节省成本并达到部件之间在使用寿命上的平衡。以下各小节将具体讨论在这些设计过程中所涉及的关键概念。

2.13.2　柴油发动机系统设计中的可靠性工程

可靠性工程是一个与统计学和概率论密切相关的具有悠久发展历史的学科。可靠性工程中有很多分支领域,例如使用可靠性、故障率和风险率的时域概率模型进行可靠性数据分析(时间作为随机变量),采用韦布尔分布研究失效概率随服役时间变化的情况。另一个分支领域是使用设计参数作为随机变量来进行应力与应变的概率相干性模拟。其他分支领域包括:串联的、并联的、串并联(混联)的、备用系统的可靠性网络分析,失效模式效应分析和故障树分析,以及基于可靠性的优化和设计。需要注意的是,结构耐久性失效机理通常不是可靠性工程学科的主要研究课题。当将可靠性工程的原理应用于柴油机系统设计时,其工作重点应该是把耐久性与可靠性联系起来,并且开发主要发动机部件的耐久性寿命预测的概率模型。图2.9给出了在发动机系统设计中为可靠性而设计的方法。

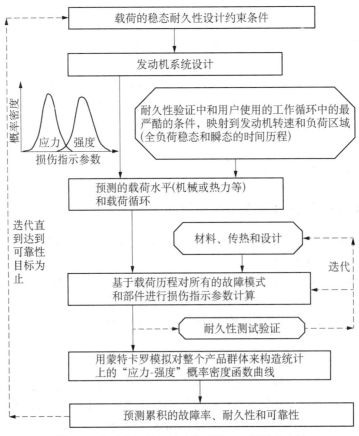

图2.9　发动机系统设计中为可靠性而设计的方法

可靠性在设计过程中的作用在 Dhillon(1999,2005)、Kumar 等人(2006)、Dietrich(2008)、Chandrupatla(2009)的论述中有详细的介绍。Kapur(1992)阐述了可靠性工程中的概率分析。Kuehnel 等人(2005)描述了在冷却器研发中关于可靠性管理方面的耐久性验证过程。Zhou 和 Li (2009)总结了工程设计的可靠性验证过程中的一些关键概念。

耐久性和可靠性是两个不同的概念,正如在第 2.3 节中讨论的那样。然而,当使用故障率这个概念时,耐久性和可靠性的概念是一致的。例如,一个在 100 万英里(或等效发动机小时数)的 B10 寿命的耐久性指标代表 10%的发动机产品将在 100 万英里内出故障。等价的可靠性指标可以表述为在 100 万英里时的可靠度是 90%,或者故障概率是 10%。发动机系统的可靠性模型可以用以时间为随机变量的概率分布方程来建立。当故障率或可靠度是已知输入参数时,可以通过对时间求解这个方程来计算耐久性寿命或可靠性寿命。在发动机系统设计指标中,最理想的是把可靠性要求也包括进来,使得从产品开发一开始就把可靠性"设计"进去。

2.13.3　可靠性评估的测试方法

一个部件、子系统和系统的可靠性可以用截尾可靠性实验(定时或定数的,有时又称成败型测试或"test to bogey")和完全可靠性实验(即全部样本测到失效)的方法来验证(Baker 和 Brunson, 2000)。经由二项分布模型推导,在一个指定的测试时间段内无故障的概率是

$$P_{\text{pass}} = R^n = 1 - C_{\text{cl}} \tag{2.12}$$

式中,R 是可靠度;n 为样本数;C_{cl} 是一个置信度,与一个或多个故障的概率有关(Ireson 等人, 1996)。为验证该可靠性水平所需要的样本数由下式给出:

$$n = \frac{\ln(1 - C_{\text{cl}})}{\ln R} \tag{2.13}$$

使用成败型测试方法时,到测试结束为止的时间区段内的失效分布和系统的寿命是未知的。此外,所需的样本数通常是相当大的。相比之下,完全可靠性测试虽然需要更长的时间,但它可以使用少得多的样本数(通常可以减少超过 50%,据 Baker 和 Brunson,2000),并提供故障率随测试时间变化的信息。这样,不同系统的可靠性概率分布便可以予以分析和比较。例如,可以采用一个韦布尔模型来拟合故障率数据。

在获取故障率信息方面,完全可靠性测试其实是具有相当的破坏性的方法。这种测试是很昂贵的,往往仍需要大量的样本,以获得统计上的置信度。样本数越少,不确定性就越大。概率模拟可以协助此类评估工作。

2.13.4　可靠性概率设计

2.13.4.1　基于时间、应力或损伤的概率模型

下面的例子用韦布尔统计分布演示了一个基于时间的可靠性模型[关于更多的统计模型,读者可参考书末附录中的表 A.2(f)]:

$$R(t) = \mathrm{e}^{-\left(\frac{t}{\beta}\right)^{\gamma}} \tag{2.14}$$

式中,时间 t 是随机变量;β 是尺度参数;γ 是形状参数。需要注意的是,这种模型并不包含为什么发生故障这样的具体设计信息。这样的一个模型,可以靠通过使用某种统计分布函数拟合可靠性保修或服务数据、实验室测试数据或模拟数据来获得。对于高里程数的发动机,保修数据或服务数据

的收集会非常费时。如 Daubercies 等人(2009)所做的,回购顾客的车辆来做部件检查并分析可靠性是获取真实使用数据的一种方法。在发动机实验台上或现场测试车辆里进行的耐久性测试,最好是加速测试,可以很好地帮助预测故障率,故而能部分地代替使用可靠性方面的用户服务数据。目前的趋势是在设计的早期阶段利用数值模拟来预测故障率。模拟模型需要用耐久性实验数据或可靠性服务数据来标定和调整。

　　一个更为具体的、在指定的车辆行驶里程数或发动机运行时间的可靠性模型是传统的应力-强度相干性概率模型(非确定性模型,见第 1 章中的图 1.13)。这个应力-强度模型最初由 Freudenthal 等人(1966)用于疲劳可靠性分析。该模型现已被广泛用来计算机械产品的可靠性(当应力和强度的概率密度分布为已知时)。这里的应力是指在使用中遇到的结构耐久性载荷,强度是指零件或材料抵抗失效的能力极限。与式(2.14)中的基于时间的可靠性模型不同(那里失效时间是随机变量),这个模型采用应力和强度作为随机变量。由干扰因素所造成的统计上的多变性在这个模型中均有体现,比如产品群体、硬件容差、用户使用情况、环境条件等。应力-强度相干性模型通常具有以下形式:

$$
\begin{aligned}
R &= \int_{-\infty}^{+\infty}\left[\int_{S}^{+\infty} f_{\mathrm{PDF,strength}}(S)\mathrm{d}S\right] f_{\mathrm{PDF,stress}}(s)\mathrm{d}s \\
&= \int_{-\infty}^{+\infty} f_{\mathrm{PDF,stress}}(x) f_{\mathrm{PDF,strength}}(x)\mathrm{d}x
\end{aligned}
\tag{2.15}
$$

式中,$f_{\mathrm{PDF,stress}}(s)$是应力的概率密度函数;$f_{\mathrm{PDF,strength}}(S)$是强度的概率密度函数。需要注意的是,对于贝塔分布来讲(详见附录中的表 A.2(c)),式(2.15)中的积分上限可以是一个有限值(Kececioglu,2003)。由这个模型所定义的可靠度是应力小于强度的概率。故障率或失效风险在该模型中被定义为强度小于应力的概率,大体上由应力和强度的两根概率密度函数曲线的重叠区域面积来反映。可靠度与故障率之间以下式相联系:

$$
R = 1 - P_{\mathrm{failure}} = 1 - P(S < s)
\tag{2.16}
$$

式中,$P(S<s)$表示强度小于应力的概率。这个可靠性模型可以用于一个部件,也可以用于整个系统。

　　由于诸如累积损伤和材料强度之类的耐久性参数与时间有关,所以应力与强度之间干涉(曲线相交)的程度亦取决于时间。该应力-强度模型可以用来计算在不同的指定服役时间(作为输入)时的不同可靠度的值。那么,这样获得的可靠性数据就可以形成一个基于时间的可靠性模型。

　　应力-强度模型包含了详细的设计信息。因此,这种模型应该作为发动机系统设计中可靠性模拟的工作重点。用这样的应力-强度模型进行的概率敏感度分析,能够识别影响结构可靠性的最重要参数。

　　应力-强度相干性模型可以在稳态全负荷工况或瞬态驾驶循环条件下使用,来评估那些用于系统设计的约束条件,例如最高气缸压力或排气歧管气体温度。在瞬态分析中,在获取部件温度的时间历程后,便可以计算应力和应变的时间历程。当故障可以用载荷或应力来评判时(比如对于稳态高循环疲劳问题),应力便可作为在此模型中的随机变量。然而,在许多情况下,应力或一个循环内的平均载荷不一定是方便或恰当的评判参数。例如,在低循环疲劳中,主要的失效评判参数通常是应变而不是应力。另外,载荷可以来自正常使用,但也可以来自意外的误用。在发动机的使用寿命期内,误用超载可能最多只发生十几次。这样的话,误用超载的载荷就不具备代表性。而且,在瞬态驾驶循环里,循环平均应力或载荷也不一定就具备代表性或者能够很方便地获得。在这些情况下，就需要使用如下的一个更通用的损伤-强度相干性模型：

$$R = \int_{-\infty}^{+\infty} \left[\int_{S_D}^{+\infty} f_{\text{PDF, strength}}(S_D) dS_D \right] f_{\text{PDF, damage}}(D) dD \qquad (2.17)$$

式中，D 是一个损伤指示参数；S_D 是以损伤的临界失效阈值来表征的强度。损伤的概念在前面的第 2.8.3 节中介绍过，这个损伤可以指任何故障。对于一个给定的故障模式，S_D 的值通常约等于 1。作为随机变量的损伤参数可以代表源于所有故障模式的累积损伤。一个部件或系统在给定的目标里程数或运行小时数下，由于所有故障模式所造成的故障率，等于累积损伤超过损伤临界阈值的概率。损伤临界阈值的强度分布可以通过耐久性实验或数值模拟来获得。每个部件和每个故障模式都可以被分别赋予一个可靠性目标，以便能够分别分析它们。整个发动机系统和所有故障模式的综合组合，也可以并且需要被赋予一个可靠性指标，以便表征整个系统的行为。

可靠性分析可以采用随机抽样的方法进行，比如蒙特卡罗模拟（第 3 章将有详述）。失效概率可以用失效次数与模拟样本总数之比来估计。应力、损伤和强度的概率密度函数可以采用正态分布、对数正态分布、韦布尔分布、贝塔分布等来表征。Mettas(2005) 介绍了使用应力-强度模型并基于用户真实使用的应力分布状况来预测产品可靠性的方法。

强度的概率分布往往可以从实验中获得，例如通过观察故障模式。强度概率分布也可以通过统计的数值模拟来估计。在实验中出现部分失效的情况时（例如在气缸盖上的气门座之间的"鼻梁区"处最初出现的 5 mm 裂纹长度，而不是扩展到全失效极限值的 10 mm），其对应的强度需要通过外插推导出来——可以将部分失效的实验结果外插到部件完全失效所需的时间。这样的外插技术的一个例子在 Prince 等人 (2005) 和 Daubercies 等人 (2009) 关于裂纹扩展速率的统计模型中有所体现。

在为发动机系统设计进行应力和负荷的概率分布分析时，需要考虑在发动机耐久性验证测试和客户现实世界使用时所遇到的最坏情况这两种情形下的损伤。这就要求在分析中需要考虑稳态全负荷（例如在额定功率工况运行几百小时）和瞬态在用循环（如热循环）。在系统设计中，大多数的耐久性约束条件都被指定在全负荷时，例如最高气缸压力、排气歧管气体温度、涡轮增压器转速。全负荷运行份额往往影响在一个瞬态循环内的最高压力和温度以及它们的发生频率。然而，连续的全负荷运行并不一定意味着比一个瞬态的驾驶循环具有更多的损伤。依照不同的失效机理（例如低循环疲劳或高循环疲劳），全负荷运行对于给定部件出现故障的贡献程度会有所不同。例如，气缸盖的耐久性在很大程度上取决于与低循环疲劳机理有关的气门座间"鼻梁区"处的金属温度历程。在这种情况下，从低怠速到额定功率的热负荷循环可能就比连续全负荷运行更容易使部件发生故障。另外，在可靠性分析中选择压力或温度负荷变化情况的其他两个需要考虑的因素是环境条件变化的影响和柴油颗粒过滤器再生的影响。例如，在部分负荷下，当使用进气节气门减小发动机空气流量或者采用后喷射来辅助柴油颗粒过滤器再生时，缸内气体和排气温度可能会变得比全负荷时还高。Morin 等人 (2005) 给出了一个关于柴油颗粒过滤器再生过程对气缸盖的温度历程和热机械损伤产生不利影响的例子。在具体的负荷计算方面，机械负荷和热负荷可以用发动机循环模拟和多体动力学来计算，有时也可以采用有限元分析来计算。当可靠性分析中需要使用瞬态金属温度历程时，还需要考虑部件的热惯性。另外，温度的时间历程需要被转换为部件的机械应力历程，以便计算损伤。

在应力-强度相干性模型中所涉及的积分可以用数值积分计算（如辛普森法则）或蒙特卡罗模

拟(Kececioglu,2003)。如果模型中的概率密度函数都是正态分布,可靠度的值也可以用解析法求出,如 Kececioglu(2003)以及 Zhou 和 Yu(2006)所论述的。

可靠度对概率密度函数曲线中的误差会比较敏感,另外对应力与强度这两条曲线之间的相对散布程度也比较敏感。另外,可靠度还取决于所选择的置信度和测试的样本数。当强度分布是从一个小样本的耐久性实验数据中获得的时候,为预测的可靠度或故障率估计置信区间就变得尤为重要。置信区间可以用故障率的蒙特卡罗模拟来建立。Kececioglu(2003)和 Daubercies 等人(2009)提供了关于确定置信度的详细分析步骤。

需要注意的是,上述的相干性模型都是一维模型。Zhou 和 Yu(2006)开发了一个二维的应力-强度模型。他们加入了另一维参数来涵盖应力不对称比率的变化性。应力不对称比率定义为在一个载荷循环中最小应力与最大应力之比。他们将该模型用于柴油机曲轴的可靠性分析,展示了这个二维模型能比一维模型更为准确地计算可靠度的数值。

2.13.4.2　安全因数和安全裕度

设计强度通常是根据过去的经验在设计中先行建立。它必须设置得足够高,以涵盖在运行应力、负荷、材料、制造工艺等方面的不确定性和多变性。在传统的确定性(即单值)设计方法中,往往预留一个安全裕度,以实现可靠的设计。根据其定义,安全因数和安全裕度是在设计阶段任意定义的某些乘子因数,用以确保机械产品的可靠性(Dhillon,2005)。

平均(中心)安全因数通常定义为平均强度与平均应力的比值。如果应力和强度的概率分布数据的分散度不大的话(例如两者均具有正态分布),那么平均安全因数将是安全性的一个较好指标。安全裕度定义为安全因数减去 1。另一种常用的安全因数是极限安全因数,定义为材料的极限强度与工作应力的比值。另外,极端安全因数指的是最低强度与最大应力的比值。在确定性的设计方法中,最大应力等于标称(名义)应力乘以一个因数,最低强度等于标称(名义)强度乘以另一个因数。这样,极端安全因数便可用概率分布的参数表示如下(Kececioglu,2003):

$$f_{sf,extreme} = \frac{\bar{S} - C \cdot \sigma_{Sh}}{\bar{s} + C \cdot \sigma_{ss}} \tag{2.18}$$

式中,$\bar{S}$ 和 $\bar{s}$ 各自是强度和应力分布的均值;σ_{Sh} 和 σ_{ss} 各自是强度和应力分布的标准差;C 是由设计人员选定的一个值(通常在 3 与 6 之间)。

Kececioglu(2003)表明,安全因数的概念有时会是荒谬的,因为它可能无法反映可靠性。例如,当应力和强度分布的均值都保持不变但将标准差予以改变时,应力和强度这两条概率分布曲线的重叠区域的面积(即故障率)将发生变化,而这种变化将指示着不同的可靠度。然而,由于概率分布的均值没有改变,因此平均(中心)安全因数将保持不变,故而不能正确地反映出可靠度的变化。另外,当均值和标准差都发生改变时,可靠度很明显会发生变化。但是,安全因数有可能反映不出这种变化。这些都表明了在可靠性设计中使用安全因数的确定性设计方法具有严重缺陷。

一个高的安全因数并不总能确保系统是安全或可靠的。另一方面,它其实可能会导致过度设计和成本过高。正如 Kececioglu(2003)在他关于抗扰性工程中"为可靠性而设计"的概率设计方法所做的重要总结中所言,传统的确定性设计方法是不够的。需要引入和使用概率性设计方法。一个基于概率或可靠性的更先进、更经济的设计方法,会使发动机的性能和耐久性预测更切合实际。非确定性的概率设计方法可以使设计人员把一个部件或系统在所要达到的置信水平上设计到所要获得的可靠性目标。

2.13.5　发动机设计中的概率可靠性分析

柴油机系统设计中基于可靠性的设计优化的任务一般包括以下内容：

- 建立发动机性能和耐久性测试结果与使用服务可靠性数据之间的相关性，以期开发出更为有效的加速测试方法并且更为有效地预测可靠性；
- 进行概率模拟，以检查设计敏感度对可靠性的影响；
- 用概率分析的手段将可靠性设计目标转换为性能和耐久性属性指标；
- 为发动机系统设计产生耐久性约束条件；
- 优化发动机系统的可靠性。

如果可靠性不符合要求，就需要对材料、设计或载荷进行优化，以便要么增加强度，要么减少应力或损伤。如果部件工程师必须要求改变系统载荷参数（例如压力、温度、散热量），这个请求会送到系统工程师那里来修改系统设计指标。有的时候，一个部件所承受的应力可以通过改变另一个部件的设计来减小。例如，修改发动机冷却液的流道设计可以增加散热量并降低气缸盖的金属温度和应力。另外需要注意的是，设计上的修改往往会同时影响应力和强度，例如修改气缸盖上的气门座之间"鼻梁区"的宽度。当应力和强度发生变化时，它们的概率密度函数曲线将发生移动或拉缩。相应地，在应力-强度相干性模型中的两曲线重叠区域的面积也会改变。另外，可靠性分析也有助于为耐久性验证测试确定一个明智的目标，以防止设计不足或过度设计。

柴油机设计中的可靠性模拟在过去的十余年中已变得更为活跃。Gale 等人（1995）介绍了一个用于发动机耐久性方面的概率性可靠性分析方法。他们的方法包括一个故障模型，覆盖了裂纹、疲劳、磨损和其他一些结构上的问题。他们认为，在动力学和疲劳领域，耐久性的分析式预测方法已经很早就被建立起来了；然而，对于与热和磨损有关的故障机理，模型仍然依赖于经验公式。他们的分析模型的输出结果是一个累积分布函数，代表了部件在一定的使用寿命里的故障概率。该模型预测了部件的 B10 和 B50 的耐久性寿命，并包括了设计变化和干扰因素控制（例如几何尺寸、表面粗糙度）对寿命的影响。他们声称，蒙特卡罗模拟可以取得相同的结果，但是计算时间要比他们西南研究院开发的这个快速概率积分（Fast Probability Integration 或称 FPI）软件长 500 倍。

Bignonnet 和 Thomas（2001）使用应力-强度相干性模型预测了与疲劳有关的汽车零部件的可靠性。Niewczas 和 Koszalka（2002）提出了一个关于发动机气缸套的磨损和动力缸部件耐久性的可靠性预测方法。他们宣称用加速 10 倍的道路加速实验数据来预测发动机磨损的可靠性是可行的。他们的方法还根据磨损强度的比较，提供了一个在发动机台架实验时间与车辆行驶里程之间的转换因子（例如，据其报道，1 h 的发动机台架实验时间相当于 140 km 的车辆行驶里程）。

Aldridge（2003）提出了一种方法，使用韦布尔图来预测发动机部件或系统的可靠性和耐久性。该方法被用于电控柴油机的喷油器分析。他研究了部件与系统的可靠性要求之间的相关性。该方法能够预测发动机系统性能标定和部件制造偏差的变化对可靠性和耐久性的影响。

或许迄今为止最重要的发动机可靠性和耐久性的模拟工作，至少从发动机系统设计的角度来看，是 Prince 等人（2005）、Morin 等人（2005）和 Daubercies 等人（2009）发表的一系列论文。他们开发了一套方法，在设计阶段估计和改进柴油机气缸盖的可靠性。他们的工作主要集中在气缸盖的热机械损伤。该方法始于从耐久性实验和在用服务数据中获取驾驶循环的发动机瞬态转速和负荷的时间历程数据。然后分析计算了部件的温度历程和热机械应力。他们的损伤-强度可靠性模型预测了故障率。然后进行设计迭代来实现可靠性目标。他们采用对数正态分布来代表应力和强度的统计分布，并且从复杂的有限元模型派生和开发出简化的快速替代计算模型。这些简化的模型可以用不到一个小时的计算时间模拟 10 000～30 000 km 车辆行驶里程中气缸盖的"鼻梁区"处的应力历程。他们的模型模拟结果被高里程数的车辆服役可靠性数据予以验证。这个方法代表了从经验的"为可靠性而设计"到先进的分析式设计的重大进展。

关于其他发动机可靠性方面的研究,读者可以借鉴 Pendola 等人(2003)、Rahman 等人(2007)和 Kokkolaras 等人(2005)的论述。

2.13.6　可靠性分配和系统优化

2.13.6.1　系统的可靠性

可靠性可以按照每个单独的故障模式来评估,也可以按照所有的故障模式综合组合后来评估。另外,可靠性可以对每个单独的部件或子系统来评估,也可以对整个系统来评估。每个部件或子系统的可靠性联合起来决定了整个系统的总体可靠性。如果一个部件或子系统的故障导致整个系统出现故障,那么这个系统从其内部结构的连接性上被定义为一个串联系统。一个串联系统的可靠度 R_S,等于每个独立部件的可靠度 R_i 的乘积:

$$R_S(t) = \prod_{i=1}^{n} R_i(t) \qquad (2.19)$$

式中,t 是失效时间。当一个串联系统包括了大量部件时,其系统可靠性可能会相当低,即使每个部件具有很高的可靠性。这一事实突出了系统设计中的另一个重要原则——为简化而设计(即使用较少的部件)。

另一方面,如果只要有至少一个部件在正常运作就能使整个系统也正常运作的话,那么这个系统从其内部结构的连接性上被定义为一个并联系统。换言之,只有当所有的部件都失效时,一个并联系统才会失去它的功能。并联系统的可靠度可按下式计算:

$$R_S(t) = 1 - \prod_{i=1}^{n} (1 - R_i(t)) \qquad (2.20)$$

根据部件或子系统对柴油机系统性能的不同影响,这些部件分为两类:

(1) 部件的故障导致整个发动机出现不可恢复的故障(例如活塞开裂、活塞裙部刮伤);

(2) 部件的故障可以靠通过调整自己或其他部件的运行特征予以补偿,整个发动机系统的性能因此得以维持正常。

在进行系统设计时,柴油机一般被认为是相对于其主要部件(或子系统)而言的一个串联系统。Tillman 等人(1980)、Kececioglu(1991)、Leemis(1995)、O'Connor(2002)以及 Rausand 和 Hoyland(2004)提供了关于系统可靠性方面的基础知识。

2.13.6.2　可靠性分配和对成本的影响

可靠性分配是指对一个给定系统的全部或某些部件的可靠性进行优化的一个过程,以期用最小的成本来达到系统总体可靠性的目标(Mettas 和 Savva,2001)。当发生下列情况时,便非常需要进行可靠性分配:估计的或设计的系统可靠性不足以满足要求,或者各部件的可靠性严重失衡,造成某些部件的大幅度过度设计和寿命浪费(即寿命过长)。在柴油机系统设计中,可靠性分配和优化在本质上是分配不同设计约束条件的风险。例如,在额定功率时,在最高气缸压力和排气歧管气体温度之间存在一个权衡。当燃油喷射定时提前时,气缸压力会增加,而排气温度会降低。这个压力和温度分别影响气缸盖和排气歧管的耐久性。恰当地评估部件的可靠性并分配可靠性,可以实现在系统层面的最佳平衡。可靠性分配有助于从发动机项目的最开始的系统设计阶段就实现"为可靠性而设计"。

可靠性重要度能够将部件的可靠性变化对整个系统的可靠性所产生的影响进行比较和排序。它的定义如下(Leemis，1995)：

$$I_{R,i} = \frac{\partial R_S(t)}{\partial R_i(t)} \tag{2.21}$$

成本可以用部件可靠性的一个函数来模拟。整个系统的成本是每个部件的成本的总和。在一般情况下，成本随着可靠性的增长而呈指数曲线增加。成本与可靠性之间的权衡是在可靠性分配和系统优化的工作中予以管理和协调的。可靠性分配中具有以下两种指导原则：

(1) 具有高可靠性重要度的部件应该被赋予高的可靠性目标，因为高可靠性重要度意味着该部件对整个系统的总体可靠性具有重大影响；

(2) 最昂贵的部件应该被赋予可靠性增长方面的最低增幅。

柴油机的可靠性分配可以被构造为如下一个带约束的非线性优化问题：

$$\begin{cases} \text{最小化成本 } C_{c,S} = \sum_{i=1}^{n} C_{c,i}(R_i) \\ \text{基于 } R_S \geqslant R_{S,\text{target}}, R_{i,\min} \leqslant R_i \leqslant R_{i,\max} \\ \qquad i = 1, 2, \cdots, n \\ \text{给定 } R_S(t) = \prod_{i=1}^{n} R_i(t) \quad R_i = R_i(t) \end{cases} \tag{2.22}$$

这个优化问题的构造，是为了在系统的可靠性约束条件下，实现最低的系统总成本 $C_{c,S}$。当总成本被最小化时，每个部件的可靠度往往倾向于减少到它们各自的最低值，以避免对使用寿命做出过度设计，或者避免不同部件的寿命之间出现巨大的不平衡。为了求解上述优化问题，需要获得部件可靠性的基于时间的概率方程(即作为失效时间的函数)，以及成本方程(即作为部件可靠性的函数)。需要再次注意的是，基于时间的可靠性模型(例如一个韦布尔分布函数)通常不包括发动机设计参数。一旦可靠性目标被分配好，增加发动机系统的可靠性的方法通常就是重新设计部件。

关于可靠性分配和成本-可靠性模型的更详细讨论，读者可以参考 Mettas(2000)以及 Mettas 和 Savva(2001)的论文。他们论述了可靠性分配和优化的概念，以及一个详细的成本模型。该成本模型是以下四个参数的函数：①增加部件可靠性的可行性；②目前的可靠性；③最低要求的可靠性；④部件所能达到的最大可靠性。

2.13.7　发动机系统的耐久性暨可靠性优化模型

发动机系统设计中的耐久性和可靠性计算通常具有以下两种类型：

(1) 使用一个给定的损伤-强度相干性模型，计算可靠性；

(2) 对于一个给定的可靠性目标值(例如，$R=99\%$)，确定相应的所要求的损伤-强度分布曲线。系统设计工程师负责优化所需的系统负荷、强度以及与可靠性目标值相关的运行时间。所需的负荷会直接影响耐久性和发动机性能。最终设计指标的生成可能需要在设计过程中使用损伤-强度相干性模型来经过若干轮的迭代。

在发动机系统设计中，第二种类型的计算是更常遇到的。式(2.22)中的可靠性分配模型的重点是放在可靠性随时间的变化,以及把可靠性目标从系统层面逐级下派到部件层面予以分配。式(2.22)没有解决如何实现所需要的耐久性设计以达到部件的可靠性目标,因为诸如应力、强度和损伤之类的设计参数没有被明确地包含在方程中。需要注意的是,可靠性目标有两个关键组成因素:故障率和一个指定的使用寿命(即运行时间)。可靠度的值定义为"1减去损伤-强度分布曲线下的重叠区域面积",参阅式(2.16)。

前面的损伤-强度模型[式(2.17)]表明,应力、强度或运行时间(与损伤累积有关)这三者都可以改变,以达到一个指定的可靠度目标。下面提出一个基于损伤的耐久性-可靠性的联合优化模型。该模型由两种类型的子模型组成:一个确定性的耐久性损伤模型和一个非确定性的可靠性的损伤-强度相干性模型。在该模型中,系统的可靠性目标首先需要被分配给每个部件以定义各部件的可靠性目标。任何一个给定部件的、由一个给定的故障模式所造成的损伤均可以用一个确定性模型予以计算,基于根据给定的强度和应力(负荷)所确定的初步估计的运行时间。这样的计算用蒙特卡罗模拟重复很多次,以涵盖所有的统计变化,并产生损伤的概率密度函数曲线。然后,该部件的可靠性可用损伤-强度相干性模型来计算。如果计算得到的可靠性数值与目标值不匹配,就需要对初步估计的运行时间进行迭代,直到它们匹配为止。从这个损伤-强度模型求得的运行时间有可能会不等于使用诸如式(2.14)那样的基于时间的可靠性模型所求出的使用寿命,这是由于这两个模型采用了不同的假设而造成的。为了使运行时间与发动机想要的可靠性或耐久性使用寿命目标相吻合,就需要对某个给定的部件进行优化以改变它的应力或强度。这个耐久性-可靠性联合优化模型的结构开发如下:

$$
\begin{cases}
D_{i,\mathrm{HCF}} = D_{i,\mathrm{HCF}}^{\mathrm{fatigue}} + D_{i,\mathrm{HCF}}^{\mathrm{creep}} + D_{i,\mathrm{HCF}}^{\mathrm{oxidation}} + \cdots = f(t_{i,\mathrm{HCF}}) \\[4pt]
R_{i,\mathrm{HCF}} = \int_{-\infty}^{+\infty} \left[\int_{S_D}^{+\infty} f_{\mathrm{PDF,strength}}(S_D, t_{i,\mathrm{HCF}}) \mathrm{d}S_D \right] f_{\mathrm{PDF,damage}}(D, t_{i,\mathrm{HCF}}) \mathrm{d}D \\[4pt]
D_{i,\mathrm{LCF}} = D_{i,\mathrm{LCF}}^{\mathrm{fatigue}} + D_{i,\mathrm{LCF}}^{\mathrm{creep}} + D_{i,\mathrm{LCF}}^{\mathrm{oxidation}} + \cdots = f(t_{i,\mathrm{LCF}}) \\[4pt]
R_{i,\mathrm{LCF}} = \int_{-\infty}^{+\infty} \left[\int_{S_D}^{+\infty} f_{\mathrm{PDF,strength}}(S_D, t_{i,\mathrm{LCF}}) \mathrm{d}S_D \right] f_{\mathrm{PDF,damage}}(D, t_{i,\mathrm{LCF}}) \mathrm{d}D \\[4pt]
D_{i,\mathrm{wear}} = D_{i,\mathrm{adhesive}} + D_{i,\mathrm{abrasive}} + D_{i,\mathrm{corrosive}} + \cdots = f(t_{i,\mathrm{wear}}) \\[4pt]
R_{i,\mathrm{wear}} = \int_{-\infty}^{+\infty} \left[\int_{S_D}^{+\infty} f_{\mathrm{PDF,strength}}(S_D, t_{i,\mathrm{wear}}) \mathrm{d}S_D \right] f_{\mathrm{PDF,damage}}(D, t_{i,\mathrm{wear}}) \mathrm{d}D \\[4pt]
\cdots \\[4pt]
D_{i,\mathrm{other}} = D_{i,1} + D_{i,2} + D_{i,3} + \cdots = f(t_{i,\mathrm{other}}) \\[4pt]
R_{i,\mathrm{other}} = \int_{-\infty}^{+\infty} \left[\int_{S_D}^{+\infty} f_{\mathrm{PDF,strength}}(S_D, t_{i,\mathrm{other}}) \mathrm{d}S_D \right] f_{\mathrm{PDF,damage}}(D, t_{i,\mathrm{other}}) \mathrm{d}D \\[4pt]
i = 1, 2, 3, \cdots, n
\end{cases}
\tag{2.23}
$$

式中,t 是运行时间;i 代表每个部件或子系统,例如气缸盖、活塞、排气歧管、配气机构、活塞环、缸套、曲轴、轴承、连杆、压气机、涡轮、柴油机颗粒过滤器等。式(2.23)中的未知数是 $t_{i,\mathrm{HCF}}$,$t_{i,\mathrm{LCF}}$,$t_{i,\mathrm{wear}}$,$\cdots$,$t_{i,\mathrm{other}}$。每个部件可能会有多个故障模式。例如,高循环疲劳的裂纹发生在某一个部位,而低循环疲劳的裂纹发生在另一个部位。对于每个故障模式,多个故障机理可能会同时存在,从而积累损伤,例如疲劳、蠕变和氧化,正如式(2.23)中的耐久性模型所示。用于式(2.23)中的可靠性模型里的概率密度函数,可以用蒙特卡罗模拟求得,以考虑统计概率上的变化。式(2.23)可被分别用于每个部件,以涵盖所有的失效模式和失效机理。每个部件为达到可靠性目标的运行时间被确定为所有故障模式中的最短时间：

$$t_i = \min(t_{i,\text{HCF}}, t_{i,\text{LCF}}, t_{i,\text{wear}}, \cdots, t_{i,\text{other}}) \qquad (2.24)$$

为达到可靠性目标的发动机系统的运行时间由下式给出：

$$t_{\text{S}} = \min(t_1, t_2, t_3, \cdots, t_n) \qquad (2.25)$$

这样所求出的运行时间不一定会满足想要的可靠性使用寿命或耐久性寿命 $t_{\text{S,goal}}$。耐久性-可靠性的设计优化可构造如下：

$$\begin{cases} \text{最小化部件寿命之差} \sum_{i=1}^{n}(t_i - t_{\text{S,goal}})^2 \\ \text{基于} \ t_{\text{S}} = t_{\text{S,goal}}, t_i \geqslant t_{\text{S,goal}} \\ \text{靠改变设计中的应力或强度} \end{cases} \qquad (2.26)$$

这样，靠改变系统载荷或部件强度，系统的运行时间就可以被设计得满足目标寿命要求。同时，可以靠改变应力或强度（如果可能的话）来降低过度设计的部件的寿命，以使所有部件在达到其各自的部件可靠性目标时，都理想上具有同样的或近似的寿命，从而使整个系统的成本变得最低。

综上所述，以上的用于发动机系统设计的耐久性-可靠性联合优化模型包括以下的关键因素：系统与部件之间的平衡，运行时间、应力与强度之间的平衡，失效模式，失效机理，损伤积累，以及概率分布。

2.14 参考文献和书目

2.14.1 英文参考文献和书目

Abarham M, Hoard J, Assanis D, Styles D, Curtis E W, Ramesh N, Sluder C S, Storey J M E. 2009a. Numerical modeling and experimental investigations of EGR cooler fouling in a diesel engine [C]. SAE paper 2009-01-1506.

Abarham M, Hoard J, Assanis D, Styles D, Curtis E W, Ramesh N, Sluder C S, Storey J M E. 2009b. Modeling of thermophoretic soot deposition and hydrocarbon condensation in EGR coolers [C]. SAE paper 2009-01-1939.

Afonso A, Ferran G, Chi F. 1991. Development of fiber reinforced aluminum alloy for diesel piston applications [C]. SAE paper 910632.

Ahdad F, Soare M A. 2002. Prediction of duration of life of automotive components under thermomechanical fatigue [C]. IMechE paper C602/020/2002. *IMechE Conference Transactions*, *Seventh International Conference on Turbochargers and Turbocharging*. Bury St Edmunds and London: PEP. 311-320.

Alcraft D A. 1984. Ensuring the reliability of diesel engine components [M]//Haddad S D and Watson N (editors). *Design and Applications in Diesel Engineering*. Chichester: Ellis Horwood Limited. Chapter 10, 317-336.

Aldridge D S. 2003. Component and system life distribution prediction using Weibull and Monte Carlo analysis with reliability demonstration implications for an electronic diesel fuel injector [C]. SAE paper 2003-01-1363.

Archard J F. 1953. Contact and rubbing of flat surfaces [J]. *Journal of Applied Physics*, 24 (8): 981-988.

Baines N C. 2005. *Fundamentals of Turbocharging* [M]. White River Junction, VT: Concepts NREC.

Baker J, Brunson D. 2000. Statistical modelling of engine systems [M]//Edwards S P, Grove D M, Wynn H P (editors). *Statistics for Engine Optimization*. Suffolk: Professional Engineering Publishing. 61-82.

Banisoleiman K, Rattenbury N. 2006. Reliability trends, operating issues and acceptance criteria related to exhaust gas turbochargers used in the marine industry - a classification society view [C]. *8th International Conference on Turbochargers and Turbocharging*. Cambridge, UK: Woodhead Publishing. 289-303.

Barlas B, Massinon D, Meyer P, Cailletaud G, Guillot I, Morin G. 2006. A phenomenological model for fatigue life prediction of highly loaded cylinder heads [C]. SAE paper 2006-01-0542.

Barnes S J, Lades K. 2002. The evolution of aluminum based piston alloys for direct injection diesel engines [C]. SAE paper 2002-01-0493.

Bederaux-Cayne W S. 1996. Quantifying parameters relevant to liner cavitation on a diesel engine [C]. SAE paper 960881.

Bignonnet A, Thomas J J. 2001. Fatigue Assessment and Reliability in Automotive Design [C]. SAE paper 2001-01-4061.

Bist S, Kannusamy R, Tayal P, Liang E. 2010. Thermomechanical fatigue crack growth and failure prediction for turbine housings [C]. *Proceedings of 9th International Conference on Turbochargers and Turbocharging*. May 1-19.

Booser E R (editor). 1997. *Tribology Data Handbook* [M]. Boca Raton, FL: CRC Press.

Bravo Y, Lázaro J L, García-Bernad J L. 2005. Study of fouling phenomena on EGR coolers due to soot deposits: development of a representative test method [C]. SAE paper 2005-01-1143.

Bravo Y, Moreno F, Longo O. 2007. Improved characterization of fouling in cooled EGR systems [C]. SAE paper 2007-01-1257.

Castleman J L. 1993. Power cylinder design variables and their effects on piston combustion bowl edge stresses [C]. SAE paper 932491.

Çevik G, Tuncal Z, Duran E T. 2009. A study on the diesel engine crankshaft fatigue performance optimization [C]. SAE paper 2009-01-0261.

Cha S-W, Ha E-J, Lee K-W, Chang H. 2009. Development of fatigue durability analysis techniques for engine piston using CAE [C]. SAE paper 2009-01-0820.

Chandrupatla T. 2009. *Quality and Reliability in Engineering* [M]. New York, NY: Cambridge University Press.

Chang D K, Sobh A, Tjong J S, Styles D, Szente J J. 2010. Diesel EGR cooler fouling with Ni-Fe-Cr-Al DPF at freeway cruise [C]. SAE paper 2010-01-1955.

Chen H. 2006. Turbine wheel design for Garrett advanced variable geometry turbines for commercial vehicle applications [C]. *8th International Conference on Turbochargers and Turbocharging*. Cambridge, UK: Woodhead Publishing. 317-327.

Choi K S, Pan J. 2009. Simulation of stress distributions in crankshaft sections under fillet rolling and bending fatigue tests [J]. *International Journal of Fatigue*, 31: 544-557.

Christmann R, Längler F, Habermehl M, Fonts P-M, Fontvieille L, Moulin P. 2010. Low-cycle fatigue of turbocharger compressor wheels - online prediction and lifetime extension [C]. *Proceedings of 9th International Conference on Turbochargers and Turbocharging*. May 1-19.

Colgan T, Bell J C. 1989. A predictive model for wear in automotive valve train systems [C]. SAE paper 892145.

Coy R C. 1997. Practical applications of lubrication models in engines [C]. *IMechE Proceedings of the First World Tribology Congress on New Directions in Tribology*. September. 197-209.

Daubercies F, Geslin C, Morin G. 2009. Cylinder head reliability assessment: from numerical method development to validation based on high mileage field data [C]. SAE paper 2009-01-0203.

Davis G D, Christ R J. 1996. A comparison of engine coolant in an accelerated heavy duty engine cavitation test [C]. SAE paper 960883.

Delprete C, Rosso C. 2005. Exhaust manifold thermo-structural simulation methodology [C]. SAE paper 2005-01-1076.

Demarchi V, Windlin F L. 1995. Cavitation erosion on cylinder liners [C]. SAE paper 952250.

Dennis A J, Gardner C P, Taylor D H C. 1999. The effect of EGR on diesel engine wear [C]. SAE paper 1999-01-0839.

Dhillon B S. 1999. *Design Reliability: Fundamentals and Applications* [M]. Boca Raton, FL: CRC.

Dhillon B S. 2005. Reliability in the mechanical design process [M]//Kutz M (editor). *Mechanical Engineers' Handbook—Volume 1*. 3rd edition. Hoboken, NJ: Wiley. 1000-1023.

Dietrich D L. 2008. Reliability inception to product retirement [C]. *2008 Proceedings Annual Reliability and Maintainability Symposium*. Las Vegas, NV. Janaury 28-31.

Dissel R V, Barber G C, Larson J M, Narasimhan S L. 1989. Engine valve seat and insert wear [C]. SAE paper 892146.

Dodson B, Schwab H. 2006. *Accelerated Testing: A Practitioner's Guide to Accelerated and Reliability Testing* [M]. Warrendale, PA: SAE International.

Doehrle M D. 1978. Thermal effects on Diesel Engine Pistons [C]. SAE paper 780781.

Draper J. 2008. *Modern Metal Fatigue Analysis* [M]. Warrington: EMAS Publications.

Dyson A, Naylor H. 1960. Application of the flash temperature concept to cam and tappet wear problems [J]. *Proceedings Institution of Mechanical Engineers (A. D.)*, 8: 255-280.

Dystrup J A, Lane W H, Timmons J P, Smith A L. 1993. The development of a production qualified catalytic converter [C]. SAE paper 930133.

Engles B. 2002. Lifetime prediction for turbocharger compressor wheels - why use titanium? [C]. IMechE paper C602/037/2002.

Escobar L A, Meeker W Q. 2006. A review of accelerated test models [J], *Statistical Science*, 21 (4): 552-577.

Evans J L, Vogt N, Thompson J R, Coit D. 2005. Correlating field requirements to accelerated life testing for vehicle electronics [C]. SAE paper 2005-01-1492.

Fayard J-C, Joubert E, Seguelong T. 2005. A new active DPF system for "stop & go" duty cycle vehicles: durability and improvements [C]. SAE paper 2005-01-1754.

Feng M, Chen Y. 2004. Fixed emitting point method-an accelerated test program to determine fatigue limit of automotive components [C]. SAE paper 2004-01-1646.

Fessler H. 1984. Deformation and stress analysis of engine components using models [M]//Haddad S D, Watson N (editors). *Design and Applications in Diesel Engineering*. Chichester: Ellis Horwood Limited. 110-124.

Franke M, Kusters A, Rinkens T, Maassen F, Bruggemann H. 2007. Mechanical testing – still necessary! [C]. SAE paper 2007-01-1768.

French C C J. 1999. Thermal loading [M]//Challen B, Baranescu R (editors). *Diesel Engine Reference Book*. 2nd edition. Warrendale, PA: SAE International. 106-121.

Freudenthal A M, Carrelts M, Shinozuka M. 1966. The analysis of structural safety [J]. *ASCE, Journal of Structure Division*, 92: 267-325.

Fricke R W, Allen C. 1993. Repetitive impact-wear of steels [J]. *Wear*, 193: 837-847.

Fujiwara H, Kawase T. 2007. Logarithmic profiles of rollers in roller bearings and optimization of the profiles [J]. *NTN Technical Review*, 75: 140-148.

Furuhama S, Suzuki H. 1979. Temperature distribution of piston rings and piston in high speed diesel engine [J]. *Bulletin of the JSME*, 22 (174): 1788-1795.

Furuhama S, Suzuki M, Ishikawa H, Watanabe T. 1991. The primary cause for abnormal wear in diesel engines with EGR systems [J]. *Tribology Transactions*, 34 (1): 86-92.

Furukawa H, Yamaguchi H, Takagi K, Okita A. 1993. Reliability on variable geometry turbine turbocharger [C]. SAE paper 930194.

Gale N F. 1990. Diesel engine cylinder head design: the compromises and the techniques [C]. SAE paper 900133.

Gale N F, Widener S K, Sui P C, Zhang H. 1995. Analytical engine design methods: a review [C]. SAE paper 950806.

George S, Balla S, Gautam V, Gautam M. 2007. Effect of diesel soot on lubricant oil viscosity [J]. *Tribology International*, 40: 809-818.

Giles W S. 1966. Fundamentals of valve design and material selection [C]. SAE paper 660471.

Gocmez T, Deuster U. 2009. An integral engineering solution for design of exhaust manifolds [C]. SAE paper 2009-01-1229.

Goshorn K D, Krodel A L. 1978. Accelerated durability test program for diesel truck engines [C]. ASME paper 78-DGP-23.

Green D A, Lewis R, Dwyer-Joyce R S. 2006. Wear of valve train components due to soot contaminated lubricant [C]. SAE paper 2006-01-1098.

Green G W, Engelstad R L. 1993. A technique for the analysis of cylinder liner vibrations and cavitation [C]. SAE paper 930582.

Gulati S T, Lambert D W, Hoffman M B, Tuteja A D. 1992. Thermal durability of a ceramic wall-flow diesel filter for light duty vehicles [C]. SAE paper 920143.

Haddock A K. 1984. Practical applications of finite elements in the stressing of diesel engine components [M]//Haddad S D, Watson N (editors). *Design and Applications in Diesel Engineering*. Chichester: Ellis Horwood Limited. 125-176.

Hamm T, Rebbert M, Ecker H-J, Grafen M. 2008. Cylinder head design for high peak firing pressures [C]. SAE paper 2008-01-1196.

Henry J-P, Toplosky J, Abramczuk M. 1992. Crankshaft durability prediction – a new 3-D approach [C]. SAE paper 920087.

Hercamp R D. 1993. Overview of cavitation corrosion of diesel cylinder liners [J]. *ASTM Special Technical Publication*, 1192: 107-127.

Heuer T, Engels B, Heger H, Klein A. 2006. Thermomechanical analysis of a turbo charger turbine wheel based on CHT-calculations and measurements [C]. *8th International Conference on Turbochargers and Turbocharging*. Cambridge, UK: Woodhead Publishing. 235-250.

Heywood J B. 1988. *Internal Combustion Engine Fundamentals* [M]. New York, NY: McGraw-Hill.

Hoard J, Abarham M, Styles D, Giuliano J M, Sluder C S, Storey J M E. 2008. Diesel EGR cooler fouling [C]. SAE paper 2008-01-2475.

Hosny D M. 1996. Real time cavitation detection method [C]. SAE paper 960878.

Hosny D M, Tibbetts D, Luenz R. 1996. Cavitation intensity measurements for internal combustion engines [C]. SAE paper 960884.

Hosny D M, Young R W. 1993. A system approach for the assessment of cavitation corrosion damage of cylinder liners in internal combustion engines [C]. SAE paper 930581.

Indig H, Williams T R. 1984. Exhaust system accelerated durability testing [C]. SAE paper 840503.

Ireson W G, Coombs C F, Moss R Y. 1996. *Handbook of Reliability Engineering and Management* [M]. 2nd edition. New York, NY: McGraw-Hill.

Ishiki K, Oshida S, Takiguchi M, Urabe M. 2000. A study of abnormal wear in power cylinder of diesel engine with EGR – wear mechanism of soot contaminated in lubricating oil [C]. SAE paper 2000-01-0925.

Ito A. 2006. A study on the measurement and estimation method of skew motion of roller-tappets in an OHV type DI diesel engine [C]. SAE paper 2006-01-3348.

Ito A, Yang L, Negishi H. 1998. A study on cam wear mechanism with a newly developed friction measurement apparatus

[C]. SAE paper 982663.

Ito A, Yang L, Negishi H. 2001. A study of the measurement of surface temperature at a cam/tappet contact [J]. *Tribotest Journal*, 7 (3): 203-218.

Japikse D. 1996. *Centrifugal Compressor Design and Performance* [M]. Wilder, VT: Concepts ETI, Inc.

Japikse D, Baines N C. 1997. *Introduction to Turbomachinery* [M]. White River Junction, VT: Concepts ETI, Inc. and Oxford University Press.

Johnson V A, Galen C W. 1966. Diesel exhaust valves [C]. SAE paper 660034.

Junior W B, Raminelli L F, Antonelli J. 2005. Cumulative fatigue damage in the diesel engines application [C]. SAE paper 2005-01-4110.

Kapur K C. 1992. Reliability engineering [M]//Evans D H. *Probability and Its Applications for Engineers*. New York, NY: Marcel Dekker.

Kass M D, Thomas J F, Wilson D, Lewis S A, Sarles A. 2005. Assessment of corrosivity associated with exhaust gas recirculation in a heavy-duty diesel engine [C]. SAE paper 2005-01-0657.

Kato K. 2002. Classification of wear mechanisms/models [J]. *Proc. IMechE, Part J: Journal of Engineering Tribology*, 216 (6): 349-356.

Katragadda S, Bata R. 1994. Cavitation problem in heavy duty diesel engines: a literature review [J]. *International Journal of Vehicle Design*, 1 (3): 324-346.

Kececioglu D B. 1991. *Reliability Engineering Handbook, Volume 2* [M]. Englewood Cliffs, NJ: Prentice Hall.

Kececioglu D B. 2003. Keynote address: robust engineering design-by-reliability [C]. SAE paper 2003-01-0141.

Keribar R, Morel T, Toaz M W. 1990. An investigation of structural effects of fiber matrix reinforcement in aluminum diesel pistons [C]. SAE paper 900536.

Kestly M, Popielas F, Grafl D, Weiss A. 2000. Accelerated testing of multi-layer steel cylinder head gaskets [C]. SAE paper 2000-01-1188.

Kim B, Chang H, Lee K, Kim C. 2005. Improvement of durability in HSDI diesel cylinder head [C]. SAE paper 2005-01-0655.

Kitamura K, Takebayashi H, Ikeda M, Percoulis H M. 1997. Development of ceramic cam roller follower for engine application [C]. SAE paper 972774.

Kitson S T, Clay D C, Brown D H, Evans R O, Eastwood D M, Tootill P K. 2006. Improving analysis capability in order to reduce turbine HCF [C]. *8th International Conference on Turbochargers and Turbocharging*. Cambridge, UK: Woodhead Publishing. 261-271.

Klyatis L M. 2010. *Accelerated Reliability and Durability Testing Technology* [M]. Oxford: Wiley-Blackwell.

Klyatis L M, Klyatis E. 2006. *Accelerated Quality and Reliability Solutions* [M]. Oxford: Elsevier Science.

Koch F, Maassen F, Deuster U, Loeprecht M, Marckwardt H. 1999. Low cycle fatigue of aluminum cylinder heads - calculation and measurement of strain under fired operation [C]. SAE paper 1999-01-0645.

Kokkolaras M, Mourelatos Z, Louca L, Filipi Z, Delagrammatikas G, Stefanopoulou A, Papalambros P, Assanis D. 2005. Design under uncertainty and assessment of performance reliability of a dual-use medium truck with hydraulic-hybrid powertrain and fuel cell auxiliary power unit [C]. SAE paper 2005-01-1396.

Korte V, Barth R, Kirschner R, Schulze J. 1997. Camshaft/followerdesign for different stress behavior in heavy duty diesel engines [C]. SAE paper 972776.

Korte V, Glas T, Lettmann M, Krepulat W, Steinmetz C. 2000. Cam roller follower design for heavy duty diesel engines [C]. SAE paper 2000-01-0525.

Krepulat W, Dusik M, Korte V. 2002. Advanced calculation method of the contact stress in roller follower valve train systems [C]. SAE paper 2002-01-0852.

Kreso A M, Johnson J H, Gratz L D, Bagley S T, Leddy D G. 1998. A study of the vapor-and particle-phase sulfur species in the heavy-duty diesel engine EGR cooler [C]. SAE paper 981423.

Krivoy R, Colvill J K, Parsons D H. 1986. An investigation of piston ring groove wear in heavy duty diesel engines using statistically designed accelerated testing [J]. *Journal of Materials for Energy Systems*, 8 (2): 168-175.

Kuehnel W, Weise S, Krueger U, Sekler H, Stephenson P. 2005. The validation process - one key element of reliability management [C]. SAE paper 2005-01-1778.

Kuki T, Miyairi Y, Kasai Y, Miyazaki M, Miwa S. 2004. Study on reliability of wall-flow type diesel particulate filter [C]. SAE paper 2004-01-0959.

Kulkarni A, Tisserant D, Hosny D, Liang E, Krishnaraja N. 2010. Turbine wheel high cycle fatigue reliability prediction [C]. *Proceedings of 9th International Conference on Turbochargers and Turbocharging*. May 1-19.

Kumar U D, Crocker J, Chitra T, Saranga H. 2006. *Reliability and Six Sigma* [M]. New York, NY: Springer Science + Business Media.

Längler F, Scholz A, Aleksanoglu H, Mao T. 2010. Validation of a phenomenological lifetime estimation approach for application on turbine housings of turbochargers [C]. *Proceedings of 9th International Conference on Turbochargers and Turbocharging*. May 1-19.

Law B. 1984. Crankshaft loading and bearing performance analysis [M]//Haddad S D, Watson N (editors). *Design and*

Applications in Diesel Engineering. Chichester: Ellis Horwood Limited. 177-202.

Lederer G, Charkaluk E, Verger L, Constantinescu A. 2000. Numerical lifetime assessment of engine parts submitted to thermomechanical fatigue, application to exhaust manifold design [C]. SAE paper 2000-01-0789.

Lee K S, Assanis D N, Lee J, Chun K M. 1999. Measurements and predictions of steady-state and transient stress distributions in diesel engine cylinder head [C]. SAE paper 1999-01-0973.

Leemis L M. 1995. *Reliability, Probabilistic Models and Statistical Methods* [M]. Englewood Cliffs, NJ: Prentice Hall.

Leonard H J, Stone C R, Donaldson C P. 1995. Wear characteristics of a roller follower variable valve timing system [C]. SAE paper 952100.

Lepperhoff G, Houben M. 1993. Mechanisms of deposit formation in internal combustion engines and heat exchangers [C]. SAE paper 931032.

Lewis R, Dwyer-Joyce R S. 2002. Wear of diesel engine inlet valves and seat inserts [J]. *Proc. IMechE, Part D: Journal of Automobile Engineering*, 216: 205-216.

Locker R J, Gunasekaran N, Sawyer C. 2002. Diesel particulate filter test methods [C]. SAE paper 2002-01-1009.

Lowe A S. 1990. An analytical technique for assessing cylinder liner cavitation erosion [C]. SAE paper 900134.

Lowe A S H, Morel T. 1992. A new generation of tools for accurate thermo-mechanical finite element analyses of engine components [C]. SAE paper 920681.

Maassen F J. 2001. Simulation of endurance and thermo cycle testing for highly loaded HSDI diesel cylinder heads [C]. SAE paper 2001-01-3226.

Macian V, Tormos B, Olmeda P, Montoro L. 2003. Analytical approach to wear rate determination for internal combustion engine condition monitoring based on oil analysis [J]. *Tribology International*, 36: 771-776.

Mainwaring R. 1997. Soot and wear in heavy duty diesel engines [C]. SAE paper 971631.

Makartchouk A. 2002. *Diesel Engine Engineering: Thermodynamics, Dynamics, Design, and Control* [M]. New York, NY: Marcel Dekker.

Mamiya N, Masuda T, Noda Y. 2002. Thermal fatigue life of exhaust manifolds predicted by simulation [C]. SAE paper 2002-01-0854.

Matsuishi M, Endo T. 1968. Fatigue of metals subjected to varying stress [C]. Japan Society of Mechanical Engineers. Jukvoka, Japan.

McGeehan J A, Ryason P R. 1999. Million mile bearings: lessons from diesel engine bearing failure analysis [C]. SAE paper 1999-01-3576.

McKinley T L. 1997. Modeling sulfuric acid condensation in diesel engine EGR coolers [C]. SAE paper 970636.

Merritt D, Mian O, Praca M, Wang D, Zhu G. 2008. Elasto-hydrodynamic lubrication analysis and wear prediction for a connecting rod small-end bush and piston pin interface [C]. SAE paper 2008-36-0068.

Mettas A. 2000. Reliability allocation and optimization for complex systems [C]. *2000 Proceedings Annual Reliability and Maintainability Symposium*. Los Angeles, CA. January 24-27.

Mettas A. 2005. Reliability prediction based on customer usage stress profiles [C]. *2005 Proceedings Annual Reliability and Maintainability Symposium*. Alexandria, VA. Janaury 24-27.

Mettas A, Savva M. 2001. System reliability analysis: the advantages of using analytical methods to analyze non-repairable systems [C]. *2001 Proceedings Annual Reliability and Maintainability Symposium*. Philadelphia, PA. January 22-25.

Montazersadgh F H, Fatemi A. 2007. Dynamic load and stress analysis of a crankshaft [C]. SAE paper 2007-01-0258.

Montazersadgh F H, Fatemi A. 2008. Optimization of a forged steel crankshaft subject to dynamic loading [C]. SAE paper 2008-01-0432.

Morin G, Nicouleau-Bourles E, Simon F, Prince O. 2005. Reliable diesel engine design based on a new numerical method [C]. SAE paper 2005-01-1762.

Moroz S, Bourgoin G, Luján J M, Pla B. 2009. Acidic condensation in low pressure EGR systems using diesel and biodiesel fuels [C]. SAE paper 2009-01-2805.

Mosburger M, Fuschetto J, Assanis D, Filipi Z, McKee H. 2008. Impact of high sulfur military JP-8 fuel on heavy duty diesel engine EGR cooler condensate [C]. SAE paper 2008-01-1081.

Moustapha H, Zelesky M F, Baines N C, Japikse D. 2003. *Axial and Radial Turbines* [M]. White River Junction, VT: Concepts NREC.

Mulenga M C, Chang D K, Tjong J S, Styles D. 2009. Diesel EGR cooler fouling at freeway cruise [C]. SAE paper 2009-01-1840.

Munro R. 1999. Pistons, rings and liners [M]//Challen B, Baranescu R (editors). *Diesel Engine Reference Book*. 2nd edition. Warrendale, PA: SAE International. 348-369.

Murphy R W. 1982. Endurance testing of heavy duty vehicles [C]. SAE paper 820001.

Myers M R. 1990. Damage accumulation during high temperature testing of a squeeze formed aluminum piston alloy [C]. SAE paper 900132.

Myers M R, Chi F. 1991. Factors affecting the fatigue performance of metal matrix composites for diesel pistons [C]. SAE paper 910833.

Nagode M, Fajdiga M. 2006. Temperature-stress-strain trajectory modelling during thermo-mechanical fatigue [J].

Fatigue & Fracture of Engineering Materials & Structures, 29 (3): 175-182.

Nagode M, Fajdiga M. 2007. Coupled elastoplasticity and viscoplasticity under thermomechanical loading [J]. *Fatigue & Fracture of Engineering Materials & Structures*, 30 (6): 510-519.

Nagode M, Hack M. 2004. An online algorithm for temperature influenced fatigue-life estimation: stress-life approach [J]. *International Journal of Fatigue*, 26 (2): 163-171.

Nagode M, Hack M, Dedene L, Fajdiga M. 2008. Development of reliable fatigue life prediction processes for lightweight exhaust systems [C]. *Proceedings of Sixth International Conference on Low Cycle Fatigue*. DVM Berlin. September 8-12. 663-668.

Nagode M, Hack M, Fajdiga M. 2009a. High cycle thermo-mechanical fatigue: Damage operator approach [J]. *Fatigue & Fracture of Engineering Materials & Structures*, 32 (6): 505-514.

Nagode M, Hack M, Fajdiga M. 2009b. Low cycle thermo-mechanical fatigue: Damage operator approach [J]. *Fatigue & Fracture of Engineering Materials & Structures*, 33 (3): 149-160.

Nagode M, Zingsheim F. 2004. An online algorithm for temperature influenced fatigue-life estimation: strain-life approach [J]. *International Journal of Fatigue*, 26 (2): 151-161.

Narasimhan S L, Larson J M. 1985. Valve gear wear and materials [C]. SAE paper 851497.

Nelson W B. 2004. *Accelerated Testing: Statistical Models, Test Plans, and Data Analysis* [M]. 2nd edition. New York, NY: John Wiley & Sons.

Newton J A. 1952. Engineering of the poppet valve [C]. *SAE Technical Meeting*. West Coast Section. November.

Newton J A, Palmer J L, Reddy V C. 1953. Factors affecting diesel exhaust valve life [C]. SAE paper 530182.

Nicholas T. 2006. *High Cycle Fatigue: A Mechanics of Materials Perspective* [M]. Oxford: Elsevier.

Niewczas A, Koszalka G. 2002. Method of accelerated evaluation of automotive engine durability [C]. SAE paper 2002-01-0337.

O'Connor P. 2002. *Practical Reliability Engineering* [M]. Chichester: John Wiley & Sons.

Ogarevic V, Whittle B, Lin X, Anderson R. 2001. Thermal fatigue of automotive components [C]. SAE paper 2001-01-0829.

Park H, Ko Y S, Jung S C. 2001. Fatigue life analysis of crankshaft at various surface treatments [C]. SAE paper 2001-01-3374.

Park K H, Choi B L, Lee K W, Kim K S, Earmme Y Y. 2006. Modelling and design of an exhaust manifold under thermomechanical loading [J]. *Proc. IMechE, Part D: Journal of Automobile Engineering*, 220: 1755-1764.

Park S H, Kim J M, Kim H J, Ko S J, Park H S, Lim J D. 2005. Development of a heat resistant cast iron alloy for engine exhaust manifolds [C]. SAE paper 2005-01-1688.

Pendola M, Morin G, Mohamed A, Ragot P. 2003. Reliability based analysis of exhaust manifold lifetime simulation: an essential tool for risk management in industrial product development [C]. *SIA Congress*. Poissy, France.

Pint S, Schock H J. 2000. Design and development of a software module for analysis of three dimensional piston ring wear [C]. SAE paper 2000-01-0920.

Prince O, Morin G, Jouzeau C. 2005. Validation test optimization based on a statistical approach for diesel engine cylinder heads reliability [C]. SAE paper 2005-01-1780.

Purmer P D, van den Berg W. 1985. Measurement of camshaft waer-wear and kinematics of overhead camshafts [C]. SAE paper 850442.

Rahman S, Kayupov M, Li J, Mourelatos Z P. 2007. Balance between reliability and robustness in engine cooling system optimal design [C]. SAE paper 2007-01-0594.

Rausand M, Hoyland A. 2004. *System Reliability Theory: Models, Statistical Methods, and Applications* [M]. Hoboken, NJ: John Wiley & Sons.

Reichstein S, Weiss R, Kenningley S, Lades K, Konrad P, Doernenburg F. 2007. High-performance cast aluminum pistons for highly efficient diesel engines [C]. SAE paper 2007-01-1438.

Rie K-T, Portella P D (editors). 1998. *Low Cycle Fatigue and Elasto-Plastic Behavior of Materials* [M]. Oxford: Elsevier.

Roehrle M D. 1978. Thermal effects on diesel engine pistons [C]. SAE paper 780781.

Rosa U, Nagode M, Fajdiga M. 2007. Strain-life approach in thermo-mechanical fatigue evaluation of complex structures [J]. *Fatigue & Fracture of Engineering Materials & Structures*, 30 (9): 808-822.

Ryder O, McKenzie D J A, Johnson S. 2002. Turbo matching techniques for highly cyclic bus applications [C]. IMechE paper C602/006/2002.

SAE Surface Vehicle Aerospace Recommended Practice JA1000-1. 1999. Reliability program standard implementation guide [S].

SAE Surface Vehicle Aerospace Standard JA1000. 1998. Reliability program standard [S].

SAE Surface Vehicle Information Report J965. 1966. Abrasive wear [R].

SAE Surface Vehicle Information Report J1099. 2002. Technical report on low cycle fatigue properties—ferrous and non-ferrous materials [R].

SAE Surface Vehicle Information Report J2816. 2009. Guide for reliability analysis using the physics-of-failure process [R].

SAE Surface Vehicle Recommended Practice J450. 2002. Use of terms yield strength and yield point [S].

Sappok A, Santiago M, Vianna T, Wong V W. 2009. Characteristics and effects of ash accumulation on diesel particulate filter performance: rapidly aged and field aged results [C]. SAE paper 2009-01-1086.

Sasaki M, Kishi Y, Hyuga T, Okazaki K, Tanaka M, Kurihara I. 1997. The effect of EGR on diesel engine oil, and its countermeasures [C]. SAE paper 971695.

Schaefer S K, Larson J M, Jenkins L F, Wang Y. 1997. Evolution of heavy duty engine valves-materials and design [C]// Bolton H A, Larson J M (editors). *Proceedings of the International Symposium on Valvetrain System Design and Materials*. Dearborn, MI. April 14-15. 129-139.

Seruga D, Nagode M, Rosa U, Fajdiga M. 2009. Creep damage assessment for thermo mechanical fatigue [C]. *Proceedings of Second International Conference on Material and Component Performance under Variable Amplitude Loading*. March 23-26. 487-493.

Shinozaki R, Kishi Y, Tohno H. 1998. The durability of the evaluation methods for diesel oxidation catalysts [C]. SAE paper 982802.

Spengler W G, Young W B. 1986. Techniques to upgrade heavy duty aluminum pistons [C]. SAE paper 860162.

Stower I F, Rabinowicz E. 1973. The mechanism of fretting wear [J]. *Transactions of the ASME, Journal of Lubrication Technology*, 95: 65-70.

Stroia B J, Currier N W, Li J, England R D, Bush J W, Hess H. 2008. Critical performance and durability parameters of an integrated aftertreatment system used to meet 2007 Tier II emission standards [C]. SAE paper 2008-01-0769.

Swanger L, Harris D, Johnston P, Derbalian G. 1986. Advanced methods for diesel component life prediction [C]. SAE paper 860885.

Su X, Zubeck M, Lasecki J, Engler-Pinto Jr. C C, Tang C, Sehitoglu H, Allison J. 2002. Thermal fatigue analysis of cast aluminum cylinder heads [C]. SAE paper 2002-01-0657.

Suh N P, Sridharan P. 1975. Relationship between the coefficient of friction and the wear rate of materials [J]. *Wear*, 34: 291-299.

Takahashi Y, Kishi Y, Fukano I, Sasaki K, Shinozaki R. 1995. A study of the durability of diesel oxidation catalysts [C]. SAE paper 952650.

Takakura T, Ishikawa Y, Ito K. 2005. The wear mechanism of piston rings and cylinder liners under cooled-EGR condition and the development of surface treatment technology for effective wear reduction [C]. SAE paper 2005-01-1655.

Tauschek M J. 1956. Basic factors affecting engine valves [C]. SAE paper 560323.

Taylor C M. 1998. Automobile engine tribology - design considerations for efficiency and durability [J]. *Wear*, 221: 1-8.

Teng H. 2010. A semi-empirical model for predicting pressure drops of fouled EGR coolers [C]. SAE paper 2010-01-1948.

Teng H, Regner G. 2009. Particulate fouling in EGR coolers [C]. SAE paper 2009-01-2877.

Thiel N, Weimar H-J, Kamp H, Windisch H. 2007. Advanced piston cooling efficiency: a comparison of different new gallery cooling concepts [C]. SAE paper 2007-01-1441.

Tillman F A, Hwang C L, Kuo W. 1980. *Optimization of Systems Reliability* [M]. New York, NY: Marcel Dekker.

Turkish M C. 1946. *Valve Gear Design: A Handbook for Designers and Engineers to Aid in the Design of Cams, Tappets, and Springs for the Valve Gear of Internal Combustion Engines* [M]. Detroit, MI: Eaton Manufacturing Company.

Umehara K, Nakasuji Y. 1993. Lifetime prediction of wall-flow type diesel particulate filters using fatigue characteristics [C]. SAE paper 930128.

Urabe M, Tomomatsu T, Ishiki K, Takiguchi M, Someya T. 1998. Variation of piston friction force and ring lubrication condition in a diesel engine with EGR [C]. SAE paper 982660.

Ushijima K, Aoyama S, Kitahara K, Okamoto Y, Jones G J, Xu H. 1999. A study on engine bearing wear and fatigue using EHL analysis and experimental analysis [C]. SAE paper 1999-01-1514.

Vertin K D, Keribar R, Ganapathy V. 1993. Acceleration of piston durability testing in natural gas engines [C]. SAE paper 930275.

Wang Y. 2007. *Introduction to Engine Valvetrains* [M]. Warrendale, PA: SAE International.

Wang Y S, Narasimhan S, Larson J M, Larson J E, Barber G C. 1996. The effect of operating conditions on heavy duty engine valve seat wear [J]. *Wear*, 201: 15-25.

Wang Y S, Schaefer S K, Bennett C, Barber G C. 1995. Wear mechanisms of valve seat and insert in heavy duty diesel engine [C]. SAE paper 952476.

Watanabe Y, Shiratani K, Iwanaga S, Nishino K. 1998. Thermal fatigue life prediction for stainless steel exhaust manifold [C]. SAE paper 980841.

Watson N, Janota M S. 1982. *Turbocharging the Internal Combustion Engine* [M]. London: Macmillan.

Williams J, Fatemi A. 2007. Fatigue performance of forged steel and ductile cast iron crankshafts [C]. SAE paper 2007-01-1001.

Woschni G. 1979. Prediction of thermal loading of supercharged diesel engines [C]. SAE paper 790821.

Wu H, Chiu C. 1986. A study of temperature distribution in a diesel piston-comparison of analytical and experimental results [C]. SAE paper 861278.

Xu H, Jones G J, Aoyama S, Ushijima K, Okamoto Y, Kitahara K. 1999. Simulation of bearing wear and its influence upon bearing performance based on elastohydrodynamic analysis [C]. SAE paper 1999-01-1522.

Yamagata H. 2005. *The Science and Technology of Materials in Automotive Engines* [M]. Cambridge, UK: Woodhead Publishing.

Yang L, Ito A, Negishi H. 1996. A valve train friction and lubrication analysis model and its application in a cam/tappet wear study [C]. SAE paper 962030.

Yonezawa T, Kanda H. 1985. Analysis of cavitation erosion on cylinder liner and cylinder block [C]. SAE paper 850401.

Yu M-H. 2002. Advances in strength theories for materials under complex stress state in the 20th century [J]. *Applied Mechanics Review*, 55 (3): 169-218.

Zhan R, Eakle S T, Miller J W, Anthony J W. 2008. EGR System fouling control [C]. SAE paper 2008-01-0066.

Zhan R, Eakle S, Spreen K, Li C G, Mao F F. 2007. Validation method for diesel particulate filter durability [C]. SAE paper 2007-01-4086.

Zhan R, Huang Y, Khair M. 2006. Methodologies to control DPF regenerations [C]. SAE paper 2006-01-1090.

Zhang R, Charles F, Ewing D, Chang J-S, Cotton J S. 2004. Effect of diesel soot deposition on the performance of exhaust gas recirculation cooling devices [C]. SAE paper 2004-01-0122.

Zhou J, Li D. 2009. Reliability verification: plan, execution, and analysis [C]. SAE paper 2009-01-0561.

Zhou X, Yu X-L. 2006. Reliability analysis of diesel engine crankshaft based on 2D stress strength interference model [J]. *Journal of Zhejiang University Science A*, 7 (3): 391-397.

Zhou Y-K, Hammitt F G. 1990. Cavitation damage of diesel engine wet-cylinder liners [C]. SAE paper 900437.

Zhuang W Z, Swansson N S. 1998. Thermo-mechanical fatigue life prediction: a critical review [R]. *DSTO Aeronautical and Maritime Research Laboratory report*, DSTO-TR-0609. Australia.

Zieher F, Langmayr F, Jelatancev A, Wieser K. 2005. Thermal mechanical fatigue simulation of cast iron cylinder heads [C]. SAE paper 2005-01-0796.

Zinner K. 1971. Power increase and reliability of diesel engines [C]. ASME paper 71-DGP-11.

Zoroufi M, Fatemi A. 2005. A literature review on durability evaluation of crankshafts including comparisons of competing manufacturing processes and cost analysis [C]. *Proceedings of the 26th Forging Industry Technical Conference*. Chicago, IL. November.

2.14.2　中文参考文献和书目

2.14.2.1　发动机耐久性的问题

冯旗,张永洋.船用柴油机的防腐设计[J].内燃机,2007(3):10-12,15.

金刚内燃机科技咨询公司.内燃机部分零部件故障分析[J].内燃机配件,2009(5):33-38.

魏春源,曲振玲,张卫正.内燃机典型零件损伤图谱[M].北京:北京理工大学出版社,2001.

张家玺.内燃机沉积物形成机理及其危害(一、二)[J].内燃机,1995(5):33-37,(6):25-30.

朱俊.柴油机典型故障的检修六例[J].内燃机与配件,2010(9):27-33.

2.14.2.2　发动机性能、负荷和耐久性方面的系统设计

骆清国,冯建涛,刘红彬,龚正波,李强.大功率柴油机缸内传热与热负荷分析研究[J].内燃机工程,2010,31(6):32-37.

秦文新,陈瑛,李俊城,王征,马重芳.油冷柴油机燃油耗与热负荷研究[J].内燃机学报,1993,11(2):165-171.

王虎.内燃机零部件热负荷研究的现状讨论与展望[J].内燃机,2005(6):4-5,9.

翁海鹤,骆周全.高原柴油机热负荷的控制[J].柴油机设计与制造,2002(3):12-17.

袁银南,王忠,孙平,陈笃红.小缸径风冷柴油机热负荷的研究[J].农业机械学报,2005,36(6):16-19.

张水军,陈建平,汤金玉.小型风冷柴油机热负荷的研究[J].内燃机工程,2001,22(2):77-79.

张卫正,刘金祥,魏春源,郭良平.热应力产生的根源及针对发动机受热件的解决方法[J].内燃机工程,2002,23(3):5-8.

2.14.2.3　耐久性与可靠性之间的关系

《柴油机》编辑部等.柴油机故障专辑[J].柴油机,2002(4):49-53.

《柴油机》编辑部等.气缸套部件专辑[J].柴油机,2002(2):52-54,58.

陈朝贵.活塞平均速度 Cm 与平均有效压力 Pe 对柴油机性能和可靠性的影响[J].内燃机车,1992(3):34-42.

郝利君.电控柴油机常见故障分析及处理[J].柴油机设计与制造,2009,16(1):33-36.

胡金寿.论柴油机的可靠性增长[J].柴油机设计与制造,2002(2):51-54.

胡君,魏厚敏,蒋习军,朱红国.发动机可靠性试验方法及研究[J].内燃机,2009(1):43-45.

刘雄,蔡遂生.高压共轨电控柴油机的常见故障分析[J].内燃机,2009(3):55-60.

苏子正.近年来国外柴油机可靠性研究动态[J].柴油机,1996(1):10-13.

肖永清.车用柴油发动机常见故障诊断[J].柴油机设计与制造,2005,14(1):48-52.

徐桂红,李小金,刘兴华,安金兵.发动机系统可靠性分析与评估[J].车用发动机,2007(1):23-26.

徐凯,朱梅林.发动机可靠性技术的应用及展望[J].小型内燃机,1998,27(2):10-14,31.

王正.车用发动机可靠性技术发展研究[J].车用发动机,2010(5):1-6.

张锐,吴文锋.船舶主机排气高温故障的分析与处理[J].柴油机,2009,31(3):51-53.

周持钧,张国櫒.我国中小功率柴油机失效初探[J].内燃机工程,1994,15(2):7-10.

2.14.2.4 发动机的耐久性测试

胡君,魏厚敏,蒋习军,朱红国.发动机可靠性试验方法及研究[J].内燃机,2009(1):43-45.

刘晓叙.车用柴油机热冲击试验及热冲击试验台设计[J].车用发动机,1995(3):44-46.

郑良庆.180ZJ型柴油机零件温度测试研究[J].内燃机车,1992(10):27-32.

中华人民共和国国家环境保护标准 HJ 438-2008.车用压燃式、气体燃料点燃式发动机与汽车排放控制系统耐久性技术要求[S].

祖静,马铁华,李霆.内燃机零部件应力场和温度场实时实况测试技术的研究[J].小型内燃机,1997,26(6):24-27.

2.14.2.5 加速的耐久性和可靠性测试

崔高勤.汽车零部件实际使用寿命与台架试验寿命间的当量关系估计[J].汽车技术,1991(4):30-35,43.

付永领,韩国惠.基于 Arrhenius-Weibull 模型的气缸可靠性研究[J].机械强度,2009,31(1):55-58.

胡宗武,孙丰垒.按疲劳等损伤原则计算汽车强化试验的强化系数[J].机械强度,1991,13(1):36-39.

靳晓雄,石来德.疲劳试验中强化效果的两种判据的研究[J].机械强度,1996,18(2):71-73.

李春明,魏来生.装甲车辆耐久性试验现状与对策[J].车辆与动力技术,2010(3):1-3,9.

刘玉梅,王耀斌,张连富.F6L912G型柴油机耐磨可靠寿命的研究[J].农业机械学报,1999,30(5):100-102.

鲁三才,沈德平.快速测定零部件疲劳极限方法的试验研究[J].机械强度,1992,14(3):28-32.

田文春.汽车试验场可靠性试验强化系数的研究[J].汽车技术,1997(2):20-21.

王秋景,管迪华.汽车零部件加速疲劳试验方法[J].汽车技术,1997(11):14-17.

王霄锋,管迪华,何泽民.汽车零部件室内耐久性试验方法研究[J].汽车工程,1992,14(4):224-231.

王霄锋,何泽民,管迪华.对加速随机疲劳试验方法的研究[J].汽车工程,1994,16(3):149-154.

吴珂,虞明,郁工瑞.汽车试验场可靠性试验强化系数的研究[J].汽车工程,1996,18(2):108-113.

徐春龙,张卫正,魏春源.柴油机受热件加速热疲劳试验安全寿命估算[J].车用发动机,2001(5):21-23.

应平.CC195柴油机活塞环-气缸套快速模拟磨损试验研究[J].内燃机学报,1990,8(1):79-84.

于海波,李幼德,门玉琢.一种和用户数据相关的汽车加速疲劳试验新技术[J].机械强度,2008,30(3):461-466.

张觉慧,金锋,余卓平.道路模拟试验用载荷谱样本选择方法[J].汽车工程,2004,26(2):220-223.

朱月伟,叶丽君,薛肇江.基于加速寿命试验的产品可靠性试验方法[J].汽车技术,2008(3):46-48.

2.14.2.6 发动机部件的结构设计和分析

李明海,徐小林,张铁臣.内燃机结构[M].北京:中国水利水电出版社,2010.

廖日东,左正兴,樊利霞,邹文胜.发动机零部件有限元技术应用的新进展[J].内燃机学报,1999,17(2):190-197.

孙军,汪景峰.内燃机零部件有限元分析的研究现状与展望[J].内燃机,2004(1):14-17,21.

孙耀国,杜海明,周讯,俞小莉.基于有限元的柴油机机体疲劳寿命仿真[J].内燃机工程,2009,30(4):48-51.

王延遐,门秀华,潘立国.内燃机活塞连杆组有限元分析的研究进展[J].山东内燃机,2005(2):12-15.

吴昌华.有限元法在机车发动机主要零部件设计中的应用[J].内燃机工程,1993,14(2):56-60.

吴昌华.机车与柴油机弹塑性接触分析[M].北京:中国铁道出版社,2007.

张丽强,张翼.柴油机增压后机体的改进设计[J].小型内燃机与摩托车,2010,39(5):56-58,66.

左正兴,廖日东,冯慧华,向建华.高强化柴油机结构仿真与分析[M].北京:北京理工大学出版社,2010.

2.14.2.7 发动机系统设计中的系统耐久性分析

李骏,王鹏程,侯福建,崔晓娟,高巍,刘江唯.低排放中重型柴油机结构设计技术[J].汽车工程,2006,28(7):603-610.

龙梁,胡爱华,张凤鸣,范昌杰.特种越野车关键部件疲劳分析方法的探索[J].汽车工程,2006,28(10):906-909,913.

罗红英.柴油机故障仿真计算与分析[J].内燃机工程,2004,25(3):58-63.

杨世友,卓斌,陆季波,高义峰.现代轿车发动机主要零部件设计计算方法[J].车用发动机,2002(5):27-29.

张卫正,刘金祥,魏春源,郭良平,徐春龙,陈光辉.基于发动机受热件热疲劳试验损伤的寿命预测研究[J].内燃机学报,2002, 20(1):92-94.

2.14.2.8 热机械故障基础

载荷

陈欣,项昌乐,郑慕侨.车辆传动系多工况随机载荷谱的统计处理方法[J].汽车工程,1999,21(4):232-237.

鲁三才,张汝华.疲劳载荷谱编制中最佳不敏感带设置[J].汽车工程,1996,18(5):257-262.

王德俊,平安,徐灏.疲劳载荷谱编制准则[J].机械强度,1993,15(4):37-40.

王占奎,鲁三才.汽车零件强度研究中极大载荷的合理估算[J].机械强度,1993,15(4):46-49.

谢里阳,徐灏,王德俊.复杂载荷分布参数的确定及疲劳强度可靠度计算方法[J].机械设计,1992(2):15-18.

徐宜,刘云鹏,卜树峰.基于雨流法的机械疲劳分析[J].车辆与动力技术,2008(3):11-14.

应变、应力、强度

冯振宇,高庆.疲劳强度概率分布研究[J].机械强度,1998,20(2):149-152.

高玉魁,姚枚,邵培革,王仁智.金属疲劳极限与静强度的相关性[J].机械强度,2001,23(1):15-18.

胡俏,谢里阳,徐灏.复杂载荷下构件疲劳可靠度的一种评估模型[J].机械强度,1992,14(2):38-41.

吴波.有限寿命下机械材料的疲劳强度近似等效正态分布研究[J].机械设计,2003,20(4):41-42.

肖纪美.材料学者的机械强度观[J].机械强度,1995,17(2):61-67,93.

阎春宁.应力强度模型中的干涉区与失效概率[J].机械强度,1991,13(4):60-66.

赵永翔,杨冰,张卫华.应变疲劳可靠性理论与方法的新进展[J].机械强度,2005,27(5):604-611.

损伤

董聪,童小燕,孙秦,杨庆雄.疲劳损伤及其非线性累积规律的研究[J].机械强度,1993,15(1):39-41,56.

方义庆,胡明敏,罗艳利.基于全域损伤测试建立的连续疲劳损伤模型[J].机械强度,2006,28(4):582-586.

顾怡,吕海波.结构元件疲劳可靠性分析的累积损伤模型[J].机械强度,2000,22(3):228-230.

刘曦.疲劳累积损伤准则的一些新研究[J].机械强度,1992,14(1):48-56.

刘曦.损伤演化方程的工程简化模型初探[J].机械强度,2006,28(1):132-134.

沈为,彭立华.疲劳损伤演变方程与寿命估算——连续损伤力学的应用[J].机械强度,1994,16(2):52-57.

王平,杨庆雄.一种用于结构疲劳可靠性分析的动态损伤干涉模型[J].机械强度,1991,13(2):42-45.

王永廉.用累积滞后能描述疲劳损伤[J].机械强度,1993,15(3):58-61,65.

魏楠,金尧,孙训方.低周循环应力——应变关系和损伤[J].机械强度,2002,24(3):426-428.

吴富民.当量损伤折算[J].机械强度,1992,11(3):43-46,51.

谢里阳.疲劳损伤状态的等效性[J].机械强度,1995,17(2):100-104.

谢里阳,林文强.线性累积损伤的概率准则[J].机械强度,1993,15(3):41-44.

徐骏.随机疲劳的等能量损伤的期望寿命预估[J].机械强度,1993,15(4):69-72.

乐晓斌,胡宗武,范祖尧.疲劳损伤累积理论的一种新表达方法[J].机械强度,1992,14(4):41-46.

赵少汴(2000a).损伤容限设计方法和设计数据[J].机械设计,2000(5):4-7.

赵少汴(2000b).常用累积损伤理论疲劳寿命估算精度的试验研究[J].机械强度,2000,22(3):206-209.

朱建新.损伤-断裂力学研究和在汽车工业中的应用[J].汽车技术,1990(4):1-4.

朱晓阳,廉华,刘国成.疲劳损伤对材料疲劳性能的影响[J].机械强度,1990,12(3):47-51.

朱亦钢.一种随机变化载荷的疲劳损伤累计方法[J].机械强度,2004,26(S):32-35.

疲劳寿命

鲍万年.机械强度有限寿命设计专家工作站配置的疲劳寿命预测和局部应变法[J].中国机械工程,1997,8(3):25-27.

蔡能,尚德广.高温多轴疲劳损伤与寿命预测研究进展[J].机械强度,2004,26(5):576-582.

陈科,王峰.结构有限寿命设计法——名义应力法[J].中国重型装备,2010(2):1-3.

陈千圣,赵华,刘京梅.低应力高周疲劳的寿命计算[J].机械强度,1996,18(4):54-58.

高桦,M.W.Brown.多轴疲劳研究[J].机械强度,1996,18(1):9-13,40.

胡俏,谢里阳,徐灏.双参数名义应力法[J].航空学报,1993,14(10):B500-B502.

钱桂安,王茂廷,王莲.用局部应力应变法进行高周疲劳寿命预测的研究[J].机械强度,2004,26(S):275-277.

沈海军,郭万林,冯谦.材料 S-N、ε-N 及 da/dN-ΔK 疲劳性能数据之间的内在联系[J].机械强度,2003,25(5):556-560.

沈海军,郭万林.结构疲劳寿命、可靠性可视化技术与虚拟疲劳设计[J].机械设计,2003,20(3):20-22.

石来德.机械的有限寿命设计和试验 第十二讲 名义应力法估算机件的寿命[J].建筑机械,1989(5):33-38,20.

时新红,张建宇,鲍蕊,费斌军.材料多轴高低周疲劳失效准则的研究进展[J].机械强度,2008,30(4):515-521.

王永廉.估算谱载下疲劳裂纹起始寿命的等寿命法[J].机械强度,1994,16(4):6-9,57.

王永廉.估算谱载下疲劳裂纹起始寿命的工程实用方法[J].机械强度,2007,29(1):86-91.

王文阁,刘祖斌,郑联珠.疲劳寿命曲线特性研究及在汽车部件疲劳试验优化中的应用[J].汽车技术,2005(11):19-21.

王文阁,卢延辉.实用概率 Miner 理论及在汽车部件疲劳计算上的应用[J].汽车技术,2009(12):12-16.

王习术,余寿文,皮龙石纪雄.拉压负载下各种碳钢的疲劳寿命简便预测方法研究[J].机械强度,1998,20(3):161-166,202.

王智,陈志伟.用当量 S-N 曲线估算疲劳裂纹形成寿命[J].机械强度,1994,16(1):50-53.

魏建锋,郑修麟,丁召荣.变幅载荷下疲劳寿命预测及其模拟结果[J].机械强度,1999,21(1):66-68.

徐晓飞.局部应变法寿命估算中几种算法的对比研究[J].机械强度,1993,15(1):45-47,33.

阎楚良,高镇同.疲劳性能广义 σ-N 曲面[J].机械工程学报,1999,35(1):103-105.

叶笃毅,王德俊.随机疲劳寿命估算中的损伤模型[J].机械强度,1991,13(1):57-60,26.

张文姣,王奇志,张行.构件疲劳寿命预估的改进型损伤力学方法[J].机械强度,2009,31(5):866-870.

赵少汴.抗疲劳设计——方法与数据[M].北京:机械工业出版社,1997.

赵少汴(1999a).单轴载荷下的无限寿命疲劳设计方法与设计数据[J].机械设计,1999(9):4-8.

赵少汴(1999b).有限寿命疲劳设计法的基础曲线[J].机械设计,1999(11):5-7,18.

赵少汴(1999c).等幅载荷下的有限寿命疲劳设计方法[J].机械设计,1999(12):3-5.

赵少汴(1999d).多轴疲劳的应变-寿命曲线[J].机械强度,1999,21(4):305-306.

赵少汴(2000c).局部应力应变法及其设计数据[J].机械设计,2000(2):1-3.

赵少汴(2000d).局部应力应变法的推广应用[J].机械设计,2000(3):11-13.

赵少汴(2000e).概率疲劳设计方法与设计数据[J].机械设计,2000(4):8-11.

赵亚凡,宋明大.随机载荷下疲劳寿命估算的简便方法[J].机械设计,2003,20(8):53-54.

周承恩,谢季佳,洪友士.超高周疲劳研究现状及展望[J].机械强度,2004,26(5):526-533.

疲劳能量

潘广和,官飞.估算低周疲劳寿命能量法的探讨[J].农业机械学报,1994,25(4):106-111.

童小燕,姚磊江,吕胜利.疲劳能量方法研究回顾[J].机械强度,2004,26(S):216-221.

姚磊江,童小燕,吕胜利.关于疲劳能量理论若干问题的讨论[J].机械强度,2004,26(S):278-281.

蠕变、松弛、腐蚀

金尧,孙训方.考虑载荷交互作用的蠕变损伤累积和剩余寿命估算[J].机械强度,2001,23(3):323-325.

王爱民,王勖成.高温结构应力松弛和蠕变损伤分析的实用方法[J].机械强度,2001,23(1):4-7.

王永廉.利用蠕变等损伤曲线研究蠕变累积损伤[J].机械强度,1997,19(2):42-46,50.

赵少汴(2000f).腐蚀疲劳设计方法与设计数据[J].机械设计,2000(6):6-7.

材料

郭耀泉.内燃机零件材料的现状及发展[J].柴油机设计与制造,1991(4):51-55.

蒋咏秋.复合材料损伤与疲劳研究的进展[J].机械强度,1989,11(1):31-34.

陆际清,田杰谟.高性能陶瓷材料在汽车发动机中的应用[J].车用发动机,2000(3):12-15.

马乔林.工程陶瓷材料在内燃机上的应用[J].内燃机车,2007(11):5-7,11.

童小燕,万小朋,孙秦,姚磊江,王梦龙.复合材料的疲劳寿命预测[J].机械强度,1995,17(3):94-100.

支德瑜.铸铁件在现代汽车中的位置[J].汽车工程,2001,23(6):369-374,395.

周裕干,赵士博,张国华,公茂秀.复合材料在内燃机基础件上的开发综述[J].山东内燃机,2000(1):1-7.

2.14.2.9　柴油发动机热机械故障

气缸盖的耐久性

崔志琴,苏铁熊,白晓兰.基于灵敏度分析的缸盖动力修改[J].内燃机工程,2002,23(3):22-25.

董小瑞,张翼,苏铁熊,陈立锋.机体刚度对气缸盖-气缸套密封性能的影响[J].内燃机学报,2003,21(2):187-191.

窦慧莉,刘忠长,王鹏程,王刚,陈海娥,李康.重型柴油机四气门气缸盖的设计[J].汽车工程,2006,28(3):242-245,295.

郭昌明,曾高文,侯岳,强智臻,辛花.大功率柴油机整体铝合金气缸盖结构优化研究[J].内燃机,2008(2):5-9.

胡定云,陈泽忠,温世杰,周海涛.某柴油机气缸盖疲劳的可靠性预测[J].车用发动机,2008(增刊):38-40,44.

黄荣华,王兆文,成晓北,沈捷,钟玉伟,覃军,苏怀林.降低车用 6 缸柴油机热负荷的研究[J].内燃机工程,2007,28(5):28-34.

黄志成.8240ZJ 型柴油机提升功率后气缸盖热负荷预测与评估[J].内燃机车,1994(4):24-27.

廖日东,左正兴,邹文胜.温度对气缸盖应力分布影响的研究[J].内燃机学报,2001,19(3):253-257.

王字,白敏丽,吕继组,赵宏国.利用部件整体耦合法分析柴油机气缸盖热机械强度[J].内燃机工程,2007,28(6):41-44,48.

徐春龙,马安丽.铸铁缸盖热疲劳裂纹扩展速度估算[J].车用发动机,2002(2):27-29.

严兆大,俞小莉,张海峰,王根生,沈宏泉,胡章其,沈瑜铭.风冷柴油机气缸盖热负荷及换热边界条件的研究[J].车用发动机,1994(4):17-21.

原彦鹏,张卫正,向长虎,刘晓.缸盖热疲劳裂纹扩展特点的模拟试验分析[J].内燃机学报,2006,24(2):184-187.

张儒华,左正兴,廖日东,谈卓君.气缸盖中一些关键功能结构的承载机理研究[J].内燃机学报,2004,22(3):279-287.

张儒华,左正兴,廖日东,曹丽亚.对气缸盖基本拓扑结构及其气道的参数特性研究[J].内燃机工程,2005,26(2):26-31.

张卫正,张国华,郭良平,魏春源,向建华,刘剑.铸铁缸盖热疲劳寿命试验及高温蠕变修正[J].内燃机工程,2002,23(6):67-69.

赵华.气缸盖裂纹原因分析及改进建议[J].内燃机车,2010(6):46-48.

排气歧管的耐久性

李红庆,杨万里,刘国庆,张劲,周浩.内燃机排气歧管热应力分析[J].内燃机工程,2005,26(5):81-84.

董非,范秦寅,姜树李,郭晨海.内燃机流-固-热耦合数值模拟的研究[J].汽车工程,2009,31(2):146-150,160.

董非,蔡忆昔,范秦寅,姜树李,郭晨海.内燃机排气歧管瞬态热流体-热应力耦合仿真的研究[J].汽车工程,2010,32(10):854-859.

配气机构的耐久性

曹有善,马晓霞.柴油机气门失效原因分析及对策[J].柴油机,2005,27(3):50-51.

程世长,林肇杰.中国内燃机气阀钢的发展和市场预测[J].内燃机配件,1998(4):2-12.

冯建东.CA6110系列柴油机气门断裂分析与改进[J].汽车技术,2003(7):35-38.

刘刚,周校平,管斌,王真,黄震.配气机构凸轮-挺柱接触应力的数值模拟[J].车用发动机,2009(1):12-15.

商治,罗成,陈爱军.机车柴油机气门失效及新型气门研究[J].内燃机车,2004(9):11-13,15.

石聿俊.气门外弹簧动态应力与振动频率的测量与分析[J].内燃机工程,1989,10(4):46-52.

王皎,马力,林永杰,柴苍修.面向摩擦学设计的凸轮挺柱三维接触应力分析[J].内燃机工程,2004,25(6):49-51.

王连森.机车柴油机气门弹簧强度分析[J].柴油机,2009,31(2):39-41.

王远,张家玺,朱会田,谷叶水.凸轮轴动力学及多轴疲劳分析研究[J].内燃机工程,2010,31(1):104-107.

徐红漫,陈国华.凸轮与挺柱间接触应力计算[J].内燃机,2001(1):25-26.

许玉华,张江涛,李平.气门常见故障及原理分析[J].内燃机配件,2006(4):31-34.

杨辉,吴启梁.气门弹簧断裂的影响因素及原因分析[J].内燃机,2010(2):37-40.

轴承的疲劳

郭振杰.柴油机轴瓦疲劳寿命影响因素的试验研究[J].内燃机与动力装置,2008(1):23-25.

李柱国.内燃机滑动轴承疲劳裂纹的萌生及扩展过程分析[J].内燃机配件,1999(6):3-10.

李柱国.内燃机滑动轴承的设计及故障诊断[J].内燃机配件,2001(6):5-11.

李柱国,王振东,来家红,丁迪华,严中言,张关友.内燃机轴承合金材料的疲劳强度分析及其在Saxon试验中的应用研究[J].发动机配件技术,1992(3):45-54.

施进宇.内燃机滑动轴承疲劳损伤的研究[J].内燃机工程,1994,15(1):42-48.

帅志宏.内燃机滑动轴承失效的全分析[J].润滑与密封,2007,32(2):189-190,195.

张道中.高速柴油机主轴承的设计与计算[J].汽车技术,1991(9):1-7.

活塞的耐久性

陈泽忠,王增全,曾高文,刘伟伟,石阳.高速大功率柴油机活塞可靠性研究[J].车用发动机,2007(4):12-15.

杜子文.钢顶组合活塞失效机理研究[J].内燃机配件,2009(6):3-4,7.

冯立岩,高希彦,夏惠民,许锋.8E160柴油机活塞组热负荷及机械负荷耦合分析[J].内燃机学报,2002,20(5):441-446.

冯立岩,范立云,隆武强,孙秀峰.柴油机活塞组耦合模型有限元分析[J].汽车工程,2004,26(2):153-156.

郭立新,李志强,温立刚,罗竣,杨海涛.直接耦合法模拟计算活塞温度场[J].内燃机,2008(3):15-18,22.

何冰强,梁荣光,王惜慧,陈润.X2110CF-15型柴油发动机活塞数字设计探讨[J].内燃机,2009(2):15-18.

黄志成.柴油机燃烧室零件的热惯性与低频热疲劳[J].内燃机车,1993(6):16-19,30.

姜任秋,杨光升,刘顺隆.活塞热冲击问题理论分析[J].内燃机学报,1993,11(1):83-87.

雷基林,申立中,杨永忠,毕玉华,颜文胜,张宁(2007a).4100QBZ型增压柴油机活塞温度场试验研究及有限元分析[J].内燃机学报,2007,25(5):445-450.

雷基林,申立中,毕玉华,杨永忠,颜文胜(2007b).增压中冷柴油机活塞温度场试验研究[J].内燃机工程,2007,28(5):41-44.

雷基林,申立中,杨永忠,毕玉华,颜文胜,张宁.4100QBZ 增压柴油机活塞机械负荷与热负荷耦合分析[J].燃烧科学与技术, 2008,14(1):61-66.

李莉,胡亚才,沈季胜,严兆大.活塞热冲击平壁模型的计算与分析[J].燃烧科学与技术,2003,9(5):439-442.

梁刚,陈志忠,杨志祥.中速大功率柴油机活塞设计技术的新发展[J].柴油机,2007,29(2):36-40,48.

吕彩琴,苏铁熊.柴油机活塞的热及惯性力耦合研究[J].柴油机设计与制造,2008,15(2):19-24,37.

吕彩琴,苏铁熊.活塞冷却油腔位置对活塞强度的影响[J].内燃机,2009(1):4-9.

吕彩琴,苏铁熊,吴振峰.柴油机活塞在复杂载荷条件下的强度研究[J].车辆与动力技术,2009(2):31-36.

马呈新,赵旭东,宋树峰,祝传亮.活塞的温度场 FEA 及疲劳评价[J].内燃机与动力装置,2008(1):26-29.

马学军,刘涛,王志强,郑永刚(2006a).影响活塞燃烧室可靠性的结构因素研究[J].内燃机与动力装置,2006(4):32-36.

马学军,马呈新,郭伟(2006b).适应欧Ⅲ要求的柴油机活塞结构设计[J].山东内燃机,2006(2):11-13,31.

潘斌,李国权,张兴军.活塞的故障及原因分析[J].内燃机配件,2005(2):22-26.

彭智峰,陈国华,杨万里,叶晓明.内燃机活塞不稳定传热数值分析方法[J].柴油机设计与制造,2003(2):27-30.

苏石川,沈季胜,严兆大,胡亚才.高周波活塞冲击计算与分析[J].内燃机工程,2002,23(6):34-37.

田永祥,张锡朝,张济勇,任洪娟,王志明.发动机活塞温度场三维有限元分析[J].内燃机工程,2004,25(1):62-65.

陶莉莉,刘世英.中重型汽车发动机活塞的设计研究[J].内燃机与动力装置,2006(3):19-23.

王胜春,陈举华.基于虚拟环境整体耦合系统的活塞热损伤及可靠性研究[J].机械设计,2005,22(3):3-5.

王希珍,沈季胜,严兆大,胡亚才.活塞热冲击有限元分析[J].内燃机学报,2002,20(6):564-568.

王玉芝,胡亚才,洪荣华,俞自涛,沈季胜.活塞热冲击集总参数模型的随机温度分析[J].内燃机学报,2003,21(1):81-85.

吴国栋,王树青,郭会宝,郑洪国.模拟分析在活塞设计中的应用[J].内燃机与动力装置,2008(2):12-17.

谢琰,席明智,刘晓丽.基于 Ansys 的活塞温度场数值模拟研究[J].柴油机设计与制造,2009,16(4):32-36,50.

徐传民,马殿军.典型活塞损坏形式及原因浅析[J].内燃机配件,1999(4):9-12.

徐春龙,汪建年,王春发,刘海鸥.柴油机活塞低周热疲劳寿命预测[J].车用发动机,2000(2):12-15.

颜君衡,宋文启,于化顺.活塞新技术应用最新进展[J].内燃机配件,2007(4):30-32.

杨万里,陈国华,王春发,叶晓明.内燃机燃烧室零件动态热应力研究[J].内燃机工程,2002,23(3):46-49.

杨英.高可靠性机车柴油机活塞的开发[J].内燃机车,2003(1):2-6.

俞小莉,伍茜.内燃机活塞热损伤防治研究工作进展[J].内燃机工程,2003,24(3):38-40,45.

俞小莉,翟昕,刘震涛,李京鲁.柴油机燃烧室形状对活塞热负荷与机械负荷的影响[J].内燃机工程,2002,23(1):45-48.

原彦鹏,张卫正,程晓果,郭良平.高强化内燃机活塞瞬态温度场分布规律研究[J].内燃机工程,2005,26(4):35-38.

张卫正,魏春源,阮光辉.柴油机活塞铝合金材料低频蠕变规律研究[J].内燃机学报,2000,18(1):92-95.

张卫正,薛剑青,吴思进,魏春源.高功率柴油机铸铁活塞的设计与计算分析[J].内燃机学报,1999,17(3):228-232.

张文孝,郭成璧.船舶柴油机活塞的热疲劳强度分析[J].内燃机学报,2000,18(3):258-262.

张文孝,郭成璧.船舶柴油机活塞的热疲劳裂纹扩展评定[J].内燃机学报,2001,19(2):177-181.

张文孝.应用当量应变法预测柴油机活塞的多维疲劳寿命[J].内燃机工程,2002,23(4):53-56.

张秀芳.九十年代活塞进展[J].发动机配件技术,1996(3):4-6.

赵丽卿.活塞环失效模式分析[J].内燃机配件,2004(6):30-32.

郑永刚,马学军,马呈新,宋树峰.有限元分析与疲劳评价在活塞开发中的应用[J].柴油机,2005,27(3):21-23.

连杆的耐久性

邓兆祥,胡玉梅,王欣,褚志刚.N485 柴油机连杆静强度有限元分析[J].内燃机,2001(6):12-15.

李春玲.发动机连杆疲劳强度有限元分析[J].柴油机设计与制造,2007,15(2):9-11.

李桂英.柴油机连杆疲劳强度的设计研究[J].小型内燃机,1990(3):27-31.

刘光辉,楼狄明.大功率高强化机车柴油机连杆的强度研究[J].内燃机车,1998(12):19-22.

楼狄明,贺得时,王长荣,姜恩沪,夏建新.7FDL-16 型柴油机连杆瓦工作性能、疲劳寿命估算及运用实践[J].内燃机车,1993 (6):20-25.

申国山.车用发动机连杆疲劳强度与寿命研究[J].车用发动机,1992(5):30-34.

孙占刚,贾志宁.内燃机连杆疲劳破坏机理研究综述[J].内燃机,2006(4):1-3.

吴波,侯岳,胡定云,谭建松.柴油机连杆疲劳试验的数值模拟研究[J].小型内燃机与摩托车,2010,39(5):47-50.

叶年业,申立中,毕玉华,颜文胜,雷基林,梁晓瑜.490QBZL 柴油机连杆强度与刚度分析[J].内燃机与动力装置,2007(3): 1-4.

赵继维,李人宪.高功率密度柴油机连杆强度分析[J].柴油机,2010,32(5):23-26,52.

曲轴的耐久性

陈晓平,俞小莉,张鹏伟,李建锋.利用极大似然法测定曲轴弯曲疲劳性能曲线[J].内燃机工程,2010,31(6):81-84.

陈渊博,郝志勇,张焕宇.基于弯曲疲劳试验的柴油机曲轴疲劳寿命分析及改进[J].内燃机工程,2011,32(1):75-78,84.

程绍桐.CY6102柴油机曲轴疲劳强度综述[J].内燃机工程,1996,17(3):24-29.

丁培杰,吴昌华.柴油机曲轴计算方法发展的回顾、现状与展望[J].内燃机工程,2003,24(3):74-79.

董小瑞,苏铁熊,王和平.不同结构曲轴的疲劳强度分析[J].车用发动机,2002(3):29-31.

方华,高峥,袁兆成,丁万龙,宫传刚,李程.淬火强化曲轴的弯曲疲劳分析[J].内燃机学报,2003,21(6):467-472.

何芝仙,桂长林.曲轴系多学科行为耦合研究现状、讨论与展望[J].车用发动机,2008(2):1-4.

何芝仙,桂长林,李震,孙军(2008a).基于动力学和摩擦学分析的曲轴疲劳强度分析[J].内燃机学报,2008,26(5):470-475.

何芝仙,桂长林,李震,孙军(2008b).曲轴-轴承系统动力学摩擦学和弹性力学耦合分析[J].农业机械学报,2008,39(12):146-152.

何芝仙,桂长林,李震,孙军.计入曲轴倾斜时曲轴-轴承系统动力学摩擦学和弹性力学耦合分析[J].内燃机工程,2009,30(3):86-92.

黄佐贤.曲轴强度和其重叠度的关系[J].机械强度,1990,12(2):6-10.

李海国.国内外内燃机曲轴制造技术现状及发展趋势[J].山东内燃机,2003(1):9-13,16.

梁健.发动机曲轴断裂的仿真分析与探讨[J].车辆与动力技术,2006(3):16-22.

石聿俊,石荇芳.发动机曲轴弯曲疲劳强度的可靠性分析[J].汽车技术,1996(1):16-20.

孙军,桂长林,李震.内燃机曲轴强度研究的现状、讨论与展望[J].内燃机学报,2002,20(2):179-184.

覃万庆.应用快速计算法验算R175A柴油机曲轴疲劳强度的探讨[J].内燃机,2001(1):20-23.

汤乐超,李骏,卢炳武,李康.曲轴动态应力模拟及多轴疲劳计算[J].汽车技术,2007(8):6-9.

王良国,胡德波.368Q型发动机曲轴疲劳强度有限元分析[J].内燃机学报,2000,18(3):270-274.

王翔,陈铭,张国庆.服役时间对曲轴安全系数的影响研究[J].内燃机工程,2007,28(4):57-60.

王欣.N485柴油机曲轴的静强度有限元分析[J].内燃机,2001(5):5-8.

王志明,张卧波,张元毅.复杂载荷下曲轴疲劳强度的可靠性[J].汽车技术,1996(3):14-17.

徐卫国,黄荣华,赵森森,左朝凤,王兴光.曲轴强度计算新方法的研究[J].内燃机工程,2004,25(5):51-55.

徐延海,贾丽萍,张建武.曲轴的疲劳断裂分析[J].机械强度,2002,24(4):594-598.

易太连,欧阳光耀,向阳.柴油机曲轴断裂预报技术研究[J].内燃机工程,2007,28(3):35-40,44.

张国庆,黄伯超,浦耿强,王成焘.基于动力学仿真和有限元分析的曲轴疲劳寿命计算[J].内燃机工程,2006,27(1):41-44.

赵刚.内燃机曲轴制造技术现状及发展趋势[J].内燃机,2004(3):34-38.

周迅,俞小莉(2007a).曲轴疲劳试验及其数据统计分析方法的研究[J].内燃机工程,2007,28(2):51-55.

周迅,俞小莉(2007b).谐振式曲轴疲劳试验中的失效判定[J].内燃机工程,2007,28(5):45-47.

朱爱斌,郭磊,孙灵宾,陈渭,谢友柏.内燃机曲轴系统疲劳寿命的协同仿真分析方法[J].机械设计,2008,25(12):31-33.

朱健康,马鸣,谢美莲,卢震鸣,李光瑾.高速柴油机曲轴材料与强化技术的进展[J].柴油机设计与制造,2005,14(3):33-36.

气缸套的耐久性

毕玉华,申立中,杨永忠,韦静思,颜文胜,杨育军(2006a).柴油机气缸套应变的动态测量[J].农业机械学报,2006,37(5):163-165.

毕玉华,申立中,杨永忠,雷基林,颜文胜,秦雅琴(2006b).增压中冷柴油机湿式气缸套周向应变的动态测试与分析[J].汽车工程,2006,28(11):1043-1046.

韦静思,申立中,毕玉华,杨永忠,沈颖刚,颜文胜,张韦.湿式气缸套周向应变的动态测试与分析[J].内燃机学报,2005,23(1):77-83.

尤国栋,苏铁熊,李坤.重型柴油机气缸套热负荷分析及结构优化[J].柴油机,2010,32(3):29-31.

周华祥,宁朝阳.低排放高热效率长寿命气缸套的改进[J].小型内燃机与摩托车,2008,37(3):54-58.

涡轮增压器的耐久性

丁彦闯,兆文忠.增压器压气机叶片结构/振动一体化优化设计[J].内燃机工程,2009,30(2):78-82.

胡友安,周建方,李晓东,陈图钧.涡壳结构参数的正交试验优化设计[J].内燃机学报,2006,24(5):470-475.

黄若,孟令广,张虹.增压器压气机叶轮低周疲劳强度有限元计算分析[J].内燃机工程,2006,27(4):55-57.

冀春俊,范苏月,王澄宇,刘卫兵.压气机失速研究及设计方法的讨论[J].内燃机与动力装置,2010(2):1-4.

靳嵘,朱向国,葛炜.车用发动机涡轮增压器常见故障及原因[J].柴油机,2010,32(4):51-53.

李兵,朱梅林,陈晓伟,柯蓬勃,王小乐.涡轮增压器叶片的振动特性分析[J].车用发动机,1999(2):28-32.

廖日东,左正兴,邹文胜,范伯元,荣克林.增压器涡轮叶片模态特性研究[J].内燃机学报,1998,16(4):421-429.

廖日东,左正兴,陈宏,邹文胜,荣克林.考虑旋转软化效应的涡轮叶片模态特性研究[J].内燃机学报,2000,18(1):77-79.
张虹,马朝臣.车用涡轮增压器压气机叶轮强度计算与分析[J].内燃机工程,2007,28(1):62-66.
赵俊生,马朝臣,胡辽平.车用涡轮增压器涡轮叶轮减重结构优化[J].内燃机工程,2008,29(1):48-51.

柴油机后处理装置的耐久性

严家武,徐东辉.基于频域加速理论的 SCR 耐久性开发研究[J].重型汽车,2009(4):19-22.
周永林,张春润,资新运,刘瑞林,吴良勤.关于提高柴油机排气微粒过滤器寿命的研究[J].小型内燃机,1996,25(1):57-61.

2.14.2.10 重型柴油发动机气缸套的穴蚀

谢文柏.柴油机气缸套的热穴蚀破坏机理及其缓解途径[J].内燃机车,1996(7):14-16,44.
徐立华.柴油机气缸套穴蚀产生的原因和影响因素及防止措施[J].内燃机与配件,2010(10):33-34.
张顺先,韦斌.柴油机气缸套穴蚀成因及防范措施[J].内燃机配件,2006(1):32-35.
周桂平.HD6108Q 型柴油机气缸套穴蚀的试验研究[J].柴油机,2000(2):24-27.

2.14.2.11 柴油发动机的磨损

发动机磨损基础

陈敏.现代内燃机耐磨损设计技术[J].润滑与密封,2003(5):50-52.
邓广勇,庞智勇,刘学忱.使用润滑剂机械部件间的几种常见磨损类型及起因[J].润滑油,2009,24(5):25-28.
贺石中.柴油机摩擦学系统故障分析及预防[J].润滑与密封,2002(4):54-56.
江亲瑜,何荣国.机械零件磨损仿真与概率寿命估算[J].润滑与密封,2007,32(11):127-130.
李光瑾,胡金寿,徐金福.微动磨损对柴油机可靠性的影响[J].柴油机设计与制造,2008,15(3):36-38,45.
邱伟光.内燃机主要磨损对性能指标影响的估算[J].内燃机,2003(4):10-13.
薛玉君,程先华,黄文振.断裂力学和有限元法在疲劳磨损研究中的应用[J].机械强度,2001,23(3):365-368,292.
张家骊.摩擦磨损机理现代概念及磨损计算探讨[J].润滑与密封,2001(5):p.80.
张家玺.汽车发动机零件磨损机理分析[J].润滑与密封,2002(3):35-38.

活塞、活塞环和缸套的磨损

陈定文,袁慧,李克天,陈凌珊,陈伯贤.活塞环磨损特性的预测方法及应用[J].内燃机工程,1998,19(2):61-65.
陈奎彪,何大林.活塞环偏向磨损分析[J].内燃机配件,2000(3):3-7.
陈性松.活塞环常用的三种合金铸铁材料性能分析比较[J].内燃机与配件,2010(2-3):25-27.
邓志明,欧阳光耀.内燃机缸套-活塞环润滑和磨损研究的现状和对策[J].内燃机与配件,2010(6):1-4.
费英.柴油机拉缸的机理、影响因素及解决的途径[J].柴油机设计与制造,2004(3):13-20.
桂长林,宋汝鸿.内燃机活塞环-缸套三体磨粒磨损设计计算方法的研究[J].内燃机学报,1993,11(4):328-337.
刘焜,刘小君,桂长林.内燃机活塞环-缸套擦伤的理论分析与试验模拟[J].内燃机学报,1999,17(2):198-201.
司庆九,周舟.活塞动力学仿真及在拉缸分析中的应用[J].内燃机,2005(2):16-20.
汪久根,蒋志浩.活塞环的润滑与应力分析[J].润滑与密封,2001(2):2-4.
王宪成,和穆,张晶,何星.高原柴油机气缸套-活塞环磨损计算研究[J].润滑与密封,2011,36(1):13-16.
王泽民,张顺先,王明泉,王璇.柴油发动机气缸套表面异常磨损机理分析及防治措施[J].内燃机配件,2004(3):37-41.
解挺,桂长林.柴油机活塞环-缸套三体磨粒磨损规律的试验研究[J].发动机配件技术,1993(2):1-6,58.
杨极,杨贵恒,张寿珍.内燃机气缸套异常磨损机理及其预防对策研究[J].内燃机,2007(2):15-18.
于战果,李红民,王宝光,王海山.内燃机气缸套磨损寿命预测方法研究[J].内燃机学报,2004,22(5):476-479.
张勇(2002a).基于润滑分析的气缸套二维磨损过程数据模拟及试验研究[J].内燃机工程,2002,23(4):43-45.
张勇(2002b).基于润滑分析的活塞环二维磨损数值模拟研究[J].车用发动机,2002(2):42-44.
张勇,简弃非,张有.气缸套二维磨损对活塞环-气缸套摩擦副润滑特性的影响[J].内燃机学报,2001,19(1):84-87.

发动机轴承的磨损

郭振杰.基于弹流润滑理论分析柴油机连杆轴承的磨损试验研究[J].汽车技术,2008(5):48-51.
郭振杰,宋作军,张立荣,傅道鹏.摩擦损耗对发动机连杆轴承寿命的影响[J].润滑与密封,2006(9):152-154.
李柱国(2001a).内燃机滑动轴承磨损机理及失效分析[J].内燃机配件,2001(1):8-14.
李柱国(2001b).内燃机滑动轴承的设计及故障诊断[J].内燃机配件,2001(6):5-11.
舒歌群,韩睿,程文平.性能强化后对曲轴轴颈负荷及磨损的影响[J].内燃机学报,2004,22(6):493-497.
熊仕涛.柴油机主轴承磨损理论计算与分析[J].内燃机学报,2002,20(6):569-574.

余永华,杨建国,严新平,周轶尘.柴油机滑动主轴承磨损的应变法监测[J].内燃机学报,2002,20(3):252-256.

张宝义.内燃机轴瓦的损坏形式及其机理[J].内燃机配件,2005(3):11-14.

配气机构的磨损

傅茂林,高洪林,郭兰.现代发动机气门座圈材料的发展[J].汽车技术,2001(4):24-27.

高群钦,陈安宇.内燃机气门-座圈摩擦副磨损机制的实验研究[J].润滑与密封,2009,34(5):76-78.

郭海涛,卓斌,彭健,桂长林.气门-气门座的摩擦学设计研究[J].内燃机学报,2001,19(3):258-262.

何振俊,周俊冬.平底直动从动件凸轮机构磨损失效分析及磨损量计算[J].机械设计,2007,24(12):30-32,59.

胡建华.顶置凸轮-圆弧底摇臂混合润滑特性与磨损分析[J].内燃机学报,1999,17(1):86-90.

江亲瑜,李宝良,孙晓云.凸轮机构磨损数值仿真软件研制[J].润滑与密封,2000(4):2-4.

刘兢生,刘佐兵.高温对发动机气门磨损特性影响的试验研究[J].内燃机工程,1994,15(4):67-73.

刘佑平.提高内燃机凸轮轴耐磨性的方法[J].内燃机,2002(2):15-17.

刘佐民,张一兵,王斌球,姜彦,顾虎生.发动机气门-气门座强化磨损模拟试验机及其试验方法研究[J].内燃机工程,1998,19(2):49-56.

陆志高.8240ZJ型柴油机进气门磨损的分析[J].内燃机车,1996(3):13-17.

唐少雄,马力,杨代华,柴苍修.内燃机凸轮机构摩擦学仿真设计建模研究[J].内燃机工程,2002,23(6):59-61.

赵运才.气门磨损失效分析专家系统知识库的构建与推理研究[J].润滑与密封,2006(10):33-38.

赵运才,胡映明,柏兴旺.发动机气门-门座副磨损量的理论分析[J].润滑与密封,2007,32(7):75-77,93.

朱远志,尹志民,曾渝,郝勇刚.重型发动机气门座圈磨损机理与材料[J].内燃机工程,2004,25(4):78-82.

磨合、铁谱光谱理化分析和摩擦学磨损故障诊断

陈铭,王成焘.车用内燃机润滑系统的状态监测技术[J].内燃机工程,2000(3):64-70.

陈欠根,袁东来,刘银春,刘治波.柴油机缸套-活塞组磨损的监测研究[J].小型内燃机与摩托车,2008,37(1):22-24.

陈士玮,徐启圣,李柱国.柴油机磨合规范优化研究[J].润滑与密封,2006(1):29-30,34.

费名盛.摩擦学故障诊断技术在机车柴油机的应用[J].内燃机工程,1995,16(3):73-78.

高经纬,张培林,张英堂,任国全(2004a).某型柴油机磨损特点及油液光谱分析诊断研究[J].内燃机学报,2004,22(6):571-576.

高经纬,张英堂,任国全,张煦(2004b).柴油机光谱油液分析预测模型研究[J].柴油机设计与制造,2004(3):26-28,51.

顾良云.ND$_5$型机车柴油机铁谱磨粒分析[J].内燃机车,2002(8):31-35.

胡以怀,杨叔子,刘永长,周轶尘.柴油机磨损故障振动诊断机理的研究[J].内燃机学报,1998,16(1):50-61.

黄锦川,景国辉.船用柴油机运行磨合试验研究[J].柴油机,2010,32(6):9-14.

马晨波,朱华.内燃机缸套-活塞环磨合研究概述[J].润滑与密封,2008,33(11):102-106.

牛瑞,贺石中.中速大功率柴油机的油液监测与诊断[J].润滑与密封,2001(3):52-54.

彭晓兰,熊仕涛.柴油机主轴承磨损状态监测的试验研究[J].小型内燃机与摩托车,2003,32(5):11-14,18.

彭章明,卢银,杨建国.船用柴油机活塞环状态监测方法综述[J].柴油机,2009,31(4):28-32.

秦萍,阎兵,李辉.小波分析在柴油机滑动主轴承接触摩擦故障诊断中的应用[J].内燃机工程,2003,24(3):56-60.

万德玉,岳政.柴油机出厂试车磨合规范的试验研究[J].山东内燃机,2002(2):31-39.

俞峰,杨成梧.物元分析方法在基于油液光谱分析的发动机磨损状态监测中的应用[J].内燃机学报,2006,24(3):280-283.

张家玺.内燃机磨合及其规范研究[J].农业机械学报,2003,34(3):35-38.

张英堂,任国全,高经纬.基于机油光谱分析的柴油机磨损规律建模研究[J].车用发动机,2005(2):20-22.

2.14.2.12　排气再循环冷却器的耐久性

侯鑑龙,倪计民.EGR冷却器积炭机理研究[J].车用发动机,2008(6月增刊):1-4.

2.14.2.13　柴油发动机的可靠性

柴油机整机可靠性

雷宝荪,何春林.X195柴油机可靠性试验数据库的研究[J].云南工业大学学报,1998,14(3):10-14.

李兵,朱梅林,陈晓伟,柯蓬勃,徐凯.基于模糊推理方法的涡轮增压柴油机系统可靠性评估[J].内燃机学报,1999,17(2):169-172.

李燕军,毕小平,张更云,韩树,刘建敏.车辆发动机改革现行维修方式的探讨[J].车用发动机,1998(6):55-58.

刘春,张来斌,王朝晖.车用发动机寿命预测方法研究[J].车用发动机,2003(1):19-22.

刘建敏,乔新勇,安钢.基于多参数特征计算柴油机使用时间的方法研究[J].内燃机学报,2004,22(4):379-383.

吕锡源.关于确定单缸柴油机可靠性寿命的方法的设想[J].机械设计,1989(2):8-10.

翁家庆,张志刚,沈颖刚,张韦.中型载货汽车发动机大修需求预测[J].车用发动机,2008(2):20-22.

吴兆汉,蔡坪,陈深龙.内燃机可靠性设计[M].北京:北京理工大学出版社,1988.

熊南峰,傅戈雁.柴油机可修系统的有效性及评估模型研究[J].内燃机,2005(1):11-12,17.

徐安,赵长利,乔向明,刘新芬.车用发动机过热故障树分析[J].汽车技术,2007(3):43-46.

宣寿德.柴油机的可靠性与维修性[J].柴油机,1990(6):1-6.

张卫正,刘金祥,原彦鹏,魏春源.内燃机失效分析与评估[M].北京:北京航空航天大学出版社,2011.

张小明,李林谦,刘建敏,乔新勇.基于 Visual Basic 和 MIDEVA 开发柴油机技术状况评估和寿命预测软件[J].内燃机工程,
  2004,25(6):62-65.

柴油机部件可靠性

毕小平,许翔,黄小辉,王普凯.坦克柴油机冷却系统使用可靠性特征量估计[J].内燃机工程,2007,28(6):37-40.

崔毅,陈大荣,王明武.柴油机连杆可靠性分析研究[J].内燃机工程,1998,19(3):50-55.

江绥,张瑛.由载荷谱确定内燃机零件可靠度的计算机模型[J].内燃机工程,1992,13(1):53-59.

何三全,谭正龙,刘国庆.公交车柴油机缸套耐磨寿命和可靠性研究[J].内燃机工程,2001,22(4):12-15.

胡立萍.发动机气门断裂故障树分析[J].内燃机与配件,2010(10):37-40.

胡伟勇,翟昕.495B增压柴油机曲轴疲劳可靠性预测[J].车用发动机,2005(4):59-61.

李惠珍,李君,方华.曲轴可靠性优化设计[J].内燃机学报,1991,9(3):221-226.

李惠珍,方华,李盛成,乐俊秉.曲轴疲劳强度可靠性设计双堤坝模型[J].内燃机工程,1993,14(4):49-56.

李柱国,陈晓东,唐祥.现代汽车发动机轴承的环保、节能及可靠性[J].柴油机,2006,28(5):47-49.

潘公宇,黄鼎友.发动机气门弹簧的可靠性优化设计[J].车用发动机,1996(4):45-47.

皮汝敏,于怒涛,申玉智.柴油机齿轮系统设计问题的探讨[J].柴油机,2008,30(3):34-36.

石聿俊.发动机气门弹簧的可靠性分析和可靠度估算[J].汽车工程,1993,15(3):149-153.

孙奉仲,孙红杰,李淑英,罗远荣.柴油机中冷器的可靠性及其泄漏的故障树分析[J].农业机械学报,1999,30(2):84-88.

孙俊.某型柴油机主要部件故障模式与影响分析[J].柴油机,2009,31(3):24-29.

孙世波,孔丽君,刘俊杰,赵志强,张学谦.新型铝质冷却器可靠性的试验研究[J].内燃机车,2006(11):1-4.

陶丁祥.活塞销的可靠性设计[J].内燃机配件,1990(3):10-15.

王松年,江亲瑜,苏贻福,李曼林.摩擦副润滑状态可靠性的计算[J].润滑与密封,1989(3):7-12.

王银燕,王善.柴油机曲柄连杆机构耐磨损可靠性分析[J].柴油机,1999(3):15-18.

王羽,麻文焱,侯磊.发动机缸壁的耐磨寿命及可靠性的研究[J].汽车技术,2000(8):24-26.

王增全,于宝金,陈泽忠,杨贵春.某柴油机研制中的技术攻关[J].车用发动机,2009(4):88-92.

王致钊,程绍桐,程淑颖,付永波.柴油机曲轴可靠性辩析[J].柴油机,2008,30(5):32-36,47.

魏名山,马朝臣,黄若.车用涡轮增压器密封结构的检测[J].车用发动机,2004(4):50-52.

徐桂红,刘兴华,李小金.基于遗传算法的曲柄连杆机构可靠性分配[J].内燃机工程,2007,28(2):60-64.

薛景渊.活塞环可靠性试验数据的分析处理[J].内燃机配件,1993(1):8-12.

余美宏,王顺生.内燃机轴瓦可靠性问题初探[J].发动机配件技术,1996(1-2):36-39.

张凤林.散热器的可靠性研究[J].汽车技术,1989(3):6-10.

张有,蔡坪.内燃机连杆的可靠性设计[J].小型内燃机,1991(6):17-22.

朱大鑫.涡轮增压器可靠性的研究[J].内燃机学报,1992,10(4):309-316.

2.14.2.14　机械系统可靠性分析

白广忱,陆念力,王光远.总费用指标约束下机械系统可靠度的优化分配[J].机械设计,1993(5):15-18,33.

白广忱,张建国,平志鸿.大规模机械产品可靠度最优分配的分解协调法[J].机械设计,1998(3):10-12.

曹渭林,任金虎.车辆的可靠性试验及寿命试验[J].商用汽车,2002(9):57.

崔秀林.机械可靠性设计应力与强度干涉理论的应用[J].机械设计,1998(3):32-33.

丁良旭.可靠性理论及技术在客车工程中的应用浅析[J].客车技术与研究,2001,23(2):14-17.

杜小平.多种失效模式时机械零件的可靠度计算[J].现代机械,1993(4):20-23.

郭松,李天毅.未知应力强度分布的可靠度计算方法的研究[J].机械设计,1996(1):4-7.

李俊山.汽车可靠性试验方法及其选择[J].汽车技术,1993(5):17-20.

刘混举.机械可靠性设计[M].北京:科学出版社,2012.

刘星荣,汤承中,王锦雯,葛如海.汽车离合器可靠性统计模型[J].汽车工程,1996,18(4):211-217.

刘裕源,蒋涛.汽车可靠性评价中的几个问题[J].汽车技术,1993(1):15-20.

刘裕源,霍树君.汽车可靠性试验(一、二、三、四、五、六)[J].汽车技术,2000(2):38-40,(3):37-39,(4):40-42,(5):37-38,(6):39-40,(7):39-41.

鹿应荣,李显生,王云鹏,霍炜.国产汽车的整车可靠性评价[J].汽车工程,2001,23(2):106-109.

罗毅,高镇同.疲劳寿命可靠性分析模型[J].机械强度,1994,16(3):64-66.

吕震宙,冯元生.结构安全概率方法评述[J].机械强度,1993,15(4):1-5,45.

牟致忠.机械可靠性——理论·方法·应用[M].北京:机械工业出版社,2011.

平志鸿,康锐,许海宝.汽车产品可靠性指标分配的因素综合法[J].汽车工程,1997,19(1):1-6,33.

浦维达.汽车可靠性工程[M].北京:机械工业出版社,1998.

宋年秀,李世武,张连富.大修汽车可靠性评价指标的确定[J].汽车技术,1998(11):30-34.

孙柏泉,吴祖祺.疲劳强度可靠度二维计算模型的建立[J].机械强度,1994,16(1):54-57.

田世明,王霄锋.失效件数很少的可靠性试验数据处理方法研究[J].汽车技术,2002(3):18-20.

王秉刚.汽车可靠性试验评价技术研究[J].汽车技术,1989(12):4-10.

王秉刚.汽车可靠性工程方法[M].北京:机械工业出版社,1991.

王霄锋.汽车可靠性工程基础[M].北京:清华大学出版社,2007.

王新刚,张义民,王宝艳.载荷粗糙度对可靠性的影响[J].机械强度,2009,31(3):401-404.

王正,谢里阳,李兵.多种失效模式下的机械零件动态可靠性模型[J].中国机械工程,2007,18(18):2143-2146.

王正,谢里阳,李兵.考虑载荷作用次数的零部件可靠性模型[J].机械强度,2008,30(1):68-71.

徐虹,滕宏春,赵立辉,曹占义,贾树盛,彭艳锋.汽车关键零部件的寿命定量设计[J].机械设计,2003,20(2):7-8.

徐灏,胡俏.随机载荷下零件的可靠度计算新方法[J].农业机械学报,1995,26(2):97-100.

徐景.机械强度的可靠性设计[M].北京:机械工业出版社,1984.

杨文彬.符合可靠性要求的结构设计准则(十九)[J].机械设计,1999(2):7-9.

姚建伟.重载和高速机车零部件的可靠性设计和计算[J].内燃机车,1995(3):21-25.

喻天翔,宋笔锋,万方义,冯蕴雯.机械可靠性试验技术研究现状和展望[J].机械强度,2007,29(2):256-263.

乐晓斌,胡宗武,范祖尧.等幅循环载荷作用时零件疲劳可靠度尺寸的计算方法[J].机械设计,1993(3):18-21,44.

曾声奎.可靠性设计与分析[M].北京:国防工业出版社,2011.

张洪才,陈举华.复杂机械系统的可靠度及其置信区间估计[J].机械设计,2000(11):26-27,30.

张义民.汽车零部件可靠性设计[M].北京:北京理工大学出版社,2000.

张义民,张旭方,杨周,黄贤振.多失效模式机械零部件可靠性灵敏度设计[J].机械强度,2009,31(6):926-931.

张志华.可靠性理论及工程应用[M].北京:科学出版社,2012.

赵涛,林青.汽车可靠性工程基础[M].天津:天津大学出版社,1999.

郑建祥,高翔,周明锋.基于分段Weibull分布的使用可靠性统计模型[J].农业机械学报,2008,39(6):50-53.

2.14.2.15 模糊和灰色理论

性能

陈强,崔光玮,邝文丽.灰色控制系统理论在燃油消耗分析中的应用[J].内燃机车,2004(6):25-27.

丁家松,常汉宝,张煜盛,曾庆虎.柴油机性能的模糊综合评估[J].内燃机工程,2001,22(4):51-54.

郝强,朱梅林.柴油机涡轮增压系统的比较与优选[J].车用发动机,1993(4):37-42.

刘建敏,乔新勇,安钢,丛华.基于多参数评估柴油机技术状况的模糊方法研究[J].内燃机工程,2004,25(6):66-69.

滕飞,李国璋,孙耀,罗亮,贾志杰.基于灰靶理论和排放分析的柴油机状态评估[J].车用发动机,2009(1):74-76.

徐凯,朱梅林,高峻.基于模糊神经网络的柴油机经济性指标预测[J].柴油机设计与制造,2000(4):8-11.

庄志,董力平,马力.模糊决策及灰色预测在内燃机工程中的应用[J].内燃机工程,1993,14(2):24-29.

可靠性

白广忱,黄洪钟.机械系统可靠性的多目标模糊优化设计[J].机械设计,1998(1):12-13,37.

陈胜军.模糊可靠度计算模型[J].机械科学与技术,1999,18(3):392-394.

董玉革.随机应力模糊强度时机械零件模糊可靠性设计方法的研究[J].机械设计,1999(3):11-13.

董玉革,朱文予,陈心昭.机械模糊可靠性计算方法的研究[J].系统工程学报,2000,15(1):7-12.

冯刚,孙立德,黄洪钟,李剑中.疲劳寿命的模糊可靠度计算方法[J].中国机械工程,2003,14(19):1699-1701.

郭惠昕,吴晓,桂乃磬.应力和强度均为模糊变量时的模糊可靠度计算方法[J].机械设计,2001(11):8-10.

郭书祥,吕震宙.概率模型含模糊分布参数时的模糊失效概率计算方法[J].机械强度,2003,25(5):527-529.

黄洪钟.同时考虑模糊性和随机性时的系统可靠性分析方法[J].机械强度,1992,11(3):11-13,17.

黄洪钟.对常规可靠性理论的批判性评述——兼论模糊可靠性理论的产生、发展及应用前景[J].机械设计,1994(3):1-5,47.

黄洪钟(1995a).基于模糊状态的机械系统可靠性理论及应用的研究[J].机械设计,1995(9):11-13,22.

黄洪钟(1995b).影响机械结构可靠性的不确定性分析[J].机械设计,1995(9):55-57.

黄洪钟.模糊机械科学与技术——21世纪机械科学的重要发展方向[J].机械工程学报,1996,32(3):1-7.

黄洪钟.基于模糊失效准则的机械结构广义静强度的模糊可靠性计算理论[J].机械强度,2000,22(1):36-40,48.

黄洪钟,孙占全,郭东明,李丽,周峰,田志刚.随机应力模糊强度时模糊可靠性的计算理论[J].机械强度,2001,23(3):305-307.

江涛,陈建军,拓耀飞.随机应力模糊强度时模糊可靠性计算理论的等价性研究[J].机械强度,2006,28(1):61-65.

冷护基,李广安,卢玉明,颜景平.基于模糊条件概率的机械零件磨损的模糊可靠度计算方法[J].机械设计,1997(11):20-24.

李兵,朱梅林,陈晓伟,柯蓬勃,郝强(1999a).模糊故障树分析法在内燃机可靠性中的应用研究[J].内燃机学报,1999,17(1):63-66.

李兵,朱梅林,陈晓伟,柯蓬勃,徐凯(1999b).基于模糊推理方法的涡轮增压柴油机系统可靠性评估[J].内燃机学报,1999,17(2):169-172.

刘晓叙,陈敏.基于灰色预测的内燃机气缸套磨损模糊可靠性计算[J].小型内燃机与摩托车,2009,38(6):42-44.

楼文高.气门外弹簧的模糊可靠性优化设计[J].农业机械学报,1999,30(6):107-111.

马春翔.机械零件可靠性灰色预测[J].机械设计,1989(3):9-12.

孙志礼,何雪宏,蔡春源.机械强度模糊可靠度计算的一种方法[J].机械强度,1999,21(1):30-32,47.

赵德孜.机械系统设计初期的可靠性模糊预计与分配[M].北京:国防工业出版社,2010.

周玉明.汽车可靠性工程数据分布规律的模糊模式识别法[J].汽车工程,1996,18(3):140-147.

故障诊断

陈士玮,李柱国.灰色理论在柴油机油液监测中的应用研究[J].内燃机学报,2005,23(5):475-479.

陈志伟,米东,徐章遂,刘斌.基于灰色理论和时间序列模型的润滑油中磨粒含量预测分析[J].润滑与密封,2007,32(5):147-149.

范荫,王学合,孟昭昕.柴油机工作过程故障灰色诊断专家系统[J].内燃机工程,2000(2):5-10.

苟军,熊静琪.灰色关联度在柴油机故障诊断中的应用与改进[J].车用发动机,2007(1):72-75.

刘晓叙,陈敏.内燃机气缸套磨损量的灰色预测[J].润滑与密封,2009,34(3):78-80.

马修真,陈志显,李文辉,丁彦闯,朱友文,张栋波.基于模糊理论的增压系统故障诊断[J].内燃机学报,2001,19(5):473-476.

马智峰,李晓峰.柴油机磨损趋势预测[J].润滑与密封,2000(1):54-56.

宋平,苏万华,裴毅强,陶金田.柴油机模糊诊断专家系统的研究[J].内燃机工程,2007,28(4):65-68.

王成栋,魏瑞轩,张优云,夏勇.模糊函数图像与概率神经网络在柴油机气阀故障诊断中的应用[J].内燃机工程,2004,25(5):18-23.

王成栋,张优云,夏勇.模糊函数图像在柴油机气阀故障诊断中的应用研究[J].内燃机学报,2004,22(2):162-168.

王学合,黄震,范荫.柴油机故障灰色诊断系统研究[J].柴油机,2000(5):31-35.

王悦民,李育学,潜伟健.柴油机磨损寿命的灰色马尔柯夫模型预测[J].柴油机,1996(6):11-14.

张红,李柱国,陈兆能.舰船柴油机磨损趋势预测的灰色模型方法[J].内燃机学报,2002,20(4):362-264.

张启义,周先华,王文涛.基于灰色马尔可夫模型的柴油机磨损趋势预测[J].润滑与密封,2007,32(9):145-147.

3

柴油发动机系统设计中的优化技术

摘要:本章讨论柴油发动机系统优化中的基本概念、先进技术和理论。它们可以用来处理发动机子系统之间复杂的相互作用,从单目标优化和多目标优化到确定性优化和非确定性概率优化。首先概述系统优化理论,介绍试验设计(DoE)、响应曲面方法(RSM)和蒙特卡罗模拟,并论述如何用它们来处理在为定目标而设计、为多变性而设计、为可靠性而设计中的优化问题。然后,阐述在发动机系统设计中使用响应曲面方法、先进的试验设计优化技术和蒙特卡罗模拟的理论。最后,详述了在为多变性和可靠性的抗扰性设计中的优化问题。

3.1 系统优化理论概述

3.1.1 优化简介

优化是在一定的约束条件下求解达到最佳目标的过程。优化技术已被广泛应用于所有的工程领域,来选择最佳设计。假设自变量因子的总数为 k,一个单目标优化问题可以描述如下:从一个 k 维向量 $X=[X_1, X_2, \cdots, X_k]^T$ 中寻求自变量因子的值,以期将目标函数 $f(X)=f(X_1, X_2, \cdots, X_k)$ 最小化,同时满足不等式约束条件 $g_j(X) \leqslant 0, j=1, 2, \cdots, m$ 和等式约束条件 $m_u(X)=0, u=1, 2, \cdots, p(p<k)$,并满足自变量因子取值范围 $X_i^L \leqslant X_i \leqslant X_i^U, i=1, 2, \cdots, k$;式中 X_i^L 和 X_i^U 分别代表自变量因子 X_i 的上限和下限。

自变量因子、目标函数和约束条件是任何优化课题中的三要素。由 k 个自变量因子组成的 k 维空间称为因子空间或设计空间。当 $k>3$ 时,多维设计空间就不能用一个图形来显示了。自变量因子的个数越多,优化问题就越复杂。

目标函数和约束函数是描述自变量因子(输入)和响应(输出)之间关系的数学模型。这些函数可以简单到只是一个显式公式(例如气缸传热面积可表达为缸径和冲程的一个显函数),或者也可以复杂到是一个由回归隐式数值模拟结果而获得的曲面拟合公式(例如有效燃油消耗率作为喷油定时和涡轮面积的一个函数,正如发动机循环模拟的拟合结果那样)。

通常地,将目标函数最小化等价于将其负值最大化。优化目标可以是单目标函数,也可以是多目标函数,或者是多个目标函数的加权组合形式:

$$f(X) = w_1 \cdot f_1(X_1, X_2, \cdots, X_k) + w_2 \cdot f_2(X_1, X_2, \cdots, X_k) + \cdots + w_q \cdot f_q(X_1, X_2, \cdots, X_k) \tag{3.1}$$

式中,$w_1, w_2, \cdots, w_q$ 是权重因数($0<w_i<1$),并且 $\sum_{i=1}^{q} w_i = 1$。

对于构造一个优化问题来说,不等式和等式的约束条件不是必需的。等式约束条件的个数应少于自变量因子的个数,或者少于等式约束方程中未知数的个数。否则,所有的自变量因子将具有一组唯一的定解。这样,优化问题就变得毫无意义了(即不称之为优化)。然而,不等式约束条件的个数是没有限制的。

如果所有的目标函数和约束条件函数都是线性的,那么优化问题就称为线性优化。否则,它就是非线性的。柴油机系统设计中的优化问题通常都是具有多个自变量因子的多目标非线性优化。然而,在许多情况下,这些优化问题可以简化为单目标优化。简化方式通常是把有效燃油消耗率最小化作为单一目标,并将其他目标转化为约束条件。

优化问题的解决方法可以是图解法(作图法),也可以是分析法。图解法的例子是使用电子表格或作图文件将分析结果绘图,并凭观察直观地选择最优值。分析法的例子是计算目标函数的梯度,然后沿最大梯度方向搜索以找到最优值。目标函数可能具有多个局部最优解(即最小值或最大值),特别是当自变量因子数量很多时和目标函数较复杂时。在优化过程中,需要在设计空间内由因子范围和约束条件所围成的解的封闭区域里(包括设计约束条件的边界上)寻求全局的最优解。这通常可以通过在优化搜索中尝试自变量因子的许多不同并相距很远的初始值来实现。特别值得注意的是,遗传算法近来已被大量用于发动机优化。它作为一个非常稳健(或抗扰)的方法,能够避免过早地将全局最优解误收敛于目标函数的局部最小值或最大值。关于遗传算法的优缺点,读者可以参考 Parmee 和 Watson(2000)、Thiel 等人(2002)和 Zottin 等人(2008)的论述。优化算法在很多书籍中都有详细阐述,故而不在本书论述的范围之内。读者可以参考 Siddall(1982)、Montgomery(1991)、Myers 和 Montgomery(2002)、Eriksson 等人(1999)和 Edwards 等人(2000)的论述以了解更多的内容。Edwards 等人(2000)还给出了一个关于发动机优化的统计学方面的全面总结。另外,在优化技术领域,也需要关注神经网络和系统辨识这两个方向的技术手段和发展动态。

3.1.2 试验设计、响应曲面方法和蒙特卡罗模拟

试验设计(DoE)中的每个自变量因子都是一个输入参数。它可以是一个控制因素,也可以是一个干扰("噪音")因素。它可以是任何设计参数(如涡轮面积)、标定参数(如排气再循环阀门的开度)或属性参数(如进气歧管压力)。每个自变量因子在试验设计中都具有两个或两个以上的离散的确定性取值(或称水平值)。如果将每个因子视为空间中的一维,多个因子便在试验设计中形成一个多维因子空间或设计空间。试验设计中的每次排列运行(或称运行情形、算例等)代表着所有因子的某些水平值的一次组合,或者说代表着因子空间内的一个点。试验设计中所有排列运行的完整列表,称为一个设计矩阵(或阵列组合)。试验设计中的每个响应是一个输出参数(例如有效燃油消耗率、排气再循环率、应力)。对于一个给定的响应参数来说,自变量因子对它的影响分为两种:主效应、相互作用(交互作用)效应。相互作用效应指的是该响应相对于某一个因子的变化行为,取决于另一个因子的水平值大小。

试验设计是一个用于设计实验或策划模拟计算的统计设计技术。它已被广泛用于高效率地识别发动机开发中的设计或标定方案。由于各自变量因子的不同取值所组成的所有不同组合的个数(即所有可能的设计方案数)随着因子个数的增加而呈指数级增长,采用试验设计来筛选和识别关键因子就变得非常重要。试验设计是在寻找设计解决方案时系统地减少成本和时间的一种方法。与试凑法或"一次一因子"法不同,试验设计能够构建一个将因子的取值高效合理地结合在一起的统计学计划以提取信息。试验设计往往使用部分析因设计,而非全析因设计,来同时改变各因子的取值,从而将试验运行次数减少好几个数量级,同时又较少损失数据中包含的信息质量。当因子的个数远大于 3 时,使用试验设计的优势将变得非常明显。试验设计的方法主要包括田口方法和响应曲面方法(RSM)。

在非确定性领域里与试验设计方法相对应的方法是蒙特卡罗模拟。蒙特卡罗模拟是一种设计实验或模拟计算的统计概率技术,是用来研究因子和响应的非确定性概率分布的。在蒙特卡罗模拟中,每个自变量因子可能有多达 1 000 个随机的水平值(或称取值)。每次蒙特卡罗模拟的运行情形是所有随机因子的随机取值组合。例如,如果有八个因子,蒙特卡罗模拟的运行次数可以是1 000 到 $1\,000^8$ 之间的任何数。这 1 000 或 $1\,000^8$ 次运行所产生的响应会形成一个统计分布。通常情况下,1 000~10 000 次运行可以给出一个足够精确的结果。运行次数更多的话并不会显著改变结果。

当从实验或模拟计算中获得试验设计数据或蒙特卡罗数据后,通常需要进行优化来搜索最优的或抗扰的设计解。搜索最优解的方法有很多,然而它们都需要一个能够将作为输入的自变量因子与作为输出的响应参数联系起来的连续数学函数。这种连续数学函数称为拟合器(emulator,例如采用曲面拟合建立的多项式)。它们在前面介绍的优化问题构造中作为目标函数或约束条件函数。响应曲面方法是生成这些拟合器的方法。

响应曲面方法是一个统计设计加曲面拟合的方法。它使用拟合器来表征任何输入与输出之间的关系。拟合器可以用来研究主效应和相互作用效应,并预测尚未运行的结果,产生敏感度脉谱图,以及进行优化。响应曲面方法中曲面拟合的阶一般低于 3 阶。因此,它不太适合于高度非线性的场合。例如,在快速变化和高度非线性的瞬态排放循环中,在建立输入与输出参数之间的关系方面,神经网络是比响应曲面方法更好的一个工具。

3.1.3 定目标模拟与优化之间的比较

柴油机系统设计中有三种类型的优化:

- 用参变量扫值法来计算目标函数值以寻找最优解(扫值指的是将自变量的值从小到大在取值范围内像席卷扫描似地以一定的间隔取一遍);
- 响应曲面方法的试验设计优化;
- 响应曲面方法的蒙特卡罗优化。

并非所有的发动机系统设计数据都是通过数学优化构造产生的。定目标模拟就不是一种优化。然而,一旦当所有设计约束都以等式约束条件来确定时,定目标模拟则是一种用来计算设计方案的常用技术。现在回顾一下在第 3.1.1 节中为一套确定性的单组解所做的数学构造,即当未知数的个数等于等式约束条件的方程个数时。这里定目标模拟的一个例子是求解发动机功率;同时,作为约束条件,需要满足一个给定的最高气缸压力和一个给定的排气歧管气体温度,其解如图 3.1 所示的圆圈。在给定的发动机转速下,这个问题的数学构造可以用以下的公式来描述:

$$\begin{cases} \dot{W}_E = f_{power}(\dot{m}_{fuel}, \phi_{inj}) & (3.2) \\ T_{EM} = f_{T_{EM}}(\dot{m}_{fuel}, \phi_{inj}) = 1\,300\ ^{\circ}\text{F} & (3.3) \\ p_{cyl} = f_{pcyl}(\dot{m}_{fuel}, \phi_{inj}) = 20\ \text{MPa} & (3.4) \end{cases}$$

式中,$\dot{W}_E$ 是发动机功率;$\dot{m}_{fuel}$ 是喷油量;ϕ_{inj} 是喷油定时;T_{EM} 是排气歧管气体温度;p_{cyl} 是最高气缸压力。函数 f 实质上是由发动机循环模拟给出的隐函数。注意到在式(3.2)~式(3.4)的构造中,一共有两个未知数($\dot{m}_{fuel}$ 和 ϕ_{inj})和两个等式约束条件。因此,它给出的是无优化的、唯一的一组确定性的解。在求解式(3.3)和(3.4)求出 $\dot{m}_{fuel}$ 和 ϕ_{inj} 以后,发动机的功率可以用式(3.2)计算。应当指出,这里的定目标模拟与为定目标而设计在概念上是不同的(见第 1.3.7 节)。为定目标而设计并不排除使用优化技术。

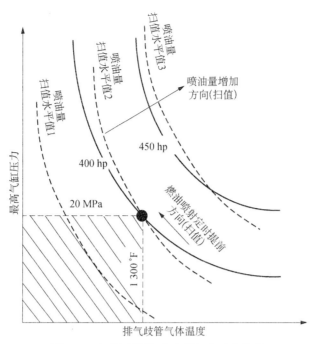

图 3.1 定目标模拟、参变量扫值法和优化

用参变量扫值法计算目标函数寻找最优值是一种优化。它直接席卷扫过自变量因子的各个水平值以求取目标函数,然后把扫值结果与约束条件进行比较,找到最优解。如果把刚才的定目标模拟问题换个说法,就可以变成如下的优化问题:在气缸压力低于 20 MPa 和排气歧管气体温度低于 1 300 ℉的约束条件下,求取最大功率。该优化问题在数学上构造如下:

$$
\begin{cases}
最大化\, f_{power}(\dot{m}_{fuel},\ \phi_{inj}) \\
并满足\, f_{T_{EM}}(\dot{m}_{fuel},\ \phi_{inj}) < 1\,300\ ℉ \\
f_{pcyl}(\dot{m}_{fuel},\ \phi_{inj}) < 20\ MPa
\end{cases}
\tag{3.5}
$$

在将这两个约束条件绘制在图 3.1 的两根轴上后,式(3.5)的解域便显示在由它们围成的斜线区域内。$\dot{m}_{fuel}$ 和 ϕ_{inj} 的二维扫值数据在图 3.1 中用一族虚线曲线表示。可以直观地观察到,最优解仍然是相同的圆圈,位于设计空间(斜线区)的边界上。需要注意的是,这个优化问题之所以能够用参变量扫值法并配以图解法求解,是因为它仅仅是一个二维问题。

参变量扫值法是一个简单但非常有效的优化技术。如图 3.2 所示,有时需要画多个响应参数并将其作为优化约束条件来检查,才能选出最优解。发动机系统设计中大量的常规优化问题都可以用这种方法处理,例如:

- 求解最佳的燃油喷射定时,以将发动机的有效燃油消耗率最小化;
- 求解最佳的排气门开启定时,以将有效燃油消耗率最小化;
- 求解最佳的排气再循环环路流动阻力和进气节气门开度,以达到排气再循环率的目标值,同时将最大扭矩处的有效燃油消耗率最小化;
- 求解最佳的涡轮废气旁通阀开度和进气节气门开度,以匹配空燃比的目标值,并将有效燃油消耗率最小化;
- 求解最佳的涡轮废气旁通阀开度和进气节气门开度,以匹配后处理再生所需要的涡轮出口气体

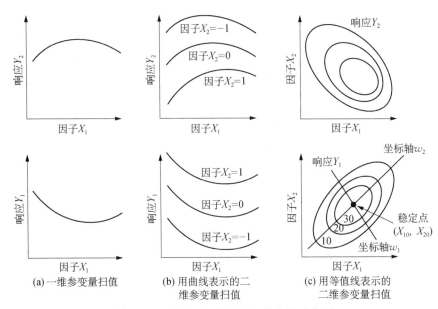

图 3.2 用参变量扫值法进行优化的示意图

温度的目标值,同时将燃油消耗率最小化。

参变量扫值法通常限于只有一两个因子的情形,因为很难将多于三个因子的参变量数据用作图的形式表达完整和清楚。涉及三个或更多自变量因子的优化问题,一般需要使用试验设计中的响应曲面方法,在一个多维设计空间内使用拟合器。试验设计中的响应曲面方法的一些例子如下:

- 求解在排放标定中的最佳的喷油定时、喷油压力、排气再循环阀门开度和涡轮面积,以将有效燃油消耗率最小化,同时满足氮氧化物和碳烟排放量的目标值;
- 求解最佳的排气门开启定时、排气凸轮加速度和排气门最大升程,以将燃油消耗率最小化,同时维持令人满意的配气机构动力学性能;
- 求解最佳的排气再循环环路的流动阻力、进气节气门开度和涡轮面积,以达到排气再循环率的目标值和可接受的空燃比,同时将最大扭矩处的有效燃油消耗率最小化;
- 求解最佳的高压级和低压级涡轮面积以及排气再循环阀门开度,以匹配空燃比和排气再循环率的目标值,同时将有效燃油消耗率最小化;
- 求解最佳的涡轮废气旁通阀开度、进气节气门开度和柴油颗粒过滤器再生时的加注燃油率,以保持足够高的涡轮出口气体温度,同时最大限度地降低整个发动机的燃油消耗;
- 在具有耐久性和排放限值的约束条件下,通过优化下列系统设计因子将有效燃油消耗率最小化:行程缸径比、发动机压缩比、配气定时、燃油喷射定时、涡轮面积、排气再循环环路的流动阻力;
- 寻找最佳的发动机型式配置,并满足由以下的潜在技术组合而成的约束条件:可变配气定时、余热回收、涡轮复合增压、可变截面涡轮。

3.1.4 柴油发动机系统优化的方法

在对一个系统进行优化的过程中,控制因子往往是系统层面的设计参数,目标和约束条件是系统层面的并能反映子系统相互作用和属性相互作用的函数。柴油机系统优化的要素如图 3.3 所示。它们是：

- 系统属性；
- 系统模型；
- 响应曲面方法(RSM)或神经网络(NN)模型。

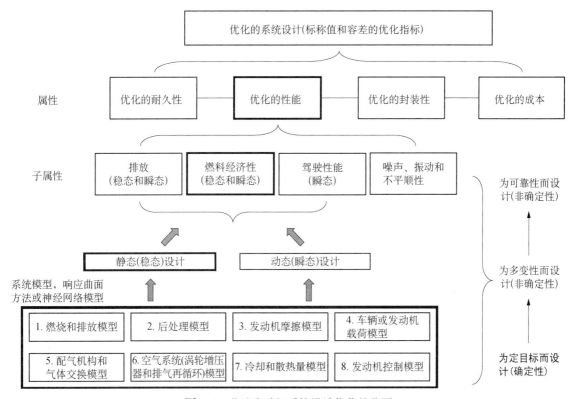

图 3.3 柴油发动机系统设计优化的范围

同时满足不同的产品属性要求，需要采用多目标优化。许多属性具有相互矛盾的性质，因此它们之间的权衡是不可避免的。在很多情况下，有必要选择最重要的属性或子属性作为优化的单一目标，以简化多目标优化问题。例如，燃料经济性对于商用卡车来讲是最重要的目标，而功率对于赛车来讲可能是最重要的性能子属性。

发动机系统优化问题可按照以下类别来区分：①硬件(设备)与软件(电控)之分；②稳态与瞬态之分；③确定性与非确定性之分。瞬态模型比稳态模型更为复杂，这是因为瞬态更多地涉及发动机控制策略和沿时间变化的计算。非确定性模型比确定性模型更为复杂，这是因为前者涉及使用蒙特卡罗模拟来进行概率分布评估。基于可靠性的优化比基于多变性的问题更为复杂，这是因为前者需要模拟时变的退化效应。一个涵盖了所有四大属性的、基于可靠性的、非确定性的系统模型是最理想的，但事实上很难得到这样的模型。另外，每当在优化中增加一个复杂性维度(例如瞬态时间、概率、时变退化)时，数据显示以及采用一个紧凑和容易理解的形式总结优化结果将变得越来越困难。

确定性的"为定目标而设计"(图 3.3)的优化是柴油机系统设计的基础，因此非常重要。大多数的系统优化工作都在这类问题中进行。它也能够为非确定性的"为多变性而设计"和"为可靠性而设计"这些其他种类问题的进一步优化提供预选出来的亚优化结果。

另外,图 3.3 也说明了在发动机系统优化中未来科研的需求,包括:

(1) 能够反映子系统相互作用的、关于每个属性的高质量系统模型;

(2) 能够协调四大属性(性能、耐久性、封装性、成本)的系统模型,以便在优化中构造多个目标函数或一个适当加权的目标函数;

(3) 包括发动机控制软件策略的高质量的瞬态性能模型;

(4) 高质量的瞬态热机械耐久性模型;

(5) 可靠性模型;

(6) 用于优化的高质量的响应曲面模型和神经网络模型。

3.1.5 田口方法

田口玄一博士(1986)提出了一个使用标准化正交阵列和线性图的方法来简化试验方法,或者在试验方法上采取"捷径"而无需经过那些统计数据处理和数学求解的复杂步骤。在田口方法中,控制因子和干扰因子(不可控因子)在试验设计矩阵中的两个正交阵列里是分开处理的。在选择一个专门设计好的正交阵列构成试验设计的各次运行之前,首先需要指定下列内容:①因子;②控制因子之间的相互作用;③每个因子的水平数。因子水平数在一个阵列内可以混杂,例如,可以对一个因子采用两个水平层次,而对另一个因子采用三个水平层次。控制因子被放置于内阵列(也称主阵列),干扰因子(例如控制因子围绕着标称值的容差)被放置于外阵列(如果有的话)。这两个阵列在运行方式上以如下方式交叉重复:对于外阵列的每次排列运行,都简单地将内阵列的所有排列运行情形重复一遍。图 3.4 总结了田口方法的步骤。需要注意的是,如果所用因子不能填满阵列中所有的列,则可以使用空列。

在田口的试验方法里,相互作用效应在阵列中的处理方式往往像任何其他因子一样(如因子 A 和 B 之间的相互作用 $A \times B$,被当作一个独立因子来处理)。在初步优化阶段,相互作用效应常常被忽略,而不包括在阵列中。或者,如图 3.4 的 L_{18} 阵列的例子所示,可以在前两列之间加入相互作用项,而不牺牲任何其他列。在具有三个水平层次的因子之间的相互作用可以被均匀地分布于所有具有三水平的列中,使得主效应可以被无偏倚地预测出来。因此,当存在相互作用效应时,适当的阵列选择是非常重要的。相互作用效应的重要程度可以用方差分析①来评估。在田口方法中,确定相互作用效应需要另外进行单独研究,因此不是很方便。而且这种相互作用的分析结果在优化方案的选择上可能会与原来的主效应分析所给出的方案完全不同。当试验里涉及好几个相互作用效应时,选择最优因子水平的过程可能会变得极为复杂(Roy, 1990)。而事实上,大多数柴油机系统优化问题确实会涉及很强的相互作用效应。

田口优化方法往往与抗扰性设计联系在一起,而后者的目的是要让性能达标并在具有干扰因子或多变性时保持目标性能。田口方法的一个主要特点是对信号噪音比($f_{S/N}$)的使用,这一参数将均值及其变化这两者都考虑在内。工程中的信噪比常表示信号(即有意义的信息)与背景噪音之间的一个能量比值。由于许多信号具有很宽的动态范围,信噪比的单位通常采用分贝,其定义为能量比值对数的 10 倍。田口提出用一个信噪比来优化产品或过程的抗扰性。田口提出的几个信噪比如表 3.1 所示。应当指出的是,只有最后一个信噪比才具有真正的信噪比意义而且是无量纲的(即量纲为 1)。如果不存在干扰因子的外阵列的话,$f_{S/N}$ 可以通过在每个试验设计的因子水平值上

———————————

① 方差分析的英文简称为 ANOVA,是一个回归分析方面的诊断工具。

田口正交阵列 L_{18}($2^1 \times 3^7$),用于具有混合阵列,一个因子有两个和三个水平值,七个因子有三个水平值.共计运行18个试验设计运行次数

试验设计运行次数	X_{C1}	X_{C2}	X_{C3}	X_{C4}	X_{C5}	X_{C6}	X_{C7}	X_{C8}
1	-1	-1	-1	-1	-1	-1	-1	-1
2	-1	-1	0	0	0	0	0	0
3	-1	-1	1	1	1	1	1	1
4	-1	0	-1	-1	0	0	1	1
5	-1	0	0	0	1	1	-1	-1
6	-1	0	1	1	-1	-1	0	0
7	-1	1	-1	0	-1	1	0	1
8	-1	1	0	1	0	-1	1	-1
9	-1	1	1	-1	1	0	-1	0
10	1	-1	-1	1	1	0	0	-1
11	1	-1	0	-1	-1	1	1	0
12	1	-1	1	0	0	-1	-1	1
13	1	0	-1	0	1	-1	1	0
14	1	0	0	1	-1	0	-1	1
15	1	0	1	-1	0	1	0	-1
16	1	1	-1	1	0	1	-1	0
17	1	1	0	-1	1	-1	0	1
18	1	1	1	0	-1	0	1	-1

田口正交阵列 L_9(3^4),用于具有四个因子和三个水平值的阵列.有九个因子运行试验设计运行次数

试验设计运行次数	X_{n1}	X_{n2}	X_{n3}	X_{n4}	
1	-1	-1	-1	-1	干扰因子阵列
2	-1	0	0	0	(外阵列)
3	-1	1	1	1	
4	0	-1	0	1	
5	0	0	1	-1	
6	0	1	-1	0	
7	1	-1	1	0	
8	1	0	-1	1	
9	1	1	0	-1	

响应1,"S2-3-1"代表以 L_{18} 阵列的第2次运行,L_9 阵列列的第3次运行,为第1个响应(响应1)而产生的样本值

L_{18}运行 \ L_9运行	1	2	3	4	5	6	7	8	9	均值	信噪比
1	S1-1-1	S1-2-1	S1-3-1	S1-4-1	S1-5-1	S1-6-1	S1-7-1	S1-8-1	S1-9-1	M1-1	SN1-1
2	S2-1-1	S2-2-1	S2-3-1	S2-4-1	S2-5-1	S2-6-1	S2-7-1	S2-8-1	S2-9-1	M2-1	SN2-1
3	S3-1-1	S3-2-1	S3-3-1	S3-4-1	S3-5-1	S3-6-1	S3-7-1	S3-8-1	S3-9-1	M3-1	SN3-1
4	S4-1-1	S4-2-1	S4-3-1	S4-4-1	S4-5-1	S4-6-1	S4-7-1	S4-8-1	S4-9-1	M4-1	SN4-1
5	S5-1-1	S5-2-1	S5-3-1	S5-4-1	S5-5-1	S5-6-1	S5-7-1	S5-8-1	S5-9-1	M5-1	SN5-1
6	S6-1-1	S6-2-1	S6-3-1	S6-4-1	S6-5-1	S6-6-1	S6-7-1	S6-8-1	S6-9-1	M6-1	SN6-1
7	S7-1-1	S7-2-1	S7-3-1	S7-4-1	S7-5-1	S7-6-1	S7-7-1	S7-8-1	S7-9-1	M7-1	SN7-1
8	S8-1-1	S8-2-1	S8-3-1	S8-4-1	S8-5-1	S8-6-1	S8-7-1	S8-8-1	S8-9-1	M8-1	SN8-1
9	S9-1-1	S9-2-1	S9-3-1	S9-4-1	S9-5-1	S9-6-1	S9-7-1	S9-8-1	S9-9-1	M9-1	SN9-1
10	S10-1-1	S10-2-1	S10-3-1	S10-4-1	S10-5-1	S10-6-1	S10-7-1	S10-8-1	S10-9-1	M10-1	SN10-1
11	S11-1-1	S11-2-1	S11-3-1	S11-4-1	S11-5-1	S11-6-1	S11-7-1	S11-8-1	S11-9-1	M11-1	SN11-1
12	S12-1-1	S12-2-1	S12-3-1	S12-4-1	S12-5-1	S12-6-1	S12-7-1	S12-8-1	S12-9-1	M12-1	SN12-1
13	S13-1-1	S13-2-1	S13-3-1	S13-4-1	S13-5-1	S13-6-1	S13-7-1	S13-8-1	S13-9-1	M13-1	SN13-1
14	S14-1-1	S14-2-1	S14-3-1	S14-4-1	S14-5-1	S14-6-1	S14-7-1	S14-8-1	S14-9-1	M14-1	SN14-1
15	S15-1-1	S15-2-1	S15-3-1	S15-4-1	S15-5-1	S15-6-1	S15-7-1	S15-8-1	S15-9-1	M15-1	SN15-1
16	S16-1-1	S16-2-1	S16-3-1	S16-4-1	S16-5-1	S16-6-1	S16-7-1	S16-8-1	S16-9-1	M16-1	SN16-1
17	S17-1-1	S17-2-1	S17-3-1	S17-4-1	S17-5-1	S17-6-1	S17-7-1	S17-8-1	S17-9-1	M17-1	SN17-1
18	S18-1-1	S18-2-1	S18-3-1	S18-4-1	S18-5-1	S18-6-1	S18-7-1	S18-8-1	S18-9-1	M18-1	SN18-1

灰色区域:非必需数据

控制因子阵列(内阵列) 响应1

控制因子	控制因子水平值	均值的主效应	信噪比的主效应
X_{C1}	-1	…	…
X_{C1}	0	…	…
X_{C1}	1	…	…
X_{C2}	-1	…	…
X_{C2}	0	…	…
X_{C2}	1	…	…
X_{C3}	-1	…	…
X_{C3}	0	…	…
X_{C3}	1	…	…

控制因子	控制因子水平值	均值的主效应	信噪比的主效应
X_{C4}	-1	…	…
X_{C4}	0	…	…
X_{C4}	1	…	…
X_{C5}	-1	…	…
X_{C5}	0	…	…
X_{C5}	1	…	…
X_{C6}	-1	…	…
X_{C6}	0	…	…
X_{C6}	1	…	…

控制因子	控制因子水平值	均值的主效应	信噪比的主效应
X_{C7}	-1	…	…
X_{C7}	0	…	…
X_{C7}	1	…	…
X_{C8}	-1	…	…
X_{C8}	0	…	…
X_{C8}	1	…	…

对所有的响应参数绘制主效应图。基于平均值(功能)与 $f_{S/N}$ 比(抗扰性)值之间的权衡以及不同的响应参数的权衡,选择最佳的控制因子水平值。抛弃因子是不可控的值。最后,运行确认试验来验证。

图3.4 田口试验设计方法的流程

重复几次试验来获得。如果干扰因子的外阵列存在的话,可以在试验设计的内阵列中的一个给定因子水平值上运行外阵列的全部排列情形,并将这些运行结果作为用来计算 $f_{S/N}$ 的采样点。因此,对于内阵列的每个排列运行来讲,都存在一个 $f_{S/N}$。为了减少方差以提高质量,在控制因子的取值上应力求将 $f_{S/N}$ 最大化。由于 $f_{S/N}$ 中混杂着均值(位置效应)和方差(分散效应)这两者,在优化中便需要同时处理均值和 $f_{S/N}$。可以优化某些控制因子的水平值以期让均值达到目标值,并将其他一些影响 $f_{S/N}$ 的控制因子的水平值优化到使 $f_{S/N}$ 最大化,即等价于将方差最小化。

表 3.1　田口的信号噪音比

参数名称	参数符号	公　式
田口的信号噪音比(越小越好,将响应最小化)	f_{S/N_1}	$f_{S/N_1} = -10 \cdot \log_{10}\left[\dfrac{\sum\limits_{i=1}^{n} Y_i^2}{n}\right]$
田口的信号噪音比(越大越好,将响应最大化)	f_{S/N_2}	$f_{S/N_2} = -10 \cdot \log_{10}\left[\dfrac{\sum\limits_{i=1}^{n} \dfrac{1}{Y_i^2}}{n}\right]$
田口的信号噪音比(标称值最好,以最小的偏差获取目标值,如果响应的均值和方差可以被独立改变的话)	f_{S/N_3}	$f_{S/N_3} = -10 \cdot \log_{10}\sigma_{SV}^2$ 或 $f_{S/N_3} = -10 \cdot \log_{10}\sigma^2$
田口的信号噪音比(标称值最好,以最小的偏差获取目标值,如果响应的均值和方差是相互联系的)	f_{S/N_4}	$f_{S/N_4} = 10 \cdot \log_{10}\left(\dfrac{\overline{Y}^2}{\sigma_{SV}^2}\right)$ 或 $f_{S/N_4} = 10 \cdot \log_{10}\left(\dfrac{\mu^2}{\sigma^2}\right)$

注:在抗扰性设计的优化中,这些信号噪音比(信噪比)需要被最大化。只有 f_{S/N_4} 是一个真正意义上的量纲为 1 的信号噪音比。

标准方差技术经常被用于均值响应和信噪比分析上,以识别影响这两者的控制因子。方差分析还可以量化每个因子的影响,以及每个因子对响应参数的总变化的相对贡献。

每次试验设计运行的响应参数的总结统计结果包括均值、方差和信噪比。取决于所采用的优化标准,输出响应可分为三类:越小越好、越大越好、标称值最好。通过采用主效应作图法或线性回归,可以进行变量筛选。一个独立因子在主效应图中的响应,等于其他因子所有水平的全部响应的平均值。应当指出的是,因子与因子之间的单位或取值范围通常都非常不同。主效应图可以用来直观地观察输入与输出参数之间的趋势,并确定强影响因子和弱影响因子,以及最佳的因子水平值(图 3.5)。在主效应图中,各数据点离所有响应的平均值越远,这个因子就越重要。每个控制因子的最优水平值可以从主效应图上选出来。在相互作用图中,平行线(严格地说是在因子范围内的非交叉的线)表示没有相互作用。需要注意的是,当因子之间存在较强的相互作用时(正如许多发动机中存在的情形那样),主效应图可能会具有很大的误导性。另外,如果试验设计的排列情形没有予以适当平衡的话,主效应图可能会有偏倚性。线性回归方法能够计算出各因子的相关系数,也可以计算表明因子与响应之间在统计学意义上的 p 值。虽然线性回归方法不能提供直观的作图显示,但是它不会产生具有偏倚性的结论。当从各主效应图中选出各控制因子的优化水平值的组合

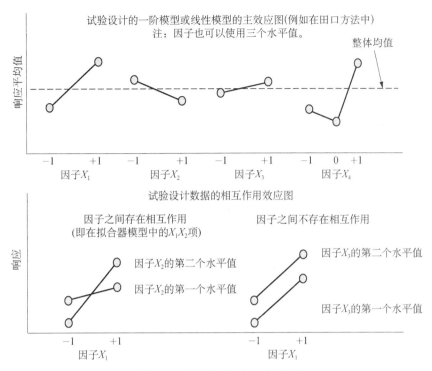

图 3.5 主效应图和相互作用图

后,可以预测所对应的优化的信噪比和均值。最后,还需要进行一次确认性的排列运行,作为最终的检查,以确认预期的优化结果。

如图 3.4 中所概括的,田口方法包括以下九个步骤:

(1) 定义优化目标;

(2) 充分考虑和策划所有可能的因子;

(3) 设计试验的阵列(即选择因子、水平值、范围、正交阵列);

(4) 运行试验以收集数据;

(5) 使用统计分析的方法(例如方差分析、回归分析、主效应图、相互作用效应图)分析结果并作图;

(6) 确定优化的因子水平值;

(7) 使用信噪比和置信区间预测最优的响应值;

(8) 与设计约束条件相比,检查预测的最优值是否与之矛盾;

(9) 进行确认运行。

应当指出的是,田口的信噪比方法并不总能给出最佳的结果,尤其当优化的目的是为了实现一个响应的目标值而不是将该响应最小化或最大化时。正如 Myers 和 Montgomery(2002)指出的,将信噪比最大化并不能区分哪个控制因子具有位置效应(即影响均值)以及哪个因子具有分散效应(即影响方差)。换言之,由于信噪比混杂着位置效应和分散效应,使它们有时缺乏唯一性,故而可能不应该作为一个优化参数来使用。田口的信噪比受到一些统计学家的批评,其效用似乎值得商榷。事实上,抗扰性设计可以通过响应曲面方法来实现,以优化响应并减少由干扰因子造成的多变性,而不必使用信噪比。

如果控制因子之间的相互作用效应不重要的话,田口方法对于确定一个抗扰性设计来说是能够胜任的(Myers 和 Montgomery,2002)。由于交叉使用内阵列和外阵列,该方法对于控制因子与干扰因子之间的相互作用能够提供丰富的信息。但是,由于所采用的正交阵列被严重地部分析因化,该方法对于各控制因子之间或者各干扰因子之间的相互作用所能够提供的信息甚少。田口方法在产品优化和抗扰性设计中可以提供一种快速而简单的分析,以确定哪个因子的贡献最大、最优的因子水平值和干扰因子的影响。然而,田口方法似乎也存在一些缺点。首先,田口方法没有一个经验性的、包含高阶或相互作用效应的曲面拟合模型。第二,田口阵列通常只允许每个因子具有两到三个水平值;这样,构造具有更多水平层级的正交阵列既不便利也不经济。这些缺点使得田口方法在发动机系统设计中不够准确或方便。第三,田口方法只强调主效应,因而控制因子之间或干扰因子之间的相互作用效应在其试验设计的阵列中没有给予足够的重视,特别是控制因子之间的相互作用效应。第四,优化信噪比的用处似乎值得商榷。最后,把干扰因子放在一个外阵列中的处理方式,从应当尽量减少试验设计的排列运行数的观点来讲其实是一种效率很低的做法,因为整个主(内)阵列在外阵列的每次运行上都需要重复一遍。

田口试验设计方法的具体内容在 Roy(1990)、Carey(1992)、Fowlkes 和 Creveling(1995)、Goh(1994)的论述中有详细的介绍,故而本书不予详述。虽然田口方法可以用于发动机系统设计,但是它的用途通常仅限于初步的概念筛选或定性评价(例如通过主效应图)。对于精确的系统设计需求来讲,使用曲面拟合公式的响应曲面方法是个更得力的方法。

3.1.6　响应曲面方法

如前所述,优化通常要求目标函数和约束条件函数是连续的数学函数,能将试验设计的输入因子与输出响应联系起来。响应函数(拟合器)可以采用曲面拟合技术以最小二乘法回归来拟合全部排列运行数据。拟合器模型一般由反映各因子影响效应的系数组成。拟合器函数在预测试验设计因子的主效应和相互作用效应的有效性方面,以及在函数的准确性方面,是由拟合器的结构(即构造的项)和试验设计矩阵的统计设计方法决定的。响应曲面方法(RSM)是一种先进的试验设计方法。它可以非常系统地处理试验设计中的统计设计和数据分析技术方面的问题。

在响应曲面方法中的拟合器模型通常是一个包含因子项(一般最高为 3 阶)和相互作用项的多项式函数,例如,

$$
\begin{aligned}
Y_1 = {} & C_0 + C_{11} X_1 + C_{12} X_1^2 + C_{13} X_1^3 + \\
& C_{21} X_2 + C_{22} X_2^2 + C_{23} X_2^3 + \\
& C_{31} X_3 + C_{32} X_3^2 + C_{33} X_3^3 + \\
& C_{1121} X_1 X_2 + C_{1131} X_1 X_3 + C_{2131} X_2 X_3
\end{aligned}
\tag{3.6}
$$

式中,Y_1 是一个响应参数;X_1,X_2 和 X_3 是因子。控制因子和干扰因子在响应曲面方法的试验设计中是可以混合在一起的。系数 C_i 用最小二乘法确定。响应曲面方法在解决试验设计优化和抗扰性设计问题等方面,是一个比田口方法更好和更为正式的方法。表 3.2 给出了田口方法与响应曲面方法之间的比较。关于试验设计矩阵的统计设计方法和响应曲面方法的数据处理技术,在第 3.2 节将有详细的论述。Montgomery(1991)、Eriksson 等人(1999)、Myers 和 Montgomery(2002)更为详尽地介绍了响应曲面方法的理论。

表 3.2　田口方法与响应曲面方法之间的比较

设计或分析内容	田口方法	响应曲面方法
统计试验设计	● 部分析因设计的交叉正交阵列，控制因子置于内阵列，干扰因子置于外阵列 ● 主要用于筛选因子	● 控制因子和干扰因子混合在更为经济的试验设计中，试验设计的运行次数较少 ● 线性分析和高阶分析均很方便 ● 主要用于筛选因子和回归建模
图形显示	主效应图、相互作用效应图	主效应和相互作用效应的等值线图
解析式分析	● 不容易处理相互作用效应 ● 方差分析（ANOVA） ● 信噪比分析	● 容易处理相互作用效应 ● 用最小二乘法建立的带有相互作用项的曲面拟合器回归模型（一阶、二阶、三阶） ● 回归模型的方差分析（ANOVA） ● 典型相关分析 ● 岭分析

3.1.7　从单点到两维优化图

柴油机系统设计在输出数据上有两个特点。首先，在比较各种解决方案后，在分析图上的众多的曲线和数据点中需要选择一个"设计点"。例如，在额定功率工况下可以进行大量的优化，比较不同的硬件配置和标定设置。然而，最终需要选择一个标称设计点作为系统设计的一个总结。第二，参变量数据图在系统设计的过程中往往是非常需要的，以便理解各个参数的敏感度和数据趋势。构造参变量数据图的技术是很关键的。

柴油机系统设计涉及大量的设计和标定因素。参变量分析及其图形显示是每一个系统设计人员必须掌握的一个非常重要的基本技术。另外，对优化结果进行图形显示也是非常重要的，原因如下。首先，在优化过程中，不仅需要最终的优化结果，也需要对参数的敏感度进行直观的检查，以便更好地理解优化结果。而且，也需要记录参变量数据以供将来反复使用或参考。其次，设计目标在产品开发阶段往往是不确定的。如果数据作图能完整涵盖不确定性的参变量结果和不确定的目标，这对于系统设计会起到非常方便的参考作用。因此，在系统设计中只运行和报告单一数据点是不够的。一维作图或二维脉谱图是必需的。在图形显示中每增加一维，加入的信息就以指数级大幅增加。方便可用的图形显示维数通常最多局限于二维等值线图（显示效果较好）或等效的三维立方图（效果较差）。

一维图通常指的是把一个自变量因子（或响应参数）画在图的横轴上，把一个响应参数画在纵轴上。二维图指的是把两个因子或两个响应参数分别画在横轴和纵轴上，再把另一个响应参数绘制为等值曲线轮廓图。

一个更为强有力的图形显示方法是将一维或二维图上的"每一个点"都通过优化产生。这里所说的"优化"与前面介绍的参变量扫值法不同。在参变量扫值法中（图 3.2），每个数据点是不经优化而获得的。二维优化的一个例子如图 3.6 所示。它给出了一个涉及以下多个因子的优化结果：可变截面涡轮叶片开度、排气再循环阀门开度、燃油喷射定时、喷油压力。两个响应参数——氮氧化物有效功率时间质量排放量和碳烟有效功率时间质量排放量——被分别放置于图的横轴和纵轴。目标函数——有效燃油消耗率——在此二维脉谱图中被逐点最小化，同时满足一些约束条件（例如最高气缸压力和排气温度，再加上在每个数据点上的氮氧化物和碳烟值这两个从横纵轴上产生的额外约束条件）。这样，如此获得的有效燃油消耗率等值线图就成为一个在设计空间内具有优化意义的"最小有效燃油消耗率"脉谱图。该图的数据范围由试验设计因子范围和优化约束条件所限定。这种优化的等值线图显然比图3.2所示的简单的参变量扫值法要远为复杂,在计算上也更费时。这种二维优化脉谱图可以对敏感度分析和优化结果进行非常简明的概括。这里提出的二维优化技术对于柴油机系统设计尤为重要,因为柴油机中有几个关键的权衡参数往往需要被放在一个两维区域中来分析(即把两个权衡参数分别放在横纵轴上)。这些参数包括:①碳烟与氮氧化物(图3.6)——这是为了满足排放要求;②空燃比与排气再循环率——这是为了评估空气系统能力;③碳氢化合物与排气温度——这是为了后处理设计或标定;④最高气缸压力与排气歧管气体温度——这是为了满足耐久性要求。通常情况下,在这些二维优化问题中,将有效燃油消耗率最小化作为优化目标是非常合适的。

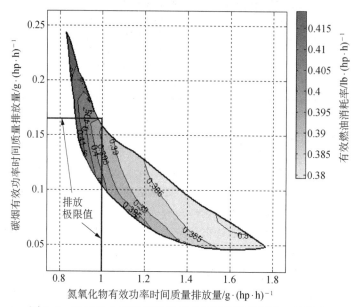

图3.6 采用最小有效燃油消耗率等值线脉谱图的两维优化

综上所述,柴油机系统设计中的优化工作具有以下五项基本技术:

- 参变量扫值法;
- 试验设计的主效应图;
- 试验设计的拟合器;
- 用曲线表示的一维逐点优化;
- 用等高线脉谱图表示的二维逐点优化。

3.1.8 从单目标优化到多目标优化

完整的发动机系统优化往往需要满足多个目标要求,例如性能、耐久性、封装性、成本。不同属性的目标之间通常相互矛盾而需要权衡折中,例如,氮氧化物与颗粒物之间,燃料经济性与排放或发动机噪声之间。另外,对于同一个属性来讲(例如容积效率或有效燃油消耗率),发动机的硬件设计在高速与低速之间或者高负荷与低负荷等工况之间也存在一个权衡。这方面的典型例子包括涡轮增压器匹配和凸轮定时。此外,发动机在用户使用期间会遇到一个广泛的环境条件范围,比如炎热和寒冷的天气、低海拔和高海拔地区。对于一个给定的产品属性来讲,在这些不同条件之间也存在一个权衡。尽管单目标优化仍然是发动机系统设计中的一个常用工具,为了解决这些权衡问题,需要使用更先进的多目标优化。

一个多目标优化问题可以构造如下:

$$
\begin{cases}
\text{最小化} f(X) \\
\text{并满足} g(X) \leqslant 0 \\
\text{其中} \quad X = [X_1, X_2, \cdots, X_k]^{\mathrm{T}} \\
\qquad\quad f(X) = [f_1(X), f_2(X), \cdots, f_q(X)]^{\mathrm{T}} \\
\qquad\quad g(X) = [g_1(X), g_2(X), \cdots, g_m(X)]^{\mathrm{T}}
\end{cases}
\tag{3.7}
$$

在一个多维设计空间内采用多个相互冲突的目标进行优化是比较困难的。多目标优化可能没有一个单一的最优解。相反,它具有一组权衡解,一般称为帕雷托最优解。在任何优化问题中,都需要定义一个目标函数。它可以是一个单独的响应参数或者是几个参数的某种预定组合。将一个多目标优化转化为单目标优化,可能会有问题,因为优化结果可能会偏倚性地受所选择的单目标函数影响。因此,直接在一个多目标设计空间内探索相对最优结果是一个更好的做法。多目标优化问题的解法通常包括以下几个。

3.1.8.1 带约束条件的单目标函数

将一个评判标准作为主要标准,而将其余的评判标准作为辅助或次要标准,是一种可行的优化方法。可以将该主要标准作为优化的目标函数,并将辅助标准用作约束条件且赋予可以接受的最小值或最大值。

3.1.8.2 非规范化带加权的单目标函数

当所有目标函数都具有相同的参数或属性,并具有相同的单位,但处于不同工作条件下时(例如有效燃油消耗率或氮氧化物在不同的发动机转速和负荷或者不同的环境温度下的排放量),可以对所有的目标函数使用加权因数,以构造一个单目标函数

$$
F(X) = \sum_{j=1}^{q} w_j f_j(X) \quad \text{其中} \ w_j \geqslant 0, \ \sum_{i=1}^{q} w_i = 1
\tag{3.8}
$$

或者

$$
F(X) = \sum_{j=1}^{q} w_j [f_j(X) - f_j^{\mathrm{target}}]^2
\tag{3.9}
$$

式中,目标值用上角标"target"表示。

3.1.8.3 规范化带加权的单目标函数

当目标函数具有不同的参数或带不同单位的属性时(例如排放、有效燃油消耗率、噪声),可以将每个参数用各自的参考值或目标值归一化后组合构造为一个单目标的混合函数如下:

$$
F(X) = C_5 \left[
\begin{matrix}
w_1 \left(\dfrac{\psi_{\mathrm{NO}_x}}{\psi_{\mathrm{NO}_x}^{\mathrm{target}}} \right)^{C_1} + w_2 \left(\dfrac{\psi_{\mathrm{PM}}}{\psi_{\mathrm{PM}}^{\mathrm{target}}} \right)^{C_2} + w_3 \left(\dfrac{\psi_{\mathrm{HC}}}{\psi_{\mathrm{HC}}^{\mathrm{target}}} \right)^{C_3} + \\
w_4 \left(\dfrac{\psi_{\mathrm{CO}}}{\psi_{\mathrm{CO}}^{\mathrm{target}}} \right)^{C_4} + w_5 \dfrac{\eta_{\mathrm{BSFC}}}{\eta_{\mathrm{BSFC}}^{\mathrm{target}}} + w_6 \cdot 10^{\left(\frac{p_{\mathrm{SPL}} - p_{\mathrm{SPL}}^{\mathrm{target}}}{20} \right)} + \cdots
\end{matrix}
\right]^{C_6}
\tag{3.10}
$$

式中,ψ_{NO_x} 是氮氧化物有效功率时间质量排放量;η_{BSFC} 是有效燃油消耗率;p_{SPL} 是以分贝为单位的发动机噪声声压级。$w_1, w_2, \cdots, w_6$ 是加权因数。$C_1, C_2, \cdots, C_4$ 是指数常数,以增大某些项的影响作用。C_5 和 C_6 是另外两个任意确定的系数。例如,Montgomery 和 Reitz(2000)使用过 $C_5 = 1\,000$, $C_6 = -1$ 和 $C_1 = C_2 = \cdots = 2$。Mallamo 等人(2004)使用过 $C_5 = 1$, $C_6 = 1$, $C_1 = C_2 = \cdots = 2$,以及 $w_1 = 1$, $w_2 = 1$, $w_3 = 0$, $w_4 = 0$, $w_5 = 1$, $w_6 = 0.5$。

3.1.8.4 帕雷托最优解

帕雷托最优化的概念如图3.7所示。帕雷托最优化的前锋曲线或曲面可以通过诸如多目标遗传算法(MOGA)之类的优化算法来获得。在一个单目标优化问题中,最优解通常是可以明确地定义。然而,对于多目标优化问题则不尽然,因为多个目标之间可能会彼此冲突。一个单一的优化解很难做到同时对所有目标来说都是最佳解。故而,与单一最优解的情形不同,这时其实会有一组彼此权衡的最优解,一般称为帕雷托最优解(也称为非被超越解)。这些解是在这样一个意义上的优化解:即当考虑到所有优化目标时,在设计空间内没有其他的解比它们更好,或者说可以超越或盖过它们。换句话说,所有其他的解都是被超越的解,都比帕雷托最优解差。帕雷托最优解的方法已被广泛应用于发动机优化(Li等人,2004;Courteille等人,2005;Zottin等人,2008)。Kazancioglu等人(2003)提出了一个帕雷托前锋质量指数(PFQI)的概念,以期客观地评价帕雷托最优前锋的质量,量化与帕雷托最优解的"理想完美点"(乌托邦点)的接近程度,并量化帕雷托最优解分布的范围和均匀度。

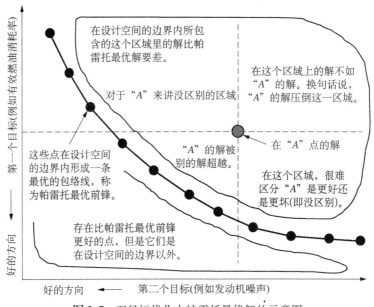

图 3.7 双目标优化中帕雷托最优解的示意图

3.1.8.5 基于最小等值线的多重帕雷托最优解

过去,如果想获得一个帕雷托最优化前锋,需要运行特定的优化程序。使用上一节讨论的二维优化(最小化)等值线图,可以更容易和更灵活地生成帕雷托最优解。以图3.8中所示的试验设计优化为例,现将基于最小化等值线图的帕雷托最优解的工作方法提出并解释如下。这里的目标是寻找关于排放水平、有效燃油消耗率和成本的最优解。在发动机转速和负荷区域上具有代表性的某个运行工况下,可以构造一个试验设计。试验设计的因子包括空气系统的控制因素(例如可变截面涡轮叶片开度、排气再循环阀门开度、进气节气门开度、涡轮废气旁通阀开度)和燃油喷射控制因素(例如主喷射定时、后喷射定时和喷油量、燃油喷射压力)。试验设计的响应参数包括空燃比、排气再循环率、发动机本体的氮氧化物和碳烟排放量、有效燃油消耗率、涡轮出口排气温度等。后处理装置的运行(例如柴油颗粒过滤器的再生)希望能有较热的排气温度,以便从柴油颗粒过滤器内的贵金属用量方面节省些成本。但是较热的排气有时意味着更多的能量丢失或浪费到废气中,意味着更高的有效燃油消耗率。因此,在排气温度与有效燃油消耗率之间存在着一个权衡。另外,排放水平影响

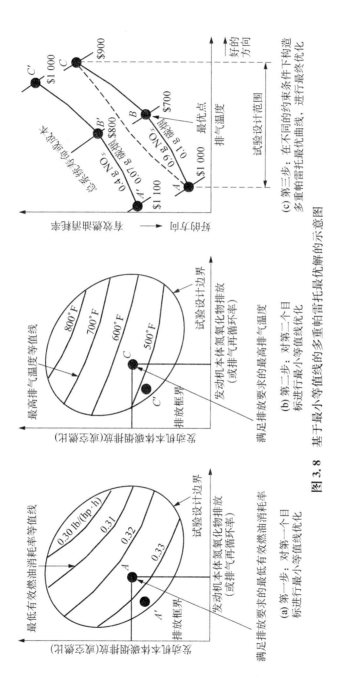

(a) 第一步：对第一个目标进行最小等值线优化

满足排放要求的最低有效燃油消耗率

(b) 第二步：对第二个目标进行最小等值线优化

满足排放要求的最高排气温度

(c) 第三步：在不同的约束条件下构造多重帕累托最优曲线，进行最终优化

图 3.8　基于最小等值线的多重帕累托最优解的示意图

着该权衡。对于用户来讲,系统总成本与发动机所设计的排放水平、后处理成本和因有效燃油消耗率的减少而导致的燃料成本节约有关。在设计空间内可能会存在一个最佳的(最低的)总成本。

　　显然,优化这样一个多维设计问题,并将结果用简明的方式表达出来是具有很大难度的。基于最小化等值线图的方法的特点可以用以下三个步骤来论述。

- 第一步:使用最小化等值线优化第一个目标[图3.8(a)]。这一步始于在整个排放区域(即碳烟相对于氮氧化物排放量所组成的区域)进行带约束的单目标优化,将有效燃油消耗率最小化。试验设计因子范围和约束条件构成了在此响应域上的边界。最低有效燃油消耗率的等高线图中的每个数据点都具有在因子空间内可以达到的最低油耗。换言之,如果假想在A点沿垂直穿出纸面的方向构造一根代表燃油消耗率的第三支坐标轴的话,在这根轴上(即在给定的排放值下)将有多个油耗值,而且这些值都比图上画的那个最低值要高。获得该最低油耗图后,就能挑选几个代表不同排放水平的点,如A和A'点;
- 第二步:为第二个目标进行最小或最大等值线优化[图3.8(b)]。这一步进行另一个带约束的单目标优化,将排气温度在整个排放区域上最大化。试验设计因子所构成的边界映射到这个排放区域上时仍然与上一步相同。应当指出,具有最高排气温度的C点尽管与A点具有相同的排放约束条件,但是C点的有效燃油消耗率比A点的高;
- 第三步:构造在不同约束条件下的多条帕雷托最优曲线[图3.8(c)]。首先,在一个选定的排放水平下,可以确定帕雷托最优曲线上的两个极端点(如A点和C点)。B点可以用类似于第二步的优化方法来产生,而这次是将排气温度最大化,同时作为约束条件需要满足一个介于A点与C点之间的选定的有效燃油消耗率值。然后,就可以把A、B、C三点连成一线构造出一条帕雷托曲线,以显示权衡效应。应当指出,直接连接A点到C点的虚线不属于帕雷托最优前锋上的解,因为在虚线上的点不具有任何意义上的优化。在另一个排放水平下的另一条帕雷托最优曲线A'-B'-C'可以用类似的方法得到。在这些帕雷托最优曲线的数据点上,在图上可以计算和标记另一个目标函数的值(例如系统成本),以形成一些该目标的等值线。可以观察到,系统成本沿着帕雷托最优曲线可能会达到一个最小值。最终的优化解可以从这样一个图中予以选择。

　　这样一个由多条帕雷托最优曲线组成的图对于在柴油机系统设计中选择最终的最优解来讲是非常方便和强有力的。这种图具有以下特征:两个目标值(这里的例子是有效燃油消耗率和排气温度,分别置于图的横纵轴),几个水平层级的约束条件值(例如排放值),第三个目标(例如成本)的值标注于帕雷托最优曲线上。这种图从试验设计因子构成的多维信息中提炼出一个简明的"四维"信息总结,即三个响应参数的优化目标加一个约束条件。最终的设计决定可以基于这样简要的总结图而做出。

　　Edwards等人(2000)以及Myers和Montgomery(2002)介绍了其他一些优化方法,例如满意度函数法等。

3.1.9　为定目标而设计、为多变性而设计和为可靠性而设计中的优化

　　柴油机系统设计需要标称目标值和容差的优化指标。涉及大量自变量因子的稳态发动机优化通常需要采用试验设计技术。图3.9表示了柴油机系统设计的优化过程。该过程包括以下三个层次的工作:

- 一个确定性的"为定目标而设计"的过程,用以筛选关于设计指标的标称值的初步亚优化结果;
- 一个非确定性的"为多变性而设计"的过程,用以达到满足多变性的优化设计,包括设计指标的标称值和容差;
- 一个非确定性的"为可靠性而设计"的过程,用以达到满足可靠性的优化设计,包括设计指标的标称值和容差。

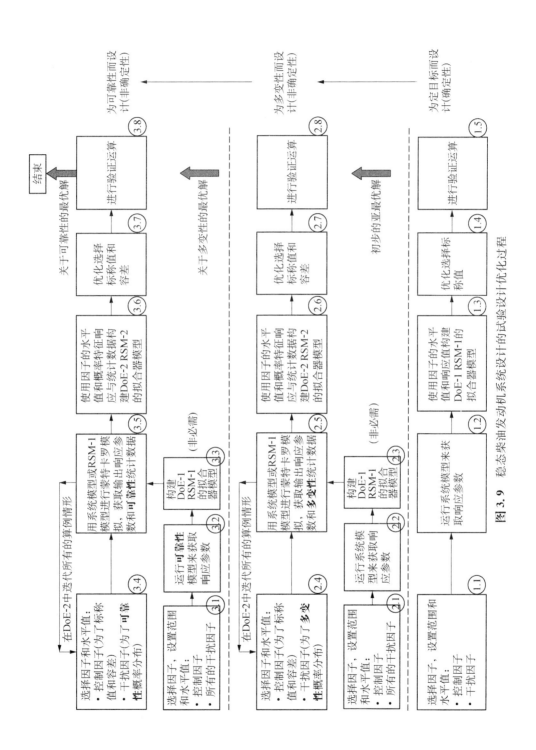

图 3.9 稳态柴油发动机系统设计的试验设计优化过程

　　多变性与可靠性之间的区别在于,可靠性分析包括时变干扰因素的影响(例如退化)。为多变性而设计需要使用概率目标函数来控制标称值和容差范围,以使得设计对干扰因素不敏感。

　　图3.9中所描述的第1.1~1.5步中关于为定目标而设计的内容在第3.2节中会有详细的解释。第1.3步中提到的RSM-1模型是指将响应的标称值与因子联系起来的曲面拟合器。这一层里没有关于容差的拟合器模型。

　　图3.9中的第2.4~2.5步表示了为多变性而设计的优化。与之相关的蒙特卡罗模拟如图3.10所示。蒙特卡罗模拟从几个因子的概率分布中随机抽取样本进行随机组合作为输入参数,计算输出响应的概率分布,并且可以估计故障率或可靠性。为了估计准确,随机样本的数量需要非常大。蒙特卡罗模拟的细节将在第3.4节中予以介绍。

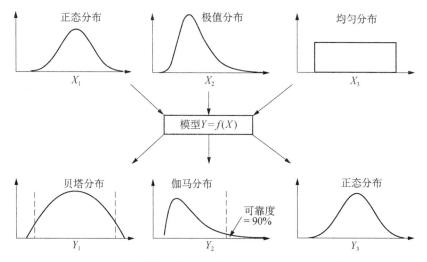

图3.10　统计不确定性的传播及为多变性和可靠性而设计

　　图3.9的第2.1步中提到的干扰因子指的是多变性分析中要考虑的所有干扰因子。第2.1~2.3步组成DoE-1,它们在本质上与第1.1~1.3步类似。在第2.1步中的干扰因子水平值的设置与第1.1步的做法相同(即只有均值的水平值)。因为第2.5步中的蒙特卡罗模拟需要运行数千个算例,所以经常需要使用DoE-1 RSM-1拟合器的曲面拟合模型作为替代模型来代替计算上费时的发动机循环模拟模型。这几千次蒙特卡罗模拟运行需要对DoE-2里的每个排列情形都迭代一遍。应当指出的是,在第2.4步里的DoE-2中的干扰因子的水平值设置与第2.1步(或第1.1步)中的不同。在第2.4步中的干扰因子需要由几个分布因子(例如均值和标准差,尺度参数和形状参数,第3.4.2节中有详述)来反映其特定的概率分布形状。这些因子称为概率分布因子。每个概率分布因子是DoE-2里的一个自变量因子。在第2.4步中的每个干扰因子,需要在每个概率分布因子上具有若干个水平级,而且由此对应的因子范围对于一个给定类型的概率分布函数形状来讲需要恰当合理。例如,对于一个关于涡轮效率的干扰因子来讲,其均值因子需要有5个水平级,来涵盖涡轮效率的概率分布的可能的均值范围,例如58%,59%,60%,61%和62%。它的标准差因子也需要有5个水平级,以涵盖涡轮效率的概率分布的可能的不同形状的范围,如0.3%,0.6%,0.9%,1.2%和1.5%。显然,第2.4步中的试验设计阵列比第2.1步中的大。例如,假设第2.4步中的DoE-2有10个因子(即4个控制因子和3个干扰因子,而后者其实给出6个干扰概率分布因

子)和 210 次排列运行;对每次运行,都需要进行随机概率抽样组合出 1 000 次的蒙特卡罗模拟。对于这样一个庞大的计算量,使用原来的详细的系统模型,通常是无法处理的。因此,在第 2.3 步中描述的 RSM-1 模型,作为一种快速的替代模型,在这里是非常必要的。

图 3.9 中第 2.5 步的输出结果包括所有的发动机响应参数。具体的数据形式包括它们的概率分布形状、统计特性(对于选定的拟合概率分布函数来讲)、概率统计值(即多变性意义上的故障率)。响应参数的统计特性包括以下内容:最小值、最大值、均值、标准差、偏度、赢余峰度、众数等。关于这些概率分布参数的定义,可详见附录中的表 A.1 和 A.2。在模拟的响应参数的概率分布上可能看上去会有一些离群值,这种现象并不少见。离群值不一定是坏的数据点。应该小心地处理它们,而不是简单地或自动地删除它们。在第 2.6 步中描述的 RSM-2 拟合器模型将 DoE-2 的因子与响应的概率分布和概率统计联系起来。依靠前面介绍过的那些分析技术(例如参变量扫值法、采用等值线图的二维优化),这样的拟合器模型可以用来评估输出参数的概率分布对所有输入因子的敏感度。

第 2.7 步在抗扰性优化中非常关键。在传统的抗扰性设计理论中,田口博士采用一个"两步优化方法"(Fowlkes 和 Creveling, 1995)。在该方法中,先减小产品的容差,来达到一个理想的概率分布形状。然后,调整标称设计值,将整个概率分布曲线向着理想的标称目标方向平移。这种两步法具有一定的缺点。例如,标称目标设计和容差设计是分开的,从而难以有效地对它们之间的相互作用进行处理。在这里论述的柴油机系统设计的抗扰性优化理论中,可以采用将标称设计和容差设计两者一步走的同步优化技术来克服上述缺点。使用第 2.7 步中的 DoE-2 RSM-2 拟合器模型对这种优化问题进行数学构造,使得这样的同步优化变得可行,因为这些模型包括了约束优化问题中的所有统计特性(标称或均值、容差或偏差等)。这里关于约束的一个例子是达到或小于某个预定的故障率目标值。应当指出,只有当把响应曲面方法引入抗扰性设计领域后,才能实现"为多变性而设计"的方法相对于传统的"两步优化"方法所具备的优点。

系统优化的最后一个层次是为可靠性而设计。它类似于为多变性而设计(图 3.9),但有所不同。不同点在于,与可靠性有关的系统模型、概率分布和输出参数统计值应被分别用于图 3.9 中所示的第 3.2、第 3.4 和第 3.5 步。相比而言,与多变性有关的内容应被用于第 2.2、第 2.4 和第 2.5 步。

3.2 响应曲面方法

响应曲面方法(RSM)是一种试验设计方法。其输出变量称为响应,独立的输入变量称为因子。响应函数在因子空间内形成一个曲面或超曲面(当有两个以上因子时)。进行优化时,需要在目标函数所定义的曲面上搜索全局性的最优点(最大或最小值)。Eriksson 等人(1999)以及 Myers 和 Montgomery(2002)提供了关于该方法的详述。本节将总结综述与柴油机系统设计有关的响应曲面方法理论中的最重要的概念和步骤。

3.2.1 响应曲面方法流程的概述

发动机优化需要一个连续并定量的数学模型,以链接因子与响应(无论在稳态还是瞬态),并求解全局最优值。发动机的设计、标定或运行的因子与响应之间的关系是高度非线性和复杂的。例如,涡轮面积和排气再循环阀门开度对发动机空气流量的影响是由一大型非线性方程组系统所控制的,其中涉及缸内循环过程、燃气流动网路和涡轮增压。它里面牵涉的机理是如此复杂,以至于不可能将这些方程浓缩成"一个方程"而仍能反映物理规律并且用作优化目标函数或约束函数。另外,有时人们还不能理解或掌握物理过程中真正的参数功能关系或物理模型,以至于根本就找不到关于某个过程的控制方程。因此,工程技术人员往往必须采用一个适当的经验模型来近似模拟一个物理过程,可用以下形式:

$$Y_{obs} = Y + \upsilon = f(X_1, X_2, \cdots, X_k) + \upsilon \qquad (3.11)$$

该式链接了输入因子 X_i 与所观察到的输出响应 Y_{obs} 的一个近似值 Y。应当指出,在这样的经验模型中的项以及它们之间的关系通常不完全具备任何像在一个物理模型中所具有的那种物理意义。这里 υ 是一个误差项,反映了实验误差和由于使用函数 f 而拟合不佳的模型误差的总和。实验误差通常可以假设具有一个正态分布,其均值为零,方差为一常数。在响应曲面方法中,这样一个模型是采用线性回归建立的,以拟合一组样本数据来尽量减小误差。虽然更复杂的数学函数(例如空间随机过程模型或复杂的加权线性插值模型、神经网络、径向基函数网络、三次样条函数)也可以用来拟合数据,但多项式模型仍然是在近似一个真实函数时应用最为广泛的模型。在拟合器中使用多项式的优势之一是多项式在微分运算上没有限制,这样就能够使用基于导数的优化算法来搜索最优解。通常情况下,对于带多个因子的响应曲面方法问题,函数 f 是一阶、二阶或三阶多项式。这样的一个经验模型被称为响应曲面模型或曲面拟合器。

响应曲面方法的优化过程通常包括以下六步:
(1) 在统计学的试验设计矩阵里选择因子及其水平值;
(2) 用实验测试或数值模拟产生响应参数值(例如使用工作循环模拟);
(3) 构建拟合器,用多项式或其他连续函数和曲面拟合链接因子与响应;
(4) 用富余的试验设计排列运行次数(即那些在构造拟合器时没有用到的运行次数)检查曲面拟合的精度和预测精度,以验证拟合器模型;
(5) 用拟合器和先进搜索算法进行优化,在约束条件下搜索全局最优解;
(6) 对优化结果进行确认运行。

3.2.2　建立拟合器模型

恰当的统计学试验设计结果依赖于所采用的拟合器的模型结构。与在单因子的响应曲线拟合中可以使用高阶(比如六阶)的情形不同,响应曲面方法一般使用低阶多项式(通常低于三阶)来应对多个因子。对于复杂的过程,多项式模型中较低的阶或较少的项数通常会使模型更加偏离真实的物理机理结果,但这样可以采用较少的试验设计运行次数来建立模型。

对于一个简单的、线性的、无内部相互作用的系统,可以使用一个一阶多项式模型,也称主效应模型。它的构造如下:

$$Y_{obs} = Y + \upsilon = \left(C_0 + \sum_{i=1}^{k} C_i X_i\right) + \upsilon \qquad (3.12)$$

式中,Y_{obs} 是试验设计运行的观测值;Y 是由多项式模型给出的拟合值。但是,如果响应函数的表面(曲面)具有"曲率"的话,在这种复杂系统的模型中就必须使用相互作用项或者高阶多项式项。例如,一个线性加相互作用的模型如下式所示:

$$Y_{obs} = Y + \upsilon = \left(C_0 + \sum_{i=1}^{k} C_i X_i + \sum_{i=1, i<j}^{k-1} \sum_{j=2}^{k} C_{ij} X_i X_j\right) + \upsilon \qquad (3.13)$$

式中，$X_i X_j$ 是相互作用项。另一个例子是一个二阶（二次）模型，实际上为二阶泰勒级数的近似，如下所示：

$$
\begin{aligned}
Y_{\text{obs}} &= Y + \upsilon \\
&= \left(C_0 + \sum_{i=1}^{k} C_i X_i + \sum_{i=1}^{k} C_{ii} X_i^2 + \sum_{i=1,\,i<j}^{k-1} \sum_{j=2}^{k} C_{ij} X_i X_j \right) + \upsilon
\end{aligned} \tag{3.14}
$$

需要注意的是，式(3.12)～(3.14)包含 p 项多项式系数（也称回归系数），即

$$
\begin{cases}
\text{对于一阶不带相互作用来讲，} p = 1 + k \\
\text{对于一阶带相互作用来讲，} p = 1 + k + k(k-1)/2 \\
\text{对于二阶带相互作用来讲，} p = 1 + 2k + k(k-1)/2
\end{cases} \tag{3.15}
$$

式中，k 是因子个数。二阶多项式模型比一阶模型在模型构建上需要更多的试验设计运行次数，也需要更多的因子水平值的层级数。

一阶模型 $Y = C_0 + C_1 X_1$ 在"响应相对于因子"的区域上（即 Y 相对于 X_1）显示为一条直线。另一个不带相互作用的一阶模型 $Y = C_0 + C_1 X_1 + C_2 X_2$ 在三维的响应-因子空间域上（即 Y 相对于 X_1 和 X_2）显示为一个倾斜的平面。在 X_2 相对于 X_1 围成的二维区域上，该平面被映射为响应参数的等值平行直线族，并以定间距相隔[图 3.11(a)]。一个带有相互作用项的高阶模型，在平面脉谱图上显示出的是不平行的、变间距的等值线族[图 3.11(b)和图 3.11(c)]。如果从三维空间来看则是固定岭、上升岭、山形或马鞍形表面的形状（图 3.12）。

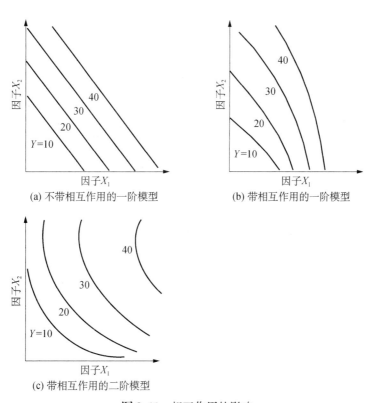

(a) 不带相互作用的一阶模型

(b) 带相互作用的一阶模型

(c) 带相互作用的二阶模型

图 3.11 相互作用的影响

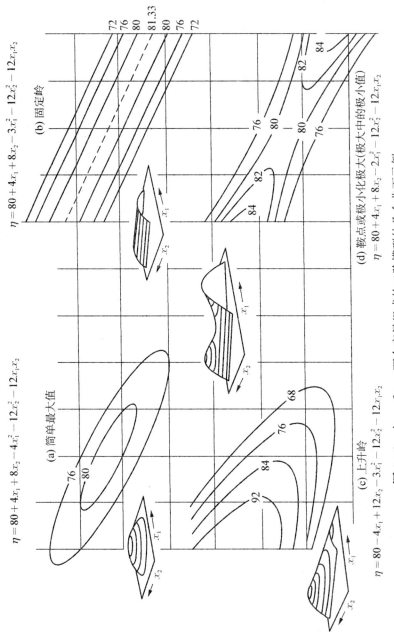

图 3.12 由 x_1 和 x_2 两个变量组成的二阶模型的几个曲面示例

(引自 Box 和 Draper，1987；此图亦被 Meyers 和 Montgomery，2002 引用)

二阶多项式被广泛用于曲面拟合,因为它在模型的灵活性与试验设计矩阵的大小之间具有良好的折中。一般来讲,二阶模型对于用来近似大多数发动机系统设计问题中的真实响应曲面是必要而足够的,除了一些极端非线性的情况(例如碳烟的敏感度、因子之间非常复杂的相互作用或者非常大的因子范围)。在这些情况下,三阶模型很有必要。例如,需要采用立方项 X_i^3 来模拟高度非线性的排气阻力流量因数、排气再循环环路阻力流量因数、可变截面涡轮叶片开度等,而且需要采用相互作用项 $X_i^2 X_j$ 或 $X_i X_j X_u$ 来考虑它们与其他因子之间的相互作用(图 3.13 和 3.14)。

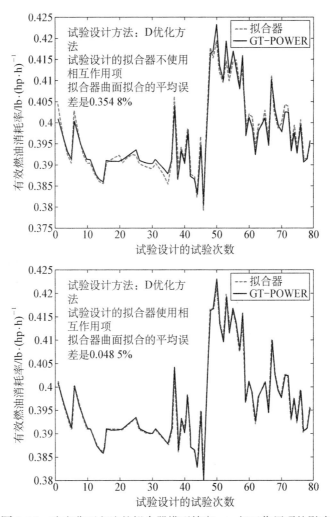

图 3.13 响应曲面方法的拟合器模型精度——相互作用项的影响

多项式模型是"参数式"(parametric)模型,它们提供了代表模型结构和每个因子影响作用的回归系数。在统计学上,这些回归系数被称为"参数"。非参数式或非多项式的模型不能输出这样的描述模型结构或模型系数的信息。非参数式的模型包括空间随机过程模型、径向基函数和神经网络等。它们在适应高度非线性的响应特征方面比较灵活,也适合在具有干扰因素或不确定的实验或模拟数据的情况下建立较为精确的模型。Bates 等人(2000)验证了当与其他非多项式模型相比时高阶多项式模型的有效性。Edwards 等人(2000)解释了随机过程模型的详细内容。Shayler 等人(2000)以及 He 和 Rutland(2004)详细讨论了神经网络模型。

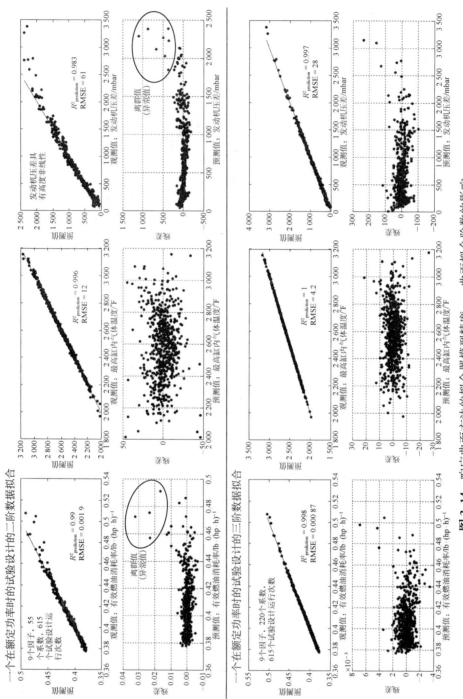

图 3.14 响应曲面方法的拟合器器模型精度——曲面拟合阶数的影响

虽然有时在整个因子空间内不能面面俱到地到处都预测精确,多项式模型通常可以在一个相对较小的因子范围区域内很好地近似真实的参数关系。假设对于式(3.14)中所示的每个响应参数来讲,试验设计的排列运行次数为 n,那么所有 n 次排列运行的误差平方和可以由下式求得:

$$\sum_{r=1}^{n} v_r^2 = \sum_{r=1}^{n} \left(Y_{\mathrm{obs},r} - C_0 - \sum_{i=1}^{k} C_i X_{i,r} - \sum_{i=1}^{k} C_{ii} X_{i,r}^2 - \sum_{i=1,i<j}^{k-1} \sum_{j=2}^{k} C_{ij} X_{i,r} X_{j,r}\right)^2 \quad (3.16)$$

可以使用最小二乘法(也称曲面拟合)将 $\sum_{r=1}^{n} v_r^2$ 最小化,以求取多项式模型中的回归系数。式(3.12)～式(3.14)中的模型参数或回归系数 C_i,C_{ii} 和 C_{ij},i,$j=1$,…,k,可以用最小二乘法和多元线性回归分析的方法求得。这些系数受用来收集数据的试验设计矩阵影响。观测值 Y_{obs} 与拟合值 Y 之间的差异称为残差。Eriksson 等人(1999)以及 Myers 和 Montgomery(2002)给出了最小二乘法和方差分析的数学解法细节。需要注意的是,试验设计的排列运行次数不能小于式(3.16)中回归系数的个数,即 $n \geqslant p$。

确定系数 R_d^2(亦称解释变异或拟合优度)定义为回归平方和与总平方和之比。总平方和是指回归平方和加残差平方和,如式(3.17)所示:

$$R_d^2 = \frac{S_{\mathrm{SR}}}{S_{\mathrm{ST}}} = 1 - \frac{S_{\mathrm{SE}}}{S_{\mathrm{ST}}} = 1 - \frac{\sum_{r=1}^{n}(Y_{\mathrm{obs},r} - Y_r)^2}{\sum_{r=1}^{n}(Y_{\mathrm{obs},r} - \bar{Y}_{\mathrm{obs}})^2} \quad \text{而且 } 0 \leqslant R_d^2 \leqslant 1 \quad (3.17)$$

正如 Myers 和 Montgomery(2002)指出的,R_d^2 接近于 1 并不一定意味着回归模型具有良好的准确预测能力。在模型中增加项数总能使 R_d^2 的值增加,因为式(3.16)的最小二乘法的解在 $R_d^2=1$ 时会趋近于一个确定性的解,不论所添加的项在统计学上是不是有意义。如果在拟合器中添加的项造成 R_d^2 的值仅产生小幅增长,这表明该项并不能真正改善模型精度。而且,完全有可能出现下面这样的情况,就是 R_d^2 的值可以接近 1,但是由于模型中无关项的负面影响,模型预测响应的准确性反而变差。更多的回归项并不一定意味着更好的模型精度或预测能力,因为不反映物理本质的一些不相关的项可能会干扰模型的预测能力。这一点在相互作用项上尤为明显。检查模型的精度并对模型的项进行"修剪"以删除不相关的项是非常必要的。只有这样,才能确保拟合的模型真正充分代表着系统的行为。

为了克服 R_d^2 这个确定系数指标造成的问题,文献中(如 Myers 和 Montgomery,2002)使用一个调整的确定系数 R_{adj}^2(亦称已说明方差):

$$R_{\mathrm{adj}}^2 = 1 - \frac{\left(\dfrac{S_{\mathrm{SE}}}{n-p}\right)}{\left(\dfrac{S_{\mathrm{ST}}}{n-1}\right)} = 1 - \frac{n-1}{n-p}(1-R_d^2) \quad \text{而且 } R_{\mathrm{adj}}^2 < R_d^2 \quad (3.18)$$

式中,n 是试验设计的排列运行次数或观测数;p 是模型中回归系数的个数。一般来讲,如果在模型中添加了不必要的项,R_{adj}^2 的值往往会下降。当 R_d^2 和 R_{adj}^2 的值显著不同时,拟合器模型中极有可能存在无意义的项(Myers 和 Montgomery,2002)。当不太有用的项从模型中被删除后,R_d^2 的值会下降,而 R_{adj}^2 的值通常会保持不变。这个方法可以用来测试或判断多项式模型中哪一项是重要的。另外,Myers 和 Montgomery(2002)的书中对式(3.17)～式(3.18)中的 S_{SE},S_{ST} 和 S_{SR} 函数做了详细的解释。

关于预测优度的一个评判参数是预测变异系数 $R^2_{\text{prediction}}$，如下式所示：

$$
\begin{cases}
R^2_{\text{prediction}} = 1 - \dfrac{\upsilon \text{PRESS}}{S_{\text{ST}}} = 1 - \dfrac{\displaystyle\sum_{r=1}^{n}(Y_{\text{obs},r} - \hat{Y}_{(r)})^2}{\displaystyle\sum_{r=1}^{n}(Y_{\text{obs},r} - \overline{Y}_{\text{obs}})^2} \\[4mm]
-\infty \leqslant R^2_{\text{prediction}} \leqslant 1
\end{cases}
\tag{3.19}
$$

式中，υPRESS是预测误差的平方和；$\hat{Y}_{(r)}$是在第 r 次观测时的响应预测值，它是用在拟合中独缺第 r 次观测值时构造的拟合器回归模型所进行的预测。这种拟合方法也被称为"独缺一点"交叉验证法（Bates 等人，2000）。该交叉验证法轮流地把每个排列运行点排除在拟合器方程外，然后预测每一个试验设计的排列运行。$R^2_{\text{prediction}}$ 表示用 n 个观测值的所有排列运行拟合成的原始回归模型的预测能力。$R^2_{\text{prediction}}$ 是一个比 R^2_{adj} 和 R^2_{d} 更为实际和更为有用的评判指标，可以用来判断回归模型的质量。一般来讲，对于一个精度可以接受的模型，其 $R^2_{\text{prediction}}$ 的值应大于 0.8～0.9。另外，$R^2_{\text{prediction}}$ 与 R^2_{d} 的值之间不应该相差得大于 0.2～0.3。图 3.13 显示了相互作用项在拟合器中的重要性的一个例子，是关于发动机空气系统的试验设计模拟的。图 3.14 显示了三阶项在拟合器中的重要性的一个例子。

另一个用来表征预测优度或拟合器模型精度的参数是估计的均方根误差（RMSE）。均方根误差能够估计模型预测的置信区间。较大的误差棒（error bar）表示拟合器的置信度较差。根据 Bates 等人（2000）所述，拟合器的误差指数可以被定义为响应范围的均方根误差百分比，即

$$
f_{\text{RMSE}\%} = 100 \times \frac{\upsilon \text{RMSE}}{Y_{\text{obs, max}} - Y_{\text{obs, min}}} = 100 \times \frac{\sqrt{\dfrac{1}{n}\displaystyle\sum_{r=1}^{n}(\hat{Y}_{(r)} - Y_{\text{obs},r})^2}}{Y_{\text{obs, max}} - Y_{\text{obs, min}}}
\tag{3.20}
$$

例如，$f_{\text{RMSE}\%}=5\%$ 意味着如果用一个拟合器预测在一个新的因子水平值时的响应，与真值相比的预测误差大概会不到 5%。一个很短的置信误差棒表示预测结果会有较好的统计置信度。一个完美的拟合器所产生的预测响应值会完全与真值重叠在一起，并且具有零长度的误差棒。

残差分析和关于拟合不佳的测试是模型精度检查中常用的手段。在多项式模型中选择合适的项并删除不相关的项，是确保模型精度的关键一步。使用更多的因子水平值层级和使用更多的因子相互作用项来增加试验设计的排列运行次数，通常可以提高模型的精度和预测能力，但是代价是要花费更长的时间或成本来完成这些所增加的运行次数。响应曲面方法中好的试验设计能够以较低的不确定性获得高质量的模型系数。较低的不确定性反映为模型的回归系数具有较短的误差棒。置信区间是指在一个选定的确定度下（例如 95%）某个估计值的上限与下限之间的范围。预测区间是指利用某个模型预测出的响应值的上下限范围。Eriksson 等人（1999）的书中的第 15 章给出了关于柴油机性能的响应曲面方法中模型回归和优化方面的一个很好例子。另外，现代优化软件包（例如 MODDE，iSIGHT，Minitab）通常输出方差分析、主效应和相互作用效应的计算，作为试验设计的标准化后处理结果中的一部分。

最后，还应当注意，将因子和响应变量从它们的某种自然单位变换成一些特殊形式（例如自然对数、指数或三角函数）有时可以更好地反映出系统的物理机理，从而提高利用模型来拟合试验设计数据的质量。例如，一个新的响应参数 Y^* 可以靠将原响应通过 $Y^* = Y^{0.5}$ 或 $Y^* = \ln Y$ 之类的变换而获得，然后再进行曲面拟合。这种变换在处理高度非线性的现象或特殊曲率时，有时可以取代一些高阶多项式的项。这种变换还可能使模型能够消除某些相互作用项，使得模型不但简化，而且

具有更好的精度。需要注意的是,这种变换后的拟合模型在分类上仍然属于多项式模型。

3.2.3 响应曲面方法中的统计试验设计

响应曲面方法的技术可以用于实验测试,也可以用于模拟计算。实验测试与模拟计算之间主要具有以下三个区别:

(1) 任何实验工作总存在一定的测量误差或多变性。每次测试运行的输入或输出数据不可能完全一样。而模拟计算则不存在这个问题。因此,在实验测试的试验设计排列运行中,需要使用随机顺序和一定的重复"中心点"这种情形,而在模拟计算的试验设计中则没有这个必要;

(2) 硬件局限条件(例如过高的最高气缸压力)意味着在所设计的因子空间内的有些实验测试点是无法获得的。这样,这些数据点在试验设计矩阵中就会缺失。模拟计算则没有这些现实世界中的局限和束缚。因此,在模拟计算中,极端但仍然有意义的数据点有时仍可以很容易地获得,并作为有用信息被包括在试验设计矩阵中来构建拟合器;

(3) 模拟计算通常比实验测试快捷得多,成本也低一些。例如,一个计算机模型可以在不需要人为干预的情况下,自动地通宵达旦地运行,来完成大量的试验设计排列运行的计算工作。

总的来说,在统计学的试验设计上,将模拟计算与实验测试相比,前者通常局限性较少,要求也不那么严格。由于上述三方面原因,用于模拟计算的统计试验设计方法的构造和理念完全可以不同于实验测试的。虽然诸如排放标定或硬件测试之类的实验数据分析是柴油机系统设计的一个重要组成部分,但是系统设计工作的主体内容仍然以模拟计算为主。本节的重点是用于发动机系统设计的响应曲面方法的统计试验设计。Myers 和 Montgomery(2002)给出了关于实验测试的试验设计原则的深入讨论。读者可以从他们的书中找到关于设计实验的理论分析和实用指导原则。

用于发动机系统模拟的试验设计的两个最重要的方面是良好的拟合器精度和成本低廉的计算。这两方面之间,前者对于系统设计的质量至关重要。因此,不能像在实验测试的试验设计工作中那样常常把追求最少的实验次数作为试验的主要目标。模拟计算的试验设计往往需要把试验次数弄得越多越好(在负担得起的计算时间内),以便增强拟合器模型的精度。

拟合器模型的精度受以下内容影响:①模型中的多项式的阶和项数;②试验设计的排列运行次数;③因子(类型、范围、水平值);④在因子空间内试验设计排列运行点的分布格局(即试验设计的属性和相互作用)。下面就这些方面进行详细论述。

发动机的设计和运行因素可以分为控制因子和干扰因子两大类。需要认真地策划构建于一个响应曲面方法模型中的因子个数,因为太多的因子会导致试验设计运行次数过多(图 3.15)和曲面拟合精度过差。第 1 章中介绍的"鱼刺"图可以用来构思所有可能的影响因素。与田口试验设计方法中那样将控制因子和干扰因子分隔在两个不同的试验设计阵列中有所不同,在响应曲面方法的试验设计中的控制因子和干扰因子可以被更高效地混合在同一个试验设计阵列或矩阵中。可以采用一个初步的试验设计和一阶模型进行因子筛选和范围筛选,使用大量因子和较大的因子范围,以便找出重要的主效应和相互作用效应。在将重要的少量因子及其围绕着优化值的相对较小的因子范围识别出来以后,可以采用第二个细化了的试验设计和更高阶的模拟器模型来获取优化中的更高分辨度。在因子的范围选择上,既不能过小,也不宜过大。范围太小的话,可能会导致一个重要因子在拟合器模型中表现得像一个常数,而体现不出其变化的显著意义,也就不能反映它在试验设计中的敏感度价值。相反,范围太大的话,经常会导致极端的因子水平组合,以至于模拟结果变得不合理甚至不可能。例如,排气阻力过高而且涡轮面积特别大会导致极低的空燃比,甚至比理论配比值更低。

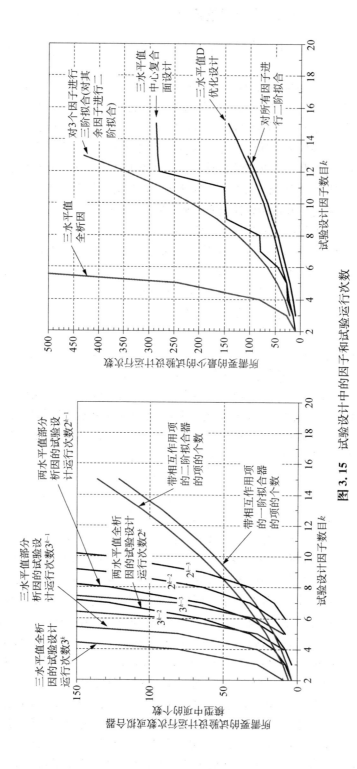

图 3.15 试验设计中的因子和试验运行次数

一旦将因子个数和因子范围确定下来以后,就需要选择一个试验设计方法以确定因子的水平值和试验设计的排列运行次数。不同的设计方法会给出不同的试验设计矩阵的大小以及不同的拟合器模型精度和预测能力。因子水平值的选择取决于拟合器的模型结构(即所用的阶和相互作用项)和试验设计方法。两个水平层次的试验设计对于拟合只包含一阶主效应和低阶相互作用的模型是足够的,比如那些用于筛选分析的试验设计。如果需要构造二阶模型(例如为求取优化值),那么因子就需要具有至少三个水平层次,以估计二次项效应。如果需要构造三阶模型,那么因子就需要具有至少四个水平层次。所需要的试验设计点的最低数目(即排列运行次数,记为 n)也取决于拟合器模型的结构: $n \geqslant p$,其中 p 由式(3.15)给出。图(3.15)给出了一些特定试验设计中所要求的运行次数。该次数取决于因子个数、试验设计方法、拟合器多项式的精度阶数。另外,为了在实验测试的试验设计中确保在因子水平层次上具有良好的分辨率,水平值之间的间隔需要大到足以覆盖实验测试中该因子的标准差的三倍。然而,这种限制和统计值上的随机散布问题在模拟计算的试验设计中是不存在的。

统计学上的试验设计方法影响响应曲面方法的拟合器模型的效率和质量。析因设计的统计学特性理论是非常复杂的。很多这方面的结论其实还取决于特定问题的物理本质或者所假设的回归模型。现将统计学的试验设计中的一些通用准则提出并总结如下。

第一个准则是需要恰当地使用全析因设计和部分析因设计。全析因设计在描述各因子之间的关系方面提供的信息最完整。但是,对于发动机系统模拟来讲,当因子个数超过五六个时,使用超过三个水平层次的全析因设计就显得不现实了,因为试验设计的排列运行次数会变得过于庞大(图3.15)。而且,与更为有效的部分析因设计相比,全析因设计往往没有必要,因为它只提供稍多一点的信息,却以运行次数巨幅增长为代价。

为了进一步说明析因设计对拟合器模型结构的影响,现考虑由四个因子 X_1 , X_2 , X_3 和 X_4 在 -1 和 $+1$ 这两个水平层次上所组成的并为一阶拟合器模型所构建的 2^4 全析因设计(表3.3)。该试验设计的排列运行次数为 $2^4=16$ 。这个全析因设计允许对包含在这 16 次运行中的所有效应进行分析,以导出最多 16 个所对应的模型系数。这些系数分布如下:1 个常数项,4 个一次项(由于只有两个因子水平层次,故没有二次项),6 个两因子之间的相互作用项,4 个三因子之间的相互作用项,以及 1 个四因子之间的相互作用项。相应的拟合器的模型结构为:

$$
\begin{aligned}
Y = {} & C_0 + C_1 X_1 + C_2 X_2 + C_3 X_3 + C_4 X_4 + \\
& C_5 X_1 X_2 + C_6 X_1 X_3 + C_7 X_1 X_4 + C_8 X_2 X_3 + C_9 X_2 X_4 + C_{10} X_3 X_4 + \\
& C_{11} X_1 X_2 X_3 + C_{12} X_1 X_2 X_4 + C_{13} X_2 X_3 X_4 + C_{14} X_3 X_4 X_1 + \\
& C_{15} X_1 X_2 X_3 X_4
\end{aligned} \tag{3.21}
$$

研究发现,在拟合器中低阶项通常比高阶项相对来讲更为重要,而且三因子或四因子之间的相互作用项对于响应来讲可以忽略不计。这意味着,在式(3.21)这样一个为全析因设计而构造的拟合器模型中,通常存在着冗余。这些对应着高阶相互作用项的冗余排列运行是可以被去除的,而且去除后不会影响模型的精度。部分析因设计讲的就是如何减少这种冗余。另外,部分析因设计在以最低数量的运行次数筛选大量因子方面非常有用。

"混杂(confounding)"是部分析因设计中最重要的概念。混杂意味着当试验设计的排列运行次数和拟合器模型的项数从全析因设计减少时,模型中剩余项的估算系数实际上代表着互相混合在一起的联合因子效应(即不能完全相互独立地估计因子的影响)。在上面的例子中,如果试

表 3.3　全析因设计和部分析因设计中的混杂效应示意

全析因设计

试验设计运行号码	X_1	X_2	X_3	X_4
1	-1	-1	-1	**-1**
2	+1	-1	-1	**-1**
3	-1	+1	-1	**-1**
4	+1	+1	-1	**-1**
5	-1	-1	+1	**-1**
6	+1	-1	+1	**-1**
7	-1	+1	+1	**-1**
8	+1	+1	+1	**-1**
9	-1	-1	-1	+1
10	+1	-1	-1	+1
11	-1	+1	-1	+1
12	+1	+1	-1	+1
13	-1	-1	+1	+1
14	+1	-1	+1	+1
15	-1	+1	+1	+1
16	+1	+1	+1	+1

部分析因设计

试验设计运行号码	X_1	X_2	X_3	X_4（混杂设计生成元用 $X_1 \cdot X_2 \cdot X_3$ 的符号产生）
1	-1	-1	-1	**-1**
10	+1	-1	-1	**+1**
11	-1	+1	-1	**+1**
4	+1	+1	-1	**-1**
13	-1	-1	+1	**+1**
6	+1	-1	+1	**-1**
7	-1	+1	+1	**-1**
16	+1	+1	+1	**+1**

试验设计运行号码	X_1	X_2	X_3	X_4（混杂设计生成元用 $-X_1 \cdot X_2 \cdot X_3$ 的符号产生）
9	-1	-1	-1	+1
2	+1	-1	-1	-1
3	-1	+1	-1	-1
12	+1	+1	-1	+1
5	-1	-1	+1	-1
14	+1	-1	+1	+1
15	-1	+1	+1	+1
8	+1	+1	+1	-1

验设计的运行数必须从 16（即全析因设计的 $2^4 = 16$）减少到 8（即部分析因设计的 $2^{4-1} = 8$），拟合器中所允许的最大项数必须相应地从式（3.21）中的 16 个减少到 8 个。这就产生了两个问题：①应该如何减少试验设计的运行次数？②式（3.21）中的哪些项必须相应地删除？这些问题的答案如下。

　　从表 3.3 可以观察到，如果在部分析因设计中只使用试验设计的第 1～8 个排列运行，尽管能够完整地将因子 X_1，X_2 和 X_3 的所有主效应和相互作用效应都包括在内，但是 X_4 的影响却被完全忽视了。因此，式（3.21）的拟合器中涉及 X_4 的所有项必须被删除。类似的道理也适用于其他因子。因此，在试验设计的第 1～8 个排列运行中的 X_4 的因子水平值设置必须变得与其在全析因设计中的水平值不同，以便能够在部分析因设计中增加一些 X_4 的效应。在表 3.3 中的部分析因设计的例子里，即使 X_4 改变其水平值设置，仍能清楚地估计出所有因子的主效应。但是，由于 X_4 的水平值改变，某些相互作用效应就混入混杂因素了，以至于不再能很清楚地估计出来。当全析因设计被简化成部分析因设计时，这种效应就被称为"混杂"。混杂从本质上讲就是不能把试验设计中的数据信息按照每个因子或相互作用来区分清楚。

　　关于混杂设计生成元的使用方法，通常有两种：一是混杂设计生成元的正负符号采用与其他因子之积相同的符号（例如 $X_4 = X_1 X_2 X_3$），二是在积上乘个负号（如 $X_4 = -X_1 X_2 X_3$）。这两种生成元的方法如表 3.3 所示,展示了以 X_4 为生成元构造而成的两个部分析因设计。需要注意的是,在这个例子中,四个因子是可以"旋转"的(即它们彼此之间可以同等地予以切换)。然而,在具有更多因子的情况下,混杂的模式可以沿着某个想要的方向或者为某个特定因子而通过调整部分析因设计进行调节。由于混杂,必须从拟合器模型中删除某些相互作用项。在这个例子中,模型中最多允许有 8 项,对应着 8 次试验设计排列运行次数,例如,

$$Y = C_0 + C_1 X_1 + C_2 X_2 + C_3 X_3 + C_4 X_4 +$$
$$C_5 X_1 X_2 + C_7 X_1 X_4 + C_{10} X_3 X_4 \tag{3.22}$$

在模型中保留哪些项取决于对于一个特定问题来讲哪些项更为重要。

混杂效应用"试验设计的分辨度"来衡量。低分辨度意味着较强的(或较复杂的)混杂效果,因此对受影响的模型系数给出的估计较差。另一方面,高分辨度意味着较弱的混杂和试验设计运行次数的增加。根据 Eriksson 等人(1999)所研究的,Ⅲ级分辨度的设计意味着主效应被两因子相互作用所混杂,并且在各个两因子相互作用之间也互相混杂。这样的试验设计在因子筛选中是不可取的。因此,Ⅲ级分辨度的设计在使用上应非常谨慎。Ⅳ级分辨度的设计意味着主效应不被两因子相互作用所混杂,但各个两因子相互作用之间仍互相混杂。Ⅴ级或更高级的分辨度的设计意味着各个两因子相互作用之间不再互相混杂。这表明Ⅴ级或更高级的分辨度的设计所给出的数据信息的质量几乎与全析因设计一样好,只具有极弱的混杂效应,但它们需要大量的试验设计运行次数。Eriksson 等人(1999)认为,"推荐使用Ⅳ级分辨度的设计进行因子筛选,因为这种设计在所需要筛选的因子数量与所需的试验次数之间给出了一个适当的平衡"。

不同的部分析因简化模式会产生不同的混杂模式。混杂模式影响拟合器模型结构中项的选择。换言之,如果拟合器模型中的项的个数已经确定,就可以选择一个适当的混杂模式以使试验设计的运行次数大于模型中项的个数。表 3.4 总结了这种关系。例如,如果使用一个 2^{k-1} 的部分析因试验设计,对应于 $k=4$ 的 8 次排列运行就不能用来拟合一个具有 11 项的完整模型。要么多项式模型中的某些项必须删除,要么试验设计的运行次数必须增加。表 3.5 总结了部分析因设计的分辨度。与全析因设计相比,部分析因设计在因子筛选工作中可以大大减少试验设计的运行次数,其代价是会增加一些混杂效应,并因此可能会造成拟合器模型精度或预测能力的损失。一个好的部分析因设计能使模型中的系数具有较低的不确定性,并能够用很少的试验设计运行次数达到较小的预测误差。

统计学上的试验设计的第二个准则是区分正交设计与非标准设计的使用。在部分析因设计中,正如 Myers 和 Montgomery(2002)指出的,由于在正交属性方面具有压倒性优势,标准设计对于一阶模型或一阶加相互作用的模型来讲是最佳的试验设计。但是对于二阶模型而言,标准的响应曲面方法的设计很少能成为最佳设计。著名的 Plackett-Burman 设计是一类特殊的具有Ⅲ级分辨度的部分析因设计(例如许多用于田口试验设计方法中的设计阵列,具体地说那些用于控制因子的内阵列设计),所以它们只能用来估计主效应,而不是相互作用效应。Myers 和 Montgomery(2002)同时指出,为了进行响应曲面方法的分析,应尽可能采用标准的中心复合设计(CCC 或 CCF)或者Box–Behnken(BB)设计,而且中心复合设计是最流行的一类二阶设计。然而,研究发现,非标准的空间填充设计对于发动机的情形也非常有效。空间填充设计也称拉丁超立方抽样,它按一个指定的试验设计点数(排列运行次数)n 以随机抽样方式填充因子空间。这 n 个试验点对于每个因子来讲,

表 3.4　部分析因设计中的混杂效应与拟合器模型结构之间的关系

因子数量 (k)	一阶带相互作用的拟合器所需要的项数	二水平值全析因的试验设计需要运行的次数 2^k	二水平值部分析因的试验设计需要运行的次数 2^{k-1}	二水平值部分析因的试验设计需要运行的次数 2^{k-2}	二水平值部分析因的试验设计需要运行的次数 2^{k-3}	二阶带相互作用的拟合器所需要的项数	三水平值全析因的试验设计需要运行的次数 3^k	三水平值部分析因的试验设计需要运行的次数 3^{k-1}	三水平值部分析因的试验设计需要运行的次数 3^{k-2}	三水平值部分析因的试验设计需要运行的次数 3^{k-3}
2	4	4				6	9			
3	7	8	4（Ⅲ）			10	27	9		
4	11	16	8（Ⅳ）			15	81	27	9	
5	16	32	16（Ⅴ）	8（Ⅲ）		21	243	81	27	9
6	22	64	32（Ⅵ）	16（Ⅳ）	8（Ⅲ）	28	729	243	81	27
7	29	128	64	32（Ⅳ）	16（Ⅳ）	36	2 187	729	243	81
8	37	256	128	64	32（Ⅳ）	45	6 561	2 187	729	243
9	46	512	256	128	64	55	19 683	6 561	2 187	729
10	56	1 024	512	256	128	66	59 049	19 683	6 561	2 187
11	67	2 048	1 024	512	256	78	177 147	59 049	19 683	6 561
12	79	4 096	2 048	1 024	512	91	531 441	177 147	59 049	19 683
13	92	8 192	4 096	2 048	1 024	105	1 594 323	531 441	177 147	59 049
14	106	16 384	8 192	4 096	2 048	120	4 782 969	1 594 323	531 441	177 147
15	121	32 768	16 384	8 192	4 096	136	14 348 907	4 782 969	1 594 323	531 441

注:括号中的罗马字母表示试验设计的分辨度。

表 3.5　部分析因设计的分辨度

试验设计运行次数 ＼ 因子数目	3	4	5	6	7	8
4	2^{3-1} Ⅲ级分辨度	无	无	无	无	无
8	2^3 全析因	2^{4-1} Ⅳ级分辨度	2^{5-2} Ⅲ级分辨度	2^{6-3} Ⅲ级分辨度	2^{7-4} Ⅲ级分辨度	无
16	无	2^4 全析因	2^{5-1} Ⅴ级分辨度	2^{6-2} Ⅳ级分辨度	2^{7-3} Ⅳ级分辨度	2^{8-4} Ⅳ级分辨度
32	无	无	2^5 全析因	2^{6-1} Ⅵ级分辨度	2^{7-2} Ⅳ级分辨度	2^{8-3} Ⅳ级分辨度

注:本表内容是基于 Eriksson 等人(1999)的分析。

会映射为 n 个不同的水平值,如图 3.16 所示。空间填充设计在下列情况下特别有用:①一个大的设计空间;②大的因子水平值间隔;③大量的因子个数;④很多相互作用;⑤需要构建高度精确的三阶拟合器模型。图 3.16 也展示了以三个因子和三个水平值为例的其他几个试验设计。需要注意的是,中心复合边设计中的试验点在因子水平值的设置上扩大为五个层次,其外圈点落在一个球体上,所以整个因子空间区域是对称的。中心复合面设计具有严格的三个因子水平值层级,试验点落在一个立方体或超立方体上。中心复合边设计比中心复合面设计稍微好一些(Eriksson 等人,1999)。

统计学上的试验设计的第三个准则是要注意可旋转性并按照需要沿着适当方向分配因子。旋转性意味着一个统计设计在所有方向上均给出相同的预测精度。这是一个重要的属性,因为响应曲面的性质在运行试验设计之前往往是未知的。复合设计中的可旋转性可以用调节"星点"(轴点)到中心点之间的距离来控制。根据 Montgomery(1991),任何一阶正交设计都是可旋转的;在面上具有中心点的中心复合设计是不可旋转的,而这可能会是个严重的缺点;Box-Behnken 设计是可旋转的或接近于可旋转的。

统计学上的试验设计的第四个准则是采用适当的设计调整在试验设计因子空间内的不可达的"死角"。在具有不规则的因子空间或多面体空间的试验设计中(例如在标准设计的立方体空间内缺失几个顶角,或者某区域被一些因子关系所限制),应考虑采用 Box-Behnken 设计或非标准的 D 优化设计。不规则的因子空间经常出现在柴油机系统设计中。例如,一个由很高的排气阻力、很大的可变截面涡轮叶片开度和很大的排气再循环阀门开度所形成的因子组合,会在一些试验设计运行点上导致极低的空燃比。这样的因子组合就属于那种不现实的或不可能实现的"角落"点。在由每个因子的上下限水平值所围成的立方区域的顶角上,Box-Behnken 设计是没有任何试验设计点的(即无角点,见图 3.16)。当立方体的角点代表着由于某些约束条件而无法在测试或模拟中实现的因子水平值组合运行点时,Box-Behnken 设计的这种特征就显得很有利了。D 优化设计的构造包括一些约束区域的极端顶点、超立方体的角落之间连线的中心点、或者超立方体表面的中心点等。D 优化设计能够有效地使用整个因子空间。当传统的试验设计不能很好地解决不规则区域里的问题时,而且当任何传统设计给出的排列运行次数都大于能负担得起的所要求的试验设计的次数时,D 优化设计可以作为一个首选。D 优化设计能够调整因子空间的角落,并且还能为设计矩阵的各列之间提供尽可能多的正交性,从而能够在一个给定的试验设计运行次数下最大限度地输出有用信息。事实上,正是由于其处理因子组合上的约束条件的强大能力(Roepke 和 Fischer,2001),D 优化设计一直被一些研究人员视为最合适发动机标定的统计设计方法。

图 3.17 表示了柴油机系统设计的试验设计因子设置的一个例子。综上所述,用于系统设计的响应曲面方法的试验设计的原则包括以下几条:

(1) 具有两个因子水平值的一阶模型可用于初步筛选因子。具有更多因子水平值的试验设计加上二阶甚至三阶模式应该用来建立拟合器回归模型,以便进行发动机系统设计中的优化计算;

(2) 当因子数目很少时(例如两三个),可以采用全析因设计;

(3) 当因子数目很大时,在选择一个标准的部分析因设计和确定拟合器模型结构之前,应该检查涉及混杂效应的试验设计分辨度;

(4) 通常情况下,对于二阶拟合器模型,应该采用具有 3~5 个因子水平值的中心组合设计。有时可以使用多达十个因子水平值,或者将两个各自具有 5 个因子水平值但因子范围不同的试验设计结合(捆绑)在一起,以期获得大量的运行数据来构建高度精确的拟合器模型;

(5) 非标准的空间填充设计对于三阶拟合器模型来讲是非常有效的;

(6) 对于具有不希望运行或不可能运行的角点的不规则因子空间或者带约束条件的因子空间,或者

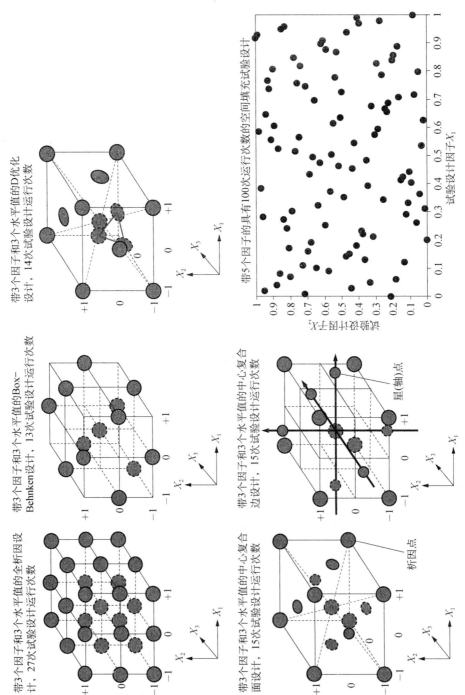

带3个因子和3个水平值的D优化设计，14次试验设计运行次数

带3个因子和3个水平值的Box-Behnken设计，13次试验设计运行次数

带5个因子的具有100次运行次数的空间填充试验设计

带3个因子和3个水平值的全析因设计，27次试验设计运行次数

带3个因子和3个水平值的中心复合边设计，15次试验设计运行次数

星（轴）点

带3个因子和3个水平值的中心复合面设计，15次试验设计运行次数

析因点

图3.16 试验设计中的各种排列设计方法

试验设计因子范围(注：黑体数据表示基线值或默认值，即对应于下面的"L-def")

试验设计因子符号	因子(输入参数)名称	水平值1(=-1)	水平值2(=-0.333)	水平值3(=0)	水平值4(=0.333)	水平值5(=1)
X_1	涡轮效率	57%	60%	63%	**66%**	69%
X_2	压气机效率	64%	67%	70%	**73%**	76%
X_3	涡轮面积或可变截面涡轮叶片开度	0.36	0.4	**0.44**	0.48	0.52
X_4	排气再循环环路冷却涡轮叶片开度(有效孔口直径，mm)	10	**13.23**	15.81	18.03	20
X_5	排气再循环冷却器出口气体温度/K	450	475	**500**	525	550
X_6	中冷器冷却传热系数/W·(m²·K)$^{-1}$	550	650	**750**	850	950
X_7	排气阻力(柴油颗粒过滤器流动阻力设计参数)	1.52	1.37	1.22	1.07	**0.92**

用"一次一因子法"设置的试验设计因子排列(注："L1"表示第一个水平值，"L-def"表示基线值或默认值)

因子	试验设计排列中的模拟算例	1	2	3	4	5	6	7	8	9	10	11	12	13	14	15	16	17	18	19	20	21
X_1	涡轮效率	L1	L2	L3	L4	L5	L-def	L-def	L-def	L-def	L-def	L-def	L-def	L-def	L-def	L-def	L-def	L-def	L-def	L-def	L-def	L-def
X_2	压气机效率	L-def	L-def	L-def	L-def	L-def	L1	L2	L3	L4	L5	L-def	L-def	L-def	L-def	L-def	L-def	L-def	L-def	L-def	L-def	L-def
X_3	涡轮面积或可变截面涡轮叶片开度	L-def	L-def	L-def	L-def	L-def	L-def	L-def	L-def	L-def	L-def	L1	L2	L3	L4	L5	L-def	L-def	L-def	L-def	L-def	L-def
X_4	排气再循环环路冷却涡轮叶片开度(有效孔口直径)	L-def	L-def	L-def	L-def	L-def	L-def	L-def	L-def	L-def	L-def	L-def	L-def	L-def	L-def	L-def	L1	L2	L3	L4	L5	L-def
X_5	排气再循环冷却器出口气体温度	L-def	L-def	L-def	L-def	L-def	L-def	L-def	L-def	L-def	L-def	L-def	L-def	L-def	L-def	L-def	L-def	L-def	L-def	L-def	L-def	L1
X_6	中冷器冷却传热系数	L-def	L-def	L-def	L-def	L-def	L-def	L-def	L-def	L-def	L-def	L-def	L-def	L-def	L-def	L-def	L-def	L-def	L-def	L-def	L-def	L-def
X_7	排气阻力(DPF流动阻力设计参数)	L-def	L-def	L-def	L-def	L-def	L-def	L-def	L-def	L-def	L-def	L-def	L-def	L-def	L-def	L-def	L-def	L-def	L-def	L-def	L-def	L-def

用D优化方法设置的试验设计因子排列(注：-1表示第一个水平值，-0.333 3表示第二个水平值，1表示第五个水平值)

因子	试验设计排列中的模拟算例	36	37	38	39	40	41	42	43	44	45	46	47	48	49	50	51	52	53
X_1	涡轮效率	1	-1	1	1	1	-1	1	1	1	-1	-1	1	1	-1	-1	-1	-1	1
X_2	压气机效率	1	1	1	1	-1	-1	1	1	-1	1	1	-1	-1	1	1	1	-1	1
X_3	涡轮面积或可变截面涡轮叶片开度	-1	-1	-1	1	-1	-1	1	1	-1	1	1	1	1	1	1	1	1	1
X_4	排气再循环环路冷却涡轮叶片开度(有效孔口直径)	-1	1	-1	1	-1	1	1	1	1	-1	1	1	1	1	1	1	1	1
X_5	排气再循环冷却器出口气体温度	-1	-1	-1	-1	1	-1	1	-1	1	1	-1	1	1	1	-1	0.3333	-1	1
X_6	中冷器冷却传热系数	-1	-1	-1	-1	-1	-1	1	1	1	1	1	1	1	1	-0.3333	1	1	1
X_7	排气阻力(DPF流动阻力设计参数)	-1	-1	-1	-1	-1	-1	1	1	1	-1	-1	1	-1	-0.3333	0.3333	1	1	1

图3.17 试验设计中的因子设置示意图

对于非立方区域,可以考虑采用 Box-Behnken 设计或 D 优化设计;

(7) 为了削弱混杂效应而添加补充排列运行点是用来迭代改进模型精度的常用技术。追加补充试验设计点以便将拟合器模型升级(例如升级到三阶)也很常见,而且这可以用 D 优化设计的补充设计来实现。

3.2.4 用响应曲面方法进行分析和优化

3.2.4.1 典型相关分析

当使用曲面拟合获得了拟合器模型后,它就可以用来预测因子空间内的响应。应当指出,不应该使用回归模型在因子范围以外进行外插值。另外,模型还可以用来分析因子与响应之间的敏感度特性。最重要的是,模型可以用于优化以搜索位于响应曲面上的最优值。下面将概述一个基于典型相关分析(规范分析,canonical analysis)的优化理论分析。

二阶响应曲面拟合器模型的一般形式为

$$Y = C_0 + \sum_{i=1}^{k} C_i X_i + \sum_{i=1}^{k} C_{ii} X_i^2 + \sum_{i,i<j}\sum_{j=2}^{k} C_{ij} X_i X_j \tag{3.23}$$

在优化中,稳定点是指响应参数相对于所有各个因子的偏导数为零的点,$\partial Y/\partial X_1 = \partial Y/\partial X_2 = \cdots = \partial Y/\partial X_k = 0$。稳定点可以是最大响应值,也可以是最小值,或者还可以是一个鞍点(即在一个双曲响应曲面上,既不是最大值也不是最小值)。如果将误差 υ 忽略不计,记 Y 为 Y_{obs} 的近似值,据 Montgomey(1991),式(3.24)可以用向量 $\hat{X}$ 和 $\hat{C}$ 以及一个 $k \times k$ 的矩阵 $\overline{C}$ 写成如下的矩阵符号形式:

$$\begin{cases} Y = C_0 + \hat{X}'\hat{C} + \hat{X}'\overline{C}\hat{X} \\ \text{式中 } \hat{X} = \begin{bmatrix} X_1 \\ X_2 \\ \cdot \\ \cdot \\ \cdot \\ X_k \end{bmatrix} \quad \hat{C} = \begin{bmatrix} C_1 \\ C_2 \\ \cdot \\ \cdot \\ \cdot \\ C_k \end{bmatrix} \quad \overline{C} = \begin{bmatrix} C_{11} & \frac{C_{12}}{2} & \cdots & \frac{C_{1k}}{2} \\ & C_{22} & \cdots & \frac{C_{2k}}{2} \\ & & \cdots & \\ \text{对称} & & & C_{kk} \end{bmatrix} \end{cases} \tag{3.24}$$

将 Y 相对于向量 $\hat{X}$ 中的元素的导数设为零,即可求解最优值。这一步运算的数学表述为

$$\frac{\partial Y}{\partial \hat{X}} = \hat{C} + 2\overline{C}\hat{X} = 0 \tag{3.25}$$

稳定点即为式 3.25 的解,由下式给出:

$$\hat{X}_0 = -\frac{1}{2}\overline{C}^{-1}\hat{C} \quad \text{和} \quad Y_0 = C_0 + \frac{1}{2}\hat{X}_0'\hat{C} \tag{3.26}$$

典型相关分析是用来分析稳定点的性质的。该分析将原来的坐标系进行坐标平移和旋转,并将新坐标系的原点固定于稳定点上 (X_{10}, X_{20}),新的坐标主轴($w_{c,1}$ 和 $w_{c,2}$)来自于拟合的响应曲面,如前面的图 3.2(c)所示。可以在新坐标系中对多项式拟合器模型进行坐标变换,成为如下的规范形式(Montgomery,1991):

$$Y = Y_0 + \lambda_{c,1} w_{c,1}^2 + \lambda_{c,2} w_{c,2}^2 + \cdots + \lambda_{c,k} w_{c,k}^2 = Y_0 + \sum_{i=1}^{k} \lambda_{c,i} w_{c,i}^2 \qquad (3.27)$$

式中，$w_{c,1}$，$w_{c,2}$，$\cdots$，$w_{c,k}$ 是变换后的因子，称为规范变量；$\lambda_{c,1}$，$\lambda_{c,2}$，$\cdots$，$\lambda_{c,k}$ 是矩阵 C 的特征根。

响应曲面上稳定点的性质（最大值、最小值或鞍点）可由特征根的符号和大小来确定。如果典型相关分析的行列式方程的特征根都是正数，那么该稳定点就具有最小值。如果特征根均为负数，那么该稳定点就具有最大值。如果几个特征根具有不同的符号，该稳定点就是一个鞍点。一个非常小（基本上为零）的特征根会导致一个"岭"（ridge）系统，其响应曲面会沿着那个典型相关分析中的根的方向一直延长下去（图 3.12）。响应曲面的岭分析是非常重要的，对此 Myers 和 Montgomery（2002）的书中有详细的解释。所有这些理论分析，可以帮助确定响应曲面上的最优点（或稳定点），或者指出修改试验设计因子范围的最有效方向（沿一定的规范主轴进行），以便能够高效地逼近最优值。这些理论分析可以避免在确定试验设计因子范围上进行盲目的反复试凑调整。另外，当因子数目特别多时，这些理论分析也可以取代费力的作图搜索法来求解最优值。

3.2.4.2 优化搜索算法

很多方法都能用来搜索最优值，如简单但功能强大的梯度搜索法。梯度搜索包括最速上升搜索（沿着响应增加最快的方向来达到曲面的最高峰）和最速下降搜索（沿着响应减小最快的方向来达到曲面的最低谷）。基本上，梯度搜索的方向是垂直于响应等值线图上的平行等值线的。基于梯度的搜索算法有时会遇到一些问题，例如局部解附近的数值误差或振荡。遗传算法（Parmee 和 Watson，2000）或其他如单纯形搜索算法不需要评估模型函数的导数（Zottin 等人，2008）。因此，它们有时比基于梯度的算法更稳健，尽管它们仍然可能会收敛于局部最优解而非全局最优解。

发动机系统设计所需要的优化技术是能够处理以下几个问题的技术：存在复杂的权衡，具有高度非线性的约束条件和响应参数（如发动机碳烟和有效燃油消耗率的变化特性），或者具有多个局部最优解（例如杂乱无章的响应特性或振荡式的数值误差）。关于不同优化搜索算法的详细信息，读者可以参考 Eriksson 等人（1999）和 Thiel 等人（2002）的论述。

3.2.4.3 敏感度分析和优化中的先进的数据显示方法

在发动机系统设计中，由于许多不同的发动机响应参数使系统呈现复杂的特征，而且由于使用拟合器模型能产生大量的敏感度分析数据，将敏感度分析和优化结果用一个简明便利的形式表达出来是非常重要的。在响应曲面方法的优化问题中，在两因子或两响应的区域上使用二维等值线图是个非常有效的图形显示方法，以理解系统的敏感度并确定最优值位置。

最基本的构造等值线图的方法是采用拟合器模型在 X_2 相对于 X_1 的因子区域上使用固定间隔来计算响应参数的等值线，并将所有其他因子的值保持不变（如图 3.11）。当因子数目远远超过三个时，该方法会变得比较笨拙，因为这时必须将许多因子轮流保持常数来构造这种等值线。

Eriksson 等人（1999）提出了一个四维的响应等值线作图方法来处理四个因子。他们将一幅单个的二维作图沿着水平方向和垂直方向扩大为一个等值线图的网格阵列，使另外两个因子（维度）可以在作图中被加进来作为外阵列。在这后两个外阵列因子的每次取值下，可以做出一幅关于前两个因子的扫值法二维等值线图。例如，可以用第三个因子的三个水平值分别做出三幅二维图，沿横向逐个排列好。然后，再将这三幅图沿纵向一排排地在第四个因子的四个水平值下分别复制四遍。这样,位于一个网格阵列中的 $3 \times 4 = 12$ 幅二维等值线图就做好了。参数变化趋势和优化设计点可以从这四个因子的这种"一次一因子"参变格式中很方便地观察到。

一个前面提到的更强有力的图形显示方法是用带约束的优化生成等值线图(即二维优化脉谱图,图 3.6)。在这种图中,因子域上的所有数据点都被优化,例如在最低燃料消耗率的意义上。在这种使用拟合器模型的优化作图中,每个数据点的因子值设置不再是固定的常数。相反,它们是优化了的值,具有最低油耗并满足该点的坐标值(X_1,X_2)这样一种约束条件。一个更为强力的优化等值线图是把因子域(坐标轴 X_2 相对于 X_1)映射到响应域上来作图(Y_2 相对于 Y_1)。在这种情况下,在响应域里的每个数据点都是通过约束优化得到的,并满足该点的坐标值(Y_1,Y_2)这样一种约束条件。在这种最低油耗脉谱图上的每个点对应的所需因子值和其他对应的响应参数值也可以用等值线的形式在 Y_2 相对于 Y_1 的响应域上绘制出来。因子空间的边界(即因子边界)可以用一个搜索算法在该响应域上求得。因子边界是由试验设计的因子范围和优化约束条件这两者决定的。从多目标优化问题的角度来看,在响应域上的因子边界其实给出了一条帕雷托前锋曲线,可以用来优化标在脉谱图横纵轴上的两个响应参数之间的权衡(见图 3.8)。在柴油机系统设计中,经常使用的一个响应域是空气系统能力区域,它往往由"空燃比相对于排气再循环率"或"发动机压差相对于排气再循环率"这两根坐标轴所围成(图 3.18)。

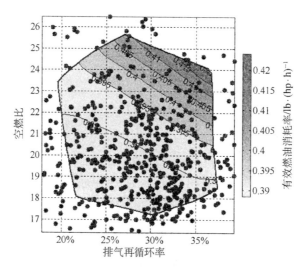

图 3.18 试验设计的原始输出数据(散布的点)和经过
最小燃油消耗率优化后的等值线示意图

图 3.19 显示了将冷却液散热量和有效燃油消耗率的原始试验设计数据未经优化便直接在"空燃比相对于排气再循环率"的响应域上作图的结果。图 3.20 给出了用试验设计的拟合器对散热量和油耗进行优化后(在最小有效燃油消耗率意义上)作图的结果。可以观察到,图 3.19 和图 3.20 给出了在每个响应参数上完全不同的数据趋势。这表明,如果不经过优化,试验设计的原始数据在趋势上非常具有误导性,因为在试验设计矩阵中所采用的因子水平值的设置方式不能保证原始数据能有任何趋势。在这个例子中采用的试验设计因子包括燃油喷射定时、排气再循环阀门开度、可变截面涡轮叶片开度、涡轮增压器效率、排气再循环冷却器大小、中冷器大小。这个例子显示了使用拟合器处理原始数据并进行优化的重要性。

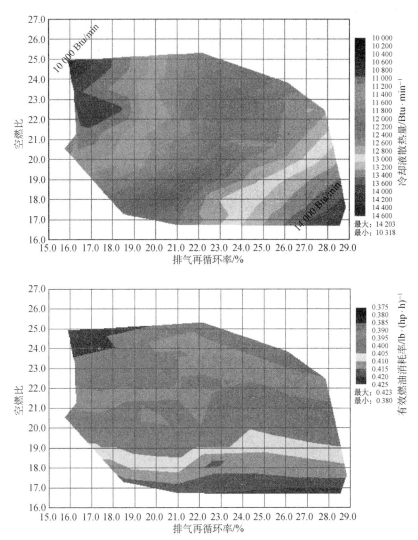

图 3.19 在响应域上未经过优化的试验设计原始输出数据

　　系统响应的参数敏感度信息,不论是解析式的还是图形的,往往比估计一组单个的优化解要更有价值。岭分析的理论优势、典型相关分析中的特征根以及优化的等值线作图技术将来可以结合在一起,为响应曲面方法的试验设计、优化和数据显示创造一个更为强有力的分析工具。这是柴油机系统设计的优化工作中的一个重要研究方向。

3.3　发动机系统设计中先进的试验设计优化

3.3.1　用田口方法进行的发动机优化

　　在发动机的设计和测试工作中,有许多关于使用田口方法的研究。这里对其中与发动机性能有关的设计或标定工作做一个概述。美国纳威司达公司(Navistar)的 Baranescu 等人(1989)使用田口方法和发动机循环模拟分析了一些控制因子和干扰因子对柴油机功率的影响。他们的分析始于采用一个原因-效果"鱼刺"图来集思广益设计因子,最后选定了五个控制因子(涡轮增压器

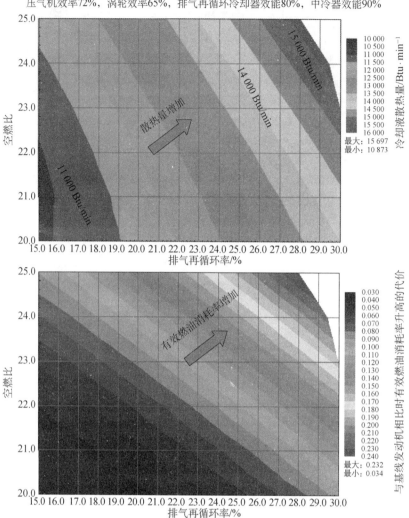

图 3. 20　在响应域上经过采用响应曲面方法的拟合器模型优化后的试验设计输出数据

样机配置型式、进气流通面积、排气流通面积、进气凸轮、排气凸轮)和四个干扰因子(环境温度、发动机压缩比、喷油定时、燃油流量)。其中大多数因子采用三个水平值。他们对控制因子使用一个内阵列,对干扰因子使用一个外阵列,并对发动机功率的均值和信噪比都进行了评估。他们使用主效应图来识别强弱影响因子,并考虑了涡轮增压器样机配置型式和进气流通面积这两个控制因子之间的相互作用效应,将其用于一个经过适当选择的 L_{18} 内阵列中。他们指出了功率均值与信噪比之间可能存在的权衡关系,将它们的主效应图予以比较,并作为多目标优化问题来显示这种权衡。他们以最高功率(即大的均值)和最佳抗扰性(即高的信噪比)为评判标准,选择最优的控制因子水平值。他们还给出了信噪比的方差研究,包括控制因子之间的相互作用效应。另外,这项研究还估算了优化设计所带来的成本节省量。他们的工作是发动机性能方面使用田口试验设计方法的一个开创性的重要分析。它在发动机模拟工作中运用了许多抗扰性设计和优化方面的重要概念。

　　纳威司达公司的 Yan 等人(1993)发表了一项关于柴油机燃烧和瞬态排放的重要优化论文。他们使用田口试验设计方法,并与蒙特卡罗模拟相结合。在他们的工作中,以下四个重要的概念被引入柴油机排放和性能优化领域:①每个试验设计运行点测量值的信噪比;②瞬态优化;③对多个燃烧参数进行多目标优化(颗粒物、氮氧化物、碳氢化合物、可溶性有机成分、循环有效燃油消耗率);④用概率分布抽样和蒙特卡罗模拟分析量产化发动机在排放上的多变性。他们分析的目的是为了了解量产化排放的统计分布规律,并减小瞬态排放的均值和标准差。他们采用了一个 L_{18} 阵列和六个均具有三个水平值的控制因子,它们是:活塞距气缸盖的间隙、喷油嘴流量、喷油嘴端部伸出量、喷雾锥角、喷油定时、喷射控制压力。由于这是一项实验工作,所以他们将因子水平值之间的间隔选择得宽到足以涵盖每个设计因子的标准差的三倍。这项优化工作中的响应参数之一是信噪比,以便使用主效应图来尽量减少排放量的方差。与 Baranescu 等人(1989)使用一个控制因子 L_{18} 内阵列和一个干扰因子 L_9 外阵列所计算的信噪比不同,Yan 等人(1993)使用发动机瞬态测试来获取每一个 L_{18} 试验设计运行点的均值、方差和信噪比。每个运行点的排放数据都是一次瞬态测试的总结点。相比之下,Baranescu 等人(1989)是在每个给定的内阵列因子水平值下,用外阵列的设计点进行稳态发动机循环模拟来计算每个 L_{18} 运行点的信噪比(如图 3.4)。Yan 等人(1993)将信噪比作为响应参数,使用六个性能或排放参数的主效应图检查了信噪比对所有控制因子的敏感度。他们的数据显示,相对于每个因子的几个水平值,各个信噪比都表现得相当地非线性。他们以最高信噪比为评判标准,选取最优的因子水平值,同时尽量减小颗粒物排放量的均值,并将氮氧化物的均值保持在一个恒定水平上。他们还展示了一个在 95% 的置信区间计算最优信噪比的方法,以及估计的最优响应(排放)值。95% 的置信区间水平通常是在模型精度与复杂性之间一个比较好的折中。由于高的信噪比并不一定意味着排放多变性的统计分布是可以接受的,在他们的工作的后半部分,他们使用蒙特卡罗模拟以及从前一步所获得的排放回归模型和其他相关模型,计算了十个因子的排放参数统计分布。这十个因子是:喷嘴锥角、喷油嘴端部伸出量、活塞距气缸盖的间隙、气缸盖垫片厚度、气门杆密封处的泄漏率、来自其他地方的润滑油消耗、喷油定时、喷油压力、喷油嘴流量、进气道涡流比。这些因子的统计分布由实际发动机测试数据确定。在运行了蒙特卡罗模拟 500 次后,他们获得了排放数据的概率分布结果(即反映多变性和输出数据的发散程度),并将每个因子对排放分布标准差的贡献予以量化。这项工作从优化信噪比的田口试验设计方法跃升到关于性能多变性的概率分布分析,它是在柴油机领域开展蒙特卡罗模拟的先驱性工作之一。

　　Hunter 等人(1990)为了在一台单缸机上获得较低的排放,运用田口方法同时优化了几个柴油机设计和运行的参数。他们采用的控制因子包括发动机压缩比、喷嘴面积、喷油嘴端部伸出量、增压压力、燃烧始点定时、指示平均有效压力、发动机转速。因子之间的相互作用包括:压缩比与喷嘴面积,压缩比与喷油嘴端部伸出量,喷嘴面积与喷油嘴端部伸出量。响应参数包括颗粒物、氮氧化物、碳氢化合物和烟度的均值和信噪比。他们对田口方法的每一步均给出了比较详细的描述,尤其是当每个因子都相互独立、没有显著的相互作用时预测优化响应的计算步骤和公式(基于 90% 的置信区间)。Gardner(1992)使用了田口方法来研究燃油喷射锥角的变化、喷孔数量、喷孔面积、喷油嘴端部伸出量、压缩比、涡流水平和喷油定时对柴油机燃烧和排放的影响。他指出,尽管田口方法在因子筛选和优化方面是一个强有力的工具,但对它的使用应该很慎重,尤其应先认真了解混杂效应和相互作用效应,以便能够选择一个适当的正交阵列并避免从主效应图中得出错误结论。Win 等人(2002)使用了田口方法对柴油机的噪声、排放和燃油经济性进行了实验研究。他们使用信噪比和方差分析来量化发动机转速、负荷和喷油定时对性能响应参数的影响。

Yamamoto 等人（2002）进行了一项很有意思的实验工作，他们把田口方法（正交阵列设计和线性图）与响应曲面方法（多项式曲面拟合的经验模型）相结合，试图优化一台重载柴油机的燃油喷射、涡轮和排气再循环系统的参数，以实现低的氮氧化物和颗粒物排放量和低的有效燃油消耗率。他们的工作之所以比较重要，是因为以下四方面贡献：①将试验设计优化从一个单独的转速-负荷工况扩大到稳态排放循环中所有 13 个工况之间的平衡；②与设计约束条件相比较来检查优化结果；③将田口正交阵列设计与一个特殊的多项式模型相结合；④在田口方法中使用切比雪夫正交多项式作为经验模型。他们在一个田口 L_{27} 正交阵列中使用了六个具有三个水平值的标定因子或设计因子：可变截面涡轮叶片开度、排气再循环阀门升程、喷油定时、共轨喷射压力、喷嘴直径、喷嘴锥角。他们将试验设计方法用于日本十三工况排放试验循环的每个发动机工况点。在每个工况点上找到排放与油耗之间的最佳权衡后，在各工况之间再进行一次权衡以获得整个十三工况组合参数的优化值。他们使用了方差分析来量化可变截面涡轮叶片开度、排气再循环阀门升程与喷油定时之间的相互作用效应。应当指出的是，在拟合包括相互作用项的二阶经验模型时，他们采用的是一个切比雪夫正交多项式，而不是普通的二阶多项式。在采用田口方法的大多数其他研究人员的工作中，主效应图、信噪比和置信区间通常被用来确定最佳的因子水平值并估计最佳响应值。然而，Yamamoto 等人（2002）没有采取这种做法。他们使用切比雪夫经验公式在每个工况进行参变量敏感度研究。他们采取这种不同的方法，或许是试图克服田口方法在回归模型方面的弱点。另外，他们特别提到了将预测的优化解与设计约束条件相比较。这些极限约束条件包括排烟、涡轮增压器超速、发动机超速、排气温度、最高气缸压力等。他们大概没有意识到，从理论的高度来看，他们的工作实际上是采用了一种介于田口方法与响应曲面方法之间的混合方法。虽然在关于把多项式曲面拟合与低分辨度的田口正交阵列捆绑在一起的做法有多么有效（或者说彼此之间有多少冲突）这方面值得进一步探讨，他们使用切比雪夫正交多项式这种特殊多项式的尝试的确意味着在发动机优化理论中提示了一个值得进一步探索的机会。

上面的几个例子表明，田口试验设计方法已被成功地用于柴油机的性能研发。过去这些工作为优化领域奠定了一个良好基础，使得这一领域能够更为顺利地采纳更加先进的试验设计优化理论和技术，继续向前发展。

3.3.2　用响应曲面方法进行的发动机标定

与其他发动机领域相比，性能和排放标定大概是响应曲面方法运用最广泛的领域。标定指的是采用机械或电控方式调节发动机上的可调参数，以获得理想的性能和耐久性。在硬件设计中，人们往往必须从参数的若干候选方案里（例如发动机压缩比、涡轮面积、冷却器的大小）选择一个固定的型式或尺寸。与此相比，可调参数能根据不同的发动机转速和负荷运行条件或环境条件提供在一定范围内变化的灵活性。机械调节设备的例子包括机械调速器、机械式燃油喷射系统、气动控制涡轮废气旁通阀等。自 20 世纪 90 年代开始在柴油机上应用电控后，发动机的性能和灵活性得到了极大改善。然而，发动机标定的复杂性和与之相关的电控策略和软件的复杂性也急剧增加。如今的发动机具有许多常见的电控标定参数，例如喷油定时、喷射压力、涡轮废气旁通阀开度、可变截面涡轮叶片开度、排气再循环阀门开度、进气节气门开度。其他可能的标定参数包括冷却控制阀设置、可变配气定时或可变凸轮相位角、可变涡流控制、停缸控制等。如果不使用试验设计，找到这些标定因子的最佳设置值几乎是不可能的。

Roepke 和 Fischer(2001)介绍了一种关于汽油机可变配气机构运用响应曲面方法的高效标定方法。他们指出,由于 D 优化方法能很好地处理因子组合中的约束条件,它非常适合于高效率的发动机标定。Lumsden 等人(2004)在他们关于分层充量直喷式汽油机的使用响应曲面方法的试验设计工作中,解释了"基于模型的标定"概念。他们提到,使用空间填充法的试验设计加上一个三阶模型比使用二阶模型在预测碳氢化合物和有效燃油消耗率方面具有更好的效果。Mallamo 等人(2004)使用响应曲面方法优化了一台非道路带共轨燃油系统的柴油机性能。他们在优化中使用了四个标定因子(主喷油定时、预喷射持续期、前喷射定时、前喷射持续期),每个因子具有三个水平值。他们对氮氧化物、颗粒物、噪声和有效燃油消耗率进行了优化。其研究结果表明,基于中心复合面设计所构建的模型能够给出与全析因设计模型非常相似的结果。Brooks 等人(2005)也报道了采用试验设计优化技术对柴油机进行标定的工作。

发动机标定已向着采用响应曲面方法的试验设计进行在线自动测试、动态映射和离线优化等方向发展,正如由 MathWorks 公司主办的 SAE 小组会议讨论中所总结的那样(The MathWorks,2007)。另外,前面提出的使用最低油耗优化等值线二维图这一功效强大的方法,可以大大提高发动机标定和系统设计中优化工作的质量和效率(图 3.21)。图中所示的碳烟相对于氮氧化物的响应域的边界,是由试验设计因子范围和标定约束条件所形成的。边界区域内的因子值和响应值都是具有最低油耗的优化值。

3.3.3 用响应曲面方法进行的发动机系统优化

柴油机系统设计往往基于数值模拟并通过使用试验设计优化来进行,因为这样可以大大降低研发中的硬件测试的成本和时间。关于发动机性能模拟方面的控制因子和干扰因子,可以使用"鱼刺"式因果图来集思广益,如图 3.22 所示。该图按类别显示了性能模型中所有的重要因子。控制因子可以包括硬件尺寸或标定参数。干扰因子可以是件与件之间的变化、环境条件、用户使用情况或者随时间的推移恶化等。第 15 章将给出系统设计的大量试验设计优化例子,并详述子系统相互作用和系统指标。

值得注意的是,Dvorak 和 Hoekstra(1996)在十几年前就曾使用响应曲面方法来优化内燃机的性能。他们认识到田口方法在量化发动机性能因子之间相互作用效应方面的弱点,因此使用了响应曲面方法中的中心复合设计,并结合发动机性能模拟手段,分析了八个设计因子(进气门直径、排气门直径、进气道长度、进气道入口截面积、缸径、行程、进气凸轮工作段持续角、排气凸轮工作段持续角)对一台汽油机的功率的影响。他们采用了一个包括相互作用效应的二阶回归模型,并用最速上升法对发动机的功率予以优化。特别应当指出的是,他们的工作使用了典型相关分析以识别发动机功率最大变化率的方向,即沿着规范化主轴的方向。据此,他们在设计空间内求解出一个稳定点,对应于最大功率优化解。他们指出,典型相关分析中导出的主轴方向信息可以用来识别和构建一个扩大了的试验设计的新的因子范围,以便进一步提高发动机功率。这项工作是展示响应曲面方法能够在内燃机领域获得成功运用的最早尝试之一。

试验设计方法也被 Rutter 等人(1996)用于关于汽油机的催化转化器的后处理系统优化。他们使用了带三个水平值的中心复合面试验设计,研究铂(Pt)、钯(Pd)和铑(Rh)这些贵金属的最佳用量。关于发动机优化技术的其他范例,读者可以借鉴 Baker 和 Brunson(2000)、Tanner 和 Srinivasan(2005)以及 Srinivasan 等人(2006,2007)的工作。

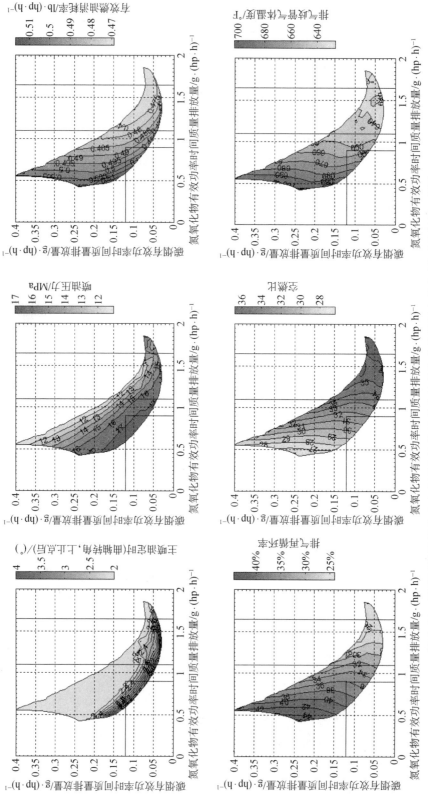

图 3.21 采用试验设计和响应曲面方法的重载柴油机稳态排放标定优化(发动机运行工况为 B25)

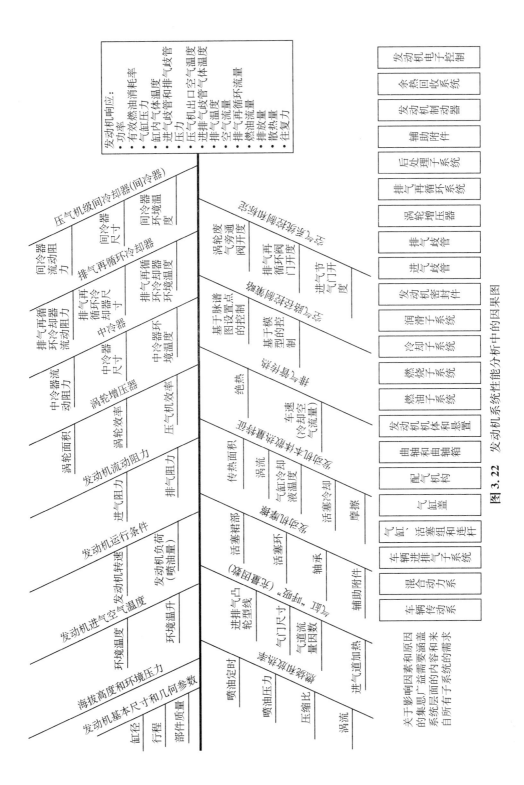

图 3.22 发动机系统性能分析中的因果图

3.4 考虑多变性和可靠性的抗扰性设计中的优化

3.4.1 考虑多变性、可靠性和抗扰性的优化概述

可靠性工程和抗扰性工程中很多互相关联的词汇为现有的文献所使用。有时候这些词被滥用,从而导致混乱。本节阐明了在非确定性的概率性先进优化中的主要关键概念之间的区别,包括优化、不确定性(uncertainty)、多变性(variability)、可靠性、抗扰性(robustness)。

3.4.1.1 非确定性概率优化

前面几节主要讨论了确定性优化技术,以产生为定目标而设计的单一的确定性设计解决方案或称系统设计点,无论是为标称值而设计还是为极限值而设计。如果不能正确地确定安全裕度的话,就会发生设计不足或设计过度。即使产品在标称设计条件下是可以接受的,它在所有变化因素都存在的情况下就不一定还能正常工作。不考虑变化性的确定性优化设计一般来讲是不可靠、不抗扰或者不经济的。大量因子的多变性可能会导致发动机在一个违反性能或耐久性约束条件的情况下运行。而采用将最坏情况下的容差全部简单叠加而产生的确定性设计通常是不经济的过度设计。产品的多变性一般需要采用非确定性的基于可靠性的优化设计(RBDO)和基于抗扰性的优化手段来处理。它们是用于系统设计的有力优化工具。

非确定性的优化包括以下三种类型的输入因子:

- 确定性控制因子(在其他一些文献中亦称确定性设计变量);
- 非确定性或随机控制因子(亦称非确定性或随机设计变量);
- 随机干扰因子(亦称随机设计参数)。

对于控制因子来讲,其均值和标准差都可以改变;而干扰因子的值的设置是无法控制或改变的。输出响应是与确定性控制因子、非确定性控制因子和随机干扰因子有关的一个函数。例如,喷油定时可以被选为一个确定性控制因子;发动机的压缩比可以被选为一个非确定性控制因子;环境温度则是一个随机变化的无法控制的干扰因子。基于可靠性的设计优化和抗扰性设计中的目标函数可以是任何属性参数,比如性能、耐久性、封装性、成本。这些优化问题中的约束条件通常包括概率可靠性或故障率的评估。基于可靠性的设计优化可以用来在最大允许失效概率的约束条件下(或者反过来说,在最低可以接受的可靠度下)对一个系统进行优化。

3.4.1.2 非确定性概率评估的需求

在设计中处理各种统计学变化的最有效和最经济的方式是使用概率分析,而非最坏容差的简单叠加。蒙特卡罗模拟是这一领域使用最为广泛的方法,在基于可靠性的设计优化和抗扰性优化中起着核心作用。它采用随机抽样来模拟因子的统计分布对响应的统计分布的影响。关于使用概率分析的必要性,可以用 Savage 等人(2007)进行的一项研究为例来理解。他们提出了一种蒙特卡罗模拟方法来分析不同的车辆冷却系统的设计变量(九个因子)的变化对散热器冷却液进口温度统计分布的影响。这九个因子是:动力总成系统散热量、散热器散热量、冷凝器散热量、冷却液流量、迎面风空气流量、冷凝器在空气侧的压力降、散热器在空气侧的压力降、电机转速、电机电压。蒙特卡罗模拟对散热器冷却液进口温度给出了一个从 115.4~120.9℃ 的正态分布,范围为 5.5℃。相比之下,最坏情况的简单叠加方法给出的分布是从 112.8~124.3℃,范围为 11.5℃。两者结果相差很大。蒙特卡罗模拟的温度变化范围更为准确。

3.4.1.3 基于多变性的优化的定义

基于多变性的优化将优化技术用于为多变性而设计中,使设计可靠或具有抗扰性。多变性和不确定性是不同的。不确定性包括两种:①随机不确定性,这是由于群体中任何个体属性的变化或相对于时间的变化所引起;②认识的不确定性(Farizal 和 Nikolaidis,2007;Donders 等人,2007),这是由于缺乏知识造成的确定性模拟模型中的缺陷所引起。

随机不确定性亦称多变性。严格地说,它进一步包括两种类型的变化:①在产品的寿命期内,在某个固定时刻群体内发生的个体变化,包括物理系统所固有的一些变化,例如材料特性、几何特性和制造容差,以及由使用方式、测试条件和环境改变所造成的变化;②随时间的变化,即时变退化(例如急剧磨损)。对于第一种类型,设计参数可以作为在统计分布中的随机变量,以表征其概率,例如用于应力-强度相干性模型中的应力。在第二种类型中,时间是随机变量。

认识的不确定性通常会产生系统化的建模误差,并以同样的方式影响产品的整个群体。随机不确定性可以用概率方法处理,而认识的不确定性则不然。基于可靠性的设计优化和抗扰性设计所涉及的对象通常是随机不确定性或称多变性。

小的多变性并不意味着抗扰性。当响应对干扰因子的变化不敏感时,该设计被称为抗扰的。可靠性指的是产品出现故障的概率。多变性则是故障率或可靠性问题的原因。为可靠性而设计(包括基于可靠性的设计优化)在广义上定义为包括两类不同的分析:①为多变性而设计(包括基于多变性的设计优化),其重点是在产品寿命期内的某个固定时刻的个体变化;②为时变的退化效应而设计。发动机应用中迄今为止的大多数所谓的基于可靠性的设计优化实际上都属于第一类问题。在第 3.1.9 节的图 3.9 中提到的"为可靠性而设计"以及第 1 章和第 2 章中所讨论的可靠性,专门是指或强调这里定义的第二类问题。应当指出,多变性和可靠性的概念可以指任何性能或耐久性属性的问题,而不仅仅限于耐久性。

多变性分析可以用来帮助定义工程目标的标称目标值,并确定影响响应的主要贡献参数,使多变性能通过改变容差而减小,并有时能通过改变控制因子的均值而减小。如果统计分布过宽,设计容差就必须收紧,以便将多变性控制在一个可以接受的范围内。另一方面,如果分布比要求的更窄,容差就可以放宽,以便降低设计和制造的成本。在抗扰性设计的优化中,可以同时优化均值及其容差范围(指标的上下限范围)。在某个特定时间的失效率(P_{failure})或可靠度(R)的目标值在基于多变性的优化中是作为约束条件来使用的。失效率与可靠度之间的关系为 $R = 1 - P_{\text{failure}}$。

3.4.1.4 基于可靠性的优化的定义

如果某个设计在指定的任务时间期限内,于存在多变性的情况下,满足所有性能和耐久性属性的要求,它就被称为是可靠的。一个不可靠设计的例子是,在同一天里的不同时间,同一件产品不正常地运行,或者它的性能或耐久性在未来两年里慢慢恶化。不可靠产品的另一个例子是,在产品投入使用仅仅两年后,同一种产品的 100 件中的 5% 就不能正常运行。回顾一下前面说过的,如果同一种产品的 100件中的 5% 在投入使用前不能正常运行,这种问题则通常称为设计质量问题或者制造质量问题。

可靠性方面的故障通常是由于下列原因之一造成的:①控制因子的不恰当均值(标称值);②为控制产品群体的多变性而施加在控制因子上的不当容差控制;③随时间变化的发生在均值或容差上的退化。失效可以发生于性能属性(如排放、燃料经济性)或耐久性属性(如由于疲劳造成的裂纹,由于过热的散热器冷却液温度造成的故障)。

在基于可靠性的设计优化中,约束条件是按照所需要的可靠性来定义的。可靠性通常表示为可靠度或故障率,有时也会用容差等于标准差(σ)的若干倍来表示。例如,6σ 设计比 3σ 设计具有更高的可靠性,失效概率极小,甚至到 10^{-10} 的数量级。然而,6σ 设计也更昂贵。标准差的概念适用于任何变化,例如在多件产品中件与件之间的差异,或者同一件产品从一个时间到另一个时间的变化。可以把均值设计成距离给定故障率所对应的控制极限有几倍标准差之遥(如 3σ)。事实上,无论是过高还是过低的故障率都不可取,因为设计不足和设计过度都不能令人接受。关于基于可靠性的设计优化理论方面的更多内容,读者可以参考 Gu 和 Yang(2003)、Mourelatos 和 Liang(2005,2006)、Rahman 等人(2007)、Donders 等人(2007)的论述。

3.4.1.5　基于抗扰性的优化的定义

一个抗扰的系统在具有干扰因子的条件下会表现出较小的功能变化或波动。抗扰性设计的目的是在无法消除变化根源的情况下,最大限度地减小响应的变化,以提高产品或过程的质量。抗扰性设计的重点通常是通过改变控制因子的值,以减少由干扰因子造成的变化。在为抗扰性而设计和优化中,工作的手段是评估响应参数的方差。有时也会为响应参数的均值构造一个单独的目标函数或约束函数。容差控制也同样重要。可靠性约束条件不一定存在于抗扰性优化的构造中。抗扰性和可靠性需要在发动机开发的早期阶段即予以考虑。抗扰性应作为一个目标,与燃料消耗率、排放和 NVH 等的标称值一起包括在发动机的优化中。抗扰性设计的一个例子是,最大限度地减少由散热量和环境温度的波动所造成的散热器出口冷却液温度的变化范围。另一个例子是保持柴油发电机的输出功率稳定,使其对各种干扰因素不敏感。关于抗扰性设计理论的更多内容,读者可以参考 Gu 和 Yang(2003)以及 Mourelatos 和 Liang(2005,2006)的论述。

3.4.1.6　属性最优、可靠性与抗扰性之间的关系

可靠性(在时间 t 时的故障率)和抗扰性(对干扰因子不敏感)是一个产品的两个不同的特征。然而,它们共享一些分析和设计方法。这两者都与多变性密切相关。因此,它们都具有一个共同的概率性质并需要采用统计的方法来处理。实现高可靠性或高抗扰性都要求改变或调整控制因子的均值和标准差。可靠性和抗扰性可以在同一个优化问题中予以考虑。总之,在一个产品的以下三个基本设计原则之间是存在权衡或折中的,一般很难全部同时满足最优:属性最优(如最低的有效燃油消耗率或成本)、高可靠性(如较长的 B10 耐久性寿命)、高抗扰性(例如在环境温度变化较大时散热器冷却液温度具有较小的变化)。

在一个优化问题中添加约束条件一般会使属性目标的优化变得较差。例如,当把可靠性作为一个概率约束条件添加进去时,优化问题就变成了一个非确定性的标称设计问题。这时,经过优化的有效燃油消耗率将变得比没有任何可靠性约束条件时的确定性设计的情况更糟。如果再为多变性保留更多的设计裕度(如要求更高的可靠性),那么设计的优化将变得更差。应当注意,基于可靠性的设计优化是从一个确定性的优化点移动到可靠性意义上的优化点的一个过程。类似地,如果把可靠性作为一个优化约束条件,也同样不可能在不牺牲属性最优的情况下满足抗扰性,因为一个可靠性意义上的优化解可能并不抗扰或者说可能会对变化很敏感。

虽然基于可靠性的设计优化和抗扰性优化可以分别构造来处理各自不同的问题,在许多情况下其实需要把它们构造在一起作为一个多目标优化问题来处理,以便优化系统属性的均值,并同时最大限度地减少其标准差(对干扰的敏感度),而且使这些优化都基于同一个概率可靠性约束条件。这种构造方法称为"结合带抗扰性的基于可靠性的设计优化"。在两个优化目标(属性均值和抗扰性)之间通常具有一个权衡,即改善一个势必需要牺牲另一个。这种权衡可以采用帕雷托最优前锋的方法来分析。

3.4.1.7　确定性优化的数学公式

为了方便比较,现将确定性设计优化的公式构造如下:

$$\begin{cases} 最小化 f(X_d, \bar{X}_r, \bar{X}_p) \\ 并满足 g_i(X_d) \leqslant 0, \ i = 1, \cdots, m \\ \qquad X_d^L \leqslant X_d \leqslant X_d^U \end{cases} \tag{3.28}$$

式中，X_d 是一个具有 k_d 维的确定性控制因子向量（确定性设计变量）；$g_i(X_d)$ 是一个非概率性约束条件；X_r 是一个具有 k_r 维的非确定性随机控制因子向量（随机设计变量）；$\bar{X}_r$ 是 X_r 的均值；X_p 是一个具有 k_p 维的非确定性随机干扰因子（随机设计参数）。$\bar{X}_p$ 是 X_p 的均值。X_d^L 和 X_d^U 分别是 X_d 的下限和上限。

3.4.1.8　基于可靠性的设计优化的数学公式

典型的非确定性的基于可靠性的设计优化问题可以表述如下：

$$\begin{cases} 最小化 f(X_d, \bar{X}_r, \bar{X}_p) \\ 并满足 P[g_i(X_d, X_r, X_p) \leqslant 0] \geqslant R_i, \ i = 1, \cdots, m \\ \qquad X_d^L \leqslant X_d \leqslant X_d^U \\ \qquad \bar{X}_r^L \leqslant \bar{X}_r \leqslant \bar{X}_r^U \end{cases} \tag{3.29}$$

式中，X_r 是一个随机控制因子向量（随机设计变量），其均值和标准差可以改变。X_p 是一个随机干扰因子向量（随机设计参数），其均值和标准差都不能改变。R_i 是可靠性约束条件，$g_i(X_d, X_r, X_p) > 0$ 表示失效。需要注意的是，仅作为一个例子，这个公式只能改变确定性控制因子和随机控制因子的均值（而非其标准差），以达到具有可靠性约束的最优值。

3.4.1.9　基于抗扰性的优化的数学公式

典型的基于可靠性的抗扰性设计优化问题（即只将可靠性作为约束条件）可构造如下：

$$\begin{cases} 最小化 f_v(X_d, X_r, X_p) \\ 并满足 P[g_i(X_d, X_r, X_p) \leqslant 0] \geqslant R_i, \ i = 1, \cdots, m \\ \qquad X_d^L \leqslant X_d \leqslant X_d^U \\ \qquad \bar{X}_r^L \leqslant \bar{X}_r \leqslant \bar{X}_r^U \\ \qquad f(X_d, \bar{X}_r, \bar{X}_p) \leqslant C_{\text{target}} (这是一个按需所设的约束条件) \end{cases} \tag{3.30}$$

式中，$f_v(X_d, X_r, X_p)$ 是目标函数 f 的方差；C_{target} 是性能目标的一个均值常数。$f_v = 0$ 表示抗扰性极强，即输入因子的变化不会对输出响应产生任何影响。需要注意的是，这个例子中的特定公式构造是为了减少在属性目标均值上的变化。抗扰性中关于变化的衡量方式由下式给出：

$$f_v(X_d, X_r, X_p) = \sum_{i=1}^{n} \left(\frac{\partial f}{\partial x_i} \right)^2 \sigma_{x_i}^2 \tag{3.31}$$

该变化也可以像下面一样表达为目标函数的概率密度函数的散布程度，简单地说就是百分位差（Mourelatos 和 Liang，2006）

$$\Delta R_f = f^{R_2} - f^{R_1} \tag{3.32}$$

式中，f^{R_1} 和 f^{R_2} 和分别是 f 的低和高百分位（例如第 5 和第 95 百分位）。

在许多抗扰性优化的公式构造中，均值被优化（最大或最小化）和方差最小化这两个目标会同时发生。这时，在这两者之间需要做一个权衡。

3.4.1.10 基于联合的抗扰性和可靠性的设计优化的数学公式

一些研究人员提出过将抗扰性设计和基于可靠性的设计优化结合起来予以统一化的方法(Gu 等人,2004;Mourelatos 和 Liang,2005,2006)。从本质上讲,它就是把式(3.29)和(3.30)结合起来。这样,问题的提法就变成了为两个或两个以上的目标进行多目标优化的问题(如至少一个是属性的均值,另一个是属性的方差,这两个目标之间存在一个权衡)。例如,结合带抗扰性的基于可靠性的设计优化可以构造如下:

$$
\begin{cases}
最小化\,\mu_{f(X_d,\,X_r,\,X_p)}\ 和\ \sigma_{f(X_d,\,X_r,\,X_p)} \\
并满足\,P[g_i(X_d,\,X_r,\,X_p)\leqslant 0]\geqslant R_i,\ i=1,\,\cdots,\,m \\
X_d^L \leqslant X_d \leqslant X_d^U \\
\bar{X}_r^L \leqslant \bar{X}_r \leqslant \bar{X}_r^U
\end{cases}
\tag{3.33}
$$

式中,$\mu_{f(X_d,\,X_r,\,X_p)}$ 是目标函数 $f(X_d,\,X_r,\,X_p)$ 的均值;$\sigma_{f(X_d,\,X_r,\,X_p)}$ 是目标函数的标准差(不过不一定是对相同的目标函数或属性)。在优化目标函数时,不仅可以改变随机控制因子的均值,而且也可以改变它的标准差。当一个抗扰性设计问题需要采用可靠性约束条件时,目前的一种趋势是将抗扰性设计优化视为广义的基于可靠性的设计优化中的一个子集。

Gu 等人(2004)介绍了将基于可靠性的设计优化与抗扰性设计相结合的一种公式构造方法及其解法。他们还讨论了在基于可靠性的设计优化中将蒙特卡罗模拟与响应曲面模型相结合的优势。Mourelatos 和 Liang(2005,2006)展示了在结合带抗扰性的基于可靠性的设计优化中,可靠性与抗扰性之间的设计权衡。

3.4.1.11 从两步抗扰性优化到一步优化

如前所述,在传统的抗扰性设计理论中,例如田口的关于质量和多变性控制的两步优化理论(Fowlkes 和 Creveling,1995),性能属性目标的均值和容差(偏差或变化)被分成两步来优化。田口方法没有采用响应曲面方法的概念。由于响应曲面方法允许一次对多个参数进行修改,在抗扰性设计中使用该方法同时优化均值和容差便成为可行。通过将强大的响应曲面方法和帕雷托最优方法引入到抗扰性设计中,控制多变性的优化问题就可以用一步来解决,这比传统的两步优化法更有效。

3.4.1.12 基于可靠性的设计优化和基于抗扰性的优化的求解算法

目前许多商业软件包都可以用来解决基于可靠性的设计优化问题。通常情况下,这类问题需要采用一个双循环算法,其中包括一个用于优化的外循环和一个用于计算可靠性和评估概率约束条件的内循环。双循环算法在计算上是相当费时的。为了提高这类问题的计算效率,人们开发了很多近似解法以求将双循环转换成单循环。Gu 和 Yang(2003)、Mourelatos 和 Liang(2005,2006)以及 Donders 等人(2007)对此类课题有详述。

3.4.2 统计和概率分布选择的基础知识

3.4.2.1 统计概率分布

在一个群体中几乎任何能够被测试的量都具有一个统计分布或多变性。用单个数值往往不足以代表这些量,代之以更合适的往往是采用概率分布。统计分布有许多种。任何随机变量的概率分布都可以用一定的分布参数表征出来,例如均值、标准差、最小值和最大值。附录的表 A.1 对这些参数的定义有具体介绍。标准差是对围绕均值的散布或变化情况的一种衡量。标准差越大,变化的范围越广。

一个随机变量的概率分布可以完整地用其累积分布函数(CDF)来描述。每个实数量 x 的累积分布函数的值是该变量小于或等于 x 的概率。如果一个概率分布的累积分布函数只是离散的跳跃式增加,该分布就称为离散分布。离散分布用概率质量函数来描述。

另一方面,如果一个概率分布的累积分布函数是连续的,该分布就称为连续分布。如果一个实数量 x 的分布是连续的,那么 x 称为一个连续随机变量。柴油机系统设计通常处理连续随机变量,例如,件与件之间的变化这样的干扰因子。正态分布、连续均匀分布、韦布尔分布、贝塔分布、伽马分布都是著名的连续分布(见附录中的表 A.2)。连续分布是用概率密度函数(PDF)来表征的。累积分布函数 $f_{CDF}(x)$ 与概率密度函数 $f_{PDF}(x)$ 之间的关系由下式给出:

$$f_{CDF}(x) = P(X \leqslant x) = \int_{-\infty}^{x} f_{PDF}(u) \mathrm{d}u \tag{3.34}$$

x 位于 a 与 b 两点之间的概率

$$P(a \leqslant x \leqslant b) = \int_{a}^{b} f_{PDF}(x) \mathrm{d}x \tag{3.35}$$

一个连续概率密度函数的积分值等于 1,即

$$\int_{-\infty}^{\infty} f_{PDF}(x) \mathrm{d}x = 1 \quad \text{其中} \quad f_{PDF}(x) \geqslant 0 \tag{3.36}$$

直方图是一个很有用的作图工具。它可以显示在各个事件值的分配区段上事件值的发生频率。较窄的样本分配箱(区段)会收集较少的数据点,并减少事件发生的频率或统计个数。较大的样本箱可能会将本来很不同的范围混为一谈,故而也会扭曲数据的实际分布。概率密度可以解释为在某一个样本分配箱中的数据发生频率与样本箱的大小之比。

3.4.2.2 统计中的可靠性

可靠性函数是概率密度函数从 x 到无穷大的积分,即

$$R(x) = P(X \geqslant x) = \int_{x}^{\infty} f_{PDF}(u) \mathrm{d}u = 1 - f_{CDF}(x) \tag{3.37}$$

其中 X 是平均无故障时间。可靠性工程中的风险函数 $h_r(x)$,作为一个代表失效趋势的瞬时故障率,由下式定义(包括与 $R(x)$ 和 $f_{PDF}(x)$ 的关系):

$$h_r(x) = \frac{f_{PDF}(x)}{R(x)} \qquad R(x) = \mathrm{e}^{-\int_{-\infty}^{x} h(u)\mathrm{d}u} \qquad f_{PDF} = h(x) \cdot \mathrm{e}^{-\int_{-\infty}^{x} h(u)\mathrm{d}u} \tag{3.38}$$

3.4.2.3 统计分布参数

群体的均值是概率密度函数关于原点的第一阶矩母函数(见附录中的表 A.1)。一个分布的方差等于关于均值的第二阶矩母函数。一个分布的偏度等于关于均值的第三阶矩母函数。偏度是对一个实数随机变量的概率分布的非对称性的衡量。峰度等于关于均值的第四阶矩母函数。峰度是对概率分布曲线上峰形的尖锐程度和尾部大小的衡量。峰度越高,意味着均值和极端偏差发生的概率越高,而且分布曲线会有一个比较尖锐的峰和较长或较大的“尾巴”。赢余峰度定义为峰度值减 3,是作为一种特意使正态分布的峰度值等于零的方便修正或定义。

一般地,概率密度函数和统计分布的形状可以用一个或多个如下的参数来描述:位置参数、尺度参数、形状参数、自由度参数。位置参数的作用是在水平方向平移概率分布曲线。尺度参数的作用通常是在水平和垂直方向拉伸或压缩曲线。当尺度参数趋于零时,曲线就压缩成了一个尖峰。通常情况下,非正数的尺度参数是不允许出现的。实际上,任何给定类型的概率分布都不只是一根单一的曲线分布,而是具有一族曲线分布。这是因为这些分布都有一个或多个形状参数。形状参

数的不同取值将概率分布变化成各种形状。将以上这些统计分布参数结合起来使用,可以使概率分布在模拟中特别有用,因为它们具有足够的灵活性以模拟各种数据集。任何分布的标准形式是指当位置参数等于 0 而尺度参数等于 1 时的形式。统计分布参数广泛地用于柴油机系统设计中的非确定性优化(图 3.9)。

3.4.2.4　概率分布之间的解析关系

两个独立随机变量之和的概率密度函数是它们各自概率密度函数的卷积。两个独立随机变量之差是它们各自概率密度函数的互相关函数。在柴油机系统设计中,响应参数的概率密度函数需要基于不同输入因子的概率密度函数加以分析。系统设计中的因子与响应之间的关系通常不是简单的和或差,而是非常非线性和复杂的。因此,诸如随机抽样的蒙特卡罗模拟的数值模拟方法在寻求发动机响应的概率密度函数中是非常必要的。

3.4.2.5　概率分布选择

不同的概率分布之间存在着很多复杂的关系。这些关系在概率论和统计学理论中已被很完善地研究过,在这方面有大量的教科书和手册。附录中的表 A.2 汇编和总结了在柴油机系统设计中常用的一些概率分布函数。在表 A.2 的统计分布中,使用了一套统一的符号以方便读者:x 或 y 表示随机变量的值(实数),α 表示位置参数,β 表示尺度参数,γ 表示形状参数。大多数的统计分布及其曲线形状都可以由两个或三个参数来表征。关于概率论和统计学的基本知识,读者可以参考 Law(2006)的著作。Evans 等人(2000)以及 Dodson 和 Schwab(2006)给出了概率分布函数及其统计特性的详细内容。另外,各种概率分布曲线的例子也可以从美国国家标准技术研究所的网站 www.itl.nist.gov/div898/handbook/secton3 上查到。

为多变性而设计和为可靠性而设计广泛使用概率分布。在可靠性工程中,概率分布通常是相对于时间进行拟合(即将平均无故障时间作为随机变量)。可靠性工程中最常用的分布是韦布尔分布、正态分布、对数正态分布、指数分布。另一方面,在为多变性而设计中,统计分布通常是相对于具有散布性的系统因子或响应参数来拟合(即将因子或响应作为随机变量)。

现将关于选择概率分布来拟合单变量统计数据的原则总结如下:

(1) 绘制和观察实际数据的直方图以识别和区分数据模式是非常重要的。可以根据以下几个方面识别和选择合适的统计分布种类(图 3.23):
  ➤ 连续分布与离散分布;
  ➤ 对称分布与非对称分布;
  ➤ 向中心围绕并堆积与均匀分布(即按峰度分类);
  ➤ 非对称的"尾巴"—— 正偏的离群值与负偏的或单侧偏斜的(即按偏度分类);
  ➤ 无极限与有上限或下限(极端值)。

(2) 计算实际数据分布的统计值是很必要的(例如均值、标准差、偏度、赢余峰度,见附录中的表 A.1)。检查以决定使用哪个分布函数来拟合实际数据最为贴切(见附录中的表 A.2);

(3) 统计分布是否易于使用是选择拟合模型时的另一个重要考虑因素。选定的分布并不需要是对数据的最佳拟合分布,但是需要足够准确以便拟合的统计模型能够产生正确有效的结论;

(4) 当使用一个选定的分布函数来拟合发动机系统响应的概率分布数据时,需要考虑发动机工作过程中的因子与响应之间的固有物理关系。当与输入因子所采用的概率分布函数种类相比时,要判断为输出响应所选择的概率分布函数在关系上是否合理;

(5) 为因子或响应所选定的概率分布函数的表征参数需要用概率分布作图的形式来估计,或者用最大似然估计方法来计算评估(Dodson 和 Schwab,2006),或者用最小二乘法估计。另外,还可以进行

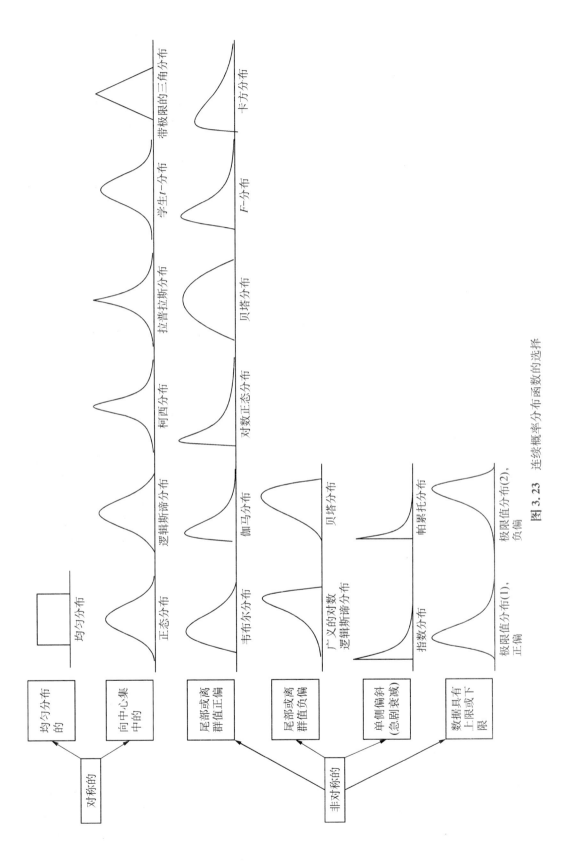

图 3. 23 连续概率分布函数的选择

拟合优度分析,将实际数据的分布函数(例如概率密度函数)与拟合的分布函数相比较,以便判断拟合的优劣。关于选择、拟合和测试统计分布模型的详细内容,读者可以参考 Shapiro(1990)的论述。

3.4.2.6 正态分布和其他常用的分布

当一个变量的真实统计分布未知时,通常可以暂时假定为正态分布(又称高斯分布或钟形曲线)。正态分布是使用最为广泛的分布。它在自然界和统计学中无处不在,其原因是由于著名的中心极限定理:每一个可以模拟为许多小独立变量之总和的变量,其分布大体是正态的。换言之,大量独立随机变量的总和或平均值分布大体是正态的,无论把这些变量的分布相加或平均。正态分布的数据有一个很强的向中心值集中的倾向,并向中心平均值的两侧对称地分布其偏差。这种对称的偏差特征使其偏度等于零。在正态分布中,相对于均值出现较大偏差的概率是很低的(即正态分布曲线具有很小的"尾巴"),这一特征使其赢余峰度等于零。Dodson 和 Schwab(2006)的书中对正态分布的特征有详细的阐述。

在对称分布这一大类分布中,各种分布的形状和峰度可以很不相同(图3.23)。它们中有的比正态分布具有一个更尖的峰和更长或更大的"尾巴"(即更高的峰度值)。例如,逻辑斯谛分布比正态分布具有更长更大的"尾巴"和更高的峰度值。它们中的其他一些分布与正态分布相比具有更低更宽的峰和更短或更小的"尾巴"(即低峰度值)。作为一个极端情形,当整个分布完全平坦化时,它就变成了均匀分布。

一些非对称分布在随机变量的值较低时在分布形状上具有一个峰,并具有一个向着更大的变量值方向逐步变细的"尾巴"。这些随机变量可以用对数正态分布或伽马分布来模拟。对于那些具有"悬崖"状陡降形状的分布来讲,最好使用指数分布来模拟。在正偏分布这族曲线中(例如韦布尔分布、伽马分布、对数正态分布),增大其形状参数会使分布的峰向左移动,并增大偏度的值。当形状参数非常大时,这些分布会变得向一侧严重偏斜,并具有一个快速衰减的分布曲线形状,就像指数分布那样。

当统计数据受制于一个上限或下限时(例如冷却器的效能值应小于100%,发动机的空气流量或压力应大于零),使用上述的一些统计分布有时可能会产生超出极限值范围的不切实际的数值的问题。取决于极限值的类型(即只有上限、只有下限、或者两者兼而有之),以下具有上下限极限的分布可以用来拟合数据:均匀分布、三角分布、正偏分布、负偏分布、单侧偏斜分布、极限值分布。另一种近似的替代处理方式是使用向心集中的对称分布(例如正态分布)来拟合数据,然后强行加上极限值而把超限的数据扔掉。如果分布曲线的"尾巴"(即要丢弃的部分)相对较小,使用这种方法所产生的负面影响会比较小。

最后,应当注意的是,在统计学理论中,有几个概率分布通常只在统计推断分析中使用,而非用于模拟物理的随机变量,因为它们是从其他基本分布派生出来的分布。这方面的例子包括卡方分布、F分布和 t 分布。

3.4.3 蒙特卡罗模拟简介

概率模型有时被冠以"蒙特卡罗"的名字。蒙特卡罗模拟是一个关于不确定性的模拟工具,始于20世纪40年代。不确定性是不能简单地由一个单一的平均值来代替的。否则,基于该平均值所做出的估计和设计决策一般都会大幅度偏离正确的决定。在发动机设计中,往往是那些在产品群体中由于多变性而处于极端情况的发动机个体决定了设计的成败,而不是整个群体的标称均值决定着成败。在面对风险而需要描述变量的不确定性时,概率分布是一个比单值描述远远更为符合实际的方式。

从广义而言,蒙特卡罗方法可以指任何用统计抽样的手段来近似定量问题的解的技术。它是分析从模型输入到模型输出在不确定性传播方面的一大类随机方法。它采用对模型输入的概率分布函数进行随机抽样,而且往往采用对若干输入变量同时进行独立和随机组合,并产生输出参数以及估计输出的概率分布。独立采样指的是两个或两个以上的输入分布之间没有相关性。蒙特卡罗计算通常是采用数千个随机抽样的样本,而不仅仅是几个离散的情形,这样做是为了满足概率评估的精度要求。蒙特卡罗这个词被烙刻在这种计算方法上,是因为 20 世纪 40 年代在美国洛斯阿拉莫斯国家实验室参与核武器项目工作的物理学家们曾用这个词来指游戏中的概率。蒙特卡罗方法的核心思想是使用随机样本作为输入来预测一个复杂的系统或过程的行为。

一个蒙特卡罗模拟方法通常包括以下几步:

(1) 建立一个确定性的参数化模型以链接输入与输出变量;

(2) 定义输入因子域(因子数目、它们的采样变化范围、概率分布);

(3) 在因子域上随机并独立地生成一组输入样本,记为第 i 组样本,X_{1i},X_{2i},$\cdots$,X_{ki};

(4) 用参数化模型和第 i 组输入数据进行确定性计算,以获得输出数据 Y_{1i},Y_{2i},$\cdots$,Y_{pi},记此次计算为第 i 次迭代;

(5) 从 $i=1$ 到 n 重复第三步和第四步(注:n 为样本组数);

(6) 将所有迭代次数的计算输出结果聚集起来,产生每个输出变量的概率分布(例如直方图或统计学总结参数比如发生频率、最小值、最大值、均值、中位数、标准差、方差、标准误差均值、百分位数、误差棒、公差带、置信区间、概率或可靠性预测、偏度、赢余峰度)。

第 3.1.9 节的图 3.10 说明了蒙特卡罗模拟的基本原则。不同类型的概率分布都可以用作输入,例如正态分布、对数正态分布、均匀分布、指数分布、三角分布。输出结果不是一个单一的固定值,而是一个带有概率分布的所有可能发生的结果的范围。蒙特卡罗方法在处理多维度(即许多输入因子)的不确定性方面非常有效。它也能够用比较简单便利的方式来处理随机输入因子的任何统计分布。一个好的蒙特卡罗模拟依赖于随机数的质量。随着构成统计概率分布的采样数据点越来越多,蒙特卡罗模拟的结果将收敛于一个越来越好的近似解。当每个采样点的计算量很大时,要求大量的采样点可能会成为蒙特卡罗方法的一个缺点。蒙特卡罗方法能够为一个随机变量提供预期值估计,并预测估计误差(由下式给出):

$$v \approx \frac{3\sigma}{\sqrt{n}} \tag{3.39}$$

式中,σ 是随机变量的标准差;n 是样本数。关于与蒙特卡罗方法有关的更深入讨论和先进分析技术,读者可以参考 Hampson 等人(2002)、Zou 等人(2004)、Daniels 和 Miazgowicz(2007)、Donders 等人(2007)、Farizal 和 Nikolaidis(2007)、Nikolaidis 等人(2008)的论述。

通过探索在全范围内的数以千计的各种可能的组合结果,使用蒙特卡罗模拟不仅能够在面临不确定性时获得更准确的结果,而且还能在敏感度分析方面揭示哪个输入变量对输出结果的概率分布会有最大的影响。这个方法将发动机的敏感度分析从用于为定目标而设计的确定性单点预测,扩展到用于为可靠性而设计以评估风险概率的更为先进的非确定性预测。

3.4.4 以往对基于可靠性的设计优化所进行的研究

Yan 等人(1993)分析了发动机设计因素的统计分布对排放量变化的影响。这些设计因素包括:喷油器喷嘴流量、喷油嘴端部伸出量、喷雾锥角、活塞距气缸盖的间隙、喷油定时和压力、润滑油的贡献、气门杆密封处泄漏量、涡流比等。由这些因子的统计变化造成的排放量的均值和标准差,可以用于设置工程开发中的排放目标,以确保整个发动机产品群体能够满足排放要求。在确定目标裕度时,他们考虑了一个适当的排放恶化因子。他们发现,喷油定时的变化主要影响氮氧化物和碳氢化合物的排放量变化,而喷嘴流量、喷油压力和定时以及润滑油贡献的变化控制颗粒物排放的变化。这样的敏感度信息可以用来调整控制因子的容差。

Dave 和 Hampson(2003)利用蒙特卡罗模拟研究了四个因子的统计分布对氮氧化物和有效燃油消耗率的概率分布的影响。这四个因子是喷油定时、中冷器出口空气温度、气缸壁面温度、进气门开启定时。他们使用响应曲面方法优化了四个设计因子的均值,将氮氧化物排放量的均值平移,并减小了氮氧化物的标准差,使得氮氧化物的均值比控制上限低 3σ,以确保排放达标。同时,他们还将有效燃油消耗率最小化,并满足达到氮氧化物和有效燃油消耗率的失效率目标这些约束条件。

Kokkolaras 等人(2005)分析了多变性对液压混合动力卡车性能的影响(例如燃油经济性)。这里的多变性包括许多在燃料电池、发动机和车辆中的随机设计参数。他们以一个带偏度的分布确定了车辆燃油经济性的概率密度函数。在他们基于可靠性的设计优化模拟中,需要大量的蒙特卡罗模拟。这使得他们不得不使用快速的替代模型来进行蒙特卡罗模拟计算。他们还使用了一种变量筛选技术来确定最重要的随机因子,以减小响应曲面方法试验设计矩阵的大小,从而能够建立准确的替代模型。他们得出以下一些结论:

- 对于驾驶循环的燃油经济性来讲,最重要的因子是燃油喷射定时、车辆迎风面积、滚动阻力、变速器效率;
- 对车辆加速性能影响最大的因子是燃油喷射定时、车辆迎风面积、进气增压压力、变速器效率、发动机的压缩比;
- 对设备静默期(silent watch)的燃油经济性最为重要的因子是燃料电池的温度、湿度比、膜厚。

他们使用基于可靠性的设计优化量化了燃油经济性与可靠性之间的权衡。他们发现该权衡具有高度的非线性,即当可靠性水平非常高时,燃料消耗率呈指数级大幅度增长。

Catania 等人(2005)分析了由司机驾驶风格、车辆重量、车辆行驶阻力、发动机的有效燃油消耗率和变速器效率所造成的燃料消耗上的变化。他们得出的结论是,燃油经济性的概率分布形状与输入因子的概率分布形状没有一致性。Hoffman 等人(2003)、Ejakov 等人(2003)和 Chan 等人(2004)研究了将基于多变性的设计优化应用于活塞组摩擦学。

Rahman 和 Sun(2003)应用抗扰性设计和基于多变性的优化分析了发动机冷却系统的可靠性问题和顶部水箱温度变化的问题。他们在蒙特卡罗模拟中假设每个输入因子都具有正态分布,并计算产生了顶部水箱温度的概率分布曲线,然后将其与规定的最高温度设计限值做了比较。他们还计算了失效率,即顶部水箱温度超过设计极限的概率。在他们的设计解决方案中,他们改变了输入因子的均值和标准差,以移动和调整顶部水箱温度的概率分布曲线来满足可靠性目标。

Rahman 等人(2007)使用多目标的带抗扰性的基于可靠性的设计优化,在概率可靠性约束条件下,将冷却系统的性能指标最优化(最大化),同时最大限度地减小标准差。他们的优化目标是性能的均值及其变化幅度。他们靠同时优化(最大化)性能的均值和最大限度地减小性能变化幅度获得了一个介于可靠性与抗扰性之间的平衡(或权衡)。这里存在一个折中,其原因是不可能做到在改进一个优化目标时不牺牲另一个目标。他们使用了帕雷托效率的概念计算权衡。他们运行了具有 10 000 个样本的蒙特卡罗模拟,确定出发动机冷却系统的统计数据。其研究中所用到的随机输入因子包括环境温度、发动机转速和散热量,确定性设计的控制因子包括冷却空气流量和压缩机皮带轮比率。他们在计算中使用了以下三个优化目标:①将顶部水箱温度的均值最大化(为了获得低的有效燃油消耗率);②尽量减小顶部水箱温度的标准差(为了获得高抗扰性);③最大限度地减小前端空气流量(为了获得低的有效燃油消耗率)。通过优化控制因子并调整随机控制因子的变化,在他们所得到的冷却系统可靠性与抗扰性之间的最佳平衡中,可以接受的发动机顶部水箱冷却液温度的概率从 57% 提高到了 95％；同时，顶部水箱温度的标准差从 9.72 ℃ 下降到了一个小得多的值 4.56 ℃。

3.4.5 柴油发动机系统设计中的概率模拟

表 3.6～表 3.7 和图 3.24～图 3.26 表示一个蒙特卡罗模拟，以研究多变性对一台重载柴油

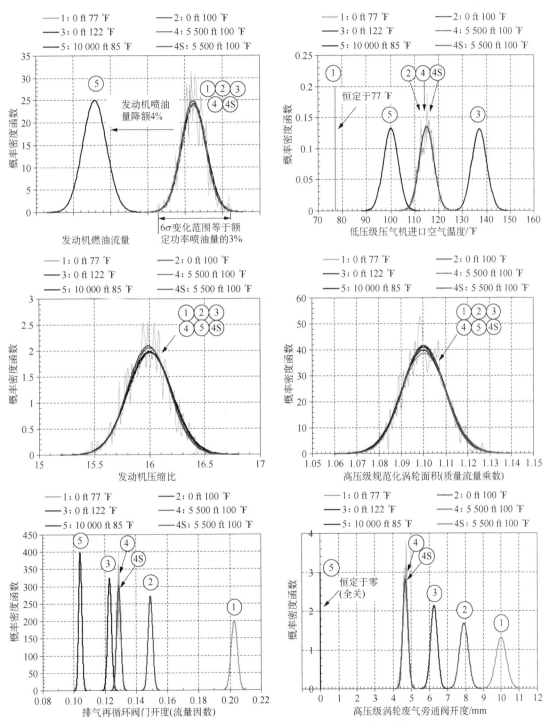

图 3.24 发动机系统设计中蒙特卡罗模拟的输入数据

机在额定功率条件下不同性能参数的概率分布的影响。这里的多变性主要包括在发动机的设计和标定或控制参数中的容差。这个模拟一共有六个算例，对应着五个不同的环境条件（算例1～5）和一个分析排气阻力变化的影响的敏感度算例（4S）。算例1具有零海拔（0英尺海拔高度）和在标准实验室条件下的25℃的正常环境温度。算例2具有零海拔和38℃的热环境，并模拟在装车条件下所具有的压气机进口空气温升（即环境温升ROA）。算例3具有零海拔和50℃的热环境，以及装车的环境温升条件。算例4具有1 676 m的海拔高度和38℃的热环境，以及装车的环境温升条件。算例5具有3 048 m的海拔高度和29℃的环境温度，以及装车的环境温升条件。算例4S大体与算例4相同，唯一的区别是使用了比算例4高10%的排气系统阻力流量因数，以模拟一个流动阻力较小的后处理系统（例如在碳烟再生后的清洁的柴油颗粒过滤器）。算例4S的排气阻力流量因数的标准差与算例4的相同。表3.6显示了算例4中使用的概率输入数据。这项研究一共包括17个随机输入因子，均假设为正态分布。大体上讲，其他五个算例所用的也都是相同的变异系数（即样本的标准差与均值之比）。当涡轮废气旁通阀完全关闭时（如算例5），假设废气旁通阀开度的标准差为零。蒙特卡罗模拟中的每个数据点的发动机性能计算结果，均经GT-POWER模拟获得。

表3.6　概率性发动机系统设计中蒙特卡罗模拟的第四个算例所使用的输入数据

输入因子符号	因子名称	单位	因子种类	基线均值	基线标准差	变异系数	模型中假设的统计分布
X_1	发动机压缩比	—	随机	16	0.2	1.25%	正态分布
X_2	高压级涡轮废气旁通阀开度	mm	随机	4.684 62	0.140 539	3.00%	正态分布
X_3	排气再循环阀门开度（流量因数）	—	随机	0.128 757	0.001 289	1.00%	正态分布
X_4	燃油质量流量		随机	基线值		0.5%	正态分布
X_5	排气阻力流量因数	—	随机	0.39	0.02	5.13%	正态分布
X_6	高压级压气机效率乘数	—	随机	1	0.013	1.30%	正态分布
X_7	低压级压气机效率乘数	—	随机	1	0.013	1.30%	正态分布
X_8	高压级涡轮效率乘数	—	随机	0.95	0.013	1.37%	正态分布
X_9	低压级涡轮效率乘数	—	随机	0.95	0.013	1.37%	正态分布
X_{10}	规范化后的高压级涡轮面积（质量流量乘数）	—	随机	1.1	0.01	0.91%	正态分布
X_{11}	规范化后的低压级涡轮面积（质量流量乘数）	—	随机	1	0.01	1.00%	正态分布
X_{12}	燃烧始点定时	°（曲轴转角）	随机	−10	0.1	1.00%	正态分布
X_{13}	中间冷却器（间冷器）冷却液进口温度	°F	随机	147.9	2	1.35%	正态分布
X_{14}	排气再循环冷却器冷却液进口温度	°F	随机	206.5	2	0.97%	正态分布
X_{15}	发动机冷却液进口温度	°F	随机	216.8	2	0.92%	正态分布
X_{16}	中冷器冷却空气进口温度	°F	随机	113	2	1.77%	正态分布
X_{17}	低压级压气机进口空气温度（$T_{AMB}+\Delta T_{ROA}$）	°F	随机	115	3	2.61%	正态分布

注：① 本算例采用额定喷油量，具有5 500 ft海拔高度和100 °F环境温度。
　　② 变异系数按标准差与均值之比计算。
　　③ X_{16}和X_{17}只适用于在车条件，而不是标准实验室发动机条件（即海平面海拔高度，77 °F环境温度）。
　　④ 在关于排气阻力变化影响的敏感度分析算例中，排气阻力流量因数的均值从基线均值的0.39增加了10%而达到0.429。

图 3.24 为一些输入因子的概率分布。图中不光滑的振荡数据分布表示的是采用 1 000 个随机样本所进行的蒙特卡罗模拟的原始数据。图中的光滑分布曲线是利用正态分布的拟合结果。原始数据的概率分布是通过使用 100 个样本分配箱获得的,这些样本箱在数值跨度上覆盖了每个给定参数的整个样本值范围。样本分配箱的个数如果用得较少,原始数据的分布就会显得不那么振荡,但是在概率分布曲线的形状上可能会出现"台阶式变化",因为较多的样本会落到每一个样本箱里。相比之下,样本分配箱的个数如果用得较多,数据分布将呈现出更多的振荡,甚至可能会在某些参数值上表现出零概率密度,这是因为有些样本箱可能根本分不到样本。数据振荡的程度与为了数据显示而使用的样本箱的数目有关,并不表明模拟精度。蒙特卡罗模拟中所使用的样本数量才是影响精度的因素。

图 3.25 表示了响应参数的一个例子,包括蒙特卡罗模拟的原始数据和正态分布拟合曲线。图 3.26 表示了发动机性能方面的所有重要响应参数的概率分布曲线。表 3.7 列出了所有六个算例的响应参数的变异系数的计算结果。关于该项研究的结论,可以总结如下:

(1) 每个响应参数的变化范围可以从这项研究中清楚地观察到(见表 3.7 和图 3.26)。应当指出的是,响应参数的变化范围是由如表 3.6 中所示的输入因子的假设变化范围所控制的;

(2) 对于一个给定的响应参数来讲,其在不同环境条件下的概率密度函数分布的形状是不同的。这表明了输入因子(特别是涡轮废气旁通阀开度和排气再循环阀门开度)的概率分布形状的影响,也表明了在不同环境条件下的复杂的非线性发动机行为的影响;

(3) 不同的发动机性能参数在不同的环境条件下会表现出它们的极端值。例如,最高气缸压力在算例 1 中(海平面,25 ℃)具有最坏(最高)值,而排气歧管气体温度在算例 5 中(3 048 m 海拔,29 ℃)达到最坏(最高)值,甚至在已经把额定喷油量降低了 4% 的情况下。不同类型的发动机设计约束条件或耐久性极限值在图 3.26 中作为例子有所标注。响应参数的概率分布可以与这些设计极限值予以比较,以检查评估失效概率和耐久性或可靠性问题的概率;

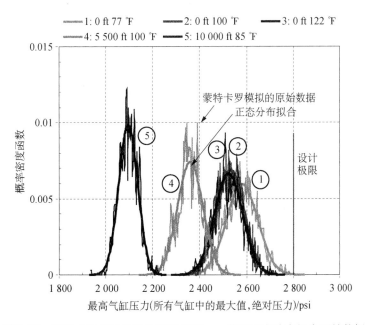

图 3.25 蒙特卡罗模拟的输出数据示例——使用正态分布拟合原始数据

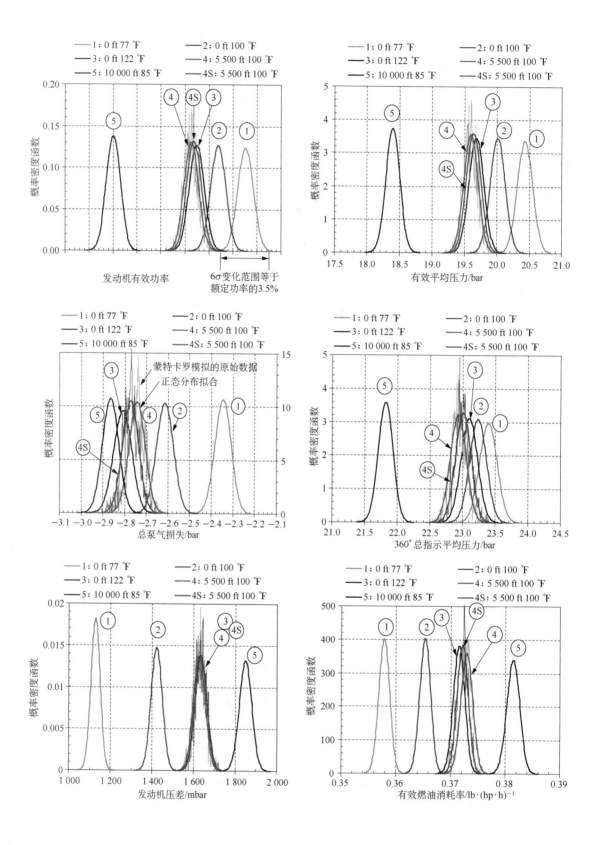

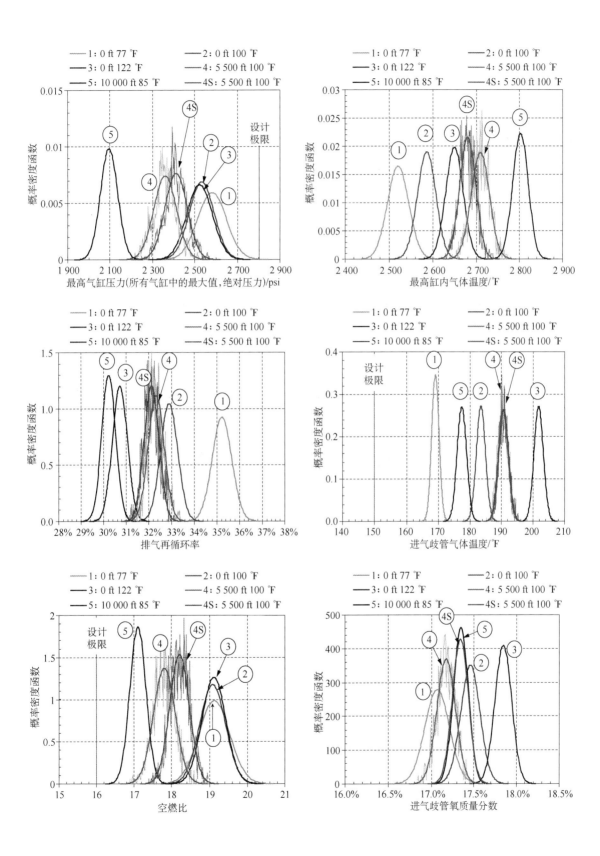

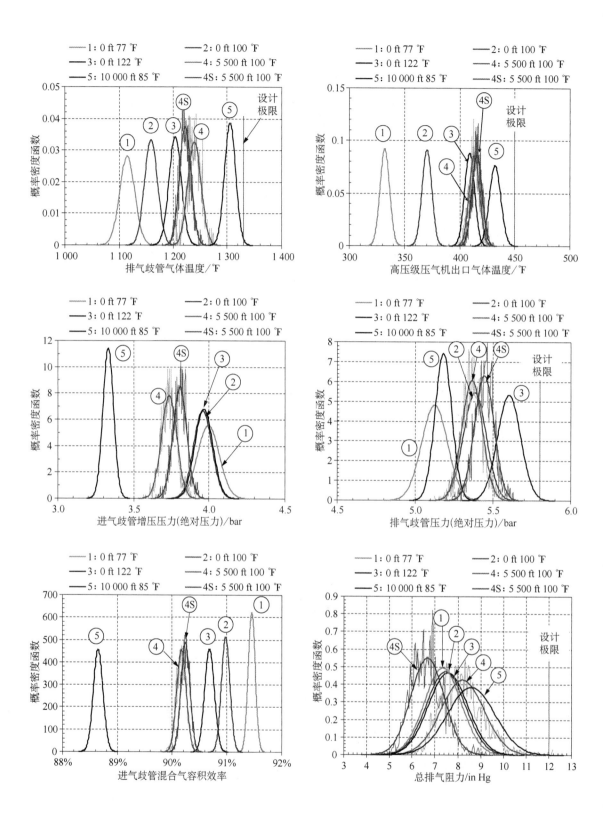

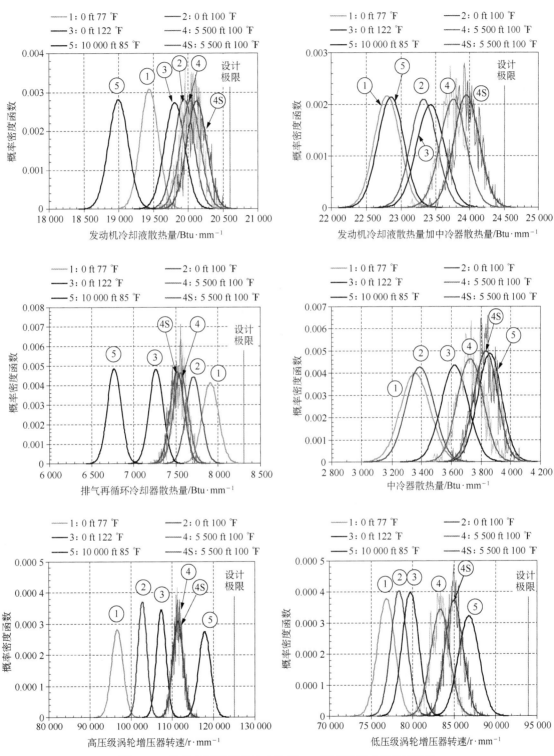

图 3.26 蒙特卡罗模拟的输出数据——概率性发动机系统设计

表 3.7 蒙特卡罗模拟算例中发动机系统响应的变异系数

参数	算例 1	算例 2	算例 3	算例 4	算例 4S	算例 5	5 个算例的平均值
发动机有效功率	0.58%	0.58%	0.59%	0.57%	0.57%	0.58%	0.58%
有效平均压力(BMEP)	0.58%	0.58%	0.59%	0.57%	0.57%	0.58%	0.58%
总泵气损失(总 PMEP)	1.59%	1.48%	1.48%	1.40%	1.40%	1.30%	1.45%
360°总指示平均有效压力(总 IMEP)	0.57%	0.55%	0.55%	0.54%	0.54%	0.51%	0.55%
发动机压差	1.95%	1.91%	1.82%	1.78%	1.78%	1.63%	1.82%
有效燃油消耗率	0.28%	0.27%	0.28%	0.30%	0.30%	0.31%	0.29%
最高气缸压力(所有气缸的最大值)	2.60%	2.29%	2.38%	2.28%	2.28%	1.94%	2.30%
最高缸内气体温度	0.96%	0.81%	0.76%	0.78%	0.78%	0.64%	0.79%
排气再循环率	1.23%	1.16%	1.08%	1.10%	1.10%	1.02%	1.12%
进气歧管气体温度	0.68%	0.80%	0.73%	0.79%	0.79%	0.83%	0.77%
空燃比	2.11%	1.78%	1.65%	1.64%	1.64%	1.25%	1.69%
进气歧管氧质量分数	0.84%	0.65%	0.55%	0.63%	0.63%	0.50%	0.63%
排气歧管气体温度	1.27%	1.03%	0.97%	0.99%	0.99%	0.79%	1.01%
高压级压气机出口气体温度	1.30%	1.18%	1.10%	1.12%	1.12%	1.21%	1.18%
进气歧管增压压力	1.80%	1.51%	1.48%	1.36%	1.36%	1.05%	1.44%
排气歧管压力	1.62%	1.36%	1.34%	1.23%	1.23%	1.04%	1.32%
进气歧管混合物充量因数	0.07%	0.09%	0.10%	0.10%	0.10%	0.10%	0.09%
总排气阻力(压力降)	10.95%	11.26%	11.25%	11.41%	11.41%	12.08%	11.39%
发动机冷却液散热量	0.67%	0.71%	0.74%	0.72%	0.72%	0.75%	0.71%
发动机冷却液散热量与中冷器散热量的总和	0.81%	0.82%	0.86%	0.80%	0.80%	0.82%	0.82%
排气再循环冷却器散热量	1.22%	1.17%	1.14%	1.14%	1.14%	1.22%	1.18%
中冷器散热量	2.99%	2.75%	2.53%	2.31%	2.31%	2.12%	2.54%
高压级涡轮增压器实际转速	1.47%	1.05%	1.08%	1.16%	1.16%	1.23%	1.20%
低压级涡轮增压器实际转速	1.38%	1.26%	1.25%	1.39%	1.39%	1.43%	1.34%

注:变异系数按样本的标准差与均值之比计算。5 个算例的平均值包括算例 1,2,3,4,5。

(4) 算例 4S 为一个典型的关于设计或标定参数变化效应的敏感度分析。算例 4S 与算例 4 相比具有一个低得多的排气阻力压力降。这使得算例 4S 具有更高的发动机空气流量和所导致的更高的最高气缸压力。可以采用这种方法来分析发动机响应参数的概率分布形状相对于输入因子的概率分布的敏感度;

(5) 这项蒙特卡罗模拟工作将多个发动机运行条件(即在不同的环境条件下)结合起来放在一张概率分布图中,从而能够很方便地比较它们。采用类似的分析手段和作图构造方式,还可以将在不同的发动机转速或负荷下的性能概率数据汇总结合在同一张概率分布图上予以研究;

(6) 发动机系统设计中的这种先进的概率分析,能够比传统的确定性方法提供多得多的信息,以便系统设计人员全面地评估多变性、可靠性、耐久性和设计安全裕度。

3.5 参考文献和书目

3.5.1 英文参考文献和书目

3.5.1.1 试验设计和优化

Baker J, Brunson D. 2000. Statistical modelling of engine systems [M]//Edwards S P, Grove D M, Wynn H P (editors). *Statistics for Engine Optimization*. Suffolk: Professional Engineering Publishing. 61-82.

Baranescu R A, Desai S D, Ginder D A. 1989. Optimization analysis of a diesel engine using cycle analysis and Taguchi methods [C]. SAE paper 891895.

Bates R A, Fontana R, Randazzo C, Vaccarino E, Wynn H P. 2000. Empirical modelling of diesel engine performance for robust engineering design [M]//Edwards S P, Grove D M, Wynn H P (editors). *Statistics for Engine Optimization*. Suffolk: Professional Engineering Publishing. 163-173.

Box G E P, Draper N R. 1987. *Empirical Model-Building and Response Surfaces* [M]. New York, NY: John Wiley & Sons.

Brooks T, Lumsden G, Blaxill H. 2005. Improving base engine calibrations for diesel vehicles through the use of DOE and optimization techniques [C]. SAE paper 2005-01-3833.

Carey W R. 1992. *Tools for Today's Engineer: Strategy for Achieving Engineering Excellence* [M]. The 38th L. Ray Buckendale Lecture, SAE SP-913. SAE paper 920040. Warrendale, PA: SAE International.

Courteille E, Mortier F, Leotoing L, Ragneau E. 2005. Multi-objective robust design optimization of an engine mounting system [C]. SAE paper 2005-01-2412.

Dvorak T M, Hoekstra R L. 1996. Optimizing internal combustion engine performance through response surface methodology [C]. SAE paper 962525.

Edwards S P, Grove D M, Wynn H P (editors). 2000. *Statistics for Engine Optimization* [M]. Suffolk: Professional Engineering Publishing.

Eriksson L, Johansson E, Kettaneh-Wold N, Wikstrom C, Wold S. 1999. *Design of Experiments: Principles and Applications* [M]. Sweden: Umetrics AB.

Fowlkes W Y, Creveling C M. 1995. *Engineering Methods for Robust Product Design: Using Taguchi Methods in Technology and Product Development* [M]. Reading, MA: Addison-Wesley Publishing Company.

Gardner T P. 1992. Investigation of the effects of engine design parameters on diesel combustion and emissions using Taguchi methods [C]. SAE paper 920116.

Goh T N. 1994. Taguchi methods in practice: an analysis of Hoh's paradox [J]. *Quality and Reliability Engineering*, 10 (5): 417-421.

He Y, Rutland C. 2004. Application of artificial neural networks in engine modelling [J]. *International Journal of Engine Research*, 5 (4): 281-296.

Hunter C E, Gardner T P, Zakrajsek C E. 1990. Simultaneous optimization of diesel engine parameters for low emissions using Taguchi methods [C]. SAE paper 902075.

Kazancioglu E, Wu G, Ko J, Bohac S, Filipi Z, Hu S J, Assanis D, Saitou K. 2003. Robust optimization of an automobile valvetrain using a multi-objective genetic algorithm [C]. *Proceedings of DETC* 2003/*DAC*-48714, *ASME* 2003 *Design Engineering Technical Conference*. Chicago, IL. September 2-6.

Li Z, Kokkolaras M, Jung D, Papalambros P Y, Assanis D N. 2004. An optimization study of manufacturing variation effects on diesel injector design with emphasis on emissions [C]. SAE paper 2004-01-1560.

Lumsden G, Browett C, Taylor J, Kennedy G. 2004. Mapping complex engines [C]. SAE paper 2004-01-0038.

Mallamo F, Badami M, Millo F. 2004. Application of the design of experiments and objective functions for the optimization of multiple injection strategies for low emissions in CR diesel engines [C]. SAE paper 2004-01-0123.

Montgomery D C. 1991. *Design and Analysis of Experiments* [M]. 3rd edition. New York, NY: John Wiley & Sons.

Montgomery D T, Reitz R D. 2000. Applying design of experiments to the optimization of heavy-duty diesel engine operating parameters [M]//Edwards S P, Grove D M, Wynn H P (editors). *Statistics for Engine Optimization*. Suffolk: Professional Engineering Publishing. 83-98.

Myers R H, Montgomery D C. 2002. *Response Surface Methodology: Process and Product Optimization Using Designed Experiments* [M]. 2nd edition. New York, NY: John Wiley & Sons.

Parmee I C, Watson A H. 2000. An investigation of the utilization of genetic programming techniques for response curve modelling [M]//Edwards S P, Grove D M, Wynn H P (editors). *Statistics for Engine Optimization*. Suffolk: Professional Engineering Publishing. 125-143.

Roepke K, Fischer M. 2001. Efficient layout and calibration of variable valve trains [C]. SAE paper 2001-01-0668.

Roy R. 1990. *A Primer on the Taguchi Method* [M]. New York, NY: Van Nostrand Reinhold.

Rutter B, Hurley R, Eade D, Kisenyi J, Collingwood I. 1996. Optimization of precious metal loadings in automotive catalysts using response surface methodology [C]. SAE paper 961907.

Shayler P J, Dow P I, Hayden D J, Horn G. 2000. Using neural networks in the characterization and manipulation of engine data [M]//Edwards S P, Grove D M, Wynn H P (editors). *Statistics for Engine Optimization*. Suffolk: Professional Engineering Publishing. 145-161.

Siddall J N. 1982. *Optimal Engineering Design: Principles and Applications* [M]. New York, NY: Marcel Dekker.

Srinivasan S, Tanner F X, Macek J, Polacek M. 2006. Computational optimization of split injections and EGR in a diesel engine using an adaptive gradient-based algorithm [C]. SAE paper 2006-01-0059.

Srinivasan S, Macek J, Polacek M, Tanner F X. 2007. Computational optimization of a split Injection system with EGR and boost pressure/compression ratio variations in a diesel engine [C]. SAE paper 2007-01-0168.

Taguchi G. 1986. *Introduction to Quality Engineering* [M]. Whiter Plains, NY: Kraus International Publications.

Tanner F X, Srinivasan S. 2005. Optimization of fuel injection configurations for the reduction of emissions and fuel consumption in a diesel engine using a conjugate gradient method [C]. SAE paper 2005-01-1244.

The MathWorks. 2007. SAE 2007 SAE Commercial Vehicle Engineering Congress – MathWorks hosted panel on analytical calibration [C/OL]. SAE Panel Discussion. Available at: www. mathworks. com/mason/tag/proxy. html? dataid=9962&fileid...

Thiel M P, Klingbeil A E, Reitz R D. 2002. Experimental optimization of a heavy-duty diesel engine using automated genetic algorithms [C]. SAE paper 2002-01-0960.

Urano Y, Nakano Y, Takada H, Sugita M. 2005. Optimization technique for transient emission reduction of heavy duty diesel engine [C]. SAE paper 2005-01-1099.

Win Z, Gakkhar R P, Jain S C, Bhattacharya M. 2002. Noise, emissions and fuel economy investigation on a small DI diesel using Taguchi methods [C]. SAE paper 2002-32-1793.

Yamamoto M, Yoneya S, Matsuguchi T, Kumagai Y. 2002. Optimization of heavy duty diesel engine parameters for low exhaust emissions using the design of experiments [C]. SAE paper 2002-01-1148.

Yan J, Rogalla R, Kramer T. 1993. Diesel combustion and transient emissions optimization using Taguchi methods [C]. SAE paper 930600.

Zottin W, Cuco A, Reis M, Silva R. 2008. Application of optimization techniques in the design of engine components [C]. SAE paper 2008-01-0219.

3.5.1.2　概率、抗扰性设计和基于可靠性的设计优化

Catania A E, d'Ambrosio S, Guenna G M, Petrolo D, Pilo L, Strazzullo L. 2007. New modeling for reliable evaluation of parameter variability effects on vehicle fuel consumption [C]. SAE paper 2007-01-0328.

Chan K Y, Kokkolaras M, Papalambros P, Skerlos S J, Mourelatoes Z. 2004. Propagation of uncertainty in optimal design of multilevel systems: piston-ring/cylinder-liner case study [C]. SAE paper 2004-01-1559.

Courteille E, Mortier F, Leotoing L, Ragneau E. 2005. Multi-objective robust design optimization of an engine mounting system [C]. SAE paper 2005-01-2412.

Daniels C, Miazgowicz K. 2007. Incorporating design variation into a 1-D analytical model of a 4.6L-4V Ford engine for improving performance projections [C]. SAE paper 2007-01-4098.

Dave A, Hampson G J. 2003. Robust engine design using engine simulations [C]. SAE paper 2003-01-0371.

Dinsmore M L, Unglenieks R. 2005. Acoustical optimization using quasi-Monte Carlo methods and SEA modeling [C]. SAE paper 2005-01-2431.

Dodson B, Schwab H. 2006. *Accelerated Testing: A Practitioner's Guide to Accelerated and Reliability Testing* [M]. Warrendale, PA: SAE International.

Donders S, d'Ippolito R, Auweraer H V, Hack M, Tzannetakis N, Farkas L, Desmet W. 2007. Uncertainty-based design in automotive and aerospace engineering [C]. SAE paper 2007-01-0355.

Ejakov M A, Yeager D A, Kayupov M. 2003. Reliability and robustness analysis of engine ring-pack performance [C]. SAE paper 2003-01-1221.

Evans M, Hastings N, Peacock B. 2000. *Statistical Distributions* [M]. 3rd edition. New York, NY: John Wiley & Sons.

Farizal F, Nikolaidis E. 2007. Assessment of imprecise reliability using efficient probabilistic reanalysis [C]. SAE paper 2007-01-0552.

Fowlkes W Y, Creveling C M. 1995. *Engineering Methods for Robust Product Design: Using Taguchi Methods in Technology and Product Development* [M]. Reading, MA: Addison-Wesley Publishing Company.

Gogate S D, Duncan A E. 2001. Digital prototype simulations to achieve vehicle level NVH targets in the presence of uncertainties [C]. SAE paper 2001-01-1529.

Gu L, Li G, Yang R J. 2004. An Excel based robust design tool for vehicle structural optimization [C]. SAE paper 2004-01-1124.

Gu L, Yang R J. 2003. Recent applications on reliability-based optimization of automotive structures [C]. SAE paper 2003-01-0152.

Hampson G, Dave A, Tandel V, Smyth J. 2002. AutoDOE optimization and direct execution of GT-Power engine simulations [C]. *GT-Suite Users Conference*. Dearborn, MI. November 18.

Hoffman R M, Sudjianto A, Du X, Stout J. 2003. Robust piston design and optimization using piston secondary motion analysis [C]. SAE paper 2003-01-0148.

Kokkolaras M, Mourelatos Z, Louca L, Filipi Z, Delagrammatikas G, Stefanopoulou A, Papalambros P, Assanis D. 2005. Design under uncertainty and assessment of performance reliability of a dual-use medium truck with hydraulic-hybrid powertrain and fuel cell auxiliary power unit [C]. SAE paper 2005-01-1396.

Law A M. 2006. *Simulation Modeling and Analysis* [M]. 4th edition. New York, NY: McGraw-Hill.

Li Z, Kokkolaras M, Jung D, Papalambros P Y, Assanis D N. 2004. An optimization study of manufacturing variation effects on diesel injector design with emphasis on emissions [C]. SAE paper 2004-01-1560.

Mourelatos Z P, Liang J. 2005. A reliability-based robust design methodology [C]. SAE paper 2005-01-0811.

Mourelatos Z P, Liang J. 2006. A methodology for trading-off performance and robustness under uncertainty [J]. *Transactions of the ASME, Journal of Mechanical Design*, 128: 856-863.

Nikolaidis E, Saleem S, Farizal, Zhang G, Mourelatos Z P. 2008. Probabilistic reanalysis using Monte Carlo simulation [C]. SAE paper 2008-01-0215.

Rahman S, Kayupov M, Li J, Mourelatos Z P. 2007. Balance between reliability and robustness in engine cooling system optimal design [C]. SAE paper 2007-01-0594.

Rahman S, Sun R. 2003. Robust engineering of engine cooling system [C]. SAE paper 2003-01-0149.

Roy R. 1990. *A Primer on the Taguchi Method* [M]. New York, NY: Van Nostrand Reinhold.

Savage J, Tang Y, Xie Z, Rahman S S. 2007. Sensitivity analysis of powertrain cooling system performance [C]. SAE paper 2007-01-0598.

Shapiro S S. 1990. Selection, fitting, and testing statistical models [M]//Wadsworth H M (editor). *Handbook of Statistical Methods for Engineers and Scientists*. New York, NY: McGraw-Hill. 6.1-6.34.

Tang Y, Grall N, Savage J. 2008. Various impacting factors on a radiator top tank temperature [C]. SAE paper 2008-01-1438.

Tao W, Yuan Y, Liu E A, Hill J, Zou Q, Barber G. 2007. Robust optimization of engine lubrication system [C]. SAE paper 2007-01-1568.

Yan J, Rogalla R, Kramer T. 1993. Diesel combustion and transient emissions optimization using Taguchi methods [C]. SAE paper 930600.

Zottin W, Cuco A, Reis M, Silva R. 2008. Application of optimization techniques in the design of engine components [C]. SAE paper 2008-01-0219.

Zou T, Mourelatos Z P, Mahadevan S. 2004. Reliability analysis using Monte Carlo simulation and response surface methods [C]. SAE paper 2004-01-0431.

3.5.2 中文参考文献和书目

3.5.2.1 系统优化

综述

陈科.基于熵增理论的优化算法研究及其应用[J].内燃机学报,2004,22(3):273-278.

程耿东,顾元宪,王健.我国机械优化研究与应用的综述和展望[J].机械强度,1995,17(2):68-74.

冯浩.机械设计中的优化决策[J].机械设计,1990(1):9-13.

郝强,陈启海,姚春宣,李兵.内燃机工程研究新方法[M].北京:国防工业出版社,1999.

何芝仙,桂长林.内燃机优化设计研究现状与展望[J].机械设计,2005,22(1):1-4,58.

李惠珍.优化设计在内燃机中的应用[J].内燃机工程,1993,14(2):48-55.

殷勋,张保成.基于多学科设计优化技术(MDO)的内燃机现代设计方法[J].内燃机,2007(6):25-26,31.

尹泽勇,韩旭.利用优化技术提高汽车发动机综合性能的探讨[J].汽车工程,2006,28(12):1094-1099.

发动机性能优化

邓晓龙,张宗杰,李少鹤.内燃机油底壳加强板声学优化[J].内燃机工程,2003,24(1):47-50.

霍宏煜,刘巽俊,李骏,徐波.电控柴油机的标定和性能优化[J].内燃机学报,1998,16(1):18-24.

李国岫.车用发动机电控系统优化标定方法的研究[J].柴油机设计与制造,2005,14(1):7-10.

李晓波,张京南,王熠,王力强.柴油机全工况优化计算[J].柴油机,2004(增刊):123-124.

李艳红,蔡忆昔,王玉昆.柴油机工作过程参数优化方法及其应用[J].小型内燃机与摩托车,2003,32(5):28-30.

毛明华,倪计民.柴油机性能优化计算及分析[J].柴油机设计与制造,2008,15(4):11-15,52.

王兆娟,李国岫,王磊.发动机电控系统优化匹配方法的研究[J].小型内燃机,1999,28(4):32-37.

周岳康,韩文艳,董尧清,李伟军.欧Ⅳ轿车柴油机关键参数优化与匹配试验研究[J].内燃机工程,2009,30(6):61-66.

朱玉华,徐维新.柴油机工作过程优化计算方法的研究及其应用[J].车用发动机,1997(1):37-40.

增压系统优化

马云明.涡轮增压技术的发展——增压器优化选型[J].内燃机工程,1992,13(2):1-7.

帅石金,胡欲立,刘永长.MPC结构参数优化数学模型的研究[J].车用发动机,1996(5):44-46.

邬静川,谢子明,顾宏中.高速增压柴油机增压系统优化设计[J].内燃机学报,1991,9(4):330-336.

杨策,马朝臣,王憔,老大中.离心压气机的初步设计及其优化方法[J].内燃机学报,2001,19(5):454-458.

杨守平,张付军,张金伦,高思远.涡轮增压柴油机MPC增压系统优化设计[J].车用发动机,2010(2):11-15.

进排气系统设计优化

刘杨,李国岫,刑卫东,胡力峰.增压柴油机排气系统结构参数的仿真优化[J].柴油机设计与制造,2009,16(2):1-6.

卓斌,顾宏中.排气能量传递分析与结构优化[J].内燃机学报,1990,8(1):13-18.

配气机构设计优化

崔毅,宋义忠,戴正兴,邓康耀.以功率为目标的汽油机凸轮型线优化研究[J].内燃机工程,2010,31(4):21-24.

胡军,徐燕申,肖学福.铝合金陶瓷摇臂配气机构的气门弹簧优化设计[J].内燃机,2002(3):7-11.

李兵,顾德裕.基于MATLAB的配气凸轮优化设计[J].山东内燃机,2006(1):31-33,38.

李惠珍,高峰.配气凸轮型线动态优化设计[J].内燃机学报,1990,8(4):329-336.

李耀明,周建华,赵晓霓.W6170柴油机凸轮型线优化设计及配气机构动力学分析[J].山东内燃机,2000(1):14-17.

李智,常晓萍,Lou Yigong.基于禁忌搜索算法的内燃机配气机构优化设计[J].农业机械学报,2005,36(4):116-118.

廖祥兵,王军,张立军.顶置凸轮轴凸轮型线的优化设计[J].内燃机学报,2001,19(6):588-592.

刘一鸣.配气凸轮型线动态优化设计研究[J].柴油机,1995(4):5-8.

龙连春,马照松,胡丽萍,张国刚,隋允康.避碰组合多项式凸轮型线及其优化设计[J].内燃机学报,2002,20(2):171-175.

陆际清,许昕,李艳东.对气门机构优化设计方法的探讨[J].内燃机学报,1997,15(1):120-127.

潘公宇,黄鼎友.发动机气门弹簧的可靠性优化设计[J].车用发动机,1996(4):45-47.

孙军.475型柴油机多项动力凸轮的优化设计[J].小型内燃机与摩托车,2003,32(2):20-21,41.

滕弘飞,隋允康,韦日钰.高速柴油机气门弹簧动态优化设计[J].内燃机工程,1994,15(3):62-69.

田丰果,寇桂岳,熊巍,李文凤,吴锦行.柴油汽车发动机气门弹簧的最优化设计与计算[J].制造业自动化,2011,33(1):43-44,51.

王军岗,俞水良.机车柴油机配气凸轮型线及机构优化设计的探讨[J].内燃机车,2000(3):7-11.

韦日钰,滕弘飞,隋允康.五次样条配气凸轮型线动力优化设计[J].内燃机学报,1993,11(4):360-367.

谢宗法,金文斌,张小印,张承瑞,曹心诚,朱琰.基于最优化设计理论的配气凸轮升程误差分析[J].内燃机工程,2007,28(5):71-74.

薛劲松,姜莉.配气凸轮的计算机优化设计[J].车用发动机,1996(5):47-50.

曾朝阳,肖敏.顶置式N次谐波凸轮的优化设计[J].汽车技术,1992(10):14-22.

詹樟松,杨正军,刘兴春.高次多项式动力凸轮优化设计及MATLAB算法实现[J].内燃机,2004(1):4-6.

冷却系统设计优化

陈吉安,王登峰,郑联珠,彭巧励,吕伟.散热器散热规律分析与最佳工作参数的确定[J].农业机械学报,2000,31(4):81-84.

孙军,桂长林.水冷内燃机风扇的优化设计[J].内燃机工程,2003,24(5):52-54.

王中铮,吴晋湘,赵镇南,张力.战车用换热器优化设计解析[J].机械设计,1992(5):5-10.

向建华,张卫正.基于MATLAB的离心风扇优化设计[J].内燃机工程,2002,23(1):29-32.

徐磊,尤文祥.内燃机车冷却系统技术经济模型的建立及优化设计[J].内燃机车,2003(12):9-11.

发动机结构设计优化

常晓萍,李智,卢兰光.内燃机径向滑动轴承的进化设计法[J].农业机械学报,2005,36(6):94-97.

陈汉林,徐红漫.内燃机连杆的优化设计[J].内燃机,2004(6):16-17,30.

蒋元广,张保成,左正兴.基于集成仿真技术的曲轴结构优化方法研究[J].内燃机工程,2005,26(3):61-63.

邵正宇.内燃机径向滑动轴承优化设计[J].内燃机,2002(5):13-15.

孙军,符永红,邓玫,蔡晓霞,桂长林.计及曲轴强度的曲轴轴承优化设计[J].内燃机学报,2009,27(1):92-95.

试验设计方法

蔡兴旺.多因素回归旋转设计在内燃机试验中的应用[J].内燃机学报,1989,7(3):259-264.

曹晖.均匀设计在内燃机油研制中的应用[J].润滑油,1998,13(6):32-37.

王晓瑜,陈国华,蒋炎坤.2^k析因试验设计及其在发动机排放中的运用[J].内燃机工程,2004,25(2):18-22.

徐哲.均匀设计在共轨柴油机性能优化中的应用[J].柴油机设计与制造,2009,16(2):14-18.

朱建元.正交设计在柴油机性能改进研究中的应用[J].柴油机,1996(4):35-39.

多目标优化

程贤福.独立公理在多目标优化设计中的应用研究[J].机械强度,2009,31(3):405-409.lin 林志强,苏万华.基于 LaGrange-SUMT 方法的全电控柴油引燃天然气发动机 MAP 优化标定技术[J].内燃机学报,2004,22(5):385-390.

耿金花,高齐圣,张嗣瀛.多因素、多指标产品系统的建模与优化[J].系统工程学报,2008,23(4):449-454.

蒋春明,阮米庆.汽车机械式变速器多目标可靠性优化设计[J].汽车工程,2007,29(12):1090-1093.

蒋增强,刘明周,赵韩,葛茂根.基于多目标优化的产品协同开发任务调度研究[J].农业机械学报,2008,39(3):154-158,162.

王航,郭然,康顺.增压器压气机级多目标气动优化设计[J].内燃机工程,2010,31(5):41-46.

杨靖,肖明伟,谭理刚,崔东晓,邓帮林.轻型汽油车改装柴油机后发动机悬置系统和冷却系统的优化设计[J].客车技术与研究,2006(2):34-36.

易正根,陈国华,刘国庆.基于 MATLAB 的内燃机工作过程参数优化[J].柴油机设计与制造,2002(1):21-24.

张京明,周金宝.汽车动力性燃油经济性的综合评价[J].汽车工程,1996,18(1):51-54.

张翔.工程设计多目标优化的评价准则[J].机械设计,1993(4Z):1-3,6.

遗传算法

丁卫东,尉宇.基于遗传算法的机械零部件可靠性优化设计[J].机械设计,2003,20(3):48-49,60.

房立清,徐章遂,米东.基于遗传规划的发动机燃烧系统故障诊断[J].车用发动机,2000(4):33-35.

黄豪中,苏万华,裴毅强.微种群遗传算法在电控柴油机控制参数优化中的应用[J].燃烧科学与技术,2009,15(5):423-428.

姜述刚,石奕,张云龙,袁大宏.遗传算法在电控汽油机控制参数优化中的应用[J].内燃机学报,2000,18(4):414-418.

李兵,朱梅林,陈晓伟,柯蓬勃.基于遗传算法的发动机气门弹簧的优化设计[J].机械设计,1998(9):22-23.

卢兰光,张小军,崔可润.遗传算法在内燃机气缸直径和行程最优化设计中的应用[J].小型内燃机,2000,29(5):13-15,38.

商斌梁,夏勇,张振仁,薛模根.遗传算法在气门机构故障诊断中的应用[J].内燃机学报,2000,18(4):419-422.

吴光强,陈慧勇.基于遗传算法的混合动力汽车参数多目标优化[J].汽车工程,2009,31(1):60-64.

徐桂红,刘兴华,李小金.基于遗传算法的曲柄连杆机构可靠性分配[J].内燃机工程,2007,28(2):60-64.

颜伏伍,胡峰,田韶鹏,袁督军.基于多目标遗传算法的汽车动力传动系统参数优化设计[J].汽车技术,2009(12):20-23.

游国忠,赵晓丹,苏清祖.基于遗传算法的柴油机气缸压力信号识别[J].农业机械学报,2006,37(2):9-13.

周密,侯之超.基于遗传算法的动力总成悬置系统优化设计[J].汽车技术,2006(9):13-16.

神经网络

① 神经网络在性能中的应用

白书战,李国祥,王桂国,贾迎军.基于神经网络的排气消声器的优化设计方法[J].农业机械学报,2005,36(12):153-155.

陈晓伟,朱梅林,李兵.神经网络技术在内燃机工程研究中的应用[J].车用发动机,1998(6):18-22.

邓名华,范维澄.神经网络在柴油机放热规律预测中的应用[J].内燃机学报,2000,18(1):110-111.

杜常清,颜伏伍,杨平龙,杜传进.基于 BP 神经网络的发动机转矩估计[J].汽车工程,2008,30(7):588-591.

杜海平,张亮,史习智,周校平,刘国庆.基于径向基函数神经网络的内燃机气缸压力识别[J].内燃机学报,2001,19(3):249-252.

段敏,王岩松,石晶.基于神经网络的发动机噪声的预测[J].汽车工程,2002,24(6):507-509.

冯国胜,杨绍普,程京平.基于神经网络的柴油机性能建模[J].内燃机学报,2005,23(2):182-186.

高峻,朱梅林,刘小灵.车用柴油机扭矩和烟度的神经网络分析研究[J].柴油机,2002(5):30-34.

桂勇,赵长禄,张付军,姜丹娜.人工神经网络与遗传算法在发动机性能优化中的应用[J].车用发动机,2005(1):12-15.

何勇,裴正军,冯雷.基于神经网络的柴油机技术状况评估仿真方法[J].农业机械学报,2002,33(5):1-3,16.

黄流军.基于神经网络的压气机特性的计算[J].柴油机设计与制造,2010,16(4):22-25,43.

黄强,刘永长,魏明锐.内燃机中人工神经网络技术的研究[J].小型内燃机与摩托车,2002,31(2):43-46.

梁桂森,顾宏中,邬静川.人工神经网络技术在柴油机排放控制中应用[J].内燃机工程,1998,19(2):71-75.

刘伯运,常汉宝,刘敏林.基于 RBF 神经网络的柴油机整体性能预测[J].柴油机,2004(增刊):55-57.

刘伯运,欧阳光耀,常汉宝.基于粗糙集理论的内燃机状态评估指标体系构建[J].小型内燃机与摩托车,2007,36(2):11-13.

刘放浪,邓元望.基于线性神经网络与柴油十六烷值预测发动机 NO_x 排放[J].柴油机设计与制造,2007,15(4):14-17.

孟凡明,张优云.基于缸盖振动信号的活塞环腔压力径向基神经网络识别研究[J].内燃机工程,2005,26(6):44-47.

钱立军,裘著永,赵韩.基于 BP 神经网络的发动机排放预测[J].汽车工程,2005,27(1):28-30,99.

秦建国,雷雨龙.基于神经网络的发动机稳态模型研究[J].汽车技术,1998(9):14-15,23.

曲伟,马海军.用神经网络研究柴油机性能[J].柴油机设计与制造,2004(2):15-18.

王曦,朱建新,张德庆,王琦.神经网络在内燃机整机振动主动控制中的应用研究[J].车用发动机,2003(1):44-46.

吴利民,朱梅林,邓元望.车用柴油机排放和性能的神经网络方法研究[J].柴油机设计与制造,2003(2):18-22.

肖宝兰,俞小莉,韩松,陆国栋,夏立峰.基于神经网络方法预测翅片参数对车用中冷器性能的影响[J].内燃机工程,2010,31(5):92-96.

徐凯,朱梅林,高峻.基于模糊神经网络的柴油机经济性指标预测[J].柴油机设计与制造,2000(4):8-11.

阴晓峰,葛安林,雷雨龙,牛铭奎.基于神经网络的发动机动态模型的研究[J].汽车工程,2001,23(3):145-147,151.

曾利权,陈晓伟,习纲.用神经网络模拟内燃机万有特性[J].内燃机工程,1997,18(1):61-64.

张捷,高世伦,蒋方毅,黄为.基于神经网络的柴油机 NO_x 排放实时仿真模型[J].车用发动机,2007(2):37-39.

张京明,崔胜民,邹春会.RBF 神经网络理论在发动机特性计算中的应用[J].车用发动机,2002(1):12-14.

张卫东,陈国钧,唐开元.采用神经网络改善闭式循环柴油机的供氧控制[J].内燃机学报,2001,19(2):173-176.

张豫南,葛蕴珊,徐春龙,马晓军.BP 和 RBF 神经网络在辨识内燃机燃烧过程中的应用[J].车用发动机,2003(2):13-15,19.

周斌.车用发动机工况法排放的神经网络模拟[J].车用发动机,2003(4):29-31.

周斌,谭达明,魏道远,志贺圣一,Machacon H T C.基于神经网络的内燃机排放预测方法的研究[J].内燃机学报,2001,19(4):361-364.

② 神经网络在耐久性和可靠性中的应用

陈欠根,袁东来,费望龙.基于小波包和遗传 BP 神经网络的缸套－活塞组磨损研究[J].内燃机车,2008(2):14-17.

吕震宙,杨子政.基于神经网络的可靠性分析新方法[J].机械强度,2006,28(5):699-702.

王静,刘焜,王伟,胡兆稳.SVM 在缸套-活塞磨损状态监测中的应用研究[J].车用发动机,2010(2):85-88.

张义民,张雷.基于神经网络的机械零部件可靠性优化设计[J].农业机械学报,2005,36(4):112-115,122.

③ 神经网络在故障诊断中的应用

白烨,陈怡然,周轶尘.基于模糊分类的无监督神经网络与内燃机缸内部件状态的在线监测[J].内燃机学报,1998,16(1):88-93.

冯志鹏,宋希庚,薛冬新.基于粗糙集与神经网络集成的内燃机故障诊断[J].内燃机学报,2003,21(1):75-80.

高经纬,姜乐华,傅俭毅.基于支持向量机的发动机磨损故障识别[J].内燃机,2008(4):34-37.

何勇,张涌钢,黄德明.基于神经网络的发动机实时检测与故障诊断系统[J].农业机械学报,2001,32(4):80-83.

李智,陈祥初,刘政波.基于图像与神经网络的柴油机气门故障诊断方法研究[J].内燃机学报,2001,19(3):241-244.

陆怀民,李美华,窦美霞,郭秀荣,赵志国.神经网络专家系统在发动机故障诊断中的应用[J].车辆与动力技术,2008(2):53-56.

门艳忠,王福林.神经网络和专家系统在汽车发动机故障诊断中的应用研究[J].机械设计,2007,24(12):64-65.

钱耀义,燕学智,项东.基于神经网络的发动机故障诊断模型研究[J].农业机械学报,2001,32(5):115-117.

孙红辉,张清华,宋贤征.基于 RBF 神经网络的柴油机故障诊断[J].小型内燃机与摩托车,2009,38(1):70-72.

田静宜,潘宏侠,杨业.基于粗糙集的特征值优化及柴油机故障诊断[J].车用发动机,2010(5):84-89.

王奉涛,马孝江,张勇.基于局域波-粗糙集-神经网络的故障诊断方法研究[J].内燃机工程,2007,28(2):80-84.

汪云,张幽彤.电控柴油机在线实时故障诊断方法研究[J].柴油机,2001(3):29-32.

吴锋,潘书澜,邹博文.基于 BP 神经网络的电控汽油机传感器故障在线诊断技术研究[J].内燃机学报,2006,24(4):369-373.

武华锋,李著信,伍建林,苏毅.基于支持向量机的柴油机排气阀智能故障诊断研究[J].内燃机学报,2006,24(5):465-469.

夏勇,张振仁,商斌梁,郭明芳,张毅.基于图像处理与神经网络的内燃机故障诊断研究[J].内燃机学报,2001,19(4):356-360.

燕学智,钱耀义.基于人工神经网络技术的发动机故障诊断系统[J].内燃机工程,2001,22(1):78-81.

周瑞,杨建国.基于粗糙集与支持向量机的发动机故障诊断研究[J].内燃机学报,2006,24(4):379-383.

系统辨识

罗春潮,郁飞.遗传算法与正交试验在一类系统辨识问题中的研究[J].华东船舶工业学院学报(自然科学版),2002,16(5):33-37.

庞守美,付仁才.基于系统辨识算法的齿轮传动动态性能研究[J].山东内燃机,2001(2):24-28.

茹菲,李铁鹰.人工神经网络系统辨识综述[J].软件导刊,2011,10(3):134-135.

王斌,刘昭度,吴利军.汽车动力驱动系统传递特性实验建模[J].汽车工程,2007,29(2):137-140.

王琳,马平.系统辨识方法综述[J].电力情报,2001(4):63-66.

张健,王闽南,霍春宝.基于工况点线性模型的内燃机车柴油机在线辨识[J].内燃机工程,2003,24(4):45-49.

张立群,邵惠鹤.系统辨识实验设计综述[J].化工自动化及仪表,2004,31(1):1-5.

张优云.系统识别在摩擦学中的应用[J].润滑与密封,1989,(1-2):50-54.

3.5.2.2　响应曲面方法

[美]Douglas C.Montgomery.实验设计与分析[M].第6版.傅珏生,张健,王振羽,解燕译.北京:人们邮电出版社,2009.

3.5.2.3　发动机系统的试验设计优化

白向东,马维忍,李向荣,刘福水.贝叶斯原理在发动机标定中的应用[J].小型内燃机与摩托车,2006,35(5):12-15.

胡友安,周建方,李晓东,陈图钧.涡壳结构参数的正交试验优化设计[J].内燃机学报,2006,24(5):470-475.

李艳红,王玉昆.非线性回归——网格法在优化柴油机工作过程中的应用[J].柴油机,2003(4):32-34,38.

李云清,王海鹰,成传松,王艳华,王德福.联合Boost和Matlab基于模型的仿真和标定方法研究[J].内燃机工程,2010,31(4):78-82.

刘福水,仇滔,刘兴华,程昌圻,白向东.基于模型的电控柴油机标定技术[J].车用发动机,2005(6):1-4.

刘传宝,张洪涛.电控柴油机离线标定系统的研究[J].汽车工程,2009,31(6):503-506.

穆海林,孙民,王荣生,陈家骅.内燃机工作过程优化计算方法的研究[J].内燃机学报,1993,11(1):9-16.

谢辉,陈礼勇.电控柴油机标定中空间填充试验设计的应用研究[J].小型内燃机与摩托车,2008,37(3):66-68.

徐美娟,王群弟.用正交设计研究添加剂对发动机油抗磨性能的影响[J].润滑油,1997,12(3):13-16,39.

衣丰艳,陈德阳,贾倩.基于柴油机技术参数变化对碳烟排放影响的试验研究[J].小型内燃机与摩托车,2009,38(4):23-25.

张京永,杨振源,欧阳明高.高压共轨柴油机起动过程特点与优化方法的研究[J].内燃机学报,2003,21(3):201-206.

周广猛,刘瑞林,李骏,戈非,魏冲.基于模型的电控发动机标定技术[J].汽车技术,2011(1):1-5.

3.5.2.4　多变性、可靠性和抗扰性的概率优化

陈希孺.概率论与数理统计[M].北京:科学出版社,中国科学技术大学出版社,2000.

基于抗扰性的优化

陈立周,翁海珊.工程稳健优化设计[J].机械设计,1998(8):6-9.

李锋,孟广伟,周振平,周立明.结构疲劳寿命稳健性优化设计[J].机械工程学报,2010,46(2):155-158.

李玉强,崔振山,陈军,阮雪榆,张冬娟.基于双响应面模型的6σ稳健设计[J].机械强度,2006,28(5):690-694.

罗佑新,廖德591,车晓毅,刘奇元.混合离散变量的高维多目标灰色稳健优化设计[J].农业机械学报,2008,39(9):129-133.

张武,陈剑,夏海.基于灵敏度分析的发动机悬置系统稳健优化设计[J].汽车工程,2009,31(8):728-732,755.

蒙特卡罗模拟

曹天捷,周则恭.最小二乘法在估计概率分布参数中的应用[J].机械强度,1997,19(4):33-36.

陈剑,徐陈夏.发动机悬置系统优化设计及其可靠性分析[J].汽车工程,2009,31(3):234-238.

陈立周,何晓峰.工程随机变量概率优化设计的某些基本概念和方法[J].机械设计,1992(4):3-8.

董大伟,谭达明,陈华斌.多缸柴油机动力平衡性能的概率统计分析[J].内燃机工程,1995,16(2):33-38.

康晓第,黄振声.分布函数拟合的最优化方法[J].机械强度,1991,13(2):8-12,17.

时培成,陈无畏,高立新.基于蒙特卡罗法的动力总成悬置系统稳健性设计[J].汽车工程,2010,32(8):707-711.

赵永翔,孙亚芳,高庆.分析常用7种统计分布的统一线性回归方法[J].机械强度,2001,23(1):102-106.

柴 油 发 动 机 系 统 设 计

柴油发动机系统设计中的发动机热力学循环、车辆动力系性能和排放

4

动态和静态柴油发动机系统设计基础

摘要: 本章给出柴油发动机动态和静态系统设计的基础,将瞬时发动机缸内热力学循环过程与空气系统气体流动网路的理论方程联系起来。在动态系统设计中,着重讨论发动机歧管充填动力学。同时,本章提出关于泵气损失和发动机压差的理论,这方面的内容是现代高排气再循环涡轮增压柴油机的关键设计问题。该理论可以用来预测发动机的硬件性能或者确定满足性能目标要求的硬件和软件设计指标。本章还提出了关于发动机空气系统的四个核心方程,并对空气系统的不同理论选择方案给予总结。

4.1 柴油发动机性能特征简介

4.1.1 发动机性能脉谱图

发动机的性能经常以在转速和负荷区域上的运行特征来表示,例如排放、油耗、噪声、机械负荷、热负荷等。发动机性能脉谱图指的是某个特定的性能参数在转速-负荷区域上的等值线图。对性能脉谱图的良好理解对于系统设计人员来讲非常重要。

对于采用固定尺寸而无灵活控制功能硬件的发动机来讲(例如固定截面涡轮、机械凸轮轴、机械水泵),最佳的系统性能往往是高转速与低转速运行之间或者高负荷与低负荷运行之间的折中。折中现象在转速(或负荷)范围较大时尤为明显。将发动机用户的使用运行特征(例如车辆驾驶循环或船用发动机负荷循环)映射到发动机的转速-负荷域脉谱图上,并将发动机的转速-负荷特性映射到部件的特征图上(例如压气机性能图),是系统人员在进行集成时的两大重要设计技术。由于发动机的转速-负荷特性极为重要,本节将重点展示并讨论一些典型的性能脉谱图。

4.1.2 发动机功率和燃油消耗特征

图 4.1 给出了一台重载柴油机在海平面海拔高度和正常环境温度下稳态工况的 GT-POWER 模拟数据。发动机有效功率脉谱图具有二次多项式的等值线,因为功率等于转速乘以扭矩。车辆在恒定的行驶速度但不同的变速器齿轮传动比时的各个运行点基本位于一条恒功率曲线上。

发动机的有效燃油消耗率的等值线通常在低转速和高负荷的区域具有其最小值(最优值),比如在最大扭矩工况附近。燃油消耗率主要受喷油定时、发动机压差、机械摩擦和热损失影响。在一个给定的转速下,有效燃油消耗率向着很低的负荷方向大幅度增加的原因是由于机械摩擦功率相对于有效功率的比例变得越来越高,这也意味着发动机的机械效率变得越来越低。在一个给定的扭矩下,有效燃油消耗率向着高转速方向增加的原因部分地是由于机械摩擦和发动机压差的增加。有效燃油消耗率等值线的形状也极大地受排放标定策略影响,尤其是在高于 25% 的负荷区域以及介于最大扭矩转速与额定转速之间的区域。

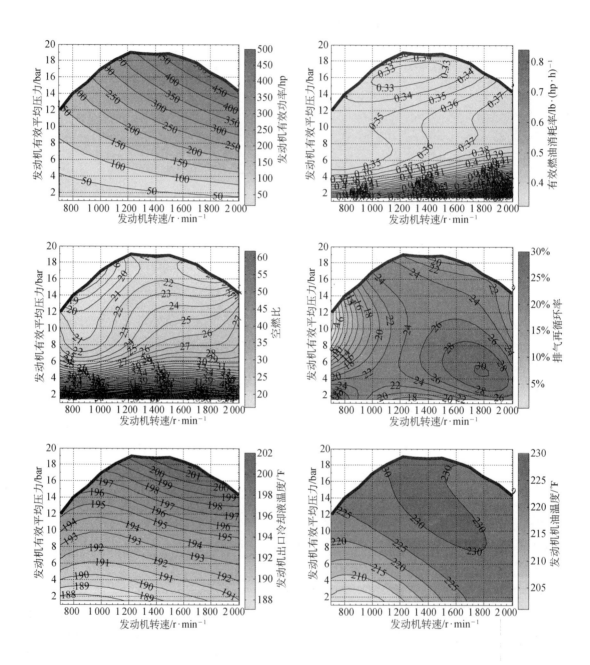

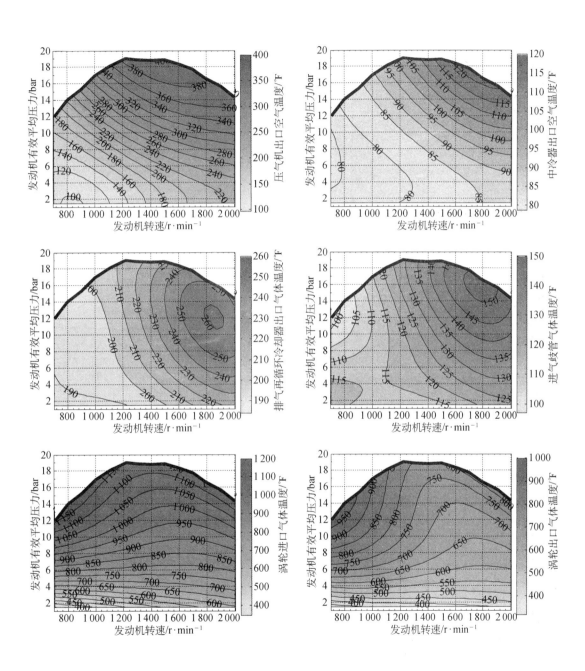

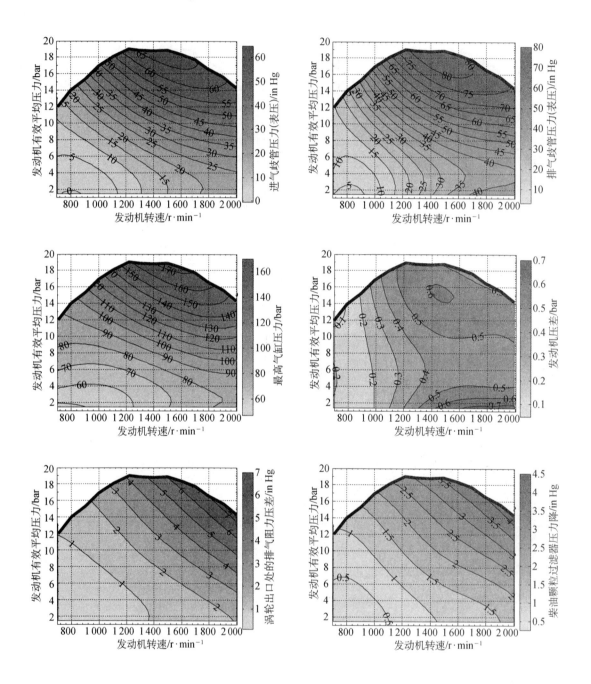

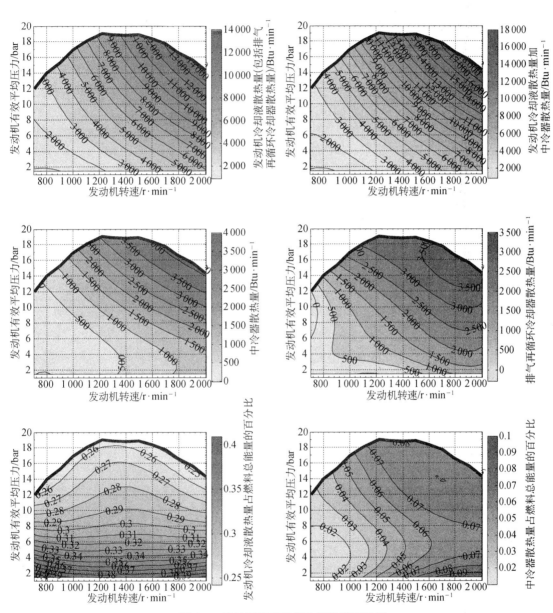

图 4.1 柴油机稳态系统性能脉谱图示例

4.1.3　发动机空燃比和排气再循环率的特征

发动机的空燃比定义为整机新鲜空气的质量流量与燃料的质量流量之比。空燃比等值线的形状主要受喷油量（或负荷）、涡轮增压器型式和排气再循环率影响。过高的空燃比，特别是在高负荷时，可能会产生较高的泵气损失、最高气缸压力和压气机出口空气温度。过低的空燃比，可能会导致燃烧效率恶化、较高的排烟和较高的排气温度等问题。在一个给定的转速和负荷时的空燃比受发动机的空气和燃料流量影响，而空气流量是由进气歧管压力和发动机的充量因数确定的。与固定截面涡轮或气动控制的废气旁通涡轮不同，现代柴油机上使用的电控废气旁通涡轮和可变截面涡轮能灵活地在很大程度上调节或降低空燃比，或者在较大的转速-负荷范围内（尤其是在中等或高负荷）甚至能将其维持在一个几乎恒定的水平。

排气再循环率定义为排气再循环气体的质量流量与它和新鲜空气的总质量流量之比。排气再循环率等值线的形状主要取决于排放和性能标定。排气再循环率直接影响冷却液散热量、空燃比、进气歧管增压压力和排气歧管气体温度等性能和耐久性参数。

4.1.4　发动机温度特征

发动机出口冷却液温度（或散热器进口冷却液温度）由冷却液散热量以及散热器和水泵的工作特征所决定。冷却液温度通常在全负荷工况达到最大值，但不一定发生在额定转速。事实上，冷却液的最高温度通常发生在最大扭矩或中等转速全负荷工况。机油温度受冷却液流量和机油冷却器散热量影响，该散热量包括机械摩擦耗功转化成的热量和活塞冷却的传热量。机油的最高温度可能会发生在低于额定转速的某个较低转速。

压气机出口空气温度主要受压气机的压比、流量和效率影响。中冷器（CAC）出口空气温度（在与排气再循环气体混合之前）受中冷器效能和冷却介质温度（亦称冷却器环境温度）影响。过低的中冷器出口温度可能会产生冷凝水问题。排气再循环冷却器出口气体温度受排冷器效能、冷却液温度和排气再循环流量影响。同样地，过低的排冷器出口气体温度可能会产生水和硫酸的冷凝问题。进气歧管气体温度（IMT）是中冷器出口的新鲜空气与排冷器出口的排气进行混合的结果。所需的进气歧管气体温度是由控制氮氧化物排放的要求与为了获得良好的耐久性而控制冷凝水的极限温度要求这两者之间的一个折中来决定的。如同最大的排气再循环气体流量一样，最高的进气歧管气体温度可能并不总是发生在额定功率，有时它们会发生在高转速和高部分负荷工况，具体取决于排气再循环率。

涡轮进口排气温度（或排气歧管气体温度）主要取决于气缸充量与燃料的质量流量之比（称为充量燃料比）、放热率和进气歧管气体温度。充量流量指的是新鲜空气和排气再循环气体的质量流量总和。涡轮出口排气温度受涡轮进气温度和涡轮效率影响。这个温度对后处理装置的性能和效率以及柴油颗粒过滤器的再生很重要，尤其是在低转速或低负荷时。

4.1.5　发动机压力特征

进气歧管压力由压气机压比或者从本质上讲由涡轮压比确定。它通过与充量因数的关系决定了发动机的空气流量。它也会影响最高气缸压力和发动机压差。排气歧管压力受涡轮的面积和流量影响。它会影响涡轮压比和发动机压差。最大气缸压力通常发生在额定功率。发动机压差主要受空气流量、涡轮面积、涡轮增压器效率和充量因数影响。发动机压差对泵气损失和驱动排气再循环的能力影响极大。它是现代柴油机空气系统设计中最重要的参数。关于发动机压差的控制，本书有详细而深入的阐述。排气阻力通常是指从涡轮出口到环境的总压力降。排气阻力受发动机空气流量以及排气和后处理系统的流动阻力特征影响。排气阻力极大地影响涡轮的性能和膨胀比,故而影响增压压力和空燃比。柴油颗粒过滤器的压力降随着运行时间会发生变化,其值取决于过滤器里积累的碳烟量。

4.1.6　发动机散热量特征

发动机冷却液的散热量影响顶部水箱、散热器进口和发动机进口的冷却液温度。它通常在额定功率附近或更高的转速达到其最大值。发动机冷却液和中冷器的总散热量从发动机的角度向车辆冷却系统设计提出了一个挑战。需要注意的是,对发动机制造企业而言,其提供的车辆前端总散热量通常不包括变速器冷却器的散热量,这部分散热量通常是由车辆动力总成或传动系的设计人员予以估算。在车辆冷却系统的设计中,变速器冷却器、空调器和其他一些零散杂项来源的散热量都需要予以考虑。中冷器或排冷器的散热量与空气或排气流量以及冷却器的气侧温降成正比。燃料总能量中损失于发动机本体冷却液散热量的百分数在高负荷时一般比较低,而在低负荷时比较高。其原因是,在高负荷时,发动机有效功率占燃料总能量的相对比例比较高;而在低负荷情况恰恰相反,以至于所有的燃料能量主要都耗散到了冷却液散热量和排气中。

4.2　发动机缸内热力学循环过程的理论公式

4.2.1　发动机热力学循环计算概述

发动机热力学循环分析是空气系统理论的核心,也是静态(稳态)和动态(瞬态)发动机系统设计的基础。依靠现代商业软件包,在一个图形化编程或建模环境下,把模型的组件布置在一起,可以迅速建立一个发动机系统的性能模型。通过运行这样的模型,让模型自身在内部去求解所涉及的微分方程组(即软件使用人员不必花费精力去研究方程的解法),可以很方便地产生大量的性能模拟数据。然而,为了在分析和揭示发动机系统特征时用好模型,系统设计人员需要理解相关参数之间的因果关系。他们还需要用一种正确、直观和简单的方式来解释和表达所计算的结果。例如,他们需要解释当硬件设计参数和软件标定参数的数值改变后,泵气损失发生变化的原因。而理解基础知识和基本关系的最好方法就是研究描述系统行为的控制方程。参数依变关系可以从方程中在数学上予以揭示。就这个目的来讲,简化的方程形式是可以令人接受的,而且往往也是必要的。本章将讲述发动机循环模拟软件背后的基本理论。发动机缸内循环过程的微分方程和涡轮增压排气再循环发动机的气体流动网路系统的稳态方程,这两者都会在本章中予以论述,而且包括它们之间的联系。另外,本章也将对传热、燃烧和进排气门流量的补充子模型进行介绍。

在内燃机热力学循环方面,许多研究人员都曾给出过大量的评述(Chow 和 Wyszynski,1999;Ribeiro 和 Martins,2007;Silva,1993;Veiásquez 和 Milanez,1995;Júnior 等人,2005;Primus,1999;Proell,1993;Makartchouk,2002)。Watson(1999)评述了涡轮增压器的性能。Palm III(2005)和 Ogata(2004)的书中对系统动力学(即瞬态性能和基于模型的电子控制的基础)做了介绍。Rakopoulos 和 Giakoumis(2009)总结了柴油机的瞬态性能模拟。另外,关于内燃机的基础知识,作为参考信息,内燃机英文词汇和缩写词在 SAE J604(1995)中有一部分收录。Pulkrabek(2003)介绍了内燃机的基本知识。内燃机的性能在几本经典的教科书(Heywood,1988;Stone,1999;Martyr 和 Plint,2007)和美国汽车工程师学会标准(SAE J228,J604,J1312,J1829,J2548,J2723)中都有详细介绍。发动机测试的内容在 Plint 和 Maryr(1999)的书中有详细的论述和总结。发动机测试规范可以从 SAE J1995(1995)、J1349(2008)和在参考文献一节中开列的 ISO 标准中找到。至于发动机设计的细节内容,读者可以参考 Haddad 和 Watson(1984a,1984b)、Challen 和 Baranescu(1999)以及 Basshuysen 和 Schafer(2004)的论述。

4.2.2 发动机缸内循环过程的模型假设

发动机的缸内循环过程是由气体的温度(T)、压力(p)和质量(m)确定的。这三个参数是由求解能量守恒和质量守恒这两个相对于时间的常微分方程和一个理想气体方程得到的。缸内的 T, p 和 m 的初始条件可以由进气歧管的参数估计而得。发动机缸内过程和气体网路计算是基于曲轴转角沿着时间进行数值积分,直到整个发动机内的所有气体状态参数都实现循环收敛为止。本章所述的缸内热力学模型的假设包括以下内容:

- 缸内单区模型(即已燃和未燃的混合气在空间具有一个均匀的温度);
- 零维状态参数(即在每一时刻,气缸内的压力、温度或浓度在空间内处处相等或均匀;另外,没有冷凝物质);
- 理想气体(即缸内气体服从气体状态方程 $pV = mR_{gas}T$;气体的比热、内能和熔值随温度和组分而变化,但不随压力变化);
- 气体流入和流出气缸的过程服从准稳态过程(即在数值积分的一个很小的时间步长内,流动过程被近似地处理为稳态);
- 忽略进、排气流的动能。

4.2.3 缸内瞬时循环过程的控制方程

发动机缸内气体的能量守恒方程可以表述为

$$\frac{dU}{d\phi} = \frac{dW}{d\phi} + \sum_i \frac{dQ_i}{d\phi} + \sum_j h_j \cdot \frac{dm_j}{d\phi} \tag{4.1}$$

式中,ϕ 是曲轴转角(以度(°)为单位);U 是缸内气体的内能;W 是作用于活塞的机械功;Q_i 是通过系统边界交换的热量和燃料燃烧的热量;h_j 是比熔;$h_j m_j$ 是由进气带入和排气流出气缸所携带的能量。以零熔值基准对应于 0 K 或 298.15 K 或任何其他的基准温度为定义,可以计算气体的熔值。需要注意的是,热量或质量流量的正值表示流入气缸,负值表示流出气缸。式(4.1)中的每一项可以进一步表达为:

$$\frac{dU}{d\phi} = \frac{d(m \cdot u)}{d\phi} = u\frac{dm}{d\phi} + m\frac{du}{d\phi} \tag{4.2}$$

$$\frac{dW}{d\phi} = -p\frac{dV}{d\phi} \tag{4.3}$$

$$\sum_i \frac{dQ_i}{d\phi} = \frac{dQ_{fuel}}{d\phi} + \frac{dQ_{wall}}{d\phi} \tag{4.4}$$

式中,V 是缸内瞬时容积;m 是在缸内的气体质量;Q_{fuel} 是燃料燃烧释放的热能;Q_{wall} 是通过气缸盖、活塞和缸套的壁面的传热量。进气和排气的气体交换质量流量所对应的能量平衡式为:

$$\sum_j h_j \cdot \frac{dm_j}{d\phi} = h_{in} \cdot \frac{dm_{in}}{d\phi} + h_{ex} \cdot \frac{dm_{ex}}{d\phi} \tag{4.5}$$

式中，m_{in}是流入气缸的进气质量；m_{ex}是流出气缸的排气质量；h_{in}和h_{ex}分别是在进气门和排气门处的气体熔值。由于理想气体的比内能可以表示为$u = u(T，\zeta)$，式中的ζ是过量空燃比（定义为实际空燃比除以理论配比空燃比，或者称为"当量比"的倒数），可以得到下面的关系式：

$$\frac{\mathrm{d}u}{\mathrm{d}\phi} = \frac{\partial u}{\partial T} \cdot \frac{\mathrm{d}T}{\mathrm{d}\phi} + \frac{\partial u}{\partial \zeta} \cdot \frac{\mathrm{d}\zeta}{\mathrm{d}\phi} = c_v \cdot \frac{\mathrm{d}T}{\mathrm{d}\phi} + \frac{\partial u}{\partial \zeta} \cdot \frac{\mathrm{d}\zeta}{\mathrm{d}\phi} \tag{4.6}$$

将这些关系代入式(4.1)，可以将能量守恒方程转化成以下形式，用以求解缸内气体温度T：

$$\frac{\mathrm{d}T}{\mathrm{d}\phi} = \frac{1}{m \cdot c_v} \cdot \left(\frac{\mathrm{d}Q_{fuel}}{\mathrm{d}\phi} + \frac{\mathrm{d}Q_{wall}}{\mathrm{d}\phi} - p\frac{\mathrm{d}V}{\mathrm{d}\phi} + h_{in}\frac{\mathrm{d}m_{in}}{\mathrm{d}\phi} + h_{ex}\frac{\mathrm{d}m_{ex}}{\mathrm{d}\phi} - u\frac{\mathrm{d}m}{\mathrm{d}\phi} - m\frac{\partial u}{\partial \zeta} \cdot \frac{\mathrm{d}\zeta}{\mathrm{d}\phi} \right) \tag{4.7}$$

缸内气体的质量守恒方程可以表述为

$$\frac{\mathrm{d}m}{\mathrm{d}\phi} = \frac{\mathrm{d}m_{in}}{\mathrm{d}\phi} + \frac{\mathrm{d}m_{ex}}{\mathrm{d}\phi} + \frac{\mathrm{d}m_{fuelB}}{\mathrm{d}\phi} \tag{4.8}$$

式中，m_{fuelB}是喷入气缸的燃料质量。如果每个发动机循环的总燃料喷射质量为m_{fuelC}，并将已燃的燃料分数定义为$X_{fuel} = m_{fuelB}/m_{fuelC}$，则可以得到下式：

$$\frac{\mathrm{d}m_{fuelB}}{\mathrm{d}\phi} = m_{fuelC} \cdot \frac{\mathrm{d}X_{fuel}}{\mathrm{d}\phi} \tag{4.9}$$

这样，质量守恒方程(4.8)可以被转换成如下形式：

$$\frac{\mathrm{d}m}{\mathrm{d}\phi} = \frac{\mathrm{d}m_{in}}{\mathrm{d}\phi} + \frac{\mathrm{d}m_{ex}}{\mathrm{d}\phi} + m_{fuelC}\frac{\mathrm{d}X_{fuel}}{\mathrm{d}\phi} \tag{4.10}$$

另外，式(4.7)中的已燃燃料的放热率为

$$\frac{\mathrm{d}Q_{fuel}}{\mathrm{d}\phi} = \frac{\mathrm{d}m_{fuelB}}{\mathrm{d}\phi} \cdot q_{LHV} \cdot \eta_{com} = m_{fuelC} \cdot \frac{\mathrm{d}X_{fuel}}{\mathrm{d}\phi} \cdot q_{LHV} \cdot \eta_{com} \tag{4.11}$$

式中，q_{LHV}是燃料的低热值；η_{com}是燃烧效率（$\eta_{com} = 1$表示完全燃烧）。

将理想气体方程（气体状态方程）用于缸内气体，可以得到下式：

$$pV = mR_{gas}T \tag{4.12}$$

式中，R_{gas}为气体常量。在方程组系统(4.7)，(4.10)和(4.12)中，$\mathrm{d}Q_{wall}/\mathrm{d}\phi$，$h_{in}(\mathrm{d}m_{in}/\mathrm{d}\phi)$和$h_{ex}(\mathrm{d}m_{ex}/\mathrm{d}\phi)$都是气体温度和压力的函数；$\partial u/\partial \zeta$和$c_v$是气体温度和组分的函数；$\mathrm{d}X_{fuel}/\mathrm{d}\phi$，$\mathrm{d}V/\mathrm{d}\phi$，$m_{fuelC}$，$q_{LHV}$和$\eta_{com}$为输入参数。因此，三个未知数——缸内气体的压力$p$，温度$T$和质量$m$，可以用沿时间进行数值积分来求得。在一个发动机循环内的不同阶段（曲轴转角区段），对式(4.7)和(4.10)可以做出进一步的简化，如以下所述。

4.2.4 循环过程中每个阶段控制方程的简化

4.2.4.1 压缩阶段(从进气门关闭到开始燃烧)

在这个阶段，$\mathrm{d}m_{in}/\mathrm{d}\phi = 0$，$\mathrm{d}m_{ex}/\mathrm{d}\phi = 0$，$\mathrm{d}m_{fuel}/\mathrm{d}\phi = 0$，而且$\mathrm{d}\zeta/\mathrm{d}\phi = 0$。因此，$\mathrm{d}m/\mathrm{d}\phi = 0$，$\mathrm{d}Q_{fuel}/\mathrm{d}\phi = 0$。能量守恒方程式(4.7)变成

$$\frac{\mathrm{d}T}{\mathrm{d}\phi} = \frac{1}{m \cdot c_v}\left(\frac{\mathrm{d}Q_{wall}}{\mathrm{d}\phi} - p\frac{\mathrm{d}V}{\mathrm{d}\phi} \right) \tag{4.13}$$

4.2.4.2 燃烧阶段(从开始燃烧到燃烧结束)

在这个阶段,$\mathrm{d}m_{\mathrm{in}}/\mathrm{d}\phi = 0$,$\mathrm{d}m_{\mathrm{ex}}/\mathrm{d}\phi = 0$。质量守恒方程式(4.10)变成 $\mathrm{d}m/\mathrm{d}\phi = \mathrm{d}m_{\mathrm{fuelB}}/\mathrm{d}\phi = m_{\mathrm{fuelC}}(\mathrm{d}X_{\mathrm{fuel}}/\mathrm{d}\phi)$。如果忽略 ζ 对 u 的影响,能量守恒方程式(4.7)变成

$$\frac{\mathrm{d}T}{\mathrm{d}\phi} = \frac{1}{m \cdot c_v}\left[m_{\mathrm{fuelC}}(\eta_{\mathrm{com}} \cdot q_{\mathrm{LHV}} - u)\,\frac{\mathrm{d}X_{\mathrm{fuel}}}{\mathrm{d}\phi} + \frac{\mathrm{d}Q_{\mathrm{wall}}}{\mathrm{d}\phi} - p\,\frac{\mathrm{d}V}{\mathrm{d}\phi}\right] \tag{4.14}$$

4.2.4.3 膨胀阶段(从燃烧结束到排气门开启)

在这个阶段,$\mathrm{d}m_{\mathrm{in}}/\mathrm{d}\phi = 0$,$\mathrm{d}m_{\mathrm{ex}}/\mathrm{d}\phi = 0$,$\mathrm{d}m_{\mathrm{fuelB}}/\mathrm{d}\phi = 0$,而且 $\mathrm{d}\zeta/\mathrm{d}\phi = 0$。因此,$\mathrm{d}m/\mathrm{d}\phi = 0$,$\mathrm{d}Q_{\mathrm{fuel}}/\mathrm{d}\phi = 0$。能量守恒方程(4.7)变成

$$\frac{\mathrm{d}T}{\mathrm{d}\phi} = \frac{1}{m \cdot c_v}\left(\frac{\mathrm{d}Q_{\mathrm{wall}}}{\mathrm{d}\phi} - p\,\frac{\mathrm{d}V}{\mathrm{d}\phi}\right) \tag{4.15}$$

4.2.4.4 排气阶段(从排气门开启到进气门开启)

在这个阶段,$\mathrm{d}m_{\mathrm{in}}/\mathrm{d}\phi = 0$,$\mathrm{d}m_{\mathrm{fuelB}}/\mathrm{d}\phi = 0$,而且 $\mathrm{d}\zeta/\mathrm{d}\phi = 0$。式(4.10)变成 $\mathrm{d}m/\mathrm{d}\phi = \mathrm{d}m_{\mathrm{ex}}/\mathrm{d}\phi$。能量守恒方程式(4.7)变成

$$\frac{\mathrm{d}T}{\mathrm{d}\phi} = \frac{1}{m \cdot c_v}\left[\frac{\mathrm{d}Q_{\mathrm{wall}}}{\mathrm{d}\phi} - p\,\frac{\mathrm{d}V}{\mathrm{d}\phi} + (h_{\mathrm{ex}} - u)\,\frac{\mathrm{d}m_{\mathrm{ex}}}{\mathrm{d}\phi}\right] \tag{4.16}$$

4.2.4.5 进气阶段(从排气门关闭到进气门关闭)

在这个阶段,$\mathrm{d}m_{\mathrm{ex}}/\mathrm{d}\phi = 0$,$\mathrm{d}m_{\mathrm{fuelB}}/\mathrm{d}\phi = 0$。式(4.10)变成 $\mathrm{d}m/\mathrm{d}\phi = \mathrm{d}m_{\mathrm{in}}/\mathrm{d}\phi$。如果忽略 ζ 对 u 的影响,能量守恒方程式(4.7)变成

$$\frac{\mathrm{d}T}{\mathrm{d}\phi} = \frac{1}{m \cdot c_v}\left[\frac{\mathrm{d}Q_{\mathrm{wall}}}{\mathrm{d}\phi} - p\,\frac{\mathrm{d}V}{\mathrm{d}\phi} + (h_{\mathrm{in}} - u)\,\frac{\mathrm{d}m_{\mathrm{in}}}{\mathrm{d}\phi}\right] \tag{4.17}$$

4.2.4.6 气门重叠阶段(从进气门开启到排气门关闭)

在这个阶段,$\mathrm{d}m_{\mathrm{fuelB}}/\mathrm{d}\phi = 0$,$\mathrm{d}Q_{\mathrm{fuel}}/\mathrm{d}\phi = 0$。式(4.10)变成 $\mathrm{d}m/\mathrm{d}\phi = \mathrm{d}m_{\mathrm{in}}/\mathrm{d}\phi + \mathrm{d}m_{\mathrm{ex}}/\mathrm{d}\phi$。如果忽略 ζ 对 u 的影响,式(4.7)变成

$$\frac{\mathrm{d}T}{\mathrm{d}\phi} = \frac{1}{m \cdot c_v}\left[\frac{\mathrm{d}Q_{\mathrm{wall}}}{\mathrm{d}\phi} - p\,\frac{\mathrm{d}V}{\mathrm{d}\phi} + (h_{\mathrm{in}} - u)\,\frac{\mathrm{d}m_{\mathrm{in}}}{\mathrm{d}\phi} + (h_{\mathrm{ex}} - u)\,\frac{\mathrm{d}m_{\mathrm{ex}}}{\mathrm{d}\phi}\right] \tag{4.18}$$

4.2.5 关键子模型

4.2.5.1 瞬时缸内容积

在式(4.7)中,瞬时气缸容积 $\mathrm{d}V/\mathrm{d}\phi$ 可以由发动机的几何参数导出如下:

$$V = \frac{\pi B_{\mathrm{E}}^2}{4}\left\{\frac{S_{\mathrm{E}}}{\Omega - 1} + \frac{S_{\mathrm{E}}}{2}\left[\left(1 + \frac{1}{f_{\mathrm{C-C}}}\right) - \cos\phi - \frac{1}{f_{\mathrm{C-C}}}\sqrt{1 - f_{\mathrm{C-C}}^2 \cdot \sin^2\phi}\right]\right\} \tag{4.19}$$

$$\frac{\mathrm{d}V}{\mathrm{d}\phi} = \frac{\pi B_{\mathrm{E}}^2 S_{\mathrm{E}}}{8}\left[\sin\phi + \frac{f_{\mathrm{C-C}}}{2}\frac{\sin(2\phi)}{\sqrt{1 - f_{\mathrm{C-C}}^2 \cdot \sin^2\phi}}\right] \tag{4.20}$$

式中,Ω 是发动机的几何压缩比;B_{E} 是发动机气缸直径;S_{E} 是发动机行程;$f_{\mathrm{C-C}}$ 是连杆长度(大小两端轴承中心之间的距离)与曲柄半径之比。

4.2.5.2 通过气缸壁的传热

能量守恒方程式(4.7)中的传热项可以进一步展开表达为以下形式:

$$\frac{dQ_{wall}}{d\phi} = \sum_{i=3} \frac{dQ_{wall,i}}{d\phi} = \frac{-1}{6N_E} \sum_{i=3} \alpha_g \cdot A_{wall,i} (T - T_{wall,i}) \tag{4.21}$$

式中，α_g 是从缸内气体到气缸内壁的瞬时空间平均传热系数；N_E 是发动机转速(r/min)；A_{wall} 是传热面积；T_{wall} 是气缸表面的空间平均温度。$i = 1, 2, 3$ 分别指气缸盖、活塞、气缸套。气缸套的传热面积可计算为 $A_{wall,3} = \pi B_E [L_{clear} + y(\phi)]$，式中的 L_{clear} 是余隙高度，$y(\phi)$ 由下式给出：

$$y(\phi) = \frac{S_E}{2} \Big[\Big(1 + \frac{1}{f_{C-C}} \Big) - \cos\phi - \frac{1}{f_{C-C}} \sqrt{1 - f_{C-C}^2 \cdot \sin^2\phi} \Big] \tag{4.22}$$

α_g 对传热计算非常关键。发动机传热学理论的发展历史大体经历了三个阶段：①由努塞特于 1923 年开创的经验模拟；②以 Woschni 准则为代表的半经验相似理论；③自 20 世纪 80 年代以来的多区计算流体动力学模拟。至目前为止，被广泛接受并成功运用的方法仍然是 Woschni 准则。该准则于 1965 年提出，它基于以下形式的一个传热相关式：$Nu = 0.035 Re^{0.8} Pr^{0.333}$，式中 Nu 是努塞特数，Re 是雷诺数，Pr 是普朗特数。Woschni 准则假设强迫对流对缸内传热起主导作用，具体如下：

$$\alpha_g = K_1 B_E^{-0.214} (p v_{mp})^{0.786} \Big(T^{-0.525} + K_2 \frac{T}{T_{ec}} \Big) \tag{4.23}$$

Woschni 后来在 1970 年又提出了一个改进的公式如下：

$$\alpha_g = 820 B_E^{-0.2} p^{0.8} T^{-0.53} \Big[C_1 v_{mp} + C_2 \frac{T_{bc} V_{cyl}}{p_{bc} V_{bc}} (p - p_{mot}) \Big]^{0.8} \tag{4.24}$$

式中，α_g 的单位是 $W/(m^2 \cdot K)$。

在上述公式中，p 是缸内气体压力(MPa)，T 是缸内瞬时整体气体温度(K)，T_{ec} 是在压缩冲程结束时气缸内的气体温度，B_E 是气缸直径(m)，v_{mp} 是活塞平均速度(m/s)。此外，p_{bc}、T_{bc} 和 V_{bc} 是在压缩冲程开始时气缸内气体的压力、温度和容积。V_{cyl} 是气缸排量(m^3)，p_{mot} 是在无燃烧的拖动工况下的缸内压力。K_1 是一个气体交换常数，K_2 是一个燃烧常数，C_1 是一个气体速度因数。对于进气冲程和排气冲程来讲，$C_1 = 6.18 + 0.208\,5(B_E \omega_p / v_{mp})$；对于压缩冲程和膨胀冲程，$C_1 = 2.28 + 0.154(B_E \omega_{pw} / v_{mp})$，式中的 ω_{pw} 是稳流涡流测试中的桨轮角速度(单位为弧度每秒)。C_2 是一个在膨胀冲程中的燃烧室形状系数。对于直喷燃烧室来讲，$C_2 = 0.003\,24 \, m/(K \cdot s)$；对于非直喷燃烧室，$C_2 = 0.006\,22 \, m/(K \cdot s)$；对于进气冲程、排气冲程和压缩冲程来讲，$C_2 = 0$。Woschni 准则(4.24)的最后一项试图反映辐射传热和燃烧使得传热得到加强的作用。

尽管已被广泛使用，Woschni 准则仍存在几个局限性，例如：①假设零维均匀传热；②传热当量直径被处理为一个常数 B_E，而不是在一个发动机循环内的瞬时变化参数；③辐射传热的模型非常粗糙。事实上，准确地确定 α_g 是非常困难的，无论从理论计算还是实验测量。幸运的是，传热模型的精度对发动机功率和气体流量的计算精度的影响不是极为关键的。对于发动机系统层面的循环模拟来讲，准确计算气缸传热的主要目的是为了预测与冷却系统设计有关的发动机本体散热量和排气歧管气体温度。在 Woschni 传热系数 α_g 上采用一个乘数因数来更准确地计算气缸传热，往往足以满足要求。这个乘数因数可以基于发动机性能测试数据的能量平衡分析来调整，以期能够正确地反映气缸散热量占燃料总能量的百分比这一发动机的基本特征。这个课题将在第 12 章中进一步解释。

关于发动机气缸传热的更多研究，读者可以参考 Woschni(1967)、Hohenberg(1979)、Jennings 和 Morel(1991)、Hansen(1992)、Imabeppu 等人(1993)、Alkidas(1993)、Shayler 等人(1996，1997)、Bohac 等人(1996)、Wolff 等人(1997)、Franco 和 Martorano(1999)、Luján 等人(2003)、Zeng 和 Assanis(2004)、Schubert 等人(2005)的论述。

4.2.5.3 经过发动机气门流入和流出气缸的气体质量

如果将进气门处的气流简化假设为具有亚音速的一维等熵气流,进入气缸的进气质量流量可以表达为

$$\frac{\mathrm{d}m_{\mathrm{in}}}{\mathrm{d}\phi} = \frac{C_{\mathrm{f,\,in}}A_{\mathrm{in}}p_{\mathrm{in}}}{6N_{\mathrm{E}}\sqrt{R_{\mathrm{in}}T_{\mathrm{in}}}} \cdot \sqrt{\frac{2\kappa_{\mathrm{in}}}{\kappa_{\mathrm{in}}-1}\left[\left(\frac{p}{p_{\mathrm{in}}}\right)^{\frac{2}{\kappa_{\mathrm{in}}}} - \left(\frac{p}{p_{\mathrm{in}}}\right)^{\frac{\kappa_{\mathrm{in}}+1}{\kappa_{\mathrm{in}}}}\right]} \tag{4.25}$$

式中,N_{E} 是发动机转速(r/min);$C_{\mathrm{f,\,in}}$ 是进气门的流量因数;A_{in} 是进气门的瞬时流动面积;p_{in} 和 T_{in} 分别是在进气道内紧挨着进气门前的空气压力和温度;R_{in} 是气体常量;κ_{in} 是进气气流的热容比;p 是缸内压力。

流出气缸的排气质量流量可以由下式给出。当满足以下条件时,即

$$\frac{p_{\mathrm{ex}}}{p} > \left(\frac{2}{\kappa_{\mathrm{ex}}+1}\right)^{\frac{\kappa_{\mathrm{ex}}}{\kappa_{\mathrm{ex}}-1}} \tag{4.26}$$

气门处的气流为亚音速,并可以表述为

$$\frac{\mathrm{d}m_{\mathrm{ex}}}{\mathrm{d}\phi} = \frac{-C_{\mathrm{f,ex}}A_{\mathrm{ex}}p}{6N_{\mathrm{E}}\sqrt{R_{\mathrm{ex}}T}} \cdot \sqrt{\frac{2\kappa_{\mathrm{ex}}}{\kappa_{\mathrm{ex}}-1}\left[\left(\frac{p_{\mathrm{ex}}}{p}\right)^{\frac{2}{\kappa_{\mathrm{ex}}}} - \left(\frac{p_{\mathrm{ex}}}{p}\right)^{\frac{\kappa_{\mathrm{ex}}+1}{\kappa_{\mathrm{ex}}}}\right]} \tag{4.27}$$

而当满足下面的条件时,即

$$\frac{p_{\mathrm{ex}}}{p} \leqslant \left(\frac{2}{\kappa_{\mathrm{ex}}+1}\right)^{\frac{\kappa_{\mathrm{ex}}}{\kappa_{\mathrm{ex}}-1}} \tag{4.28}$$

气门处的气流则为超音速,并可以表述为

$$\frac{\mathrm{d}m_{\mathrm{ex}}}{\mathrm{d}\phi} = \frac{-C_{\mathrm{f,ex}}A_{\mathrm{ex}}p}{6N_{\mathrm{E}}\sqrt{R_{\mathrm{ex}}T}} \left(\frac{2}{\kappa_{\mathrm{ex}}+1}\right)^{\frac{1}{\kappa_{\mathrm{ex}}-1}} \cdot \sqrt{\frac{2\kappa_{\mathrm{ex}}}{\kappa_{\mathrm{ex}}+1}} \tag{4.29}$$

式中,$C_{\mathrm{f,ex}}$ 是排气门的流量因数;A_{ex} 是排气门的瞬时流动面积;p_{ex} 是在排气道内紧挨着排气门后的空气压力。图 4.2 显示了在发动机点火运行工况时的典型的气门流量变化规律。

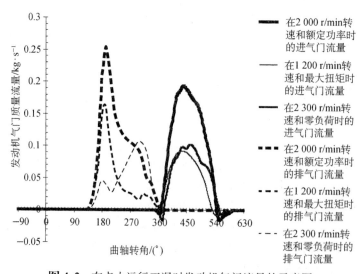

图 4.2 在点火运行工况时发动机气门流量的示意图

进、排气门和气道的流量因数 $C_{f,in}$ 和 $C_{f,ex}$ 通常可以从气缸盖的台架流量实验中得到。它们是归一化气门升程的单调函数(Stone,1999)。流量因数是由气道设计、气门直径、气门座角度以及气门与缸壁之间的流动再循环效应决定的。关于气门和气道的流量因数的更详细内容,读者可以参考 Oldfield 和 Watson(1983)、Agnew(1994)、Danov(1997)、Mattarelli 和 Valentini(2000)、Bohac 和 Landfahrer(1999)的论述。

4.2.5.4 缸内气体的热力学物性

缸内气体的比内能是温度和组分(包括燃烧产物)的函数。关于其计算的深入讨论,读者可参考 Stone(1999)的著作。Ferguson 和 Kirkpatrick(2000)也提出了一种计算在化学平衡下的燃烧气体的热力学物性的方法。

4.2.5.5 为系统设计进行的气缸压力和放热率的分析

燃烧放热率可以采用已知的气缸压力曲线的测试数据和如下的能量守恒方程来计算:

$$\frac{\mathrm{d}Q_{fuel}}{\mathrm{d}\phi} = \frac{\mathrm{d}U}{\mathrm{d}\phi} - \frac{\mathrm{d}W}{\mathrm{d}\phi} - \frac{\mathrm{d}Q_{wall}}{\mathrm{d}\phi} \tag{4.30}$$

式中,$Q_{fuel} = m_{fuelC} X_{fuel} q_{LHV} \eta_{com}$。或者,另一种替代做法是把放热率用一个经验公式指定为输入参数。在内燃机领域内广泛使用的 Wiebe(韦伯)半经验公式(又称韦伯函数)是基于均匀链反应理论和汽油机测试数据开发的。在韦伯函数中,已燃的燃料百分数 X_{fuel} 以下式代表燃烧过程:

$$X_{fuel} = 1 - e^{-C_{com}\left(\frac{\phi - \phi_{SOC}}{\Delta\phi_{com}}\right)^{\delta+1}} \tag{4.31}$$

$$\frac{\mathrm{d}X_{fuel}}{\mathrm{d}\phi} = C_{com}\frac{\delta+1}{\Delta\phi_{com}}\left(\frac{\phi-\phi_{SOC}}{\Delta\phi_{com}}\right)^{\delta} \cdot e^{-C_{com}\left(\frac{\phi-\phi_{SOC}}{\Delta\phi_{com}}\right)^{\delta+1}} \tag{4.32}$$

式中,δ 是一个无量纲(即量纲为 1)的形状因数,表征在燃烧过程中有效燃烧部分的燃料浓度的瞬时变化。δ 的值取决于发动机的类型和转速,并影响放热率的形状。较小的 δ 会产生较快的燃烧速度,因此归一化的放热率曲线上的峰值会较早出现。在式(4.32)中,$\Delta\phi_{com}$ 是燃烧持续角,以曲轴转角的度数为单位。ϕ_{SOC} 是燃烧始点(SOC)处的曲轴转角。C_{com} 是一个常数。如果 $X_{fuel} = 0.999$(即99.9% 的燃料在燃烧结束时已燃尽),$C_{com} = 6.908$。燃烧始点由燃料喷射始点和滞燃期(点火延迟)决定。燃料喷射始点通常定义为当喷油器的针阀从阀座上开启到一个指定距离时的那一刻。实际上,燃烧始点通常被视为当放热率为零时或者当累积放热率达到最小值时的那一刻;或者被近似视为在燃料喷射始点之后、当缸内气压曲线的一阶时间导数达到最小值的那一时刻。

滞燃期(点火延迟)包括物理和化学两种过程。在物理过程中,燃油喷柱散裂、蒸发并与空气混合。在化学过程中,预混燃料发生焰前氧化,而且燃烧室内多处发生局部点火。滞燃期的长短取决于缸内气体的压力和温度、活塞平均速度和燃料的十六烷值。较高的十六烷值能够减小滞燃期,并且可以防止柴油机爆震。在柴油机燃烧的经验模型中,人们曾做过很多努力,基于一些滞燃期模型或者更为基础的阿伦尼乌斯(Arrhenius)反应速率方程,来预测燃料燃烧过程中的反应速率(分为预混阶段和扩散阶段)。另外,文献中还有许多关于燃料扩散速率和氧气在燃油喷柱中扩散的模型(Stone,1999)。关于柴油机滞燃期的更多讨论,读者可以参考 Ryan(1987)、Rosseel 和 Sierens(1996)、Kamimoto 等人(1998)的论文。

韦伯函数绕过燃烧过程的那些复杂细节,提供了一种简单、方便但仍然有效的方式来计算缸内气体的压力和热力学整体温度。韦伯函数中的 $\Delta\phi_{com}$,ϕ_{SOC} 和 δ 可以通过使用气缸压力曲线和放热率分析的实验图很容易地予以确定。然后,这些参数就可以在发动机循环模拟计算中作为输入数据来使用。式(4.31)~式(4.32)基于一个单韦伯函数,它们能够比较合理地模拟中低速柴油机的放热率。关于描述柴油预混燃烧和扩散燃烧阶段的更复杂的放热率,可以使用双韦伯或三韦伯函数,将它们线性地叠加在一起。

基于在一个给定条件下的一组已知的 $\Delta\phi_{com}$,ϕ_{SOC} 和 δ 的值,来预测其他运行条件下的 $\Delta\phi_{com}$,ϕ_{SOC} 和 δ 的值,这样的工作在过去曾有研究人员尝试过。但是对于配备了先进燃油系统的现代排气再循环柴油机来讲,它仍然是一个很大的难题和挑战。一个切实可行的办法是依靠发动机测试获得在整个转速-负荷区域上或者不同环境条件下的 $\Delta\phi_{com}$,ϕ_{SOC} 和 δ 的值,然后用插值或曲面拟合的方法获取所需要的值。另一种方法则是依靠先进的燃烧模拟(例如 KIVA)来推导一些关于放热率的总体趋势或现象学关系。

柴油机的燃烧放热率在过去一直得到过广泛的研究和模拟。关于这方面的大量信息,读者可以参考 Meguerdichian 和 Watson(1978)、Watson 等人(1980)、Miyamoto 等人(1985)、Grimm 和 Johnson(1990)、Sierens 等人(1992)、Tuccillo 等人(1993)、Oppenheim 等人(1997)、Homsy 和 Atreya(1997)、Kamimoto 等人(1997)、Ladommatos 等人(1998)、Egnell(1999)、Brunt 和 Platts(1999)、Assanis 等人(2000)、Nieuwstadt 等人(2000)、Lakshminarayanan 等人(2002)、Schihl 等人(2002)、Hountalas 等人(2004)、Cesario 等人(2004)、Friedrich 等人(2006)、Ponti 等人(2007)、Manente 等人(2008)、Nuszkowski 和 Thompson(2009)、Thor 等人(2009)的论述。Hsu(2002)以及 Borman 和 Ragland(1998)对柴油机燃烧分析做了总结。

4.3 发动机歧管充填动力学和动态发动机系统设计

本节将介绍进气和排气系统瞬态性能的热力学过程。发动机歧管充填动力学预测进、排气歧管内的气体压力、温度和流量依时间或曲轴转角变化的动态瞬时值。它是在时域或曲轴转角域上进行动态发动机系统设计的基础,涉及瞬态性能和发动机控制。关于动态系统设计在数学模型构造方面的更多内容,读者可以参考第 14 章(瞬态性能和电子控制)中开列的参考文献,尤其是关于发动机控制专业所使用的平均值模型的章节。

如果在研究缸内循环过程时只关心发动机气缸本身的性能,那么求解上一节中介绍的缸内过程的控制微分方程的一种简化方法是假设在进气道和排气道内的压力为已知的输入常数。然而,一个更为现实也更为复杂的方法,正如动态发动机系统设计或者高保真静态(稳态)发动机系统设计中所经常要求的那样,是使用进排气系统气流的控制方程,将进排气道内的气压模拟为瞬态(动态)未知参数。如果工作目的是进行高保真静态或动态系统设计,这样一个瞬态计算可以与缸内循环过程的方程耦合在一起。如果目的是为了进行概略的动态系统设计或电控,那么瞬态歧管动力学的计算也可以独立进行,正如发动机控制专业通常所做的那样,而不去耦合或者说是干脆越过缸内循环过程的方程。当忽略缸内过程的基于曲轴转角的细节时,整个气缸被视为一个循环平均意义上的"平均值"物体,其特征参数包括发动机的充量因数(代表着发动机"呼吸"或质量守恒的特征)、排气歧管气体温度(代表着发动机的能量守恒特征)、发动机有效功率(从 p-V 图和机械摩擦导出),等等。平均值模型从缸内过程的角度来讲属于低精度模型。高保真静态发动机系统设计是指采用在模型中包括歧管气体动力学并将其与缸内循环过程模型相耦合的模拟手段进行设计。高保真动态发动机系统设计是指采用在模型中包括缸内循环过程并将其与歧管气体动力学相耦合的模拟手段进行设计。它们在柴油机系统设计中的逻辑和方法上有很多共同之处。其区别是,静态系统设计的模拟可以在非实时基础上进行,而动态系统设计往往需要实时。关于用于高保真动态设计的具有曲轴转角分辨率的实时模型,第 14 章将有详细阐述。

如果假定在进排气管道中的气体物性仅随时间或曲轴转角而改变,从而忽略它们沿管长方向的变化,那么可以将零维的"填充和排空"方法使用如下。记 p_3, T_3, m_3, V_3 和 A_{3inl} 分别为在排气道和歧管内的气体压力、温度、质量、体积和流入侧的有效流通面积;并记 p, T 和 m 分别为气缸内的气体压力、温度和质量;并记 p_{3out}, T_{3out}, m_{3out} 和 A_{3out} 分别为排气控制体下游(例如流入涡轮处)的气体压力、温度、质量和流出侧的有效流通面积,根据排气控制体内的质量守恒和能量守恒,可以得到下列方程:

$$质量守恒: \frac{dm_3}{d\phi} = \frac{dm}{d\phi} + \frac{dm_{3out}}{d\phi} \tag{4.33}$$

$$能量守恒: \frac{d(m_3 u_3)}{d\phi} = \frac{dm}{d\phi}h + \frac{dm_{3out}}{d\phi}h_3 + \frac{dQ_{loss}}{d\phi} \tag{4.34}$$

将式(4.33)代入(4.34),可以得到:

$$\frac{dT_3}{d\phi} = \frac{1}{m_3 c_{v3}}\left[\frac{dm}{d\phi}(h - u_3) + \frac{dm_{3out}}{d\phi}R_{ex}T_3 + \frac{dQ_{loss}}{d\phi}\right] \tag{4.35}$$

式中:

$$\frac{dm_{3out}}{d\phi} = \frac{-A_{3out}p_3}{6N_E\sqrt{R_{ex}T_3}} \cdot \sqrt{\frac{2\kappa_{ex}}{\kappa_{ex}-1}\left[\left(\frac{p_{3out}}{p_3}\right)^{\frac{2}{\kappa_{ex}}} - \left(\frac{p_{3out}}{p_3}\right)^{\frac{\kappa_{ex}+1}{\kappa_{ex}}}\right]} \tag{4.36}$$

需要注意的是,上面的方程作为一个示例,仅对亚音速流动条件有效。如果流动是超音速的,应该相应地使用超音速流动方程。另外,将理想气体定律用于排气控制体(排气道和排气歧管)内的气体,可以得到下式:

$$p_3 V_3 = m_3 R_{ex} T_3 \tag{4.37}$$

排气道的传热损失可以用强制对流水冷来模拟。排气歧管的传热往往模拟为自然对流换热。T_3,m_3 和 p_3 采用式(4.33),式(4.35)和式(4.37)求解,作为曲轴转角或时间的函数。进气道和进气歧管的气体动力学方程组可以用类似的方法构造。排气歧管出口的压力和流量边界条件由涡轮流量特性(在4.4节中详细介绍)模拟。进气歧管进口的压力和流量边界条件由压气机流量特性模拟。在平均值模型中,位于进气歧管的出口和排气歧管的进口的流量边界条件是用发动机的充量因数模型来模拟的,因为充量因数链接着进气歧管压力与发动机气体流量(详见4.4节)。在基于曲轴转角的高保真模型中,进排气歧管控制体靠近气缸一侧的边界条件是由上一节介绍的详细的缸内循环过程模型计算的(或进行耦合计算)。

当歧管较短时,"填充和排空"法可能会给出比较满意的模拟结果。如果需要对沿着进气或排气管的气体压力波的传播和反射进行计算的话(比如在歧管优化设计或配气定时分析中),那么就必须采用特征线法或者有限体积或有限差分的数值方法求解一维气体压力波动力学的偏微分方程(Benson,1982;Harlock 和 Winterbone,1986)。Annand 和 Roe(1974)以及 Winterbone 和 Pearson(1999,2000)给出了关于发动机非定常一维气波动力学以及应用于歧管设计的全面理论。Blair(1991)、Peters 和 Gosman(1993)、Arias 等人(2000)、Chalet 等人(2006)、Royo 等人(1994)对歧管非定常气波动力学也进行过大量研究。歧管内部流动的更为复杂的三维计算流体动力学模拟通常是一个很专业化的部件层面的分析工作,故而一般来讲不属于发动机系统设计的工作范围之内。

4.4 静态发动机系统设计的数学公式

4.4.1 预测硬件性能

为了理解发动机空气系统的设计理论和影响泵气损失的因素,需要将整个发动机气流网路(图

4.3)性能的控制方程以一个简单的形式推导构造出来,以便能够分析其封闭解,同时能够对系统有一个直观的理解。

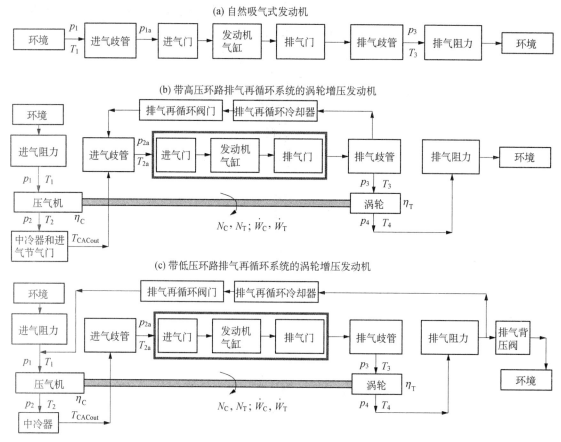

图 4.3 发动机系统布置示意图

从缸内过程求出瞬时气缸压力 p 后,如果已知发动机的机械摩擦功 $W_{f,E}$(定义为负值),共 n_E 个气缸的有效功(轴功)则可用下式计算:

$$W_E = \sum_{j=1}^{n_E} \int p_j \cdot dV_j + W_{f,E} \tag{4.38}$$

式(4.38)是联系缸内过程与发动机气流网路中其他子系统之间的纽带。

在 p-V 图中,进气冲程和排气冲程中由"缸内压力相对于瞬时容积"的曲线所围成的面积即为泵气损失(图 4.4)。除非特别说明,本书中所指的泵气平均有效压力(PMEP)均指从 $180°$ 到 $540°$ 的 p-V 总积分值(即图 4.4 中包括 B 和 C 这两个区域的面积)。然而,实际的净泵气损失通常应只是区域 B(Pierik 和 Burkhard,2000)。关于总泵气损失与净泵气损失之间的这一区别,在评估可变气门驱动系统时非常重要。表征泵气损失的缸内气压压差是 $\Delta p_{cyl} = p_{exhaust} - p_{intake}$,式中 $p_{intake} = p_{IM} - \Delta p_{in}$,$p_{exhaust} = p_{EM} + \Delta p_{ex}$。$\Delta p_{in}$ 是涵盖进气歧管、进气道和进气门的全部流动阻力的压降。Δp_{ex} 是涵盖排气门、排气道和排气歧管的全部流动阻力的压降。泵气损失的指示参数 Δp_{cyl} 可以进一步推导为 $\Delta p_{cyl} = (p_{EM} - p_{IM}) + (\Delta p_{in} + \Delta p_{ex}) = \Delta p_E + (\Delta p_{in} + \Delta p_{ex})$。发动机压差 Δp_E 定义为排气歧管压力减进气歧管压力。需要注意的是,泵气损失由两部分组成:发动机压差和流动阻力,它们均与充量因数(亦称容积效率)有关。在柴油机系统设计中,这两部分同等重要。发动机压差与涡轮增压器面积、排气再循环环路阻力和充量因数有关,而充量因数主要与配气机构(如进气门关闭定时)、气缸盖和歧管的设计有关。

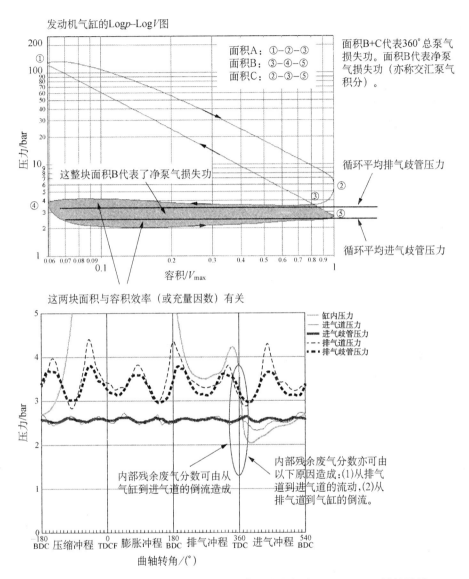

图 4.4 泵气损失、发动机压差和进排气管气波动力学(GT-POWER 模拟结果)

现将稳态发动机性能的方程组系统建立推导如下。先从一个比较简单的自然吸气非排气再循环发动机的例子开始[图 4.3(a)]。在一个给定的发动机转速、喷油量和有效功率下,需要求解的四个未知数可以是:发动机的空气流量 $\dot m_{air}$,排气歧管气体温度 T_3,进气歧管压力 p_{1a},排气歧管压力 p_3。T_3 可以基于发动机的热力学第一定律的能量平衡求解。空气流量 $\dot m_{air}$ 可基于发动机的充量因数定义并假定充量因数为一个已知的输入值来求解。压力 p_{1a} 是靠使用进气流动阻力特性(即压降相对于空气体积流量的一条曲线)求解。压力 p_3 是靠使用排气流动阻力特性来求解。

对于涡轮增压排气再循环发动机来讲[图 4.3(b)和 4.3(c)],情况要复杂得多。在一个给定的转速、喷油量和有效功率下,假设涡轮增压器的特征(增压器性能图)是已知的,那么要求解的未知数一共有18个:$\dot{m}_{air}$,$\dot{m}_{EGR}$,T_3,p_4,T_1, ROA,p_1,p_2,T_2,p_3,T_4,N_C,N_T,η_C,η_T,p_{2a},T_{2a}(对于高压环路排气再循环系统来讲)或 T_1(对于低压环路排气再循环系统来讲),T_{CACout} 和 $T_{EGRcoolerGasOut}$。后面的第13章和图13.4对高压环路(HPL)和低压环路(LPL)排气再循环系统有详细的解释。发动机压差为 $p_3 - p_{2a}$。为了理解系统的性能,可以构造一个由18个方程[式(4.39)~式(4.56)]组成的方程组。它们是基于发动机中的每个部件或装置的热工、流动或效率特征来构造的。应当指出,这些所构成的方程其实也可以作为在先进的发动机电控中研发未来实时的基于模型的算法的基础。

与在高保真模拟中使用缸内循环过程的详细微分方程式(4.7)、式(4.10)和式(4.12)不同,在空气系统流动网路分析中,发动机被处理为在能量平衡意义上的单个集总元件,故而排气焓或排气歧管气体温度可以这样计算:

$$\dot{Q}_{fuel} = \dot{W}_E + \Delta \dot{H}_{in \sim ex} + \dot{Q}_{base-coolant} + \dot{Q}_{miscellaneous} \tag{4.39}$$

式中,$\Delta \dot{H}_{in \sim ex}$ 是从进气歧管到排气歧管气体焓值变化率的升高幅度;$\dot{Q}_{base-coolant}$ 是发动机本体散发给冷却液(如果是水冷)或冷却空气(如果是风冷)的散热量;$\dot{Q}_{miscellaneous}$ 是零散热损失(亦称余项热损失),在这里被视为一个已知的输入量,其细节将在第12章中详细说明。当发动机的有效功率 $\dot{W}_E$ 被假定为一个已知的输入量或者由式(4.38)计算而得时,式(4.39)便可以用来求解排气歧管气体温度 T_3。

应当指出,用热电偶测量的排气温度与时间平均和质量平均意义上的排气温度在数值是不同的。这个问题可能会导致在发动机循环模拟中出现较大误差。在使用排气温度进行计算和评估时,应注意确保使用它的正确数值。关于这个问题的更多讨论,读者可参考 Caton(1982)、Heywood(1988)、Kar 等人(2004,2006)、Son 和 Kolasa(2007)的论述。

四冲程发动机在空气系统流动网路分析中在整体"呼吸"性能方面也可以被视为一个单个的集总元件来处理,即通过使用以下关于进气歧管空气加排气再循环混合物的非滞留充量因数(亦称容积效率)的定义:

$$\eta_{vol} = \frac{2 \dot{m}_{mixture}}{\rho_{2a} N_E V_E} = \frac{2(\dot{m}_{air} + \dot{m}_{EGR}) T_{2a} R_{gas}}{p_{2a} N_E V_E} \tag{4.40}$$

式中,η_{vol} 是将参考气体的密度定义在进气歧管内的发动机充量因数;N_E 是发动机曲轴转速(每秒的转数);V_E 是发动机排量;T_{2a} 和 p_{2a} 分别是进气歧管内的气体温度和压力,$p_{2a} = p_2 - \Delta p_{IntakeThrottle} - \Delta p_{CAC}$;$\dot{m}_{air}$ 是发动机的新鲜空气质量流量;$\dot{m}_{EGR}$ 是外部排气再循环质量流量。"非滞留"(non-trapped)指的是在式(4.40)里的分子中使用的是流经发动机进气道的总空气或气体流量。η_{vol} 与气门尺寸、配气定时、气门升程型线、气道流量因数和歧管设计等有关。η_{vol} 也受进气歧管气体温度、发动机压差和相伴随的内部残余废气分数影响。被截留在气缸中的残余废气受发动机压差和扫气效果影响。事实上,使用手算方法来计算 η_{vol} 的值是很困难的。另外,需要注意式(4.39)和式(4.40)描述了发动机的宏观行为,其在本质上实为式(4.7)、式(4.10)和式(4.12)所描述的详细缸内循环过程的集总简化形式。

充量因数是一个非常重要的发动机系统参数。关于它的更多讨论,读者可以参考 Livengood 等人(1952)、Fukutani 和 Watanabe(1979)、Roussopoulos(1990)、Smith 等人(1999)的论述。第9章和第13章将详细阐述充量因数的意义及在发动机系统设计中的作用。

从环境大气到压气机进口的集总的进气流动阻力特征可由下式表示:

$$\dot{m}_{air} = f_1(C_{d, int}, p_{ambient} - p_1, T_{ambient}) \tag{4.41}$$

式中，f_1 是一个已知函数(例如二阶多项式)。$C_{d, intake}$ 是进气系统在压气机进口之前部分的一个集总流动阻力因数，包括空气滤清器和任何调节阀门的阻力，例如用于低压环路排气再循环系统中的进气节气门。式(4.41)可以用来求解 p_1。应当指出的是，这里构造这些方程的意图并不是为了提供函数 f 的具体而精确的形式。这里的目的是要说明如何在数学上构造空气系统设计问题，以便将未知数的数目与方程的数目相匹配，来获得一个对整个系统清晰而直观的认识。系统设计问题的数学公式构造既不能过度约束，也不能约束不足。这样的一个数学公式构造对于识别各种空气系统控制的"旋钮"(即可调参数)以及理解它们的性能特征至关重要。

压气机进口处的新鲜空气温度可以由下式给出：

$$T_{1, ROA} = T_{ambient} + \Delta T_{ROA} \tag{4.42}$$

式中，ΔT_{ROA} 是充量空气温度从环境到压气机进口处的一个环境温升值(ROA)。ΔT_{ROA} 与进气管道保温和车辆的发动机机舱内的热管理有关。在高压环路排气再循环系统中，$T_1 = T_{1, ROA}$，式中 T_1 为压气机入口气体温度。在低压环路排气再循环系统中，由于较冷的外部新鲜空气与较热的排气再循环气体的混合效应，$T_1 > T_{1, ROA}$。

下式描述了在涡轮出口处集总的排气流动阻力特征，可以用来求解涡轮出口处的气体压力 p_4：

$$\dot{m}_{exh} = \dot{m}_C + \dot{m}_{fuel} + \dot{m}_{LubeOilCons} = f_2(C_{d, exh}, \ p_4 - p_{ambient}, \ T_4) \tag{4.43}$$

式中，$\dot{m}_{exh}$ 是排气质量流量；$\dot{m}_C$ 是压气机质量流量(在高压环路排气再循环系统中，$\dot{m}_C = \dot{m}_{air}$)；$\dot{m}_{fuel}$ 是燃油流量；$C_{d, exh}$ 是集总的排气阻力流量因数。

集总的排气再循环环路的流动阻力可以由下式表述：

$$\dot{m}_{EGR} = f_3(C_{d, EGR}, \ p_{EGRinl} - p_{EGRout}, \ T_{EGRcoolerGasOut}) \tag{4.44}$$

式中，压力 p_{EGRinl} 是指在排气再循环环路入口处的气体压力；p_{EGRout} 是指在排气再循环环路出口处的气体压力。例如，在高压环路排气再循环系统中，$p_{EGRinl} = p_{EM}$。p_{EM} 等于涡轮进口压力 p_3 加上任何从排气歧管或排气再循环抽取处到涡轮进口处的压力降。在高压环路排气再循环系统中，$p_{EGRout} = p_{2a}$，发动机压差是排气再循环的驱动力。在低压环路排气再循环系统中，p_{EGRinl} 是一个介于 p_4 与 $p_{ambient}$ 之间的压力，取决于排气再循环气流在不同的后处理设备之间从哪里抽取。p_{EGRinl} 是 $C_{d, exh}$ 和 p_4 的一个函数，或者是 $C_{d, int}$ 和 p_1 的一个函数。在低压环路排气再循环系统中，$p_{EGRout} = p_1$。$C_{d, EGR}$ 是排气再循环环路的一个集总的流量阻力因数，它包括排气再循环冷却器及其接管的流动阻力(即固定的流动阻力部分)，以及排气再循环阀门开度所造成的流动阻力(即可调节的流动阻力部分)。下面的讨论主要集中于高压环路排气再循环系统，以其作为示例。

压气机出口的空气温度 T_2 可基于下面所示的压气机等熵效率的定义(η_C，基于温度和压力的"滞止到滞止"或"总到总"的参数来定义)计算，此公式假设用于单级压气机或者无中间冷却的两级压气机：

$$\eta_C = \frac{(p_2/p_1)^{\frac{\kappa_C - 1}{\kappa_C}} - 1}{(T_2/T_1) - 1} \tag{4.45}$$

涡轮出口的气体温度 T_4 可基于下面所示的涡轮等熵效率的定义(η_T，基于"滞止到滞止"的参数来定义)计算：

$$\eta_T = \frac{1 - (T_4/T_3)}{1 - (p_4/p_3)^{\frac{\kappa_t - 1}{\kappa_t}}} \tag{4.46}$$

压气机功率(可定义为在"滞止到滞止"意义上)由下式给出:

$$\dot{W}_C = \frac{\dot{m}_C c_{p,\,C} T_1}{\eta_C} \left[\left(\frac{p_2}{p_1} \right)^{\frac{\kappa_C - 1}{\kappa_C}} - 1 \right]$$

涡轮功率(可定义为在"滞止到静止"意义上)由下式给出:

$$\dot{W}_T = \eta_T\, \dot{m}_T c_{p,\,T} T_3 \left[1 - \left(\frac{p_4}{p_3} \right)^{\frac{\kappa_t - 1}{\kappa_t}} \right]$$

涡轮增压器的功率平衡由 $\dot{W}_C = \dot{W}_T \eta_{TC,\,mech}$ 给出,式中 $\eta_{TC,\,mech}$ 是涡轮增压器的机械效率(如果它没有被包括在涡轮效率里的话)。使用压气机和涡轮的功率定义,可以将涡轮增压器的功率平衡按下式展开:

$$1 - \left(\frac{p_2}{p_1} \right)^{\frac{\kappa_C - 1}{\kappa_C}} + \eta_C \eta_T \eta_{TC,\,mech} \left(\frac{\dot{m}_T}{\dot{m}_C} \right) \left(\frac{c_{p,\,T}}{c_{p,\,C}} \right) \left(\frac{T_3}{T_1} \right) \left[1 - \left(\frac{p_4}{p_3} \right)^{\frac{\kappa_t - 1}{\kappa_t}} \right] = 0 \qquad (4.47)$$

需要注意的是,从气动实验台上测出的涡轮效率通常是等熵效率 η_T 与涡轮增压器机械效率 $\eta_{TC,\,mech}$ 的乘积。另外,涡轮增压器的总效率定义为 $\eta_{TC} = \eta_C \eta_T \eta_{TC,\,mech}$。假设活塞的窜气量忽略不计,那么涡轮流量与压气机流量之间的关系是 $\dot{m}_T = \dot{m}_C + \dot{m}_{fuel} - \dot{m}_{WG}$,式中 $\dot{m}_{WG}$ 是涡轮废气旁通阀的流量。由于大气中水蒸气的存在,式(4.47)中的 c_p 受湿度影响。关于湿度对一个复合气体常量和空气密度的影响,读者可以参考 Israel 和 Hu(1993)的论文。该复合气体常量是大气压和相对湿度的一个函数。

在涡轮增压器中,压气机的转速必须等于涡轮的转速,即满足

$$N_C = N_T \qquad (4.48)$$

正如任何压气机性能图所示,压气机的效率图可以表示或拟合为压气机的修正流量和压比的一个函数(例如六阶多项式),比如:

$$\eta_C = f_4(\dot{m}_{C,\,corr},\ p_2/p_1) \qquad (4.49)$$

另外,正如任何涡轮性能图所示,对于一个给定的涡轮有效面积来讲,涡轮的效率图可以表示或拟合为涡轮的修正流量和压比的一个函数(例如六阶多项式),比如:

$$\eta_T = f_5(\dot{m}_{T,\,corr},\ p_3/p_4) \qquad (4.50)$$

同理,压气机转速图也可以表示为压气机的修正流量和压比的一个函数:

$$N_C = f_6(\dot{m}_{C,\,corr},\ p_2/p_1) \qquad (4.51)$$

类似地,对于一个给定的涡轮有效面积来讲,涡轮的转速图也可以表示为涡轮的修正流量和压比的一个函数:

$$N_T = f_7(\dot{m}_{T,\,corr},\ p_3/p_4) \qquad (4.52)$$

事实上,基于涡轮的空气动力学性能,涡轮效率也可以表示为一个相对于速比的抛物线函数。不同的涡轮压比可以形成一系列抛物线曲线族。将下标"o"记为总态(滞止状态),"s"记为静态,所说的速比是指:

$$\frac{v_T}{C_{T0}} = \frac{\pi d_T N_T}{\sqrt{2(h_{o3} - h_{s4})}}$$

对于高压环路排气再循环系统来讲,排气再循环气体与新鲜空气在进气歧管内的混合可以用

下面的能量平衡方程来描述：

$$\dot m_{air} \int_0^{T_{CACout}} c_{p,\,air}\,dT + \dot m_{EGR} \int_0^{T_{EGRcoolerGasOut}} c_{p,\,EGR}\,dT$$

$$= (\dot m_{air} + \dot m_{EGR}) \int_0^{T_{2a}} c_{p,\,mix}\,dT \tag{4.53a}$$

对于低压环路排气再循环系统来讲，排气再循环气体与新鲜空气在压气机进口处的混合可以用下面的能量平衡方程来描述：

$$\dot m_{air} \int_0^{T_{1,\,ROA}} c_{p,\,air}\,dT + \dot m_{EGR} \int_0^{T_{EGRcoolerGasOut}} c_{p,\,EGR}\,dT$$

$$= (\dot m_{air} + \dot m_{EGR}) \int_0^{T_1} c_{p,\,mixture}\,dT \tag{4.53b}$$

中冷器的效能由下式定义：

$$\varepsilon_{CAC} = \frac{T_2 - T_{CACout}}{T_2 - T_{CACcooling}} \tag{4.54}$$

排气再循环冷却器的效能由下式定义：

$$\varepsilon_{EGRcooler} = \frac{T_3 - T_{EGRcoolerGasOut}}{T_3 - T_{EGRcoolantInlet}} \tag{4.55}$$

关于冷却器效能和设计参数的详细讨论，在第 12 章将有所介绍。

中冷器和位于其下游的进气节气门（如果有的话）的集总流动阻力特性可以采用一个集总流量因数 $C_{d,\,CAC-IT}$ 按下式表述：

$$\dot m_{air} = f_8(C_{d,\,CAC-IT},\ p_2 - p_{2a},\ T_{CACout}) \tag{4.56}$$

当涡轮的实际质量流量 $\dot m_T$ 由上述的 18 个方程联立解出后，涡轮的有效截面面积 A_T 可由式 (4.57) 按照可压缩气流的流动方程计算出来。这个关系可以简单示意如下，并以轴流式涡轮为例：

$$\dot m_T = A_T \cdot \frac{p_3}{\sqrt{R_{ex}\,T_3}} \cdot \sqrt{\frac{2\kappa_t}{\kappa_t - 1}} \cdot \sqrt{\left(\frac{p_4}{p_3}\right)^{\frac{2}{\kappa_t}} - \left(\frac{p_4}{p_3}\right)^{\frac{\kappa_t+1}{\kappa_t}}} \tag{4.57}$$

式中，p_3 和 T_3 均定义为总态。注意到式(4.57)的涡轮流量方程只对亚音速流动条件有效，即当下式成立时：

$$\frac{p_4}{p_3} > \left(\frac{2}{\kappa_t + 1}\right)^{\frac{\kappa_t}{\kappa_t - 1}} \tag{4.58}$$

然而，当以下条件成立时：

$$\frac{p_4}{p_3} \leqslant \left(\frac{2}{\kappa_t + 1}\right)^{\frac{\kappa_t}{\kappa_t - 1}} \tag{4.59}$$

气流就成为超音速，这时涡轮的流量方程可由下式描述：

$$\dot m_T = A_T \cdot \frac{p_3}{\sqrt{R_{ex}\,T_3}} \left(\frac{2}{\kappa_t + 1}\right)^{\frac{1}{\kappa_t - 1}} \cdot \sqrt{\frac{2\kappa_t}{\kappa_t + 1}} \tag{4.60}$$

大多数汽车用柴油机上的径流式涡轮的流量方程要比轴流式涡轮的方程复杂得多,即需要在式(4.57)中的与p_4/p_3有关的项中添加一些焓值修正因子。涡轮有效面积A_T是以下两个贡献因素的乘积:①涡轮的物理尺寸面积——它是一个与喷嘴喉部面积和出气端喉部面积有关的常量;②涡轮流量因数——它是一个与涡轮压比和涡轮转速有关的函数变量。

在式(4.39)～式(4.56)中,气体的压力、温度和流量这些参数既可以是工作循环的平均稳态值,也可以是随曲轴转角变化的准稳态的瞬时量。前面介绍的以瞬态或瞬时微分形式存在的式(4.7)在本质上与稳态或循环平均形式的式(4.39)相同。它们都是基于能量守恒来求解T_3。前面介绍的式(4.10)在本质上与式(4.40)相同。它们都是基于质量守恒来求解$\dot{m}_{air}$。值得注意的是,缸内压力相对于缸内瞬时容积的循环积分值实质上就是功率,这一点由式(4.38)反映出来,而该式是连接缸内气压与功率的纽带。在式(4.39)～式(4.56)的数学构造中,发动机的有效功率被假设为一个已知的输入值。如果功率为未知数,那么就必须使用缸内瞬时循环过程的控制方程式(4.12),来求解缸内气压,然后必须采用式(4.12)所对应的循环平均值的方程式(4.38)将气缸压力在一个发动机循环内予以积分来求解有效功率。

由于上述方程组中包括了式(4.51)～式(4.52)来描述涡轮增压器硬件的指定特性,式(4.39)～式(4.56)所组成的数学构造只能用来预测给定硬件的发动机性能。式(4.39)～式(4.56)是一个非线性系统,求解此系统时需要任选18个未知数中的一个的初始值来开始计算,用迭代的解法求解直到收敛。

4.4.2 以实现目标性能为目的的硬件指标设计

上一节讨论了对发动机硬件性能的预测。事实上,在空气系统指标的设计中,其目的是要寻找所需要的硬件(例如涡轮有效面积)以匹配一个给定的发动机空气流量(或质量空燃比)和排气再循环率的功能目标。回顾前面讲到的排气再循环率的定义,它是指排气再循环气体的质量流量与排气再循环气流和新鲜空气气流质量流量的总和之比。如果假设将压气机效率和涡轮效率作为固定的理想输入数值,我们可以得到一个拥有16个方程的方程组系统:式(4.39)～式(4.48)加式(4.51)～式(4.56)。这16个未知数可以是$\dot{m}_{air}$, $\dot{m}_{EGR}$, T_3, p_4, $T_{1,ROA}$, p_1, p_2, T_2, p_3, T_4, N_C, N_T, p_{2a}, T_{2a}, T_{CACout}, $T_{EGRcoolerGasOut}$。在这个方程组里,仍然可以保证涡轮转速等于压气机转速,因为式(4.48),(4.51)和(4.52)被包括在内。然而,在发动机系统指标计算的输出结果中,通常并不需要包括涡轮增压器的转速。涡轮面积则是一个必需的指标设计参数。因此,删除代表着固定(或已知)硬件特性的涡轮增压器转速和效率性能图的方程(4.48)～方程(4.52),并加入式(4.57),便可以构造出一个用于发动机系统指标设计的具有14个方程的数学系统:式(4.39)～式(4.47)和式(4.53)～式(4.57)。事实上,这一系统可用于两个目的:①计算为达到一个给定的性能目标所需要的硬件;②计算一个给定的硬件配置的性能(虽然是以式(4.39)～式(4.56)的一个简化形式)。例如,14个未知数可以选为:$\dot{m}_{air}$或A_T, $\dot{m}_{EGR}$, T_3, p_4, $T_{1,ROA}$, p_1, p_2, T_2, p_3, T_4, p_{2a}, T_{2a}, T_{CACout}, $T_{EGRcoolerGasOut}$。应当指出的是,这组14个方程可以重新编为任何较小规模的方程组以匹配相应的较少的未知数数目。在发动机空气系统设计中,重要的是要了解这些数学公式构造背后的工程含义。当$\dot{m}_{air}$是已知量而A_T是未知量的时候,需要找到所需的涡轮面积以匹配给定的空气流量目标。需要注意的是,在这样一个不使用涡轮增压器的转速性能图和效率性能图的计算中,所做的计算结果并不保证涡轮转速等于压气机转速,尽管它仍然可以计算压气机和涡轮的流量和压比。

在系统指标的设计分析中,为了在一个固定的空燃比和排气再循环率目标下获得最低的发动机压差,对于发动机制造企业来讲,一个方便和必要的举措往往是先计算所需的涡轮增压器效率,并向涡轮增压器供应商提出理想的增压器指标(即流量、压比和一个"固定的"所需效率)。这种强行指定所需的涡轮增压器效率的设计假设有时对于一个增压器硬件来讲可能不太现实,尤其当在多个发动机转速和负荷工况下指定所需要的效率时。涡轮增压器供应商有责任选择或设计增压器,以达到发动机制造企业所指定的效率要求。他们还负责为匹配的涡轮增压器确定合适的旋转轴速,以尽可能地接近发动机企业指定的理想流量和压比。在从供应商处获得提议的涡轮增压器的性能图后,发动机企业可以用计算机模拟检查增压器的硬件性能(即从本质上讲是使用式(4.39)~式(4.56)的数学构造),即可识别在提议的增压器硬件与发动机系统设计指标之间存在的性能差距。

4.4.3 发动机压差的特征

发动机压差是泵气损失的关键组成部分。在描述发动机系统性能的数学关系中,有四个核心方程控制着空气系统的性能:关于发动机与涡轮增压器联合运行时"呼吸"特征的式(4.40),关于排气再循环环路流动阻力的式(4.44),关于链接进气歧管增压压力与排气歧管压力的式(4.47),以及关于用涡轮产生发动机空气流量的式(4.57)(或类似的径流式涡轮方程)。将式(4.40)代入式(4.47)中,发动机压差($p_3 - p_{2a}$)的参数依变关系可以由式(4.47)和式(4.57)反映出来。当空气流量和排气再循环率是已知的输入数据或目标时(或者在某个假定的充量因数下通过式(4.40)等价地来看,如果进气歧管压力 p_{2a} 和排气再循环率是已知的目标时),而且当 T_3 和 p_4 是常数时,如果涡轮面积 A_T 发生变化,排气歧管压力 p_3 会按照式(4.57)变化。因此,在 p_2、$\eta_C \eta_T \eta_{TC, mech} (\dot{m}_T / \dot{m}_C)(T_3/T_1)$ 或 p_4 中必须至少有一个参数发生变化以便平衡式(4.47)。所以,那些可以用来减少发动机压差(即在给定的 p_{2a} 下,最大限度地减小 p_3)的参数,全都直接显示在式(4.40)、式(4.47)和式(4.57)中。这些参数是:η_{vol}、p_1、p_2、$\eta_C \eta_T \eta_{TC, mech} (\dot{m}_T / \dot{m}_C)(T_3/T_1)$ 这一大项、p_4,以及 A_T。需要注意的是,压气机入口温度 T_1 受环境温升(ROA)影响。压气机进口压力 p_1 受从环境到压气机进口部分的进气系统的节流程度影响。压气机出口压力 p_2 受发动机转速、充量因数、有效发动机排量和进气歧管气体温度影响,如式(4.40)所示。压力 p_2 也受中冷器流动阻力和进气节气门影响,如式(4.56)所示。充量因数(尤其是通过改变进气配气定时)对 p_{2a} 进而 p_2 和发动机压差影响极大(第9章将详述)。涡轮入口温度 T_3 受气缸冷却以及排气道和排气歧管的热损失影响,如式(4.39)所示。另外,T_3 还受空燃比影响。涡轮流量 $\dot{m}_T$ 受废气旁通阀的开度影响。涡轮出口压力 p_4 受后处理排气流动阻力因数 $C_{d, exh}$ 影响,如式(4.43)所示。涡轮增压器效率 $\eta_C \eta_T \eta_{TC, mech}$ 和涡轮面积 A_T 是增压器的设计参数。$\dot{m}_T$ 和 A_T 也极大地影响发动机压差。

排气再循环环路的流动阻力也影响发动机压差和其他系统设计参数。在高压环路排气再循环系统中,当 $p_3 - p_{2a}$ 和排气再循环流量已知时,可以使用式(4.44)求解排气再循环环路的流动阻力因数 $C_{d, EGR}$(亦称集总的排气再循环阀门开度)。另一方面,在一个固定的空气流量和排气再循环率(或者等价地说在一个固定的排气再循环质量流量)的情况下,当排气再循环环路的流动阻力特性也固定的时候,p_3 必须用式(4.44)计算。然后,需要根据式(4.57)改变涡轮面积 A_T,同时在以下参数中至少需要有一个的值发生变化,以便平衡式(4.47):p_1、p_2、$\eta_C \eta_T \eta_{TC, mech} (\dot{m}_T / \dot{m}_C)(T_3/T_1)$ 这一大项,或 p_4。再次注意,充量因数 η_{vol} 会极大地影响 p_2 和发动机压差。

通过使用第14章的式(14.4)中所示的简化排气歧管气体温度模型,经过求解式(4.40)、式(4.47)和式(4.57),可以分析影响发动机循环平均压差的因素,如图4.5所示。该图揭示出在给定的转速负荷工况以及固定的空燃比和排气再循环率的情况下,采用以下的设计措施可以减小发动机压差:较高的涡轮增压器效率、较高的排气歧管气体温度、较少的涡轮废气旁通、较低的排气阻力压

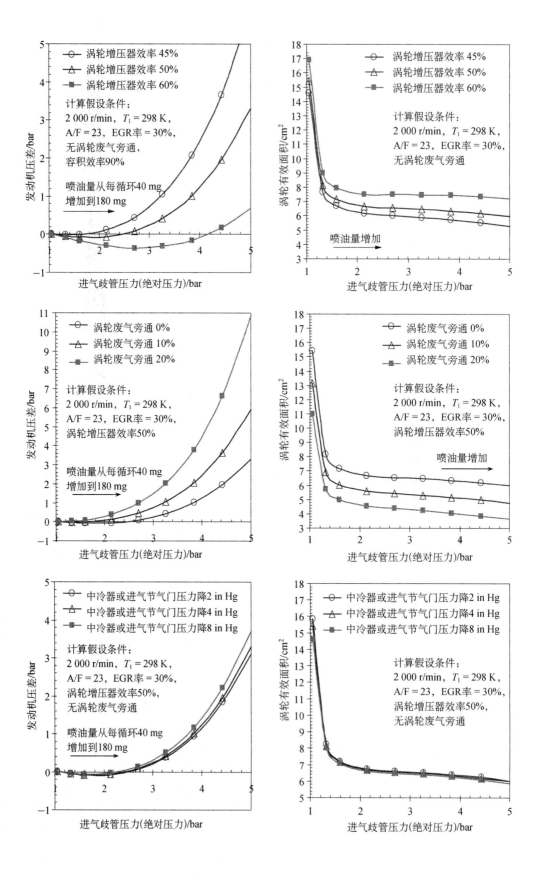

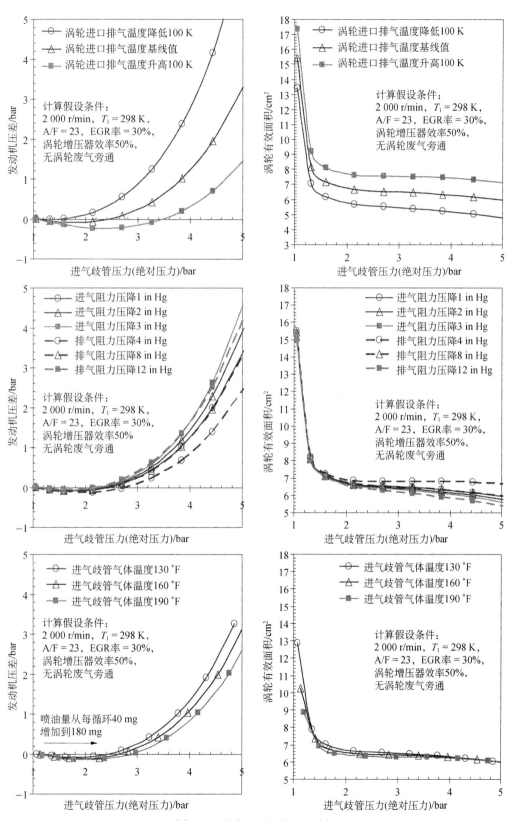

图 4.5 发动机压差的理论分析

降、较低的中冷器压降。而且,还可以观察到,在较高的负荷(喷油量)下,发动机压差变得更高。另外值得注意的是,在一些采用簧片阀(止回阀)的发动机设计中,即使当循环平均压差变成一个小的负值时,瞬时脉动压差仍然可以将排气再循环气流压入气缸中。

关于涡轮废气旁通的影响,可以解释如下。当发生废气旁通时,涡轮流量的损失必须由增加涡轮膨胀比来补偿,以保证维持足够的涡轮功率来达到压气机增压压力的目标值。而较大的涡轮压比会不可避免地导致排气歧管压力和发动机压差均同时上升。可变截面涡轮(VGT)没有废气旁通损失,因此它能给出比废气旁通涡轮低一些的泵气损失和燃油消耗率,但前提条件是这两种涡轮具有相似的效率。应当指出,在一些两级增压的涡轮增压器中,通常有一个绕过高压级涡轮的废气旁通阀,将排气歧管中的流量导流到低压级涡轮的进口。这种在两级增压器中的旁通排气流量不是完全被浪费掉的,因为它在低压级涡轮中被利用并提供一定的增压压力。但是,一些废气旁通的损失仍然会发生(例如排气能量损失、废气旁通阀处的节流损失),只是不像在单级涡轮的废气旁通中那么严重而已。

在排气再循环发动机的设计中,发动机压差不够高和排气再循环气流驱动不足的问题经常在低转速发生,尤其在最大扭矩工况附近。在涡轮增压发动机中,涡轮的有效面积是提供和调控压气机增压压力和排气歧管压力的根源。它像一个限制流量的孔口,但同时也是一个产生功率的元件,来驱动压气机。所需的涡轮面积可以由式(4.57)确定。涡轮面积在很大程度上决定了与发动机压差有关的上述关系。当涡轮面积固定时,在一个确定的负荷下,发动机压差随着转速的降低而降低,如图4.6所示。该图基于一些简化假设从求解四个核心方程[式(4.40)、式(4.44)、式(4.47)和式(4.57)]而得,可以用来说明一些趋势。据观察,较小的涡轮面积会产生较高的发动机压差,以便在低转速时能够驱动排气再循环气流。图4.6还显示,在低转速时,为了实现一个固定的空燃比目标,涡轮增压器的效率其实不应过高;否则这高效率所伴随而来的与之匹配的大涡轮面积会产生非常低或者甚至为负值的发动机压差,这将导致无法驱动足够的排气再循环流量[①]。

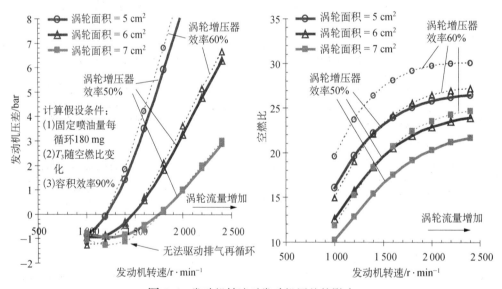

图4.6　发动机转速对发动机压差的影响

---

① 在图4.6中,排气再循环率假设为30%。

4.4.4 发动机空气系统设计中理论可选系统的总结

在用于发动机系统指标设计的 14 个方程所组成的方程组中[式(4.39)～式(4.47)和式(4.53)～式(4.57)],任何 14 个参数都可以被选为未知数,来构造该方程组并用其评估发动机的硬件设计效应或运行条件影响。表 4.1 开列出 16 个典型的空气系统。它们覆盖了使用高压环路排气再循环技术的大多数可能的空气系统设计方案。表 4.1 中的第 2 列列出了各个可能出现的未知数,无论是性能参数还是硬件设计或软件标定参数。每个方程需要选出一个未知数以构造所属的空气系统。在每个发动机系统的编号下列出的参数是前面所说的那 14 个未知数。不在每个系统的编号下显示但却在第二列中显示的参数,假设为已知的输入数据。表 4.1 中用**粗黑体**所示的是**硬件**或**标定**参数。例如,在第 1 号系统中,η_C(压气机效率),$C_{d,\text{EGR}}$(排气再循环阀门开度),A_T(涡轮有效面积)和 $\dot{m}_T$(涡轮流量,实质上代表涡轮废气旁通阀开度)被假定为已知的固定的硬件或标定参数。第 1 号系统在给定的一组硬件或标定情况下,求解 14 个性能参数作为未知数。对于一个固定的空燃比和排气再循环率的目标值,从第 2 号到第 16 号系统中的每个系统都需要求解两个硬件参数或标定参数。从在一定范围内调节空燃比和排气再循环率的能力上看,这两个硬件的选择具有一定的灵活性,而且不同的硬件系统构造会给出不同的控制能力范围。第 2 号到第 6 号系统在排气再循环环路的流量因数 $C_{d,\text{EGR}}$ 较小时(即流动阻力较大时),具有较高的泵气损失。第 7, 8, 9, 11 和12 号系统是比较现实而切合实际的系统,它们具有已知的涡轮增压器效率和已知的 $C_{d,\text{EGR}}$ 的最大值,故而可以被用来寻找满足空燃比和排气再循环率目标并具有最低发动机压差($p_3 - p_{2a}$)的硬件。第 10 和 13 号系统可以用来计算在给定的排气阻力流量因数 $C_{d,\text{exh}}$ 下所需要的涡轮增压器效率、涡轮面积或废气旁通阀开度,以实现空燃比和排气再循环率的设计目标。第 14 号系统在功能上有一定的冗余,因为排气背压阀和进气节气门对发动机性能有着类似或相关的影响。第 15(或16)号系统可以用来计算在一个给定的涡轮下所需要的涡轮增压器效率和排气(或进气)阻力限制。低压环路排气再循环和混合式排气再循环系统的数学公式构造可以类似地予以推导。在低压环路排气再循环系统中,虽然位于压气机入口处的进气节气门可以用来帮助获得排气再循环流量,但是它通常不如在涡轮出口处使用排气背压阀更为有效。另外,值得注意的是,非排气再循环发动机可视为上述系统构造的一个简化形式。表 4.1 所对应的发动机应用实例将在第 13 章中予以详述。

4.5 发动机循环模拟中的稳态模型调整

在发动机循环模拟中,由于不同子系统的性能参数之间存在复杂的相互作用,调整模型是发动机性能与系统集成(EPSI)分析中难度最大的任务之一。模型调整是指调整硬件特征校准模型,并与测试数据相匹配。建造一个成功的模型之关键,是识别确定和调整合适的模型参数,来反映操控发动机性能测试数据的真实物理机理。第 4.4.2 节实际上已经给出了模型调整的理论基础。第4.4.1 节中介绍的那些公式涵盖了几乎所有在模型中容易进行调整的硬件设计参数(例如涡轮面积和效率)。不过,确实也存在一些更为复杂而不能用零维或一维的发动机循环模拟软件来准确模拟的物理过程,比如缸内的燃烧和传热过程。尽管发动机循环模拟模型对于系统设计来讲是最佳的工具(由于在宏观性能参数上具有足够好的精度和快速的计算时间),它在预测能力上仍具有一定的局限性,而且需要依靠实验数据仔细地进行模型调整以处理不确定因素。将某些不确定因素在子系统模型中笼统地混在一起(例如在前面所构造的方程组系统的边界范围内),在系统层面的分析中不失为一个行之有效的方法,特别是当无法获得每个部件的详细准确的实验数据时,或者当某些

表 4.1　在给定的发动机转速、喷油量和功率下高压环路排气再循环发动机空气系统的数学构造

方程号	未知数	发动机系统号 1	2	3	4	5	6	7	8	9	10	11	12	13	14	15	16
4.39	T_3、$Q_{base\text{-}coolant}$	T_3	T_3	T_3	T_3	T_3	T_3	T_3	T_3	T_3	T_3	T_3	T_3	T_3	T_3	T_3	T_3
4.40	η_{vol}、$\dot{m}_{air}$、$\dot{m}_{EGR}$、T_{2a}、p_{2a}、V_E	$\dot{m}_{air}$	p_{2a}	p_{2a}	p_{2a}	p_{2a}	p_{2a}	p_{2a}	p_{2a}	p_{2a}	p_{2a}	p_{2a}	p_{2a}	p_{2a}	p_{2a}	p_{2a}	T_{2a}
4.41	$\dot{m}_{air}$、$C_{d,int}$、p_1、p_{AMB}	p_1	p_1	p_1	p_1	p_1	p_1	p_1	p_1	p_1	p_1	p_1	p_1	p_1	p_1	p_1	p_1
4.42	$T_{1,\,ROA}$、ΔT_{ROA}、T_{AMB}	$T_{1,\,ROA}$	$T_{1,\,ROA}$	$T_{1,\,ROA}$	$T_{1,\,ROA}$	$T_{1,\,ROA}$	$T_{1,\,ROA}$	$T_{1,\,ROA}$	$T_{1,\,ROA}$	$T_{1,\,ROA}$	$T_{1,\,ROA}$	$T_{1,\,ROA}$	$T_{1,\,ROA}$	$T_{1,\,ROA}$	$T_{1,\,ROA}$	$T_{1,\,ROA}$	$T_{1,\,ROA}$
4.43	$C_{d,\,exh}$、p_4、p_{AMB}	p_4	p_4	p_4	**$C_{d,\,exh}$**	p_4	p_4	p_4	**$C_{d,\,exh}$**	p_4	p_4	**$C_{d,\,exh}$**	p_4	p_4	**$C_{d,\,exh}$**	**$C_{d,\,exh}$**	p_4
4.44	$\dot{m}_{EGR}$、$C_{d,\,EGR}$、p_3、p_{2a}	$\dot{m}_{EGR}$	**$C_{d,\,EGR}$**	**$C_{d,\,EGR}$**	**$C_{d,\,EGR}$**	p_3	**$C_{d,\,EGR}$**	p_3	p_3	p_3	p_3	p_3	p_3	p_3	p_3	p_3	p_{2a}
4.45	η_C、p_1、p_2、T_1、T_2	T_2	T_2	T_2	T_2	T_2	T_2	T_2	T_2	T_2	T_2	T_2	T_2	T_2	T_2	T_2	T_4
4.46	η_T、p_3、p_4、T_3、T_4	T_4	T_4	T_4	T_4	T_4	T_4	T_4	T_4	T_4	T_4	T_4	T_4	T_4	T_4	T_4	p_4
4.47	p_1、p_2、η_C、η_T、$\eta_{TC,mech}$、$\dot{m}_T$、T_1、T_3、p_3、p_4	p_2	p_3	p_3	p_4	p_2	**$\eta_{T/C}$**	**$\dot{m}_T$**	p_4	p_2	**$\eta_{T/C}$**	p_4	p_2	**$\eta_{T/C}$**	p_2	**$\eta_{T/C}$**	**$\eta_{T/C}$**
4.53a	$\dot{m}_{air}$、$\dot{m}_{EGR}$、T_{CACout}、$T_{EGRcoolerGasOut}$、T_{2a}	T_{2a}	T_{2a}	T_{2a}	T_{2a}	T_{2a}	T_{2a}	T_{2a}	T_{2a}	T_{2a}	T_{2a}	T_{2a}	T_{2a}	T_{2a}	T_{2a}	T_{2a}	T_{2a}
4.54	ε_{CAC}、T_2、T_{CACout}	T_{CACout}	T_{CACout}	T_{CACout}	T_{CACout}	T_{CACout}	T_{CACout}	T_{CACout}	T_{CACout}	T_{CACout}	T_{CACout}	T_{CACout}	T_{CACout}	T_{CACout}	T_{CACout}	T_{CACout}	T_2
4.55	$\varepsilon_{EGRcooler}$、T_3、$T_{EGRcoolerGasOut}$ (= T_{EGR})	T_{EGR}	T_{EGR}	T_{EGR}	T_{EGR}	T_{EGR}	T_{EGR}	T_{EGR}	T_{EGR}	T_{EGR}	T_{EGR}	T_{EGR}	T_{EGR}	T_{EGR}	T_{EGR}	T_{EGR}	T_{EGR}
4.56	$\dot{m}_{air}$、p_2、p_{2a}、$C_{d,CAC\text{-}IT}$ (= $C_{d,IT}$)	p_{2a}	p_2	p_2	p_2	**$C_{d,IT}$**	p_2	p_2	p_2	**$C_{d,IT}$**	p_2	p_2	**$C_{d,IT}$**	p_2	**$C_{d,IT}$**	p_2	**$C_{d,IT}$**
4.57	$\dot{m}_T$、A_T、T_3、p_3、p_4	p_3	**A_T**	**$\dot{m}_T$**	p_3	p_3	p_3	**A_T**	**A_T**	**A_T**	**A_T**	**$\dot{m}_T$**	**$\dot{m}_T$**	**$\dot{m}_T$**	p_4	p_4	p_3

复杂的物理过程不能被准确地模拟时。在次要细节上进行过于复杂的模拟，或者在高度不确定的物理过程的模拟上过度纠缠，会减慢系统分析的工作速度，而且对产品设计也不会带来什么好处。系统模拟的有效性依赖于在模型的复杂性与简单性之间的一个微妙平衡。另外需要注意的是，模型调整和预测能力的质量必须通过对多个数据点进行比较来判断，因为如果有意地只为某单个数据点而调整一个模型甚至扭曲硬件特征的话，那么在其他数据点上该模型可能就不具备良好的预测能力。

　　发动机循环模拟模型的一些局限性如下所列：

(1) 由于很难模拟缸内气体热力学物性的三维分布，这类模型不能准确预测发动机缸内的传热、燃烧和排放过程，即很难模拟缸内非均质的空气、燃料和燃烧产物的混合物随空间和时间变化的复杂物理和化学过程。该模型通常只采用从测量的气缸压力曲线导出的放热率或燃烧率，或者最多只是使用一个准维的现象学燃烧模型来计算放热率；

(2) 这类模型无法捕捉热流部件的所有细节行为，例如在排气再循环冷却器结垢问题中的碳烟结层效应或者气门周围的三维流动效应。相反，这类模型使用集总近似方法来模拟它们在总体或宏观性能上的特征；

(3) 这类模型中所使用的发动机硬件特征的输入数据（例如涡轮增压器效率图）通常是从一些脱机台架实验中获得的。它们可能并不代表该部件在真实发动机中在符合实际的瞬态边界条件下所具有的真实行为。

所有这些困难都导致在与发动机实验数据相比较时可能会出现模拟误差。

　　在发动机循环模拟模型中，以下八个关键部件表征了发动机的系统特征：进气阻力（装置）、排气阻力（装置）、中冷器（以冷却能力和流动阻力为标志）、间冷器（如果有的话）、排气再循环冷却器（以冷却能力和流动阻力为标志）、压气机（以效率和流量范围为特征）、涡轮（以效率和有效面积为特征）、发动机气缸（以机械摩擦、发动机本体散热量和充量因数为特征）。在一个给定的发动机转速和负荷下进行模型调整时，重要的是要与高质量的测试数据在以下三类系统性能参数上予以匹配：

(1) 五大主要设计目标（有效功率、有效燃油消耗率、空燃比、排气再循环率、进气歧管气体温度）；

(2) 与设计约束条件或耐久性设计极限有关的参数（例如最高气缸压力和缸内燃烧压力曲线模式、排气歧管气体温度、进气歧管气体温度、压气机出口空气温度、排气歧管压力、发动机压差、冷却液散热量、发动机出口冷却液温度、涡轮增压器转速）；

(3) 前面所述方程组中的 18 个参数里余下的参数（$\dot{m}_{air}$, $\dot{m}_{EGR}$, T_3, p_4, T_1, ROA, p_1, p_2, T_2, p_3, T_4, N_C, N_T, η_C, η_T, p_{2a}, T_{2a} 或 T_1, T_{CACout}, $T_{EGRcoolerGasOut}$）。这些参数不仅与调整模型有关，而且对发动机系统设计指标亦至关重要。

　　图 4.7 显示了一个在最大扭矩工况进行模型调整的例子，通过调节涡轮废气旁通阀开度和涡轮面积来匹配一个给定的排气再循环率和空燃比目标。应当强调的是，在一个好的系统设计中，在选择涡轮面积时，通常需要考虑在最困难的高原或环境条件下（例如 5 500 ft 海拔 NTE 排放区）和在最大扭矩处将涡轮废气旁通阀的开度设置为完全关闭，并通过与排气再循环环路流动阻力水平的联合调节，来达到所要求的排气再循环率和空燃比目标。排气再循环环路阻力和涡轮增压器效率都存在一个实际所能达到的极限设计值。例如，如果效率过低，空燃比就会过低（如果涡轮面积不变或者说发动机压差基本不变的话），这就要求使用很小的涡轮面积来达到空燃比目标。这就会造成发动机压差较高和排气再循环阀门被迫部分关闭；这样，其实就不必将排气再循环冷却器的流动阻力设计得很低。反之，如果效率过高，空燃比就会过高，这就要求使用很大的涡轮面积来达到

空燃比目标。这就会造成发动机压差较低,甚至可能会低到当排气再循环阀门全开时仍不能驱动而达到想要获得的排气再循环流量;这样,就必须要求将排气再循环冷却器的流动阻力设计得很低,否则便需要使用关闭进气节气门的方法来强行降低空燃比。由此可见,在这种联合设计或调节中,涡轮增压器与排气再循环系统之间呈现出很强的子系统相互作用。

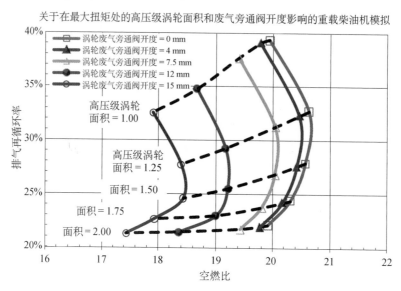

图 4.7　涡轮面积和废气旁通阀开度对排气再循环率和
空燃比的影响(在最大扭矩工况)

　　在图 4.7 所示的空气系统的"排气再循环率相对于空燃比"的区域上,涡轮废气旁通阀开度和涡轮面积的参变量扫值模拟结果形成了一组二维数据集,它能够覆盖已知的发动机测试数据点(或者一个系统设计目标点)。需要注意的是,这个二维扫值数据组的变化移动行为和数据域的位置取决于其他两个关键的空气系统参数的设置值:即集总的排气再循环阀门开度(或更本质地讲,排气再循环环路流动阻力设计水平和标定阀门开度)以及进气节气门开度(或更本质地讲,从压气机出口到进气歧管的流动阻力)。当排气再循环环路的流动阻力增加时,图 4.7 中的整个数据集将向右下方移动。当进气节气门关闭时,图 4.7 中的整个数据集将向左上方移动,排气再循环率只会略有增加,但是空燃比会大幅度减小。因此,在最大扭矩处进行这种涡轮废气旁通阀和涡轮面积的二维扫值计算以匹配一个给定的测试数据或系统设计目标时,确定适当的排气再循环阀门开度(或排气再循环环路的流动阻力)和进气节气门开度是非常重要的。

　　使用一个类似的模型调整技术可以在额定功率工况校正模型来匹配一个已知的发动机压差和空燃比,同时满足一个给定的排气再循环率目标,如图 4.8 所示。通过采用一个关于涡轮面积和废气旁通阀开度的二维参变量扫值模拟,可以在参数图上形成一片二维数据集,以包括已知的发动机测试数据点(或系统设计的目标点)。在额定功率工况,进气节气门通常需要设置成全开,因为发动机压差很大,足以用来驱动排气再循环气流,故而没有必要靠关闭进气节气门来帮助驱动排气再循环。另外,在额定功率时,与最大扭矩不同(那里排气再循环阀通常需要设成全开),排气再循环阀必须部分关闭,以防止灌入过多的排气再循环气流。需要注意的是,图 4.8 中的每一个数据点都是通过在发动机循环模拟中使用一个 PID(比例、积分和微分)控制器,自动调节排气再循环阀门的开度以获得 36% 的排气再循环率。图 4.8 中的数据集的变化行为和位置取决于另一个关键的空气系统设计参数——涡轮增压器的效率。当模型中使用的涡轮增压器效率增加时,整个数据集将向右侧移动。相反,当模型中的涡轮增压器效率降低时,整个数据集将向左侧移动。因此,当进行这样一个关于涡轮废气旁通阀开度和涡轮面积的二维扫值计算,以试图匹配一个给定的测试数据或系统设计目标时,确定所需的涡轮增压器效率是非常重要的。

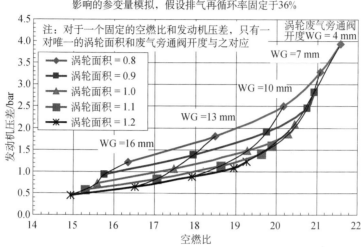

图 4.8 涡轮面积和废气旁通阀开度对发动机压差和空燃比的影响(在额定功率工况)

关于一些重要的发动机系统设计或模型调整参数,排气阻力将在第 8 章的后处理分析和第 15 章的子系统相互作用分析中做进一步讨论。冷却器和发动机气缸的散热量将在第 12 章中详细讨论。发动机充量因数和涡轮增压器性能将在第 13 章中阐述。排放设计的目标将在第 7 章中解释。发动机的耐久性设计约束条件在第 2 章和第 15 章中有详细的论述。

特别应当指出的是,使用 PID 反馈控制器来自动搜索和匹配数据目标,是一个加速模型调整或系统设计过程的重要计算技术。柴油机系统设计中需要大量运用 PID 控制器。一些典型的 PID 控制的例子包括使用定扭矩、定排气再循环率、定空燃比、定缸内最高气体温度或压力的 PID 控制。

在模型调整中遇到的另一个挑战是确定模拟误差的根源,并尽量减少误差,尤其是对于多转速或多负荷工况点的情形。例如,排气歧管气体温度的模拟误差可以由若干因素导致,例如错误的空燃比、排气再循环率、有效燃油消耗率、喷油定时、气缸散热量等。采用试验设计方法可以加快查错的过程,并尽量减少不确定性。从理论上讲,有且只有一组独特的模型调整结果能够基本匹配发动机系统的所有性能参数所反映出来的真实物理过程行为。这个问题所面临的挑战是,要以最小的加权模拟误差和对每个子系统的模型调整参数进行合理地调节,来近似那个独特的真解。

现将稳态发动机性能模型调整的指导原则总结如下,以说明发动机性能与系统集成(EPSI)中模拟工作的技术逻辑和内容。

(1) 在模型中设置关键输入数据(例如气门尺寸、气门升程型线、气道流量因数、气缸和管道的几何尺寸、管道传热、涡轮增压器性能图);

(2) 检查充量因数的数量级和碳平衡结果,并用能量平衡方面的计算和涡轮增压器功率平衡方面的计算来检查发动机性能测试数据的质量;

(3) 使用发动机拖动测试或点火测试数据调整模型中的发动机充量因数；

(4) 从测量的发动机总拖动功率中减去计算的泵气损失功率，以求取机械摩擦功率；

(5) 将模拟数据与测试数据的"压降相对于体积流量"的特性曲线相匹配，以调整模型中的进气阻力和排气阻力；

(6) 将模拟数据与测试数据的"中冷器压降相对于空气体积流量"和"冷却器效能相对于空气质量流量"的特性曲线相匹配，以调整中冷器的流动阻力和效能；

(7) 将模拟数据与测试数据的"排气再循环冷却器压降相对于排气再循环气体体积流量"和"冷却器效能相对于排气再循环气体质量流量"的特性曲线相匹配，以调整排气再循环冷却器的流动阻力和效能；

(8) 使用发动机气缸压力的测试数据计算在不同转速和负荷时的放热率；

(9) 恰当设置模型以正确反映零散热损失的真实散热量特性。调节缸内的 Woschni 传热乘积因数以及缸套、气缸盖和活塞的水侧（或油侧）传热系数，以期将模拟数据与经测试数据计算所得的发动机本体散热量特征相匹配。或者，等价地从能量平衡的角度来考虑，调节 Woschni 传热乘积因数和那些传热系数来匹配排气歧管气体温度；

(10) 将发动机测试数据点绘制在压气机和涡轮的性能图上。从图中查取压气机和涡轮的效率。用发动机点火工况的测试数据计算涡轮增压器效率，然后适当确定涡轮增压器效率图的乘积因数；

(11) 在一个给定的发动机转速和负荷下，使用试验设计方法或更为简单的参变量扫值法调整试验设计或扫值法中使用的参数因子（例如涡轮面积或可变截面涡轮叶片开度或废气旁通阀开度、涡轮增压器效率的乘积因数、排气再循环阀门开度、燃烧始点定时、放热率持续时间），以期将模拟结果与如下发动机测试参数的数据相匹配：发动机压差、空燃比、排气再循环率、有效功率（或有效燃油消耗率）、排气歧管气体温度、缸内燃烧压力曲线模式，以及其他系统性能参数。使用优化软件处理试验设计的模拟数据，在给定的空燃比和排气再循环率目标的约束下，将有效燃油消耗率、排气歧管气体温度或发动机压差等重要模拟参数的加权误差最小化，并相应确定试验设计中的因子值；

(12) 在其他发动机转速和负荷工况重复第十一步。对于瞬态模拟来讲，与发动机控制有关的模型调整参数应该是转速和负荷的光滑函数。

4.6 参考文献和书目

4.6.1 英文参考文献和书目

Agnew D. 1994. What is limiting your engine air flow: using normalized steady air flow bench data [C]. SAE paper 942477.

Alkidas A C. 1993. Effects of operational parameters on structural temperatures and coolant heat rejection of a S. I. engine [C]. SAE paper 931124.

Annand W J D, Roe G E. 1974. *Gas Flow in the Internal Combustion Engine* [M]. Sparkford: G. T. Foulis & Co. Ltd.

Arias J R, Moreno E, Navarro E, Varela E. 2000. Using 1-D and 3-D models for the simulation of gas exchange processes [C]. SAE paper 2000-01-0658.

Assanis D N, Filipi Z S, Fiveland S B, Syrimis M. 2000. A methodology for cycle-by-cycle transient heat release analysis in a turbocharged direct injection diesel engine [C]. SAE paper 2000-01-1185.

Basshuysen R, Schafer F (editors). 2004. *Internal Combustion Engine Handbook* [M]. Warrendale, PA: SAE International.

Benson R S (edited by Horlock J H and Winterbone D E). 1982. *The Thermodynamics and Gas Dynamics of Internal Combustion Engines, Volume 1* [M]. Oxford: Clarendon Press.

Blair G P. 1991. An alternative method for the prediction of unsteady gas flow through the internal combustion engine [C]. SAE paper 911850.

Bohac S V, Baker D M, Assanis D N. 1996. A global model for steady state and transient S. I. engine heat transfer studies [C]. SAE paper 960073.

Bohac S V, Landfahrer K. 1999. Effects of pulsating flow on exhaust port flow coefficients [C]. SAE paper 1999-01-0214.

Borman G L, Ragland K W. 1998. Direct-injection engine combustion [M]//*Combustion Engineering*. Boston, MA: McGraw-Hill.

Brady R N. 1996. *Modern Diesel Technology* [M]. Englewood Cliffs, NJ: Prentice Hall.

Brunt M J, Platts K C. 1999. Calculation of heat release in direct injection diesel engines [C]. SAE paper 1999-01-0187.

Caton J A. 1982. Comparisons of thermocouple, time-averaged and mass-averaged exhaust gas temperatures for a spark-ignited engine [C]. SAE paper 820050.

Cesario N, Muscio C, Farina M, Amato P, Lavorgna M. 2004. Modelling the rate of heat release in common rail diesel engines: a soft computing approach [C]. SAE paper 2004-01-2967.

Chalet D, Chesse P, Tauzia X, Hetet J-F. 2006. Comparison of different methods for the determination of pressure wave in the inet and exhaust systems of internal combustion engine [C]. SAE paper 2006-01-1542.

Challen B, Baranescu R (editors). 1999. *Diesel Engine Reference Book* [M]. 2nd edition. Warrendale, PA: SAE International.

Chow A, Wyszynski M L. 1999. Thermodynamic modeling of complete engine systems-a review [J]. *Proc. IMechE, Part D: Journal of Automobile Engineering*, 213:403-415.

Danov S. 1997. Identification of discharge coefficients for flow through valves and ports of internal combustion engines [C]. SAE paper 970642.

Egnell R. 1999. A simple approach to studying the relation between fuel rate heat release rate and NO formation in diesel engines [C]. SAE paper 1999-01-3548.

Ferguson C R, Kirkpatrick A T. 2000. *Internal Combustion Engines: Applied Thermosciences* [M]. 2nd edition. New York, NY: Wiley.

Franco A, Martorano L. 1999. Methods to evaluate in-cylinder heat transfer and thermal load in the small internal combustion engines [C]. SAE paper 1999-01-1252.

Friedrich I, Pucher H, Offer T. 2006. Automatic model calibration for engine-process simulation with heat-release prediction [C]. SAE paper 2006-01-0655.

Fukutani I, Watanabe E. 1979. An analysis of the volumetric efficiency characteristics of 4-stroke cycle engines using the mean inlet Mach number Mim [C]. SAE paper 790484.

Grimm B M, Johnson R T. 1990. Review of simple heat release computations [C]. SAE paper 900445.

Haddad S D, Watson N (editors). 1984a. *Principles and Performance in Diesel Engineering* [M]. Chichester: Ellis Horwood Limited.

Haddad S D, Watson N (editors). 1984b. *Design and Applications in Diesel Engineering* [M]. Chichester: Ellis Horwood Limited.

Hansen A C. 1992. A diagnostic quasi-dimensional model of heat transfer applied to a motored compression-ignition engine [C]. SAE paper 920542.

Heywood J B. 1988. *Internal Combustion Engine Fundamentals* [M]. New York, NY: McGraw-Hill.

Hohenberg G F. 1979. Advanced approaches for heat transfer calculations [C]. SAE paper 790825.

Homsy S C, Atreya A. 1997. An experimental heat release rate analysis of a diesel engine operating under steady state conditions [C]. SAE paper 970889.

Horlock J H, Winterbone D E. 1986. *The Thermodynamics and Gas Dynamics of Internal Combustion Engines, Volume* 2 [M]. Oxford: Clarendon Press.

Hountalas D T, Kouremenos D A, Fiveland S B. 2004. Some considerations on the estimation of the heat release of DI diesel engines using modelling techniques [C]. SAE paper 2004-01-1405.

Hsu B D. 2002. *Practical Diesel-Engine Combustion Analysis* [M]. Warrendale, PA: SAE International.

Imabeppu S, Shimonosono H, Hirano Y, Fujigaya K, Inoue K. 1993. Development of a method for predicting heat Rejection to the engine coolant [C]. SAE paper 931114.

ISO Standard 1585. 1992. Road vehicles - Engine test code - Net power [S].

ISO Standard 2534. 1998. Road vehicles - Engine test code - Gross power [S].

ISO Standard 3046. Reciprocating internal combustion engines - Performance [S]. Part 1, 3, 4, 6(3046-1, 3046-3, 3046-4, 3046-6).

ISO Standard 5165. 1998. Petroleum products - Determination of the ignition quality of diesel fuels - Cetane engine method [S].

ISO Standard 8178. Reciprocating internal combustion engines - Exhaust emission measurement [S]. Part 1, 4, 7, 10, 11 (8178-1, 8178-4, 8178-7, 8178-10, 8178-11).

ISO/TR Standard 9310. 1987. Road vehicles - Smoke measurement of compression-ignition (diesel) engines - Survey of short in-service tests [S].

ISO Standard 10054. 1998. Internal combustion compression-ignition engines – Measurement apparatus for smoke from engines operating under steady-state conditions – Filter-type smoke meter [S].

ISO Standard 11614. 1999. Reciprocating internal combustion compression-ignition engines – Apparatus for measurement of the opacity and for determination of the light absorption coefficient of exhaust gas [S].

ISO Standard 14396. 2002. Reciprocating internal combustion engines – Determination and method for the measurement of engine power – Additional requirements for exhaust emission tests in accordance with ISO 8178 [S].

ISO Standard 15550. 2002. Internal combustion engines – Determination and method for the measurement of engine power –General requirements [S].

ISO Standard 16183. 2002. Heavy duty engines – Measurement of gaseous emissions from raw exhaust gas and of particulate emissions using partial flow dilution systems under transient test conditions [S].

ISO Standard 16185. 2000. Road vehicles – Engine families for certification of heavy-duty vehicles by exhaust emission [S].

Israel M A, Hu H. 1993. Impact of ambient parameters on operating efficiency of compression release engine retarder systems on heavy duty diesel engines [C]. SAE paper 932972.

Jennings M J, Morel T. 1991. A computational study of wall temperature effects on engine heat transfer [C]. SAE paper 910459.

Júnior J P P, Valle R M, Barros J E M. 2005. Algebraic modeling for thermodynamic study of the compression-ignition engine [C]. SAE paper 2005-01-4143.

Kamimoto T, Akiyoshi M, Kosaka H. 1998. A numerical simulation of ignition delay in diesel engines [C]. SAE paper 980501.

Kamimoto T, Minagawa T, Kobori S. 1997. A two-zone model analysis of heat release rate in diesel engines [C]. SAE paper 972959.

Kar K, Roberts S, Stone R, Oldfield M, French B. 2004. Instantaneous exhaust temperature measurements using thermocouple compensation techniques [C]. SAE paper 2004-01-1418.

Kar K, Swain A, Raine R, Roberts S, Stone R. 2006. Cycle-by-cycle variations in exhaust temperatures using thermocouple compensation techniques [C]. SAE paper 2006-01-1197.

Ladommatos N, Abdelhalim S M, Zhao H, Hu Z. 1998. Effects of EGR on heat release in diesel combustion [C]. SAE paper 980184.

Lakshminarayanan P A, Aghav Y V, Dani A D, Mehta P S. 2002. Accurate prediction of the rate of heat release in a modern direct injection diesel engine [J]. *Proc. IMechE, Part D: Journal of Automobile Engineering*, 216:663–675.

Livengood J C, Rogowski A R, Taylor C F. 1952. The volumetric efficiency of four-stroke engines [C]. SAE paper 520259.

Luján J M, Serrano J R, Arnau F, Dolz V. 2003. Heat transfer model to calculate turbocharged HSDI diesel engines performance [C]. SAE paper 2003-01-1066.

Makartchouk A. 2002. *Diesel Engine Engineering: Thermodynamics, Dynamics, Design, and Control* [M]. New York, NY: Marcel Dekker.

Manente V, Vressner A, Tunestål P, Johansson B. 2008. Validation of a self tuning gross heat release algorithm [C]. SAE paper 2008-01-1672.

Martyr A J, Plint M A. 2007. *Engine Testing* [M]. 3rd edition. Oxford: Elsevier.

Mattarelli E, Valentini A. 2000. On the flow modeling through the valve assembly in engine cycle simulations [C]. SAE paper 2000-01-0570.

Meguerdichian M, Watson N. 1978. Prediction of mixture formation and heat release in diesel engines [C]. SAE paper 780225.

Miyamoto N, Chikahisa T, Murayama T, Sawyer R. 1985. Description and analysis of diesel engine rate of combustion and performance using Wiebe's functions [C]. SAE paper 850107.

Nieuwstadt M J, Kolmanovsky I V, Brehob D, Haghgooie M. 2000. Heat release regressions for GDI engines [C]. SAE paper 2000-01-0956.

Nuszkowski J, Thompson G J. 2009. Application and repeatability of transient heat release analysis for heavy duty diesel engines [C]. SAE paper 2009-01-1125.

Ogata K. 2004. *System Dynamics* [M]. 4th edition. Upper Saddle River, NJ: Pearson Prentice Hall.

Oldfield S G, Watson N. 1983. Exhaust valve geometry and its effect on gas velocity and turbulence in an exhaust port [C]. SAE paper 830151.

Oppenheim A K, Barton J E, Kuhl A L, Johnson W P. 1997. Refinement of heat release analysis [C]. SAE paper 970538.

Palm III W J. 2005. *System Dynamics* [M]. New York, NY: McGraw-Hill.

Peters B, Gosman A D. 1993. Numerical simulation of unsteady flow in engine intake manifolds [C]. SAE paper 930609.

Pierik R J, Burkhard J F. 2000. Design and development of a mechanical variable valve actuation system [C]. SAE paper 2000-01-1221.

Ponti F, Corti E, Serra G, Cesare M D. 2007. Common rail multi-jet diesel engine combustion model development for control purposes [C]. SAE paper 2007-01-0383.

Primus R J. 1999. Visual thermodynamics: processes in log(p)-log(T) space [C]. SAE paper 1999-01-0516.

Proell W A. 1993. *The Thermodynamic Exploration for High Efficiency Internal Combustion Engines* [M]. Las Vegas, NM: Cloud Hill Press.

Pulkrabek W W. 2003. *Engineering Fundamentals of the Internal Combustion Engine* [M]. 2nd edition. Upper Saddle River, NJ: Prentice Hall.

Rakopoulos C D, Giakoumis E G. 2009. *Diesel Engine Transient Operation – Principles of Operation and Simulation Analysis* [M]. London: Spring-Verlag London Limited.

Ribeiro B, Martins J. 2007. Direct comparison of an engine working under Otto, Miller and Diesel cycles: thermodynamic analysis and real engine performance [C]. SAE paper 2007-01-0261.

Rosseel E, Sierens R. 1996. The physical and the chemical part of the ignition delay in diesel engines [C]. SAE paper 961123.

Roussopoulos K. 1990. A convenient technique for determining comparative volumetric efficiency [C]. SAE paper 900352.

Royo R, Corberán J, Pérez A. 1994. Optimal design of the intake system in 4-S I.C.E. [C]. SAE paper 940210.

Ryan T W. 1987. Ignition delay as determined in a variable-compression ratio direct-injection diesel engine [C]. SAE paper 872036.

SAE Surface Vehicle Recommended Practice J228. 1995. Airflow reference standards [S].

SAE Surface Vehicle Recommended Practice J604. 1995. Engine terminology and nomenclature – general [S].

SAE Surface Vehicle Recommended Practice J1829. 2002. Stoichiometric air-fuel ratios of automotive fuels [S].

SAE Surface Vehicle Recommended Practice J2548. 2001. Test method to obtain lug-up torque data for heavy-duty truck and bus engines [S].

SAE Surface Vehicle Standard J1312. 1995. Procedure for mapping performance – spark ignition and compression ignition engines [S].

SAE Surface Vehicle Standard J1349. 2008. Engine power test code – spark ignition and compression ignition – net power rating [S].

SAE Surface Vehicle Standard J1995. 1995. Engine power test code – spark ignition and compression ignition – gross power rating [S].

SAE Surface Vehicle Standard J2723. 2007. Engine power test code – engine power and torque certification [S].

Schihl P, Tasdemir J, Schwarz E, Bryzik W. 2002. Development of a zero-dimensional heat release model for application to small bore diesel engines [C]. SAE paper 2002-01-0073.

Schubert C, Wimmer A, Chmela F. 2005. Advanced heat transfer model for CI engines [C]. SAE paper 2005-01-0695.

Shayler P J, Chick J P, Ma T. 1996. Effect of coolant mixture composition on engine heat rejection rate [C]. SAE paper 960275.

Shayler P J, Chick J P, Ma T. 1997. Correlation of engine heat transfer for heat rejection and warm-up modeling [C]. SAE paper 971851.

Silva L L C. 1993. Simulation of the thermodynamic processes in diesel cycle internal combustion engines [C]. SAE paper 931899.

Sierens R, Hove W V, Riemslagh K. 1992. Heat release analysis and power cycle calculation of the combustion in a medium-speed diesel engine [C]. *ASME ICE-Vol. 17, Diesel Engine Processes: Turbocharging, Combustion and Emission*. 41–51. Presented at *the Energy-Sources Technology Conference and Exhibition*. Houston, TX. January.

Smith L A, Fickenscher T, Osborne R P. 1999. Engine breathing-steady speed volumetric efficiency and its validity under transient engine operation [C]. SAE paper 1999-01-0212.

Son S, Kolasa A E. 2007. Estimating actual exhaust gas temperature from raw thermocouple measurements acquired during transient and steady state engine dynamometer tests [C]. SAE paper 2007-01-0335.

Stone R. 1999. *Introduction to Internal Combustion Engines* [M]. 3rd edition. Warrendale, PA: SAE International.

Thor M, Andersson I, McKelvey T. 2009. Parameterized diesel engine heat release modeling for combustion phasing analysis [C]. SAE paper 2009-01-0368.

Tuccillo R, Arnone L, Bozza F, Nocera R, Senatore A. 1993. Experimental correlations for heat release and mechanical losses in turbocharged diesel engines [C]. SAE paper 932459.

Veiásquez J A, Milanez L F. 1995. Computational model for simulation of processes in diesel engines [C]. SAE paper 952304.

Watson N. 1999. *The Theory of Turbocharging* [M]//Challen B, Baranescu R (editors). *Diesel Engine Reference Book*. 2nd edition. Warrendale, PA: SAE International. 27–72.

Watson N, Pilley A D, Marzouk M. 1980. A combustion correlation for diesel engine simulation [C]. SAE paper 800029.

Winterbone D E, Pearson R J. 1999. Design *Techniques for Engine Manifolds* [M]. Warrendale, PA: SAE International.

Winterbone D E, Pearson R J. 2000. *Theory of Engine Manifold Design* [M]. London and Burry St Edmunds: Professional Engineering Publishing.

Wolff A, Boulouchos K, Mueller R. 1997. A computational investigation of unsteady heat flux through an I.C. engine wall including soot layer dynamics [C]. SAE paper 970063.

Woschni G. 1967. Universally applicable equation for the instantaneous heat transfer coefficient in the internal combustion engine [C]. SAE paper 670931.

Zeng P, Assanis D N. 2004. Cylinder pressure reconstruction and its application to heat transfer analysis [C]. SAE paper 2004-01-0922.

4.6.2　中文参考文献和书目

4.6.2.1　柴油发动机性能特征

内燃机性能测试技术

[英] A.J.马特,M.A.普林特.发动机试验理论与实践[M].宋进桂,于京诺,杨占鹏,李栋,等译.北京:机械工业出版社,2009.

毕玉华,中立中,沈颖刚,颜文胜.内燃机性能参数实时处理与分析系统[J].汽车技术,2003(12):25-28.

陈继熊.内燃机测试技术的国内外现状及展望[J].车用发动机,1992(4):2-6.

陈朝柏.柴油机输出功率测量结果的不确定度评定[J].内燃机,2007(1):32-33.

陈志恒,高蔚.汽车发动机燃油消耗率测试结果的不确定度评定[J].汽车技术,2008(5):18-21.

董大伟,李辉伦,张兰芝,闫兵,李玉梅.用单缸熄火转速法测定柴油机各缸工作均匀性[J].内燃机,2001(6):27-29.

高继东,李孟良,王建海,马杰,高俊华.轻型汽车燃油经济性测试方法的相关性研究[J].汽车工程,2005,27(4):395-398.

韩树,范冰.发动机实车功率测试方法研究[J].柴油机,2009,31(5):11-13.

韩秀坤,高力平,邱群麟.汽车底盘测功器的标定方法和精度分析[J].汽车工程,2004,26(5):623-625,628.

黄海燕.汽车发动机试验学教程[M].北京:清华大学出版社,2009.

孔祥银,王忠,唐颐,孟鑫.整车转鼓循环与发动机台架排放试验关联度分析[J].车用发动机,2009(6):37-41.

兰春亮,翟建龙.内燃机测试技术的现状与发展[J].机械管理开发,2006(6):31-33,35.

李虹.农用运输车柴油机与汽车柴油机的整机技术条件和台架试验方法的差异之探讨[J].内燃机,2001(1):29-32.

李进,欧阳明高.电控发动机排气温度动态估计算法[J].汽车工程,2006,28(4):327-330.

李晶华,高俊华,黎苏,刘波.底盘测功机阻力设定对汽车排放的影响分析[J].汽车技术,2007(12):35-39.

李善祯,诸雪征,陆晓军,程鹏,尹程秋.多缸内燃机单缸充气效率的测定[J].内燃机工程,1992,13(3):18-26.

李兴虎,刘国邦.空燃比的计算及测量误差分析[J].燃烧科学与技术,2004,10(1):32-36.

刘军,李衍德,郭晨海,罗石,何铁平.碳平衡法燃油消耗量测试仪的开发[J].车用发动机,2007(1):30-34.

刘鸥,廖戎,孙永刚.坦克、装甲车辆发动机实车功率测量系统[J].车辆与动力技术,2004(4):12-15.

刘毅,张稀林,贾桢,许世永.发动机动态模拟系统的试验研究[J].车用发动机,2003(5):19-21.

刘昭度,马岳峰,徐岩,齐志权.底盘测功机摩擦功率测试方法研究[J].汽车工程,2006,28(9):870-872.

鲁统利,陈德元.大型汽车底盘动态模拟测功机测控系统[J].汽车工程,1999,21(2):118-123.

罗红英.内燃机及动力装置测试技术[M].哈尔滨:哈尔滨工程大学出版社,2006.

马杰,周华,陆红雨,高俊华.底盘测功机阻力设定对汽车尾气排放的影响[J].汽车工程,2006,28(9):873-876.

牛跃听,安钢.12 150 L发动机空负荷消耗功率测试研究[J].柴油机,2008,30(2):22-25,28.

田颖,曾贤波,卢青春.电涡流测功机控制器控制算法研究[J].内燃机工程,2005,26(6):58-60.

万德玉,王令金,刘伟,王强.浅谈柴油机在线测功[J].山东内燃机,2005(5):21-23,34.

汪祖国.不确定度评定在汽车燃料消耗量检测中的应用实践[J].客车技术,2005(3):17-21.

卫海桥,申立中,沈颖刚,颜文胜,毕玉华,蒋卫东.发动机动态参数测量与分析系统若干问题的探讨[J].小型内燃机与摩托车,2001,30(2):33-36.

吴光夏.内燃机测试技术的现状与发展[J].车用发动机,1994(6):1-6.

吴光夏.内燃机测试技术发展的崭新阶段[J].车用发动机,1997(1):1-6.

严运兵,孙文凯,刘旺,张光德.发动机性能试验数据的处理与建模[J].内燃机工程,2007,28(6):53-57.

杨海,邓名华.国内外内燃机示功图的研究与发展[J].内燃机,2005(6):6-9.

郁增德,谢军,王传鼎.底盘测功机模拟道路滑行试验[J].汽车技术,1991(6):24-27.

乐俊秉,李国良,方显中,闫淑芳.测功机与内燃机匹配问题探讨[J].汽车技术,1993(7):30-35.

张俊智,卢青春.发动机动态试验台控制系统的设计[J].车用发动机,1999(1):41-44.

张俊智,卢青春.发动机动态试验台混合模拟方法的仿真研究[J].内燃机学报,2000,18(1):1-5.

张庆良.发动机燃油消耗评估方法[J].柴油机设计与制造,2009,16(1):24-28.

内燃机性能参数特征

毕小平,马志雄,邢怀忠.发动机指示热效率的几种定义方法和计算分析[J].车用发动机,1997(4):8-10.

杜巍,孙伟华,刘福水.增压多缸柴油机各缸进气不均匀性的研究[J].内燃机工程,2010,31(2):27-30.

顾庆.非道路用柴油机燃油消耗率分析及预测[J].内燃机工程,2010,31(5):7-10.

郭仲海.柴油机性能对排气背压的敏感性研究[J].内燃机,2010(4):47-49.

洪祥武,段远才.高背压环境下柴油机性能预测数值分析的函数描述方法[J].车用发动机,1995(3):16-20.

黄玮.柴油发动机构造与原理[M].北京:科学出版社,2009.

蒋德明.高等内燃机原理[M].西安:西安交通大学出版社,2002.

蒋德明,陈长佑,杨嘉林,杨中极.高等车用内燃机原理(上、下册)[M].西安:西安交通大学出版社,2006.

江发潮,陈全世,曹正清.发动机特性数值仿真方法的研究[J].车用发动机,2004(4):32-34.

雷建明,申立中,沈颖刚,易宁.一种对内燃机特殊性能曲线处理的数值方法[J].云南工业大学学报,1997,13(1):63-67.

林学东.发动机原理[M].北京:机械工业出版社,2008.

刘军,苏清祖.根据排放成分确定空燃比的研究[J].内燃机学报,2000,18(3):308-314.

刘军,郭晨海,苏清祖.基于排气成分的发动机性能研究[J].内燃机学报,2003,21(4):224-227.

刘育民.用发动机排气组分计算过量空气系数的方法[J].内燃机学报,1990,9(1):91-93.

鲁统利,曹邕震.发动机万有特性曲线数字化方法[J].客车技术与研究,2004,26(3):13-15.

罗爱强.对柴油机两种燃油消耗率标示方法的观点[J].柴油机,2009,31(1):21-23,36.

彭炜,李志中,段明磊,傅津津,王伟民,刘毅.汽车发动机万有特性曲线簇计算机绘制算法[J].内燃机,1998(1):20-23.

史宗庄,刘元阁.内燃机特性曲线的数学拟合方法[J].柴油机,2000(3):12-15.

宋福昌.新型柴油汽车技术性能数据手册[M].北京:中国电力出版社,2007.

唐开元,欧阳光耀.高等内燃机学[M].北京:国防工业出版社,2008.

万德永,王友林.内燃机性能试验数据的计算机处理与作图[J].柴油机,2000(1):18-23.

万德玉,刘少珍,董占春.浅谈柴油机的低负荷性能[J].内燃机与动力装置,2008(4):1-4.

万德玉,张洪晓.柴油机低负荷性能的研究[J].柴油机,1995(5):6-10,13.

王陈生,杨中乐.水蒸气分压力数学表达式——用于内燃机性能试验[J].小型内燃机,1993,22(2):33-36.

王建昕,帅石金.汽车发动机原理[M].北京:清华大学出版社,2011.

王元庆.内燃机试验现场水蒸气分压的数学计算法[J].内燃机工程,1991,12(4):18-23.

魏春源,张卫正,葛蕴珊.高等内燃机学[M].北京:北京理工大学出版社,2001.

杨建华,唐维新.柴油机性能的研究方法[J].内燃机,2002(4):26-28.

姚叔林.柴油机气缸排气温度与排气管关系的研究[J].内燃机工程,1994,15(3):1-6.

叶文辉.内燃机万有特性试验曲线的绘制[J].汽车技术,1994(12):28-36.

应国泉.用正交多项式回归拟合内燃机特性曲线[J].小型内燃机,1989(5):20,26-32.

于瑞涛.柴油机功率修正误差分析[J].内燃机与动力装置,2010(6):51-55.

周广猛,郝志刚,刘瑞林,陈东,管金发,张春海.基于 MATLAB 的发动机万有特性曲线绘制方法[J].内燃机与动力装置,2009(2):34-36,48.

周龙保.内燃机学[M].第3版.北京:机械工业出版社,2011.

朱章宏,吴小平.柴油机特性曲线处理系统的开发与应用[J].小型内燃机,1993,22(4):19-22.

4.6.2.2　发动机缸内热力学循环过程

热力学循环过程

陈林根,林俊兴,孙丰瑞.最大功率密度输出时 Atkinson 热机的效率[J].内燃机学报,1997,15(4):494-498.

陈文振,孙丰瑞.考虑摩擦时 Otto 循环功率效率特性新析[J].内燃机学报,2002,20(2):103-105.

高文志,赵明,贾贵起,贺兆欣.柴油机工作过程模拟计算[J].小型内燃机与摩托车,2004(6):3-5,22.

高孝洪.内燃机工作过程数值计算[M].北京:国防工业出版社,1986.

顾宏中.涡轮增压柴油机热力过程模拟计算[M].上海:上海交通大学出版社,1985.

顾宏中.柴油机工作过程[M].北京:国防工业出版社,1987.

黄厄文.柴油机气缸内气体成分及其热工参数计算方法[J].内燃机学报,1990,8(1):47-52.

林杰伦.内燃机工作过程数值计算[M].西安:西安交通大学出版社,1986.

刘永长.内燃机工作过程模拟[M].武汉:华中理工大学出版社,1996.

刘永长.内燃机热力过程模拟[M].北京:机械工业出版社,2000.

罗福强,邹长征,刘胜吉,张超健,夏基胜,游维华.柴油机换气过程缸内压力模拟计算[J].小型内燃机,1999,28(2):27-31.

倪培永,石秀勇,孟昭昕.直喷式柴油机工作过程模拟计算[J].内燃机,2003(5):12-14.

乔安平.一种改进的压燃式内燃机理论循环[J].农业机械学报,2001,32(4):11-13.

邱伟光.温压约束下内燃机循环的性能界限[J].内燃机工程,2004,25(4):66-68.

宋立军,胡政,杨拥民,温熙森.基于键合图的内燃机工作过程建模研究[J].内燃机学报,2007,25(5):457-462.

王浩洁,周斌,展靖华,牛钊文.基于 MATLAB 的示功图模拟研究[J].内燃机,2009(6):17-20,24.

武一民,崔根群,陈健,王现容.直喷式柴油机热力损失角的模拟分析[J].内燃机工程,2006,27(4):39-42.

严运兵,王仲范,杜传进,胡晓林.基于伪键合图的内燃机建模与仿真[J].内燃机工程,2004,25(5):13-17.

张文孝,赫明月.浅谈船舶柴油机工作过程研究[J].内燃机与配件,2010(8):1-3.

郑彤,陈林根,孙丰瑞.不可逆 Dual 循环的功率效率特性[J].内燃机学报,2002,20(5):408-412.

朱访君,吴坚.内燃机工作过程数值计算及其优化[M].北京:国防工业出版社,1997.

訾琨.车用发动机热力学分析及优化[M].昆明:云南科技出版社,1997.

訾琨,王贵勇.考虑热阻时发动机理论循环分析[J].内燃机工程,2000(2):1-4.

放热率

邓名华,范维澄.神经网络在柴油机放热规律预测中的应用[J].内燃机学报,2000,18(1):110-111.

黄宜谅,王志明.高速直喷式柴油机燃烧放热规律的优化[J].内燃机学报,1995,13(2):95-100.

纪丽伟,王士钫,孙桂荃.单峰放热率曲线的双韦伯函数拟合探讨[J].内燃机工程,1993,14(1):8-16.

井恩泽,刘忠长,韩永强,李康,刘江唯.柴油机燃烧放热模式分析[J].车用发动机,2010(3):56-59.

李彬轩,徐航,何文华.柴油机实时仿真中燃烧模型的建立[J].内燃机学报,2001,19(2):148-152.

穆海林,陈白欣,孙民.柴油机燃烧系统最优化动态辩识[J].燃烧科学与技术,1996,2(2):121-126.

秦建文,常汉宝,苏冠敏,邵利民.瞬态工况下柴油机燃烧模型参数变化研究[J].柴油机,2009,31(4):19-22.

王艳武,孙斌,刘胜.利用 MATLAB 进行柴油机燃烧过程的仿真研究[J].柴油机,2004(增刊):77-79.

徐鲁杰,杨彦海,程德彬.适用于 TBD620V12 型柴油机的双韦伯燃烧模型研究[J].柴油机,2009,31(3):15-18,35.

姚林强,蒋欣.采用 VIBE 经验公式对柴油机放热规律的分析[J].内燃机车,2006(1):30-32,37.

张立梅,黄宜谅.直喷式柴油机实测放热率可信度的一种判断方法[J].内燃机学报,1993,11(3):236-242.

周林森,韩林山,师素娟,郝玉宝.柴油机燃料放热规律数值计算方法研究[J].小型内燃机,1998,27(5):8-11.

朱小慧.燃烧诊断在车用内燃机综合性能优化上的应用[J].车用发动机,1997(4):15-20.

4.6.2.3　发动机歧管充填动力学和动态发动机系统设计

蔡忆昔.多缸发动机进气瞬态过程的计算机仿真[J].内燃机工程,1997,18(2):25-32.

杜巍,刘福水,李志杰.增压柴油机进气压力波动规律的试验研究[J].内燃机工程,2008,29(3):37-40.

葛蕴珊,谭建伟,宋艳冗,陆小明.增压柴油机进排气过程的模拟计算研究[J].内燃机工程,2007,28(2):35-38.

韩固勇,邓建,周骏,卢松.泵气平均有效压力与排气压力波关系的试验研究[J].车用发动机,2010(5):61-65.

李斌,金永亮.容积法中排气过程模拟计算的若干修正[J].内燃机车,1999(1):27-29,35.

刘耀峰,韩占忠,闫为革,李福庆.内燃机气道内气体流动研究方法应用研究[J].内燃机,2001(6):20-22.

刘峥,张扬军.内燃机一维非定常流动[M].北京:清华大学出版社,2007.

王长林.进排气系统压力波模拟计算的发展[J].内燃机工程,1999(4):22-27,31.

王绍明,邓康耀,崔毅,邢卫东.泵气平均有效压力变化规律的试验研究[J].内燃机工程,2010,31(6):71-75.

王兴海,谢程宁,宁智.排气压力波对柴油机性能影响的分析[J].柴油机,2007,29(5):13-17.

杨林,顾宏中.内燃机增压系统一维非定常流混合模型的研究[J].内燃机学报,1999,17(4):409-412.

朱小慧,顾宏中.模拟一维非定常流动的 FVM-TVD 法[J].内燃机学报,2001,19(2):169-172.

4.6.2.4　静态发动机系统设计

柴保明,吴炳胜,王祖讷.发动机整机性能的综合评价[J].内燃机学报,2002,20(1):67-70.

陈金涛,赵同宾,冯明志,艾钢,曾宪友.基于 AMESim 的柴油发电机组建模与仿真[J].柴油机,2008,30(1):5-9.

胡圣荣,陈国华.兼顾高速和低速特性的简便设计方法[J].车用发动机,1995(5):24-26.

李林科,李元新,张立冬,张广峰,杨珊珊.BL12V190ZL 柴油机的性能模拟计算[J].内燃机与动力装置,2008(5):20-22,41.

李晓波,黄立.604B 柴油机提高功率的研究[J].内燃机工程,2005,26(4):53-55,62.

李文祥,崔晓明,曹礼军,刘金玉,史艳彬.按使用工况改善重型柴油机经济性的研究[J].汽车技术,2008(5):14-17.

林军,陈国华.增压柴油机整体系统模拟及性能预测[J].车用发动机,1997(5):11-17.

陆明,王耀华,唐文彪,王新晴.内燃机整机性能综合评价指标及计算方法[J].内燃机工程,2001,22(2):74-76,79.

毛明华,倪计民.柴油机性能优化计算及分析[J].柴油机设计与制造,2008,15(4):11-15,52.

孟金喆,张欣,卢美秀.天然气增压发动机工作过程模拟分析研究[J].柴油机,2005,27(6):29-32.

邱伟光.涡轮增压柴油机模拟计算等压法的探讨[J].内燃机学报,2003,21(5):324-328.

任自中,姚叔林,王新权,宋蓓.中速柴油机性能改进的优化设计[J].内燃机工程,2003,24(5):45-48.

陶鸿莹,邓康耀,郁炜.面向对象发动机仿真软件的设计[J].柴油机,2004(3):11-13,33.

王宪成,范冰,张晶.柴油机性能模拟计算[J].内燃机,2009(5):18-20,27.

王增全,牛军,王连春.某柴油机性能优化与装车适应性研究[J].车用发动机,2009(1):50-52,59.

吴锋,强永平.4102 增压柴油机性能模拟计算[J].车用发动机,2002(2):16-19,32.

肖民,张庆松,程昌圻.涡轮增压柴油机循环模拟程序模块化技术研究[J].小型内燃机,2000,29(5):6-9.

徐元利,马维忍,吴锋,王坤,李耀宗,贺立峰.4102ZQ 增压柴油机性能模拟计算[J].车用发动机,2005(6):18-21,24.

杨克飞.GW 2.5TCI 柴油机参数优化匹配与性能模拟计算[J].内燃机,2009(4):21-23.

杨帅,周毅,邹任玲,刘继跃,徐慧星,董安琪.EGR 对柴油机工作过程影响的一维模拟[J].农业机械学报,2008,39(11):1-5.

易生海,邓康耀,杨世友,王泓亮.D6114B 船用柴油机的性能预测与优化计算[J].柴油机,2002(2):19-22.

尹必峰,刘胜吉,魏强,康红,杨荣华,韦锦祥,徐毅.(2007a).495ZLQ 柴油机参数匹配与性能计算分析[J].车用发动机,2007(2):18-21.

尹必峰,韦锦祥,杨荣华,徐毅,束卫兵.(2007b).小缸径直喷式柴油机整机性能模拟计算与分析[J].小型内燃机与摩托车,2007,36(2):24-26.

曾宪友,艾钢,赵同宾.高背压柴油机工作过程模拟和试验研究[J].柴油机,2004(增刊):62-65.

张卫东,岳云.发动机系统热力学模拟的现状[J].车用发动机,2000(3):7-11.

赵春生,丁技峰,刘艳利.某 150 柴油机提高扭矩储备系数研究[J].小型内燃机与摩托车,2009,38(6):11-13,30.

郑广勇.工作过程计算在发动机开发中的应用[J].汽车技术,2003(9):16-22.

郑忠才,高岩,刘芳,刘波,李健.基于 VB 的柴油机工作过程计算[J].内燃机与动力装置,2007(5):5-11.

朱梅林,郝强.柴油机计算机仿真研究述评[J].车用发动机,1993(5):7-13,53.

5

柴油发动机系统设计中发动机与车辆的匹配分析

摘要:本章讨论车辆动力系性能及其在点火工况时对柴油机系统设计的影响。首先,对车辆性能分析公式予以总结,然后提出了使用发动机特征脉谱图进行分析式发动机-车辆匹配的方法以达到最优的燃料经济性和驾驶性能。然后,论述了驾驶循环和加速性的瞬态动力系性能模拟,并强调自顶向下的动力系设计方法以优化车辆与发动机之间的界面。最后,对混合动力系统的性能分析做了简介。

5.1 车辆性能分析的理论

5.1.1 车辆分析领域简介

汽车发动机的设计必须满足车辆运行的需要。发动机研发的重点往往在于改进热力学循环过程和扭矩曲线形状,同时努力降低附属装置耗功和油耗。而传动系设计的重点在于提高传动系效率、降低车辆阻力、选择适当的传动比与发动机匹配。柴油动力总成中发动机与车辆之间的系统集成需要两者的密切合作。在车辆动力学的四个主要领域中(动力系传动、制动、悬架、转向系统),前两个领域直接与发动机系统设计有关。

车辆性能分析中的以下课题对于发动机系统设计很重要:纵向动力学和车辆受力分配,轮胎与路面之间的滚动阻力,空气气动阻力,车辆的惯性力,变速箱和变矩器模拟,车辆加速的计算,车辆燃油经济性计算。

在车辆动力系和传动系性能的文献方面,Jones(1991)介绍了重型车辆传动系设计基础。Dopson 等人(1995)和 Ferraz 等人(2001)讨论了动力总成的设计过程。Morel 等人(1999)、Ciesla 等人(2000)以及 Guzzella 和 Sciarretta(2005)论述了车辆动力总成的模拟方法。Bata 等人(1994)和 Clark 等人(2003)研究了重型车辆的试验循环。Petrushov(1997)和 Miller(2004)讨论了滑行法(coastdown)。Ehlbeck 和 Mayenburg(1991)、Simner(1996)、Patton 等人(2002)以及 Sovran 和 Blaser(2003)给出了关于车辆燃料经济性的综述。Kluger 和 Greenbaum(1993)研究了变速器效率。Mercure(1979)评述了变矩器的设计和性能。另外,在参考文献一节中开列的美国汽车工程师学会(SAE)标准也提供了很多关于车辆动力系和传动系很有价值的基础知识。

5.1.2 车辆性能分析的公式

在车辆的受力分析中,需要注意下面两点。首先,为了使发动机的冷却更为有效,以及为在加速过程中和爬坡时能有更好的牵引力,重型卡车通常采用发动机前置、后轮驱动的方式。传动系的布置方式影响车辆的受力分配。其次,为使车辆能够顺利起步移动,发动机和变速器所提供的牵引力必须大于所有静态阻力之和。然而,即使这两者能够产生很高的牵引力,作用于驱动轮上的最大牵引力还要受轮胎与地面之间的附着力限制。

在任何稳态或瞬态条件下,车辆的力平衡可以表述为如下形式:

$$F_t + F_{er} + F_{br} + F_{rf} + F_a + F_i + F_{gl} + F_{dr} = 0 \tag{5.1}$$

当车辆以恒定的速度移动时,惯性力 $F_i = 0$。如果 F_i 不等于零,车辆的运行工况就成为加速或减速的瞬态工况。F_t 是作用于车轮上的牵引力,由发动机点火运行提供。发动机点火时的牵引力定义为正值,所有的阻力定义为负值。在点火运行时,发动机制动功率 $F_{er} = 0$。如果驾驶员不使用刹车闸片(车轮制动器),刹车闸片给予的力 $F_{br} = 0$。F_{rf} 是轮胎与路面之间的滚动摩擦力。F_a 是空气气动阻力。F_{gl} 是车辆处于坡道上时的重力分量。F_{dr} 是传动系缓速器(例如液力或电磁缓速器)施加的阻力。在没有车轮制动或传动系缓速器制动的发动机点火工况运行中,作用于车轮上的牵引力由下式给出:

$$F_t = -(F_{rf} + F_a + F_i + F_{gl}) \tag{5.2}$$

如前所述,最大允许牵引力是受轮胎与地面之间的附着力限制的,该附着力等于垂直载荷乘以路面附着因数。附着力是由车轴载荷、道路表面状况和轮胎决定的。例如,由于结冰的路面具有非常低的附着力,车轮可能会在冰面上打滑。另外,车辆力平衡方程式(5.1)中的每一项都是对于整车总质量而言(包括挂车,如果有的话)。

坡道重力分量的计算公式是 $F_{gl} = m_V g \sin \theta$。道路的坡度定义为 $G_r = \tan \theta$,其中 θ 是道路坡度角(正值表示下坡,负值表示上坡)。g 是重力加速度。如果气动升力在车辆的净垂直载荷中可以忽略不计的话,滚动摩擦阻力可由 $F_{rf} = -m_V g \cdot f_{rf} \cos \theta$ 计算。轮胎的滚动摩擦因数 f_{rf} 随车辆的行驶速度、牵引力或轮胎倾斜角的增加而增加。当轮胎气压或轮胎温度升高时,轮胎的摩擦因数会降低。轮胎的滚动摩擦因数还受轮胎结构、轮胎材料和路面条件影响。轮胎摩擦因数一般与垂直载荷无关。通常情况下,在混凝土路面上的滚动摩擦因数的数值是介于 0.005 与 0.01 之间。此外,对于子午线(radial-ply)卡车轮胎,当 $N_V < 100$ km/h 时,过去的实验数据给出 $f_{rf} = 0.006 + 0.23(0.001N_V)^2$,式中 N_V 是车辆行驶速度。对于斜交线(bias-ply)卡车轮胎,$f_{rf} = 0.007 + 0.45(0.001N_V)^2$(Wong, 1993)。

空气气动阻力可由 $F_a = -0.5 \rho_{AMB} f_a A_V N_{Vw}^2$ 计算,式中,ρ_{AMB} 是环境空气密度;f_a 是空气气动阻力因数;A_V 是车辆沿行驶方向的前端迎风面积;N_{Vw} 是相对于风速的车辆行驶速度。

瞬时惯性力由 $F_i = -\xi m_V a_V$ 计算,式中,m_V 是包括负载的总有效整车质量;a_V 是车辆的线加速度。ξ 是旋转质量因数,定义为车辆的总惯性力与线惯性力之比。总惯性力是指车辆质量的直线运动和由所有旋转质量造成的等效惯性力所给出的总和。ξ 的计算可以按照以下推导得出的公式:

$$\xi = 1 + \frac{I_{drive}}{m_V r_{tire}^2} + \frac{I_E C_{tr} i_{gr}^2 i_{ax}^2 \eta_t}{m_V r_{tire}^2} + \frac{I_E C_{tr} i_{gr} i_{ax}^2 \eta_t N_V}{m_V r_{tire}^2 a_V} \left(\frac{di_{gr}}{dt} \right) \tag{5.3}$$

式中,r_{tire} 是动态的轮胎半径;I_{drive} 是包括车轮在内的所有传动系部件的总等效转动惯量;I_E 是与传动系相连接的发动机旋转部件的转动惯量(例如飞轮);i_{gr} 是变速器的齿轮比;i_{ax} 是驱动桥的总齿轮比(减速比);t 是时间;η_t 是传动系效率,代表整个传动系的摩擦功率损失(从发动机曲轴到车轮的,包括离合器或变矩器、变速器、万向节、差速器、驱动桥、主减速器齿轮等)。需要注意的是,车辆的辅助附件功率定义为阻力功率,而非摩擦功率损失。

具有手动变速器的传动系的效率在低挡时可以达到 95% 左右,而在 1:1 的直接传动最高挡时可以达到 97%～98%。相比之下,具有自动变速器的传动系的效率大约低 10%。重型卡车和客车的整体传动系效率的峰值通常大约为 80%～90%。传动系效率在不同的发动机转速、负荷和齿轮挡位时的差别是很大的(Kluger 和 Greenbaum,1993)。

式(5.3)中的 C_{tr} 是与自动变速器配合使用的变矩器的扭矩比(对于无变矩器的手动变速箱来讲,C_{tr} 的值可设置为 1)。变矩器的效率为 $\eta_{TV} = C_{sr}C_{tr}$,式中的速度比 C_{sr} 定义为输出速度除以输入速度,扭矩比 C_{tr} 定义为输出扭矩除以输入扭矩。当变矩器闭锁时,液力耦合作用便不再存在,此时变矩器的效率达到最高值。当输入能力因子 c_{TV} 已知时,C_{sr} 和 C_{tr} 可从变矩器的特征图上获取。注意到 $c_{TV} = N_{TV}/J_{TV}^{0.5}$,式中 N_{TV} 是速度,J_{TV} 是扭矩。变矩器的输入能力因子 c_{TV} 等于发动机的能力因子 c_E ,其值可由 $c_E = N_E/J_E^{0.5}$ 计算,其中,N_E 是发动机转速,J_E 是发动机扭矩。在式(5.3)中的最后一项中,齿轮比的瞬态变化率 di_{gr}/dt 对于无级变速器(连续可变变速器)来讲会产生显著的惯性阻力。ξ 的值可以近似地用经验公式 $\xi = 1 + 0.04 + 0.002\,5i_{gr}^2 i_{ax}^2$ 计算(Wong,1993)。式(5.3)中的 ξ 是一个非常重要的参数,它包含着发动机的转动惯量效应。基于式(5.3),后面将推导出动力系的瞬态方程(5.20)。

作用在车轮上的车辆牵引力 F_t、牵引扭矩 J_t 和发动机有效扭矩 J_E 由以下的关系相联系:

$$F_t = \frac{J_t}{r_{tire}} = \frac{(J_E + J_{V,acc})C_{tr}i_{gr}i_{ax}\eta_t}{r_{tire}} \qquad (5.4)$$

在曲轴输出端的发动机点火工况扭矩可以由下式计算:

$$J_E = \frac{-(F_{rf} + F_a + F_i + F_{gl})r_{tire}}{C_{tr}i_{gr}i_{ax}\eta_t} - J_{V,acc} \qquad (5.5)$$

发动机转速可以由下式计算:

$$N_E = \frac{N_V i_{gr} i_{ax}}{2\pi r_{tire}C_{sr}(1 - f_{slip})} \qquad (5.6)$$

式中,N_E 是发动机转速(r/min);f_{slip} 是车辆传动齿轮的打滑因数,$f_{slip} = 2\%～5\%$(Wong,1993);C_{sr} 是与自动变速器联合使用的变矩器的速比(对于无变矩器的手动变速箱来讲,C_{sr} 的值可设置为 1)。发动机的有效功率可以由下式计算:

$$\dot{W}_E = J_E N_E \qquad (5.7)$$

注意"有效功率"(或称轴功、闸功,即英文的 brake power)一词是由发动机测功机的应用衍生而来的。测功机靠一种闸片或缓速器(制动器)的作用来吸收功率(例如使用摩擦制动器或闸片)。发动机的有效功率是指在曲轴端的净输出功率。当减去车辆附属装置耗功后,剩下的功率就是输出到传动系的功率,这一点无论在点火工况或制动运行时均如此。有效功率或闸功与发动机制动工况中的"制动功率"(braking power)或缓速功率(retarding power)是不同的。以上总结了动力系和传动系的受力和扭矩计算。图 5.1 演示了一台带七速变速器的车辆的牵引力特性。

记 t 为时间,车辆的加速度 a_V 可以由下式计算:

$$a_V = \frac{dN_V}{dt} = \frac{1}{\xi m_V}(F_t + F_{rf} + F_a + F_{gl}) \qquad (5.8)$$

车辆的速度可以由下式计算:

$$N_{V,t_2} = N_{V,t_1} + \int_{t_1}^{t_2} a_V dt \qquad (5.9)$$

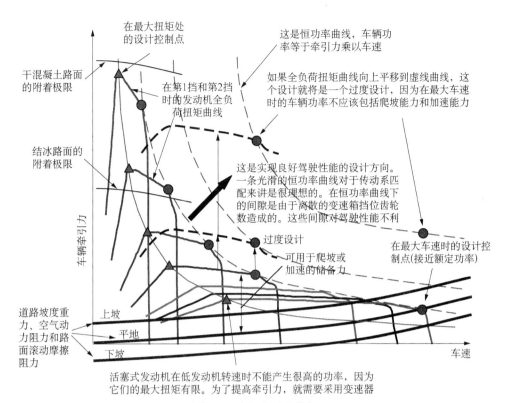

图 5.1 车辆牵引力特征

车辆的行驶距离由下式给出：

$$l_{V,t_2} = l_{V,t_1} + \int_{t_1}^{t_2} N_V \mathrm{d}t \tag{5.10}$$

车辆的加速时间可以由下式计算：

$$\Delta t_{ac} = \int_{t_1}^{t_2} \mathrm{d}t = \int_{N_{V1}}^{N_{V2}} \left(\frac{1}{a_V}\right) \mathrm{d}N_V = \int_{N_{V1}}^{N_{V2}} \left(\frac{\xi m_V}{F_t + F_{rf} + F_a + F_{gl}}\right) \mathrm{d}N_V \tag{5.11}$$

式中，F_t 是在每一变速器挡位下在加速过程中发动机的瞬态扭矩所产生的瞬态车辆牵引力。应当指出的是，在相同的喷油量时，瞬态发动机扭矩通常比稳态扭矩低，其原因是燃烧过程中的损失、泵气损失、涡轮增压器滞后、热惯性等。在某些情况下，瞬态功率会比稳态功率低 5%～8%。图 5.2 显示了使用一个七速变速器在全负荷发动机扭矩曲线下采用式(5.8)计算出的车辆加速特性。据观察(图 5.2)，从车速 N_{V1} 到 N_{V2} 的车辆加速时间是"加速度倒数相对于车速"曲线下包围的面积，再加上换挡所需的时间(在每个挡位上换挡通常为 0.2～0.6 s)。可以看到，曲线下的面积取决于变速器的传动齿轮在哪个挡位换挡。

车辆动力学也可以用功率平衡的方式表达如下：

$$\dot{W}_t = -(\dot{W}_{rf} + \dot{W}_a + \dot{W}_i + \dot{W}_{gl}) \tag{5.12}$$

式中

$$\dot{W}_t = (\dot{W}_E + \dot{W}_{V,acc})\eta_t \tag{5.13}$$

$$\dot{W}_t = F_t N_V \tag{5.14}$$

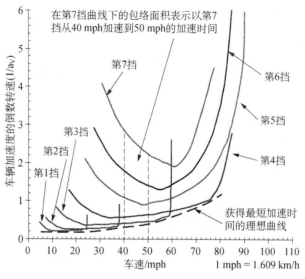

图5.2 车辆加速度特征

$\dot{W}_{V,acc}$是车辆的附属装置功率,比如冷却风扇、空调和动力转向装置。基于式(5.13)和式(5.14),发动机有效功率可以按下式计算:

$$\dot{W}_E = \frac{-(F_{rf} + F_a + F_i + F_{gl})N_V}{\eta_t} - \dot{W}_{V,acc} \qquad (5.15)$$

图5.3显示了一台带六速变速器的车辆的牵引功率特性。与扭矩计算不同,式(5.15)中对所需发动机功率的计算并不涉及传动系的传动比。发动机有效功率与车辆附属装置功率之差是在离合器或变矩器进口所得到的用以驱动车辆的功率。图5.4显示了在不同的运行条件下计算得出的车辆功率要求。

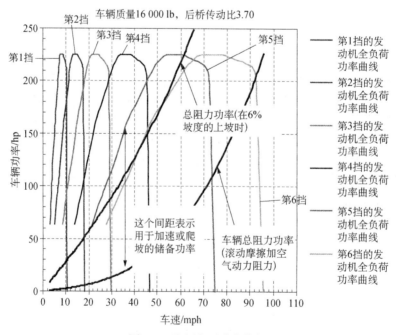

图5.3 车辆牵引功率特征

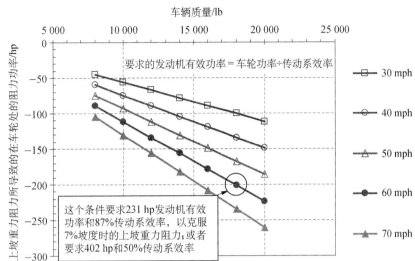

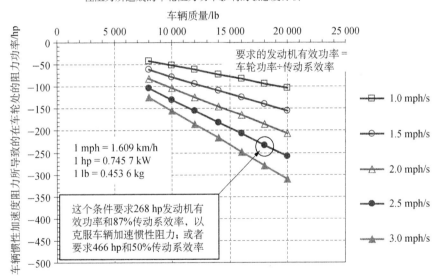

图 5.4 在不同的运行条件下车辆对功率的要求

5.2 发动机点火运行时发动机与车辆的稳态匹配

5.2.1 匹配标准概述

驾驶性能(drivability)主要是指在驾驶时所感受到的一个大范围内的不同方面的体验感觉,包括加速、减速、爬坡能力、发动机运行工况之间的切换、换挡,以及在加油门和减油门(主要考察在动力输入和断开快速切换时车辆的反应)、起步、换挡等过程中的动力系 NVH。驾驶性能的评价是与整个车辆动力学工程及控制密切相关的，内容包括发动机性能、发动机悬置的刚度和阻尼、动力总成的控制命令和对扭矩需求的协调管理、变速箱的刚性和惯性、离合器、传动系、车轮、轮胎、悬架系统、车身的动力学特征等。在发动机系统设计中，所关心的车辆驾驶性能通常由以下三个方面来决定：①水平路面上的最高车速；②加速时间；③在组合车辆额定总质量下，以第 1 挡和最高挡在各自给定车速下行驶的最大爬坡能力。车辆的总体瞬态加速性能通常以从 0～96.5 km 的加速时间为特征，加速期间变速器挡位从第一挡换至接近最高挡。或者，加速性能也可以用从静止到行驶 400 m 所花费的时间来表征。车辆起步能力往往是用从 8.0～56.3 km/h 的加速时间来衡量。车辆超车能力通常是用从 56.3～96.5 km/h 或者从 96.5～128.7 km/h 采用一个高挡进行加速的时间来衡量。重型商用车辆所希望达到的最大爬坡能力在公路上通常为 8%，在山区大约为 12%～16%。最大爬坡能力也与车辆的起动性能有关。

　　车辆的燃料经济性通常是以行驶每 100 km 所需要的燃料升数或燃烧每加仑燃料能行驶的英里数（英文单位 mpg）来衡量的。目前有以下几种分析方法可以用来评估燃料经济性。

（1）以车速为横坐标轴，以巡航驾驶每百千米所消耗的燃料升数为纵坐标轴，绘制一条由每个不同的恒定车速的数据点所连成的曲线；

（2）对于一个指定的驾驶循环来讲，计算燃料的消耗量（每百千米油耗升数或 mpg）；

（3）计算加权平均的燃油消耗量，例如美国环保署的企业平均燃料经济性中的组合燃油经济性指标，其定义为：

$$\eta_{FC,composite,mpg} = \frac{1}{\dfrac{0.55}{\eta_{FC,urban}} + \dfrac{0.45}{\eta_{FC,highway}}} \tag{5.16}$$

　　式中，$\eta_{FC,urban}$ 是城市（市区）驾驶循环的燃油经济性（以 mpg 为单位）；$\eta_{FC,highway}$ 是高速公路（郊区）驾驶循环的燃油经济性；

（4）计算全踏板加速过程中的燃料经济性。

　　一个驾驶循环中所消耗的燃料质量可以采用下式计算：

$$m_{fuel} = \int_{t_1}^{t_2} \dot{m}_{fuel} dt = \int_{t_1}^{t_2} (\eta_{BSFC} \dot{W}_E) dt \tag{5.17}$$

式中，$\dot{m}_{fuel}$ 是燃料流量；η_{BSFC} 是发动机的有效燃油消耗率。如果作为准稳态近似处理，在任何非怠速状态（即发动机有效功率大于零时），有效燃油消耗率可以从发动机的油耗率脉谱图上所反映出来的驾驶循环中的每个发动机转速-负荷运行点来确定。如果要获得真正的瞬态有效燃油消耗率，则必须使用高保真的具有曲轴转角精度的发动机循环模拟模型进行计算。这种计算需要能够反映瞬态燃烧效率和热损失，以及在涡轮迟滞期间并与发动机控制策略有关的瞬态泵气损失。如果能获得发动机排放的脉谱图的话，还可以用类似的方法计算在驾驶循环内的总排放量。发动机有效功率可以用已考虑了加速惯性效应的车辆动力系瞬态模拟计算来获得式(5.3)。应当指出的是，在车辆减速时，喷油量要么是等于怠速供油量，要么干脆为零（尤其是在发动机制动时），具体取决于供油标定的策略和对发动机制动的使用。如果一台车辆以等于 Nv 的恒定速度巡航行驶了一段距离 lv，那么所消耗的燃料质量可以简化地采用以下形式计算：

$$m_{fuel} = \eta_{BSFC} \dot{W}_E \left(\frac{l_V}{N_V}\right) \tag{5.18}$$

关于发动机与车辆匹配分析方面的大量内容，读者可以借鉴 Chana 等人（1977）、Wong 和 Clemens

(1979)、Thring(1981)、Phillips 和 Assanis(1990)、Fluga(1993)、Watson(1995)、Jawad 等人(1999)、Mikulec 和 Li(2000)、Walker 和 Ford(2000)、Millo 等人(2000)、McManus 和 Anderson(2001)、Regner 等人(2002)、Callahan 等人(2003)、Giannelli 等人(2005)、Montazeri-Gh 等人(2005)、Wehrwein 和 Mourelatos(2005)、Pagerit 等人(2006)、Baglione 等人(2007)、Baglione 和 Duty(2010)的工作。

5.2.2 驾驶性能和传动系设计参数

车辆使用方面的应用范围决定了传动系设计参数的范围或极限值。图5.1是一种阐释车辆牵引功率要求的很好方式($\dot{W}_t = F_t N_V$)。图中整个横纵坐标轴围成的数据域由一族恒功率曲线所构成。理想的牵引力特性曲线是在整个车速范围内提供恒定的功率,因为这样的话可以在低车速时仍能为车辆提供较大的牵引力,以满足车辆低速爬陡坡的要求和在低速时快速加速的需求。为了实现优越的车辆性能、燃油经济性和排放指标,传动系的设计参数必须与发动机的扭矩曲线一起联合进行优化。

驱动桥采用主减速器齿轮将变速器转轴的输出扭矩传递给被驱动的车轮。变速器使用一定尺寸的齿轮将发动机转速予以降低(例如第1挡)。主减速器的定减速齿轮在实现扭矩传递的同时也会实现从变速器到车轮的转速再度下降以保持切合实际的变速器齿轮尺寸和车轮尺寸。主减速器传动比(亦称驱动桥比)定义为所涉及的两个锥齿轮的齿数之比。驱动桥比是由车辆加速时间与燃料经济性之间的最佳权衡所决定的。在变速器齿轮最高挡时的传动系最小传动比($i_{gr}i_{ax}$)$_{min}$和发动机扭矩 J_E 应联合在一起设计,以确保这两者相结合的参数项 $J_E i_{gr} i_{ax} \eta_t$ 能够在最高设计车速时足以克服车辆的最低阻力。当车辆在水平路面匀速行驶时,车辆具有的阻力只包括滚动摩擦阻力和空气气动阻力。($i_{gr}i_{ax}$)$_{min}$主要由驱动桥比决定(因为变速器高排挡齿轮的传动比很小,接近或等于1)。从功率角度看,一旦确定了最高车速目标,所需的发动机功率便可用式(5.15)计算出来。传动系最佳的最小传动比是基于在一个固定的功率值时发动机转速与扭矩之间的一个优化折中所做出的选择(注意到 $\dot{W}_E = J_E N_E$)。发动机转速的选择取决于一些发动机自身的设计因素,例如在高转速时的机械摩擦损失和柴油燃烧品质。最高车速的设计目标应该定得足够高,以确保车辆在最高挡驾驶时能有一定的功率储备用来爬坡,或者能够从一个较低的正常行驶速度进行加速。在选择后桥传动比时的另一个重要分析是进行敏感度计算以评估传动比对车辆的燃料经济性和加速能力的影响,然后从广泛使用的著名的"C形"曲线上选择最佳的折中方案(Chana 等人,1977;Wong 和 Clemens,1979)。

发动机额定功率的设计要求取决于在一个选定的上坡坡度的最高车速。如果选定的道路坡度为零,这就成了上面所说的水平路面的特殊情形。在车重较轻的轿车的传动系匹配工作中,使用水平路面对发动机的额定功率要求进行分析设计是很常见的做法。然而,对于重型卡车来讲,通常是使用一定的上坡坡度作为设计目标。

在最高车速时的发动机设计转速取决于传动系的匹配策略。传统的策略是将最高车速时的发动机转速匹配在功率曲线上的额定转速的右侧(见图5.5;按照定义,额定功率或最大功率发生于额定转速),以利获得较大的功率储备,尽管这样做会带来油耗上的代价。另一种匹配方法是将最高车速时的发动机转速匹配于额定转速的左侧,以减少燃料消耗,但这样做会牺牲动力储备。第三种匹配方法是将最高车速时的发动机转速恰好置于额定转速。前面已经论述过发动机的额定功率是如何确定的,至于柴油机的最高转速(与额定转速密切相关),它一般是由以下三个因素确定的:

①机械方面的限制,例如配气机构飞脱和较重部件具有大的往复惯性力;②高转速时迅速增加的摩擦损失;③完成柴油燃料的燃烧过程所需要的最短时间。与汽油机不同,柴油机使用调速器防止超速。调速器可以将喷油量从一个略高于额定转速的速度迅速降低到高怠速工况,以实现急剧削减柴油机的有效扭矩。

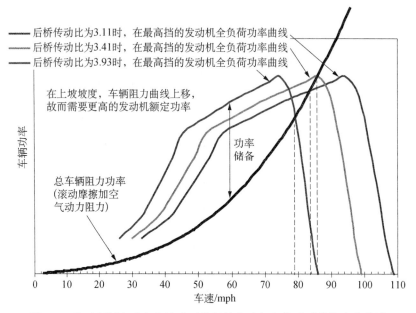

图 5.5　为匹配额定功率和转速而进行的发动机和传动系的集成化设计

　　发动机的额定转速也由下列考虑因素所决定。较高的额定转速可以给出从最大扭矩到额定功率之间的一个较宽的转速范围,这样就可以使用较少的变速器挡位数覆盖整个车速范围,并获得更好的驾驶性能。车辆的加速过程也可以变得更快,这一点可以由"$1/av$ 曲线"下面所围成的一个更小区域面积得到反映(图 5.2)。从另一方面来看,较低的额定转速一般可以给出以下一些好处:涡轮增压器匹配和配气定时优化会变得比较容易,在重型 FTP 瞬态循环测试中会具有较低的排放量,高转速区域的有效燃油消耗率和噪声会变得较低。发动机的碳烟有效功率时间质量排放量在美国 SET 排放测试工况中的"C"转速(即十三工况测试中的高转速,见后面的图 5.12)时通常比在"A"和"B"转速(较低转速)高很多,也更难以控制。在一些重载发动机排放认证中所用到的发动机测功机的转速测试范围,实际上是与宣称的额定转速成正比的。例如,与使用一个较低的额定转速相比,一个更高的额定转速会使整个 FTP 循环的组合"中心"更接近于 C 转速,而不是 B 转速。一个以 C 转速为中心的 FTP 循环通常会比以 B 转速为中心的 FTP 循环产生更高的氮氧化物和颗粒物排放。虽然在重型 FTP 瞬态循环测试的排放认证中降低宣称的额定转速可以有效地降低排放量,但是允许的宣称额定转速与发动机的功率相对于转速的曲线形状有关。新的排放法规在瞬态排放试验循环方面可能会改变发动机测功机的转速范围和转速变化方式,例如不再使用额定转速而改为使用在循环中遇到的某个"最高测试转速"。这可能会从排放的角度影响关于发动机扭矩曲线形状和调速器控制转速的设计决定。

　　传动系的最大传动比 $(i_{gr}i_{ax})_{max}$ 和发动机的扭矩 J_E 也应该联合在一起选择,以确保这两者相结合的参数项 $J_E i_{gr} i_{ax} \eta_t$ 可以在最低要求特征车速下克服最大阻力(包括上坡或加速)。$(i_{gr}i_{ax})_{max}$

的值等于主减速器的传动比乘以变速器的最大传动比。类似于前述的最小传动比的情形,从功率角度看,一旦指定了所需的最低要求特征车速的目标,所需要的发动机功率可以用式(5.15)计算。$(i_{gr}i_{ax})_{max}$的值可以用式(5.6)计算。传动系的最大传动比的选择应根据在一个固定的功率要求下,在发动机转速与扭矩(或最大扭矩)之间做出优化权衡。发动机最大扭矩处的转速确定需要保证在最大扭矩与额定功率之间保持一个理想的转速范围,以保证足够的扭矩储备能力和车辆加速能力。另外,最大扭矩的转速还受发动机的"呼吸"能力制约,因为发动机需要吸入足够多的空气以产生很高的最大扭矩。为了获得更好的驾驶性能和更快的加速度,通常希望最大扭矩的转速较低而扭矩值较高。扭矩值越高,$1/a_V$越小,而车辆加速时间与"$1/a_V$相对于车速"曲线下的面积有关(图5.2)。传动系需要具有适当的最大传动比的另一个原因是为了确保各种不同用途的车辆在$10\%\sim30\%$的上坡坡度上具有足够的起动性能。但是发动机的最大扭矩不应超过传动系的耐久性设计极限。另外,最大牵引力不应超过轮胎与地面之间的附着力,以避免轮胎打滑。车辆的牵引力控制系统能够提供比较灵活的发动机点火工况或制动工况的扭矩,以防止车轮在加速时或在湿滑路面上打滑。图5.6展示了一个确定所需的最低特征车速、最大传动齿轮比、发动机转速和发动机扭矩的设计方法。

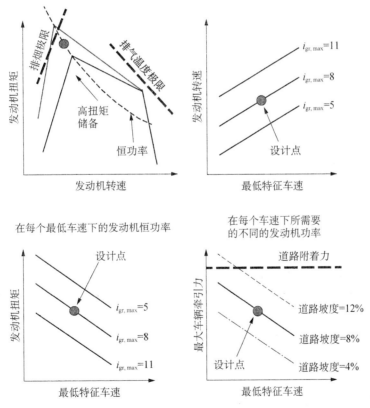

图5.6 为发动机最大扭矩设计而进行的关于传动系
最大传动比的集成化设计

柴油机由于通常采用涡轮增压,故而以高扭矩为特征。由于涡轮增压器的滞后性和为了避免排烟过量而设置的最低空燃比限制,在快速的瞬态加速过程中,往往无法实现稳态全负荷工况时所具有的运行性能。因此,车辆的加速性能受发动机瞬态扭矩特性曲线所局限(如图5.7中所示的几条扭矩曲线)。图5.7也显示了车辆的行驶特性曲线和发动机的功率降额曲线。值得注意的是,现代重载柴油机的扭矩曲线形状的设计也受需要满足排放法规的要求影响,正如在前面关于额定转速的讨论中所解释的。

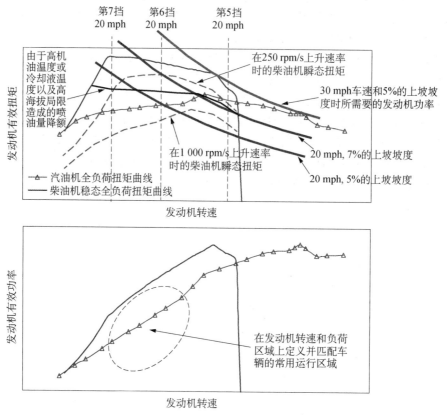

第7挡　　第6挡　　第5挡
20 mph　　20 mph　　20 mph

由于高机油温度或冷却液温度以及高海拔局限造成的喷油量降额

在250 rpm/s上升速率时的柴油机瞬态扭矩

30 mph车速和5%的上坡坡度时所需要的发动机功率

在1 000 rpm/s上升速率时的柴油机瞬态扭矩

20 mph, 7%的上坡坡度

20 mph, 5%的上坡坡度

发动机有效扭矩

—△— 汽油机全负荷扭矩曲线
—— 柴油机稳态全负荷扭矩曲线

发动机转速

发动机有效功率

在发动机转速和负荷区域上定义并匹配车辆的常用运行区域

发动机转速

图5.7　柴油机全负荷外特性曲线和瞬态扭矩

在前面的讨论中,提到了扭矩曲线的形状和扭矩储备。扭矩储备因数定义为最大扭矩与额定功率处的扭矩之比。发动机具有较大扭矩储备因数的好处可以概括如下。

(1) 较大的扭矩储备使得"牵引力相对于车速"的曲线形状更接近于理想的恒功率曲线。它使车辆能够在低车速下以高扭矩加速或攀爬较陡的上坡坡度。它可以减少变速器中所需的挡位数,并减少换挡次数。在低转速和高扭矩区域运行时,当需要上坡或加速时,大的扭矩储备可以做到不向下换挡或少向下换挡,这对于驾驶员是很便利的。较大的扭矩储备使发动机能够在全负荷工况运行时对负荷的增加(例如爬山)有稳定的响应。扭矩储备越大,在上坡时发动机转速下降得越慢。相反,如果发动机沿着低于最大扭矩转速的全负荷扭矩曲线运行,由于在这段曲线上扭矩随着转速的下降而下降,一个突增的负荷可能会使发动机失速停机。另外,较低的最大扭矩转速是比较理想的设计,因为变速器换挡时的发动机转速一般需要高于最大扭矩转速,以防止发动机失速熄火;

(2) 较大的扭矩储备能给出较短的车辆加速时间,正如图5.2中的$1/a_{\mathrm{V}}$曲线下的较小面积所示。由于加速度较大并能更快地获得高车速,这会使车辆在驾驶循环里具有较高的平均车速和相应更好的燃料经济性;

(3) 由于能较少地向低挡换挡,车辆在高发动机转速、低有效扭矩和高有效燃油消耗率区域运行的机会就较少。这会导致较好的燃料经济性;

(4) 一个较大的转速储备因数(定义为额定功率的转速与最大扭矩的转速之比)可以增强爬坡能力并推迟所需的向下换挡。适应性因数(定义为扭矩储备因数乘以转速储备因数)和变速器的齿轮传动比决定了驾驶员需要多么频繁地换挡。

由于传动系的传动比在最小值与最大值之间进行变化,车辆便能够在各种负荷、速度和路面状况条件下顺利行驶。传动比的变化可以是离散地分布于若干挡的齿轮传动比中(例如在传统的变速器里),也可以是具有可变传动比的连续变化。变速器齿轮的数目取决于$(i_{gr}i_{ax})_{max}$与$(i_{gr}i_{ax})_{min}$之间的传动比跨度,并直接影响车辆的加速性能和燃料经济性。较多的变速器齿轮使车辆能够有更多的机会在最大功率附近运行,从而提高加速和爬坡能力。使用无级变速器(CVT)的车辆,当车辆的功率要求在驾驶过程中发生变化时,可以较好地在发动机转速-负荷区域上的低燃料消耗区运行(即高发动机扭矩和低转速区域)。变速器齿轮传动比的设计是基于每个齿轮的使用频率,并基于在每个齿轮时发动机均应在一个类似的转速范围内运行这一原则。变速器齿轮的传动比通常小于$1.7 \sim 1.8$,并一般遵循类似于几何级数的以下模式:

$$\frac{i_{gr1}}{i_{gr2}} \geqslant \frac{i_{gr2}}{i_{gr3}} \geqslant \cdots \geqslant \frac{i_{gr(n-1)}}{i_{grn}} \tag{5.19}$$

恰当地选择变速器的齿轮数(挡位数)和齿轮的传动比,可以使车辆的牵引力曲线接近于理想的恒功率形状,从而最大限度地提高车辆的加速能力。关于传动系统的机械结构,在 Nunney(1998)的书中有详细介绍。

关于无级变速器,读者可以借鉴 SAE J1618(2000)、Kluger 和 Fussner(1997)、Kluger 和 Long (1999)、Soltic 和 Guzzella(2001)、Osamura 等人(2001)、Frijlink 等人(2001)、Min 等人(2003)、Lee 等人(2004)的工作。

驾驶性能是发动机与车辆匹配的另一个重要课题,Everett(1971)、Yonekawa 等人(1984)、Naruse 等人(1993)、Ciesla 和 Jennings(1995)、List 和 Schoeggl(1998)、Dorey 和 Holmes(1999)、Balfour 等人(2000)、Schoeggl 等人(2001)、Sutton 等人(2001)、Dorey 等人(2001)、Hayat 等人(2003)、D'Anna 等人(2005)对此做过广泛而深入的研究,读者可以借鉴他们的研究结果。

5.2.3 动力系匹配和车辆燃油经济性

发动机与车辆的系统集成分析的目的是寻求动力系与传动系的最佳组合,而最优通常体现在车辆的燃料经济性与加速时间之间的一个最佳折中。Steinberg 和 Goblau(2004)详细讨论了影响燃料消耗的因素和各种设计权衡。提高车辆燃料经济性的设计措施可以归纳为以下几点。

(1) 确定适当的发动机排量(例如小排量),为驾驶循环设计较高的有效平均压力和负荷率。在高负荷率下运行时,由于与有效功率相比机械摩擦的比例相对较低,发动机具有较高的热效率。但是车辆的快速起动要求、脱离怠速的快速响应要求(基本是以自然吸气开始运行)以及较高的发动机额定功率要求,都会限制气缸排量的减小;

(2) 降低发动机的有效燃油消耗率,并在转速-负荷区域设计中尽量扩大低油耗区。可以将经常遇到的车辆驾驶循环的运行点匹配并绘制在有效燃油消耗率脉谱图上,以确定低油耗等值线区的理想形状和位置;

(3) 增加扭矩储备和转速储备因数,以改进发动机的扭矩曲线形状;

(4) 降低发动机和车辆的重量、空气气动阻力、轮胎滚动摩擦力、辅助附件的耗功。然而,在轮胎设计中过分减小滚动摩擦因数可能会导致路面附着力和驾驶平顺性的损失,尤其是在湿滑路面上;

(5) 提高传动系效率,例如使用变矩器闭锁防止打滑和自动变速器中的效率损失。增加变速器中传动齿轮的数目,可以使发动机更经常地在低有效燃油消耗率区域运行。确定最常见的车速和阻力功率,并将它们映射到发动机转速-负荷区域上,在动力系与传动系的匹配中调整后桥传动比、变速器齿轮传动比和换挡策略,以便将这些最常遇到的运行条件匹配到具有低有效燃油消耗率的区域;

(6) 以恒定车速进行稳态巡航驾驶时,尽量操作车辆和发动机运行于高挡位、低发动机转速、高发动机扭矩和低有效燃油消耗率。这类驾驶情形的一个极端例子是使用超速传动齿轮挡,即比通常的最高挡更小的齿轮传动比。然而,这样会造成爬坡和加速的扭矩或功率储备变小;

(7) 选择合适的车辆行驶速度。如式(5.17)所示,燃料消耗量取决于有效燃料消耗率、发动机功率、车速。在低车速时,虽然耗功低,但是有效燃料消耗率高。在高车速时,要求的发动机功率高,以克服快速增长的空气气动阻力。但是,由于运行时的有效平均压力较高,有效燃油消耗率会较低。事实上,最低的燃料消耗量发生在某个中等车速。

5.2.4 依靠特征脉谱图而进行的发动机与传动系的分析式匹配

在发动机与车辆的分析式匹配中,车辆运行特征被映射到发动机性能脉谱图上。车辆运行特征包括以下参数的等值线:车速、变速器排挡、道路坡度、典型的车辆加速特征等。发动机性能特征包括以下参数的等值线:点火工况功率、有效燃油消耗率、氮氧化物、碳烟、空燃比、排气再循环率、瞬态扭矩排烟限制等,正如在第 4 章和第 5.2.2 节中讨论的。这种图可以用来方便地查看匹配的质量和参数的敏感度,并可以选择在驾驶性能与燃料经济性之间的最佳权衡。第5.1.2节中提出的分析公式可以用来构造车辆的各种特性曲线。分析式匹配方法的工作内容包括以下几点:

- 进行车辆的力平衡计算来预测发动机的功率要求和在各种车辆运行条件下的发动机负荷率,以便更好地为现实世界中的驾驶情况设计发动机及其空气系统;
- 选择驱动桥的传动比、变速器的齿轮数和齿轮的传动比,并基于发动机与车辆之间的最佳权衡设计变速器换挡策略;
- 模拟瞬态驾驶循环,计算循环组合燃料经济性和排放值。

图 5.8 提出了一种分析式匹配方法,将车辆的运行点映射到发动机的转速-负荷区域上。该方法具有一个称为 ZWB(zero-wheel-braking,零车轮制动)的概念。对于一组给定的车重、传动比和道路条件,每个变速器排挡的 ZWB 锚点都可以用车辆的力平衡方程计算出来,然后标注在"车速相对于发动机转速"的区域上和"发动机扭矩相对于转速"的区域上。然后,将这些 ZWB 锚点连接在一起,就可以形成一定的特性曲线,比如在发动机转速-负荷区域上的变速器排挡等值线。这样,在一个给定的车速下,可以将车辆的运行点直观地选在一个理想的排挡上,这时就可以用作图的方式将相应的发动机转速确定下来。并将其用到发动机转速-负荷区域上,与选定的变速器排挡等值线相交。该交点就是车辆映射到发动机性能图上的运行工况点。应当指出的是,当传动系的参数发生变化时,ZWB 锚点的位置也会在图中发生变化。

一个更为强有力的匹配方法,如图 5.9 所示,是先将某个传动系和路况的车速等值线和变速器挡位等值线计算出来,然后绘制在各种发动机性能脉谱图上。图 5.10 显示了将后桥传动比等值线

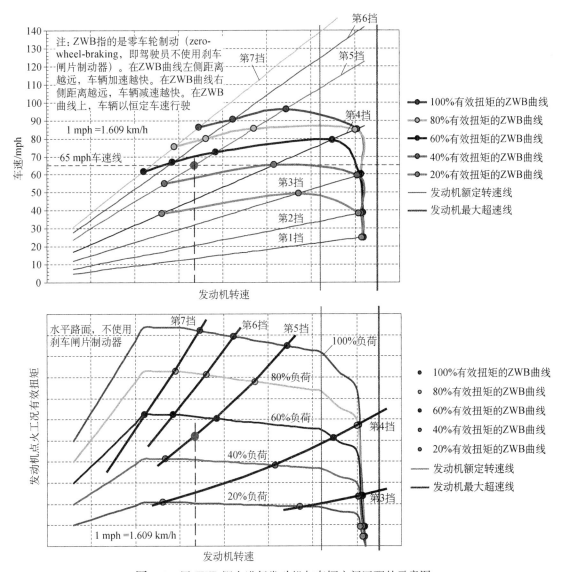

图 5.8 用 ZWB 概念进行发动机与车辆之间匹配的示意图

和道路坡度等值线绘制在发动机有效燃油消耗率脉谱图上的方法。在考虑了所有的性能特征后（例如油耗、空燃比、排烟限制、加速功率储备、排放），可以方便地从这些脉谱图上选择确定优化的驾驶工况点。

另外，发动机脉谱图可以被视为变速器换挡策略图的一种在"扭曲坐标系"下的区域图（即将图 5.11 中的油门踏板位置相对于车速的谱图与图 5.9 相比）。一旦根据所有的权衡因素直观地把变速器换挡策略先在发动机脉谱图上予以确定，就有可能通过对发动机脉谱图进行数学坐标变换直接而方便地将换挡策略图"计算"出来。这种发动机与变速器之间的分析式匹配方法比传统的产生变速器换挡策略图的试凑法更为先进。

有了这些发动机-车辆匹配的先进分析技术，传动系、变速器与发动机之间的匹配就可以作为发动机系统设计的一部分而进行联合评估。这些标注在发动机脉谱图上的计算出来的车辆运行特性，可以基于车辆行驶方面的要求为发动机的设计和测试提供指导。

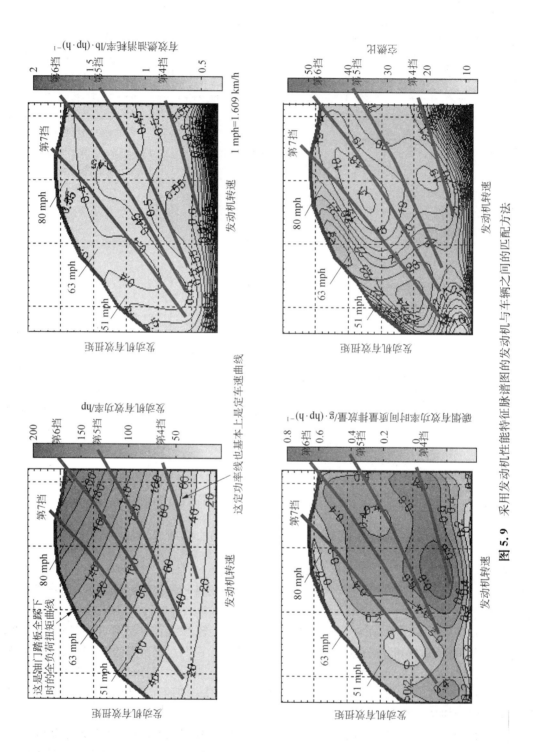

图 5.9 采用发动机性能特征脉谱图的发动机与车辆之间的匹配方法

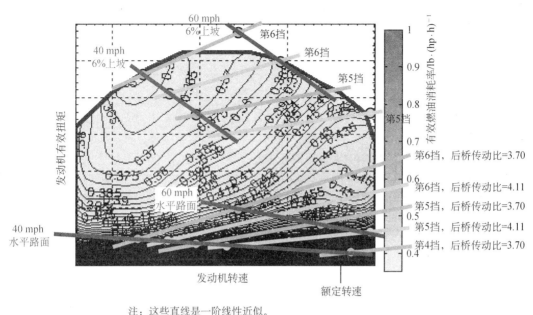

注：这些直线是一阶线性近似。

图 5.10 使用不同的后桥传动比和在不同的道路坡度时的发动机与车辆之间的匹配

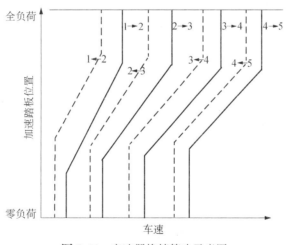

图 5.11 变速器换挡策略示意图

5.3 动力系和传动系动力学以及瞬态性能模拟

5.3.1 瞬态动力系动力学的理论分析

瞬态动力系模拟对于理解发动机瞬态行为和计算车辆驾驶循环或发动机转速-负荷认证试验循环的组合燃料经济性和组合排放都非常重要。通过对式(5.6)相对于时间求导，可获得发动机加速度(dN_E/dt)作为车辆加速度(dN_V/dt)和瞬时齿轮传动比时间导数(di_{gr}/dt)的函数。在下面的推导中，为简单起见，忽略瞬时齿轮传动比的影响。当发动机产生瞬态牵引力矩 J_E 时[见式(5.4)

关于如何将发动机的有效扭矩与车辆的牵引力矩相联系],将式(5.3)和式(5.8)以及式(5.6)的时间导数代入式(5.1),可得到如下的常微分方程来求解瞬态发动机转速 N_E:

$$I_E \frac{\mathrm{d}N_E}{\mathrm{d}t} = \frac{r_{tire}\left(F_t + F_{er} + F_{br} + F_{rf} + F_a + F_{gl} + F_{dr} - m_V a_V - \dfrac{I_{drive}}{r_{tire}^2}a_V\right)}{2\pi i_{gr} i_{ax} \eta_t \eta_{TV}(1 - f_{slip})} \tag{5.20}$$

式(5.20)中的所有项均为瞬态,并可进一步深入模拟。例如,车辆的牵引力 F_t 是由发动机扭矩 J_E 产生的。柴油机瞬态扭矩的特性如图 5.7 所示。发动机曲轴可以输出的瞬态扭矩水平在很大程度上取决于瞬态事件有多快。瞬态扭矩可以采用下列方法之一来模拟:①经验公式;②基于模型的公式;③用脉谱图表征的发动机模型;④平均值发动机气缸模型;⑤高保真的具有曲轴转角分辨率的发动机循环模拟模型。后两种方法能够包括排烟限制器、涡轮增压器滞后效应和瞬态控制策略。

5.3.2　车辆驾驶循环模拟

在车辆驾驶循环模拟中,随时间变化的车速历程是作为输入数据使用的。瞬态发动机扭矩(或发动机的缓速扭矩或车辆的制动力矩)和发动机转速是模拟计算的输出参数,以尽量满足车速变化情况和换挡策略所规定的车速和负荷的要求,除非强加的车速瞬态变化不现实或太快。在获得发动机的转速和负荷状态后,便可以使用一个高保真的发动机循环模拟模型或者使用有效燃油消耗率和排放的脉谱图来计算油耗和排放量。

图 5.12 显示了美国环保署的 FTP 排放认证循环中转速和负荷的变化规律反映到一台重载柴油机的脉谱图上的情况。可以观察到,对于重载发动机的认证来讲,高转速和高负荷的运行工况占据了 FTP 瞬态循环的主要部分。图 5.13 显示了高速公路燃料经济性测试(HWFET)和重载城市测功器驾驶计划(HD-UDDS)的驾驶循环中的车速变化规定。图 5.13 还显示了一辆重型八级卡车在这两种驾驶循环中的 GT-DRIVE 模拟结果。可以观察到,这辆卡车在中、高负荷工况时的运行时间,在 HWFET 循环中比在更趋于轻型的 HD-UDDS 循环中要长得多。因此,对于这两种不同的车辆应用情形,发动机的设计和标定的策略显然应予以不同的优化。图 5.14 显示了其他一些常用的

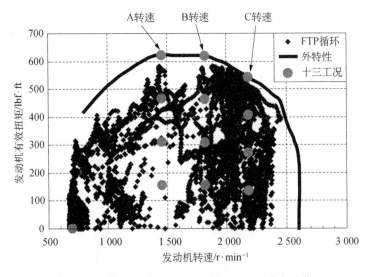

图 5.12　将 SET 和 FTP 的运行工况点反映在重载柴油机速度-负荷图上的示意图

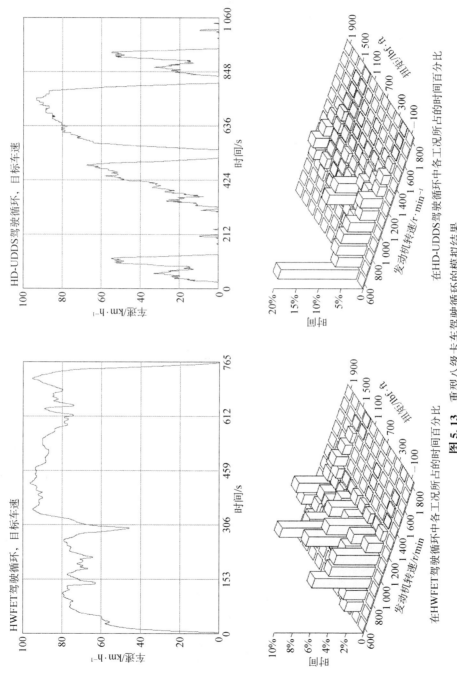

图 5.13 重型八级卡车驾驶循环的模拟结果

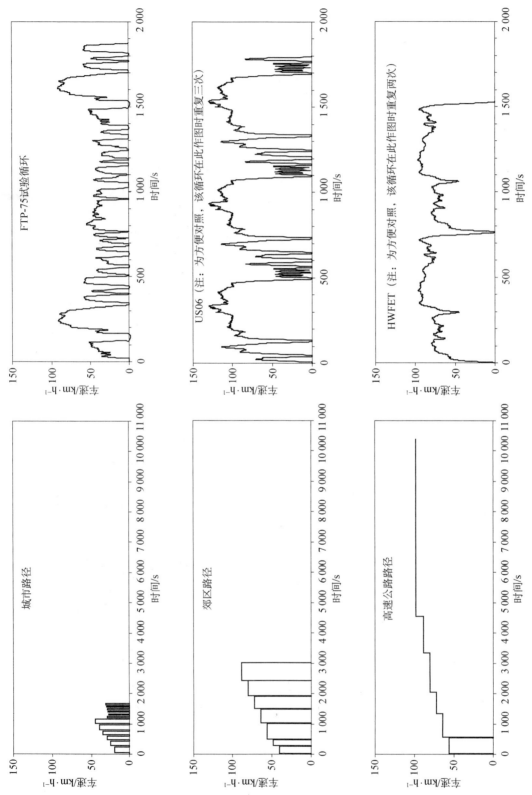

图 5.14 常用的车辆驾驶循环的示例图

重型和轻型应用的驾驶循环。图 5.15~图 5.17 给出了一辆中型卡车在以下三种不同的驾驶循环中的 GT-DRIVE 模拟结果：市内行驶路径、郊区行驶路径、高速公路行驶路径。可以看到，市内路径的发动机总体负荷率最低；而高速公路路径则要求发动机在高转速和高负荷工况下运行很长一段时间。因此，这辆中型卡车的发动机设计和标定对于不同的应用情形也应予以不同的优化。图 5.18 给出了一辆轻型货车在发动机转速-负荷区域上的驾驶循环瞬态模拟结果。与重型应用情形不同，由于车重较轻，轻载发动机主要运行于低转速或低负荷区域。在轻型应用场合，只有在快速加速或爬陡坡的运行过程中才会用到额定功率。

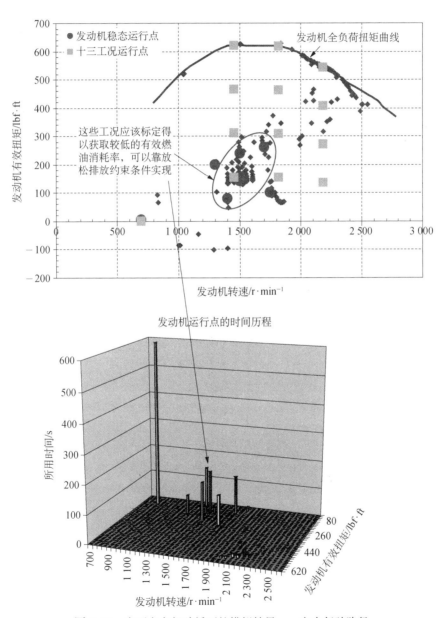

图 5.15 中型卡车驾驶循环的模拟结果——市内行驶路径

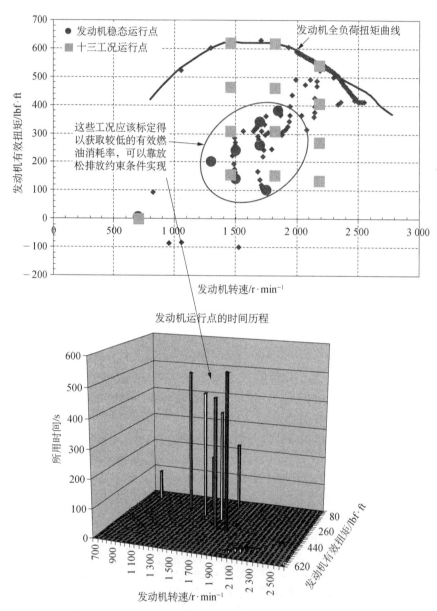

图5.16 中型卡车驾驶循环的模拟结果——郊区行驶路径

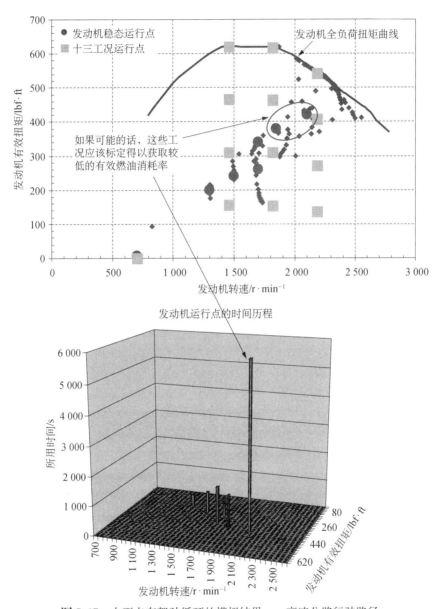

图 5.17 中型卡车驾驶循环的模拟结果——高速公路行驶路径

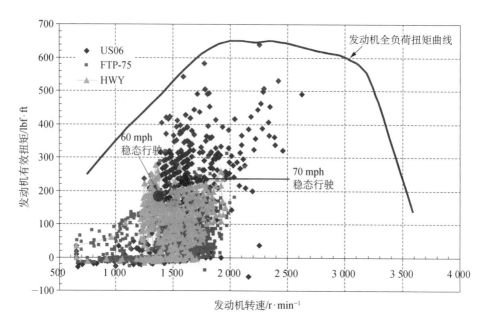

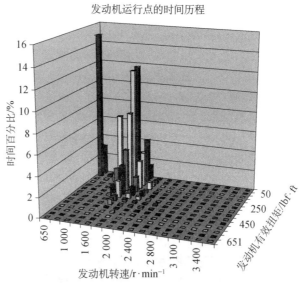

图5.18 轻型货车驾驶循环的模拟结果（部分负载，车辆总质量6 500 lb）

5.3.3　车辆加速模拟

在全踏板的车辆加速模拟中，突增的阶跃式喷油量和变速器的换挡策略通常作为输入参数予以施加，并将瞬态发动机转速和车速作为计算的输出参数随时间发生变化。

图5.19显示了一辆轻型货车从静止起步以全踏板进行加速的 GT-DRIVE 模拟结果。图中关于后桥传动比的研究显示，较大的传动比能使车辆加速较快。图中关于车重的研究表明，车重对加速时间的影响至关重要。

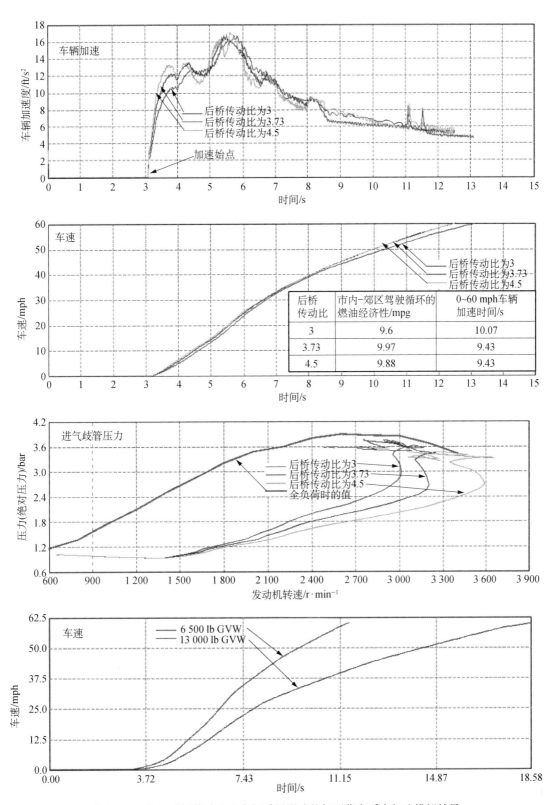

图 5.19 关于后桥传动比和车辆质量影响的轻型货车瞬态加速模拟结果

图 5.20 显示了发动机排量对动力总成瞬态加速度的影响。可以看到,在这个轻型货车算例中,排量从 4.8 L 降低到 4.4 L(减少 8.3%)对于车辆加速的轨迹(映射到发动机转速-负荷区域)造成显著差异。由于 4.4 L 的柴油机在加速初始阶段的自然吸气能力不足,它比 4.8 L 在从静止到加速到 48.3 km/h 的过程中多用了大约 0.3 s(即从 3.4 s 增加到 3.7 s)。

5.3.4　为系统设计进行的车辆与发动机的集成模拟

图 5.21 给出了一个关于重型卡车在高原地区长途爬坡和发动机功率降额和恢复(受冷却液过热影响)的慢瞬态模拟算例。这样一种与发动机模型相结合的车辆驾驶性能模拟在评估发动机功率降额和冷却液散热量控制方面非常有价值。由于高海拔地区的冷却空气具有较低的密度,车辆冷却系统的散热能力会下降,这导致重型卡车在高海拔和热环境温度的运行条件下通常会出现散热器进口的冷却液严重升温的状况。当冷却液的温度超过一定限度时,发动机的喷油量会自动降低,以保护发动机避免过热。功率降额很明显会损害发动机的功率能力。而当卡车在高海拔地区爬山时没有足够的功率来维持高车速时,这可能会成为在产品竞争中的一个严重的质量问题。当冷却液的温度回落到足够低时,功率降额会结束,喷油量会增加以恢复发动机功率。在高海拔地区爬长坡行驶时,这样的功率降额可能会反复出现好几次,如图 5.21 所示。这种车辆驾驶模拟计算有助于确定散热量和功率降额控制的方案,并可相应改进发动机系统设计,以便基于对所有涉及因素之权衡来消除、减少或优化这些功率降额的效应。

Moskwa 等人(1997,1999)、Assanis 等人(1999,2000)、Bi 等人(2002)、Vandenplas 等人(2003)、Sahraeian 等人(2004)和 Abel 等人(2006)进行过大量的车辆动力总成的动力学性能方面的模拟工作。读者可以从这些参考文献中获得很有价值的信息。

5.4　发动机与车辆动力系性能的优化

在动力总成概念的分析选择中,对于一套给定的发动机、车辆和道路的配置型式来讲,可以通过计算机模拟或编程将上述的稳态和瞬态分析自动化,最终将分析结果提炼归结为从高层次表述的一个数据点,位于由燃料经济性(例如油耗)、车辆加速能力(例如 0~96.5 km/h 加速时间的倒数)、发动机排放(氮氧化物、颗粒物、碳氢化合物,或它们的加权平均值)所组成的三维空间区域内,如图 5.22 所示。而且,可以采用试验设计对不同的配置型式概念进行分析,包括各种不同的驱动桥传动比、变速器齿轮传动比、齿轮数目、变矩器、发动机额定功率和转速、发动机排量、排放控制技术,或者任何其他的系统层面参数。最后,所有的汇总数据点(每个配置概念一个点)可以经试验设计的拟合器优化技术来处理,即建立数学方程将输入数据与输出的汇总数据相联系(详见第 3 章)。这样,可以在固定的加速能力和排放值的情况下,在一个公平的基础上对不同配置型式的燃料经济性进行比较。优化计算出来的权衡包络线可以被认为是系统能力的最大极限。最大燃料经济性的等值线及其参变量关系也可以计算出来。这样一种优化设计方法能够极大地提高动力总成概念选择的质量,并能以一个真正的"自上而下"的系统方法将最佳的设计概念从动力系和发动机的系统设计层面有效地向下派送到低一级的设计层面。

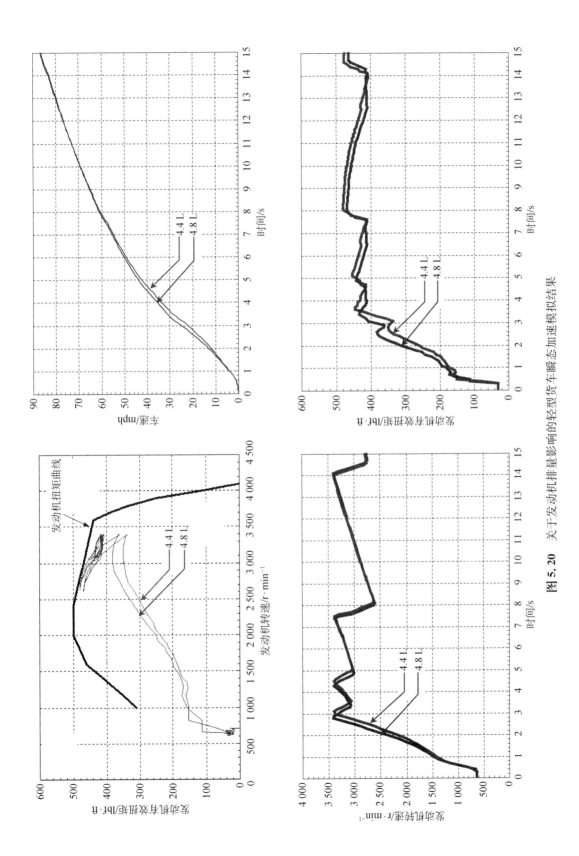

图5.20 关于发动机排量影响的轻型货车瞬态加速模拟结果

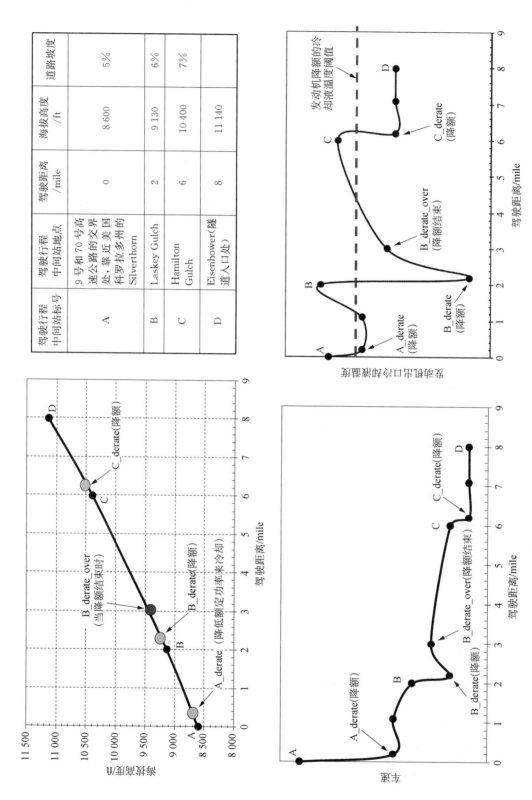

图 5.21 车辆在高海拔炎热地区的驾驶模拟结果以及为控制冷却液散热量而进行的功率限制(降低额定功率限制(降低额定功率或称降额)对车速和冷却液温度的影响

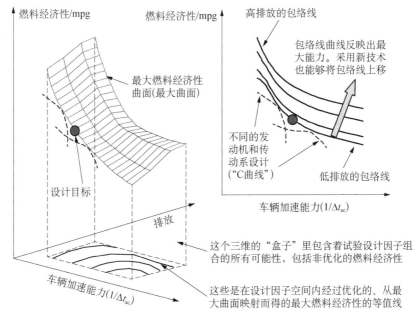

图 5.22 发动机系统设计中动力系性能优化的方法

5.5 混合动力系的性能分析

5.5.1 混合动力系模拟在发动机系统设计中的重要性

作为传统动力总成技术的替代技术,用于轻型和重型场合的电动混合动力车辆(HEV)和液压混合动力车辆(HHV)技术正受到越来越多的关注,以期满足严格的燃料经济性和排放法规的要求和客户的需求。特别地,对混合动力商用车辆的持续增加的关注,促使系统设计人员需要对混合动力技术及其与柴油机有关的系统集成进行详细深入的了解。

柴油机系统设计一直在很大程度上集中于发动机循环模拟,以便分析和设计空气系统(涡轮增压器、排气再循环系统、配气机构)、散热量以及与动力系集成有关的传统车辆性能。在能量转换技术已变得更加多样化的今天,混合动力系统的设计的一大部分工作已经成为柴油机系统设计的一个整体组成部分,具体包括以下一些内容:

(1) 使用动力总成系统模拟评估各种混合动力装置的技术可行性,并量化混合动力化的性能优势,包括在不同的驾驶循环和车辆应用场合的节能减排和车辆加速等,将混合动力性能与传统车辆的性能进行比较;

(2) 在主要的子系统硬件选型和尺寸确定方面(即发动机、电机、电池等),为混合动力系统开发高层面的系统设计指标;

(3) 采用发动机与车辆的联合模拟帮助评估系统的监督控制策略;

(4) 检查设计参数的变化对性能造成的敏感度影响,例如由于设计局限、制造容差和老化等原因对电池和电机的设计参数造成的变化。

5.5.2 监督控制策略和电动混合动力装置

在混合动力系设计中,良好的监督控制逻辑的设计目标包括以下内容:实现优越的驾驶性能,提高燃料经济性,减少尾气排放,并保持良好的电池能量管理状态。监督控制器设计中的关键问题之一是电池的寿命。将电池的充电状态(SOC)保持在一定的极限范围内是极其重要的,这样可以避免充电不足或充电过度,从而使电池保持较长的使用寿命。该控制器的运行操作由系统的能量管理规则确定,而这些规则通常是根据电池的充电状态、功率需求和有效功率来决定的。混合动力系统的一大优势能力常在于利用一个再生制动系统,它能够回收车辆的动能。如果没有再生制动,这些动能就会在使用刹车闸片制动器进行刹车的过程中完全损失掉。

电动混合动力车辆大体可分为以下两类基本装置:串联混合动力和并联混合动力。在串联模式下,内燃机与车轮之间不存在机械连接。发动机与一个发电机相连以产生电力给电池充电。电池与一个电动牵引电机相连接以驱动车轮。由于牵引电机可按需执行各种不同的操作任务(即作为发电机或电动机使用),故而可以将回收的再生制动能量对电池进行充电。

在并联模式下,发动机和电动机同时与车轮相连接以驱动车辆。发动机通过机械方式为车轮提供动力(就像在传统车辆中一样),电动机则在发动机功率不足时按需补充功率。与串联方式相比,并联运行的优势包括可以缩小牵引电机的尺寸和功率,不必使用发电机,而且可以消除在电机与电池之间在多个功率转换过程中所出现的效率损失。

在纯电动车辆的模式下,需要采用一个外部能量源(例如电池、超电容器、燃料电池等)和一个电动机牵引车辆。纯电动车辆模式不产生尾气排放,而且可以在高效率、低噪声、低振动下运行。与传统车辆相比,在车辆加速和爬坡能力方面的削弱大概是纯电动车辆模式的主要缺点。

5.5.3 混合动力系模拟

目前有几个商业软件包可以用于混合动力系统的模拟(例如 Gamma Technologies 的 GT-DRIVE、LMS 的 Imagine.Lab、里卡多(Ricardo)的 EASY-5 混合动力系统工具库)。这些软件都具有面向对象的编程环境和各种内置工具库组件。混合动力系统分析中的主要难点是模拟监督控制策略来命令发动机和混合动力部件。以电动混合动力系统的模型为例(图 5.23),其模拟要素包括以下内容:

- 基于油耗、排放和气体温度等发动机参数脉谱图的发动机模型;
- 传动系部件(例如离合器、变矩器、变速器、差速器、传动轴、轮轴、轮胎);
- 电机部件(即电动机和发电机);
- 储能部件(例如电池);
- 电子控制和信号处理单元。

在模型中建立起车辆动力系和传动系的结构型式后,即可在模型中用详细的电气和控制元件设计一个关于监督控制策略的控制器,要点包括:

- 从电力起动到发动机驱动的过渡过程;
- 电动机按需辅助补充功率;
- 再生制动和车轮上的制动载荷分布(机械的与电气的);
- 维持电池的充电状态(SOC);
- 上述因素之间的相互作用、相互依赖和相互连锁。

5.5.4 对系统设计中混合动力系分析的展望

混合动力系统的模拟技术目前已经达到了一个成熟的水平,能够在技术开发中发挥主要作用。在虚拟世界中进行模拟对于混合动力系统的开发来讲尤为重要,以确保满足大量的设计优

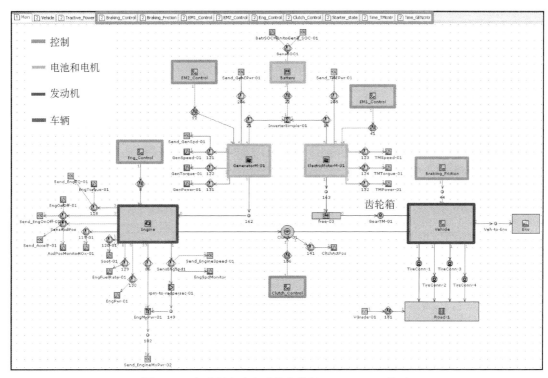

图 5.23 电动混合动力系统的模拟(GT-DRIVE 模型)

化需求并在测试中减少成本。模拟监督控制策略和优化复杂的子系统相互作用是混合动力系统模拟中的两大要务。这种优化需要发生在动力系和发动机系统的层面,以确保同时考虑整个系统的性能、耐久性、封装性和成本的指标。关于混合动力系统的完整参考文献(以柴油机为主),读者可见5.6节。

5.6 参考文献和书目

5.6.1 英文参考文献和书目

5.6.1.1 传统车辆动力系

Abel A, Schreiber U, Schindler J. 2006. Engine and gearbox modeling and simulation for improving the shifting behavior of powertrains with manual or automated transmission [C]. SAE paper 2006-01-1641.

Assanis D, Bryzik W, Chalhoub N, Filipi Z, Henein N, Jung D, Liu X, Louca L, Moskwa J, Munns S, Overholt J, Papalambros P, Riley S, Rubin Z, Sendur P, Stein J, Zhang G. 1999. Integration and use of diesel engine, driveline and vehicle dynamics models for heavy duty truck simulation [C]. SAE paper 1999-01-0970.

Assanis D, Filipi Z, Gravante S, Grohnke D, Gui X, Louca L, Rideout G, Stein J, Wang Y. 2000. Validation and use of SIMULINK integrated, high fidelity, engine-in-vehicle simulation of the International class Ⅵ truck [C]. SAE paper 2000-01-0288.

Baglione M, Duty M, Pannone G. 2007. Vehicle system energy analysis methodology and tool for determining vehicle subsystem energy supply and demand [C]. SAE paper 2007-01-0398.

Baglione M, Duty M J. 2010. Development of a powertrain matching analysis tool [C]. SAE paper 2010-01-0490.

Balfour G, Dupraz P, Ramsbottom M, Scotson P. 2000. Diesel fuel injection control for optimum driveability [C]. SAE paper 2000-01-0265.

Bata R, Yacoub Y, Wang W, Lyons D, Gambino M, Rideout G. 1994. Heavy duty testing cycles: survey and comparison [C]. SAE paper 942263.

Bi X, Han S, Ma Z, Liu X. 2002. Transient modeling for heavy tracked vehicle performance and fuel consumption under accelerating conditions [C]. SAE paper 2002-01-0630.

Callahan B J, Kee R J, Mccartan C D, Fleck R, Kenny R G, Mackey D O. 2003. Drivetrain effects on small engine performance [C]. SAE paper 2003-32-0067.

Chana H E, Fedewa W L, Mahoney. 1977. An analytical study of transmission modifications as related to vehicle performance and economy [C]. SAE paper 770418.

Ciesla C R, Jennings M J. 1995. A modular approach to powertrain modeling and shift quality analysis [C]. SAE paper 950419.

Ciesla C, Keribar R, Morel T. 2000. Engine/powertrain/vehicle modeling tool applicable to all stages of the design process [C]. SAE paper 2000-01-0934.

Clark N N, Gautam M, Wayne W S, Nine R D, Thompson G J, Lyons D W, Maldonado H, Carlock M, Agrawal A. 2003. Creation and evaluation of a medium heavy-duty truck test cycle [C]. SAE paper 2003-01-3284.

D'Anna T, Govindswamy K, Wolter F, Janssen P. 2005. Aspects of shift quality with emphasis on powertrain integration and vehicle sensitivity [C]. SAE paper 2005-01-2303.

Dopson A, Taitt D, Sandford M H. 1995. Powertrain systems definition process [C]. SAE paper 950811.

Dorey R E, Holmes C B. 1999. Vehicle driveability – its characterisation and measurement [C]. SAE paper 1999-01-0949.

Dorey R E, McLaggan J D, Harris J M S, Clarke D P, Gondre B A C. 2001. Transient calibration on the testbed for emissions and driveability [C]. SAE paper 2001-01-0215.

Ehlbeck J M, Mayenburg M V. 1991. Increasing heavy-duty truck fuel economy [C]. SAE paper 912662.

Everett R L. 1971. Measuring vehicle driveability [C]. SAE paper 710137.

Ferraz L A S, Coelho E P D, Araujo N S S, Sarno I C, Silva A C. 2001. Powertrain process to translate customer perceptions into technically driven database [C]. SAE paper 2001-01-3838.

Felix G. 1976. Development of a 350 ton haulage truck [C]. SAE paper 760408.

Fluga E C. 1993. Modeling of the complete vehicle powertrain using ENTERPRISE [C]. SAE paper 931179.

Frijlink P, Schaerlaeckens W, Tillaart E, Haas J. 2001. Simulation of a vehicle with an ICE, CVT, and ISG powertrain — a pre-study for concept evaluation and dimensioning [C]. SAE paper 2001-01-3453.

Giannelli R A, Nam E K, Helmer K, Younglove T, Scora G, Barth M. 2005. Heavy-duty diesel vehicle fuel consumption modeling based on road load and power train parameters [C]. SAE paper 2005-01-3549.

Giannelli R A, Fulper C, Hart C, Hawkins D, Hu J, Warila J, Kishan S, Sabisch M A, Clark P W, Darby C L, Ensfield C, Henry D, Yoder R. 2010. In-use emissions from non-road equipment for EPA emissions inventory modeling (MOVES) [C]. SAE paper 2010-01-1952.

Guzzella L, Sciarretta A. 2005. *Vehicle Propulsion Systems – Introduction to Modeling and Optimization* [M]. Berlin: Springer-Verlag.

Haggis S F, Hansen T A, Hicks K D, Richards R G, Marx R. 2008. In-use evaluation of fuel economy and emissions from coal haul trucks using modified SAE J1321 procedures and PEMS [C]. SAE paper 2008-01-1302.

Hayat O, Lebrun M, Domingues E. 2003. Powertrain driveability evaluation: analysis and simplification of dynamic models [C]. SAE paper 2003-01-1328.

ISO Standard 10521-1. 2006. Road vehicles – Road load – Part 1: Determination under reference atmospheric conditions [S].

ISO Standard 10521-2. 2006. Road vehicles – Road load – Part 2: Reproduction on chassis dynamometer [S].

Jawad B A, Trimboli B A, Ranspach P. 1999. A steady state vehicle model to predict engine and transmission performance [C]. SAE paper 1999-01-0742.

Jones C R. 1991. Heavy duty drivetrains – the system and component application [C]. SAE paper 910035.

Kluger M A, Fussner D R. 1997. An overview of current CVT mechanisms, forces and efficiencies [C]. SAE paper 970688.

Kluger M, Greenbaum J J. 1993. Automatic transmission efficiency characteristics and gearbox torque loss data regression techniques [C]. SAE paper 930907.

Kluger M A, Long D M. 1999. An overview of current automatic, manual and continuously variable transmission efficiencies and their projected future improvements [C]. SAE paper 1999-01-1259.

Lee H, Kim C, Kim T, Kim H. 2004. CVT ratio control algorithm by considering powertrain response lag [C]. SAE paper 2004-01-1636.

Lineberry G T. 1986. Review of truck powering techniques – old and new [J]. *Mining Science and Technology*, 3(2): 117-126.

List H O, Schoeggl P. 1998. Objective evaluation of vehicle driveability [C]. SAE paper 980204.

Marelli R A. 1973. Electrical transmission systems for off-highway trucks [J]. *Min Congr J*, 59(10):47-50.

McManus J G, Anderson S R. 2001. Co-simulation: developing a virtual vehicle modeling capability [C]. SAE paper 2001-01-0038.

Mercure R A. 1979. Review of the automotive torque converter [C]. SAE paper 790046.

Mikulec A, Li X. 2000. Rapid evaluation of powertrain subsystems and components [C]. SAE paper 2000-01-3545.

Miller J. 2004. *Propulsion Systems for Hybrid Vehicles* [M]. Stevenage: The Institution of Electrical Engineers.

Millo F, Ferraro C V, Pilo L. 2000. A contribution to engine and vehicle performance prediction [C]. SAE paper 2000-01-

1266.

Min B, Matthews R, Duoba M, Ng H, Larsen B. 2003. Direct measurement of powertrain component efficiencies for a light-duty vehicle with a CVT operating over a driving cycle [C]. SAE paper 2003-01-3202.

Montazeri-Gh M, Varasteh H, Naghizadeh M. 2005. Driving cycle simulation for heavy duty engine emission evaluation and testing [C]. SAE paper 2005-01-3796.

Morel T, Keribar R, Silvestri J, Wahiduzzaman S. 1999. Integrated engine/vehicle simulation and control [C]. SAE paper 1999-01-0907.

Moskwa J J, Munns S A, Rubin Z J. 1997. The development of vehicular powertrain system modeling methodologies: philosophy and implementation [C]. SAE paper 971089.

Moskwa J J, Wang W, Chen S X, Munns S A. 1999. Using dynamic modular diesel engine models to understand system interactions and performance [C]. SAE paper 1999-01-0976.

Myntti D C. 1972. Off-highway haulage truck powerplants – diesel engine and gas turbine experience [C]. SAE paper 720388.

Naruse T, Nakashima Y, Murayama Y, Akiyoshi Y, Kurachi T. 1993. A study on evaluation method and improvement of shift quality of automatic transmission [C]. SAE paper 930673.

Nunney M J. 1998. *Automotive Technology* [M]. 3rd edition. Warrendale, PA: SAE International.

Osamura K, Itoyama H, Iwano H. 2001. Study of an integrated diesel engine-CVT control algorithm for improving drivability and exhaust emission performance [C]. SAE paper 2001-01-3452.

Pagerit S, Sharer P, Rousseau A. 2006. Fuel economy sensitivity to vehicle mass for advanced vehicle powertrains [C]. SAE paper 2006-01-0665.

Patton K J, Sullivan A M, Rask R B, Theobald M A. 2002. Aggregating technologies for reduced fuel consumption: a review of the technical content in the 2002 national research council report on CAFÉ [C]. SAE paper 2002-01-0628.

Petrushov V A. 1997. Coast down method in time-distance variables [C]. SAE paper 970408.

Phillips A W, Assanis D N, Badgley P. 1990. Development and use of a vehicle powertrain simulation for fuel economy and performance studies [C]. SAE paper 900619.

Regner G, Loibner E, Krammer J, Walter L, Truemner R. 2002. Analysis of transient drive cycles using CRUISE-BOOST co-simulation techniques [C]. SAE paper 2002-01-0627.

SAE Surface Vehicle Information Report J1087. 2000. One-way clutches – nomenclature and terminology [R].

SAE Surface Vehicle Information Report J1270. 2006. Measurement of passenger car, light truck, and highway truck and bus tire rolling resistance [R].

SAE Surface Vehicle Information Report J1715. 2008. (R) Hybrid electric vehicle (HEV) & electric vehicle (EV) terminology [R].

SAE Surface Vehicle Information Report J2071. 1994. Aerodynamic testing of road vehicles – open throat wind tunnel adjustment [R].

SAE Surface Vehicle Information Report J2084. 1993. Aerodynamic testing of road vehicles – testing methods and procedures [R].

SAE Surface Vehicle Information Report J2408. 2002. Clutch requirements for high-torque truck and bus engines [R].

SAE Surface Vehicle Recommended Practice J645. 2009. (R) Automotive transmission terminology [S].

SAE Surface Vehicle Recommended Practice J647. 1997. (R) Transmissions – schematic diagrams [S].

SAE Surface Vehicle Recommended Practice J649. 2000. Automatic transmission functions – terminology [S].

SAE Surface Vehicle Recommended Practice J651. 2005. Passenger car and light truck automatic transmission and automatic transaxle test code [S].

SAE Surface Vehicle Recommended Practice J670. 2008. (R) Vehicle dynamics terminology [S].

SAE Surface Vehicle Recommended Practice J678. 1988. Speedometers and tachometers – automotive [S].

SAE Surface Vehicle Recommended Practice J915. 2007. Automatic transmissions – manual control sequence [S].

SAE Surface Vehicle Recommended Practice J923. 2001. Nomenclature and terminology for truck and bus drive axles [S].

SAE Surface Vehicle Recommended Practice J1252. 1981. SAE wind tunnel test procedure for trucks and buses [S].

SAE Surface Vehicle Recommended Practice J1263. 2009. Road load measurement and dynamometer simulation using coastdown techniques [S].

SAE Surface Vehicle Recommended Practice J1266. 2001. Axle efficiency test procedure [S].

SAE Surface Vehicle Recommended Practice J1269. 2006. Rolling resistance measurement procedure for passenger car, light truck, and highway truck and bus tires [S].

SAE Surface Vehicle Recommended Practice J1321. 1986. Joint TMC/SAE fuel consumption test procedure – type II [S].

SAE Surface Vehicle Recommended Practice J1491. 2006. (R) Vehicle acceleration measurement [S].

SAE Surface Vehicle Recommended Practice J1526. 1987. Joint TMC/SAE fuel consumption in-service test procedure type III [S].

SAE Surface Vehicle Recommended Practice J1540. 2000. Manual transmission efficiency and parasitic loss measurement [S].

SAE Surface Vehicle Recommended Practice J1594. 1994. Vehicle aerodynamics terminology [S].

SAE Surface Vehicle Recommended Practice J1608. 2001. Manual transmission shift patterns [S].

SAE Surface Vehicle Recommended Practice J1618. 2000. Continuously variable transmission test code for passenger cars [S].

SAE Surface Vehicle Recommended Practice J1667. 1996. Snap-acceleration smoke test procedure for heavy-duty diesel powered vehicles [S].

SAE Surface Vehicle Recommended Practice J1711. 1999. Recommended practice for measuring the exhaust emissions and fuel economy of hybrid-electric vehicles [S].

SAE Surface Vehicle Recommended Practice J2177. 1992. Chassis dynamometer test procedure — heavy-duty road vehicles [S].

SAE Surface Vehicle Recommended Practice J2188. 2003. Commercial truck and bus SAE recommended procedure for vehicle performance prediction and charting [S].

SAE Surface Vehicle Recommended Practice J2263. 2008. Road load measurement using onboard anemometry and coastdown Techniques [S].

SAE Surface Vehicle Recommended Practice J2264. 1995. Chassis dynamometer simulation of road load using coastdown techniques [S].

SAE Surface Vehicle Recommended Practice J2452. 1999. Stepwise coastdown methodology for measuring tire rolling resistance [S].

SAE Surface Vehicle Recommended Practice J2453. 1999. Manual transmission and transaxle efficiency and parasitic loss measurement [S].

SAE Surface Vehicle Recommended Practice J2548. 2001. Test method to obtain lug-up torque data for heavy-duty truck and bus engines [S].

SAE Surface Vehicle Recommended Practice J2711. 2002. Recommended practice for measuring fuel economy and emissions of hybrid-electric and conventional heavy-duty vehicles [S].

SAE Surface Vehicle Recommended Practice J2807. 2008. Performance requirements for determining tow-vehicle gross combination weight rating and trailer weight rating [S].

SAE Surface Vehicle Standard J1082. 2008. Fuel economy measurement road test procedure [S].

SAE Surface Vehicle Standard J1544. 1988. Revolutions per mile and static loaded radius for off-road tires [S].

SAE Surface Vehicle Standard J2469. 2004. Clutch application powertrain startability rating requirements for truck and bus applications [S].

Sahraeian A, Shahbakhti M, Aslani A R, Jazayeri S A, Azadi S, Shamekhi A H. 2004. Longitudinal vehicle dynamics modeling on the basis of engine modeling [C]. SAE paper 2004-01-1620.

Schoeggl P, Ramschak E, Bogner E. 2001. On-board optimization of driveability character depending on driver style by using a new closed loop approach [C]. SAE paper 2001-01-0556.

Shannon J V. 1991. The truck as a system: where are we, and where are we going? [C]. SAE paper 912685.

Simner D. 1996. The contribution of transmissions to vehicle fuel economy [C]. IMechE paper C498/34/135/95.

Soltic P, Guzzella L. 2001. Performance simulations of engine-gearbox combinations for lightweight passenger cars [J]. *Proc. IMechE, Part D: Journal of Automobile Engineering*, 215:259-271.

Sovran G, Blaser D. 2003. A contribution to understanding automotive fuel economy and its limits [C]. SAE paper 2003-01-2070.

Steinberg P, Goblau D. 2004. Fuel Consumption [M]//Basshuysen R, Schafer F (editors). *Internal Combustion Engine Handbook*. Warrendale, PA: SAE International. 737-751.

Sutton T, Pope R, Brandewie K, Henry J. 2001. International Truck and Engine high performance vehicle driveability — ride and handling [C]. SAE paper 2001-01-2787.

Thring R H. 1981. Engine transmission matching [C]. SAE paper 810446.

Vandenplas B, Gotoh K, Dutre S. 2003. Predictive analysis for engine/driveline torsional vibration in vehicle conditions using large scale multi body model [C]. SAE paper 2003-01-1726.

Walker M, Ford R. 2000. Hardware-in-the-loop, dynamometer based driver and vehicle simulator [C]. SAE paper 2000-01-0289.

Watson H C. 1995. Effects of a wide range of drive cycles on the emissions from vehicles of three levels of technology [C]. SAE paper 950221.

Wehrwein D, Mourelatos Z P. 2005. Modeling and optimization of vehicle drivetrain dynamic performance considering uncertainty [C]. SAE paper 2005-01-2371.

Wong J Y. 1993. *Theory of Ground Vehicles* [M]. 2nd edition. New York, NY: John Wiley & Sons.

Wong L T, Clemens W J. 1979. Powertrain matching for better fuel economy [C]. SAE paper 790045.

Yonekawa T, Okada A, Ehara M, Ogasawara T. 1984. Analysis of driveability on diesel vehicles [C]. SAE paper 840257.

5.6.1.2 电动混合动力系

An F, Santini D. 2003. Assessing tank-to-wheel efficiencies of advanced technology vehicles [C]. SAE paper 2003-01-0412.

Anderson C, Pettit E. 1995. The effects of APU characteristics on the design of hybrid control strategies for hybrid electric vehicles [C]. SAE paper 950493.

Anderson S R, Lamberson D M, Blohm T J, Turner W. 2005. Hybrid route vehicle fuel economy [C]. SAE paper 2005-

01-1164.

Atkins M J, Koch C R. 2003. A well-to-wheel comparison of several powertrain technologies [C]. SAE paper 2003-01-0081.

Boesel J, Romeo S, Brotherton T. 2003. Advanced fuels and technology forecasts for heavy-duty vehicles [C]. SAE paper 2003-01-3404.

Burke A. 2003. Saving petroleum with cost-effective hybrids [C]. SAE paper 2003-01-3279.

Chen W, Chen H, Zhang Y, Qin G. 2009. Modeling and optimization of vehicle acceleration and fuel economy performance with uncertainty based on Modelica [C]. SAE paper 2009-01-0232.

Chu L, Wang Q. 2001. Energy management strategy and parametric design for hybrid electric transit bus [C]. SAE paper 2001-01-2748.

Cuddy M R, Wipke K B. 1997. Analysis of the fuel economy benefit of drivetrain hybridization [C]. SAE paper 970289.

Dembski N, Guezennec Y, Soliman A. 2002. Analysis and experimental refinement of real-world driving cycles [C]. SAE paper 2002-01-0069.

Ehsani M, Gao Y, Gay S E, Emadi A. 2005. *Modern Electric, Hybrid Electric, and Fuel Cell Vehicles – Fundamentals, Theory and Design* [M]. Boca Raton, FL: CRC Press.

Gonder J, Markel T. 2007. Energy management strategies for plug-in hybrid electric vehicles [C]. SAE paper 2007-01-0290.

Inman S B, Haworth D C, El-Gindy M. 2002. Integration of WAVE and ADVISOR simulations for optimization of a hybrid electric sport utility vehicle [C]. SAE paper 2002-01-2856.

ISO Standard 23274. 2007. Hybrid-electric road vehicles – Exhaust emissions and fuel consumption measurements – Non-externally chargeable vehicles [S].

Juda Z. 2001. Simulation of energy conversion in advanced automotive vehicles [C]. SAE paper 2001-01-3341.

Kasseris E P, Heywood J B. 2007. Comparative analysis of automotive powertrain choices for the next 25 years [C]. SAE paper 2007-01-1605.

Kiuchi T, Ogata M, Iizawa M, Yanase T, Susuki Y, Takeda N, Kumagai N. 2001. A report on advantage of a heavy-duty hybrid electric vehicle [C]. SAE paper 2001-01-2777.

Kwon J, Kim J, Fallas E, Pagerit S, Rousseau A. 2008. Impact of drive cycles on PHEV component requirements [C]. SAE paper 2008-01-1337.

Lindenkamp N, Stöber-Schmidt C-P, Eilts P. 2009. Strategies for reducing NO_x and particulate matter emissions in diesel hybrid electric vehicles [C]. SAE paper 2009-01-1305.

Louckes T. 2002. The opportunity for IC engines in a hybrid world [C]. SAE paper 2002-01-1910.

Louis J J J. 2001. Well-to-wheel energy use and greenhouse gas emissions for various vehicle technologies [C]. SAE paper 2001-01-1343.

Miller J. 2004. *Propulsion Systems for Hybrid Vehicles* [M]. Stevenage: The Institution of Electrical Engineers.

Moon P, Burnham A, Wang M. 2006. Vehicle-cycle energy and emission effects of conventional and advanced vehicles [C]. SAE paper 2006-01-0375.

Morita K, Shimamura K, Sugiyama G, Hori M, Itai Y, Sekiyama S, Motooka A, Sasaki M, Suenaga K. 2005. R & D and analysis of energy consumption improvement factor for advanced clean energy HEVs [C]. SAE paper 2005-01-3828.

Olikara C, Steiber J, Shahed S M. 1995. Analysis of a hybrid powertrain for heavy duty trucks [C]. SAE paper 952585.

Petris C D, Giglio V, Police G. 1993. Can hybrid vehicles reduce the pollutant emission in urban environments? [C]. SAE paper 930046.

Plassat G. 2004. Pollutants emissions, global warming potential effect, first comparison using external costs on urban buses [C]. SAE paper 2004-01-2015.

Poeti L, Marco J, Vaughan N D. 2009. Object oriented plant models for HEV controller development [C]. SAE paper 2009-01-0148.

Pritchard E, Johnson R R. 2005. Hybrid electric school bus technical feasibility [C]. SAE paper 2005-01-3615.

Rizoulis D, Burl J, Beard J. 2001. Control strategies for a series-parallel hybrid electric vehicle [C]. SAE paper 2001-01-1354.

Rousseau A, Pagerit S, Monnet G, Feng A. 2001. The new PNGV system analysis toolkit PSAT V4. 1 – evolution and improvement [C]. SAE paper 2001-01-2536.

SAE Surface Vehicle Recommended Practice J1711. 1999. Recommended practice for measuring the exhaust emissions and fuel economy of hybrid-electric vehicles [S].

SAE Surface Vehicle Recommended Practice J2711. 2002. Recommended practice for measuring fuel economy and emissions of hybrid-electric and conventional heavy-duty vehicles [S].

Takada Y, Ueki S, Saito A. 2004. Study on fuel economy and NO_x emissions of medium duty hybrid truck in real traffic conditions [C]. SAE paper 2004-01-1086.

Walters J, Husted H, Rajashekara K. 2001. Comparative study of hybrid powertrain strategies [C]. SAE paper 2001-01-2501.

Wang W, Wang Q, Zeng X. 2009. Automated manual transmission shift strategy for parallel hybrid electric vehicle [C].

SAE paper 2009-01-0144.

Williamson S S, Emadi A, Dewan A. 2005. Effects of varying driving schedules on the drive train efficiency and performance characteristics of a parallel diesel-hybrid bus [C]. SAE paper 2005-01-3477.

Zeng X, Wang Q, Wang W, Chu L. 2005. Analysis and simulation of conventional transit bus energy loss and hybrid transit bus energy saving [C]. SAE paper 2005-01-1173.

5.6.1.3　液力混合动力系

Barr A, Veshagh A. 2008. Fuel economy and performance comparison of alternative mechanical hybrid powertrain configurations [C]. SAE paper 2008-01-0083.

Baseley S, Ehret C, Greif E, Kliffken M G. 2007. Hydraulic hybrid systems for commercial vehicles [C]. SAE paper 2007-01-4150.

Ivanič Ž. 2007. Data collection and development of New York city refuse truck duty cycle [C]. SAE paper 2007-01-4118.

Jackey R A, Smith P, Bloxham S. 2005. Physical system model of a hydraulic energy storage device for hybrid powertrain applications [C]. SAE paper 2005-01-0810.

Johri R, Filipi Z. 2009. Low-cost pathway to ultra efficient city car: series hydraulic hybrid system with optimized supervisory control [C]. SAE paper 2009-24-0065.

Kim Y J, Filipi Z. 2007a. Series hydraulic hybrid propulsion for a light truck – optimizing the thermostatic power management [C]. SAE paper 2007-24-0080.

Kim Y J, Filipi Z. 2007b. Simulation study of a series hydraulic hybrid propulsion system for a light truck [C]. SAE paper 2007-01-4151.

Kokkolaras M, Mourelatos Z, Louca L, Filipi Z, Delagrammatikas G, Stefanopoulou A, Papalambros P, Assanis D. 2005. Design under uncertainty and assessment of performance reliability of a dual-use medium truck with hydraulic-hybrid powertrain and fuel cell auxiliary power unit [C]. SAE paper 2005-01-1396.

Nakazawa N, Kono Y, Takao E, Takeda N. 1987. Development of a braking energy regeneration system for city buses [C]. SAE paper 872265.

Surampudi B, Nedungadi A, Ostrowski G, Montemayor A, Gruenewald H. 2009. Design and control considerations for a series heavy duty hybrid hydraulic vehicle [C]. SAE paper 2009-01-2717.

Van Batavia B L. 2009. Hydraulic hybrid vehicle energy management system [C]. SAE paper 2009-01-2834.

Weber T R. 1988. Analysis of unconventional powertrain systems [C]. SAE paper 885023.

5.6.1.4　气动混合动力系

Kang H, Tai C, Smith E, Wang X, Tsao T-C, Stewart J, Blumberg P N. 2008. Demonstration of Air-Power-Assist (APA) engine technology for clean combustion and direct energy recovery in heavy duty application [C]. SAE paper 2008-01-1197.

Lee C-Y, Zhao H, Ma T, Feng J, Shen J, Lin Z. 2011. Pneumatic Regenerative Engine Braking Technology for Buses and Commercial Vehicles [C]. SAE paper 2011-01-2176.

Trajkovic S, Tunestål P, Johansson B. 2008. Investigation of different valve geometries and valve timing strategies and their effect on regenerative efficiency for a pneumatic hybrid with variable valve actuation [C]. SAE paper 2008-01-1715.

Zhao H, Psanis C, Ma T. 2011. Analysis of a production-oriented air hybrid engine concept and its performance [J]. *International Journal of Powertrains*, 1(1):43-71.

5.6.2　中文参考文献和书目

5.6.2.1　车辆性能分析的理论

车辆行驶阻力

丁良旭,徐宗俊.客车滑行能力的仿真评估[J].客车技术与研究,2005(3):7-9.

方茂东.道路行驶阻力的滑行法测量及其在底盘测功机上的设定[J].汽车技术,1996(2):22-27.

傅立敏.汽车空气动力学[M].北京:机械工业出版社,2006.

高有山,李兴虎,黄敏,姜磊,张继春.汽车滑行阻力分析[J].汽车技术,2008(4):27-30.

谷正气.汽车空气动力学[M].北京:人民交通出版社,2005.

胡宁安.汽车行驶阻力的计算机模拟[J].汽车工程,1992,14(3):189-193.

阚振广,马彪.车辆传动装置功率损失建模计算[J].车辆与动力技术,2003(2):25-28,34.

柳献初.平均风环境气动阻力系数[J].重型汽车,2002(2):17-18.

唐京玫.空气阻力对大客车造型的影响[J].客车技术与研究,1996,18(4):220-222.

王野平.论轮胎与路面间的摩擦[J].汽车技术,1999(2):10-14.

尹锡权,许爱民,周锋.车辆行驶工况滚动阻力系数的测定[J].汽车技术,1999(2):23-25.
余卓平,左建令,张立军.路面附着系数估算技术发展现状综述[J].汽车工程,2006,28(6):546-549.
曾壮.客车空气阻力系数的确定方法[J].客车技术,1996(4):7-8.
张宝贵.汽车行驶阻力的计算机逼近方法[J].汽车工程,1995,17(2):81-88.

发动机和车辆的惯性质量和转动惯量
陈敏,刘晓叙,符纯华.系列船用柴油机动力装置转动惯量配置研究[J].四川轻化工学院学报,2001,14(3):55-59.
杜登惠,汪晓虎,宋正超,王聪昌.动力总成转动惯量测量及误差分析[J].车辆与动力技术,2007(4):10-13.
胡玉平,张立梅.一种确定内燃机的总转动惯量的试验方法[J].内燃机,2001(2):20-22.
李杰,张宝生,毛佳.柴油机惯性参数的测试研究[J].农业机械学报,1999,30(3):16-19,4.
刘晓叙,陈敏,符纯华.系列柴油发电机组转动惯量配置研究[J].机械,2000,27(3):7-9.
刘仪,刘巽俊,白翎,马朝臣.用附加质量法确定发动机运动件的总转动惯量[J].内燃机学报,1992,10(4):323-328.
吴波,于明进,程勇,张立梅.内燃机转动惯量试验推算方法的研究[J].内燃机学报,2000,18(4):443-446.
吴昌扣,孙骏.车辆复杂零部件的转动惯量测定[J].山东内燃机,2003(4):24-25.
徐兆坤,赵高辉.船用柴油机转动惯量分布对自振频率的影响[J].柴油机,1996(5):27-30.
于明进,程勇,吴波,张立梅.一种确定发动机转动惯量的新方法[J].车用发动机,2004(4):46-49.
于明进,程勇,吴波,张立梅.试验确定发动机转动惯量的一种新方法[J].农业机械学报,2005,36(6):34-37.
张俊红,毕凤荣,胡春林,田新伟,张微.动力设备质量惯性特性参数测取试验台研究[J].内燃机学报,2009,27(1):81-86.
张勇,许纯新,宋健.车辆质量参数对最佳换挡点的影响[J].农业机械学报,2002,33(2):8-10.
赵传利,安相璧,夏均忠.底盘测功机上模拟道路滑行试验方法研究[J].汽车研究与开发,2000(2):51-53.
朱明,邓兆祥,方子帆.发动机质量参数的测试方法[J].农业机械学报,2005,36(4):34-38.

5.6.2.2　发动机点火运行时发动机与车辆的稳态匹配
动力装置稳态匹配
曹建华.提高大客车燃料经济性的有效手段[J].商用汽车,2001(5):10-11.
常思勤.汽车动力装置[M].北京:机械工业出版社,2006.
陈小峰,邱良胜.基于数据统计的整车发动机功率匹配选型研究[J].汽车技术,2008(8):28-30.
仇玉林,王贵勇.整车动力性与燃油经济性的分析预测[J].内燃机与动力装置,2008(5):23-27.
杜志良,张有,黎程.车用发动机匹配优化的一种试验分析方法[J].柴油机设计与制造,2010,16(1):32-35.
费英,刘疆,严永华.浅谈公交车使用过程中如何节油[J].柴油机设计与制造,2008,15(2):25-29.
高有山,李兴虎,王爱红.大型客车燃油消耗量分布模型的拟合优度检验[J].汽车工程,2009,31(11):1077-1080.
宫春峰,刁增祥,彭勇.内燃机的动力特性[J].内燃机学报,2000,18(4):439-442.
郝艳召,于雷,宋国华,胥耀方,王宏图.基于比功率参数的北京市柴油公交车行驶和排放特征研究[J].汽车工程,2010,32(2):103-109.
何仁(1996a).汽车动力性燃料经济性模拟计算方法及应用[M].北京:机械工业出版社,1996.
何仁(1996b).汽车发动机性能指标的优选方法[J].汽车工程,1996,18(3):151-157.
何仁,高宗英.汽车传动系最优匹配评价指标的探讨[J].汽车工程,1996,18(1):55-60.
黄加先,赵斌海,严永华.重型载货车动力总成优化匹配研究[J].柴油机设计与制造,2007,15(2):15-17,47.
黄细富.高速客车动力性能分析[J].客车技术与研究,2004,26(6):40-42.
焦岗耀(2007a).公路大件运输系列讲座:牵引车的选型与设计[J].重型汽车,2007(1):20-23.
焦岗耀(2007b).公路大件运输系列讲座:超重型车组动力性能的计算[J].重型汽车,2007(5):34-37.
雷保军.公交车运行的模拟计算研究[J].柴油机设计与制造,2008,15(2):30-33.
李伯岳.客车燃油经济性计算软件的开发与运用[J].汽车技术,2001(1):7-9.
李伯岳,陈靖芯,李红.大客车动力总成的快速匹配[J].汽车工程,2008,30(5):453-456.
李春风.柴油机与汽车起重机底盘的匹配设计[J].柴油机设计与制造,2006,14(1):44-47.
李东军,郁增德,李理光,王丽红.中国典型城市车辆行驶状况的测试统计[J].汽车技术,1998(3):13-16.
李孟良,苏茂辉,马金荣,秦孔健.北京地区实际行驶工况下柴油机负荷分布研究[J].车用发动机,2007(1):27-29.
李孟良,张建伟,张富兴,赵春明.中国城市乘用车实际行驶工况的研究[J].汽车工程,2006,28(6):554-557,529.
李孟良,朱西产,张建伟,张富兴,艾国和.典型城市车辆行驶工况构成的研究[J].汽车工程,2005,27(5):557-560.
李幼德,李礽,王志浩.软弱地面上汽车牵引系数和牵引效率[J].汽车工程,1993,15(4):206-211.
李幼德,张宝生,方泳龙,David Y N.汽车在雪地上的牵引性预测[J].汽车工程,1995,17(2):89-94.
李晓辉.某型客车动力性的计算机模拟[J].客车技术,2009(6):7-10.

李忠剑,张俊智,卢青春,彭武.运用特征参数对汽车驾驶循环的研究[J].汽车技术,2001(7):13-16.

廖祥兵,戴启清,胡小平,孙浩.汽车不同行驶模式下的经济性模拟计算[J].内燃机学报,2003,21(1):62-64.

林学东,程建,姚国超.SUV车传动系与高压共轨柴油机的匹配研究[J].汽车工程,2008,30(10):861-865.

凌建群.载重车油耗计算方法及分析[J].柴油机设计与制造,2006,14(1):24-27.

刘传李,贾东红,杨中乐.内燃机节油率计算的探讨[J].内燃机工程,1996,17(1):52-58.

刘普辉,毛务本.基于相似性科学的汽车动力传动系匹配研究[J].汽车技术,2008(11):9-11.

刘学琼.增压柴油发动机与整车的匹配[J].商用汽车,2002(1):50-51.

刘延林,邓阳庆.自卸车循环工况研究[J].汽车工程,2009,31(10):963-965,979.

陆晨飞.一种实用的汽车燃料经济性分析法[J].柴油机设计与制造,2000(4):21-24.

陆明,王耀华,谭业发(1999a).内燃机动力特性的一个新评价指标[J].柴油机,1999(1):16-20,24.

陆明,王耀华,谭业发(1999b).内燃机理想油耗率特性系数及求解[J].内燃机工程,1999(3):54-58.

倪计民,单炯毅,叶淑英.轻型车动力总成综合性能评价体系的构建[J].汽车技术,2006(3):30-34.

倪计民,杨健,叶淑英,杨挺然,梁乐华.汽车动力总成结构参数敏感性研究[J].汽车技术,2008(1):22-25.

倪计民,叶军,严永华,刘疆.基于整车性能的重型车用发动机优化配置[J].内燃机工程,2005,26(2):76-79.

潘公宇.一种精确计算汽车动力性指标的方法[J].客车技术,1995(4):6-8.

彭莫,刁增祥.汽车动力系统计算匹配及评价[M].北京:北京理工大学出版社,2009.

全开致,汪溢.轻型汽车运行工况的统计分析[J].汽车技术,1991(9):11-14,19.

宋国华,于雷,王子千里.用于道路交通燃油经济性评价的实用模型[J].汽车工程,2008,30(6):470-474.

孙丽玮,王生昌,王晓东,欧阳雪.基于碳平衡法的柴油车燃油消耗计算模型[J].小型内燃机与摩托车,2010,39(2):67-69.

谭秀卿,卜绍先.基于系统参数估计的重型汽车燃油经济性分析[J].汽车工程,2007,29(12):1083-1085.

佟德辉.柴油机经济性评价方法探析[J].山东内燃机,2003(3):2-4.

童康祥.重型汽车动力参数变化趋势[J].重型汽车,1996(5):16-18.

王存磊,殷承良,陈俐.发动机采用BOOST建模和与CRUISE联合仿真的研究[J].汽车工程,2010,32(1):26-30,36.

王琳.浅谈客车节油技术[J].客车技术,2008(5):31-33,37.

王文阁.改变传动系单一匹配 提高整车燃油经济性[J].汽车技术,2000(11):4-7.

王衍军,鲁统利.基于传动系统匹配的商用车燃油经济性改善研究[J].客车技术与研究,2009(5):8-11.

魏昌宏.长途营运客车电控高压共轨柴油机燃料消耗量试验评价与计算[J].客车技术,2009(3):7-10.

吴逸民.大型平板列车组牵引力、爬坡度计算及应用[J].重型汽车,2005(3):14-15.

许维达.柴油机动力装置匹配[M].北京:机械工业出版社,2000.

杨靖,李克.内燃机使用性能评价新方法[J].客车技术与研究,2003,25(5):4-6.

杨俊武.动力系统的优化匹配及车辆的使用保养对油耗的影响[J].柴油机设计与制造,2009,16(1):29-32.

杨连生.内燃机性能及其与传动装置的优化匹配[M].北京:学术期刊出版社,1988.

杨士敏.变负荷工况对发动机动力性的影响[J].内燃机,1994(4):10-12.

易宁,毕玉华.重型车在云南的使用经济性[J].云南工业大学学报,1998,14(4):81-87.

袁银南.关于柴油机扭矩储备若干问题的探讨[J].小型内燃机,1991(2):15-17.

岳惊涛,廖苓平,彭莫.汽车动力系统的合理匹配评价[J].汽车工程,2004,26(1):102-106.

张建伟,李孟良,艾国和,张富兴,朱西产.车辆行驶工况与特征的研究[J].汽车工程,2005,27(2):220-224,245.

张京明,赵桂范,姜立标.发动机特性计算模型在整车性能计算中的应用[J].车用发动机,2000(3):26-28.

张京明,周金宝.汽车动力性燃油经济性的综合评价[J].汽车工程,1996,18(1):51-54.

张宁.动力装置与液力传动装置共同工作点匹配计算及液力传动内燃机车牵引计算程序开发探讨[J].内燃机车,2002(6):6-10.

张志沛.车用活塞式内燃机一个新的评价指标——理想功率特性系数 K_N 及其求值[J].内燃机学报,1995,13(1):77-82.

赵璐,周云山,邓阳庆,闫海.基于CRUISE的DCT整车动力传动系匹配仿真研究[J].汽车技术,2011(1):10-14.

赵亚男,赵福堂,刘碧荣.汽车燃油经济性的计算机仿真[J].农业机械学报,2007,38(5):39-42.

周绍荣.降低汽车燃油消耗量的途径[J].商用汽车,2004(8):24-26.

周祥轶,李君,高莹.YX471柴油机匹配威乐轿车动力传动系统优化分析[J].汽车技术,2007(10):28-31.

变速器及换挡

陈慧岩,寮承林,丁华荣.整体控制对改善换挡品质的研究[J].车用发动机,2000(3):40-42.

陈永东,钟绍华.电控机械式自动变速器换挡品质的研究[J].内燃机,2006(5):20-23.

邓涛,孙冬野,秦大同,罗勇.无级变速传动系统综合控制仿真与试验[J].汽车工程,2010,32(1):49-55.

杜宝安,金亚英,陈慧岩.电控柴油机在车辆换挡过程中的控制策略研究[J].内燃机工程,2003,24(1):6-9.

方泳龙,王红岩,秦大同.车辆无级变速传动系统匹配策略的仿真[J].农业机械学报,2000,31(4):1-5.

甘海云,张俊智,卢青春,黄英.汽车动力传动系统的换挡品质控制[J].汽车工程,2003,25(5):487-489.

高爱云,付主木,张文春.拖拉机 AMT 换挡规律求解方法研究[J].农业机械学报,2005,36(3):12-14.

高卫民.透过运营数据看 AMT 的价值[J].柴油机设计与制造,2007,15(3):40-42,44.

葛安林(2001a).自动变速器(一)——自动变速器综述[J].汽车技术,2001(5):1-3.

葛安林(2001b).自动变速器(二)——液力变矩器[J].汽车技术,2001(6):1-5.

葛安林(2001c).自动变速器(三)——液力变矩器的闭锁与滑差控制[J].汽车技术,2001(7):1-4.

葛安林(2001d).自动变速器(四)——液力自动变速器(AT)的典型结构及发展趋势(上)[J].汽车技术,2001(8):1-5.

葛安林(2001e).自动变速器(五)——液力自动变速器(AT)的典型结构及发展趋势(下)[J].汽车技术,2001(9):1-5.

葛安林(2001f).自动变速器(六)——电控机械式自动变速器(AMT)[J].汽车技术,2001(10):1-4.

葛安林(2001g).自动变速器(七)——无级变速器 CVT(上)[J].汽车技术,2001(11):1-4.

葛安林(2001h).自动变速器(八)——无级变速器 CVT(下)[J].汽车技术,2001(12):1-4,26.

葛安林(2002i).自动变速器(九)——变速器的自动控制系统(上)[J].汽车技术,2002(1):1-4.

葛安林(2002j).自动变速器(十)——变速器的自动控制系统(中)[J].汽车技术,2002(2):1-5.

葛安林(2002k).自动变速器(十一)——变速器的自动控制系统(下)[J].汽车技术,2002(3):1-5.

葛安林,李焕松,武文治,陈江红,姜家吉.动态三参数最佳换挡规律的研究[J].汽车工程,1992,14(4):239-247.

葛安林,武文治,张天一,李焕松,范巨新,王利蓉.自动换挡过程中的动态闭环控制[J].汽车工程,1994,16(5):276-282,302.

何忠波,白鸿柏.AMT 技术的发展现状与展望[J].农业机械学报,2007,38(5):181-186.

何忠波,陈慧岩,陶刚,董玉梁.自动变速车辆挡位决策方法综述[J].车辆与动力技术,2002(2):54-60.

胡宁.现代轿车自动变速器技术分析[J].汽车工程,2003,25(1):34-38.

黄英,石献磊,徐世利,张付军,葛蕴珊.基于动力性和经济性的轿车换挡规律设计与试验研究[J].汽车技术,2004(11):28-33.

蒋春明,阮米庆.汽车机械式变速器多目标可靠性优化设计[J].汽车工程,2007,29(12):1090-1093.

金辉,葛安林,陈慧岩.汽车自动变速技术的新发展[J].汽车技术,2007(2):1-4.

雷君.重型汽车变速器技术趋势与应用[J].重型汽车,2004(6):12-14.

李焕松,葛安林,武文治,张天一,何兰.汽车发动机与传动系联合操纵的研究[J].汽车工程,1993,15(4):226-233.

李君,张建武,冯金芝,雷雨龙,葛安林.电控机械式自动变速器的发展、现状和展望[J].汽车技术,2000(3):1-3.

李永军,陈树星,崔勇,葛安林.机械式自动变速器起车过程综合控制[J].汽车工程,2003,25(2):178-181.

卢永生.AMT 自动换挡变速器在城市客车上的应用[J].客车技术与研究,2006(1):41-43.

罗辑,钟天飞.汽车变速器传动比分配规律的研究[J].汽车技术,1991(11):10-18.

全开致.变速器速比分配的一个新模型[J].汽车技术,1997(12):4-6.

王丽芳.自动变速器换挡规律确定方法的研究[J].汽车技术,1998(6):7-9.

文凌波,王玉海,李兴坤,薛春宇.基于 MATLAB/STATEFLOW 的 AMT 控制策略仿真系统[J].车辆与动力技术,2005(1):18-22,35.

吴修义.国内组合式机械变速器的现状与发展[J].重型汽车,2003(6):12-13.

席军强,丁华荣,陈慧岩.ASCS 与 AMT 的历史、现状及其在中国的发展趋势[J].汽车工程,2002,24(2):89-93.

许家驹.我国载货汽车应推广应用多挡变速器[J].汽车技术,2000(12):1-4.

殷新锋,田晋跃.硬件在环模拟技术在自动变速控制系统中的应用[J].客车技术与研究,2007(6):8-10.

张飞铁,周云山,薛殿伦,蔡源春.汽车无级变速器传动性能评价系统研究[J].汽车工程,2007,29(12):1086-1089.

张泰,葛安林,郭立书,朱由锋,刘宝林.基于车辆负荷度的换挡规律研究[J].农业机械学报,2004,35(3):9-12.

郑四发,连小珉,蒋孝煜.系列化汽车变速器设计中模型参数化的研究[J].汽车工程,2000,22(4):225-229.

周学建,付主木,张文春,周志立.车辆自动变速器换挡规律的研究现状与展望[J].农业机械学报,2003,34(3):139-141,145.

离合器

李光明,刘辉,毛世伟.离合器性能设计计算方法的研究[J].客车技术与研究,2010(3):25-26,52.

徐安,乔向明,刘圣田.汽车自动变速器锁止离合器控制策略[J].汽车工程,2004,26(3):283-286.

液力变矩器

蔡遂生.液力变矩器的特性及其与发动机的匹配[J].柴油机设计与制造,1998(3):3-9.

常绿,王国强,唐新星,李春然,杨涛.装载机发动机与液力变矩器功率匹配优化[J].农业机械学报,2006,37(11):28-31.

过鹏,谈益欢.TY160 推土机液力变矩器与柴油机匹配的研究[J].柴油机设计与制造,2010,16(1):29-31.

何芳,张锡杰,秦伟一.液力变矩器与发动机的匹配软件的开发[J].柴油机,2004(4):22-25.

黄风清.浅谈柴油机与液力变矩器的匹配[J].柴油机设计与制造,2008,15(4):28-30,39.

李春茆,陈慧岩,孙文涛,赵熙俊(2009a).重型车辆液力机械自动变速器综述[J].汽车工程,2009,31(9):876-881.

李春茆,陈慧岩,陶刚,李艳琴(2009b).发动机与液力变矩器匹配工作点算法研究[J].农业机械学报,2009,40(3):11-15.

李春茆,陈慧岩,李艳琴,郑广军,高国天(2010a).重型车辆液力变矩器闭解锁控制技术的试验研究[J].汽车工程,2010,32(2):123-127.

李春茆,郑广军,李艳琴,陈慧岩(2010b).液力变矩器闭锁过程控制策略研究[J].汽车技术,2010(10):15-17.

李善正.汽车液力自动变速器及其在城市客车中的使用[J].客车技术与研究,2003,25(5):22-24.

李艳琴,李春茆,段亚丽.重型汽车液力机械自动变速器应用概述[J].重型汽车,2010(6):30-32.

马文星.国外车辆液力传动研究现状及其展望[J].汽车工程,1996,18(4):193-198,217.

孙文涛,陈慧岩,关超华,王洪亮,袁建军.液力变矩器闭锁过程控制技术研究[J].汽车工程,2009,31(8):761-764,787.

孙跃东,周萍,邹敏,麦小波.发动机与液力变矩器匹配的计算机软件开发[J].汽车工程,2004,26(6):702-704.

王明松,皮可伟.液力变矩器与发动机匹配工作特性[J].客车技术,1997(4):11-12.

吴光强,王欢.液力变矩器研究综述[J].汽车技术,2009(3):1-6.

叶丹,黄海东,赵丁选,闫磊,唐新星,荆小怀.提高液力变矩器输出功率为目标的换挡规律[J].农业机械学报,2005,36(3):15-18.

张泰,葛安林,郭立书,杨永,王龙.汽车液力变矩器与AMT共同工作时的换挡规律[J].农业机械学报,2005,36(1):13-17.

张泰,葛安林,唐春学,董武,蒋涛,阚玉来.越野汽车液力变矩器和机械自动变速器换挡规律研究[J].汽车工程,2007,29(3):226-229,249.

取力器

陈雁,李维强,张伟明,黄自力.取力器传动比的优选法[J].专用汽车,2002(4):19-20,22.

李炯.取力器带负荷时汽车换挡困难的原因分析[J].汽车技术,1994(1):49-51.

刘建.关于专用汽车取力器的研究与市场分析[J].重型汽车,2008(5):19-20.

曾建科.浅谈取力器及其标准化设计[J].萁齿传动,2004(2):16-19.

5.6.2.3 动力系和传动系动力学以及瞬态性能模拟

瞬态动力学性能模拟

毕小平,韩树,马志雄,王普凯.履带车辆加速性能和燃油消耗量的仿真模型[J].内燃机工程,2002,23(3):1-4.

毕小平,许翔.车辆传动装置部件温度的热网络计算方法[J].汽车工程,2009,31(11):1025-1028.

冯能莲,郑慕侨,马彪.液力机械传动车辆起步加速动态性能仿真[J].农业机械学报,2002,33(1):32-35.

葛安林,吴锦秋,林明芳.汽车动力传动系统参数的最佳匹配[J].汽车工程,1991,13(1):35-42.

李静,李幼德,赵健,管爱华,宋大凤.汽车加速过程动力学仿真模拟研究[J].汽车技术,2003(10):7-10.

李慎龙,闫清东,姚寿文.车辆传动系统虚拟样机建模与验证[J].农业机械学报,2009,40(10):8-13.

凌建群.车用发动机匹配的动力性与经济性分析计算[J].柴油机设计与制造,2007,15(2):18-22.

刘修骥.车辆传动系统分析[M].北京:国防工业出版社,1998.

骆清国,张永锋.机械传动车辆起步及连续加速过程性能仿真研究[J].车用发动机,2004(2):28-31.

石坚,卓斌.车辆起步时驾驶员离合器操作特性的仿真与实验研究[J].汽车工程,2000,22(4):270-273.

孙东明,项昌乐.面向对象建模在车辆动力传动系统中的应用[J].车辆与动力技术,2003(4):25-28.

王锐,何洪文.基于Cruise的整车动力性能仿真分析[J].车辆与动力技术,2009(2):24-26,36.

杨得军,林柏忠,郭学立,程欣,郭孔辉.汽车动力传动系实时动力学仿真模型[J].汽车工程,2006,28(5):430-432,442.

张冯军,王钧.汽车加速性能计算机模拟程序的开发[J].客车技术,1995(4):22-25.

张俊智,卢青春.AT汽车动力传动系动态工况模拟[J].汽车工程,2000,22(1):10-12.

动力系和传动系控制

陈红,赵文龙,夏长明.车辆离合器起步阶段模糊控制的研究及仿真分析[J].内燃机与配件,2010(7):13-16.

程军,陆锦清.载货汽车电子控制技术及发展[J].客车技术与研究,1997,19(1):10-17.

姜炜,余卓平,张立军.汽车底盘集成控制综述[J].汽车工程,2007,29(5):420-425.

金伦,程秀生,葛安林,佟静.AMT换挡过程的离合器控制[J].汽车技术,2006(1):11-13.

金伦,葛安林,程秀生,田华.电控机械式自动变速器起步控制[J].汽车技术,2004(12):15-17.

孔慧芳,罗文俊,鲍伟.发动机恒速运转下离合器接合过程的多模态控制[J].汽车工程,2010,32(10):888-891.

雷雨龙,葛安林,李永军.离合器起步过程的控制策略[J].汽车工程,2000,22(4):266-269,281.

李捷辉,万文彬,徐凌,黄建军.车辆行驶速度模糊控制系统仿真研究[J].汽车工程,2005,27(6):702-705,709.

李静,李幼德,赵健,宋大凤.车辆牵引力控制系统控制算法仿真研究[J].农业机械学报,2003,34(6):30-33.

李静,李幼德,赵健,宋大凤.牵引力控制系统模糊 PI 控制方法研究[J].汽车工程,2004,26(3):287-290,330.

李静,张家财,马志敏.汽车牵引力控制系统神经网络控制算法[J].农业机械学报,2006,37(12):20-23.

廖承林,陈慧岩,孙业保,丁华荣.车辆动力传动控制系统的研究与开发[J].汽车工程,2002,24(2):130-133,104.

林学东.现代汽车动力传动装置的控制技术[M].北京:北京理工大学出版社,2003.

刘波澜,王永庭,黄英,张付军,赵长禄.离合器到离合器式自动变速器控制系统的试验研究[J].汽车工程,2009,31(4):313-316.

刘东,宋健,李磊.AMT 产品起步控制策略的研究[J].车辆与动力技术,2008(1):5-7,21.

鹿笑冬,童毅,欧阳明高.汽车动力系统的滑模控制[J].汽车工程,2001,23(5):344-348.

秦贵和,葛安林,王春蕾.模糊逻辑在汽车电子控制中的应用[J].汽车工程,1999,21(5):275-279.

申水文,张建武,罗邦杰,葛安林.AMT 离合器的综合模糊控制[J].汽车工程,1997,19(6):347-351.

宋大凤,李幼德,李静,赵健.汽车牵引力控制软件在环仿真研究[J].农业机械学报,2005,36(8):27-29.

孙冬野,秦大同.基于环境变化的离合器起步补偿控制[J].农业机械学报,2005,36(3):8-11.

童毅,鹿笑冬,欧阳明高.面向汽车动力系统控制的传动系模型简化与分析[J].汽车工程,2002,24(5):380-383,402.

王洪亮,刘海鸥,赵熙俊,陈慧岩.重型商用车全程调速柴油机的起步控制策略[J].汽车工程,2009,31(8):756-760.

王玉海,董瑞先,王松,郑旭光.基于 SAEJ1939 协议的重型车辆坡道识别实时算法[J].汽车工程,2010,32(7):640-642,647.

夏迎春,陈慧岩.动力传动系统的整体控制技术[J].车辆与动力技术,2002(2):43-47.

喻凡,李道飞.车辆动力学集成控制综述[J].农业机械学报,2008,39(6):1-7.

赵健,李幼德,李静,宋大凤,吴坚.车辆牵引力控制系统原型样机的开发研究[J].汽车技术,2006(9):1-5.

庄继德.汽车电子控制系统工程[M].北京:北京理工大学出版社,1998.

5.6.2.4   发动机与车辆动力系性能的优化

邓超.基于最小燃油消耗特性的城市客车传动比优化[J].客车技术,2009(1):16-17,21.

丁能根,连小珉,张耿,顾守丰,蒋孝煜.考虑汽车挡位使用率的传动比优化设计[J].汽车工程,1997,19(3):143-147.

戈平,刘惟信.汽车发动机与传动系的匹配分析和优化设计[J].汽车技术,1993(8):1-6.

何仁,吴志敏,顾建祖.确定汽车发动机最佳经济区的数学方法[J].车用发动机,1996(3):1-4.

李祥峰,马金刚.商用汽车动力传动系参数的优化设计研究[J].汽车技术,2007(12):23-25.

林德群,毕小平,陈策.用优化理论进行军用车辆动力传动系统一体化设计探讨[J].车用发动机,2000(2):16-17,23.

林勇.汽车性能优化方法及程序设计[J].客车技术与研究,1996,18(3):131-137.

刘辉,方锡邦.汽车传动系的优化设计[J].客车技术,2006(2):19-23.

刘惟信,戈平,李伟.汽车发动机与传动系参数最优匹配的研究[J].汽车工程,1991,13(2):65-72.

王保华,郭东卿,罗永革,张建武.EQ1091 载货汽车动力系统参数匹配与正交优化[J].汽车工程,2008,30(7):613-617.

王铁,武玉维,李萍锋,郑利锋,王晓.重型载货汽车动力传动系统参数优化匹配[J].汽车技术,2010(9):33-37.

吴其伟,吕林,锁国涛.货车动力传动系统与道路交通特征合理匹配的研究[J].内燃机,2006(3):33-36.

詹樟松,杨正军,刘兴春.汽车动力传动系统参数优化设计和匹配研究[J].汽车技术,2007(3):17-20.

张大壮,江辉.仿真技术在汽车传动系参数优化设计中的应用[J].汽车技术,1990(12):1-8.

张京明,周金宝.汽车动力性燃油经济性的综合评价[J].汽车工程,1996,18(1):51-54.

周金宝,张京明,卫修敬.轻型载货汽车传动系参数的优化[J].汽车技术,1995(10):23-27.

5.6.2.5   混合动力系的性能分析

综述

步曦,陈礼璠.以行驶循环为基础的混合动力分析研究[J].车辆与动力技术,2007(2):29-34.

陈全世,杨宏亮,田光宇.混合动力电动汽车结构分析[J].汽车技术,2001(9):6-11.

陈永东,钟绍华.混合动力电动汽车技术现状及发展前景[J].客车技术,2006(5):8-12.

成森.车用混合动力系统技术发展分析[J].车用发动机,1999(1):8-11.

段岩波,张武高,黄震.混合动力电动汽车技术分析[J].柴油机,2002(6):43-46,3.

何洪文,祝嘉光,李剑.混合动力电动汽车技术发展与现状[J].车辆与动力技术,2004(2):50-55.

吉国光.我国混合动力电动汽车技术现状与发展对策[J].客车技术,2008(6):3-6,12.

李槟,陈全世.开展混合动力电动汽车的研究刻不容缓[J].汽车技术,1997(5):59-62.

梁龙,张欣,李国岫.混合动力电动汽车驱动系统的开发与应用[J].汽车工程,2001,23(2):113-116.

卢彦青.混合动力客车技术发展现状及前景[J].客车技术,2009(1):8-10.

骆元.国内外混合动力客车动力总成方案此较研究[J].客车技术与研究,2010(1):13-16.

欧阳明高,田硕,徐梁飞.汽车动力的混合化发展趋势与构型分析[J].汽车工程,2008,30(9):742-747,752.

田光宇,彭涛,林成涛,陈全世.混合动力电动汽车关键技术[J].汽车技术,2002(1):8-11.

王钦普.新型串联混合动力客车开发目标与参数指标研究[J].客车技术与研究,2007(6):1-4.

吴光强,鞠丽娟,罗邦杰.车辆混合动力传动系统开发现状与展望[J].汽车工程,1997,19(2):78-82,71.

熊建,管华.混合动力电动客车的发展及其产业化[J].客车技术与研究,2002,24(3):4-6.

杨为琛,孙逢春.混合电动汽车的技术现状[J].车辆与动力技术,2001(4):41-46.

游国平,郭宽友,陈德兵,刘青松.混合动力客车技术路线分析[J].客车技术与研究,2010(3):1-4.

余晓江,何洪文,孙逢春.混合动力电动大客车的技术现状[J].车辆与动力技术,2002(4):38-42.

张佩.重型混合动力商用车的发展与研究[J].重型汽车,2010(1):9-12.

赵华,何邦全.乘用车高效低污染动力总成技术[J].内燃机学报,2008,26(增刊):68-76.

赵玉超,郭鹏.混合动力技术在重型车的应用前景[J].重型汽车,2010(6):22-24.

周来利.混合动力技术及其在大客车上的应用[J].客车技术,2009(6):3-6,10.

朱静,申福林.串联式混合动力客车技术的现状与前景[J].客车技术与研究,2008(2):1-3,16.

混合动力传动系选型和匹配

高昆鹏,董宪元,周晶.并联式混合动力客车传动系设计与仿真[J].客车技术与研究,2009(3):4-6.

何仁,王宪英,王若平.混合动力传动系统匹配评价指标的探讨[J].汽车技术,2005(1):22-24.

黄付强,何文华,蒋思望.串联式柴-电混合动力电动客车动力系统[J].汽车技术,2005(3):13-16.

李波,张俊智.电气串联混合动力客车动力系统方案设计[J].汽车技术,2007(3):29-31,40.

罗玉涛,黄向东,黄河,郑方明.混合动力电动汽车多能源动力总成优化研究[J].汽车工程,2005,27(2):155-159.

钱立军,吴伟岸,赵韩,李科.混合动力汽车传动系优化匹配[J].农业机械学报,2005,36(9):5-8.

孙永正,李献菁,邓俊,胡宗杰,李理光,孙文凯,杨安志.插电式串联混合动力轿车的选型匹配与仿真[J].汽车工程,2010,32(12):1015-1020,1025.

王平,孙骏.串联式混合动力公交车的设计与仿真[J].商用汽车杂志,2007(7):120-122.

王庆年,孙树韬,冀尔聪,刘成华.混合动力汽车电机最优工作曲线确定与应用[J].农业机械学报,2008,39(1):11-14.

武小兰,王军平,曹秉刚,边延胜.充电式混合动力电动汽车动力系统的参数匹配[J].汽车工程,2008,30(12):1095-1098,1038.

谢冠群.混合动力城市客车驱动系统参数选择与仿真[J].客车技术,2006(3):13-16.

徐扬,钱立军.串联混合动力客车参数选择及仿真[J].客车技术,2005(4):31-34.

喻伟雄,余群明,钟志华,周健,严钦山.混合动力汽车功率分配装置的功率传动分析[J].汽车工程,2008,30(1):26-29,35.

曾小华,王庆年,王伟华.混合动力汽车混合度设计方法研究[J].农业机械学报,2006,37(12):8-12.

张彤,朱磊,袁银南,陈笃红,王存磊.并混合动力轿车系统开发与试验匹配研究[J].汽车工程,2008,30(2):102-105.

赵克刚,黄向东,罗玉涛.混联式混合动力电动汽车动力总成的优化匹配与监控[J].汽车工程,2005,27(2):146-150,185.

控制策略

艾维全,冯启山,殷承良.混合动力汽车发动机转速控制策略研究[J].内燃机工程,2006,27(5):57-61.

仇滔,刘兴华,孙柏刚,江力,郑士琴.基于状态转移法的混合动力车辆控制分析[J].农业机械学报,2005,36(2):19-21,26.

郝利君,徐波,吴广通,何洪文.串联式混合电动公交车动力系统仿真研究[J].车用发动机,2004(5):23-26.

胡红斐,黄向东,罗玉涛,赵克刚.HEV实时等效能量消耗最小控制策略[J].汽车工程,2006,28(6):515-520.

刘庆凯,纪丽伟,刘雄.混合动力汽车整车控制策略比较分析[J].柴油机设计与制造,2010,16(3):1-6.

孟铭,杜爱民.并联式混合动力汽车的基本控制策略和实时控制策略的比较分析[J].内燃机工程,2005,26(3):11-14.

欧阳易时,金达锋,罗禹贡.并联混合动力汽车功率分配最优控制及其动态规划性能指标的研究[J].汽车工程,2006,28(2):117-121.

任永乐,朱诗顺,张月滨,王星博.串联混合动力汽车瞬时优化控制策略研究[J].车用发动机,2008(2):60-64.

田毅,张欣,张昕,宋建锋.计及行驶工况影响的混合动力汽车控制策略[J].汽车工程,2010,32(8):659-663.

王冬云,管成,潘双夏,林潇.液压挖掘机功率匹配与动力源优化综合控制策略[J].农业机械学报,2009,40(4):91-95.

王锋,钟虎,冒晓建,杨林,卓斌.混合动力汽车发动机优化控制策略研究[J].汽车工程,2008,30(2):111-116.

王海滨,于水,李理光.并联式混合动力汽车控制策略及其发动机的优化[J].小型内燃机与摩托车,2008,37(5):6-11.

王庆年,孙树韬,曾小华,于远彬,刘成华.并联混合动力客车广义最优工作曲线控制研究[J].汽车工程,2008,30(5):

391-394.

徐杨,潘晓明,李莉.串联混合动力汽车功率跟随控制模式的实现[J].客车技术,2006(2):28-31.

张炳力,张平平,赵韩,严刚,田芳.基于能耗计算的并联式混合动力汽车控制策略[J].汽车工程,2009,31(4):366-370,361.

张嘉君,吴志新,乔维高.混合动力汽车整车控制策略研究[J].客车技术与研究,2007(4):8-11.

张欣,郝小健,李从心,岑艳.并联式混合动力电动汽车动力总成控制策略的仿真研究[J].汽车工程,2005,27(2):141-145.

赵子亮,李骏,刘明辉,刘东秦,刘吉顺.CA6100SH8 并联混合动力客车工作模式与功率分配研究[J].汽车工程,2007,29(8):664-668.

钟勇,钟志华,李克,王柏峰.基于 CVT 的 PHEV 中内燃机的功率选择与控制策略研究[J].内燃机工程,2006,27(3):77-81.

性能模拟

胡军强,俞小莉,陈平录,聂相虹.气动-柴油混合动力空气管理策略研究[J].内燃机工程,2009,30(4):7-11,18.

黄贤广,何洪文.混合动力车辆动力系统建模与仿真[J].车辆与动力技术,2008(2):43-48.

邱浩,董铸荣.双离合器混合动力轻型客车前向式建模与仿真[J].车用发动机,2008(5):52-56.

童毅,欧阳明高.前向式混合动力汽车模型中传动系建模与仿真[J].汽车工程,2003,25(5):419-423.

王庆年,刘志茹,王伟华,曾小华.混合动力汽车正向建模与仿真[J].汽车工程,2005,27(4):392-394,398.

闫业翠,刘国庆,陈杰.液压混合动力公交车动力性能仿真与试验研究[J].汽车工程,2010,32(2):93-97,102.

曾小华,王庆年,李胜,王伟华.正向仿真模型与反向软件 ADVISOR 的集成开发[J].汽车工程,2007,29(10):851-854.

排放、经济性和成本

曹桂军,卢兰光,熊华胜,李建秋,欧阳明高.车用柴油串联式混合动力系统经济性试验研究[J].内燃机工程,2009,30(4):1-6.

黄妙华,喻厚宇.影响并联混合动力电动汽车发动机在高效区工作的因素[J].汽车工程,2005,27(1):11-15.

李孟良,聂彦鑫,高继东,李洧,过学迅.混合动力客车与常规客车排放对比研究[J].汽车工程,2010,32(3):193-197.

曾小华,王庆年,李骏,王伟华.混合动力汽车多途径节能定量研究[J].汽车工程,2007,29(9):739-744.

曾小华,张旭鲜,王伟华,王庆年.并联式混合动力汽车混合度对整车成本的影响[J].农业机械学报,2008,39(1):15-19.

张俊智,卢青春,王丽芳.驾驶循环对车辆能量经济性影响的研究[J].汽车工程,2000,22(5):320-323,349.

张晓辉,张辉,于红秀.混合动力电动汽车提高燃油经济性特点分析[J].专用汽车,2007(8):43-45.

再生制动

耿聪,刘溧,张欣,张良.EQ6110 混合动力电动汽车再生制动控制策略研究[J].汽车工程,2004,26(3):253-256.

梁鹏飞,汪海贵,凌虹,冯大磊.混合动力再生制动控制策略的研究[J].柴油机,2007,29(3):46-49.

刘国庆,闫叶翠,陈杰,徐芳芳.液压混合动力公交车液压再生系统耦合方案研究[J].汽车工程,2010,32(4):277-282.

秦大同,谭强俊,杨阳,杨亚联,胡建军.CVT 混合动力汽车再生制动控制策略与仿真分析[J].汽车工程,2007,29(3):220-225.

王保华,张建武,罗永革.并联混合动力客车再生制动仿真研究[J].汽车工程,2005,27(6):648-651.

一体化的起动机和发电机

郭晋晟,钟虎,杨林.ISG 柴油混合动力客车能量分配策略研究[J].汽车工程,2008,30(2):121-125.

连志伟,邓亚东,颜超,徐国卿.ISG 混合动力场地货运牵引车动力总成参数匹配与仿真[J].汽车技术,2008(9):35-38,42.

刘雄,杨林,邹龙.SC5DK 电控柴油机混合动力总成开发[J].柴油机设计与制造,2007,15(4):29-32,35.

王忠,魏长河,王宇成,黄成海,钱恒荣.基于集成起动机/发电机的整车控制策略仿真研究[J].汽车工程,2010,32(4):287-292,307.

袁银男,王忠,梁磊,杜家益(2009a).ISG 混合动力汽车加速扭矩补偿策略与仿真[J].车用发动机,2009(1):27-30.

袁银南,王忠,钱恒荣,黄成海(2009b).ISG 混合动力汽车整车控制器的设计[J].汽车工程,2009,31(7):601-605,633.

辅助功率单元

曹桂军,闫凤军,李雪峰,李建秋,欧阳明高.串联混合动力客车辅助功率单元控制研究[J].汽车工程,2007,29(4):321-324.

成森,郝利君,何洪文,孙业保,孙逢春.串联型混合动力电动汽车辅助动力系统[J].汽车工程,2003,25(3):243-245,271.

程夕明,贾要勤,欧阳明高.辅助功率单元(APU)技术系统[J].汽车工程,2003(10月增刊):1-8.

郭俊,李雪峰,唐广迪,刘文洲.串联式混合动力汽车 APU 优化控制方法[J].客车技术与研究,2009(4):13-15.

许家群,程夕明,何彬,曹桂军,欧阳明高.混合动力城市客车辅助功率单元技术研究[J].车用发动机,2005(6):14-17.

5.6.2.6 汽车工业产业政策和法规

龚进峰,曹健,袁大宏.浅谈我国汽车电子产业现状及发展建议[J].汽车工程,2004,26(3):363-366.
国家机械局汽车工业发展研究所.中国需要重新认识柴油汽车[J].商用汽车,1999(3):4-5.
胡芳芳,李伟,胡可钊.我国与欧美日的汽车标准法规体系分析[J].客车技术与研究,2009(3):41-44.
蒋向东.海湾汽车标准法规体系分析[J].重型汽车,2001(4):34-35.
李显君,王贺武,危银涛.汽车产业循环经济研究进展[J].汽车工程,2006,28(8):699-706.
刘荣涛,张华.重型汽车的市场细分[J].重型汽车,2006(2):25-27.
刘志远.汽车行业统计分类与新、旧汽车标准分类的对比[J].商用汽车杂志,2006(6):101-102.
罗勇,黄水灵.论汽车工业整车与零部件协作体系及战略选择[J].重型汽车,2002(4):7-9.
《内燃机与配件》编辑部.2010年汽车产业技术进步和技术改造投资方向[J].内燃机与配件,2010(7):42-47.
司康(2006a).国外3大汽车主动安全技术法规体系的对比[J].商用汽车杂志,2006(6):96-100.
司康(2006b).国外3大汽车被动安全技术法规体系的对比[J].商用汽车杂志,2006(7):102-104.
汪卫东.国际载货车行业的竞争及技术发展趋势[J].重型汽车,2006(3):9-12.
王英姿.从汽车产品的管理看我国汽车技术法规的发展[J].客车技术,2002(4):1-6.
王志萍,钟安全.重型专用汽车市场发展趋势分析[J].重型汽车,2005(4):26-28.
杨丽华,张景坤,林革.21世纪汽车发展趋势[J].汽车技术,2000(4):1-3.
张长文.N3类车辆应贯汽车强制性标准所参考的国外法规[J].重型汽车,2006(5):40-41.
张冯军.我国汽车零部件产业现状困境及对策[J].客车技术,2009(4):3-7.
张兴业.世界汽车工业新的技术革命[J].山东交通学院学报,2007,15(1):1-7.
钟德峰.国产载货汽车使用效益对比分析[J].重型汽车,1999(3):25-27.
朱毅.欧洲联盟对重型载货车辆的技术法规要求[J].重型汽车,2002(1):32-33.

5.6.2.7 车辆设计技术历史与趋势

[英]Dave Crolla(克罗拉),喻凡.车辆动力学及其控制[M].北京:人民交通出版社,2003.
杜金龙.现代美国重型卡车技术的发展[J].商用汽车,2002(7):54-55.
冯超.改善商用汽车主动和被动安全性的途径[J].汽车技术,1997(11):1-8.
葛贤康.英汉图文对照汽车技术词典[M].上海:上海科学技术文献出版社,2000.
何锋,杨宁.汽车动力学[M].贵阳:贵州科技出版社,2003.
季宝全,赵希望,吴丽学.论牵引车和半挂车的标准[J].重型汽车,2006(1):24-25.
焦岗耀.(2007a).公路大件运输系列讲座:挂车的选型与设计[J].重型汽车,2007(2):29-32.
焦岗耀.(2007b).公路大件运输系列讲座:超重型车组的选型与设计[J].重型汽车,2007(3):26-28.
李玉生.重型载货汽车产品技术进展综述[J].重型汽车,2004(3):10-12.
李玉生.重型载货车产品技术发展综述[J].重型汽车,2006(5):4-6.
林逸,郭九大,王望予.汽车被动安全性研究综述[J].汽车工程,1998,20(1):1-9.
柳长立.美国中、重型载货汽车运用的新特点[J].商用汽车,1999(2):15-17.
刘盛强.国际重型汽车技术现状综述与对策[J].重型汽车,2008(6):7-11.
柳献初.论总体设计对汽车属性的影响[J].重型汽车,2000(3):13-15.
马敬杰,袁兴文.新世纪我国客运车辆的技术特点与要求[J].客车技术与研究,2002,24(3):1-3,12.
司康.美国重型卡车近年主要应用的新技术(一)[J].重型汽车,2006(6):11-13.
司康.美国重型卡车近年主要应用的新技术(二)[J].重型汽车,2007(2):6-8.
沈亮,顾磊,田晋跃.超长超重汽车列车LHV技术综述及我国应用需解决的问题[J].重型汽车,2008(1):9-10.
谭秀卿.关于单车多轴车辆的几点思考[J].重型汽车,2005(4):4-5.
田晋跃.浅议我国重型汽车技术发展[J].重型汽车,2004(5):12-14.
汪卫东.汽车空气悬架的发展及我国研发对策思考[J].客车技术与研究,2005(5):1-3.
王增权,赵希望.论甩挂运输与汽车列车总长的量化分析[J].重型汽车,2009(4):23-25.
[德]威鲁麦特.车辆动力学模拟及其方法[M].北京:北京理工大学出版社,1998.
吴融华.我国重型汽车产品现状与展望[J].重型汽车,1997(6):36-38.
吴融华.美国货运车辆发展现状[J].商用汽车,2002(5):30.
徐友春,王荣本,李兵,李斌.世界智能车辆近况综述[J].汽车工程,2001,23(5):289-295.
燕战秋,华润兰.论汽车轻量化[J].汽车工程,1994,16(6):375-383.

喻凡,林逸.汽车系统动力学[M].北京:机械工业出版社,2005.

喻凡,黄宏成,管西强.汽车空气悬架的现状及发展趋势[J].汽车技术,2001(8):6-9.

张明.未来汽车部件发展趋势[J].车辆与动力技术,2001(3):47-56.

朱刚.客车总体设计对底盘的要求[J].客车技术与研究,1991,13(3):219-223.

6

柴油发动机系统设计中的发动机制动器性能

摘要：本章给出关于发动机制动器性能的全面理论。首先讨论车辆制动要求及其在发动机制动工况时对发动机与车辆之间匹配的影响，然后比较发动机制动器与传动系缓速器，并且详细介绍了各种传动系缓速器，包括其扭矩和冷却特征。本章对排气制动器和压缩式制动器做了详细论述，包括其工作原理和与配气机构、可变气门驱动装置、涡轮增压器之间的相互作用。另外，对发动机制动器的设计原则用热力学循环的全面模拟分析予以介绍，并且提出一个制动气再循环理论。

6.1 发动机制动运行时发动机与车辆的匹配

发动机制动器的性能分析是柴油机系统设计的一个整体组成部分，其原因有二。首先，发动机制动器性能的课题主要集中于功率、气体压力、温度和流量等方面。因此，其理论基础直接基于发动机热力循环分析。第二，发动机制动器的设计决策影响空气系统的选型和控制策略。本章将全面介绍车辆的制动要求、传动系缓速器和发动机制动器的技术以及关于制动性能的分析式设计方法。在内容上，将对发动机制动器的基本原理和参变量敏感度分析进行论述。参变量模拟包括制动气门升程、配气定时、气门流量特性和涡轮增压的影响。另外，也将包括发动机制动对配气机构动力学的影响，并且还讨论了制动效率、散热量、制动噪声和高海拔运行。

6.1.1 车辆制动要求和对缓速器的需求

6.1.1.1 刹车时的车辆力平衡

为了分析车辆制动工况（即不喷燃料的缓速工况）中的制动力需求，可以采用下述基于车辆的力平衡推导而得的集总式车辆纵向动力学模型：

$$J_{E,r} + \frac{r_{tire}}{C_{tr}i_{gr}i_{ax}}[(F_{dr}+F_{br})+(F_{rf}+F_a+F_{acc}+F_{df})+F_{gl}-\xi m_V a_V] = 0 \qquad (6.1)$$

式中，$J_{E,r}$是作用于曲轴的发动机缓速扭矩（包括发动机拖动扭矩）；F_{dr}是传动系缓速器施加的阻力；而F_{br}是刹车闸片制动器（也称基础制动器或车轮制动器）施加在车轮上的力。这三项力是超出车辆自然缓速能力的缓速力。在式（6.1）的第二个括号中的各项力是车辆的自然缓速力。它们分别为：F_{rf}是轮胎与地面之间的滚动摩擦阻力，F_a是空气气动阻力，F_{acc}是车辆辅助附件施加的阻力，F_{df}是传动系的摩擦力。F_{gl}是车辆处于坡度上时沿纵向（行驶方向）的重力分量。$-\xi m_V a_V$是车辆的惯性力。a_V是车辆的加速度，m_V是车辆的总质量，ξ是旋转质量因数。式（6.1）中的其他参数在前面第5.1.2节中的式（5.1）中曾有介绍。

6.1.1.2 对缓速的需求

当车辆需要被驱动以克服所有阻力时，它需要由发动机提供点火功率。当车辆需要被停住时，它需要使用刹车闸片制动器来将其慢慢减速,直至最终把车辆完全停住。当一台重型车辆在下坡时以恒定车速行驶时,它需要一个缓速器来平衡重力沿行驶方向的分量,以减少对刹车闸片制动器的使用来确保驾驶安全,防止刹车闸片过热失效。快速减速和以高车速下坡运行在发动机和车辆设计中与快速加速和高速爬坡性能同样重要。对于在山区运行的车辆来讲,如果缓慢下坡行驶的车速不能令人满意的话,那么缓速器对于车辆的重要性几乎便与点火运行的发动机对于车辆的运动控制同等重要。缓速装置(一般称为"缓速器")可以是传动系缓速器,也可以是发动机制动器。在柴油机系统设计中,常希望能把发动机设计成一个双向动力转换装置(即产生功率和吸收功率或称缓速这两者),来使其具有尽可能强的缓速功能。如果发动机可以用来取代传动系缓速器,车辆的整体成本便可以降低。应当指出的是,虽然缓速装置可以补充或临时替代刹车闸片制动器,缓速装置应该用于下坡行驶时的车速维持或水平路面上的车辆减速,而不是作为一个停车装置来使用。

在过去的几十年里,车辆设计一直致力于持续地改善燃料经济性,而这方面的努力导致车辆的自然缓速功率大大减少。例如,子午线轮胎已被用来取代传统的斜交线轮胎以减少滚动阻力。其他传动系内的摩擦损失的降低(例如车轮轴承、驱动桥齿轮处)也减少了车辆的自然缓速能力。空气导流板的使用减少了空气气动阻力。风扇离合器的使用降低了冷却风扇功率。强化的涡轮增压所导致的发动机排量下降、降低的额定转速以及日益减小的附属装置功率损失,均造成发动机摩擦功率和拖动功率的下降。正如 Meistrick(1992)所指出的,自 20 世纪 70 年代以来,车辆的合法总质量(重量)增加了,而车辆的自然缓速功率则减少了,这导致 20 世纪 90 年代的用于美国高速公路的八级卡车需要额外增加 110 kW 的缓速功率,才能维持在 4% 的下坡坡度上以 100 km/h 的下坡控制车速来行驶。另一方面,发动机点火工况的功率设计主要是基于快速加速和高速上坡驾驶的需求,因为在山区地形运行的车辆往往需要使用具有较高点火功率的发动机。这个在日益增长的点火功率与逐渐减小的车辆自然缓速功率之间所形成的强烈反差,反映出在上坡与下坡驾驶之间一个越来越大的不般配,即上坡与下坡之间的车速比率对于不带额外缓速装置的重型车辆来讲已经变得越来越不利。在发动机系统设计中,应当增加发动机的缓速功率,以期减小与这已经不成比例地增加了的点火功率之间的差距。

高速下坡行驶对于卡车货运经济性非常重要。如果没有缓速器的话,重型车辆只能非常缓慢地下坡,以确保车辆可以在任何时刻随时按照需要来停车。较高的车辆下坡速度会给刹车闸片制动器增加更多的负担。刹车闸片制动器的设计在很大程度上受刹车片的冷却能力制约。目前,使用缓速器来保持一个较高的下坡控制车速的需求已变得越来越迫切。控制车速是指在不使用刹车闸片制动器时的稳态恒定下坡车速,此时将车辆向前推动的重力分量等于将车辆向后拉的总阻力。车辆下坡时的理想运行情况是以与上坡时至少相同的车速来驾驶,并在制动方面留有足够的安全储备。

车辆缓速主要是重型车辆所面临的问题。车辆的势能和动能与车辆质量成正比。为了控制车速,在设计上需要检查每单位车重的可用制动力大小。在归一化(规范化)的车重基础上,如果车辆的自然缓速能力与刹车闸片制动器的制动能力之和仍不足以满足缓速需求,那么就需要加装缓速器。一辆轿车的质量大约是 1 t 左右,而一辆典型的重型车辆可能重达 36 t。所以,重型车辆每单位车重的自然缓速功率在数量级上大体是轿车的 10%,而重型车辆每单位车重的刹车闸片制动面积或制动力在数量级上大体是轿车的一半(Habib, 1992)。由此可见,重型车辆每单位车重的刹车闸片制动器的制动能力不足,是其使用缓速器的主要原因。采用缓速器可以最大限度地减小在下坡时轿车与卡车之间的车速差异。

6.1.1.3 缓速功率需求的理论分析

车辆缓速功率需求方面的参数依变关系可由以下的分析给出。在平地（无坡度路面）驾驶时，以车速 N_V 行驶的车辆的动能由下式确定：

$$E_{k,V} = \frac{\xi m_V N_V^2}{2} \tag{6.2}$$

使车辆减速所需要的总制动功率由下式给出：

$$\dot{W}_{r,level} = \frac{dE_{k,V}}{dt} = \xi m_V N_V a_V \tag{6.3}$$

假设在制动过程中车辆减速度为常数，即 $N_V = N_{V0} + a_V \cdot \Delta t$ 或者换写为 $a_V = (N_V - N_{V0})/\Delta t$，式中 N_{V0} 是初始车速，总制动功率则可以推导为

$$\dot{W}_{r,level} = \xi m_V (N_{V0} + a_V \cdot \Delta t) a_V = \xi m_V \frac{N_V^2 - N_V N_{V0}}{\Delta t} \tag{6.4}$$

总制动时间为 $\Delta t = -N_{V0}/a_V$。总制动距离由 $l_{r,V} = -N_{V0}^2/(2a_V)$ 给出。所需的制动功率在刚开始减速时（即在 $t=0$ 时）达到最大值 $\xi m_V N_{V0} a_V$。可以看到，最大制动功率与车辆的总等效质量 ξm_V、初始车速 N_{V0} 和减速度 a_V 呈线性正比关系。事实上，把一辆车停住所需要的制动功率在数额上是巨大的。例如，如果在 1 min 之内把车辆从静止状态加速到 96.5 km/h 需要 745.57 kW 的发动机功率的话，使同一辆车在 6 s 内从 96.5 km/h 变成完全停止则需要 745.7 kW！另外，虽然在制动过程中减速度可能是一个常数，车辆在每 1 s 内走过的制动距离随着车速下降会发生很大幅度变化。每秒制动距离在制动开始时相对来讲较长。因此，为了尽量减小刹车距离，在制动器启动后令其制动功能马上变得充分有效是很重要的。

缓速器的另一个更为重要的应用情形是使车辆沿着下坡保持一个恒定车速。在这种情况下，减速度为零，车辆的势能由下式给出：

$$E_{p,V} = m_V g l_{a,V} \tag{6.5}$$

式中，$l_{a,V}$ 是车辆所处的海拔高度，可以表达为

$$l_{a,V} = N_V t \cdot \sin\theta \approx N_V t \cdot \tan\theta = N_V t G_r \tag{6.6}$$

式中，G_r 是道路坡度；θ 是道路坡度角。维持某个车辆控制车速所需的总制动功率由下式给出：

$$\dot{W}_{r,grade} = \frac{dE_{p,V}}{dt} = m_V g \frac{dl_{a,V}}{dt} = m_V g N_V \cdot \sin\theta \approx m_V g N_V G_r \tag{6.7}$$

由式（6.7）可以观察到，制动功率与车辆质量、下坡控制车速和道路坡度呈线性正比关系。如果忽略空气气动阻力和轮胎与地面之间的滚动摩擦阻力，维持一个下坡控制车速所需的功率将基本上等于以相同车速驱动该车辆上坡所需要的功率。由于重型车辆上坡行驶时往往需要达到发动机的额定功率，所以用于下坡行驶的发动机制动器的缓速功率目标值也经常被指定为需要达到类似的功率值。当一台重型车辆以高速沿着一个长而陡的坡道行驶时，需要给车辆长时间连续提供大量的缓速功率。通常情况下，光靠使用刹车闸片制动器不能满足这样的要求，因为刹车片会过热，甚至失效。在很多山区，道路坡度经常会达到 5%～8% 而且绵延几英里长。例如，一个典型的欧洲法律规定车辆的下坡控制能力为要能够在一个 7% 的坡度上维持 30 km/h 并至少达到 6 km。长而陡

的山区坡道和盘山公路是很常见的,因此需要使用下坡制动。另外,在桥梁附近的较长的下坡坡道也很常见。

以较高车速下坡恒速行驶与在水平路面较快减速所需要的缓速功率大体相当。Meistrick(1992)提到,在 0.4 km 距离内将一辆八级卡车从 88.5 km/h 减速到 40 km/h 所需要的缓速功率等于将该车在 4%坡度的下坡坡道上维持 100 km/h 的车速所需要的缓速功率。缓速器的下坡缓速能力可以表达为车重、车速和道路坡度的一个组合[式(6.7)],而缓速器在水平路面上的缓速能力则可以表达为车重、车速和减速度的一个组合[式(6.3)]。

6.1.1.4 缓速方法

理论上讲,使用下述方法能够实现不同缓速功率水平的车辆制动:

- 将变速器的挡位放置在空挡,把发动机与传动系脱开,使用空气气动阻力、轮胎与地面之间的滚动摩擦阻力、上坡重力分量阻力(如果上坡的话)来实现缓速。但这种方法可能会存在驾驶安全上的问题,故不建议使用;
- 通过选择合适的挡位(即选择传动齿轮及其对应的发动机转速)将发动机与变速器啮合上,使用发动机的拖动功率来实现缓速;
- 启动发动机制动器或传动系缓速器来实现缓速;
- 使用刹车闸片制动器来实现缓速。

一般来讲,空气气动阻力和轮胎与地面之间的摩擦阻力与刹车闸片制动器或缓速器所能施加的缓速力相比是比较小的。虽然将变速器向下换挡可以靠升高发动机转速来增加发动机的拖动功率,从而足以使轻型轿车保持所希望的下坡恒定车速或逐渐减慢其车速,向下换挡对于重型车辆来讲通常是不够的,这是由于它们之间在车重上的巨大差异所造成的。关于预测缓速器下坡性能和将缓速器与车辆相匹配的讨论细节,读者可以参考 SAE J1489(2000)。该文包括了许多相关参数的典型取值范围。SAE J1489 还展示了一些关于缓速功率和可运行的最大下坡坡度的谱图。这些谱图通常是以车速为自变量(绘制为横轴参数),表达出在不使用刹车闸片制动器时每个变速器挡位(齿轮传动比)上的车辆缓速能力。

6.1.2 缓速器的益处和挑战

在短时间内使用刹车闸片制动器,其刹车功能是很强大的,但是它不能连续长时间使用。由于刹车片在对流冷却能力方面的限制,摩擦式的刹车闸片制动器不适合在重型车辆上做长时间制动。车辆下坡时的车速越高,刹车闸片制动器所需要吸收的热量就越高。这就导致制动器的温度上升,无论是使用连续制动方式还是周期性的重复制动(即短促"点刹"制动)。当制动鼓的温度超过 200 ℃时,制动器衬片的平均摩擦因数会迅速降低,达到热衰退而失效的程度。因此,避免刹车片过热对于维持制动器的正常制动能力是非常重要的。刹车片过热与车辆重量、道路坡度、车速和制动时间(或行驶距离)有关。要想让刹车片不容易失效,一般只能靠减少制动能量(比如减小车重或车速),或者增大刹车片的冷却能力(Limpert,1975)。然而,一般来讲,如果不显著增加成本的话,很难在目前的刹车闸片制动器的设计中继续增大对流冷却系数或冷却面积。

刹车闸片制动器的衬片磨损几乎正比于制动能量,并随制动器闸片的温度而迅速增加。降低制动器衬片的温度对于延长衬片寿命至关重要。仅靠使用刹车闸片来停止或减慢 36 288 kg(80 000 lb)的重型车辆或在较长的下坡保持较高车速的话,会使闸片产生大量磨损。这样就必须经常更换刹车片,而且刹车片可能会由于过热而失效。缓速器不但可以补充刹车功率,还可以减少刹车闸片失

效和磨损,节约刹车闸片,提高行车安全。现将使用缓速器的好处总结如下:

(1) 使用缓速器可以控制车辆下坡速度以确保行车安全。缓速器可以使刹车闸片制动器保持足够冷的运行状态,以便为紧急停车留有足够的安全储备。车辆缓速器的主要用途是用于较长的下坡,否则如果不使用缓速器的话,就必须频繁地踩闸,以防止车速过快。O'Day 和 Bunch (1981)将卡车驾驶失控事件按照严重程度做了总结,从低到高排列如下:冒烟的刹车闸片,刹车失灵而冲出道,刹车失灵以至于必须使用侧边的道路缓冲带(但无车辆损伤),刹车失灵以至于必须使用道路缓冲带并伴随有车辆损伤),刹车失灵而导致撞车,刹车失灵而导致人员受伤,刹车失灵而导致人员死亡。使用缓速器可以有效地减小由于刹车失灵而导致的车辆失控事故的发生概率。应当指出的是,某些缓速器由于缓速能力有限,它们并不能绝对防止车辆失控。事实上,缓速器是如此的重要,以至于它已经成为重型车辆上连续制动系统中的一个必要组成部分,用来满足许多国家(例如欧盟国家和瑞士)在关于安全有效制动方面的法规要求;

(2) 使用缓速器可以减少刹车闸片制动器在闸片衬片和刹车鼓上的热负荷和磨损,并通过减少使用刹车闸片来延长制动器的寿命,由此可以增加重型车辆制动器的大修间隔时间。这一点对于具有频繁下坡行驶或频繁起步、停止的驾驶循环的车辆(例如公交车)来讲尤为重要;

(3) 使用缓速器可以使制动器和外轮胎保持较冷的温度,从而延长外轮胎的使用寿命;

(4) 使用缓速器可以使车辆更容易控制,并减少由于被迫重复频繁地使用刹车闸片制动器而造成的疲劳驾驶;

(5) 使用缓速器使得车辆能够在长下坡时采用较高的控制车速而实现较短的往返行驶时间,从而能够提高车辆的生产率和实现更长的累计运输里程。另外,当行驶速度足够高时,在下坡的道路上就不会因车速迟缓而阻碍其他车辆;

(6) 使用缓速器可以为车辆运行节省成本。制动器衬片所增加的使用寿命、节约下来的长期维护成本、减少的停机时间、缩短的行驶时间、消除了由于制动失效而造成的损伤和事故,所有这些好处所带来的成本和运行费用上的节省,通常会超过缓速器本身的成本。这些经济上的好处已经被许多研究所证实,其中包括一些美国联邦政府赞助的调查项目。例如,O'Day 和 Bunch(1981)对重型卡车缓速器的经济效益进行了详细分析。他们使用一个投资回报率模型和车辆失控事件概率的模型。他们的研究为缓速系统设计提供了一个在成本效益分析上的一个定量化例子。Schreck 等人(1992)也对缓速器的经济性分析做过研究。他们的结论是,使用缓速器可以很快地收回成本,然后便能够依靠缓速器所带来的车辆行驶里程数增加方面的优势给运输公司带来经济上的巨大效益;

(7) 使用缓速器还可以给瞬态发动机点火工况带来性能上的优势。一些缓速器比如发动机制动器能够在长时间制动时使发动机部件保持较高的温度(例如在排气制动时),并使涡轮增压器保持较高的转速(例如在压缩释放式制动时)。这样,当发动机从不喷油的制动工况切换到点火工况时,就能够保证发动机具有较快的响应和良好的瞬态性能(例如在排放和噪声方面)。

缓速器设计中所面临的挑战包括以下内容:

(1) 在设计高性能的缓速器(以低速高制动扭矩和高速高制动功率为特征)时,需要在从动力系到部件的各个方面解决好设计复杂性和权衡的问题(例如涡轮增压器的选型);

(2) 为了实现平稳和可控的制动,制动功率需要能渐进式变化或可变(最好是连续可变,如果可能的话)。渐进式制动是一个非常受欢迎的缓速器产品特征,因为它可以灵活地控制车速并减少司机的工作压力。这一特征就好比在发动机点火工况中使用油门踏板位置来渐进式地控制喷油量和功率一样。渐进式的制动功率还可以减少或消除由于过度制动而造成的车轮锁死现象,以保持车辆稳定;

(3) 需要解决动态制动中的协调问题,以及在各种制动条件下缓速器与刹车闸片制动器之间的系统集成问题。这些问题可以通过对动力系与其他系统之间的界面(例如防抱死刹车、车速限制器)的控制来解决;

(4) 需要满足在缓速器运行于最大制动功率时来自于车辆的额外冷却要求,特别是对于传动系缓速器这类靠吸收摩擦和散热来运行的装置;

(5) 需要能够承受作用于发动机和车辆部件的额外或交变的应力载荷;

(6) 需要满足因添加缓速器而造成的额外重量和安装空间方面的要求;

(7) 需要尽量减小某些压缩释放式发动机制动器发出的较高噪声;

(8) 需要尽量减小在缓速器关闭期间的功率损耗(例如液力缓速器);

(9) 需要实现较短的响应时间和断开时间,以便快速启动和脱离缓速器;

(10) 需要对缓速器实现低成本设计;

(11) 需要尽可能减小传动系磨损。在缓速器的设计和运行中,不应忽视在与缓速器所连接的制动车轴和轮胎上可能出现的高磨损现象。在较低的发动机转速所发出的较高的缓速扭矩通常会在驱动轮胎上造成较多的磨损。另外,不平稳的缓速运行可能会导致轮胎跳跃和锁止,从而增加轮胎磨损。尽管这些效应可以由其他非制动车轴上的较佳运行情形予以部分抵消,实现一个平衡的设计和最低的磨损总是比较好的。

6.1.3 车辆制动力分布和缓速器的缓速力目标

6.1.3.1 车轮锁死、制动效率和车辆不稳定性

车辆的制动效能不仅与制动功率有关,也与总制动力在所有轮轴上如何分布有关,并且还与是否存在制动过度和制动不足有关。这些问题涉及最佳制动、制动效率和车轮锁死这几个概念。事实上,它们会影响如何为缓速器的设计设置一个切合实际的最大扭矩设计目标。缓速器的制动力会改变车辆的制动力分配,从而影响车辆的方向稳定性。当车辆的重量较低或路面的附着因数较小时,过度设计缓速器的功率能力可能会导致车轮锁死和车辆不稳定。

根据车身和每个车轴的力和力矩的平衡可知,当车辆加速或爬坡时,与稳态或水平路面驾驶相比,前轴所承受的载荷会下降,而后轴的会增加。将类似的力和力矩的平衡分析用于车辆制动工况,可以发现,当前轴和后轴的轮胎-路面附着极限相等时,制动力分配会达到最理想的状态。这时,可以实现最短的车辆制动距离。然而,当制动力发生变化时,只有将前轴和后轴的制动力予以适当调整后,理想的力分配状态才能够维持。制动效率这个概念被用来衡量制动效果接近最理想效果的程度。制动效率是指制动系统利用轮胎与路面之间的摩擦力来使得车辆在出现车轮锁死及其车辆失控之前获得相对较高的减速度的能力(Radlinski, 1989)。100%的制动效率表示实现了完美的制动力平衡——即所有车轮同时锁死。制动力分配直接影响制动效率。另外,制动力分配也影响制动器衬片的温度。

如同车辆具有驱动力时的情形一样(即发动机点火工况),轮胎与地面之间的接触点所能支持的最大车辆缓速(制动)力是由轮胎-路面的附着力决定的。超过附着极限后,轮胎就会打滑或锁死。后轮锁死或者在拖车和半挂车组合中的半挂车的轮胎锁死,会使车辆在横摆运动上完全丧失方向稳定性。这会产生危险的拖车与挂车呈转角的情形(即英文中所谓的 jackknifing)以及半挂车的横摆,或者使得具有两轴的车辆原地掉头旋转180°。前轮锁死会导致转向控制失控,但不会产生横摆方向上的不稳定性。对于在湿滑或结冰的路面上行驶的具有后轮驱动的车辆来讲,由于其轮胎与地面之间的摩擦因数很低,故而应尽量避免后轮过度制动,以防止后轮锁死及其所导致的车辆不稳定性。

　　如上所述,前后轮胎之间达到最佳的制动力分配,可以确保在前后轴上同时形成最大制动力,以获得最大减速度和最小制动距离。但是,最佳的制动力分配随车辆载荷、车辆设计和路面状况而变化。当力的分配不是最优时,其中一根车轴将首先被锁死。为了防止锁死,必须施加较小的制动力,这样就会导致减速能力下降。制动力分配取决于车辆的重量和尺寸。高速公路用的商用汽车的整车质量范围很大,涵盖从单个整体式带三个车轴和重 22 680~29 484 kg 即 50 000~65 000 lb 的卡车到双体加长的带九个车轴和重 47 628~66 679 kg 即 105 000~147 000 lb 的连体卡车。Freund(2007)提供了一个关于全球范围内的高速公路用商用汽车的重量、尺寸和相关制动标准的详细论述。SAE J2627(2009)和 J257(1997)介绍了一些关于车辆制动系统的基本知识。

6.1.3.2　刹车闸片制动力分配

　　Radlinski(1987,1989)给出了两个关于车轴制动力分配和重型车辆制动性能的全面评述。他指出,如果不增加设计的复杂程度的话,很难在所有的运行条件下均实现优化的制动性能。另外,他还比较了美国与欧洲之间在制动设计上的不同理念。这些不同的理念是由于各自不同的制动法规和设计实践造成的。例如,在欧洲的设计要求中,制动力分配是被法规规定的,而美国的法规并不直接指定制动力分配。因此,欧洲的重型车辆必须在转向车轴(前轴)上使用相对较大的刹车闸片制动器,以匹配在制动过程中出现的较高的前轴载荷,并在驱动轴(后轴)上使用能够传感载荷的制动系比例阀,以减小在空载或部分载荷时或者在湿滑路面上的制动力。在美国的设计理念中,一般通行的做法是按照总轴重级(GAWR)来平衡各车轴之间的制动载荷。各车轴之间的动态制动力分布在美国和欧洲的设计中也有很大的不同。在将缓速器集成到制动系统中时,Radlinski(1987,1989)的研究为恰当选择缓速器的功率目标提供了颇有价值的见解。另外,Wong(1993)提供了车轴之间的车辆受力平衡的详细论述。Limpert(1992)阐述了车辆刹车闸片制动器的设计和制动动力学。

6.1.3.3　缓速器的缓速力分配

　　车辆所需要的缓速功率和缓速制动力分布应该由车辆动力学分析确定,然后逐级下派到发动机系统设计团队作为设计目标使用。缓速器的作用是补充刹车闸片制动器,以便在各种车辆运行条件下(例如空载和满载,在干燥、湿滑或结冰的路面上),在所有的车轴上获取足够的缓速功率和最佳的制动力平衡。如前所述,最佳分布是指各车轴的轮胎与地面之间的附着极限均相等的情形(即充分利用各车轴的最大制动潜力)。为了防止车轮锁死,在驱动轴上的缓速力不应当超过路面附着力极限。这一特点在刹车闸片制动器与缓速器相结合的制动系统设计中需要充分予以考虑。

　　应当指出,刹车闸片制动器通常对驱动轮和非驱动轮均有效。而与此不同的是,发动机制动器或车辆缓速器只对驱动轮有效。另外,在分析缓速器造成车轮锁死时的另一个重要问题是缓速器的"扭矩相对于转速"的特性曲线在纵向轮胎打滑和车轮锁死方面的影响。因为缓速器与刹车闸片制动器具有不同的特点,车轮在使用缓速器制动时的转动和锁死特征可能会与使用刹车闸片制动器时的特征有所不同。Fancher 和 Radlinski(1983)对这个问题有过详细的讨论。

　　对于轻型车辆或者在湿滑路面上驾驶的工况来讲,使用大功率的缓速器可能会使车辆失去方向稳定性。Fancher 和 Radlinski(1983)对这类不恰当地匹配或使用缓速器的情形做了分析。在他们的研究中所采用的技术可以用来分析在各种车辆运行条件下的最大缓速功率要求,同时考虑到车轮锁死的实际情形。另外,Göhring 等人(1992)也对使用发动机制动器和液力缓速器在运行时的车辆方向稳定性问题进行过分析。

6.1.4　传动系缓速器和发动机制动器的分类

　　在车辆制动系统的设计中,所有的缓速器都属于辅助制动器,作为对刹车闸片制动器的补充。

按 Limpert(1992)给出的定义,辅助制动器是一种连续制动器,而且其缓速扭矩不是由两个滑动表面之间的摩擦(例如刹车衬片和鼓)而产生。因此,从本质上讲,它们是无磨损的制动器。所有的缓速器可以分为两大类:传动系缓速器(亦称变速器轴或驱动轴制动器,包括用于挂车车轴的缓速器),以及发动机制动器。从广义上讲,这里所说的传动系可以包括变速器和传动系统。

一些作者(例如 Haiss,1992)使用"主缓速器或输入式缓速器"这类名称来指发动机制动器或那些安装在动力系内的传动系缓速器(即要么是装在发动机上,要么是介于发动机与变速器之间)。这些制动器的制动力矩能够随所选用的变速器齿轮而变。另一方面,一些作者使用"次缓速器或输出式缓速器"这类名称来指那些直接连接在变速器输出法兰处的或者位于变速器与驱动桥之间的传动系缓速器。它们的制动扭矩与使用的变速器挡位无关。有时缓速器也安装在多轴挂车上。这样的分类方法在评估变速器挡位的变化对缓速器性能的影响时是很有用的。主缓速器可以靠换挡来增加缓速器转速(例如以低车速下陡坡时)。但在手动变速器的换挡过程中,它们可能会暂时失去制动作用。在所有的缓速器和制动器中,压缩释放式发动机制动器是最常见的用于柴油重型车辆的制动器类型。

传动系缓速器包括任何位于变速器中或传动系中的缓速装置,特别是介于变速器与后传动桥之间的,例如摩擦缓速器(摩擦制动器)、液力和电气式(电动和电磁)缓速器。传动系缓速器通常用于中程功率柴油机,例如在以低车速运行和具有走走停停式的驾驶循环类型的城市公交客车和垃圾车上。传动系缓速器在欧洲非常受欢迎,并用于从重量较轻的车辆类别直到 7.5 t 的重型车辆这样一个宽阔范围内(Göhring 等人,1992)。

严格地讲,发动机制动器包括所有从发动机产生缓速功率或者从变速器前端直接与发动机曲轴相连的设备产生缓速功率的缓速装置。它们包括以下五种类型:
(1) 附在曲轴或飞轮上的制动器。这种类型的制动器的一个典型例子是卡特彼勒(Caterpillar)公司的 BrakeSaver 制动器(Darragh,1974)。该装置是一个飞轮液力缓速器。其他例子包括通过机械、液压、气动或电气手段直接连接到发动机曲轴或飞轮上的功率吸收装置;
(2) 采用发动机拖动运行方式作为制动(即依靠简单地切断供油);
(3) 进气节气门制动器;
(4) 排气制动器;
(5) 压缩释放式制动器(或简称压缩式制动器或减压制动器)。

在上述五种类型中,排气制动器和压缩式制动器是最流行的,它们是人们所说的最常见的"发动机制动器"。排气制动器主要有以下三种类型:①采用一个安装在涡轮出口处的翻板阀或蝶阀进行操作的传统排气制动器;②依靠调节可变截面涡轮(VGT)面积的可变截面涡轮排气制动器;③可变气门驱动(VVA)排气制动器。

压缩式制动器通常包括以下四种类型:①传统的压缩式制动器;②泄流式制动器(即在整个发动机循环中,制动气门持续开启);③排气脉冲引导的压缩式制动器(亦称 EPI 或排气脉冲制动器,即制动气门的升程由排气歧管内所产生的压力脉冲波驱动);④VVA 压缩式制动器。压缩式制动器通常用于七级或八级重型车辆(例如大的半挂车、18 轮卡车、客车)和非道路设备。北美地区超过 90% 的八级卡车和大多数大缸径柴油机(排量大于 10 L)均配备有压缩式制动器。

"发动机制动器"或"发动机缓速器"这个词往往被误用来仅指压缩释放式制动器,甚至只是误指"Jake 制动器"(Jake brake)。例如,有些道路交通限制标志牌上写着"不准发动机制动"。这种标志是由于在一些城镇内实施噪声管制条例的结果。"Jake™","Jake Brake™"和"Jacobs Engine Brake™"是 Jacobs Vehicle Systems™ 的申请注册商标(JVS,过去的名字是 Jacobs Manufacturing

Company 即雅各布斯制造公司,以及 Jacobs Vehicle Equipment Company 即雅各布斯车辆设备公司)。压缩释放式制动器的设计概念是由 Clessie Cummins——康明斯发动机公司的创始人,在 1934 年的一次几乎致命的卡车下山经历后构思出来的。当时,刹车闸片制动器过热失效了。后来,雅各布斯制造公司采用了 Cummins(康明斯)的想法(Cummins,1959),并成功地将压缩式制动器产品化,于 1961 年生产出世界上第一件 Jake 制动器。JVS 一直是美国发动机制动器领域的领先制造企业,在开发实施制动技术方面具有悠久的历史。JVS 制造的压缩式制动器是如此的著名,以至于"Jake 制动器"一词有时甚至被错误地用来泛指一般意义上的压缩释放式发动机制动器。事实上,Jake 制动器是指 JVS 公司的所有缓速产品,包括雅各布斯发动机制动器、雅各布斯排气制动器和雅各布斯传动系制动器。另外,应当指出的是,压缩式制动器包括许多不同的类型,例如传统的压缩式制动器、泄流式制动器、排气脉冲引导的压缩式制动器等。JVS 和其他公司其实生产许多不同类型的发动机制动器和传动系缓速器。例如,市场上除了有雅各布斯发动机制动器以外,其他几家公司也生产另外几种压缩式制动器。这些产品包括 Mack 公司的 Dynatard(Greathouse 等人,1971)、康明斯公司的 C 制动器、梅赛德斯-奔驰公司的"Konstantdrossel"制动器、Pacbrake 公司的发动机制动器等。

6.1.5 缓速器的制动机理

液力缓速器通过转子和定子的设计将传动轴吸收的机械能转化成缓速器内流体的热量。其缓速扭矩取决于流体的流量和缓速器内黏性流体的压力。通过调整液压,可以控制缓速扭矩。这种具有黏性阻尼作用的流体由发动机冷却液冷却,而冷却液会流经车辆的散热器或一个单独的冷却器(在挂车配备缓速器的情况下)将散热量耗散到环境大气中。

电磁缓速器使用在磁场内旋转的一个盘片来生成电涡流以产生制动扭矩。制动扭矩通过调整励磁电流来控制。

卡特彼勒的缓速器"BrakeSaver"(Darragh,1974)使用发动机机油作为工作介质,在一个转子和定子之间转动。这种缓速器安装于发动机曲轴和飞轮之间,从而可以利用变速器所提供的对转速或扭矩的调节作用。

发动机制动器的缓速功率由机械刮滑摩擦功率、发动机辅助附件功率(例如燃油泵、水泵、油泵等)、进排气冲程中的泵气损失功率、压缩冲程和膨胀冲程中的发动机指示功率各部分的贡献所组成。

发动机制动的最简单形式是利用发动机的拖动功率(即不喷油时)。拖动功率基本上是发动机转速的一个二阶多项式函数。变速器向下换挡(例如从第 5 挡换成第 4 挡)或在自动变速器中关闭超速传动挡,可以增加发动机的转速,从而提高缓速功率。然而,发动机转速不应超过其允许的最大限值。这里所指的发动机机械摩擦不包括某些车辆附属装置的功率损失,例如空气压缩机、动力转向泵、散热器风扇等。来自这些车辆附属装置的缓速功率属于车辆的自然缓速能力的一部分,见式(6.1)。

在进气节气门制动器(亦称"真空发动机制动器")中,较高的泵气损失或缓速功率是靠当活塞在进气冲程中下行时必须反抗气缸内的高真空度而实现的。进气节气门制动器的一个例子是汽油机依靠关闭进气节气门来限制进气流量,从而产生缓速功率。汽油机通常具有一个进气节气门,用以调节空气流量与燃油流量相匹配,以实现理论配比燃烧。需要注意的是,与现代柴油机不同,过去的非排气再循环柴油机没有进气节气门。因此,如果在相同的发动机转速下对发动机制动效果进行比较,关闭进气节气门的汽油机可能会产生比不带进气节气门或排气制动器并具有相同排量的柴油机更高的泵气损失和缓速功率。另外,汽油机的转速被设计得比柴油机的转速高得多,因此汽油机可以依靠其高转速获得较高的缓速功率。

类似于进气节气门制动器,在带排气节气门的传统的排气制动器中,较高的泵气损失和缓速功率是依靠当活塞在排气冲程中上行时必须反抗较高的排气歧管压力而实现的。自然吸气发动机的进气节气门制动器的最大潜力只有大约 1 bar 的发动机压差(即排气歧管中的 1 bar 绝对压力与进气歧管中 0 bar 真空之间的压差),而排气制动器的潜力如果用发动机压差来衡量的话,是远高于 1 bar 的。这就是为什么在转速较低的柴油机中一般使用排气制动器而非进气节气门制动器的原因。事实上,排气制动器是迄今为止使用最为广泛的缓速器。它通常用于在二级到七级车辆的这个宽阔范围内的中程功率柴油机上,例如,从在山区地形使用的拖挂重物的轻型货车(皮卡,例如 4 536~6 804 kg 即 10 000~15 000 lb 的连体车辆总质量)到重型卡车和客车。

压缩释放式发动机制动器是一种能够把柴油机从一个产生功率的机器转换成一个吸收功率的机器的装置,例如从本质上讲是转换成一个往复式(活塞式)空气压缩机。在发动机制动过程中,喷油过程是停止的,压缩缸内空气所需要的功率完全来自行驶的车辆和旋转的曲轴所具有的动能或势能。在这种制动工况下,发动机的气门在压缩冲程中保持关闭。如果排气门在膨胀冲程中也保持关闭(即如同在点火或拖动工况中的正常气门开闭状态一样),压缩空气在膨胀冲程中将把正功经曲轴返回到车辆,这样就抵消了上一冲程所吸收的负功。在这种情况下,发动机所能提供的唯一剩下的缓速功率就是在进气冲程和排气冲程中的拖动泵气损失,再加上运动部件的机械摩擦。但是,如果排气阀在靠近压缩冲程结束时或者在膨胀冲程中的开始阶段开启的话,缸内的压缩空气便会快速释放到排气歧管内。这样,在压缩空气中储存的能量在膨胀冲程中就不再保留在气缸内以产生正功。因此,其净效果是发动机变成了一个吸收功率的"空气压缩机",使用运动车辆的动能或势能将环境中的空气泵入气缸,然后把热空气排到大气中。通过在压缩和膨胀冲程中这样一个压缩释放的过程所产生的负功率,对于发动机的总缓速功率贡献极大。在这种操作运行工况中,这样的一个排气门被称为发动机制动气门。

事实上,制动气门可以是普通的排气门(像 Jake 制动器中那样),也可以是在气缸盖里增加的一个额外的减压阀(像奔驰公司的 Konstantdrossel 发动机制动器和三菱公司的 Powertard 发动机制动器中那样)。在使用机械、液压或电磁的配气机构来实现制动气门的最佳功能方面,世界各地曾涌现出大量的设计和发明。

虽然一些不同类型的缓速器可以在同一台车辆上合并使用,但并不是所有的缓速器都在缓速过程上或机理上彼此兼容,因为一种缓速器的工作原理可能会与另一种的发生冲突。例如,排气制动器和压缩式制动器通常不应当在涡轮增压发动机的高转速时同时使用,因为运行排气制动器会减小涡轮的压比和涡轮的转速,而压缩式制动器却要依靠较高的涡轮增压器转速来提供较高的增压压力,即增强压缩-释放效应。然而,对于自然吸气发动机来讲,将排气制动器和压缩式制动器组合起来使用已被证明是一种有效的做法(Schmitz 等人,1992,1994)。关于不兼容方面的另一个例子是,如果使用压缩式制动器时气缸的充量在膨胀冲程中基本上都流出了气缸的话,在排气冲程中只会残存极少量的空气供以压缩,来提高气缸压力。因此,与这样的一个压缩式制动器联合使用的话,排气制动器就未必有效了。SAE J1621(2005)和 J2458(1998)给出了关于发动机制动器和排气制动器的测功器测试和制动能力评级的内容。

6.1.6 发动机制动器与传动系缓速器之间的比较

缓速器的性能由以下几个特征来衡量:缓速器能量转换比率(与热力学性能有关,详见第 6.1.7 节)、散热量(即被缓速器吸收并转移到车辆冷却系统的热量)、最大功率、缓速功率比(最大缓速功率与最大点火功率之间的比值)、低速扭矩(本质上反映了扭矩相对于转速的曲线形状)、质量、功率质量比(反映安装空间和应力水平)、功率密度(即排量功率,等于功率与发动机排量之比)、瞬态响应、噪声(与缓速运行机理有关)等。其他产品属性包括耐久性、封装性(例如可安装性)和成本。

　　一般来讲,液力缓速器能发出高达点火额定功率两倍之高的缓速功率。然而,其散热量也很大。设计能够处理这么大散热量的冷却系统往往是一个极大的挑战。压缩式制动器能够发出与点火额定功率大体相当的缓速功率。排气制动器所能发出的缓速功率通常低得多。目前,随着制动机理的改进和发动机结构变得更为结实,业界正在开发功率更加强大的压缩式制动器。

　　在中等转速范围内具有较高的缓速扭矩对于车辆的制动性能非常重要。液力和电力缓速器在低速到高速区段的扭矩能力往往被缓速器冷却介质的温度所限制。传动系缓速器往往在低车速时性能不佳(由于低功率),但在较高车速时性能良好;而发动机制动器则在低车速下可以提供较高功率。发动机制动器能够依靠将变速器向下换挡以使发动机在高转速下运行。这样,与传动系缓速器相比,可以发出较高的功率并适合于陡得多的下坡路面。发动机制动器的低转速扭矩可以依靠使用排气制动器来提高,而这个排气制动器可以位于涡轮的出口或者进口对排气进行节流。

　　缓速器的功率能力或缓速器的设计极限经常被转化表述成满足一定的下坡驾驶性能所允许的道路坡度,或者以重力加速度的分数所表示的在水平路面上行驶的减速度。例如,关于下坡制动的一个典型欧洲法律的规定是,缓速器需要在 7‰ 的下坡坡度上维持 30 km/h 的车速和 6 km 的距离。事实上,用户的需求可能会比这些法规要求更为严格或苛刻,例如要求在 5‰ 的下坡坡度上保持 80 km/h 的车速。关于重力加速度的表述,Limpert(1975)报道说,当只使用发动机拖动功率进行缓速时,车辆的平均减速度约为 $0.015g$(即 0.015 个重力加速度);而使用排气制动器时,平均减速度增加到将近 $0.03g$。文献中还报道(Schreck 等人,1992),将一辆 40 t 的卡车从 80 km/h 制动减速到 60 km/h 的过程中,车辆的减速度为 $0.05g(0.5 \text{ m/s}^2)$。与踩刹车造成的减速度比较而言,$0.15g$ 的减速度(1.47 m/s^2)对于使用刹车闸片制动器进行正常停车来讲是很典型的数值(Spurlin 和 Trotter,1982),亦如典型的公交车从正常行驶速度减速到低车速时那样(Klemen 等人,1989)。

　　流体动力缓速器和电磁缓速器通常重量重、体积大,而且价格昂贵。传统的压缩式制动器必须在结构上足够强,相应地部件的重量也要足够重,才能承受由上止点附近的缸内压力通过制动气门传递到制动部件组上的较高载荷。相比之下,由可变配气定时装置驱动的压缩式制动器则轻得多(例如重量减半,Hu 等人,1997b)。排气脉冲压缩式制动器甚至可以更轻。排气制动器的重量非常轻(仅几千克),而且通常比其他种类的缓速器便宜。

　　典型的发动机在 2 000 r/min 转速进行拖动时具有 3.73～6.71 kW/L(5～9 hp/L)的功率密度(SAE J1489,2000)。排气制动器在 2 000 r/min 转速时通常具有大约 7.46～11.19 kW/L(10～15 hp/L)的缓速功率密度或单位排量缓速功率(图 6.1)。注意,为方便起见,本章所列的缓速功率数据均表达为正数。压缩式制动器具有至少 22.37～37.29 kW/L(30～50 hp/L)的功率密度(图 6.2)。由于在压缩冲程和膨胀冲程中更为有效的压缩-释放机理,压缩式制动器通常能够产生比排气制动器高得多的缓速功率。图 6.2 显示了配备传统的压缩式制动器的 9～16 L 柴油机的缓速功率范围。在 1994 年的 12～15 L 发动机市场上,在转速 2 100 r/min 时的最高缓速功率为 343 kW(Freiburg,1994)。通过改进设计,缓速功率密度有逐年增加的趋势。作为对比,需要注意的是,大缸径发动机在额定转速(1 600～2 300 r/min)比较典型的点火功率密度大约是 29.83 kW/L(40 hp/L)。与车辆的缓速需求相比,目前的缓速功率密度在 1 600 r/min 附近绝对是不足的,但在 2 100 r/min 时可能会变得能够满足需要(图 6.2)。如果降低发动机的额定转速,在所需的点火工况转速与缓速转速之间的不匹配会变得越来越大。发动机系统设计正需要解决这样一个不匹配的问题。另外,图 6.3 表明,由于制动器设计细节上的变化,在一个给定的发动机排量下的缓速功率会呈现出一个较大的变化范围。

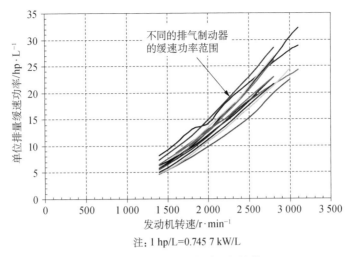

注：1 hp/L=0.745 7 kW/L

图 6.1 传统的排气制动器的性能

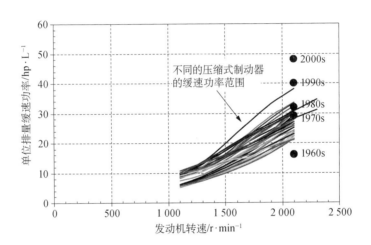

图 6.2 传统的压缩释放式制动器的性能

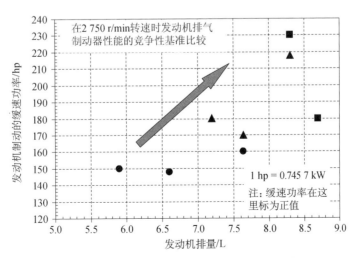

图 6.3 排气制动器缓速功率的竞争性基准分析

功率质量比这个参数表示缓速器在设计上的紧凑性。液力缓速器的功率质量比是处于12.68 kW/kg的数量级（例如 Voith Turbo 的 Aquatarder 缓速器）。排气制动器在 2 000 r/min 发动机转速时的功率质量比大约为 22.37 kW/kg。传统的压缩式制动器的功率质量比大约为 7.46～8.20 kW/kg。

在瞬态性能方面,摩擦制动器通常具有很快的瞬态响应和在低车速时的高扭矩。液力缓速器在响应时间上存在一个填充时间和延迟,尤其对于大容量的缓速器来讲。在设计上采用较小的腔内圆环体积可以缩短响应时间。电磁缓速器通常具有非常快的响应时间。传统的压缩式制动器里使用的液压系统的瞬态响应的灵敏度也可以是相当快的(Greathouse 等人,1971)。压缩式制动器能够在 0.2 s 左右达到完全到位的运行状态,并可以在小于 0.1 s 的时间内断开停用（Morse 和 Rife,1979)。然而,在涡轮增压发动机上运行压缩式制动器时,涡轮增压器的滞后性可能会影响进气歧管增压压力的瞬态响应,从而影响瞬态制动功率。

在噪声方面,传动系缓速器和排气制动器都非常安静(通常不比没装这些制动器的发动机更响)。传统的压缩式制动器的噪声比较大,这是由于突然释放高压气体而造成的高频排气压力脉冲波的影响。泄流式制动器的噪声会低一些。发动机制动器噪声将在第 6.4.8 节进行更详细的讨论。

6.1.7　缓速器能量转换比率

在传动系缓速器中,所有的机械功率都基本上转化为摩擦热,而管理这些散热量是一个很大的挑战。有两种方法可以用来管理这些散热量:使用余热回收设备,或者使用冷却系统把热耗散到环境中去。

发动机制动器的能量转换需要基于发动机系统的热力学第一定律加以分析。众所周知,在点火工况中,基于能量平衡,燃料的总能量最后基本上去了三大部分:有效功(亦称轴功)、排气焓、冷却液散热量。类似地,在发动机制动工况中,由于燃料的能量为零,根据发动机的能量平衡,机械有效功率(即缓速功率)需要由排气焓率和冷却液散热量来平衡。换言之,因为发动机实质上是一种能量转换装置(例如在压缩式制动器或排气制动器中作为空气压缩机来使用),发动机吸收的缓速功率越高,排气焓率和冷却液散热量就越高。

对于不同类型的缓速器的能量转换的评估和比较工作需要围绕对发动机性能造成的影响来进行。需要关注的两个问题是:①散热量及其对冷却系统造成的设计困难程度;②排气焓及其对后处理装置的影响(例如再生工况),对涡轮增压器瞬态性能的影响,以及对气缸盖、活塞和喷油嘴的热负荷或暖机状态方面造成的影响。应当指出的是,冷却液热量所具有的可用能是如此之低,以至于一般来讲不值得花费努力和成本去进行余热回收。

为了比较不同的缓速器,现给出两个缓速器能量转换率的定义如下。缓速器散热比率定义为

$$\eta_{r,\text{heat}} \triangleq \frac{\dot{Q}_{\text{hrj,retarding}}}{\dot{Q}_{\text{hrj,firing,max}}} \tag{6.8}$$

式中,$\dot{Q}_{\text{hrj,retarding}}$ 是在缓速器运行过程中耗散到冷却系统的不可回收的散热量,$\dot{Q}_{\text{hrj,firing,max}}$ 是在点火运行过程中的最大发动机冷却液散热量。

缓速器可用排气能量比率定义为

$$\eta_{r,\text{exh}} \triangleq \frac{\dot{H}_{\text{exh,retarding}}}{\dot{H}_{\text{exh,firing,max}}} \tag{6.9}$$

式中，$\dot{H}_{exh,retarding}$ 是缓速器运行时的排气焓流量；$\dot{H}_{exh,firing,max}$ 是点火运行时的最大排气焓流量。

显然，对于任何缓速器来讲，都希望能具有一个小于1的比较小的缓速器散热比率和一个较大的缓速器可用排气能量比率。传动系缓速器的 $\eta_{r,heat}$ 通常接近于1或远远大于1，故而对车辆冷却系统设计构成巨大挑战。发动机制动器的 $\eta_{r,heat}$ 通常远小于1。只有当发动机制动器的缓速功率比发动机的额定点火功率高出好几倍时，其散热比率才会接近于1。

传动系缓速器的 $\eta_{r,exh}$ 是非常低的，因为此时只有从发动机拖动工况所产生的排气余热对 $\eta_{r,exh}$ 的值有所贡献。这意味着在长下坡驾驶中，与发动机后处理和涡轮增压器运行工况密切相关的发动机排气温度是非常低的。相比之下，发动机制动器的 $\eta_{r,exh}$ 在全额缓速功率时通常是大于或接近于1的。这样便反映出发动机制动工况时的排气气流包含着大量的能量以保持后处理装置、涡轮增压器和发动机零部件（例如气缸盖、活塞、喷油嘴）处于良好的热状态下，只要排气温度和热负荷不超过耐久性极限。

因此，很明显，从热力学角度讲，发动机制动器远远比传动系缓速器优越。关于这一点，如果从热力学第二定律的角度来比较不同的缓速器的话，将更为明显。传动系缓速器将车辆运动的所有机械能都转换成摩擦热，而摩擦热是具有极低的可用能的。发动机制动器把车辆的机械能转换成具有高可用性的排气能量。

6.1.8 压缩式制动器的缓速过程效率

关于压缩式制动器的缓速过程效率的研究始于 Israel 和 Hu(1993)。他们用此分析了雅各布斯压缩式制动器的性能敏感度及其在不同环境条件下对制动系统柔度的影响。随后，Hu 等人(1997a)使用缓速过程效率的概念对可变气门驱动压缩式制动器进行了研究，试图量化其性能优势，并与其将传统的压缩式制动器相比较。他们指出，最大可能的缓速功率对应于等熵压缩过程以及随后将上止点处的被压缩气缸充量瞬间突然全部释放的一个理想过程。在实际系统中，总会发生一些不可避免的损失，它们与造成压缩不充分和非瞬时释放缸内充量的因素有关（图6.4），例如：
(1) 在压缩冲程中存在热损失；
(2) 由于制动气门不可能刚好在上止点处瞬间开启并同时获得足够大的流通面积，制动气门需要在上止点之前便开启。这会造成在压缩冲程末端存在充量泄漏或压缩不足。在制动气门开启定

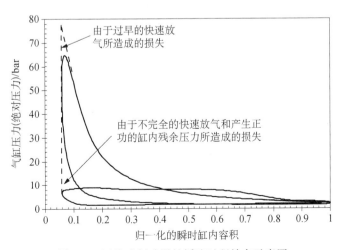

图6.4 压缩式制动器的缓速过程效率示意图

时的选择上,需要注意两点:一是在上止点处的气门与活塞之间的间隙会限制气门开启升程;
二是从结构耐久性的角度考虑,需要限制最高气缸压力及其作用于制动组件上的气体载荷;

(3) 由于在膨胀冲程中排气不完全而残留在气缸内的充量会造成由残余气缸压力生成的一些正功。
排气不完全主要是由于在制动气门处的超音速流动的气体形成的阻力所造成;

(4) 发动机制动系统的液压柔度可能会使得制动气门的升程变得小于预期值,这样就会在膨胀冲程
中增大气缸内的残余压力。

Israel 和 Hu(1993)将压缩式制动器的缓速过程效率定义为在压缩冲程和膨胀冲程中的实际缓
速功率与等熵缓速功率之比,如下式所示:

$$\eta_{r,CR} \triangleq \frac{\dot{W}_{r,actual}}{\dot{W}_{r,isentropic}} \qquad (6.10)$$

注意到泵气损失和机械摩擦被排除在式(6.10)的效率定义外。在计算缓速过程效率时,实际缓速
功率可以基于气缸的 p-V 图来计算,或者可以通过压缩冲程和膨胀冲程的测量数据来获得。压缩
冲程的等熵缓速功率可以用以下方程来计算(需要注意的是,此方程与 Israel 和 Hu 在 1993 年所提
出的方程不同),并假设在膨胀冲程的功率为零:

$$\dot{W}_{r,isentropic} = \frac{R_{gas} T_{ini}}{\kappa - 1} (\Omega_{eff}^{\kappa-1} - 1)(\dot{m}_{air} + \dot{m}_{BGR} + \dot{m}_{residue}) \qquad (6.11)$$

式中,T_{ini} 是在有效压缩冲程开始时的缸内初始气体温度;R_{gas} 是气体常量;Ω_{eff} 是发动机的有效压
缩比;$\dot{m}_{air}$ 是发动机的空气流量,$\dot{m}_{air}$ 与进气歧管压力和发动机的充量因数有关;$\dot{m}_{BGR}$ 是制动气再循
环(BGR)流量;$\dot{m}_{residue}$ 是残余气体量。需要注意的是,Ω_{eff} 与发动机的压缩比和配气定时均有关。
当没有制动气再循环时,$T_{ini} = T_{2a}$。当带制动气再循环时,排气门在压缩冲程中会开启,这样在压
缩初始阶段的缸内气体的初始状态就会由于制动气再循环气体的混合而变得比较复杂。

压缩式制动器的上述缓速过程效率是其热力学过程完美程度的一个衡量参数。该效率的定义
为在不同的设计或运行条件下(例如发动机转速和环境条件)比较一个给定的压缩式制动器提供了
一个公平的基础,或者可以用来比较不同类型的压缩式制动器的效能。为了提高实际缓速功率,就
需要增加缓速过程效率或者理想等熵最大可用功率。而为了增大等熵功率,空气流量(或等价地
说,进气歧管压力)或者发动机有效压缩比就需要增加。这将导致最高气缸压力增大,而该压力受
制动组件所能承受的最大气体载荷所限制(例如制动凸轮应力的设计极限)。

上述缓速过程效率涉及的是压缩和膨胀冲程的工作过程。对泵气损失冲程的缓速过程,则很
难定义一个类似的效率。回顾在第 4 章中讨论的,泵气损失由缸内的压力差 $\Delta p_{cyl} = (p_{EM} - p_{IM}) +$
$(\Delta p_{in} + \Delta p_{ex}) = \Delta p_E + (\Delta p_{in} + \Delta p_{ex})$ 所表征。Δp_{in} 是在进气歧管、进气道和进气门处的流动阻力
所造成的压力降。Δp_{ex} 是在排气门、排气道和排气歧管处的流动阻力所造成的压力降。泵气损失
由两部分组成:发动机压差和影响容积效率的流动阻力损失。在缓速器工作中,为了最大限度地增
大泵气损失,希望能够提高发动机压差和 $\Delta p_{in} + \Delta p_{ex}$。

6.1.9 发动机制动器缓速功率要求的分析

为了确定发动机制动器缓速功率的适当设计目标,可以使用图 6.5 中所示的方法和一个下坡
驾驶的例子对缓速功率对车辆制动性能的影响进行分析。图中所示的"高、中、低"三个制动水平,
是指压缩式制动器缓速功率的三个逐级可变的设计目标。"ZWB"指的是"零车轮制动",意味着驾

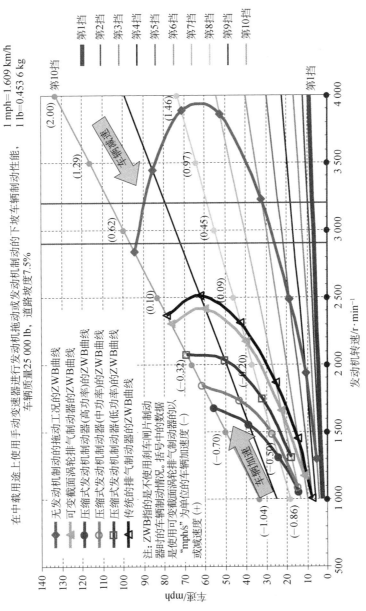

图 6.5 发动机制动器的缓速功率对车辆制动性能的影响

驶员在制动时不需要使用刹车闸片制动器。ZWB 的锚点是用车辆的扭矩平衡方程(6.1)和不同的发动机制动器的缓速功率计算获得。ZWB 曲线是由不同的控制车速所构成的一条理想运行特征曲线。不同的车重、道路等级或轮胎与路面之间的滚动摩擦因数会给出不同的 ZWB 曲线。沿着图中的每条齿轮线,在 ZWB 锚点的右侧,车辆减速。在 ZWB 锚点的左侧,车辆加速。用这个方法可以直观地分析车辆制动功率的需求,并能够确定发动机制动器缓速功率的适当设计目标。这一分析方法也对基于驾驶和制动条件来恰当确定配气机构的最大允许运行速度之设计目标(即配气机构的分离转速或飞脱极限)很有帮助。

6.1.10　发动机制动器和动力系系统的一体化设计

6.1.10.1　与发动机相结合的发动机制动器一体化设计

发动机制动器使用各种空气阀直接控制发动机内部的空气路径。发动机制动器的设计是为车辆安全而进行的动力系统设计中的一个整体组成部分。它也是现代柴油机空气流量管理方面不可分割的一部分。它不仅与制动工况有关,而且也涉及点火工况。在 20 世纪 60 年代到 80 年代,压缩式制动器主要是作为一个售后配件添加到发动机本体上,来控制排气门驱动,并由车辆制造企业或各类服务网点安装。后来,发动机公司进而把压缩式制动器作为一个工厂内的安装选项来推广(Freiburg,1994)。排气制动器也经历了一个类似的发展历史。压缩式制动器在发动机上的集成需要考虑涡轮增压器匹配、配气机构灵活性、制动噪声控制等方面。排气制动器的集成则需要考虑使用其作为一个灵活设备来进行发动机暖机和后处理热管理,以及为空气系统和排气再循环系统的需要进行排气阻力控制。另外,在与压缩式制动器相关的结构设计中,需要注意缓速运行时的传动系载荷与发动机点火运行时的载荷相比,可能具有类似的数量级或甚至更高。因此,车辆系统的设计应当将缓速工况作为最严峻或具有最高载荷的情况予以考虑。总之,发动机制动器的设计不能被孤立于供应商设计或局限于子系统设计范畴。发动机制动器的设计方向正朝着对发动机提供各种强化的集成功能方向发展,以期对制动和点火这两种工况均有所帮助。

6.1.10.2　制动系统中缓速器设计的优化

本小节讨论对所有的缓速器均普适的优化标准,包括发动机制动器。在集成化的缓速器和刹车闸片制动的系统中,优化设计可以在将减速度最大化的意义上进行,也可以在将刹车闸片制动器的衬片寿命最大化的意义上进行。优化的措施是适当地分配在缓速器与刹车闸片制动器之间各自所吸收的缓速能量(Limpert,1975)。为了最大限度地增大减速度或者尽量减小制动距离,理想上讲整个制动系统需要设计成所有的车轴都同时制动到它们各自的轮胎-地面附着极限,并具有最小的时间延迟。另外,为了最大限度地延长刹车闸片制动器衬片的使用寿命,在设计中可以考虑引入一个使用缓速器后对延长刹车闸片制动器寿命的影响因子。O'Day 和 Bunch(1981)提出,这样的一个因子可以定义为不使用缓速器时刹车闸片制动器的磨损率与使用缓速器时的磨损率之比。他们报告说,这一因子的变化范围从略高于 1.0 到 8.0～9.0 这样高的值,而且数据倾向于按照缓速器类型、车辆大小、车辆应用情况和操作的地理区域等因素各自聚集。例如,在短途运输业务中,这一因子对于使用电力缓速器的车辆来讲大约等于 8.0。Schreck 等人(1992)提供了一个关于使用与不使用某 ZF 液力缓速器对于刹车闸片衬片寿命的比较。他们对七个运输公司的 168 台重型车辆的调查表明,使用缓速器的刹车闸片衬片的寿命平均来讲大概是不使用缓速器的寿命的四倍。Greathouse 等人(1971)报道,Mack 卡车的 Dynatard 压缩式制动器在下坡驾驶中能够大幅减少对刹车闸片的使用(减少 87%),而压缩式制动器在正常的道路行驶中大概每英里使用一次。

6.1.10.3　考虑发动机制动器的发动机与变速器的协调控制

在与发动机制动器、变速器和刹车闸片制动器有关的车辆控制方面,存在几个系统集成问题。在发动机燃油喷射控制方面,在喷油情况下启动使用传统的压缩式制动器会减少缓速功率,并增加配气机构载荷使之超过可以接受的程度,因为制动气门将承受较高的气缸压力。而在喷油的情况下使用排气制动器,会因空气流量受阻变得过低而导致过高的碳烟或烟度。

在缓速器与变速器集成化的系统中,为了启动发动机制动器,离合器需要啮合,而且此时不应该再继续喷射燃油到气缸内(即驾驶员的脚离开油门踏板)。另外,发动机制动器可能会因自动变速器的变矩器损失掉一些缓速功率。将变速器闭锁可以确保缓速功率的损失最少。许多电控自动变速器可以通过编程来实现向下换挡以满足缓速需求,选择最佳的发动机转速来实现最佳的发动机制动性能。在行驶中,如果想让车速比下坡时的控制车速更高些,可以在变速器中换挡选择一个较高挡的齿轮来降低发动机转速或主缓速器转速;或者,如果缓速器具有逐级可变的功率水平的话,也可以选择一个较低的缓速功率水平来调节车速。

传送到驱动车轮的发动机制动器的缓速扭矩的输出会因离合器脱开或者将变速器置于空挡而中断。而对于传动系缓速器来讲,一旦缓速器被启动,只有通过缓速器控制才能将它的扭矩输出与驱动车轮脱开。如果在离合器脱开的情况下操作发动机制动器,发动机可能会失速到一个非常低的转速,因为当车辆负载没有连接到发动机上时,发动机转速在制动功率作用下会很快下降,然后失速。发动机失速对于后续的点火工况是完全不可接受的。所以,当发动机转速低于某个转速时,需要关闭发动机制动器,以避免失速。

6.1.10.4　考虑发动机制动器的车辆刹车制动的协调控制

缓速器不是刹车闸片制动器的替代物。要想将车辆完全停住,是需要使用刹车闸片的。但缓速器可以与刹车闸片一起联合使用,以提供较高的综合缓速功率。对于仅作用于驱动桥的车辆缓速器来讲,车轴之间制动力分配上的变化可能会导致驱动桥过度制动而过早锁死,这方面的风险是很高的。过度制动及其相应产生的方向不稳定性特别容易发生于空车行驶在具有较低附着因数的路面上的情形。在湿滑的路面上或空载时过度使用缓速器会导致拖挂式卡车出现危险的"折刀式"转体不稳定性。如果在制动过程中出现了车轮锁死的趋势,则需要马上快速切断缓速器的缓速功率输出,以避免加剧过度制动。Haiss(1992)指出,用最多 0.2 秒的切断时间降达 10% 的剩余制动扭矩,这种瞬态响应能力对于制动舒适性和方向稳定性控制几乎不构成任何问题。

发动机制动器的设计和控制,需要与现有的防抱死制动系统进行协调,以确保在所有操作条件下具有安全和最佳的制动性能。理想上讲,需要将驱动车轮保持在最佳打滑范围内,而且无过度制动或制动不足。防抱死制动系统可以补偿由缓速器造成的制动力分布上的变化。当防抱死系统侦测到打滑或车轮锁死时,它可以立即关闭缓速器,并控制和调整刹车闸片制动器。采用一个中心控制的制动管理系统能够协调刹车闸片制动器、发动机制动器、传动系缓速器、防抱死系统和耦合力控制系统之间的操作。

6.2　传动系缓速器

6.2.1　传动系缓速器的种类

传动系缓速器一般包括以下几种类型:①摩擦制动器,即变速器制动器或离合器制动器(Jahn,1989)和摩擦离合器(Spurlin 和 Trotter,1982);②液力或水力缓速;③电涡流、电磁、永磁缓速器

(Kubomiya 等人,1992);或④以上类型的组合型。

　　传动系缓速器可以位于变速器输入端之前(即介于变矩器和变速器齿轮组之间)或者变速器输出端之后。不同的定位方式会导致在设计包装、速度扭矩能力和制动平顺性方面的差异。按照前面的定义,主缓速器可以利用变速器换挡来改变其运行转速和制动扭矩。辅缓速器以传动系的转速运行,不会产生像主缓速器中所遇到的那种由于变速器换挡而造成的突兀扭矩变化或扭矩尖峰。虽然失去了通过改变转速而调节扭矩的能力,但是辅缓速器在制动平顺性和舒适性要求很高的场合可能是非常有利的。

　　在设计文献方面,Göhring 等人(1992)详细介绍了传动系缓速器的设计、构造、性能和对车辆运行的影响。Haiss(1992)给出了一个关于传动系缓速器的设计和系统集成方面考量的重要评述。Rao(1968)解释了水力缓速器的基本原理。Klemen 等人(1989)介绍了一台 Allison 变速器输出端缓速器的设计方法、控制和耐久性测试。

6.2.2　传动系缓速器的扭矩特征

　　在非常陡的下坡(例如 10%～12%),车速必须保持足够低,以确保在紧急情况下能安全停止。在低车速时,由于在低转速时缓速扭矩快速下降这一特征,许多安装在变速器输出端之后的传动系缓速器会显得功率输出不足。Schreck 等人(1992)指出,辅缓速器在 40 t 卡车上的应用大体局限于最大 10% 的道路坡度,具体地取决于驱动桥的传动比。这样一个缓速能力可以基本覆盖大部分的欧洲下坡驾驶情形。相比之下,发动机制动器的性能和安装在变速器之前的主缓速器的性能则不会受低车速局限。

　　液力缓速器的缓速功率是一个关于缓速元件相对速度的函数。在缓速器设计中,重要的是提高低速扭矩,同时保持高速功率并低于冷却设计极限。液力缓速器通常从中速到高速具有一条比较平坦的扭矩曲线。它能够产生比发动机点火额定功率高得多的缓速功率。但在低速时,叶片会失速,扭矩会较低。另外,液力缓速器在空转时还具有一些不可忽略的功率损耗(Jahn,1989)。

　　电磁或电涡流缓速器在低速时可以产生比液力缓速器更高的扭矩。它们适合于走走停停的驾驶情形(例如皮卡和运货卡车、垃圾运送车、城市公交车)。正如 Göhring 等人(1992)指出的,电动缓速器通常更适合低车速,而液力缓速器通常在高车速时更有效。这些缓速器都属于无磨损而且很安静的缓速器。

　　Spurlin 和 Trotter(1982)描述了一个 Allison 变速器输出端缓速器的设计细节。这个缓速器将一个摩擦离合器与一个液力缓速器相结合,使得低转速扭矩能够由摩擦离合器显著提升。

6.2.3　传动系缓速器的冷却和热防护

　　由于液力缓速器的散热量很大,空气冷却一般来讲不足以冷却它。液力缓速器中的冷却介质可以是油或变速器流体(例如 ZF 或 Allison 缓速器)或水(例如 Voith Turbo 的 Aquatarder)。配备有液力缓速器的车辆的冷却能力(例如散热器和风扇的大小)经常需要基于缓速工况时的散热量要求来设计,而不是基于点火工况时的。液力缓速器的连续制动功率能力依赖于车辆散热器的冷却能力。如果冷却能力不足,就需要基于冷却液温度来控制和制定一个缓速扭矩极限,以避免冷却液过热。Schreck 等人(1992)给出了 ZF 水力缓速器的连续制动性能分析。他们谈到了基于冷却水的温度来控制缓速器的功率降额问题。

　　在电磁缓速器中产生的热量会散失到周围的空气中(即依靠空气来冷却),而不需要冷却水或油(Habib,1992)。电磁缓速器在摩擦热的管理方面所面临的挑战比较严峻。如果电磁缓速器的转子在过热状态下运行,其制动力矩会因所需的热保护而减小,例如通过切断一些线圈的电流。因此,制动期间的过热会造成一些电动缓速器可能会表现出一定的缓速功率随时变下降的特征(例如最多限于 20 min 连续制动这类限制)。

6.3 排气制动器性能分析

6.3.1 传统的排气制动器

传统的排气制动器使用一个安装在排气管内并通常位于涡轮出口处的制动排气阀(通常是一个蝶阀或者有时是扁平的可转动或滑动的节流阀)。在涡轮进口安装排气制动器会导致一些设计上的困难,例如很紧促的封装空间、对排气歧管内的和涡轮进口处的排气气流造成的干扰、由于排气高温所造成的恶劣工作环境等。排气制动器的制动阀门通常由一个压缩空气式的执行器(例如在大型车辆上)或真空执行器(例如在中型或小型车辆上)气动驱动。有时制动阀门由电磁机构驱动,而不采用空气。排气制动器具有重量轻、体积小、低成本、高回报的特点。它已被作为一个标准设备用于许多车辆上。目前的售后市场上有几个品牌的排气制动器,包括雅各布斯(Jacobs)、Pacbrake、US Gear 的 D-celerator 和 BD 的排气制动器。

正如 Kuwano 等人(1983)指出的,柴油车辆的普及推动着排气制动器的广泛使用。排气制动器之所以通常用于柴油机,因为汽油机无法应对在制动过程中产生的很高的排气歧管压力。另一个原因是液压间隙调节器在汽油机中广泛使用,而该部件无法承受排气制动运行中所发生的排气门跳浮或反弹现象。在配备液压间隙调节器的发动机上使用排气制动器可能会导致发动机损坏,因为当排气歧管压力升高到足以使排气阀跳浮离开阀座的时候,液压间隙调节器内的柱塞便会被填充间隙的机油推着向上泵浮,最后会导致气门与活塞相撞。

通常情况下,当启动使用发动机制动器时,需要终止喷油。但是,如果此时的喷油量被设置为怠速喷油量时,少量燃料仍会被喷入气缸进行燃烧从而产生一些点火功率。这种情况不是理想的制动状况,因为它减少了发动机缓速功率。另外,使用排气制动器而不中断燃油喷射,会导致燃烧室内和发动机机油中的积碳大量增加,以及由于空气不足而造成的高烟度,正如 Sequeira 和 Faria (1984)报道的那样。

排气制动器经常与加热塞一起使用,以帮助加快发动机暖机。在喷油点火工况,如果把排气制动阀部分关闭,发动机的负荷就会因升高的背压或发动机压差而变得较高,因此在起动后就必须燃烧比正常怠速工况更多的燃料,这样就可以加快在暖机过程中冷却液温度的升高。

排气制动器的耐久性问题通常包括制动阀的卡死、热冲击和热疲劳。制动阀的耐热轴封和活动部件上的积碳,有时也会出现问题。Kuwano(1983)详细介绍了排气制动器的设计和构造。与发动机气体压力和温度有关的排气制动器的设计约束条件,在第 6.3.4 节中将有所讨论。

虽然在高发动机转速时缓速功率可能会令人满意,但无论是排气制动器还是压缩式制动器在低转速时的扭矩均较低(较差)。排气制动器达到全额缓速功率的响应时间是极快的,而压缩式制动器则通常需要一些时间来使涡轮增压器的转速慢慢上升达到最大增压压力水平。由于这一原因,排气制动器在快速多变和反复变化的驾驶循环里具有优越的性能,因为它的缓速性能不依赖于慢慢才能建立起来的增压压力。而另一方面,压缩式制动器则在连续稳定的驾驶条件下(例如下长坡过程中)具有优越的性能。

在排气制动期间,在压缩和膨胀冲程中的缸内循环过程是非绝热的。由此产生的指示缓速功率,虽然数值较小,随发动机的压缩比增加而增大。泵气损失是排气制动器缓速功率的主要来源。泵气损失功率与发动机压差基本成正比,而且与在进气门和排气门处的空气流量的平方有关。排气制动器的缓速功率的特征本质上是发动机转速、排量和排气歧管压力的一个函数。与压缩式制动器不同,涡轮增压器对传统的排气制动器的缓速功率影响不大,因为其缓速功率是从泵气损失冲程而来,而不是从与指示功率有关的两个冲程而来。另一方面,在高转速时使用排气制动器实际上可能会对涡轮增压器的性能产生不利影响,因为会降低涡轮压比。Schmitz等人(1992,1994)和Imai等人(1996)讨论了排气制动器与压缩式制动器之间的相互作用,以及在自然吸气柴油机上这两者的组合功能。

当排气制动阀的开度在高转速工况下被选定后,这个开度对于低转速来讲就显得过大,会导致较低的缓速功率。先进的排气制动器设计已采用电控限压旁通阀,或者从本质上讲是一种可变截面的制动阀门。这样,制动阀的开度在低转速时就可以被调整到小得多,以建立非常高的排气歧管压力,产生高扭矩。在高速时,将阀门开度变大,以防止过高的排气歧管压力。这样的可变截面排气制动器代表着现代设计方向,以提高低速性能。

6.3.2　可变截面涡轮排气制动器

随着可变截面涡轮在柴油机上的使用越来越普及,使用可变截面涡轮作为制动装置也已变得较常见。通过关闭可变截面涡轮叶片的开度,涡轮转速会增加,而且会形成较高的排气歧管压力。然而,进气歧管增压压力也会同时增加,部分地抵消制动效果,虽然其增幅小于排气歧管压力。其净效果是发动机压差和泵气损失随着可变截面涡轮叶片的关闭而增加。与传统的排气制动器相比,可变截面排气制动器通常具有较低的发动机压差和缓速功率,但是具有高得多的涡轮增压器转速和发动机空气流量。较高的空气流量有助于减小制动过程中的排气歧管气体温度和部件的热负荷。

6.3.3　可变气门驱动排气制动器

可变气门驱动作为一项制动技术,提供了另一种提高缓速功率的手段。一般来讲,一共有两种方法可以增加泵气损失:增加发动机压差和增加气门流动阻力。这后一种方法,可以在空气流过气门时通过增加跨越进气门和排气门的阻力压降来实现。可变气门驱动制动器就是使用这第二种方法,通过对发动机的进气门或排气门(或两者)进行节流,以减小进气冲程中的气缸压力或者增大排气冲程中的气缸压力。这种技术对于排气门来讲更为有效,因为它比进气门具有大得多的潜力。进气可变气门驱动制动器的益处比较小,就好比前面讨论过的进气节气门制动器一样。

6.3.4　排气压力脉冲的影响和与配气机构之间的相互作用

6.3.4.1　排气制动器的缓速性能

排气制动器的设计约束条件包括:①排气温度及其相关部件温度,例如在非常阻塞的发动机空气流量条件下的喷油器尖端温度;②排气歧管压力及其相关的配气机构动力学问题。排气制动器的缓速功率主要受以下几个因素控制:发动机排量、转速、排气歧管型式、点火次序、排气门弹簧预紧力。这最后三个因素与制动时的瞬时排气歧管压力脉冲有关。图6.6表明,传统的排气制动器的缓速功率密度基本上是线性正比于循环平均排气歧管压力。最大允许的排气歧管压力受过度的排气门跳浮极限限制。如果这个限值过低,排气制动器的性能就不会很优越。非排气再循环发动机中的最大允许排气压力通常在140 kPa到410 kPa表压之间变化,具体取决于排气门弹簧的预紧力水平。为了达到更高的缓速功率而不出现过度的气门跳浮,就必须采用更大的弹簧预紧力来增加所允许的排气歧管压力极限,例如提高到 480 kPa。对弹簧预紧力升级需要仔细进行,以确保排气凸轮的应力水平仍然可以接受。

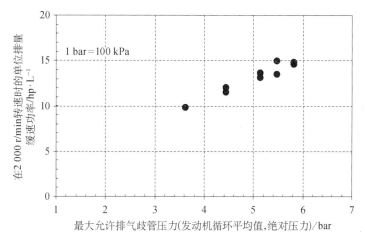

图 6.6 与最大允许排气歧管压力相关的排气制动器的性能

6.3.4.2 排气制动器的气体负荷对配气机构的影响

排气制动器的运行对配气机构具有潜在影响,与作用于配气机构部件上的气体载荷有关,现总结如下:

(1) 在进气或压缩冲程中出现过度的排气阀跳浮;
(2) 在排气冲程中的接近下止点处出现配气机构分离;
(3) 在接近排气冲程结束时出现较高的排气凸轮受力和应力;
(4) 在进气冲程开始时出现较高的进气凸轮受力;
(5) 由较高的缸内再压缩压力造成进气配气机构分离。

图 6.7 显示,在进气冲程(360°~540°)的早期和压缩冲程中(540°~0°),分别有两个排气压力脉冲。如果排气歧管压力过高,这些脉冲可能会克服气缸压力和排气门弹簧的预紧力,使得排气门会瞬时重新打开,然后再突然关闭并弹跳,具有不受控制的很高的气门落座速度。中等程度的排气门跳浮是可以接受的(Schmitz 等人,1992),但幅度不能过大。气门的跳浮也会造成其他耐久性问题,例如气门杆、定位器和气门弹簧座挡圈部位处的微动磨损。

图 6.7 还表明,在高发动机转速进行排气制动时,在 360°曲轴转角附近存在一个较高的“再压缩压力”。较高的再压缩压力是由较高的排气歧管压力所引起的。再压缩压力在进气门的工作过程中,会激发进气配气机构的剧烈振动,以至于进气最大推杆力或凸轮力在刚刚过了上止点处会变得过高,并且可能会导致进气配气机构发生分离或飞脱。

图 6.8 显示了在排气制动器运行时一个发动机循环内作用于排气门上的净气体压力。正值的净气体压力倾向于把排气门打开,而负值的净气体压力倾向于将气门关上(或者说倾向于增加推杆力)。据观察,在排气凸轮的工作段内,排气制动时净气体载荷的影响是加剧在高转速时在下止点附近(例如 190°曲轴转角)的排气配气机构的分离,并增加在排气冲程结束时的排气凸轮力和应力。在排气制动时,排气凸轮应力会增加,如图 6.9 所示。在进气和压缩冲程,排气制动的影响是容易导致排气门跳浮、过高的进气推杆力或凸轮力,以及由较高的再压缩压力引起的进气配气机构的分

离。上述的配气机构动力学问题限制着排气制动器的缓速功率。图 6.10 总结了这些由配气机构的设计因素所造成的约束或限制条件。

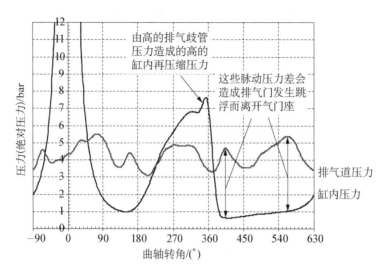

图 6.7　一台直列六缸柴油机在使用传统的排气制动器时的排气道压力脉冲(2 600 r/min)

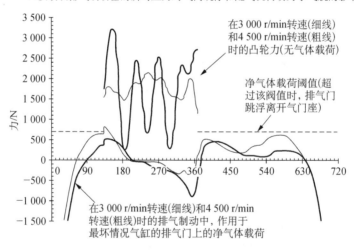

图 6.8　一台 V8 发动机在排气制动器运行时排气歧管压力对配气机构性能的影响

6.3.4.3　排气门跳浮分析

下面将对排气门跳浮进行比较详细的讨论。排气门跳浮动力学可以基于排气门的力平衡依如下方程予以分析：

$$m_{VAL} \ddot{l}_{VAL} = F_{pre} + K_{s, SP} l_{VAL} + (p_{cyl} A_{VAL, cyl} - p_{port} A_{VAL, port}) - F_{f, stem} \qquad (6.12)$$

式中，m_{VAL} 是排气门质量；l_{VAL} 是气门跳浮运动的升程；F_{pre} 是排气门弹簧的预紧力；$K_{s, SP}$ 是弹簧

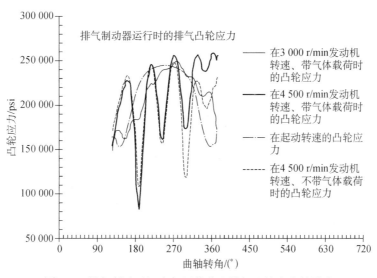

图6.9 排气制动对缸内气压载荷和排气凸轮应力的影响

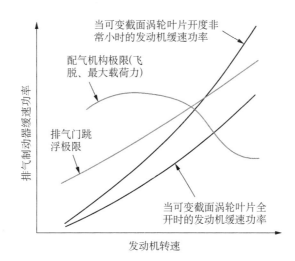

图6.10 受配气机构的各种设计极限所制约的
发动机排气制动器设计

刚度;p_{cyl}是缸内压力;$A_{VAL, cyl}$是暴露在缸内一侧的排气门阀头面积;p_{port}是排气道压力;$A_{VAL, port}$是暴露在排气道一侧的排气门背面的面积;$F_{f, stem}$是气门杆摩擦力。这个排气门的力平衡分析表明,一旦净气体压力克服了弹簧的预紧力,气门就会跳浮而离开气门座。

正如Akiba等人(1981)在他们的排气制动器运行的排气门跳浮动力学运动模拟和实验分析中所指出的那样,气门跳浮实际上还会影响发动机循环的性能模拟结果和所预测的排气歧管压力。因此,气门跳浮的动力学模拟和反弹运动应该与发动机循环性能模拟交互式进行或者耦合进行。

排气支管或歧管的设计可以减小作用在排气门上的排气压力脉冲的尖峰值。减小了的脉冲值可以防止过度跳浮,这样便可以获得较高的缓速功率。Akiba等人(1981)的工作显示,排气歧管的分组和歧管的横截面积均对缓速功率具有很大影响。另外,排气制动过程中的排气压力脉冲的大幅度缸间变化也会对泵气损失造成影响。

6.3.5　排气制动器与涡轮增压器和压缩式制动器之间的相互作用

压缩式制动器会显著影响瞬时排气压力脉冲波。对于在低转速下的涡轮增压发动机(此时涡轮的压比接近于1)或者对于自然吸气发动机来讲,如果联合使用压缩式制动器与排气制动器的话,可以减小排气压力脉冲的脉动幅度。在这种情况下,排气制动阀的开度可以设置得较小,以获得较高的循环平均排气歧管压力,并满足相同的瞬时脉冲峰值的极限值。因此,便可获得较高的缓速功率,而且不会使排气门跳浮问题变得更坏。Schmitz 等人(1992)报道,使用这种技术可以使缓速功率增加 10%～15%。

传统的排气制动器的缓速性能也受涡轮性能的复杂影响,尤其是在发动机高转速时。当涡轮压比远大于1时,如果在高转速时同时使用排气制动器和压缩式制动器,在涡轮出口处关闭排气制动阀实际上会导致涡轮压比和空气流量急剧下降。因此,发动机压差和缓速功率均会下降。当涡轮压比接近于 1 时,关闭排气制动阀会导致发动机压差和缓速功率单调增加。图 6.11 显示了关于这些复杂现象的模拟结果,以及制动器之间的相互作用。

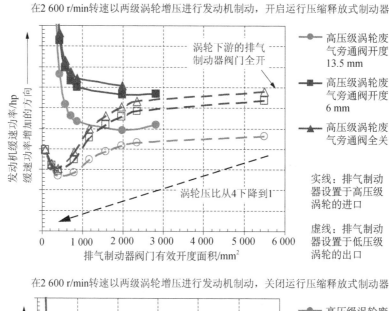

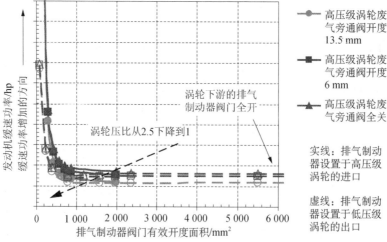

图 6.11　压缩式制动器与传统的排气制动器之间的相互作用

6.4 压缩释放式发动机制动器的性能分析

6.4.1 压缩式制动器的种类

压缩式制动器可以按照以下三个标准进行分类：①控制制动气门运动的方法（即气门开启和关闭定时是否为精确定时）；②启动制动气门的措施；③制动气门的驱动方式是否只用于缓速运行。在传统的压缩式制动器中，制动气门的开启和关闭定时是由机械、液压或电磁方式精确控制的，并专门只用于缓速运行。在泄流式制动器里，制动气门持续地开启和维持在一个小的升程，要么是在整个发动机循环范围内，要么是在压缩、膨胀、排气冲程内，无论怎样均不存在精确的气门开启和关闭时刻的定时控制。在排气脉冲引导的压缩式制动器中，制动气门的开启和关闭时间是被排气道中发动机所固有的排气压力脉冲自然控制的（即让制动气门跳浮开启），而不是由一个精确定义的像在传统的压缩式制动器里的机械凸轮运动那样来控制。排气脉冲制动器可以进一步分为涡轮进气脉冲控制制动器和涡轮出口脉冲控制制动器。在可变气门驱动的压缩式制动器中，制动气门的开启和关闭定时由一个可变配气定时装置控制，该装置并不只是专门用于缓速运行（即它也被用于发动机点火工况）。传统的压缩式制动器的一个例子是 Jake 压缩式制动器。泄流式制动器的例子是梅赛德斯-奔驰公司的减压制动器（Schmitz 等人，1992）和纳威司达（Navistar）公司的用于中载直列六缸发动机的泄流式制动器。排气脉冲制动器的例子是纳威司达（包括其在巴西的 MWM International Motores 公司）和 MAN 公司的 EVBec 类型的制动器（例如，Barbieri 等人，2010）。

这四种类型的压缩式制动器（即传统的、泄流式、排气脉冲、可变气门驱动）具有各自的设计特点和不同的约束条件。例如，传统的压缩式制动器具有相当高的制动凸轮力，这个凸轮力是由接近于上止点的最高气缸压力作用于制动气门而造成的。这个凸轮力和相应的凸轮应力往往是缓速功率的制约因素。另一方面，由于排气脉冲制动器使用完全不同的液压锁止机理来产生在上止点附近的制动气门升程，这种制动器便没有前面所述的这类载荷或约束。因此，它可以承受高得多的气缸压力，从而能够产生高得多的缓速功率。由于这些不同类型的制动器在排气压力脉冲的频率上存在差异，它们也具有不同的噪声特性。传统的压缩式制动器的噪声是非常大的，而泄流式制动器和排气脉冲制动器则安静得多（例如噪声降低了 10～15 dB 或更多）。

6.4.2 压缩释放式制动器的设计原理

6.4.2.1 压缩式制动的基本机理

压缩释放式制动器的设计目标包括实现高的缓速功率和高的低转速扭矩、可变功率水平、低噪声、低重量、低成本、高可靠性，同时满足所有的设计约束条件，例如最高气缸压力、部件载荷、排气歧管气体温度、气缸盖部件的金属温度。具体来讲，与制动性能有关的主要设计挑战包括以下几个方面的复杂问题：①用于空气气流控制的配气机构设计；②用于噪声控制的排气系统设计；有时还包括③机械负荷控制。

压缩式制动器的设计和性能在过去的半个世纪时间里在文献中有过一些零星的报道。Cummins（1966）介绍了 Jake 制动器的设计和性能。Morse 和 Rife（1979）讨论了涡轮增压器与压缩式制动器之间的关系。Meistrick（1992）谈到了采用制动气门定时和型线控制来提高缓速性能。Freiburg（1994）描述了雅各布斯车辆设备公司的一个开发流程，用以解决压缩式制动器设计上的难题。

压缩式制动器的设计原理最好是用深入的发动机循环模拟来理解，因为这些原理的核心都是基于热力学循环、充量因数、气门流量、气波动力学。如前所述,压缩式制动器的缓速功率包括来自指示冲程和泵气损失冲程这两方面的贡献。在指示冲程中,前面介绍的缓速过程效率的概念清楚地表明,增加最高气缸压力,然后再快速地在上止点附近把缸内充量排出去、把缸压降下来,对于提高缓速功率是非常有利的。在任何高性能的压缩式制动器的设计中,均应该具备两个基本的缓速机理。这两个机理便是压缩-释放机理和制动气再循环(BGR)机理(图 6.12)。压缩-释放机理自第一个压缩释放式制动器诞生之日起就早已众所周知。在给定的进气歧管增压压力水平下,压缩-释放过程的效率取决于制动气门的工作过程(例如开启定时和型线升程)。图 6.13~图 6.15 显示了压缩-释放的过程。

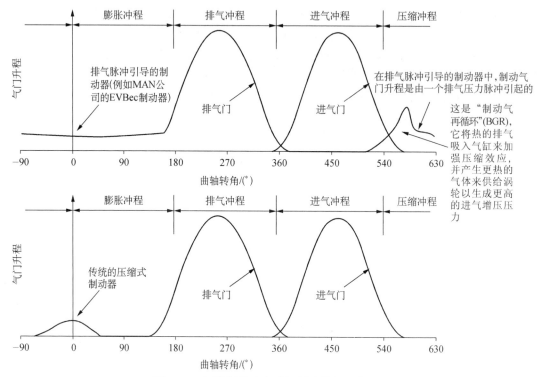

图 6.12 压缩释放式发动机制动器的工作机理

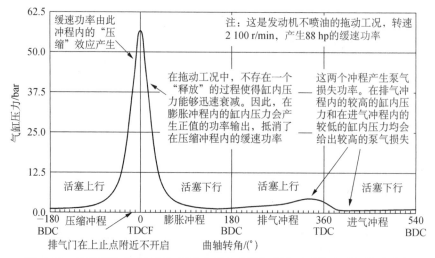

图 6.13 发动机拖动时的气缸压力曲线和由泵气损失造成的发动机缓速功率

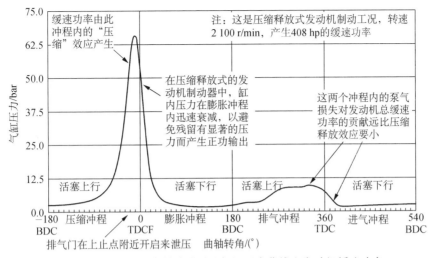

图 6.14　使用压缩式制动器时的气缸压力曲线和发动机缓速功率

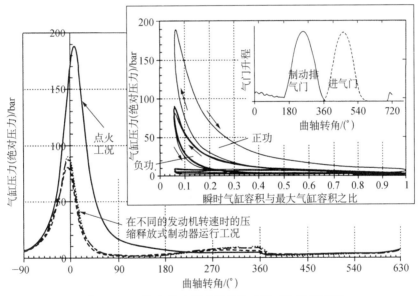

图 6.15　压缩释放式制动器的发动机工作循环过程

6.4.2.2　制动气再循环理论

制动气再循环(BGR)是一个相对较新的与增压发动机有关的机理,是由雅各布斯车辆系统公司的一组研究人员(Hu 等人,1997;Yang,2002;Meistrick 等人,2004)和在纳威司达公司的笔者(Xin,2008)近年来各自独立发现的。BGR 是在发动机缓速过程中利用来自排气歧管的再循环热气流来补充缸内充量的一种技术,以提高缓速功率。它本质上是一个用于缓速运行工况的"内部排气再循环"技术。如前面讨论排气制动器时的图 6.7 所示,发动机在一个循环中本身会在排气道内产生几个排气压力脉冲。这些脉冲试图在进气和压缩冲程中开启排气门,把排气压回气缸。BGR便利用了这种自然现象。在 BGR 过程中,制动气门在进气冲程的后期打开,一直持续开启到压缩冲程的早期,通过排气道压力脉冲与缸内压力之间的压力差把热的排气倒吸入气缸。BGR 的制动气门升程工作过程可以由以下任何一种手段产生:机械凸轮、泄流过程、可变气门驱动装置、排气压力脉冲引导的制动气门自由运动(就像在排气脉冲引导的制动器中的一样)。BGR 的气门升程工作过程有时也被称为制动时的"二次升程"。BGR 可以帮助增加涡轮增压器的转速,并获得较高的最高气缸压力。在公开的文献中,BGR 的概念还没有被充分探索过,其作用机理也没有被明确地解释过。现将 BGR 的理论提出和总结如下。

较高的最高气缸压力是实现高缓速功率的关键。以下因素可以提高气缸压力:高的发动机压缩比、高的有效压缩比、高的进气歧管增压压力、压缩冲程中被捕集在气缸内的大量气体质量。增压压力与涡轮增压器的运行有关。被捕集的气体质量与每个冲程中所用的气门工作段有关,并与相应的反向流动(如果有的话)和发动机的充量因数有关。进气增压压力可以靠许多设计措施来增加(例如使用较高的涡轮增压器效率、较小的涡轮面积例如可变截面涡轮,或者降低涡轮出口压力)。另一方面,一个重要而有效的增加发动机流量的方法是增加涡轮的进气温度。涡轮获得较高的排气能量或排气歧管气体温度,便可以提高涡轮的转速,以产生较高的进气增压压力。问题的关键是哪里能为涡轮提供较高的排气温度。BGR 可以实现排气回收,将热的排气气流捕集进入气缸,并用活塞压缩这个热充量,使得在上止点处的缸内气体温度变得更热,然后开启排气门把炽热的充量释放给涡轮。需要注意的是,这一热排气气流本质上起源于制动过程中运动车辆的动能和势能。此时的发动机制动器就像一个空气压缩机一样工作,故而将这种能量从车辆转移到涡轮进口来加速涡轮实际上是一种非常有效的机理。依靠气缸的高压快速放气过程,高温排气以高温高压脉动能量流的形式被送入涡轮,增加了涡轮增压器的转速。其结果是,增压压力变得更高,气缸充量被压缩到一个更高的温度。这样的复合效应继续着,直到整个热力学工作过程达到一个平衡的状态(例如稳态)。决定着这一高度有效的气缸压力建立进程的主要因素便是 BGR。较高的 BGR 气门升程加上适当的 BGR 气门定时会显著增加缓速功率。分析和实验工作已经显示 BGR 可以极大地提高压缩式制动器的缓速功率(即远远高于点火额定功率),只要相对应的高气缸压力不在制动部件上产生结构设计问题或应力问题就行(取决于压缩式制动器的类型,正如第 6.4.1 节中提到的)。一般来讲,BGR 的气门升程越高,气缸压力和缓速功率越高,制动凸轮的应力也越高。对于一个选定的固定 BGR 气门升程来讲,如果它在某些转速或海拔高度过度增压,可以使用开启涡轮废气旁通阀或者调节可变截面涡轮叶片开度的方法来控制增压。因此,BGR 还能够以这类措施给出对缓速功率的灵活调节。总之,任何高效的压缩式制动器的设计,应以这两个重要的基本制动机理为指导:压缩-释放过程和 BGR 过程。

对于四冲程发动机来讲,正确的 BGR 气门升程的曲轴转角位置是在进气冲程的后期和压缩冲程的早期。在那里,进气门几乎完全关闭,排气道压力高于缸内压力(即大约在点火上止点以后 $500°\sim600°$ 曲轴转角处)。不同的发动机(I4,I6,带分隔式或非分隔式的涡轮进口或排气歧管)在不同的转速时,排气道内的压力脉动模式会不同。最佳的 BGR 气门升程的曲轴转角位置也会相应地发生变化。

发动机的空气流量影响缸内气体温度和排气歧管气体温度。一般来讲,空气流量越低,温度就越高。在发动机制动工况中,最好能获得比较高的空气流量,因为它可以冷却气缸盖部件、喷油器喷嘴尖端部分和排气歧管,以便获得更好的耐久性。再次应当强调的是,增加涡轮出口压力会导致涡轮功率下降和空气流量减小。

另外需要注意的是,由于在 BGR 运行时发动机的空气流量很高,其由 BGR 机理所增加的排气歧管气体温度实际上通常仍然低于所允许的温度设计极限。事实上,它可能会比靠阻塞气流的机理来运行的排气制动器操作中所遇到的高排气温度要低一些。空气流量和增压压力是通过发动机的充量因数相联系的。与点火工况相比,带 BGR 的压缩式制动工况的充量因数会由于气门工作过程的变化变得很复杂。另外,发动机气门的配气相位会影响有效压缩比。考虑到缓速功率和部件的热耐久性的要求,压缩式制动器设计的良好设计目标实际上可以表述为在设计约束条件内同时获得较高的发动机空气流量和较高的排气歧管气体温度。BGR 则是以一种平衡的方式来实现这一目标的机理。压缩式制动器的缓速功率的最终极限是受所允许的最高气缸压力和排气歧管气体温度这两者所制约。

6.4.2.3 发动机制动中的涡轮增压匹配

由于不同的最高气缸压力和发动机压差的运行水平,与自然吸气式柴油机相比,涡轮增压柴油机具有不同的缓速功率能力。发动机压差主要由涡轮面积和发动机空气流量决定。充量因数与发动机气门的工作过程有关。应当指出的是,为良好的点火工况而选择的固定截面涡轮或废气旁通涡轮通常在缓速功率能力方面不如可变截面涡轮。因此,在空气系统的设计和涡轮增压器的选择匹配中,需要仔细平衡点火和缓速这两种工况。

图 6.16 显示了发动机的"呼吸"特性和涡轮增压器匹配。图中表明,如果发动机的充量因数可以通过气门的工作过程来改变,发动机制动中的涡轮增压性能便可以依照特定的制动器设计目的来予以调整。图中还显示了与发动机压差这一关键参数相关的改进缓速功率的方法。发动机压差不仅与泵气损失和缓速功率有关,也与设计约束条件有关,例如排气门跳浮、排气门弹簧预紧力、排气歧管压力。在发动机制动器的设计中可以选择不同的设计策略(即低的或高的发动机压差)。图 6.17 总结了与压缩式制动器常见的性能问题有关的问题根源分析及相应的设计解决方案。

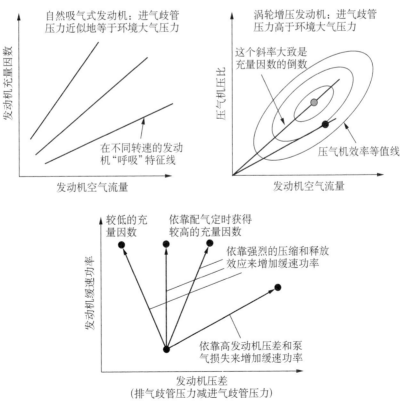

图 6.16 压缩释放式制动器的原理

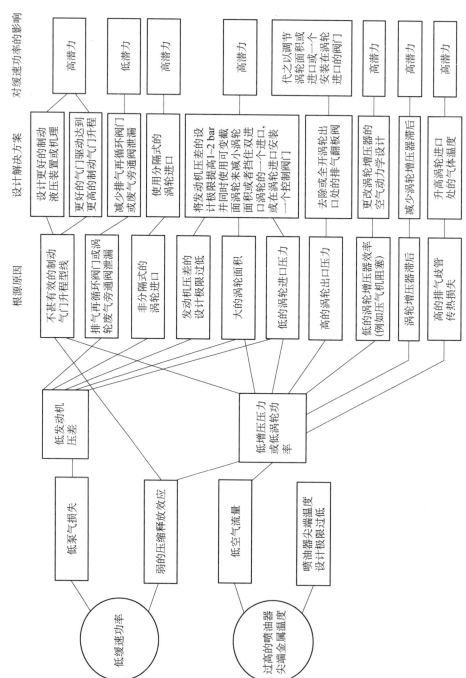

图 6.17 发动机制动器性能问题的逻辑流程图和设计解决方案

6.4.2.4 压缩式制动器的关键设计原则总结

一个功率强大的压缩式制动器所具备的要素或注意事项可以概括如下：

(1) 达到较高的进气歧管增压压力和气缸压力。这确保了一个强有力的压缩-释放过程、较高的发动机等熵压缩功率和较高的空气流量；

(2) 不要在发动机高转速时(即涡轮压比远大于1时)在涡轮出口进行节流。这确保了高的涡轮转速和大的压比，以产生高的进气增压压力；

(3) 使用制动气再循环(BGR)。另外，传统的压缩式制动器的缓速功率通常受最高气缸压力所局限，而该压力是受所能承受的最大允许制动凸轮应力所制约。而排气脉冲压缩式制动器则没有这样的一个凸轮应力极限，因为它的制动气门升程是由排气压力脉冲自然产生的。而且，排气脉冲制动器能够自然地获得BGR效果。在传统的制动器中的BGR工作过程的最大升程受最高气缸压力限制。排气脉冲制动器则没有该限制，因而是更为先进的技术。使排气脉冲制动器获得成功的关键是靠在涡轮进口节流来产生所有的制动气门升程和工作过程，而不是靠在涡轮出口节流。由于在排气脉冲制动器里的进气增压压力和发动机压差都会很高，故应审慎管理所产生的较高排气歧管压力；

(4) 采用具有成本效益的设计来产生位于制动上止点附近的制动气门升程型线和BGR的气门升程曲线。不要在所能承受的最高气缸压力和制动凸轮应力方面把设计极限值定得过低(即不要过于约束)。

上述理论表明，在进行涡轮增压器匹配和配气机构设计时，也需要考虑发动机制动性能方面的要求。这再次强调了发动机的性能设计必须集成为一个整体系统来考虑，不仅是因为不同的子系统之间的复杂相互作用，而且也是为了协调不同的应用或工况需求。

6.4.3 压缩式制动器的性能特征

压缩式制动器的缓速功率对很多设计和运行因素都很敏感，包括发动机转速、发动机制动时的总排量(或气缸数)、发动机的压缩比、制动气门的有效流通面积、制动气门升程、定时、开启工作段时间、涡轮面积等。

对应于最大缓速功率的最佳制动气门有效流通面积可能会随发动机转速的变化而有所不同。通常情况下，较高的转速和较大的空气流量需要较大的气门流通面积。另外，使用单气门进行制动可以减小作用于制动部件(例如制动凸轮)上的气压载荷。为了提供足够大的制动气门流通面积，单气门制动的气门升程大体上需要是双气门制动的气门升程的两倍，因此要求气门与活塞之间的间隙设计得比较大。Meistrick(1983)详细阐述了单气门制动和双气门制动的设计。

最佳的制动气门开启定时也取决于发动机转速。最佳开启定时在转速较高时会发生较早，以确保能充分排出气缸充量。图6.18给出了一台直列六缸柴油机采用单气门制动时传统的压缩式制动器的GT-POWER性能模拟计算结果。在上止点以后跟随着气缸充量排出过程的最佳制动气门关闭时间(即重置时间)会对增加缓速功率有所帮助，因为在膨胀冲程中当活塞下行时，关闭制动气门能够减小气缸压力(见图6.19中的泄流式制动器模拟结果中的瞬时气门流量)。图6.20给出了一个关于泄流式制动气门升程、涡轮出口翻板阀开度、可变截面涡轮面积和发动机转速的全面模拟分析。该分析还揭示了压缩式制动器与排气制动器之间的相互作用。

实现优异的低转速缓速扭矩一直是发动机制动器的一个设计难点。从车辆驾驶性能的观点来看，在制动过程中用1 500 r/min而非2 100 r/min的转速运行对于驾驶员来讲大概更容易一些，因为不需要向下换挡。实现高功率低转速制动还可以减少压缩式制动器的噪声。采用可变截面涡

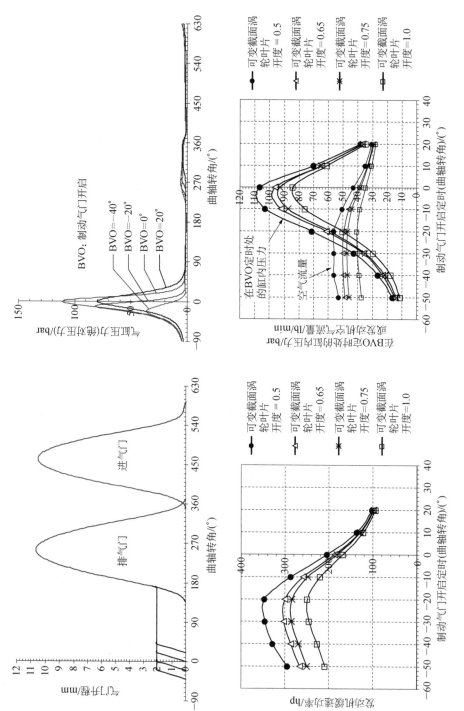

图 6.18　在 2 100 r/min 发动机转速使用单气门制动传统的压缩式制动器的性能敏感度分析

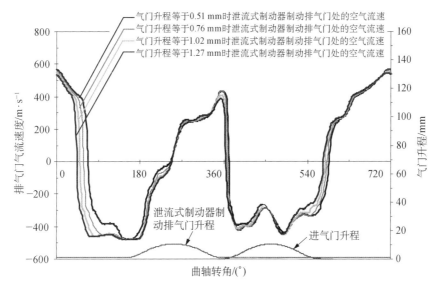

图 6.19 在 2 100 r/min 发动机转速使用泄流式制动器时制动排气门处的气流速度示意图

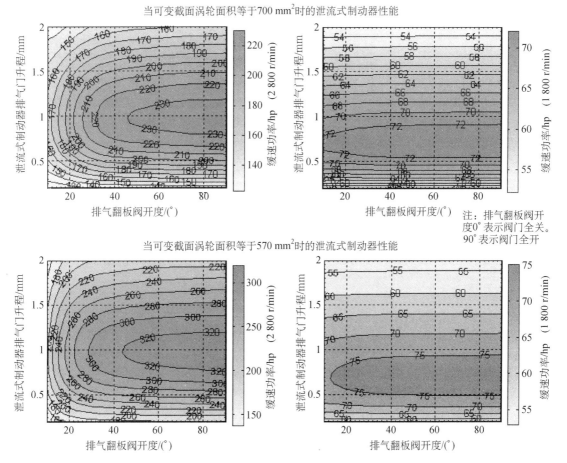

图 6.20 受以下因素影响的泄流式制动器性能的敏感度分析:泄流排气门升程、
涡轮出口处的排气翻板阀开度、发动机转速、可变截面涡轮面积

轮、BGR、或者安装在涡轮进口的排气制动器,可以帮助增加低转速扭矩。在非常低的转速下,涡轮压比很低或接近于1;这时也可以考虑使用一个安装在涡轮出口的排气制动器。需要再次注意的是,用排气制动器在涡轮进口与出口进行节流的影响是完全不同的。在涡轮进口节流不会像在出口节流那样大幅度地影响涡轮压比或涡轮转速。而涡轮出口节流实际上就是增加排气阻力。为了满足所有的设计要求,需要在制动器、发动机和涡轮增压器之间做出一个精心的设计平衡。Hu 等人(1997b)讨论了与可变排气制动器相结合的不同的压缩式制动器的缓速性能。Schmitz 等人(1992)、Imai 等人(1996)以及 Jia 和 Xin(2012)给出了关于制动性能的设计影响的更多讨论内容。

图 6.21 显示了发动机拖动、传统的压缩式制动器和泄流式制动器在一个发动机循环内的各自瞬时工作过程的详细比较。表 6.1 列出了它们相应的稳态性能数据。这个例子表明,发动机循环模拟在了解发动机制动器的原理方面起着非常强有力的作用。

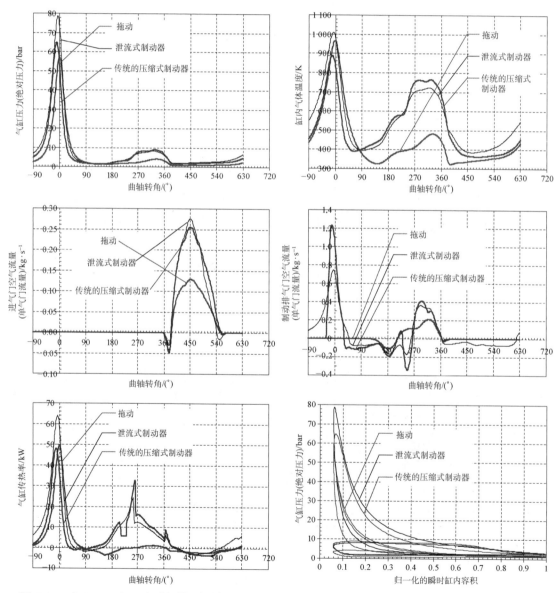

图 6.21 在 2 000 r/min 发动机转速时传统的压缩式制动器与泄流式制动器性能之间的比较(瞬时过程)

表 6.1 传统的压缩式制动器与泄流式制动器之间的缓速性能比较

参数	拖动工况	传统的压缩式制动器	泄流式制动器
发动机转速/r·min^{-1}	2 000	2 000	2 000
发动机缓速功率/hp	79	385	387
低压级涡轮出口压力(绝对压力)/bar	1.026	1.111	1.101
排气歧管压力(绝对压力)/bar	2.355	5.367	5.020
进气歧管增压压力(绝对压力)/bar	1.199	2.363	2.720
发动机压差/bar	1.157	3.004	2.300
发动机空气流量/lb·min^{-1}	29.77	58.81	55.45
排气歧管气体温度/℉	338	934	936
最高缸内气体温度/℉	1 279	1 138	1 359
循环平均缸内气体温度/℉	334	480	528
单个气缸循环平均传热率/kW	2.65	5.77	7.41

6.4.4 压缩式制动器的设计约束条件

现将压缩式制动器的关键耐久性设计约束条件归纳如下。在设计中对这些设计极限条件需要仔细予以检查。

- 最高气缸压力。它影响发动机的结构耐久性;
- 缸内部件的金属温度,例如喷油器喷嘴尖端的温度。在发动机制动时喷油器尖端的温度与在点火工况时是非常不同的。在点火工况时,流动的燃油可以提供冷却效果。喷油器尖端的温度直接取决于缸内的热通量,而热通量受发动机的空气流量和压气机的增压压力影响;
- 排气歧管气体温度。它受制动气再循环(BGR)和发动机空气流量影响,而这些又反过来受涡轮增压器性能和涡轮出口的排气制动阀(如果有的话)的开度影响;
- 配气机构的气体载荷和部件的应力。它们包括在制动上止点附近由最高气缸压力造成的作用于制动气门和凸轮上的气体载荷等。作用于凸轮上的制动载荷和应力可能会超过点火工况时的配气机构承载能力。Imai 等人(1996)讨论了压缩式制动器中作用于气门系统上的载荷;
- 制动器壳体的应力以及结构和液压上的柔度;
- 发动机压差。对此参数的极限值的评估是为了防止过度的排气门跳浮。它与排气门弹簧的预紧力及其相关的排气凸轮应力有关;
- 冷却液散热量。虽然压缩式制动器的冷却液散热量远远低于液力缓速器的,但是在很高的缓速功率下,冷却液散热量可能会变得比较显著。因此,有必要检查散热量,以确保系统具有足够的冷却能力;
- 所有其他与点火工况所共有的并在发动机系统设计中应予以考虑的设计约束条件,例如涡轮增压器的转速和压气机出口的空气温度等。

6.4.5 环境对压缩式制动器性能的影响

第 4 章中讨论了涡轮增压发动机性能的空气系统理论。不同环境下的性能可以用第 4 章中所论述的四个"核心方程"予以解释。例如,在高海拔高度时,基本上有两个参数效应可以增大涡轮压比:较低的涡轮出口压力和较高的涡轮进口温度。较低的环境空气密度会导致较低的空气质量流量,进而会造成较高的涡轮进口温度。增大的涡轮压比使得涡轮的转速比在海平面高度运行时更高。这在一定程度上弥补了压气机出口增压压力的下降。另外,在一个给定的海拔高度,较热的环境空气温度会降低发动机的空气质量流量、涡轮压比和压气机压比,因而会降低进气歧管压力。

如前所述,发动机的缓速功率在很大程度上取决于压缩-释放过程中的进气歧管增压压力。增压压力取决于所使用的特定的涡轮增压器。Israel 和 Hu(1993)分析了环境温度、海拔高度和湿度对发动机制动性能的影响。他们的研究结果表明,随着相对湿度增加,缓速功率略有下降。例如,当相对湿度从 0% 增加到 100% 时,在 2 100 r/min 发动机转速时的缓速功率只从 240 kW 减小到 235 kW。与环境温度和压力的变化所造成的影响相比,这个影响是很小的。Israel 和 Hu(1993)提出了以下一个公式,其中忽略了由气缸压力造成的缓速系统的柔度:

$$\varpi_{IMEP, retarding} = -2.910\ 5T_{AMB} + 11.788\ 4p_{AMB} + C \tag{6.13}$$

式中$\varpi_{IMEP, retarding}$是缓速指示平均有效压力(kPa);T_{AMB}是环境空气的温度(℃);p_{AMB}是环境的绝对压力(kPa);C是一个常数(kPa),用来定义在一个基准环境条件下的缓速功率的绝对值水平。缓速功率随着环境温度和海拔高度的升高而下降。严格地说,这个公式仅限于产生这些模拟计算结果的那个特定的涡轮增压器。Israel 和 Hu(1993)还得出结论认为,压缩式制动器中的系统柔度受气缸压力和环境条件的影响,而且对制动气门定时具有显著的不利影响,尤其是在高发动机转速时。

6.4.6　压缩式制动器的二冲程制动

由于四冲程发动机的制动功率被各种耐久性设计约束条件所限制(例如制动组件的载荷),故而可以考虑采用新颖的二冲程发动机制动来增加缓速功率,同时不违反设计约束条件。通过去除通常的排气门工作过程,四冲程循环中的排气冲程就变成了第二个压缩冲程,这样就可以通过强有力的压缩-释放效应来获得更高的缓速功率。如此一来,这个冲程所能获得的缓速功率与四冲程制动中的排气冲程所能给出的相对较低的泵气损失相比要大得多。Yang(2002)报道说,与四冲程制动器相比,使用二冲程压缩式制动器能够增加缓速功率达 40% 以上。更多的关于二冲程制动的分析结果将在 6.4.7 节关于可变气门驱动的压缩式制动器内容中给出。可变气门驱动是产生二冲程气门工作过程的一个实用机理和装置。

6.4.7　可变气门驱动和无凸轮的压缩式制动器

一般来讲,对于传统的压缩式制动器的性能只能在一个狭小的发动机转速范围内进行优化,这是由于在制动气门的运动控制中所涉及的机械驱动机理方面的限制所造成的。带电磁控制的可变气门驱动的压缩式制动器提供了可以在每个发动机转速均对缓速功率进行优化的极大灵活性。具体地讲,它是靠调整制动气门运动型线以及开启和关闭定时来使缓速过程的效率在整个发动机的转速范围内大大增加。例如,在较高的转速时,需要将制动气门的开启定时提前,以实现气缸充量的最佳快速排出并获得最大的缓速功率。正如 Hu 等人(1997a)所分析的,固定的制动气门定时导致在发动机转速降低时缓速过程效率会急剧下降,而由可变气门驱动所实现的在每个转速下的优化配气定时则能在整个发动机的转速范围内给出高而恒定的缓速过程效率(例如 84%)。另外,可变气门驱动制动器还可以很容易地实现可变缓速功率,以满足驾驶时对制动功率的不同要求。

  传统的压缩式制动器通常在发动机配气机构的顶部使用添加的液压装置,并利用喷油凸轮或排气凸轮的运动在压缩(制动)上止点附近开启一个排气门。这种机构增加了额外的安装高度和重量。可变气门驱动制动器则可以做得小得多和轻得多(例如减少一半重量),而且可以比传统的制动器噪声要小。可变气门驱动制动器之所以可以减少噪声,是因为它可以像一个泄流式制动器那样灵活地在发动机循环过程中调整制动气门升程运动规律的多个工作段过程,以改变排气门气流和排气压力波的特征。

  Hu 等人(1997b)介绍了一个集成式的空程式(lost motion)可变配气定时(VVT)柴油机缓速器。Schwoerer 等人(2002)详细论述了关于可变气门驱动的压缩式制动系统的性能、液压装置、计算流体动力学(CFD)和有限元结构分析方面的一个比较全面的模拟工作。Israel(1998)以及 Fessler 和 Genova(2004)研究了柴油机可变气门驱动的压缩式制动器的性能。

  图 6.22~图 6.25 给出了关于各种可变气门驱动或无凸轮的压缩式制动器的一个全面模拟分析。图 6.22 显示了用于七个不同的压缩式制动器中的发动机气门升程,包括四冲程和二冲程的制动器,以及它们缓速性能的总结。图 6.23 显示了这些制动器的发动机进气门和排气门的瞬时流速模拟结果。图 6.24 显示了这些制动器在压气机性能图上的发动机运行点。图 6.25 给出了二冲程与四冲程压缩式制动器之间的一个比较。据观察,涡轮面积和制动气门的开启定时对缓速功率有重大影响。另外,二冲程制动器产生的缓速功率远远高于四冲程制动器的缓速功率。

6.4.8 发动机制动噪声

  自1978年以来生效的美国联邦噪声法规要求所有车辆必须满足噪声要求。根据美国环保署的噪声法规(美国联邦法规第40篇第205部分),在美国生产的新卡车必须满足在 15.24 m(50 ft)开外的距离上进行全踏板加速通过测试时发出的噪声小于 80 dB(A)。在 35 mph 以下的车速时的任何运行工况,噪声均不得超过 83 dB(A);当车速超过 35 mph 时,噪声不能超过 87 dB(A)。一些装备了主设备制造企业指定的标准排气系统的卡车,当开启运行某些类型的压缩式制动器时,可能会产生较高的噪声水平[例如 83 dB(A)],比它们在加速过程中的 80 dB(A)的噪声要高。当传统的压缩式制动器开启运行时,不装排气消声器的卡车则可产生诸如 100 dB(A)这样高得多的噪声。

  在传统的压缩式制动器中,制动气门在接近压缩冲程结束时打开。这时缸内的空气已经被压缩到了一个非常高的压力。这种突然的、几乎是瞬间发生的缸内空气的急剧释放在排气歧管内形成爆发性的压力脉冲,造成了独特的"哒哒哒"式的很响的断续制动噪声。这种效应可以从图 6.26 中的排气道压力脉冲波的模拟结果中看到。据观察,在图 6.26 中,在制动上止点前 10° 曲轴转角(即 −10°)处的尖锐的高频脉冲是传统的压缩式制动器产生巨大噪声的原因。需要注意的是,在 480° 曲轴转角处的另一个尖锐脉冲波来自另一个气缸的制动过程。

  道路上的很多卡车噪声问题实际上是由于有缺陷的消声器或非法的排气系统造成的(例如不带消声器的直立排气管)。使用非法改装或损坏的排气系统会造成最严重的制动噪声问题。出于对社区生活质量的严重关切,制动噪声导致许多城镇禁止使用传统的压缩式制动器。例如,在高速路的下坡路段附近,人们可以看到像"除紧急情况,禁止使用不带消声器的发动机制动器"或者更为简单的"禁止使用发动机制动器"这类的路牌。事实上,压缩式制动器是一种宝贵的合法的车辆安全装置。

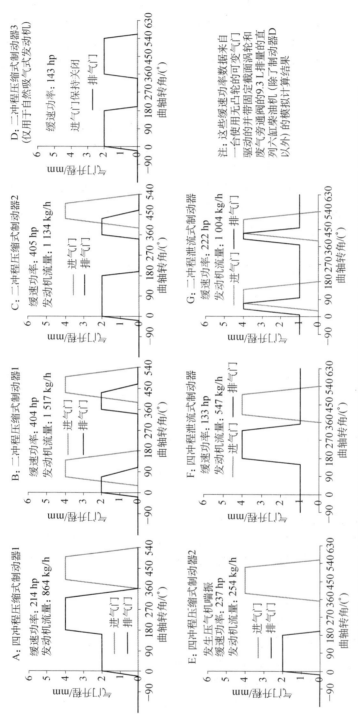

图 6.22　重载柴油机无凸轮可变气门驱动的压缩式制动器的概念分析——关于气门升程和缓速性能的总结

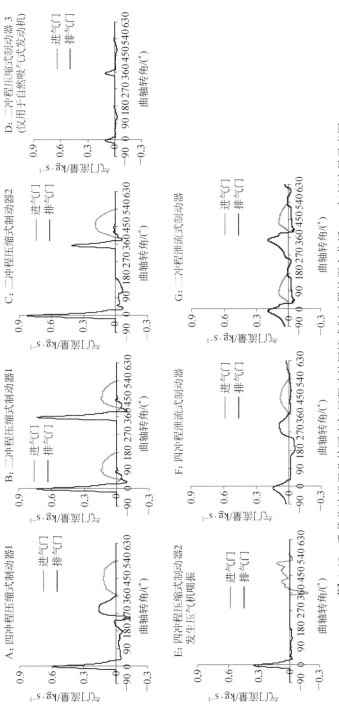

图6.23 重载柴油机无凸轮可变气门驱动的压缩式制动器的概念分析——气门流量示意图

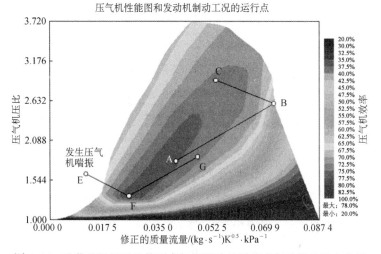

图 6.24　重载柴油机无凸轮可变气门驱动的压缩式制动器的概念分析
——在压气机性能图上的发动机运行点

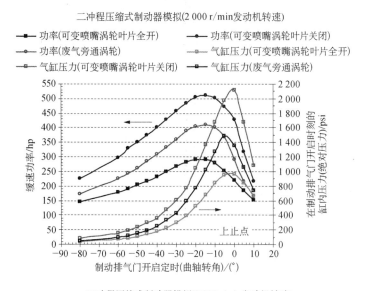

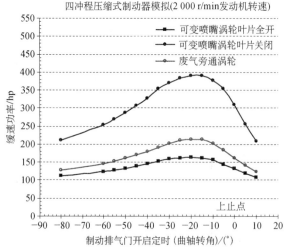

图 6.25　在一台直列六缸柴油机上的二冲程与四冲程压缩式制动器性能之间的比较

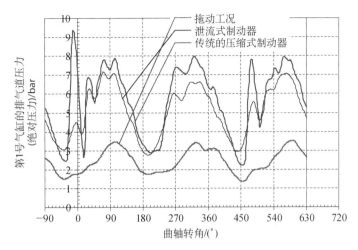

图 6.26 发动机制动噪声的根源——在 2 000 r/min 转速时不同
种类发动机制动器的排气压力脉冲模拟

　　许多地方立法机构所面临的关于限制压缩式制动器噪声的现实以及对此问题的广泛关注表明,一个低噪声的压缩释放式发动机制动器的设计是极为令人渴望的,并将具有强有力的市场竞争力。这个噪声问题可以通过更为先进的制动机理和有效的排气消声方法来处理。先进的制动机理是首选的办法,因为它能从根源上控制噪声问题,利用更好的制动气门工作过程来影响在排气歧管和排气尾管中的排气气波动力学特征。

　　不同类型的压缩式制动器会产生不同水平的噪声。例如,泄流式制动器比不带 BGR 的传统压缩式制动器要安静(例如,在发动机高转速时噪声要低 15 dB,在较低的转速时噪声会低 10 dB。由于其不同的排气气流和压力脉冲特征,泄流式或 BGR 可以显著地降低制动噪声(图6.26)。排气脉冲压缩式制动器的噪声水平介于传统的压缩式制动器和泄流式制动器之间,具体取决于其特定的制动气门升程型线。传统的压缩式制动器的噪声水平随着发动机转速的降低而降低。泄流式制动器的噪声水平随转速的依赖程度则要弱得多(即在所有的转速下基本上都同样安静)。使用较少气缸的渐进式制动方式也可以降低噪声。应当指出的是,排气制动器和传动系缓速器几乎是不产生噪声的,其噪声水平通常不会比发动机本身的噪声更高。Schmitz 等人(1992)证实,他们的泄流式制动器比传统的压缩式制动器噪声要小。Schmitz 等人(1994)还报道说,使用一个小的减压气门以及采用一个连接到排气歧管的狭窄的溢出管进行节流,与使用一个较大的排气门作为制动气门相比,可以减小压缩式制动器的噪声。

　　一般地,涡轮增压柴油机与非涡轮增压柴油机相比,会产生较低的排气噪声。压缩式制动器的噪声本质上属于排气噪声的一部分,可以通过一个有效的消声器来控制。使用适当的消声器并定期保养和检查,对于控制压缩式制动器的噪声非常重要。先进的高性能的消声器可以用于压缩式制动器,以减少噪声,而且不增加背压或不损失燃料经济性。这种消声器还可以减小加速噪声。Donaldson 公司的新型消声器是一种与雅各布斯车辆系统(Jacobs Vehicle Systems)公司合作开发的产品,据报道,与传统的消声器相比,它能够在制动过程中将排气噪声的声压级减小一半。关于柴油机制动噪声的更详细研究,读者可以借鉴 Reinhart(1991)、Reinhart 和 Wahl(1997)、Wahl 和 Reinhart(1997)的工作。

6.4.9 压缩式制动器的动力系控制

车辆的制动效率和稳定性控制对于驾驶安全性非常重要。Göhring 等人(1992)讨论了一个集中式制动管理系统的控制。Murahashi(2006)研究了与自动变速器联用的发动机制动器控制以及对车辆重量和所需要的减速度的预估方法。美国密歇根大学的一个研究小组广泛研究了压缩式制动器的动力总成控制和控制器设计。其中,Druzhinina 等人(2000,2002b)提出了关于连续可变压缩式制动器的一个自适应控制器的设计,来控制制动气门的开启定时。他们的研究是为了确保在车辆重量和道路坡度发生很大变化时,控制器能够有良好的车速跟踪性能。Moklegaard 等人(2001)为一个可变压缩式制动器的执行器和刹车闸片制动器开发了发动机制动器的控制模型和 PI 控制器。Druzhinina 和 Stefanopoulou(2002)研究了车速的控制问题,并使用一个 PID 闭环制动控制器以解决刹车闸片制动器与压缩式制动器之间在需求上的协调控制问题。最后,Druzhinina 等人(2002a)为一个可变压缩式制动器开发了车速控制的非线性控制器,以协调压缩式制动器缓速时的变速器挡位选择与刹车闸片制动器的使用。

6.5 参考文献和书目

6.5.1 英文参考文献和书目

Akiba K, Ohtani M, Yoshiki H. 1981. The optimized design of the exhaust brake of the automotive diesel engine [C]. SAE paper 810344.

Anon. 1992. Engine Braking [J]. *Truck Engineering*, November, 11-15.

Barbieri F A A, Andreatta E C, Argachoy C, Brandao H. 2010. Decompression engine brake modeling and design for diesel engine application [C]. SAE paper 2010-01-1531.

Cummins C L. 1959. Diesel engine brake control [P]. US Patent No. 2 876 876. March 10.

Cummins D D. 1966. The Jacobs engine brake application and performance [C]. SAE paper 660740.

Darragh C T. 1974. BrakeSaver - Caterpillar's highway truck retarder [C]. SAE paper 741129.

Druzhinina M, Moklegaard L, Stefanopoulou A G. 2000. Compression braking control for heavy-duty vehicles [C]. *Proceedings of the American Control Conference*. Chicago, IL. June. 2543-2547.

Druzhinina M, Stefanopoulou A G. 2002. Speed control experiments for commercial heavy vehicles with coordinated friction and engine compression brakes [C]. *Proceedings of the American Control Conference*. Anchorage, AK. May 8-10. 2546-2551.

Druzhinina M, Stefanopoulou A G, Moklegaard L. 2002a. Speed gradient approach to longitudinal control of heavy-duty vehicles equipped with variable compression brake [J]. *IEEE Transactions on Control Systems Technology*, 10(2):209-220.

Druzhinina M, Stefanopoulou A, Moklegaard L. 2002b. Adaptive continuously variable compression braking control for heavy-duty vehicles [J]. *Transactions of the ASME*, *Journal of Dynamic Systems, Measurement, and Control*, 124:406-414.

Fancher P S, Radlinski R W. 1983. Directional control of retarder-equipped heavy trucks operating on slippery surfaces [C]. SAE paper 831788.

Fessler H, Genova M. 2004. An electro-hydraulic "lost motion" VVA system for a 3.0 liter diesel engine [C]. SAE paper 2004-01-3018.

Freiburg K E. 1994. Design and development of the Jacobs model 340A engine retarder using concurrent development [C]. SAE paper 940585.

Freund D M. 2007. *Foundations of Commercial Vehicle Safety: Laws, Regulations and Standards* [M]. The 52nd L. Ray Buckendale Lecture. SAE paper 2007-01-4298. Warrendale, PA: SAE International.

Göhring E, Glasner E C, Povel R. 1992. Engine braking systems and retarders - an overview from an European standpoint [C]. SAE paper 922451.

Greathouse J F, Pekar F J, Gibson R B. 1971. The Mack Maxidyne, ENDT865 diesel with Dynatard engine brake [C]. SAE paper 710557.

Habib G. 1992. The present status of electro-magnetic retarders in commercial vehicles [C]. SAE paper 922450.

Haiss J. 1992. Demand criteria on retarders [C]. SAE paper 922453.

Hu H, Israel M A, Vorih J M. 1997a. Variable valve actuation and diesel engine retarding performance [C]. SAE paper 970342.

Hu H, Vorih J M, Israel M A. 1997b. The integrated lost motion VVT diesel engine retarder [C]. SAE paper 973180.

Imai Y, Torii A, Kobayashi N, Miura Y, Maeda S. 1996. Development of a new decompression brake for heavy duty diesel engine [J]. *JSAE Review*, 17:213-217. JSAE paper 9630381.

Israel M A. 1998. Jacobs variable valve actuation system for diesel powering and retarding [C]. *GT-Suite Users' Conference Proceedings*. November.

Israel M A, Hu H. 1993. Impact of ambient parameters on operating efficiency of compression release engine retarder systems on heavy duty diesel engines [C]. SAE paper 932972.

Jahn M. 1989. A contribution on the application of downhill driving brakes [C]. SAE paper 892501.

Jia P, Xin Q. 2012. Compression-release engine brake modeling and braking performance simulation [C]. SAE paper 2012-01-1968.

Kirchensteiner J. 1927. Motor brake [P]. US Patent No. 1 637 117. July 26.

Klemen D, Martin R K, Trotter J L. 1989. A new Allison transmission output retarder [C]. SAE paper 892530.

Kubomiya T, Kuwahara T, Araki K. 1992. Permanent-magnet-type-retarder in commercial vehicles [C]. SAE paper 922455.

Kuwano M, Endoh K, Suzuki I. 1983. Exhaust brakes for Japanese trucks [C]. SAE paper 831789.

Limpert R. 1975. An investigation of integrated retarder/foundation brake systems for commercial vehicles [C]. SAE paper 750126.

Limpert R. 1992. *Brake Design and Safety* [M]. Warrendale, PA: SAE International.

Meistrick Z. 1992. Jacobs new engine brake technology [C]. SAE paper 922448.

Meistrick Z, Usko J, Shoyama K, Kijima K, Okazaki T, Maeda Y. 2004. Integrated internal EGR and compression braking system for Hino's E13C engine [C]. SAE paper 2004-01-1313.

Moklegaard L, Druzhinina M, Stefanopoulou A G. 2001. Brake valve timing and fuel injection: a unifided engine torque actuator for heavy-duty vehicles [J]. *Vehicle System Dynamics*, 36(2-3):179-201.

Morse W H, Rife J M. 1979. Compression engine brake performance with turbocharged diesel engines [C]. SAE paper 790769.

Murahashi T, Sonoda S, Yamada N, Katoh H, Hayakawa K. 2006. Development of engine brake control system for commercial vehicle with 6-speed automatic transmission [C]. SAE paper 2006-01-1674.

O'Day J, Bunch H M. 1981. Safety and economic benefits of heavy truck retarder use [C]. SAE paper 811260.

Price R B, Meistrick Z S. 1983. A new breed of engine brake for the Cummins L10 engine [C]. SAE paper 831780.

Radlinski R. 1987. Braking performance of highway U.S. vehicles [C]. SAE paper 870492.

Radlinski R. 1989. Heavy vehicle braking – U.S. vesus Europe [C]. SAE paper 892504.

Rao N N N. 1968. The basic theory of hydraulic dynamometers and retarders [C]. SAE paper 680178.

Reinhart T E. 1991. U.S. vehicle noise regulations and the effects of vehicle condition [C]. SAE paper 912709.

Reinhart T E, Wahl T J. 1997. Reducing compression brake noise [C]. SAE paper 971870.

SAE Surface Vehicle Recommended Practice J257. 1997. (R) Brake rating horsepower requirement – commercial vehicles [S].

SAE Surface Vehicle Recommended Practice J1489. 2000. Heavy truck and bus retarder downhill performance mapping procedure [S].

SAE Surface Vehicle Recommended Practice J1621. 2005. Engine retarder dynamometer test and capability rating procedure [S].

SAE Surface Vehicle Recommended Practice J2458. 1998. Exhaust brake dynamometer test and capability rating procedure [S].

SAE Surface Vehicle Recommended Practice J2627. 2009. Braking system definitions – truck and bus [S].

Schmitz T N, Bergmann H, Daeuble H. 1992. The new Mercedes-Benz engine brake with decompression valve [C]. SAE paper 920086.

Schmitz T N, Holloh K D, Fleckenstein G, Juergens R. 1994. The new Mercedes-Benz engine brake with pulsed decompression valve – decompression valve engine brake (DVB) [C]. SAE paper 942266.

Schreck H, Kucher H, Reisch B. 1992. ZF retarder in commercial vehicles [C]. SAE paper 922452.

Schwoerer J, Huang S, Trzaska G. 2002. Simulation tools for development of advanced engine braking and variable valve actuation systems [C]. SAE paper 2002-01-0375.

Sequeira M M, Faria P P. 1984. Adverse consequences for engines resulting from the frequent use of exhaust brakes [J]. *Tribology International*, 17(6):335-340.

Spurlin S F, Trotter J L. 1982. The Allison transmission output retarder [C]. SAE paper 821277.

Wahl T J, Reinhart T E. 1997. Developing a test procedure for compression brake noise [C]. SAE paper 972038.

Wong J Y. 1993. *Theory of Ground Vehicles* [M]. 2nd edition. New York, NY: John Wiley & Sons.

Xin Q. 2008. Engine brake concept analysis for improved engine brake performance [R]. Navistar technical report 580.08.2515.

Yang Z. 2002. A study of two-stroke engine braking for HD diesel engines [C]. SAE paper 2002-01-0487.

6.5.2 中文参考文献和书目

6.5.2.1 发动机制动运行时发动机与车辆的匹配

程军.平均充分发出的制动减速度问题的研究[J].汽车技术,(10):18-22,27.

丁能根,朱建国.2002.发动机制动对汽车制动性能的影响分析[J].汽车技术,1995(6):26-28.

董连城.牵引汽车压缩空气供需状况浅析及解决办法[J].重型汽车,(4):42-44.

费英,杨海龙.2008.关于城市公交车对发电机匹配要求的研究[J].柴油机设计与制造,2007,15(1):19-24.

韩锋钢.商用车辆制动发展趋势[J].商用汽车,2000(6):36-39.

侯建章.现代重型汽车制动系设计述评[J].重型汽车,1997(6):11-15.

焦岗耀.公路大件运输系列讲座:超重型车组主要性能参数的确定[J].重型汽车,2007(4):27-30.

李强.车辆持续制动时制动器热衰退现象研究[J].客车技术,2010(2):14-16.

林逸,沈沉,王军,任忠生.汽车线控制动技术及发展[J].汽车技术,2005(12):1-3,43.

刘明洁.商用车行车制动失效时的性能和结构要求[J].重型汽车,2009(4):35-36.

罗庆生,韩宝玲.汽车摩擦片摩擦热分布规律的分析与研究[J].润滑与密封,2004(2):20-22,26.

王宣锋,应国增,黄朝胜.某微型客车制动力分配优化设计[J].汽车技术,2009(9):1-5.

王玉海,宋健,李兴坤.制动状态下的 AMT 换挡策略[J].农业机械学报,2006,37(1):19-22,39.

徐安,乔向明.车辆制动力实测研究与分布建模[J].农业机械学报,2000,31(4):92-94.

阎海春.汽车制动力调节阀的设计与计算[J].汽车技术,1992(7):13-23.

颜景茂.汽车制动平均减速度的分析与测试[J].汽车技术,1998(11):17-19,38.

于俊峰,郝新平.国产商用车制动系统的发展[J].重型汽车,2008(5):12-14.

张奎.制动器结构和摩擦材料对制动性能的影响及设计方法探讨[J].重型汽车,2005(2):16-17.

张庆元.汽车制动性能对其稳定性和操纵性的影响[J].汽车技术,1991(7):51-55.

赵凯辉,魏朗,余强,贾鸿社.发动机制动工况下汽车制动器摩擦性能分析[J].汽车技术,2010(1):21-24.

朱会田,李俄收,许力.汽车辅助制动系统综述[J].重型汽车,2008(6):17-20.

6.5.2.2 传动系缓速器

缓速器的作用

陈福贞.面向公交车的缓速节能器研究[J].客车技术,2009(6):28-30.

胡宪奎,张桂卿.缓速器——应用于大客车的先进技术[J].客车技术,2001(2):6-8.

蒋雪生.辅助制动系统在客车上的使用[J].客车技术与研究,2004,26(4):30-32.

林伟财,张春雷.缓速器的分类及其在商用汽车上的应用[J].客车技术与研究,2008(2):44-47.

斯尚高,韩敏.加装缓速器以解决制动鼓发烫及延长制动蹄片寿命[J].客车技术与研究,2003,25(5):32-34.

叶卫国.在载货汽车上推广缓速器的应用势在必行[J].重型汽车,2006(1):15.

赵党社,郑玉龙.缓速器对汽车性能影响的初步探讨[J].客车技术与研究,2006(2):42-44.

液力缓速器

贾云海,张文明,杨珏,董翠燕,高全峰,宋飞.液力缓速器制动过程动态仿真研究[J].汽车技术,2009(7):26-30,50.

荆崇波,胡纪滨,鲁毅飞.车用液力减速器制动性能试验研究[J].汽车技术,2005(12):27-31.

李国强.液力变矩器反转工况的计算方法与试验验证[J].兵工学报:坦克装甲车与发动机分册,1999(4):10-14.

鲁明,严军,何仁.基于 CATIAV5 虚拟装配的液力缓速器设计[J].重型汽车,2008(4):14-17.

鲁毅飞,颜和顺,项昌乐,闫清东.车用液力减速器制动性能的计算方法[J].汽车工程,2003,25(2):182-185,155.

陆中华,程秀生.(2009a).重型车液力缓速器制动性能仿真研究[J].汽车技术,2009(3):22-24.

陆中华,程秀生.(2009b).液力缓速器恒速控制策略的仿真研究[J].汽车技术,2009(11):1-3.

时军,过学迅.车用液力减速制动器的现状与发展趋势[J].车辆与动力技术,2001(4):52-57.

孙鹏.液力缓速器的冷却水路布置[J].客车技术与研究,2010(6):39-40.

吴修义.商用汽车液力缓速器[J].重型汽车,2002(4):12-13.

姚寿文,闫清东,项昌乐.液力变矩减速器制动性能的仿真研究[J].车辆与动力技术,2004(2):34-37.

赵党社,魏玲霞,王昕.VOITH R133-2 液力缓速器在 SX6137D 底盘上的应用[J].客车技术,2010(5):26-29.

电涡流缓速器

何建清,何仁,衣丰艳.车用电涡流缓速器的设计方法[J].汽车工程,2003(10月增刊):110-118.

何仁,盛金东,李强.车用电涡流缓速器试验方法的探讨[J].汽车技术,2005(3):26-28.

黄志新.电涡流缓速器对汽车性能的影响[J].商用汽车杂志,2007(3):96-97.

雷英彬.电涡流缓速器对周边零部件的热害影响[J].客车技术与研究,2007(1):36-37.

李水旺.客车电涡流缓速器[J].客车技术与研究,2007(5):34-35,58.

林立军.电涡流缓速器在客车营运中的应用[J].客车技术与研究,2008(5):30-32.

刘成晔,何仁,衣丰艳.车用电涡流缓速器在重型车辆上的使用效果及发展趋势[J].客车技术,2004(3):15-18.

卢政科.电涡流缓速器在大客车上的应用[J].客车技术,2009(2):38-39.

宋云,叶民.电涡流缓速器工作原理及特点[J].客车技术,2004(1):29-30.

许沧粟,于洪波.铰接车辆电涡流缓速器联合制动系统研究[J].汽车工程,2006,28(4):366-369.

衣丰艳,何仁,刘成晔.车用缓速器制动性能虚拟仿真[J].农业机械学报,2006,37(1):163-165.

余明敏.汽车电涡流缓速器试验[J].重型汽车,2004(1):18-19.

余明敏.汽车电涡流缓速器性能道路试验方法探讨[J].重型汽车,2006(3):19-20.

余卓平,熊璐,张立军.电液复合制动匹配研究[J].汽车工程,2005,27(4):455-457,462.

电磁缓速器

何仁,丁福生,张圆圆.轮边缓速器制动力矩的计算方法[J].汽车技术,2008(10):10-12.

胡青训,何仁.车用永久磁铁缓速器的工作原理及使用[J].客车技术,2005(3):22-25.

苏楚奇,邓亚东.磁流变技术在汽车缓速器上的应用前景[J].重型汽车,2003(6):14-15.

吴修文.商用汽车电磁缓速器[J].重型汽车,2002(2):15-16,21.

杨立慧.轻量永磁式缓速器[J].商用汽车,2003(7):74.

6.5.2.3　排气制动器性能分析

岑维国.合理使用排气辅助制动提高制动器使用寿命[J].重型汽车,1997(4):46.

邓阳庆,王登峰,王建华.重型汽车排气制动效能优化[J].汽车技术,2008(3):30-32.

郭勇.排气制动器及其在黄海客车上的应用[J].客车技术与研究,1997,19(2):99-104.

郭仲海,张波,邓斌,林志强.排气制动工况下发动机气门升程变化规律的试验研究[J].内燃机与配件,2010(9):6-8.

侯建章.车用柴油机排气制动工况下工作过程的分析研究[J].汽车技术,1993(10):20-25.

李玉生.重型汽车发动机排气辅助制动效能的分析研究[J].重型汽车,1998(3):15-18.

马海健.一种新型柴油机排气制动测试台的研制[J].内燃机,2006(2):52-54.

饶鸿才,林平,蔡建勇.车用发动机进排气节流制动过程的微机模拟及试验研究[J].汽车工程,1996,18(4):230-236,210.

吴社强.柴油机排气辅助制动系结构性能分析[J].客车技术,2003(2):17-21.

余强,陈荫三,马建,郭荣庆,张庆余.客车下坡排气制动能力研究[J].客车技术与研究,2005(3):4-6.

6.5.2.4　压缩释放式发动机制动器的性能分析

董颖,何仁,罗福生.减压气门运行参数对发动机缓速器制动性能的影响[J].农业机械学报,2008,39(2):11-14.

何仁,董颖,牛润新.车用发动机缓速器工作循环的理论分析[J].农业机械学报,2007,38(12):36-40.

李宏虎,李理光.发动机缓速器技术[J].柴油机设计与制造,2010,16(1):1-3,7.

李文辉,高全均,魏宏,吴光强,杜宇.发动机辅助制动作用及其对汽车制动性能的影响[J].内燃机工程,2002,23(4):25-29.

孙卫静,唐金太.发动机制动技术解析及其间隙调整方法[J].内燃机,2009(4):18-20,23.

王凯峰.发动机缓速制动技术浅论[J].内燃机配件,2009(6):28-29.

王作函.Jake Brake 发动机辅助制动装置[J].商用汽车,2002(12):48-49.

余强,陈荫三,马建,郭荣庆,张庆余.发动机制动、排气制动与缓行器联合作用的模糊控制系统研究[J].汽车工程,2004,26(4):476-480.

赵迎生,何仁,董颖.汽车发动机减压缓速器离散控制系统的研究[J].车用发动机,2007(4):51-54.

7

柴油发动机系统设计中的燃烧、排放和标定

摘要:本章建立了从燃烧排放到发动机整体系统(尤其是空气系统)的系统设计逻辑。它将发动机研发周期中的三个顺序式职能连接起来:燃烧排放研发、发动机系统设计、发动机标定。首先介绍燃烧和排放的研发要点(包括对燃油喷射系统、燃料、代用燃料、天然气发动机、传统燃烧、低温燃烧的简要介绍)以及对应的空气系统设计要求,然后讨论在稳态和瞬态下的发动机标定优化,并采用最小有效燃油消耗率的优化等高线脉谱图对排放规律予以展示。另外,对适合于发动机系统设计的先进排放模拟方法进行了总结,并强调在系统设计阶段进行虚拟标定的重要性。

7.1 从功率和排放要求到系统设计的过程

系统设计始于发动机项目最开始的关键技术选择阶段。此阶段大量使用性能模拟以期确定技术路线(例如是否采用混合动力系统、余热回收、可变气门驱动、停缸等重大技术)。一旦技术路线被确定后,就进入下一级的选型设计阶段。此时,一般依据几个可能的空气系统和冷却系统形式方案对发动机系统进行优化,例如确定高压环路或低压环路排气再循环、并联或串联的排冷器、单级或二级的涡轮增压器、风冷或水冷的中冷器、有无间冷器、额定功率水平等。再下一级的系统设计任务便是确定硬件尺寸和虚拟标定参数。在这三级设计工作中,系统设计所需要的输入信息是满足排放要求的气流量预设目标,或者排放目标值(如果采用排放模型进行设计的话)。气流量要求一般包括在每个关键的转速和负荷工况上的空燃比、排气再循环率和进气歧管气体温度。这些要求可以从"上游"的对燃烧系统的搜索和调整工作中获得。这里的"搜索"是指筛选不同硬件(例如进气道、燃烧室、燃油喷射系统),以确定它们满足排放要求的能力。"调整"(tuning,指系统设计前)或"标定"(calibration,指系统设计后)是指在一套固定的硬件上将可调参数予以优化。调整和标定的例子包括调节喷油压力、喷油定时、可变截面涡轮叶片开度、排气再循环阀门开度等,以寻求最佳的空燃比和排气再循环率来满足排放要求,并达到最低的有效燃油消耗率。标定工作将软件控制与发动机硬件联系在一起。它一方面要充分发挥硬件能力,另一方面又受硬件能力制约。发动机系统设计这一职能处于该设计过程的中心,链接着上游的燃烧研发和下游的量产化标定(图7.1)。当选定了一套特定的燃烧、燃料和空气系统的硬件之后,在系统设计阶段预测标定结果非常重要,因为在标定阶段对设计不当的硬件进行任何修改都极其昂贵。系统设计不仅要为各子系统的设计产生指标,而且需要在标定测试开始前产生对性能和排放的全面模拟预测。

从优化技术的角度看,以下这三个职能往往共享同一种分析方法:筛选燃烧硬件、系统模拟和设计、标定测试。这个分析方法就是与响应曲面方法(RSM)相结合的试验设计(DoE),正如在第3章中介绍过的。透彻地理解在整个发动机的转速-负荷区域上和各种环境条件下(例如冷热环境温度、高海拔、后处理再生工况)的硬件筛选和标定的过程,对于将排放要求恰当地转化为气流量功能

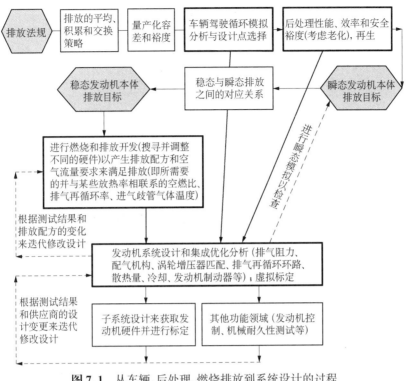

图 7.1 从车辆、后处理、燃烧排放到系统设计的过程

目标非常重要,因为发动机系统设计本质上是一种排放驱动的设计(即使在今天的后排放时代和燃油经济性法规时代亦是如此)。本章将介绍排放参数对标定参数的敏感度,并讨论设定系统设计中气流要求目标的方法。另外,对排放模拟方法也将予以评述。

7.2 燃烧和排放研发

7.2.1 柴油发动机排放控制简介

与汽油机相比,柴油机本体的氮氧化物排放量大体相同,但颗粒物排放量却多很多,而未燃碳氢化合物和一氧化碳的排放则少得多。改善空气与燃料的混合以及通过调整喷油参数来改善燃烧过程可以减少颗粒物,但通常会导致氮氧化物的增加。柴油机在氮氧化物与颗粒物之间存在着一个本质性的著名权衡,这是由柴油燃烧的机理所决定的(图 7.2)。汽油机产生的氮氧化物排放可以用廉价的三效催化器这种后处理装置来有效减少。但是目前在柴油机中使用任何后处理手段来清除氮氧化物仍然是非常昂贵的,因为柴油机一般不能使用三效催化器,这是由于柴油机里的氮氧化物是由比在汽油机中大得多的空燃比所形成的,并存在于一个富氧的排气环境中。一氧化氮基本是在预混稀薄燃烧阶段形成的,存在于局部过量空燃比为 1.0~1.2 的环境中。碳烟则主要是在空气不足的扩散燃烧阶段形成的,在局部过量空燃比低于 0.5~0.6 的地方。空气与燃料在燃烧过程中的不均匀局部混合是形成碳烟的根本原因。同时降低柴油机本体的氮氧化物和颗粒物排放而仍然保持低的油耗,给燃烧系统和空气系统的设计带来了巨大挑战。获得更好的油气混合、在缸内的气体温度、组分和反应率上控制燃烧路径(图 7.2)以及在整个转速-负荷区域上控制或切换燃烧(图 7.3)是空气、燃料喷射和燃烧系统的设计目标。

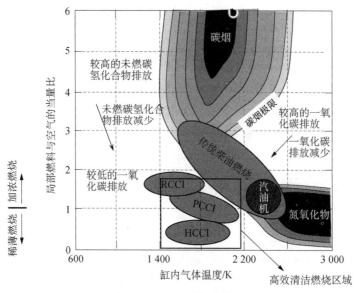

图 7.2　低温燃烧示意图

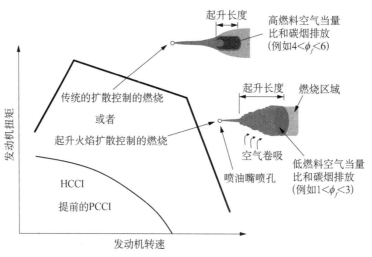

图 7.3　起升火焰燃烧示意图

　　在排放控制的工况点设计上特别需要提到的是美国环保署关于重载柴油机的"不超过（NTE）"排放法规和在用排放标准（Charmley，2004；Krishnamurthy 和 Gautam，2005；Shade 等人，2008；Thompson 等人，2008；Darlington 等人，2008；Johnson 等人，2008），因为它们涉及系统设计对不同的环境温度和海拔高度的涵盖。NTE 法规是一个重载发动机的排放控制概念，对于实验室测试和道路在用测试均适用。NTE 法规的意图是将排放脉谱图均匀化，以保证在广大的区域内排放均能达标，并避免或排除排放设备失效的可能性。NTE 法规覆盖发动机转速-负荷区域上的一个 NTE 控制区（即转速大于 15% 的欧洲稳态循环（ESC）转速，负荷大于或等于最大功率的 30% 或最大扭矩的 30% 这两者之间的较大者）。NTE 法规也涵盖一定范围内的环境条件（即大气温度高达 38 ℃，湿度范围 0~100%，海拔高度高达 1 676 m）。发动机制造企业必须在用户车辆中进行测试以遵守NTE 法规。关于 NTE 标准的最新规定和例外豁免情形的内容（例如以下豁免情形：无能力运行、

5%有限测试、缺陷和辅助排放控制装置(AECD)、低温发动机运行、冷态排气后处理运行),读者可以参考美国环保署的网站 www.epa.gov。另一个需要注意的排放控制课题是柴油机曲轴箱排放和曲轴箱通风系统(Clark 等人,2006; Pagnozzi 等人,2007; Tatli 和 Clark,2008; Gokten 等人,2008; Kissner 和 Ruppel,2009; SAE J900,1995)。

排放控制也与机械设计密切相关,尤其是与机油有关的课题。一个典型的例子便是机油消耗量控制,例如通过使用高弹力活塞环或者采用改进的冷却水套设计来更好地控制气缸变形或失圆,以减少机油消耗和颗粒物排放中的可溶性有机组分(SOF)。但需要注意的是,高弹力活塞环可能会导致摩擦损失增加和磨损耐久性等问题。另一个例子是使用推迟的喷油定时来减少氮氧化物排放。这个措施会导致较高的碳烟排放量。这样,碳烟在润滑油中就会很快积累,从而可能会降低机油的寿命期。另外,如果采用较高的喷射压力来控制碳烟排放,则会在燃油系统设计中对喷油器机构施加较高的载荷,润滑流体就会具有较高的剪切速率,黏度改进添加剂会较快失效。Manni 等人(1997)、Stunnenberg 等人(2001)、Barr 等人(2003)和 McGeehan 等人(2006)研究了润滑油对柴油机排放的影响。Sasaki 等人(1997)讨论了排气再循环对柴油机机油的影响。

从发动机系统设计与排放控制的衔接来讲,在柴油机燃烧和排放领域内的以下一些科研成果和文献是比较重要的。Samuel 等人(2002)、Taylor 等人(2004)和 DeFries 等人(2004)讨论了汽车排放测试的驾驶循环。Gill(1988)总结了低排放柴油机设计的一些早期准则。Mori(1997)、Khair(1997)、Browning(1997)、Dexter 和 Kling(1999)、Hountalas(2000)、Walsh(1997,1998,1999,2001)、Moser 等人(2001)、Wuensche 等人(2003)、Pfeifer 等人(2003)、Leet 等人(2004)、Charlton(2005)和 Dollmeyer 等人(2007)讨论了在满足排放法规方面柴油机设计所呈现出的技术发展趋势。另外,纳威司达的 Baus 等人(2006)总结了低排放柴油机在商用车辆上的集成化问题。

从科研课题规划的角度来讲,以下排放课题对于柴油机系统设计很重要:

- 排放认证及其对发动机性能策略的影响;
- 传统的和新颖的燃烧系统对发动机系统设计的影响;
- 燃油系统、超低硫燃料、低灰分机油;
- 进气歧管气体温度和冷凝液控制;
- 发动机压缩比的选择;
- 冷起动。

7.2.2 柴油发动机燃油喷射系统

燃料喷射系统的设计以及与燃烧和空气系统的匹配是一个非常复杂而专门的领域,包括一大批部件,例如低压油泵、高压油泵、燃油泵、燃油管路、油轨、燃油轨、喷油器与油轨的连接件、喷油器。所涉及的问题包括在各种液压、热机械、摩擦学和机械冲击的载荷下的疲劳、变形、振动、噪声、泄漏、气蚀、润滑、磨损、刮伤、结焦、流动阻力、流动分布、液压波动等。常见的耐久性问题包括驱动器性能随着时间的推移逐渐变差,喷嘴阀座移动,以及由于积碳造成的喷嘴流量损失等。不同类型的燃料喷射系统(例如电控单体式喷油器、单体泵、共轨系统)在性能、耐久性、封装性的特征上和成本上均不同。

柴油机系统设计与下列燃油喷射系统领域密切相关:

- 传统的柴油燃料对发动机的性能、排放和耐久性的影响;
- 代用燃料和双燃料发动机的性能和耐久性;
- 代用燃料和双燃料发动机的生命周期成本效益分析;

- 燃油喷射对柴油机性能、燃烧、排放和噪声的影响，以及所需要的燃油喷射速率曲线方面的策略；
- 燃油喷射的喷雾特性；
- 为模拟预测喷油率的形状和发动机系统优化而进行的燃油喷射系统的液压动力学研究；
- 为柴油机的稳态和瞬态循环模拟而构造的喷油速率曲线的参数化分布；
- 燃油喷射系统的附属装置耗功和散热量计算及其对发动机的有效燃油消耗率和车辆的燃油经济性的影响；
- 喷油器尖端部分的金属温度预测和喷油器结焦分析；
- 为硬件在环控制而研发的燃油喷射系统液压动力学的实时模拟（Woermann 等人，1999；在第 14 章中将有所讨论）；
- 供油不均匀的检测和失火检测，以及基于系统性能和动力学参数对它们所进行的基于模型的控制（Macián 等人，2006；详见第 14 章）；
- 基于模型的燃料路径控制和调速器控制（例如为了获得更好的稳定性和驾驶性能的发动机转速控制；详见第 14 章）。

　　发动机工作过程的循环模拟与燃料喷射系统的设计和匹配密切相关。用于循环模拟中的喷油速率可以基于燃料系统的台架试验数据或者液压动力学的模拟数据并依靠经验来预测确定。另外，也可以通过使用现象学模型或 KIVA 燃烧模型来模拟喷油过程，预测空气卷吸、燃料蒸发、燃烧等效应，还可以分析燃油系统的设计和燃烧室匹配对喷油模式、放热率和缸内空气利用率的影响。

　　喷油器结焦是一个常见的热机械耐久性问题。喷油器尖端部分的金属温度受缸内气体温度、热通量和燃料流量的影响。喷油器结焦直接受喷油部件温度和燃料添加剂影响。系统设计中的发动机循环模拟能够为气缸盖和喷油器设计提供在不同运行条件下和在整个转速-负荷区域上的热边界条件。这些工作能够帮助开发控制策略，以纾缓喷油器的喷嘴结焦问题。

　　柴油燃料润滑喷油部件的能力被称为其润滑性。燃料的润滑性（SAE J2265，1995；Matzke 等人，2009）以及喷油系统的磨损耐久性一般属于部件设计问题。然而，柴油燃料里的润滑性添加剂对柴油机排放和后处理性能的影响，应在系统设计层面予以考虑。现代喷油系统要提供非常高的喷射压力，因此燃油喷射装置中的承载摩擦接触条件将变得更为严峻。

　　关于燃油喷射系统动力学，Marcic（1993，1995）介绍了该领域的基础。Kouremenos 等人（1999）、Desantes 等人（1999）、Yamanishi（2003）、Gullaksen（2004）、Mulemane 等人（2004，采用 AMESim 软件）以及 Kolade 等人（2004，采用 GT-FUEL）开发了一系列先进的燃油喷射系统动力学模拟模型。这些模型能够预测喷油压力、针阀升程、喷油流量规律、系统中的液压波动、在喷嘴出口处的燃油喷射条件等。Amoia 等人（1997）给出了一个用于燃油喷射系统动力学的试验设计（DoE）模拟分析。Ficarella 等人（1999）采用动力学模拟研究了喷油系统的不稳定性和气蚀问题。Beierer 等人（2007）使用实验方法研究了从油轨到喷油器的连接管的几何形状对共轨系统中的喷射压力振荡和喷射速率的影响。需要注意的是，如果不考虑高压系统中的燃油气蚀以及体积弹性模量随温度和压力的变化，简化的流体动力学模型可能会在喷油压力和速率的预测上产生显著误差（Lee 等人，2002）。Schmidt 和 Corradini（2001）评述了燃油喷雾的雾化性能和喷油嘴处的液流气蚀问题。

　　以下这些关于柴油燃料和燃料系统的文献对于使发动机系统设计人员迅速掌握关于燃料系统选型和匹配的必要知识很有帮助。Oven 和 Trevor（1995）、Song 等人（2000）和 Song（2003）介绍了柴油燃料的化学属性。Batts 和 Zuhdan-Fathoni（1991）、Majewski 和 Khair（2006）、Ribeiro 等人（2007）以及 Matzke 等人（2009）评述了柴油燃料的物性。这方面的内容也可以从 SAE J313（2004）和 J1498（2005）中找到。Den Ouden 等人（1994）、Singal 和 Pundir（1996）、Nylund 等人（1997）、

Boesel 等人（2003）、Matthews 等人（2005）、Kono 等人（2005）、Hara 等人（2006）、Zannis 等人（2008）、Fanick（2008）、Nanjundaswamy 等人（2009）和 Hochhauser（2009）报告了柴油燃料对排放的影响。Corro（2002）评述了燃料中的含硫量对排放控制的影响。Cuenca（1993）、Gill 和 Herzog（1996）、Bauer（1999）、Stan（1999）和 Zhao（2010）对柴油机燃油系统的设计和性能进行了总结。

7.2.3 燃油喷射对柴油机性能的影响

现代电控共轨燃油喷射系统使发动机在任何转速和喷油量下均能灵活地实现所需要的较高喷油压力。电控方面的进展使喷油定时、喷油时间、多次分批喷射、极小的容差和极高的喷油量精度等方面均获得了全方位控制（Dingle，2010）。柴油机喷油系统的研发重点近年来一直集中于改善机械效率和能力，以求获得更高的喷射压力和更好的喷油率整形，并为获得低排放和高发动机热效率而优化匹配"涡流强度-喷油方式-燃烧室"这三者之间的关系。新近的一个研发趋势是注重增加与代用燃料兼容方面的灵活性。燃料种类或物性的变化可能会导致耐久性和排放超标等问题，而这些问题与燃料黏度、喷雾雾化模式、运行温度和材料的兼容性有关。

柴油机对喷油系统的要求可以从放热率上来分析。在传统的柴油燃烧模式中，为了达到低排放和低油耗，需要减小在预混燃烧阶段的放热率，以降低燃烧温度和减少氮氧化物排放量（例如通过使用预喷射）。在扩散燃烧阶段的放热率则需要增大，以保持快速的燃烧速率和适当的缸内温度来降低碳氢化合物、一氧化碳和颗粒物。扩散燃烧阶段的后期需要尽量缩短，以减少燃料消耗和排气温度。现代低氮氧化物柴油机需要采用较高的排气再循环率，这往往会导致较低的空燃比和较高的碳烟排放。除了采用空气系统技术控制碳烟外（例如使用可变截面涡轮，在低转速采用高涡流比，使用瞬态排气再循环控制或机械增压等），先进的喷油系统在开发耐受低空燃比的发动机设计概念方面具有决定性的作用。碳烟控制技术是开发缸内低氮氧化物发动机的最关键技术。它主要包括提高喷油压力、提前主喷油定时、瞬态喷油定时策略等。

燃油喷射动力学和燃油系统性能在很大程度上影响排放、燃油经济性、发动机起动性能、承受加载能力（加速度）和燃烧噪声。燃油喷射压力、喷孔数目、喷孔大小、喷射速率和许多其他设计和标定参数均需要优化。空气系统的设计（例如空燃比和涡流比）需要与燃油系统的能力相匹配，以实现给定的排放目标。一般来讲，在一个固定的发动机转速和负荷工况，在喷油压力（或初始喷射速率）和排气再循环率上的同步增长能够在维持恒定的氮氧化物排放量的同时，降低碳烟排放（即将由喷油定时参变量扫值而形成的氮氧化物与碳烟的权衡曲线整个向更低的排放水平移动）。喷油率整形优化能够同时降低油耗、氮氧化物和碳烟，并改善这三者之间的权衡曲线（Eckerle，2011）。预喷射可以降低燃烧噪声，尤其是在怠速工况或低转速或低负荷时，并能改善冷起动。然而，预喷射有时可能会对氮氧化物与碳烟之间的权衡产生不利影响。例如，预喷射的油量和定时如果设置得不妥，碳烟会增加。另外，当预喷射的油量变得非常小时，喷射的稳定性会变得较难控制。灵活的多次喷射对于控制排放、燃烧噪声、瞬态发动机运行和后处理再生都是有利的。例如，当后喷射喷油压力足够高并能提供良好雾化时，与主喷射相距较近的后喷射能够降低碳烟。另外，燃油后喷射可用于帮助柴油颗粒过滤器再生。不过，在确定后喷射的定时上也存在着难点。过早的后喷射可能会导致发动机扭矩控制发生困难，而过晚的后喷射可能会导致机油稀释或者甚至未燃燃油冲刷气缸壁带走润滑油膜等问题。避免燃油撞壁和机油稀释是开发喷油系统时的一个重要问题。

在燃油喷射对柴油机排放影响的文献方面，Singal 等人（1993）评述了柴油机的燃油喷射与空气运动之间的相互作用。Mather 和 Reitz（1998）、Wickman 等人（2000）、Woods 等人（2000）、Henein 等人（2001）、Montgomery 和 Reitz（2001）、Shin 等人（2001）、Mallamo 等人（2002，2005）、Klingbeil

等人(2003)、Payri 等人(2003)、Zhu 等人(2003)、Dronniou 等人(2005)、Millo 等人(2007)和
Niemi 等人(2004,2009a,2009b)研究了喷油参数和其他发动机设计或标定参数(例如涡流比、进气
歧管气体温度)对燃烧和排放的影响。

7.2.4 燃烧室设计

在直喷式柴油机的燃烧系统设计中,燃烧室形状和发动机压缩比对于缸内空气运动状态和排
放非常重要。压缩比对系统设计方案有直接影响,因为它影响不带辅助措施的冷起动能力、全负荷
时的最高气缸压力、允许的空燃比和排气再循环率、摩擦损失和机械效率、排放、发动机循环指示热
效率、有效燃油消耗率等。燃烧系统设计中的关键问题包括以下内容:

(1) 需要恰当地选择发动机的压缩比,以确保满足允许的最高气缸压力和可靠的无辅助冷起动能
力。在冷起动过程中,自发着火是依靠足够的时间和需要的温度所构成的综合效应来实现的
(Gardner 和 Henein,1988)。它们受一系列因素影响,包括压缩比、环境大气温度、喷油量和定
时、起动转速、与转速有关的穿过活塞环的气体泄漏量和传热损失,以及其他起动辅助措施(例
如过量喷油、预热塞、醚起动液)。低的压缩比会导致发动机的热力循环效率下降,并可能会使
滞燃期过度增加。注意到定容循环的燃料转换指示效率可以表述如下:

$$\eta_{th} = 1 - \Omega^{1-\kappa} \tag{7.1}$$

式中,Ω 是发动机的压缩比;κ 是热容比(或称绝热指数),$\kappa = c_p/c_v > 1$。过高的压缩比会导致
机械摩擦增加和氮氧化物排放量升高。当进气门关闭定时发生改变时,发动机的有效压缩比
可能会相应改变,尽管这种改变的效果并不完全等同于改变发动机的几何压缩比的效果。一
般来讲,高压缩比对于在低转速或低负荷运行时减少碳氢化合物的排放是有益的。在高转速
或高负荷时,使用低压缩比可以通过与其他标定参数的变化配合来减少排烟和油耗;

(2) 燃烧室的设计需要与燃油喷射系统和进气涡流相匹配,以达到良好的油气混合。燃烧室在形状
上沿着径向和轴向的变化控制着涡流、涡漩、缸内气流的湍流、燃油雾化和喷柱撞壁,以期达到
良好的空气利用率和减少所需的空燃比。燃油撞壁在设计中一般是应该避免的;

(3) 最佳的涡流强度目前有下降的趋势。在低速到中速柴油机上,目前比较受欢迎的设计方案是设
计气流呈较静态的燃烧室,并配之以较高的喷射压力。低涡流可以导致燃烧室内形成低湍流,
从而使得通过燃烧室壁面的散热量会较低;

(4) 在燃烧室设计中最好能采用较低的面容比,以便减少散热损失(Siewert,1978;Filipi 和
Assanis,2000);

(5) 在燃烧室碗状容积边缘的金属温度与腔室形状有关,并影响热疲劳。燃烧室的形状需要在增强
空气湍流与热疲劳寿命之间予以权衡优化;

(6) 增压和喷油策略均能减小缸内气压的升高速率,从而减小燃烧噪声。燃烧噪声也可以通过结构
阻尼衰减来降低(详见第 11 章)。

关于柴油机燃烧室设计的更多内容,读者可以参考 Hikosaka(1997)、Lu(2000)、Montajir(2000)、
Mori 等人(2000)、Bianchi 等人(2000)、Regueiro(2001)、Wickman 等人(2001)、Cursente 等人(2008)
的论述。关于柴油机冷起动性能的研究,读者可以参考 Gonzalez 等人(1991)、Mitchell(1993)、Liu 等
人(2003)、Zhong 等人(2007)、Peng 等人(2008)、MacMillan 等人(2008)、Pacaud 等人(2008)的论文。
关于可变压缩比(VCR)的研究,读者可以参考 Roberts(2003)、Rabhi 等人(2004)、Hountalas 等人
(2006)、Tomita 等人(2007)、Tsuchida 等人(2007)、Gérard 等人(2008)的论文。

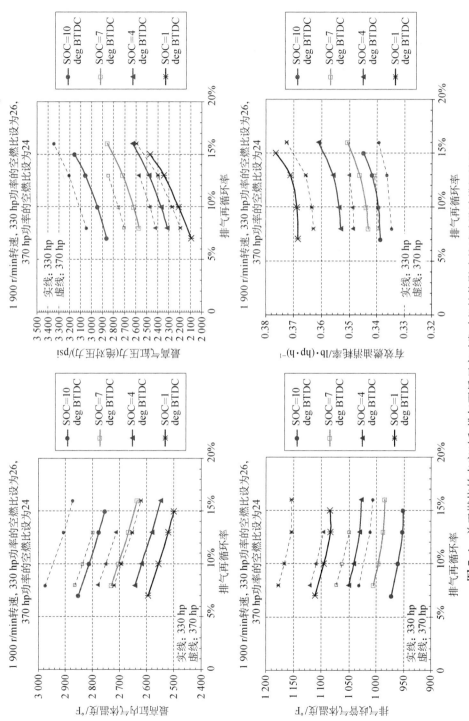

图 7.4 关于燃烧始点定时和排气再循环率对发动机性能影响的试验设计模拟结果

　　图 7.4 给出了一个发动机循环模拟结果,显示了燃烧始点(SOC)的定时和排气再循环率对发动机系统性能的影响。图 7.5 中的模拟结果显示了燃烧持续期的长短对发动机最大扭矩和额定功率性能的影响。图 7.6 显示了放热率的上升速率和持续期对排气歧管气体温度和冷却液散热量的影响。据观察,冷却液散热量在图中曲线起初阶段的减少是由于将放热率持续期拉长后造成了缸内传热减少。随着燃烧持续期进一步延长,冷却液散热量最终急剧增加,这是由于油耗发生了大幅度增加。

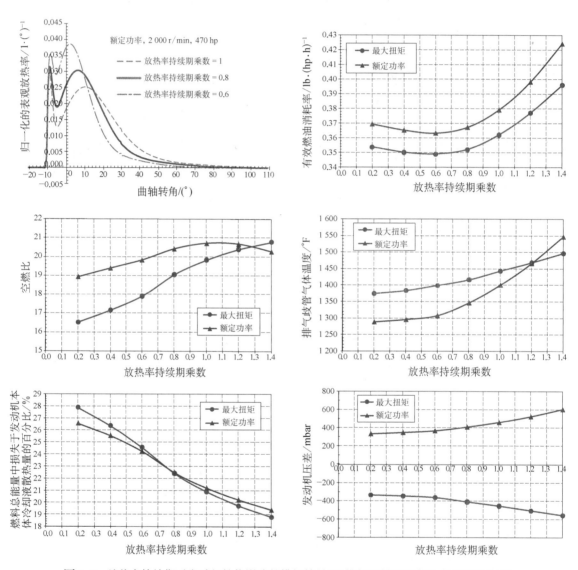

图 7.5　放热率持续期对发动机性能影响的模拟结果(无排气再循环的高功率密度柴油机)

7.2.5　传统柴油机燃烧系统方面的最新进展

　　在传统的柴油机燃烧科研方面,Page 等人(1996)探讨了空燃比对排放的影响。Shiozaki 等人(1996)、Zelenka 等人(1998)、Ladommatos 等人(1999)、Desantes 等人(2000)、Simescu 等人(2002)、Tomazic 和 Pfeifer(2002)、Langridge 和 Fessler(2002)以及 Jacobs 等人(2003)研究了排气再循环对柴油机的燃烧和排放的影响。Bowman(1991)、Borman 和 Ragland(1998)以及 Hsu(2002)

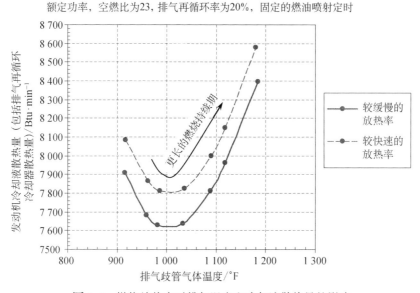

图 7.6　燃烧放热率对排气温度和冷却液散热量的影响

介绍了柴油机燃烧的基本原理。Reitz(1998)评述了带排气再循环的现代柴油机排放的基本机理。Flynn 等人(2000)、Kamimoto 和 Bae(1988)、Song 等人(2001)、Akihama 等人(2001)和 Bianchi 等人(2002)对柴油机排放进行了基础理论研究。值得注意的是,Chikahisa 等人(1992)对燃烧相似性进行了研究,并比较了不同大小的柴油机。Suzuki 等人(1997)、Kanda 等人(2004)、Thompson 等人(2004)、Zhu 等人(2004)和 Czerwinski 等人(2007)评述了发动机设计中的排放控制和燃烧技术。

　　利用传统燃烧模式开发缸内低氮氧化物柴油机[接近或达到 $0.268 \mathrm{~g/(kW \cdot h)}$ 即 $0.2 \mathrm{~g/(hp \cdot h)}$ NOₓ]的工作一直集中于以低涡流、两级阶梯状燃烧室、喷油率整形等渐进式优化手段实现能够耐受低空燃比并具有优化的当量比和低碳烟的系统。在改进燃油经济性方面,低缸内散热量、优化的压缩比和燃烧相位、高喷油压力、短燃烧持续期是几个显著的趋势。在渐进式改进的同时,燃烧技术上近年来也出现了几项大幅度的革命性进展,主要集中于以下三个领域:起升火焰扩散燃烧、低温燃烧、燃烧与燃料质量的反馈控制。

　　尽管低温燃烧(例如预混充量压燃着火即 PCCI,或者均质充量压燃着火即 HCCI)在低有效平均压力(低负荷)下控制超低的缸内排放方面已取得了极大的成功,但是在高转速或高负荷区域,这一技术仍存在困难。目前在高负荷区域的先进燃烧科研方向是开发扩散控制的起升火焰燃烧模式(图 7.3),以期获得超低的碳烟排放(Flynn 等人,1999;Musculus 等人,2002;Pickett 等人,2005;Gehrke 等人,2008;Stanton,2008;Vishwanathan 和 Reitz,2008;Zhang 等人,2011)。在传统燃烧模式中,液体燃料的贯穿长度比较长,这样会在贯穿长度末尾和扩散焰区的起始处形成一个体积较小的并具有较高当量比(例如 4～6,对应于较低空燃比)的空气与燃油的混合核区,生成大量的碳烟。相比之下,起升火焰燃烧中的液体燃料的贯穿长度极短,空气的卷吸作用得到增强,起升长度和混合核区的体积均得以增大,使得核区内的当量比极大地下降(例如小于 2),从而能够在相同的氮氧化物排放水平下成数量级地减少碳烟排放。起升火焰燃烧要求喷油器的喷孔较小,这一要求其实与 PCCI 或 HCCI 在低转速或低负荷运行时的要求一致。它还要求喷油压力相当高(比普通的传统燃烧要高,甚至 300～500 MPa),并与优化的喷孔数目相匹配。喷孔数目如果过多,各喷孔之间的射流喷雾会发生不利的相互干扰,从而导致碳烟反而增加。与一般只能用于低负荷的预混低温燃烧模式不同,起升火焰燃烧实际上属于一种用于高负荷的扩散控制的传统燃烧方式。与低温燃烧相同的是,起升火焰燃烧也是产生极低的碳烟。

闭环燃烧反馈控制(Schiefer 等人,2003;Beasley 等人,2006;Husted 等人,2007;Kaiadi 等人,2008;Nakayama 等人,2008;Hinkelbein 等人,2009;Tatur 等人,2009;Ciaravino 等人,2011;Guido 等人,2011;Kolbeck,2011)和燃料质量传感是与自适应控制技术和传感器技术相关的两个科研前沿,以期在 0.2 g/(hp·h)发动机本体氮氧化物排放技术上实现更好的排放抗扰性控制和改善燃油经济性。在未来的柴油机控制策略里,除了目前已有的诸如增压压力、空气流量和喷油压力等控制参数外,氮氧化物排放、燃烧率、燃烧稳定性和燃烧噪声也将可能作为控制参数以供发动机控制单元基于气缸压力反馈更加灵活地控制喷油和燃烧参数。另外,当燃料种类、物性或质量上的变化幅度增大时,真实的或虚拟的燃料质量传感器能够帮助获得抗扰而稳定的排放性能(Stanton,2008)。事实上,对于为全球市场设计的发动机来讲,广泛适用于各种燃料(包括代用燃料和生物燃料)并保持稳定的性能和热效率十分重要。例如,当燃料的十六烷值发生变化时,氮氧化物、碳烟和油耗都会相应地发生变化。当燃料质量变化时(例如优质燃料或普通燃料),排放也会略微发生变化;而且对于需要满足严格法规的低限值来讲,变化的幅度可能会比较显著。另外,在感应生物燃料方面,目前已有研究表明,可以基于排气中的氧含量开发一些虚拟传感器来估计燃料中的生物燃料比例(Stanton,2008)。

传统柴油燃烧模式中另一个值得关注的科研前沿是理论配比(stoichiometric)燃烧(Lee 等人,2006,2007;Chase 等人,2007;Neely 等人,2007;Hoffman 和 Abraham,2008;Kim 等人,2009;Sung 等人,2009;Solard 等人,2011;Wu 等人,2011;Maiboom 和 Tauzia,2012)。它使用几乎为 1 的理论当量比来运行压燃式发动机,并使用低廉而高效的三效催化器控制排气尾管处的氮氧化物、碳氢化合物和一氧化碳排放,并使用连续再生的柴油颗粒过滤器来对付极高的碳烟排放以保证颗粒物达标。基于这两个后处理装置的效率,可以在标定中调节喷油定时和排气再循环率来平衡发动机本体的氮氧化物和颗粒物排放。柴油机理论配比燃烧的问题包括以下几个:缸内的高碳烟会导致润滑油很快恶化,低空燃比会导致较高的排气歧管气体温度,另外在负荷快速变化时难于在瞬态控制中维持理论配比。在具有高排气再循环率和低空燃比的超低缸内氮氧化物排放的柴油机中,这一技术也被用于控制瞬态 FTP 循环中的氮氧化物排放,甚至在不带三效催化器的情况下。

7.2.6　先进的低温燃烧系统

在美国 2010 年排放法规实施之前,量产化重载柴油机的燃烧系统基本被传统燃烧模式所垄断,涵盖 0.40～13.41 g/(kW·h)氮氧化物排放这样一个宽阔限值范围。为了实现超低的缸内排放[例如美国 2010 年的 0.268 g/(kW·h)即 0.2 g/(hp·h)的标准或更低],各种低温燃烧模式纷纷出台,试图同时控制缸内排放和油耗。低温燃烧一直被重载柴油机界高度关注。它包括一系列新颖各异的预混燃烧机理,例如:

- PCCI(Kanda 等人,2005,2006;Zhang 等人,2009;Murata 等人,2010);
- HCCI,类同于 PCCI(Najt 和 Foster,1983;Thring,1989;Christensen 等人,1998;Stanglmaier 和 Roberts,1999;Baxter 和 Hiltner,2001;Epping 等人,2002;Zhao 等人,2003;Ryan 等人,2004;Cracknell 等人,2005;Narayanaswamy 等人,2005;Yun 和 Reitz,2005;Schleyer,2006;Zhao,2007;Cracknell 等人,2008);
- PCI, MK, Unibus;
- 反应控制压燃着火——RCCI(Reitz,2010)。

先进的柴油机燃烧技术对策划系统设计所需要的排放配方有直接影响。因此,了解先进的燃烧模式对于系统工程师来讲非常重要。

各种低温燃烧模式的一个共同特征是加强燃料与空气的预混,并保持较低的燃烧温度,以同时避免氮氧化物和碳烟的生成(De Ojeda 等人,2007,2008,2009;Musculus 等人,2011)。低温燃烧也具备降低燃料消耗率的潜力,因为其燃烧持续期较短。高的热效率和低的排放要求低温燃烧过程在控制自燃和燃烧相位方面实现精密控制,使得缸内混合物充量的燃烧发生在 $\phi\text{-}T$ 图上显示的低排放区。著名的 $\phi\text{-}T$ 图是用于燃烧路径控制和分析的常用工具(图 7.2)。低温燃烧一般采用很高的排气再循环率、高增压压力、优化的压缩比、稀燃混合物(但空燃比较低)和快速的燃烧率来获得极低的氮氧化物和碳烟排放,并能够以不带后处理的方案满足美国 2010 年的排放标准。排气再循环和调整进气门关闭定时这两种技术常被用来在柴油机的 PCCI 或 HCCI 中控制实现优化的燃烧相位。

在 PCCI 燃烧模式中,提前的 PCCI 指的是在远早于上止点之前就喷油,而且着火定时和燃烧区间一般发生于上止点之前。滞后的 PCCI 指的是在上止点之后喷油,并且着火定时和燃烧区间发生于远离上止点之后。这两种 PCCI 模式均依靠较长的滞燃期以获得良好的油气混合以便在低有效平均压力区域上降低排放。提前的 PCCI 具有良好的冷起动能力和低油耗,但是需要较高的排气再循环率,并具有较高的气缸压力和较大的燃烧噪声,而且在有效平均压力适用区方面比滞后的 PCCI 更为狭窄。滞后的 PCCI 的燃烧稳定性范围比较窄,故而需要采用燃烧传感器来协助控制。Stanton(2008)指出,在相同的低氮氧化物排放水平下[0.268 g/(kW·h)],在所适用的低转速和低负荷区域上,提前的 PCCI 比滞后的 PCCI 和无烟加浓燃烧具有更高的热效率。

由于着火控制方面的复杂性,低温燃烧通常具有较高的未燃碳氢化合物和一氧化碳排放。有时这个燃烧效率问题会严重到影响油耗。这些较高的排放是由于以下一些因素所造成:柴油燃料的较低的挥发性,在燃烧室壁面或缝隙中发生的燃料凝结和淬火,燃料射流或喷雾撞壁(Miles,2010)。液体燃料撞壁有时也会使得低温燃烧在碳烟控制上发生困难。

尽管碳氢化合物和一氧化碳排放可以用柴油氧化型催化器予以控制,过高的油耗和二氧化碳排放对于满足温室气体排放法规来讲仍然是一个严峻挑战。柴油机的 PCCI 或 HCCI 在改进热效率方面的潜力受燃烧相位控制优化程度的制约,也受防止燃料撞壁的能力所制约,尤其是在较高负荷的区域。在这些由化学动力学所控制的低温燃烧中,在燃烧路径控制上只存在一个很小的控制"窗口"能够同时满足低排放和高热效率的要求。而在不同转速和负荷下控制这一"窗口"是非常困难的。低温燃烧与传统燃烧在油耗方面的区别源于以下几个复杂因素的混合效应。优化控制的燃烧相位、较稀薄的预混混合物、较少的缸内传热损失和较低的进气氧含量会给出较高的热效率(比如总共高出 7%)。然而,较低的压缩比、降低的燃烧效率(与过多的未燃碳氢化合物和一氧化碳排放有关)和较高的进气充量温度会在某种程度上抵消热效率的增加(比如抵消掉 3%)。最终,与传统柴油燃烧模式相比,低温燃烧在有效燃油消耗率上可能会净减少,也可能会净增加或恶化(Musculus 等人,2011)。

低温燃烧在负荷方面的低端极限受着火和燃烧稳定性所限制。由于过低的空燃比、过高的碳烟和过高的气缸压力和压力升高率等局限,在高负荷工况使用低温燃烧是一个至今未能解决的问题。PCCI 或 HCCI 从低端到高端的负荷适用范围受燃料的十六烷值影响。另外,实施低温燃烧的难点不仅在于要依靠排气再循环和可变气门驱动来稳定地控制燃烧相位并控制在高低负荷之间的燃烧模式切换,而且在于所选定的燃烧室和喷油嘴设计必须与传统燃烧模式良好地兼容。虽然低温燃烧的转速-负荷适用范围随着科研的深入在不断扩大,柴油机目前在高负荷还必须使用传统燃烧模式,而高负荷或全负荷往往是重载柴油机系统设计的关键工况。在后面第9章的第9.8节的可变气门驱动技术中,将对HCCI有更为详细的讨论。

在反应动力学控制的PCCI或HCCI中,寻求优化的双燃料混合比例以控制反应率是在低温燃烧中拓展有效平均压力适用范围的一个有效手段。值得注意的是近年来出现的一种新的燃烧模式,即反应控制压燃着火(RCCI)(Reitz等人,2009;Reitz,2010;Splitter等人,2010,2011a,2011b,2011c;Kokjohn等人,2011;Wagner等人,2011;Nieman等人,2012)。它是一种在燃烧化学上介于柴油均质充量压燃着火(HCCI)与汽油可控自动点火(CAI)之间的燃烧模式。RCCI的概念在于通过在缸内混合具有不同反应率的燃料在一个宽广的负荷区域上获得高的热效率以及低的氮氧化物和碳烟排放。RCCI使用直喷柴油加上气道喷射或直喷汽油(例如75%～90%的汽油加25%～10%的柴油),以压缩点火机理来控制缸内的充量状态。燃料的高挥发性会有助于油气混合。正如Reitz(2010)指出的,柴油较容易点燃但是很难蒸发,而汽油较难点燃但容易蒸发。这两种燃料在控制PCCI或HCCI上均具有长处和不足。柴油很适合在低负荷时的预混燃烧,但在高负荷时会产生过早燃烧,故而柴油燃料在高有效平均压力下会遭遇一个负荷适用极限。与此相反的是,汽油在低负荷的燃烧较差,但在高负荷却表现甚好。因此,使用双燃料的压燃点火燃烧可能会给出一个可行的方案,来解决PCCI或HCCI中遇到的负荷范围局限的问题,希望能依靠恰当地控制燃烧相位和缸内压力升高率来拓展纯柴油或纯汽油的原有负荷范围极限。应当注意的是,在低温燃烧控制中增添柴油量与汽油量之比这一参数,为燃烧控制增加了一维强有力的调节参数。与传统的柴油燃烧模式相比,RCCI具有较高的未燃碳氢化合物和一氧化碳排放,就像汽油机一样,故而需要采用氧化型催化器予以后处理。但是,尽管由于较高的碳氢化合物排放而使RCCI的燃烧效率(例如97%)低于传统的柴油燃烧效率(例如99%),RCCI在燃烧相位、较稀薄的混合物空燃比、很低的排气再循环率(例如甚至为零)、较低的泵气损失和传热损失等方面的好处能够使发动机的热效率最终提高好几个百分点。据Reitz(2010)报道,RCCI能够给出比传统的柴油燃烧高20%的热效率,并同时满足极低的氮氧化物和碳烟排放,从而不需要采用NO_x和碳烟的后处理装置。另外,Reitz(2010)还指出,RCCI能够在重载和轻载发动机上均获得高于50%的热效率。

7.2.7　代用燃料和天然气发动机

燃料技术是控制排放和油耗的发动机-车辆-燃料三位一体的系统技术中的柱石之一。"燃料设计"的概念在近年来日益受到关注,以期用可承受的成本来降低标准排放物(即氮氧化物、颗粒物、碳氢化合物、一氧化碳)和二氧化碳排放,不论是从ϕ-T图(图7.2)燃烧路径控制的角度还是从其他的方面来设计。在高效清洁燃烧中,燃料设计一般是指诸如点火特征、挥发性和化学属性等燃料物性方面的变化,比如分别受十六烷值、芳香烃含量和T_{90}蒸馏温度等影响(Kumar等人,2008)。关于燃料的很多数据和细节内容可以从美国能源部的代用燃料数据中心的网站查到(见参考文献的US Department of Energy条目)。

回顾内燃机燃料技术的发展轨迹,大体经历了以下几个里程碑式的事件:20世纪70年代的汽油无铅化,80年代的汽油挥发性控制,90年代的低硫柴油,本世纪头10年的低硫汽油和超低硫柴油以及代用燃料和可再生燃料的复兴,2010年后的苯含量减少化和为了满足温室气体排放法规的低碳燃料配方等。对于汽油机来讲,在实施LEV III Tier 3法规后,标准污染物的排放将几乎降为零。对于柴油机来讲,在实施了美国2010年或欧洲六号(Euro VI)法规后,标准污染物的排放也已降至极低的限值。因此,未来燃料的发展重点将由控制标准污染物排放转至降低二氧化碳以及帮助发动机和后处理装置降低成本。

近一二十年内在全球范围内兴起的排放和燃油经济性立法使人们对各种能够替代化石燃料的代用燃料重新产生了极大的兴趣,例如天然气、丙烷、乙醇、生物柴油、氢气等(Murtonen 和 Aakko-Saksa,2009;Xin,2011)。人们对代用燃料的兴趣大致根植于 20 世纪 70 年代初发生的石油危机。在现代条件下代用燃料的发展难点在于使用燃料设计技术满足标准污染物排放和减少二氧化碳排放,并实现后处理删除。另外,对于给定的车辆应用场合选择合适的代用燃料,应当从燃料的整个生命周期视角考虑并基于现实性评估分析。

每种燃料的二氧化碳减排效果不应当只是基于发动机排放这一项,更重要的是要基于完整的"从矿井到车轮"意义上的评估(Stodolsky 等人,1999;Louis,2001;Wu 等人,2006)。"从矿井到车轮"的分析指出,将各种化石燃料按照能量效率从高到低排列,其顺序大体为柴油、压缩天然气(CNG)、由天然气制成的二甲醚(DME)、由天然气制成的合成柴油。从低到高排列的温室气体排放量的大体顺序依次为柴油或压缩天然气(具体取决于车辆应用)、由天然气制成的二甲醚、合成柴油。从全生命周期的角度来看,天然气制备的二甲醚和合成柴油等液体燃料在能源消耗量和温室气体排放量方面明显高于传统柴油。压缩天然气是唯一可以在上述两个方面与柴油竞争的天然气基车用燃料。在各种可再生燃料中,从高到低的能量效率顺序大体为沼气、二甲醚(由木材等制得)、来自生物纤维的合成柴油、脂肪酸甲酯或称 FAME(来自大豆、油菜籽)、来自生物纤维的乙醇、来自谷物的乙醇。所有可再生燃料的温室气体排放量均远低于化石燃料(例如减少 90% 以上)。

关于各种燃料用于运输业的现实性,应当从单位体积的能量密度相对于单位质量的能量密度这个角度考虑(Simnick,2011)。诸如汽油和柴油之类的液体燃料具有优越的优势,因为它们具备最高的能量密度。生物柴油的能量密度大约比化石柴油低 11%。甲醇的能量密度大约比柴油低 59%。尽管天然气的单位质量能量密度比柴油高 12%,但是它的单位体积能量密度只是柴油的 27%。这使得天然气车辆的行驶距离范围远低于液体燃料车辆。锂离子电池和镍氢电池的能量密度比液体燃料低好几个数量级。对于移动式车辆来讲,单位体积的能量密度极大地决定了燃料或能量源的现实性或适用性。

在代用燃料中,另一个重要概念是低碳燃料。它指的是要么在燃料分子中具有较低的碳含量,要么是从可再生或生物渠道制得(比如制于植物或动物脂肪的生物柴油)。美国加利福尼亚州已经在立法建立低碳燃料的标准,以期在 2020 年之前将燃料的碳含量降低 10%。低碳燃料的开发是一个系统工程。尽管清洁燃烧和节能是低碳燃料的主要发展动力,在一个大系统方法论下,其他一些因素也需要考虑,比如燃料与应用场合的综合匹配、燃料与发动机和后处理装置的兼容性和耐久性问题、车辆保有期的总成本、车辆的转售价值、加油加气站的站点建设等。

美国的天然气储量非常丰富。美国政府鼓励发展天然气发动机,以减少对外国石油的依赖并减少温室气体排放。天然气主要由甲烷构成,是一种碳含量少于柴油的可持续发展燃料。事实上,除了氢气以外,天然气的碳含量是所有化石燃料中最低的。然而,它每单位体积所含的能量也远低于柴油,因此使用天然气的车辆需要频繁加气。天然气可以用于长途运输卡车、垃圾回收车、特种车辆、公交车和校车等(Litzke 和 Wegrzyn,2001;Harrington 等人,2002;Canelada 和 Tischer,2007)。目前,天然气车辆(NGV)的市场在快速增长,尤其是消耗大量燃料的重载行业。压缩天然气(CNG)非常适合市内交通,但是其不足的能量密度使其在长途运输上不是很方便。液化天然气(LNG)比较适合长途运输,如果加气站设施完备的话。在"从矿井到车轮"的分析中,如果考虑从开采、处理、运输、储存到终端用户使用中的所有温室气体排放量的话,压缩天然气其实会产生与柴油大体相当的温室气体排放量(具体取决于车辆的应用情形,例如,天然气轿车的温室气体排放有时比柴油的大约多 10%,而天然气客车的可能比柴油的少)。天然气发动机通常也与生物甲烷或可再生天然气(RNG)兼容。与汽油和柴油相比,这两种可再生燃料的温室气体排放量要少得多。

今天的天然气发动机技术已能够满足美国 2010 年的严格排放法规和 2014—2017 年的温室气体法规以及重型车辆的应用要求,并能够给出与柴油机相当有时甚至更低的温室气体排放量。美国主要的重载天然气发动机制造商包括康明斯-西港(Cummins-Westport)、西港创新(Westport Innovations)、纳威司达(Navistar)、Emission Solutions Inc.、斗山(Doosan)等公司。汽车用重载天然气发动机通常具有 5~15 L 排量和 75~373 kW 即 100~500 hp 功率。工业用和发电用的天然气发动机可以大到 90 L 排量并超过 2 237 kW 即 3 000 hp 功率。天然气发动机可以使用天然气单燃料或天然气加柴油的双燃料。柴油机使用天然气时不需要对发动机做重大改变。重型车辆上使用的天然气发动机主要分为两类:理论配比火花点火式(例如康明斯-西港公司的 8.9 L ISL G 型和 11.9 L ISX 发动机)和稀燃压燃式。这两种机型均可使用冷却的排气再循环,以减少发动机本体的氮氧化物排放量和排气歧管气体温度,增加功率密度,并提高热效率。理论配比点燃式天然气发动机采用安装在进气歧管内的电控气体喷射器,并依靠进气节气门或涡轮增压器的空气旁通阀来快速而准确地控制空燃比。它们需要使用三效催化器,以控制氮氧化物、一氧化碳和碳氢化合物。稀燃 CNG 或 LNG 发动机需要使用选择性催化还原(SCR)和柴油颗粒过滤器(DPF)来满足美国 2010 年的排放标准。与理论配比发动机相比,稀燃天然气发动机通常具有较低的缸内温度、较低的氮氧化物排放、更高的功率密度、更高的热效率、更好的耐久性。在车辆运行性能方面,天然气车辆在功率和加速性上和汽油车或柴油车差不多。实际上,在天然气发动机的动力系和传动系匹配上,需要将其扭矩曲线与柴油机的进行比较,以确定是否需要为车辆性能和燃油经济性方面的优化而改变变速齿轮的传动速比。

生物柴油是一种制于大豆或油菜籽等来源的可再生燃料。它包含脂肪酸甲酯(FAME),其分子比普通柴油稍重。目前的很多柴油机均能通过运行 B20 燃料(即 20% 的燃料成分为生物柴油)的认证。然而,如果要运行 B100(即燃料 100% 为生物柴油),就需要对发动机做一些重要的设计变更。使用生物柴油有时会导致一些润滑问题,例如较严重或持续性的燃油稀释、机油氧化和轴承腐蚀、活塞沉积物等,正如 Lauterwasser(2009)所指出的。生物柴油对后处理装置也有一定影响,尤其是 DPF 和 SCR,例如在积灰和碱吸收方面(Toops 等人,2010)。另外,生物柴油的质量是汽车行业所面临的另一个挑战(例如杂质对过滤器的影响)。

化石代用燃料主要包括合成液态燃料、甲醇和二甲醚。合成柴油可以通过 Fischer-Tropsch 法将天然气转化为液体燃料而获得,也可以通过先将煤气化然后再液化而获得。合成柴油能具有优异的燃料物性,例如极低的芳香烃含量和含硫量,从而能获得比普通柴油更低的排放(Xin,2011)。

7.2.8 燃烧和排放的基础测试及空气系统要求

无论是采用单缸还是多缸发动机进行排放试验,都可以确定在最低的发动机压差(泵气损失)和有效燃油消耗率下的燃烧配方和对空气系统的要求。在给定的转速和扭矩下,满足排放要求的空燃比和排气再循环率取决于测试中的油耗。因此,排放配方测试中的发动机压差和油耗要尽量接近最优值。在测试中,排气再循环环路的硬件选择(排冷器和阀门)需要具有尽可能低的流动阻力。采用带响应曲面方法的试验设计,并配之以 KIVA 模拟,可以在实验中进行硬件筛选,以确定最佳的压缩比、燃烧室设计、进气涡流比、喷油器喷嘴设计等。然后,试验设计的"调整"(tuning)测试可以在重载排放认证的关键转速和负荷工况进行。在单缸发动机测试中,试验设计的因子包括进气歧管气体温度(可通过排冷器或中冷器的冷却程度来改变)、进气歧管压力、排气歧管压力、排气再循环阀门开度、喷油定时、喷油压力等。在多缸发动机测试中,试验设计的因子是基本相同的,除了采用可变截面涡轮叶片开度或涡轮废气旁通阀开度代替进气歧管压力、利用排气阻力设置水平代替排气歧管压力外。进气节气门开度是一个可有可无的试验设计因子,它可以用在最大扭矩工况附近来驱动排气再循环流量,或者用在高转速和低负荷的区域来大幅度降低空燃比以减少氮氧化物排放。进气节气门还可以用来获得比较低的空气流量,以实现具有较低 NVH 特征的平稳的发动机关机过程;或者还可以用来进行氮氧化物吸附器的燃料加浓再生。对于更为灵活的空气系统来讲(例如可变气门驱动),测试中还可以包括更多的试验设计因子。这些试验设计因子与用于量产化的发动机标定阶段所使用的因子非常相似。

在运行多缸发动机测试之前,为了检查该测试是否能够覆盖足够大的排气再循环率和空燃比的理想范围,需要采用发动机循环模拟和参变量扫值法对已有涡轮增压器硬件的能力进行评估。其中参变量包括可变截面涡轮叶片开度或废气旁通阀开度、排气阻力或者进气节气门开度。图 7.7 中的两维参变量扫值模拟数据域显示了如何在这种基础排放测试中建立一个足够宽并可控的空燃比和排气再循环率的范围。图 7.7 中的每个数据点都可以用第 4 章中的方程组或者发动机循环模拟程序求解。如果空燃比过低,则可以人为地降低排气阻力压降。如果当可变截面涡轮的叶片开度全开时,排气再循环率仍过高,则可以在试验台上建一个涡轮废气旁通阀,以降低发动机压差,从而将整个数据域向排气再循环率减小的方向移动。

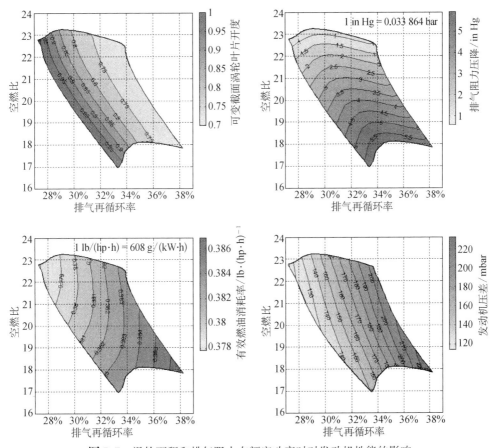

图 7.7 涡轮面积和排气阻力在额定功率时对发动机性能的影响

当得到测试数据后,需要用响应曲面方法建立拟合器,并进行优化来计算发动机性能的等值线脉谱图,如图 7.8 所示。等值线图上的参数通常包括排气再循环率、空燃比、进气歧管气体温度、喷油定时、喷油压力、发动机压差、有效燃油消耗率、燃烧噪声等。对于一个给定的氮氧化物、颗粒物、碳氢化合物和一氧化碳的排放目标而言,所需的排放配方可以从"颗粒物或碳烟相对于氮氧化物"、"颗粒物相对于氮氧化物加碳氢化合物"或"空燃比相对于排气再循环率"之类的区域脉谱图上予以确定。另外,测试中所用的涡轮增压器效率和排气再循环环路流动阻力不一定与未来的设计状况完全吻合。为了处理这种可能存在的差异(或变更),产生以下两组等值线图会很有帮助:①排气再

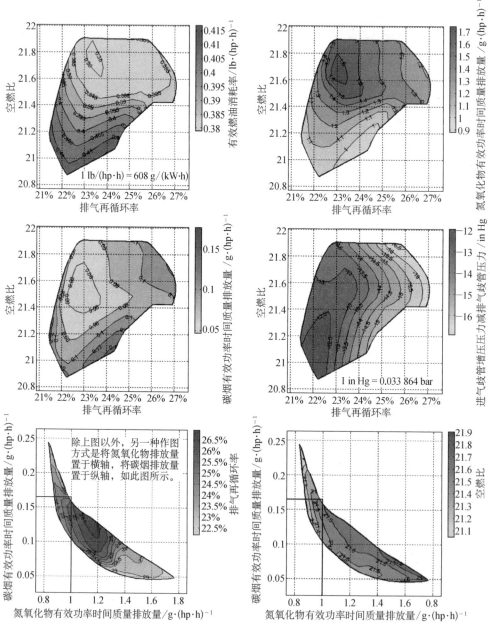

图 7.8　关于有效功率时间质量排放量、有效燃油消耗率、空燃比和排气再循环率的先进试验设计标定优化

循环阀全开时的理想情形(即最小阻力)——它具有最小的发动机压差和油耗;②排气再循环阀半开时更为实际或恶化的情形——它会产生较高的泵气损失。排气再循环阀门开度的节流程度取决于转速、扭矩、涡轮面积、涡轮增压器效率。

上述排放测试也可用来模拟高海拔和热环境排放性能以满足 NTE 排放要求。极端环境条件下的试验设计数据可用上述相同方法处理。这些空气系统的功能要求,诸如空燃比、排气再循环率和进气歧管气体温度,由发动机系统设计人员用来计算和优化系统指标,包括涡轮增压器、排气再循环环路的流动阻力、冷却器尺寸等设备选型。系统设计通常不但需要将单缸发动机的排放配方转化为多缸发动机的设计指标,而且还需要覆盖下列运行条件:标准实验室状况下的发动机、不同的海拔高度和环境大气温度、安装于车辆上的在用情形、发动机瞬态运行过程。在确定燃烧排放配方时,也应当考虑基于适当的发动机控制策略的稳态与瞬态排放之间的相关性。燃烧排放配方是与一定的放热率、燃烧始点定时和油耗相联系的,同时也与燃烧工程师在匹配燃料、空气和燃烧系统时所做的某些假设有关。燃烧所要求的空燃比和排气再循环率越低,空气系统的设计就越容易。另外,多个不同的涡轮增压器或冷却系统的配置可能能够达到同样的空气系统的功能和排放目标,但具有不同的油耗和成本。系统人员的责任正是需要考虑所有的产品属性,以优化硬件选择。关于燃烧开发工作,读者可以参考纳威司达公司 2004 年的 6.0 L V8 发动机作为示例(Zhu 等人,2004)。图 7.9 展示了基于燃烧排放要求的发动机空气系统设计的步骤。

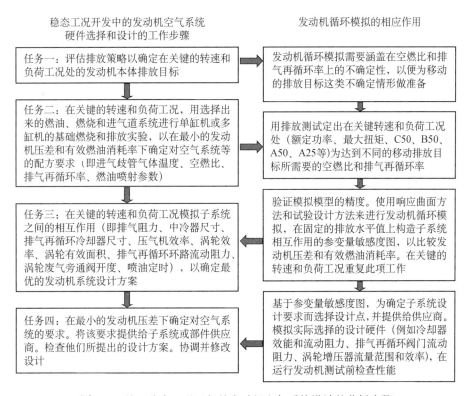

图 7.9 关于稳态工况运行的发动机空气系统设计的分析步骤

7.3　发动机标定优化

7.3.1　发动机排放特征和稳态标定优化

燃烧系统的不同硬件会给出不同范围的排放能力。对于一组固定的硬件,诸如排气再循环阀和共轨喷油系统之类的电控可调装置能够改变排放特征,使其按照空气系统参数的变化而变化。在系统设计中,由于气流量要求可能是一个不成熟的移动目标,为了做到精确而抗扰地设计,理解和记录排放值依气流变化的规律非常重要。排放测试或模拟能够揭示空气系统参数与排放之间的复杂参数依变关系。与传统的反复试凑式地拧一个"控制旋钮"的原始调整或标定方法不同,现代的自动化标定或硬件筛选基于试验设计的拟合器模型。发动机标定往往是在多维因子空间内极为复杂的一个过程,如果不采用优化方法,即使经验丰富的标定人员也不是总能找到最佳设置参数。"拧控制旋钮"的方法所产生的数据质量往往很差。与之不同的是,基于模型的标定完整、系统而简明地以优化脉谱图和数学模型的方式记录发动机的参数敏感度,为以后的重新调用提供了方便。

基于模型的方法能够确保在优化中找到最低的油耗。图 7.8 显示了在一个给定的转速和负荷工况时,对于一套固定的硬件来讲,氮氧化物和碳烟排放在"空燃比相对于排气再循环率"区域上的变化规律。脉谱图中的每个数据点均具有在试验设计的因子范围内可以获得的最低有效燃油消耗率。在该示例中,脉谱图的边界被因子取值范围和约束条件所限制(即可变截面涡轮叶片开度、排气再循环阀门开度、喷油定时、喷油压力)。不同的燃烧系统硬件能够将这些脉谱图数据"平移"或"旋转",以至于排放配方会以不同的油耗水平更加接近或偏离排放法规的方框目标。这些在最低有效燃油消耗率意义上的、在排放或空气系统参数区域上的优化等值线脉谱图,对于系统设计人员是一个强有力而简明的分析工具,既可以用来判断参变量敏感度,也能够确定一个精确而抗扰的系统性能设计目标。

上述的对于每一个工况所进行的燃烧排放方面的局部优化,需要在每个关键的转速-负荷工况逐一进行。当建立起空气系统的流量要求后,就可以进行系统模拟和优化,产生发动机硬件设计指标和在整个转速-负荷全局工况区域上的光滑的稳态性能模拟脉谱图。这样一种包括部分负荷和瞬态工况的"虚拟标定",如图 7.10 中的示例,可以用来先期识别在燃烧排放配方或标定优化方面的问题,以获得最佳的排放、油耗和驾驶性能。

在文献方面,由 MathWorks 公司组织的 SAE 小组讨论会(MathWorks, 2007)总结了柴油机性能和排放标定的前沿技术。Kampelmuhler 等人(1993)、Schmitz 等人(1994)、Ullmann 等人(2005)、Jones 和 Muske(2007)以及 Foster(2008)介绍了内燃机标定自动化。Onder 和 Geering(1995)、Rask 和 Sellnau(2004)、Kim 和 Guezennec(2005)、Millich 等人(2005)

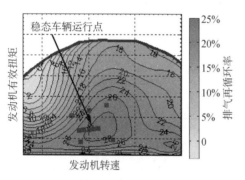

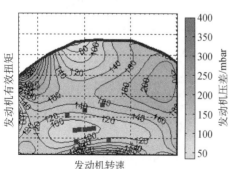

图 7.10　在发动机转速和负荷区域上的虚拟发动机标定模拟

和 Neumeister 等人(2007)探索了基于模拟的标定(与虚拟标定有关)。Stuhler 等人(2002)、Burk 等人(2003)、Nozaki 等人(2005)、Vora 等人(2005)、Schlosser 等人(2006)和 Diewald 等人(2009)探讨了基于模型的稳态发动机标定。Knafl 等人(2005)讨论了特殊用途的标定工作(例如两用发动机)。

最后,需要说明的是,怠速(包括低怠速和高怠速)是发动机标定排放、燃料经济性、噪声和振动控制方面的一个重要工况,但往往被系统设计所忽视。控制超低排放所需要的排气再循环率和怠速转速的确定与涡轮增压器选型和后处理热管理有关。怠速工况的气缸压力曲线也往往为结构和动力学设计所需要。Khan 等人(2006)、Pekula 等人(2003)、Toback 等人(2004)、MacMillan 等人(2009)、Ghaffarpour 等人(1995,2006)以及 Ghaffarpour 和 Noorpoor(2007)对低怠速性能进行了研究。

7.3.2 快速的瞬态标定优化

瞬态排放标定和模拟工作需要系统人员了解瞬态排放特征。关于该领域的详细内容,读者可以参考 Chen 和 Yanakiev(2005)、Urano 等人(2005)、Kang 和 Farrell(2005)、Hagena 等人(2006)、Alberer 和 Re(2009)的论文。前面论述的试验设计方法非常适合稳态排放标定,但是由于它在对高度非线性和快速时变的响应数据进行曲面拟合时会很困难,这种方法对于遵循排放法规循环的瞬态标定很不方便。瞬态标定和控制优化一直是发动机研发过程中的一个瓶颈,而且非常耗时和昂贵。神经网络模型为这一问题提供了一个可行的解决方案。神经网络模型的训练和建立,可以依靠大量的发动机瞬态循环测试数据,包括对所有可标定参数(含瞬态增益参数)的一个比较系统的扰动实验。然后,可以用该模型预测瞬态排放和优化油耗,并同时满足加权的排放、驾驶性能和耐久性约束要求。Atkinson 和 Mott(2005)介绍了基于模型的瞬态标定的详细内容。Meyer 和 Greff(2002)、Atkinson 和 Mott(2005)、Knaak 等人(2005)和 Atkinson 等人(2008)对基于模型的瞬态标定进行了讨论。Traver 等人(1999)、Thompson 等人(2000)和 Desantes 等人(2002)研究了柴油机排放的神经网络模型。相关的瞬态性能分析、带预测功能的发动机控制器和实时瞬态在线优化技术将在第 14 章中予以阐述。

7.3.3 虚拟发动机标定与系统设计

虚拟标定技术是连接燃烧、系统设计、电控、标定这四大领域的一项关键系统分析技术和系统集成桥梁。它属于系统设计的一个分支,具体分为稳态虚拟标定优化和动态虚拟标定及控制两个子分支。后者又包括离线瞬态标定优化和基于模型的实时瞬态在线优化两个方向。虚拟标定可以帮助实现精密的系统设计,节省硬件设计与样机制备的迭代过程和成本,并大幅节约昂贵的稳态和瞬态标定费用。系统设计的初级阶段往往只侧重于依据满负荷或高负荷工况进行设备选型,而忽视稳态低负荷和瞬态循环的性能设计。其原因是部分负荷往往不是耐久性约束条件的局限工况;而瞬态排放和性能虽然非常重要,但是瞬态系统设计难度极大,技术尚不成熟。在当今的低排放和低油耗法规要求下,虚拟标定技术应运而生,要求对部分负荷工况和瞬态循环性能在系统设计的设备选型和电控策略制定阶段就做出预测和优化。虚拟标定技术的开发将直接推动几大核心设计技术的发展,包括发动机排放模型、后处理模型、空气系统的高保真瞬态性能模拟、瞬态循环的排放模拟、瞬态系统设计、实时瞬态在线优化。

虚拟标定技术的数据精度和有效性基于两大类模型:发动机的热力学工作过程模型和排放模型。系统设计中的虚拟标定在第一类模型上能够与其他基于模型的领域实现技术共享,比如基于模型的标定、电控、虚拟传感器、在线诊断等。虚拟标定对于第二类模型的依赖和使用,要求在发动机研发的组织结构上合理安排工作职能和各方所需要的实验和计算数据。例如,在强调基于拟合排放实验数据而建立排放模型的虚拟标定中,燃烧领域和后处理领域的人员需要专注于对其各自子系统的设计、筛选和表征,并产生排放实验数据以供拟合模型使用。系统设计人员则需要专注于系统的硬件选型和虚拟标定优化,以期节省研发成本。而实验标定人员则应注重于验证虚拟标定并略加调整。

系统设计往往在发动机项目的初始阶段发布初步设计指标,并在燃烧预研阶段的末期发布修正的设计指标,随后在量产化设计和测试期间定期发布改进或调整的指标。在这期间,不仅燃烧系统会持续地发生变更,出于各种原因,在硬件设计、控制策略和标定上也会不可避免地发生很多轮变化(例如由于削减成本、封装性困难、耐久性、瞬态响应等原因)。一轮一轮地测试这些众多的变更既费钱又费时。而这其中的低效率正是由于各领域本身的局限性造成的。例如,燃烧专业无法覆盖下游所发生的所有设计变更。系统设计专业有时被过时的燃烧排放配方所禁锢。标定专业被所给定的硬件所束缚。众所周知,准确地预测燃烧和排放是非常困难的。发动机研发的科学规律表明,燃烧和排放的模拟计算至今仍需要极大地依赖实验数据的支持。然而,上述那些大多数设计变更其实都与燃烧系统的更改无关。这就意味着它们对排放和性能的影响都完全能够使用可靠而具有较长适用期的排放模型来预测。相反,如果燃烧系统在不停地变化,按其表征实验数据而导出的排放模型就需要被相应地及时更新,这样才能用来预测其他硬件在设计上的变化效应。虚拟标定的精髓在于既要严格掌控燃烧研发的节奏及其排放模型的适用周期和更新步伐,又要在系统设计的过程中成功地启用模型来预测各种硬件、控制策略和标定所需发生的变化对排放和性能的影响,以便在优化的同时大幅节约成本和缩短研发时间。

排放模型一直是柴油机研发中的一个难点。在系统设计中,从被动地接受上游的燃烧领域递交的排放配方所需要的空燃比和排气再循环率等参数作为设计要求,跃升到直接使用排放模型来计算和统筹规划空燃比等燃烧参数,是在设计质量上的一个巨大飞跃,也是系统设计在技术上全面有效地统筹燃烧、标定和电控等专业并消除各部业务局限及加强集成化的基础。虚拟标定正是促成这种飞跃的背景技术。在以虚拟标定为基础的系统设计中,燃烧和排放模型以及后处理模型被作为已具备的先决条件在各轮设计迭代中反复使用。因此,系统设计的范畴也将不再只局限于硬件选型,而是将电控和标定策略的优化计算也包括进来(含虚拟的稳态试验设计优化和瞬态的排放、油耗和响应的优化),在制备样机前充分评估。

虚拟标定不但需要在稳态和瞬态工况准确地预测排放,而且需要具备实时优化能力。其核心技术包括燃烧表征实验、放热率模拟、发动机本体排放模拟、后处理性能模拟、空气系统瞬态模拟等。燃烧表征实验包括前面所述的采用试验设计的稳态排放基础测试以及瞬态测试数据的信息提炼技术。燃烧表征实验需要以不依赖于具体的空气系统硬件而只依赖于燃烧系统硬件和基础性能参数的因子来描述燃烧系统的特征(例如采用更具本质性或更为基础的增压压力或空燃比而非涡轮废气旁通阀开度作为因子),以使得导出的排放模型能够用来预测不同的空气系统硬件的设计变更效应,只要燃烧系统不发生变更即为有效。在燃烧和排放模型中,又可分为局限于燃烧硬件参数的经验拟合模型(例如试验设计的响应曲面拟合器或神经网络)和不局限于此的预测式模型两大类,将于第 7.4 节详述。

7.4　排放模拟

7.4.1　氧的质量分数计算

氮氧化物排放主要涉及发动机中的两个基本参数:缸内氧气浓度和气体温度。较低的氧气浓度和气体温度会导致较低的氮氧化物。缸内氧气浓度与吸入的空气量、排气再循环量和滞留的残余废气分数有关。在排气再循环发动机中,缸内氧气浓度与进气歧管充量的氧气质量分数之间有着直接的关系。氧气质量分数和缸内气体温度受许多设计和运行参数影响,例如环境空气湿度、排气再循环率、空燃比、滞留的残余废气比率、喷油定时、放热率、进气歧管气体温度、发动机冷却液温度、发动机的压缩比。氮氧化物排放随排气再循环率的增加而降低,因为排气再循环减少氧气浓度和缸内火焰温度。在很多情况下,因为进气歧管内的氧气浓度会随空燃比的减小而降低,所以氮氧化物会随空燃比的减小而降低,虽然计算所得的缸内热力学整体气体温度可能会表现得随空燃比的下降而升高(见第 4 章)。氧气质量分数在排放分析中非常重要。其计算方法介绍如下。

　　燃烧所需的理论配比空燃比可基于由一定的碳原子和氢原子组成的柴油燃料的分子当量燃烧化学平衡来计算(Heywood,1988)。理论配比空燃比可以基于干空气或湿空气。发动机的空气质量流量可以按下式计算:

$$\dot{m}_{\mathrm{air}} = f_{\mathrm{A/F}} \dot{m}_{\mathrm{fuel}} = f_{\mathrm{A/F, stoi}} \dot{m}_{\mathrm{fuel}} + (f_{\mathrm{A/F}} - f_{\mathrm{A/F, stoi}}) \dot{m}_{\mathrm{fuel}} \tag{7.2}$$

式中,第一项代表参与燃烧过程的反应空气气流;第二项代表非反应空气气流;$f_{\mathrm{A/F}}$ 是空燃比。由于在理论配比(化学计量比)的反应气流形成的排气中没有氧气,排气中氧的质量分数可以按下式计算:

$$\begin{aligned} f_{\mathrm{O_2, exhaust}} &= \frac{f_{\mathrm{O_2, air}} [(f_{\mathrm{A/F}} - f_{\mathrm{A/F, stoi}}) \dot{m}_{\mathrm{fuel}}]}{(f_{\mathrm{A/F}} - f_{\mathrm{A/F, stoi}}) \dot{m}_{\mathrm{fuel}} + (f_{\mathrm{A/F, stoi}} + 1) \dot{m}_{\mathrm{fuel}}} \\ &= f_{\mathrm{O_2, air}} \left(\frac{f_{\mathrm{A/F}} - f_{\mathrm{A/F, stoi}}}{f_{\mathrm{A/F}} + 1} \right) \end{aligned} \tag{7.3}$$

式中,$f_{\mathrm{O_2, air}}$ 是环境空气中氧气的质量分数;$f_{\mathrm{O_2, DryAir}} = 0.231$。对于美国 2 号柴油与干空气燃烧的情形来讲,$f_{\mathrm{A/F, stoi}} = 14.5$。

　　进气歧管充量(即新鲜空气与排气再循环气体的混合物)中氧的质量分数可按照下式计算:

$$\begin{aligned} f_{\mathrm{O_2, IM}} &= \frac{\dot{m}_{\mathrm{air}} f_{\mathrm{O_2, air}} + \dot{m}_{\mathrm{EGR}} f_{\mathrm{O_2, exhaust}}}{\dot{m}_{\mathrm{air}} + \dot{m}_{\mathrm{EGR}}} \\ &= f_{\mathrm{O_2, air}} \left[\frac{1 + \left(\dfrac{f_{\mathrm{EGR}}}{1 - f_{\mathrm{EGR}}} \right) \dfrac{(f_{\mathrm{A/F}} - f_{\mathrm{A/F, stoi}})}{(f_{\mathrm{A/F}} + 1)}}{\dfrac{1}{(1 - f_{\mathrm{EGR}})}} \right] \\ &= f_{\mathrm{O_2, air}} \left[1 - \frac{f_{\mathrm{EGR}}(f_{\mathrm{A/F, stoi}} + 1)}{f_{\mathrm{A/F}} + 1} \right] \end{aligned} \tag{7.4}$$

式中,f_{EGR} 是排气再循环率。对于湿空气,式(7.4)中的 $f_{\mathrm{O_2, air}}$ 和 $f_{\mathrm{A/F, stoi}}$ 这两项需要考虑湿度的影响。图 7.11 显示了按照干空气并采用式(7.4)计算的进气歧管充量中氧的质量分数,呈现为排气再循环率和空燃比的函数。

　　图 7.12 展示了关于柴油机氮氧化物排放的一个简单概念模型,显示出依进气歧管充量的氧质量分数而变的规律。排放模型对于系统设计非常重要。除了要积极采用和深化拟合实验数据的经验式方法来预测排放与空气系统参数之间的关系外,大力开发具有物理意义和预测能力的快速排放模型对于以一个更具成本效益的方式建立空气流量的功能要求来讲也是很有前途和必要的。现将柴油机中常用的四种类型的排放建模方法综述如下。

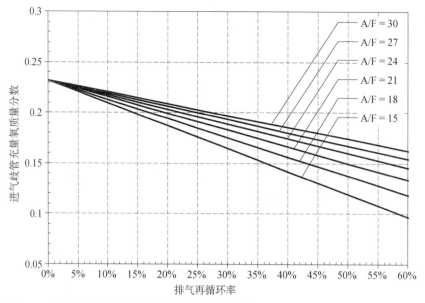

图 7.11　依排气再循环率和空燃比(干空气)而变化的进气歧管充量中的氧质量分数

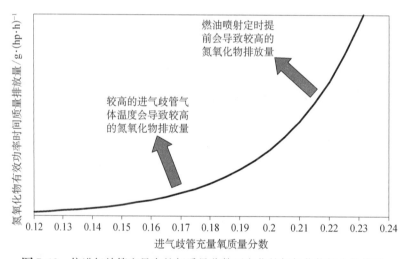

图 7.12　依进气歧管充量中的氧质量分数而变化的氮氧化物概念性模型

7.4.2　经验式方法

　　在发动机行业使用最为广泛的一种预测排放的方法是建立性能测试数据之间经验式的参数相关性。这种模型一般比较原始,但很管用;大体分为两种类型:①不经曲面拟合而直接作图,例如采用 Microsoft Excel 或 Matlab 软件绘制氮氧化物相对于进气歧管氧气浓度和进气歧管气体温度的函数曲线,以及碳烟相对于空燃比或排气再循环率的曲线等;②以不具备物理意义的数学模型来拟合发动机测试的试验设计数据,建立排放的曲面拟合器或神经网络模型,通常作为标定参数(例如排气再循环阀门开度和喷油定时)或基础性能参数(例如空燃比和排气再循环率)的函数。该经验方法的两个例子如图 7.13 所示。这种方法的优点包括:可以充分利用大量的已有测试数据,绘图方便,能通过回归或曲面拟合获得数据的趋势,在模型覆盖的范围内可以快速而准确地估计排放值,以及具备瞬态实时计算能力和能够用于未来的先进智能发动机控制。这种方法的缺点包括:它是纯经验的,在导出的相关性或拟合器模型中缺乏基本的物理意义,在应付现实世界中的各种复杂的工况、环境和产品质量的变化时模型的稳态和瞬态预测能力均显得不足,即预测能力往往仅限于产生测试数据的某个发动机硬件,尤其是燃烧系统硬件。

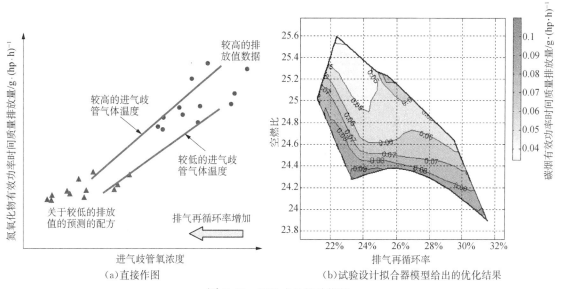

图 7.13 经验式的排放模拟

7.4.3 零维方法

在零维模型里,气缸内的容积被视为一个单一区域,或者被划分为已燃区和未燃区,而对燃料雾化和空气的湍流卷吸运动等细节则不予模拟(Zhang,1998;Lafossas 等人,2007)。关于零维排放模型的详细内容,读者可以参见 Nightingale(1975)、Lipkea 和 DeJoode(1994)、Dodge 等人(1996)、Zhang(1998)、Easley 等人(2000)、Yang 等人(2002)、Kolade 等人(2004)、Ponti 等人(2007)、Lafossas 等人(2007),以及瑞典隆德大学(Lund University)的一组研究人员(Egnell,1998,1999,2000;Andersson 等人,2006a,2006b;Ericson 等人,2006;Wilhelmsson 等人,2009)和希腊的雅典国立技术大学的一组研究人员(Kouremenos 等人,1997;Rakopoulos 和 Hountalas,1998;Rakopoulos 等人,1999;Pariotis 等人,2006)的工作。

7.4.4 现象学方法

一个典型的传统现象学燃烧和排放模型是康明斯公司研发的柴油射流模型。该模型模拟了燃油喷雾和空气的混合速率,并计算每个喷雾区域的局部气体温度、空燃比和燃烧过程,使得计算出的缸内气体物性随着空间和时间均发生变化。这种模型的优点在于,能够预测燃烧,一些燃烧学的物理和化学机理被包含在模型中;经过适当的调节,这种模型在放热率和氮氧化物排放上具有一定的预测能力。它的缺点主要包括以下几个方面:

- 此类模型包括许多简化了的假设,诸如喷雾贯穿、湍流、涡流、传热、气体浓度分布、燃料撞壁、火焰传播、燃烧过程、排放形成等;
- 工业界在获取缸内实验数据来证明或标定各子模型上存在实际困难;

- 由于包括众多的非常详细的子模型,造成模型调节参数过多;
- 此类模型仍然无法评估许多与燃烧室和空气-燃料-燃烧系统匹配有关的设计参数,因为这些因素无法包括在模型中;
- 此类模型通常无法准确预测颗粒物和碳烟排放;
- 计算速度上相当费时。在目前的计算机速度下,还不可能将此类燃烧和排放模型成功地用于实时模拟或智能化发动机控制。

目前来看,传统的现象学模型的研发重点可以转到去辅助开发更为现实的依靠于宏观参数的启发式建模方法(在第 7.4.6 节中介绍),而不应试图成为一个独立的设计工具,至少从柴油机系统设计的角度来看是这样的。关于现象学排放模型的更详细内容,读者可以参考 Hiroyasu 和 Kadota (1976)、Chiu 等人(1976)、Kyriakides 等人(1986)、Bazari(1992)、Yoshizaki 等人(1993)、Huang 等人(1996)、Morel 和 Wahiduzzaman(1996)、Wang 等人(1999)、Hiroyasu 和 Long(2000)、Torkzadeh 等人(2001)、Kouremenos 等人(2001)、Bayer 和 Foster(2003)、Asay 等人(2004)、Brahma 等人(2005)、Pariotis 等人(2005)、Liu 等人(2005)、Arrègle 等人(2006)、Mauviot 等人(2006)、Aghav 等人(2008)、Bagal 等人(2009)的论文。

7.4.5　计算流体动力学与 KIVA 模拟

三维的 KIVA 软件是一个非常复杂的基于黏性流体动力学、湍流、化学反应、边界层和传热等方面的偏微分方程的多区燃烧模型。在作为设计工具来预测柴油机排放、优化燃烧室设计和空气-燃料-燃烧系统匹配方面,它已展现出强大的潜力和实用性。KIVA 面临的挑战是在调节模型上的复杂性和所需要的很长的计算时间。关于 KIVA 模拟,有大量的文献。Han 等人(1996)、Bianchi 等人(2002)和 Liu 等人(2005)进行的工作,对于柴油机系统人员熟悉 KIVA 这个领域的工作是很好的示例。Reitz 和 Rutland(1995)以及 Reitz 和 Sun(2010)评述了 KIVA 的模拟计算。Basha 和 Raja Gopal (2009)评述了使用 KIVA 程序和商用计算流体动力学(CFD)软件(例如 STAR-CD, VECTIS, FIRE, FLUENT)在以下一些课题所进行的性能模拟:柴油机的缸内气流特征、湍流、雾化。

7.4.6　依靠于宏观参数的启发式方法

启发式的方法是指采用相似性原理或半经验简化来获取某些具有洞察力的见解和提炼普适的设计和计算方法。启发式的排放模拟是从方法学的平衡角度对立于理论的 KIVA 方法的一种解决方法。模型建立得或抽象得越本质,启发式方法所能引出的普适见解或洞察力就越强。所依靠的宏观参数指的是表观上反映出来的具有本质或基础特征的发动机性能参数和缸内气体的零维热力学总体参数。由于与滞燃期、预混燃烧和扩散火焰燃烧过程相关的各种机理非常复杂,柴油机的排放在微观细节上是很难模拟的。例如,碳烟的形成是由在燃料射流核心内所发生的自由基链式反应过程中的局部温度和氧浓度决定的,并与多环芳香烃的吸附以及在碳烟的形成和再氧化阶段中的聚合、环化、凝结、聚集等过程有关。使用依靠宏观参数建立排放模型的想法,是试图绕过传统的现象学方法所遇到的一些困难。这些参数可以是循环平均参数(例如空燃比),也可以是基于曲轴转角的缸内瞬时参数(例如整体气体温度),或两者兼而有之并以相对简化和相互结合的理论形式而存在。这种方法仍然采用或符合燃烧和排放在物理和化学上的基本原理,故而其理论基础远强于经验性的排放数据处理方法。它是一个实用的半经验方法,特别适合发动机系统设计和分析的需求。这种方法的优点在于它可以消除经验性方法和传统的现象学方法中的很多缺点。最重要的是,它是唯一能够用于未来智能化的基于排放模型的实时控制并具有曲轴转角精度和强大缸内预测能力的模型,能处理稳态和瞬态的控制需求。这种建模方法也可以用来建立后处理装置的宏观排放模型。实际上后处理排放建模的难度比发动机的技术难度要小一些,因为在一个发动机循环内,后处理装置中的气体物性变化不像缸内燃烧过程那么复杂。需要注意的是,这类宏观模型并不是用来预测放热率或者评估燃烧室设计的。放热率往往是作为模型的输入条件来使用的。这种模型的预测能力仍局限于给定的喷油和燃烧系统硬件。如果需要模拟不同燃烧系统的影响,就必须使用 KIVA 模型。Zheng 和 Xin(2009)提出并详述了柴油机氮氧化物和碳烟排放的依靠于宏观参数的启发式实时模型,故在此没有必要重复具体内容。图 7.14 显示了该模型的理论和结构框架。总之,需要指出的是,最佳的排放模型不一定是最复杂的理论模型。相反,它应该是在工程设计应用上简单实用而最有效的模型。

　　前面在虚拟标定中谈到过瞬态排放模拟的重要性。瞬态模拟的准确性取决于空气系统瞬态模拟的精度(包括曲轴转角精度、瞬时缸内过程和泵气损失等)以及将气流量、温度和喷油参数等转化为排放值的模型精度。关于瞬态排放的内容,读者可以借鉴 Hamburg 和 Throop(1984)、Jiang 和 Gerpen(1992)、Bazari(1994)、Bi 和 Han(1995)、Ramamurthy 等人(1998)、Cui 等人(2001)、Shirota 等人(2001)、Ericson 等人(2005)、Andersson 等人(2006a,2006b)、Zhang 等人(2007)、Brahma 等人(2009)、Hirsch 和 Re(2009)的工作。

7.5　参考文献和书目

7.5.1　英文参考文献和书目

Aghav Y V, Lakshminarayanan P A, Babu M K G, Uddin A, Dani A D. 2008. Validating the phenomenological smoke model at different operating conditions of DI diesel engines [J]. *Journal of Engineering for Gas Turbines and Power*, 130(1).

Akihama K, Takatori Y, Inagaki K, Sasaki S, Dean A M. 2001. Mechanism of the smokeless rich diesel combustion by reducing temperature [C]. SAE paper 2001-01-0655.

Alberer D, Re L. 2009. Fast oxygen based transient diesel engine operation [C]. SAE paper 2009-01-0622.

Amoia V, Ficarella A, Laforgia D, De Matthaeis S, Genco C. 1997. A theoretical code to simulate the behavior of an electro-injector for diesel engines and parametric analysis [C]. SAE paper 970349.

Andersson M, Johansson B, Hultqvist A, Nöhre C. 2006a. A real time NOx model for conventional and partially premixed diesel combustion [C]. SAE paper 2006-01-0195.

Andersson M, Johansson B, Hultqvist A, Noehre C. 2006b. A predictive real time NOx model for conventional and partially premixed diesel combustion [C]. SAE paper 2006-01-3329.

Arrègle J, López J J, Martín J, Mocholí E M. 2006. Development of a mixing and combustion zero-dimensional model for diesel engines [C]. SAE paper 2006-01-1382.

Asay R J, Svensson K I, Tree D R. 2004. An empirical, mixing-limited, zero-dimensional model for diesel combustion [C]. SAE paper 2004-01-0924.

Atkinson C, Mott G. 2005. Dynamic model-based calibration optimization: an introduction and application to diesel engines [C]. SAE paper 2005-01-0026.

Atkinson C, Allain M, Zhang H. 2008. Using model-based rapid transient calibration to reduce fuel consumption and emissions in diesel engines [C]. SAE paper 2008-01-1365.

Bagal N L, Rutland C J, Foster D E, Narayanaswamy K, He Y. 2009. CO emission model for an integrated diesel engine, emissions, and exhaust aftertreatment system level model [C]. SAE paper 2009-01-1511.

Barr D, Boyer M, McAtee R. 2003. Formulating for lower emissions – issues and solutions [C]. SAE paper 2003-01-1966.

Basha S A, Raja Gopal K. 2009. In-cylinder fluid flow, turbulence and spray models – a review [J]. *Renewable and Sustainable Energy Reviews*, 13(6-7):1620-1627.

Batts B D, Zuhdan-Fathoni A. 1991. A literature review on fuel stability studies with particular emphasis on diesel oil [J]. *Energy & Fuels*, 5(1):2-21.

Bauer H (editor). 1999. *Diesel-Engine Management* [M]. 2nd edition. Warrendale, PA: Robert Bosch GmbH/SAE International.

416 柴油发动机系统设计

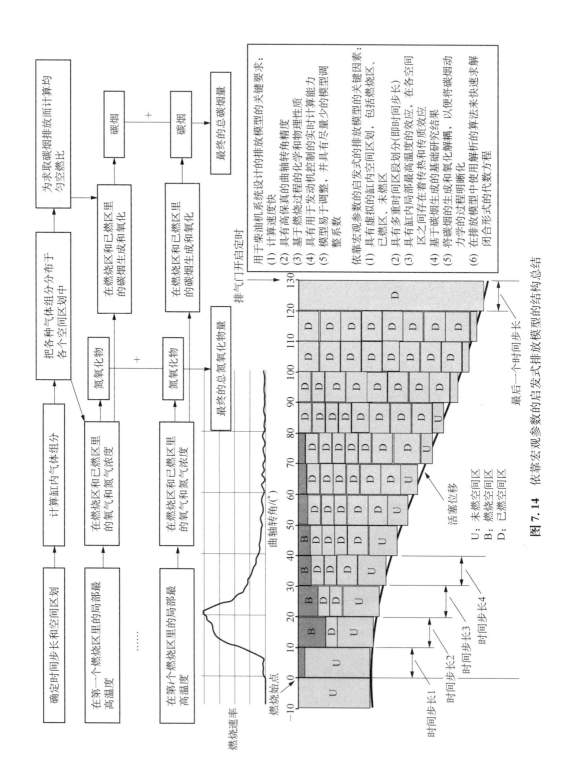

图7.14 依靠宏观参数的启发式排放模型的结构总结

Baus M, Cook A, Schaller D. 2006. *Integrating New Emissions Engines into Commercial Vehicles: Emissions, Performance & Affordability* [M]. The 51st L. Ray Buckendale Lecture. SAE paper 2006-01-3545. Warrendale, PA: SAE International.

Baxter J M, Hiltner J. 2001. Working toward homogeneous diesel combustion: a fresh look at the work of Max Fiedler [C]. ASME paper 2001-ICE-418.

Bayer J, Foster D E. 2003. Zero-dimensional soot modeling [C]. SAE paper 2003-01-1070.

Bazari Z. 1992. A DI diesel combustion and emission predictive capability for use in cycle simulation [C]. SAE paper 920462.

Bazari Z. 1994. Diesel exhaust emissions prediction under transient operating conditions [C]. SAE paper 940666.

Beasley M, Cornwell R, Fussey P, King R, Noble A, Salamon T, Truscott A, Landsmann G. 2006. Reducing diesel emissions dispersion by coordinated combustion feedback control [C]. SAE paper 2006-01-0186.

Beierer P, Huhtala K, Vilenius M. 2007. Experimental study of the hydraulic circuit of a commercial common rail diesel fuel injection system [C]. SAE paper 2007-01-0487.

Bi X, Han S. 1995. Prediction of transient exhaust soot for a turbocharged diesel engine [C]. SAE paper 952434.

Bianchi G M, Cazzoli G, Pelloni P, Corcione F E. 2002. Numerical study towards smoke-less and NO_x-less HSDI diesel engine combustion [C]. SAE paper 2002-01-1115.

Bianchi G M, Pelloni P, Corcione F E, Mattarelli E, Bertoni F L. 2000. Numerical study of the combustion chamber shape for common rail H. S. D. I. diesel engines [C]. SAE paper 2000-01-1179.

Bowman C T. 1991. Chemistry of gaseous pollutant formation and destruction [M]//Bartok W, Sarofim A F (editors). *Fossil Fuel Combustion - A Source Book*. New York, NY: John Wiley & Sons. Chapter 4, 215-260.

Boesel J, Romeo S, Brotherton T. 2003. Advanced fuels and technology forecasts for heavy-duty vehicles [C]. SAE paper 2003-01-3404.

Borman G L, Ragland K W. 1998. Direct-injection engine combustion [M]//*Combustion Engineering*. Boston, MA: McGraw-Hill. Chapter 12.

Bowman C T. 1991. Chemistry of gaseous pollutant formation and destruction [M]//Bartok W, Sarofim A F (editors). *Fossil Fuel Combustion — A Source Book*. New York, NY: John Wiley & Sons. 215-260.

Brahma I, Rutland C J, Foster D E, He Y. 2005. A new approach to system level soot modeling [C]. SAE paper 2005-01-1122.

Brahma I, Sharp M C, Frazier T R. 2009. Empirical modeling of transient emissions and transient response for transient optimization [C]. SAE paper 2009-01-1508.

Browning L H. 1997. Technologies and costs for on-road heavy-duty engines meeting 2004 emissions standards [C]. SAE paper 973256.

Burk R, Jacquelin F, Wakeman R. 2003. A contribution to predictive engine calibration based on vehicle drive cycle performance [C]. SAE paper 2003-01-0225.

Canelada M M, Tischer F. 2007. DualFuel system, diesel and natural gas-optimizing the concept [C]. SAE paper 2007-01-2616.

Charlton S J. 2005. *Developing Diesel Engines to Meet Ultra-low Emission Standards* [M]. The 50th L. Ray Buckendale Lecture. SAE paper 2005-01-3628. Warrendale, PA: SAE International.

Charmley W J B. 2004. *The Federal Government's Role in Reducing Heavy Duty Diesel Emissions* [M]. The 49th L. Ray Buckendale Lecture. SAE paper 2004-01-2708. Warrendale, PA: SAE International.

Chase S, Nevin R, Winsor R, Baumgard K. 2007. Stoichiometric compression ignition (SCI) engine [C]. SAE paper 2007-01-4224.

Chen S K, Yanakiev O. 2005. Transient NO_x emission reduction using exhaust oxygen concentration based control for a diesel engine [C]. SAE paper 2005-01-0372.

Chikahisa T, Kikuta K, Murayama T. 1992. Combustion similarity for different size diesel engines: theoretical prediction and experimental results [C]. SAE paper 920465.

Chiu W S, Shahed S M, Lyn W T. 1976. A transient spray mixing model for diesel combustion [C]. SAE paper 760128.

Christensen M, Johansson B, Amneus P, Mauss F. 1998. Supercharged homogeneous charge compression ignition [C]. SAE paper 980787.

Ciaravino C, Guido C, Vassallo, Beatrice C. 2011. The key role of the closed-loop combustion control for exploiting the potential of biodiesel in a modern diesel engine for passenger car applications [C]. SAE paper 2011-37-0005.

Clark N N, Tatli E, Barnett R, Wayne W S, McKain D L. 2006. Characterization and abatement of diesel crankcase emissions [C]. SAE paper 2006-01-3372.

Corro G. 2002. Sulfur impact on diesel emission control-a review [J]. *Reaction Kinetics and Catalysis Letters*, 75(1): 89-106.

Cracknell R, Ariztegui J, Barnes K, Bessonette P, Cannella W, Douce F, Kelecom B, Kraft H, Lampreia I, Rickeard D J, Savarese M C, Williams J, Rose K D. 2008. Advanced combustion for low emissions and high efficiency: a literature review of HCCI combustion concepts [R/OL]. CONCAWE Report No. 4/08. Available at: www.concawe.org

Cuenca R M. 1993. Evolution of diesel fuel injection equipment - the last 20 years [C]. SAE paper 933015.

Cui Y, Deng K, Wu J. 2001. A direct injection diesel combustion model for use in transient condition analysis [J]. *Proc. IMechE, Part D: Journal of Automobile Engineering*, 215:995-1004.

Cursente V, Pacaud P, Gatellier B. 2008. Reduction of the compression ratio on a HSDI diesel engine: combustion design evolution for compliance the future emission standards [C]. SAE paper 2008-01-0839.

Czerwinski J, Péterman J-L, Comte P, Lemaire J, Mayer A. 2007. Diesel NO/NO$_2$/NO$_x$ emissions - new experiences and challenges [C]. SAE paper 2007-01-0321.

Darlington T L, Kahlbaum D, Thompson G. 2008. On-road NO$_x$ emission rates from 1994-2003 heavy-duty diesel trucks [C]. SAE paper 2008-01-1299.

De Ojeda W, Zoldak P, Espinoza R, Kumar R, Xia C, Cornelius D. 2007. Multicylinder diesel engine for HCCI operation [C/OL]. *Proceedings of the Directions in Engine-Efficiency and Emissions Research (DEER) Conference Presentations*. Detroit, MI. August 13-16. Available at: http://www1.eere.energy.gov/vehiclesandfuels/resources/proceedings.

De Ojeda W, Zoldak P, Espinoza R, Xia C, Cornelius D. 2008. Multicylinder diesel engine for LTC operation [C]. *Proceedings of the Directions in Engine-Efficiency and Emissions Research (DEER) Conference Presentations*. Dearborn, MI. August 4-8.

De Ojeda W, Zoldak P, Espinoza R, Xia C, Cornelius D, Kumar R. 2009. Low temperature combustion demonstrator for high efficiency clean combustion [C]. *Proceedings of the Directions in Engine-Efficiency and Emissions Research (DEER) Conference Presentations*. Dearborn, MI. August 3-6.

DeFries T H, Kishan S, Anthony J, Ullman T, Smith M V, Matthews R, Lewis D. 2004. The Texas diesel fuels project, part 1: development of TxDOT-specific test cycles with emphasis on a "route" technique for comparing fuel/water emulsions and conventional diesel fuels [C]. SAE paper 2004-01-0090.

Den Ouden C J J, Clark R H, Cowley L T, Stardling R J, Lange W W, Maillard C. 1994. Fuel quality effects on particulate matter emissions from light-and heavy-duty diesel engines [C]. SAE paper 942022.

Desantes J M, Arregle J, Molina S, Lejeune M. 2000. Influence of the EGR rate, oxygen concentration and equivalent fuel/air ratio on the combustion behavior and pollutant emissions of a heavy-duty diesel engine [C]. SAE paper 2000-01-1813.

Desantes J M, Arregle J, Rodriguez P J. 1999. Computational model for simulation of diesel injection systems [C]. SAE paper 1999-01-0915.

Desantes J M, Lopez J J, Garcia J M, Hernandez L. 2002. Applications of neural networks for prediction and optimization of exhaust emissions in a H.D. diesel engine [C]. SAE paper 2002-01-1144.

Dexter S G, Kling W H. 1999. Medium speed engine design changes caused by international emissions regulations [C]. ASME paper 99-ICE-225.

Diewald R, Cartus T, Schuessler M, Bachler H. 2009. Model based calibration methodology [C]. SAE paper 2009-01-2837.

Dingle P J G. 2010. Fuel injection systems for heavy-duty diesel engines [M]//Zhao H (editor). *Advanced Direct Injection Combustion Engine Technologies and Development, Volume 2: Diesel Engines*. Cambridge, UK: Woodhead Publishing. Chapter 9, 289-316.

Dodge L G, Leone D M, Naegeli D W, Dickey D W, Swenson K R. 1996. A PC-based model for predicting NO$_x$ reductions in diesel engines [C]. SAE paper 962060.

Dollmeyer T A, Vittorio D A, Grana T A, Katzenmeyer J R, Charlton S J, Clerc J, Morphet R G, Schwandt B W. 2007. Meeting the US 2007 heavy-duty diesel emission standards - designing for the customer [C]. SAE paper 2007-01-4170.

Dronniou N, Lejeune M, Balloul I, Higelin P. 2005. Combination of high EGR rates and multiple injection strategies to reduce pollutant emissions [C]. SAE paper 2005-01-3726.

Easley W L, Mellor A M, Plee S L. 2000. NO formation and decomposition models for DI diesel engines [C]. SAE paper 2000-01-0582.

Eckerle W. 2011. Overview of high-efficiency engine technologies [C]. *Proceedings of the Directions in Engine-Efficiency and Emissions Research (DEER) Conference Presentations*. Detroit, MI. October 3-6.

Egnell R. 1998. Combustion diagnostics by means of multizone heat release analysis and NO calculation [C]. SAE paper 981424.

Egnell R. 1999. A simple approach to studying the relation between fuel rate heat release rate and NO formation in diesel engines [C]. SAE paper 1999-01-3548.

Egnell R. 2000. The influence of EGR on heat release rate and NO formation in a DI diesel engine [C]. SAE paper 2000-01-1807.

Epping K, Aceves S, Bechtold R, Dec J. 2002. The potential of HCCI combustion for high efficiency and low emissions [C]. SAE paper 2002-01-1923.

Ericson C, Westerberg B, Andersson M, Egnell R. 2006. Modelling diesel engine combustion and NO$_x$ formation for model based control and simulation of engine and exhaust aftertreatment systems [C]. SAE paper 2006-01-0687.

Ericson C, Westerberg B, Egnell R. 2005. Transient emission predictions with quasi stationary models [C]. SAE paper 2005-01-3852.

Fanick E R. 2008. Diesel Fuel Keeping Pace with Diesel Engine Technology [C]. SAE paper 2008-01-1808.

Ficarella A, Laforgia D, Landriscina V. 1999. Evaluation of instability phenomena in a common rail injection system for high speed diesel engines [C]. SAE paper 1999-01-0192.

Filipi Z S, Assanis D N. 2000. The effect of the stroke-to-bore ratio on combustion, heat transfer and efficiency of a homogeneous charge spark ignition engine of given displacement [J]. *International Journal of Engine Research*, 1(2): 191-208.

Flynn P F, Durrett R P, Hunter G L, Loye A O, Akinyemi O C, Dec J E, Westbrook C K. 1999. Diesel combustion: an integrated view combining laser diagnostics, chemical kinetics, and empirical validation [C]. SAE paper 1999-01-0509.

Flynn P F, Hunter G L, Durrett R P, Farrell L A, Akinyemi W C. 2000. Chemistry limits on minimum in-cylinder NO_x production for internal combustion engines [C]. IMechE paper C588/027/2000. 187-208.

Foster T. 2008. Calibration scenario editor enables higher calibration efficiencies [C]. SAE paper 2008-01-2714.

Gardner T P, Henein N A. 1988. Diesel starting: a mathematical model [C]. SAE paper 880426.

Gehrke C, Sivadas H, Bazyn T, Milam D. 2008. The role of advanced combustion in improving energy efficiency [C]. *Proceedings of the Directions in Engine-Efficiency and Emissions Research (DEER) Conference Presentations*. Dearborn, MI. August 4-8.

Gérard D, Besson M, Hardy J-P, Croguennec S, Thomine M, Aoyama S, Tomita M. 2008. HCCI combustion on a diesel VCR engine [C]. SAE paper 2008-01-1187.

Ghaffarpour M, Azarfam M, Noorpoor A. 2006. Emission reduction in diesel engines using new fuel injection system [J]. *JSME International Journal, Series B*, 49(4):1298-1306.

Ghaffarpour M R, Baranescu R, Doan T. 1995. Combustion noise and emissions reduction at idle in diesel engines through numerical analysis [C]. ASME paper 95-ICE-12.

Ghaffarpour M R, Noorpoor A R. 2007. A numerical study of the use of pilot or split rate injection to reduce diesel engine noise [J]. *Proc. IMechE, Part D: Journal of Automobile Engineering*, 221:457-464.

Gill A P. 1988. Design choices for 1990's low emission diesel engines [C]. SAE paper 880350.

Gill D W, Herzog P L. 1996. Fuel injection technology for low emissions HSDI diesel engines [C]. SAE paper 962369.

Gokten M, Kurnaz G, Ergen O R, Copley D. 2008. The development of high efficiency crankcase ventilation and oil mist separator for a heavy-duty diesel application [C]. SAE paper 2008-01-2687.

Gonzalez M A, Borman G L, Reitz R D. 1991. A study of diesel cold starting using both cycle analysis and multidimensional calculations [C]. SAE paper 910180.

Guido C, Beatrice C, Di Iorio S, Napolitano P, Di Blasio G, Vassallo A, Ciaravino C. 2011. Assessment of closed-loop combustion control capability for biodiesel blending detection and combustion impact mitigation for an Euro5 automotive diesel engine [C]. SAE paper 2011-01-1193.

Gullaksen J. 2004. Simulation of diesel fuel injection dynamics using MATLAB [C]. SAE paper 2004-01-2966.

Hagena J R, Filipi Z S, Assanis D N. 2006. Transient diesel emissions: analysis of engine operation during a tip-in [C]. SAE paper 2006-01-1151.

Hamburg D R, Throop M J. 1984. A comparison between predicted and measured feedgas emissions for dynamic engine operation [C]. SAE paper 841256.

Han Z, Uludogan A, Hampson G J, Reitz R D. 1996. Mechanism of soot and NO_x emission reduction using multiple-injection in a diesel engine [C]. SAE paper 960633.

Hara S, Kaneko T, Kakegawa T, Senbokuya S, Nakamura O, Shibuya M, Itoyama H, Okada M, Sugiyama G, Hasegawa T. 2006. Effects of fuel properties on the performance of advanced diesel NO_x aftertreatment devices [C]. SAE paper 2006-01-3443.

Harrington J, Munshi S, Nadelcu C, Ouellette P, Thompson J, Whitfield S. 2002. Direct injection of natural gas in a heavy-duty diesel engine [C]. SAE paper 2002-01-1630.

Henein N A, Lai M-C, Singh I, Wang D, Liu L. 2001. Emissions trade-off and combustion characteristics of a high-speed direct injection diesel engine [C]. SAE paper 2001-01-0197.

Heywood J B. 1988. *Internal Combustion Engine Fundamentals* [M]. New York, NY: McGraw-Hill.

Hikosaka N. 1997. A view of the future of automotive diesel engines [C]. SAE paper 972682.

Hinkelbein J, Sandikcioglu C, Pischinger S, Lamping M, Körfer T. 2009. Control of the diesel combustion process via advanced closed loop combustion control and a flexible injection rate shaping tool [C]. SAE paper 2009-24-0114.

Hiroyasu H, Kadota T. 1976. Models for combustion and formation of nitric oxide and soot in direct injection diesel engines [C]. SAE paper 760129.

Hiroyasu H, Long Y. 2000. The simulation of the distribution of temperature and mass of liquid and vapor fuels, and the wall impinging spray pattern in a diesel combustion chamber [C]. SAE paper 2000-01-1887.

Hirsch M, Re L. 2009. Adapted D-Optimal experimental design for transient emission models of diesel engines [C]. SAE paper 2009-01-0621.

Hochhauser A M. 2009. Review of prior studies of fuel effects on vehicle emissions [C]. SAE paper 2009-01-1181.

Hoffman S R, Abraham J. 2008. Flamelet structure in diesel engines under lean and stoichiometric operating conditions

[C]. SAE paper 2008-01-1362.

Hountalas D T. 2000. Available strategies for improving the efficiency of DI diesel engines – a theoretical investigation [C]. SAE paper 2000-01-1176.

Hountalas D T, Zannis T C, Mavropoulos G C. 2006. Potential benefits in heavy duty diesel engine performance and emissions from the use of variable compression ratio [C]. SAE paper 2006-01-0081.

Hsu B D. 2002. *Practical Diesel-Engine Combustion Analysis* [M]. Warrendale, PA: SAE International.

Huang Y, Wang Z, Hu Y. 1996. The application of phenomenological combustion model for experimental study of D. I. diesel engines [C]. SAE paper 961051.

Husted H, Kruger D, Fattic G, Ripley G, Kelly E. 2007. Cylinder pressure-based control of pre-mixed diesel combustion [C]. SAE paper 2007-01-0773.

Jacobs T, Assanis D, Filipi Z. 2003. The impact of exhaust gas recirculation on performance and emissions of a heavy-duty diesel engine [C]. SAE paper 2003-01-1068.

Jiang Q, Gerpen J H V. 1992. Prediction of diesel engine particulate emission during transient cycles [C]. SAE paper 920466.

Johnson K C, Durbin T D, Cocker III D R, Miller J W, Agama R J, Moynahan N, Nayak G. 2008. On-road evaluation of a PEMS for measuring gaseous in-use emissions from a heavy-duty diesel vehicle [C]. SAE paper 2008-01-1300.

Jones J C P, Muske K R. 2007. Automatic calibration of 1 and 2-D look-up tables using recursive least-squares identification techniques [C]. SAE paper 2007-01-1343.

Kaiadi M, Tunestål P, Johansson B. 2008. Closed-loop combustion control for a 6-cylinder port-injected natural-gas engine [C]. SAE paper 2008-01-1722.

Kamimoto T, Bae M. 1988. High combustion temperature for the reduction of particulate in diesel engines [C]. SAE paper 880423.

Kampelmuhler F T, Paulitsch R, Gschweitl K. 1993. Automatic ECU-calibration – an alternative to conventional methods [C]. SAE paper 930395.

Kanda T, Hakozaki T, Uchimoto T, Hatano J, Kitayama N, Sono H. 2005. PCCI operation with early injection of conventional diesel fuel [C]. SAE paper 2005-01-0378.

Kanda T, Hakozaki T, Uchimoto T, Hatano J, Kitayama N, Sono H. 2006. PCCI operation with fuel injection timing set close to TDC [C]. SAE paper 2006-01-0920.

Kanda T, Kobayashi S, Matsui R, Sono H. 2004. Study on Euro IV combustion technologies for direct injection diesel engine [C]. SAE paper 2004-01-0113.

Kang H, Farrell P V. 2005. Experimental investigation of transient emissions (HC and NO_x) in a high speed direct injection (HSDI) diesel engine [C]. SAE paper 2005-01-3883.

Khair M K. 1997. Technical and synergistic approaches towards the twenty-first century diesel engine [C]. SAE paper 972687.

Khan A S, Clark N N, Thompson G J, Wayne W S, Gautam M, Lyons D W, Hawelti D. 2006. Idle emissions from heavy-duty diesel vehicles: review and recent data [J]. *Journal of the Air & Waste Management Association*, 56(10): 1404-1419.

Kim C-G, Guezennec Y G. 2005. A methodology for virtual engine mapping test of CIDI engine with arbitrary fuel injection schedule for control purpose [C]. SAE paper 2005-01-0230.

Kim J, Park S W, Andrie M, Reitz R D, Sung K. 2009. Experimental investigation of intake condition and group-hole nozzle effects on fuel economy and combustion noise for stoichiometric diesel combustion in an HSDI diesel engine [C]. SAE paper 2009-01-1123.

Kissner G, Ruppel S. 2009. Highly efficient oil separation systems for crankcase ventilation [C]. SAE paper 2009-01-0974.

Klingbeil A E, Juneja H, Ra Y, Reitz R D. 2003. Premixed diesel combustion analysis in a heavy-duty diesel engine [C]. SAE paper 2003-01-0341.

Knaak M, Schoop U, Roepke K. 2005. Comparison of different transient air charge models [C]. SAE paper 2005-01-0051.

Knafl A, Hagena J R, Filipi Z S, Assanis D N. 2005. Dual-use engine calibration: leveraging modern technologies to improve performance – emissions tradeoff [C]. SAE paper 2005-01-1549.

Kokjohn S, Hanson R, Splitter D, Kaddatz J, Reitz R. 2011. Fuel reactivity controlled compression ignition (RCCI) combustion in light-and heavy-duty engines [C]. SAE paper 2011-01-0357.

Kolade B, Morel T, Kong S-C. 2004. Coupled 1-D/3-D analysis of fuel injection and diesel engine combustion [C]. SAE paper 2004-01-0928.

Kolbeck A F. 2011. Closed loop combustion control-enabler of future refined engine performance regarding power, efficiency, emissions & NVH under stringent governmental regulations [C]. SAE paper 2011-01-0171.

Kono N, Suzuki Y, Takeda H. 2005. Effects of driving onditions and fuel properties on diesel emissions [C]. SAE paper 2005-01-3835.

Kouremenos D A, Hountalas D T, Binder K B. 2001. The effect of EGR on the performance and pollutant emissions of heavy duty diesel engines using constant and variable AFR [C]. SAE paper 2001-01-0198.

Kouremenos D A, Hountalas D T, Kouremenos A D. 1999. Development and validation of a detailed fuel injection system simulation model for diesel engines [C]. SAE paper 1999-01-0527.

Kouremenos D A, Rakopoulos C D, Hountalas D T. 1997. Multi-zone combustion modelling for the prediction of pollutants emissions and performance of DI diesel engines [C]. SAE paper 970635.

Krishnamurthy M, Gautam M. 2005. Comparison of averaging techniques employed in calculating not-to-exceed emissions for heavy-duty vehicles [C]. SAE paper 2005-01-3787.

Kumar S, Stanton D, Fang H, Gustafson R, Frazier T. 2008. The effect of diesel fuel properties on emissions-restrained fuel economy at mid-load conditions [C]. *Proceedings of the Directions in Engine-Efficiency and Emissions Research (DEER) Conference Presentations*. Dearborn, MI. August 4-7.

Kyriakides S C, Dent J C, Mehta P S. 1986. Phenomenological diesel combustion model including smoke and NO emission [C]. SAE paper 860330.

Ladommatos N, Abdelhalim S, Zhao H. 1999. The effects of exhaust gas recirculation on diesel combustion and emissions [J]. *International Journal of Engine Research*, 1(1):107-126.

Lafossas F-A, Marbaix M, Menegazzi P. 2007. Development and application of a 0D D. I. diesel combustion model for emissions prediction [C]. SAE paper 2007-01-1841.

Langridge S, Fessler H. 2002. Strategies for high EGR rates in a diesel engine [C]. SAE paper 2002-01-0961.

Lauterwasser F. 2009. Development of high performance heavy duty engine oils [C]. *Proceedings of the Directions in Engine-Efficiency and Emissions Research (DEER) Conference Presentations*. Dearborn, MI. August 3-6.

Lee H-K, Russell M F, Bae C S, Shin H D. 2002. Development of cavitation and enhanced injector models for diesel fuel injection system simulation [J]. *Proc. IMechE, Part D: Journal of Automobile Engineering*, 216:607-618.

Lee S, Gonzalez M A, Reitz R D. 2006. Stoichiometric combustion in a HSDI diesel engine to allow use of a three-way exhaust catalyst [C]. SAE paper 2006-01-1148.

Lee S, Gonzalez M A, Reitz R D. 2007. Effects of engine operating parameters on near stoichiometric diesel combustion characteristics [C]. SAE paper 2007-01-0121.

Leet J A, Simescu S, Froelund K, Dodge L G, Roberts C E. 2004. Emissions solutions for 2007 and 2010 heavy-duty diesel engines [C]. SAE paper 2004-01-0124.

Lipkea W H, DeJoode A D. 1994. Direct injection diesel engine soot modeling: formulation and results [C]. SAE paper 940670.

Litzke W, Wegrzyn J. 2001. Natural gas as a future fuel for heavy-duty vehicles [C]. SAE paper 2001-01-2067.

Liu H, Henein N A, Bryzik W. 2003. Simulation of diesel engines cold-start [C]. SAE paper 2003-01-0080.

Liu Y, Tao F, Foster D E, Reitz R D. 2005. Application of a multiple-step phenomenological soot model to HSDI diesel multiple injection modeling [C]. SAE paper 2005-01-0924.

Louis J J J. 2001. Well-to-wheel energy use and greenhouse gas emissions for various vehicle technologies [C]. SAE paper 2001-01-1343.

Lu L, Duan S, Xiao J, Wu J, Gao X. 2000. Effects of combustion chamber geometry on in-cylinder air motion and performance in DI diesel engine [C]. SAE paper 2000-01-0510.

Macián V, Luján J M, Guardiola C, Perles A. 2006. A comparison of different methods for fuel delivery unevenness detection in diesel engines [J]. *Mechanical Systems and Signal Processing*, 20(8):2219-2231.

MacMillan D, Rocca A L, Shayler P J, Morris T, Murphy M, Pegg I. 2009. Investigating the effects of multiple pilot injections on stability at cold idle for a DI diesel engine [C]. SAE paper 2009-01-0612.

MacMillan D, Rocca A L, Shayler P J, Murphy M, Pegg I G. 2008. The effect of reducing compression ratio on the work output and heat release characteristics of a DI diesel under cold start conditions [C]. SAE paper 2008-01-1306.

Maiboom A, Tauzia X. 2012. Experimental study of an automotive diesel engine running with stoichiometric combustion [C]. SAE paper 2012-01-0699.

Majewski W A, Khair M K. 2006. *Diesel Emissions and Their Control* [M]. Warrendale, PA: SAE International.

Manni M, Florio S, Gommellini C. 1997. An investigation on the reduction of lubricating oil impact on diesel exhaust emissions [C]. SAE paper 972956.

Mallamo F, Badami M, Millo F. 2002. Analysis of multiple injection strategies for the reduction of emissions, noise and BSFC of a DI CR small displacement non-road diesel engine [C]. SAE paper 2002-01-2672.

Mallamo F, Badami M, Millo F. 2005. Effect of compression ratio and injection pressure on emissions and fuel consumption of a small displacement common rail diesel engine [C]. SAE paper 2005-01-0379.

Marcic M. 1993. Computer simulation of the diesel fuel injection nozzle [C]. SAE paper 930925.

Marcic M. 1995. Calculation of the diesel fuel injection parameters [C]. SAE paper 952071.

Mather D K, Reitz R D. 1998. Modelling the influence of fuel injection parameters on diesel engine emissions [C]. SAE paper 980789.

Matthews R, Hall M, Anthony J, Ullman T, Lewis D. 2004. The Texas diesel fuels project, part 2: comparisons of fuel consumption and emissions for a fuel/water emulsion and conventional diesel fuels [C]. SAE paper 2004-01-0087.

Matthews R, Hall M, Prozzi J, Machemehl R, Anthony J, Ullman T, Baker R, Lewis D. 2005. The Taxas diesel fuels project, part 4: fuel consumption, emissions, and cost-effectiveness of an ultra-low-sulfur diesel fuel compared to conventional diesel fuels [C]. SAE paper 2005-01-1724.

Matzke M, Litzow U, Jess A, Caprotti R, Balfour G. 2009. Diesel lubricity requirements of future fuel injection equipment [C]. SAE paper 2009-01-0848.

Mauviot G, Albrecht A, Poinsot T J. 2006. A new 0D approach for diesel combustion modeling coupling probability density function with complex chemistry [C]. SAE 2006-01-3332.

McGeehan J A, Moritz J, Shank G, Kennedy S, Totten W, Urbank M, Belay M, Goodier S, Cassim A, Runkle B, DeBaun H, Harold S, Chao K, Deere J, Herzog S, Stockwell R, Passut C, Fetterman P, Taber D, Williams L, Kleiser W M, Zalar J. 2006. API CJ-4: New oil category for 2007 low emission diesel engines using particulate filters [C]. 15th International Colloquium Tribology - Automotive and Industrial Lubrication. Ostfildern, Germany. January 17-19.

Meyer S, Greff A. 2002. New calibration methods and control systems with artificial neural networks [C]. SAE paper 2002-01-1147.

Miles P, Ekoto I, Musculus M, Petersen B, Foster D, Ra Y, Reitz R, Andersson Ö, Aronsson U, Johansson B. 2010. Sources of UHC and CO in low temperature automotive diesel combustion systems [C]. Proceedings of the Directions in Engine-Efficiency and Emissions Research (DEER) Conference Presentations. Detroit, MI. September 27-30.

Millich E, Bohn C, Braun H, Schultalbers M. 2005. A highly efficient simulation-based calibration method exemplified by the charge control [C]. SAE paper 2005-01-0052.

Millo F, Pautasso E, Delneri D, Troberg M. 2007. A DoE analysis on the effects of compression ratio, injection timing, injector nozzle hole size and number on performance and emissions in a diesel marine engine [C]. SAE paper 2007-01-0670.

Mitchell K. 1993. The cold performance of diesel engines [C]. SAE paper 932768.

Montajir R M, Tsunemoto H, Ishitani H, Minami T. 2000. Fuel spray behavior in a small DI diesel engine: effect of combustion chamber geometry [C]. SAE paper 2000-01-0946.

Montgomery D T, Reitz R D. 2001. Effects of multiple injections and flexible control of boost and EGR on emissions and fuel consumption of a heavy-duty diesel engine [C]. SAE paper 2001-01-0195.

Morel T, Wahiduzzaman S. 1996. Modeling of diesel combustion and emissions [C]. XXVI FISITA Congress. Praha, Czech Republik. June 16-23.

Mori K. 1997. Worldwide trends in heavy-duty diesel engine exhaust emission legislation and compliance technologies [C]. SAE paper 970753.

Mori K, Jyoutaki H, Kawai K, Sakai K. 2000. New quiescent combustion system for heavy-duty diesel engines to overcome exhaust emissions and fuel consumption trade-off [C]. SAE paper 2000-01-1811.

Moser F X, Sams T, Cartellieri W. 2001. Impact of future exhaust gas emission legislation on the heavy-duty truck engine [C]. SAE paper 2001-01-0186.

Mulemane A, Han J-S, Lu P-H, Yoon S-J, Lai M-C. 2004. Modeling dynamic behavior of diesel fuel injection systems [C]. SAE paper 2004-01-0536.

Murata Y, Nishio Y, Kusaka J, Daisho Y, Kawano D, Suzuki H, Ishii H, Goto Y. 2010. Numerical analysis of Miller-premixed charge compression ignition combustion on a dynamic ϕ-T map [J]. International Journal of Engine Research, 11:89-98.

Murtonen T, Aakko-Saksa P. 2009. Alternative fuels with heavy-duty engines and vehicles [R]. VTT Technical Research Centre of Finland. VTT Working Papers 128.

Musculus M P, Dec J E, Tree D R. 2002. Effects of fuel parameters and diffusion flame lift-off on soot formation in a heavy-duty DI diesel engine [C]. SAE paper 2002-01-0889.

Musculus M, Kokjohn S, Reitz R, Chartier C, Andersson Ö. 2011. An in-cylinder imaging survey of low-temperature, high-efficiency combustion strategies [C]. Proceedings of the Directions in Engine-Efficiency and Emissions Research (DEER) Conference Presentations. Detroit, MI. October 3-6.

Najt P M, Foster D E. 1983. Compression-ignited homogeneous charge combustion [C]. SAE paper 830264.

Nakayama S, Ibuki T, Hosaki H, Tominaga H. 2008. An application of model based combustion control to transient cycle-by-cycle diesel combustion [C]. SAE paper 2008-01-1311.

Nanjundaswamy H, Tatur M, Tomazic D, Koerfer T, Lamping M, Kolbeck A. 2009. Fuel property effects on emissions and performance of a light-duty diesel engine [C]. SAE paper 2009-01-0488.

Narayanaswamy K, Hessel R P, Rutland C J. 2005. A new approach to model DI-diesel HCCI combustion for use in cycle simulation studies [C]. SAE paper 2005-01-3743.

Neely G D, Sasaki S, Sono H. 2007. Investigation of alternative combustion crossing stoichiometric air fuel ratio for clean diesels [C]. SAE paper 2007-01-1840.

Neumeister J, Taylor J, Gurney D. 2007. Virtual air path calibration of a multi cylinder high performance GDI engine using 1D cycle simulation [C]. SAE paper 2007-01-0490.

Nieman D E, Dempsey A B, Reitz R D. 2012. Heavy-duty RCCI operation using natural gas and diesel [C]. SAE paper 2012-01-0379.

Niemi S A, Paanu T P J, Laurén M J. 2004. Effect of injection timing, EGR and EGR cooling on the exhaust particle number and size distribution of an off-road diesel engine [C]. SAE paper 2004-01-1988.

Niemi S, Lundin K, Karhu T, Laurén M, Ekman K, Nousiainen P, Paanu T. 2009a. Exhaust particle number in off-road engines of different generations [C]. SAE paper 2009-01-1869.

Niemi S, Törnvall J, Laurén M, Nousiainen P. 2009b. Optimization of some injection parameters in a common-rail non-road diesel engine [C]. SAE paper 2009-01-1833.

Nightingale D R. 1975. A fundamental investigation into the problem of NO formation in diesel engines [C]. SAE paper 750848.

Nozaki Y, Fukuma T, Tanaka K. 2005. Development of a rule-based calibration method for diesel engines [C]. SAE paper 2005-01-0044.

Nylund N-O, Aakko P, Mikkonen S, Niemi A. 1997. Effects of physical and chemical properties of diesel fuel on NO_x emissions of heavy-duty diesel engines [C]. SAE paper 972997.

Onder C H, Geering H P. 1995. Model-based engine calibration for best fuel efficiency [C]. SAE paper 950983.

Oven K, Trevor C. 1995. *Automotive Fuels Reference Book* [M]. 2nd edition. Warrendale, PA: SAE Internatinal.

Pacaud P, Perrin H, Laget O. 2008. Cold start on diesel engine: is low compression ratio compatible with cold start requirements? [C]. SAE paper 2008-01-1310.

Page D L. 1996. Optimization of the air/fuel ratio for improved engine performance and reduced emissions [C]. SAE paper 961714.

Pagnozzi R M, Pereira D C, Bastias P, Spielmann L. 2007. Methodology applied on the validation of air/oil separation systems integrated to the crankcase ventilation valve [C]. SAE paper 2007-01-2757.

Pariotis E G, Hountalas D T, Rakopoulos C D. 2005. Modeling the effects of EGR on a heavy duty DI diesel engine using a new quasi-dimensional combustion model [C]. SAE paper 2005-01-1125.

Pariotis E G, Hountalas D T, Rakopoulos C D. 2006. Sensitivity analysis of multi-zone modeling for combustion and emissions formation in diesel engines [C]. SAE paper 2006-01-1383.

Payri F, Benajes J, Molina S, Riesco J M. 2003. Reduction of pollutant emissions in a HD diesel engine by adjustment of injection parameters, boost pressure and EGR [C]. SAE paper 2003-01-0343.

Pekula N, Kuritz B, Hearne J, Marchese A J, Hesketh R P. 2003. The effect of ambient temperature, humidity, and engine speed on idling emissions from heavy-duty diesel trucks [C]. SAE paper 2003-01-0290.

Peng H, Cui Y, Shi L, Deng K. 2008. Improve combustion during cold start of DI diesel engine by EGR under normal ambient temperature [C]. SAE paper 2008-01-1084.

Pfeifer A, Krueger M, Gruetering U, Tomazic D. 2003. U. S. 2007 - which way to go? Possible technical solutions [C]. SAE paper 2003-01-0770.

Pickett L M, Siebers D L, Idicheria C A. 2005. Relationship between ignition processes and the lift-off length of diesel fuel jets [C]. SAE paper 2005-01-3843.

Ponti F, Corti E, Serra G, De Cesare M. 2007. Common rail multi-jet diesel engine combustion model development for control purposes [C]. SAE paper 2007-01-0383.

Rabhi V, Beroff J, Dionnet F. 2004. Study of a gear-based variable compression ratio engine [C]. SAE paper 2004-01-2931.

Rakopoulos C D, Hountalas D T. 1998. Development and validation of a 3-D multi-zone combustion model for the prediction of DI diesel engines performance and pollutants emissions [C]. SAE paper 981021.

Rakopoulos C D, Hountalas D T, Agaliotis N. 1999. Application of a multi-zone combustion model for the prediction of large scale marine diesel engines performance and pollutants emissions [C]. SAE paper 1999-01-0227.

Ramamurthy R, Clark N N, Atkinson C M, Lyons D W. 1998. Models for predicting transient heavy duty vehicle emissions [C]. SAE paper 982652.

Rask E, Sellnau M. 2004. Simulation-based engine calibration: tools, techniques, and applications [C]. SAE paper 2004-01-1264.

Regueiro J F. 2001. The case for new divided-chamber diesel combustion systems, part three: problems with current DI engines and divided-chamber solutions for future diesel engines [C]. SAE paper 2001-01-0278.

Reitz R D. 1998. Controlling D. I. diesel engine emissions using multiple injections and EGR [J]. *Combustion Science and Technology*, 138(1-6):257-278.

Reitz R D. 2010. High efficiency fuel reactivity controlled compression ignition (RCCI) combustion [C]. *Proceedings of the Directions in Engine-Efficiency and Emissions Research (DEER) Conference Presentations*. Detroit, MI. September 27-30.

Reitz R D, Hanson R, Splitter D, Kokjohn S. 2009. High-efficiency, ultra-low emission combustion in a heavy-duty engine via fuel reactivity control [C]. *Proceedings of the Directions in Engine-Efficiency and Emissions Research (DEER) Conference Presentations*. Dearborn, MI. August 3-6.

Reitz R D, Rutland C J. 1995. Development and testing of diesel engine CFD models [J]. *Progress in Energy and Combustion Science*, 21(2):173-196.

Reitz R D, Sun Y. 2010. Advanced computational fluid dynamics modeling of direct injection engines [M]//Zhao H (editor). *Advanced Direct Injection Combustion Engine Technologies and Development, Volume 2: Diesel Engines*. Cambridge, UK: Woodhead Publishing. Chapter 18.

Ribeiro N M, Pinto A C, Quintella C M, da Rocha G O, Teixeira L S G, Guarieiro L L N, Rangel M C, Veloso M C C, Rezende M J C, da Cruz R S, de Oliveira A M, Torres E A, de Andrade J B. 2007. The role of additives for diesel and diesel blended (ethanol or biodiesel) fuels: a review [J]. *Energy & Fuels*, 21:2433-2445.

Roberts M. 2003. Benefits and challenges of variable compression ratio (VCR) [C]. SAE paper 2003-01-0398.

Ryan T W, Challahan T J, Mehta D. 2004. HCCI in a variable compression ratio engine — effects of engine variables [C]. SAE paper 2004-01-1971.

SAE Surface Vehicle Information Report J1498. 2005. Heating value of fuels [R].

SAE Surface Vehicle Standard J313. 2004. Diesel fuels [S].

SAE Surface Vehicle Standard J900. 1995. Crankcase emission control test code [S].

SAE Surface Vehicle Standard J2265. 1995. Diesel engines - diesel fuel - performance requirement and test method for assessing fuel lubricity [S].

Samuel S, Austin L, Morrey D. 2002. Automotive test drive cycles for emission measurement and real-world emission levels - a review [J]. *Proc. IMechE, Part D: Journal of Automobile Engineering*, 216:555-564.

Sasaki M, Kishi Y, Hyuga T, Okazaki K, Tanaka M, Kurihara I. 1997. The effect of EGR on diesel engine oil, and its countermeasures [C]. SAE paper 971695.

Schiefer D, Maennel R, Nardoni W. 2003. Advantages of diesel engine control using in-cylinder pressure information for closed loop control [C]. SAE paper 2003-01-0364.

Schleyer C H. 2006. HCCI for heavy duty vehicles: new development & future prospects [C]. *Hart World Refining & Fuels Conference*. Brussels. May 30-June 1.

Schlosser A, Kinoo B, Salber W, Werner S, Ademes N. 2006. Accelerated powertrain development through model based calibration [C]. SAE paper 2006-01-0858.

Schmidt D P, Corradini M L. 2001. The internal flow of diesel fuel injector nozzles: a review [J]. *International Journal of Engine Research*, 2(1):1-22.

Schmitz G, Oligschlager U, Eifler G, Lechner H. 1994. Automated system for optimized calibration of engine management systems [C]. SAE paper 940151.

Shade B C, Carder D K, Thompson G J, Gautam M. 2008. A work-based window method for calculating in-use brake-specific NO_x emissions of heavy-duty diesel engines [C]. SAE paper 2008-01-1301.

Shin B-S, Lyu M-S, Kim C-H, Choi K-H. 2001. Combustion system development in a small bore HSDI diesel engine for low fuel consuming car [C]. SAE paper 2001-01-1257.

Shiozaki T, Nakajima H, Kudo Y, Miyashita A, Aoyagi Y. 1996. The analysis of combustion flame under EGR conditions in a DI diesel engine [C]. SAE paper 960323.

Shirota K, Baba F, Horikoshi M, Sato K. 2001. Development of virtual and real simulator or engine [C]. SAE paper 2001-01-1355.

Siewert R M. 1978. Engine combustion at large bore-to-stroke ratios [C]. SAE paper 780968.

Simescu S, Ryan III T W, Neely G D, Matheaus A C, Surampudi B. 2002. Partial pre-mixed combustion with cooled and uncooled EGR in a heavy-duty diesel engine [C]. SAE paper 2002-01-0963.

Simnick J. 2011. Liquid fuels perspective on ultra low carbon vehicles [C]. *Proceedings of the Directions in Engine-Efficiency and Emissions Research (DEER) Conference Presentations*. Detroit, MI. October 3-6.

Singal S K, Pundir B P. 1996. Diesel fuel quality and particulate emissions: an overview [C]. SAE paper 961185.

Singal S K, Pundir B P, Mehta P S. 1993. Fuel spray-air motion interaction in DI diesel engines: a review [C]. SAE paper 930604.

Solard P, Maiboom A, Tauzia X. 2011. Experimental study of intake conditions and injection strategies influence on PM emission and engine efficiency for stoichiometric diesel combustion [C]. SAE paper 2011-01-0630.

Song C. 2003. An overview of new approaches to deep desulfurization for ultra-clean gasoline, diesel fuel and jet fuel [J]. *Catalysis Today*, 86(1-4):211-263.

Song C, Hsu C S, Mochida I. 2000. *Chemistry of Diesel Fuels* [M]. New York, NY: Taylor & Francis.

Song H, Ladommatos N, Zhao H. 2001. Diesel soot oxidation under controlled conditions [C]. SAE paper 2001-01-3673.

Splitter D, Hanson R, Kokjohn S, Reitz R. 2011a. Reactivity controlled compression ignition (RCCI) heavy-duty engine operation at mid-and high-loads with conventional and alternative fuels [C]. SAE paper 2011-01-0363.

Splitter D, Hanson R, Kokjohn S, Wissink M, Reitz R. 2011b. Injection effects in low load RCCI dual-fuel combustion [C]. SAE paper 2011-01-0047.

Splitter D, Reitz R, Hanson R. 2010. High efficiency, low emissions RCCI combustion by use of a fuel additive [C]. SAE paper 2010-01-2167.

Splitter D, Wissink M, Hanson R, Kokjohn S, Hendricks T, Reitz R. 2011c. Effect of compression ratio and piston geometry on RCCI load limit [C]. *Proceedings of the Directions in Engine-Efficiency and Emissions Research (DEER) Conference Presentations*. Detroit, MI. October 3-6.

Stan C (editor). 1999. *Direct Injection Systems for Spark-Ignition and Compression-Ignition Engines* [M]. Warrendale,

PA: SAE Internatinal.

Stanglmaier R H, Roberts C E. 1999. Homogeneous charge compression ignition (HCCI): benefits, compromises, and future engine applications [C]. SAE paper 1999-01-3682.

Stanton D. 2008. Advanced combustion technology to enable high efficiency clean combustion [C]. *Proceedings of the Directions in Engine-Efficiency and Emissions Research (DEER) Conference Presentations*. Dearborn, MI. August 4-8.

Stodolsky F, Gaines L, Marshall C L, An F, Eberhardt J J. 1999. Total fuel cycle impacts of advanced vehicles [C]. SAE paper 1999-01-0322.

Stuhler H, Kruse T, Stuber A, Gschweitl K, Piock W, Pfluegl H, Lick P. 2002. Automated model-based GDI engine calibration adaptive online DoE approach [C]. SAE paper 2002-01-0708.

Stunnenberg F, Kleijwegt P, Feyens A W L V. 2001. Future heavy duty diesel lubricants for low emission engines [C]. SAE paper 2001-01-3768.

Sung K, Kim J, Ritz R D. 2009. Experimental study of pollutant emission reduction for near-stoichiometric diesel combustion in a three-way catalyst [J]. *International Journal of Engine Research*, 10:349-357.

Suzuki T, Kakegawa T, Hikino K, Obata A. 1997. Development of diesel combustion for commercial vehicles [C]. SAE paper 972685.

Tatli E, Clark N N. 2008. Crankcase particulate emissions from diesel engines [C]. SAE paper 2008-01-1751.

Tatur M, Tomazic D, Lamping M, Koerfer T, Schnorbus T, Hinkelbein J, Pischinger S. 2009. Diesel combustion control with closed-loop control of the injection strategy [C]. *Proceedings of the Directions in Engine-Efficiency and Emissions Research (DEER) Conference Presentations*. Dearborn, MI. August 3-6.

Taylor S, Clark N, Gautam M, Wayne W S. 2004. Diesel emissions prediction from dissimilar cycle scaling [J]. *Proc. IMechE, Part D: Journal of Automobile Engineering*, 218:341-352.

The MathWorks. 2007. SAE 2007 SAE Commercial Vehicle Engineering Congress - MathWorks hosted panel on analytical calibration [C/OL]. SAE Panel Discussion. Available at: www. mathworks. com/mason/tag/proxy. html? dataid=9962&fileid...

Thompson G J, Atkinson C M, Clark N N, Long T W, Hanzevack E. 2000. Neural network modelling of the emissions and performance of a heavy-duty diesel engine [J]. *Proc. IMechE, Part D: Journal of Automobile Engineering*, 214:111-126.

Thompson G J, Carder D K, Clark N N, Gautam M. 2008. Summary of in-use NO$_x$ emissions from heavy-duty diesel engines [C]. SAE paper 2008-01-1298.

Thompson N, Wass U, Ntziachristos L, Samaras Z, Hausberger S, Aakko P, Sams T. 2004. Overview of the European "particulates" project on the characterization of exhaust particulate emissions from road vehicles: results for heavy duty engines [C]. SAE paper 2004-01-1986.

Thring R M. 1989. Homogeneous charge compression ignition (HCCI) engines [C]. SAE paper 892068.

Toback A T, Hearne J S, Kuritz B, Marchese A J, Hesketh R P. 2004. The effect of ambient temperature and humidity on measured idling emissions from diesel school buses [C]. SAE paper 2004-01-1087.

Tomazic D, Pfeifer A. 2002. Cooled EGR-a must or an option for 2002/04 [C]. SAE paper 2002-01-0962.

Tomita M, Aoyama S, Ushijima K, Tanaka Y, Takahashi N, Moteki K, Takaba T. 2007. Compact and long-stroke multiple-link VCR engine mechanism [C]. SAE paper 2007-01-3991.

Toops T J, Bunting B G, Brookshear D W, Nguyen K. 2010. Impacts of biodiesel on emission control devices [C]. *Proceedings of the Directions in Engine-Efficiency and Emissions Research (DEER) Conference Presentations*. Detroit, MI. September 27-30.

Torkzadeh D D, Längst W, Kiencke U. 2001. Combustion and exhaust gas modeling of a common rail diesel engine - an approach [C]. SAE paper 2001-01-1243.

Traver M L, Atkinson R J, Atkinson C M. 1999. Neural network-based diesel engine emissions prediction using in-cylinder combustion pressure [C]. SAE paper 1999-01-1532.

Tsuchida H, Hiraya K, Tanaka D, Shigemoto S, Aoyama S, Tomita M, Sugiyama T, Hiyoshi R. 2007. The effect of a longer stroke on improving fuel economy of a multiple-link VCR engine [C]. SAE paper 2007-01-4004.

Ullmann S, Reuss H-C, Zell A. 2005. Calibration system prototype for increasing the level of automation in stationary engine testing and calibration [C]. SAE paper 2005-01-1828.

Urano Y, Nakano Y, Takada H, Sugita M. 2005. Optimization technique for transient emission reduction of heavy duty diesel engine [C]. SAE paper 2005-01-1099.

US Department of Energy website of Alternative Fuels Data Center [OL]. Available at: http://www. afdc. energy. gov/ fuels/index. html

Vishwanathan G, Reitz R D. 2008. Numerical predictions of diesel flame lift-off length and soot distributions under low temperature combustion conditions [C]. SAE paper 2008-01-1331.

Vora K A, Clark N N, Gautam M, Wayne W S. 2005. Multidimensional correlation study using linear regression of PM and NO$_x$ for heavy duty diesel vehicles [C]. SAE paper 2005-01-1618.

Wagner R, Curran S, Hanson R, Barone T, Briggs T, Kokjohn S, Reitz R. 2011. Addressing the challenges of RCCI operation on a light-duty multi-cylinder engine [C]. *Proceedings of the Directions in Engine-Efficiency and Emissions Research (DEER) Conference Presentations*. Detroit, MI. October 3-6.

Walsh M P. 1997. Global trends in diesel emissions control—a 1997 update [C]. SAE paper 970179.

Walsh M P. 1998. Global trends in diesel emissions control—a 1998 update [C]. SAE paper 980186.

Walsh M P. 1999. Global trends in diesel emissions control—a 1999 update [C]. SAE paper 1999-01-0107.

Walsh M P. 2001. Global trends in diesel emissions regulation—a 2001 update [C]. SAE paper 2001-01-0183.

Wang G, Li G, Liu Y, Chen L, Zhang X, Lu J. 1999. A developed model for emissions prediction of a DI diesel engine [C]. SAE paper 1999-01-0233.

Wickman D D, Senecal P K, Reitz R D. 2001. Diesel engine combustion chamber geometry optimization using genetic algorithms and multi-dimensional spray and combustion modeling [C]. SAE paper 2001-01-0547.

Wickman D D, Tanin K V, Senecal P K, Reitz R D, Gebert K, Barkhimer R L, Beck N J. 2000. Methods and results from the development of a 2600 bar diesel fuel injection system [C]. SAE paper 2000-01-0947.

Wilhelmsson C, Tunestål P, Johansson B, Widd A, Johansson R. 2009. A physical two-zone NO_x model intended for embedded implementation [C]. SAE paper 2009-01-1509.

Woermann R J, Theuerkauf H J, Heinrich A. 1999. A real-time model of a common rail diesel engine [C]. SAE paper 1999-01-0862.

Woods M, Kamo R, Bryzik W. 2000. High pressure fuel injection for high power density diesel engines [C]. SAE paper 2000-01-1186.

Wu H, Wang X, Winsor R, Baumgard K. 2011. Integrated simulation of engine performance and AFR control of a stoichiometric compression ignition (SCI) engine [C]. SAE paper 2011-01-0698.

Wu Y, Wang M Q, Sharer P B, Rousseau A. 2006. Well-to-wheels results of energy use, greenhouse gas emissions, and criteria air pollutant emissions of selected vehicle/fuel systems [C]. SAE paper 2006-01-0377.

Wuensche P, Moser F X, Dreisbach R, Sams T. 2003. Can the technology for heavy duty diesel engines be common for future emission regulations in USA, Japan and Europe? [C]. SAE paper 2003-01-0344.

Xin Q. 2011. Overview of diesel engine applications for engine system design—Part 3: operating and design characteristics of different applications [C]. SAE paper 2011-01-2180.

Yamanishi M. 2003. Application of a computer model to various specifications of fuel injection system for DI diesel engines [J]. *JSME International Journal*, *Series B*, 46(2):326-331.

Yang B, Mellor A M, Chen S K. 2002. Multiple injections with EGR effects on NO_x emissions for DI diesel engines analyzed using an engineering model [C]. SAE paper 2002-01-2774.

Yoshizaki T, Nishida K, Hiroyasu H. 1993. Approach to low NO_x and smoke emission engines by using phenomenological simulation [C]. SAE paper 930612.

Yun H, Reitz R D. 2005. Combustion optimization in the low-temperature diesel combustion engine [J]. *International Journal of Engine Research*, 6:513-524.

Zannis T C, Hountalas D T, Papagiannakis R G, Levendis Y A. 2008. Effect of fuel chemical structure and properties on diesel engine performance and pollutant emissions: review of the results of four European research programs [C]. SAE paper 2008-01-0838.

Zelenka P, Aufinger H, Reczek W, Cartellieri W. 1998. Cooled EGR – a key technology for future efficient HD diesels [C]. SAE paper 980190.

Zhang H. 1998. A predictive tool for engine performance and NO_x emission [C]. SAE paper 982462.

Zhang H, Kalish Y, Allain M, Zhu G. 2009. High efficiency clean combustion for heavy-duty engine [C]. *Proceedings of the Directions in Engine-Efficiency and Emissions Research (DEER) Conference Presentations*. Dearborn, MI. August 3-6.

Zhang J, Gao S, Jiang F. 2007. A diesel engine real time NO_x emission simulation system based on RTW and VxWorks [C]. SAE paper 2007-01-0025.

Zhang W, Tian J-P, Nishida K. 2011. Effects of nozzle hole diameter and injection pressure on flame lift-off and soot formation in D. I. diesel combustion [C]. SAE paper 2011-01-1813.

Zhao F, Asmus T W, Assanis D N, Dec J E, Eng J A, Najt P M (editors). 2003. *Homogeneous Charge Compression Ignition (HCCI) Engines — Key Research and Development Issues* [M]. Warrendale, PA: SAE International.

Zhao H (editor). 2007. *HCCI and CAI Engines for the Automotive Industry* [M]. Cambridge, UK: Woodhead Publishing.

Zhao H (editor). 2010. *Advanced Direct Injection Combustion Engine Technologies and Development, Volume 2: Diesel Engines* [M]. Cambridge, UK: Woodhead Publishing.

Zheng J, Xin Q. 2009. Theoretical analysis of diesel engine NO_x and soot with heuristic macro-parameter-dependent approach and virtual multi-zone real-time models [J]. SAE paper 2009-01-2836. Also in *SAE International Journal of Commercial Vehicles*, March 2010, 2(2):45-60.

Zhong L, Gruenewald S, Henein N A, Bryzik W. 2007. Lower temperature limits for cold starting of diesel engine with a common rail fuel injection system [C]. SAE paper 2007-01-0934.

Zhu Y, Ricart-Ugaz L, Wu S, Cigler J, El-Beshbeeshy M, Bulicz T, Yan J. 2004. Combustion development of the new International 6.0L V8 diesel engine [C]. SAE paper 2004-01-1404.

Zhu Y, Zhao H, Ladommatos N. 2003. Computational study of the effects of injection timing, EGR and swirl ratio on a HSDI multi-injection diesel engine emission and performance [C]. SAE paper 2003-01-0346.

7.5.2　中文参考文献和书目

7.5.2.1　从功率和排放要求到系统设计的过程

常英杰,刘伟,金海,张小印,王树芬.我国重型车用柴油机满足欧Ⅲ排放标准的对策[J].车用发动机,2004(3):1-4.

陈大英,孙念泽,高悦,李富昌,陈彬.柴油机排放启示[J].润滑油,2008,23(1):10-15.

陈华清,陈新传.对船用大功率柴油机排放控制技术的思考[J].柴油机,2004(增刊):108-112.

董尧清,王志华,曹霞,顾蔚君.中重型车用柴油机满足欧-Ⅱ排放法规的技术措施[J].内燃机工程,2004,25(5):79-83.

董尧清,吴乐欣,刘永祥,王一江.中重型车用柴油机实施欧Ⅳ排放的技术路径[J].汽车技术,2007(3):1-4.

段景辉.车用柴油机排放控制技术进展[J].内燃机,2006(1):1-5.

杜愎刚,朱会田,许力.车用柴油机排放控制现状与技术进展[J].内燃机工程,2004,25(3):71-74.

杜红光,马传胜,刘瑞华.降低单缸直喷柴油机排放的思路及有效措施[J].内燃机与动力装置,2008(1):40-42,58.

方毅博,张振东,陈振天,尹丛勃,王玉顺.柴油机达到欧Ⅳ标准的实用技术[J].内燃机,2006(5):31-34.

冯明志.船舶柴油机排放控制技术的新发展[J].柴油机,2010,32(1):13-17.

高峻,朱梅林,徐凯.车用柴油机微粒排放控制[J].柴油机设计与制造,2000(4):3-8.

龚为佳,廖世勇,刘训标.柴油机排气前处理技术研究[J].内燃机,2009(5):4-6,10.

顾宏中.解决车用柴油机排放污染的对策[J].商用汽车,1999(3):6-8.

郭国胜.柴油汽车排放控制技术[J].内燃机,2006(2):33-36.

郭玉林,方雯.发动机排放指标的提高对滤清器过滤性能的要求[J].内燃机,2009(2):44-48.

韩同群,周爱成.船用全电控柴油机满足 IMO NO_x 排放限值的试验研究[J].内燃机,2006(4):48-51,57.

黄鹏.降低车用柴油机 NO_x 排放的研究[J].小型内燃机与摩托车,2005,34(4):23-25,41.

黄桑.柴油机低排放设计技术的发展及关键技术分析[J].内燃机,2004(3):39-41.

黄雄健.柴油机排放污染物的控制[J].内燃机,2002(3):35-39.

蒋德明.达到欧洲Ⅵ排放法规的新一代车用重载柴油机[J].车用发动机,2009(4):1-6,15.

江彦桥.船舶大功率柴油机 NO_x 排放控制技术的比较研究[J].交通环保,1999,20(1):8-14.

冷先银,隆武强.现代船用柴油机 NO_x 排放的机内净化技术[J].柴油机,2009,31(2):19-25,44.

李骏,等.李骏博士论文选集[M].北京:人民交通出版社,2010.

李骏.汽车发动机节能减排先进技术[M].北京:北京理工大学出版社,2011.

李勤.现代内燃机排气污染物的测量与控制[M].北京:机械工业出版社,1998.

李清观.日本工业用发动机最新排放对策[J].柴油机,2007,29(2):28-31.

梁桂森,顾宏中,邹静川.直喷式柴油机排放控制策略[J].车用发动机,1996(5):1-6.

刘海峰,张富红,陈希颖,王吉华.满足国Ⅲ排放的轻型车用柴油机的开发[J].汽车工程,2008,30(10):829-834,852.

刘剑.发动机低污染排放控制技术的研究方向与现状[J].客车技术与研究,2005(2):4-7.

刘胜吉,尹必峰,王建,徐毅,何政.满足单缸柴油机国-Ⅱ排放的技术难题与对策[J].小型内燃机与摩托车,2009,38(4):85-88.

刘巽俊,孙万臣,李骏.车用直喷式柴油机排气净化的途径[J].汽车工程,1998,20(1):43-51.

刘巽俊.内燃机排放与控制[M].北京:机械工业出版社,2002.

隆江,陈国需.柴油机碳烟排放控制技术[J].润滑油与燃料,2005,15(5/6):19-23.

卢晶,刘玉峰,胡俊巍,李江,高鹏.柴油机的颗粒物排放及其控制策略[J].柴油机,2002(3):25-27.

卢妙环.车用柴油机降低油耗和排放的关键技术[J].客车技术与研究,2004,26(4):40-43.

吕祥奎.车用柴油机排放控制的研究现状及前景分析[J].内燃机与动力装置,2007(3):34-38.

马维忍,徐元利,段金桥,武锋.满足排放法规要求的重型车用柴油机燃烧系统[J].柴油机,2004(增刊):120-122,124.

任代光.船用柴油机排放及控制的发展概况[J].重发科技,2008(3):5-12.

石冰云.重型车用柴油机满足国Ⅳ排放技术分析[J].重型汽车,2010(3):20-22.

孙剑萍,汤兆平.车用柴油机达到欧Ⅳ排放标准的策略[J].小型内燃机与摩托车,2005,34(5):20-23.

王华锋,霍荣康.中速船用柴油机 NO_x 排放控制技术及其测试认证[J].柴油机,2004(增刊):117-119.

王金成,李世君,刘志勤.降低柴油机的排放以达到欧Ⅲ标准[J].山东内燃机,2004(2):22-26.

王璐婷,俞水良,胡青,杨小华.柴油机排放控制关键技术分析[J].客车技术,2003(3):1-4.

王万利,宋钧,周校平,黄震.(2002a).柴油机排放法规及控制技术分析(一)[J].内燃机,2002(4):19-21.

王万利,宋钧,周校平,黄震.(2002b).柴油机排放法规及控制技术分析(二)[J].内燃机,2002(5):33-34.

王万利,乔信起,宋钧,周校平,黄震.满足 EURO Ⅱ 以上法规的柴油车排放控制技术[J].柴油机,2003(2):30-33.

汪卫东.现代柴油车排放及其控制技术综述[J].柴油机设计与制造,2005,14(1):1-4,23.

王伟先,郑志刚.车用柴油机达欧Ⅲ排放的探讨[J].山东内燃机,2005(3):33-36.

王泽平,任杰,王黎明.客车柴油机排放及其控制技术[J].客车技术与研究,2010(1):17-19.

解建光,向继红.重型柴油机排放控制发展趋势[J].柴油机,2000(5):14-18.

徐凯,朱梅林,李兵.发动机排气污染物控制技术及发展趋势[J].车用发动机,1998(6):7-12.

尧命发,许斯都.柴油机有害排放物控制技术的新发展[J].内燃机工程,1997,18(3):39-45.

尹爽清,周校平.重型车用直喷式柴油机排放控制技术[J].重型汽车,2006(1):26-29.

于秀敏,杨世春,高莹.降低汽车发动机排放的技术[J].汽车工程,2002,24(5):445-450.

曾祥齐.降低车用柴油机有害排放物的控制技术[J].客车技术与研究,2005(6):29-31,33.

张冯军.柴油机颗粒物排放的控制策略[J].客车技术与研究,2010(2):59-62.

张红建,郁秀峰.柴油机排放法规及计算方法的对比研究[J].柴油机设计与制造,2001(2):3-7,43.

张红升,王桂平.降低柴油机排放污染物的措施[J].山东内燃机,2004(3):22-25.

张洪涛,武小冰.柴油机排气污染控制思路与相关措施[J].车用发动机,2002(1):37-40.

张庆昕.降低柴油机有害排放物——几种控制技术[J].内燃机配件,2004(4):37-39.

张少明,陈文彬.降低车用柴油机排放技术的措施及实现[J].内燃机,2004(6):39-42.

张维海,李艳红,谢兴旺.非道路多缸小缸径柴油机排放控制措施[J].内燃机与动力装置,2009(3):45-47.

张亚军,苏军,张春润.我国重型柴油机国Ⅳ及未来阶段排放控制技术路线选择分析研究[J].内燃机,2009(5):45-49.

张余庆,崔文标.船舶柴油机NOx排放控制技术现状与展望[J].航海技术,2006(1):43-46.

赵成伟,张卫东,靳嵘,张永锋.柴油机排放控制技术的探讨[J].车用发动机,2000(1):32-35.

[美]赵福全.汽油车近零排放技术[M].帅石金译.北京:机械工业出版社,2009.

郑利铭,于学兵,张松涛.柴油机尾气中NOx的生成及其控制技术[J].小型内燃机与摩托车,2006,35(4):50-53.

周斌,董大伟.柴油机排放控制难点攻关技术进展[J].柴油机,2004(增刊):103-107.

周松,肖友洪,朱元清.内燃机排放与污染控制[M].北京:北京航空航天大学出版社,2010.

朱参,尹琪,邹静川.船用大功率柴油机排放控制与测试[J].内燃机工程,2002,23(4):72-76.

7.5.2.2 燃烧和排放研发

柴油品质及影响

陈文淼,王建昕,帅石金.(2008a).柴油硫含量对排放特性的影响[J].内燃机工程,2008,29(4):41-45.

陈文淼,王建昕,帅石金.(2008b).柴油品质对发动机排放性能的影响[J].汽车工程,2008,30(8):657-663.

邓福山,纪常伟,何洪.车载燃料重整技术的研究与展望[J].小型内燃机与摩托车,2008,37(6):87-91.

方雯,沈红节.国Ⅲ及以上排放柴油机用柴油滤清器的性能要求探讨[J].内燃机与配件,2010(8):4-5,9.

韩祖豪,李明海,崔洪江.重柴油的应用研究[J].能源研究与信息,2006,22(2):118-122.

高树征,张庆林,高洪歌,尹则璞,陈松泉,赵际燕.(2009a).中国市场车用柴油品质和使用状况调查[J].内燃机与动力装置,2009(5):1-6.

高树征,张庆林,高洪歌,尹则璞,陈松泉.(2009b).中国市场车用柴油品质对整机性能影响研究[J].内燃机与动力装置,2009(6):1-4.

郭和军,黄智勇,张志利,黄先祥.低硫柴油润滑性的研究[J].润滑与密封,2003(5):47-49.

郭和军,唐德刚,王煊军.发动机燃料润滑性的研究进展[J].润滑与密封,2001(5):65-67.

何学良,詹永厚,李疏松.内燃机燃料[M].北京:中国石化出版社,1999.

蒋德明.内燃机化石燃料(汽油和柴油)的研究进展[J].车用发动机,2010(2):1-6.

刘泉山,董红霞,徐小红,周旭光.柴油硫含量对排放和排放控制技术的影响[J].润滑油与燃料,2007,17(5):6-9.

陆克久,宋正臣,代西良,范正伟.燃油含硫量对柴油机排放特性影响的研究[J].汽车工程,2010,32(4):298-302.

吕林,许建华,徐万毅.柴油品质对船用柴油机颗粒与烟度排放的影响[J].内燃机工程,2010,31(4):44-48.

吕兴才,张武高,乔信起,黄震.(2004a).燃料设计改善发动机燃烧和排放的研究(1)——燃料参数设计与喷雾特性研究[J].内燃机学报,2004,22(3):203-209.

吕兴才,张武高,黄震.(2004b).燃料设计改善发动机燃烧和排放的研究(2)——对柴油机燃烧与排放影响的分析[J].内燃机学报,2004,22(3):210-215.

钱伯章,王祖纲.燃料添加剂现状和发展趋势[J].润滑油与燃料,2004,14(1/2):1-10.

绍恩坡.柴油性质与柴油机排放的关系[J].柴油机,2001(1):51-53.

孙万臣,刘巽俊,宫本登,小川英之,河边隆夫.燃料挥发性对柴油机性能及排放的影响[J].内燃机学报,2004,22(4):317-324.

孙万臣,谭满志,陈士宝,李国良.燃料特性对柴油机排放微粒粒度分布的影响[J].汽车工程,2010,32(7):570-574,595.

谭丕强,胡志远,楼狄明.发动机燃用不同硫含量柴油的排放特性研究[J].内燃机工程,2009,30(1):27-31.

王冬,李明海,徐永绥.机车柴油机燃用重柴油的可行性研究[J].内燃机车,2004(12):14-17,8.

王军,姜斯平,彭生辉.柴油十六烷值对柴油机性能影响的研究[J].柴油机,2000(3):9-11.

王钧效,陆家祥,张锦杨,张锡朝.(2001a).柴油机喷油过程模拟计算中的几个经验公式研究[J].车用发动机,2001(5):6-11.

王钧效,陆家祥,王桂华,张锦杨.(2001b).柴油机燃油物性参数的研究[J].内燃机学报,2001,19(6):507-510.

吴新潮,饶如麟,方达淳.加严的排放标准需要更高品质的燃油[J].汽车工程,2006,28(12):1117-1120.

许世海,李生华,刘治中.消烟助燃剂的研究现状与发展趋势[J].小型内燃机,1996,25(1):34-38.

颜文胜,申立中,沈颖刚,易宁,毕玉华.柴油机燃用添加剂的试验研究[J].云南工业大学学报,1998,14(4):38-41.

姚春德,卢艳彬.柴油机燃油添加剂研究发展综述[J].柴油机,2003(5):12-15,36.

尹义强,徐善林.船用低速二冲程柴油机应对低硫燃油的设计发展[J].柴油机,2010,32(5):34-36.

张杰,高辉.海洋环保法规的发展及其对船用燃料及润滑油的影响[J].润滑油,2009,24(1):16-21.

郑志刚,刘新星,刘志勤.柴油品质对柴油机颗粒排放的影响[J].山东内燃机,2004(1):34-36.

左承基,鲁爽,钱叶剑,程报.柴油废气重整的化学反应动力学模拟[J].内燃机与动力装置,2008(1):1-4,13.

燃油喷射系统

蔡志国,李成革,沈颖刚,毕玉华,申立中.新型高压电控柴油喷射系统的发展[J].云南工业大学学报,1998,14(4):30-33,45.

陈亮,高献坤,王导南.柴油机电子燃油喷射系统的发展及研究现状[J].内燃机,2008(2):1-4,46.

陈三昧,郭承毅.柴油机电控高压共轨喷射系统[J].内燃机,2006(6):18-19,22.

邓东密.喷油系统与柴油机的匹配[J].汽车工程,1991,13(2):89-98.

邓东密,邓萍.柴油机喷油系统(机械控制与电子控制)[M].北京:机械工业出版社,2009.

高书堂,高国强.柴油机燃油系统和匹配[M].北京:北京理工大学出版社,2005.

高宗英,朱剑明.柴油机燃料供给与调节[M].北京:机械工业出版社,2009.

黄强,刘永长.车用柴油机电控燃油喷射系统的现状与发展[J].柴油机设计与制造,2001(2):31-37.

李德刚,林学东,田维,黄丫,李文博,郭腾龙.基于牵引力需求的车用高压共轨柴油机喷油量控制方法研究[J].汽车工程,2010,32(10):860-864.

李蓝媚,李人宪.柴油机喷油过程参数获取的数值方法研究[J].车用发动机,2009(2):6-10.

刘义强.柴油机高压共轨燃油系统喷油特性探讨[J].内燃机,2006(4):15-17,47.

卢兰光.直喷式柴油机电控燃油系统的发展现状与动向[J].内燃机,2000(3):3-8.

聂建军.柴油机高压共轨燃油系统的现状及发展趋势[J].内燃机,2009(4):6-9.

宋军,乔信起,黄震,李书泽,王岩.柴油机电控喷射系统发展现状[J].车用发动机,2003(3):6-10.

王站成,杜慧勇,李焕.柴油机喷雾模型的发展及应用[J].内燃机,2009(5):1-3.

徐家龙.柴油机电控喷油技术[M].北京:人民交通出版社,2004.

严雪文,王忠.柴油机共轨喷油系统匹配与计算模型[J].小型内燃机与摩托车,2006,35(1):31-34,37.

杨忠敏.现代车用柴油机电控共轨喷射技术综述[J].柴油机设计与制造,2005,14(1):5-6,38.

燃烧室设计

郭晓平,王占杰.不同口径比和径深比燃烧室工作过程分析[J].内燃机与动力装置,2006(3):30-34,38.

何旭,刘卫国,高希孔,廖春明,杨德胜.燃烧室形状对柴油机性能影响的研究[J].小型内燃机与摩托车,2006,35(1):1-5.

胡佳富,赵国东,韩景峰,杨济操.ω型燃烧室的结构设计及其匹配试验与分析[J].内燃机与动力装置,2006(6):4-7.

焦运景,张惠明,田远,郑清平.直喷式柴油机燃烧室几何形状对排放影响的多维数值模拟研究[J].内燃机工程,2007,28(4):11-15.

李向荣,何圣华,魏熔.直喷式柴油机燃烧系统发展的新途径[J].内燃机工程,2002,23(5):1-5.

李言照,程铁仕.直喷柴油机燃烧室匹配性能研究[J].山东内燃机,2001(2):12-17,32.

林学东,王霆,宋涛,冯宪振,程建.重型车用柴油机低排放直喷燃烧系统参数的优化[J].内燃机学报,2006,24(6):518-525.

林学东,张多军,朱二欣.大型车用柴油机缩口燃烧室的结构特点及其对排放特性的影响[J].内燃机,2004(5):27-30,33.

刘福水,李志杰,李向荣.压缩比在1132柴油机一维仿真计算中取值规律的研究[J].车用发动机,2010(2):7-10.

马富康,董小瑞,张翼.柴油机压缩比对整机性能的影响研究[J].拖拉机与农用运输车,2006,33(4):37-38,41.

孟兆生.压缩比对四行程内燃机性能的影响分析[J].内燃机,2001(2):23-24.

牛钊文,周斌,展靖华,王浩洁.可变压缩比技术的研究与展望[J].内燃机,2010(4):44-46,49.

孙万臣,刘忠长,刘巽俊,宫本登,小川英之,河辺隆夫.燃烧室参数对小型柴油机突增负荷工况燃烧及 HC 排放的影响[J].燃烧科学与技术,2005,11(4):336-340.

王季.内燃机智能燃烧室控制燃烧质量的结构与方法简介[J].内燃机,2005(6):19-22.

赵昌普,宋崇林,李晓娟,李艳丽,孙强.喷油定时和燃烧室形状对柴油机燃烧及排放的影响[J].燃烧科学与技术,2009,15(5):393-398.

周磊,赵长禄,张付军,葛蕴珊.利用燃烧模拟对柴油机燃烧室的优化设计[J].燃烧科学与技术,2004,10(5):465-470.

朱坚,黄晨,尧命发.燃烧室几何形状对柴油机燃烧过程影响的数值模拟研究[J].内燃机工程,2007,28(2):14-18.

冷起动

毕小平,马志雄,韩树,张更云.多缸柴油机起动过程的计算机仿真[J].农业机械学报,2001,32(1):72-75.

董伟,于秀敏,张斌.预喷射对高压共轨柴油机起动特性的影响[J].内燃机学报,2008,26(4):313-318.

葛朝阳,吴志锋.柴油发动机的起动性能研究[J].内燃机与配件,2010(11):5-6,10.

贾全仓,李俊文,张智.柴油机冷起动预热技术研究[J].内燃机,2009(3):21-23.

李德桃,朱章宏,朱晓光,贾大锄.柴油机冷起动时热力参数计算模型的建立与应用[J].农业机械学报,1992,23(4):13-19.

李学民,于秀敏,高跃,张建锐.电控柴油机起动工况的标定匹配研究[J].车用发动机,2004(4):15-19.

刘瑞林,靳尚杰,孙武全,刘声标,周广猛,管金发.提高柴油机低温起动性能的冷起动辅助措施[J].汽车技术,2007(6):5-8.

罗福强.柴油机冷起动时放热规律计算研究[J].农业机械学报,1997,28(3):6-8.

莫玮,鄂加强,赵延明.严寒条件下车辆柴油机冷启动性能研究[J].内燃机工程,2002,23(5):65-67.

潘凤文,姜文博,刘信奎.高压共轨柴油机的低温起动性能研究[J].内燃机与动力装置,2010(4):6-9.

彭海勇,崔毅,邓康耀,石磊.排气门正时对柴油机冷起动性能的影响[J].燃烧科学与技术,2009,15(1):82-88.

彭海勇,崔毅,石磊,邓康耀.EGR 对直喷式柴油机冷起动过程着火燃烧的影响分析[J].内燃机学报,2007,25(3):193-201.

苏岩,刘忠长,朱昌吉.直喷式柴油机起动过程燃烧分析[J].燃烧科学与技术,2006,12(2):126-130.

唐良才,方炜柱,汪耀明.直流起动机与中小功率柴油机的匹配选择[J].小型内燃机,2000,29(2):22-24.

唐作兴,吴子乔,王云生.YC6112 型柴油机的适寒性研究[J].内燃机工程,2000(2):70-76.

王大鹏,张德智.路用柴油机转船用柴油机启动方式研究[J].内燃机,2010(6):34-36,41.

王洪荣,张幽彤,熊庆辉,李建纯,李铁拴.共轨柴油机启动控制研究[J].汽车工程,2007,29(8):645-648.

王忠,叶飞飞,马金荣,王林.柴油机冷起动阻力矩试验研究[J].车用发动机,2008(2):10-13.

韦雄,祝轲卿,徐权奎,冒晓建.基于 V 型平台的电控柴油机预热控制策略开发[J].车用发动机,2007(4):55-58.

张怡军,段春霞.进气预热对柴油机低温起动影响的研究[J].内燃机与动力装置,2008(3):10-13.

赵楠,辛喆,谢斌,毛恩荣.柴油机冷起动过程的建模与仿真[J].车用发动机,2010(1):60-65.

赵振崙.内燃机起动过程及其性能的评定[J].小型内燃机,1991(5):20-24.

燃烧和排放研究

包帅善.柴油机烟度排放测试技术的发展[J].柴油机设计与制造,2006,14(2):1-4,8.

苍大强,关运泽,毛一心,张先棹,白皓,聂雄芳,宗燕兵.高温空气燃烧技术的超低 NO_x 研究[J].燃烧科学与技术,2003,9(2):190-193.

曹跃芳.柴油机烟度测量问题的探讨[J].内燃机与动力装置,2006(5):32-35.

陈文淼,陈虎,王建昕,帅石金.柴油机 PM 排放测试分析方法探讨[J].车用发动机,2005(2):54-58.

成晓北,黄荣华,陈德良.直喷式柴油机排放微粒尺寸分布特性[J].燃烧科学与技术,2006,12(4):335-339.

董荣芳,田松柏,吴王锁.柴油十六烷值改进剂的使用性能与应用[J].内燃机车,2004(10):16-19.

方显忠,刘忠长,许允,刘巽俊.车用直喷式柴油机排气微粒与消光式烟度的关系[J].汽车工程,2003,25(2):136-138.

郭鹏,耿世彬,韩旭,李长江.两种烟度计在柴油机排气净化装置检测中的应用研究[J].内燃机,2008(1):31-33.

韩永强,刘忠长,许允,刘巽俊,陈上华,吴昌林,王林,李玉麟.增压中冷轻型车用柴油机 HC 与 SOF 排放的关系[J].内燃机学报,2002,20(3):235-237.

何学良,李疏松.内燃机燃烧学[M].北京:机械工业出版社,1990.

纪丽伟,张红建.柴油机颗粒排放间接测量的理论分析[J].柴油机设计与制造,1996(1):17-21.

冀树德,张晖,贾桢,刘新华,朱锐锋,史雷.柴油机 NO_x 排放影响因素的试验研究[J].车用发动机,2008(5):78-80,84.

冀树德,张晖,许世永,刘亚君.柴油机 NO_x 排放测量的不确定性研究[J].汽车技术,2009(11):47-51.

蒋德明.内燃机燃烧与排放学[M].西安:西安交通大学出版社,2001.

蒋德明,黄佐华.内燃机替代燃料燃烧学[M].西安:西安交通大学出版社,2007.

金英爱,高淳,马纯强,隆愈强,高青,Yan Y Y.富氮进气对发动机 NO_x 排放及性能的影响[J].汽车工程,2010,32(9):769-773.

李东江,练红根,宋国洪,钱生悦.影响柴油机排放的基本因素[J].小型内燃机,1997,26(1):38-48.

李捷辉,唐敏.NEDC循环工况法轻型汽车排放特性模拟计算[J].小型内燃机与摩托车,2010,39(4):49-52.

李孝禄,吕兴才,陈志,乔信起,黄震.柴油机几种着火方式及对排放影响的分析[J].柴油机,2004(2):21-24.

李旭海.柴油机排气颗粒尺寸的研究综述[J].柴油机,2008,30(4):36-40.

刘江唯,刘忠长,刘巽俊.车用直喷柴油机微粒排放中SOF的来源分析[J].汽车技术,2003(2):22-24.

刘洪德,种江涛,李少亮.电控高压共轨柴油机怠速阶段排放控制的研究[J].内燃机与动力装置,2009(4):36-38.

刘雄,张惠明,纪丽伟.利用预喷射降低柴油机低速全负荷黑烟排放[J].内燃机学报,2006,24(4):326-330.

刘雄,张惠明,纪丽伟,李绍安.电控柴油机高压共轨系统的开发及性能匹配研究[J].内燃机工程,2005,26(5):1-5.

刘永峰.电控缸内直喷发动机着火与碳烟生成机理[M].北京:机械工业出版社,2011.

刘忠长,刘巽俊,许允,何平.车用直喷柴油机排气微粒的排放规律[J].内燃机学报,1997,15(4):430-434.

刘忠长,刘巽俊,阎淑芳.车用直喷柴油机稳定工况下排气微粒与烟度的关系[J].汽车工程,1997,19(4):206-209.

隆武强,冷先银.柴油机燃烧探索[J].柴油机,2010,32(3):1-7.

陆传荣,王新权,赵同宾.高效高p_e燃烧技术计算分析及试验研究[J].柴油机,2008,30(6):35-38,42.

罗福强,刘浩龙,汤东,梁昱.多缸柴油机燃烧过程缸间差异统计分析[J].农业机械学报,2006,37(10):19-22.

罗福强,刘浩龙,汤东,梁昱.柴油机各缸工作不均匀性对NO_x排放量的影响[J].农业机械学报,2007,38(2):65-68.

罗马吉,熊锋,颜伏伍,施祥,张超建.降低非道路用增压柴油机NO_x和PM排放的试验研究[J].内燃机工程,2009,30(5):27-30,35.

罗响亮,任自中.柴油机滞燃期的确定方法及试验验证[J].柴油机,2006,28(1):16-18,30.

胡君,蒋习军,朱红国,魏厚敏,黄德军.冷却液温度对柴油机性能影响研究[J].汽车技术,2009(1):45-48.

苗琦.气体中的水分对柴油机排放测量结果的影响[J].柴油机,2002(1):32-37.

祁海鹰,李宇红,由长福,苑皎,徐旭常.高温低氧燃烧条件下氮氧化物的生成特性[J].燃烧科学与技术,2002,8(1):17-22.

秦静,尧命发,段家修,许斯都.内燃机燃烧研究的新进展[J].小型内燃机与摩托车,2002,31(4):41-44.

沈言谨.柴油发动机颗粒排放物的组分研究[J].车辆与动力技术,2005(4):12-14.

史绍熙,苏万华.内燃机燃烧研究中的几个前沿问题[J].内燃机学报,1990,8(2):95-104.

苏丽萍,宁智,付娟,姜大海.汽车排气微粒演变特性的参数分析[J].燃烧科学与技术,2007,13(6):479-484.

苏万华.内燃机燃烧与控制[M].天津:天津大学出版社,2010.

孙万臣,刘巽俊,刘忠长,李骏.柴油燃烧过程的分析诊断方法[J].燃烧科学与技术,2001,7(1):57-59.

谭丕强,陆家祥,邓康耀,于建清,宋遵法,刘志华.喷油提前角对柴油机排放影响的研究[J].内燃机工程,2004,25(2):9-11.

谭丕强,陆家祥,邓康耀,王桂华.(2003a).车用直喷式柴油机氮氧化物的排放特性[J].内燃机学报,2003,21(6):435-439.

谭丕强,陆家祥,邓康耀,谢蕾.(2003b).柴油机排气微粒中可溶有机组分的分析[J].车用发动机,2003(6):44-46.

谭丕强,陆家祥,王桂华,王均效,周兴利.负荷对柴油机微粒排放特性及其组分的影响[J].车用发动机,2002(5):17-19.

唐娟,任东军,张成涛.内燃机燃烧技术的研究现状及发展[J].内燃机与动力装置,2009(2):1-7.

王桂华,陆家祥,谭丕强,周兴利,于建清,王安江,宋遵法,郭德昌.小型多缸柴油机气态排放的研究[J].车用发动机,2004(1):21-23.

王桂华,王钧效,张锡朝,陆家祥,姚章涛.柴油机排气微粒中SOF成分的试验研究[J].内燃机学报,2004,22(2):110-115.

王海凤,刘永启.内燃机燃烧过程可视化实验研究浅析[J].内燃机与动力装置,2007(1):10-15.

王军,张幽彤,刘永峰,王洪荣.高压共轨柴油机燃烧匹配研究[J].内燃机工程,2008,29(6):6-9.

王猛,谭建伟,韩秀坤,葛蕴珊.非道路车用柴油机排放颗粒粒径分布特性研究[J].内燃机工程,2010,31(3):44-47.

王一江,董尧清.(2010a).中重型电控共轨柴油机机油中碳黑问题的研究[J].内燃机工程,2010,31(2):1-5.

王一江,董尧清.(2010b).国Ⅲ排放电控柴油机机油中碳黑的形成及控制[J].内燃机与配件,2010(7):4-8.

王育辉,高国珍,骆旭薇,候洪川,张海滨,胡庭军.电控高压共轨柴油机匹配的研究[J].内燃机工程,2006,27(3):69-72.

王志新,吉学之,支怀斌.浅谈柴油机排放中的颗粒与烟度[J].柴油机,2006,28(6):19-21.

王忠良,石洪禹,蔡金龙.尝试对柴油车不透光烟度值进行不确定度评定[J].客车技术,2010(3):54-56.

王仲芝.汽车柴油机烟度测量和限值问题的探讨[J].汽车技术,1993(9):1-6,52.

魏国东,杨铁皂,董素荣,宋崇林,张宾,裴毅强.现代柴油机燃烧过程中微粒质量的变化规律[J].燃烧科学与技术,2007,13(4):360-364.

魏象仪.内燃机燃烧学[M].大连:大连理工大学出版社,1992.

肖宗成,崔东焕,刘巽俊,彭美春.柴油机排气微粒物的热解质量分析[J].内燃机工程,1993,14(4):19-23.

解茂昭.内燃机计算燃烧学[M].第2版.大连:大连理工大学出版社,2005.

许建昌,李孟良.在用重型车符合性检查方法的探讨[J].重型汽车,2006(2):22-24.

许立兵,俞小莉.滤纸式烟度仪在柴油机颗粒排放控制研究中的应用[J].内燃机工程,2003,24(6):46-49.

许允,刘忠长,刘巽俊,韩永强.评价重型车用柴油机排放的 13 工况测试循环和欧洲稳态测试循环的对比[J].汽车工程,
　　2003,25(1):46-48,69.

杨嘉林.车用汽油发动机燃烧系统的开发[M].北京:机械工业出版社,2009.

尧命发,许斯都,段家修.柴油机排气波许烟度值和微粒排放浓度相关性的研究[J].小型内燃机,1997,26(3):19-23.

于恩中,刘进军.柴油机颗粒排放机理及控制措施的研究[J].内燃机,2009(4):41-43.

余皎,刘忠长,许允,刘巽俊.影响柴油机排气微粒测量结果的若干因素[J].内燃机学报,2000,18(4):340-344.

张排排.柴油发动机颗粒物测试方法及影响因素探讨[J].重型汽车,2010(2):4-7.

周忠淦.柴油车可见污染物排放的特点及参数调整的影响[J].客车技术与研究,2003,25(1):23-25.

资新运,宁智,张春润,贺宇.柴油机排气微粒物理特性及生成机理研究[J].燃烧科学与技术,2000,6(4):300-303.

乳化柴油或掺水燃烧和排放

柏建勇,孟德胜.直接喷水降低 NO_x 排放技术在船用发动机上的应用[J].柴油机,2005,27(1):18-20,42.

蔡强,张亚军,李幸丹,胡伟,郭猛超.柴油掺水燃烧研究现状综述[J].内燃机,2007(6):1-3,52.

陈泓,颜文胜,申立中,叶燕帅,雷基林,毕玉华.E10 乙醇柴油乳化技术与稳定性试验研究[J].昆明理工大学学报(理工版),
　　2010,35(2):102-105.

程华定,徐美玲,杨兴林.大功率柴油机乳化油节能研究[J].内燃机学报,1994,12(2):169-180.

傅维标,侯凌云,王利坡,马凡华.柴油机燃用掺水燃料的节油机理的定量分析[J].内燃机,2005(2):1-5,9.

贾继德,姜斯平.柴油机燃用乳化油研究评述[J].小型内燃机,1997,26(2):5-7,19.

刘长寿.柴油机进气喷水技术探讨[J].内燃机,2002(2):18-21.

刘兴华,林菁,王斌.燃用乳化油的柴油机燃烧特性研究[J].车用发动机,2003(4):15-17.

楼狄明,边威,谭丕强.共轨柴油机燃用乳化柴油试验研究[J].车用发动机,2010(3):74-78.

孙平.船用柴油机使用乳化燃油的 NO_x 和微粒排放研究[J].内燃机学报,2001,19(6):551-556.

孙平,胡建月,陈镇.增压中冷柴油机燃用微乳化柴油的性能和排放研究[J].小型内燃机与摩托车,2010,39(1):7-10,27.

孙齐虎,王修敏,章炜,郑发彬.乳化油燃烧技术在柴油机中的应用研究[J].内燃机,2008(6):13-16.

王永红.乳化柴油的研究进展[J].润滑油与燃料,2007,17(2):5-11.

夏兴兰.柴油掺水乳化油燃烧速率的计算[J].内燃机学报,1993,11(3):281-283.

肖华,黄荣华.重柴油掺水燃烧对柴油机性能影响的试验研究[J].柴油机设计与制造,2007,15(1):31-33,36.

许锋,鲍镇,史德胜,隆武强,冯立岩,潘贵成.(2005a).可控掺水燃烧降低柴油机排放的燃烧分析[J].小型内燃机与摩托车,
　　2005,34(6):21-25.

许锋,杨定国,潘贵成,李剑钊,冯立岩,鲍镇.(2005b).用在线乳化技术实现柴油机低温燃烧的研究[J].内燃机,2005(2):
　　6-9.

鄢岚,任自中.工质加湿对柴油机 NO_x 排放的影响[J].柴油机,2007,29(2):32-35.

叶丽华,施爱平,袁银南,孙平,胡建月,陈镇.柴油机燃用微乳化生物柴油的示功图对比分析[J].车用发动机,2008(5):
　　26-29.

曾建谋,陈鹏,孔钧良,张立群,陈刚,万宪欣.乳化柴油在柴油车上的应用研究[J].车用发动机,2005(4):64-66.

低温燃烧及 HCCI

方俊华,黄震,乔信起,周校平,陈红岩.均质充量压缩着火发动机燃烧的研究与进展[J].柴油机,2002(6):8-12.

高海洋,曹惠玲,董锡强.柴油机预混合燃烧技术[J].车用发动机,2001(3):1-5.

韩东,吕兴才,黄震.柴油机低温燃烧的研究进展[J].车用发动机,2008(2):5-9,13.

胡铁刚,周龙保,刘圣华,李维.压缩比对均质充量压缩燃烧发动机燃烧特性影响的研究[J].内燃机工程,2006,27(4):9-12.

黄豪中,苏万华,裴毅强.基于 CO-ϕ-T 图研究混合速率对柴油低温燃烧的影响[J].内燃机学报,2009,27(2):97-102.

李德刚,林学东,郭鹏江,李学民,李君.基于电控喷油定时与 EGR 率实现柴油机 HCCI/常规燃烧双模式的试验研究[J].车
　　用发动机,2009(4):70-75,79.

刘伟,彭俊斌.一种新的燃烧方式——均匀充量压缩着火的研究进展[J].柴油机设计与制造,2002(2):22-25.

苏万华.高密度-低温柴油机燃烧理论与技术的研究与进展[J].内燃机学报,2008,26(增刊):1-8.

苏万华,林铁坚,张晓宇,裴毅强,赵华.MULINBUMP-HCCI 复合燃烧放热特征及其对排放和热效率的影响[J].内燃机学
　　报,2004,22(3):193-202.

苏万华,赵华,王建昕,等.均质压燃低温燃烧发动机理论与技术[M].北京:科学出版社,2010.

孙庆,秦松涛,张勇.汽油机均质混合气压燃燃烧(HCCI)技术[J].山东内燃机,2006(1):14-17,25.

王大兴,姜欣,刘建华.均质压燃式(HCCI)燃烧的研究[J].内燃机工程,2002,23(4):77-81.

王辉,苏万华,刘斌.多脉冲喷油模式的调制对柴油 HCCI 燃烧特性及热效率和排放的影响[J].汽车工程,2006,28(9):803-

808,833.

尧命发,张波,郑尊清,陈征.废气再循环与燃料辛烷值对均质压燃发动机性能和排放影响的试验研究[J].内燃机学报,2006,24(1):15-21.

张晓宇,苏万华,裴毅强,赵昌普,林铁坚,赵华.Bump 环强化柴油混合过程的数值模拟研究[J].内燃机学报,2005,23(1):1-9.

赵新顺,曹会智,温茂禄,孙协胜.HCCI 技术的研究现状与展望[J].内燃机工程,2004,25(4):73-77.

邹健,王谦,刘春生.拓宽 HCCI 发动机运行区域的方法探讨[J].车用发动机,2007(3):14-17.

7.5.2.3　发动机标定优化

稳态标定优化

安利强,杨福源,李进,欧阳明高.电控单体泵柴油机关键 MAP 的匹配与标定[J].车用发动机,2004(4):20-23.

白向东,马维忍,李向荣,刘福水.贝叶斯原理在发动机标定中的应用[J].小型内燃机与摩托车,2006,35(5):12-15.

池建军,吕彩琴,王孝.电控发动机标定系统开发的关键技术[J].柴油机设计与制造,2006,14(3):1-4.

黄镇平.电控柴油机标定系统的研究[J].内燃机工程,2002,23(5):76-78.

霍宏煜,刘巽俊,李骏,胡平.柴油机电控喷油系统标定[J].汽车工程,1999,21(2):97-102.

霍宏煜,刘巽俊,李骏,徐波.电控柴油机的标定和性能优化[J].内燃机学报,1998,16(1):18-24.

李云清,王海鹰,成传松,王艳华,王德福.联合 Boost 和 Matlab 基于模型的仿真和标定方法研究[J].内燃机工程,2010,31(4):78-82.

刘兵,覃新念,尧命发,郑尊清,刘海峰.电控单体泵柴油机达欧-Ⅲ排放优化匹配及标定试验研究[J].内燃机工程,2007,28(5):79-84.

刘传宝.简单的柴油机电控 EGR 数据采集及标定系统[J].小型内燃机与摩托车,2008,37(5):43-46.

刘传宝,张洪涛.电控柴油机离线标定系统的研究[J].汽车工程,2009,31(6):503-506.

刘福水,仇滔,刘兴华,程昌圻,白向东.基于模型的电控柴油机标定技术[J].车用发动机,2005(6):1-4.

王国祥,谢辉,苏万华.电控发动机自动优化匹配管理平台的开发研究[J].内燃机学报,2001,19(6):535-540.

王建业.电控发动机在整车上的标定[J].重型汽车,2010(5):38-39.

王志新,吉学之,支怀斌.工程机械用欧Ⅱ柴油机的标定[J].柴油机,2007,29(1):9-11.

温任林,艾森林,徐伟.EGR 标定方法与试验研究[J].柴油机,2009,31(1):17-20,32.

谢辉,陈礼勇.电控柴油机标定中空间填充试验设计的应用研究[J].小型内燃机与摩托车,2008,37(3):66-68.

虞育松,李国岫,李彩芬,张艳.电控发动机自动优化标定系统的研究[J].柴油机,2005,27(2):10-12.

周广猛,刘瑞林,李骏,戈非,魏冲.基于模型的电控发动机标定技术[J].汽车技术,2011(1):1-5.

瞬态标定优化

黄流军.发动机标定方法及性能预测的研究[J].内燃机,2009(2):22-25.

李国岫.车用发动机电控系统优化标定方法的研究[J].柴油机设计与制造,2005,14(1):7-10.

王兆娟,李国岫,王磊.发动机电控系统优化匹配方法的研究[J].小型内燃机,1999,28(4):32-37.

7.5.2.4　排放模拟

经验方法

梁桂森,范建新,顾宏中.直喷式柴油机有害排放量智能化控制技术[J].车用柴油机,1997(2):49-53.

梁桂森,顾宏中,何星.用启发式优化控制方法控制柴油机排放量[J].内燃机工程,1999(1):67-71.

刘放浪,邓元望.基于线性神经网络与柴油十六烷值预测发动机 NO_x 排放[J].柴油机设计与制造,2007,15(4):14-17.

谭丕强,陆家祥,王均效,王桂华,周兴利.一种预测柴油机微粒排放的新模型——桥式现象学模型[J].内燃机学报,2002,20(6):497-500.

许允,刘忠长,刘巽俊,方俊华.用车用柴油机最大转矩工况排放浓度估算其 13 工况法 PM 和 NO_x 比排放量[J].汽车工程,2002,24(5):442-444.

尤林华,程勇.车用压燃式发动机可见污染物排放统计研究[J].汽车工程,2002,24(3):191-194,212.

张捷,高世伦,蒋方毅,黄为.基于神经网络的柴油机 NO_x 排放实时仿真模型[J].车用发动机,2007(2):37-39.

周斌.车用发动机工况法排放的神经网络模拟[J].车用发动机,2003(4):29-31.

周斌,谭达明,魏道远,志贺圣一,Machacon H T C.基于神经网络的内燃机排放预测方法的研究[J].内燃机学报,2001,19(4):361-364.

零维方法

傅维标,郑双铭.一种计算在变氧浓度下炭/碳粒燃烧速率的简便方法[J].燃烧科学与技术,1996,2(2):104-110.

高国珍,卢致俊.由示功图数据计算 NO_x 浓度中有关计算精度若干问题的探讨[J].内燃机工程,1999(4):18-21.

黄锐,孙跃东,陶晓华.EGR 降低柴油机 NO_x 排放的模型计算与试验研究[J].柴油机,2007,29(3):25-27.

贾明,解茂昭.均质压燃发动机燃烧特性的详细反应动力学模拟[J].内燃机学报,2004,22(2):122-128.

罗伟欢,熊锐.分段韦伯函数拟合 HCCI 燃烧放热规律的研究[J].小型内燃机与摩托车,2008,37(3):15-18.

苏石川,季律人,周重光,曹韵华,严兆大.一种预测 NO_x 排放方法的研究[J].内燃机工程,2002,23(5):38-41.

孙筱云,李径定,Lin Xie.NO_x 热力反应生成实验关系式研究[J].燃烧科学与技术,1998,4(3):283-287.

谭丕强,陆家祥,邓康跃,王均效,王桂华,周兴利.柴油机排放 CO-PM 预测模型[J].农业机械学报,2003,34(2):20-22,26.

王桂华,陆家祥,顾宏中,谭丕强,李勇,陆辰.直喷式柴油机微粒排放简化预测模型[J].柴油机,1998(6):18-21.

王宇宾,邓康耀,崔毅.柴油均质压燃燃烧(HCCI)的计算模拟研究[J].柴油机,2004(3):18-21,55.

许沧粟,杜德兴.预测直喷式柴油机 NO 排放的模型研究(Ⅱ):NO 生成的化学动力学模型及试验结果的对比分析[J].小型内燃机与摩托车,2001,30(6):29-31,38.

钟北京,徐旭常.燃烧过程中 NO_x 形成的数学模拟[J].燃烧科学与技术,1995,1(2):120-128.

钟春敏.内燃机燃烧过程数学模拟的研究现状及其发展[J].交通科技与经济,2004(6):36-38.

周伟文,熊锐,张宗法.分段韦伯函数模拟 EGR 对 HCCI 燃烧影响的研究[J].小型内燃机与摩托车,2010,39(2):63-66,84.

现象学的方法

毕小平,韩树.一个直喷式柴油机的准维燃烧模型[J].内燃机学报,1995,13(3):231-236.

邓名华,范维澄.由喷油规律预测直喷式柴油机整机性能的研究[J].内燃机学报,2000,18(2):145-148.

邓名华,范维澄,于善颖.柴油机准维燃烧模型中经验参数确定的研究[J].内燃机学报,2000,18(2):149-152.

郭立新,郭晓平,许锋,董欣.准维多区模型的探讨[J].山东内燃机,2003(4):26-28.

胡俊巍,程志远,孙柏刚.直喷式柴油机的碳烟预测模型[J].柴油机,2002(3):21-24.

黄流军,郭一鸣.模拟计算和试验研究在柴油机改进过程中的应用[J].柴油机,2009,31(5):14-18.

贾明,解茂昭.均质压燃发动机燃烧与排放的多区模型模拟[J].燃烧科学与技术,2005,11(3):261-267.

贾明,解茂昭,曾文.HCCI 发动机多区燃烧模型的比较研究[J].内燃机学报,2007,25(2):105-112.

金昶明,卓斌.(2001a).直喷式柴油机性能与排放的准维模拟[J].内燃机学报,2001,19(1):29-35.

金昶明,卓斌.(2001b).直喷式柴油机气缸内燃空混合及燃烧过程的数学模型[J].内燃机工程,2001,22(2):43-48.

金国栋.直喷式柴油机准维燃烧模型的改进和应用[J].内燃机工程,1989,10(1):70-76.

金国栋,高世伦.用准维燃烧模型对单缸柴油机性能和排放预测[J].内燃机学报,1993,11(1):37-44.

李绍安.内燃机准维燃烧模型的研究动态[J].内燃机工程,1999(2):52-58,64.

李绍安,苏万华.内燃机燃烧模型的研究现状与展望[J].车用发动机,1998(2):1-7.

李迎,俞小莉.现象学燃烧模型在 LD485 柴油机工作过程模拟中的应用[J].内燃机工程,2006,27(4):17-21.

梁荣光,广安博之.柴油油滴蒸发时间的模拟计算[J].内燃机工程,1996,17(2):34-38.

齐鲲鹏,杨山玉,隆武强,冯立岩.硬件在环仿真系统中柴油机准维燃烧模型建模研究[J].内燃机工程,2008,29(6):10-13,19.

邵利民,安士杰,常汉宝.(2005a).高压共轨柴油机燃烧与排放的仿真计算及分析[J].内燃机工程,2005,26(3):1-4.

邵利民,常汉宝,安士杰.(2005b).高压共轨柴油机燃烧与排放模型的研究[J].车用发动机,2005(6):28-31.

石秀勇,李国祥,周雷.基于平均反应率的现象学碳烟氧化模型研究及应用[J].内燃机学报,2008,26(2):161-167.

苏万华,史绍熙,赵奎翰,岳勇.现象学燃烧分析模型及其在柴油机燃烧研究中的应用[J].内燃机学报,1991,9(3):213-220.

汤东,罗福强,胡正权.柴油机加速工况时 NO_x 排放模拟计算[J].内燃机工程,2005,26(5):46-48.

王志明,胡玉平,张卧波.准维模型中若干参数对建模精度的影响分析[J].内燃机学报,1998,16(3):259-263.

魏名山,张博,程晓青,马朝臣,张明,冯辉生.利用广安博之模型对柴油机高原运行性能和排放特性的模拟研究[J].汽车工程,2006,28(6):539-541.

徐春,任自中,曹暑林,王锋,高德明.中速柴油机碳烟排放的数值模拟计算[J].柴油机,2005,27(1):24-27.

计算流体动力学与 KIVA 模拟

高文志,刘建国,宋崇林,孙吉娜,王伟林.柴油机有害排放物生成模拟研究[J].燃烧科学与技术,2007,13(3):220-225.

胡云萍.内燃机机内气体流动数值模拟研究现状[J].内燃机与动力装置,2009(6):5-8,21.

李向荣,付经伦,马维忍.内燃机内流动的研究[J].车用发动机,2003(1):1-5.

刘金武,龚金科,谭理刚,高为国,倪小丹,钟志华.直喷柴油机碳烟生成和氧化历程的数值研究[J].内燃机学报,2006,24(1):42-49.

沈建平.内燃机缸内流动实验研究综述[J].车用发动机,1996(6):1-7.

沈建平.内燃机缸内流场数值模拟研究现状及发展[J].车用发动机,1997(1):7-13.

史春涛,秦德,唐琦,田晓松.内燃机燃烧模型的发展现状[J].农业机械学报,2007,38(4):181-186.

王锡斌,蒋德明.柴油机湍流燃烧模型的研究现状及发展趋势[J].柴油机,2002(2):1-4.

许元默,帅石金,王燕军,孙勇.发动机缸内数值模拟现状及发展方向[J].小型内燃机与摩托车,2002,31(5):36-41.

8

柴油发动机后处理集成和匹配

摘要:本章探讨柴油机系统设计中的中心任务之一,即发动机与后处理之间的匹配。首先,概述后处理对系统设计的要求,包括柴油氧化型催化器(DOC)、基于尿素的选择性催化还原(SCR)、固氨存储和释放(SASR)、稀薄氮氧化物捕集器(LNT)、柴油颗粒过滤器(DPF)的性能。然后,讨论一氧化二氮排放、排气热管理和后处理标定,以及柴油颗粒过滤器再生对于系统设计的要求。最后,提出了一个发动机与后处理集成的分析方法。

8.1 关于后处理对发动机系统设计要求的概论

与汽油机相比,柴油机的排气具有一些独特的特点:较低的碳氢化合物和一氧化碳,较高的颗粒物,由于空燃比较高而造成的较低排气温度,具有氧化性的排气化学特征(因此氮氧化物的化学还原受到抑制)。目前在传统的渐进式技术上为减少发动机本体排放所进行的设计和标定努力正在接近所能达到的极限。柴油颗粒过滤器加柴油氧化型催化器在美国自 2007 年起就已经必须开始使用,2010 年后也已大规模使用氮氧化物后处理技术(例如选择性催化还原或稀薄氮氧化物捕集器)。在商用车辆上,传统的消声器通常可以被一个壁流式柴油颗粒过滤器取代,或者也可以再单独增设一个消声器来进一步降低排气噪声。柴油机后处理装置呈现出以下几个影响发动机设计和运行的特征:①性能变化(例如柴油颗粒过滤器随碳烟的积累而发生的压力降变化);②再生对灵活控制发动机提出需求;③其性能与车辆的工作循环密切相关;④不同后处理装置之间在化学机理上存在相互作用。关于后处理的性能,目前有大量文献存在。但是,关于柴油机与后处理之间的匹配理论或者后处理在发动机系统设计和标定中的集成分析方面,文献则很少。Eastwood(2000,2008,2010)以及 Majewski 和 Khair(2006)详细给出了柴油机排放的生成机理。Khair 和 McKinnon(1999)、Johnson(2000a,2000b,2001,2002,2003,2004,2006,2007a,2007b,2007c,2008a,2008b,2008c,2009a,2009b,2009c,2010a,2010b,2011a,2011b,2012)、Graves 等人(2001)、Corro(2002)、Blakeman 等人(2003)、Edgar 等人(2003)、Eastwood(2000,2008)以及 Majewski 和 Khair(2006)评述了排气后处理控制技术。

8.1.1 柴油氧化型催化器的性能

柴油氧化型催化器可以降低碳氢化合物(包括多环芳香烃)、一氧化碳、颗粒物中的可溶性有机组分(SOF)等排放,将它们转化为水和二氧化碳,并减少柴油车尾气中的臭味。柴油氧化型催化器在利用碳氢化合物排放来去除氮氧化物的能力方面是微不足道的。高含硫量柴油燃料燃烧时会产生大量的二氧化硫,并在高负荷和高排气温度下在柴油氧化型催化器中被转化成三氧化硫和大量的硫酸盐颗粒物。因此,柴油氧化型催化器去除可溶性有机组分的能力可能会因为硫酸盐颗粒物的增加而大打折扣。使用低硫柴油可以减少硫酸盐颗粒物,并避免催化剂中毒。另外,由于二氧化氮可以有效地氧化碳烟以帮助柴油颗粒过滤器进行被动式再生,因此在柴油氧化型催化器中一氧化氮被氧气氧化为二氧化氮的反应,以及二氧化氮被碳氢化合物还原的反应均需要予以优化。柴油机本体的较高的氮氧化物与碳烟排放量之比能够有利于过滤器再生。柴油氧化型催化器还能够氧化过滤器再生时所需要的加注燃料,以提高排气温度。为了获得较高的氧化转化效率,柴油氧化型催化器工作时需要达到一个适当的起燃温度。其转化效率一般随排气流量或空速的增大而下降,并随时间而逐渐老化。设计良好的柴油氧化型催化器应当具有较低的起燃温度和较少的碳氢化合物逸流量。目前的设计重点主要是减少贵金属的用量以节约成本。在文献方面,Phillips 等人(1999)、Khair 和 McKinnon(1999)、Nieuwstadt 等人(2005)和 Kozlov 等人(2010)详细研究了柴油氧化型催化器的性能。Bosteels 和 Searles(2002)以及 Majewski 和 Khair(2006)评述总结了这方面的工作。Wahiduzzaman 等人(2008)和 Wenzel 等人(2009)开发了具有实时模拟能力的柴油氧化型催化器模型。Bagal 等人(2009)研发了发动机一氧化碳的一个排放模型。

任何催化转化器的效率均与空燃比、起燃温度、起燃时间、空速(空间速度)、流动阻力和耐久性特点有关。起燃温度按定义是指达到50%转化效率的气体温度。空速是规范化后的排气体积流量与后处理部件的体积之比。流动阻力可以使用"压降相对于流量"这种曲线来估计。当空燃比较高时,碳氢化合物和一氧化碳的起燃温度会变得较低。只有当过量空燃比以一个大约为0.01的狭窄波动幅度(窗口)保持在1附近时(即在理论配比时),在汽油机上使用的三效催化转化器才能够对于一氧化碳、碳氢化合物和氮氧化物这三种排放同时具有80%以上的较高转化效率。柴油机由于具有非均质燃烧特征和产生较高的颗粒物排放,因而必须使用比汽油机中高得多的空燃比来实现稀薄燃烧条件。这样,在具有氧化作用的排气环境中,诸如碳氢化合物和一氧化碳这类还原剂便更容易与过量的氧气发生反应,而不是与氮氧化物发生还原反应。因此,在汽油机上使用的三效催化器通常不能用在柴油机上,尽管过去和目前都有一些学者在积极研究在柴油机上使用三效催化器进行排放控制的潜力(例如 Sung 等人,2009;Simescu 等人,2010)。在柴油机的氮氧化物后处理技术上,基于尿素的选择性催化还原(SCR)、固氨储存和释放(SASR)和稀薄氮氧化物捕集器(LNT)是三大最具前途的技术,能够将氮氧化物减少80%~90%甚至更多。这些技术都需要使用还原剂,例如尿素[$CO(NH_2)_2$]、氨或者碳氢化合物。

8.1.2 基于尿素的选择性催化还原的性能

基于尿素的选择性催化还原是一项在固定式柴油机上成功运用了几十年的成熟技术。车用发动机界的很多人士相信该技术比稀薄氮氧化物捕集器更适合重载发动机,而后者则更适合某些轻型车辆。为了满足美国2010年的严格排放法规,道路用柴油机目前一般需要采用选择性催化还原技术。在工作机理上,尿素靠热解产生氨。在选择性催化还原装置的进口处,液态的尿素被喷射进入排气管,在理想条件下会完全蒸发和分解为氨气和二氧化碳。当尿素和排气混合后,氨气与一氧化氮和二氧化氮反应,生成氮气和水。在选择性催化还原中,氨与氧气相对来讲不容易起反应,故而可以主要被氮氧化物来氧化,而不是被另一种氧化剂——氧气来氧化。相比之下,碳氢化合物更容易与氧气起反应,而不是与氮氧化物。因此,选择性催化还原的氮氧化物转化效率比使用碳氢化合物的催化还原技术的效率要高。另外,尿素的加注剂量必须与温度、排气组分和排气气流的空速相匹配。而且,为了防止在车用发动机瞬态工况中极易出现的有毒氨气的过度逸流(漏出),需要采取精密的动态加注剂量控制。作为补充手段,在选择性催化还原装置的下游还可以加装第二个柴油氧化型催化器,将逸流的氨气转化成氮气。值得注意的是,选择性催化还原对去除碳氢化合物和某些可溶性有机组分也比较有效。

使用选择性催化还原技术可以实现从满足美国 2010 年排放法规到满足美国 2014—2017 年温室气体和燃料经济性法规的平稳过渡。虽然欧洲四号和五号(Euro Ⅳ 和 Ⅴ)法规可以靠只采用选择性催化还原而不采用冷却排气再循环技术而实现排放达标,但是对于欧洲六号(Euro Ⅵ)法规来讲,这两项技术需要同时使用。选择性催化还原允许使用提前的燃油喷射定时达到较高的发动机本体氮氧化物排放和较低的有效燃油消耗率。如果 SCR 的氮氧化物转化效率为 80%,为了实现排气尾管 0.268 g/(kW·h)即 0.2 g/(hp·h)的氮氧化物标准,发动机本体的氮氧化物排放可放宽到大约 1.341 g/(kW·h)即 1 g/(hp·h)。如果转化效率高达 95%,当排气尾管需要达到 0.268 g/(kW·h) 时,发动机本体的氮氧化物可以提高到 5.364 g/(kW·h)即 4 g/(hp·h)。当 SCR 的转化效率进一步增加时,喷油定时可以更加提前,发动机本体的氮氧化物排放可以更高,因而能够极大地降低碳烟排放,使得柴油颗粒过滤器能够更多地处于所希望的被动再生模式下运行。

在选择性催化还原装置中实现很高的氮氧化物转化效率(例如 97%)要求在以下几方面改进设计或标定:①减少或消除来自尿素的沉积物,以确保从尿素到氨气具有较高的转化率;②增强氨气与排气之间的混合;③在选择性催化还原部件中使用较高的网格密度,同时保持或甚至降低流动阻力压降;④采用高效省油的后处理热管理技术,以获取满意的瞬态 FTP 循环排放值(例如使用空气系统控制、空气节流、减少排气再循环率、后喷射、在 DOC 中喷射燃油以促进其放热反应,以及使用中冷器、排冷器或压气机旁通阀等)。许多用来改善 SCR 暖机的后处理热管理方法都会由于对热能的本质需求而增加油耗。在这些加热措施中,油耗的代价随着 SCR 转化效率的提高而增加,呈现出很明显的相关性。系统设计中的一个关键问题就是确定具有最低油耗代价的加热策略。

另外,氮氧化物的转化效率随氨气与氮氧化物之比而提高。然而,氨气的逸流量也随着氨气与氮氧化物之比而增加(尽管会随温度的升高而减小)。其他诸如低温和尿素加注不精确等因素也可能会导致二次排放的产生,例如硝酸铵(一种非常有害的副产品)。促进氨与氮氧化物发生反应的选择性在改善 SCR 中所用的氨逸流氧化型催化器的研发中是一项重要任务。

选择性催化还原系统也具有一些严重的缺点,例如在高成本、大重量、高尿素用量、尿素沉积物形成、寒冷天气下的不利低温性能、二次排放等方面。尿素水溶液的冰点为 -11℃,这可能会是一个问题。另外,在选择性催化还原装置中积累的硫酸铵需要在高温下被定期清除。这个系统比较笨重(由于尿素储罐和加注喷射系统等),这与车辆设计上简化安装和减轻重量的努力背道而驰。另外,尿素的精密喷注和控制也增加了电控系统的复杂性。尿素还原剂本身的价格也会增加车辆的运行成本。而且,运输界面临的另一个挑战是需要建立供应尿素的完善的基础设施,而这都势必影响尿素的价格。在用排放执法中的监督尿素的使用也至关重要,因为目前很多柴油机可以在缺乏尿素下运行,这样就使得排放法规形同虚设。

在基于尿素的选择性催化还原技术的文献方面,Bosteels 和 Searles(2002)、Müller 等人(2003)、Scarnegie 等人(2003)、Klingstedt 等人(2006)、Hosoya 等人(2007)、Iitsuka 等人(2007)、Hirata 等人(2009)和 Adelmann 等人(2010)阐述了其性能。Song 和 Zhu(2002)、Nakayama 等人(2006)、Willems 等人(2007)、Devarakonda 等人(2008)、Wang 等人(2008)和 Herman 等人(2009)研究了电控。Chi 和 DaCosta(2005)以及 Kim 等人(2007)研究了计算模拟。

8.1.3   可降低氮氧化物排放的固氨储存和释放技术

如上所述,基于尿素的选择性催化还原是一种在汽车应用中存在若干问题的水溶液技术,例如它需要一个较大的储存容积,在寒冷的气候时容易结冰,喷射器的喷注是否可靠,在较低的排气温度下尿素水解会产生沉积物等风险,对于终端用户所造成的诸多不便等等问题。另一种能够降低柴油机车辆氮氧化物排放的新颖而具有前途的技术是固氨储存和释放(SASR)。它没有上述基于尿素的选择性催化还原的缺点。它采用体积紧凑的固体金属氨络物复合物[例如 $Mg(NH_3)_6Cl_2$,Elmoe 等人,2006]安全可靠地存储氨,并按需将氨气以气相方式有控制地释放出来以减少氮氧化物排放。它能够在固体金属氨络物复合物中存储大量的氨,达到很高的与纯液体氨非常类似的体积密度,因此能够为车辆提供持续很久的氨储存。它所要求的储存容积比基于尿素的选择性催化还原要小很多。经加热后,该固体复合物将缓释控制的纯氨气动态而准确地直接释放到发动机的排气管中,而不需要使用喷射器予以加注。这项技术能够在所有的环境温度和排气温度下均工作得相当好。它没有在基于尿素的 SCR 中所发生的结冰问题和在较低排气温度下出现的低尿素转化率等问题。该新兴技术已受到车用轻载和重载柴油机工业界越来越多的关注。关于固氨储存和释放技术的更多内容,读者可以参考 Elmoe 等人(2006)、Johannessen 等人(2009)和 Chakraborty 等人(2009)的论文。

8.1.4 稀薄氮氧化物捕集器的性能

稀薄氮氧化物捕集器(亦称氮氧化物吸附器)是另一种用于稀燃发动机氮氧化物排放控制的技术。它通常用于氮氧化物本体排放较低的发动机,而且价格一般比选择性催化还原便宜。稀薄氮氧化物捕集器在稀燃工况吸收氮氧化物并储存之,然后在再生工况将氮氧化物还原为氮气。这一循环往复的两阶段过程在发动机的稀燃与加浓工况之间交替进行。在吸收和储存阶段,排气中的一氧化氮被贵金属(例如铂)氧化催化剂转化为二氧化氮。然后,二氧化氮依靠碱土金属化合物比如 $Ba(NO_3)_2$ 通过酸碱中和反应被吸附成硝酸盐。稀薄氮氧化物捕集器的工作温度高效区间被一氧化氮的起燃能力在下端局限着,并被硝酸盐的不稳定性在上端限制着。捕集器的吸收能力最终会达到一个饱和极限。这时储存的氮氧化物便被释放出来并靠还原剂(例如碳氢化合物、一氧化碳或氢气)或电加热方法被催化还原为氮气。这一还原过程称为捕集器的再生,它是在空燃比加浓的排气环境中进行的。捕集器需要周期性而短暂地实现再生,以恢复其降低氮氧化物排放的能力。精密而优化地控制吸收与再生阶段之间的切换对于满足排放和节约油耗十分关键。稀薄氮氧化物捕集器在柴油机中的再生比在稀薄燃烧直喷汽油机中的再生难度大得多。这是因为出于对排烟的担心,在柴油机中使用加浓的空燃比要困难许多。捕集器的性能对燃料中的硫含量也非常敏感,甚至低到体积浓度为 3×10^{-6} 时仍比较敏感。因此,脱硫或其他硫含量管理措施是非常必要的。脱硫通常需要在高温和加浓的空燃比工况下持续几分钟之久。其他硫含量管理措施包括使用超低含硫量燃料或无硫燃料,或者使用硫捕集器。在文献方面,Sluder 和 West(2001)、Parks 等人(2002)、Bosteels 和 Searles(2002),Takahashi 等人(2004)、Hinz 等人(2005)、Theis 等人(2005)、Hu 等人(2006)、Nam 等人(2007)、McCarthy Jr 和 Holtgreven(2008)、Ottinger 等人(2009)和 McCarthy 等人(2009)研究了稀薄氮氧化物捕集器的性能。Kim 等人(2003)、Wang 等人(2006)和 He(2006)研究了该技术的模拟计算。

8.1.5 柴油颗粒过滤器的性能

柴油机的颗粒物包括四种主要成分:固体碳烟颗粒、灰分(来自于润滑油添加剂和磨损金属的固态无机颗粒)、可溶性有机组分(液态微粒)、硫化物液态微粒。可溶性有机组分可以用柴油氧化型催化器予以控制。硫化物微粒可以靠使用超低硫燃料予以控制。碳烟和灰分是用柴油颗粒过滤器控制的。这些过滤器的过滤效率一般都高于 95%。过滤器不能有效控制可溶性有机组分和硫化物微粒。事实上,催化过滤器甚至会通过对二氧化硫的催化氧化增加硫化物排放。柴油颗粒过滤器可以按照气流流动方向分为穿流式、壁流式、不规则流向式等,并可按照化学反应分为催化式和非催化式。目前最常用的过滤器是壁流单片式。

以小尺寸和低成本实现高过滤效率和低流动阻力一直是柴油颗粒过滤器设计中最具有挑战性的主要任务之一。在涡轮出口处的排气流动阻力是指通过所有后处理部件并加上排气尾管的压力降。排气阻力不但取决于在过滤器设计中的流动阻力特性,而且也随过滤器中碳烟和灰分的积累而增加。在过滤器再生发生之前和之后,压力降也随过滤器中碳烟存留的量而变化。过滤器的再生将在第 8.2 节中详述。从对空气系统的影响角度来看,排气阻力也可以用一个排气背压阀进行调节,正如安装在涡轮出口处的翻板阀。减小背压阀的开度可以减小排气流量,或者帮助发动机制动。排气阻力对涡轮性能和发动机的空气流量和泵气损失有很大影响。发动机性能模拟表明(图8.1),在后处理装置中每减小 3 387 Pa(1 英寸汞柱)流动阻力压降,就会由于泵气损失减少而使得油耗在额定功率降低 0.33%。

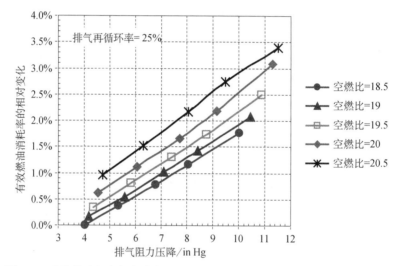

图 8.1 重载柴油机在额定功率时空燃比和排气阻力对有效燃油消耗率的影响

Majewski 和 Khair(2006)、Johnson(2007b)和 Eastwood(2008)这三本综合性著作对柴油颗粒过滤器的技术做了全面评述和总结。因此本书没有必要在这里对这些技术再进行深入阐述。柴油颗粒过滤器的研究领域的文献可以按如下类别来分类组织研究学习:

- Mayer 等人(2001)讨论了在车辆改造时选择柴油颗粒过滤器的方法。Konstandopoulos 等人(1999,2005b)、Nikitidis 等人(2001)、Merkel 等人(2001)、Konstandopoulos 和 Kladopoulou(2004)、Soeger 等人(2005)、Yamaguchi 等人(2005)和 Ido 等人(2005)研究了柴油颗粒过滤器设计对产品属性的影响;
- Bosteels 和 Searles(2002)、Khair(2003)、Khair 和 McKinnon(1999)、Toorisaka 等人(2004)、Herrmuth 等人(2004)、Cutler(2004)、Williams 和 Garner(2009)以及 Kapetanović等人(2009)对柴油颗粒过滤器的总体性能进行了研究;
- Taoka(2001)、Konstandopoulos 等人(2001b)、Stratakis 等人(2002)、Konstandopoulos(2003)、Cunningham 等人(2007)和 Ohyama 等人(2008)对柴油颗粒过滤器的阻力压降进行了研究;
- Tan 等人(1996)、Gantawar 等人(1997)、Park 等人(1998)、Bouchez 和 Dementhon(2000)、

Salvat 等人（2000）、Gieshoff 等人（2001）、Locker 等人（2002）、Hiranuma 等人（2003）、Flörchinger 等人（2004）、Mayer 等人（2005）、Kong 等人（2005）、Ogyu 等人（2007）和 Ootake 等人（2007）用实验方法研究了柴油颗粒过滤器的再生性能；

- Brewbaker 和 Nieuwstadt(2002)、Nieuwstadt 和 Trudell(2004)、Birkby 等人（2006）和 Bencherif 等人(2009)开发了柴油颗粒过滤器的再生控制算法；

- 柴油颗粒过滤器的模拟工作主要是由以下几个科研小组进行的：
  - ➤ 主要在希腊的气溶胶与颗粒技术实验室的一组科研人员（由 Konstandopoulos 等人发表的评述论文，2000，2005a；以及由 Konstandopoulos 和 Kostoglou，1999，2004；Masoudi 等人，2001；Konstandopoulos 等人，2001a，2002，2003a，2003b，2004；Kladopoulou 等人，2003 从事的其他研究工作）；
  - ➤ 在美国密歇根理工大学的一组研究人员（Huynh 等人，2003；Kladopoulou 等人，2003；Singh 等人，2005；Mohammed 等人，2006a，2006b；Premchand 等人，2007）；
  - ➤ 在通用汽车公司和美国威斯康星大学麦迪逊分校的一组研究人员（Kapparos 等人，2005；Strzelec 等人，2006；England 等人，2006；He，2007；Rutland 等人，2007；Gurupatham 和 He，2008；Singh 等人，2009）；
  - ➤ 在伽马技术（Gamma Technologies）的一组使用 GT-POWER 软件的研究人员（Tang 等人，2007，2008；Wahiduzzaman 等人，2007）；
  - ➤ 其他一些地方的工作（Rumminger 等人，2001；Millet 等人，2002；Kandylas 和 Koltsakis，2002；Liu 和 Miller，2002；Guo 和 Zhang，2005a，2005b；York 等人，2005，2009；Reader 等人，2006；Yi，2006；Bouteiller 等人，2007；Cunningham 和 Meckl，2007；Chiatti 等人，2008；Subramaniam 等人，2009）。

- Kramer 等人（2009）为非道路柴油机应用场合研究了采用被动式再生的部分过滤器，作为一种替代技术来取代传统的壁流式过滤器。

8.1.6 一氧化二氮排放

在美国环保署 2014—2017 年的温室气体排放法规中，一氧化二氮(亦称氧化亚氮，N_2O)由于其极高的全球变暖潜力值(为二氧化碳的 296 倍)而被列为受控制的排放气体(Becker 等人，1999；Metz，2001；Graham 等人，2008；Kamasamudram 等人，2011)。一氧化二氮的产生主要是由氨氧化形成，其次是由在氮氧化物后处理装置中的硝酸铵分解产生。一氧化二氮基本上会在所有的氮氧化物还原性催化器(例如稀燃氮氧化物催化器、SCR、稀薄氮氧化物捕集器)以及用于氨逸流捕集的柴油氧化型催化器中产生。

在一定条件下，氮氧化物会在氧化催化剂表面被还原为氮气和一氧化二氮。一氧化二氮的生成受排气温度和排气中的碳氢化合物的浓度和组分影响。在一定的温度区间内，一氧化二氮的生成浓度会比较高(例如最高发生于 200～250 ℃)。在这个温度区间以外(例如低于 150 ℃ 或者高于 350 ℃)，一氧化二氮的生成量则很小。

在选择性催化还原中，氮氧化物还原的总体反应可以表示为

$$NH_3 + NO_x \rightarrow N_2 + H_2O \tag{8.1}$$

具体地讲，氮氧化物还原的标准反应为

$$4NO + 4NH_3 + O_2 = 4N_2 + 6H_2O \tag{8.2}$$

"快速"反应指的是以下的反应：

$$NO + NO_2 + 2NH_3 = 2N_2 + 3H_2O \tag{8.3}$$

"缓慢"反应则指的是以下的反应：

$$6NO_2 + 8NH_3 = 7N_2 + 12H_2O \tag{8.4}$$

与氨(NH_3)有关的其他一些化学反应可以表达为：

$$4NH_3 + 3O_2 = 2N_2 + 6H_2O \tag{8.5}$$

式(8.5)是在用于氨逸流捕集的柴油氧化型催化器中所希望进行的反应。氨的非选择性氧化反应可以表示为

$$2NH_3 + 2.5O_2 = 2NO + 3H_2O \tag{8.6}$$

由氨生成二氧化氮的反应则可以表示为

$$2NH_3 + 2O_2 = N_2O + 3H_2O \tag{8.7}$$

另外,硝酸铵沉积物的生成反应为

$$2NH_3 + H_2O + 2NO_2 + 0.5O_2 = 2NH_4NO_3 \tag{8.8}$$

当排气温度高于 210 ℃时,硝酸铵分解会由以下反应导致二氧化氮的生成：

$$NH_4NO_3 = N_2O + 2H_2O \tag{8.9}$$

氨气对于一氧化二氮的选择性(式(8.7))也强烈地受 N_2O/NO_x 的比值影响,特别是当该比值高于 0.5 时(Kamasamudram 等人,2011)。由于柴油氧化型催化器能够将一氧化氮转换成二氧化氮,它因此会影响其下游的选择性催化还原装置中的一氧化二氮生成。不同类型的选择性催化还原的催化剂在一氧化二氮生成方面具有不同的温度特性(或选择性)。另外,许多用于控制氨逸流的基于贵金属配方的氧化催化剂在选择性催化还原装置的下游将氨气氧化时,会容易产生较高的氮氧化物和一氧化二氮排放。目前需要研制特殊的配方来抑制在氧化催化器中所形成的这两种排放。

在用于汽油机的三效催化器中,一氧化二氮大多是在冷起动后的 200 s 内大量生成。然而,在柴油机的选择性催化还原系统中,一氧化二氮通常是在整个 FTP 循环内均匀生成,而不仅仅局限于冷起动部分。最大限度地减少一氧化二氮排放的主要手段是依靠恰当的柴油氧化型催化器和选择性催化还原的催化剂配方设计,以及发动机和后处理装置的控制策略。据报道,目前选择性催化还原系统的设计水平通常能够满足美国环保署 2014—2017 年的一氧化二氮排放标准[即在 FTP 测试循环中,对于重型皮卡卡车和面包车来讲的 0.05 g/mile 限值,以及对于压燃式发动机来讲的 0.1 g/(hp·h)限值],而不会有太大困难(Kamasamudram 等人,2011)。

8.1.7　集成式后处理系统

重载柴油机的后处理系统目前存在以下几个设计趋势：①由于选择性催化还原装置的氮氧化物转化效率日益提高,使得发动机本体的氮氧化物排放值得以提高,而碳烟排放得以大幅降低,这使得柴油颗粒过滤器的尺寸和流动阻力压降日趋减小；②由于碳烟排放减少,柴油颗粒过滤器的被动再生能力增强；③删除用于氨逸流捕集的氧化型催化器；④大量减少柴油氧化型催化器中的贵金

属用量;⑤将多种后处理功能集成在一个包装体或元件内(例如 SCR 加 DPF 系统,DOC-DPF 组合并加 SCR 系统,LNT 和 DPF 中包含 DOC 等),以降低成本、尺寸和流动阻力压降(Gurupatham 和 He,2008;He 等人,2009;Boorse 等人,2010;Rappe 等人,2011);⑥在选择性催化还原装置、柴油氧化型催化器和柴油颗粒过滤器上大幅度削减成本。在这些趋势中,集成化的后处理元件受到高度重视,以期优化不同组件之间在运行策略、几何形状、还原剂、催化剂、加注剂量、再生时间等方面的相互作用和协同效应(Blakeman 等人,2003;He,2007)。

8.1.8 排气热管理

如前所述,排气系统的阻力压降对于发动机性能和油耗固然非常重要,而排气系统的热损失对于后处理的性能和后处理所需的燃油加注量也有很大影响。Massey 等人(2002)讨论了以一维方法对排气系统进行热流模拟。Kapparos 等人(2004)和 Fortunato 等人(2007)研究了柴油机排气系统的热损失。

图 8.2(a)中的模拟计算结果显示了一台重载柴油机从涡轮出口到柴油氧化型催化器进口的排气温度降。据观察,该温度降主要为发动机转速的函数,而转速与排气管的传热时间尺度有关。随着车速下降,温度降的幅度变大。该温度降也受排气管的传热损失影响,而后者又受发动机排气流量、环境温度、车速和后处理装置的型式方向(水平或垂直放置)等影响。当发动机在寒冷气候下运行时,排气温度会降低[图 8.2(b)]。

在与发动机热管理和优化的后处理性能相关的空气系统设计中,灵活地控制排气温度和流量是一个重要课题。例如,稀薄氮氧化物捕集器在吸附阶段和还原阶段需要不同的排气温度和氧浓度,以获得最佳性能。为了使任何后处理转化装置能够更容易地达到起燃温度或者更迅速地进行后处理再生,通常可以采用下列措施来提高排气温度:

- 通过将排气管做绝热处理或者将后处理装置安装在靠近排气歧管或支管的位置,以尽可能减少热损失;
- 依靠灵活冷却或者在气侧旁通绕过冷却器以提高进气歧管气体温度;
- 将排气旁通绕过涡轮,以提高排气温度;
- 推迟喷油定时;

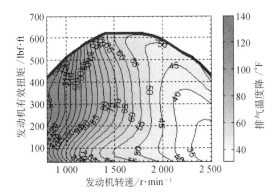

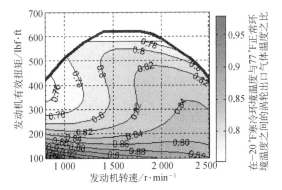

图 8.2(a) 在 77℉的环境温度和 45 mph 车速时从涡轮出口到柴油氧化型催化器进口的排气温度降的模拟结果

图 8.2(b) 寒冷环境和普通环境温度之间在涡轮出口处的排气温度之比的模拟结果

- 使用缸内后喷射(同时需要平衡发动机扭矩),以减小空燃比,并提供稀薄氮氧化物捕集器或柴油颗粒过滤器再生所需要的还原剂;
- 在排气气流中使用外部燃料加注;
- 依靠进气节流、排气节流或可变气门驱动减小发动机的空气流量,以提高排气温度。

　　另外,在某些再生策略中,排气再循环是被切断或减少的,以使排气更热些。依靠提高发动机本体排气中氮氧化物的浓度来增加氮氧化物与碳的比值(NO_x/C 之比),可以促进碳烟氧化燃烧。柴油氧化型催化器中更快的起燃和它的放热反应所造成的其出口处排气变热也有助于启动柴油颗粒过滤器再生。

8.1.9　后处理标定

　　试验设计中的响应曲面方法可以有效地用于柴油颗粒过滤器的主动再生后处理标定,以优化标定参数对性能和排放的影响。可以调节主喷油定时和诸如进气节气门开度、可变截面涡轮叶片开度和排气再循环阀门开度等空气系统控制参数来提高涡轮出口排气温度,以获得较高的柴油氧化型催化器起燃温度。一旦催化器被加热后,它可以很高效地氧化后喷燃料,为过滤器再生提供高温。基于催化器的起燃温度,可以使用缸内后喷燃油再加上对空气系统参数的进一步调节来达到足够高的过滤器进口气体温度,满足其再生需要。后处理标定优化的目的可以表述为基于以下的约束条件,尽量减小发动机的油耗:在催化器入口处令人满意的氮氧化物、碳烟、碳氢化合物的排放值,足够高的涡轮出口气体温度,发动机扭矩的变化小到难以察觉以实现平稳驾驶。图 8.3 显示了为一台重载柴油机的柴油颗粒过滤器再生在部分负荷所做的试验设计优化。该设计中所用的控制因子包括进气节气门开度、可变截面涡轮叶片开度、排气再循环阀门开度、主喷油定时。图中纵轴所示的"T-DOC-In"代表在催化器之前的涡轮出口排气温度。该算例依靠测试数据的试验设计拟合器,在整个"T-DOC-In"相对于氮氧化物的区域上对油耗予以优化。这些最小化油耗等值线图展示了排放参数和排气温度相对于空燃比和排气再循环率的参数依变关系。

8.1.10　冷起动排放控制

　　20 世纪 90 年代以来,自从排放法规的型式批准程序变得更加严格后,瞬态冷起动过程中的发动机本体排放和后处理装置的排放便受到更多的关注,特别是汽油机。虽然柴油机会遇到燃料液滴蒸发形成的"白烟"问题,但是柴油机在冷起动排放方面不像汽油机那么敏感。用于冷起动排放控制的安装比较紧凑的催化器可能会影响在排气气流中的碳氢化合物与氮氧化物之间的比例,因而影响后处理的设计配方。总体而言,在寒冷气候中的冷起动排放控制更多地是一个与催化器暖机或冷起动辅助有关的局部设计问题,而不是一个系统设计的重点问题,因此这里不予赘述。

8.2　柴油颗粒过滤器再生对发动机系统设计的要求

　　柴油颗粒过滤器一般以很高的过滤效率将颗粒物从排气中除去,尤其是壁流式过滤器,其过滤效率更高。发动机与过滤器之间的匹配需要仔细集成,因为过滤器比柴油氧化型催化器更为复杂。后者是完全被动的,其氧化反应是连续进行而不需要再生的,但柴油颗粒过滤器通常正相反。

　　在描述再生性能时,碳烟载荷因子定义为满载碳烟条件下的柴油颗粒过滤器的压力降与干净无碳烟条件下(即没有碳烟积累时)的压力降之比。碳烟载荷因子和过滤器的大小取决于以下因素:①为了维持令人满意的发动机性能所能允许的最大排气阻力水平;②再生频率;③过滤器内的

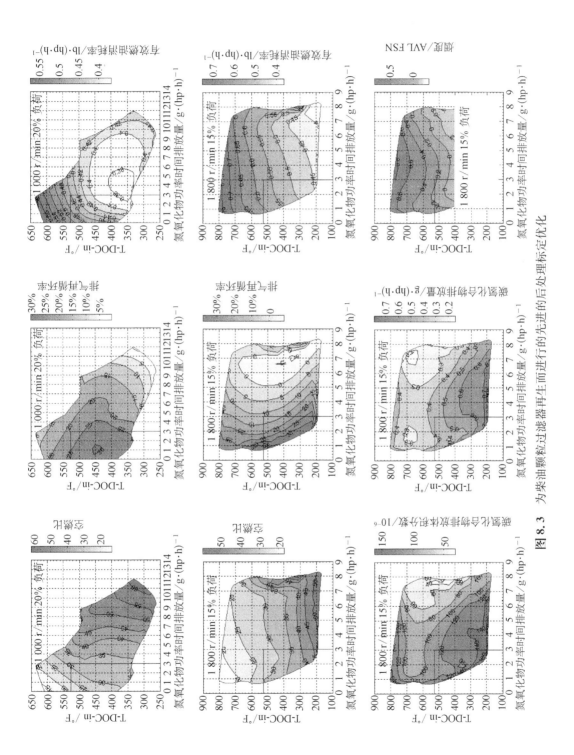

图 8.3　为柴油颗粒过滤器再生而进行的先进的后处理标定优化

最高再生燃烧温度;④在放热再生过程中发生的温度梯度(该参数影响过滤器的热机械耐久性);
⑤再生效率。过滤器中的碳烟载荷可以根据过滤器的排气阻力压降的测试数据予以估计。将碳烟
载荷与不同排气流量下的阻力压降相关联,便可估计在过滤器内积累的碳烟量。过滤器碳烟载荷
的模型还可以靠加入灰分积累的模型来予以改进。

再生效率这个参数定义为在柴油颗粒过滤器实际再生后的压降减少幅度与理想地完全清除碳
烟后的压降减少幅度之比,由下式给出:

$$\eta_{\text{regen}} = \frac{\Delta p_{\text{loaded}} - \Delta p_{\text{regen}}}{\Delta p_{\text{loaded}} - \Delta p_{\text{clean}}} \tag{8.10}$$

式中,Δp_{loaded}是满载碳烟的过滤器压降;Δp_{regen}是实际再生后的压降;Δp_{clean}是干净无碳烟的过滤
器压降(可包括一些不可燃的灰分载荷)。当过滤器中积累的碳烟超过一定量后,便需要进行再
生——无论是被动再生还是主动再生,需要烧掉碳烟来减少排气阻力。有时仅少量载有一些碳烟
的过滤器在再生上会更困难些,在足以维持碳烟自行燃烧方面也更为困难。另一方面,过多的碳烟
积累和沉积的碳氢化合物会造成不可控再生。它会产生过高的燃烧温度或温度梯度,使过滤器内
部发生熔化或破裂。碳烟的再生主要受以下因素影响:排气温度、排气中氧气和二氧化氮的浓度
(与 $C + O_2$ 和 $C + NO_2$ 的碳粒燃烧反应有关)、NO_2/NO 的比值、NO_x/C 的质量比值等。以下一
些措施可以帮助碳烟燃烧:①升高排气温度和提高氧气浓度;②增加沉积的碳氢化合物(例如 SOF)
并促进它们的放热燃烧反应(即为点燃碳粒提供能量);③具有较低的空速或体积流量。

柴油颗粒过滤器的耐久性与下列因素有关:过滤器的材料和设计、再生燃烧温度、温度的时空
梯度、再生频率(与疲劳寿命有关)。再生频率受安装位置和碳烟载荷影响,另外也与过滤器尺寸、
碳烟加载速率和驾驶循环有关。体积较小、离发动机安装距离较近并处于高负荷驾驶条件下的过
滤器需要更加频繁地再生。过滤器的耐久性在第 2 章中有更多的讨论。

在非催化的柴油颗粒过滤器再生中,碳烟的燃烧需要持续几分钟,并且需要大约 550~650 ℃
的排气温度来启动再生,而事实上这一温度要求在大多数部分负荷运行条件下是无法达到的。据
报道,碳烟的完全快速燃烧需要高于 600 ℃ 的排气温度和 7% 以上的氧气浓度(Basshuysen 和
Schafer,2004)。碳烟与二氧化氮所发生的缓慢氧化反应一般需要 300 ℃ 左右。在催化的柴油颗粒
过滤器(CDPF)的再生中,可以使用在燃料中加入添加剂或者利用过滤器内的催化涂层来进一步降
低启动再生所需要的热能阈值。在催化过滤器中,碳烟的点火温度可以大幅度降低到 275~450 ℃
的范围。所使用的催化剂,不管是对于可溶性有机组分还是对于碳粒,通常会在排气气流具有较高
的氧气浓度时更为有效。另外,催化再生的点火和燃烧性能还取决于氮氧化物排放值、燃料含硫量
水平、可溶性有机组分和颗粒物中的成分。

被动再生,又称自行再生,通常被辅以催化手段来降低碳烟的氧化阈值温度。这时,碳烟在过
滤器中被连续氧化,而不需要采用辅助升温手段,比如电加热、全流燃烧器或选择加热方式等。与
主动再生相比,被动再生具有很大优势,比如删除了相关的检测和控制系统,从而避免了其耐久性
上的麻烦或风险,并降低了成本。在被动式催化再生中,由于驾驶条件可以随意启动或停止再生过
程,过滤器中碳烟的载荷、过滤器的压降和再生效率是无法控制的。一旦启动,碳烟的燃烧可能会
变成自行维持燃烧。如果燃烧温度过高,可能会发生热失控。因此,在被动再生中,往往希望过滤
器具有较低的碳烟载荷,以避免发生灾难性的热故障。

在发动机通常的运行条件下,排气温度一般不足以高到在过滤器内部发生被动再生式的自然
氧化反应。这时,就必须定期使用主动再生。在主动再生中,当 Δp_{loaded} 超过某个预设阈值时,再生

即被触发。除了上述的提高排气温度的措施外，还可以采用其他一些方法(有些会伴随额外的费用)，来精确地控制再生的进程和再生效率。这些方法包括：①使用燃料燃烧器；②电加热；③微波；④压缩空气；⑤使用精密控制的前置或后置于柴油氧化型催化器的燃料加注来产生足够的热量实现再生；⑥使用适当的变速器挡位使发动机在高负荷(扭矩)和低转速下运行；⑦将催化器或催化过滤器中的一氧化氮转化为诸如二氧化氮的氧化剂，来加速氧化碳烟(即使用以下的化学反应：NO + $0.5O_2$ = NO_2，$2NO$ = $NO_2 + 0.5N_2$，$C + NO_2$ = $NO + CO$)。应当注意，二氧化氮的毒性远远超过一氧化氮。离开排气尾管后，一氧化氮在大气中会被缓慢地转化为二氧化氮。当发动机本体的氮氧化物排放值较低时，会影响能生成的二氧化氮氧化剂的数量，这样会对过滤器的再生产生负面影响。在主动再生中的燃料加注量必须根据排气温度和碳烟载荷严格控制，以避免失控的碳烟燃烧。主动再生可以由碳烟载荷或行驶距离触发启动，同时需要满足其他相关条件(例如冷却液、机油和燃油的温度需要足够高)。主动再生可以基于碳烟载荷或再生过程时间予以中止。

在主动再生控制中，一般存在两个阶段：暖机阶段和过滤器温度控制阶段。在暖机阶段，如果排气温度低于柴油氧化型催化器的起燃温度(大约250℃)，就需要使用前面提到的后处理热管理中的那些标定手段来提高温度，并同时维持排放和驾驶性能。在过滤器温度控制阶段，一旦催化器达到起燃温度，便开始向催化器进口喷注燃油。燃料在催化器内被氧化后，便可将催化器出口或过滤器进口的排气温度提高到碳烟燃烧的再生温度。燃油喷注可以用安装在排气管上的单独的喷注装置，也可以在排气冲程进行缸内后喷射。后喷射存在一些缺点，例如燃油与机油在气缸壁面混合的机油稀释，必须关闭排气再循环以防止燃油被循环到进气歧管中，以及关闭排气再循环后在再生过程中所产生的较高的氮氧化物排放等。另外，过滤器也可以使用静止再生(亦称驻车再生)，将车辆停住，使用发动机高转速怠速进行再生。然而，静止再生的使用需要尽量减少或消除。

柴油颗粒过滤器的再生过程需要动态和精密的控制，这是出于以下几个原因。一个称为"过山(hill-cresting)"的危险现象是指当再生发生于某个发动机高负荷工况即将结束时，过滤器内部出现了热失控的过高的碳烟燃烧温度。换句话说，热失控可能会出现在过滤器再生过程中发动机的转速或负荷降低时。当发动机的负荷或排气再循环率减小或者发动机的转速变化后，空燃比可能会增大，但排气流量可能会变低，造成过滤器内部的对流冷却速率下降。因此，过滤器内的部件温度可能会升高到一个令人无法接受的水平，从而导致耐久性问题。另外，减缓再生时的燃烧速率以及控制温度的空间梯度是很重要的，因为它们影响过滤器的热应力和疲劳寿命。燃烧速率可以通过改变排气流量来减小或优化。它也可以依靠降低排气中的氧浓度来减小，比如通过减小空燃比或者增大排气再循环率。

在柴油颗粒过滤器的再生过程中可能会产生二次排放，比如以下物质：①来自碳烟不完全燃烧所产生的一氧化碳；②在缓慢的排气加热阶段中，蒸发出来的还未来得及被氧化的所吸附的碳氢化合物和可溶性有机组分；③在过滤器加热过程中后喷燃料里的未燃碳氢化合物；④由于关闭排气再循环或者由于碳烟的氧化反应($C + NO_2$ = $NO + CO$)所导致的氮氧化物排放；⑤由催化剂造成的硫酸气溶胶微粒；⑥在过滤器下游聚核的有机化合物。使用超低硫燃料、含硫量低的润滑油(McGeehan等人，2002，2006，2007)和硫捕集器可以消除含硫的气溶胶微粒。柴油颗粒过滤器再生的效能也取决于柴油中的含硫量。

发动机空气系统设计的一个重要目标就是适应由柴油颗粒过滤器的碳烟载荷变化所造成的排气阻力变化，并且提供在所有环境条件和运行工况下过滤器的优化再生所需要的空气系统能力。为了对过滤器的匹配和再生进行优化，车辆驾驶循环模拟在分析排气温度在转速-负荷区域上的高效或失效区间时起着关键作用。再生频率和时间与这些温度区间直接有关。

8.3　发动机与后处理集成的分析方法

发动机与后处理装置的集成和匹配的分析任务需要始于确定每个后处理部件(例如柴油氧化型催化器、选择性催化还原或稀薄氮氧化物捕集器、柴油颗粒过滤器)在进口排气温度、流量和组分浓度(例如氧气、碳氢化合物、一氧化碳、一氧化氮)方面的要求。具体地,包括它们在整个转速和负荷区域上正常运行和再生时的气流要求。而且,需要对其带有共性的要求予以整合,并识别其差异。最后,需要设计优化的空气系统,以尽量减少油耗并维持后处理系统的耐久性。与发动机-车辆匹配和发动机-涡轮增压器匹配相类似的一个方法可以用于发动机-后处理的匹配,即把发动机在无再生和再生阶段的运行数据绘制在后处理装置的特征图上。

现将发动机与后处理之间性能匹配的过程和原则概括为以下五个步骤(图 8.4):

(1) 了解在正常运行和再生运行时后处理装置的设计和运行特征,建立每个部件的性能特征图。这些特征需要被表述为发动机性能参数(例如流量、温度、质量分数或浓度,以及这些参数的某种基本组合)和化学参数(例如二氧化氮与氮氧化物之比)的函数,以便进行下面几步中的匹配。这些特征响应参数可以采用等值线形式表达,例如所涉及的化学反应特征、起燃温度、柴油颗粒过滤器的"平衡点温度"、温度高效区间、组分转化效率、其他效率、部件大小、储存容量、流动阻力、加载性能(例如柴油颗粒过滤器或稀薄氮氧化物捕集器的载荷增加速率)、热损失、再生能量和温度、热耐久性等。识别和确定基础影响参数并构造此类特征图,是后处理供应商在与发动机制造企业合作时的重要任务,就好比涡轮增压器供应商制备压气机性能图一样。

(2) 匹配发动机和每个后处理部件。具体地讲,将发动机的性能特征数据(例如,在转速-负荷区域上和不同的环境温度和海拔高度下的排气温度、流量和发动机本体排放值)绘制在后处理特征图上;反之亦然(即把后处理装置的性能特征数据绘制在发动机特征图上),选择这两种方式中的便捷者进行。发动机制造企业主要承担这一步工作。

(3) 从匹配图中找出发动机与后处理装置之间在正常运行和再生阶段的任何不匹配之处。修改空气系统的设计、标定和控制,并重建匹配图;或者重新选择后处理装置。最后,优化不同的后处理部件之间的联系以及发动机与后处理之间的界面。供应商和发动机制造企业需要共同努力

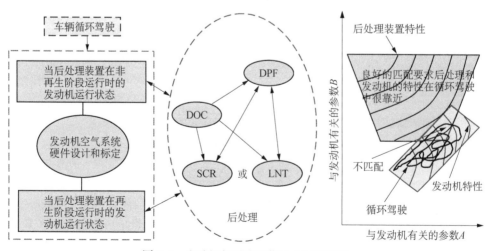

图 8.4　发动机与后处理装置之间的匹配

来完成这一步。在匹配过程中,需要进行空气系统的性能模拟和瞬态车辆驾驶循环模拟。在硬件选择、匹配和开发电控的过程中,除了需要考虑后处理设计的封装性和成本属性外,还应考虑以下一些在性能和耐久性方面的重要问题:

➢ 基于发动机和后处理装置的稳态和瞬态性能标准(例如考虑涡轮增压器的滞后性),选择每个后处理装置的最佳位置和顺序;

➢ 在温度高效区间和空速高效区间上将不匹配的程度降到最低;

➢ 安排好排气热管理,以尽量减小并优化所需要的热能(例如采用气流旁通或者并线再生)。需要注意的是,涡轮增压器效率、空燃比和排气再循环率都对排气温度和气体组分有直接影响;

➢ 基于发动机本体与后处理装置之间在产品成本和性能上的最佳平衡,确定用于催化反应的贵金属最佳(最低)用量;

➢ 控制后处理装置的背压变化和阻力压降,以优化发动机的性能;

➢ 通过模拟或测试来优化颗粒过滤器的再生方式和再生过程控制;

➢ 将发动机和后处理装置作为一个整体来平衡,以便最大限度地减小在燃油经济性上为各种后处理再生所付出的代价;

➢ 为实现良好的驾驶性能,尽量减小再生过程中的发动机功率波动;

➢ 尽量减小后处理装置中由于气体温度引起的耐久性方面的风险。

(4)分析发动机-后处理联合标定中的试验设计优化的测试数据,以验证在机后处理性能并优化其整合。发动机制造企业负责这一步工作;

(5)最终确定发动机本体排放值的设计目标及其相应的来自后处理装置对空气系统的要求,以确定空气系统和电控系统的设计和标定。

模拟分析工具在发动机与后处理之间的匹配和集成中发挥着至关重要的作用。将发动机和后处理作为一个整体予以集成的系统层面模拟是未来先进模拟工作的发展方向。Stamatelos 等人(1999)、Peters 等人(2004)、Kapparos 等人(2005)、England 等人(2006)、Strzelec 等人(2006)、Wahiduzzaman 等人(2007)、He(2007)、Rutland 等人(2007)、Tang 等人(2007,2008)、Gurupatham 和 He(2008)以及 Singh 等人(2009)提出了系统层面的后处理集成的一系列模拟模型。

8.4 参考文献和书目

8.4.1 英文参考文献和书目

Adelmann K,Soeger N,Pauly T. 2010. Advanced metal-oxide based SCR catalysts [C/OL]. *Proceedings of the Directions in Engine-Efficiency and Emissions Research (DEER) Conference Presentations*. Detroit,MI. September 27-30. Available at: http://www1.eere.energy.gov/vehiclesandfuels/resources/proceedings

Bagal N L,Rutland C J,Foster D E,Narayanaswamy K,He Y. 2009. CO emission model for an integrated diesel engine,emissions,and exhaust aftertreatment system level model [C]. SAE paper 2009-01-1511.

Basshuysen R,Schafer F (editors). 2004. *Internal Combustion Engine Handbook* [M]. Warrendale,PA: SAE International.

Becker K H,Lörzer J C,Kurtenbach R,Wiesen P,Jensen T E,Wallington T J. 1999. Nitrous oxide (N$_2$O) emissions from vehicles [J]. *Environmental Science and Technology*,33(22):4134-4139.

Bencherif K,Benaicha F,Sadaï S,Sorine M. 2009. Diesel particulate filter thermal management using model-based design [C]. SAE paper 2009-01-1082.

Birkby N,Beesley S,Hatton A,El-Khatib H. 2006. The development and testing of an active particulate regeneration system using model based control [C]. SAE paper 2006-01-3258.

Blakeman P G, Chiffey A F, Phillips P R, Twigg M V, Walker A P. 2003. Developments in diesel emission aftertreatment technology [C]. SAE paper 2003-01-3753.

Boorse R S, Dieterle M, Voss K, Stiebels S, Wendt C, Neubauer T. 2010. Two in one: SCR on filter [C]. *Proceedings of the Directions in Engine-Efficiency and Emissions Research (DEER) Conference Presentations*. Detroit, MI. September 27-30.

Bosteels D, Searles R A. 2002. Exhaust emission catalyst technology [J]. *Platinum Metals Review*, 46(1):27-36.

Bouchez M, Dementhon J B. 2000. Strategies for the control of particulate trap regeneration [C]. SAE paper 2000-01-0472.

Bouteiller B, Bardon S, Briot A, Girot P, Gleize V, Higelin P. 2007. One dimensional backpressure model for asymmetrical cells DPF [C]. SAE paper 2007-01-0045.

Brewbaker T, Nieuwstadt M. 2002. Control of oxygen for thermal management of diesel particulate filters [C]. SAE paper 2002-01-0427.

Brown K F, Rideout G, Rostkowski J, Meyer N. 2004. Durability studies of a base metal catalyzed particulate filter in a severe non-road application [C]. SAE paper 2004-01-0077.

Chakraborty D, Petersen H N, Elkjaer C, Cagulada A, Johannessen T. 2009. Solid ammonia as energy carrier: current status and future prospects [J]. *Fuel Cells Bulletin*, 2009(10):12-15.

Chi J N, DaCosta H F M. 2005. Modeling and control of a urea-SCR aftertreatment system [C]. SAE paper 2005-01-0966.

Chiatti G, Chiavola O, Falcucci G. 2008. DPF soot loading and regeneration: a lumped parameter approach [C]. SAE paper 2008-01-0441.

Corro G. 2002. Sulfur impact on diesel emission control – a review [J]. *Reaction Kinetics and Catalysis Letters*, 75(1):89-106.

Cunningham P, Meckl P. 2007. 1 – D dynamic diesel particulate filter model for unsteady pulsating flow [C]. SAE paper 2007-01-1140.

Cunningham P, Meckl P, Shah C. 2007. Correlating dynamic pressure signal features to diesel particulate filter load [C]. SAE paper 2007-01-0333.

Cutler W A. 2004. Overview of ceramic materials for diesel particulate filter applications [J]. *Ceramic Engineering and Science Proceedings*, 25(3):421-430.

Devarakonda M, Parker G, Johnson J H, Strots V, Santhanam S. 2008. Adequacy of reduced order models for model-based control in a urea-SCR aftertreatment system [C]. SAE 2008-01-0617.

Eastwood P. 2000. *Critical Topics in Exhaust Gas Aftertreatment* [M]. Baldock, Hertfordshire: Research Studies Press.

Eastwood P. 2008. *Particulate Emissions from Vehicles* [M]. New York, NY: John Wiley & Sons.

Eastwood P. 2010. Exhaust gas aftertreatment for light-duty diesel engines [M]//Zhao H (editor). *Advanced Direct Injection Combustion Engine Technologies and Development*, *Volume 2: Diesel Engines*. Cambridge, UK: Woodhead Publishing. Chapter 14.

Edgar B, Rumminger M, Streichsbier M. 2003. A framework for evaluating aftertreatment PM control strategies [C]. SAE paper 2003-01-2306.

Elmoe T D, Sorensen R Z, Quaade U, Christensen C H, Norskov J K, Johannessen T. 2006. A high-density ammonia storage/delivery system based on $Mg(NH_3)_6Cl_2$ for SCR-DeNO$_x$ in vehicles [J]. *Chemical Engineering Science*, 61: 2618-2625.

England S B, Rutland C J, Foster D E, He Y. 2006. Investigation of the effect of DPF loading and passive regeneration on engine performance and emissions using an integrated system simulation [C]. SAE paper 2006-01-0263.

Flörchinger P, Zink U, Cutler W, Tomazic D. 2004. DPF regeneration-concept to avoid uncontrolled regeneration during idle [C]. SAE paper 2004-01-2657.

Fortunato F, Caprio M, Oliva P, D'Aniello G, Pantaleone P, Andreozzi A, Manca O. 2007. Numerical and experimental investigation of the thermal behavior of a complete exhaust system [C]. SAE paper 2007-01-1094.

Gantawar A K, Opris C N, Johnson J H. 1997. A study of the regeneration characteristics of silicon carbide and cordierite diesel particulate filters using a copper fuel additive [C]. SAE paper 970187.

Gieshoff J, Pfeifer M, Schäfer-Sindlinger A, Hackbarth U, Teysset O, Colignon C, Rigaudeau C, Salvat O, Krieg H, Wenclawiak B W. 2001. Regeneration of catalytic diesel particulate filters [C]. SAE paper 2001-01-0907.

Graham L A, Rideout G, Rosenblatt D, Hendren J. 2008. Greenhouse gas emissions from heavy-duty vehicles [J]. *Atmospheric Environment*, 42(19):4665-4681.

Graves R L, Kass M D, Lewis S A, Partridge W P, Thomas J F, Habeger C F, Aardahl C L, Rappe K G, Tran D N, Delgado M A, Singh G. 2001. Exhaust aftertreatment research for heavy vehicles [C]. SAE paper 2001-01-2064.

Guo Z, Zhang Z. 2005a. A one-dimensional numerical model for diesel particulate trap performance study during loading and regeneration [C]. SAE paper 2005-01-0961.

Guo Z, Zhang Z. 2005b. A one-dimensional numerical model for diesel particulate trap performance study during loading and regeneration [J]. *International Journal of Engine Research*, 6:247-262.

Gurupatham A, He Y. 2008. Architecture design and analysis of diesel engine exhaust aftertreatment system and comparative study with close-coupled DOC – DPF system [C]. SAE paper 2008-01-1756.

He Y. 2006. Development and application of a lean NO$_x$ trap model [C]. SAE paper 2006-01-0686.

He Y. 2007. Development of an integrated diesel exhaust aftertreatment simulation tool with applications in aftertreatment system architecture Design [C]. SAE paper 2007-01-1138.

He Y, Brown D B, Lu S, Paratore M J, Li J. 2009. Opportunities and challenges for blended 2-way SCR/DPF aftertreatment technologies [C]. SAE paper 2009-01-0274.

Herman A, Wu M-C, Cabush D, Shost M. 2009. Model based control of SCR dosing and OBD strategies with feedback from NH$_3$ sensors [C]. SAE paper 2009-01-0911.

Herrmuth H, Cartus T, Ducellari R, Derschmidt O. 2004. Combined NO$_x$ and PM exhaust gas aftertreatment approches for HSDI diesel engines [C]. SAE paper 2004-01-1425.

Hinz A, Andersson L, Edvardsson J, Salomonsson P, Karlsson C-J, Antolini F, Blakeman P G, Lavenius M, Magnusson B, Walker A P, Chen H-Y. 2005. The application of a NO$_x$ absorber catalyst system on a heavy-duty diesel engine [C]. SAE paper 2005-01-1084.

Hiranuma S, Takeda Y, Kawatani T, Doumeki R, Nagasaki K, Ikeda T. 2003. Development of DPF system for commercial vehicle — basic characteristic and active regenerating performance [C]. SAE paper 2003-01-3182.

Hirata K, Masaki N, Yano M, Akagawa H, Takada K, Kusaka J, Mori T. 2009. Development of an improved urea-selective catalytic reduction — diesel particulate filter system for heavy-duty commercial vehicles [J]. *International Journal of Engine Research*, 10:337-348.

Hosoya M, Kawada Y, Sato S, Shimoda M. 2007. The study of NO$_x$ and PM reduction using urea selective catalytic reduction system for heavy duty diesel engine [C]. SAE paper 2007-01-1576.

Hu H, Reuter J, Yan J, McCarthy J. 2006. Advanced NO$_x$ aftertreatment system and controls for on-highway heavy duty diesel engines [C]. SAE paper 2006-01-3552.

Huynh C T, Johnson J H, Yang S L, Bagley S T, Warner J R. 2003. A one-dimensional computational model for studying the filtration and regeneration characteristics of a catalyzed wall-flow diesel particulate filter [C]. SAE paper 2003-01-0841.

Ido T, Ogyu K, Ohira A, Hayashi M, Ohno K, Konstandopoulos A G. 2005. Study on the filter structure of SiC - DPF with gas permeability for emission control [C]. SAE paper 2005-01-0578.

Iitsuka Y, Yamauchi H, Prieto G, Takashima K, Mizuno A. 2007. Ammonia production from solid urea using non-thermal plasma [C]. *Conference Record - IAS (IEEE Industry Applications Society) Annual Meeting*. Article number 4347979. 1489-1493.

Johannessen T, Schmidt H, Frey A M, Christensen C H. 2009. Improved automotive NO$_x$ aftertreatment system: metal ammine complexes as NH$_3$ source for SCR using Fe-containing zeolite catalysts [J]. *Catalysis Letters*, 128(1-2): 94-100.

Johnson T V. 2000a. Diesel emission control in review [C]. SAE paper 2000-01-0184.

Johnson T V. 2000b. Diesel emission control — last 12 months in review [C]. SAE paper 2000-01-2817.

Johnson T V. 2001. Diesel emission control in review [C]. SAE paper 2001-01-0184.

Johnson T V. 2002. Diesel emission control: 2001 in review [C]. SAE paper 2002-01-0285.

Johnson T V. 2003. Diesel emission control in review — the last 12 months [C]. SAE paper 2003-01-0039.

Johnson T V. 2004. Diesel emission control technology — 2003 in review [C]. SAE paper 2004-01-0070.

Johnson T V. 2006. Diesel emission control in review [C]. SAE paper 2006-01-0030.

Johnson T V. 2007a. Diesel emission control in review [C]. SAE paper 2007-01-0233.

Johnson T V. 2007b. *Diesel Particulate Filter Technology* [M]. Warrendale, PA: SAE International.

Johnson T V. 2007c. Diesel emission control in review [C]. *Proceedings of the Directions in Engine-Efficiency and Emissions Research (DEER) Conference Presentations*. Detroit, MI. August 13-16.

Johnson T V. 2008a. Diesel emission control in review [C]. SAE paper 2008-01-0069.

Johnson T V. 2008b. Diesel engine emissions and their control: an overview [J]. *Platinum Metals Review*, 52(1):23-37.

Johnson T V. 2008c. Diesel emission control technologies in review [C]. *Proceedings of the Directions in Engine-Efficiency and Emissions Research (DEER) Conference Presentations*. Dearborn, MI. August 4-8.

Johnson T V. 2009a. Diesel emission control in review [C]. SAE paper 2009-01-0121.

Johnson T V. 2009b. Review of diesel emissions and control [J]. *International Journal of Engine Research*, 10:275-285.

Johnson T V. 2009c. Review of emerging diesel emissions and control [C]. *Proceedings of the Directions in Engine-Efficiency and Emissions Research (DEER) Conference Presentations*. Dearborn, MI. August 3-6.

Johnson T V. 2010a. Diesel emission control review [C]. *Proceedings of the Directions in Engine-Efficiency and Emissions Research (DEER) Conference Presentations*. Detroit, MI. September 27-30.

Johnson T. 2010b. Overview of diesel emissions and control for heavy-duty diesel engines [M]//Zhao H (editor). *Advanced Direct Injection Combustion Engine Technologies and Development*, Volume 2: Diesel Engines. Cambridge, UK: Woodhead Publishing. Chapter 15, 595-613.

Johnson T V. 2011a. Diesel emissions in review [C]. SAE paper 2011-01-0304.

Johnson T V. 2011b. Vehicle emissions review - 2011(so far) [C]. *Proceedings of the Directions in Engine-Efficiency and Emissions Research (DEER) Conference Presentations*. Detroit, MI. October 3-6.

Johnson T V. 2012. Vehicular emissions in review [C]. SAE paper 2012-01-0368.

Kamasamudram K, Henry C, Yezerets A. 2011. N_2O emissions from 2010 SCR systems [C]. *Proceedings of the Directions in Engine-Efficiency and Emissions Research (DEER) Conference Presentations*. Detroit, MI. October 3-6.

Kandylas I P, Koltsakis G C. 2002. Simulation of continuously regenerating diesel particulate filters in transient driving cycles [J]. *Proc. IMechE, Part D: Journal of Automobile Engineering*, 216:591-606.

Kapetanovió S, Wallace J S, Evans G. 2009. Investigation of sulfate nanoparticulate formation from a catalyzed diesel particulate filter on an engine fueled with ULSD and a biodiesel blend [C]. SAE paper 2009-01-0691.

Kapparos D J, Brahma I, Strzelec A, Rutland C J, Foster D E, He Y. 2005. Integration of diesel engine, exhaust system, engine emissions and aftertreatment device models [C]. SAE paper 2005-01-0947.

Kapparos D J, Foster D E, Rutland C J. 2004. Sensitivity analysis of a diesel exhaust system thermal model [C]. SAE paper 2004-01-1131.

Khair M. 2003. A review of diesel particulate filter technologies [C]. SAE paper 2003-01-2303.

Khair M, McKinnon D L. 1999. Performance evaluation of advanced emission control technologies for diesel heavy-duty engines [C]. SAE paper 1999-01-3564.

Kim J Y, Cavataio G, Patterson J E, Laing P M, Lambert C K. 2007. Laboratory studies and mathematical modeling of urea SCR catalyst performance [C]. SAE paper 2007-01-1573.

Kim Y-W, Sun J, Kolmanovsky I, Koncsol J. 2003. A phenomenological control oriented lean NO_x trap model [C]. SAE paper 2003-01-1164.

Kladopoulou E A, Yang S L, Johnson J H, Parker G G, Konstandopoulos A G. 2003. A study describing the performance of diesel particulate filters during loading and regeneration: a lumped parameter model for control applications [C]. SAE paper 2003-01-0842.

Klingstedt F, Arve K, Eranen K, Murzin D Y. 2006. Toward improved catalytic low-temperature NO_x removal in diesel-powered vehicles [J]. *Accounts of Chemical Research*, 39(4):273-282.

Kong Y, Kozakiewicz T, Johnson R, Huffmeyer C, Huckaby J, Abel J, Baurley J, Duffield K. 2005. Active DPF regeneration for 2007 diesel engines [C]. SAE paper 2005-01-3509.

Konstandopoulos A G. 2003. Flow resistance descriptors for diesel particulate filters: definitions, measurements and testing [C]. SAE paper 2003-01-0846.

Konstandopoulos A G, et al. 2004. The diesel exhaust aftertreatment (DEXA) cluster: a systematic approach to diesel particulate emission control in Europe [C]. SAE paper 2004-01-0694.

Konstandopoulos A G, Kladopoulou E. 2004. The optimum cell density for wall-flow monolithic filters: effects of filter permeability, soot cake structure and ash loading [C]. SAE paper 2004-01-1133.

Konstandopoulos A G, Kostoglou M. 1999. Periodically reversed flow regeneration of diesel particulate traps [C]. SAE paper 1999-01-0469.

Konstandopoulos A G, Kostoglou M. 2004. Microstructural aspects of soot oxidation in diesel particulate filters [C]. SAE paper 2004-01-0693.

Konstandopoulos A G, Kostoglou M, Housiada P. 2001a. Spatial non-uniformities in diesel particulate trap regeneration [C]. SAE paper 2001-01-0908.

Konstandopoulos A G, Kostoglou M, Housiada P, Vlachos N, Zarvalis D. 2003a. Multichannel simulation of soot oxidation in diesel particulate filters [C]. SAE paper 2003-01-0839.

Konstandopoulos A G, Kostoglou M, Skaperdas E, Papaioannou E, Zarvalis D, Kladopoulou E. 2000. Fundamental studies of diesel particulate filters: transient loading, regeneration and aging [C]. SAE paper 2000-01-1016.

Konstandopoulos A G, Kostoglou M, Vlachos N, Kladopoulou E. 2005a. Progress in diesel particulate filter simulation [C]. SAE paper 2005-01-0946.

Konstandopoulos A G, Papaioannou E, Zarvalis D, Skopa S, Baltzopoulou P, Kladopoulou E, Kostoglou M, Lorentzou S. 2005b. Catalytic filter systems with direct and indirect soot oxidation activity [C]. SAE paper 2005-01-0670.

Konstandopoulos A G, Skaperdas E, Masoudi M. 2001b. Inertial contributions to the pressure drop of diesel particulate filters [C]. SAE paper 2001-01-0909.

Konstandopoulos A G, Skaperdas E, Masoudi M. 2002. Microstructural properties of soot deposits in diesel particulate traps [C]. SAE paper 2002-01-1015.

Konstandopoulos A G, Skaperdas E, Warren J, Allansson R. 1999. Optimized filter design and selection criteria for continuously regenerating diesel particulate traps [C]. SAE paper 1999-01-0468.

Konstandopoulos A G, Vlachos N, Housiada P, Kostoglou M. 2003b. Simulation of triangular-cell-shaped, fibrous wall-flow filters [C]. SAE paper 2003-01-0844.

Kozlov A, Harris T, Salyards C. 2010. Engine test for DOC quenching in DOC - DPF system for non-road applications [C]. SAE paper 2010-01-0815.

Kramer J, Pfahl U, Bruestle C, Diewald R, Hunter G. 2009. The PM-Metalit: a PM control technology for Tier 4 off-highway applications [C]. SAE paper 2009-01-2838.

Liu Z G, Miller R K. 2002. Flow distributions and pressure drops of wall-flow diesel particulate filters [C]. SAE paper 2002-01-1311.

Locker R J, Gunasekaran N, Sawyer C. 2002. Diesel particulate filter test methods [C]. SAE paper 2002-01-1009.

Majewski W A, Khair M K. 2006. *Diesel Emissions and Their Control* [M]. Warrendale, PA: SAE International.

Masoudi M, Konstandopoulos A G, Nikitidis M S, Skaperdas E, Zarvalis D, Kladopoulou E, Altiparmakis C. 2001. Validation of a model and development of a simulator for predicting the pressure drop of diesel particulate filters [C]. SAE paper 2001-01-0911.

Massey S, Williamson P S, Chuter R J. 2002. Modelling exhaust systems using one-dimensional methods [C]. SAE paper 2002-01-0005.

Mayer A, Kany S, Nöthiger P, Richards P, Andreassen L, Andreoni T, Sem T. 2005. Retrofitting TRU-diesel engines with DPF-systems using FBC and intake throttling for active regeneration [C]. SAE paper 2005-01-0662.

Mayer A, Nöthiger P, Zbinden R, Evéquoz R. 2001. Particulate trap selection for retrofitting vehicle fleets based on representative exhaust temperature profiles [C]. SAE paper 2001-01-0187.

McCarthy Jr J, Holtgreven J. 2008. Advanced NO_x aftertreatment system performance following 150 LNT desulfation events [C]. SAE paper 2008-01-1541.

McCarthy Jr J, Korhumel Jr T, Marougy A. 2009. Performance of a fuel reformer, LNT and SCR aftertreatment system following 500 LNT desulfation events [C]. SAE 2009-01-2835.

McGeehan J A, et al. 2002. API CI-4: the first oil category for diesel engines using cooled exhaust gas recirculation [C]. SAE paper 2002-01-1673.

McGeehan J A, et al. 2006. API CJ-4: diesel oil category for both legacy engines and low emission engines using diesel particulate filters [C]. SAE paper 2006-01-3439.

McGeehan J A, Moritz J, Shank G, Kennedy S, Stehouwer D, Urbank M, Belay M, Goodier S, Cassim A, Runkle B, DeBaun H, Harold S, Chao K, Herzog S, Stockwell R, Passut C, Fetterman P, Taber D, Williams L, Kleiser W M, Zalar J, Scinto P, Santos E, Rutherford J A. 2007. API CJ-4: diesel oil category for pre-2007 engines and new low emission engines using cooled exhaust gas recirculation and diesel particulate filters [C]. SAE paper 2007-01-1966.

Merkel G A, Beall D M, Hickman D L, Vernacotola M J. 2001. Effects of microstructure and cell geometry on performance of cordierite diesel particulate filters [C]. SAE paper 2001-01-0193.

Metz N. 2001. Contribution of passenger cars and trucks to CO_2, CH_4, N_2O, CFC and HFC emissions [C]. SAE paper 2001-01-3758.

Millet C-N, Menegazzi P, Martin B, Colas H, Bourgeois C. 2002. Modeling of diesel particulate filter regeneration: effect of fuel-borne catalyst [C]. SAE paper 2002-01-2786.

Mohammed H, Lakkireddy V R, Johnson J H, Bagley S T. 2006a. An experimental and modeling study of a diesel oxidation catalyst and a catalyzed diesel particulate filter using a 1 – D 2-layer model [C]. SAE paper 2006-01-0466.

Mohammed H, Triana A P, Yang S-L, Johnson J H. 2006b. An advanced 1D 2-layer catalyzed diesel particulate filter model to simulate: filtration by the wall and particulate cake, oxidation in the wall and particulate cake by NO_2 and O_2, and regeneration by heat addition [C]. SAE paper 2006-01-0467.

Müller W, Ölschlegel H, Schäfer A, Hakim N, Binder K. 2003. Selective catalytic reduction — Europe's NOx reduction technology [C]. SAE paper 2003-01-2304.

Nakayama R, Watanabe R, Takada K, Odaka M, Kusaka J, Daisho Y. 2006. Control strategy for urea-SCR system in single step load transition [C]. SAE paper 2006-01-3308.

Nam G-W, Park J-W, Lee J-H, Yeo G-K. 2007. The effect of an external fuel injection on the control of LNT system: the diesel NO_x reduction system [C]. SAE paper 2007-01-1242.

Nieuwstadt M J, Trudell D F. 2004. Diagnostics for diesel particulate filters [C]. SAE paper 2004-01-1422.

Nieuwstadt M, Upadhyay D, Yuan F. 2005. Diagnostics for diesel oxidation catalysts [C]. SAE paper 2005-01-3602.

Nikitidis M S, Manikas T, Zarvalis D, Divinis N, Altiparmakis C, Konstandopoulos A G. 2001. Collection efficiency of various filter media in diesel exhaust [C]. SAE paper 2001-24-0065.

Ogyu K, Oya T, Ohno K, Dolios I, Kladopoulou E, Lorentzou S, Konstandopoulos A G. 2007. Study on catalyzed-DPF for improving the continuous regeneration performance and fuel economy [C]. SAE paper 2007-01-0919.

Ohyama N, Nakanishi T, Daido S. 2008. New concept catalyzed DPF for estimating soot loadings from pressure drop [C]. SAE paper 2008-01-0620.

Ootake M, Kondou T, Ikeda M, Daigo M, Nakano M, Yokoyama J, Miura M. 2007. Development of diesel engine system with DPF for the European market [C]. SAE paper 2007-01-1061.

Ottinger N A, Nguyen K, Bunting B G, Toops T J, Howe J. 2009. Effects of rapid high temperature cyclic aging on a fully-formulated lean NO_x trap catalyst [C]. SAE paper 2009-01-0634.

Park D S, Kim J U, Cho H, Kim E S. 1998. Considerations on the temperature distribution and gradient in the filter during regeneration in burner type diesel particulate trap system (II) [C]. SAE paper 980188.

Parks J, Watson A, Campbell G, Epling B. 2002. Durability of NO_x absorbers: effects of repetitive sulfur loading and desulfation [C]. SAE paper 2002-01-2880.

Peters B J, Wanker R J, Münzer A, Wurzenberger J C. 2004. Integrated 1D to 3D simulation workflow of exhaust aftertreatment devices [C]. SAE paper 2004-01-1132.

Phillips P R, Chandler G R, Jollie D M, Wilkins A J J, Twigg M V. 1999. Development of advanced diesel oxidation catalysts [C]. SAE paper 1999-01-3075.

Premchand K C, Johnson J H, Yang S-L, Triana A P, Baumgard K J. 2007. A study of the filtration and oxidation characteristics of a diesel oxidation catalyst and a catalyzed particulate filter [C]. SAE paper 2007-01-1123.

Rappe K, Lee J, Stewart M, Devarakonda M, Maupin G, Bergstrand R, Wieland B, Mertens F, Kumar S, Burk P. 2011. Combination & integration of DPF - SCR aftertreatment [C]. *Proceedings of the Directions in Engine-Efficiency and Emissions Research (DEER) Conference Presentations*. Detroit, MI. October 3-6.

Reader G T, Banerjee S, Wang M, Zheng M. 2006. Energy efficiency analysis of active-flow operations in diesel engine aftertreatment [C]. SAE paper 2006-01-3286.

Rumminger M D, Zhou X, Balakrishnan K, Edgar B L, Ezekoye O A. 2001. Regeneration behavior and transient thermal response of diesel particulate filters [C]. SAE paper 2001-01-1342.

Rutland C J, England S B, Foster D E, He Y. 2007. Integrated engine, emissions, and exhaust aftertreatment system level models to simulate DPF regeneration [C]. SAE paper 2007-01-3970.

Salvat O, Marez P, Belot G. 2000. Passenger car serial application of a particulate filter system on a common rail direct injection diesel engine [C]. SAE paper 2000-01-0473.

Scarnegie B, Miller W R, Ballmert B, Doelling W, Fischer S. 2003. Recent DPF/SCR results targeting US2007 and Euro 4/5 HD emissions [C]. SAE paper 2003-01-0774.

Simescu S, Ulmet V, Neely G, Khair M. 2010. A novel approach for diesel NOx/PM reduction [C]. SAE paper 2010-01-0308.

Singh N, Johnson J H, Parker G G, Yang S-L. 2005. Vehicle engine aftertreatment system simulation (VEASS) model: application to a controls design strategy for active regeneration of a catalyzed particulate filter [C]. SAE paper 2005-01-0970.

Singh N, Rutland C J, Foster D E, Narayanaswamy K, He Y. 2009. Investigation into different DPF regeneration strategies based on fuel economy using integrated system simulation [C]. SAE paper 2009-01-1275.

Sluder C S, West B H. 2001. Performance of a NOx adsorber and catalyzed particle filter system on a light-duty diesel vehicle [C]. SAE paper 2001-01-1933.

Soeger N, Mussmann L, Sesselmann R, Leippe G, Gietzelt C, Bailey O, Hori M. 2005. Impact of aging and NOx/soot ratio on the performance of a catalyzed particulate filter for heavy duty diesel applications [C]. SAE paper 2005-01-0663.

Song Q, Zhu G. 2002. Model-based closed-loop control of urea SCR exhaust aftertreatment system for diesel engine [C]. SAE paper 2002-01-0287.

Stamatelos A M, Koltsakis G C, Kandylas I P, Pontikakis G N. 1999. Computer aided engineering in the development of diesel exhaust aftertreatment systems [C]. SAE paper 1999-01-0458.

Stratakis G A, Psarianos, Stamatelos A M. 2002. Experimental investigation of the pressure drop in porous ceramic diesel particulate filters [J]. *Proc. IMechE, Part D: Journal of Automobile Engineering*, 216:773-784.

Strzelec A, Rutland C J, Foster D E, He Y. 2006. Development of a system level soot - NOx trap aftertreatment device model [C]. SAE paper 2006-01-3287.

Subramaniam M N, Joergl V, Keller P, Weber O, Toyoshima T, Vogt C D. 2009. Feasibility assessment of a pre-turbo after-treatment system with a 1D modeling approach [C]. SAE paper 2009-01-1276.

Sung K, Kim J, Reitz R D. 2009. Experimental study of pollutant emission reduction for near-stoichiometric diesel combustion in a three-way catalyst [J]. *International Journal of Engine Research*, 10:349-357.

Takahashi Y, Takeda Y, Kondo N, Murata M. 2004. Development of NOx trap system for commercial vehicle — basic characteristics and effects of sulfur poisoning [C]. SAE paper 2004-01-0580.

Tan J C, Opris C N, Baumgard K J, Johnson J H. 1996. A study of the regeneration process in diesel particulate traps using a copper fuel additive [C]. SAE paper 960136.

Tang W, Wahiduzzaman S, Leonard A. 2007. A lumped/1-D combined approach for modeling wall-flow diesel particulate filters — applicable to integrated engine/aftertreatment simulations [C]. SAE paper 2007-01-3971.

Tang W, Wahiduzzaman S, Wenzel S, Leonard A, Morel T. 2008. Development of a quasi-steady approach based simulation tool for system level exhaust aftertreatment modeling [C]. SAE paper 2008-01-0866.

Taoka N, Ohno K, Hong S, Sato H, Yoshida Y, Komori T. 2001. Effect of SiC - DPF with high cell density for pressure loss and regeneration [C]. SAE paper 2001-01-0191.

Theis J R, Ura J A, Goralski C T, Caine J, Davies M, Kay D, Todd A, Dinsdale S. 2005. The effects of aging temperature and PGM loading on the NOx storage capacity of a lean NOx trap [C]. SAE paper 2005-01-1117.

Toorisaka H, Minamikawa J, Narita H, Muramatsu T, Kominami T, Sone T. 2004. DPR developed for extremely low PM emissions in production commercial vehicles [C]. SAE paper 2004-01-0824.

Wahiduzzaman S, Tang W, Wenzel S, Leonard A. 2007. Modeling of integrated aftertreatment systems: a highly configurable system level approach [C]. SAE paper 2007-01-4127.

Wahiduzzaman S, Wenzel S, Despujols B, Tang W. 2008. Development of diesel engine & catalyst model derived from detailed model for engine & powertrain control design [C]. *SIA*. INSA de Rouen, France. May 28-29.

Wang D Y, Yao S, Shost M, Yoo J-H, Cabush D, Racine D, Cloudt R, Willems F. 2008. Ammonia sensor for closed-loop

SCR control [C]. SAE paper 2008-01-0919.

Wang X，Wu H，Zhang Q，Hansen A C，Malinga B. 2006. Lean NO$_x$ trap storage model for diesel engine aftertreatment control and diagnosis [J]. *Transactions of the ASABE*，49(6):1687-1693.

Wenzel S，Despujols B，Wahiduzzaman S，Papadimitriou I. 2009. Development of real time catalyst model for engine & powertrain control design [C]. SAE paper 2009-01-1273.

Willems F，Cloudt R，Eijnden E，Genderen M，Verbeek R，De Jager B，Boomsma W，Heuvel I. 2007. Is close-loop SCR control required to meet future emission targets? [C]. SAE paper 2007-01-1574.

Williams A M，Garner C P. 2009. Correcting mass measurement of diesel particulate filters at non-ambient temperatures [J]. *Proc*. *IMechE*，*Part D*: *Journal of Automobile Engineering*，223(1):99-105.

Wu M-C，Han T，Fisher G B. 2005. Experimental evaluation of reformate-assisted diesel NO$_x$ trap desulfation [C]. SAE paper 2005-01-3878.

Yamaguchi S，Fujii S，Kai R，Miyazaki M，Miyairi Y，Miwa S，Busch P. 2005. Design optimization of wall flow type catalyzed cordierite particulate filter for heavy duty diesel [C]. SAE paper 2005-01-0666.

Yeh J T，Pennline H W，Hoffmann J S. 1996. Life cycle tests of the moving-bed copper oxide process for SO$_2$ and NO$_x$ control [C]. *89th AWMA Annual Meeting*. Nashville，TN. June 23-28.

Yi Y. 2006. Simulating the soot loading in wall-flow DPF using a three-dimensional macroscopic model [C]. SAE paper 2006-01-0264.

York A P E，Cox J P，Watling T C，Walker A P，Bergeal D，Allansson R，Lavenius M. 2005. Development and validation of a one-dimensional computational model of the continuously regenerating diesel particulate filter (CR - DPF) system [C]. SAE paper 2005-01-0954.

York A P E，Watling T C，Ahmadinejad M，Bergeal D，Phillips P R，Swallow D. 2009. Modeling the emissions control performance of a catalyzed diesel particulate filter (CDPF) system for light duty diesel applications [C]. SAE paper 2009-01-1266.

8.4.2 中文参考文献和书目

8.4.2.1 后处理对发动机系统设计要求的概论

柴油机后处理技术综述

陈育春,付名利,叶代启,梁红.柴油机排气 PM 与 NO$_x$ 同时催化净化技术[J].车用发动机,2005(1):49-52.

邓元望,朱梅林,向东.柴油机微粒排放控制方法评述[J].柴油机,2001(5):12-15.

丁家松,梁桂森,黄锁成,刘继跃.内燃机废气催化净化方法综述[J].柴油机,2001(3):38-42.

董红义,帅石金,李儒龙,王建昕.柴油机排气后处理技术最新进展与发展趋势[J].小型内燃机与摩托车,2007,36(3):87-92.

高章,刘双喜,颜伏伍,王凤滨.国Ⅳ柴油机 NO$_2$ 及 NH$_3$ 排放特性试验研究[J].汽车工程,2010,32(7):582-585.

郭猛超,姜大海,王琛,李幸丹.柴油机排放控制技术发展综述[J].内燃机,2008(1):7-10.

黄文伟,孟凡生.柴油发动机尾气后处理技术的发展[J].内燃机,2010(4):1-4.

李鹏,谭丕强,楼狄明,胡志远.满足国 V 排放的重型柴油机排气后处理技术[J].车用发动机,2010(4):1-5,22.

梁桂森,范建新,顾宏中.柴油机颗粒后处理技术研究[J].车用发动机,1997(3):52-57.

廖世勇,蒋德明.柴油机排气后处理技术的研究进展及存在的问题[J].内燃机,2002(3):3-6.

刘向民,方茂东.柴油机后处理技术的研究现状和发展趋势[J].柴油机,2003(6):31-33.

潘芝桂,邵毅明,吴岳伟.柴油机排放控制技术研究现状与发展趋势[J].内燃机,2010(3):1-4,10.

裴梅香,林赫,黄震.柴油机排气后处理技术及发展方向[J].小型内燃机与摩托车,2003,32(2):35-38.

苏岭,周龙保,蒋德明,李维.柴油机排气后处理技术的现代进展[J].内燃机,2003(1):1-4,8.

苏庆运,朱国朝,刘卫国,陈家骅.柴油机排放后处理技术的进展及发展趋势[J].汽车工程,2001,23(5):319-322.

王宝安,张锡朝,黄飞,杨滨,肖福明.用于柴油机排放控制的催化技术[J].山东内燃机,2005(4):37-40.

王志民,陈国需,高永建.柴油机排放控制技术的发展[J].内燃机,2003(6):18-21.

魏胜利,隆武强.柴油机排气后处理技术的现状与发展[J].小型内燃机与摩托车,2008,37(1):92-96.

杨文蕾,刘东航,侯福建,李康.柴油机后处理技术研发的最新动态[J].内燃机,2009(6):27-30,42.

朱天乐,王建昕,傅立新,郝吉明.柴油机排气后处理技术[J].车用发动机,2002(6):1-5.

柴油氧化型催化器的性能

楼狄明,马滨,谭丕强,邓晓光.车用柴油机氧化催化转化器的试验研究[J].车用发动机,2009(2):32-35.

赵联海,余国平,卞伟伟,练兵,何勇锋.非道路柴油机排气后处理的试验研究[J].内燃机与动力装置,2008(1):37-39.

基于尿素的选择性催化还原的性能

崔勇.欧Ⅳ商用车 SCR 排气控制系统的设计[J].客车技术与研究,2009(5):30-33.

范振勇,文武红.SCR 降低柴油机 NO_x 排放的理论研究和试验验证[J].内燃机与动力装置,2010(4):43-45.

管斌,周校平,林赫,王真,黄震.NH_3-SCR 法降低柴油机 NO_x 排放的研究进展[J].车用发动机,2007(5):1-8.

黄鹏.国外车用柴油机 SCR 技术的应用研究[J].车用发动机,2005(3):5-7.

姜磊,葛蕴珊,丁焰,刘志华,谭建伟,尤可为.柴油机尿素 SCR 系统稳态及瞬态特性研究[J].内燃机工程,2010,31(6):38-42.

李孟良,张远军,高继东,景晓军.安装 SCR 系统的国Ⅳ发动机排放特性研究[J].内燃机工程,2010,31(1):43-46.

楼狄明,马滨,谭丕强,张正兴.后处理技术降低柴油机 NO_x 排放的研究进展[J].小型内燃机与摩托车,2010,39(2):70-74.

马国胜,谭祖健.SCR 在国内的应用与展望[J].内燃机,2008(3):1-2,5.

乔安平,沈南,裘著坤.柴油机排放及其 SCR 控制技术[J].客车技术,2008(6):7-12.

佟德辉,李国祥,陶建忠.利用 SCR 技术降低车用柴油机 NO_x 排放的控制策略研究[J].车用发动机,2009(5):39-43.

王军,张幽彤.车用柴油机排放 NO_x 催化还原净化初探[J].内燃机,2004(6):33-35,38.

王宁,周文彬,高希彦,牛序强.Pt/Pd/Rh 堇青石催化剂降低 NO_x 排放的试验研究[J].车用发动机,2007(1):65-66,79.

其他降低氮氧化物排放的后处理技术

龚为佳,沈卫东,邵锦萍,李建平.水洗消烟系统在柴油机后处理中的应用[J].柴油机设计与制造,2010,16(3):22-25.

冷先银,隆武强.船用柴油机 NO_x 排放的机外净化技术[J].柴油机,2009,31(3):19-23.

李晶华,李志军,张延峰,王璇,黎苏,刘波.吸附还原法还原过程中空燃比控制策略的试验研究[J].内燃机学报,2008,26(4):330-334.

王世震,李美娟,侯树梅.降低柴油机 NO_x 排放的机外措施[J].小型内燃机与摩托车,2003,32(4):33-34.

许洪军,曹会智,刘伍权,陈军,朱先民.柴油机尾气氮氧化物的机外净化技术研究(一)[J].内燃机,2004(6):36-38.

许洪军,曹会智,刘伍权,陈军,朱先民.柴油机尾气氮氧化物的机外净化技术研究(二)[J].内燃机,2005(1):38-40,45.

杨国华,胡文佳,周江华,胡海刚.船舶尾气臭氧氧化-海水吸收的脱硫脱硝新工艺研究[J].内燃机学报,2008,26(3):278-282.

周玉明.减少柴油机 NO_x 排放的机外措施[J].柴油机,2001(1):19-23.

朱国朝,宁金城,陈觉先.催化改性碳纤维降低柴油机 NO_x 排放的试验研究[J].车用发动机,2002(2):40-43.

柴油颗粒过滤器的性能

龚金科,伏军,王曙辉,龙罡,鄂加强,刘云卿,蔡皓.柴油机微粒捕集器背压信号采集系统动态响应特性的研究[J].内燃机工程,2008,29(5):62-66.

郝艳召,于雷,邵春福,刘宪.柴油车安装颗粒过滤器前后排放对比研究[J].汽车工程,2008,30(9):768-774.

姜大海,郭猛超,资新运,邵玉平,邓成林.柴油机微粒捕集器逆向喷气再生试验研究[J].车用发动机,2007(6):60-63.

刘光辉,黄震,上官文峰,阎存仙.(2003a).同时催化去除柴油机微粒和 NO_x 的试验研究(1)[J].内燃机学报,2003,21(1):40-44.

刘光辉,黄震,上官文峰,阎存仙.(2003b).同时催化去除柴油机微粒和 NO_x 的试验研究(2)[J].内燃机学报,2003,21(2):111-114.

刘丽萍,肖福明,田茂诚.两种柴油机过滤器过滤效果对比研究[J].车用发动机,2008(3):69-71,75.

刘瑞祥,高希彦,许晓光,杨德胜.微粒陶瓷过滤器和 EGR 在柴油机中的应用[J].燃烧科学与技术,2005,11(2):126-130.

宁智,资新运,高希彦,陈家骅.泡沫陶瓷过滤器微粒捕集特性分析[J].车用发动机,1999(3):46-50.

裴小娜,魏红彦,刘长青.柴油机新型排气微粒捕集技术的研究[J].内燃机,2009(2):26-28.

曲明辉,张春润,贺宇,吴良勤,王斌,王秉利.柴油机排气颗粒过滤体阻力特性的试验研究[J].内燃机工程,2001,22(2):83-85.

邵玉平,张春润,资新运,何国本,李新,邓成林.柴油机排气 PM 特性及其净化技术研究[J].车用发动机,2004(6):30-32,40.

王斌,张春润,曲明辉,邓成林,姜大海.柴油机排气微粒过滤体选型试验研究[J].内燃机,2003(1):5-8.

王逢瑚,郭秀荣,马岩,杜丹丰.柴油车尾气微粒捕集器技术研究现状及发展趋势[J].小型内燃机与摩托车,2010,39(1):92-96.

王凤艳,吴海波.柴油车的颗粒捕集器[J].内燃机,2008(4):25-27,52.

王浩,高希彦,牛志明,于峰.车载微粒过滤器对柴油机性能及排放的影响[J].车用发动机,2008(5):75-77.

魏雄武,杜传进.柴油机微粒捕集器关键技术发展现状与分析[J].柴油机设计与制造,2005,14(4):4-7.

肖合林,颜伏伍,杜传进,侯献军.柴油机微粒过滤器的研究[J].内燃机,2003(2):4-7,11.

徐月云,李孟良,方茂东,侯献军.装有 DPF 的轻型柴油车颗粒物排放特性的研究[J].汽车工程,2010,32(12):1030-1032,1037.

严兆大,曹韵华,芮阳,苏石川,周重光,张镇顺.柴油机用纤维颗粒捕集器的压力损失研究[J].内燃机工程,2002,23(2):40-43.

周玉香,陈泽智,龚惠娟.柴油机碳烟颗粒物捕集器设计与试验[J].农业机械学报,2005,36(6):28-30.

资新运.柴油机微粒捕捉器的研究现状及发展趋势[J].车用发动机,2000(2):1-4.

其他降低颗粒物排放的后处理技术

花向阳,杨振中.柴油机的废气净化研究[J].内燃机工程,2002,23(1):63-65.

黄为,高世伦,俞文苗.低温等离子体在柴油机尾气排放控制中的研究[J].内燃机,2007(1):39-43.

李树会.POC——轻型柴油车国Ⅲ/国Ⅳ后处理方案[J].内燃机,2008(6):40-42,46.

刘圣华,肖福明,周龙保,蔡载宇.低温等离子技术在柴油机颗粒排放控制中的应用[J].内燃机学报,2001,19(4):301-304.

邱卓丹,张洪涛.柴油机微粒排放后处理技术的研究现状及发展趋势[J].小型内燃机与摩托车,2005,34(1):24-27.

宋波,宁智.柴油机微粒排放技术探讨[J].内燃机,2002(2):38-40.

孙玉玮,王瑞君.柴油机微粒捕集技术研究进展[J].柴油机,2004(6):25-29.

王家宏,张仕海.基于静电捕集与电加热技术的船舶柴油机排气后处理技术[J].内燃机,2009(3):43-45,49.

魏名山,马朝臣.柴油机排气微粒控制技术的发展[J].汽车技术,2001(10):4-8.

姚琳.柴油机试验中颗粒物排放的后处理方法研究[J].内燃机车,2010(2):11-12.

张锡朝,杨滨,高昭,肖福明,陆辰.柴油机排气微粒污染及其控制[J].山东内燃机,2003(2):27-29.

排气热管理

黄世国,张文虎,张俊霞.排气管路一维稳态热传递计算[J].内燃机与动力装置,2010(5):33-37,54.

刘慎中,赵新乐,韩玉梅,田坚,龚晓辉,张亮.柴油机排气管隔热技术现状[J].柴油机设计与制造,2000(3):18-20.

陆际清,孙宪清,黄实.内燃机排气管外包无机聚合物陶瓷套隔热[J].车用发动机,1997(1):34-36.

马向平,陈威,王书义,骆清国.特种车辆发动机排气管隔热方法研究[J].车用发动机,2004(6):37-40.

朱寿远,魏德孟,周向前,姚军田.坦克发动机排气管隔热技术研究[J].兵工学报:坦克装甲车与发动机分册,1999(1):1-14.

8.4.2.2 柴油颗粒过滤器再生对发动机系统设计的要求

安相壁,索建军,姚广涛,郭猛超,罗涛.柴油机微粒捕集器燃烧器再生试验研究[J].车用发动机,2009(4):45-48.

蔡强,郭猛超,资新运,姚广涛,邓成林.一种柴油机排气微粒喷油助燃再生装置设计与试验研究[J].小型内燃机与摩托车,2010,39(1):11-15.

豆立新,沈健,程魁玉,刘伯谭.柴油机碳烟颗粒在 NO 气氛下的催化氧化研究[J].车用发动机,2007(3):72-74,78.

段家修,龚晓晖,许斯都,郑尊清,许俊峰.柴油机微粒过滤器电加热再生技术的试验研究[J].内燃机学报,1999,17(1):22-26.

龚金科,赖天贵,刘孟祥,董喜俊,翟立谦.柴油机微粒捕集器过滤材料与再生方法分析与研究[J].内燃机,2004(3):1-4.

龚晓晖,吕筱萍,许斯都,段家修,刘文胜.壁流式微粒过滤器电加热再生自动控制系统的研究[J].内燃机学报,1999,17(1):27-31.

何国本,胡顺堂,李桐.柴油机的微粒排放及处理措施[J].车用发动机,2002(5):43-46.

胡毅,李孟良,李军,方茂东,任美林.柴油车排气后处理装置性能试验研究[J].汽车工程,2010,32(5):451-454.

姜大海,张春润,资新运,王斌,邓成林,张煜.柴油机排气微粒捕集器燃气再生可行性研究[J].车用发动机,2002(4):51-53.

兰昌尧,郭猛超,韩国胜,杨玉栋.柴油机微粒捕集器再生技术研究综述[J].内燃机与动力装置,2008(2):36-40.

李东江.(1996a).柴油机排气颗粒过滤器再生技术(上)[J].柴油机,1996(2):27-30.

李东江.(1996b).柴油机排气颗粒过滤器再生技术(下)[J].柴油机,1996(3):11-13.

李忠华,杜传进.柴油机微粒捕集器再生技术的分析和研究[J].柴油机,2006,28(6):22-25,32.

刘瑞祥,高希彦,杨德胜,许晓光.柴油机微粒陶瓷过滤器红外加热再生的优化[J].内燃机学报,2004,22(6):481-485.

马林才.柴油添加剂和微粒捕集器的协同性分析与研究[J].内燃机,2008(1):34-38.

宁智,张广龙,陈家骅.柴油机排气微粒过滤器再生技术及其发展[J].小型内燃机,1995,24(1):60-64.

宁智,张广龙,刘军民,张春润,梁纶慧,高希彦,陈家骅.柴油机排气微粒过滤器微波再生试验研究(1)[J].内燃机学报,1997,15(1):28-33.

宁智,资新运,姚广涛,高希彦,陈家骅.柴油机排气微粒过滤器微波再生试验研究(2)[J].内燃机学报,1998,16(4):492-496.

舒新前,刘天绩,徐精求,郑宏锋,毕冬冬,李分霞,Brilhak J F,Gilot P.柴油机碳烟低温燃烧(氧化)过程及其动力学参数的研究[J].内燃机学报,2004,22(1):45-50.

苏庆运,刘卫国,陈觉先,陈家骅.NO₂ 连续再生柴油机微粒过滤器的试验研究[J].内燃机学报,2001,19(5):443-446.

谭丕强,胡志远,楼狄明,万钢.微粒捕集器再生技术的研究动态和发展趋势[J].车用发动机,2005(5):6-9.

王天友,Song E L K,林漫群,张玉倩,刘大明,刘书亮,Spencer D,Collier P.燃油催化微粒捕集器微粒捕集与强制再生特性的研究[J].内燃机学报,2007,25(6):527-531.

魏雄武.柴油机微粒捕集器及其再生技术分析与研究[J].重型汽车,2005(2):30-32.

杨德胜,高希彦,刘瑞祥.柴油机微粒陶瓷过滤器再生方法的理论研究[J].山东内燃机,2002(3):25-28.

杨德胜,高希彦,王宪成,刘瑞祥,刘连金.柴油机微粒陶瓷过滤器电加热再生时机的研究[J].内燃机工程,2003,24(4):42-44,49.

杨德胜,杨懿.柴油机微粒陶瓷过滤器再生方法的探讨[J].内燃机,2004(1):18-21.

姚广涛,资新运,张春润,王琛,李幸丹.柴油机微粒捕集器燃油添加剂催化再生的试验研究[J].汽车工程,2008,30(8):641-643,656.

张春润,姜大海,资新运,姚广涛,贺宇,王斌.柴油机排气微粒捕捉器燃气再生技术的研究[J].内燃机学报,2002,20(5):391-394.

张广龙,荆军航,宁智,赵修仁,梁纶慧,陈家骅.碳烟微粒催化氧化过程动力学分析[J].内燃机学报,1995,13(1):46-52.

资新运,宁智,欧阳明高.(2002a).柴油机微粒捕捉器逆向喷气再生的关键技术[J].内燃机工程,2002,23(6):70-73.

资新运,宁智,张春润,贺宇,王宪成.(2002b).柴油机微粒捕捉器再生控制策略[J].内燃机学报,2002,20(2):106-110.

资新运,王琛,姚广涛,李新,李幸丹.柴油机微粒捕集器再生系统工作模式判别研究[J].车用发动机,2008(2):83-86.

8.4.2.3 发动机与后处理集成的分析模拟方法

曹韵华,张镇顺,严兆大.柴油机金属丝纤维过滤器的模拟和试验验证[J].内燃机学报,2004,22(1):33-38.

邓成林,张亚军,张春润,姚广涛,资新运,姜大海.柴油机 Urea — SCR 系统建模与仿真研究[J].车用发动机,2009(3):69-73.

杜庆洋.用于柴油机排气微粒过滤的碳化硅泡沫陶瓷的排气阻力[J].小型内燃机与摩托车,2007,36(2):69-72.

高文志,冯黎明,刘建国,关顺吉.柴油机微粒过滤器的压降与声传播特性研究[J].内燃机学报,2006,24(1):92-95.

龚金科,董喜俊,赖天贵,刘金武,刘孟祥,谭理刚.(2005a).车用柴油机微粒捕集器捕集特性模拟计算与分析[J].车用发动机,2005(3):24-27.

龚金科,刘云卿,龙罡,吴钢,余明果,吁璇.(2009a).柴油机壁流式过滤体捕集与流阻性能影响规律[J].农业机械学报,2009,40(12):1-7,18.

龚金科,梅本付,王劲,鄂加强,袁文华.(2005b).车用柴油机微粒捕集器热再生的一维数值模拟[J].车用发动机,2005(5):45-47,60.

龚金科,王曙辉,伏军,鄂加强,余剑武,刘云卿,李林科.(2009b).柴油机微粒捕集器通流式过滤体非线性流动研究[J].内燃机学报,2009,27(1):48-54.

龚金科,王曙辉,李林科,彭克立,蔡皓.气流特征对柴油机微粒捕集器微波再生的影响研究[J].内燃机学报,2008,26(3):248-254.

龚金科,吴钢,王曙辉,寇传富,刘云卿,黄迎.柴油机径向式微粒捕集器过滤效率和压降特性的研究[J].汽车工程,2010,32(11):962-966.

胡长松,陈凌珊,王键.柴油机尾气颗粒捕集气固两相流模拟研究[J].小型内燃机与摩托车,2009,38(5):6-8.

兰昌尧,郭猛超,罗洪,张云,任永乐.加装壁流式过滤体的柴油机整体模型[J].内燃机与动力装置,2009(1):32-35.

楼狄明,张斌,谭丕强,邓晓光.车用柴油机氧化催化转化器仿真模拟与试验分析[J].内燃机,2008(4):30-33.

楼狄明,张正兴,谭丕强,赵泳生,张瑞峰.柴油机颗粒捕集器再生平衡仿真研究[J].内燃机工程,2010,31(4):39-43.

宁智,资新运,欧阳明高.(2001a).柴油机微粒捕捉器主动再生特性的计算与分析[J].内燃机学报,2001,19(4):309-313.

宁智,资新运,欧阳明高.(2001b).车用柴油机微粒捕捉器的系统模拟[J].内燃机工程,2001,22(3):16-19.

宋金瓯,解茂昭,邹静川,邓康耀.柴油机排气微粒过滤器的一维流体动力学模型[J].内燃机学报,2001,19(1):23-25.

唐君实,宋蔷,徐小波,李水清,姚强.改进的动力学模型对 DPF 热再生过程的影响[J].燃烧科学与技术,2010,16(2):111-117.

佟德辉,李国祥,陶建忠,孙少军.氨基 SCR 催化反应的数值模拟及分析[J].内燃机学报,2008,26(4):335-340.

徐小波,宋蔷,唐君实,李水清,姚强.柴油机颗粒过滤器再生过程的多通道模拟[J].汽车工程,2009,31(10):942-946,937.

严兆大,芮阳,曹韵华,苏石川,张镇顺.柴油机直截型纤维颗粒过滤器效率的模拟计算与分析[J].燃烧科学与技术,2002,8(6):561-565.

张春润,邵玉平,孙海东,李新,资新运,何国本.壁流式过滤体的流动阻力分析及再生效率研究[J].车用发动机,2005(5):65-67.

章建勇,陈林,李建秋,欧阳明高.共轨柴油机排气后处理系统实时仿真模型[J].车用发动机,2007(4):27-30,36.

资新运,郭猛超,蔡强,姚广涛,姜大海,邓成林.柴油机后处理系统一维数值模拟[J].车用发动机,2009(1):20-23.

资新运,郭猛超,蔡强,姚广涛,邓成林.柴油机用壁流式过滤体基础模型研究[J].内燃机工程,2010,31(3):61-66.

第三部分

柴 油 发 动 机 系 统 设 计

柴油发动机系统设计中的动力学、摩擦、噪声、振动和不平顺性

9

先进的柴油发动机配气机构系统设计

摘要：作为第三部分的首篇,本章开始将热流课题与机械因素相连接,例如柴油机系统设计中的动力学振动、摩擦和噪声。作为一个具有空气系统和机械系统双重特性的独特系统,配气机构控制着发动机的气流、充量因数和发动机压差,并面临着机械设计方面的众多约束条件。本章首先总结传统配气机构的设计原则,以集成化的分析方法将发动机的"呼吸"性能与配气机构设计中的动力学问题(包括凸轮和气门弹簧)同时予以考虑。然后,研究可变气门驱动(VVA)的性能,以及它与其他空气系统部件之间的相互作用,并提出一个使用可变气门驱动来控制泵气损失的理论。最后,对柴油机停缸的益处进行深入分析。

9.1 配气机构设计准则

内燃机的配气机构由气门、弹簧、气门横臂、摇臂、推杆、从动件、凸轮轴、摇臂轴等部件组成。在推杆式或顶置凸轮式配气机构中,凸轮轴采用链传动、皮带驱动或齿轮传动。其在四冲程发动机中的传动比是 1 : 2,也就是说,凸轮轴转一圈相当于曲轴转两圈(即 1° 凸轮转角相当于 2° 曲轴转角)。配气机构对发动机系统性能至关重要,因为它影响以下几方面：

- 充量因数(即空气进气流量或空燃比能力)；
- 发动机压差和泵气损失(即排气再循环驱动能力和低油耗潜力)；
- 机械摩擦；
- 发动机噪声；
- 以曲轴转角精度调节发动机空气或燃气流量以实现先进功能的能力。

第 4 章中的空气系统理论表明,泵气损失受充量因数以及进气门和排气门处的压力损失影响,参阅式(4.40)。充量因数(或容积效率)的定义显示,为了达到一个给定的发动机流量,较高的充量因数会要求较低的进气歧管增压压力与其相配,这样就有可能获得较低的发动机压差和油耗。实际上,充量因数的影响远复杂于此,其本质其实是介于充量能力与泵气损失之间的一个权衡,而且具体与影响充量因数的各种截然不同的机理有关(即流动损失影响和进排气工作时段或配气定时影响)。较低的充量因数有时也会给出较低的泵气损失。这些复杂性在后面会有充分的阐述。不同的配气机构设计概念具有不同的部件重量、刚度、装置高度、复杂程度和摩擦损失。开启理解这些特性之间的相互作用的关键,是理解气门升程型线和凸轮升程型线的功能、它们对发动机性能和配气机构动力学的影响以及最终对设计的影响含义。另外,在内燃机的发展历史上,配气机构的研究具有悠久的历史。为了理解用于现代柴油机上的配气机构的先进设计特征(包括传统的固定凸轮系统和可变气门驱动或称 VVA 系统),有必要先弄清楚与配气机构有关的基本功能和设计问题这些基础知识。关于配气机构设计基础的详细内容,读者可以借鉴 Newton 和 Allen(1954)、

Tauschek(1958)、Wang(2007)的工作。

9.1.1 气门升程型线和配气定时

　　典型的用于传统的凸轮驱动式配气机构中的发动机进气门和排气门的升程型线如图 9.1 所示。进气道和排气道压力以及缸内气压如图 9.2 所示。典型的发动机气门流量特性如图 9.3 所示。通过改变气门升程和配气定时可以改变进排气的流通面积和工作区段长度,最终影响充量因

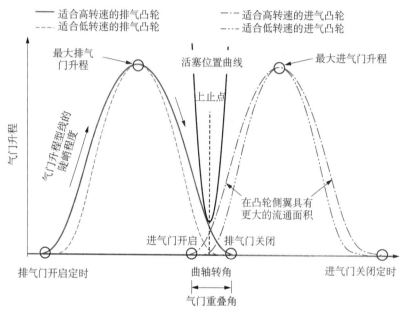

图 9.1　发动机气门升程型线上的控制点

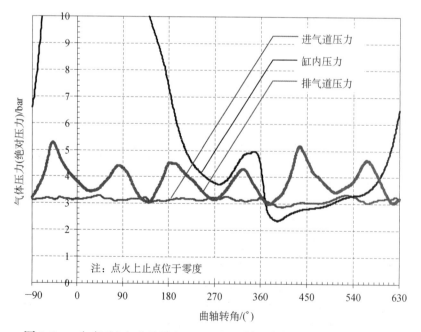

图 9.2　一台直列六缸柴油机在 2 000 r/min 转速全负荷时的进气道和排气道气压脉冲

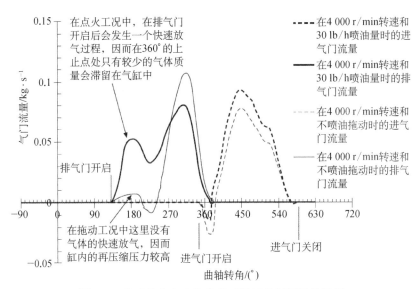

图 9.3 发动机在点火和拖动工况时的气门流量特征

数。从图中可见,在气门升程型线上,有几个控制点控制着气门升程曲线的形状和开启闭合定时,它们分别是(以沿着曲轴转角的配气定时位置的顺序表述):排气门开启(EVO),进气门开启(IVO),排气门关闭(EVC),进气门关闭(IVC)。气门重叠通常是指在进气上止点附近从进气门开启到排气门关闭的曲轴转角持续期,在此期间进气门和排气门均处于开启状态。升程型线上的其他控制点还包括进气门和排气门的最大气门升程(即凸轮顶升程)位置。此外,升程型线也由在开启侧和关闭侧两翼的升程上升速率所控制。上升速率标志着升程型线的陡峭程度或"激进"程度。

排气门开启的最佳定时通常取决于在膨胀冲程内的可用功与在排气冲程内的泵气损失之间的一个恰当平衡,或者油耗与空燃比之间的权衡。改变排气门开启定时不但会改变发动机的有效膨胀比和指示功率,也会影响提供给涡轮的排气能量和空燃比,因此对发动机的热力循环效率有很大影响。过于提前的排气门开启定时(即向着点火上止点方向)会导致指示功率和油耗过度损失。过分推迟的排气门开启定时会导致较高的泵气损失,尤其在高转速发动机空气流量较大时,从而也会造成燃油消耗率增加。

在快速排气过程中,由于快速减压,缸内压力降低到一定程度时甚至会低于进气歧管压力。这时,在排气冲程中所造成的"压力偏低"现象可能会形成正值的泵气功,从而降低泵气损失。这样一种在接近快速排气过程结束时的缸内压力偏低现象称为"Kadenacy"效应(Stas, 1999;Parvate-Patil 等人,2004)。这种效应可能会在排气门非常突然而迅速地打开时发生。气门快速开启会造成一个疏散波,使得在排气冲程中出现一个较低的缸内压力水平,能减少泵气损失。Kadenacy 效应的强烈程度和在排气门刚开启后的缸内压力受气门开启速度、气门流通面积和排气门上下游的压力比影响。通常情况下,随着发动机转速的增加,在发生快速排气后缸内压力变低的情况会变得更为明显。Stas(1999)宣称,使用 Kadenacy 效应估计可以增加发动机的热效率高达 3%。这一估计显得过于乐观。

排气门关闭的最佳定时是处于以下三个参数之间的一个平衡:排气门凹陷度或活塞上的排气门坑深度,泵气损失,滞留的残余废气量。气门凹陷度或气门坑深度影响"K 因子"(详见第 7 章)和燃烧质量。残余废气分数实质上就是热态内部排气再循环。它会影响发动机的"呼吸"能力,减少能吸入的新鲜空气和冷却外部排气再循环的气体总量。过于提前的排气门关闭定时会导致过高的泵气损失和过多的残余废气。过于推迟的排气门关闭定时会要求很大的气门凹陷量,以避免在进气上止点附近发生排气门与活塞的碰触。它也可能会引起燃烧后的废气从排气歧管倒流(逆向回流)进入气缸。但是,比较推迟的排气门关闭定时可能会减小泵气损失,因为在排气冲程的后部,排气门的流通面积会变得比较大。

进气门开启的最佳定时是由以下三个参数之间的平衡所决定的:进气门凹陷度或活塞上的进气门坑深度,泵气损失,滞留的残余废气——与排气门关闭的效果类似。例如,过于提前的进气门开启定时可能需要一个较大的气门凹陷量,以避免在进气上止点附近发生进气门与活塞的碰触;也可能会引起废气从气缸或排气歧管倒流到进气歧管内。倒流会降低发动机吸入新鲜空气的能力。较提前的进气门开启定时可能会减小泵气损失,因为在进气冲程的前部,进气门的流通面积会比较大。另外,排气门关闭和进气门开启会导致不同的配气机构动力学问题或振动机理,例如在气门重叠上止点附近的缸内再压缩压力积累问题,再压缩压力激励的进气配气机构振动问题,以及排气门落座速度问题。

进气门关闭定时是上述四个配气定时中最为复杂而重要的一个。在传统的凸轮驱动的固定配气机构中的进气门关闭的最佳定时,过去通常是由在全转速范围内尽量减小倒流以尽量增大充量因数(或容积效率)作为设计标准来决定的。但是,在现代柴油机中,这一标准已变得落后而不全面,因为它基本上仅反映了空气流量能力而无法反映对泵气损失和涡轮增压的影响。另外,改变进气门关闭定时会影响发动机的有效压缩比,从而在很大程度上影响热力循环性能和排放。改变进气门关闭定时也是减小空气流量的最有效方式,因为它不会像使用进气节气门那样具有节流损失。更进一步看,改变进气门关闭定时会直接影响空燃比和发动机压差(包括泵气损失和排气再循环驱动能力)。许多可变气门驱动机构的设计机理就是依靠调节进气门关闭定时,例如汽油机中为实现负荷控制而进行的无节流操作,柴油机中为降低油耗和氮氧化物排放而采用的米勒循环或阿特金森循环,以及在均质充量压燃着火发动机中的压缩比控制和充量质量控制等。

总之,在传统的凸轮驱动的固定配气机构中与排气门关闭、进气门开启和进气门关闭定时有关的主要设计原则,往往是维持在充量因数与有效燃油消耗率之间的平衡或权衡;而关于排气门开启定时的主要考量则一般只是油耗。关于充量因数对油耗的复杂影响,应当指出的是,尽管低的充量因数有时能给出低的发动机压差,在相同的进气歧管增压压力下,高充量因数可以给出高进气充量和低排放,而无需提高涡轮进口压力和发动机压差,而这个排放上的好处可以通过其他设计或标定手段(例如喷油定时)被间接地转化为油耗上的收益。因此,对系统要做整体优化来评价。

气门工作段持续角(即从气门开启到关闭的转角持续期)在配气机构动力学和凸轮设计的机械约束条件方面也是一个需要考虑的因素,但这些动力学制约因素与"呼吸"性能的要求相比,通常是次要的,尤其当发动机的转速不是很高的时候(例如低于 4 000 r/min)。另外,由于歧管气波动力学的影响,气门流量规律随转速而变化。最佳配气定时是介于高低转速之间的一个权衡,如图 9.1 所示。这一点当转速范围很大时尤为如此。

最大气门升程和升程上升速率的陡峭性是由以下几个因素之间的平衡所决定的:凸轮应力、配气机构动力学、逐步增大气门流通面积而给"呼吸"能力方面所带来的越来越小的回报。气门和气道流量因数特征的一个例子如图 9.4 所示。气门和气道流量因数高度依赖于气门升程,但几乎与跨越气门的压比无关。需要注意的是,当歧管与气缸盖连在一起测试时,流量因数会有所下降(损失)。这个损失是由于歧管引入了更多的流动阻力所造成的。有效气门流通面积通常可以采用下

式计算:

$$A_{VAL,eff} = C_f A_{ref} = C_f \frac{\pi d_{VAL,ref}^2}{4} \tag{9.1}$$

式中,A_{ref}可以是任何参考面积,但一般采用气门头部直径作为参考直径。如图9.4所示,在高气门升程时,气门的流量因数曲线变得平坦,这意味着气道已逐渐成为气缸盖的流通能力的阻塞瓶颈。当发生这种情况时,任何更高的最大气门升程将只会给充量因数提供很微小的增益,而会在凸轮设计和控制配气机构动力学方面造成很大困难。配气定时与气道流量因数之间的相互作用主要发生在低升程区域,因为那里的有效气门流通面积影响排气门关闭、进气门开启和进气门关闭定时附近的倒流规律。

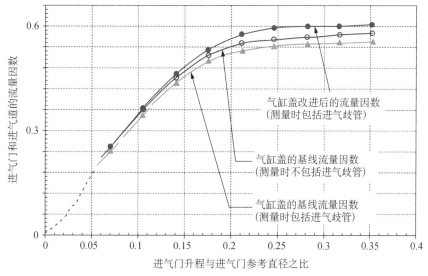

图9.4 气门流量因数示意图

  气门升程型线与涡轮增压器也具有相互作用。如前所述,当以适当的配气定时或气门升程型线来实现较高的充量因数时,就可以用较低的进气歧管压力来获取满足排放目标所需要的相同空气流量,这会缓解涡轮增压器在提供空气量方面的负担。这一点对于在低转速时(比如最大扭矩)的空燃比尤为重要。涡轮面积基本上是在最大扭矩处根据空气量和排气再循环量的要求来确定的(如果该涡轮不是可变截面涡轮的话)。如果优化的配气定时过分照顾高转速,以至于在最大扭矩处的充量因数变得非常低,那么就必须使用一个非常小的涡轮面积来补偿空气和排气再循环流量的要求。而固定的小涡轮面积将导致在高转速时会产生比较大的泵气损失。

  最后,应当指出的是,配气定时和充量因数与涡轮增压器匹配之间的相互关系,在通过发动机压差影响气门重叠时的气体交换(换气)方面体现得极为明显。换气是指一种空气冷却效果,具体地讲,是在气门重叠期内将进气从进气歧管引流到排气歧管,以减小排气气体温度以及作用于气缸盖、排气歧管和涡轮上的热负荷。正如在第4章的空气系统的理论分析中所显示的那样,充量因数是影响发动机压差和排气再循环驱动能力的关键参数之一。对于非排气再循环发动机来讲,一个负值的发动机压差可以由在涡轮增压器匹配中选择较大的涡轮面积来实现,以获取正值的泵气功增益并有利于换气。在这种情况下,就需要相应地设计一个大气门重叠角来方便换气。然而,对于排气再循环发动机来讲,发动机压差基本上须是正值,以驱动排气再循环气流。这时,从进气歧管到排气歧管的换气是不可能的。相反,不良倒流会在气门重叠期发生。因此,就需要将气门重叠角设计得非常小,以确保较高的充量因数。关于配气定时与涡轮增压的相互作用,在后面第9.7节的可变气门驱动的计算中将对充量因数和泵气损失有更详细的理论阐述。

9.1.2　凸轮升程型线

所谓的"凸轮升程"实际上是"凸轮侧从动件升程"的一个缩写词。这个词通常只对推杆式配气机构或直接驱动的顶置凸轮(OHC)式配气机构有意义,因为这些配气机构的从动件升程是由凸轮驱动的简单一维平移运动。在其他一些顶置凸轮式配气机构中,例如带端部支点的指随从动件往往具有两维运动,这样气门升程与从动件升程之间的运动关系就会变得更为复杂。需要注意的是,凸轮升程不等于凸轮的轮廓形状或廓线。例如对于滚轮从动件的情形来讲,凸轮廓线是指从凸轮中心量起,到凸轮轮廓上任意点的超出凸轮基圆半径的径向距离;而凸轮升程不等于该径向距离,因为滚轮从动件的半径不可能小到等于零。对于推杆式和直接驱动的顶置凸轮式配气机构来讲,凸轮升程或实际上讲从动件升程通常被用来描述所期望实现的凸轮廓线设计。一旦凸轮升程型线和滚轮大小确定下来之后,就可以计算出凸轮的实际廓线。而另一方面,对于其他一些顶置凸轮式配气机构来讲(例如使用指随从动件时),直接使用凸轮的实际轮廓形状或廓线来定义凸轮型线设计往往更加方便。

气门升程型线与凸轮升程型线(即从动件升程)之间的主要区别是凸轮升程型线在开启端和关闭端均具有缓冲段坡道。缓冲段的高度必须足以容纳冷态间隙(即部件之间的空隙)、由弹簧预紧力造成的配气机构弹性压缩量、配气机构在运行条件下的热膨胀、相邻气门运行时造成的凸轮轴的动态挠度、配气机构部件的磨损量、正常的配件组装设置时的容差、液压间隙调节器的油柱泄漏量(如果有的话,适用于关闭端的缓冲段)等等。缓冲段的高度需要确保气门以预控速度在任何运行条件下均能在缓冲段内打开和关闭,以实现低冲击噪声和良好的耐久性。采用液压间隙调节器可以在任何热态或冷态条件下获得精确的配气定时控制,因为这种配气机构没有间隙。相比之下,机械间隙调节器在冷态和热态的不同条件下会造成配气定时发生变化。

凸轮升程型线的陡峭性是由凸轮加速度曲线上的正加速度峰值(拱形"驼峰")的高度和宽度决定的。一个较高的峰值会造成凸轮加速度"驼峰"的宽度变窄,并且通常会激励配气机构发生较大振动。

在推杆式配气机构的凸轮设计中,气门升程型线的设计目标首先需要由发动机的"呼吸"性能要求决定。一旦最大气门升程和气门工作段持续角的设计目标被确定之后,就可以进行凸轮型线设计,例如采用流行的动力多项(Polydyne)凸轮设计方法。在大多数顶置凸轮的设计中,由于指随从动件二维运动的复杂性,其凸轮升程型线不能直接从一个预先规定的气门升程型线目标推算出来。通常情况下,需要使用配气机构的运动学或动力学模型,采用一个试设计的凸轮廓线作为输入数据,将气门升程型线作为输出数据计算出来;然后这样反复迭代,将计算出来的气门升程型线与所需要的理想气门升程型线相比较,直到满意为止。

在发动机性能分析中,为简单起见,通常采用运动学或静态的气门升程,为的是能够方便快速地进行大量的发动机循环模拟,来优化所需要的配气定时和气门升程型线。更复杂的动力学或振动的气门升程型线评估只在采用配气机构动力学模拟来进行凸轮设计的阶段予以进行。现给出运动学气门升程型线的定义。如果忽略动力学振动影响,推杆式配气机构或直接驱动的顶置凸轮式配气机构的热态非振动运动学气门升程可计算如下:

$$l_{\text{VAL,hot}}(\phi, N_{\text{E}}, \dot{W}_{\text{E}}) = l_{\text{CAM}}(\phi) \cdot f_{\text{RA}} - c_{\text{VT, hot}}(N_{\text{E}}, \dot{W}_{\text{E}})$$

$$- \frac{F_{\text{pre}}}{K_{\text{s,VT}}} - \frac{F_{\text{gas, VAL}}(\phi, N_{\text{E}}, \dot{W}_{\text{E}})}{\dfrac{K_{\text{s,VT}} \cdot K_{\text{s,VAL}}}{K_{\text{s,VT}} + K_{\text{s,VAL}}}} \quad (9.2)$$

式中，ϕ 是曲轴转角；N_{E} 是发动机转速；$\dot{W}_{\text{E}}$ 是发动机有效功率；l_{CAM} 是凸轮升程（为曲轴转角的函数）；f_{RA} 是摇臂比（要么简化为一个常数，要么更复杂地作为凸轮转角或气门升程的一个函数来处理）；$c_{\text{VT, hot}}$ 是配气机构的热态间隙（仅适用于机械间隙调节器，为发动机转速和负荷的一个函数）。F_{pre} 是气门弹簧预紧力。$F_{\text{gas,VAL}}$ 是作用于气门上的净气压力，由缸内气体和气道内气体施加，为曲轴转角、转速和负荷的一个函数。$K_{\text{s,VAL}}$ 是气门或气门杆的刚度。$l_{\text{CAM}}(\phi) \cdot f_{\text{RA}}$ 通常称为总气门升程。气门的运动学升程是一个静态的、将配气机构间隙和所有弹性压缩量都减去之后的净升程值。配气机构的弹性压缩量是指在气门开启之前由各种力所造成的总压缩量。很明显，气门工作段持续角的定义取决于气门升程型线的定义有多么复杂。例如，一些发动机产品目录中使用高于凸轮基圆 0.004 in 作为"宣称的气门工作段持续角"。另一种在售后市场目录中经常使用的方法是按照高于凸轮基圆 0.050 in 来定义气门工作段持续角。由此可见，在指定或比较不同的气门工作段持续角时，首要的是澄清工作段是如何定义的。

在式（9.2）中，当配气机构部件的温度不确定时，通常难以估计带机械间隙调节器的配气机构的热态间隙值。另外，配气机构的热态间隙也随不同的转速和负荷而变化。另外，缸内的气体载荷在不同的曲轴转角位置也会发生变化。因此，理想上讲和严格来说，需要在每个转速和负荷下分别计算热态运动学气门升程。很明显，这种处理方式既不方便也不实际。为简单起见，冷态运动学气门升程通常被用于发动机系统设计和性能模拟。将式（9.2）中与转速和负荷有关的因素去除，可定义冷态运动学气门升程如下：

$$l_{\text{VAL,cold}}(\phi) = l_{\text{CAM}}(\phi) \cdot f_{\text{RA}} - c_{\text{VT,cold}} - \frac{F_{\text{pre}}}{K_{\text{s,VT}}} \quad (9.3)$$

式中，$c_{\text{VT,cold}}$ 是配气机构的冷态间隙，用测隙规（塞尺）在气门侧设置。冷态运动学气门升程可以被视为一种理论的并具有代表性的升程型线，可以用来方便地比较不同发动机的配气定时。

在热态运行条件下，进气配气机构通常相对来讲仍然比较冷，在进气门开启时的缸内气体载荷也很低。在全负荷时，排气配气机构是很热的，配气机构部件的热膨胀不可忽略。但是，热膨胀与由气体载荷所造成的弹性压缩可能会相互抵消，使得冷态运动学气门升程在代表真实升程方面可能不会太差，尤其是在排气门开启定时附近。然而，在排气门关闭处，误差可能会比较大，因为由气体载荷造成的弹性压缩效果在那里要小得多。正如 Morel 和 LaPointe(1994)指出的，另一种检查动力学配气定时的方法是比较模拟与测量的气道压力相对于曲轴转角而变化的曲线。另外，需要注意的是，由弹簧预紧力引起的配气机构弹性压缩量通常比使用机械间隙调节器的配气机构所具有的冷态间隙要小得多。

9.1.3 配气机构动力学

凸轮设计是一个高度集成化的系统设计课题，要在发动机的"呼吸"性能与配气机构动力学之间做一个权衡。配气定时、气门工作段持续角和最大气门升程在很大程度上取决于进排气性能要求。燃烧和排放的要求也会通过 K 因子、气门凹陷度（或活塞上的气门坑深度）、气门重叠高度（与气门与活塞之间的碰撞有关）影响凸轮型线设计。凸轮升程型线通过以下两个因素影响配气机构动力学:作用在气门上的气体载荷和由凸轮加速度引起的惯性力激励。例如,排气凸轮关闭侧型线的陡峭性和排气门关闭定时会影响在排气冲程后半部的排气门有效流通面积,从而影响在气门重叠上止点附近的缸内再压缩压力及其作用于进气配气机构的气体载荷。

　　配气机构动力学中关键的设计评判标准通常涉及以下方面:飞脱(亦称分离)、作用于部件结合部上的振动力(例如在支板或摇臂支点上)、凸轮应力、凸轮最小油膜厚度、凸轮闪光温度、气门落座速度、气门弹簧颤振。配气机构是一个具有一定刚度和阻尼特性的弹性动力学系统。它的固有频率受部件的质量和刚度影响。它的阻尼受摩擦和润滑影响。配气机构的振动受凸轮升程型线和气体载荷两者激励。全负荷点火工况时的气体载荷会增大排气配气机构的推杆力峰值(图9.5),而高速拖动工况时的缸内再压缩压力气体载荷会增加进气配气机构推杆力的振幅(图9.6)。推杆振动力是以下几个因素的叠加:静态气门弹簧力,由于配气机构的惯性和气体载荷所造成的动态振动力,以及配气机构的摩擦力。需要注意的是,如图9.5中所示在凸轮顶部转角处的推杆力突然下降,是由于摇臂轴的摩擦力换向引起的。另外,振动的气门升程运动可能会导致气门的开启和关闭定时在不同的发动机转速和负荷下发生变化。

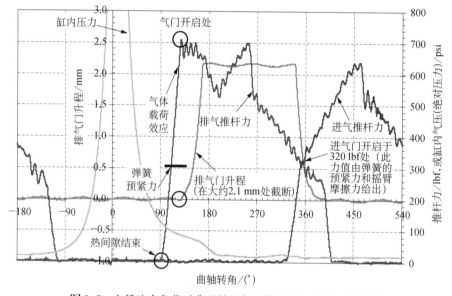

图9.5　在低速全负荷时典型的配气机构推杆力的瞬时变化图

　　配气机构的振动也可能会引起部件之间的飞脱,例如在凸轮与从动件之间的界面上,或者在摇臂与气门横臂之间的界面上。飞脱的特征是在凸轮减速段转角区间内的凸轮与从动件之间的接触力为零(或称零凸轮力,见图9.7和后面的图9.16和9.18)。由于凸轮力是推杆力和从动件惯性力的总和,因此振动的凸轮力触到零值的发动机转速通常比推杆力触到零值的转速要低一些。当飞脱发生时,配气机构部件之间会发生碰撞和反弹,气门的运动也不能被很好地控制。对于配备了液压间隙调节器的配气机构来讲,飞脱还会造成液压挺柱向上泵进以填补动态间隙。如果飞脱的状况持续足够长的时间,挺柱最终会泵进到它的最大行程,这样气门便无法落座,而且会造成气门与活塞碰撞的灾难性故障。配气机构的飞脱可以由以下一系列措施相结合予以控制:采用合适的凸轮加速度型线形状,降低再压缩压力所产生的气体载荷,采用较大的弹簧预紧力或较大的弹簧刚度。采用这些措施时,需要考虑满足凸轮最大应力极限和减小"呼吸"性能损失(以泵气损失和充量

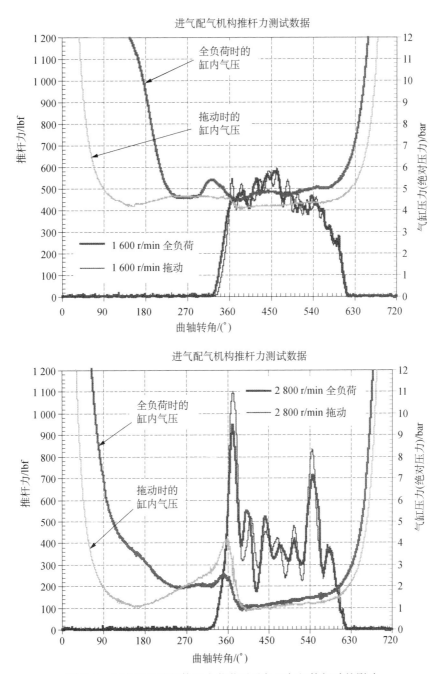

图 9.6 缸内再压缩气体压力载荷对进气配气机构振动的影响

因数为指标)这些约束条件。

值得注意的是,液压间隙调节器的性能对于发动机进排气性能和配气机构动力学是比较重要的。这方面的科研也一直较为活跃。Abell(1969)、Herrin(1982)、Kreuter 和 Maas(1987)、Phlips 和 Schamel(1991)、Porot 和 Trapy(1993)、Zou 和 McCormick(1996)、Dammers(1997)、Zhao 等人(1999)和 Okarmus 等人(2008)提供了有关设计和模拟液压间隙调节器的详细内容。

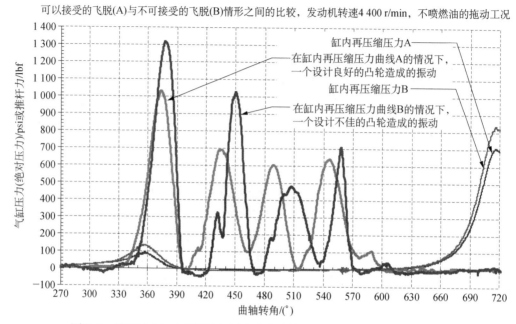

图 9.7　使用减小缸内再压缩气压和改进凸轮型线设计来控制配气机构飞脱

配气机构的设计是高度复杂的,因为其所涉及的所有参数都是相互关联的,而且大多牵涉系统层面的参数。另外,配气机构在不同的发动机运行条件下,比如低转速、高转速、全负荷点火工况、不喷油的拖动工况、排气制动等,显示出不同的复杂动态性能。配气机构的设计精髓在于,其所有设计参数需要通过优化予以同时确定,并满足发动机性能和配气机构动力学的设计约束条件。所以,配气机构的设计是一个极为典型的发动机系统设计课题。表 9.1 总结了各个设计参数对配气机构动力学的影响。

表 9.1　配气机构设计对配气机构动力学影响的总体趋势

参数	高转速拖动工况时的缸内再压缩压力	配气机构的飞脱转速	最大凸轮力	最大凸轮应力和磨损	凸轮曲率半径	气门落座速度	配气机构摩擦	配气机构噪声	气门弹簧颤振
减小气门（或凸轮）工作段持续角		− (变坏)	+ (变坏)	+ (变坏)	− (变坏)	+ (变坏)	+ (变坏)	+ (变坏)	+ (变坏)
将排气门关闭定时提前	+ (变坏)	− (进气变坏)	+ (进气变坏)	+ (进气变坏)		+ (进气变坏)	+ (进气变坏)	+ (进气变坏)	+ (进气变坏)
将进气门开启定时推迟		+ (进气变好)	− (进气变好)	− (进气变好)		+ (进气变好)	+ (进气变好)	+ (进气变好)	− (进气变好)
减小气门重叠角	+ (变坏)	− (进气变坏)	+ (进气变坏)	+ (进气变坏)		+ (进气变坏)	+ (进气变坏)	+ (进气变坏)	+ (进气变坏)

续　表

参数	高转速拖动工况时的缸内再压缩压力	配气机构的飞脱转速	最大凸轮力	最大凸轮应力和磨损	凸轮曲率半径	气门落座速度	配气机构摩擦	配气机构噪声	气门弹簧颤振
增大排气歧管压力	+（变坏）	－（进气变坏）	+（进气变坏）	+（进气变坏）		+（进气变坏）	+（进气变坏）	+（进气变坏）	+（进气变坏）
增加最大气门或凸轮升程	－（变坏）	+（变坏）	+（变坏）	－（变坏）		+（变坏）	+（变坏）	+（变坏）	+（变坏）
减小摇臂比	－（变坏）	－（变好）	－（变好）	－（变坏）		+（变坏）	+（变好）	+（变坏）	+（变坏）
减小配气机构质量（重量）	+（变好）	－（变好）	－（变好）			－（变好）	－（变好）	－（变好）	－（变好）
增大配气机构刚度	+（变好）	+（变好）	+（变好）			+（变好）	+（变好）	+（变好）	+（变好）
用高凸轮加速度增大气门升程斜率的陡峭性	－（变好，如果是排气凸轮）	－（变坏）	+（变坏）	+（变坏）	－（变坏）	+（变坏）	+（变坏）	+（变坏）	+（变坏）
减小气门弹簧的预紧力或弹簧刚度	－（变坏）	－（变好）	－（变好）			+（变坏）	－（变好）	+（变坏）	+（变坏）
减小凸轮基圆直径	－（变坏）	+（变坏）	+（变坏）	－（变坏）		+（变坏）	+（变坏）	+（变坏）	+（变坏）
减小滚轮从动件的滚轮直径				+（变坏）	－（变坏）				

注："+"号表示增加。"－"号表示减少。"进气"表示只对进气配气机构而言。"排气"表示只对排气配气机构而言。

9.1.4　配气机构飞脱

内燃机的很多子系统或部件都存在一个会发生机械故障的速度极限。配气机构就是其中之一。当发动机转速高于一定值时，可能会发生以下情形，伴随配气机构或发动机的损坏：配气机构飞脱，过高的气门落座速度，超过配气机构内部连接处强度的过高推杆力等。大多数内燃机的首要超速限制因素是配气机构飞脱。当发生严重的飞脱时，推杆力不仅达到零，而且这个零值力的时间会持续超过几度曲轴转角。

发动机会在以下三个条件下超速。首先，如果提供足够的燃料量、适当的空气量以及相对较低的负荷，发动机会自发加速到超速极限。柴油机的调速器就是靠限制供油来控制这类非拖动工况的超速情形。第二，当车辆挂挡而外部载荷突然减小时，发动机可能会超速。这种情形就好比当船舶的螺旋桨在波涛汹涌的大海里瞬时露出水面时船用发动机可能会超速一样。第三，当不供燃油而由一个外力牵引使发动机增速时,它会被拖动着超速。这方面的例子是车辆挂挡下坡时,驾驶员的脚离开油门踏板,当牵引着车辆下坡的重力分量大于发动机和车辆所提供的总缓速力或制动力时,车速和发动机转速都会增加。尤其是当驾驶员向下换挡到一个很低的变速器齿轮挡位时(例如在 72 km/h 车速下,从第 4 挡的 3 000 r/min 发动机转速换到第 3 挡的 4 500 r/min 转速)或者在使用手动变速器时跳跃式向下换挡时(如从第 4 挡直接换到第 1 挡),发动机很容易超速。

一些车辆和自动变速器配备了超速警告或预防系统;根据驾驶条件,不允许向下换挡到某些挡位,以防止发动机超速。另外,一些使用手动变速器的系统能够提醒司机在换挡时会有拖动发动机超速的危险,这样就给了驾驶员一个机会来采取纠正措施,以避免由于过度拖动而损坏发动机。发动机需要被设计得一直到超速极限均能具有良好的机械和耐久性能力。

在发动机设计中,需要正确建立配气机构飞脱转速的设计目标,作为发动机超速极限之一。飞脱转速往往用来作为发动机的最大允许工作转速。一个合适的飞脱转速目标是介于发动机"呼吸"能力的设计要求与手动变速器车辆发动机超速保护之间的一个权衡。飞脱转速的目标应该选择成比高怠速高出一定的裕度。如果飞脱转速目标定得过低,会导致在发动机正常工作的转速范围内就发生配气机构分离问题。而如果将飞脱转速目标定得过高(即过度设计),将要么迫使凸轮加速度"驼峰"变得过低,要么强迫气门弹簧力变得过大。低凸轮加速度会导致小的气门流通面积和高泵气损失。大弹簧力会导致高摩擦力和恶化的油耗。另外,虽然配气机构的飞脱转速设计目标之选择主要是基于正常的拖动工况,但是其他更为严峻却不太频繁出现的条件(例如发动机制动或瞬态工况)也应予以考虑。

9.1.5　配气机构惯性力

配气机构的惯性力受部件的质量和气门加速度影响。在简化了的单自由度配气机构动力学模型中(详见后面的图 9.15),作用在气门侧的惯性力可以计算为配气机构等效质量与气门加速度的乘积。等效质量计算如下:

$$m_{\text{VT}} \approx m_{\text{valve}} + m_{\text{retainer}} + m_{\text{bridge}} + \frac{m_{\text{spring}}}{3} + m_{\text{RA}} \cdot \frac{l_{\text{RA},0}^2}{l_{\text{RA, ValveSide}}^2} + \frac{m_{\text{pushrod}}}{3 f_{\text{RA}}^2} \tag{9.4}$$

式中,m_{valve} 是气门质量;m_{retainer} 是气门弹簧座挡圈质量;m_{bridge} 是气门横臂质量;m_{spring} 是气门弹簧质量;m_{pushrod} 是推杆质量;m_{RA} 是摇臂质量;$l_{\text{RA, ValveSide}}$ 是气门侧的摇臂长度;f_{RA} 是摇臂比;$l_{\text{RA},0}$ 是回转半径。摇臂的有效质量可以视为将摇臂的质量集中在一个点上,而该点与旋转中心的距离为 $l_{\text{RA},0}$;也就是说,$I_{\text{RA}} = m_{\text{RA}} l_{\text{RA},0}^2$,式中 I_{RA} 是摇臂相对于旋转中心的转动惯量。较低的凸轮加速度、较高的刚度、较低的重量、较高的配气机构固有频率会使气门加速度具有较低的振动幅度。配气机构惯性力控制的设计原则是,一个良好设计应该能够在优化了的气体载荷下,精确地实现配气机构飞脱转速的设计目标。从实现在"呼吸"性能与配气机构动力学之间良好平衡的角度来看,设计不足和过度设计都是不能接受的。

9.1.6　配气机构气体载荷和再压缩压力

作用于进气门和排气门上的气体载荷对于配气机构动力学的影响很大,是不能忽视的。作用在气门面上的气体载荷是缸内压力。作用在气门背面的气体载荷是在气道里的压力(图 9.2)。气体载荷的作用机理和影响对于不同的气门和不同的发动机运行条件来讲是不一样的。气体载荷受发动机气门的流量特性(图9.3)影响,例如通过缸内气体质量。一般地,配气机构中有三个动力学问题与气体载荷有关:①进排气配气机构的最大凸轮力(或推杆力);②进气配气机构飞脱;③排气门跳浮离座。

在发动机点火工况,尤其是在全负荷时,排气门在开启之前需要克服很大的缸内压力。这时的气体载荷对于排气凸轮力的最大幅值来讲是起主导作用的。例如,这时的凸轮应力有时甚至会比在低速起动工况时凸轮顶部的凸轮应力还要大。一旦排气门打开后,气缸压力便逐渐衰减,以一个强有力的快速排气过程将气缸内的气体排出。因此,在排气冲程结束时,只有很少的气体滞留于气缸中。这样,在全负荷时,在气门重叠上止点附近的缸内再压缩压力通常非常低。因此,在全负荷时作用于进气配气机构的净气体载荷通常也很低。

在排气门背面,从发动机循环的瞬时过程看,在排气道内通常有好几个压力脉冲(如果用脉冲涡轮增压的话),其作用力的方向是试图将排气门推开。排气门弹簧的预紧力和缸内气压在排气门受力上可以抵消排气道内的压力脉冲。在全负荷时,进气歧管增压压力比较高。因此,排气道压力脉冲与进气冲程里的缸内压力之间的压力差通常不足以大到可以使排气门发生跳浮而离开气门座。图9.5和图9.6显示了气体载荷对推杆振动的影响。

在发动机拖动工况,在排气门开启处的缸内压力比较低,所以作用在排气配气机构上的净气体载荷是非常低的。然而,由于缺乏快速排气过程,大量的残余废气会滞留在气缸中,并在气门重叠上止点处被压缩得具有非常高的再压缩压力(图9.6)。另外,较高的再压缩压力也可以直接由较高的排气歧管压力造成,这后者则是由下面的因素导致的:①高的发动机转速;②小的涡轮面积;③由于较小的排气门、较低的气道流量因数、较提前的排气门关闭定时或者不够陡峭的排气门凸轮升程型线所造成的在排气门关闭侧的较小的排气门有效流通面积;④排气制动。需要注意的是,较提前的排气门关闭定时可能会导致一个较小的气门重叠角,而这通常恰好是现代高排气再循环发动机所需要采用的。当活塞从进气上止点后开始下行离开时,缸内再压缩压力在紧随上止点的一段曲轴转角区间内具有快速急剧衰减的特征。高的压力水平再加上其固有的这种冲击性载荷特点,使得再压缩压力成为现代柴油机中影响进气配气机构振动的最主要因素。气体载荷和凸轮加速度可能会在高速拖动工况引发剧烈的进气配气机构振动。这种振动会极为严重,以至于在拖动工况时进气凸轮力(或推杆力)的第一个峰值甚至会比在全负荷时排气配气机构的最大凸轮力还要高。而且,进气凸轮力的第一个峰值后面往往紧跟着一个严重的飞脱(即持续较长的曲轴转角区间的零推杆力,如图9.7所示)。由于缸内再压缩压力的气体载荷作用,柴油机配气机构的飞脱通常先发生于进气配气机构,而不是排气配气机构。

在排气制动时,排气歧管内的压力被提升到一个很高的水平,以增加泵气损失和缓速功率。而这时进气歧管内的压力通常仍然很低。所以,在排气制动中的缸内再压缩压力会比拖动工况中的高得多。因此,如果设计不当的话,进气配气机构可能会在排气制动时发生好几次严重的飞脱。另外,在进气冲程中跨越排气门而介于强大的排气道压力脉冲与微弱的缸内压力之间的巨大压差,可能会导致排气门发生跳浮而脱离气门座。

在瞬态加速过程中,排气再循环阀门通常是关闭的,以便更多的新鲜空气能够流入气缸来匹配突增的供油量。由于排气再循环阀门关闭而突增的涡轮流量导致排气歧管压力迅速大幅增加。然而,由于涡轮增压器的滞后效应,进气歧管不能立即予以响应而迅速建立高的压力,结果就会造成发动机压差变得很大。这可能会对配气机构造成两个影响:①由于高的缸内再压缩压力导致进气配气机构飞脱;②在进气冲程中发生排气门跳浮。

　　过高的排气凸轮力峰值的问题可以通过使用较小的摇臂比或较好的结构强度设计来解决。排气门跳浮问题可以通过适当地选择弹簧预紧力得到解决或缓解,即使不能完全在瞬态或发动机制动工况中避免的话。缸内再压缩压力和进气配气机构飞脱的控制是配气机构系统设计中最为复杂的问题,因为它们需要一个系统层面的方法在发动机设计的早期阶段来优化解决方案。以下几种方法可以减少在高速拖动工况时的再压缩压力,具体地讲,就是采用减小排气歧管压力或将气缸内的气体质量释放出去的方法:①选择一个较大的涡轮面积;②增大可变截面涡轮叶片开度或涡轮废气旁通阀开度;③使用较大的排气门;④使用阻力较小的排气道;⑤推迟排气门关闭定时(即在凸轮设计中使用较大的气门重叠角);⑥使用更为陡峭的排气凸轮关闭侧升程型线(即使得凸轮关闭侧具有较大的气门流通面积)。另外,下面几种方法可以使系统能够承受较高的再压缩压力,以控制进气配气机构的飞脱:①使用不太陡峭的进气凸轮升程型线(即较低的凸轮加速度);②推迟进气门关闭定时以获取较长的进气凸轮工作段区间来减弱配气机构振动;③推迟进气门开启定时以减少进气配气机构振动;④使用刚度或预紧力较大的进气门弹簧,并承受由此产生的较高的凸轮应力和配气机构摩擦损失。

　　涡轮增压器的选择在很大程度上取决于点火工况时的增压要求。现代低排放排气再循环发动机倾向于使用两级增压,其中高压级使用一个非常小的涡轮。这样的配置可能会比单级涡轮增压产生更高的排气歧管压力和缸内再压缩压力。因此,进气配气机构的飞脱控制会变得更具挑战性。在比较典型的情况下,在高速拖动工况(例如 4 000 r/min),将可变截面涡轮的叶片开度开到最大,可以减小再压缩压力达大约 172 kPa。

　　使用推迟的排气门关闭定时和较大的气门重叠角一直是以往非排气再循环发动机中减少缸内再压缩压力和泵气损失的经典方法。通常情况下,将排气凸轮关闭侧升程型线每推迟 1°曲轴转角,会减少 34 kPa 的再压缩压力。在排气再循环发动机中使用这种方法的缺点包括:缸内滞留较高的残余废气分数(尤其在低转速时),具有较低的充量因数,以及要求使用较大的气门凹陷量来避免气门与活塞之间的碰撞。较大的气门凹陷量会导致燃烧室内出现较大的死体积和较高的碳烟排放。更“方形”的排气凸轮关闭侧型线,加上提前的排气门关闭定时,可以作为另一个解决方案。如果设计得仔细,这种方案可以避免以上所说的简单地将排气门关闭定时推迟的方法所造成的性能缺陷。然而,排气凸轮关闭侧升程型线的陡峭性(方度)和所能减少再压缩压力的程度受所允许的最小负凸轮曲率半径和所允许的最大排气门落座速度所限制。与一个正常的排气凸轮型线相比,这类特殊设计的比较陡峭的排气凸轮型线能够减少再压缩压力达 69~138 kPa,其增加的风险是较高的气门落座速度。

　　进气门开启定时对缸内再压缩压力的影响可以忽略不计。然而,进气门开启定时显著影响进气配气机构的振动幅度。其原因是,从气体载荷作用时刻的角度来看,作用在进气凸轮加速度型线上的再压缩压力的尖峰时刻的曲轴转角位置会发生变化。一个充分优化了的并具有光滑加速度型线的进气凸轮可以承受 210 kPa 更高的再压缩压力,以维持相同的进气配气机构的飞脱指标,而不会在发动机的“呼吸”性能上造成显著退化。然而,在这种进气凸轮的顶部会出现稍高一些的凸轮应力。通常情况下,进气凸轮工作段上每增加 2°曲轴转角(例如通过推迟进气门关闭定时)会给出在满足相同的飞脱指标下能够承受额外的 83 kPa 的再压缩压力的一种能力。这种推迟进气门关闭方法的缺点包括对无辅助冷起动能力的不利影响,以及造成发动机在低转速时充量因数下降。

　　总之,缸内再压缩压力和进气配气机构飞脱的控制需要一个综合的系统解决方案以及在气缸盖设计、涡轮增压器选择、燃烧室设计、排气凸轮设计、进气凸轮设计之间的一个平衡折中。较为恰当的设计顺序应该按照如下步骤进行：

(1) 根据发动机的应用需求（例如在发动机与变速器或车辆的匹配中），合理地建立配气机构飞脱转速的设计目标，避免过度设计；

(2) 优化气缸盖设计，以获得最大的排气门尺寸和最高的排气道流量因数；

(3) 优化涡轮增压器的型式、涡轮面积、废气旁通阀的开度，以及它们在高发动机转速时的控制策略；

(4) 确定所允许的排气门凹陷量以及在燃烧室中对应的死体积；

(5) 设计良好的排气凸轮型线，尽可能扩大凸轮关闭侧的气门有效流通面积；

(6) 设计良好的进气凸轮型线，以获得光滑减振的凸轮加速度型线；

(7) 如果上述所有措施都不能解决进气配气机构的飞脱问题，就必须增加进气门弹簧的预紧力或刚度。随之而来的不利方面是进气凸轮应力的增加或者最大进气门升程的减小。

在这些设计措施中，排气凸轮和进气凸轮的型线设计至关重要。图 9.7 显示了采用减小再压缩压力和设计优异而光滑的进气凸轮加速度型线来控制进气配气机构飞脱的一个成功例子。

9.1.7 配气机构设计标准

配气机构竞争性基准分析中的基本参数包括以下内容：配气系统的固有频率，凸轮加速度的陡峭性，凸轮的基圆半径，气门弹簧力，气门重叠角，气门有效流通面积，气门直径与缸径之比等。

现将涡轮增压排气再循环柴油机配气机构的最重要设计标准归纳如下：

- 具有低的配气机构重量和高的刚度（即实现高的固有频率）；

- 以凸轮型线与涡轮增压之间的协调设计，在一个宽阔的转速范围内实现较高的充量因数以及恰当的最大气门升程、较大的气门有效流通面积和适当的配气定时；

- 采用较小的气门重叠角（即短的气门重叠持续期和低的重叠气门升程高度）以获取较低的内部残余废气分数和良好的瞬态加速性能；

- 确保气门与活塞不发生碰撞，但是在上止点处的间隙要小而紧凑；

- 采用适当的涡轮面积、排气凸轮升程型线和排气门关闭定时来获取在气门重叠上止点处的较低的缸内再压缩压力；

- 凸轮型线设计中采用非常光滑的凸轮加速度及其导数，并设计适当的凸轮缓冲段坡道高度以控制气门落座速度等；

- 以凸轮升程型线、配气机构动力学和发动机热力循环性能这三方面的协调设计达到与飞脱转速设计目标相吻合的配气机构振动水平的目标值，并尽可能升高凸轮加速度幅值；

- 通过凸轮型线设计达到可以接受的气门落座速度和噪声水平；

- 优化凸轮基圆直径、滚轮直径、摇臂比和最大气门升程；

- 采用在凸轮加工制造和成本方面可以接受的最小凸轮曲率半径；

- 最大推杆力不能超过设计限值，不允许出现推杆屈曲，配气机构部件接头处的结构强度不能超过设计极限；

- 凸轮应力和油膜厚度不能违反设计限值；

- 以最佳的配气机构运动学布局获得最小的气门杆顶部摩擦；

- 以良好的配气机构运动学和动力学和适当的气门弹簧力获得较低的摩擦和磨损；

- 设计较低的凸轮型线谐波幅值并采用适当的气门弹簧力来避免气门弹簧颤振或线圈碰撞。

配气机构设计的核心是凸轮型线。它对于发动机"呼吸"性能和配气机构动力学均至关重要。应当强调的是,带端部支点指随从动件的顶置凸轮配气机构的设计比推杆式配气机构更为复杂,这是因为前者的从动件运动是二维摆动,而不是较为简单的一维平动。凸轮曲率半径的计算方法对于推杆式配气机构和指随从动件顶置凸轮式配气机构来讲也有所不同。

9.2 配气定时对发动机性能的影响

配气定时在第9.1.1节中曾有所介绍。优化的配气定时是高低转速之间的权衡。配气定时对发动机性能的影响如图9.8至图9.10中的模拟结果所示,以一台轻载排气再循环柴油机为例。分析最佳配气定时的另一个典型方法如图9.11所示,是将高转速时的充量因数和低转速时的充量因数分别绘制在图的纵横轴上,清楚地表明高低转速之间配气定时的折中特性。

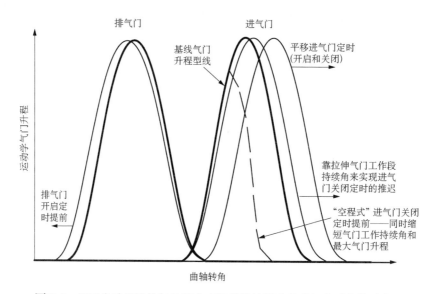

图 9.8 用于发动机进排气性能参变量模拟计算中的配气定时变化示意图

图9.12(a)～(c)显示了气门重叠角大小和进气门关闭定时对一台重载高速非排气再循环柴油机性能的影响。该机采用较大的涡轮面积在最大扭矩工况下获得负值的发动机压差。该模拟数据表明,当进气歧管压力高于排气歧管压力时,较大的气门重叠角在最大扭矩工况可以减小排气歧管气体温度。相反,在额定功率时,由于排气歧管压力高于进气歧管压力,较大的气门重叠角会增加排气倒流(残余废气)并降低空燃比,从而增加排气歧管气体温度。另外,气门重叠角会由于充量因数的变化而影响发动机压差。这方面的相互作用效应可以用第4章中的发动机空气系统的核心理论方程予以解释。图9.12(c)分析了进气门关闭定时与涡轮增压之间的相互作用。类似地,图9.12(d)给出了在一台重载中速排气再循环柴油机上进气门关闭定时与涡轮增压之间的关系的深入分析。这个话题和这两张图的内容将会在第9.7节关于可变气门驱动的讨论中统一详细解释。应当注意的是,进气门关闭定时影响发动机的有效压缩比和冷起动能力。图9.13显示了进气门关闭定时和发动机几何压缩比对冷起动能力的影响。

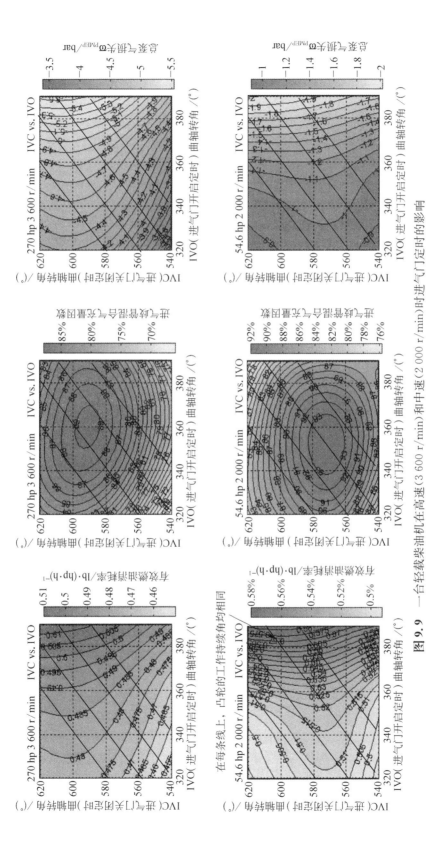

图 9.9 一台轻载柴油机在高速（3 600 r/min）和中速（2 000 r/min）时进气门定时的影响

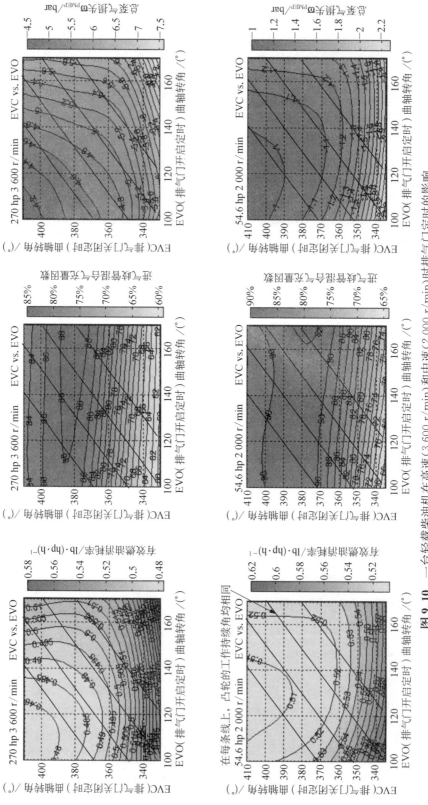

图 9.10 一台轻载柴油机在高速（3 600 r/min）和中速（2 000 r/min）时排气门定时的影响

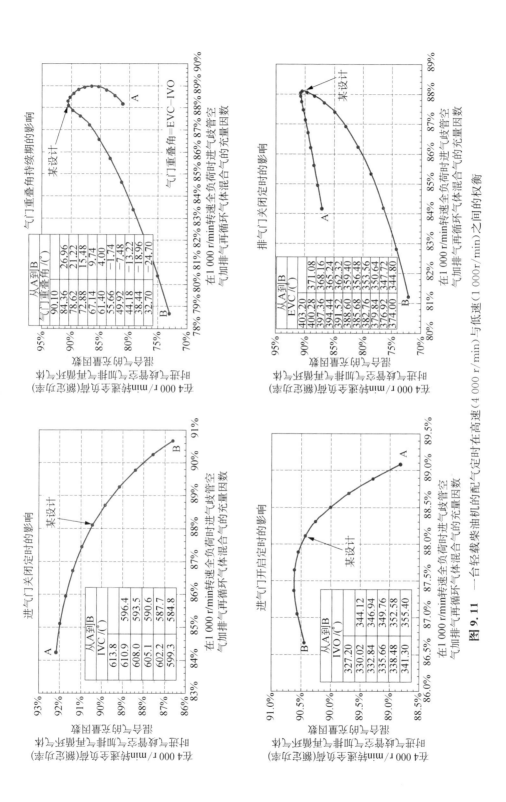

图 9.11　一台轻载柴油机的配气定时在高速（4 000 r/min）与低速（1 000 r/min）之间的权衡

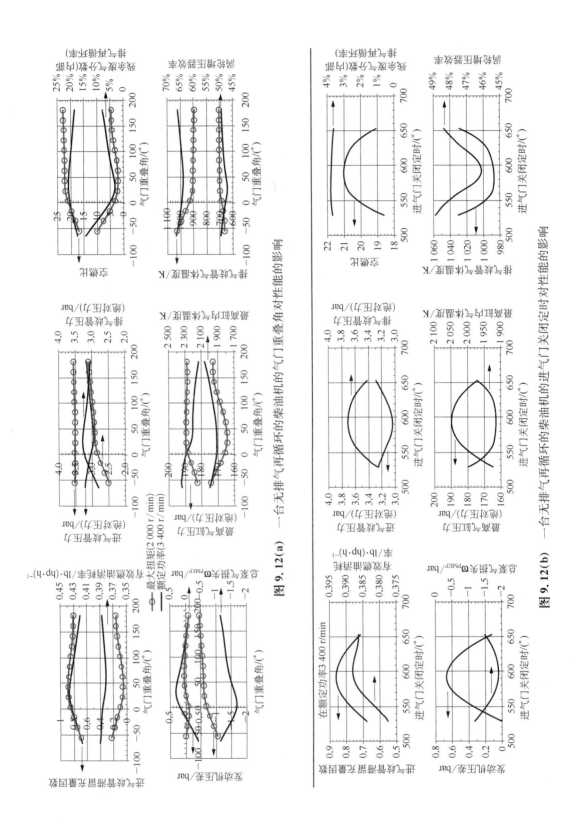

图 9.12(a)　一台无排气再循环的柴油机的气门重叠角对性能的影响

图 9.12(b)　一台无排气再循环的柴油机的进气门关闭定时对性能的影响

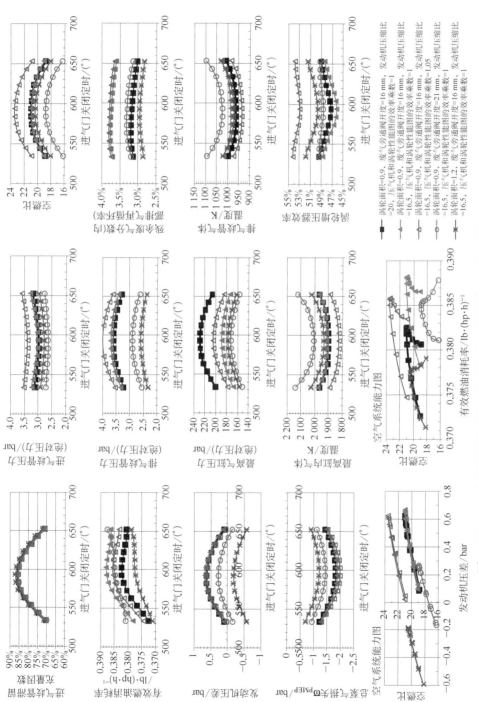

图 9.12(c) 一台无排气再循环柴油机的进气门关闭定时和涡轮增压对性能的影响

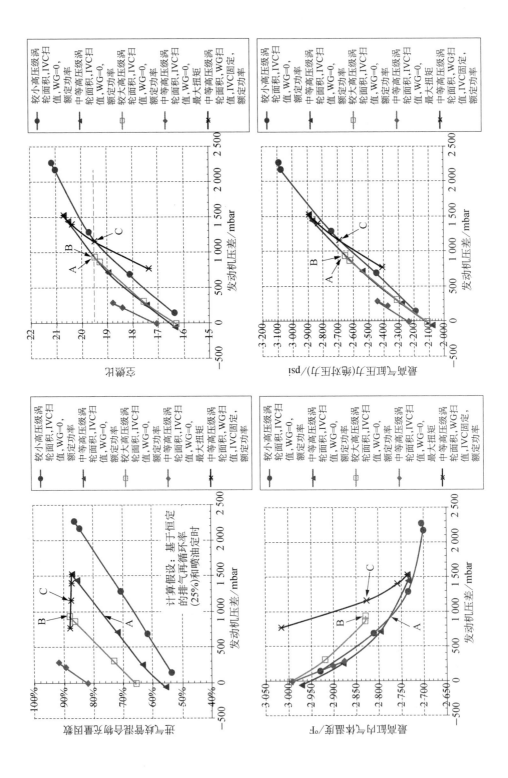

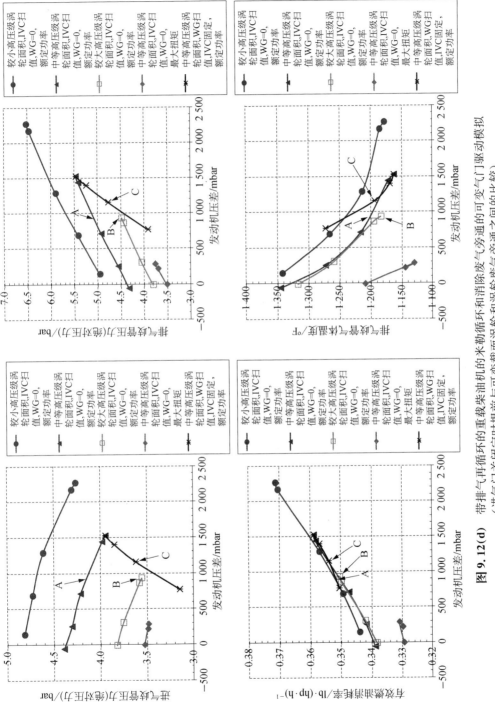

图 9.12(d) 带排气再循环的重载柴油机的米勒循环和消除废气旁通的可变气门驱动模拟（进气门关闭定时提前与可变截面涡轮和涡轮废气旁通之间的比较）

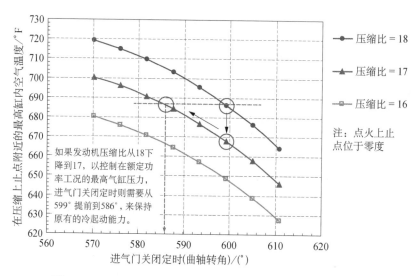

图9.13　在 100 r/min 转速和 $-10{}^\circ\!F$ 寒冷环境下起动时进气门
关闭定时和发动机压缩比对冷起动性能的影响

　　图 9.14 给出了在典型的低转速和高转速时发动机的气门大小对油耗影响的敏感度分析。计算结果显示,在 2 000 r/min 和 30% 负荷时,有效燃油消耗率相对于进气门直径的变化要远远比相对于排气门直径的变化更为敏感,即每增加 1 mm 的进气门直径,油耗减小 0.65%;而每增加 1 mm 的排气门直径,油耗只减小 0.29%。然而,在 3 000 r/min 和全负荷时,油耗相对于排气门直径的变化要比相对于进气门直径的变化更加敏感,即每增加 1 mm 的排气门直径,油耗减小 0.24%;而每增加 1 mm 的进气门直径,油耗减小 0.21%。这表明,排气门的大小在高转速下变得更加重要,而在高转速时排气歧管压力和泵气损失均较高。

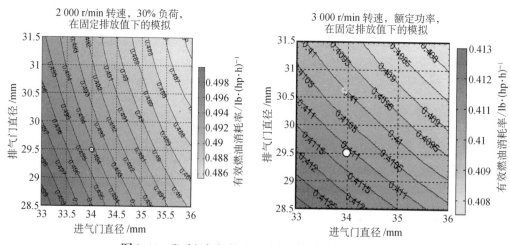

图9.14　发动机气门的尺寸对有效燃油消耗率的影响

9.3　配气机构动力学分析

　　最简单的配气机构动力学分析是凸轮谐波分析。该分析将凸轮的加速度或升程型线从时间域

(或曲轴转角域)转换到频域,而不需要使用配气机构动力学模型。谐波分析是一个简便而有效的方法,可以用来比较配气机构在动力学激励源上的相对差异,而且可以用于凸轮设计中来判断凸轮加速度形状(型线)的质量和陡峭性。谐波的振幅表明谐波所具有的能量大小。在确定凸轮加速度型线的主导谐波时,谐波幅值和谐波数均很重要。这些主导谐波是配气机构和气门弹簧颤振的激振源。在大约第 13 阶谐波附近的谐波峰值是气门弹簧发生颤振的趋势的重要指标。峰值越高,发生颤振的趋势就越强。一个具有良好加速度形状并引发较低振动的凸轮,通常具有较低的谐波振幅。凸轮谐波分析的一个算例在后面第 9.4 节关于凸轮设计中的图 9.18 中有所展示。Norton 等人(1998)以及 Grönlund 和 Larmi(2004)给出了关于配气机构振动的频率分析的更多讨论。

配气机构动力学的模拟计算一直由以下两方面的需求所驱动:设计凸轮和预测每个配气机构部件的动力学响应。配气机构动力学这一领域通常有两类模型(图 9.15):单自由度模型和多体动力学模型。单自由度模型是配气机构的一个集总式简化模型,它将部件的质量集总为一个配气系统的等效质量[参阅式(9.4)],并把部件的刚度集成为一个配气机构的整体刚度(Jensen,1987)。阻尼和气体载荷的影响在这类模型中通常是被忽略的。另外,该模型只适用于一维平动运动的配气机构装置,例如推杆式配气机构和直接驱动的顶置凸轮式配气机构。单自由度模型可用于输出动力多项(Polydyne)凸轮的升程型线(Jensen,1987;Thoren 等人,1952;Stoddart,1953)。动力多项凸轮的升程型线是基于在某个"设计转速"下预先规定好的光滑而非振动的动力学气门升程型线来计算得到的。而在其他发动机转速,该模型会输出振动的动力学气门升程型线。

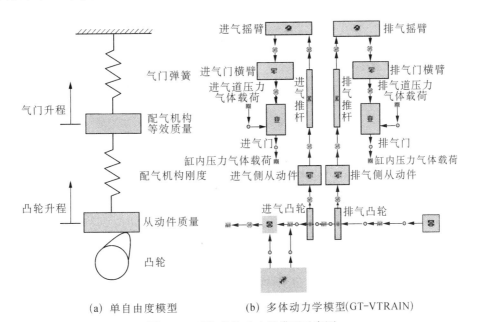

(a) 单自由度模型　　　　　(b) 多体动力学模型(GT-VTRAIN)

图 9.15　配气机构动力学模型示意图

虽然多体动力学模型没有单自由度模型中的上述这些简化或限制,这类模型需要使用凸轮型线作为输入数据,而没有能力直接输出凸轮的设计数据。一个先进的集成化设计方法是先使用单自由度模型进行动力多项凸轮型线设计,然后采用多体动力学模型来检验凸轮的动力学响应,包括考虑一系列复杂因素的影响,例如每个部件的刚度和阻尼、气体载荷和液压间隙调节器的动力学性能(如果有的话)。如前所述,缸内再压缩压力的控制对于现代柴油机的配气机构动力学来讲是特别重要的。再压缩压力的热力学分析可以先使用一个发动机循环模拟模型(例如 GT-POWER)来进行,然后将压力曲线作为输入数据放入配气机构多体动力学模型中。

典型的配气机构动力学的模拟结果如图 9.16 和后面的图 9.18 所示。当发动机转速较低时,推杆力(或凸轮力)主要由气门弹簧力所主导,因为动力学惯性力比较弱。在高转速时,对应于气门振动加速度的惯性力会变得很显著,因此推杆力在一个凸轮工作周期内会呈现出振荡的模式。图 9.16 也显示了气门弹簧的减速度,它等于弹簧力除以配气机构的等效质量。弹簧减速度曲线在纵轴上的截距对应着弹簧的预紧力。弹簧减速度曲线的斜率对应着弹簧的刚度。弹簧刚度越大,斜率越陡。一旦气门加速度曲线与弹簧减速度曲线相交,配气机构就会发生飞脱。气门弹簧预紧力和弹簧刚度的恰当设计选值可以直观地通过检查如图 9.16 所示的气门加速度曲线与弹簧减速度曲线之间的相对差异予以分析确定。

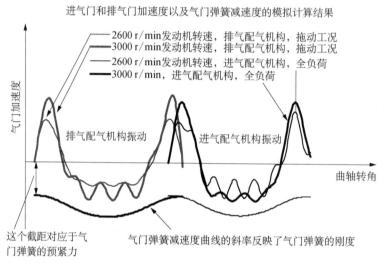

图 9.16   配气机构动力学模拟

配气机构动力学的范围不仅包括评估在一个凸轮工作周期内的单个配气机构的振动力(即单缸配气机构动力学),而且也包括凸轮轴的扭振和轴承动力学(即多缸配气机构动力学)。关于单缸配气机构动力学的模拟工作,读者可以借鉴 Johnson(1962)、Dennis 和 Neuser(1966)、Akiba 等人(1981)、Pisano 和 Freudenstein(1983a,1983b)、Pisano(1984,1986),Chan 和 Pisano(1987),Akiba 和 Kakiuchi(1988)、Kurisu 等人(1991)、Hellinger 等人(1992)、Gast 和 David(1996)、Keribar(2000)、Iritani 等人(2002)、Grönlund 和 Larmi(2004)、Ito(2006)的工作,以及笔者在 Xu 等人(2007)中的工作。关于多缸配气机构和凸轮轴系统动力学模拟的详细内容,读者可以借鉴 Reinicke-Murmann 和 Kreuter (1990)、Roß 和 Arnold(1993)、Okamura 和 Yamashita(1997)、Stout(1997)、Speckens 等人(1999)、Du 和 Chen(2000)、Takagishi 等人(2004)、Londhe 等人(2009)的工作。

9.4   凸轮型线设计

9.4.1   凸轮设计中的配气机构系统参数

在设计凸轮廓线之前,首先需要确定几个系统层面的参数,作为凸轮设计中所使用的输入数据:最大气门升程、摇臂比、最大凸轮升程、飞脱转速目标、最大允许凸轮应力、最低允许凸轮曲率半径。它们之间的关系如图 9.17 所示。曲率半径与凸轮的基圆半径和从动件的滚轮半径有关。

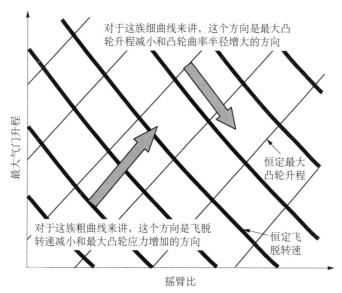

图 9.17 为凸轮设计而构造的参变量设计图

9.4.2 凸轮型线对配气机构动力学的影响

凸轮加速度及其导数型线上的不连续或不光滑形状，在设计中应予以避免，因为这种型线从配气机构动力学的角度来看不是优化的设计。良好的凸轮设计是介于气门流通面积与配气机构振动之间的一个权衡。它属于一种定目标设计，即依靠适当选择最大凸轮升程和设计凸轮加速度形状来达到所允许的最大凸轮应力和飞脱转速的目标。图 9.18 展示了某推杆式配气机构的两个不同的进气凸轮型线设计结果。进气凸轮 A 是满足飞脱要求的设计。虽然进气凸轮 B 由于其更陡峭的加速度型线在凸轮两翼给出更大的气门流通面积，它不满足飞脱设计条件，而且它的气门落座速度也比进气凸轮 A 要高。在凸轮加速度的谐波分析中，凸轮 A 的谐波幅值小于凸轮 B 的。分析表明，这种在配气机构激励源上存在的差异与模拟计算的两凸轮推杆振动力上显现出的差异直接相关。

9.4.3 凸轮的动力学设计

一般来讲，凸轮的型线设计有两种方法：动态的（亦称动力学的）和静态的（亦称运动学的）。在运动学设计方法中，凸轮的升程型线是靠采用解析方法求解运动学方程，或者采用数值积分方法将预先确定的凸轮加速度型线对凸轮转角积分两次而获得。在积分过程中，需要满足适当的边界条件。然后，使用配气机构动力学模型检查所获得的凸轮升程型线是否能给出令人满意的动力学响应。在动力学设计方法中，凸轮升程型线依靠求解单自由度配气机构动力学方程而获得（图 9.15）。其目的是在某个选定的"设计转速"下，获得预先确定的动态气门升程目标型线。对于这种采用动力学方法设计出来的凸轮型线，可以采用单自由度配气机构动力学模型或者更为精确得多的多体动力学模型检查在其他转速时的动力学响应。

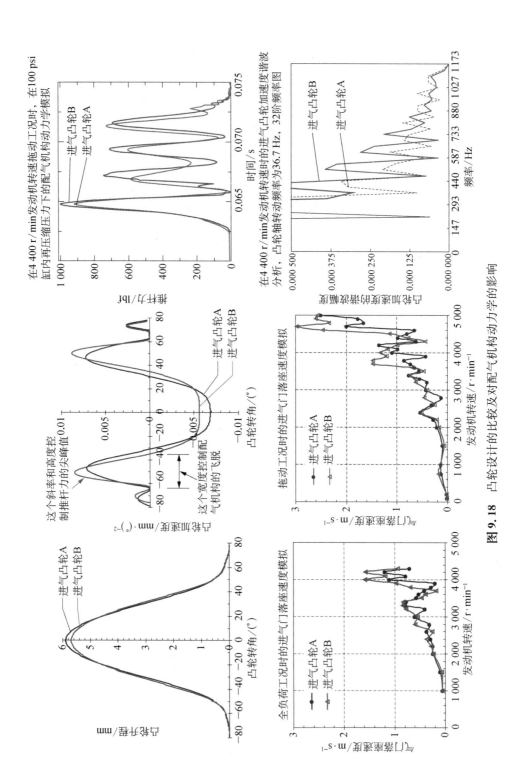

图 9.18 凸轮设计的比较及对配气机构动力学的影响

使用最为广泛的动力学凸轮设计方法是由 Dudley(1947)、Thoren 等人(1952)和 Stoddart(1953)创立并发展的动力多项(Polydyne)理论。在该方法中,存在这样一个理论发动机转速,它可以使凸轮型线引起的配气机构振动的幅度为零,从而导致在动力学惯性效应作用下气门升程型线仍然能够呈现为一条光滑而非振动的曲线。这个独特的转速被称为凸轮的"设计转速"。虽然只是基于一个简化的单自由度动力学模型,与静态凸轮设计方法相比,动力多项方法提供了三大优势。首先,它能够在凸轮设计中直接考虑动力学效应。第二,动力多项方法允许设计人员指定在某个设计转速下希望获得的动态气门升程目标型线,作为凸轮设计的输入信息;然后基于配气机构的质量、刚度、摇臂比等数据来计算对应的凸轮型线。凸轮型线由以下两方面数据组成:一是所希望的气门运动规律;二是由气门弹簧力和惯性力造成的挠度。第三,动力多项方法使用一个单片多项式定义在设计转速时的整个气门工作段(亦称凸轮主工作段)内的气门升程型线。与使用多片多项式的凸轮型线相比,单片多项式能更为容易地获得升程型线的连续而光滑的高阶导数(例如凸轮加速度和跃度)。

在单自由度动力学模型中的气门运动可以用以下方程来描述:

$$m_{\mathrm{VT}} \ddot{l}_{\mathrm{VAL}} = K_{\mathrm{s,VT}} l_{\mathrm{CAM,eq}} - (K_{\mathrm{s,VT}} + K_{\mathrm{s,SP}}) l_{\mathrm{VAL}} \tag{9.5}$$

式中,m_{VT} 是配气机构的等效质量;l_{VAL} 是动态气门升程(为凸轮转角的函数);$\ddot{l}_{\mathrm{VAL}}$ 是气门的加速度;$l_{\mathrm{CAM,eq}}$ 是在凸轮缓冲段以上并位于气门一侧的等效凸轮升程(为凸轮转角的函数);$K_{\mathrm{s,VT}}$ 是配气机构刚度;$K_{\mathrm{s,SP}}$ 是气门弹簧刚度。式(9.5)可以进一步改写为(Stoddart,1953):

$$f_{\mathrm{dd}} \ddot{l}_{\mathrm{VAL}} + f_{\mathrm{sd}} l_{\mathrm{VAL}} = l_{\mathrm{CAM,eq}} \tag{9.6}$$

式中,f_{dd} 定义为动态挠度因子,$f_{\mathrm{dd}} = m_{\mathrm{VT}} / K_{\mathrm{s,VT}}$;$f_{\mathrm{sd}}$ 定义为静态挠度因子,$f_{\mathrm{sd}} = (K_{\mathrm{s,VT}} + K_{\mathrm{s,SP}}) / K_{\mathrm{s,VT}}$。一旦凸轮升程型线已知,就可以用式(9.6)在任意发动机转速下用解析方法对气门升程求解。动力多项凸轮设计的概念是,在一个选定的发动机转速(设计转速)下预先规定一条希望实现的不带任何振动的光滑气门升程型线,然后用式(9.6)在该设计转速下先将凸轮升程型线作为输出数据计算出来。然而在其他任何速度,用式(9.6)计算出来的动态气门升程型线都是振动的或不光滑的。

所希望的光滑气门升程型线可以按下式假设为任意阶的多项式形式:

$$l_{\mathrm{VAL,design}} = C_0 + C_1 \phi_{\mathrm{CAM}} + C_2 \phi_{\mathrm{CAM}}^2 + \cdots + C_n \phi_{\mathrm{CAM}}^n \tag{9.7}$$

式中,ϕ_{CAM} 是凸轮转角;$C_0 \sim C_n$ 是基于一定的约束条件或边界条件的待定系数。指定的边界条件数目越多,就可以在式(9.7)中构造越多的系数。常用的边界条件包括以下几个:①在气门工作段的起始(或结束)处,气门升程、速度和加速度均为零;气门跃度(加速度的导数)及其时间变化率也往往为零;②在凸轮顶部,气门升程等于所需达到的最大气门升程;气门速度为零;气门跃度为零。为了确保气门升程型线的连续性和光滑性,气门升程型线的前四阶时间导数通常需要作为边界条件在气门工作段的端点予以控制。相应地,可以求解四个多项式系数。一般地,在凸轮的设计转速时所需要具备的光滑气门升程具有以下形式(Dudley,1948;Thoren 等人,1952):

$$l_{\mathrm{VAL,design}} = l_{\mathrm{VAL,max}} + C_2 \phi_{\mathrm{CAM}}^2 + C_3 \phi_{\mathrm{CAM}}^{C_p} + C_4 \phi_{\mathrm{CAM}}^{C_q} + C_5 \phi_{\mathrm{CAM}}^{C_r} + C_6 \phi_{\mathrm{CAM}}^{C_s} \tag{9.8}$$

式中,$l_{\mathrm{VAL,max}}$ 是最大气门升程;C_p,C_q,C_r 和 C_s 是由设计人员指定的多项式幂指数。需要注意的是,式(9.8)中没有三阶项,这是因为气门跃度在凸轮顶部被设为零。另外,C_2 对于发动机凸轮来讲通常不等于零(即凸轮顶部的气门或凸轮加速度不设为零)。当 $C_2 = 0$ 时,凸轮就变成一个形状

比较方的凸轮,这种凸轮在型线的两翼会产生很高的应力。对式(9.8)求导后,所对应的气门加速度会变成如下形式:

$$a_{VAL,design} = \ddot{l}_{VAL,design}$$

$$= C \cdot N_{design}^2 \begin{bmatrix} 2C_2 + C_3 C_p(C_p-1)\phi_{CAM}^{C_p-2} \\ + C_4 C_q(C_q-1)\phi_{CAM}^{C_q-2} + C_5 C_r(C_r-1)\phi_{CAM}^{C_r-2} \\ + C_6 C_s(C_s-1)\phi_{CAM}^{C_s-2} \end{bmatrix} \quad (9.9)$$

式中,N_{design}是设计转速;C是一个单位换算常数。系数C_2,C_3,C_4,C_5和C_6可以使用上述边界条件予以计算(Thoren等人,1952;Stoddart,1953)。然后,考虑配气机构的动态和静态挠度,可以按照下式计算等效凸轮升程:

$$l_{CAM,eq} = f_{dd}a_{VAL,design} + f_{sd}l_{VAL,design} \quad (9.10)$$

在与设计转速不同的其他任何转速,气门升程可以用式(9.6)求解。

实际的凸轮升程可以采用下式由等效凸轮升程计算而得:

$$l_{CAM} = \frac{l_{CAM,eq}}{f_{RA}} + l_{CAM,ramp} \quad (9.11)$$

式中,f_{RA}是摇臂比;$l_{CAM,ramp}$是位于凸轮侧的凸轮缓冲段坡道高度,为凸轮转角的函数。标称摇臂比定义为最大气门升程除以最大凸轮升程。严格来讲,摇臂比实际上是依凸轮转角或气门升程而变的一个函数,其值从气门关闭的位置到气门全开的位置略有变化,并在凸轮顶部所对应的凸轮转角处达到最大。关于凸轮缓冲段的设计,在第9.4.4节中将有详述。

式(9.11)包括了所有影响凸轮型线和凸轮加速度形状的相关因素。其中,多项式的幂指数和设计转速具有主导作用。多项式的幂指数影响凸轮加速度型线上的两个正峰值(拱形"驼峰")的高度和加速度曲线的形状(图9.18)。凸轮加速度"驼峰"的宽度强烈地受设计转速影响,并随设计转速的增加而增大。在其他转速的气门升程型线由于不同的动力学惯性作用而呈现振动,而振动的剧烈程度和配气机构的飞脱转速自然是受多项式幂指数和设计转速影响。理想上讲,总是希望将设计转速选在经常用到的发动机转速,因为此时按照设计转速的定义,配气机构的振动幅度理论上为零。然而,很多时候经常不能满足这样一个理想选择,这是因为飞脱转速的要求往往得不到满足。因此,通常情况下,设计转速必须选得高于正常的发动机运行转速。

较长的凸轮主工作段会造成较低的振动幅度、较高的飞脱转速,以及在凸轮与从动件之间较低的接触应力。然而,最大凸轮升程所产生的影响与之相反——较高的最大升程会导致较大的振动幅度和较高的凸轮应力。

凸轮加速度型线必须非常光滑,以达到良好的动力学特性,尤其是在高转速时。凸轮跃度也必须连续,最好是光滑的。任何不连续或尖锐的加速度曲线形状及其伴随的惯性载荷都相当于给予配气系统以猛烈的锤击,必须避免。凸轮加速度的正值"驼峰"宽度应当大于配气机构的固有频率所对应的一个周期的等效转角宽度,以避免在发动机运行速度范围内配气机构发生分离。这是因为当气门刚开始开启时,配气机构的初始压缩会导致配气机构以其共振频率发生振动或反弹。而使用较宽的加速度"驼峰",可以保证在反弹期间作用在配气机构上的力是一个压缩载荷。凸轮加速度的陡峭性可以通过一个凸轮正加速度尖峰宽度系数来表征,定义如下:

$$f_{\mathrm{CAM},ac} \triangleq \frac{f_{\mathrm{n,VT}} \cdot \Delta\phi_{\mathrm{CAM},ac}}{N_{\mathrm{E}}} \tag{9.12}$$

式中，$\Delta\phi_{\mathrm{CAM},ac}$ 是凸轮加速度"驼峰"以曲轴转角为单位的宽度；$f_{\mathrm{n,VT}}$ 是配气机构的固有频率；N_{E} 是发动机转速。需要注意的是，较高的 $f_{\mathrm{CAM},ac}$ 在给出较小的配气机构振幅的同时，也会导致较小的气门流通面积。

气门升程型线的陡峭性可以用一个气门升程丰满度因数表征如下：

$$f_{\mathrm{lift}} \triangleq \frac{\bar{l}_{\mathrm{VAL}}}{l_{\mathrm{VAL,max}}} \tag{9.13}$$

式中，$\bar{l}_{\mathrm{VAL}}$ 是在整个气门工作段上气门的平均升程；$l_{\mathrm{VAL,max}}$ 是最大气门升程。较大的 f_{lift} 会给出较大的气门流通面积和较小的泵气损失。

为了实现较低的配气机构振动和较高的飞脱转速，凸轮正加速度的"驼峰"必须设计得比较宽、比较低，并且光滑。有三种方法可以实现这一目标：①在给定的最大气门升程条件下，增加气门工作段的持续角；②减小气门升程型线的陡峭性；③减小最大气门升程或增大摇臂比以减小最大凸轮升程。遗憾的是，所有这些措施，对于发动机的"呼吸"性能或者凸轮应力，都有负面影响。例如，一个较长的进气门工作段持续角和推迟的进气门关闭定时，会减小低转速时的发动机充量因数；而使用一个较大的摇臂比会造成凸轮力和凸轮应力的增加。

凸轮的曲率半径直接受凸轮基圆半径、从动件滚轮半径、凸轮升程、凸轮速度和加速度影响。最低允许的凸轮曲率半径是一个设计约束条件，因为它影响凸轮应力和制造成本或可行性。过于柔和的凸轮加速度型线往往会在凸轮升程型线上产生一个非常尖的凸轮顶和非常小的曲率半径，因此会在顶部增加应力。另一方面，过于陡峭的凸轮加速度型线会在凸轮侧翼造成过小的负值曲率半径。所以，陡峭程度往往被允许的最小负值曲率半径所限制（对于滚轮从动件来讲）。这一点对于顶置凸轮式配气机构尤为如此，因为这种配气机构具有极高的刚度，故飞脱往往不是限制因素。

凸轮与从动件之间的弹性接触应力（即赫兹应力），需要用一个圆柱接触（亦称线接触）模型或更为精确的椭圆接触模型计算。允许的最大应力极限对于不同的材料（Kitamura 等人，1997）、不同类型的从动件（平底从动件、球形从动件、滚轮从动件；Turkish，1946）、不同的表面冠状设计（平底无冠或带有限半径的曲冠表面以避免边缘载荷）、不同的表面处理情况、不同的润滑条件（Wang，2007）来讲，都是不同的。对于平底从动件的滑动运动来讲，凸轮闪光温度在凸轮设计中也需要予以计算，因为凸轮刮伤和磨损的故障与接触区域的温度密切相关。通常情况下，最高闪光温度出现在凸轮力和发动机转速（滑动速度）两者的最高组合情况下。另外，良好的凸轮设计还需要具备令人满意的润滑特性（例如油膜厚度）。关于凸轮应力、磨损和闪光温度的更详细讨论，在第 2 章与发动机耐久性有关的论述中有所阐述。配气机构的润滑和摩擦将在第 10 章中详细论述。关于凸轮闪光温度计算的更深入研究，读者可以借鉴 Dyson 和 Naylor（1960）、Yang 等人（1996）和 Ito 等人（2001）的工作。

Thoren 等人（1952）、Stoddart（1953）和 Jensen（1987）给出了关于动力学凸轮设计在数学构造上的详细内容。Hanaoka 和 Fukumura（1973）提出了一个相关的凸轮设计方法——"n 次谐波凸轮"，作为对动力多项凸轮设计方法的修正。Roggenbuck（1953）、Nourse 等人（1961）和 Kanesaka 等人（1977）给出了关于凸轮设计准则或技巧的更多讨论。

9.4.4　凸轮的运动学设计

运动学凸轮设计方法至关重要,其原因有三。首先,它将凸轮的主工作段与缓冲段通过运动学约束条件连接起来。第二,当动力学凸轮设计方法失效时或者当不能用其灵活地或局部地修改凸轮加速度型线时,运动学设计方法可以用来直接将预设的凸轮加速度型线积分两次来产生凸轮升程型线。具体地讲,当需要采用一条特殊的加速度或升程型线时,或者当需要对型线进行局部调整时,动力学设计方法中的单片多项式可能会由于其局限性而无法实现这些修改。第三,对于带端部支点的指随从动件的顶置凸轮式配气机构来讲,往往需要使用运动学凸轮设计方法,因为动力学设计方法无法处理该从动件的二维运动。在本节中,首先将介绍凸轮缓冲段的设计,然后将论述在气门工作段以内的运动学凸轮型线的设计方法。

如图 9.19 和图 9.20 所示,凸轮型线由三部分组成:开启缓冲段坡道、凸轮主工作段、关闭缓冲段坡道。缓冲段坡道必须为凸轮基圆与主工作段之间提供一个平稳顺利的过渡。缓冲段坡道的功能是在气门开启之前或气门关闭之后占满配气机构的间隙和由气门弹簧预紧力造成的弹性压缩量。对于排气凸轮来讲,应避免过长的缓冲段坡道,因为在缓冲段上长而缓慢的气门开度会造成高速排气气流从一个狭小开度中通过,可能会导致排气门过热。而长的进气凸轮缓冲段则可能会导致冷起动困难。从理论上讲,气门应该以预先控制的运动学速度在缓冲段坡道的顶端精密地开启和关闭。定速度缓冲段是在开启侧和关闭侧使用最为广泛的缓冲段形式(图 9.19),尤其在使用机械间隙调节器时,以控制气门开启和关闭的速度。加速形式的开启缓冲段(即变加速、定加速或定跃度开启缓冲段)有时会与液压间隙调节器联用,以获得较快的开启升程和较短的坡道,因为这时不用担心冷态间隙及其相关的机械碰撞(图 9.20)。加速缓冲段也可以减小配气机构振动,因为当部分的动力学惯性载荷被转移到缓冲段中并由其在气门开启前予以分担时,在凸轮主工作段中的

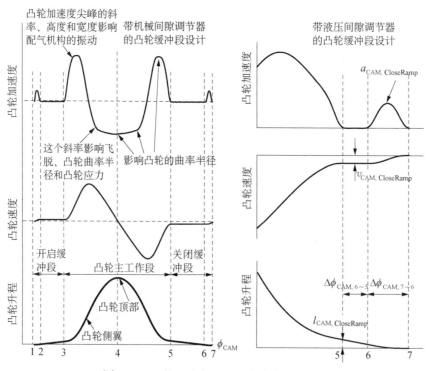

图 9.19　凸轮设计中凸轮型线缓冲段的连接

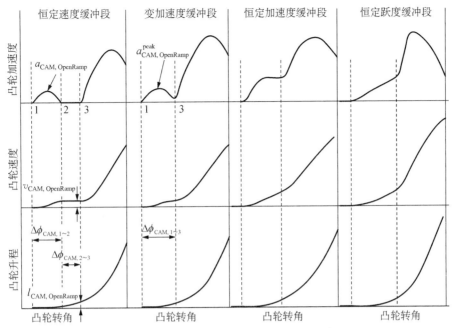

恒定速度缓冲段　　变加速度缓冲段　　恒定加速度缓冲段　　恒定跃度缓冲段

图 9.20 凸轮开启端不同种类缓冲段的示意图

凸轮加速度的正峰值就可以降低一些。减小的凸轮加速度正峰值也会使凸轮的负加速度值变小，因此可以使用较软的弹簧以减少配气机构的摩擦损失和凸轮应力（图9.16）。

定速度开启缓冲段（图9.20）与凸轮主工作段可以用下式连接：

$$\begin{cases} v_{\mathrm{CAM,OpenRamp}} = \int_0^{\Delta\phi_{\mathrm{CAM},1\sim2}} a_{\mathrm{CAM,OpenRamp}}\,\mathrm{d}\phi_{\mathrm{CAM}} \\ l_{\mathrm{CAM,OpenRamp}} = \int_0^{\Delta\phi_{\mathrm{CAM},1\sim2}} \left(\int_0^{\phi_{\mathrm{CAM}}} a_{\mathrm{CAM,OpenRamp}}\,\mathrm{d}\phi_{\mathrm{CAM}} \right)\mathrm{d}\phi_{\mathrm{CAM}} + v_{\mathrm{CAM,OpenRamp}}\,\Delta\phi_{\mathrm{CAM},2\sim3} \end{cases}$$

$$(9.14)$$

式中，开启缓冲段坡道高度 $l_{\mathrm{CAM,OpenRamp}}$ 和开启缓冲段的速度 $v_{\mathrm{CAM,OpenRamp}}$ 是预先规定的已知输入数据。开启缓冲段的加速度 $a_{\mathrm{CAM,OpenRamp}}$ 是一个指定的多项式（例如二阶），为凸轮转角的函数，并具有一定的假设的加速度高度值。式（9.14）中的两个未知数，$\Delta\phi_{\mathrm{CAM},1\sim2}$ 和 $\Delta\phi_{\mathrm{CAM},2\sim3}$，需要予以迭代求解。对于变加速度缓冲段来讲（图9.20），在缓冲段与主工作段混合连接的数学构造中的两个未知数则为 $\Delta\phi_{\mathrm{CAM},1\sim3}$ 和 $a_{\mathrm{CAM,OpenRamp}}^{\mathrm{peak}}$。需要注意的是，缓冲段与主工作段的混合连接在动力学凸轮设计中也是需要的。

连接定速度关闭缓冲段（图9.19）与凸轮主工作段的数学构造如下：

$$\begin{cases} v_{\mathrm{CAM,CloseRamp}} = \int_0^{\Delta\phi_{\mathrm{CAM},7\sim6}} a_{\mathrm{CAM,CloseRamp}}\,\mathrm{d}\phi_{\mathrm{CAM}} \\ l_{\mathrm{CAM,CloseRamp}} = \int_0^{\Delta\phi_{\mathrm{CAM},7\sim6}} \left(\int_0^{\phi_{\mathrm{CAM}}} a_{\mathrm{CAM,CloseRamp}}\,\mathrm{d}\phi_{\mathrm{CAM}} \right)\mathrm{d}\phi_{\mathrm{CAM}} + v_{\mathrm{CAM,CloseRamp}}\,\Delta\phi_{\mathrm{CAM},6\sim5} \end{cases}$$

$$(9.15)$$

式中，$l_{\mathrm{CAM,CloseRamp}}$ 和 $v_{\mathrm{CAM,CloseRamp}}$ 分别是预先规定的凸轮升程和速度，均精确地发生于凸轮主关闭工作段的终点处；在那里，凸轮的加速度等于零。$a_{\mathrm{CAM,CloseRamp}}$ 是一个指定的多项式，为凸轮转角的函数,并具有一定的假设的加速度高度值。式(9.15)中的两个未知数,$\Delta\phi_{CAM,7\sim6}$ 和 $\Delta\phi_{CAM,6\sim5}$,需要予以迭代求解。

在运动学凸轮设计中,通常有两种方法可以在凸轮主工作段内产生凸轮升程型线,即解析解和数值积分解。解析解的优点是凸轮主工作段的端点均可以精确定义。其缺点是加速度型线的选择局限于某些预先定义好的数学函数(例如正弦波、谐波、多项式等形式),而且不便进行局部调整。相比之下,数值积分解的优缺点则正好相反。

描述凸轮加速度型线的解析解中的系数可以靠定义设计约束条件或边界条件予以求解,类似于上一节中描述的那样。边界条件通常设置于气门工作段的起始和结束端点以及凸轮顶部。边界条件通常需要使用高阶时间导数(至少高达凸轮跃度),以确保凸轮加速度型线的连续性和光滑性。多片多项式或多段凸轮的设计方法属于解析式的运动学凸轮设计方法。在这种情况下,多段的众多端点需要更多的边界条件予以定义,比如在凸轮侧翼的型线部分(Heath, 1988;Keribar, 2000)。

在数值积分凸轮设计方法中,应当注意到,在整个凸轮工作段内简单地对任意一条凸轮加速度曲线进行积分通常不能产生令人满意的凸轮升程型线,原因有二。首先,任意的凸轮加速度曲线不能保证满足凸轮缓冲段坡道的高度目标和速度目标。其次,在凸轮工作区间末端的凸轮升程、速度和加速度的值会在不同的凸轮转角处达到零,其原因是由于缺乏运动学约束条件(边界条件)和在数值积分过程中积累的舍入误差。舍入误差总是存在的,即使使用高阶积分器和很小的凸轮转角步长(例如使用四阶龙格-库塔积分器和 $0.1°$ 的凸轮转角步长)。凸轮缓冲段与工作段之间必须进行恰当的混合连接,以便在关闭缓冲段上克服舍入误差的问题。采用数值积分方法的凸轮设计过程可以总结为以下几个步骤:

(1) 使用凸轮开启缓冲段坡道高度和速度的目标值,求解式(9.14)以建立开启缓冲段;
(2) 为凸轮主工作段构造一条光滑的凸轮加速度型线;
(3) 相对于凸轮转角对凸轮加速度型线进行积分以获得凸轮速度型线,然后对凸轮速度型线积分以获得凸轮升程型线;
(4) 调整凸轮的加速度值,并重新积分,直至达到最大凸轮升程的设计目标,并在凸轮主工作段的末端(此时以凸轮加速度等于零为标志)匹配关闭缓冲段的高度和速度,尽可能地接近设计目标值;
(5) 采用实际的关闭缓冲段的高度和速度,求解式(9.15)以建立关闭缓冲段并获得满意的缓冲段长度和与工作段的混合连接。

关于凸轮缓冲段的更多内容,读者可参考 Norton 等人(1999)的论文。

9.5　气门弹簧设计

9.5.1　气门弹簧的分析式设计方法

气门弹簧设计与凸轮设计一样,对发动机系统性能具有同等重要性。气门弹簧的功能包括防止气门在气压载荷下跳浮离开气门座,以及控制气门运动以避免配气机构分离。气门弹簧设计影响凸轮应力、配气机构摩擦和弹簧颤振。发动机的气门弹簧通常是两端封闭的开圈螺旋压缩弹簧。大多数发动机使用定刚度弹簧,虽然有些使用变刚度弹簧。对于转速较低的柴油机来讲,使用单弹簧设计通常足以满足要求,但有时也需要使用带一个阻尼弹簧或内簧的双弹簧设计,以减小气门弹簧颤振的严重程度。气门弹簧设计是个非常复杂的任务。它可以作为一个范例来说明发动机系统设计的原则,原因有三。首先,分析式弹簧设计方法展示了在部件设计参数与系统设计参数之间的链接。第二，分析式弹簧设计方法展示了对于同一个设计问题，可以有两种不同的数学构造方法：一种是作为确定性的解来处理，另一种是作为优化问题来求解。在优化问题的数学构造上，目标函数和约束函数均以显式函数作为示例列出。需要注意的是，在发动机系统设计的其他领域（例如循环性能、凸轮设计、配气机构动力学），用于优化构造的函数通常是更为复杂的隐式函数。第三，分析式弹簧设计方法给出了使用图形设计法来构造参变量扫值设计图的一个范例。这些典型的参数图可以用来处理在柴油机系统设计中经常遇到的多维设计问题。

在气门弹簧设计中，已知的输入数据包括以下内容：①最大气门升程；②给定的弹簧安装长度；③所需的弹簧预紧力；④所需的弹簧刚度。需要注意的是，弹簧的预紧力和刚度是发动机系统层面的设计参数，需要满足所允许的最大弹簧力和凸轮应力、排气门不跳浮、配气机构不飞脱等要求。气门弹簧设计与凸轮设计之间存在着强烈的相互作用。如果在弹簧设计上很难找到解决方案，就必须修改这些输入数据。

在气门弹簧设计中，以下参数是计算输出数据：①基本或独立的弹簧设计参数（即弹簧平均直径、弹簧线圈钢丝直径、工作线圈数目）；②导出的设计参数（例如弹簧的自由长度、最大压缩长度、压实长度、线圈之间的自由间隙、在最大压缩时线圈之间的实体间隙、弹簧的固有频率和颤振阶数、最大弹簧载荷、最大弹簧扭转应力）。基本的弹簧设计参数决定了弹簧的刚度。

一些输出参数受设计约束条件限制。例如，安装长度和弹簧平均直径受包装空间限制。在最大弹簧压缩量和在压实长度下的弹簧扭转应力受弹簧疲劳寿命、强度和最大允许应力极限限制。关于弹簧颤振保护的约束条件是通过控制实体间隙和弹簧固有频率实现的。弹簧颤振的阶数是指弹簧的固有频率与发动机的工作频率之比。为了保证弹簧不在运行中发生强烈颤振，气门弹簧的固有频率通常至少应当是发动机工作频率的 13 倍，即希望弹簧颤振的阶要高于 13。弹簧固有频率分析表明，如果弹簧对于凸轮型线的主导谐波之一响应非常灵敏的话，颤振的趋势肯定是存在的。在这种情况下，就需要对凸轮或者弹簧的设计进行修改。有时可以使用变刚度或嵌套弹簧来改变弹簧的频率，以帮助减轻颤振问题。

弹簧设计是一个多维参数的设计问题，可以通过一个图形化的方式来处理，以检查参数敏感度趋势（图 9.21）。气门弹簧设计优化的目的是最大限度地增大弹簧的固有频率，以减少弹簧振动，同时满足以下限制条件：①发动机系统方面所要求的弹簧预紧力和气门弹簧刚度；②最大允许的弹簧应力；③适当的实体间隙以控制弹簧颤振。

关于气门弹簧设计和弹簧动力学的详细内容，读者可以参考 Wang(2007)、Turkish(1987)、Phlips 等人(1989)、Muhr(1993)、Schamel 等人(1993)、Lee 和 Patterson(1997)、Takashima 等人(2005)的论述，以及 SAE J1121(2006) 和 J1122(2004)。

9.5.2 气门弹簧的定解问题和优化方案

现将气门弹簧的设计公式总结如下，以说明配气机构参数之间的依变关系。关于这些公式的推导细节，读者可以从许多弹簧设计手册中查到。静态弹簧外径（外圈直径）可以由下式计算：

$$d_{SP,outer} = d_{SP,inner} + 2d_{SC} \tag{9.16}$$

式中，$d_{SP,inner}$ 是静态弹簧内径；d_{SC} 是弹簧线圈钢丝直径。静态弹簧平均直径的定义为：

$$d_{SP} = 0.5(d_{SP,inner} + d_{SP,outer}) \tag{9.17}$$

在弹簧力 F_{SP} 下的气门弹簧挠度 Δl_{SP} 可按下式计算：

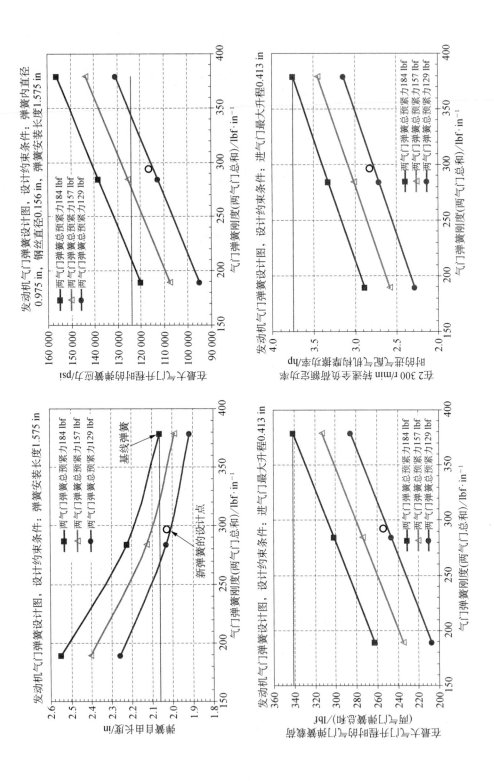

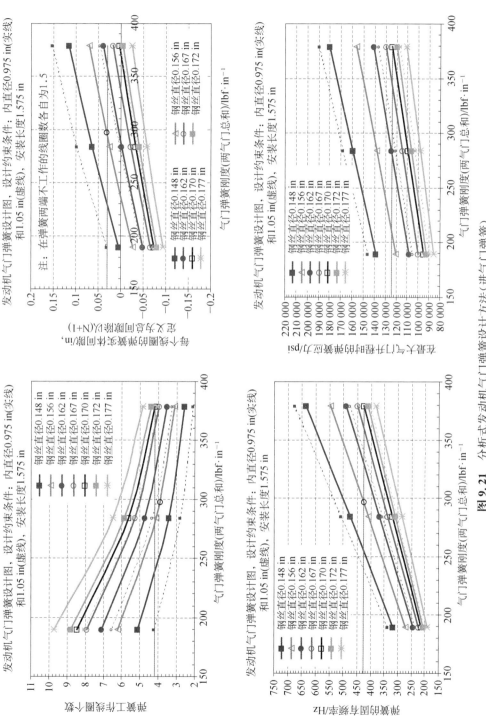

图 9.21 分析式发动机气门弹簧设计方法（进气门弹簧）

$$\Delta l_{SP} = \frac{8F_{SP}d_{SP}^3 n_{SC,\,active}}{\vartheta_{m,\,SP}d_{SC}^4} \tag{9.18}$$

式中，$n_{SC,\,active}$ 是弹簧工作线圈数目；$\vartheta_{m,\,SP}$ 是弹簧材料的扭转刚度模量（亦称剪切模量）。由于弹簧刚度遵循 $K_{s,\,SP} = F_{SP}/\Delta l_{SP}$，因此弹簧刚度可以表达为：

$$K_{s,\,SP} = \frac{\vartheta_{m,\,SP}d_{SC}^4}{8d_{SP}^3 n_{SC,\,active}} \tag{9.19}$$

式中，d_{SP}，d_{SC} 和 $n_{SC,\,active}$ 具有选定的设计值。如果 $K_{s,\,SP}$ 是一个要求的已知输入参数，工作线圈的数目可以靠重新编排式（9.19）按下式算出：

$$n_{SC,\,active} = \frac{\vartheta_{m,\,SP}d_{SC}^4}{8d_{SP}^3 K_{s,\,SP}} \tag{9.20}$$

弹簧在零载荷时的自由长度可用预紧力 F_{pre} 和安装长度 $l_{SP,1}$ 计算如下：

$$l_{SP,0} = l_{SP,1} + \frac{F_{pre}}{K_{s,\,SP}} \tag{9.21}$$

在最大气门升程时的具有最大压缩量的弹簧长度可按下式计算：

$$l_{SP,2} = l_{SP,1} - l_{VAL,\,max} \tag{9.22}$$

弹簧的压实长度可由下式计算：

$$l_{SP,3} = d_{SC}(n_{SC,\,active} + n_{SC,\,ia1} + n_{SC,\,ia2} - 0.5) \tag{9.23}$$

式中，$n_{SC,\,ia1}$ 和 $n_{SC,\,ia2}$ 是弹簧两端的非工作线圈数目。注意到压实长度比具有最大压缩量的弹簧长度要短。在弹簧的每一端，需要有至少一个非工作线圈。在每一端使用更多的非工作线圈（例如 1.25 个）可以使承受较大应力的弹簧从非工作线圈更加平稳渐进地过渡到工作线圈。在弹簧处于自由长度时的线圈之间的自由间隙，在很大程度上受弹簧安装长度的影响。自由间隙可以由下式计算：

$$c_{SC,0} = \frac{l_{SP,0} - l_{SP,3}}{n_{SC,\,active} + 1} = \frac{l_{SP,1} + \dfrac{F_{pre}}{K_{s,\,SP}} - d_{SC}(n_{SC,\,active} + n_{SC,\,ia1} + n_{SC,\,ia2} - 0.5)}{n_{SC,\,active} + 1} \tag{9.24}$$

自由间隙不宜过大，以尽量减小气缸盖高度。在最大气门升程时平均每个工作线圈的实体间隙由下式计算：

$$c_{SC,2} = \frac{l_{SP,2} - l_{SP,3}}{n_{SC,\,active} + 1} = \frac{l_{SP,1} - l_{VAL,\,max} - l_{SP,3}}{n_{SC,\,active} + 1} \tag{9.25}$$

弹簧的第一个自然频率可以用弹簧分布式质量按下式计算：

$$f_{n,\,SP} = \frac{1}{2}\sqrt{\frac{K_{s,\,SP}}{m_{SP}}} = \frac{d_{SC}}{2\pi d_{SP}^2 n_{SC,\,active}}\sqrt{\frac{\vartheta_{m,\,SP}}{2\rho_{SP}}} \tag{9.26}$$

式中，m_{SP} 是弹簧的质量；ρ_{SP} 是弹簧材料的密度。在最大气门升程时的最大弹簧力可按下式计算：

$$F_{SP,\,max} = F_{pre} + K_{s,\,SP}l_{VAL,\,max} = K_{s,\,SP}(l_{SP,0} - l_{SP,1} + l_{VAL,\,max}) \tag{9.27}$$

最大的弹簧扭应力可由下式计算：

$$s_{SP,max} = \frac{8F_{SP,max}d_{SP}}{\pi d_{SC}^3} \cdot f_{Wahl}$$

$$\approx \frac{8F_{SP,max}d_{SP}}{\pi d_{SC}^3} \cdot \left[\frac{4(d_{SP}/d_{SC}) - 1}{4(d_{SP}/d_{SC}) - 4} + \frac{0.615}{d_{SP}/d_{SC}}\right] \tag{9.28}$$

式中，f_{Wahl} 是关于螺旋弹簧的 Wahl 应力修正因数。

从以上计算可知，弹簧的线圈钢丝直径、平均直径、工作线圈数目依靠式(9.19)和式(9.26)分别决定了弹簧的刚度和固有频率。弹簧的线圈钢丝直径、平均直径、弹簧力根据式(9.28)决定了弹簧的扭转应力。虽然增大气门弹簧预紧力和弹簧刚度均能够提高配气机构的飞脱转速，它们对于气门弹簧设计的影响是不同的。较大的弹簧预紧力会增加最大弹簧载荷和应力，而且需要凸轮缓冲段坡道具有更高的高度。较大的弹簧刚度则要求较大的线圈直径、较重的弹簧、较小的线圈之间间隙、较高的固有频率、较大的弹簧力和弹簧应力。

弹簧设计问题可以构造为带有三个非线性方程的一个方程组系统，如式(9.19)，式(9.25)和式(9.28)，以求得一组确定性的解，解出三个未知数——d_{SP}，d_{SC} 和 $n_{SC,active}$。然后，弹簧固有频率可以用式(9.26)计算。另外一种数学构造方法是将弹簧设计问题作为一个非线性约束优化问题处理，具体如下：

$$\begin{cases} 求解 \ d_{SP}, \ d_{SC} \ 和 \ n_{SC,active}, 以将 \ f_{n,SP} \ 最大化 \\ 基于 \ c_{SC,2} \geqslant c_{SC,2}^{min} \quad c_{SC,0} \leqslant c_{SC,0}^{max} \\ n_{SC,ia1} \geqslant 1.25 \quad n_{SC,ia2} \geqslant 1.25 \\ K_{s,SP} = K_{s,SP}^{target} \quad s_{SP}^{max} \leqslant s_{SP}^{limit} \end{cases} \tag{9.29}$$

气门弹簧设计还有一种图形设计方法(图9.21)，将在第9.5.3节讨论。

9.5.3 气门弹簧设计的步骤

气门弹簧的设计是一个复杂的系统设计课题。良好的弹簧设计可以最大限度地减少配气机构的摩擦和磨损。现将一个基于构造参变量敏感度设计图的气门弹簧设计的分析式方法总结如下：

(1) 第1步 通过分析车辆下坡行驶性能和发动机制动，确定配气机构的飞脱转速设计目标，以便确定所需要的气门弹簧预紧力和弹簧刚度；

(2) 第2步 建立配气机构动力学模型，以便准确地预测飞脱，并且评估缸内再压缩压力对飞脱的影响；

(3) 第3步 通过对弹簧预紧力和弹簧刚度的不同取值进行参变量扫值计算，构建配气机构动力学的参数图，以检查它们对配气机构振动的影响。需要在图中绘制推杆力、配气机构加速度和弹簧减速度相对于曲轴转角的曲线，以显示飞脱的设计裕度，从而能够在第4步中方便而明智地选取弹簧预紧力和弹簧刚度所需要具有的目标值；

(4) 第4步 基于排气门阀头的静态力平衡，计算所需要的弹簧预紧力以防止排气门出现跳浮。为带和不带排气制动器的发动机选择排气门弹簧预紧力，并使用在第3步中的设计参数图来选择匹配的弹簧刚度；

(5) 第5步 对设计参数进行参变量扫值计算，使用图形化设计方法为弹簧设计构造参变量敏感度设计图(图9.21)。选择弹簧的平均直径、线圈钢丝直径和线圈数目，同时满足弹簧扭转应力、固有频率、线圈间隙等设计约束条件。或者也可用分析式优化方法直接求解式(9.29)；

(6) 第 6 步　　估算在发动机循环内的平均气门弹簧力、发动机摩擦功率、冷却液散热量和有效燃油消耗率等方面发生的变化。

　　正如在第 6 章中讨论的，车辆性能主要涉及车辆重量、迎风面积、轮胎大小、道路坡度、后传动桥速比、变速器齿轮速比、发动机缓速功率、发动机转速等。在下坡时最方便的制动条件是驾驶员不需要使用刹车闸片制动器而保持一个所希望的下坡控制车速。这种制动条件由 ZWB 曲线在车辆性能图上予以标示(第 6 章的图 6.5)。发动机的超速目标应被设计得远高于典型车辆下坡驾驶的 ZWB 曲线。如果能够降低飞脱转速的设计目标，就可以使用较软的弹簧、较小的弹簧预紧力和刚度来缓解配气机构磨损和间隙增长的问题。如图 9.21 所示，对于不管是带还是不带排气制动器的发动机来讲，采用改进了的新的进气门弹簧设计，它的预紧力从原来进气门弹簧的 819 N(184 lbf)减小到 592 N(133 lbf)，相当于下降了 28%。新进气门弹簧的刚度从原来的 66 396 N/m(379 lbf/in)下降到 51 856 N/m(296 lbf/in)，相当于下降了 22%。整个发动机循环内的平均进气门弹簧力(作为一个表征配气机构摩擦或磨损负荷的指标)可以减少 26%。对于带排气制动器的发动机，同一个研究显示，当采用一个改进了的新的排气门弹簧设计后，它的预紧力从原来排气门弹簧的 819 N(184 lbf)减少到 756 N(170 lbf)，相当于下降了 8%。新排气门弹簧的刚度从原来的 66 396 N/m(379 lbf/in)下降到 55 535 N/m(317 lbf/in)，相当于下降了 16%。排气门弹簧力从整体平均上讲可以减小 10.5%。

9.6　配气机构系统的分析式设计和优化

　　总结以上各节论述的设计要点，分析式的配气机构设计指的就是在下面所列的每个设计步骤中使用先进的模拟工具，来优化配气机构系统中各参数之间的关系(范围如图 9.22 所示)。现将配气机构系统设计的关键步骤归纳如下：

(1) 依靠车辆驾驶和发动机拖动或制动工况的性能分析，选择配气机构飞脱转速的恰当设计目标；

(2) 使用发动机循环模拟，基于高低转速之间的最佳权衡，确定优化的气门工作段长度、配气定时和气门重叠角大小。这个分析需要与涡轮增压器匹配耦合进行，因为发动机压差对换气和气门倒流有直接影响。另外，也需要考虑气门凹陷量对燃烧室"K 因子"的影响；

(3) 基于初步规划的气门升程型线，采用发动机循环模拟确定作用于配气机构的来自气缸和来自进排气道的气体载荷；

(4) 根据发动机的点火工况和制动工况要求，初步选择排气门弹簧预紧力。根据气门加速度、弹簧减速度、推杆力或凸轮力的配气机构动力学模拟结果，初步选择气门弹簧刚度；

(5) 模拟气体载荷对配气机构振动的影响；

(6) 在给定的配气定时、配气机构的刚度和重量、气门尺寸和配气机构间隙下，采用一个凸轮设计工具和配气机构动力学模拟模型在整个配气机构系统中将下列参数全部一起优化，以满足所有的设计标准：最大气门升程、摇臂比、凸轮加速度形状、凸轮基圆半径、从动件滚轮半径、凸轮曲率半径、气门弹簧预紧力、弹簧刚度。例如，凸轮基圆半径应该在空间和重量的允许限度内予以最大化。这有助于减小凸轮应力并最大限度地获取"呼吸"性能。较大的摇臂比会导致较高的凸轮力和凸轮应力。较低的摇臂比则要求较高的凸轮升程(对于给定的气门升程来讲)、较高的凸轮加速度和较小的凸轮顶部曲率半径；

(7) 对气门弹簧的直径、线圈钢丝直径和线圈数目进行优化设计，以期最大限度地增大弹簧的固有频率；

(8) 从以上第二步到第七步进行反复迭代，直到在所有的设计参数之间获得令人满意的权衡为止。

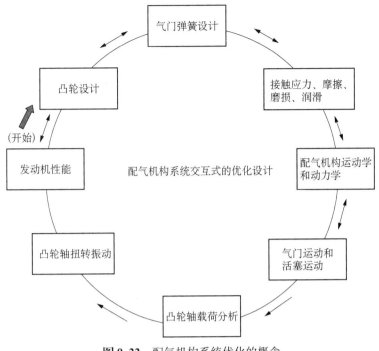

图 9. 22 配气机构系统优化的概念

很明显,由于涉及大量设计参数,而且由于它们之间复杂的相互作用,配气机构的设计是非常复杂的。使用一个反复迭代的过程甚至使用试验设计进行优化往往非常必要。采用图形法来构造参变量设计图进行设计,对于直观而深刻地认识参变量关系非常有益(例如关于凸轮的图 9.17 和关于气门弹簧的图 9.21)。关于配气机构型式设计的更多内容,读者可以借鉴 Jacques(1997)、Clarke 和 Innes(1997)、Buuck 和 Hampton(1997)的工作。另外,Seidlitz(1990)、Ernst 等人(1993)和 Keribar(2000)在他们的论文中对配气机构的设计优化有一定的论述。

9.7 可变气门驱动发动机的性能

9.7.1 对可变气门驱动的需求

在传统的固定凸轮式配气机构中,配气定时、气门升程和气门工作段持续期都是基于某凸轮轴设计的固定值。最佳配气定时通常是不同发动机运行条件(例如不同转速或负荷)之间的权衡,而且这个最佳定时在给定的工作条件下还往往是流量与油耗之间的权衡。发动机的气门流量直接以曲轴转角精度影响气缸的"呼吸"性能和发动机的热力循环过程。空气、排气和燃料的流动构成了内燃机的能量流。现代柴油机配备有灵活的电控燃油喷射系统和各种空气、燃气和排气再循环的控制阀门。可变截面涡轮增压器也被广泛用来调节气流。目前在空气系统中唯一剩下的需要进行革命性变化而非渐进性变化的部分就是配气机构。一个带电控可变气门驱动(VVA)[①]的空气管理系统,对于现代柴油机来讲是非常需要的。这里所说的革命性变化指的就是以瞬时曲轴转角精度控制气缸进排气的能力,以便能够比那些用循环级精度控制气流的措施更为有效地对发动机气流

---

① VVA 在燃烧系统中所对应的技术变革为 VCR——可变压缩比。

网路进行宏观调控,不仅改进空气系统能力,而且帮助控制燃烧。

如同人们多年来对可变压缩比的渴望一样——希望发动机在整个工作范围内的各种不同的运行条件下都具备最佳性能而无须进行折中,自一个多世纪以前的蒸汽机时代开始,以曲轴转角精度对发动机气门驱动进行灵活控制一直是发动机设计人员的梦想。事实上,内燃机领域对可变气门驱动的最早研究可以追溯到1902年,那时路易·雷诺为一台火花点燃式发动机构思出一个简单的可变气门驱动装置。然而,只是在过去的20年里,内燃机行业在可变气门驱动研究方面才真正经历了迅速的进展,这一点可以由这方面的文献和专利数量的急剧增加以及在火花点燃式发动机上已实现VVA产业化得到见证。这一快速增长的原因主要是由于电控系统的出现并得以运用到VVA上,另外也有来自改善燃料经济性的市场压力。

各种不同形式的可变气门驱动系统自20世纪80年代以来便在车用汽油机上逐渐大量应用。而在柴油机上应用可变气门驱动的步伐一直大大落后。这其中最大的原因是,传统的汽油机在部分负荷工况依靠进气节流来调节负荷,故而使用可变气门驱动可以减少或消除由于进气节流所造成的泵气损失,提高燃料经济性。这方面的好处在大量的文献和实践中都已经很容易地得到了验证。具体来讲,进气节流会减小在进气冲程内的气缸压力,而在发动机的 p-V 图上介于排气冲程与进气冲程之间的气缸压力差则形成泵气损失。柴油机一般是不需要采用进气节流的,并且具有比较窄的转速范围(例如,对于重载柴油机来讲高达 3 000 r/min,对于轻载柴油机来讲高达 4 500 r/min)。因此,在柴油机上使用可变气门驱动的好处历来被认为远远不如汽油机。而且,关于柴油机是否应当使用可变气门驱动的论证过去往往只局限于配气定时优化和其他用途特征(例如发动机压缩式制动器)方面的成本效益比是否合适,而对其全部潜力缺乏深入理解。

未来先进的柴油机技术要求对可变气门驱动的潜力进行新的审视。这些考量包括减少泵气损失、均质充量压燃着火燃烧、气缸停缸、发动机制动器、发动机气门(具有曲轴转角级的精度控制)与空气系统控制阀门(具有发动机循环级的精度控制)之间的调和、配气定时优化等。在现代柴油机上应用可变气门驱动技术的推动因素包括改善燃油经济性、减少氮氧化物排放、实现先进的燃烧模式、通过整合所有的空气流量控制功能来降低成本,以及用户对于某些特殊功能的需求,例如实现较高的低速扭矩、在低转速低负荷的加速瞬态工况减少涡轮增压器的滞后效应、使用发动机压缩式制动器等。

9.7.2　可变气门驱动的分类

可变气门驱动通常指的是改变以下参数中的一部分或全部的一种调节能力:气门开启和关闭定时或者气门工作段持续角、最大气门升程、气门开启和关闭的速率。尽管在可变气门驱动领域存在很多专利,该技术可以按照不同的复杂性分为两组子技术:①使用凸轮轴的装置(例如凸轮相位变换器亦称凸轮相位器、凸轮瓣切换器、凸轮驱动的机械式带可变挺柱或可变摇臂的装置、基于凸轮的"空程式(lost motion)"装置、可变凸轮型面亦称三维凸轮);②无凸轮装置(例如液电式、电磁式、机电式、气动式)。可变气门驱动按照功能也可以被划分为可变配气定时(VVT)和可变气门升程(VVL)。

凸轮相位变换器的一个例子是,在一个双顶置凸轮轴式配气机构中,进气和排气凸轮分别位于两个独立的凸轮轴上,两套凸轮之间的相位关系和气门重叠角可以发生变化。该装置被广泛用于汽油机的可变气门驱动装置中。另一方面,由于在曲轴转角精度级的空气管理上具有多样性的强大功能,无凸轮可变气门驱动技术更为适合柴油机。无凸轮的发动机几乎可以在任何转角位置获得任何气门升程位置,并可以持续任意长的开启时间,以实现气门工作段的任何型线形状,从而灵活地优化发动机的性能。在无凸轮可变气门驱动技术中,传统的配气机构(凸轮轴、推杆、挺柱、摇臂、气门弹簧等)被小快灵的电控驱动器所取代。

　　Stone 和 Kwan(1989)给出了对可变气门驱动系统更为详细的分类和设计机理介绍。Dresner 和 Barkan(1989a)将可变气门驱动技术分为 15 种不同的基本设计概念。

9.7.3　可变气门驱动的设计难点

　　可变气门驱动在汽油机上的好处是毫无疑问并被广泛承认的。目前的开发重点是降低成本和减轻重量,并提高装置的可靠性。通过降低复杂性和减小气门落座速度(例如采用"软着陆"),可以实现更好的可靠性。另外,改进配气定时和气门工作段的准确性和可重复性、确保气门与活塞之间无碰撞,也可以提高该技术的可靠性。对于液压可变气门驱动系统来讲,确保装置在低机油压力和温度下具有良好的性能也是一个挑战。

　　可变气门驱动系统的附属装置耗功损失一般高于传统的凸轮驱动式配气机构。低摩擦设计对于任何可变气门驱动系统都至关重要,以避免摩擦损失将气体交换方面带来的燃油经济性好处抵消掉。例如,在无凸轮的液电配气机构中,其能量消耗正比于所产生的最大气门升程。因此,在低转速或负荷下,如果采用较低的气门升程,便可以减少配气机构的能量消耗,而且对发动机的"呼吸"性能和燃油经济性不会造成显著的负面影响。

9.7.4　可变气门驱动与其他空气系统部件的相互作用

　　在文献方面,Asmus(1982)、Stas(1999)、Thring(1990)和 Leonard 等人(1991)详细讨论了配气定时对内燃机性能的影响。Gray(1988)、Stone 和 Kwan(1989)以及 Dresner 和 Barkan(1989a,1989b)广泛评述了汽油机和柴油机的可变气门驱动技术。Mardell 和 Cross(1988)、Schechter 和 Levin(1996)、Pischinger 等人(2000)、Salber 等人(2001)、Tai 等人(2002)、Schernus 等人(2002)和 Picron 等人(2008)详细论述了无凸轮的发动机设计和性能。Turin 等人(2008)介绍了一个对充量因数进行深入探讨的性能模型。Anderson 等人(1998)对可变气门驱动进行了热力学第二定律的分析。在已有的研究工作中,大量文献是论述配气定时和可变气门驱动性能的。但是,关于可变气门驱动与其他空气系统部件之间的理论关系,过去还没有被研究过。本书所指的空气系统包括涡轮增压器、排气再循环系统、进排气歧管、配气机构。在柴油机系统设计中,了解配气定时和可变气门驱动在整个空气系统中的作用是非常重要的,因为这样才能选择一个明智的系统设计方案来协调或简化各个部件,并避免重复或冗余。本节将给出一个理论分析,论述几个空气系统技术之间的关系,比如可变气门驱动、停缸、空气控制阀节流、排气再循环、涡轮增压。

　　发动机气门的运行影响冲程数(例如二冲程或四冲程)、有效发动机排量(例如通过关闭气门实现停缸)、有效压缩比(通过改变进气门关闭定时)、有效膨胀比(通过改变排气门开启定时)、充量因数(通过改变气门工作段持续角或气门有效开启面积),并最终影响缸内热力循环过程。置于发动机气流网路中的空气或排气控制阀和涡轮增压器,通过它们在气缸外部的角色和作用,在循环精度级上也影响着发动机气流。它们对空气气流、排气再循环气流和泵气损失的影响不同于可变气门驱动。实际上,配气机构连同气缸可以被视为以充量因数为特征的位于气流网路中的一个集总元件。在这个意义上,配气机构本质上就是一些具有流动阻力的孔口。发动机的空气流量和压力是由气流网路中所有具有流动阻力的孔口所决定的。例如,当使用提前关闭进气门的米勒循环(Miller cycle)来减小处于下游的进气门流通面积时,相对地处于上游的进气歧管中的增压压力就会增加。类似地,当处于下游的涡轮流通面积减小时,相对地处于上游的排气歧管中的压力就会增加。而且,压力的变化行为还与通过某些孔口的空气或排气的体积流量有关。例如,关闭进气节气门可以降低发动机的空气流量,使得在进气门孔口前的进气歧管压力变得非常低。

深刻理解配气机构和可变气门驱动对发动机性能影响的最佳渠道是了解充量因数、泵气损失和排气再循环驱动能力在第 4 章的空气系统理论中所提出的四个核心方程中的作用。这四个方程分别是式(4.40)(发动机的充量因数)、式(4.44)(排气再循环环路的压力降)、式(4.47)(涡轮增压器的功率平衡)、式(4.57)(涡轮流量)。这四个核心方程决定了发动机的空气流量和泵气损失。不同的空气系统设计和控制参数的作用,包括任何相互竞争的技术,都可以通过这四个方程所揭示的参数关系清晰地加以理解。

四冲程内燃机进气歧管空气与排气再循环气体混合物的非滞留(non-trapped)充量因数 η_{vol} 曾在第 4.4 节中的式(4.40)表述过,现开列如下:

$$\eta_{vol} = \frac{2(\dot{m}_{air} + \dot{m}_{EGR})T_{2a}R_{gas}}{p_{2a}N_E V_E}$$

这个方程经过重新排列,可以表达成以下形式:

$$2(\dot{m}_{air} + \dot{m}_{EGR})R_{gas} = \frac{\eta_{vol}V_E N_E(p_2 - \Delta p_{IT} - \Delta p_{CAC})}{T_{2a}} \tag{9.30}$$

式中,$\dot{m}_{air}$ 是发动机总的新鲜空气流量;N_E 是发动机转速;V_E 是发动机有效排量;T_{2a} 是进气歧管气体温度;p_{2a} 是进气歧管压力;p_2 是压气机出口压力;Δp_{IT} 是进气节气门节流造成的阻力压降;Δp_{CAC} 是中冷器的压降。式(9.30)表明,在给定的工况下,为了满足一个给定的空气流量和排气再循环流量的要求,以下六项技术或参数之间需要合理匹配,如式(9.30)右侧所示:①配气机构设计(η_{vol});②发动机排量(例如停缸或减小排量);③发动机转速选择(例如降低转速);④涡轮增压(p_2,与涡轮面积和涡轮增压器效率有关);⑤进气节气门节流(Δp_{IT});⑥空气或排气再循环充量冷却(T_{2a})。

进气门和排气门的阻力压降和开启持续角在很大程度上以不同的机理影响着充量因数。Fukutani 和 Watanabe(1979)指出,充量因数从某种意义上可以与一个平均进气马赫数或马赫指数相关。当该马赫数接近 0.5 时,充量因数会急剧下降,因为这时在进气冲程的一部分区段气流会发生阻塞。一般来讲,在设计上总是希望能够获得一个比较大的气门流通面积和比较高的气门和气道流量因数,以减少泵气损失并提高充量因数。

现将内燃机空气系统的四个核心方程汇总表述如下:

$$\begin{cases} 2(\dot{m}_{air} + \dot{m}_{EGR})R_{gas} = \dfrac{\eta_{vol}V_E N_E(p_2 - \Delta p_{IT} - \Delta p_{CAC})}{T_{2a}} \\[2mm] p_{EGRin} - p_{EGRout} = f(C_{d,\,EGR}, \dot{m}_{EGR}, T_{EGRcoolerOut}) \approx C_0 + C_1 \dot{m}_{EGR}^2 \\[2mm] 1 - \left(\dfrac{p_2}{p_1}\right)^{\frac{\kappa_c - 1}{\kappa_c}} + \eta_C \eta_T \eta_{TC,mech}\left(\dfrac{\dot{m}_T}{\dot{m}_C}\right)\left(\dfrac{c_{p,\,T}}{c_{p,\,C}}\right)\left(\dfrac{T_3}{T_1}\right)\left[1 - \left(\dfrac{p_4}{p_3}\right)^{\frac{\kappa_t - 1}{\kappa_t}}\right] = 0 \\[2mm] \dot{m}_T = A_T \cdot \dfrac{p_3}{\sqrt{R_{ex}T_3}} \cdot \sqrt{\dfrac{2\kappa_t}{\kappa_t - 1}} \cdot \sqrt{\left(\dfrac{p_4}{p_3}\right)^{\frac{2}{\kappa_t}} - \left(\dfrac{p_4}{p_3}\right)^{\frac{\kappa_t + 1}{\kappa_t}}} \end{cases} \tag{9.31}$$

需要注意的是,这四个核心方程可以用来求解任意四个未知数,无论是硬件设计参数、控制标定参数还是性能参数。例如,式(9.31)显示,为了满足某个空气流量和排气再循环流量的目标要求,可以求解以下四个未知数,同时将所有其他参数作为给定的已知输入数据:涡轮的废气旁通程度(影响涡轮流量 $\dot{m}_T$)、排气再循环阀门开度($C_{d,\,EGR}$)、进气歧管压力 p_2、涡轮进口压力 p_3。很明显,如果进气节气门开度(实际上即 Δp_{IT})或配气定时(实际上即 η_{vol})的输入假设发生了变化,就会得到一组新的解,而其对应的发动机压差也会变得不同。因此,可变气门驱动是否在功能上能够取代进气节气门或废气旁通,取决于按这样求解所得到的答案。

应当指出,充量因数的变化(例如通过改变进气门关闭定时或气门重叠角大小)会影响发动机运行点在压气机性能图上的位置,因而影响压气机的运行效率。这是因为充量因数的倒数大体上(严格地讲,在排气再循环率为零时)反映了压气机性能图上运行点的斜率。可变气门驱动对涡轮增压器匹配的这种影响会使得上一段所讲的各种技术之间的比较变得更为复杂。通常情况下,需要充分利用数值模拟比如 GT-POWER 这类软件才能分析清楚这类问题。Gray(1988)报道称,进气门关闭定时和气门重叠角的变化有助于改进非排气再循环发动机的涡轮增压器匹配,从而在整个负荷范围内降低燃料消耗。

如果使用可变气门驱动的目的是为了增强功率或扭矩能力,那么涡轮增压其实可以被视为可变气门驱动的替代技术之一。这是因为可以将配气定时按照低转速性能的需要予以优化(例如采用较小的气门重叠角或较为提前的进气门关闭定时),然后在高转速时使用较高的涡轮增压压力来补偿较低的充量因数(Stone 和 Kwan,1989)。但是,如果使用可变气门驱动的目的是为了减小有效燃油消耗率,涡轮增压和可变气门驱动则是两种完全不同的技术,不能相互替代。这里面的根本原因在于,可变气门驱动所产生的等效流动阻力"孔口"与涡轮增压器在发动机气流网路中是分别处于不同的位置。因此,它们调节气体流量和压力的功能也便不同。

在设计中,将式(9.31)求解后,就可以计算泵气损失,以便评估给定的某项技术对有效燃油消耗率的影响。按照定义,总泵气损失由 p-V 图上在 $180°\sim540°$ 曲轴转角内的泵气冲程的回路积分所表示,可以用下式表达(即第 4 章的图 4.4 中的 p-V 曲线所包络的面积"B + C"):

$$
\begin{aligned}
\int_{180°}^{540°} p_{cyl} dV_{act,E} &= \sum_{\phi=180°}^{540°} (p_{exhaust} - p_{intake}) dV_{act,E} \\
&= \sum_{\phi=180°}^{540°} \left[(p_{EM} + \Delta p_{ex}) - (p_{IM} - \Delta p_{in}) \right] dV_{act,E} \\
&= \sum_{\phi=180°}^{540°} \left[(p_{EM} - p_{IM}) + (\Delta p_{ex} + \Delta p_{in}) \right] dV_{act,E} \\
&\approx \sum_{\phi=180°}^{540°} (p_{EM} - p_{IM}) dV_{act,E} + \sum_{\phi=EVO/180°}^{EVC/360°} \Delta p_{exV} dV_{act,E} \\
&\quad + \sum_{\phi=IVO/360°}^{IVC/540°} \Delta p_{inV} dV_{act,E} + \sum_{ValveClosed}^{180°\sim540°} \Delta p_{PM} dV_{act,E} \\
&= \sum_{\phi=180°}^{540°} (p_{EM} - p_2 + \Delta p_{IT} + \Delta p_{CAC}) dV_{act,E} \\
&\quad + \sum_{\phi=EVO/180°}^{EVC/360°} \Delta p_{exV} dV_{act,E} + \sum_{\phi=IVO/360°}^{IVC/540°} \Delta p_{inV} dV_{act,E} + \sum_{ValveClosed}^{180°\sim540°} \Delta p_{PM} dV_{act,E}
\end{aligned}
\tag{9.32}
$$

式中,p_{cyl} 是缸内压力;$V_{act,E}$ 是发动机工作气缸的总排量;ϕ 是曲轴转角;$p_{exhaust}$ 和 p_{intake} 分别是在排气冲程和进气冲程内的气缸压力;p_{EM} 和 p_{IM} 分别是排气歧管和进气歧管内的瞬时压力;Δp_{ex} 和 Δp_{in} 分别是跨越整个排气和进气的气门、气道和歧管的阻力压降;Δp_{exV} 和 Δp_{inV} 分别是在气门开启期间跨越整个排气和进气的气门、气道和歧管的阻力压降;Δp_{PM} 是在气门关闭期间在进气和排气的气道和歧管内的压力损失。"IVC/540°"是指进气门关闭定时或 540°曲轴转角,哪个在 360°～540°的进气冲程中发生,就取用哪个。"EVO/180°"是指排气门开启定时或 180°曲轴转角,哪个在 180°～360°的排气冲程中发生,就取用哪个。式(9.32)忽略了净泵气损失效应(即第 4 章的图 4.4 中的面积"B"),故而是一个简化了的示意。

式(9.32)表明,泵气损失不仅与进气节气门的压力降有关,而且与气流在气门处的压力降和气门的开启持续时间有关(例如从进气门开启到进气门关闭)。气流在气门处的压力降与气门有效流通面积有关。较大的气门流通面积由于流动阻力较小而导致较小的压降。这就是为什么需要采用比较陡峭的加速度型线来尽可能增大凸轮流通面积的原因。当气门的流通面积比较小的时候,由于流动损失较高,充量因数会比较低。另外,气门开启持续时间影响发动机流量,从而也直接影响充量因数。如果气门工作段的持续时间太短,式(9.30)中的质量流量将会过低,因此充量因数也会很低(当然泵气损失也会低)。如果气门工作段持续期过长,可能会发生倒流,充量因数也会变低。关于在 p-V 图上泵气损失定义的更多内容,读者可参考 Pierik 和 Burkhard(2000)以及 Shelby 等人(2004)的论述。

应当指出的是,进气歧管充量因数本质上讲基本上只与配气机构、气道和歧管的设计有关。它不受进气节气门影响。当使用提前关闭进气门的可变气门驱动装置时,由于进气门的开启持续时间很短,充量因数会变得非常小。然而,根据式(9.32)可知,如果不关进气节气门的话,泵气损失也会变得非常小。事实上,这种情形可以视作在自然吸气汽油机的部分负荷运行时采用进气可变气门驱动取代进气节气门的一个实例。需要注意的是,虽然在进气节气门处的节流过程本身所对应的可用能的损失是比较小的,但是节流所导致的泵气损失是相当大的。因此,原则上讲,发动机中的任何节流都是高泵气损失的一个信号,均应当尽量避免。

泵气损失由两部分组成:发动机压差[式(9.32)中的第一项]和与充量因数有关的流动阻力损失。这第二部分可以再进一步分解成两部分:①与气门工作段持续角有关的损失(式(9.32)中的第二项和第三项);②与气道和歧管相关的损失。充量因数通过气门流动阻力和气门工作段时间对泵气损失的影响是不同的。如果气门流通面积过于狭小,跨越气门的较大压降会导致充量因数下降并增加泵气损失(即在图 4.4 中沿着垂直方向扩大泵气损失所占据的面积)。但是,如果气门工作段的持续时间很短,其造成的较低充量因数其实会造成泵气损失的减小(即在图 4.4 中沿着水平方向缩小泵气损失所对应的面积)。对于一个给定的气门工作段持续期来讲,那些能够减小流动阻力的设计措施(例如在凸轮或可变气门驱动中使用较大的气门流通面积),会导致充量因数升高和与气门气流流动有关的泵气损失的减小。然而,那些影响气门工作段持续期的设计措施(例如配气定时),会使得充量因数和泵气损失同时增加。一个极端的例子就是在停缸工况时,不工作的气缸的充量因数为零,而它们的泵气损失也为零。

配气机构设计与涡轮增压之间的关键联系参数是进气歧管压力。在同一发动机流量下,一个较高的充量因数意味着较低的进气歧管压力,并可能也会意味着较低的泵气损失。其原因是可能可以使用一个较大的涡轮面积来达到同样的空气流量要求,从而实现较小的发动机压差。因此,配气定时的变化对有效燃油消耗率的净影响效应取决于发动机压差与气门气流流动所造成的不同泵气损失之间的一个平衡。

最后,需要注意的是,有效燃油消耗率(即直接对应于功率损失的一个参数)和发动机气体流量(即直接对应于充量因数的一个参数)是在配气定时或可变气门驱动优化中两个独立而不同的设计标准(例如反映了油耗与氮氧化物排放之间的典型权衡)。这个优化问题是一个多目标优化。如果获得高流量是设计的目标(例如为了满足排放要求或者为了控制排气歧管气体温度),那么不同的配气定时设计方案就需要在相同的进气歧管压力下对充量因数予以比较。然而,如果实现低油耗是设计目标的话,那么就需要在相同的发动机流量下对泵气损失予以比较。

9.7.5 汽油发动机可变气门驱动的性能

9.7.5.1 汽油机可变气门驱动概述

在讨论柴油机的可变气门驱动性能之前,先需要对汽油机(火花点燃式发动机)的可变气门驱动作一总结,这对了解它们之间的区别很有益处。可变气门驱动方面的大多数研究成果集中于汽油机部分负荷工况。其主要目的有两个:一是减少或消除使用进气节气门;二是优化配气定时,以求在较宽的发动机转速范围内提高充量因数来改善低转速扭矩。气道燃油喷射和直喷式汽油机在部分负荷运行时都需要对进气进行节流,以满足排气后处理三效催化器的运行要求。在这种情况下,可变气门驱动可代替节气门来降低油耗。在全负荷,汽油机通常是在节气门全开的状况下运行。

据估计,以下三种技术在未来几十年内将对汽油机上的空气流动控制和燃油经济性提高具有决定性影响:①通过使用可变气门驱动取代进气节气门以实现无节流运行、充量控制或负荷控制;②采用停缸技术实现可变排量和减小排量;③分层直喷。其中,VVA 占据着重要地位。

关于汽油机可变气门驱动性能方面比较重要的研究工作,读者可以借鉴 Tuttle(1980)、Elrod 和 Nelson(1986)、Ma(1988)、Payri 等人(1988)、Saunders 和 Abdul-Wahab(1989)、Ahmad 和 Theobald(1989)、Larsen(1991)、Asmus(1991)、Kreuter 等人(1992)、Nuccio 和 Marzano(1992,评述)、Gallo(1992)、Ke 和 Pucher(1996)、Anderson 等人(1998)、Pischinger 等人(2000)、Pierik 和 Burkhard(2000)、Ribeiro 和 Martins(2007)的工作。

9.7.5.2 汽油机气门重叠角

在汽油机中,配气定时历来被设计得为了优化高速全负荷工况,而这时进气节气门是全开的。汽油机气门重叠角的大小是基于以下因素确定的:高转速时的功率、低转速时的扭矩、在部分负荷为实现充量组分控制和排放控制而对残余废气量进行的控制、在全负荷时流失到排气中的充量损失、怠速质量。在部分负荷时,如果对发动机节流,排气歧管与进气歧管之间就会产生一个很大的压差(例如进气歧管中出现高真空)。这样,大量残余废气(内部排气再循环)会通过气门重叠从排气歧管被吸入气缸。

在汽油机中采用较小的气门重叠角会导致以下一些情形:①在高转速时,不良换气导致较低的充量因数;②在低转速时,可以获得较高的扭矩;③在部分负荷时具有较低的内部排气再循环率;④旁通流失到排气系统中的未燃燃料与空气的混合物会较少;⑤由于残余废气分数较低,怠速质量比较好。倒流到排气管道中的气流较少可以避免高油耗,而且能保护后处理催化器。改善的怠速稳定性和怠速质量能够帮助降低怠速转速,从而实现减少怠速油耗。

9.7.5.3 汽油机进气门关闭和排气门开启的定时

无论是提前还是推迟进气门关闭定时都能够减小发动机的有效压缩比和压缩压力。汽油机中非进气节流的负荷控制方式是靠使用提前或推迟进气门关闭定时来实现的。这样可以减少吸入气缸的气体质量并且维持一个接近于大气压力的较高进气歧管压力,而不是像在使用进气节气门时那样具有很高的进气歧管真空度。因此,泵气损失可以大幅降低。值得注意的是,Stone 和 Kwan(1989)指出,在低负荷下,由于进气门关闭定时的变化所造成的较小的压缩比可能会降低非节流手段所带来的收益。将进气门关闭定时提前可以靠减小进气门工作段持续角来实现,这样做有时会伴随着最大气门升程的减小,以便控制在缩短了的工作段上的气门加速度。

推迟排气门开启定时可以增大有效膨胀比。有时可以将排气门开启定时推迟到下止点附近,尤其在低转速或低负荷时。因为在排气流量较低时排气冲程内的泵气损失不会受到多么不利的影响。另外,如果在可变气门驱动中排气门升程的开启速率高于凸轮驱动的升程型线的话,即使在高转速时也可以将排气门开启定时予以推迟来降低油耗,因为这时膨胀功增加,而泵气损失又不会受到明显的不利影响。从以上关于配气定时的讨论可见,很明显,可变气门驱动对于汽油机来讲是非常重要的。

9.7.5.4　汽油机可变气门驱动的性能优势

综上所述,汽油机可变气门驱动技术的性能优势可以总结概括如下:

1. 改进的扭矩曲线

汽油机通常具有很宽的转速范围。较高的充量因数能够提供较大的空气流量,因此能燃烧更多燃料来增加扭矩或功率。可变气门驱动使得在所有转速下都能获得优化的配气定时和高充量因数,从而使低速扭矩变得更高,对于非涡轮增压发动机尤为如此。

2. 减少部分负荷时的节流损失和燃油消耗

使用可变气门驱动取代进气节气门来减少泵气损失的优势在低转速低负荷条件下最为明显,因为这种条件是采用节气门的方法中节流情况最为严重的。可变气门驱动还能够降低有效压缩比,而无须相应地改变膨胀比,这就使热力循环效率得以提高。在汽油机上使用可变气门驱动能够使得有效燃油消耗率下降15%～20%——这个范围的油耗改进潜力被大量研究成果所报道和证实(例如,Dresner 和 Barkan,1989b;Pischinger 等人,2000)。

3. 改进的怠速稳定性和怠速油耗

低怠速工况在很大程度上影响着汽油机的燃油经济性。采用可变气门驱动改进燃油经济性时,改进百分比最高的地方通常就发生在低怠速。改进百分比随着发动机转速或负荷的增加而逐渐降低。可变气门驱动所给出的小气门重叠角能够改善怠速稳定性,并可以使怠速转速下降,从而降低油耗高达30%左右。据 Ma(1988)报道,怠速转速从 800 r/min 下降 200 r/min 后,能够使 ECE-15 驾驶循环的燃油经济性提高 6.1%。另外,将进气门关闭定时提前可以因实现无节流运行而进一步降低低怠速时的泵气损失。

4. 通过对缸内充量的质量和组分(残余废气)的控制来减少排放

可变气门驱动可以依靠增加残余废气分数或内部排气再循环大幅度降低氮氧化物排放,例如通过采用大的气门重叠角。小的气门重叠角有时会降低碳氢化合物和一氧化碳排放。可变气门驱动还能采用推迟的进气门开启定时减少在冷起动和暖机瞬态工况的碳氢化合物和一氧化碳排放。另外,推迟的排气门开启定时能够减少排放并提高排气温度。

5. 通过对充量在缸内运动的控制来减少排放

充量运动控制的目的是为了改善混合气的形成和缸内流动,以便获得更好的理论配比混合物来加速燃烧过程。在可变气门驱动中使用较小的或非均匀的气门升程能够获得可变涡流比,或者在低转速下实现较高的气门气流速度。这些收益也可以靠关闭某个气门或者采用负气门重叠角(即在上止点附近排气门关闭定时比进气门开启定时更早或更提前)来获得。

9.7.6　柴油发动机可变气门驱动的性能

9.7.6.1　柴油机可变气门驱动概述

柴油机可变气门驱动的历史可以追溯到 20 世纪 60 年代时雅各布斯制造公司(Jacobs Manufacturing Company)使用精密气门驱动技术操作压缩释放式发动机制动器。当时利用液压机械原理产生的制动排气门工作段型线可视为在柴油机上应用可变气门驱动技术的早期形式。在柴油机点火工况上使用进气可变气门驱动的一个例子是几年前卡特彼勒公司的 ACERT 系统。该系统采用液压机构改变进气门的运动和定时,以实现充量控制和内部排气再循环。近年来,进气可变气门驱动在柴油机均质充量压燃着火燃烧领域的应用得到了广泛研究。可变气门驱动使这一先进的低温燃烧模式变得可行,因为它可以通过改变进气门关闭定时影响发动机的有效压缩比,而且能够通过残余废气控制和缸内温度控制影响混合物的反应性。

　　人们在几十年前已经意识到在柴油机中灵活调节气门流量的必要性(Mardell 和 Cross,1988)。过去在可变气门驱动领域的研究可分类如下:

- Charlton 等人(1990,1991)对一台具有负发动机压差的非排气再循环涡轮增压柴油机模拟了气门重叠角的大小和倒流对高负荷和低负荷工况以及瞬态负荷响应的影响;

- Desantes 等人(1995)、Benajs 等人(1996)、Schwoerer 等人(2004)、Parvate-Patil 等人(2004)和 Millo 等人(2007)研究了采用可变气门驱动获得热态内部排气再循环的方法和系统性能;

- Ghaffarpour 和 Baranescu(1995)、Lancefield 等人(2000)、Lancefield(2003)、Parvate-Patil 等人(2004)以及 Deng 和 Stobart(2009)分析了配气定时对发动机"呼吸"性能的影响。Lancefield 等人(2000)和 Lancefield(2003)研究了冷却的外部排气再循环加上可变气门驱动的系统性能(将进气门开启和排气门关闭定时固定,控制或改变排气门开启和进气门关闭定时);

- Ishizuki 等人(1985)、Bolton 和 Assanis(1994)、Stebler 等人(1996)、Edwards 等人(1998)、Mavinahally 等人(1996)、Kamo 等人(1998)、Wang 等人(2005)、Millo 等人(2004,2005)、Ribeiro 和 Martins(2007)以及 Imperato 等人(2009)研究了使用可调节的进气门关闭定时在柴油机上实现米勒循环。Hitomi 等人(1995)、Okamoto 等人(1997)、Clarke 和 Smith(1997)、Ge 等人(2005)、Ribeiro 和 Martins(2005)、Ribeiro 等人(2006)、Al-Sarkhi 等人(2002,2006)、Chen 等人(2007,2008)、Junior(2009)以及 Wik 和 Hallbäck(2008,关于大型船用柴油机)也对米勒循环进行了大量研究(主要是针对汽油机);

- Ishizuki 等人(1985)研究了用于柴油机可变气门驱动技术的旋转阀,以便以低成本的设计实现提前的进气门关闭定时;

- Ke 和 Pucher(1996,关于涡轮增压汽油机)、Edwards 等人(1998)、Tai 等人(2002)、Lancefield(2003)以及 Yang 和 Keller(2008)研究了可变气门驱动与涡轮增压之间的关系。Gu(1995)和 Yang 等人(2009,2010)报道了在非排气再循环柴油机上将进气可变气门驱动(米勒循环)与可变排气定时和喷油定时相结合。他们的系统最初被称为顾氏系统,以顾宏中教授的名字命名(Gu,1995);

- Mardell 和 Cross(1988)、Fessler 和 Genova(2004)、Leet 等人(2004)和 Gehrke 等人(2008)研究了可变气门驱动在柴油机上的一些总体性能优势;

- Stephenson 和 Rutland(1995)以及 Munnannur 等人(2005)用计算的方法研究了可变气门驱动(进气门升程和进气门关闭定时)对于燃烧、排放和湍流涡流的影响;

- Hu 等人(1997a,1997b)、Israel(1998)、Schwoerer 等人(2002)、Yang(2002)以及 Fessler 和 Genova(2004)讨论了在柴油发动机制动器上应用可变气门驱动技术的研究;

- Gehrke 等人(2008)、Bernard 等人(2009)以及 Hass 和 Rauch(2010)设计了柴油机可变气门驱动装置并进行了液电模拟计算;

- 进气可变气门驱动不仅能够改善柴油机空气系统性能和减少泵气损失,而且还能提高燃烧效率和减少排放。这后者的机理是通过三方面来实现的:高充量密度、较冷的燃烧温度、更好的缸内充量运动。Kim 和 Kim(2002)、Su 等人(2005,2009a,2009b)、Kim 等人(2009)、Murata 等人(2010)、

Su(2010)、De Ojeda(2010a，2010b)以及 Minato 和 Shimazaki(2011)研究了在燃烧方面的好处。

9.7.6.2　柴油机可变气门驱动中的气门重叠角、进气门关闭和排气门开启的定时

凸轮相位转换器式可变气门驱动装置已被广泛用于汽油机来改变气门重叠角。车用高速柴油机具有很高的几何压缩比,这使得它们无法使用凸轮相位转换器及其较大的气门重叠角,否则会在上止点处的紧凑空间内发生气门与活塞之间的碰撞。为了防撞而在活塞顶部挖的气门坑或者在气缸盖里设置的气门凹陷一般都对燃烧和排放有敏感的负面影响。在部分负荷或低怠速,由于不使用进气节流,柴油机压差不像传统汽油机的那么大。汽油机在低怠速时的排气歧管压力比进气歧管压力(真空)要高得多。柴油机怠速运行时的空燃比比汽油机的大很多,因此可以使用很高的排气再循环率。残余废气质量对柴油机燃烧的影响不像在火花点燃式汽油机的理论配比燃烧中的影响那么有害。因此,在柴油机中使用较大的气门重叠角不会导致在汽油机中遇到的高残余废气分数和燃烧不稳定性这些严重问题。

在非排气再循环的增压柴油机中,气门重叠角的大小是低负荷残余废气倒流与全负荷部件温度之间的权衡。这类柴油机通常具有较大的气门重叠角,以便在负发动机压差下增强扫气。良好的扫气和冷却效应能够降低部件的热负荷,例如在排气门、燃烧室和涡轮处。在较低的转速或负荷下,增压压力往往会小于排气歧管压力,因此希望采用较小的气门重叠角以防止或减少排气倒流。小气门重叠角对于燃烧重质柴油燃料的老式发动机尤为重要,因为它们的排气倒流会严重污染进气道和进气歧管。虽然在柴油机中使用可变气门驱动控制气门重叠角不像在汽油机中那么关键,它毕竟可以帮助非排气再循环柴油机在低负荷时获得小气门重叠,而在高负荷时获得大气门重叠,并在不同的负荷或转速时将气门重叠角与发动机压差恰当地匹配。前面所示的图 9.12(a)给出了这方面的一个全面模拟。

另一方面,现代排气再循环柴油机通常设计得在任何转速和负荷下均需要具有很小的气门重叠角,以防止残余废气倒流,故而可以尽可能增大充量因数。需要采用小气门重叠角的原因是由于需要正发动机压差驱动外部排气再循环气流。进气歧管压力、发动机压差和有效燃油消耗率都受气门重叠角影响[图 9.12(a)]。在可变气门驱动中气门重叠(进排气门均开)的两个特殊情况分别是在排气冲程内的进气门二次预升程型线工作段以及在进气冲程内的排气门二次后升程型线工作段。它们均可用来吸入内部排气再循环气体(残余废气)。二次升程工作段也为柴油机提供了一些调节空燃比和发动机压差的机会。另外,应当指出的是,一般不希望使用负值的气门重叠(即排气门关闭定时比进气门开启定时要早),因为它会产生诸如气门流通面积减小、泵气损失增大和缸内再压缩压力升高这些负面影响。然而,在均质充量压燃着火燃烧的控制中可以考虑使用负气门重叠角,因为它可以提供热态内部排气再循环(详见第 9.8 节)。

在柴油机可变气门驱动的进气门关闭定时方面,它通常与带涡轮增压效果的著名的米勒循环有关(Miller,1947;Miller 和 Lieberherr,1957)。前面提到的图 9.12(b)~(d)给出了关于进气门关闭定时对发动机性能影响的一个全面模拟。另外,柴油机可变气门驱动的排气门开启定时与脉冲涡轮增压的特点密切相关。这些课题会在后面的章节详细介绍。

凸轮驱动的配气机构中的气门升程速率受凸轮设计、机械应力和其他动力学问题所局限。跨越气门的流动损失往往能通过快速开启或关闭气门来减少。无凸轮可变气门驱动装置一般能够提供较快的升程速率,故而比凸轮驱动的装置更为优越。然而,将进气门开启侧或关闭侧和排气门关闭侧的升程型线设计得过快是没有必要的。原因在于,在进气冲程的开始阶段和排气冲程的结束阶段,活塞的运动速度和相应的气门气流速度都非常低,因此过快的气门升程(正如在某些无凸轮

装置设计中所追求的)只会在减少泵气损失方面带来一些忽略不计的好处。所以,没有必要在无凸轮设计中盲目追求近乎方形的进气门升程型线,尤其是在低转速时。其实梯形型线往往就足够了,因为活塞瞬时速度和气门流量的曲线近乎梯形。

然而,与排气门关闭侧、进气门开启侧和进气门关闭侧所不同,在排气门开启处具有快速开启的升程通常是非常有利的,因为它可以使排气门开启定时得以推迟,以获取更低的油耗。另外,如果排气门开启的升程速率非常快的话,在快速排气过程中的气门流动损失也会较小,并且能够增加供给涡轮的能量。正如 Stone 和 Kwan(1989)指出的,快速开启排气门在低发动机转速下是特别需要的,因为这时涡轮的功率较低。

9.7.6.3 柴油机可变气门驱动的性能优势

传统的观点认为,在进排气性能方面,柴油机从可变气门驱动技术能获得的收益要比汽油机小,过去陈述的理由概括如下。首先,柴油机的负荷控制是通过调节燃料量而不是节流空气来实现的。因此,在部分负荷工况使用可变气门驱动来减少泵气损失的潜力要小得多。其次,燃油喷射装置和非均质柴油燃烧特征通常将柴油机的额定转速限制在 4 500～5 000 r/min 以下,比汽油机低得多。因此,柴油机的转速范围比汽油机的要小很多,故而在配气定时方面的折中就不那么严重。

但是,在改善燃油经济性的百分比方面,对汽油机和柴油机的期望值不应当相同。因为柴油机主要用于重型用途,即使很小的百分比对于一个庞大的运输队伍来讲都很有价值。因此,在柴油机设计中,可变气门驱动在降低油耗方面的任何微小收益都不应该简单丢弃。另外,最为重要的是,对于具有高发动机压差和高排气再循环率的现代柴油机来讲,下列使用进气可变气门驱动的技术能够显著降低油耗和排放:米勒循环、减少或消除废气旁通、高充量密度燃烧、均质充量压燃着火。除此之外,进气或排气可变气门驱动技术在很多其他方面也能够为柴油机提供增益。将这些技术商用化和量产化实施之前,需要进行成本效益评估,并与其他竞争技术进行比较,包括混合动力系统、余热回收、先进的涡轮增压等。现将柴油机上的进气和排气可变气门驱动技术的益处总结如下。

1. 增加低转速扭矩

以下几个措施可以增加低转速扭矩:①将排气门开启定时推迟到下止点之后,尽管这样会造成油耗增加(Tai 等人,2002);②使用 Curtil 排气可变气门驱动系统(Curtil, 1998)在压缩冲程的下止点利用排气倒流效应(Israel, 1998;Fessler 和 Genova, 2004);③将进气门关闭定时或排气门开启定时提前(Lancefield 等人,2000)。在推迟排气门开启定时的措施中,由于会使涡轮功率增加,空燃比会大为增加,这样就可以燃烧更多的燃料以便在低转速时获得较高的扭矩。该方法只在低转速(例如 1 000 r/min)比较有效。涡轮功率增加的原因是由于在涡轮进口具有较高的压力脉冲,而这个脉冲是由涡轮增压和在气缸内的较高残余废气压力造成的。因此,推迟排气门开启定时的方法需要与强脉冲涡轮增压结合进行。然而,压气机可能会在极低的流量和较高的增压压力下发生喘振。所以,需要很小心地匹配涡轮增压器,才能实现高扭矩。需要注意的是,尽管非常推迟的排气门开启定时能给出较大的膨胀功,但也会产生较高的泵气损失和缸内残余废气量。该技术对油耗的不利影响从低速工况对整个驾驶循环燃油经济性的贡献角度来看是很小的,因为在加速过程中在低转速全负荷工况(例如 1 000 r/min)所花的时间是很少的。

2. 减少泵气损失和燃油消耗

降低泵气损失主要通过以下四项措施进行:①使用带提前或推迟进气门关闭定时的米勒循环来降低充量因数和发动机压差,同时增大增压压力(注:该措施的收益比较大);②使用带提前或推迟进气门关闭定时的减少或消除废气旁通技术来进一步提高增压压力并避免排气能量损失(注:该措施在高转速或高负荷工况的收益较大);③使用无凸轮可变气门驱动实现快速的气门升程速率以尽可能扩大气门有效流通面积(注:该措施的收益比较小);④在停缸技术中同时停止喷油和关闭气门(注:该措施在低负荷的收益较大)。

改进油耗还可以通过以下几种与发动机循环过程有关的措施来实现:①优化可变的排气门开启定时(收益较小);②通过使用很高的几何压缩比、相对较大的膨胀比和相对较小的有效压缩比(例如米勒循环或阿特金森循环)获得更高的热力学循环效率(收益较大)。过去的研究表明,依靠可变气门驱动优化排气门开启定时和进气门关闭定时并采用快速的气门升程速率,至少可以改善有效燃油消耗率几个百分点,例如,在低怠速时改善4%,在低负荷时改善1%~3%,在整个驾驶循环内改善3%~5%。

3. 降低排放

在整个发动机转速-负荷区域上优化充量因数(主要通过调节进气门关闭定时)可以增加空气流量或空燃比,降低碳烟排放。充量因数上的收益可以高达好几个百分点。通过提前或推迟进气门关闭定时能够减小有效压缩比,获得较低的压缩压力、燃烧温度和氮氧化物排放。提前的进气门关闭定时还会带来一些缸内充量膨胀冷却方面的好处,这是由于活塞向着进气冲程下止点运动所造成的,正如米勒循环一样。另外,通过提前或推迟进气门关闭定时所形成的高充量密度燃烧模式也能显著降低氮氧化物和碳烟排放(Su等人,2005,2009a,2009b)。De Ojeda(2010a)也报道了使用进气门关闭定时提前的可变气门驱动技术在降低氮氧化物和碳烟排放方面的很大收益。热态内部排气再循环虽然在降低氮氧化物排放方面不如冷态外部排气再循环有效,但它仍然能够在一些排放法规不很严格的应用场合较为有效。Yang和Keller(2008)报道,对于一台轻载小柴油机的2 000~3 000 r/min转速和400~500 kPa有效平均压力来讲,推迟进气门关闭定时能够减少氮氧化物达24%并降低油耗达1%。另外,在进气冲程内的排气门后升程(为首选方法)或在排气冲程内的进气门预升程(效果稍差)能够通过内部排气再循环实现充量组分控制。Leet等人(2004)估计,对于重载柴油机,采用可变气门驱动可以将氮氧化物减少10%或0.17 g/(kW·h)从而达到1.58 g/(kW·h)的水平。Millo等人(2007)采用内部排气再循环在一台小型非道路柴油机上将氮氧化物降低了13%,而且对油耗和碳烟没有显著不利影响。Fessler和Genova(2004)宣称氮氧化物的欧洲四号(Euro IV)排放标准只能采用冷却排气再循环才能达到,而仅靠单独使用可变气门驱动无法达标。至于颗粒物和未燃碳氢化合物的排放,推迟的排气门开启定时会使它们在缸内有更长的燃烧时间,故而排放会降低,虽然泵气损失可能会增加。另外,推迟的进气门开启定时可能会增大空气流速和缸内湍流,减少碳氢化合物排放。总之,可变气门驱动技术对于降低氮氧化物和颗粒物的排放来讲通常是非常有效的。

4. 控制空气运动及调节涡流和滚流

增强的缸内气流运动可以通过使用较低的或不均等的进气门升程来实现,这样可以增加跨越气门座的气流速度,有利于加强缸内涡流形成,从而可以在低转速减少颗粒物和油耗。另一种方法是将进气门开启定时推迟到上止点后,以便形成一个跨越进气门的较大压差,产生高流速,但同时也会造成较高的泵气损失。可变气门驱动能够取代涡流翻板阀,对缸内充量运动的影响可能与其他气缸盖设计所能提供的功能差不多,而且VVA停用气门系统在获得高涡流比方面可能比停用气道系统更为有效。

5. 消除空气控制阀

使用可变气门驱动有可能替代并消除一些发动机上使用的空气控制阀,实现在空气流量和增压压力控制方面相似或更佳的功能。空气控制阀包括进气节气门、排气节气门、涡轮旁通阀、排气再循环阀等。消除多余的控制阀能极大地简化系统设计并降低成本。可变气门驱动能够以曲轴转角精度调节气流,而不会产生其他空气控制阀所具有的额外节流损失。然而,应当指出的是,可变气门驱动与这些空气控制阀在功能和空气系统能力方面并不完全相同。这个问题要从"空燃比相对于发动机压差"或"空燃比相对于排气再循环率"等空气系统能力区域上的趋势来评判。

6. 帮助启用先进燃烧技术

进气可变气门驱动能够帮助实现一些先进的燃烧概念,例如均质充量压燃着火(详见第9.8节)。可变气门驱动能控制压缩比以及充量组分和温度(通过内部排气再循环),而这些都是低温燃烧所需要的关键控制因素。可变气门驱动还能够控制使用多种类型燃料发动机的燃烧过程。

7. 改善冷起动

更佳的冷起动性能意味着起动快速,碳氢化合物排放和白烟减少,以及可能删除加热塞以降低成本。冷起动的质量受以下因素影响:在压缩冲程末的缸内空气温度、几何压缩比、进气门关闭定时。要想获得较快的冷起动,可以将进气门关闭定时向下止点方向提前,以避免空气倒流,并增加有效压缩比、被截留的气体质量和上止点处的压缩温度。发动机的几何压缩比在很大程度上取决于冷起动要求,有时这个压缩比会比热态运行时为达到最佳的排放和油耗所要求的最佳压缩比要高。与一些用于海运、铁路运输和发电机组的低速或中速柴油机不同,车用高速柴油机往往使用较高的压缩比。使用进气门关闭定时提前的可变气门驱动使得热态运行能够采用一个较低的几何压缩比来获得更好的排放和油耗,并且能够在额定功率工况更好地控制最高气缸压力。可变气门驱动还可以耐受低质量燃料(例如十六烷值小于40的燃料),或者能在冷起动能力方面承受更寒冷的环境空气温度。其他采用可变气门驱动协助快速冷起动的手段如下:①采用停缸提高起动转速;②在起动的最初阶段,在压缩冲程内开启发动机气门,以最小的压缩耗功拖动发动机,这样可以减少起动电机所需要提供的能量并更快地达到起动转速;③使用排气门后升程工作段型线能够将热排气从排气道倒吸入气缸,增加充量温度。在寒冷天气进行冷起动后,可变气门驱动可以靠使用内部排气再循环和停缸来减少暖机过程中的未燃碳氢化合物排放。实际上,因为柴油机中的碳氢化合物排放很低,使用可变气门驱动改善碳氢化合物排放通常仅限于冷起动工况。

8. 加快暖机

当排放法规变得越来越严格时,重载瞬态试验循环中的冷起动部分就变得更为重要。氮氧化物后处理系统在冷起动后也需要快速暖机,以实现较高的转化效率。在可变气门驱动中实施以下措施可以加快暖机:①通过使用较小的气门升程对进气门或排气门进行节流,增加发动机负荷(泵气损失);②使用热态内部排气再循环(残余废气)加热进气充量。另外,将排气门开启定时提前也可以帮助加快后处理系统暖机。

9. 减少涡轮增压器滞后效应及改善瞬态响应

较高的低端扭矩和快速的瞬态响应能提高驾驶性能。提前或非常推迟的排气门开启定时能够增加涡轮增压器转速,并减小瞬态加速过程中的增压器滞后性。然而,由于膨胀功损失或泵气损失增加,油耗通常会变差。

10. 改进后处理性能

使用翻板阀对进气或排气进行节流能够降低空燃比,来为后处理系统的运行提高排气温度(例如在柴油颗粒过滤器再生、选择性催化还原或稀薄氮氧化物捕集器运行时)。排气节流通常比位于压气机前的进气节流具有更低的油耗。然而,需要注意的是,在发动机空气系统中的任何部位放置节气门或节流阀都会明显增加泵气损失和有效燃油消耗率。因此,在系统设计中,应当尽量减少或避免使用它们。虽然所有的空气控制阀都可以靠调节空气流量实现大范围内的排气温度和空速控制,只有可变气门驱动(例如进气门关闭定时提前或推迟,或者停缸)可以不牺牲油耗。将排气门开启定时提前或者使用有利于内部排气再循环的气门工作段型线也能够增加排气温度,这方面的好处在低负荷和暖机时显得尤为重要。

11. 增强发动机制动

可变气门驱动可以使得发动机制动气门定时和制动过程效率在每个转速下都得到优化,这样就可以尽可能地增大压缩释放式发动机制动器的缓速功率(Hu 等人,1997a,1997b)。

12. 实现集成式空气压缩机

无凸轮可变气门驱动技术可以用于某个发动机气缸,为车辆的空气罐提供压缩空气来充气。这种集成式空气压缩机能够删除车辆上使用的外部空压机,减少车辆附属装置耗功、燃料消耗和产品成本。

13. 在二冲程与四冲程的点火和发动机制动工况运行之间进行切换

在发动机运行中具有从四冲程切换到二冲程的能力是非常有吸引力的,因为二冲程运行可以给出很高的功率,例如在车辆爬坡、加速或缓速减速时。无凸轮可变气门驱动装置能够实现这样一种先进的功能。

9.7.6.4　利用柴油机可变气门驱动和内部排气再循环来实现排放控制

内部排气再循环是指从上一个发动机循环滞留或吸入燃烧室的残余废气质量。该废气在相继的循环内参与燃烧。虽然过去十余年的现代柴油机开发实践已经证明冷却外部排气再循环对于以最低的油耗代价满足最为严格的排放法规是非常必要的,但是内部排气再循环在适用于低负荷工况的柴油均质充量压燃着火的低温燃烧模式中被证明是一种行之有效的技术。

在传统的柴油机燃烧模式中使用热态内部排气再循环一般会造成以下结果:充量因数下降,压缩温度升高,氧浓度和空燃比下降,氮氧化物排放减少,碳烟排放、有效燃油消耗率和排气温度均上升;另外,气缸之间的内部排气再循环率会由于歧管气波动力学效应而发生变化。当内部排气再循环率发生变化时,会在氮氧化物与碳烟之间形成一个折中趋势,而且会在氮氧化物与油耗之间形成一个权衡趋势。提高增压压力能够全面改进这些折中性能,在相同的碳烟排放水平下同时降低氮氧化物和油耗。

当出现负值的发动机压差时,获取外部排气再循环会发生困难,这时可以使用内部排气再循环在某种程度上降低氮氧化物排放。内部排气再循环对氮氧化物和油耗的影响随采用可变气门驱动吸入排气再循环的不同方法而不同(就气门工作段型线而言),具体来讲,取决于最大可得排气再循环率、泵气损失和已燃废气的热损失。获取内部排气再循环大体有以下三种方法:①采用提前的排气门关闭定时以形成负气门重叠角将残余废气滞留在气缸中;②在排气冲程内使用进气门预升程将已燃废气倒吸入并存储于进气道中;③在进气冲程内使用排气门后升程,利用排气压力脉冲将已燃废气从排气歧管倒吸入气缸中。第三种方法对于传统的柴油机燃烧模式来讲,在控制氮氧化物和有效燃油消耗率方面似乎是最好的(Edwards 等人,1998;Millo 等人,2007)。第一种方法能够给出最高的缸内充量温度,这对于均质充量压燃着火的燃烧模式来讲有时很必要。Desantes 等人(1995)、Benajes 等人(1996)和 Pischinger 等人(2000)详细讨论了获取内部排气再循环的方法及其气体交换过程。

Desantes 等人(1995)和 Benajes 等人(1996)在模拟计算中使用直列六缸发动机和带分隔式进口的涡轮研究内部排气再循环。他们发现,内部排气再循环率更多地受发动机转速影响,而非负荷影响。较高的转速产生较高的排气再循环率。他们还发现,采用进气门预升程工作段型线比排气门后升程型线所产生的排气再循环率要低。他们采用不同的配气定时和工作段型线在不同的转速和负荷下，获得了 5%～20% 的排气再循环率。而且，他们发现排气门后升程型线影响涡流，而进气门预升程型线则不影响。排气门后升程型线给出的较高的内部排气再循环率大大降低了涡流比。

9.7.6.5 利用柴油机可变气门驱动的米勒循环和减少涡轮废气旁通

除了热态内部排气再循环外，米勒循环（Miller，1947；Miller 和 Lieberherr，1957）是可变气门驱动技术在涡轮增压柴油机中的另一个常用机理。米勒循环具有以下特点：①有效压缩冲程比膨胀冲程短（即具有类似于阿特金森循环的效果）；②采用提前或推迟的进气门关闭定时获得减小的有效压缩比；③通过机械增压或涡轮增压获取高增压压力以补偿由于较短的进气门工作段持续角所造成的充量因数下降和空燃比减小。当发动机的几何压缩比减小时，其膨胀比也减小，这会导致热力学循环的指示效率下降。米勒循环和阿特金森循环均可以降低有效压缩比，而不降低膨胀比，以提高循环效率。所不同的是，阿特金森循环使用一个复杂的连杆机构在进气、压缩冲程和膨胀、排气冲程分别实现不同的冲程长度，使得膨胀比大于压缩比（Cao，2007；Gheorghiu，2009）。米勒循环还可以通过较低的有效压缩比降低最高气缸压力和机械负荷。

当米勒循环在下止点前的进气冲程部分将进气门关闭定时提前时（即不是在压缩冲程内使用推迟的进气门关闭定时），可以通过气缸工作容积向下止点的膨胀来获取内部充量冷却效应。内部冷却能有效降低在下止点和燃烧始点处的充量温度，使得整个循环内的温度均较低，从而降低热负荷和氮氧化物排放。或者说，内部冷却允许将喷油定时提前，能够在同样的氮氧化物排放水平下达到更低的油耗。计算结果表明，如果进气门在进气冲程的下止点前 60° 曲轴转角处关闭，经过绝热膨胀，在压缩冲程始点处的温度和压力能降低 6%（Ishizuki 等人，1985）。Edwards 等人（1998）在关于米勒循环与内部排气再循环相结合的研究中显示，对于欧洲三号（Euro Ⅲ）排放标准，内部冷却效应能够达到与使用冷却外部排气再循环技术（大约 8% 排气再循环率）相同的缸内气体温度，而且在达到欧洲四号（Euro Ⅳ）排放标准的技术方面（一般要求排气再循环率 18%）使用膨胀冷却也似乎具备相当大的等效减排作用。

米勒循环在燃油经济性方面的好处来自以下四个方面：①它极大地降低了发动机压差和泵气损失；②由于减小的压缩比和相对未变的膨胀比，热力循环的指示效率增加了；③由于有效压缩比较小，故而可以采用较大的几何压缩比；④由于进气门关闭定时提前，形成了内部冷却效应。由于缸内压缩温度较低，米勒循环能够有效减少氮氧化物排放；但如果空燃比变得太低，碳烟可能会显著增加，尤其在全负荷时。后面将要论述的减少或消除废气旁通技术可以解决这个问题。使用米勒循环加内部排气再循环技术降低氮氧化物的潜力局限于排放限值较高的发动机，例如欧洲三号重载或轻载机的部分负荷。对于限值较低的发动机，米勒循环需要与冷却外部排气再循环配合使用。在设计米勒循环技术时，需要全面考虑以下六个关键参数：进气门关闭定时、涡轮面积、涡轮废气旁通阀开度、涡轮增压器效率、压气机匹配、发动机的几何压缩比。

在米勒循环中，推迟或提前的进气门关闭定时使进气门工作段变短以及增压压力变高，故而发动机压差得以减小。这方面的效应在 Ishizuki 等人（1985）的工作中有所展示。Mavinahally 等人（1996）报道，如果在相同的空燃比和最高气缸压力下进行比较，膨胀比比有效压缩比大 50% 的发动机能使热效率升高 3%。然而，在全负荷时，推迟进气门关闭定时会造成空燃比不足，故而发动机的功率能力会下降。Ishizuki 等人（1985）报道了米勒循环在有效燃油消耗率方面的增益。他们的结果显示，在大范围内的转速-负荷区域上，油耗减少大约 3.3%。他们认为在高转速下油耗既没有变好，也没有变坏；而且米勒循环带来的一个显著改善是可以使用小涡轮面积在低转速下提高有效平均压力水平。本书认为这些说法是具有误导性的,而且不是关于米勒循环的正确结论。

事实上,通过模拟分析发现,如果与传统发动机在相同的有效功率和最高气缸压力下进行比较,米勒循环的有效燃油消耗率显著地低很多(例如低 7%)。同时,由于它的进气歧管充量因数较低,故而在空燃比上略有牺牲或下降。如果在相同的空燃比、排气再循环率、有效功率和最高气缸压力下进行比较,米勒循环仍然可以给出显著较低的油耗。对于现代重载高排气再循环柴油机来讲,通常至少低 2%,在额定功率往往低 4%～5%。在油耗增益方面的变化是由于转速、功率密度(或负荷)、排气再循环率、发动机或涡轮增压器的型式等造成的。米勒循环与减少或消除废气旁通技术联用时所获得的油耗增益在高转速时尤为突出。米勒循环还能够有效地减少泵气损失和多余的空气流量。应当注意,虽然将进气门关闭定时提前或推迟能减少发动机压差和泵气损失,压差不足会造成排气再循环驱动力不足,特别是在最大扭矩工况附近。因此,固定的进气凸轮定时通常不能全面照顾到在高低转速减小发动机压差并驱动排气再循环的需求。高速车用柴油机米勒循环的设计要点是以具有良好成本效益的可变气门驱动技术在所有转速下实现所需的进气门关闭定时。

现将影响米勒循环的关键参数逐一详细论述。涡轮面积通常是由在最大扭矩工况附近(含高原条件)的排气再循环驱动要求(当排气再循环阀全开时)和空燃比要求所决定的。涡轮废气旁通阀需要与进气门关闭定时一起进行调节,以达到理想的空燃比和发动机压差。涡轮增压器效率可以在增压器设计中予以调整,以达到在不影响发动机压差的前提下,补偿空燃比上的差距。需要注意的是,米勒循环在热效率上的好处可能会被一个较小的涡轮面积所造成的发动机压差增加而抵消,而较高的增压器效率所产生的增压压力增加则不会对发动机压差和油耗产生负面影响。

由于米勒循环会改变发动机的充量因数,因此需要适当调整压气机的大小,以便更好地将额定功率时的发动机运行点匹配在压气机性能图中的高效区。米勒循环的增压压力会比传统发动机中的高很多,而压气机流量则相似或略有减少。高增压压力通常不会是一个问题,因为两级涡轮增压技术在今天的高排气再循环或高有效平均压力发动机上已被广泛使用。未来低油耗发动机的发展趋势更是向着减小排量和两级增压的方向发展。事实上,与传统发动机相比,米勒循环为两级涡轮增压提供了一个独特优势。那就是,它可以将一个超高增压压力分解成分布在两级压气机上的两个中等增压压力,这样就便于将发动机运行点与高压气机效率进行匹配。

在米勒循环中,往往需要增加发动机的几何压缩比,以补偿由于改变进气门关闭定时而造成的有效压缩比下降。提高几何压缩比的目的是为了充分利用最高气缸压力的设计极限,同时最大限度地提高热力循环效率。

提前和推迟进气门关闭定时都会影响发动机有效压缩比和充量因数。有效压缩比的定义是在进气门关闭时的气缸容积与在上止点时的气缸容积之比。文献中也有一些其他的定义,例如 He 等人(2008)使用的一个基于动态压力的压缩比。提前和推迟之间的一个共同特点是,它们都产生很低的泵气损失,正如 Pischinger 等人(2000)在他们的 $p\text{-}V$ 图中所示那样。在无节流运行中,提前和推迟之间的区别如下。在 $p\text{-}V$ 图上进气冲程内从进气门关闭到下止点的这段区间里,提前的进气门关闭定时给出一条沿曲轴转角逐渐下降的缸内气压曲线,因为气缸在作为一个封闭的热力学系统工作;而且在压缩冲程早期,缸内气压基本沿原路返回。推迟的进气门关闭定时在进气和压缩冲程内给出的几乎是一恒定的气缸压力,因为从进气门开启到进气门关闭,气缸是作为一个开放的热力学系统在工作。

通常情况下,推迟的进气门关闭定时所产生的泵气损失比提前的要高。这是因为气门开启的持续角越大,气门处的节流损失就越大。推迟的进气门关闭定时将气体吸进气缸时先要消耗功,然后马上又需要消耗功把它推出去。与之相比，提前的定时可以减少吸气过程中的泵气损失（例如在额定功率时减少油耗达 1.4%）。正如 Gallo（1992）指出的，在进气或排气过程中的不可逆性速率曲线的损失峰值与流经进气门和排气门的倒流以及热残余废气与冷空气或冷却排气的混合物在混合过程中所发生的损失有关。另外，推迟的进气门关闭定时在低负荷时可能会引起进气温度的升高，这是由于以下两个原因：①燃烧室壁面对缸内充量加热；②充量作为热气流被再度吸入气缸。充量加热和被再度吸入的效应会导致气体密度下降。

另一方面，在提前的进气门关闭定时技术方面，也存在一些顾虑。其中一个问题是它会减弱缸内空气运动和湍流混合（Edwards 等人，1998）。另外，与推迟的进气门关闭定时技术相比，如果保持相同的最大气门升程，提前关闭在机械凸轮设计的实用性上讲会有一些问题，因为气门工作段变窄会造成配气机构动力学上的困难。当然，为了使凸轮设计比较容易，可以使用较低的最大气门升程。Anderson 等人（1998）详细讨论了提前与推迟的进气门关闭定时技术之间的区别。图 9.12（b）中的模拟数据显示了这两种技术对充量因数、增压压力和发动机压差的影响。

在定时控制装置方面，除了凸轮相位转换器和无凸轮装置外，旋转阀已被用来作为一种颇具成本效益的、可以实现提前的进气门关闭定时或米勒循环的可变气门驱动技术手段，在汽油机（Anderson 等人，1998）和柴油机（Ishizuki 等人，1985；Kamo 等人，1998）上均有应用。旋转阀位于进气道或进气歧管内，处于进气门的上游。旋转阀不同于进气节气门的地方在于，它能够提供具有曲轴转角精度的开启定时和关闭定时及其所对应的在发动机循环内的工作段持续角。旋转阀的最佳关闭定时可以在每个转速和负荷下确定。与其他可变气门驱动机构需要对配气机构所做的更为复杂的修改相比，旋转阀所具有的相对简单的机构保证其具有良好的可靠性和耐久性。Ishizuki 等人（1985）对旋转阀的优缺点进行了全面分析。他们的结论是，旋转阀本身所固有的缺点（例如死体积和泄漏）对米勒循环的性能并没有显著的不利影响，尽管其对涡流比的影响仍不明朗。虽然旋转阀技术起初是用于非排气再循环汽油机上的，它对现代高排气再循环的低氮氧化物柴油机可能会变得很重要。旋转阀还可以用来实现停缸。关于旋转阀机构和机理的更多内容，读者可以参考 Sakai（1985）的论述。

米勒循环也可以用于涡轮增压发动机的增压压力控制。Ke 和 Pucher（1996）进行的研究大概是能够为涡轮增压柴油机可变气门驱动研究指引方向的最重要工作，尽管他们的工作是在汽油机上进行的。为保护发动机，他们研究了使用提前的进气门关闭定时取代涡轮废气旁通阀来进行增压控制以防过度增压的可行性。他们的数据显示，在高转速（5 600 r/min）全负荷工况下，以下两种方法可以获得相同的气缸压力和在进气冲程下止点处的缸内空气质量：一是采用传统的凸轮（进气门关闭定时位于下止点后 63°）加涡轮废气旁通，二是采用进气门关闭定时提前的一个凸轮（关闭定时位于下止点前 59°）并不带涡轮废气旁通。后一种方法在进气冲程下止点处所给出的缸内气体温度比第一种方法的低大约 20 K。另外，第二种方法的发动机压差和泵气损失都比第一种方法的低。

9.7.6.6　利用柴油机可变气门驱动的 Curtil 系统

关于米勒循环的上述研究表明，虽然某些通过改变配气定时来实现的先进热力学循环能够极大地改善泵气损失、发动机热效率和油耗，它们可能也会损失空燃比。提供新鲜空气以维持可接受的空燃比的能力对于柴油机来讲非常重要。在不对发动机压差产生负面影响的前提下补偿空燃比损失的传统方法是依靠涡轮或压气机的更佳气动设计来增加增压器效率。然而，使用灵活的发动机气门工作段以及利用歧管的压力和气波动力学来提供新鲜空气充量，同时不牺牲泵气损失，也非常重要并具有吸引力。

在这方面，"Curtil"系统是值得考虑的（Curtil，1998）。该系统用储存在排气道中的新鲜空气为气缸反向充气。在 Curtil 系统中,当进气歧管增压压力高于排气歧管压力时,新鲜空气在进气冲程中通过一个靠近进气门关闭定时的排气门二次后升程工作段,从气缸流入排气道。然后,当排气压力脉冲大于进气道压力时,储存在排气道中的新鲜空气被邻近气缸的排气脉冲推回到气缸中。因此,缸内捕获的空气质量得到增加,能够达到较高的空燃比来减少碳烟或者允许更高的喷油量以产生更大的扭矩。Curtil 系统能够大大提高发动机的瞬态扭矩和降低排烟。Fessler 和 Genova(2004)报道,他们采用该系统在 1 000~2 000 r/min 的转速获得了高出 50% 以上的扭矩,而且在排烟和油耗升高方面都是可以接受的。

在进气冲程中,当排气道压力围绕着进气道压力上下振荡时(比较典型的是在高转速和低负荷时),Curtil 系统在这种条件下能够工作得特别好。另外,采用 Curtil 系统和使用可变气门驱动调整排气门开启定时,实际上是增加低转速扭矩以及改善驾驶性能和瞬态性能的两个主要手段。Curtil 系统也是补充其他先进的热力学循环和弥补空燃比短缺的颇具前途的手段。关于 Curtil 系统的更详细内容,读者可以借鉴 Curtil(1998)、Israel(1998)以及 Fessler 和 Genova(2004)的工作。

9.7.6.7　采用减少或消除涡轮废气旁通和采用可变气门驱动来控制泵气损失的理论

带非可变截面涡轮(即固定截面或废气旁通涡轮)的现代高排气再循环柴油机的特点是在高转速时(从部分负荷到全负荷)具有较高的发动机压差和泵气损失,这是由于需要在最大扭矩或低转速时使用小涡轮面积驱动排气再循环。虽然可变截面涡轮是在高转速和高负荷时解决高发动机压差问题的良好方案,人们对这一技术仍存在很多担心,例如成本、耐久性、在大涡轮面积(例如叶片全开)和小开度时的低涡轮效率、产品供应等。另外,在发动机部分负荷,即使较好的可变截面涡轮也不见得比采用可变气门驱动的米勒循环更具优势。采用米勒循环的进气可变气门驱动、可变截面涡轮、低压环路排气再循环(或混合式排气再循环系统)是在整个发动机转速和负荷区域上控制(减少)发动机压差的三大竞争技术。

均质充量压燃着火、可变气门驱动和可变截面涡轮将是未来柴油机上的三项重要的相关技术。其中一个是为了先进的燃烧,其他两个是为了先进的空气系统。由于进气可变气门驱动(特别是关于进气门关闭定时的系统)已经作为一个必备的前提技术在均质充量压燃着火上大量应用,使用该技术实现米勒循环,并将其功能从燃烧领域拓展到空气系统,是在策划节约成本方面自然而符合逻辑的举措(例如避免昂贵的可变截面涡轮)。

在柴油机上采用可变气门驱动的传统理由是使用提前的进气门关闭定时以实现缸内膨胀达到内部充量冷却,或者是使用提前或推迟的进气门关闭定时减小有效压缩比以降低压缩温度和氮氧化物排放。当其他的排放控制技术已被广泛应用到位时(例如冷却外部排气再循环、柴油颗粒过滤器),使用可变气门驱动的重点应当放在减少泵气损失和改善燃油经济性上。特别地,改变进气门关闭定时能够非常有效地依靠升高进气歧管压力来降低发动机压差。带调节进气门关闭定时的可变气门驱动和可变截面涡轮是现代柴油机中解决高泵气损失问题的两大解决方案。虽然后者可能会比前者更为有效,但是可变截面涡轮不能提供可变气门驱动的前述其他优势。

米勒循环并没有指定如何使用涡轮废气旁通阀。使用进气门关闭定时控制涡轮增压柴油发动机压差和泵气损失的理论,在图 9.12(c)所示的一个比较全面的模拟结果中给予了展示。该图包括以下五个关键设计参数的敏感度影响:进气门关闭定时、涡轮面积、涡轮废气旁通阀开度、涡轮增压器效率、发动机几何压缩比。这个模拟计算是以一个单级废气旁通涡轮增压器和一台高功率密度的发动机在 3 400 r/min 的额定功率和 2 MPa 的有效平均压力下进行。排气再循环率可以固定在任何恒定值(不失一般性和示意有效性,此例设为零)。图中的第二个图例代表基线系统。对应于五个不同图例的不同系统的空气系统能力显示在"空燃比相对于发动机压差"和"空燃比相对于油耗"的区域上。在这种图上,高转速的理想设计目标点应位于较低的发动机压差与足够高的空燃比的交界处。对于排气再循环发动机来讲,排气再循环阀应尽量全开。这些空气系统能力区域图清楚地说明了不同系统之间的关系和它们达到理想的设计目标点的潜力。

消除废气旁通的可变气门驱动(WE-VVA)的另一个模拟计算如图 9.12(d)所示,分析了带两级增压的排气再循环柴油机在不同转速时涡轮面积、废气旁通与进气门关闭定时之间的相互作用。图中的计算使用了固定的几何压缩比、排气再循环率、喷油定时和压缩机性能图来比较不同的空气系统技术。在中面积高压级涡轮的进气门关闭定时提前扫值曲线上(废气旁通阀全关)的 WE-VVA 的运行点 A 在额定功率时达到了空燃比目标值 19.6,并给出 900 mbar 的发动机压差。该点的充量因数为 76%,具有"降低呼吸"(down-breathing)的设计特征。这一发动机压差值与不带进气门关闭定时提前的可变截面涡轮(例如位于 B 点的较大面积涡轮)给出的值相同。作为比较,带传统进气凸轮定时的废气旁通运行点 C 在相同的空燃比下则给出 1 170 mbar 发动机压差,泵气损失较高。另外,由于米勒循环的膨胀冷却效应,A 点的最高缸内热力学整体温度比 B 点和 C 点的均显著降低。这样,A 点实际上能使用更提前的喷油定时进一步降低油耗,达到比图中所示的油耗更低。模拟显示,当喷油定时提前后,在相同的氮氧化物和碳烟排放下,WE-VVA 能在额定功率比使用废气旁通降低油耗大约 3.5%。需要注意的是,A 点需要使用较高的进气歧管压力来补偿较短的进气门"呼吸"工作段,以维持相同的空燃比。另外,如图 9.12(d)中最大扭矩处的特征曲线所示,在低速时将进气门关闭定时提前会造成发动机压差过低、排气再循环驱动力不足和低空燃比的问题。

由以上分析可见充量因数(容积效率)和泵气损失在系统设计中的重要性。最后,需要指出的是,它们之间的关系不仅影响配气定时和发动机压差,而且也受到歧管气波动力学的复杂影响。不同的发动机型式(例如直列六缸与 V 型八缸)在使用某种特定的空气系统技术(例如消除废气旁通的进气可变气门驱动)时,可能会具有不同的有效性。例如,从模拟计算中曾经观察到一台直列六缸柴油机可以减少泵气损失达 26.4%,由于它所有的气缸在 p-V 图上具有比较均匀的泵气冲程积分环路;而一台 V 型的八缸发动机只能减少 13.9%的泵气损失,这是由于歧管气波动力学造成它的各气缸之间具有迥异的泵气冲程积分环路。

在进气可变气门驱动和减少或消除涡轮废气旁通方面的现代柴油机空气系统的 14 条设计原则可以概括如下:

(1) 调节进气门关闭定时(IVC)的可变气门驱动系统(以提前关闭为最佳)与无涡轮废气旁通或极少旁通联用,对于降低发动机压差、泵气损失和缸内循环温度非常有利。对于非可变截面涡轮发动机,该技术能够获得最佳的油耗和最低的冷却液散热量。系统设计的目标是在任何转速和负荷工况均尽量减小发动机压差,使得总是能够在排气再循环阀全开和排气再循环环路流动阻力最低的理想情况下获得所需的排气再循环率;

(2) 在高转速时,IVC 可变气门驱动系统的进气歧管充量因数需要通过改变气门工作段持续期减小到大约 70%。同时,进气歧管增压压力升高,发动机压差减小到一个很低水平,以尽量降低有效燃油消耗率;

(3) 与废气旁通相比,对于 IVC 可变气门驱动发动机来讲,可以使用较高的几何压缩比尽量提高热力学循环效率,并进一步增强冷起动能力;

(4) 当使用固定截面或废气旁通涡轮时,涡轮面积一般根据以下条件确定:最大扭矩工况(并考虑高海拔高度条件),基于排气再循环率和空燃比要求,排气再循环阀全开,进气节气门全开(通常情况下);

(5) 在最大扭矩工况的进气门关闭定时,应与涡轮面积一起进行优化,以达到所需的空燃比和足以驱动排气再循环气流的发动机压差。在额定功率或高转速工况的进气门关闭定时,应与涡轮废气旁通阀开度一起进行优化,以达到在空燃比与发动机压差之间的最佳折中[沿图 9.12(c)～(d)中的空气系统能力图上的系统特征线所示];

(6) 与燃烧和排放所需要的空燃比相比,如果在理想的发动机压差下[例如图 9.12(c)中所示的 10～20 kPa 发动机压差]在排气再循环阀全开时通过进气门关闭定时的提前或推迟来调节而获得的实际空燃比过低的话,那么就需要增大涡轮增压器的效率,以便在不显著影响发动机压差的情况下提高空燃比。或者,可以关闭涡轮废气旁通阀并同时调节进气门关闭定时以提高空燃比[见图 9.12(c)～(d)];

(7) 如果当排气再循环阀全开时,在理想的发动机压差下用将进气门关闭定时提前或推迟的方法所获得的空燃比过高的话,那么就需要降低涡轮增压器的效率,或者需要将废气旁通阀的开度增大;

(8) 通过 IVC 可变气门驱动技术,有可能删除涡轮废气旁通阀,或者将排气再循环阀变成一个不太昂贵的开关型阀门而非连续调节阀,具体情况取决于在不同的转速和负荷工况对空燃比的要求。换言之,IVC 可变气门驱动系统能够通过调整发动机压差控制排气再循环;

(9) IVC 可变气门驱动能够取代进气节气门来降低空燃比。这两种技术的区别在于对发动机压差的影响。使用前者降低空燃比会伴随着发动机压差的大幅度下降,而使用进气节气门则不会显著影响发动机压差;

(10) 可变截面涡轮在"空燃比相对于发动机压差"这项空气系统能力特征上能够比可变气门驱动更好。但是如果所要求的空燃比不是很高的话,可以采用 IVC 可变气门驱动实现低的泵气损失;

(11) 消除废气旁通的 IVC 可变气门驱动(WE-IVC-VVA)在"空燃比相对于发动机压差"这个能力上比废气旁通技术的性能要好,因为可变气门驱动不浪费排气能量。该优势可以从图 9.12(c)在 100 mbar 发动机压差处比较几个系统的特征曲线体现出来。图中显示,在同样的发动机压差下,减少废气旁通的 IVC 可变气门驱动(WR-IVC-VVA)比不带可变气门驱动的废气旁通系统能够显著提高空燃比;

(12) WE-IVC-VVA 系统能够调节充量因数以提高增压压力,从而改变发动机运行点在压气机图上的位置。因此,需要重新匹配压气机以便将运行点尽可能落在高效率区域内。这一特征对于两级增压器尤为重要。另外,需要注意对压气机出口空气温度的控制,因为在 IVC-VVA 发动机中的增压压力在额定功率时会变得非常高。

(13) WE-IVC-VVA 系统允许将喷油定时提前,以降低油耗;

(14) 实际上,所有与进气门关闭定时、涡轮面积、废气旁通阀开度、涡轮增压器效率、进气节气门开度之功能有关的问题,都可以由图 9.12(c)～(d)和式(9.31)很好地予以解释。例如,对于 IVC 可变气门驱动发动机,在式(9.31)中的四个未知数可以是 p_2、p_3、$\dot{m}_{air}$ 和 $\dot{m}_{EGR}$;而涡轮面积、废气旁通阀开度、充量因数(与 IVC 定时有关)和排气再循环阀开度(例如全开)均设置为已知的输入参数。

9.8　利用可变气门驱动实现柴油机均质充量压燃着火

9.8.1　可控自动点火和均质充量压燃着火燃烧

可控自动点火(CAI)是一种用于汽油机的不需要稀燃排气后处理的稀薄燃烧模式。可控自动点火发动机通常使用可变气门驱动来实现对充量空气质量、气体组分和充量温度的控制。可变气门驱动还能够因无节流运行而减少泵气损失。可控自动点火能够显著提高燃油经济性,并大大降低氮氧化物排放。Zhao(2007)对这一领域的研究工作做了全面总结。

均质充量压燃着火(HCCI)是对应于可控自动点火而用于柴油机和其他压燃式发动机上的概念,在第 7.2.6 节的低温燃烧中有过简要介绍。均质充量压燃着火是介于传统的均质充量火花点火(用于传统的汽油机)与分层充量压缩点火(用于传统的柴油机)之间的一个混合策略。它是指预混的燃料、空气、稀释物的混合物在稀薄(富氧)或者被已燃气体稀释的条件下自发着火燃烧——自燃在整个燃烧室内的很多地方同时发生。如果要达到最高的发动机指示效率,优化的自发点火定时就需要靠近上止点。由于均质充量压燃着火具有短而高效的放热率,燃料消耗率可以得到改善。由于不生成高温火焰前锋,氮氧化物的形成几乎可以忽略不计。由于在均质稀混合物中不存在燃料过浓区,所以几乎不生成碳烟,从而导致氮氧化物和颗粒物排放同时大幅度下降。但是,碳氢化合物和一氧化碳排放通常较高,有时可能会与直喷式汽油机相当。柴油机均质充量压燃着火的主要目的曾经是为了减少氮氧化物和碳烟,以避免使用氮氧化物后处理装置,但目前用其降低油耗的努力在温室气体排放法规面前变得同等重要。Zhao 等人(2003)和 Zhao(2007)对该领域的研究做了全面总结。

正如 Pastor 等人(2007)在关于传统的和均质充量压燃着火的柴油机燃烧评述中指出的,如何生成均质混合物、如何点燃混合物、如何控制燃烧是均质充量压燃着火技术的三个主要内容。这一技术所面临的挑战包括点火时机和燃烧相位的控制、负荷运行范围的局限性、较高的碳氢化合物和一氧化碳排放等。在传统的柴油机燃烧过程中,燃烧始点和燃烧相位是由喷油特征控制的。与此不同的是,均质充量压燃着火中的燃烧始点和放热率不能用喷油速率控制。它们只依赖于气缸充量的反应动力学。它的着火由压缩过程中的缸内充量温度控制,而该温度受以下三个因素影响:①进气充量混合物的初始温度和组分(例如排气再循环率或残余废气分数);②压缩变化率(即压缩过程中沿曲轴转角的温度变化);③压缩程度(受有效压缩比影响)。与汽油机相比,柴油机具有较高的几何压缩比,而且柴油燃料由于其较低的辛烷值,具有较低的点火温度。因此,与可控自动点火汽油机相比,在依靠进气充量加热和热态已燃废气触发自动点火方面,均质充量压燃着火柴油机依靠的程度要小一些。

不同的喷油方法均可以形成柴油机均质充量压燃着火所需要的混合物,比如气道喷射和在压缩冲程中进行缸内喷射。喷油定时可以调整,以控制混合物均匀性。一旦形成了均匀的稀薄混合物,在接近压缩冲程结束时,缸内的高温便可能会触发燃烧。排气再循环在推迟着火时刻和减缓放热率方面十分有效。而且,内部排气再循环的热量可以促进柴油蒸发。然而,排气再循环通常也会增加碳氢化合物和一氧化碳排放。在研究中用来衡量燃烧时刻的一个常用指标是 50% 的累计放热量所发生的曲轴转角位置。该燃烧相位角主要是通过排气再循环率和可变气门驱动的进气门关闭定时所给出的结合效应来调节,使得最佳相位角发生于稍微越过上止点之后。

均质充量压燃着火运行中的有效平均压力(即发动机负荷)的上限被爆震燃烧所局限。爆震燃烧意味着过早着火、过快的放热率、过高的气缸压力升高速率和很响的燃烧噪声。为了抑制这种情况,就需要使用较低的压缩比和大量的冷却外部排气再循环,以控制着火和燃烧速率。然而,为了保证良好的冷起动能力,柴油机的几何压缩比一般都很高。而且,依靠使用可变气门驱动的提前或推迟进气门关闭定时来大幅降低有效压缩比也很困难,因为空燃比必须维持足够高。另外,在高有效平均压力运行时采用大量排气再循环会导致很高的增压压力,故而会导致很高的气缸压力。这些都是为什么均质充量压燃着火至今未能成功地在高负荷使用的主要原因。另一方面,均质充量压燃着火运行中的有效平均压力的下限由以下两个因素决定:一是发生失火,二是当空气和残余废气的混合物的温度过低时不能着火。达到低负荷极限的特征是出现一氧化碳和未燃碳氢化合物排放量的大幅度增加和燃烧不稳定。因此,在目前的柴油机中,均质充量压燃着火必须与传统的扩散燃烧并存,各自应用于不同的负荷范围。

9.8.2　为实现均质充量压燃着火的可变气门驱动应用技术

用于均质充量压燃着火控制的可变气门驱动有两个主要目的:①控制有效压缩比以调节充量空气或混合气体的质量和温度;②控制残余废气以调节内部排气再循环的组分和温度。可变有效压缩比(靠改变进气门关闭定时)和热态内部排气再循环(靠排气门后升程、进气门预升程或负气门重叠角)或者冷却外部排气再循环均被用于控制着火时机和燃烧相位。无论是使用内部还是外部排气再循环,进气可变气门驱动是实现柴油机均质充量压燃着火的必要技术。

在文献方面,Tunestål 和 Johansson(2007)评述了关于均质充量压燃着火的可变气门驱动控制。Babajimopoulos 等人(2002)、Milovanovic 等人(2005)、Shi 等人(2005)、Helmantel 和 Denbratt(2006)、Kodama 等人(2007)、Nevin 等人(2007)、Zhao(2007)、Peng 等人(2008)、Murata 等人(2006,2008)和 He 等人(2008)研究了可变气门驱动在柴油机均质充量压燃着火中的应用。Caton 等人(2005a,2005b)研究了关于该燃烧模式不同的可变气门驱动策略。Strandh 等人(2005)和 Bengtsson 等人(2006)提出了该领域的控制器设计。

9.8.2.1　为实现均质充量压燃着火利用可变气门驱动的压缩比控制技术

当运行条件从冷起动到均质充量压燃着火发生大幅变化时,可变压缩比(从像在传统柴油机中那么高的压缩比到像在汽油机中那么低的压缩比)对于柴油机是非常理想的。均质充量压燃着火通常要求使用一个比传统的柴油机压缩比更低的压缩比,以防止柴油发生为时过早的自动着火。具有足够快的响应的真正可变压缩比(VCR)系统(Ryan 等人,2004)在不同转速和负荷的均质充量压燃着火控制中是非常理想的。然而,目前的可变压缩比技术还不足以成熟到进入量产化的程度(Roberts,2003;Cao,2007)。可变气门驱动可以靠减小有效压缩比来实现类似的效果,但是要以空燃比下降为代价。关于其他更多的可变压缩比发动机设计方面的内容(主要用于汽油机),读者可以参考 Rabhi 等人(2004)、Tomita 等人(2007)、Tsuchida 等人(2007)、Kobayashi 等人(2009)的论文。

可变气门驱动可以依靠提前或推迟进气门关闭定时来改变缸内的压力和温度,并因此增加柴油机均质充量压燃着火的可用运行范围。调节进气门关闭定时能够降低在上止点附近的压缩气体温度,以防止过早的自动着火,并增加滞燃期和延长预混时间,加强燃料与空气的预混,故而可以减少排烟。然而,压缩比过低会导致较高的未燃碳氢化合物排放和燃料消耗。例如,压缩比不能低于8∶1 或 5∶1,正如 Helmantel 和 Denbratt(2006)提出的。另外,值得注意的是,推迟而非提前进气门关闭定时往往被用于很多均质充量压燃着火的研究中(例如 Nevin 等人,2007;He 等人,2008)。

9.8.2.2　为实现均质充量压燃着火利用可变气门驱动的残余废气控制技术

均质充量压燃着火的燃烧控制,可以通过调节排气再循环率及其温度来实现。排气再循环气体能够抑制爆震燃烧。大多数的柴油机均质充量压燃着火燃烧概念均使用较高的排气再循环率(例如40%～60%)和排气再循环冷却,并配以较低的压缩比。大量的热态内部排气再循环对于均质充量压燃着火在低负荷时的运行是有帮助的,因为它能够加热新鲜充量并因此而减少所需进行的压缩加热。可变气门驱动可以通过内部排气再循环机理实现对气体组分和排气再循环温度的控制。可变气门驱动系统与外部排气再循环系统相比的另一个有利条件是前者具有较快的响应速度。在文献中,Zhao(2007)和 Furhapter(2007)评述了在可控自动点火汽油机上使用的可变气门驱动所产生的内部排气再循环的热力学性能。

一般来讲,以下两种可变气门驱动策略可以用来获取内部排气再循环:①排气再吸入(即重新吸入);②残余废气压缩(即滞留,也称为负气门重叠角方法,即提前关闭排气门并推迟开启进气门)。重新吸入策略是指将排气从排气道引入气缸。滞留策略是指故意将残余废气滞留在气缸内。重新吸入策略的流动损失发生在跨越进气门和排气门以及在歧管内的气体流动过程中。滞留策略具有以下一些缺点:通过气缸壁的热损失较大,窜气(漏气)较多,而且在再压缩过程中增加了额外的泵气损失。过去的实验研究表明(Caton 等人,2005a),在相同的转速和负荷下,重新吸入策略比滞留策略具有明显更高的发动机热效率和更低的氮氧化物排放量,并在低负荷时对比较勉强的燃烧工况或失火具有更好的耐受能力。Furhapter(2007)报道,在低负荷时,滞留方法比重新吸入方法具有更低的泵气损失;而在高负荷时,重新吸入方法则显示出略微更低的泵气损失。他还得出结论说,对于可控自动点火汽油机来讲,通过采用在进气冲程后期的二次排气门后升程工作段的重新吸入策略提供内部排气再循环,是能够确保稳定的自动点火的最有利运行策略。使用排气门后升程的重新吸入策略会比使用进气门预升程的策略给出更热的缸内气体充量。

除了考虑在气体交换过程中的残余废气分数和泵气损失外,残余废气温度的影响在均质充量压燃着火控制中使用内部排气再循环策略时也是一个重要考量,因为它强烈地影响自动着火。负气门重叠角能够滞留一部分排气在气缸内,这种技术已经被用来引发自动着火。在负气门重叠角区间喷入柴油,是另一种形成均匀混合物以实现均质充量压燃着火的方法(Shi 等人,2005)。据悉,增大负气门重叠角对于低负荷的燃烧稳定性有积极影响,但是会损害高负荷时的燃烧稳定性。Peng 等人(2008)发现,较大的负气门重叠角会导致更高的缸内气体温度、更高的温度均匀性、更强的湍流强度,并能够改善燃料汽化和空气与燃料的混合,帮助燃烧。

总体而言,虽然热态内部排气再循环对均质充量压燃着火有帮助,但在控制爆震强度方面,由可变气门驱动实现的热态内部排气再循环似乎不太可能在这种燃烧模式上取代冷却外部排气再循环(Helmantel 和 Denbratt,2006)。

9.9 停缸性能

9.9.1 停缸简介

停缸(某些文献简称为 CDA)是一个起源于一个世纪之前的古老概念。它亦称气缸切断、按需运行气缸、按需运行排量、可变排量、可变气缸管理等。它指的是对所选择的一些气缸停止燃油喷射和气门运行,从而在低负荷(通常为 0~5 bar 有效平均压力)灵活地减小发动机的有效排量。

在不同的停缸方法中,可以在所选气缸中单独或合并地停止运行以下工作过程或部件:火花点火或燃油喷射、进气门、排气门、气道或歧管气流流动。停缸的最简单形式是仅切断点火或喷油来停止燃烧。然而该方法不能显著降低泵气损失,因为停用的气缸仍在继续耗功将空气泵送着进出气缸。而且,随着新鲜空气流过气缸,停用的气缸将迅速冷却,这样会造成随后再点火的问题和排放问题等一些困难。虽然停用进气或排气门可以防止发动机将空气完整地通过进排气门泵送出入气缸,但是当空气流过运行的气门时(尤其是进气门),还是会发生一些泵气损失。例如,仅停用排气门会导致流经进气门的空气在停用的气缸中被反复吸入和排出。

尽量减少泵气损失的最有效和最常用的停缸方法是将停用气缸中的燃油喷射和所有气门(进气门和排气门)都关闭运行(Watanabe 和 Fukutani,1982;Dresner 和 Barkan,1989b;Falkowski 等人,2004)。Sandford 等人(1998)报道称,在汽油机中只停用进气门时,燃料消耗量减少了 7%。但是,当把进、排气门都停用时,燃料消耗量减少了 14%~17%。

在停缸时,工作气缸的喷油量必须比非停缸时更高,才能保持相同的发动机有效功率。更高的单缸负荷(即喷油量)意味着更高的单缸热效率和更低的碳氢化合物排放。对于传统的汽油机,较高的负荷也意味着较高的进气歧管压力和减少进气节流,因此点火气缸会具有较低的泵气损失。

停用气缸的功率损耗一般较低,只来自传热、窜气和很微弱的再压缩时的泵气损失。除了泵气损失会下降外,停缸在有效燃油消耗率方面的改善还来自以下三个来源:①用于驱动进气门和排气门的凸轮轴的摩擦功率会下降(正如 Watanabe 和 Fukutani 所测量的,1982);②由于只有部分气缸点火,整个发动机的气缸传热损失会减少;③由于停用气缸中的压力较低,活塞环的摩擦功率也有可能会下降。

由于在部分负荷工况具有燃料经济性上的优势,可变排量技术对于先进柴油机来讲是一个非常有吸引力的产品功能。但是,停缸在发动机平衡和噪声与振动(NVH)上也存在着一些设计上的挑战,因为在停缸时气缸的激振力会偏离为非停缸运行时所设计的力。另外,停缸技术通常用于具有偶数气缸个数的发动机,因为这种发动机可以用一半的气缸数在点火工况下运行,而仍然保持均匀的点火间隔。而且,停缸技术一般用于具有六个或更多气缸的发动机中,以避免过高的振动。例如,在一台具有 1-5-2-6-4-8-3-7 点火次序的 V8 发动机中,1,2,3,4 号气缸或者 5,6,7,8 号气缸都可以被停用,以满足 180°曲轴转角的恒定点火间隔要求。为了实现这一恒定点火间隔,可以将该 V8 发动机的一侧的两个靠内的气缸和另一侧的两个靠外的气缸停用。一般来讲,从控制振动的角度考虑,V8、V10 或 V12 发动机比 V6 或 I4 类型的发动机更适合采用停缸技术。

停缸技术自 20 世纪 80 年代以来已在有限的一些量产化发动机上有所应用(例如,通用汽车公司 1981 年生产的 Cadillac Eldorado 牌 V8 汽油发动机具有两缸和四缸停缸功能,记为 V8-6-4;三菱公司的 Orion-MD 牌发动机,正如 Fukui 等人所介绍的,1983;以及三菱公司在 1992 年生产的 1.6 L 排量的某 I4 汽油发动机具有两缸停缸功能)。

在停缸技术方面迄今为止几乎所有发表的文献都是关于汽油机的。Bates 等人(1978)、Watanabe 和 Fukutani(1982)、Dresner 和 Barkan(1989a,1989b)、Hatano 等人(1993)、Sandford 等人(1998)、Leone 和 Pozar(2001)以及 Douglas 等人(2005)研究了停缸性能。Leone 和 Pozar(2001)全面总结了汽油机的停缸技术。Falkowski 等人(2004)、Lee 和 Rahbar(2005)以及 Bemman 等人(2005)讨论了停缸中的 NVH 问题。Bates 等人(1978)、Kreuter 等人(2001)、Zheng(2001)、Falkowski 等人(2004)、Stabinsky 等人(2007)和 Rebbert 等人(2008)介绍了停缸的设计和瞬态控制。只有 Watanabe 和 Fukutani(1982)的工作中简要描述了自然吸气式柴油机的停缸测试结果。

9.9.2 停缸的机理和性能优势

9.9.2.1 影响停缸收益的因素
与非停缸工况相比,停缸的性能优势和问题主要由有效燃油消耗率、驾驶性能、振动、噪声、排放、影响后处理的排气温度等方面来衡量。柴油机停缸设计的关键因素包括以下内容:
- 停用气缸的数量;
- 停用气缸的气门切换定时策略。它关系到缸内捕集滞留的气体质量;
- 固定截面涡轮的有效面积。它关系到高低负荷运行之间的权衡,具体地讲,涉及停缸运行过程中在部分负荷时所需的空燃比,以及在非停缸运行时在全负荷需要产生的发动机功率能力;
- 可变截面涡轮的叶片开度(如果使用这种涡轮的话)。这种涡轮可以靠调节面积更好地适应可变排量发动机在空气流量变化方面的需要;
- 涡轮废气旁通阀开度的控制能力。例如,电控旁通阀能在非停缸运行时将阀全开,最大限度地减

小泵气损失和在部分负荷时的空燃比,这样在对比中所产生的基线情形本身就具有比较低的有效燃油消耗率;

- 在停缸运行时在碳烟控制方面所能承受的最低空燃比;
- 缸内传热损失;
- 由气缸压力引起的活塞环摩擦力;
- 用于驱动进气门和排气门的配气机构摩擦耗功。

决定停缸在改善燃料经济性方面是否有效的因素包括发动机排量、车重、驾驶循环种类、发动机和可变气门驱动的设计。常用的试验循环或运行工况包括美国环保署的城市和高速公路驾驶循环、新欧洲驾驶循环(NEDC)和日本的10-15工况。停缸在有效燃油消耗率上的收益在高性能车辆上达到最大,因为这些车辆往往使用六缸或更多缸数的大排量发动机,并具有相对较轻的车辆重量和较高的附属装置功率损失。大的发动机排量会将车辆运行点置于发动机脉谱图上的低有效平均压力区域。因而,与较小的发动机相比,将大排量发动机停缸可以在降低油耗方面收益较大。对于现实世界中的驾驶情形来讲,改善低负荷(例如0~5 bar BMEP)时的燃料经济性至关重要,特别是对于轻载发动机。许多研究结果表明(例如 Kreuter 等人,2001),在轻型应用中,新欧洲驾驶循环的大多数车辆运行点和恒速巡航时的运行点都落在发动机脉谱图上的极低负荷区域(即中低转速的0~5 bar BMEP)。这么低的负荷非常合适停缸。

9.9.2.2 停缸中的气门切换策略

在停用的气缸中,大体有三种处置滞留气体质量的方法,具体取决于在发动机循环内关闭并停用气门的时刻:①在气缸内保留最少的气体质量或几乎保持真空;②将较冷的新鲜空气吸入气缸;③将热残余废气滞留在气缸内。在停缸中,对于在发动机循环内停用气门时刻的选择应尽量对设计、耐久性、封装性和成本造成的影响最小。之所以说关闭和停用气门的定时十分关键,是因为气缸内的压力变化历程决定着润滑油的消耗和动力缸内的部件润滑状态,以及发动机的振动。如果缸内几乎没有气体的话,活塞环的摩擦和停用气缸的泵气损失会最小。但是,其实还是应该在气缸内维持一定量的气体质量和气缸压力,以便获得满意的润滑油消耗水平和气缸润滑状态,即尽量减小将润滑油通过活塞环的开口间隙吸入燃烧室的机会。除了润滑油消耗这个问题外,另一个在选择气门切换策略时需要考虑的因素是 NVH。发动机需要在停用的气缸内压缩适量的滞留空气,以起到一个阻尼作用,使发动机的振动和转速变化平顺些。

停缸时的快速切换对于将各个气缸尽量保持同步是非常重要的,这样可以确保在不同的运行模式之间进行可靠而稳定准确的切换,不发生可能会干扰排放或驾驶性能的失控的瞬态状况。机电驱动一般比电液驱动的反应速度要快。当今的机电设计水平可以在高达5 000 r/min 的发动机转速下,在发动机循环内快速实现气门停用和再启用(Kreuter 等人,2001)。

在关于关闭并停用进气门和排气门的驱动顺序上,无论是进气门还是排气门都可以先被停用。停缸中一般有以下三种气门切换策略:

(1) 在排气冲程结束时先立即关闭并停用进气门,以便做到不向气缸中注入新鲜空气和外部排气再循环气体;

(2) 在进气冲程过程中或结束时先关闭并停用进气门,以便向气缸中注入一定量的新鲜空气和外部排气再循环气体;

(3) 在已燃的缸内气体被排出气缸之前,先关闭排气门,以便将热的排气滞留在气缸内。

在第一种气门切换策略中,当活塞在进气冲程中向下运动时,气缸压力会低于大气压力,从而形成高真空,这样可能会对润滑油消耗产生负面影响。润滑油消耗主要是通过活塞环和气门导管处的机油损失造成的。在停用的气缸中,在进气冲程内,缸内的高真空会将机油通过第一道和第二道气环的开口间隙区域吸入燃烧室。需要注意的是,传统的汽油机实际上在部分负荷的进气节流运行时一直都会在缸内产生较高的真空度。一些研究结果显示,在停用的气缸中,最高缸内压力通常很低,只有 $200 \sim 300$ kPa;而在进气冲程的下止点处的缸内压力只有大概 20 kPa 绝对压力,并且在每个发动机循环中的大多数时间内气缸压力均以一定的真空度低于大气压力(Hatano 等人,1993;Leone 和 Pozar,2001)。应当指出的是,从控制润滑油消耗和适应缸内气压的角度来看,自然吸气式汽油机的活塞环组设计与涡轮增压柴油机的设计会有所不同。

Saito 等人(1989)在他们的汽油机实验工作中证实,当进气节气门的开度非常小时,缸内产生的高真空会导致机油消耗通过活塞环组而增加。另外,他们发现,在发动机制动工况,当进气节气门开度极小时,被吸入燃烧室的润滑油量是当进气节气门全开时的高负荷点火工况的大概六倍之多。机油被大量向上吸入这个现象,在他们的实验中体现于在顶环以上的顶岸处和在环间的第二岸和第三岸处均聚集着大量机油,而且活塞裙部的油膜也很厚。随着发动机转速增加,机油被更快地向上吸入和流动。

在第三种气门切换策略中,排气门比进气门提前关闭和停用。由于滞留的热态废气,停用的气缸持有温度较高的充量。但是,由于从气体到气缸壁的传热,缸内的充量会逐渐地冷下来。另外,如果发动机的负荷相对较高的话,这种策略可能会在紧随气门停用后的头几秒钟内在停用的气缸内产生过高的最高气缸压力。由于传热损失,气缸压力会一个循环接一个循环地在几秒钟内迅速衰减到一个低得多的稳定水平(Sandford 等人,1998),而这个压力水平会比第二种气门切换策略所给出的压力水平略高一些。应当注意的是,在停用的气缸中对滞留气体进行再压缩会产生一些泵气损失。滞留热气体所产生的泵气损失会高于滞留冷空气的泵气损失。

综上所述,关于停缸时气门操作顺序的指导原则是在以下几项之间寻求最佳平衡:避免缸内出现不良真空,尽量保持气缸温度较暖,出于耐久性和发动机振动的考量维持可接受的最高气缸压力,并尽量减少泵气损失。在许多汽油机停缸中,排气门经常先于进气门被停用和再启用(例如 Falkowski 等人,2004)。其原因是汽油机在部分负荷带进气节流运行时,在进气冲程中缸内具有很高的真空度。因此,如果需要在缸内保持大量气体质量(尤其是热气体质量),先关闭排气门是唯一的办法。柴油机的情况则不同,因为它不在进气节流和真空度下运行。因此,可以考虑第二种切换策略,即在进气冲程中先吸入较冷的充量并关闭和停用进气门。

通常情况下,在停缸运行相当长一段时间后,停用的气缸需要被重启运行一小段时间,以保持气缸温度足够暖,并防止在燃烧室内积累过多的机油沉积物(Falkowski 等人,2004)。当重启气缸时,通常需要先将排气门打开,然后再将进气门打开。首先重启排气门可以避免工作气缸的排气被推回到进气道而在下一个燃烧循环内产生噪声和失火问题(Kreuter 等人,2001)。首先重启排气门还能够避免进气配气机构承受过高的再压缩压力。另外,各个气缸还可以被交替地启用或停用,使得停用的气缸温度能够保持足够暖或者防止它们过度冷却下来。

9.9.2.3　停缸的有效燃油消耗率改善

在汽油机中,当发动机负荷降低时,指示燃料消耗率(ISFC)会略有增加,而有效燃油消耗率(BSFC)会急剧增加,这是由于进气节流造成的泵气损失大幅度增加以及机械摩擦所占比例增大的缘故(Bates 等人,1978)。在停用的气缸中,即使是简单的断油也能够改善整个汽油发动机的燃油消耗,因为点火气缸的供油量增加了,这使得进气节气门的开度有所增加,从而泵气损失有所减少。然而,在柴油机中,仅仅切断燃油喷射对改善油耗的影响是微不足道的(Watanabe 和 Fukutani,1982)。

由于在柴油机中没有必要使用进气节气门进行负荷控制,因此柴油机行业中的一些人认为停缸效果会不如汽油机。其实这种想法就好比是对可变气门驱动的认识一样。有人认为柴油机停缸的效益只会来自配气机构摩擦功率的下降和喷油附属装置耗功的减少。事实上,柴油机停缸会在燃料经济性上产生显著收益,正如后面所要论述的模拟结果中显示的那样。Watanabe 和 Fukutani(1982)在其柴油机实验工作中报道,当他们通过停用气门将半数的气缸停缸时,低怠速的有效燃油消耗率减少了 30%。但是,应当指出的是,如果在低怠速采用了不恰当的喷油补偿策略来试图补偿停缸所造成的更大幅度振动和由此产生的瞬时发动机转速下降的话,振动和发动机转速上的不稳定性可能会变得更糟,而且油耗减小上的收益可能会变得微乎其微。在这种情况下,有时停缸的油耗甚至会变得更坏。

关于在停用的气缸中有效燃油消耗率减小方面的机理,无论是对于汽油机还是柴油机来讲,都是相似或相同的。但是在点火气缸中泵气损失减少的机理是彼此不同的。在自然吸气式汽油机中,减少泵气损失是通过减少进气节流和增加进气歧管压力来实现的。在涡轮增压柴油机中,减少泵气损失是通过降低排气歧管压力来实现的,而该压力的降低则是通过大幅度减少流经给定涡轮面积的发动机气流流量来实现的。空气流量的减小是由于发动机的有效排量减小而造成的,正如式(9.30)中的理论分析所示。

Leone 和 Pozar(2001)发现,不同的汽油机在停缸运行时,在稳态有效燃油消耗率下降的收益百分点与有效平均压力之间存在着一个很强的普适关联(在 0~5 bar BMEP 范围内)。所有发动机的油耗收益百分点在相同的有效平均压力下都几乎相同。他们发现汽油机的油耗收益对转速不敏感。基于文献中报道的数据,现将汽油机停缸稳态运行时在整个转速范围内的油耗下降的平均收益总结如下:在低怠速,有效燃油消耗率降低 30%~40%;在 1 bar BMEP,降低 22%;在 2 bar BMEP,降低 15%;在 3 bar BMEP,降低 10%;在 4 bar BMEP,降低 6%;在 5 bar BMEP,收益为零。汽油机停缸技术在车辆驾驶循环中所给出的燃料经济性改善幅度从 6% 变化到 15%,平均大概为 10%,具体取决于车重、发动机大小、诸如 NVH 等设计约束条件、停缸时使用的变速器齿轮挡位、是否在低怠速使用停缸、低怠速时间等。从 Leone 和 Pozar(2001)以及 Sandford 等人(1998)的报道来看,不同的车辆应用和驾驶循环所给出的油耗收益的变化幅度很大,尤其是将城市驾驶与高速公路驾驶循环相比时。城市驾驶的停缸油耗收益通常比高速公路驾驶的收益要大。如果驾驶循环中含有很大比例的部分负荷运行工况,停缸的燃料经济性收益将变得更为明显。

9.9.2.4 停缸的排放和排气温度

汽油机停缸往往会增加氮氧化物有效功率时间质量排放量,而降低碳氢化合物和一氧化碳排放。从停缸转变为非停缸模式时,会出现碳氢化合物的排放尖峰。文献中几乎看不到柴油机停缸的排放数据。柴油机停缸适用的有效平均压力水平主要受排烟限制,因为点火气缸中的空燃比较低。

使用可变气门驱动实现停缸的一大主要好处是大幅度升高的排气温度,而且在有效燃油消耗率方面并不伴随出现显著的代价。这一点对于在低负荷、低怠速和暖机时的各种后处理运行是非常有利的。停缸在提高排气温度以改善催化转化器起燃时间方面是非常有效的(例如在暖机过程中的选择性催化还原装置)。虽然只靠停缸本身通常还不足以迅速起燃大多数后处理装置,但是将停缸技术与提前或推迟的进气门关闭定时以及推迟的喷油定时等手段结合起来,就可以进一步提高排气温度。

9.9.3 柴油发动机停缸性能模拟

迄今为止,文献中尚未出现关于涡轮增压柴油机停缸的收益分析。图 9.23~图 9.29 给出了关于一台高功率密度的 V8 重载柴油机的停缸综合模拟计算结果,共有 14 个方案或算例(记为 S1~S14),

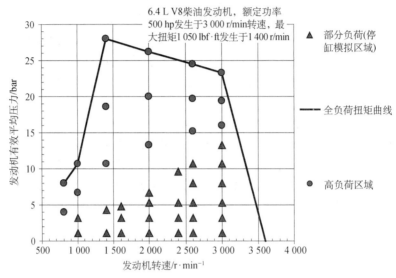

图 9.23 停缸分析中采用的发动机转速和负荷区域

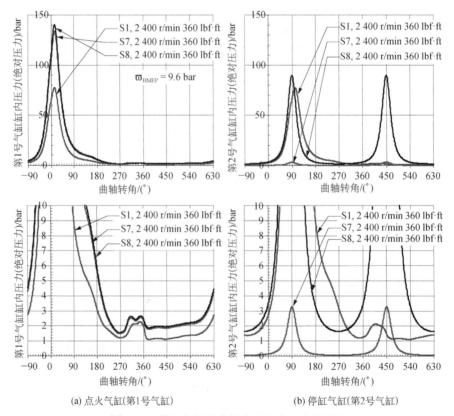

(a) 点火气缸(第1号气缸) (b) 停缸气缸(第2号气缸)

图 9.24 停缸气门操作策略对缸内压力的影响

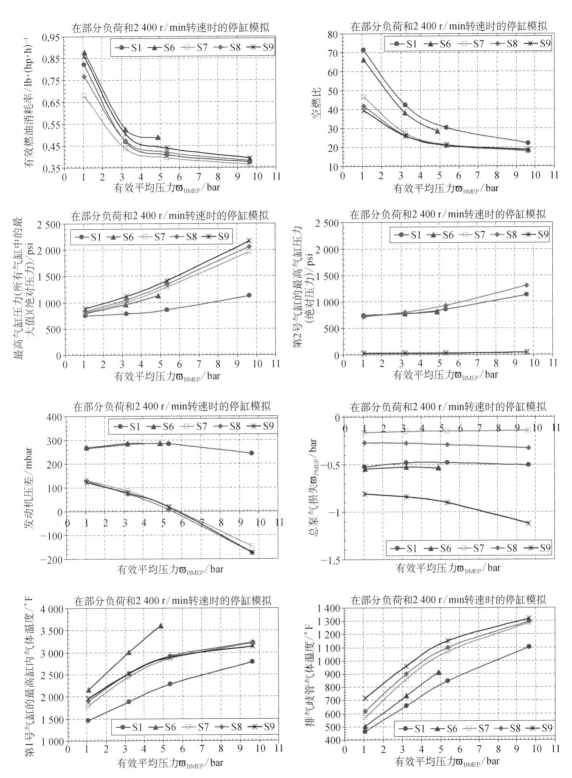

图 9.25 关于停缸策略的研究

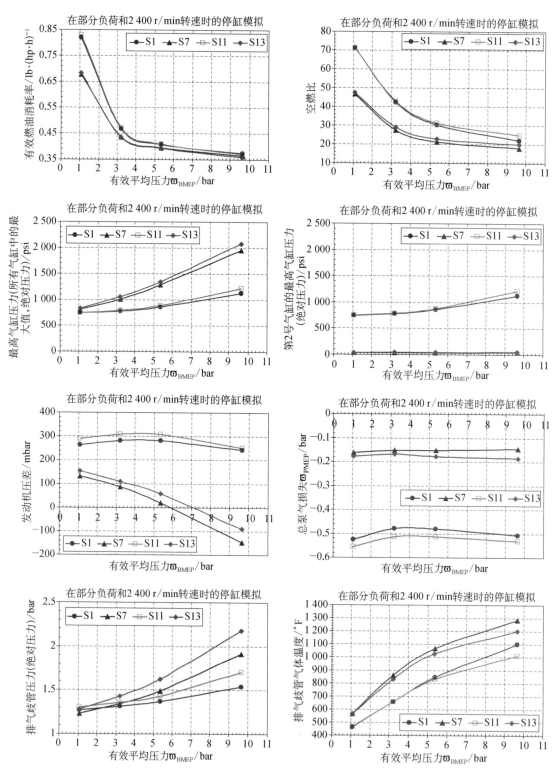

图 9.26 涡轮面积对停缸性能的影响

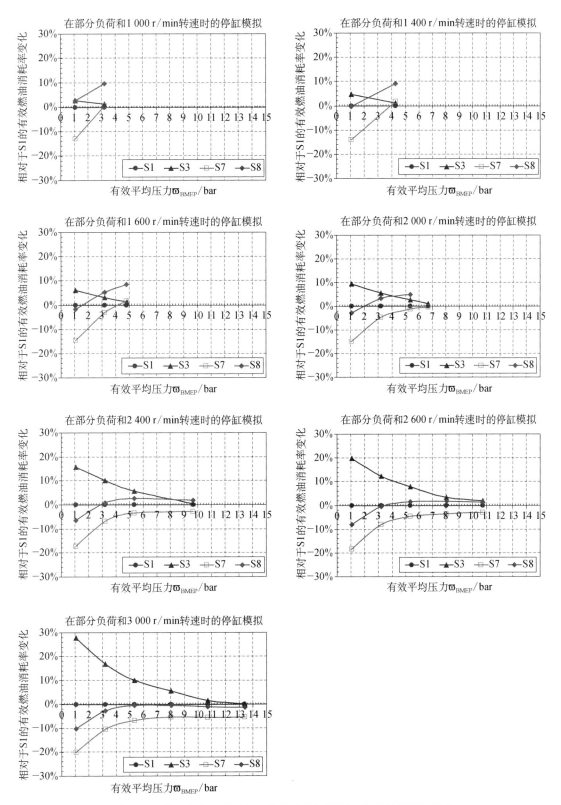

图 9.27 发动机在不同的转速和负荷停缸运行时的有效燃油消耗率

代表在发动机负荷、固定截面涡轮面积、废气旁通阀开度以及气门关闭和停用定时策略方面的不同条件,如表 9.2 所列。在该分析中,有效平均压力(BMEP)和泵气平均有效压力(PMEP)是针对整个发动机定义的,即定义为每个循环的功除以发动机的总排量。在该模拟中,四个气缸被停用(即V4 运行模式)。模拟中使用了一个两级固定截面涡轮增压系统,其中的高压级涡轮带有一个废气旁通阀。当选择固定截面涡轮的面积时,假设排气再循环率为零;这样,涡轮面积选择的标准是确保在 V8 运行模式时在最大扭矩和额定功率工况能够提供足够高的空燃比。如果需要使用一定量的排气再循环来降低氮氧化物排放,则可以选择一个面积更小的涡轮,以驱动全负荷和部分负荷所需的排气再循环率并提供足够高的空燃比。这样选出来的涡轮会产生比无排气再循环时更高的发动机压差和有效燃油消耗率。因此,以一个适当的涡轮面积匹配某个任意假设的排气再循环率,以此进行的停缸分析在结论方向上对其他排气再循环率的情形是完全有效的。

表 9.2　停缸模拟算例

算例编号	工况	涡轮面积	高压级涡轮废气旁通阀开度	配气机构运行情况	停缸气缸的发动机气门关闭定时策略
S1	部分负荷	基线涡轮	全开	不停缸	
S2	高负荷	基线涡轮	按需开启	不停缸	
S3	部分负荷	基线涡轮	全关	不停缸	
S4	高负荷	基线涡轮	关	不停缸	
S5	部分负荷	基线涡轮	部分关闭	不停缸	
S6	部分负荷	基线涡轮	全关	采用只停止喷油(燃料)来停缸	
S7	部分负荷	基线涡轮	全关	采用停止喷油以及关闭进气门和排气门来停缸,使用关闭策略(1)	关闭策略(1):在每个气缸的进气门开启定时之前进气门保持关闭
S8	部分负荷	基线涡轮	全关	采用停止喷油以及关闭进气门和排气门来停缸,使用关闭策略(2)	关闭策略(2):在每个气缸的进气门关闭定时之后进气门保持关闭
S9	部分负荷	基线涡轮	全关	采用停止喷油以及只关闭进气门来停缸,使用关闭策略(1)	关闭策略(1):在每个气缸的进气门开启定时之前进气门保持关闭
S10	部分负荷	基线涡轮	全关	采用停止喷油以及只关闭进气门来停缸,使用关闭策略(2)	关闭策略(2):在每个气缸的进气门关闭定时之后进气门保持关闭
S11	部分负荷	高压级和低压级都比基线涡轮的面积小 10%	全开	不停缸	
S12	高负荷	高压级和低压级都比基线涡轮的面积小 10%	按需开启	不停缸	

算例编号	工况	涡轮面积	高压级涡轮废气旁通阀开度	配气机构运行情况	停缸气缸的发动机气门关闭定时策略
S13	部分负荷	高压级和低压级都比基线涡轮的面积小10%	全关	采用停止喷油以及关闭进气门和排气门来停缸,使用关闭策略(1)	关闭策略(1):在每个气缸的进气门开启定时之前进气门保持关闭
S14	部分负荷	高压级和低压级都比基线涡轮的面积小10%	全关	采用停止喷油以及关闭进气门和排气门来停缸,使用关闭策略(2)	关闭策略(2):在每个气缸的进气门关闭定时之后进气门保持关闭

注:S9 和 S10 具有相同的稳态发动机性能。

　　图 9.23 显示了在 GT-POWER 模拟计算中所使用的转速和负荷工况。值得注意的是,用于停缸研究的负荷范围通常是 0～5 bar BMEP,而这项模拟工作在高于 2 500 r/min 的高转速区域将负荷范围扩展到高达 10～13 bar BMEP。图 9.24 显示了停缸时不同气门切换策略的气缸压力曲线。

　　图 9.25 比较了不同的停缸策略在 2 400 r/min 转速时的发动机性能。可以看出,与 V8 的非停缸运行(S1)相比,只切断供油(S6)和只切断供油和进气门运行(S9)在降低油耗方面不能提供任何收益。事实上,S6 和 S9 的有效燃油消耗率甚至比 S1 的还高些。在 S7 和 S8 中,排气门的关闭和停用时刻晚于进气门的关闭和停用时刻。当进气门和排气门均被停用而且停用气缸中滞留有一定量的空气时(S8),在非常低的负荷时(0～3 bar BMEP)会有一些油耗下降的收益。最大的收益发生于 S7,而且是在一个较宽的 BMEP 范围内(0～10 bar),当停用气缸中滞留极少的空气时。

　　图 9.26 显示了涡轮面积减小 10% 对空燃比的影响。较小的涡轮可以增大在停缸运行中的空燃比,使停缸运行范围得以延伸到更高的有效平均压力水平。然而,基于为了在停缸工况中获得较高空燃比而对固定截面涡轮减小面积,会导致在非停缸工况出现过高的空燃比和泵气损失。可变截面涡轮能帮助减轻这种介于低负荷停缸与全负荷非停缸运行之间的矛盾。

　　图 9.27 总结了关于不同的涡轮废气旁通阀开度(S1 和 S3)和停缸气门切换策略(S7 和 S8)在不同转速和负荷时的油耗变化。不同的气门切换策略所给出的降低油耗的收益范围存在一上一下两个边界极限,分别对应于 S7 和 S8。据观察,对于柴油机来讲,油耗降低的收益百分点是发动机负荷和转速这两个参数的强函数,而且停缸可以在降低燃料消耗方面带来很大好处。需要注意的是,这里计算的油耗收益是相对于一台已经具有非常低的有效燃油消耗率的基线发动机而言。该基线值对应着使用电控装置在部分负荷工况将废气旁通阀全开从而获得很低的泵气损失(即 S1 而非 S3)。另外可见,在高转速,停缸的油耗收益可以延伸到一个很高的有效平均压力水平,并维持可接受的空燃比(例如在 2 600 r/min 时高达 10 bar BMEP)。这是因为涡轮增压器在高转速时比在低转速时具有更强的供气能力,以保持一个所需要的空燃比低限。

　　图 9.28 总结了对应于图 9.27 中的算例的空燃比。注意到由于空燃比的减小,停缸运行一般会比非停缸运行产生更多的碳烟,尤其当空燃比接近排烟极限时。在低转速到中等转速的区域以及相对较高的有效平均压力水平下,可以使用其他一些措施来减少碳烟,例如使用可变气门驱动在点火气缸中将排气门开启定时推迟,或者将进气门关闭定时提前。

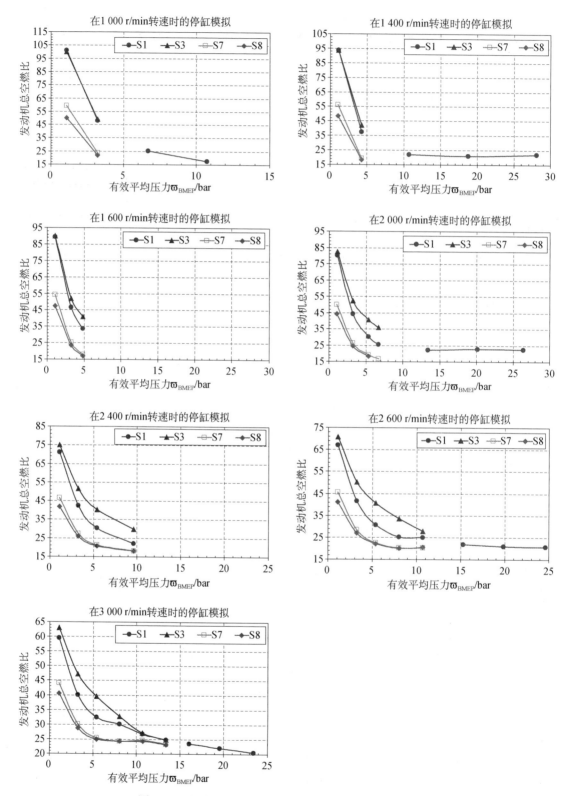

图 9.28 发动机在不同的转速和负荷停缸运行时的空燃比

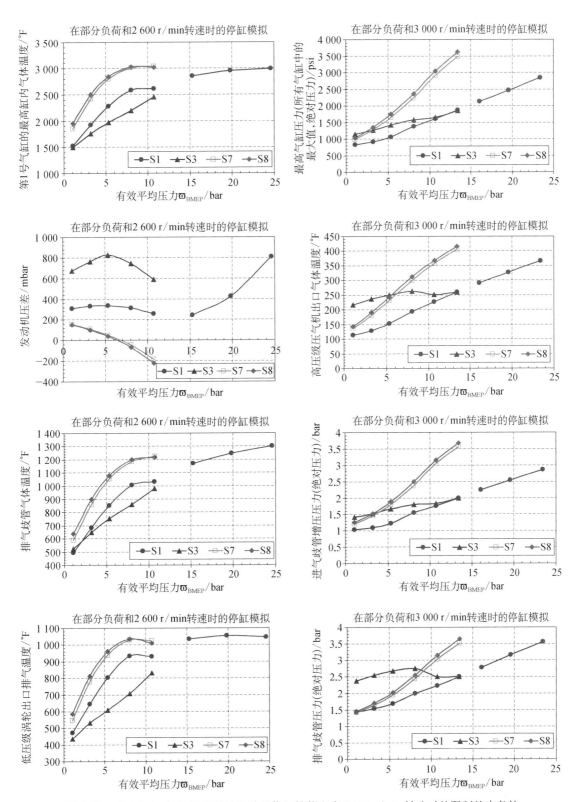

图 9.29 在 2 600 r/min 转速时的发动机停缸性能和在 3 000 r/min 转速时的限制约束条件

    图 9.29 显示了在 2 600 r/min 转速停缸运行时的其他关键性能参数和在 3 000 r/min 转速时的极限设计约束条件。需要注意停缸对以下两个参数的影响：①发动机压差——它是驱动排气再循环气流的驱动力，它也会受涡轮面积影响；②低压级涡轮出口的气体温度——它可以帮助后处理装置（例如选择性催化还原和柴油颗粒过滤器）的运行和再生。最后，应当注意到，除了最低要求的空燃比限值这个约束条件以外，柴油机停缸的有效平均压力极限可能会受高转速（例如 3 000 r/min）时点火气缸内的最高气缸压力和压气机出口的空气温度所限制。

    现将柴油机停缸的性能概括总结如下。

(1) 最佳的停缸方法是在停用气缸中切断燃料供应并停用所有进排气门；

(2) 停缸的气门切换定时和滞留在停用气缸中的气体质量极大地影响停缸在降低有效燃油消耗率方面的收益；

(3) 停缸运行时，停用气缸数主要取决于介于为实现良好的燃烧排放所需要的最低空燃比与为实现最低油耗所需的泵气损失之间的一个平衡。另外，最佳的停用气缸数也受与气缸传热损失和活塞环摩擦有关的设计特点影响，虽然这些影响的作用稍弱一些。将一半的气缸停用可能并不总是实现最低有效燃油消耗率的最佳选择；

(4) 停缸在低负荷工况极大降低燃料消耗。对于涡轮增压柴油机来讲，油耗下降的收益强烈地取决于有效平均压力和转速这两方面因素；

(5) 由于在低转速到中等转速区域上的空燃比限制以及由于在高转速时的其他设计约束条件限制（例如最高气缸压力和压气机出口空气温度），在中、高负荷很难用停缸来获得有效燃油消耗率方面的改善；

(6) 停缸在油耗方面的改善程度取决于以下因素：停用气缸的数量、气门关闭策略、气门切换定时、涡轮面积（可变的或固定的，涡轮面积大小）、在低负荷时涡轮废气旁通阀的调节控制能力和灵活性、气缸传热、活塞环摩擦力中与缸内压力有关的部分等；

(7) 如果在基线发动机设计中气缸传热和活塞环摩擦损失有所增加，那么使用停缸可以在减少油耗方面获得更大的收益，这是因为更大一部分比例的能量损失可以在停用的气缸中予以避免。

9.9.4 停缸设计所面临的挑战

9.9.4.1 发动机振动

    噪声、振动（或 NVH）和驾驶性能是停缸时的重要问题。停缸会降低发动机曲轴振动的频率，而增加其振幅，这样在全转速范围内从 NVH 和舒适性的角度来讲可能会是不可接受的。只有当 NVH 问题在大规模量产化车辆上得以解决后，停缸技术及其在改善燃料经济性方面的好处才称得上是成功实现了的。正如 Leone 和 Pozar(2001)所指出的，停缸中的油耗降低的收益受 NVH 限制。例如，在使用变速器的第 1 挡和第 2 挡时，很多时候停缸会造成比较严重的 NVH 和驾驶性能方面的问题。如果停缸操作只局限于高于第 1 挡和第 2 挡的挡位时，将会损失掉 2%～4% 的油耗收益。如果在暖机过程中不采用停缸，又会损失掉另外 1%～2% 的收益(Leone 和 Pozar，2001)。停缸设计的主要难点在于既要将燃料经济性的收益最大化，同时也要满足在稳态运行和在停缸与非停缸之间进行瞬态转换运行时在 NVH 和驾驶性能上的要求（即平顺地缓冲进入和退出）。

    流过点火气缸的气流和歧管中的气体压力脉冲影响进排气噪声。停用气缸中的气缸压力在发动机振动中起着重要作用。只要气缸与气缸之间的压力不均匀，发动机的振动和转速变化就会增大。气缸压力受停缸的气门切换策略影响，并与滞留于停用气缸中的气体质量有关。在不供油的气缸中，如果不关闭所有的气门，正常的缸内气体压缩会较好地平衡点火气缸所造成的发动机振动。然而,在进排气门都关闭的真空压缩的极端情况下(缸内不滞留空气),由于更为剧烈的振动和在曲轴处的扭矩脉动,发动机转速会呈现出较高的变化幅度。停缸时,发动机的基础频率阶数会减半,这样所造成的较高的动态扭矩和较低的频率会造成动力系和传动系的振动幅度大幅增加(Lee和 Rahbar,2005)。特别地,由于在低转速的发动机振动具有非常低的频率和非常高的振幅,在低怠速时使用停缸可能会产生 NVH 过大的问题。Watanabe 和 Fukutani(1982)发现,在低怠速时柴油机停缸中的发动机振幅增加幅度比汽油机停缸中的大得多。据他们认为,在柴油机点火气缸中高得多的最高气缸压力是其中的原因。

在停缸振动控制上比较有潜力的设计改进措施包括优化发动机悬置、在传动系中使用额外的扭振减振器或隔离器、增加发动机旋转部件的惯性矩、增大变矩器滑移等(Hatano 等人,1993;Falkowski 等人,2004),另外还有主动振动控制措施,比如主动调谐式吸振器或主动式发动机悬置等(Lee 和 Rahbar,2005)。然而,所有这些措施都具有一定的负面影响。一般来讲,对于停缸引起的振动问题,没有很容易的解决方案。需要研发新技术来解决在柴油机停缸中遇到的 NVH 和燃油喷射补偿问题。

9.9.4.2 排气噪声

在停缸模式中以不同的工作气缸数运行的发动机和非停缸运行的发动机由于排气压力波的变化,会呈现出不同的排气噪声特征。停缸设计的目标之一就是避免在排气管声学上出现可以从主观感受上察觉得到的变化。汽油机中关于这个问题所采用的传统的主动式噪声控制装置通常是在排气管内使用一个翻板阀。更为先进的被动式噪声控制设计是使用被动式谐振器来将停缸运行过程中的噪声衰减掉。Bemman 等人(2005)在一台 V8 汽油机上成功地使用亥姆霍兹共振器将 V4 停缸模式本身所固有的低频成分衰减掉。他们的系统比传统的在排气系统中使用主动式阀门来调整排气噪声的方法更具有成本效益。

9.9.5 停缸技术与其他技术的匹配

停缸本质上讲是依靠使用可变气门驱动的一种可变发动机排量技术或者说灵活的减小排量技术。它试图在低负荷优化燃料消耗,而在高负荷获取高功率。相比之下,通过强化涡轮增压实现的固定式减小气缸排量,虽然没有停缸中的那些 NVH 问题,也可能产生较少的摩擦耗功,但是,减小排量的幅度严重地受在全负荷时所能承受的功率密度(有效平均压力水平)的制约。固定式的减小排量技术将在第 13 章中详述。在目前政府法规驱动的温室气体减排和燃料经济性改善的新时代,减小发动机排量已经日益成为在轻载和重载发动机行业的一个主流设计趋势。固定式的减小排量和灵活的停缸技术都将越来越受到业界的重视。

在减小泵气损失或改善燃料经济性方面,与停缸技术相竞争的动力系技术包括可变气门驱动、可变截面涡轮、均质充量压燃着火或可控自动点火、余热回收(涡轮复合增压和兰金循环)、无级变速器、电动混合动力、液压混合动力等。均质充量压燃着火或可控自动点火和停缸这两种技术都有潜力在低负荷时减少燃料消耗。在柴油机与汽油机的技术通用性上,需要注意的是,柴油机均质充量压燃着火的主要科研目标曾经是减少氮氧化物和碳烟排放以消除氮氧化物后处理装置,而如今则应逐渐转向降低油耗(由于在高负荷删除氮氧化物后处理装置的努力失败);而汽油机可控自动点火的首要科研目标历来都是降低油耗(由于成熟的后处理技术)。

当点火气缸使用传统的火花点火燃烧时,可控自动点火与停缸之间的协同在 Douglas 等人(2005)关于一台直列四缸汽油机的研究中有所体现。在他们的停缸技术中,两个气缸被切断供油,新鲜空气在进气歧管中被阻断,发动机的进气门和排气门以低升程凸轮型线运行来泵送热的排气。他们在低负荷到中等负荷的区域上运行可控自动点火,并用停缸涵盖负荷更低的区域。他们的结论是,可控自动点火和停缸在汽油机上是互补的,这样这两种技术加在一起能在发动机脉谱图上将油耗显著改善的区域扩大。在他们的研究中,对于轻载发动机应用的城市驾驶循环来讲,循环中的大部分时间(75%)花在低负荷和低怠速区域。将可控自动点火和停缸用于这些区域后,油耗减少高达10.1%,而且氮氧化物排放减少达28%。他们预测,对于一台轻型车辆使用的1.6 L汽油机,当使用可控自动点火时,新欧洲驾驶循环(NEDC)的油耗可以减少4.9%(即从14.03 km/L变为14.75 km/L)。另外,当可控自动点火和停缸两者均被使用时,油耗可以降低10.1%(即从14.03 km/L变为15.6 km/L)。可以预计,对于柴油机来讲,均质充量压燃着火和停缸也可以实现互补,能够在发动机脉谱图上从非常低的负荷到中等负荷的广大区域上最大限度地改善燃料经济性。

9.10　参考文献和书目

9.10.1　英文参考文献和书目

Abell R F. 1969. The operation and application of hydraulic valve lifters [C]. SAE paper 690347.

Ahmad T, Theobald M A. 1989. A survey of variable-valve-actuation technology [C]. SAE paper 891674.

Akiba K, Kakiuchi T. 1988. A dynamic study of engine valving mechanisms: determination of the impulse force acting on the valve [C]. SAE paper 880389.

Akiba K, Shimizu A, Sakai H. 1981. A comprehensive simulation of high speed driven valve trains [C]. SAE paper 810865.

Al-Sarkhi A, Akash B A, Jaber J O, Mohsen M S, Abu-Nada E. 2002. Efficiency of Miller engine at maximum power density [J]. *International Communications in Heat and Mass Transfer*, 29(8):1159-1167.

Al-Sarkhi A, Jaber J O, Probert S D. 2006. Efficiency of a Miller engine [J]. *Applied Energy*, 83(4):343-351.

Anderson M K, Assanis D N, Filipi Z S. 1998. First and second law analyses of a naturally-aspirated, Miller cycle, SI engine with late intake valve closure [C]. SAE paper 980889.

Asmus T W. 1982. Valve events and engine operation [C]. SAE paper 820749.

Asmus T W. 1991. Perspectives on applications of variable valve timing [C]. SAE paper 910445.

Babajimopoulos A, Assanis D N, Fiveland S B. 2002. An approach for modeling the effects of gas exchange processes on HCCI combustion and its application in evaluating variable valve timing control strategies [C]. SAE paper 2002-01-2829.

Bates B, Dosdall J M, Smith D H. 1978. Variable displacement by engine valve control [C]. SAE paper 780145.

Bemman Y-J, Frei T, Jones C, Keck M. 2005. Passive exhaust system with cylinder deactivation [C]. SAE paper 2005-01-2351.

Benajes J, Reyes E, Luján J M. 1996. Intake valve pre-lift effect on the performance of a turbocharged diesel engine [C]. SAE paper 960950.

Bengtsson J, Strandh P, Johansson R, Tunestål P, Johansson B. 2006. Multi-output control of a heavy duty HCCI engine using variable valve actuation and model predictive control [C]. SAE paper 2006-01-0873.

Bernard L, Ferrari A, Micelli D, Perotto A, Rinolfi R, Vattaneo F. 2009. Electro-hydraulic valve control with MultiAir technology [J]. *ATZ autotechnology*, 9(6):32-37.

Bolton B K, Assanis D N. 1994. Optimum breathing strategies for turbocharged diesel engines based on the Miller cycle concept [J]. *ASME Petroleum Division (publication) PD*, 64(8-2):253-262.

Buuck B, Hampton K. 1997. Engine trends and valvetrain systems for improved performance, fuel economy, and emissions [C]. *Proceedings of the International Symposium on Valvetrain System Design and Materials*. Dearborn, MI. April 14-15.

Cao Y. 2007. Thermodynamic cycles of internal combustion engines for increased thermal efficiency, constant-volume combustion, variable compression ratio, and cold start [C]. SAE paper 2007-01-4115.

Caton P A, Song H H, Kaahaaina N B, Edwards C. 2005a. Strategies for achieving residual-effected homogeneous charge compression ignition using variable valve actuation [C]. SAE paper 2005-01-0165.

Caton P A, Song H H, Kaahaaina N B, Edwards C F. 2005b. Residual-effected homogeneous charge compression ignition with delayed intake-valve closing at elevated compression ratio [J]. *International Journal of Engine Research*, 6:399-419.

Chan C, Pisano A P. 1987. Dynamic model of a fluctuating rocker-arm ratio cam system [J]. *Transactions of the ASME, Journal of Mechanisms, Transmissions, and Automation in Design*, 109:356-365.

Charlton S J, Keane A J, Leonard H J, Stone C R. 1990. Application of variable valve timing to a highly turbocharged diesel engine [C]. IMechE paper C405/044.

Charlton S J, Stone C R, Leonard H J, Elliott C, Newman M J. 1991. Transient simulation of a highly turbocharged diesel engine with variable valve timing [C]. *Conference of Computers in Engine Technology*. Cambridge, UK. September. IMechE paper C430/016.

Chen L, Zhang W, Sun F. 2007. Power, efficiency, entropy-generation rate and ecological optimization for a class of generalized irreversible universal heat-engine cycles [J]. *Applied Energy*, 84(5):512-525.

Chen L-G, Ge Y-L, Sun F-R. 2008. Unified thermodynamic description and optimization for a class of irreversible reciprocating heat engine cycles [J]. *Proc. IMechE, Part D: Journal of Automobile Engineering*, 222:1489-1500.

Clarke D, Smith W J. 1997. The simulation, implementation and analysis of the Miller cycle using an inlet control rotary valve [C]. SAE paper 970336.

Clarke J R, Innes R C. 1997. Valvetrain system design at Ford Motor Company [C]. *Proceedings of the International Symposium on Valvetrain System Design and Materials*. Dearborn, MI. April 14-15.

Curtil R. 1998. Method for improving the operation of an air-scavenged supercharged heat engine [P]. US Patent 5 819 693, French patent FR 93/13922.

Dammers W A. 1997. A chronology of hydraulic lash compensation in the United States [C]. *Proceedings of the International Symposium on Valvetrain System Design and Materials*. Dearborn, MI. April 14-15.

Deng J, Stobart R. 2009. BSFC investigation using variable valve timing in a heavy duty diesel engine [C]. SAE paper 2009-01-1525.

Dennis R C, Neuser C J. 1966. Computer-assisted valve train design and development [C]. SAE paper 660348.

De Ojeda W. 2010a. Effect of variable valve timing on diesel combustion characteristics [C]. SAE paper 2010-01-1124.

De Ojeda W. 2010b. Impact of variable valve timing on low temperature combustion [C]. *Proceedings of the Directions in Engine-Efficiency and Emissions Research (DEER) Conference Presentations*. Detroit, MI. September 27-30.

Desantes J M, Benajes J, Luján J M, Fremond E. 1995. Production of internal EGR in turbocharged diesel engines by means of intake valve pre-lift and exhaust valve post-lift [C]. *The 5th International Congress*. Strasbourg. June 21-23. SIA 9506A17.

Douglas K J, Milovanovic N, Turner J W G, Blundell D. 2005. Fuel economy improvement using combined CAI and cylinder deactivation (CDA) — an initial study [C]. SAE paper 2005-01-0110.

Dudley W M. 1947. A new approach to cam design [J]. *Machine Design*, 184:143-148.

Dudley W M. 1948. New methods in valve cam design [J]. *SAE Quarterly Transactions*, 2:19-33.

Dresner T, Barkan P. 1989a. A review and classification of variable valve timing mechanisms [C]. SAE paper 890674.

Dresner T, Barkan P. 1989b. A review of variable valve timing benefits and modes of operation [C]. SAE paper 891676.

Du H Y I, Chen J S. 2000. Dynamic analysis of a 3D finger follower valve train system coupled with flexible camshafts [C]. SAE paper 2000-01-0909.

Dyson A, Naylor H. 1960. Application of the flash temperature concept to cam and tappet wear problems [J]. *Proceedings Institution of Mechanical Engineers (A. D.)*, 8:255-280.

Edwards S P, Frankle G R, Wirbeleit F, Raab A. 1998. The potential of a combined Miller cycle and internal EGR engine for future heavy duty truck applications [C]. SAE paper 980180.

Elrod A C, Nelson M T. 1986. Development of a variable valve timed engine to eliminate the pumping losses associated with throttled operation [C]. SAE paper 860537.

Ernst R, Schamel A R, Meyer J. 1993. Advanced optimization techniques in valvetrain design [C]. SAE paper 932004.

Falkowski A, McElwee M, Bonne M. 2004. Design and development of the DaimlerChrysler 5.7L HEMI engine multi-displacement cylinder deactivation system [C]. SAE paper 2004-01-2106.

Fessler H, Genova M. 2004. An electro-hydraulic "lost motion" VVA system for a 3.0 liter diesel engine [C]. SAE paper 2004-01-3018.

Fujiwara H, Kawase T. 2007. Logarithmic profiles of rollers in roller bearings and optimization of the profiles [J]. *NTN Technical Review*, 75:140-148.

Fukui T, Nakagami T, Endo H, Katsumoto T, Danno Y. 1983. Mitsubishi Orion-MD - a new variable displacement engine [C]. SAE paper 831007.

Fukutani I, Watanabe E. 1979. An analysis of the volumetric efficiency characteristics of 4-stroke cycle engines using the mean inlet Mach number Mim [C]. SAE paper 790484.

Furhapter A. 2007. Four-stroke CAI engines with internal exhaust gas recirculation (EGR) [M]//Zhao H (editor). *HCCI and CAI Engines for the Automotive Industry*. Cambridge, UK: Woodhead Publishing. Chapter 6.

Gallo W L R. 1992. Thermodynamic evaluation of variable valve timing [C]. SAE paper 921479.

Gast G J, David J W. 1996. Pushrod modeling and valvetrain dynamics of high speed IC engines [C]. SAE paper 960352.

Ge Y, Chen L, Sun F, Wu C. 2005. Reciprocating heat-engine cycles [J]. *Applied Energy*, 81(4):397-408.

Gehrke S, Weiskirch C, Eilts P. 2008. Development and implementation of a variable valve actuation system to a HD diesel engine [C]. SAE paper 2008-01-1359.

Ghaffarpour M R, Baranescu R. 1995. Breathing analysis using analytical techniques in diesel engines [C]. ASME paper. *Internal Combustion Engine Division (Publication) ICE*, Vol. 23, *Engine Modeling*, 1-10.

Gheorghiu V. 2009. CO_2-emission reduction by means of enhanced thermal conversion efficiency of ICE cycles [C]. SAE paper 2009-24-0081.

Gray C. 1988. A review of variable engine valve timing [C]. SAE paper 880386.

Grönlund T, Larmi M. 2004. Valve train design for a new gas exchange process [C]. SAE paper 2004-01-0607.

Gu H-Z. 1995. The Gu-system that enhances the performance of turbocharged diesel engines [J]. *Ship Engineering* (in Chinese), 4:13-16.

Haas M, Rauch M. 2010. Electro-hydraulic fully variable valve train system [J]. *ATZ autotechnology*, 10(2):39-43.

Hanaoka M, Fukumura S. 1973. A study of valve train noises and a method of cam design to reduce the noises [C]. SAE paper 730247.

Hatano K, Lida K, Higashi H, Murata S. 1993. Development of a new multi-mode variable valve timing engine [C]. SAE paper 930878.

He X, Durrett R P, Sun Z. 2008. Late intake valve closing as an emissions control strategy at Tier 2 Bin 5 engine-out NO_x level [C]. SAE paper 2008-01-0637.

Heath A R. 1988. Valve train design for multivalve automotive gasoline engines [C]. SAE paper 885133.

Hellinger W, Priebsch H H, Landfahrer K, Mayerhofer U. 1992. Valve train dynamics and its contribution to engine performance [C]. *FISTIA*. London. Paper C389/129.

Helmantel A, Denbratt I. 2006. HCCI operation of a passenger car DI diesel engine with an adjustable valve train [C]. SAE paper 2006-01-0029.

Herrin R J. 1982. Measurement of engine valve train compliance under dynamic conditions [C]. SAE paper 820768.

Hitomi M, Sasaki J, Hatamura K, Yano Y. 1995. Mechanism of improving fuel efficiency by Miller cycle and its future prospect [C]. SAE paper 950974.

Hu H, Israel M A, Vorih J M. 1997a. Variable valve actuation and diesel engine retarding performance [C]. SAE paper 970342.

Hu H, Vorih J M, Israel M A. 1997b. The integrated lost motion VVT diesel engine retarder [C]. SAE paper 973180.

Imperato M, Antila E, Sarjovaara T, Kaario O, Larmi M, Kallio I, Isaksson S. 2009. NO_x reduction in a medium-speed single-cylinder diesel engine using Miller cycle with very advanced valve timing [C]. SAE paper 2009-24-0112.

Iritani T, Shozaki A, Sheng B, Sugimoto M, Okazaki T, Aketa M. 2002. Prediction of the dynamic characteristics in valve train design of a diesel engine [C]. SAE paper 2002-32-1839.

Ishizuki Y, Shimizu Y, Hikino H, Kawashima Y. 1985. A new type of Miller supercharging system for high speed engines: part 2-realization of high BMEP diesel engines [C]. SAE paper 851523.

Israel M A. 1998. Jacobs variable valve actuation system for diesel powering and retarding [C]. *GT-Suite Users' Conference Proceedings*. November.

Ito A. 2006. A study on the measurement and estimation method of skew motion of roller-tappets in an OHV type DI diesel engine [C]. SAE paper 2006-01-3348.

Ito A, Yang L, Negishi H. 2001. A study of the measurement of surface temperature at a cam/tappet contact [J]. *Tribotest Journal*, 7(3):203-218.

Jacques R. 1997. Marketplace requirements and their impact upon valvetrain system architecture [C]//Bolton H A, Larson J M (editors). *Proceedings of the International Symposium on Valvetrain System Design and Materials*. Dearborn, MI. April 14-15. 11-17.

Jensen P W. 1987. *Cam Design and Manufacture* [M]. 2nd edition. New York, NY: Marcel Dekker.

Johnson G I. 1962. Studying valve dynamics with electronic computers [C]. SAE paper 620289.

Junior O M F. 2009. Impact of the Miller cycle in the efficiency of an FVVT (fully variable valve train) engine during part load operation [C]. SAE paper 2009-36-0081.

Kamo R, Mavinahally N S, Kamo L, Bryzik W, Reid M. 1998. Emissions comparisons of an insulated turbocharged multi-cylinder Miller cycle diesel engine [C]. SAE paper 980888.

Kanesaka H, Akiba K, Sakai H. 1977. A new method of valve cam design - HYSDYNE cam [C]. SAE paper 770777.

Ke Y, Pucher H. 1996. Controlling the load and the boost pressure of a turbocharged SI engine by means of early intake-valve closing [C]. SAE paper 960588.

Keribar R. 2000. A valvetrain design analysis tool with multiple functionality [C]. SAE paper 2000-01-0562.

Kim H, Lee J, Kim K, Lee K. 2009. Effect of the Atkinson cycle combined with calibration factors on a two-stage injection-type premixed charge compression ignition engine [J]. *Energy and Fuels*, 23(10):4908-4916.

Kim K-D, Kim D-H. 2002. Improving the NO_x-BSFC trade off of a turbocharged large diesel engine using performance simulation [C]. *ASME Internal Combustion Engine Division (publication) ICE*, 39:159-165.

Kitamura K, Takebayashi H, Ikeda M, Percoulis H M. 1997. Development of ceramic cam roller follower for engine application [C]. SAE paper 972774.

Kobayashi M, Tanabe T, Ushijima K, Aoyama S. 2009. A lubrication analysis of multi link VCR engine components using a mixed elasto-hydrodynamic lubrication theory model [C]. SAE paper 2009-01-1062.

Kodama Y, Nishizawa I, Sugihara T, Sato N, Iijima T, Yoshida T. 2007. Full-load HCCI operation with variable valve actuation system in a heavy-duty diesel engine [C]. SAE paper 2007-01-0215.

Kreuter P, Heuser P, Reinicke-Murmann J, Erz R, Stein P, Peter U. 2001. Meta–CVD system, an electro-mechanical cylinder and valve deactivation system [C]. SAE paper 2001-01-0240.

Kreuter P, Heuser P, Schebitz M. 1992. Strategies to improve SI-engine performance by means of variable intake lift, timing and duration [C]. SAE paper 920449.

Kreuter P, Maas G. 1987. Influence of hydraulic valve lash adjusters on the dynamic behavior of valve trains [C]. SAE paper 870086.

Kreuter P, Pischinger F. 1985. Valve train calculation model with regard to oil film effects [C]. SAE paper 850399.

Kurisu T, Hatamura K, Omoti H. 1991. A study of jump and bounce in a valve train [C]. SAE paper 910426.

Lancefield T. 2003. The influence of variable valve actuation on the part load fuel economy of a modern light-duty diesel engine [C]. SAE paper 2003-01-0028.

Lancefield T, Methley I, Räse U, Kuhn T. 2000. The application of variable event valve timing to a modern diesel engine [C]. SAE paper 2000-01-1229.

Larsen G J. 1991. Research engine for evaluating the effects of variable compression ratio (VCR) and/or variable valve timing (VVT) [C]. SAE paper 910053.

Lee J, Patterson D J. 1997. Nonlinear valve train dynamics simulation with a distributed parameter model of valve springs [J]. *Transactions of the ASME, Journal of Engineering for gas Turbines and Power*, 119:692-698.

Lee P, Rahbar A. 2005. Active tuned absorber for displacement-on-demand vehicles [C]. SAE paper 2005-01-2545.

Leet J A, Simescu S, Froelund K, Dodge L G, Roberts C E. 2004. Emissions solutions for 2007 and 2010 heavy-duty diesel engines [C]. SAE paper 2004-01-0124.

Leonard H J, Stone C R, Charlton S J. 1991. Parametric investigation of variable valve timing applied to a turbocharged diesel engine [C]. SAE paper 910453.

Leone T G, Pozar M. 2001. Fuel economy benefit of cylinder deactivation–sensitivity to vehicle application and operating constraints [C]. SAE paper 2001-01-3591.

Londhe A, Yadav V, Patil A. 2009. Evaluation of a 4-stroke 4-cylinder diesel engine valve-train for replacement of a solid camshaft with a hollow camshaft [C]. SAE paper 2009-01-0405.

Ma T H. 1988. Effect of variable valve timing on fuel economy [C]. SAE paper 880390.

Mardell J E, Cross R K. 1988. An integrated, full authority, electrohydraulic engine valve and diesel fuel injection system [C]. SAE paper 880602.

Mavinahally N, Ramo R, Bryzik W, Reid M, Wong V. 1996. Insulated Miller cycle diesel engine [C]. SAE paper 961050.

Miller R H. 1947. Supercharging and internal cooling cycle for high output [J]. *Transactions of the ASME*, 69 (5):453-457.

Miller R, Lieberherr H U. 1957. The Miller supercharging system for diesel and gas engine operating characteristics [C]. *CIMAC Congress*. Zurich.

Millo F, Mallamo F, Arnone L, Bonanni M, Franceschini D. 2007. Analysis of different internal EGR solutions for small diesel engines [C]. SAE paper 2007-01-0128.

Millo F, Mallamo F, Cafari A, Mego G G. 2004. The potential of dual stage turbocharging and Miller cycle for HD diesel engines [C]. *GT-SUITE Users International Conference*. Frankfurt.

Millo F, Mallamo F, Mego G G. 2005. The potential of dual stage turbocharging and Miller cycle for HD diesel engines [C]. SAE paper 2005-01-0221.

Milovanovic N, Turner J W G, Kenchington S A, Pitcher G, Blundell D W. 2005. Active valvetrain for homogeneous charge compression ignition [J]. *International Journal of Engine Research*, 6:377-397.

Minato A, Shimazaki N. 2011. Development of the total engine simulation system (TESS) and its application for system investigation of future diesel engine [C]. SAE paper 2011-01-1298.

Morel T, LaPointe L A. 1994. Concurrent simulation and testing concept in engine development [C]. SAE paper 940207.

Muhr T H. 1993. New technologies for engine valve springs [C]. SAE paper 930912.

Munnannur A, Kong S C, Reitz R D. 2005. Performance optimization of diesel engines with variable intake valve timing via genetic algorithms [C]. SAE paper 2005-01-0374.

Murata Y, Kawano D, Kusaka J, Daisho Y, Suzuki H, Ishii H, Goto Y, Odaka M. 2006. Achievement of medium engine speed and load premixed diesel combustion with variable valve timing [C]. SAE paper 2006-01-0203.

Murata Y, Kusaka J, Daisho Y, Kawano D, Suzuki H, Ishii H, Goto Y. 2008. Miller-PCCI combustion in an HSDI diesel engine with VVT [C]. SAE paper 2008-01-0644.

Murata Y, Nishio Y, Kusaka J, Daisho Y, Kawano D, Suzuki H, Ishii H, Goto Y. 2010. Numerical analysis of Miller-premixed charge compression ignition combustion on a dynamic φ-T map [J]. *International Journal of Engine Research*, 11(2):89-98.

Nevin R M, Sun Y, Gonzalez M A, Reitz R D. 2007. PCCI investigation using variable intake valve closing in a heavy duty diesel engine [C]. SAE paper 2007-01-0903.

Newton J A, Allen C H. 1954. Valve gear fundamentals for the large-engine designer [J]. *Transactions of the ASME*, 76 (2):79-95.

Norton R L, Eovaldi D, Westbrook J, Stene R. 1999. Effect of valve-cam ramps on valve train dynamics [C]. SAE paper 1999-01-0801.

Norton R L, Stene R L, Westbrook J, Eovaldi D. 1998. Analyzing vibrations in an IC engine valve train [C]. SAE paper 980570.

Nourse J H, Dennis R C, Wood W M. 1961. Recent developments in cam design [C]. SAE paper 610048.

Nuccio P, Marzano M R. 1992. A review of variable valve actuations and their effects on S. I. engine performance [C]. *International Seminar on High-Performance Spark Ignition Engines for Passenger Cars*. Cinisello Balsamo, Milan. November 5-6. SAE paper 92A211.

Okamoto K, Zhang F-R, Shimogata S, Shoji F. 1997. Development of a late intake-valve closing (LIVC) Miller cycle for stationary natural gas engines - effect of EGR utilization [C]. SAE paper 972948.

Okamura H, Yamashita K. 1997. Influence of the valve and accessory gear train on the crankshaft three-dimensional vibrations in high speed engines [C]. SAE paper 971967.

Okarmus M, Keribar R, Oliva M, Tonin N. 2008. Application of an integrated valvetrain and hydraulic model to characterization and retuning of exhaust valve behavior with a DPF [C]. SAE paper 2008-01-0292.

Parvate-Patil G B, Hong H, Gordon B. 2004. Analysis of variable valve timing events and their effects on single cylinder diesel engine [C]. SAE paper 2004-01-2965.

Pastor J V, Luján J M, Molina S, Garcia J M. 2007. Overview of HCCI diesel engines [M]//Zhao H (editor). *HCCI and CAI Engines for the Automotive Industry*. Cambridge, UK: Woodhead Publishing. Chapter 10.

Payri F, Desantes J M, Corberan J M. 1988. A study of the performance of a SI engine incorporating a hydraulically controlled variable valve timing system [C]. SAE paper 880604.

Peng Z, Jia M, Lu L. 2008. CFD analysis of VVT/VVA on the gas exchange and fuel-air mixing in a diesel engine [C]. SAE paper 2008-01-1635.

Phlips P, Schamel A. 1991. The dynamics of valvetrains with hydraulic lash adjusters and the interaction with the gas exchange process [C]. SAE paper 910071.

Philips P J, Schamel A R, Meyer J. 1989. An efficient model for valvetrain and spring dynamics [C]. SAE paper 890619.

Picron V, Postel Y, Nicot E, Durrieu D. 2008. Electro-magnetic valve actuation system: first steps toward mass production [C]. SAE paper 2008-01-1360.

Pierik R J, Burkhard J F. 2000. Design and development of a mechanical variable valve actuation system [C]. SAE paper 2000-01-1221.

Pisano A P. 1984. Coulomb friction in high-speed cam systems [J]. *Transactions of the ASME, Journal of Mechanisms, Transmissions, and Automation in Design*, 106:470-474.

Pisano A P. 1986. Coulomb friction and optimal rocker arm ratio for high-speed cam systems [J]. *Transactions of the ASME, Journal of Mechanisms, Transmissions, and Automation in Design*, 108:340-344.

Pisano A P, Freudenstein F. 1983a. An experimental and analytical investigation of the dynamic response of a high-speed cam-follower system, part 1: experimental investigation [J]. *Transactions of the ASME, Journal of Mechanisms, Transmissions, and Automation in Design*, 105:692-698.

Pisano A P, Freudenstein F. 1983b. An experimental and analytical investigation of the dynamic response of a high-speed cam-follower system, part 2: a combined, lumped/distributed parameter dynamic model [J]. *Transactions of the ASME, Journal of Mechanisms, Transmissions, and Automation in Design*, 105:699-704.

Pischinger M, Salber W, van der Staay F, Baumgarten H, Kemper H. 2000. Benefits of the electromechanical valve train in vehicle operation [C]. SAE paper 2000-01-1223.

Porot P, Trapy J. 1993. A numerical and experimental study of the effect of aeration of oil on valve trains equipped with hydraulic lash adjusters [C]. SAE paper 930997.

Rabhi V, Beroff J, Dionnet F. 2004. Study of a gear-based variable compression ratio engine [C]. SAE paper 2004-01-2931.

Rebbert M, Kreusen G, Lauer S. 2008. A new cylinder deactivation by FEV and Mahle [C]. SAE paper 2008-01-1354.

Reinicke-Murmann J, Kreuter P. 1990. Analysis and development of camshaft drive systems using a computer simulation model [C]. SAE paper 900448.

Ribeiro B, Martins J. 2005. Miller cycle analysis using EGM [C]. *Proceedings of 2005 Fall Technical Conference of the ASME Internal Combustion Engine Division*. 441-446.

Ribeiro B, Martins J. 2007. Direct comparison of an engine working under Otto, Miller and Diesel cycles: thermodynamic analysis and real engine performance [C]. SAE paper 2007-01-0261.

Ribeiro B, Martins J, Kothari N. 2006. Otto and VCR Miller cycle engine performance during the European driving cycle [C]. SAE paper 2006-01-0440.

Roberts M. 2003. Benefits and challenges of variable compression ratio (VCR) [C]. SAE paper 2003-01-0398.

Roggenbuck R A. 1953. Designing the cam profile for low vibration at high speeds [J]. *SAE Transactions*, 61:701-705. SAE paper 530262.

Roß J, Arnold M. 1993. Analysis of dynamic interactions in valve train systems of IC-engines by using a simulation model [C]. SAE paper 930616.

Ryan T W, Challahan T J, Mehta D. 2004. HCCI in a variable compression ratio engine – effects of engine variables [C]. SAE paper 2004-01-1971.

SAE Surface Vehicle Recommended Practice J1121. 2006. Helical compression and extension spring terminology [S].

SAE Surface Vehicle Recommended Practice J1122. 2004. Helical springs: specification check lists [S].

Saito K, Igashira T, Nakada M. 1989. Analysis of oil consumption by observing oil behavior around piston ring using a glass cylinder engine [C]. SAE paper 892107.

Sakai H, Noguchi H, Kawauchi M, Kanesaka H. 1985. A new type of Miller supercharging system for high-speed engines — part 1: fundamental considerations and application to gasoline engines [C]. SAE paper 851522.

Salber W, Kemper H, van der Staay F, Esch T. 2001. The electro-mechanical valve train – a system module for future powertrain concepts [J]. *MTZ Motortechnische Zeitschrift* (English version), 62(2):20-30.

Sandford M H, Allen J, Tudor R. 1998. Reduced fuel consumption and emissions through cylinder deactivation [C]. IMechE paper S490/014. SAE paper 984014.

Saunders R J, Abdul-Wahab E A. 1989. Variable valve closure timing for load control and the Otto Atkinson cycle engine [C]. SAE paper 890677.

Schamel A R, Hammacher J, Utsch D. 1993. Modeling and measurement techniques for valve spring dynamics in high revving internal combustion engines [C]. SAE paper 930615.

Schechter M M, Levin M B. 1996. Camless engine [C]. SAE paper 960581.

Schernus C, van der Staay F, Janssen H, Neumeister J, Vogt B, Donce L, Estlimbaum I, Nicole E, Maerky C. 2002. Modeling of exhaust valve opening in a camless engine [C]. SAE paper 2002-01-0376.

Schwoerer J, Dodi S, Fox M, Huang S, Yang Z. 2004. Internal EGR systems for NO_x emission reduction in heavy-duty diesel engines [C]. SAE paper 2004-01-1315.

Schwoerer J, Huang S, Trzaska G. 2002. Simulation tools for development of advanced engine braking and variable valve actuation systems [C]. SAE paper 2002-01-0375.

Seidlitz S. 1990. An optimization approach to valve train design [C]. SAE paper 901638.

Shelby M H, Stein R A, Warren C C. 2004. A new analysis method for accurate accounting of IC engine pumping work and indicated work [C]. SAE paper 2004-01-1262.

Shi L, Deng K, Cui Y. 2005. Study of diesel-fuelled homogeneous charge compression ignition combustion by in-cylinder early fuel injection and negative valve overlap [J]. *Proc. IMechE, Part D: Journal of Automobile Engineering*, 219: 1193-1201.

Speckens F M, Buck J, Lach R. 1999. Marked progress in both techniques and handling of valve train and valve train drive calculation on commercial platforms [C]. SAE paper 1999-01-0560.

Stabinsky M, Albertson W, Tuttle J, Kehr D, Westbrook J, Karbstein H, Kuhl M. 2007. Active fuel management™ technology: hardware development on a 2007 GM 3.9L V-6 OHV SI engine [C]. SAE paper 2007-01-1292.

Stas M J. 1999. Effect of exhaust blowdown period on pumping losses in a turbocharged direct injection diesel engine [C]. SAE paper 1999-01-0188.

Stebler H, Weisser G, Horler H-U, Boulouchos K. 1996. Reduction of NO_x emissions of D. I. diesel engines by application of the Miller-system: an experimental and numerical investigation [C]. SAE paper 960844.

Stephenson P W, Rutland C J. 1995. Modeling the effects of valve lift profile on intake flow and emissions behavior in a DI diesel engine [C]. SAE paper 952430.

Stoddart D A. 1953. Polydyne cam design [J]. *Machine Design*, January-March, 175-216.

Stone C R, Kwan E. 1989. Variable valve actuation mechanisms and the potential for their application [C]. SAE paper 890673.

Stout J L. 1997. Valvetrain unbalance and its effects on powertrain NVH [C]. SAE paper 971993.

Strandh P, Bengtsson J, Johansson R, Tunestål P, Johansson B. 2005. Variable valve actuation for timing control of a homogeneous charge compression ignition engine [C]. SAE paper 2005-01-0147.

Su W H, Lin T J, Zhao H, Pei Y Q. 2005. Research and development of an advanced combustion system for the direct injection diesel engine [J]. *Proc. IMechE, Part D: Journal of Automobile Engineering*, 219:241-252.

Su W, Lu Y, Pei Y, Zhao F. 2009a. Effect of charge density on emissions in a HD-LTC diesel engine by retarding intake valve timing and rising boost pressure [C]. *IMechE Proceedings of Internal Combustion Engines: Performance, Fuel Economy and Emissions*. London, UK: Chandos Publishing. December 8-9. 89-97.

Su W, Lu Y, Yu W, Wang C, Pei Y, Sun Y, Li Y, Yu Z, Wang J. 2009b. High density-low temperature combustion in diesel engine based on technologies of variable boost pressure and intake valve timing [C]. SAE paper 2009-01-1911.

Su W. 2010. Alternative combustion system for heavy-duty diesel engines [M]//Zhao H (editor). *Advanced Direct Injection Combustion Engine Technologies and Development, Volume 2: Diesel Engines*. Cambridge, UK: Woodhead Publishing. Chapter 11.

Tai C, Tsao T C, Schörn N A, Levin M B. 2002. Increasing torque output from a turbodiesel with camless valvetrain [C]. SAE paper 2002-01-1108.

Takagishi H, Shimoyama K, Asari M. 2004. Prediction of camshaft torque and timing chain Load for turbo direct injection diesel engine [C]. SAE paper 2004-01-0611.

Takashima Y, Mizuno T, Goto T, Wakita M, Hasegawa K. 2005. Parametric design with valve train dynamic analysis and digital data based manufacturing of the valve spring [C]. SAE paper 2005-01-0515.

Tauschek M J. 1958. Valve train engineering — fundamentals for the engine designer [C]. SAE paper 580381.

Thoren T R, Engemann H H, Stoddart D A. 1952. Cam design as related to valve train dynamics [J]. *SAE Quarterly Transactions*, 6(1):1-14.

Thring R H. 1990. The flexible diesel engine [C]. SAE paper 900175.

Tomita M, Aoyama S, Ushijima K, Tanaka Y, Takahashi N, Moteki K, Takaba T. 2007. Compact and long-stroke multiple-link VCR engine mechanism [C]. SAE paper 2007-01-3991.

Trajkovic S, Tunestål P, Johansson B. 2008. Investigation of different valve geometries and valve timing strategies and their effect on regenerative efficiency for a pneumatic hybrid with variable valve actuation [C]. SAE paper 2008-01-1715.

Tsuchida H, Hiraya K, Tanaka D, Shigemoto S, Aoyama S, Tomita M, Sugiyama T, Hiyoshi R. 2007. The effect of a longer stroke on improving fuel economy of a multiple-link VCR engine [C]. SAE paper 2007-01-4004.

Tunestål P, Johansson B. 2007. HCCI control [M]//Zhao H (editor). *HCCI and CAI Engines for the Automotive Industry*. Cambridge, UK: Woodhead Publishing. Chapter 7.

Turin R C, Zhang R, Chang M F. 2008. Volumetric efficiency model for variable cam-phasing and variable valve lift applications [C]. SAE paper 2008-01-0995.

Turkish M C. 1946. *Valve Gear Design: A Handbook for Designers and Engineers to Aid in the Design of Cams, Tappets, and Springs for the Valve Gear of Internal Combustion Engines* [M]. Detroit, MI: Eaton Manufacturing Company.

Turkish M C. 1987. Dynamic stresses in valve springs [J]. *Springs*, 26(2):51-55.

Tuttle J H. 1980. Controlling engine load by means of late intake-valve closing [C]. SAE paper 800794.

Wang Y. 2007. *Introduction to Engine Valvetrains* [M]. Warrendale, PA: SAE International.

Wang Y, Zeng S, Huang J, He Y, Huang X, Lin L, Li S. 2005. Experimental investigation of applying Miller cycle to reduce NO_x emission from diesel engine [J]. *Proc. IMechE, Part A: Journal of Power and Energy*, 219:631-638.

Watanabe E, Fukutani I. 1982. Cylinder cutoff of 4-stroke cycle engines at part-load and idle [C]. SAE paper 820156.

Wik C, Hallbäck B. 2008. Reducing emissions using 2-stage turbo charging [J]. *Wärtsilä Technical Journal*, 2008(1):35-41.

Xu T, Tang C, Shen H, King M, Nowak M, Xin Q. 2007. Modeling, validation and dynamic analysis of diesel pushrod overhead bridged valve train [C]. SAE paper 2007-01-1256.

Yang B, Keller P. 2008. Analysis of diesel engine emissions reduction by late intake valve close and VTG turbocharger using 1-D simulation [C]. SAE paper 2008-01-2444.

Yang L, Ito A, Negishi H. 1996. A valve train friction and lubrication analysis model and its application in a cam/tappet wear study [C]. SAE paper 962030.

Yang S, Deng K, Cui Y, Gu H. 2009. A study on an automatically variable intake exhaust injection timing turbo-charging system for diesel engines [C]. *Proceedings of the Spring Technical Conference of the ASME Internal Combustion Engine Division*. 711-720.

Yang S, Deng K, Cui Y, Gu H. 2010. A study on an automatically variable intake exhaust injection timing turbocharging system for diesel engines [J]. *Transactions of the ASME, Journal of Engineering for Gas Turbines and Power*, 132(5): 1-7.

Yang Z. 2002. A study of two-stroke engine braking for HD diesel engines [C]. SAE paper 2002-01-0487.

Zhao F, Asmus T W, Assanis D N, Dec J E, Eng J A, Najt P M (editors). 2003. *Homogeneous Charge Compression Ignition (HCCI) Engines - Key Research and Development Issues* [M]. Warrendale, PA: SAE International.

Zhao H (editor). 2007. *HCCI and CAI Engines for the Automotive Industry* [M]. Cambridge, UK: Woodhead Publishing.

Zhao Y, Tong K, Lu J. 1999. Determination of aeration of oil in high pressure chamber of hydraulic lash adjuster in valve train [C]. SAE paper 1999-01-0646.

Zheng Q. 2001. Characterization of the dynamic response of a cylinder deactivation valvetrain system [C]. SAE paper 2001-01-0669.

Zou D, McCormick H E. 1996. Dynamic modeling and computer simulation of valve train assemblies with hydraulic lash adjuster [C]. SAE paper 960351.

9.10.2 中文参考文献和书目

9.10.2.1 配气机构设计准则

曹志芬.柴油机配气机构刚度测量[J].内燃机,2008(1):39-40.

高永胤.气门与活塞最小间隙及其相应角位的求解法[J].内燃机工程,1989,10(4):80-81.

胡丰泽,李志广,杜成平,蔺伟春.150系列柴油机进排气门的通用化研究[J].车用发动机,2002(5):40-42.

吉学之,孙健,宋相明.WD618 44柴油机配气机构改进[J].柴油机,2004(3):22-24.

梁海波,白书战,陶建忠(2004a).活塞膨胀对配气机构的影响[J].山东内燃机,2004(2):12-15.

梁海波,陶建忠,白书战(2004b).尺寸链在配气机构动力学计算中的应用[J].柴油机,2004(3):25-27,43.

刘振锋,任武超,黄介之.YC4E柴油机的配气机构改进研究[J].内燃机与配件,2010(4):1-3,10.

鲁光祖,王纪生,孙曙.陶瓷配气机构的研制[J].内燃机工程,1996,17(4):74-78.

陆际清.陶瓷零件在汽车发动机配气机构中的应用[J].汽车技术,1993(3):42-48.

乔健,寇淑清,杨慎华,金文明.中空装配式凸轮轴连接技术及应用[J].车用发动机,2007(1):1-4.

沈文君,吴立岚,吴旭初,刘靖平.气门组间隙液压调节器的应用及发展[J].内燃机工程,1999(2):45-51.

孙宗强.气门传动机构的技术发展趋势浅析[J].内燃机,1999(3):3-5.

王伟.CA498柴油发动机配气机构设计[J].汽车技术,2000(7):12-17.

吴旭初,沈文君.发动机气门材料应用及进展[J].内燃机工程,1999(1):33-39.

肖学福,徐燕申,林彬.OHC发动机中气门摇臂的研究现状与发展[J].内燃机,2000(5):3-6.

杨慎华,张驰,寇淑清,赵勇.装配式凸轮轴制造技术现状与发展趋势[J].内燃机工程,2004,25(2):32-34.

袁银南.顶置凸轮轴式配气机构设计的若干问题[J].内燃机工程,1996,17(2):39-45.

张核军.凸轮轴制造工艺综述[J].柴油机设计与制造,2006,14(3):11-15.

张敬源,杨成璞,刘振强.气门标准化设计探讨[J].内燃机配件,1996(2):35-37.

仲斌,陈培红.8138Cz船用柴油机气门与活塞最小运动间隙的计算[J].内燃机,2004(5):12-14.

钟亚茜.气门摇臂对配气系统运动精度的影响[J].内燃机,1999(1):17-19.

9.10.2.2 配气定时对发动机性能的影响

常宝灿.多缸四行程发动机气门调正顺序分析法探讨[J].内燃机,2001(6):17-19.

陈申楷,梁荣弟,周振兰,尹项华.柴油机配气机构间隙动态测量和分析[J].内燃机车,1990(6):34-39.

董小平,顾中秋.柴油机试车后气门间隙增大原因及分析[J].柴油机设计与制造,2010,16(2):37-39.

侯彪,孙齐虎,郑发彬,童大鹏.浅谈柴油机气门间隙调整[J].内燃机与动力装置,2008(6):41-43.

焦天民,周龙保.应用CFD优化设计柴油配气正时[J].内燃机工程,2002,23(5):34-37.

金红梅,唐述俊,朱平.Z12V190BJ5型柴油机的气门可调性分析与应用[J].内燃机,2005(6):56-58.

罗福强,吕国培.高速内燃机进排气门实际关闭相位的确定[J].内燃机工程,1997,18(4):29-32.

乔军.多缸四冲程内燃机配气定时的一种检查方法[J].山东内燃机,2003(3):47-49.

邵治家,白敏丽,吕继组,王宇.配气相位对6106柴油机的性能影响研究[J].内燃机工程,2008,29(3):33-36.

唐述俊,金红梅,朱平.机车用高增压柴油机的气门可调性分析与应用[J].柴油机,2005,27(4):52-54.

夏基胜,罗福强,邹长征,刘胜吉,王琦.单缸柴油机配气凸轮夹角对换气过程影响的模拟计算[J].小型内燃机与摩托车,2001,30(3):16-18,23.

羊金生.两次调整法在多缸四冲程发动机气门间隙调整中的应用[J].柴油机,1994(5):39-40.

张海艳.配气定时对柴油机性能影响的数值模拟分析[J].柴油机设计与制造,2006,14(4):22-26.

9.10.2.3 配气机构动力学分析

曹卫彬,梁安波,李江全.液压挺柱配气机构动力学模型计算的研究[J].内燃机工程,2002,23(3):58-60,63.

曹卫彬,柳志远.液压挺柱与刚性挺柱配气机构动力特性测试及分析[J].车用发动机,1997(1):46-50.

曹晓辉,姜树李,郭晨海,吕杏梅.内燃机配气机构的动力学虚拟仿真研究[J].内燃机工程,2009,30(2):65-68.

陈瑜眉,朱金华,李培高,樊惠卿.EQ6100汽油机气门落座力的测定[J].内燃机工程,1991,12(2):16-20.

戴军.R16V280ZJ型柴油机配气凸轮动力学计算[J].内燃机车,2006(6):7-11.

付光琦,康秀玲,郭凌崧,唐良才,祖炳锋,徐玉粱,高文志.高速柴油机顶置式配气凸轮机构的动力学计算[J].内燃机学报,2000,18(2):113-116.

葛正浩,杨芙莲,彭国勋,刘宏昭.凸轮机构运动学研究综述[J].机械设计,2001(3):4-5,47.

李克安,李立斌.发动机气门的动力学计算[J].机械强度,2006,28(5):739-741.

李兴然,张保成,续彦芳,赵艳涛(2009a).配气机构刚柔耦合体动力学模型的仿真[J].柴油机设计与制造,2009,16(4):11-15.

李兴然,张保成,赵艳涛,马艳艳(2009b).基于ADAMS配气机构的动力学仿真分析[J].内燃机与动力装置,2009(2):37-40.

梁海波,刘云岗.配气机构动力学计算在WD618机型上的应用[J].小型内燃机与摩托车,2007,36(4):13-16.

廖琪梅,张驰云.内燃机配气机构ADAMS虚拟样机技术研究[J].内燃机工程,2003,24(3):23-26.

刘尔铎,李惠珍,李晶.内燃机配气机构动力分析的多柔体动力学模型[J].汽车工程,1991,13(4):249-256.

刘靖,郑德林,肖敏,曾朝阳,于宏文.一种新型配气机构的数值模拟[J].内燃机学报,1998,16(1):75-81.

龙连春,胡丽萍,隋允康.X6V柴油机配气机构的分析计算[J].内燃机学报,2002,20(5):454-458.

梅雪松,谢友柏.配气机构冲击振动的数值模拟[J].内燃机学报,1993,11(3):249-254.

舒歌群,马维忍,梁兴雨,许世杰.柴油机配气机构多体动力学的仿真研究[J].机械设计,2009,26(3):49-52.

宋济平,王全娟.汽车发动机气门机构的动态特性分析[J].噪声与振动控制,2008(4):79-81.

王晓,张保成.基于多体系统仿真的内燃机配气机构动力学分析[J].内燃机,2008(1):26-28.

王新权,姚叔林,任自中,祁云鹏.摇杆式配气机构运动规律的计算分析[J].柴油机,2005,27(1):34-36,50.

吴广全,李惠珍,乐俊秉.用多体系统动力学研究内燃机的配气机构[J].内燃机学报,1992,10(1):27-34.

吴楠,廖日东.某柴油机配气机构的多体系统动力学分析[J].柴油机,2004(增刊):153-156.

谢宗法,张小印,刘永田,金文斌,曹心诚,朱琰.顶置凸轮机构气门理论运动规律的精确计算[J].内燃机工程,2007,28(1):20-23.

许江涛,丁继斌(2010a).基于 ADAMS 的某柴油机配气机构动力特性的研究[J].内燃机车,2010(4):9-11,16.

许江涛,丁继斌(2010b).动力学计算与虚拟化样机技术在 16PA6STC 柴油机配气机构上的应用[J].内燃机车,2010(7):32-35.

杨文,王东,赵斐斐.12V240ZJ6E 型柴油机配气凸轮动力学计算[J].内燃机车,2001(3):13-18.

姚燕安,张策.含凸轮机构的机械系统的振动控制研究综述[J].机械设计,1997(8):1-4.

袁兆成,林学东,方华.气门落座特性的数值模拟研究[J].兵工学报:坦克装甲车与发动机分册,1999(2):12-16.

乐俊秉,李惠珍,方华,吴广全.顶置凸轮轴配气机构有限元动力模型计算及试验研究[J].汽车技术,1995(2):10-14,33.

乐俊秉,李惠珍,吴广全.配气机构有限元动力计算及分析[J].汽车工程,1994,16(1):36-43.

张力,吴俊刚,苏进辉,徐宗俊.顶置凸轮轴配气机构多体运动学分析与应用[J].汽车工程,2007,29(7):630-633.

张晓蓉,宋朝省,吴佳芸,朱才朝.发动机配气机构刚柔耦合动力学特性研究[J].汽车工程,2009,31(2):118-122.

赵冬青,苏铁熊,赵振锋,孟继祖.顶置凸轮轴配气机构运动学和动力学计算[J].车用发动机,2003(6):1-3.

赵雨东,葛青,仝坤.与液压间隙调节器有关的参数变化对气门机构动力学计算结果的影响[J].汽车技术,2002(7):14-17.

赵雨东,陆际清.刚度和摇臂比的变化对凸轮轴下置式配气机构动力学计算结果的影响[J].内燃机学报,1993,11(2):147-152.

赵雨东,陆际清,葛青,仝坤.气门机构动力学模型中液压间隙调节器(HLA)的模拟[J].汽车技术,1998(7):13-17.

赵雨东,陆际清,仝坤,葛青(2000a).有直动式液压间隙调节器的气门机构的动力学模型[J].汽车工程,2000,22(3):187-191.

赵雨东,陆际清,仝坤,葛青(2000b).有直动式液压间隙调节器的气门机构的试验与计算分析[J].汽车工程,2000,22(4):262-265,250.

赵雨东,许昕,陆际清.凸轮轴下置式配气机构的一种新型动力学模型[J].内燃机学报,1992,10(4):303-308.

9.10.2.4 凸轮型线设计

陈传举,舒寅清.多项动力凸轮升程函数的物理意义[J].农业机械学报,2000,31(4):77-80,84.

褚超美,李兆建,吴佐铭.基于 MATLAB 和 C++Builder 平台的发动机凸轮型线仿真设计方法研究[J].内燃机工程,2009,30(2):69-72,77.

付光琦,高文志,康秀玲,祖炳锋,徐玉梁,唐良才,郭凌崧.高次多项式非对称高速车用柴油机配气凸轮型线设计[J].内燃机学报,2001,19(1):26-28.

郭磊,褚超美,陈家琪.高次多项式凸轮型线特性参数对配气机构性能影响的研究[J].内燃机工程,2005,26(1):20-23.

华建文.任意凸轮廓线与挺柱升程的互相转换[J].柴油机,1994(5):23-25,31.

姜树李,金昶明,徐毅,倪翔华.配气凸轮型线工艺敏感性的概率分析[J].内燃机学报,1997,15(4):466-470.

姜树李,王德海,王仲章.N 次谐波凸轮的设计方法[J].内燃机学报,1989,7(2):137-144.

姜树李,朱埏章,曹茉莉,沈铁平,巩宪美.高信噪比凸轮型线的设计方法[J].内燃机工程,1997,18(4):12-18,77.

金昶明,钱丽丽,姜树李,朱埏章,方炜柱.概率设计在配气凸轮精度分析中的应用[J].车用发动机,1997(6):38-41,47.

李兵,顾德裕.基于 MATLAB 的配气凸轮优化设计[J].山东内燃机,2006(1):31-33,38.

李惠珍,高峰.配气凸轮型线动态优化设计[J].内燃机学报,1990,8(4):329-336.

李惠珍,袁兆成,乐俊秉,刘佳才.配气凸轮设计的进展[J].内燃机工程,1989,10(1):32-37.

李静静,褚超美.自由选择参数对非对称配气凸轮型线性能的影响研究[J].内燃机工程,2008,29(2):46-50.

李人宪.内燃机配气凸轮型线设计的约束 B 样条方法[J].内燃机学报,1992,10(1):21-26.

李亚静,毕玉华,申立中,雷基林,颜文胜,王贵勇.卧式 2115 柴油机配气凸轮型线优化及动力学分析[J].小型内燃机与摩托车,2008,37(2):39-42.

廖祥兵,王军,张立军.顶置凸轮轴凸轮型线的优化设计[J].内燃机学报,2001,19(6):588-592.

林家让.凸轮型线设计对能量损失的影响[J].内燃机学报,1993,11(1):93-95.

刘云岗,孙少军,梁海波.WD618.44 柴油机配气凸轮的改进[J].内燃机工程,2006,27(3):47-49.
龙连春,马照松,胡丽萍,张国刚,隋允康.避碰组合多项式凸轮型线及其优化设计[J].内燃机学报,2002,20(2):171-175.
乔军,李国祥.WD618.42 柴油机配气凸轮型线的改进设计[J].内燃机工程,2006,27(5):50-53.
邱述刚,褚超美.非对称式 N 次谐波凸轮型线设计方法的研究[J].内燃机工程,2006,27(3):43-46.
宋立权,唐彬.发动机非对称配气凸轮型线设计研究[J].内燃机,2005(6):28-30.
孙军.475 型柴油机多项动力凸轮的优化设计[J].小型内燃机与摩托车,2003,32(2):20-21,41.
王慧武,薛隆泉,刘荣昌.基于样条函数的配气凸轮曲线设计[J].内燃机工程,2005,26(1):24-27.
王明武.高次方五项式非对称凸轮的研究与应用[J].内燃机工程,1994,15(2):63-67.
王学汉.用多项式逼近法拟合实测的凸轮型线[J].小型内燃机,1993,22(2):26-32.
王志斌,张策,杨玉虎.考虑输入轴速度波动时的凸轮曲线设计[J].机械设计,1999(4):21-24.
韦日钰,滕弘飞,隋允康.五次样条配气凸轮型线动力优化设计[J].内燃机学报,1993,11(4):360-367.
谢宗法.用最优化方法计算拟合实测配气凸轮升程数据[J].内燃机工程,1990,11(4):54-61.
谢宗法,程勇,张小印,王增才,常英杰,柏建亭,曹心诚.用最大速度位置和最大加速度位置设计高次多项式配气凸轮[J].内燃机学报,2005,23(3):274-278.
谢宗法,金文斌,张小印,张承瑞,曹心诚,朱琰.基于最优化设计理论的配气凸轮升程误差分析[J].内燃机工程,2007,28(5):71-74.
熊仕涛.柴油机高次方配气凸轮影响因素分析[J].小型内燃机与摩托车,2001,30(2):41-43.
徐小明,蒋炎坤,刘志恩(2007a).基于复合形法的车用发动机配气机构凸轮型线设计[J].柴油机设计与制造,2007,15(1):19-22.
徐小明,蒋炎坤,刘志恩(2007b).基于复合形法的车用发动机配气机构凸轮型线设计[J].柴油机,2007,29(6):34-36.
叶慧飞,郝志勇,郭磊,景国玺,王玉兴,苗瑞刚.几种非对称凸轮型线在下置式凸轮轴高速柴油机中的设计研究[J].内燃机工程,2010,31(4):25-29,34.
袁银南,陈广晖,张乐夫.发动机凸轮升程光顺时不同方法的应用[J].内燃机工程,1998,19(3):1-6.
袁银南,邵凤楼.用数值分析法提高发动机配气凸轮型线的精度[J].农业机械学报,1996,27(3):109-114.
詹樟松,杨正军,刘兴春.高次多项式动力凸轮优化设计及 MATLAB 算法实现[J].内燃机,2004(1):4-6.
周振华,郁其祥,陈源源.基于 ADAMS 的配气机构凸轮轮廓的计算新方法[J].车用发动机,2005(5):34-37.

9.10.2.5 气门弹簧设计

傅红良,林运.气门弹簧特性对配气机构的影响[J].柴油机设计与制造,2007,15(3):24-28.
胡军,徐燕申,肖学福.铝合金陶瓷摇臂配气机构的气门弹簧优化设计[J].内燃机,2002(3):7-11.
金花.基于 MATLAB 的圆柱螺旋弹簧结构优化设计[J].内燃机,2010(2):10-11.
金旭星.基于约束随机法的气门弹簧设计[J].小型内燃机与摩托车,2010,39(3):64-66.
柳志远,王书茂,汪倩华,包研光.变刚度气门弹簧组固有特性对配气机构性能影响的研究[J].内燃机工程,1996,17(2):68-72.
潘公宇,黄鼎友.发动机气门弹簧的可靠性优化设计[J].车用发动机,1996(4):45-47.
石聿俊.气门外弹簧动态应力与振动频率的测量与分析[J].内燃机工程,1989,10(4):46-52.
滕弘飞,隋允康,韦日钰.高速柴油机气门弹簧动态优化设计[J].内燃机工程,1994,15(3):62-69.
田丰果,寇桂岳,熊巍,李文凤,吴锦行.柴油汽车发动机气门弹簧的最优化设计与计算[J].制造业自动化,2011,33(1):43-44,51.
徐小明,蒋炎坤,刘志恩.基于分离变量法的车用发动机配气机构弹簧动力学模拟[J].柴油机,2007,29(4):29-32.

9.10.2.6 配气机构系统的分析式设计和优化

姜建华,王伟.CA4DC1 柴油机配气机构设计[J].汽车技术,2005(9):21-24.
姜晓华,王晓临,陈伯贤.配气系统的设计分析与试验研究[J].润滑与密封,2002(5):55-56,59.
刘忠民,俞小莉,沈瑜铭,齐放,李建锋,谭建松,魏志明,侯岳,吴云龙.配气机构综合试验系统的开发与研制[J].内燃机工程,2005,26(1):28-31.
陆际清,许昕,李艳东.对气门机构优化设计方法的探讨[J].内燃机学报,1997,15(1):120-127.

9.10.2.7 可变气门驱动发动机的性能

汽油机

陈勤学,崔可润,朱国伟.可变气门系统的研究与发展[J].车用发动机,2002(3):1-5.
葛郢汉.浅谈发动机的可变配气相位技术[J].内燃机,2008(6):17-20.

顾珂韬,杨化军,董丽军,陈俭.全可变气门机构技术现状的分析与研究[J].内燃机与动力装置,2010(6):16-20.

金英爱,高青,马纯强,刘成材.可变进气组分发动机燃烧控制及分析[J].汽车技术,2008(6):17-20.

柯亚仕,布赫 H.用 VVT 法控制涡轮增压汽油机负荷和增压压力的研究[J].内燃机学报,1996,14(4):438-444.

柯亚仕,蒋德明.可变气门定时研究的回顾及展望[J].车用发动机,1996(1):1-6.

李红艳,赵雨东.发动机无凸轮轴气门驱动的研究与进展[J].车用发动机,2001(2):1-5.

平银生,张小矛,董尧清(2008a).可变气门相位对发动机性能影响的仿真研究[J].汽车技术,2008(2):6-9.

平银生,张小矛,董尧清,朱国华,王乾(2008b).利用可变气门相位提高车用发动机性能的研究[J].内燃机工程,2008,29(6):
20-23.

邵冬明,果继辉,果青,张明.发动机配气相位的自动调整[J].内燃机,2002(6):27-30.

苏岩,李理光,肖敏,曾朝阳.国外发动机可变配气相位研究进展——机构篇[J].汽车技术,1999(6):10-14,43.

王凤军.发动机可变进气门相位的确定及优化[J].内燃机,2009(6):6-8,11.

王立彪,何邦全,谢辉,赵华.发动机可变气门技术的研究进展[J].汽车技术,2005(12):4-9.

王文惠,李剑虹.可变配气相位机构的研究[J].内燃机工程,1996,17(1):29-34.

柴油机

顾宏中.二次进气增压系统和顾氏系统的研究[J].内燃机学报,1995,13(1):1-8.

蒋克生,朱东,黄荣华.四冲程涡轮增压柴油机扫气新方法的研究[J].内燃机学报,1992,10(2):103-108.

李翔,任自中,王新权,朱坚,平涛,王洪锋.中速大功率柴油机应用米勒循环的仿真与试验研究[J].柴油机,2010,32(2):
21-24.

刘镇,徐立春,石荣婷,张晓峰.电控配气柴油机性能分析研究[J].内燃机工程,2010,31(2):81-85.

苏岩,李理光,肖敏,曾朝阳.可变配气相位对发动机性能的影响[J].汽车技术,2000(10):10-14.

徐立春,刘镇,石荣婷.柴油机电液控制配气机构性能仿真研究[J].车用发动机,2008(2):51-54.

杨林,顾宏中.舰船用超高增压柴油机的顾氏系统研究[J].柴油机,1998(4):18-22,40.

朱小慧,顾宏中.车用涡轮增压柴油机 VVE 系统的模拟研究[J].车用发动机,2001(2):9-11.

9.10.2.8 利用可变气门驱动实现柴油机均质充量压燃着火

邓俊,胡宗杰,于水,栗工,李理光.基于可变技术的均质充量压缩着火燃烧控制[J].内燃机工程,2004,25(5):32-37.

9.10.2.9 停缸性能

刘志忠,韩宗奇,马玉环,王展,苏丹丹.电喷发动机闭缸循环工作排放与经济性试验研究[J].汽车工程,2007,29(6):479-481,501.

施金彪,郎伟钦.LZD 发动机 DoD 可变排量系统的开发[J].内燃机,2009(4):27-29,32.

王凯,张庭芳,吴志军,邓俊,武涛.汽油机停缸技术的模拟优化[J].小型内燃机与摩托车,2010,39(1):84-87.

张登攀,袁银南,崔勇.车用汽油机的停缸节油技术[J].小型内燃机与摩托车,2007,36(6):89-93.

张登攀,袁银南,杜家益,崔勇.车用发动机停缸模式下转速波动仿真[J].农业机械学报,2010(2):25-28.

10

柴油发动机系统设计中的摩擦和润滑

摘要:本章论述柴油发动机系统设计中的摩擦与润滑动力学模拟。首先介绍发动机摩擦学中的重要基本原理,并建立一个关于发动机摩擦的三级系统模拟方法。然后,对整个发动机系统和各子系统诸如活塞组、活塞环、轴承、配气机构的摩擦特性和减少摩擦的设计措施进行了总结。

10.1 系统设计中发动机摩擦分析的目的

10.1.1 发动机摩擦的定义

摩擦功定义为机械(刮滑)摩擦功和附属装置耗功的总和。刮滑摩擦指的是克服所有运动部件发生相对运动时所遇到的阻力需要消耗的功,包括活塞组、轴承(在曲轴、连杆、凸轮轴、摇臂、平衡轴等处)、前部和后部的油封和其他轴承密封件、配气机构、齿轮、皮带轮、传动皮带、链条等。附属装置或配件可以包括由发动机驱动的部分或全部辅助设备,例如水泵、机油泵、燃油泵、发电机、用于排放控制的空气泵或排气再循环泵、刹车闸片制动器的空气压缩机、散热器的冷却风扇、动力转向泵、空调器。

一些作者往往将泵气功定义为发动机总摩擦的一部分。与这些作者的定义不同,本书不将泵气功定义为摩擦功的一部分,原因如下:

- 在四冲程发动机中,泵气功是定义为在排气冲程和进气冲程内的功。在二冲程发动机中,由于不存在这两个冲程,所以很难定义泵气功;
- 泵气功在数量上可以是正值(即泵气"增益"),也可以是负值(即泵气"损失")。泵气功包括两部分:一部分是发动机压差造成的,另一部分则与充量因数有关,正如在第4章的空气系统理论中所分析的那样。由于流经气门和其他具有阻力限制的孔口或管道所形成的空气流动阻力,这后一部分泵气功永远是一个损失或耗散功。然而,发动机压差则可以是正值或负值,具体取决于涡轮面积和涡轮增压器效率。当泵气功是一个正值的增益时,如果还将它包括在发动机摩擦功的定义中,发动机的总摩擦功可能会被完全地抵消为零甚至弄成一个正值的增益。这在比较不同发动机的摩擦水平以及使用设计手段来减少发动机机械摩擦方面会是相当误导的;
- 泵气功的数量存在极大的变化性。首先,自然吸气发动机和涡轮增压发动机在泵气功方面就显著不同,而且在各个发动机的以下几个方面普遍存在着巨大差异:①涡轮面积(例如可变截面涡轮或废气旁通涡轮);②涡轮增压器效率;③进气和排气阻力水平(与进排气系统的设计、后处理装置、排气制动器有关);④发动机的运行条件(转速、负荷、环境条件等)。如果将泵气功包括在发动机摩擦的定义里,摩擦功的数值就会变得高度地不确定,而且不利于方便地进行比较;
- 泵气损失最终是以排气热的形式通过湍流混合和非等熵压缩过程耗散到环境中去。而机械摩擦最终是以散热量的形式耗散到冷却系统中去。它们的作用机理是不一样的；

- 泵气功与机械(刮滑)摩擦的理论背景和机理都是非常不同的。现代发动机已经变得越来越复杂，从涡轮增压器和排气再循环系统到排气制动器等。在发动机系统设计中，泵气功属于空气系统理论的范畴，而机械摩擦损失则属于润滑和摩擦学领域。它们之间完全不同的学术背景使得非常有必要将泵气功从发动机摩擦的范围内分离出来；

- 现代的缸内压力测量技术和发动机循环模拟软件已经能准确地确定泵气功。所以，没有任何理由或需要将泵气功与机械摩擦功混在一起。

发动机拖动测试经常被用来获取发动机摩擦功的数据。从总的拖动耗功中减去泵气功，就可以获得所称的"真正的摩擦功"(即刮滑摩擦加上附属装置耗功；Gish 等人，1958)。泵气功可以采用进气冲程和排气冲程的 $\int p \mathrm{d}V$ 积分计算出来，其中的气缸压力 p 可以从发动机测试或循环模拟获得。或者，也可以采用以下这样一个不太精确但更为简单的方法来估计泵气损失：

$$\varpi_{\mathrm{PMEP}} = (p_{\mathrm{intake}} - p_{\mathrm{exhaust}}) + C_1 v_{\mathrm{mp}}^2 + C_2 v_{\mathrm{mp}}^2 \tag{10.1}$$

式中，C_1 和 C_2 分别是反映在进气门和排气门处的气门流动阻力的常数；v_{mp} 是活塞平均速度；p_{exhaust} 是排气歧管压力；p_{intake} 是进气歧管压力。

明确地规定附属装置耗功包括哪些辅助部件是很重要的。通常情况下，它包括机油泵、水泵和燃油泵的耗功，但是冷却风扇、发电机、动力转向泵和其他车辆附属装置的耗功可能不包括在发动机拖动的摩擦功中。

上述发动机摩擦的定义可以用平均有效压力的方式表达如下：

$$\varpi_{\mathrm{FMEP}} = (\varpi_{\mathrm{IMEP}} + \varpi_{\mathrm{PMEP}}) - \varpi_{\mathrm{BMEP}} \tag{10.2}$$

$$\varpi_{\mathrm{FMEP}} = \varpi_{\mathrm{MFMEP}} + \varpi_{\mathrm{AFMEP}} \tag{10.3}$$

式中，ϖ_{FMEP} 是摩擦平均有效压力(为方便起见，这里将取值定义为正值)；ϖ_{IMEP} 是指示平均有效压力；ϖ_{PMEP} 是泵气平均有效压力；ϖ_{BMEP} 是有效平均压力。ϖ_{MFMEP} 和 ϖ_{AFMEP} 分别代表机械(刮滑)摩擦和附属装置耗功的平均有效压力。另外，可将发动机的机械效率定义如下：

$$\eta_{\mathrm{E,mech}} = \frac{\varpi_{\mathrm{BMEP}}}{\varpi_{\mathrm{BMEP}} + \varpi_{\mathrm{FMEP}}} \tag{10.4}$$

刮滑摩擦功率 $\dot{W}_{\mathrm{f}}$ 和摩擦力 F_{f} 有以下关系：

$$\dot{W}_{\mathrm{f}} = F_{\mathrm{f}} v \tag{10.5}$$

式中，v 是一个特征速度。另外，ϖ_{MFMEP} 按以下关系与发动机的设计参数相关：

$$\varpi_{\mathrm{MFMEP}} \propto \frac{\dot{W}_{\mathrm{f}}}{N_{\mathrm{E}} V_{\mathrm{E}}} = \frac{F_{\mathrm{f}} v}{N_{\mathrm{E}} V_{\mathrm{E}}} = \frac{F_{\mathrm{f}} v}{N_{\mathrm{E}} n_{\mathrm{E}} B_{\mathrm{E}}^2 S_{\mathrm{E}}} \tag{10.6}$$

Heywood(1988)的书中介绍了更多的发动机摩擦的基础知识。

10.1.2　发动机系统设计中关于研究摩擦的需要

摩擦，作为发动机性能属性之一，直接影响燃料经济性，并与噪声(例如活塞拍击和轴承撞击噪声)和磨损(通过混合润滑和边界润滑机理)密切相关。内燃机摩擦在过去的几十年里一直在不断地减少，曾经几乎以每十年下降 10% 的幅度减少(Sandoval 和 Heywood，2003)。在柴油机的总机械损失中，活塞组可以占到 45%~50%，轴承占 20%~30%，配气机构占 7%~15%，附属装置占 20%~25%(Taylor，

1993a)。为了完整地开发柴油机系统设计指标,系统工程师需要研究发动机摩擦,原因如下。

- 摩擦模拟对于发动机系统设计工具(循环模拟模型)的准确性和有效性是非常重要的。摩擦影响对发动机的功率、燃料经济性和散热量的预测。对发动机摩擦的可靠估计对于比较和评估与型式、部件形状、尺寸和重量有关的不同设计概念也很重要。摩擦模型需要准确地反映在不同运行条件下的发动机整体摩擦,并能反映系统工程师所关注的参数依变关系(例如发动机缸径、冲程、重量和气缸压力的影响);
- 系统工程师负责协调各个性能属性,例如燃料经济性、噪声、耐久性(含磨损)、冷起动能力。透彻了解各个相关部件的摩擦非常必要;
- 系统工程师负责策划发动机燃料经济性改善的路线图和减少摩擦的整体路线图。因此,对各个摩擦部件占整体摩擦损失中的份额以及它们之间的相对重要性具有深刻的了解是非常必要的。只有这样,才能恰当地决定整个系统层面的设计策略并协调部件工程师的活动;
- 发动机瞬态和控制模拟与故障诊断是柴油机系统设计中的重要课题。机械摩擦的预测对于在系统层面上进行基于扭矩的控制非常重要。在发动机控制单元中,摩擦扭矩往往可以从一个查寻表中靠两个输入因变量查到:发动机转速和指示扭矩。在稳态和瞬态运行时的摩擦力矩的预测精度对于发动机控制和先进的实时诊断功能是非常重要的。另外,摩擦模型对于冷起动分析也很关键。而且,系统设计不仅需要有一个准确的整体发动机摩擦模型,还需要有瞬时的带曲轴转角分辨率的摩擦模型,这样才能够准确预测发动机转速的波动。(瞬时摩擦模型对于故障诊断的重要性在 Ciulli(1993)的工作中有所提及。)

10.1.3 发动机系统设计中采用的处理摩擦的方法

系统工程师和部件工程师对发动机摩擦的研究重点是不同的。在部件设计中,需要使用最复杂的摩擦模型。这种模型包括活塞组(活塞裙部和活塞环)、配气机构和发动机轴承的详细模型。部件设计所关注的问题通常包括设计参数对摩擦、润滑、磨损、运动、窜气量、机油消耗量、噪声的影响。这些研究往往要求模拟模型在流体动力润滑甚至热弹性流体(弹流)动力润滑方面具有高保真特征,并包含一些诸如气蚀、润滑油黏度、表面粗糙度等的先进子模型。这些模型往往是计算量大并高度专业化。然而,在系统层面上,处理问题的方式不能那么详细。发动机系统设计需要系统层面的发动机摩擦模型具备以下三级渐进的复杂程度:

1. 第一级发动机摩擦模型

这类模型强调计算在一个循环平均基础上的发动机整体摩擦平均有效压力(FMEP),而忽略摩擦力的瞬时(曲轴转角精度)细节。第一级模型将所有各种不同的摩擦部件集总在一起,而且不区分其各自的润滑区域。但是,它包括一定范围的主要设计参数,例如发动机缸径、行程、轴承长度、转速、最高气缸压力。

2. 第二级发动机摩擦模型

这类模型比第一级模型更为详细,并注重计算基于瞬时的整体发动机摩擦力矩。它基于不同部件的润滑区域、润滑剂属性和瞬时载荷预测主要部件的摩擦因数和摩擦力。第二级模型可用于发动机瞬态和故障诊断模拟中,或者用于更为详细的设计参数研究。相比之下,第一级模型忽略瞬时波动细节,低估在点火上止点附近的实际摩擦力的效应,而且不包括像第二级模型中这么多的设计参数作为输入。第一级和第二级模型都需要在计算速度上快速并具有实时模拟能力。

3. 第三级发动机摩擦模型

这类模型是最复杂的。它采用解析的或数值的解法求解关于润滑的雷诺方程,在润滑动力学构造中获得油膜厚度和压力的分布。然后,它可以计算出摩擦剪切力。这类模型通常不具备实时模拟能力,但它在部件设计上的适用范围较广,因为它包含更为基础的物理机理和更详细的参数(例如表面形貌)。第三级模型可以求解产生所谓的斯特里贝克(Stribeck)曲线,这样就可以用此为第一级和第二级模型查取摩擦因数。这类模型还可以帮助系统设计人员透彻地理解发动机摩擦、润滑和磨损所涉及的机理。

10.2 发动机摩擦学基础概述

10.2.1 摩擦基础

一般来讲,摩擦可以分为静摩擦和动摩擦。动摩擦可以进一步以不同的机理分为库仑摩擦和黏性摩擦。静摩擦模型则是达·芬奇的经典摩擦模型:摩擦力与正交载荷成正比,与运动方向相反,和接触面积无关。在静摩擦中从静止状态过渡到运动状态时的摩擦力往往大于运动起来以后的库仑摩擦力。在库仑摩擦定律中,摩擦力只与速度的方向有关,而与速度的大小无关。另外,库仑摩擦力直接正比于所承受的正交载荷,而与表观接触面积无关。库仑摩擦力的一个典型例子是两片金属之间的干滑动或边界润滑的滑动接触。库仑摩擦力可以采用以下公式计算:

$$F_{f,\text{Coulomb}} = f_{\text{fri}} F_n \text{ 或者 } f_{\text{fri}} = \frac{F_{f,\text{Coulomb}}}{F_n} \tag{10.7}$$

式中,f_{fri} 是摩擦因数;F_n 是在正交方向所承受的载荷。图 10.1 显示了库仑摩擦力的模型和其他一些在工程中常用的基本摩擦模型。

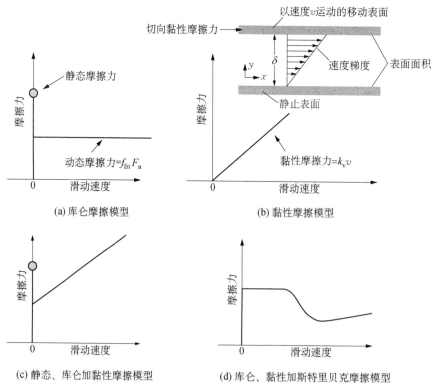

(a) 库仑摩擦模型

(b) 黏性摩擦模型

(c) 静态、库仑加黏性摩擦模型

(d) 库仑、黏性加斯特里贝克摩擦模型

图 10.1 常用的基本摩擦模型

黏性摩擦是另一种类型的摩擦,由流体的黏度所引起。在黏性摩擦中,摩擦力与滑动速度成正比,并在速度为零时变为零。黏性摩擦力来自流体流动的剪切应力。剪切应力与速度梯度的比值是衡量流体黏度的一个指标,称为黏度系数。这些参数之间的关系可以表述如下,以基于牛顿的层流流体黏度定律和平面库埃特(Couette)流动为例:

$$F_{f,v} = \int \tau \mathrm{d}A = \int \left(\mu_v \frac{\mathrm{d}v}{\mathrm{d}y} \right) \mathrm{d}A_c \approx \left(\frac{\mu_v A_c}{h_o} \right) v = k_v v \qquad (10.8)$$

式中,$F_{f,v}$ 是切向黏性摩擦力;τ 是剪应力;μ_v 是流体的动力黏度;v 是相对速度;A_c 是接触面积;h_o 是流体液膜厚度(例如活塞与气缸壁之间的间隙或轴承的间隙);k_v 是一个按上式定义的黏性系数;$\mathrm{d}v/\mathrm{d}y$ 是横跨油膜厚度方向的速度梯度(图 10.1)。黏度是在层流(比如流体润滑)中反抗运动的主要因素。然而,当流体速度提高到湍流的水平,涡流造成的压力差可能会成为运动的主要阻力。黏性摩擦发生在流体动力润滑中。应当指出的是,在库仑摩擦力中,摩擦力正比于正交载荷。与此不同的是,黏性力即使在正交载荷为零时也可能存在(即不承载的黏性摩擦,例如一根圆杆在一个套筒内以一定的润滑间隙滑动)。因此,对于这种摩擦,是不存在所谓的像库仑摩擦力中那样定义的摩擦因数的。不承载的黏性摩擦的一个典型的例子就是发动机轴承在某些曲轴转角时刻当动力载荷为零但轴颈还在以一个恒定转速旋转时的摩擦。另一个不承载黏性摩擦的例子是在靠近进气冲程或排气冲程的中部作用在活塞裙部上的摩擦力;此时活塞的侧推力为零,但活塞的运动速度很高。当动态载荷大于零时,不承载的黏性摩擦变成承载的黏性摩擦。当运动速度变为零时(例如当活塞裙部和活塞环处于上止点和下止点时),黏性摩擦变为零。图 10.2 显示了活塞侧推力的反作用力、用二维雷诺方程(后面详述)计算出的黏性剪切力以及计算出的"摩擦因数"(强行定义为剪

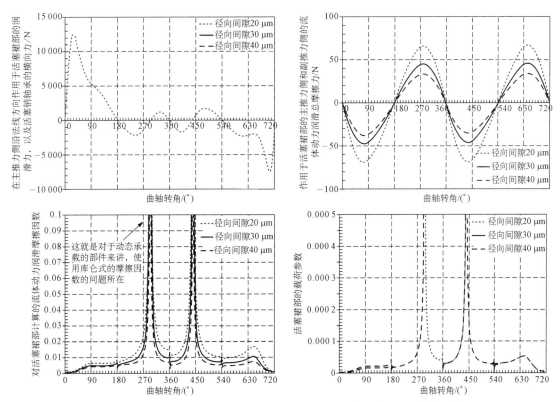

图 10.2 活塞裙部的动态法向力、黏性摩擦力和计算的库仑式"摩擦因数"

切摩擦力与正交的侧推力之比)。据观察,在侧推力变为零的那些瞬间,摩擦因数变得极大(或无穷大),因此实际上极为误导。这表明,这样的"摩擦因数"概念是不应该被用来计算不承载的黏性摩擦的。因此,在用于模拟动态承载的黏性摩擦力时,对这个因数的使用需要非常谨慎。

对于发动机部件,库仑摩擦和黏性摩擦可能会同时存在,例如在混合润滑区域中。斯特里贝克(Stribeck)在 1902 年从关于流体润滑的工作中观察到,在低速段,摩擦力随速度的增加而持续下降。这种在相对较低的速度下随速度增加而摩擦减少的现象称为"斯特里贝克效应"(图 10.1)。

在发动机的润滑和摩擦中,确定所发生的摩擦机理并恰当地使用相应的摩擦模型是很重要的。有时候,在承载的黏性摩擦的情况下,尤其是在混合润滑中,在文献中常可以见到以下形式的黏性摩擦系数或因数的定义:

$$F_{\mathrm{f,v}} = f_{\mathrm{fri}} F_{\mathrm{n}} v \text{ 或者 } f_{\mathrm{fri}} \stackrel{\triangle}{=} \frac{F_{\mathrm{f,v}}}{F_{\mathrm{n}} v} \tag{10.9}$$

$$F_{\mathrm{f,v}} = f_{\mathrm{fri}} F_{\mathrm{n}} \text{ 或者 } f_{\mathrm{fri}} \stackrel{\triangle}{=} \frac{F_{\mathrm{f,v}}}{F_{\mathrm{n}}} \tag{10.10}$$

采用这些形式的定义是为了采用与库仑摩擦力的形式近似或相同的表达形式,因为库仑摩擦力模型(式(10.7))和摩擦因数的概念由于其形式简单而已得到广泛应用。使用这些因数则是等于假设接触区域表现出库仑摩擦力的行为,但事实上根本不是。对于具有定常载荷的部件(例如活塞环)的黏性摩擦,使用这些摩擦因数定义是可以令人接受的。但是这些定义在动态非承载黏性摩擦的情况下(例如活塞裙部和发动机轴承)就并不总有效了。Andersson 等人(2007)给出了关于各种基本摩擦模型的更多细节。

10.2.2　润滑区域和斯特里贝克图

不同的润滑区域具有不同的摩擦机理,并导致不同的摩擦和磨损反应。发动机摩擦学的模拟包括以下三个基本方面或要点:①润滑区域和摩擦类型;②表面形貌;③润滑油物性。大体上有两种方法可以用来计算发动机润滑部件的摩擦力:①对于承受定常载荷的黏性摩擦或承受非零正交载荷的库仑摩擦,可以使用摩擦因数乘以正交载荷;②对于动态不承载的黏性摩擦,需要使用式(10.8)计算黏性剪切摩擦力;其中润滑油膜厚度可以用部件的间隙来估计,或者由求解经验方程或雷诺方程获得。前面所讲的忽略了瞬时动态承载或非承载细节的第一级系统摩擦模型是使用第一种计算方法(即库仑形式的方法)作为一种近似处理。第二级和第三级摩擦模型应当使用能够正确处理真正的黏性摩擦模型的第二种计算方法,而瞬时动力学载荷需要使用发动机动力学模型来计算。

Spikes(1997)评述认为,当润滑油膜变薄时,存在以下五个与粗糙表面效应有关的阶段:

第 1 阶段:表面粗糙度对油膜厚度没有影响。

第 2 阶段:表面粗糙度影响油膜厚度,但没有表面粗糙接触发生。

第 3 阶段:有一些粗糙接触发生,但载荷仍主要由流体润滑压力承担。

第 4 阶段:载荷由流体压力和粗糙接触共同承担。

第 5 阶段:载荷全部由粗糙接触承担。

润滑区域一般是采用著名的斯特里贝克图来描述,其中的"摩擦因数"的定义为总摩擦力与正交载荷之比(图 10.3):

$$f_{\mathrm{fri}} \stackrel{\triangle}{=} \frac{F_{\mathrm{f}}}{F_{\mathrm{n}}} \tag{10.11}$$

注意到式(10.11)与库仑摩擦在表观上具有相同的形式。当 $F_{\mathrm{n}} = 0$ 以及黏性剪切力 $F_{\mathrm{f}} \neq 0$ 时,

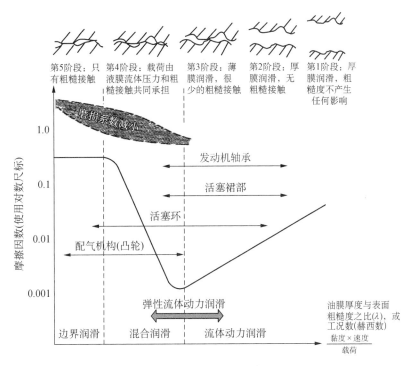

图 10.3 标示不同的发动机摩擦部件各自所处的
润滑区域的斯特里贝克(Stribeck)图

$f_{fri} = \infty$，这时式(10.11)对于不承载的黏性摩擦是无效的。Mayo Hersey 在大约一个世纪前显示，对于承载的润滑接触来讲，由黏性剪切引起的摩擦是基于以下参数关系的一个独特函数：流体的黏度乘以轴承的转速，再除以平均载荷（即赫西数或称工况数）(Dowson，1998)。这种将摩擦因数相对于赫西数而作图的曲线通常被称为"斯特里贝克图"。这里，摩擦因数是一个与润滑区域相关的关键参数。通常，润滑区域由以下这样一个工况参数来表征：

$$S_{lub} = \frac{\mu_v v}{\widetilde{F}_n} \tag{10.12}$$

式中，μ_v 是润滑油的动力黏度；v 是两个表面之间的相对滑动速度；$\widetilde{F}_n$ 是每单位长度上的单位正交载荷力。润滑区域一共分三个：①流体动力润滑（包括弹流润滑，例如活塞裙部和发动机轴承）；②混合润滑（例如活塞环）；③边界润滑（例如凸轮挺柱界面）。摩擦因数在每个润滑区域具有不同的表现。摩擦因数可表示为(Heywood，1988)：

$$f_{fri} = C_b f_{fri,b} + (1 - C_b) f_{fri,h} \tag{10.13}$$

其中 $f_{fri,b}$ 是涉及金属与金属之间接触的边界润滑的摩擦因数。因数 $f_{fri,b}$ 受表面光洁度和接触材料的物性影响。因数 $f_{fri,h}$ 是流体动力润滑的摩擦因数（在式(10.15)中详细模拟）。C_b 是一个表征金属与金属之间接触的常数，取值在 0 与 1 之间变化。

在流体动力润滑区域，两表面之间的黏性润滑剂产生的剪切摩擦力与润滑油膜厚度成反比，按下式给出（对于牛顿流体来讲）：

$$F_{f,v} = \frac{\mu_v A_c v}{h_o} \tag{10.14}$$

式中，A_c 是润滑接触面积；h_o 是油膜厚度。较薄的油膜会产生较高的油膜压力，从而能够承担较高的载荷。随着承受载荷的增大，油膜厚度会变得越来越薄，摩擦因数会减小，但是油膜剪切力的梯度会增加。正交载荷增大的百分比要比摩擦因数下降的百分比来得大。因此，作为净效果，摩擦力会因此而增加。油膜厚度在摩擦部件表面具有一定的空间分布，而且对于发动机部件来讲还会呈现出相对于曲轴转角变化的某些特定模式。例如，活塞环上的最小油膜厚度通常表现得像这样一个半正弦波一样：

$$h_o(\phi) = C_1 + C_2 \mid \sin(\phi - C_3) \mid$$

式中，ϕ 是曲轴转角；C_1 和 C_2 是常数（C_1 通常小于 $1\ \mu m$）；C_3 是一个偏移值（$C_3 \approx 10°$ 曲轴转角）。实际的油膜厚度会在上止点和下止点之后稍微过一点的曲轴转角位置达到最小值，并且在冲程的中部达到最大值，正如 Arcoumanis 等人（1997）的工作所示。

理论润滑油膜厚度（假设光滑表面）和摩擦力在等温流体动力润滑中均与 $\sqrt{\mu_v v / \tilde{F}_n}$ 成比例增加（Spikes，1997）。当 $\mu_v v / \tilde{F}_n$ 增加时，摩擦因数基本上是线性增加的，如果在两个坐标轴上都使用对数坐标刻度的话（图 10.3）。对于适形接触来讲，摩擦力是油膜的黏性阻力。在流体动力润滑区域的摩擦因数通常在 0.000 5 到 0.005 的范围内。在弹性流体动力润滑区域，表面接触比在流体动力润滑中更为集中，油膜厚度也更薄，因此会造成表面发生弹性变形。正如 Spikes(1997)指出的，在非适形接触的弹性流体动力润滑中（例如齿轮或滚针轴承），油膜厚度只随载荷有轻微的变化，因而 $\mu_v v$ 其实是一个比 $\mu_v v / \tilde{F}_n$ 更合适的工况参数。在这种情况下，摩擦因数只随 $\mu_v v$ 的增加而略有下降，如图 10.3 所示。

当工况参数 $\mu_v v / \tilde{F}_n$ 变小时，油膜变薄，因此摩擦因数会逐步降低到一个临界最小值。这时，金属与金属之间的表面粗糙度接触和磨损便开始出现。当 $\mu_v v / \tilde{F}_n$ 较低时，会使得流体动力润滑所产生的油膜压力本身不足以支撑载荷，所以载荷必须也由表面粗糙度来分担。从这一时刻起，润滑就进入了混合润滑区域，摩擦因数随着 $\mu_v v / \tilde{F}_n$ 的降低而增加。在混合润滑区域里，总摩擦力由流体动力润滑和粗糙接触这两者做出的贡献组成。粗糙接触可以用 Patir 和 Cheng(1979)开发的平均剪应力模型来模拟。

最后，$\mu_v v / \tilde{F}_n$ 的进一步下降会使油膜厚度变得比表面粗糙的高度小很多。这就将润滑带入了边界润滑区域，此时金属与金属之间的接触起主导作用，而不存在流体动力润滑所产生的压力。在边界润滑中，附在金属表面的薄油膜的物理和化学作用决定着摩擦学性能。决定着边界润滑油表现的表面作用包括以下内容：润滑剂的物理吸附层、化学吸附层、化学反应形成的薄油膜。加在润滑油中的摩擦改进添加剂能够改善边界润滑油膜的剪切强度，从而施加重大影响。当作用在接触界面区域上的载荷或滑动速度较高时，就会发生较高的接触温度。物理和化学吸附层所形成的润滑油膜在一定的温度阈值以上就不再有效。然而，润滑油中的某些添加剂，比如硫、锌、磷，能够帮助维持有效的边界润滑。特殊的边界润滑剂即使在最严苛的发动机工作条件下仍可以非常有效。在边界润滑中，摩擦受固体材料和润滑油中的添加剂影响。边界摩擦因数基本上与润滑油的黏度、负荷、速度和表观接触面积无关。润滑油的整体性能（例如黏度）在边界润滑中不太重要。边界润滑中的摩擦因数等于材料的抗剪强度（或更为实际地讲是油膜在接触表面的剪切强度）除以材料的屈服压力(Rosenberg，1982)。边界润滑中的摩擦因数基本上是一个常数，通常在 0.08～0.12 之间。混合润滑和边界润滑与发动机部件的磨损密切相关。

斯特里贝克图反映的是一对给定几何结构的摩擦副的基本摩擦学特性。例如，在流体动力润滑区域，不同的几何结构（例如型线、接触面积、轴承长径比、间隙）在图中会有不同的曲线。它们可以用来基于工况参数查取摩擦因数。斯特里贝克图是发动机系统设计中所使用的第一级和第二级发动机摩擦模型的基础。它可以通过实验或数值计算得到。当采用数值求解时,流体动力润滑或弹性流体动力润滑的摩擦剪切力由求解雷诺方程获得,包括润滑油膜厚度和压力的分布(例如第三级摩擦模型)。数值计算结果一般依赖于某些理论假设或简化,比如雷诺提出的"润滑近似"、表面粗糙度、表面弹性变形、润滑剂物性(例如牛顿流体或非牛顿流体)、润滑油供应不足、部分浸润润滑。采用第三级模型对不同的部件几何结构以数值方法产生斯特里贝克曲线可以便利第二级模型的摩擦计算。Stanley 等人(1999)使用雷诺方程为不同的活塞环几何形状求解了不同的斯特里贝克曲线。

流体动力润滑的摩擦因数可以基于经验的实验证据表述如下(图 10.3):

$$f_{\text{fri,h}} = C_0 S_{\text{lub}}^{C_1} = C_0 \left(\frac{\mu_v v}{p_l L} \right)^{C_1} \tag{10.15}$$

式中,C_0 和 C_1 是随部件的几何构造变化很大的常数(例如,$C_1 = 0.3 \sim 1$;对于活塞裙部和活塞环的近似分析,往往可以取 $C_1 \approx 0.5$);p_l 是作用在滑动部件上的载荷压力;L 是沿运动方向的部件宽度(例如活塞环厚度或活塞裙部长度);$p_l L$ 是每单位横向长度上的载荷。McGeehan(1978)给出了关于摩擦因数的详细讨论。将牛顿黏性定律,即式(10.14)代入下式

$$f_{\text{fri,h}} \triangleq \frac{F_{\text{f,h}}}{F_n} = \frac{\frac{\mu_v v A_c}{h_o}}{p_l L L'} = \frac{\frac{\mu_v v L L'}{h_o}}{p_l L L'} = \frac{\mu_v v}{h_o p_l} \tag{10.16}$$

式中,L' 是横向长度;并将式(10.15)和(10.16)做等同代换,可以将润滑油膜厚度及其参数依变关系导出如下:

$$h_o = \frac{\mu_v v}{C_0 \left(\frac{\mu_v v}{p_l L} \right)^{C_1} p_l} = \frac{L^{C_1}}{C_0} \left(\frac{\mu_v v}{p_l} \right)^{1-C_1} \tag{10.17}$$

将式(10.15)中的摩擦因数乘以法向载荷,可以求取摩擦力如下:

$$F_{\text{f,h}} = C_0 \left(\frac{\mu_v v}{p_l L} \right)^{C_1} (p_l L L') = C_0 L' (\mu_v v)^{C_1} (p_l L)^{1-C_1} \tag{10.18}$$

摩擦功率可由下式给出:

$$\dot{W}_{\text{f,h}} = F_{\text{f,h}} v = C_0 L' \mu_v^{C_1} v^{1+C_1} (p_l L)^{1-C_1} \tag{10.19}$$

式(10.19)表示,摩擦功率与 $p_l^{1-C_1}$ 成正比。但是,需要注意的是,式(10.19)只适用于承载摩擦表面(例如活塞环),而不适用于 p_l 等于零的非承载黏性摩擦(例如活塞裙部的不承载一侧,以及轴颈轴承在发动机循环中的某些时刻)。注意到整个轴颈轴承的摩擦功率其实对载荷是不敏感的。

Stanley 等人(1999)和 Taraza 等人(2000)发现,C_0 和 C_1 基本上与活塞环的厚度无关,但对环面的型线曲率非常敏感。另外,部分浸润润滑会改变 C_0 和 C_1 的值,其给出的摩擦因数值会比完全浸润的理想情况下的摩擦因数要高。部分浸润润滑的影响可以靠减小部件的润滑长度来模拟。

另外,研究发现,摩擦因数随类似于斯特里贝克工况参数的其他一些定义的工况参数而变化,比如关于活塞环的一个索末菲数(Ting,1993a,1993b)。而且,Stanley 等人(1999)提出使用另一条特征曲线,而不是斯特里贝克曲线,来表征活塞裙部润滑。他们的特征曲线建立了一个量纲为 1 的力的参数与一个量纲为 1 的裙部特征参数之间的相关性。

边界润滑的摩擦因数一般可视为一个常数。混合润滑区域的摩擦因数可以近似地模拟为随工

况参数 S_{lub} 按如下关系线性变化(图 10.3，另外见式(10.13)作为比较)：

$$f_{\text{fri,m}} = f_{\text{fri,b}}\left(1 - \frac{S_{\text{lub}}}{S_{\text{lub,h}\sim\text{m}}}\right) + f_{\text{fri,h}\sim\text{m}}\frac{S_{\text{lub}}}{S_{\text{lub,h}\sim\text{m}}} \tag{10.20}$$

式中，$f_{\text{fri,b}}$ 是边界润滑的摩擦因数；$f_{\text{fri,h}\sim\text{m}}$ 是介于流体动力润滑与混合润滑之间的过渡区中的最小摩擦因数。$S_{\text{lub,h}\sim\text{m}}$ 是在这个过渡点上的工况参数。

　　在确定摩擦因数时，斯特里贝克图不将油膜厚度和表面粗糙度这两个参数直接作为显式的控制参数使用。参数"lambda"(λ)，称为"油膜厚度与粗糙度之比"，并定义为计算出的油膜厚度与两个表面粗糙度的统计均方根之间的比值，被普遍用来判断润滑接触的运行极限和安全性。基于 λ 划分不同的润滑区域的理论详见第 10.2.3 节。

10.2.3　混合润滑理论

　　混合润滑，亦称部分润滑，是内燃机里的一个重要润滑区域。弹性流体润滑和金属与金属之间的接触同时发生于混合润滑中。载荷的一部分由润滑油膜承担，另一部分则由表面粗糙度承担。许多发动机部件在混合润滑区域运行，例如活塞环和凸轮。发动机轴承在严重的瞬时载荷下也可能会在混合润滑下运行。了解混合润滑对于系统工程师尤为重要，原因有三。首先，它是各润滑区域中最难准确预测摩擦的一个区域，这是由于复杂的表面形貌与流体压力(或油膜厚度)之间存在着相互作用。与混合润滑相比，流体动力润滑和弹性流体动力润滑区域相对来讲比较简单。混合润滑的计算也比边界润滑更加复杂。其次，混合润滑是介于流体动力润滑(或弹流润滑)与边界润滑之间的一个桥梁，可以使系统设计人员充分理解它们之间的所有连接环节。第三，发动机润滑油膜的破裂和磨损(一个耐久性问题)是从混合润滑开始的。

　　混合润滑的分析同油膜厚度与复合表面粗糙度之比密切相关：

$$\lambda = h_{\text{o}}/\sigma_{\text{sr}}$$

这个参数可以用在一个斯特里贝克式曲线图中，以取代工况参数。油膜厚度 h_{o} 可以用流体动力润滑或弹性流体动力润滑模型计算而得。复合表面粗糙度 σ_{sr} 可以由两个表面的粗糙高度平均值的以下结合形式给出：

$$\sigma_{\text{sr}} = (\sigma_{\text{sr1}}^2 + \sigma_{\text{sr2}}^2)^{0.5}$$

或者由更为复杂的形貌计算得出。一个较高的 λ 值($\lambda > 3$)表示流体动力润滑，金属与金属之间不发生粗糙接触。一般来讲，在预测油膜厚度时，当 λ 的值比较大而且当不存在供油不足时，光滑表面的假设是成立的。混合润滑发生于 $\lambda = 1 \sim 3$ (大多数学者认为，它发生在大约 $\lambda = 3$)。大概当 $\lambda < 0.5$ 时，会发生边界润滑，那时摩擦和磨损都会很高。Cann 等人(1994)详细讨论了 λ 这个比值。

　　除了使用工况参数 $\mu_{\text{v}}v/\tilde{F}_{\text{n}}$ 或 λ 比值外，第三个方法——可能也是最好的表征润滑区域的方法，是使用一个润滑参数，通常定义为以下形式：

$$S_{\text{lub,sr}} \triangleq \frac{\mu_{\text{v}}v}{p_{\text{l}}\sigma_{\text{sr}}} \tag{10.21}$$

式中，p_{l} 是平均赫兹接触压力(Schipper 等人，1991)。润滑参数在本质上与 λ 比值相似，因为 $\mu_{\text{v}}v/p_{\text{l}}$ 与液膜厚度成正比。Schipper 等人(1991)建议使用这个润滑参数来取代 λ 比值，原因如下。虽然工况参数在历史上使用最广，它的缺点是没有考虑表面粗糙度。要想计算油膜的厚度与粗糙度之比，需要先计算油膜厚度。润滑参数可以用于在油膜厚度不预先知道的情况下。这种情况与发动机系统设计的需要相吻合,因为在第一级和第二级摩擦模型中,油膜厚度都是未知的。

Schipper 等人(1991)总结得出,混合润滑与边界润滑之间的过渡是由润滑油的黏度和滑动速度的乘积控制的,并且与平均赫兹接触压力(或载荷)无关。而与之相反的是,他们发现弹性流体动力润滑与混合润滑之间的过渡则取决于接触压力或载荷。因此,他们认为常用于表征润滑区域过渡的 λ 比值是与压力有关的,而不应该像在以往的文献中所建议的那样是一个常数。Schipper 等人(1991)得出的一个很有意思的结论是,既然混合润滑与边界润滑之间的过渡是与压力无关的,那么只当压力增加时,一个润滑油黏度乘以滑动速度之积为定常数并在混合润滑区域运行的接触表面,不会进入边界润滑区域。Schipper 等人(1991)给出了关于润滑参数影响润滑区域过渡的一些规律(图 10.4)。依靠这些以接触压力为函数的规律,可以预测给定的润滑和集中接触表面在哪个润滑区域内运行。

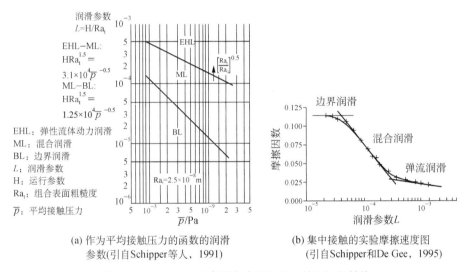

(a) 作为平均接触压力的函数的润滑
参数(引自 Schipper 等人,1991)

(b) 集中接触的实验摩擦速度图
(引自 Schipper 和 De Gee,1995)

图 10.4 用一个润滑参数来表征润滑区域之间的转换
(引自 Schipper 等人,1991,以及 Schipper 和 De Gee,1995)

Schipper 和 De Gee(1995)进一步得出结论认为,从弹性流体动力润滑到混合润滑的过渡发生于

$$\frac{\sigma_{sr}^{1.5}\, p_{1,mean}^{0.5}}{\mu_v v} = 6.5 \times 10^{-5} \tag{10.22}$$

而且,从混合润滑到边界润滑的过渡发生于

$$\frac{\sigma_{sr}}{\mu_v v} = 1.6 \times 10^{-5} \tag{10.23}$$

式中,v 是平均滚动速度(m/s);μ_v 是在润滑界面进口处的润滑油黏度(Pa·s)。

对于滚动接触来讲(例如凸轮上的挺柱滚轮),滚动摩擦因数(通常在 0.001~0.003 的范围内)比滑动摩擦因数(例如在边界润滑时等于 0.1)要小得多。实际上,滚动摩擦因数随 λ 比值的增大而升高(Spikes,1997)。

Kapadia 等人(2007)报道了关于轻载和重载发动机轴承的摩擦因数的实验结果。他们也给出了在不同的发动机转速和负荷时测量的摩擦力相对于计算的 λ 比值的分析结果(图 10.5)。

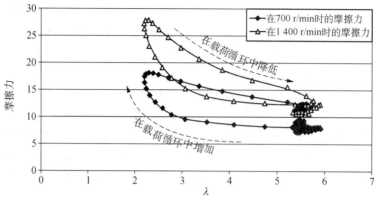

(a) 使用PCMO轴承和15W40的低黏度机油进行实验时的摩擦力相对于λ比值的曲线

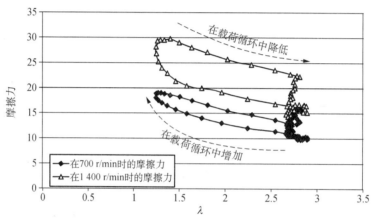

(b) 使用HDD轴承和15W40的低黏度机油进行实验时的摩擦力相对于λ比值的曲线

图 10.5 在轻载和重载发动机上测量的摩擦力相对于 λ 比值之间的关系
（引自 Kapadia 等人，2007）

关于流体动力润滑的基本知识，许多书籍均有详细介绍（例如，Cameron，1981；Heywood，1988；Taylor，1993a）。在其他文献方面，Tanaka(1999)评述了关于发动机轴承的厚膜流体动力润滑分析。Jacobson(1997)评述了薄膜润滑和磨损。Spikes(1997)评述了混合润滑。另外，边界润滑和刮伤的基础知识在 Ling 等人(1969)、Ludema(1984)、Spikes(1995)和 Taylor(1993a)的论述中有详细的介绍。

10.2.4　表面形貌

表面形貌是指接触面的廓形和表面粗糙度（包括波纹和突起或光洁度）。表面形貌影响油膜厚度与粗糙度之比以及润滑状态（即处于哪个润滑区域）。在薄膜流体动力润滑或混合润滑的计算中，表面粗糙度对求解雷诺方程所得到的润滑油膜厚度和压力分布的影响是不可忽略的。表面粗糙度的不同分布方向有着不同的影响效果。横向粗糙度（即与滑动方向成直角）一般能够加强承载能力和油膜厚度，而纵向粗糙度则会降低或削弱它们(Spikes，1997)。表面形貌对油膜的承载能力有重要影响。反过来，弹性流体动力润滑中的油膜压力对表面粗糙度也有影响，会使其变形，并影响在混合润滑中由粗糙度突起接触所承受的载荷。这些耦合的相互作用当油膜厚度与粗糙度之比减小时会变得越来越重要。目前广泛使用的关于混合润滑区域的表面形貌模型包括以下两个：

①Patir和Cheng(1979)的平均流模型——该模型考虑了表面粗糙度对润滑油流动和润滑油膜承载能力的影响;②Greenwood和Tripp(1971)粗糙度微凸体接触模型——该模型考虑了在混合润滑和边界润滑中的粗糙度微凸体接触的承载能力。

发动机磨合后,表面形貌会发生变化,并在发动机的寿命周期中由于磨损而继续逐渐变化。这会影响所有滑动表面的摩擦耗功,特别是动力缸内的部件的摩擦功率。在磨合过程中,一些粗糙突起被磨掉,滑动表面变得更顺畅。这减少了金属与金属之间的接触和边界摩擦。随着磨合的持续,发动机的摩擦在初始阶段会迅速降低,然后趋于稳定或者变化很缓慢。

Taylor(1998)在他的工作中强调了表面形貌对发动机摩擦和磨损的重要性。Zhu等人(1992)、Pawlus(1996,1997)和Rao等人(1999)讨论了缸套、活塞裙部或活塞环的表面形貌及其对发动机摩擦和磨损的影响。第2章给出了关于内燃机磨损和磨合的大量中文文献。

10.2.5 润滑剂物性和对发动机摩擦的影响

润滑油能够减少部件之间的摩擦和磨损,能够作为冷却剂把摩擦热带走,并能够把杂质和碎屑带走。润滑油的物性对发动机的摩擦和磨损有直接影响。润滑油添加剂包括摩擦改进剂、黏度指数改进剂(Ⅵ)、抗磨损剂、清洁剂、防锈剂、抗氧化剂、防泡剂等。润滑油对发动机摩擦的一些重要影响体现在以下方面:供油不足或部分浸润(与供油设计有关),气蚀,热效应,随温度、压力和剪切速率的变化而在黏度上发生的变化等。

SAE J300(2004)给出了发动机机油的黏度分类。常见的单级黏度包括SAE 5,10, 30, 40, 45和50。等级值越高,黏度越高。自20世纪50年代以来所使用的多级机油往往采用黏度指数改进剂(即由对温度敏感的聚合物组成的添加剂)来稳定在高温下的黏度,使得黏度在发动机的整个运行温度范围内不至于像单级机油那样下降得那么多。常见的多级机油包括SAE 10W-30, 10W-40, 10W-50, 15W-40, 15W-50和20W-50。10W-30意味着当机油处于冷态的时候(15 ℃),其黏度为SAE 10机油的黏度;而当机油处于热态的时候(90 ℃),其黏度为SAE 30机油的黏度。多级机油在非常寒冷的天气下能减小发动机的起动摩擦,而在高温下不会有黏度过低或发生金属接触(磨损)的问题。Monaghan(1988)指出,多级机油在中等温度范围内能够将黏度降低大约一个等级,从而减少黏性摩擦大约20%。多级机油中含有聚合物添加剂,因而具有较高的分子量,并呈现出像非牛顿流体一样的短期和长期剪切变稀性能,而这会影响其黏度。注意到牛顿流体服从剪切应力与剪切速率之间的一个线性关系,其黏度与剪切速率无关。在高压下,润滑油会表现出非牛顿流体行为,而且黏度随着剪切速率的增加而降低。另外,润滑油的黏度随着机油中的碳烟水平和分散剂的增加而增大(George等人,2007;Ajayi等人,2008)。关于发动机机油的其他基础知识,读者可以参考SAE J357(2006)、J2227(2006)、J1423(2003)、J183(2006)。

润滑油的黏度是温度的强函数(例如Vogel方程所表述的),也是压力的强函数(例如Barus方程所表达的)。黏度随温度的升高而下降,并随压力的增大而升高(该压力效应对于弹性流体动力润滑条件来讲非常重要)。非牛顿流体效应和热效应对于油膜厚度的计算很关键,尤其是对粗糙表面和弹流润滑。在非牛顿流体条件下,还需要考虑剪切致稀和黏弹性效应(即剪切速率和压力对黏度的影响)。剪切速率的影响(例如Cross方程所表达的)对于多级机油特别重要。在高度动态承载的润滑接触中,温度致稀和压力致稠(黏弹性效应)以及剪切致稀这些效应都会变得不可忽视。Jacobson(1996)评述了在弹流润滑接触中润滑油的性能。Coy(1997)和Taylor(1997)给出了关于润滑剂流变学和基于斯特里贝克式润滑区域图的摩擦和磨损的模型细节。需要注意的是,这些模型适合在柴油机系统设计中作为第二级摩擦模型使用(见10.8.2节)。

从前面关于斯特里贝克图的讨论中可以看出,在流体动力润滑区域的摩擦因数随润滑油黏度的降低而减小。然而,在边界润滑区域(例如对于某些凸轮与从动件之间的接触和活塞油环来讲),低黏度会导致高摩擦。因此,轴承和活塞裙部在润滑油黏度降低时通常会给出较低的摩擦,而配气机构则会给出较高的摩擦。使用低黏度机油以减少发动机摩擦的有效性在很大程度上取决于发动机的总摩擦中有多少是属于边界润滑。实际上,配气机构的摩擦可以靠使用带摩擦改进添加剂的机油来减少。由于发动机具有在流体动力润滑、混合润滑和边界润滑各个区域工作的不同部件,在一个给定的发动机转速和负荷下,存在一个能够给出最低整机摩擦的最佳黏度。

燃料经济性对润滑油的敏感度对于重载和轻载发动机是不同的。Taylor(2000)指出,由于配气机构的摩擦损失在重载发动机中的比例远低于轻载的,重载发动机在整个润滑区域上可以视为更加偏重于流体动力润滑。由于配气机构是发动机中的主要边界润滑部件,摩擦改进添加剂在轻载发动机中会显得比在重载发动机中更为有效。Taylor(2000)认为,使用精心配方调制的发动机润滑油和变速器润滑油(包括使用低黏度机油和优化的多种添加剂)对于重载柴油机在混合驾驶工况下(低、中、高负荷)的燃油经济性改善程度可以高达5%的数量级。Kapadia等人(2007)对润滑油对轻型和重型车辆燃油经济性的影响也做了调查研究。

降低润滑油的黏度会使润滑区域从流体动力润滑向边界润滑转变。这会增加由于油膜厚度下降而造成磨损和刮伤的风险。因此,在减少摩擦与维持可接受的耐久性之间存在着一个平衡(Miller,2010;Fenske等人,2011)。事实上,欧洲汽车制造商协会规定重载柴油机的润滑油应该具有至少0.003 5 Pa·s的高温高剪切黏度(HTHSV)(Taylor,2000)。另外,需要注意的是,润滑油的规格也极大地影响排放和后处理性能(McGeehan等人,2007)。

10.3　发动机整体的摩擦特性

10.3.1　在不同润滑区域里的发动机摩擦特征

在发动机摩擦领域,曾经出现过各种方法来测量发动机的摩擦,包括示功图法、拖动和拆卸法、加压拖动法(即在采用较高的进气歧管压力而实际上不点火的情况下模拟点火气缸压力对摩擦的影响)、莫尔斯(Morse)测试或电控停缸法、油耗线延长法(又称Willan线法)、热关机法、自由减速曲线法、瞬时指示平均有效压力法(Uras和Patterson,1983)、瞬时摩擦力矩法($P\text{-}\omega$法,Rezeka和Henein,1984)等。Wakuri等人(1995)和Richardson(2000)评述了各个实验方法的优点和缺点。因为柴油机和汽油机,无论是重载还是轻载,在一个大致共同的范围内具有类似的发动机摩擦特征,本章中的参考文献也包括大量的汽油机文献。

由于其各自不同的载荷和速度特征,不同的发动机部件在各种条件下在不同的润滑区域里运行。设计参数和运行条件的改变在不同的方式和程度上影响着各个部件的摩擦损失。因此,对发动机摩擦特征的理解和模拟分析应当建立在每个部件上。回顾前面提到的在斯特里贝克式润滑区域图上的工况参数或润滑参数,它由润滑油黏度、载荷和滑动速度所组成来表征润滑状况。在发动机摩擦中,流体动力润滑与混合或边界润滑区域之间的比例取决于许多因素,例如转速、负荷、润滑油黏度、磨合状态等。

活塞裙部具有往复于上止点与下止点之间的周期性滑动速度,并承受由缸内气体压力和活塞组的惯性力产生的侧推力载荷(Munro和Parker,1975)。活塞裙部主要处于流体动力润滑或弹流润滑区域,尤其是在各冲程中部当活塞速度较高时。在膨胀冲程和压缩冲程后期,气体载荷较高,一些活塞可能会由于发生表面粗糙接触而在混合润滑区域里运行。另外，在动态条件下，当载荷突增或相对速度突降时，在很短暂的时间内会产生一个"挤压油膜"效应，以保持一定的油膜厚度来将两个接触表面分开。在活塞滑动速度趋于零的上止点和下止点附近，润滑区域有过渡到混合润滑的倾向，虽然整个活塞裙部较强的"挤压油膜"效应试图反抗这种倾向。类似的"挤压油膜"效应对于活塞环也是存在的。注意到活塞的侧推力在一个发动机循环内在某些曲轴转角位置可以达到零（图 10.2）。

活塞的压缩环（或称气环，即活塞顶部的第一道环和第二道环）具有与活塞裙部基本相同的周期性滑动速度。它们承受的载荷基本上包括环的张力和缸内气体作用在环背面的压力。环的张力通常定义为将环的自由端压缩到指定的缝隙值所需要的径向压缩力。在各冲程中部，压缩环主要在流体动力润滑或弹性流体动力润滑区域工作。在上止点和下止点附近，压缩环主要在混合润滑区域工作。在点火上止点附近，当作用在环背面的气缸压力载荷比较高而且润滑油黏度比较低时（由于热的壁温），压缩环会在混合润滑或甚至边界润滑区域工作。在这种条件下，润滑油膜会破裂，表面粗糙突起会发生接触，造成较高的刮滑摩擦力和磨损。另外，第二道压缩环的型面通常设计成一个锥形面（即环的上部直径比下部直径小），以便通过在下行冲程以混合润滑或边界润滑运行时的刮油来帮助控制机油消耗。应当注意的是，在一个循环中，活塞环的径向载荷力总是大于零的。

相比较几道活塞环，油环在各冲程的大部分时间内的摩擦力是远高于气环的。在点火上止点附近，由于气缸压力载荷较高，气环的摩擦力可能会比油环的高。油环通常具有两片非常薄的轨片和很大的张力。在润滑分析中，油环的每个轨片是作为一个单独的环来处理的。当张力较高而速度较低时，薄的轨片通常不足以产生流体动力润滑油膜。在这种情况下，轨片主要在边界润滑区域工作，而环面与缸壁之间具有较强的表面粗糙接触。

作用在活塞和活塞环上的瞬时摩擦力可能会在上止点经历一个突增，或者在下止点经历一个突降，这是由于这时活塞的运动会换向，而且动态与静态摩擦因数之间会发生一个突然变化。活塞摩擦力上的这一阶跃式变化在本质上是非常具有冲击性的，它包含了一个宽广范围内的频率，可以激发曲轴的共振频率，并在低转速时产生敲击噪声。活塞的这种"粘着滑动"噪声是首先在汽油机中被发现的（Beardmore，1982；Werner，1987）。低摩擦的涂层材料和润滑油中的摩擦改进剂能够有效抑制在静态与动态摩擦因数之间所发生的突然变化，以减少"粘着滑动"噪声。

发动机轴承（曲轴主轴承、大端和小端的连杆轴承、凸轮轴轴承、摇臂轴轴承等）各自承受不同类型的载荷，而且运行在不同的滑动速度下。例如，曲轴主轴承在一个给定的发动机转速下具有基本不变的滑动速度，主要运行于流体动力润滑或弹性流体动力润滑区域。在低转速下，承受很大载荷的发动机轴承会处于混合润滑区域运行。由于密封唇与曲轴表面之间的直接接触，曲轴主轴承的密封是在边界润滑区域运行。在受力方面，连杆小端轴承的瞬时合力有时可能会达到零，而连杆大端轴承的瞬时合力通常大于零。曲轴主轴承的瞬时合力在一个循环内的大多数时间是大于零的，但偶尔也会为零。凸轮轴的合力在一个循环内是不会达到零的。

配气机构中的主要摩擦界面发生于凸轮与从动件（挺柱）之间。凸轮载荷由气门弹簧力和配气机构动力学产生的惯性力组成。运动和润滑接触的性质可以是滑动（对于平底从动件来讲），也可以是滚动（对于滚轮从动件来讲）。由于载荷高、接触面积小、相对速度低，凸轮与从动件之间的接触主要为严重的混合润滑或边界润滑（包括弹性流体动力润滑）。

油泵的摩擦损失包括轴承摩擦、内部流体摩擦或流动阻力、齿轮啮合摩擦等（Baba 和 Hoshi，1986）。泵的摩擦力矩与齿轮外径的三次方成正比，并与泵的转速成正比；而泵的转速则与传动比有关(Kovach 等人,1982)。

需要注意的是,在上述所有发动机部件的流体动力润滑区域里,弹流动力润滑可能会出现在发动机循环内的某些曲轴转角部分,因为接触表面在很高的单位载荷下会发生弹性变形,同时也因为润滑油膜压力对黏度的影响。另外,在发动机起动和关机时,由于发动机转速很低、供油不足、油膜未成形生效等原因,几乎所有部件都会发生混合润滑或边界润滑。而且,还要注意摩擦力和摩擦功率这两个概念是不同的。虽然不良润滑会在发动机冲程末端在活塞环与缸壁之间产生一个很大的摩擦力、磨损量甚至刮伤(体现于在活塞顶环往复运动换向处常见的缸壁磨损),它几乎对摩擦功率没有影响,这是因为活塞的滑动速度在那里是非常低的。相反,在冲程中部的流体动力润滑阻力虽然从摩擦力的角度来看其值较低,但由于活塞运动速度很高而会成为摩擦功率的主要贡献者。

10.3.2 在不同转速和负荷时的发动机摩擦特征

在边界润滑中,摩擦力与速度无关。在流体动力润滑中,黏性摩擦力随速度增加。流体泵送的扭矩通常随速度的平方增加。另外,一些部件的载荷也随发动机转速而变化,例如配气机构。基本上讲,所有部件的摩擦力矩或摩擦平均有效压力都随转速而增加,除了配气机构的摩擦扭矩是随着转速的增加而降低。其原因是,边界润滑在配气机构摩擦中起主导作用,而配气机构的载荷随转速的增加而降低。随着转速的降低,边界润滑摩擦在整机摩擦中所占的比例会增加。

发动机的整体摩擦在不同负荷下的趋势更为复杂些,主要是因为动力缸内的部件摩擦呈现出的复杂趋势。当柴油机负荷或喷油量变化时(比如将拖动工况与全负荷工况相比,作为一个极端的情形来讨论),动力缸内的部件会经历以下三个方面的变化:①气体压力载荷;②金属壁面温度;③缸内部件之间的间隙。较高的气体载荷会增加在膨胀冲程和压缩冲程后期的活塞组摩擦力,包括边界润滑、混合润滑甚至流体动力润滑中的,特别是在点火上止点附近。缸内壁面上的机油温度主要由冷却液温度控制。在高负荷时,冷却液温度较高。较高的金属壁面温度使得润滑油黏度和流体动力润滑中的黏性摩擦力均降低,尤其是在各冲程中段(那里气体压力载荷效应较小)。部件的热膨胀所导致的间隙变小往往使摩擦力趋于增加。最终对于摩擦力和摩擦功率影响的净效果取决于这几个方面中的哪个因素起主导作用。

目前很多人仍普遍认为,轴承的摩擦力随发动机负荷的增加而增大。附属装置的摩擦损失也随负荷的增加而上升。大多数学者根据实验结果认为,发动机整体的摩擦力矩随负荷的增加而增大。在各种负荷下准确模拟发动机摩擦是很重要的,因为减少摩擦在燃料经济性上带来的收益在低负荷条件下最为明显,正如在现实世界中经常遇到的那些驾驶或使用条件一样。在低负荷下,与有效功率(轴功)相比,摩擦所占的比例相对较高。

学术界关于发动机摩擦随负荷变化的趋势的一个典型争论是拖动工况的摩擦力矩究竟是不是比点火工况的摩擦力矩低。这个问题非常重要,因为拖动测试作为一种方便的方法已被广泛用于估计点火工况时的发动机摩擦。如上所述,即使在这两种工况中体现出来的整机摩擦水平是类似的,在拖动和点火工况时的摩擦损失机理也各自非常不同。这些不同的机理是由于缸内气压载荷、壁面温度和部件间隙的变化所造成的。在康明斯公司进行的使用高进气歧管压力而不点火的加压拖动测试证实(Richardson,2000),最高气缸压力的增加会导致活塞组摩擦力的增加。虽然在关于拖动工况与点火工况之间的摩擦功率之差别方面存在一些具有争议性的实验结果发表文献,但是似乎大多数人认为点火的发动机在点火上止点附近的摩擦力比拖动的发动机的摩擦力要更大,基于高气缸压力和高气缸壁面温度等的综合影响结果。Richardson(2000)详细评述了这个课题,并总结认为活塞环组在热态拖动工况时的摩擦功率比在点火时低,冷态拖动摩擦功率一般与热态点火摩擦功率近似。他的结论是,点火发动机的动力缸内的部件的整体平均摩擦耗功比拖动发动机的摩擦耗功高出 0~20%。

10.3.3　减少发动机摩擦的设计措施

减少发动机摩擦的有效设计措施应当按照以下总的指导原则依照每个部件的不同润滑区域予以规划。

(1) 维持令人满意的耐久性和可靠性减少摩擦和改进燃料经济性更为重要。任何减少摩擦的措施均不应损害磨损方面的耐久性;

(2) 在设计、标定和运行上始终要尽量减小摩擦界面上的载荷。当然,很多时候这很难实现,因为高负荷与所需要的性能在本质上互相关联(例如高额定功率往往会产生高气缸压力),或者因为这会涉及一些内在的权衡折中(例如使用短冲程来减小活塞的侧推力的设计可能会使行程缸径比在燃烧性能方面造成不利影响)。然而,在某些情况下,通过优化设计以减少载荷还是能够实现的。例如,减小活塞组的往复运动质量可以降低机械噪声甚至摩擦,尽管摩擦减少的幅度取决于具体的应用场合(比如发动机转速)。将活塞销偏置能够改变侧推力和作用在活塞上的力矩,这样可以获得较柔的活塞二阶运动并减少摩擦损失。另一个例子是通过优化配气机构来减小气门的弹簧力;

(3) 对于边界润滑来讲(例如凸轮与从动件的界面、油环),减少作用于接触表面的正交载荷对于减小摩擦是非常有效的。不过,需要非常谨慎地实施这种措施。例如,过分降低油环张力会增加机油消耗量,尤其是当气缸的变形较大时。这时就必须采取其他设计措施以确保活塞环与气缸之间的贴合性或适应性仍能达到符合要求的机油控制(例如通过减小油环的宽度或径向壁厚来减小油环的刚度);

(4) 采用滚动摩擦代替滑动摩擦以减小摩擦因数,尤其是在那些滑动速度相对较低而承载负荷较高的场合(例如配气机构中的从动件和摇臂支点处)。一种方法是用滚动元件或滚针轴承来取代滑动轴承。采用滚轮设计可能会增加接触应力,因而需要采用较好的材料来承受应力;

(5) 对于流体动力润滑来讲(例如活塞裙部、轴承、气环),减小润滑面积或润滑油的黏度是减小剪切摩擦力的最有效方式。这方面的例子包括使用较短的活塞裙部、较小的轴承宽度和直径、较少数量和较薄的活塞环。然而,这方面的改进也需要很谨慎地进行,以确保油膜厚度的减小和轴承温度的升高不至于达到一个不可接受的水平。另外,减小气环的数目容易导致窜气量增加。正如斯特里贝克图中所示,摩擦因数存在一个最低值,该值处于从流体动力润滑区域过渡到混合润滑区域的地方。减少润滑部件的承载面积会提高单位载荷并降低油膜厚度。而油膜厚度的减小可能会抵消减小面积所带来的收益,正如 Kovach 等人(1982)在他们的活塞裙部实验中所显示的那样。另外,如果设计变更导致油膜厚度落入混合润滑区域,那么摩擦因数便开始再度增加。例如,如果减少活塞裙部长度导致承载侧推力的能力急剧下降,以至于开始发生裙部与缸壁之间的金属粗糙接触,那么摩擦是不会减少的。事实上,由于磨损或刮伤,摩擦甚至可能会增加。此外,虽然减小轴承尺寸(特别是直径)可能会减少流体动力润滑的摩擦,但是应避免发生轴颈错位和边缘载荷,以防止结构失效或刮伤;

(6) 使用具有高黏度指数的多级机油可以减少摩擦。当使用低黏度机油时,要注意改进机油配方、添加剂和耐磨材料,以防止磨损恶化;

(7) 对于流体动力润滑,增大摩擦界面上的部件间隙可以减少摩擦,尤其在低速时。然而,这可能会导致机械噪声问题、由于活塞敲击恶化所导致的缸套穴蚀、较大的机油量要求及其较高的油泵耗功等。另外,改变部件间隙通常会影响机油的黏度(比如通过油温的影响);

(8) 对于流体动力润滑,为了增加在润滑接触表面的整体油膜厚度(即为了减小黏性摩擦力)或者为了促进更佳的润滑油膜压力分布(例如通过润滑的"楔形"效应或"挤压油膜"效应),部件的摩擦学型面设计是在减少摩擦和摩擦学运动控制方面的一个重要措施。这方面的例子包括活塞裙部的桶形型面设计和活塞环的偏心桶形型面设计等;

(9) 对于混合润滑或边界润滑,如果不能降低载荷,就需要考虑通过设计将润滑区域改变为流体动力润滑,以期减小摩擦因数。这方面的措施包括改变部件的间隙或型面,或者减小表面粗糙度以增大油膜厚度与粗糙度之比;

(10) 对于边界润滑,虽然润滑剂的黏度对其摩擦特性来讲不重要,但是润滑剂中的摩擦改进添加剂(例如极压添加剂)能够在边界润滑里建立一薄层关键的反应膜,这可以减小边界摩擦因数,从而减少摩擦。当润滑油的黏度降低时,活塞组和轴承的摩擦会减少,但配气机构的摩擦可能会增加,因为配气机构(例如凸轮与从动件的界面)主要运行于边界润滑或混合润滑状态;

(11) 在活塞环和活塞裙部使用特殊的表面材料或涂料可以减少摩擦。改变轴承材料也可以大幅度降低在混合润滑或边界润滑区域中的摩擦。

Richardson(2000)开列了一个关于减少动力缸内的部件摩擦的具体设计方法的全面总结。

10.3.4 系统设计对发动机摩擦的影响

发动机系统设计人员经常面临的挑战是选择适当的系统层面的设计和运行参数,使它们对发动机摩擦的负面影响最小。这些系统设计参数通常包括以下内容:发动机排量、缸数、缸心距、缸径、发动机冲程、连杆长度、连杆长度与曲柄半径之比、气门大小、配气机构的型式参数、曲轴的偏置量、活塞压缩高度、活塞销的偏置量、活塞组重量、发动机重量、发动机压缩比、冷起动摩擦力矩、最高气缸压力、发动机转速范围等。关于这些参数对发动机摩擦的影响的准确模拟对系统设计结果有着直接影响。

曾有发动机测试结果表明,发动机摩擦随着气缸尺寸或气缸数目的增加而减小(Monaghan,1988)。因此,对于一个给定的发动机排量,气缸数目的选择对发动机摩擦的影响可能会比较复杂。Ciulli(1993)赞同过去发表的这方面的一些实验工作(例如 Bishop,1964),指出数目较少的而尺寸较大的气缸会导致较低的摩擦。一般来讲,较短的发动机冲程(Millington 和 Hartles,1968)、较低的压缩比或较低的最高气缸压力可以降低发动机的整体摩擦。Bishop(1964)指出,行程缸径比对他所测试的发动机摩擦只有很小的影响。Patton 等人(1989)采用了一个摩擦模型进行计算,发现发动机的总摩擦随着行程缸径比的下降而减小。Millington 和 Hartles(1968)的研究结果表明,连杆长度与曲柄半径之比对活塞摩擦的影响不大。另外,较大的气缸变形通常会增加摩擦(Monaghan,1988)。将曲轴偏心配置能够显著影响活塞的侧推力和活塞的滑动速度,从而可能能够减小活塞裙部的摩擦力。

在文献方面,发动机摩擦的基础知识在 Heywood(1988)、Ferguson 和 Kirkpatrick(2001)和 Taylor(1993a)这几本著作中有比较全面的介绍。Comfort(2003)介绍了发动机各主要部件的机械摩擦机理。Rosenberg(1982)、Parker 和 Adams(1982)、Kovach 等人(1982)、Furuhama(1987)、Monaghan(1988)、Parker(1990)、Wakuri 等人(1995)、Ciulli(1992,1993)、Schwaderlapp 等人(2000)和 Richardson(2000)给出了关于发动机摩擦的一些综述。

10.4　活塞组的润滑动力学

从多体动力学模拟的角度来看,活塞组包括活塞裙部、活塞环、活塞销(SAE J2612,2002)、连杆。本节讨论的重点为活塞体(包括其裙部)的润滑动力学。活塞环将在第10.5节予以讨论。活塞销轴承、连杆大端轴承和曲轴主轴承将在第10.6节讨论。

10.4.1　活塞组的摩擦特征和设计

现代柴油机的活塞需要具有很强的热机械强度,以承受最高气缸压力和缸内气体温度。它还需要具备低的摩擦和磨损、低的活塞敲击噪声、对裙部变形的良好控制、适当的冷却和润滑、轻的重量(出于高转速运行的考虑),并与燃烧室的形状相匹配。活塞环密封缸内的气体,使其具有很小的窜气量,并将热量适度地从活塞传递给气缸套,而且控制润滑油的消耗。低摩擦的活塞组设计对于控制发动机的燃料消耗非常重要。而且,分析和实验方法这两者在活塞的摩擦学设计中均具有关键的作用。

活塞敲击由于其所具有的高敲击能量已被确定为重载柴油机中缸套穴蚀的主要原因。活塞敲击噪声有时也是暖机期间最显著的机械噪声。从发动机表面发出的机械噪声是由部件之间的碰撞和随之产生的振动而造成。随着转速的增加,噪声也越来越大。在活塞的摩擦学设计中,活塞裙部的摩擦耗功、动态最小润滑油膜厚度、冷态活塞敲击动能(或噪声)是应当被同时优化的三个最重要的性能参数。

活塞在气缸中的运动以往复运动为主,但活塞同时也被交变的侧推力沿横向在裙部与缸壁之间的间隙中从主推力侧推向副推力侧,或从副推力侧推向主推力侧。这种在推力方向和运动上的变换在一个发动机循环内会发生多次。侧推力是由连杆小端的反作用力产生的,该反作用力一般不沿着活塞滑动方向。侧推力用以反抗缸内气体压力和部件惯性力所造成的在横向的合力。活塞的横向(侧向)运动还伴随着围绕活塞销的一个小规模倾转运动,该运动由作用在活塞上的各种力所造成的力矩所产生。这些横向平动和倾转的二阶运动引起活塞以裙部的顶部和底部敲击气缸壁面,同时伴随着活塞的滑动主运动,从在上止点或下止点的混合润滑状态往复循环地过渡到在冲程中部的流体动力润滑状态。

活塞的二阶运动不仅影响活塞敲击噪声(第11章中将详细介绍),而且还影响活塞环的运行和磨损。为了获得较低的窜气量和机油消耗量,一般需要尽量减小活塞的横向运动和倾转,以便为活塞环提供一个良好的运行平台(Wacker等人,1978)。较大幅度的活塞倾转可能会导致油环的轨片从气缸壁脱离,以至于油环会失去机油控制能力。活塞的二阶运动也会影响柴油机的气缸内壁磨光问题。该问题是由活塞顶岸的积碳造成的(Guertler,1986)。另外,活塞的二阶运动会影响裙部的摩擦,这个问题将在后面详述。

活塞裙部的润滑和摩擦受裙部与气缸壁之间的间隙和裙部表面的油膜厚度分布影响。而后者直接与侧推力和活塞的二阶运动有关。柴油机活塞组的摩擦可以占到发动机整机机械摩擦的40%～55%(Richardson,2000);其中,活塞裙部大概占15%～20%,活塞环占15%～20%,连杆占10%～15%。

活塞裙部的摩擦特征已被人们广泛地进行过研究。Feuga和Bury(1984)在不同的转速和负荷工况测量了一台汽油机的活塞-活塞环-缸套组件的摩擦力和功率损失,并使用不同等级的润滑油进行过测量。他们发现,活塞组的摩擦平均有效压力(包括活塞环的)随转速和负荷的增加而增大。在高负荷时,膨胀冲程中的摩擦损失比其他冲程中的高,这一特征在低转速时尤为明显。Wakabayashi等人(2003)从实验中发现,汽油机负荷对膨胀冲程中活塞裙部摩擦的影响比较小。

Nakayama 等人(1997)测量了一台汽油机的活塞裙部摩擦力。他们发现活塞裙部在膨胀冲程中可能会在混合润滑区域里运行;而且,在膨胀冲程前半段的摩擦力可以靠将活塞销的偏置量从主推力侧改到副推力侧来减小。

许多设计参数均影响活塞组动力学。例如,使用较小的间隙、采用活塞销偏置、设计优化的裙部型面都能够减小活塞的二阶运动。Winship(1967)给出了关于这方面设计准则的一个早期全面总结。他指出,在主推力侧的活塞裙上部采用较薄的壁面厚度对于噪声控制尤其重要,而且较短的裙部长度(从活塞销中心线量起)会影响活塞倾转、窜气量和机油消耗量。Oetting 等人(1984)的研究工作显示了降低往复运动质量和加大连杆长度(即减小曲柄连杆比)能够降低活塞的侧推力,并获得较低的活塞敲击噪声。Uras 和 Patterson(1987)测量了活塞的摩擦,并发现摩擦力并不随活塞重量的增加而增大。

Mansouri 和 Wong(2004)在一台天然气发动机上以数值模拟发现活塞裙部的摩擦功率与油膜厚度成反比,并大体上直接正比于表面波纹度。这里"波纹"指的是活塞裙部沿周向的锯齿形的一道道加工槽,用于帮助活塞表面持油以防止刮伤。注意到波纹度比表面粗糙度要大两个数量级。他们还发现使用较为平坦的裙部型面和刚性不太高的裙部设计可以降低边界润滑摩擦相对于流体动力润滑摩擦的比例。应当指出的是,在膨胀冲程中,可能会发生显著的边界润滑刮擦,尤其是当活塞裙部的波纹度较大时。

曲轴偏置量是许多学者广泛研究的另一个重要参数(Haddad 和 Tjan,1995;Nakayama 等人,2000;Wakabayashi 等人,2003;Shin 等人,2004)。曲轴偏置可以减小活塞的侧推力和裙部的倾转。如果在膨胀冲程中的摩擦发生于边界润滑或混合润滑区域,它还可能会减少活塞摩擦。事实上,只要活塞裙部被设计得在流体动力润滑区域里运行,任何侧推力上的变化基本上不会显著影响裙部的摩擦。曲轴偏置量与活塞销偏置量和活塞销的垂向位置之间具有较强的相互作用。曲轴偏置可以促进或者破坏活塞裙部的流体动力润滑,从而相应地导致关于活塞裙部摩擦的不同结论。

Yagi 和 Yamagata(1982)用实验方法研究了活塞裙部型面设计。他们使用一种复合材料(环氧树脂)覆盖在活塞裙部表面,然后运行发动机将承受高应力的区域自然地磨去。最后,在这种标记实验过后,剩余在活塞表面的复合材料会给出一个曲面流畅的、桶型的活塞裙部型面,而这个型面便可以作为最终优化了的冷态型面。采用这种方法,可以依靠实际的发动机测试直接找出主推力侧和副推力侧的不同的最佳活塞型面,以尽量减少在这两侧的磨损和刮伤。应当指出的是,这种标记实验方法所产生的型面其实只能够对一个给定的活塞设计(例如在给定的活塞销偏置量时)最大限度地减少磨损和刮伤。不同的活塞设计则会产生不同的测试型面结果。另外,这种实验方法不能确定哪个设计能够给出最小的活塞倾转。活塞动力学模拟能补充这方面需求,因而是活塞设计中的一个重要工具。

Teraguchi 等人(2001)在一台小型柴油机上进行实验发现,强制供油可以显著减少活塞裙部摩擦达 20%,而不会对机油消耗量产生明显的负面影响;具体地讲,是在主推力侧的膨胀冲程和排气冲程后半段。他们发现,这种减少摩擦的效果相当于使用二硫化钼涂层的裙部所产生的效果。

10.4.2　活塞组润滑动力学的历史

活塞组动力学是一个与活塞裙部的二阶运动及其相关的活塞敲击、摩擦和磨损有关的领域。该领域的研究工作始于 20 世纪 60 年代,从一开始的无润滑的单体动力学分析演变到今天远远更为复杂的与弹性流体动力润滑相耦合的多体动力学模型。

虽然可以用多体动力学有效地模拟活塞敲击以及计算侧推力和倾转力矩而不必使用裙部润滑模型,这样的模型并不能用来准确地预测裙部摩擦,因为活塞裙部实际上主要是在流体动力润滑区域运行,故而油膜厚度的模拟变得至关重要。与带润滑的发动机正常运行情况相比,使用库仑摩擦的干接触模型会产生不切实际的过高的裙部摩擦力。不带润滑的活塞组动力学模拟将在第 11 章关于活塞敲击噪声的论题中予以详细讨论。

由于活塞环的运动可以被视为周向均匀的运动,活塞环的润滑模拟往往可以被合理地简化为润滑油膜压力沿轴线方向分布的一维问题。然而,与活塞环不同的是,活塞裙部的润滑必须作为一个二维问题来处理,以求解油膜压力分布。Knoll 和 Peeken(1982)、Li 和 Ezzat(1983)、Zhu 等人(1992)、Chittenden 和 Priest(1993)、Nakada 等人(1997)以及 Livanos 和 Kyrtatos(2006)使用二维雷诺方程的数值解和刚体假设条件对活塞裙部的润滑进行了模拟。另外,供油不足和气蚀模拟对于预测活塞的二阶运动也很重要。Keribar 和 Dursunkaya(1992a)在模拟结果中显示,完全浸润和部分浸润的裙部润滑会给出显著不同的活塞二阶运动。

活塞裙部在热膨胀、机械负荷和润滑油膜压力的作用下,会经历显著的变形,尤其是对于刚度较低的轻型或铰接式活塞裙部来讲。典型的裙部变形与配缸间隙具有同样的数量级,甚至更大。Li(1982)使用有限元模型模拟了活塞的热变形。Kimura 等人(1999)模拟了活塞裙部的弹性变形。Oh 等人(1987)、Blair 等人(1990)、Goenka 和 Meernik(1992)、Keribar 和 Dursunkaya(1992a,1992b)、Dursunkaya 和 Keribar(1992)、Keribar 等人(1993)、Zhu 等人(1993)、Dursunkaya 等人(1993,1994)、Wong 等人(1994)、Knoll 等人(1996)、Scholz 和 Bargende(2000)、Offner 等人(2001)和 Shah 等人(2007)模拟了活塞裙部的弹性流体动力润滑。

Goenka 和 Meernik(1992)将三种润滑模型的计算结果与实验数据进行了比较。这三种模型是:①一个只考虑了"挤压油膜"效应和横向运动而忽略了"楔形"效应和倾转运动的简单模型;②一个采用刚体假设的流体动力润滑模型而忽略热膨胀和变形;③一个混合弹性流体动力润滑(DEHD)模型。他们的结论是,刚体模型和 DEHD 模型都能够比较合理地预测活塞裙部摩擦,然而简单模型的计算结果只在趋势上正确。他们推荐在部件设计中使用 DEHD 模型,以保证比较准确的分析结果。Dursunkaya 等人(1993)指出,与弹流润滑模型相比,刚体裙部流体动力润滑模型在边界摩擦方面会产生巨大差异。Knoll 等人(1996)使用有限元方法对一台柴油机的二阶活塞运动进行了模拟。他们的结果却显示刚性与弹性的裙部模拟结果相差甚小。Carden 等人(2006)得出的结论是,一个相对简单的模型是可以给出关于活塞组摩擦损失的可信预测结果的,即使该模型没有那些先进的功能,例如弹流润滑、有限元、气缸变形等。

复杂的活塞裙部润滑动力学模拟工作目前可以用商业软件包来进行,比如里卡多(Ricardo)的 PISDYN(Keribar 等人,1993;Carden 等人,2006)和 AVL 的 GLIDE。与弹流润滑相耦合的带变形的活塞动力学模拟也可以使用商业有限元软件包来进行,正如前述几位作者所做的那样(Knoll 等人,1996;Scholz 和 Bargende,2000;Offner 等人,2001)。

10.4.3　活塞组润滑动力学的公式

图 10.6 展示了一个活塞润滑动力学的分析模型。下列设计和运行参数会影响活塞动力学:①活塞质量(包括活塞销);②连杆质量;③活塞倾转的惯性力矩;④连杆转动惯量;⑤活塞裙部与气缸壁之间的间隙;⑥活塞的重心位置(横向和纵向);⑦活塞销位置(横向和纵向);⑧活塞裙部长度;⑨活塞裙部润滑的湿润弧角;⑩活塞裙部的轴向型线和周向椭圆度;⑪润滑油黏度;⑫发动机转速和负荷等。该模型的输出参数包括活塞的主运动(即往复滑动运动)、活塞裙部的二阶运动(即在裙部与缸壁之间的间隙内发生的横向和倾转运动)、活塞裙部表面的润滑油膜厚度和压力的分布、在流体动力润滑区域和金属与金属接触刮擦区域的摩擦力等。

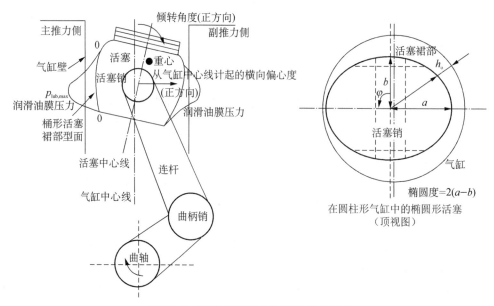

图 10.6 活塞组润滑动力学模型示意图

　　活塞润滑动力学的分析模型包括活塞组的多相多体动力学以及耦合的活塞裙部润滑模型。侧推力(即作用在活塞销上的横向力)由缸内气压和惯性力引起,引发活塞横向运动。活塞的倾转由作用在活塞裙部上的各种力所产生的力矩引起,包括侧推力、作用于活塞销的垂直力、气缸压力、润滑油膜力(亦称润滑力)、裙部与活塞环之间的摩擦力、活塞销摩擦力。在动力学模拟中的"多相"或"多阶段"包括一个没有刮擦的正常相或阶段(或称普通相)、一个单角或单位置刮擦相、一个双角或多位置刮擦相(图 10.7)。刮擦指的是边界润滑。在每个动力学相内,可以使用牛顿第二定律 $F = ma$ 的力平衡,对活塞组的每个部件(即活塞和连杆)和曲轴构造横向和纵向运动的动力学方程,并使用力矩平衡构造旋转运动的动力学方程。关于活塞组动力学建模的方程细节,读者可以参考 Shiao 和 Moskwa（1993）和 Xin(1999)的论述。

　　多体动力学的模拟方法在侧推力计算上比常用的将连杆作为"点质量"予以简化的方法要准确得多。所谓的"点质量"方法是将连杆处理成分别集中于小端和大端两处的两个点质量,而不是作为一个刚体来处理。关于准确构造活塞裙部侧推力计算方法这方面的重要性如图 10.8 中的例子所示——可见简化的"点质量"近似方法所带来的误差可以高达 20%。

　　在活塞动力学的不同运动相(或阶段)之间的过渡,是用刚体碰撞力学中基于冲量平衡和动量平衡的方法来处理的。例如,当油膜厚度小于某一阈值时,如果这时活塞具有一个非零的横向撞击速度,就可以假设活塞与缸壁之间发生了碰撞。每次碰撞之后会发生反弹,故而可以假设一个恢复因数以求解反弹后的活塞横向速度。当经历了一系列这样的碰撞和反弹过程后,在活塞的撞击速度变得足够小的时候,如果这时仍然有一个非零的法向力向缸壁方向推着活塞的话,就可以假设发生了边界润滑的刮擦运动。随着活塞侧推力发生变化,当法向推力消失后,活塞就会离开刮擦阶段而转换到正常阶段。这样一个复杂的高保真模型不仅能够预测在刮擦阶段的摩擦,而且还可以模拟在刮擦发生之前的瞬态活塞敲击行为。

　　活塞润滑动力学中的润滑模型是基于黏性流体的雷诺方程而构造。在每个时间步长或曲轴转角步长上,当活塞裙部的二阶运动(位移和速度)被计算出来之后,可以用有限差分的数值计算方法求解该雷诺方程以获得润滑油膜压力分布。然后,在裙部表面对该三维油压分布进行积分,可以获

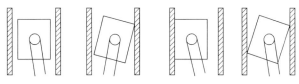

正常运动阶段　第一种刮滑运动阶段　　第二种刮滑运动阶段

在推力平面内活塞运动的三种阶段(运动相)的示意图

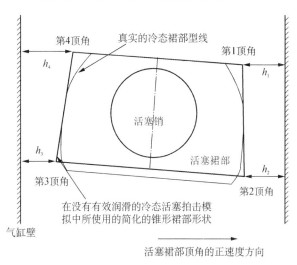

图 10.7 活塞的多相(多阶段)动力学模型和
活塞裙部四个顶角的定义

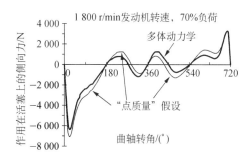

图 10.8 用不同方法计算所得的
活塞侧推力

得润滑力和力矩,而这两个参数在每个时间步长上是用于活塞动力学模型中的。控制裙部润滑油膜压力的雷诺方程可表述如下(Xin,1999):

$$\frac{\partial}{\partial y}\left(h_o^3 \frac{\partial p_{lub}}{\partial y}\right)+\frac{1}{r_P^2}\frac{\partial}{\partial \varphi}\left(h_o^3 \frac{\partial p_{lub}}{\partial \varphi}\right)=-6\mu_v v_P \frac{\partial h_o}{\partial y}+12\mu_v \frac{\partial h_o}{\partial t} \tag{10.24}$$

式中,y 代表活塞裙部的轴线方向;φ 代表裙部的圆周方向;r_P 是活塞半径;h_o 是油膜厚度;p_{lub} 是润滑油膜压力;μ_v 是润滑油的动力学黏度;v_P 是活塞的滑动速度;t 是时间。式(10.24)表明,油膜压力、压力梯度以及与之相关的黏性剪切摩擦力均线性正比于活塞的滑动速度和润滑油黏度。

黏性剪切摩擦力可由在活塞裙部表面的润滑区域对黏性剪切应力积分计算而得。黏性摩擦力随裙部长度和活塞直径的增加而增大,并随裙部与气缸壁之间的间隙的增大而降低。流体动力润滑的摩擦力计算可以考虑为黏性剪切项与流体动力压力项这两项之和,而忽略平移项或挤压项。活塞裙部的总摩擦力等于流体动力润滑的摩擦力与边界润滑摩擦力之和,如下:

$$F_{f,skirt} = F_{f,skirt,h} + F_{f,skirt,b} = \iint \left(\mu_v \frac{v_P}{h_o}+\frac{h_o}{2}\frac{\partial p_{lub}}{\partial y}\right)dA_c + \int_{A_c} f_{fri,b} p_{asperity}dA_c \tag{10.25}$$

式中,$p_{asperity}$ 是在混合润滑的承载微凸体模型中的粗糙接触压力。关于轴承摩擦功率中的挤压项的更全面论述,读者可以参考 Martin(1985) 和 Taylor(1993a) 的研究。需要注意的是,在活塞裙部的气蚀一侧,虽然由于在破裂的润滑油膜流束中充满了空气或蒸气的气泡从而使得摩擦力通常会在一定程度上有所减小,但是黏性剪切摩擦力仍然相当显著而不能完全予以忽略。活塞裙部的摩擦功率等于摩擦力乘以活塞的滑动速度。活塞销轴承和连杆大端轴承的摩擦力矩计算,通常可以简化为作用点处的合力乘以一个假设的摩擦因数和轴承半径。

　　润滑的边界条件对于预测活塞裙部润滑油膜厚度和压力的分布非常重要。边界条件包括在裙部表面的完全浸润或部分浸润状况,还包括润滑油的气蚀条件(一旦有计算出来的负的润滑油膜压力的话)。气蚀条件通常包括非质量守恒的半周索末菲边界条件和质量守恒的雷诺或 Jakobsson-Floberg-Olsson(JFO)边界条件。使用不同的气蚀边界条件对活塞裙部润滑所做的计算结果和比较如图 10.9 所示。图中表明,半周索末菲条件一般在最小油膜厚度方面给出更为保守的预测结果,即比雷诺条件给出的油膜厚度要小。然而,似乎雷诺气蚀边界条件对于活塞裙部润滑来讲目前仍然是最为合适的气蚀条件。在润滑动力学的模拟计算中,也可以使用更为复杂的润滑模拟,比如弹流润滑,另外加上气缸变形和裙部变形等影响,以及润滑油黏度方面更加复杂的模型,但是计算时间将会成倍增加。

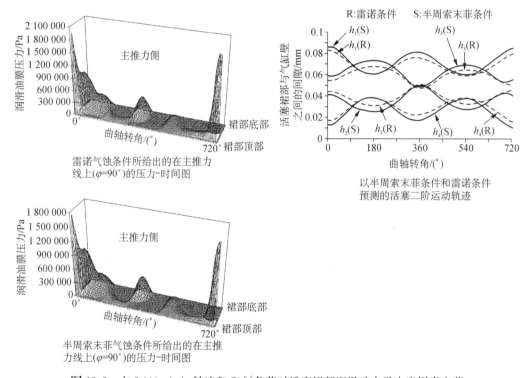

图 10.9 在 2 000 r/min 转速和 70% 负荷时活塞裙部润滑动力学中半周索末菲条件与雷诺气蚀边界条件之间的比较

　　活塞裙部的润滑模型通常可以模拟圆柱形裙部和非圆柱形裙部,例如在轴线方向具有桶状型线而在圆周方向具有椭圆形状的型面。活塞裙部在冷态一般呈圆桶形。在高温条件下,随着活塞的热膨胀,桶形和椭圆度都会发生变化。当活塞横向移动并在气缸间隙内倾转时,在发动机循环内的每一时刻,润滑油膜厚度都会发生动态变化,而且在活塞裙部表面油膜厚度的空间分布也会发生变化。活塞裙部磨损的耐久性可以用分析式方法由在一个循环内的主、副推力侧动态最小油膜厚度来表征。当比较不同的活塞设计时,较大的最小油膜厚度通常反映着磨损和刮伤方面较低的风险。

　　现将活塞润滑动力学的求解算法简要介绍如下。在活塞组动力学模型中,记曲柄销中心的位置为 1,活塞销中心为 2,活塞裙部的动力学模型最终可以被转化为关于如下两个参数的两个二阶非线性常微分方程(ODE)——活塞裙部倾转角 β_2 和活塞销横向位移 x_2(Xin,1999):

$$\begin{cases} \ddot{\beta}_2 = f_1(t,\beta_2,\dot{\beta}_2,x_2,\dot{x}_2) \\ \ddot{x}_2 = f_2(t,\beta_2,\dot{\beta}_2,x_2,\dot{x}_2) \end{cases} \tag{10.26}$$

由于式(10.26)中函数 f_1 和 f_2 的非线性性质(特别是由于润滑力模型所造成的非线性),该常微分方程组不能采用解析法求解,而必须采取沿时间推进的数值积分方法求解。在每一个时间步长或曲轴转角步长上,在使用润滑模型式(10.24)计算出润滑力之后,就能够求出加速度 $\ddot{x}_2$ 和 $\ddot{\beta}_2$。然后,必须使用沿时间的隐式积分方法求解活塞横向和倾转运动的速度和位移。活塞组的主运动是基于部件之间的运动学约束条件予以计算的。作用在活塞销和曲柄销上的横向力和纵向力由上述的力和力矩平衡的方法予以计算。

10.4.4 润滑动力学的刚性常微分方程特征

刚性常微分方程特征是润滑动力学的最基本和最重要的特征之一。任何润滑动力学问题的控制方程往往都是刚性常微分方程。刚性常微分方程的特征产生于雷诺方程与包含加速度项(例如活塞的质量惯性或惯性矩)的动力学方程相耦合。这里刚性是指描述活塞运动的常微分方程系统式(10.26)的雅可比矩阵的最大特征根 $\lambda_{\text{ODE,max}}$ 和一个刚性比的特征。该刚性比定义为常微分方程系统的最大特征根与最小特征根之比。方程刚性的强弱会影响沿时间积分的数值稳定性。方程的刚性受设计参数和动态参数影响。以下这些参数会使 $\lambda_{\text{ODE,max}}$ 和刚性比更大(即方程的刚性更强):较小的活塞质量、较小的活塞转动惯量、较小的裙部与缸壁之间的间隙、较长的裙部长度、较大的裙部半径、较高的润滑油黏度、较大的动态偏心值。

常微分方程所具有的高刚性会导致两种类型的数值不稳定性,一种是针对所有的沿时间推进的显式积分器,另一种是针对某些隐式积分器。数值不稳定性通常表现为在作为时间的函数的润滑力曲线上出现很大的高频振荡。这些振荡完全是数值错误,而不是真正的物理信号(图10.10)。数值不稳定性与以下因素有关:常微分方程系统的刚性、积分器种类(显式或隐式)、隐式积分器的稳定性属性、时间步长大小、初始条件偏离最终的周期性收敛解的程度。显式积分器通常解决不了刚性常微分方程的求解问题,因为它们会产生极大的数值不稳定性。常微分方程的特征根越大,在显式积分器里所必须采用的时间步长就越小,以避免数值不稳定性。所需要的时间步长大体上是最大特征根的倒数。润滑动力学问题一般来讲都是高度刚性的。因此,可以用于显式积分器的时间步长就变得不切实际地小,这就会导致极长的计算时间和在积分过程中大量积累的舍入误差。

应当指出的是,在润滑动力学的刚性方程组问题的瞬态模拟中,一些具有较弱稳定性属性的隐式积分器(例如高斯或 Lobatto ⅢA 类的隐式龙格-库塔积分方法)也表现出数值不稳定性。这种不稳定性体现在润滑力随时间的曲线出现振荡(图10.10)。只有具有强 B 稳定性的隐式积分器(例如 Radau ⅡA 类的隐式龙格-库塔方法)才能正确地计算润滑力和活塞运动,而不出现数值不稳定性。另外,积分精度的阶次对于沿时间的积分来讲也很重要。应当使用具有较高的刚性阶和强 B 稳定性的隐式积分器来计算这种刚性常微分方程系统的动态响应。关于 B 稳定性的详细内容,读者可以参考 Hairer 和 Wanner(1996)的论述。图10.10 对活塞润滑动力学的刚性常微分方程特征做了总结。Xin(1999)发现并广泛而详细地研究了润滑动力学的刚性常微分方程特征。

10.4.5 活塞设计对裙部润滑和摩擦的影响

图10.11 显示了在三个转速和负荷条件下计算的一个发动机循环内的活塞侧推力。据观察,

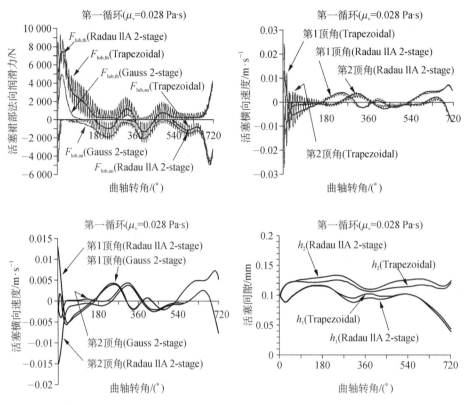

图 10.10 1 800 r/min 转速和 70％负荷时刚性常微分方程特征和具有弱稳定性属性的隐式积分方法所造成的数值不稳定性

较长的连杆可以减小活塞侧推力。图 10.12 显示了计算出的在活塞裙部表面的润滑油膜压力分布。油膜压力由活塞二阶运动所造成的润滑"楔形"效应和"挤压油膜"效应相结合而产生。零压力（即等于环境表压）是由于油膜气蚀造成的。需要注意的是,不同的活塞裙部型面在主推力侧和副推力侧可能会产生不同的油压分布模式。例如,在膨胀冲程,圆柱形裙部型面只在主推力侧产生油膜压力,而桶形裙部型面则同时在主推力侧和副推力侧的裙部下半部分产生油膜压力。

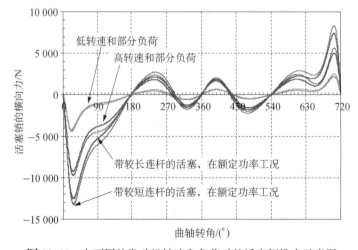

图 10.11 在不同的发动机转速和负荷时的活塞侧推力示意图

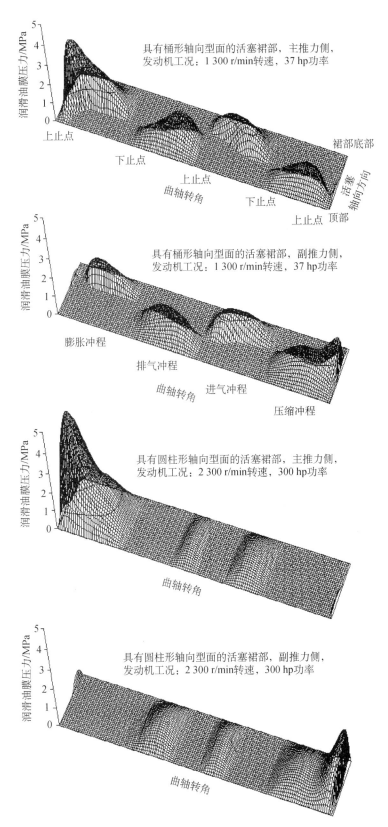

图 10.12 活塞裙部表面的润滑油膜压力分布

　　图 10.13 比较了在活塞动力学中用和不用润滑模型在活塞二阶运动计算上产生的差异。它清楚地显示出在所预测的活塞横向速度上的巨大差别。

　　图 10.14 和图 10.15 分别显示了活塞销的横向偏置量影响和活塞的重心垂直位置影响。据观察，它们都对活塞裙部的倾转或刮擦有很大影响。润滑油黏度的影响如图 10.16 所示。活塞裙部的流体动力润滑的摩擦功率随润滑油黏度的增加而增大。另外，当活塞刮擦发生时，由于金属表面粗糙度接触造成的边界润滑摩擦因数很高，活塞的摩擦功率显著增加。

　　另外，模拟结果表明，只要活塞裙部被设计得在流体动力润滑区域内工作，当发动机转速不变但负荷发生变化时，活塞裙部的流体动力润滑摩擦功率只在 $0.2\%\sim2\%$ 的一个小范围内变化，具体数值取决于活塞裙部型面。然而，不同的活塞销位置则可以导致活塞裙部的流体动力润滑摩擦功率发生高达 10% 的变化。较高的摩擦对应着较不利的活塞销位置所给出的更为剧烈的二阶运动。活塞的重量对活塞裙部摩擦功率的影响非常小。它对油膜厚度的影响也几乎可以忽略不计。但是，活塞重量的减少可能能够降低在冷态条件下活塞的敲击动能和噪声。模拟分析表明，减少活塞裙部摩擦的一个有效方式是减小裙部面积（即减小裙部长度或沿活塞圆周方向的润滑湿润弧角）。活塞裙部摩擦功率的下降基本上是线性地正比于裙部润滑面积的减小。图 10.17 模拟了一个活塞在高发动机转速时在活塞与气缸壁之间的间隙内的复杂二阶运动。活塞的二阶运动、最小油膜厚度和裙部的摩擦均显著地受活塞设计参数的影响。

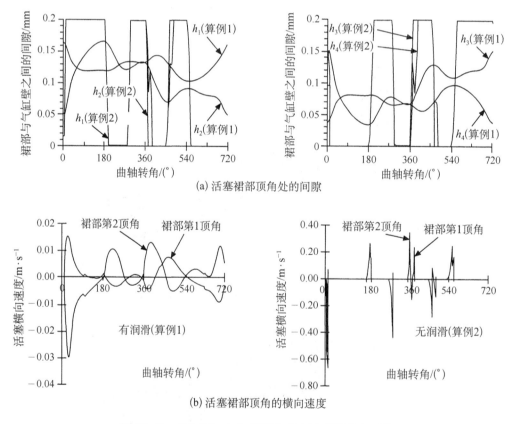

(a) 活塞裙部顶角处的间隙

(b) 活塞裙部顶角的横向速度

图 10.13　在 $1\,800\ \text{r/min}$ 转速和 70% 负荷下带与不带
裙部润滑时的活塞二阶运动模拟结果

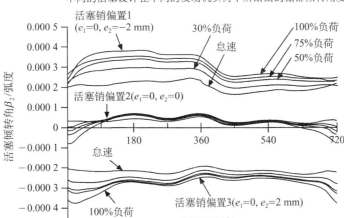

图 10.14　在 1 500 r/min 转速时活塞销横向偏置量和
发动机负荷对活塞倾转角度的影响

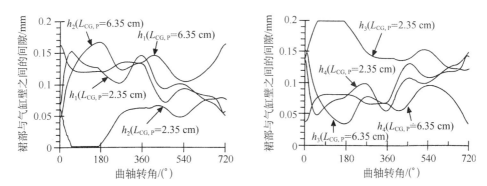

图 10.15　在 1 800 r/min 转速和 70％负荷时活塞重心的纵向位置对活塞二阶运动的影响

10.5　活塞环的润滑动力学

10.5.1　活塞环的摩擦特征和设计

活塞环具有以下一系列重要功能：密封缸内气体以控制窜气量，传递热量实现冷却，控制与排烟和颗粒物排放密切相关的机油消耗量。窜气量指的是穿越活塞和活塞环而逃逸进入曲轴箱的缸内压缩气体和燃烧气体。它影响功率损失和曲轴箱排放。高窜气量往往与高机油消耗量同时发生。活塞环的密封功能是通过作用在环的顶部和背面的气体压力以及环的张力实现的。活塞环的摩擦通常占据发动机机械摩擦中的最大部分，而且活塞环很容易磨损。与气环（压缩环）相比，由于油环（控油环）具有较高的张力和较薄的厚度，它通常产生更大的摩擦力。现代活塞环组通常具有两个气环和一个油环。顶环的功能主要是密封缸内气体。油环的功能是控制机油消耗。第二道气环的功能通常介于第一道气环和油环之间，而更多的是为了控制机油消耗。气环可以采用各种环面型线（例如最常见的桶形和其他诸如平直形和带锥度的形状），并具有不同截面形状（例如锥形——它是最常见的在下行冲程中将机油从气缸壁上刮去以控制机油消耗的形状，其余还有梯形、矩形、带台阶的斜角形、斜切形等）以及为了实现密封作用的各类扭曲（twist）型式（即无扭曲、正扭

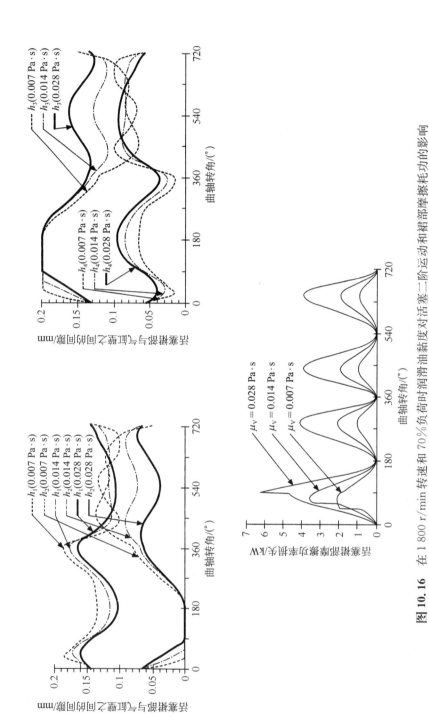

图 10.16 在 1 800 r/min 转速和 70% 负荷时润滑油黏度对活塞二阶运动和裙部摩擦耗功的影响

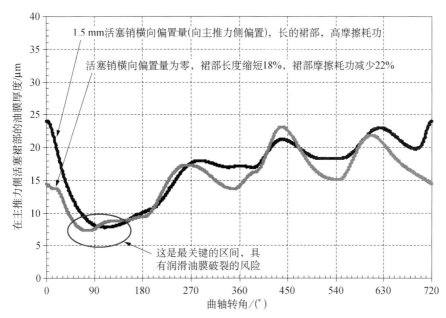

图 10.17　活塞设计（裙部长度和活塞销偏置量）对裙部摩擦耗功和油膜厚度的影响

曲、反扭曲）。正如 Tian 等人（1996a,1997）指出的,当活塞环的上部气压较高时,正静态扭曲可以增强活塞环的稳定性,而负扭曲会产生活塞环轴向抖动（如果气体力和轴向惯性力在数值上类似的话）。例如,第二个气环可能会在压缩冲程后期和膨胀冲程早期发生抖动。第一道气环通常具有桶形型面。第二道气环通常设计成旨在实现下行冲程刮油以帮助控制机油消耗。另外,活塞环可以设计成不同的自由周向形状,对应于不同的缸内张力特征。有些活塞环被设计成利用燃烧室压力帮助密封,使得环的张力得以减小。活塞环开口间隙的大小影响窜气量、环间气压和活塞环动力学。油环通常具有两片很细的用螺旋弹簧胀圈分隔开的轨片。在所有种类的活塞环中,油环通常具有最高的张力并在发动机摩擦中所占份额最大。所有这些设计特点,加上活塞裙部运动和气缸变形等因素,都会影响活塞环的润滑动力学和摩擦力。在获得有效润滑而减少摩擦和磨损的同时,必须尽量降低机油消耗。

　　在发动机冲程的中段,活塞环通常经历流体动力润滑（摩擦因数大约为 0.001～0.002）。当接近上止点和下止点时,活塞环工作于混合润滑和边界润滑区域（摩擦因数大约为 0.08～0.12）。气缸壁与活塞环之间的磨损在刚过点火上止点时通常最为严重,因为这时缸内的气体载荷和温度都很高,而较低的滑动速度会阻碍具有保护性的流体动力润滑油膜之形成。

　　活塞环摩擦学是一个高度复杂而专业化的领域。该领域历来拥有丰富活跃的发表文献和评述综述论文。Economou 等人（1979）给出了一个关于活塞环技术发展历史的详尽评述。McGeehan（1978）、Ting（1985）和 Andersson 等人（2002）也对活塞环摩擦学的大量文献进行了评述。Dowson（1993）比较全面地综述过活塞环组的润滑模拟工作。

　　发动机的润滑部件表面具有过厚的油膜会造成过高的机油消耗和颗粒物排放问题。机油消耗来自许多渠道,比如通过气门导管和密封处的损失、通过其他密封处的机油泄漏（例如涡轮增压器的）、气缸壁上的机油蒸发消耗量等。与这些来源相比,通过活塞环的机油消耗据认为是占发动机总机油消耗量中的最大部分。这方面的机油消耗由以下几个渠道产生:活塞环上部积累的机油飞溅,通过顶环开口间隙漏油进入燃烧室,活塞顶岸边缘刮油。由活塞环组引起的机油消耗率和窜气量通常随转速和负荷的增加而增大。具有稳定活塞环运动作用的环间压力控制对于减少机油消耗非常重要。在进气冲程中,气环往往被压贴在环槽上沿;而在其他冲程中,则被压在下沿。第二道气环在点火上止点附近常常会上抬。但是对于特定的设计和运行条件来讲要具体问题具体分析——活塞环的轴向运动经常比上述情况复杂得多。Furuhama 等人(1979)和 Curtis(1981)用实验方法研究了活塞环的轴向运动及其对机油消耗量的影响。De Petris 等人(1996)、Hitosugi 等人(1996)、Thirouard 等人(1998)以及 Herbst 和 Priebsch(2000)对机油消耗机理进行了研究。Ito 等人(2005)和 Nakamura 等人(2005,2006)探讨了活塞裙部润滑对油环供油和机油消耗的影响。Wacker 等人(1978)、McGeehan(1979)和 Essig 等人(1990)讨论了活塞环设计、气缸变形、活塞环适应性对机油消耗的影响。Maekawa 等人(1986)以及 Audette 和 Wong(1999)开发了这方面的模拟模型。

活塞环摩擦受许多设计和运行参数影响,例如环的张力、环表面型线、环的宽度、环的数量、环的静态和动态的扭曲和扭转、润滑油黏度、活塞滑动速度、气体载荷、活塞倾转和环的倾角、气缸变形、环的适应性、环和缸套的表面粗糙度、磨合程度、润滑油供应量(比如供油不足)。活塞环组的摩擦力一般随发动机转速的增加而增大,这主要是由于流体动力润滑摩擦的增加。随着发动机负荷的增大,作用在气环背面的较高气压会增加活塞环在上止点和下止点附近的混合润滑区域中的摩擦力;但是在冲程中段,升高的机油温度和降低的黏度会减小在流体动力润滑区域中的摩擦力。Tamminen 等人(2006)报道了在不同负荷下活塞环油膜厚度的测量结果。

据报道,在排气再循环柴油机中,在压缩冲程的后半段,活塞的摩擦力会随着排气再循环率的增加而增大,或者更本质地讲是随着在排气再循环气体中的碳烟数量而增大;而在各冲程的中段,活塞的摩擦力在高排气再循环率时会降低(Urabe 等人,1998)。活塞摩擦力增大的原因据认为是沉积在第一道气环的环槽中的碳烟使活塞环在附着于气缸壁表面的碳烟颗粒上滑动,从而造成边界摩擦因数的增大和部件的磨损。

活塞环的轴向动力学运动(即环上抬、扭曲和抖动)和环槽设计显著影响窜气量和机油消耗量。它们也可能通过环间压力变化和环的倾转变化影响环的摩擦和磨损。活塞环的运动也受环的开口间隙影响。太大的间隙会导致过大的窜气量、功率损失和排放。过小的间隙会导致高温时的环端对撞问题。如果恰当地设计第二道环的开口间隙,可以通过防止环间压力积聚和防止第一道环抬升离开环槽底部来增强第一道环的密封能力。

环的厚度显著影响油膜厚度和环的摩擦。Furuhama 等人(1981)进行了实验测量和理论计算,发现减小环的厚度不一定能够减少摩擦,因为油膜厚度会同时减小。减小了的油膜厚度会增加在上止点和下止点附近的摩擦力和磨损。研究发现,非中心对称的桶形型线对于第一道气环是最佳的。桶形型线上最佳曲率的确定是介于冲程中段和冲程末端的性能之间的一个权衡。弯曲度很大的型线会因较强的润滑"楔形"效应在冲程中段给出较大的油膜厚度,导致较低的摩擦。然而,这种型线给出的油膜厚度在上止点和下止点附近会迅速下降,而且这种环的"挤压油膜"效应在那里也较弱,从而导致较高的磨损。较平坦的活塞环型线的表现则刚好相反。

活塞环的张力是另一个影响摩擦的重要参数。Ma 等人(1996a)给出了一套活塞环的设计步骤,来定义能够产生周向均匀接触力分布的环的自由形状。油环的张力特别重要,因为它决定了油环是否倾向于过渡到流体动力润滑区域工作还是单纯处于边界润滑区域工作。它也控制着给其他两道环的供油量。Uras 和 Patterson(1985)使用瞬时指示平均有效压力的实验方法,发现一个具有70 N 高张力的油环的摩擦在经历磨合后明显下降,但仍然高于 17.8 N 低张力的油环的摩擦。

当表面粗糙度增加时,活塞环的油膜厚度与粗糙度之比会降低。当该比值小于一个阈值时,会发生混合润滑。较高的粗糙度会导致混合润滑在整个发动机循环中所发生的比例增大,从而产生较高的摩擦功率损失。

机油黏度对活塞环的摩擦也很重要。Uras 和 Patterson(1984,1985)发现,当机油黏度过高或过低时,活塞组的摩擦力都会增加。机油黏度增加会使得流体动力润滑的形成更为容易,而边界润滑会得到抑制。机油中的摩擦改进剂可以减少边界润滑摩擦,具体程度取决于机油配方。供油不足的情况在全负荷点火工况通常比拖动工况更为严重。这导致在全负荷会出现较薄的油膜厚度和更高的摩擦(Sanda 等人,1997)。Glidewell 和 Korcek(1998)在实验中发现,供油不足使摩擦因数增加,尤以冲程中段最为明显。他们还发现,在老化的机油中,摩擦改进剂的效果显著下降。Richardson 和 Borman(1992)发现,活塞环的润滑油膜内由于黏性加热而引起的温度上升幅度小得可以忽略不计。他们指出,气缸的内壁面金属温度应当用来确定在模拟工作中使用的机油黏度。

10.5.2 活塞环润滑动力学特征

活塞环润滑动力学模拟的首要方面是环间气体压力和窜气量的计算(Kuo 等人,1989)。它为活塞环动力学及其摩擦计算提供关键的气压输入数据。相邻体积之间(即在环的开口间隙、环的周向间隙、环的侧向间隙处)的气体质量流量可以采用孔口流量方程来计算。活塞环的运动(例如径向塌缩和轴向抖动)对环间压力非常敏感。另外,在环间压力与环的运动之间存在着很强的耦合作用。Furuhama 等人(1979)、Curtis(1981)、Dursunkaya 等人(1993)、Chen 和 Richardson(2000)以及 Herbst 和 Priebsch(2000)用实验或数值方法研究了环间气压和活塞环的轴向抬升运动的特点。

活塞环的润滑动力学可以按照复杂性分为以下从低到高的几个级次:

(1) 采用活塞环组的一维雷诺方程,以封闭形式的解析方法求解。边界条件为完全浸润或部分浸润。另外,可以使用各种不同的润滑气蚀边界条件(例如半周索末菲条件、质量守恒的雷诺条件或 JFO 条件);

(2) 采用一维雷诺方程,以封闭形式的解析方法求解,并使用表面粗糙度和混合润滑的模型;

(3) 采用一维雷诺方程,使用数值方法求解;

(4) 采用一维雷诺方程,并与活塞环的轴向动力学和扭转动力学相耦合;

(5) 采用二维雷诺方程,使用数值方法求解;

(6) 采用二维雷诺方程,并使用表面粗糙度模型和复杂的混合润滑模型;

(7) 采用二维雷诺方程,再加上混合润滑模型,并与活塞环的轴向动力学和扭转动力学相耦合;

(8) 在模型中包括弹性流体动力润滑的特征;

(9) 在模型中包括一些关于气缸变形、活塞环适应性、环槽变形、活塞环与环槽之间接触压力分布、润滑油流变学物性等方面的子模型;

(10) 在模型中包括一些关于窜气量、机油消耗量、活塞环与气缸壁之间的磨损、环槽磨损等方面的子模型。

对于在发动机系统设计中估算活塞环摩擦的工作性质来讲,上述的第一和第二级次模型通常就足够了。这两级模型其实还能给出具有瞬时曲轴转角精度的实时快速计算解。其他更高级次的模型更适合用于部件设计。

对于单片活塞环,其润滑状态可以用简单的一维雷诺方程表述如下:

$$\frac{d}{dy}\left(h_o^3 \frac{dp_{lub}}{dy}\right) = -6\mu_v v_P \frac{dh_o}{dy} + 12\mu_v \frac{dh_o}{dt} \tag{10.27}$$

式中,瞬时油膜厚度 $h_o = h_{o,\min} + h_{\text{profile}}(y)$;$h_{o,\min}$ 是最小油膜厚度;y 指的是活塞环的轴向方向;$h_{\text{profile}}(y)$ 是活塞环的表面型线(作为环的轴向距离的一个函数);p_{lub} 是润滑油膜压力。Richardson 和 Borman(1992)给出了活塞环的雷诺方程的详细推导过程。

每长度单位上的活塞环润滑油膜力可以用下式计算:

$$\widetilde{F}_{\text{lub,ring}} = \iint_{\text{inlet}}^{\text{outlet}} p_{\text{lub}} \, dA_c \tag{10.28}$$

活塞环的径向动力学可以用以下的力平衡来表达:

$$\widetilde{m}_{\text{ring}} \ddot{x}_{\text{ring}} = \widetilde{F}_{\text{gas}} + \widetilde{F}_{\text{tension}} - \widetilde{F}_{\text{lub,ring}} - \widetilde{F}_{\text{groove}} \tag{10.29}$$

式中,x_{ring} 是在每一时刻的活塞环径向位移;$\widetilde{F}_{\text{groove}}$ 是每单位活塞环长度上介于环与环槽之间的横向摩擦力。当动力学方程的构造包含质量惯性项 $\widetilde{m}_{\text{ring}} \ddot{x}_{\text{ring}}$ 时,式(10.27)和式(10.29)就会形成一个刚性常微分方程系统。如同在第 10.4.4 节中论述的,这个方程式(10.29)需要采用具有较高刚性阶次并具有强 B 稳定性的隐式数值积分器来求解。

通常情况下,质量惯性项和环槽力都很小,故为简单起见可以忽略不计。这样,当载荷被润滑力在法线方向(径向)相平衡时,式(10.29)就变成

$$\widetilde{F}_{\text{gas}} + \widetilde{F}_{\text{tension}} = \widetilde{F}_{\text{lub,ring}} \tag{10.30}$$

该方程决定了为满足以上这个力平衡所需要的动态油膜厚度和润滑方程中的"挤压油膜"项。活塞环的摩擦力可以按下式计算:

$$
\begin{aligned}
F_{\text{f,ring}} &= F_{\text{f,ring,h}} + F_{\text{f,ring,b}} \\
&= \iint \left(\mu_v \frac{v_p}{h_o} + \frac{h_o}{2} \frac{\partial p_{\text{lub}}}{\partial y} \right) dA_c + \int_{A_c} f_{\text{fri,b}} \, p_{\text{asperity}} \, dA_c
\end{aligned} \tag{10.31}
$$

式中,p_{asperity} 是活塞环的表面粗糙突起造成的接触压力。在流体动力润滑的摩擦力中的第一项是由于库埃特(Couette)流造成的黏性剪切力项,第二项是由于泊肃叶(Poisseuille)流造成的流体动力压力项。润滑计算中由于平动项或挤压项引起的摩擦功率损失,在这里被忽略不计。

Ting 和 Mayer(1974a,1974b)、Dowson 等人(1979)、Wakuri 等人(1981)、Furuhama 等人(1981)、Jeng(1992a,1992b,1992c)以及 Sawicki 和 Yu(2000)给出了活塞环的一维雷诺方程(式 10.27)的封闭形式的解析解。

活塞环经常发生供油不足。活塞环供油不足意味着机油没有覆盖整个环面。对于活塞环在前锋端(即前缘进口)供油不足的模拟可以简单到在输入参数中假设一个有效润滑的环厚度(例如假设环面的 50％被机油覆盖),也可以复杂到使用机油输送和流体连续性模型来预测供油不足情况下的机油浸润边界。模拟供油不足对于预测油膜厚度和摩擦损失非常关键。提供给每个活塞环的机油量取决于被前行的活塞环留在气缸壁上的机油量。在下行冲程中,对于第一个先行活塞环可以假设机油完全浸润。通常也可以假设油环的第二条轨片在下行冲程时在进口具有完全浸润条件。对于其他活塞环在下行冲程时,应当假设它们具有某种程度的供油不足。在上行冲程中,对于所有活塞环,均应当假设为部分浸润。气环在点火工况时比在拖动工况时具有更为严重的供油不足。在点火工况的上行冲程中,两个气环的进口和油环的上轨片供油不足。在下行冲程,两个气环的进口供油不足。Ma 等人(1996b)建议在下行冲程时将活塞环组的最下面一片环可以在模型中处理为完全浸润。Sanda 等人(1997)采用一维雷诺方程在混合润滑区域模拟了供油不足现象。他们发现,预测的因供油不足而导致的油膜区域小到只有气环总厚度的一半,而且预测的带供油不足的气环

油膜厚度比采用完全浸润假设所预测的油膜厚度的一半还要小,因而造成大得多的摩擦力。他们还发现,假设油环供油不足的模拟计算结果远比使用完全浸润假设能够更准确地匹配测量数据,而且供油不足的模拟结果比完全浸润的模拟结果在摩擦力计算上高出 35% 左右。

模拟发生于活塞环后缘(尾部)的气蚀和分离现象对于计算油膜压力分布很重要。所假设的气蚀边界条件显著影响计算得到的流体动力润滑压力分布情况、负载能力、油膜厚度和活塞环摩擦力。当润滑油膜中出现负压时,由于存在溶解的气体或与环境的通气,油膜中会形成气泡或空腔。这样,油膜会破裂并失去任何流体动力润滑压力。发生气蚀的油膜其实只具有大气环境压力。在气蚀和破裂的油膜中的黏性剪切力,虽然不如在非气蚀的油膜中的高,但也不能被忽视。全周索末菲边界条件不切实际地要求润滑油膜连续承受较大的负压。半周索末菲条件则简单丢弃计算出的负压,因而违反流动连续性和质量守恒定律。雷诺气蚀边界条件(亦称 Swift-Stieber 条件)要求油膜压力梯度在气蚀边界处等于零,从而服从质量守恒定律。虽然一些学者提出过其他一些摩擦学中的气蚀假设或边界条件(例如流动分离边界条件、Floberg 条件、Coyne 和 Elrod 分离条件、JFO 边界条件),但是雷诺条件仍然是活塞环润滑计算中迄今为止最常用的边界条件。

与活塞裙部的边界条件不同,活塞环润滑区域的出口位置可能会具有较高的气压。这导致油膜在气蚀后可能会重新形成(重聚)而产生逐渐增大的油压,一直达到活塞环后缘的出口气压水平。这种气蚀加重聚的过程会在油膜内靠近出口的地方形成一个气蚀"空腔"。压力重聚可能会对完整的全膜润滑区域的最高油膜压力和气蚀位置产生强烈影响(Yang 和 Keith,1995)。有些作者认为,当负压发生时,油膜会完全与活塞表面分离而不在出口处重聚。这样的话,就必须把出口气体压力用在原来整个发生负压的区域,一直回溯到分离边界。Richardson 和 Borman(1992)在测量中报道,没有迹象表明油膜在活塞环的后部重聚。这说明,实际上发生的是分离,而非通气式气蚀。在轴颈轴承中所使用的 JFO 或 Elrod 气蚀模型似乎无法用于活塞环和活塞裙部。Ma 等人(1996b)提出,假设无油膜重聚的"开放式气蚀"显得更为合理。Priest 等人(1996,图 10.18)对采用不同的边界条件进行活塞环的润滑气蚀模拟进行了评述。他们发现,最常用的雷诺气蚀加重聚边界条件比分离而无重聚的修正的雷诺条件所产生的油膜厚度更小,而且所给出的剪切摩擦力更大。他们报道,雷诺重聚条件比修正的雷诺条件在摩擦平均有效压力方面高 34%。Arcoumanis 等人(1995)以及 Sawicki 和 Yu(2000)比较了活塞环润滑中的不同气蚀条件。虽然这些作者的计算结果对采用的气蚀边界条件非常敏感,目前的状况是既不能达成共识,也没有坚实的实验证据能够证明哪种边界条件更为合适或正确。一般来讲,使用半周索末菲条件预测的油膜厚度比使用雷诺条件的要小,而且目前看起来似乎雷诺气蚀加重聚边界条件仍然是迄今为止对于活塞环润滑来讲最为有效的边界条件。另外,应当指出的是,关于不同的气蚀边界条件在摩擦力上所造成的差异,活塞裙部的差异通常比活塞环的差异要小得多。这部分地是因为当一侧比另一侧(指主推力侧和副推力侧)产生更薄的油膜厚度时,活塞裙部的两侧从总体上讲在环绕整个活塞的整体油膜厚度和剪切摩擦力方面会趋于互相抵消或平衡。

表面形貌在混合润滑中起着一个主导作用。表面粗糙度的模式(沿横向和纵向的排列或各向同性)和粗糙度的大小都对活塞环的油膜厚度、摩擦和磨损有显著影响。更粗糙的表面会增加边界摩擦在混合润滑中所占的比例。Sui 和 Ariga(1993)以及 Michail 和 Barber(1995)模拟了活塞环表面形貌对混合润滑的影响。Sui 和 Ariga(1993)得出的结论是,油环和第二道气环对表面粗糙度的变化最为敏感,而第一道气环受表面粗糙度的影响较小。Tian 等人(1996b)研究了表面粗糙度对气缸壁顶部区域的机油输送的影响。Arcoumanis 等人(1997)开发了作用于粗糙表面的牛顿流和非牛

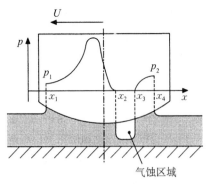

(a) 使用雷诺气蚀加重聚边界条件所获得
的流体动力压力曲线和油膜形状

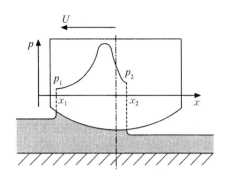

(b) 使用修改的雷诺分离边界条件所获得
的流体动力压力曲线和油膜形状

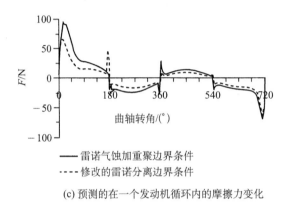

——雷诺气蚀加重聚边界条件

----修改的雷诺分离边界条件

(c) 预测的在一个发动机循环内的摩擦力变化

图 10.18　活塞环润滑动力学、气蚀和摩擦的模拟

(引自 Priest 等人,1996)

顿剪切变稀流体的混合润滑模型。Gulwadi(2000)提出了一个与粗糙度有关的计算活塞环与气缸壁之间的磨损的模型。

　　由于气体压力、轴向惯性、法向流体动力润滑力、黏性剪切力和位于活塞环与环槽之间支点位置上的反作用力和摩擦力及其力矩的作用,活塞环会沿轴向运动并在环槽里发生扭转。Ruddy 等人(1979)、Keribar 等人(1991)、Tian 等人(1996a,1997,1998)和 Gulwadi(2000)将轴对称一维雷诺方程的润滑分析扩展到包括径向、轴向和在环槽内的扭曲运动的更为复杂的活塞环动力学,这样便能够分析窜气量、机油消耗量和活塞环与环槽之间的磨损。另外,对于活塞环摩擦的预测也因此会变得更为准确。Tian 等人(1996a)还提出了一个关于活塞环与环槽之间的油膜压力的润滑和粗糙接触模型。活塞环的流体动力润滑和摩擦显著地受活塞环的动态扭转和环间气压载荷影响,而这后者又受活塞环轴向运动的影响。Meng 等人(2007b,2010)采用数值方法研究了颗粒对活塞环组的摩擦学性能的影响。活塞环动力学模拟目前已经可以采用一些商业软件包进行,例如里卡多的 RINGPAK(Keribar 等人,1991;Gulwadi, 2000)和 AVL 的 EXCITE Piston&Rings 和 Glide(Herbst 和 Priebsch,2000)。

　　研究表明,介于活塞环与环槽之间的横向动态摩擦力也很重要,它会部分地导致活塞环的油膜厚度沿圆周方向发生变化。这种非轴对称的油膜分布也会由其他一些因素引起,例如活塞环沿周向不均匀的弹性压力(比如由于活塞环的自由形状设计不当所引起)、气缸变形、活塞环型线沿周向的变化、环的动态扭曲、环槽变形造成的非均匀静态扭曲、环的开口间隙沿周向的位置,以及由于活塞二阶运动所引起的在主推力侧和副推力侧的互相不同的非对称环间气压。Das(1976)的模拟工作是求解活塞环的二维雷诺方程的最早努力之一。关于二维活塞环润滑的详细模拟,读者可以参考 Hu 等人(1994)以及 Yang 和 Keith(1996a,1996b)的论述,以及 Ma 等人(1995a,1995b,1996b, 1997)所进行的一系列研究,特别是在对气缸失圆和活塞环偏心度对活塞环的摩擦和机油输送之影响等方面的模拟。非轴对称的模拟会给出沿圆周方向非均匀的流体动力润滑油膜压力分布和非均匀的油膜厚度。Yang 和 Keith(1996b)发现,周向的机油流量会降低活塞环的承载能力,因此在非轴对称模型中所预测的最小油膜厚度小于轴对称模型中的。Ma 等人(1995b)发现,当活塞环表面的桶形型线具有一个小偏置量(即非对称桶形)时,活塞环的整体性能会更好些。

Yang 和 Keith(1995,1996b)采用一维和二维雷诺方程模拟了活塞环的弹性流体动力润滑,并考虑了油膜压力与黏度之间的关系以及活塞环的弹性挠度和变形。他们发现,弹流效应对活塞环的润滑有较强影响,因为弹流计算的上止点附近的最小油膜厚度比假设活塞环为刚性的情形要厚(图 10.19)。他们还发现,在高气缸压力作用下,弹流油膜厚度趋于圆周均匀,因为活塞环的弹性变形趋向于将非圆气缸所造成的间隙减小。

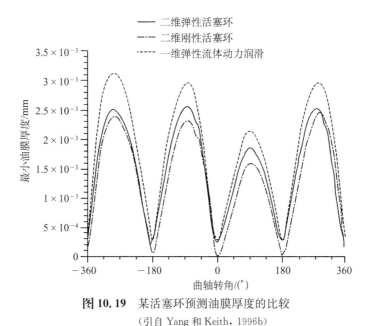

图 10.19 某活塞环预测油膜厚度的比较

(引自 Yang 和 Keith,1996b)

10.6 发动机轴承的润滑动力学

发动机轴承摩擦学已被很多学者广泛研究,有大量文献可循。对这一高度专业化的领域进行广泛讨论不属于本书的范畴。Campbell 等人(1967)、Martin(1983,1985)、Goenka 和 Paranjpe (1992)、Taylor(1993a)和 Tanaka(1999)对这一领域给出过很好的评述。以下的讨论集中于发动机轴承润滑动力学的关键特征、一般的分析方法和轴承摩擦计算。

10.6.1 发动机轴承润滑动力学的特征

发动机轴承是动态承载轴承,包括曲轴主轴承、连杆轴承、活塞销轴承、凸轮轴轴承、平衡轴轴承。关于轴承润滑的雷诺方程的理论解析解,以往通常是基于所谓"短轴承"的近似假设。过去普遍采用的另一个方法是 Booker 的迁移率法(Booker,1965),用于计算轴颈轨迹和动态承载轴承的油膜厚度。该方法至今仍被用于许多商业软件包中来计算油膜厚度和摩擦。对于给定的动态力,迁移率法能够确定轴颈的偏心度和偏位角。

对于轴颈轨迹和摩擦损失的更准确的计算,要求采用诸如有限差分或有限元的数值算法求解二维雷诺方程。对于某些轴承来讲,轴颈的质量惯性效应可能比较重要,会影响轴颈轨迹,例如在靠近飞轮的曲轴主轴承处。包含质量惯性项或转动惯量项(即加速度项)的轴颈轴承动力学与雷诺方程耦合后,会产生刚性常微分方程特征。此类方程要求采用沿时间推进的、具有优越数值稳定性的隐式数值积分算法,以避免出现以下两个问题:①在任何显式积分算法中失控的极大的舍入误差(由于时间步长过小);②由不太稳定的隐式积分算法引起的体现于润滑力沿时间变化的曲线中的数值振荡。常微分方程的刚性越强,数值积分就越困难。前面的第 10.4.4 节对刚性常微分方程的特征做了总结。常微分方程系统刚度的一个重要指示参数是该方程的雅可比矩阵的最大特征根。它与轴颈轴承的润滑和动力学参数的关系如下(Xin,1999):

$$\lambda_{\text{ODE,max}} \propto \frac{\mu_{\text{v}} r_{\text{B}} L_{\text{B}}^3}{m_{\text{J}} c_{\text{B}}^3} \tag{10.32}$$

式中,μ_{v} 是润滑油的动力黏度;r_{B} 是轴承半径;L_{B} 是轴承长度;m_{J} 是轴颈质量;c_{B} 是轴承半径方向的间隙。式(10.32)基于短轴承假设推导而得。较大的 $\lambda_{\text{ODE,max}}$ 意味着常微分方程具有较高的刚性。式(10.32)显示了影响刚性的主要参数。例如,高机油黏度、轻轴颈质量或小轴承间隙都会增加积分过程中数值不稳定性的严重程度,尤其当使用显式积分器的时候。

刚性常微分方程是任何润滑动力学问题的一个最重要基本特征之一。只要当动力学方程中包含了质量惯性项或转动惯量项并与雷诺方程相耦合时,方程组就变为刚性的。正确处理刚性常微分方程对于模型的抗扰性和计算效率至关重要。幸运的是,在许多润滑动力学的实际应用场合中,质量惯性的影响很小,因此为了简单起见,可以忽略惯性项来近似求解。然而,如果想采用严格的动力学构造方法的话,方程中是应当包括惯性项的。在这种情况下,刚性常微分方程的数值特征是不可避免的。

轴承模型的复杂程度可以像活塞环动力学那样从简到繁分为若干级次来管理和比较,例如从简单的刚性等温二维流体动力润滑加上半周索末菲(非质量守恒)气蚀边界条件,变化到复杂的热弹流三维润滑加上轴颈倾斜、表面形貌、非牛顿流体效应、JFO 质量守恒气蚀边界条件以及求解此类边界条件的 Elrod 算法等。虽然采用质量守恒边界条件对于油膜厚度、油膜润滑压力和摩擦损失的计算不是极其重要,但是它对机油流量和温度的预测非常关键(Goenka 和 Paranjpe,1992)。半周索末菲条件不满足机油进口流量应当等于出口流量这一条件,而 JFO 条件则能够满足。对于发动机系统设计中的计算来讲,使用一个简化的短轴承近似通常足以估计轴承的摩擦。Paranjpe 等人(2000)给出了一个发动机曲轴主轴承和连杆大端轴承的理论计算与油膜厚度测量结果之间的比较,包括这些轴承的典型瞬时载荷与油膜厚度特征之间的关系。Ai 等人(1998)使用了动态承载的轴颈轴承的混合润滑模型模拟了轴承的瞬时摩擦力矩。

轴承机油的工作温度和黏度对摩擦计算的准确性有很大影响。轴承与活塞裙部和活塞环不同的是,轴承的金属温度会低一些,因此摩擦热的作用更为重要。轴承内部产生的摩擦热会在机油流过轴承时加热机油。因此,对于轴承机油温度和黏度的估计需要考虑由于流体剪切摩擦所造成的黏性加热。每单位体积的润滑油所产生的黏性摩擦热的生成速率与机油黏度和轴承剪切速率平方的乘积成正比。较薄的油膜会产生较高的剪切速率和较多的黏性摩擦热。在部件层面的分析中，可以引入能量方程，与真正的质量守恒气蚀条件相配合，进行耦合的热流体动力润滑分析，以便准确预测机油温度和黏度的变化。但是，对于发动机系统层面的估算来讲，更需要的往往是采用一个简单快速的方法来估计轴承内的机油工作温度。Spearot 等人(1989)发现，轴承内的机油有效温度一般高于油底壳里的温度。为了估计轴承的工作油温，他们给出了一个经验公式。该公式是油底壳机油温度、机油黏度、最小油膜厚度、发动机转速和有效扭矩的一个函数。

10.6.2 发动机轴承的摩擦计算

如果假设轴颈在轴承中没有偏心度，并假设在轴承的整个圆周方向(2π 范围内)的间隙中全部充满润滑油，并且忽略气蚀，那么作用在轴承上的黏性剪切摩擦力可以用黏性剪切定律计算如下：

$$F_{f,B} \approx \frac{v\mu_v A_c}{h_o} = \frac{2\pi r_B N_B \mu_v \cdot 2\pi r_B L_B}{c_B} = \frac{4\pi^2 \mu_v N_B r_B^2 L_B}{c_B} \tag{10.33}$$

式中，N_B 是轴颈的相对转速(rev/s)；c_B 是半径方向的轴承间隙。式(10.33)有时被称为彼得罗夫(Petroff)方程。显然，式(10.33)是一种过于简化的形式，它不允许轴承具有任何法向载荷。因此，该式只能用于估计一些变化趋势(例如作为第一级系统摩擦模型的基础)或者用于在发动机低负荷(低载荷)运行条件下的预测。当润滑油的黏度较低或轴承的载荷较高时，彼得罗夫方程会大大地低估摩擦损失(Taylor, 1997)。

计算出摩擦力后，轴承的摩擦力矩可以按下式计算：

$$J_{f,B} = F_{f,B} r_B \tag{10.34}$$

轴承的摩擦功率损失为

$$\dot{W}_{f,B} = N_B J_{f,B} \tag{10.35}$$

在流体动力润滑区域，轴承的摩擦力并不会随轴承载荷发生明显的变化。轴承的摩擦因数可以按下式计算：

$$f_{fri,B} \approx \frac{4\pi^2 \mu_v N_B r_B^2 L_B}{c_B F_{n,B}} = \left(\frac{2\pi^2 r_B}{c_B}\right) \frac{\mu_v N_B}{\left(\frac{F_{n,B}}{2r_B L_B}\right)} \tag{10.36}$$

式(10.36)中的第一部分表示摩擦因数取决于轴承半径和间隙。式(10.36)中的第二部分是以斯特里贝克图中所使用的工况参数形式表达的。当工况参数减小到混合润滑区域时，摩擦因数会因发生表面粗糙接触而迅速增加。

对于具有较大偏心度的定载荷轴承，计算作用于轴承上的流体动力润滑摩擦力的一种更为复杂而先进的方法是采用由 Dubois 和 Ocvirk 于 1953 年研发的短轴承理论(Cameron, 1966)。假设轴承具有 2π 油膜(即一个完整的全周油膜)，具体计算公式如下：

$$F_{f,B} = \frac{4\pi^2 \mu_v N_B r_B^2 L_B}{c_B \sqrt{1-\varepsilon_B^2}} + \frac{c_B \varepsilon_B F_{n,B}}{2r_B} \sin\varphi_B \tag{10.37}$$

式中，ε_B 是量纲为 1 的轴承偏心度，$\varepsilon_B = 1 - (h_{o,min}/c_B)$；$h_{o,min}$ 是最小油膜厚度；$F_{n,B}$ 是轴承载荷。φ_B 是载荷作用线与连接轴颈和轴承中心的连线之间的偏位角，以下式计算：

$$\varphi_B = \tan^{-1}\left[\frac{\pi\sqrt{1-\varepsilon_B^2}}{4\varepsilon_B}\right] \tag{10.38}$$

式(10.37)中的第一项——剪切力项,表示在整个 2π 圆周内的油膜剪切力(不考虑气蚀影响)。式(10.37)中的第二项——流体动力压力项,对应着流体动力润滑中沿圆周方向的压力梯度项 $\int_{A_c}(h_o/2)(\partial p_{lub}/\partial\varphi)dA_c$,反映由于轴颈旋转和载荷施加所形成的压力梯度所造成的作用在油膜上的功。流体动力压力项可以是正值,也可以是负值,具体取决于最小油膜厚度的位置和沿圆周方向润滑油膜压力分布的形状。对于发动机轴承来讲,这第二项与第一项相比是很小的或者可以忽略不计的(Martin,1985;Taraza 等人,2007)。需要注意的是,只有当轴承的轴向长度与轴颈直径之比小于大约 0.7 时,短轴承理论才是对二维雷诺方程的完整解的较好近似。但是在大的偏心度下,短轴承理论是不准确的(Dowson 等人,1996)。

对于动态变载荷轴承(例如连杆大端轴承、曲轴主轴承、凸轮轴轴承),轴承摩擦力的计算中需要添加一个第三项——平动或挤压项,对应着轴颈中心相对于轴承中心的平移运动所造成的作用在油膜上的功,具体如下:

$$
\begin{aligned}
F_{f,B} &= \frac{4\pi^2\mu_v N_B r_B^2 L_B}{c_B\sqrt{1-\varepsilon_B^2}} + \frac{c_B\varepsilon_B F_{n,B}}{2r_B}\sin\varphi_B + \frac{vF_{n,B}}{2\pi N_B r_B}\cos\varphi_0 \\
&\approx \frac{4\pi^2\mu_v N_B r_B^2 L_B}{c_B\sqrt{1-\varepsilon_B^2}} + \frac{c_B\varepsilon_B F_{n,B}}{2r_B}\sin\varphi_B
\end{aligned}
\tag{10.39}
$$

式中, φ_0 是介于载荷方向与轴颈中心的一个速度向量 v 的方向之间的夹角(Martin,1985)。这第三项对于"挤压油膜"轴承是很重要的。这种轴承具有相对很小的旋转运动,因而动态挤压油膜效应远比流体动力润滑的楔形效应占据主导地位。Martin(1993)显示,发动机轴承的功率损耗主要是由于剪切摩擦,而由于挤压油膜效应造成的影响相对较小(图 10.20)。对于发动机系统层面的简化摩擦计算来讲,可以采用 Taraza 等人(2000)建议的准稳态方法,忽略式(10.39)中的第三个动态项,并假设在每个循环内的每一瞬时时刻作用在轴颈上的载荷是准稳态的恒定载荷。

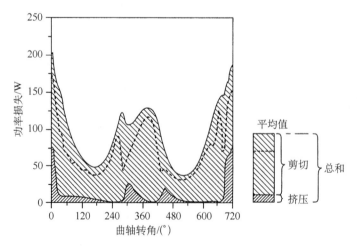

图 10.20　功率损失——一台 1.3 L 排量的发动机的连杆大端轴承的例子
(引自 Martin,1993)

为了求解式(10.39)中的偏心度 ε_B,可以对 180°(半周)承载油膜采用短轴承理论予以近似(Cameron,1981),依据流体动力润滑的油膜力必须与载荷相平衡的原则求解,例如下式(Taraza 等人,2000,2007;Taylor,1993a):

$$\frac{F_{n,B}}{2\pi N_B r_B \mu_v L_B}\left(\frac{c_B}{r_B}\right)^2\left(\frac{2r_B}{L_B}\right)^2 = \frac{\pi\varepsilon_B}{(1-\varepsilon_B^2)^2}\sqrt{\frac{3\pi^3\varepsilon_B^2}{100}+1} \qquad (10.40)$$

当式(10.39)中的其他参数均已知时,ε_B 可以采用迭代的方法求解。Taraza 等人(2007)开发出一个快速的方法求解 ε_B,即将 ε_B 近似为轴承长宽比和索末菲数的一个函数。解出 ε_B 后,可以使用式(10.39)以准稳态近似方式计算动态承载轴承的瞬时摩擦力。

应当指出,上述几个解析式方程通常过高地估计摩擦力,因为它们没有包含气蚀效应。在实际情况中,当气蚀发生时,润滑油膜在轴承表面会破裂成与空气或蒸气气泡相混合并被这些气泡分隔开的一条条油流。空气或蒸气气泡的存在大大降低了在气蚀区域内的黏性剪切摩擦力,比如能比完全充满润滑油时的摩擦力减少一半。在上述几个方程中可以引入一个适当的修正因数来考虑气蚀对减少摩擦的影响。精确确定该修正因数是非常困难的,由于它涉及最复杂的气蚀模拟,而且由于油膜破裂的性质在动态地变化;另外,气蚀机理从一个部件(例如旋转的轴承)到另一个部件(例如滑动的活塞裙部或活塞环)也有所不同。轴承间隙空间内的收缩区域所形成的润滑力能够承受载荷(例如从最大到最小油膜厚度或者在所谓的 π 油膜的 0~π 区间)。在扩张区域(例如在 2π 油膜范围内的 π~2π 区间),润滑油膜会因负压而发生气蚀。气蚀或油膜破裂对减少摩擦的作用可以通过引入一个 C_{cav} 因数模拟如下:

$$F_{f,B} \approx C_{cav}\left[\frac{4\pi^2\mu_v N_B r_B^2 L_B}{c_B\sqrt{1-\varepsilon_B^2}} + \frac{c_B\varepsilon_B F_{n,B}}{2r_B}\sin\varphi_B\right] \qquad (10.41)$$

据 Martin 介绍(1985,图 10.21),对于稳态的 2π 油膜例子来讲,气蚀区域(π~2π)的摩擦力可以假设与 $1/(1+\varepsilon_B)$ 成正比。这样,$C_{cav,\pi\sim2\pi}=C_0/(1+\varepsilon_B)$,式中 C_0 是一个小于 $1+\varepsilon_B$ 的常数。在不发生气蚀的区域(0~π),可以假设 $C_{cav,0\sim\pi}=1$。因此,式(10.41)中在整个 2π 油膜范围内的整体 C_{cav} 因子可以大致平均为:

$$C_{cav} = 0.5\left(C_0\frac{1}{1+\varepsilon_B}+1\right) = \frac{2+\varepsilon_B}{2+2\varepsilon_B} \quad (\text{当 } C_0=1 \text{ 时}) \qquad (10.42)$$

在油膜破裂的油流区域中的气蚀因数 C_{cav} 是非常复杂的,并且取决于气蚀的严重程度。C_{cav} 可能会随着时变的偏心度、挤压速度、轴颈转速和供油情况等发生动态的变化。关于 C_{cav} 的研究将有助于改善在发动机系统设计中预测摩擦方面的工作质量。如果想对摩擦做出较为保守的预测的话,可以简单地将 C_{cav} 的值取为 1。

在发动机轴承摩擦计算的文献方面,Dowson 等人(1996)给出了一个关于采用 Booker 的迁移率法对轴承的摩擦功率进行更为复杂计算的详述。Zweiri 等人(2000)也详细论述了发动机轴承摩擦的模拟。Martin(1985)对该领域中所使用的更为复杂的计算公式进行了全面总结。

10.6.3 活塞组轴承的摩擦特征

连杆小端和大端的轴承构成了活塞组中的轴承。它们在严酷的环境下工作,承受很高的动态载荷,并具有相对较低的轴颈转速(Zhang 等人,2004)。它们的摩擦力矩对于活塞组动力学的二阶

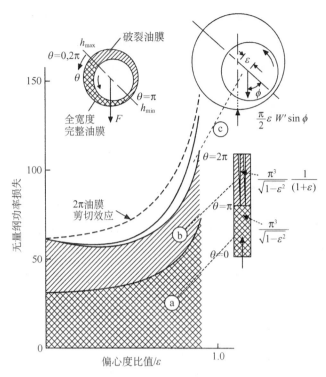

图 10.21 稳态载荷条件下功率损失的不同分量的机理示意图
（引自 Martin, 1985）

运动的计算精度很重要。活塞销的摩擦力直接影响活塞裙部的倾转运动。这些轴承的摩擦力矩需要被包括在活塞组动力学方程的力矩平衡中。这些摩擦力矩可以采用一个简化的方法来计算，即使用一个等效的边界摩擦因数乘以法向载荷和轴承半径；或者当然也可以采用更为复杂的方法来计算，例如上一节所介绍的流体动力润滑摩擦的解析式方程。

Suhara 等人（1997）对一台轿车用汽油机的半浮式压配活塞销的轴承摩擦进行了测量。他们发现，活塞销轴承的摩擦力在压缩冲程的后半段、整个膨胀冲程、排气冲程的前半段随着气缸压力的增加而增大。而且，在全负荷时，在紧靠点火上止点以后气缸压力达到最高的地方，在摩擦力随曲轴转角变化的曲线上出现一个摩擦力尖峰值。另一个小得多的摩擦力尖峰发生在点火上止点以后的 90°曲轴转角处——那时连杆改变了方向。这些摩擦力尖峰的出现表示活塞销在这些地方具有边界润滑特性。Suhara 等人（1997）发现，活塞销的摩擦大约是活塞裙部加活塞环的摩擦平均有效压力的 6.5%（在半负荷时）到 16%（在全负荷时）之间，是不可忽略的。他们的研究结果与笔者采用边界润滑摩擦假设对活塞销所进行的模拟分析结果非常相似（Xin, 1999）。活塞销和连杆小端在运动上只是来回地小幅度摇动。活塞销摩擦力的计算可以简化地采用活塞销的载荷乘以一个等效摩擦因数。

Suhara 等人（1997）还发布了一个关于活塞销轴承的非常有意思的斯特里贝克图。他们观察到，在压缩冲程的后半段，摩擦因数随着工况参数的下降而减小，这表明部件是处于流体动力润滑区域。而在膨胀冲程的前半段，摩擦因数却随着工况参数的继续下降而急剧上升，这表明这时活塞销轴承在混合润滑区域中工作。另外，他们发现，在膨胀冲程的后半段随着工况参数的上升而增大的高摩擦因数是由一个非常薄的油膜造成的；该油膜随着工况参数的上升而并未增厚。这表明润滑油在这一区域供应不足。他们指出,减少摩擦的设计改进措施应当强调改善在膨胀冲程前半段的边界润滑区域和在膨胀冲程后半段的供油不足区域。

在减少摩擦的措施方面,小幅度地减小表面粗糙度往往就可以大大降低活塞销的摩擦,正由Suhara 等人(1997)在其关于各种设计方案对活塞销摩擦的影响的大量实验研究中所指出的那样。改善活塞销座的轴承材料对减少摩擦也会有很大帮助。减小活塞销轴承的间隙(比如为了降低噪声),可能会导致更为严重的粗糙度接触和边界润滑区域中摩擦力的增加,尤其是在全负荷和高气缸压力的情况下。过分减小活塞销的长度和壁厚(比如出于减轻重量等原因),可能会导致单位载荷增加和活塞销座轴承变形。这可能会引起边界摩擦和磨损的增加,除非采取其他设计措施来弥补(例如使用更好的轴承材料、降低表面粗糙度、改善供油等)。

10.7 配气机构的润滑和摩擦

10.7.1 关于配气机构摩擦的系统设计考虑

虽然配气机构可以被划为发动机机械系统的一部分(就像活塞和轴承一样),它其实也是形成现代柴油机空气系统的四大基本组成部分之一。其他三个部分是涡轮增压器、排气再循环系统、进排气歧管。配气机构的核心功能是以低流动损失提供流进和流出发动机的气流,并实现某些特殊功能,例如通过对空气流动的管理实现发动机制动或先进的燃烧模式。配气机构摩擦的根源来自其功能要求和设计型式。与其他诸如活塞裙部、活塞环和轴承等摩擦部件相比,配气机构的摩擦具有不同的特征。虽然配气机构的摩擦与活塞和活塞环的相比相对较小(低转速除外),凸轮与从动件之间的界面由于其边界润滑特征其实是发动机设计中最难对付的摩擦界面。如果对配气机构的摩擦处理不善,会产生影响面较大的耐久性问题。因此,了解和分析配气机构的摩擦与润滑,对于系统工程师来讲至关重要。

配气机构一般分为两大类:传统的配气机构(即推杆式或顶置凸轮式)和先进的可变气门驱动系统。关于后者的摩擦损失的讨论超出了本书的范围。在传统的配气机构中,菌形阀(又称锥阀和提升阀)已被证明是最好的气门种类。其他类型的气门机构(例如套筒或旋转阀)均存在一些重大缺陷,比如润滑不良、密封不佳、高摩擦、高机油消耗等。推杆式配气机构在重载低速发动机中一直是最受欢迎的设计型式,这是由于它具有许多优点,比如良好的润滑特性(体现在充分的机油供应、自由旋转的挺柱等)、磨损特性和封装性。推杆式配气机构的主要缺点是它具有较低的刚度和在高转速时振动较大。因此,高速发动机倾向于采用刚度更大的顶置凸轮式配气机构,尽管它在设计和润滑上有很多难点(特别是对于带支点从动件的来讲)。这种配气机构在更加严苛和更热的环境中工作,而且位于润滑油较难自然触及到的气缸盖内。顶置凸轮式配气机构可以进而分为两种,即直接驱动式和带支点的从动件式。不同的型式具有其自身独特的刚度、配气机构动力学、弹簧力、润滑和磨损等方面的特征。例如,直接驱动的顶置凸轮式配气机构一般使用一个较大的凸轮实现开启和闭合速率较快的气门升程,这就需要使用较大的凸轮轴轴承,从而导致较高的轴承摩擦。配气机构的型式选择很复杂,而且是系统层面与性能、耐久性、封装性和成本相关的设计课题。摩擦是配气机构性能的一个关键属性。

配气机构的摩擦主要发生在凸轮与从动件之间的界面。另外,摇臂、凸轮轴轴承、密封件、气门导管和从动件与套筒之间的接触也是摩擦的一部分。从动件分为两种类型:平底的和滚轮的。滚轮从动件比平底从动件的摩擦低得多,而且现代的推杆式配气机构通常使用滚轮从动件来减少摩擦并承受所需的较高凸轮应力（详见第 2 章）。平底从动件普遍用于直接驱动的顶置凸轮式,而滚轮从动件则广泛用于许多带支点从动件的顶置凸轮式配气机构。摇臂在支点处可以是轴（轴颈轴承）接触,也可以是滚动接触,这种设计选择会显著影响摇臂的摩擦。

在低转速时,配气机构摩擦的根源是弹簧力。该力一般在起动转速为最高,且最高值位于凸轮顶部转角处,此时发动机气门处于全开状态。弹簧力的大小是由控制气门跳浮离座和配气机构分离来确定的。在高转速时,配气机构的惯性作用开始增长,以抵消弹簧力。惯性力有时会变得非常高,以至于凸轮力可能会在凸轮侧翼的转角处而非凸轮顶部达到最大。在高负荷时,缸内压力很高,而且在排气门开启时作用于排气门上的气体载荷也很大,可能会使得排气凸轮力在发动机循环内达到最高。类似地,在高转速不喷油的拖动工况时,较高的排气歧管压力会造成非常高的缸内再压缩压力,它可能会造成在进气门开启时的进气凸轮力变得很高。

凸轮与从动件之间的接触界面大概是内燃机中最为严苛的摩擦工作界面。由于较高的凸轮力和在界面处相对较缓慢的转动速度,该界面属于集中接触区域,并在过去很长一段时间里被认为是处于边界润滑区域。但是,正如 Taylor(1991)所指出的,大概就是这种传统观点大大延误了薄膜润滑理论在该摩擦界面上的广泛应用。Taylor(1993b)援引了 Müller 在 20 世纪 60 年代关于两个凸轮设计所做的研究工作(Müller, 1966)。Taylor 谈到,其中的一个凸轮具有较低的赫兹应力,并在凸轮顶部具有较薄的油膜厚度;而另一个凸轮具有较高的赫兹应力和较厚的油膜厚度。实验结果显示,第一个凸轮存在刮伤问题,后来还伴有坑蚀;而第二个凸轮的润滑则令人满意。这个例子表明,弹流润滑的某些因素发生于凸轮与从动件之间的界面,并使得影响油膜厚度的设计因素能够发挥很重要的作用。另外,研究发现,除了弹流润滑下的凸轮顶部的狭窄区域外,凸轮侧翼的大多数区域是具有相对较厚的油膜的(Taylor, 1994)。只有到了凸轮顶部周围,油膜厚度才变得非常薄;这时,润滑油中的添加剂能够通过边界反应膜提供有效保护。总之,凸轮的润滑区域从整体上看应当是属于混合润滑,正由 Taylor(1991)所建议的。令人遗憾的是,Müller 在 20 世纪 60 年代的这项研究工作没有引起业界的重视,而配气机构的润滑研究一般来讲也一直落后于轴承和活塞组的。只是到了 20 世纪 80 年代以后,将弹流润滑原理应用于配气机构方面的研究工作才逐渐开始变得活跃起来。

润滑设计能够改变凸轮与从动件界面处的油膜厚度。凸轮的耐久性和磨损与几个关键位置的油膜厚度有关,例如凸轮顶部和开启侧缓冲段坡道附近。混合润滑理论能较好地预测凸轮摩擦。在耐久性方面,凸轮应力并不是判断磨损的唯一主导参数。润滑起着同样关键的作用,而且不同的油膜厚度可能会改变相应的许用应力限值。现代配气机构设计标准强调的是将传统设计标准与混合润滑或弹流润滑原理相结合的重要性,力图提高最小油膜厚度,以获得具有最低摩擦和磨损的可靠的凸轮-从动件界面设计。这里所说的传统标准是指边界润滑观点(即最大赫兹接触应力、闪光温度、润滑油添加剂、材料规格)。事实上,使用现代混合润滑或弹流润滑理论可以帮助改进传统观点中的设计标准,例如,更为准确地计算出的摩擦力可以改进闪光温度和凸轮表面温度的预测精度。

发动机系统工程师在配气机构摩擦和润滑中具有以下三个中心任务:
- 通过对空气系统的优化最大限度地减小配气机构的载荷;
- 优化凸轮的型线和尺寸,以促进润滑;
- 优化摩擦界面(例如选择滚轮和材料,优化表面形貌,预测油膜厚度和摩擦损失)。

由于会发生表面粗糙接触和具有较高的闪光温度,凸轮与从动件之间的界面容易磨损。磨损的模拟与配气机构的载荷优化有关,因此是整机系统的耐久性和可靠性研究的一个重要部分。这些课题在第 2 章中讨论过(另外参见 Colgan 和 Bell, 1989)。本节将侧重于凸轮的润滑和摩擦。

10.7.2 配气机构摩擦的特征

配气机构的摩擦通常是发动机中紧随活塞组的第二大机械摩擦。配气机构在低转速时能够占到各种发动机部件的总摩擦损失的40％，而在高转速时占10％。相比较而言，活塞组和轴承在低转速时一般会占到总摩擦的大约35％，在高转速时占50％。曲轴轴承在低转速时大概会占到5％，在高转速时占15％。水泵、机油泵和发电机在低转速时大概会占到20％，在高转速时占25％。减少配气机构的摩擦很重要，这是因为对于很多在部分负荷驾驶循环运行的车辆来讲（尤其是市区驾驶），在低转速下减少摩擦会对燃料经济性产生很大影响。Armstrong 和 Buuck（1981）以及 Kovach 等人（1982）对配气机构的摩擦进行了测量和比较。

配气机构的润滑和摩擦具有以下三方面特点：

(1) 在不同润滑区域运行的不同类型的摩擦界面均分别存在于各种配气机构部件中。因此，设计和运行参数变化对它们各自的影响是不同的；

(2) 不同的摩擦界面在发动机循环内具有不同的瞬时动态载荷和相对速度方面的特征；

(3) 各个摩擦界面的相对比例决定了整个配气机构摩擦的整体特征。

配气机构中存在以下一些摩擦界面：

- 凸轮与从动件之间的界面（主要处于严重的混合润滑或边界润滑区域；或者准确地讲，边界润滑在凸轮顶部附近起主导作用，而弹性流体动力润滑在凸轮侧翼起主导作用）；
- 滚轮从动件的滚轮销与其轴承之间的界面；
- 摇臂与其支点之间的界面（采用轴或球形接头，通常处于边界润滑）；
- 凸轮轴的轴颈与其轴承之间的界面（主要处于流体动力润滑区域）；
- 凸轮轴密封界面（处于边界润滑区域）；
- 从动件与其套筒之间的界面（处于流体动力润滑区域）；
- 气门与其导管之间的界面（处于流体动力润滑区域）；
- 气门杆密封界面（处于边界润滑区域）；
- 其他零散的具有较低摩擦力的界面（例如摇臂与气门横臂之间，摇臂与气门杆顶部之间，推杆端部与其球座之间等）。

在流体动力润滑中，摩擦主要由黏性剪切效应所造成，因此摩擦力与滑动速度和润滑油黏度成正比。在弹流润滑中，表面粗糙度会发生变形，而且润滑油黏度会随润滑油膜压力发生急剧变化。因为凸轮与平底从动件之间的接触形状属非适形表面（不像在发动机轴承中的适形接触），与发动机轴承相比，其接触压力要高得多，而油膜厚度则小得多。在边界润滑中，摩擦主要受固体材料和润滑油添加剂影响，而添加剂则与在接触表面粗糙度上形成的反应膜有关。这时润滑油的整体物性是不重要的，因为边界摩擦因数基本与机油黏度、负载、转速和表观接触面积无关，而主要取决于边界润滑剂的性质。边界润滑剂的效果在高温下可能会变差。边界润滑中的摩擦力正比于载荷。而且，边界润滑中会发生较高的磨损。在混合润滑区域中，凸轮与从动件之间的接触特性由薄膜润滑和边界润滑的组合效果确定。在该区域中，润滑油的整体物理属性和边界润滑剂的化学属性都很重要。大的油膜厚度能够减少摩擦。较高的发动机转速在凸轮与从动件之间的界面会促进弹流润滑并远离边界润滑，使得发动机转速增加时，整体摩擦因数会降低，正如 Teodorescu 等人（2002）所证实的。他们的测量结果显示，对于一台四冲程柴油机的带平底从动件的推杆式配气机构来讲，在凸轮与从动件之间的界面处的摩擦因数（包括从动件与其套筒之间的摩擦）从 700 r/min 转速的 0.11 线性地下降到 1 700 r/min 的 0.073。

  配气机构部件的载荷和速度在发动机循环内表现出很强的瞬时变化特征。例如,在凸轮与从动件之间的界面上,低转速时的载荷主要是气门弹簧力,该力在凸轮顶部达到最大;而高转速时的载荷则由动态惯性力所主导,该力可能从气门开启时刻到关闭一直发生剧烈振动。接触部位的滑动速度也有其独特的运动学瞬时特征。所有这些因素都以很强的瞬时变化特点影响润滑油膜厚度和所处的润滑区域,故而也影响摩擦力的循环平均值。Teodorescu 等人(2002)给出了一台柴油机的推杆式配气机构中的每个主要部件的瞬时摩擦力实验数据。

  每个部件对于整个配气机构摩擦的相对贡献比例取决于具体设计。例如,对于使用平底从动件的直接驱动的顶置凸轮式配气机构来讲,来自凸轮与从动件之间的摩擦可能会占主导作用。来自其较大的凸轮轴轴承的摩擦贡献也很重要。在这种情况下,整个配气机构在低转速时的摩擦力就会被凸轮与从动件之间的混合润滑或边界润滑特征所主导,而在高转速时的摩擦力可能会在很大程度上受凸轮轴轴承的流体动力润滑特征所影响。另一方面,如果配气机构中使用了滚轮从动件,整个配气机构的混合润滑或边界润滑特征就不那么明显,因为滚动摩擦对整个摩擦的贡献要少得多。

  当根据设计或运行参数评估配气机构的摩擦特性时,需要对所有上述因素全面考虑,而且具体结论取决于给定的配气机构的具体情况。一般来讲,配气机构的整体摩擦在趋势上具有以下结论:

(1) 凸轮与从动件之间的摩擦力一般随发动机转速的升高而降低。配气机构其他部件的流体动力润滑摩擦力随发动机转速的升高而增加。密封件的摩擦力基本上保持恒定。由于凸轮与从动件之间的摩擦通常占据主导地位,整个配气机构的摩擦力往往随发动机转速的升高而减小;

(2) 对于以混合润滑或边界润滑为主导的配气机构(例如平底从动件),摩擦力矩随发动机转速的升高而降低;

(3) 在低转速时,凸轮与从动件之间的摩擦在整个配气机构的摩擦中所占比例较大,而且比在高转速时更难以保持弹流润滑状态;

(4) 对于充分发展的流体动力润滑油膜,摩擦力对载荷的变化不敏感。对于发展不太充分或者勉强建立起来的流体动力润滑油膜,增加载荷可能会导致油膜破裂,从而进入混合润滑区域,导致由粗糙度接触造成的摩擦力增加。对于混合润滑或边界润滑,增加载荷会增大摩擦力。因此,在以边界摩擦为主的配气机构中或运行条件下(如平底从动件、低转速、高温),配气机构的摩擦对载荷更为敏感。在这种情况下,减小气门弹簧力或惯性载荷会对减少摩擦有很大好处。液压间隙调节器的载荷对凸轮轴轴承摩擦的影响通常很小。作用在凸轮基圆上的间隙调节器的载荷来自作用于柱塞的内部油压和柱塞回位弹簧力;

(5) 较低的机油温度会使黏度变高,造成轴承和气门导管具有较高的黏性剪切摩擦力。但另一方面,较低的油温会通过黏度的增加使油膜变厚。它可以促进摩擦改进添加剂在边界润滑剂中的良好保护作用,并通过表面粗糙接触变弱来减少边界摩擦。因此,对于以边界润滑或混合润滑为主导的配气机构,低的机油温度可以减少摩擦。Choi 等人(1995)研究了机油温度和黏度对配气机构和发动机轴承的影响;

(6) 对于机械间隙调节器来讲,配气机构间隙可能会通过气门工作段的载荷循环持续角区间在一定程度上影响配气机构的摩擦。

  现将能够减少配气机构摩擦的设计措施和要点总结如下:

• 每种配气机构型式都有其独特的摩擦分布特征,所以在设计方案选择上需要慎重。例如,直接驱动式顶置凸轮没有摇臂,而且刚度很大。它可以采用最轻的重量和最低的弹簧力。但是,由于缺乏摇臂,它的凸轮轴轴承可能很大。对于该型式,减少其轴承摩擦会对降低整个配气机构的摩擦

比较有效;

- 配气机构摩擦学设计的四条通用准则是:①减少滑动运动以便在混合润滑或边界润滑的界面上减少摩擦(例如采用滚动接触取代滑动接触);②在凸轮与从动件之间的界面上促进油膜形成(例如减小弹簧力或惯性力,增加润滑油卷吸速度,通过直接的机油喷洒而不是机油飞溅来促进润滑油供应以防止供油不足);③在润滑油中使用摩擦改进添加剂;④降低接触表面的粗糙度;
- 使用滚轮从动件并减小弹簧预紧力或弹簧刚度是减少配气机构摩擦的两个最有效解决方案,尤其是在低转速时。然而,应当指出的是,使用滚轮的设计会显著增加赫兹接触应力,并可能需要变更凸轮轴材料(例如使用钢质凸轮轴)。另外,较软的气门弹簧可能会降低配气机构的分离转速,除非采用较小的配气机构质量或较高的刚度来补偿;
- 使用滚动接触方式能够显著减少在摇臂支点处的摩擦;
- 减小轴承直径和长度以及优化轴承间隙能够减少凸轮轴轴承的摩擦;
- 带摩擦改进剂的润滑油能够显著减少配气机构摩擦,甚至对滚轮从动件亦如此。机油黏度对边界摩擦起主导作用的配气机构的影响很小。

10.7.3 配气机构润滑和摩擦分析的过程

在配气机构的润滑和摩擦分析中,运动学和动力学的分析数据以及赫兹应力是作为输入数据使用的。使用等温弹流润滑理论(线接触或椭圆形接触模型)加上一个假设的润滑油黏度,可以预测润滑油膜厚度和弹流润滑摩擦力。另外,还可以将各种不同复杂程度的混合润滑模型包括进来,估算表面粗糙度引起的边界摩擦。求出摩擦力以后,便可以计算润滑表面的平均温度。可以将润滑油的温度假设为等于在整个凸轮接触面积上的表面平均温度。然后,根据润滑油温调整润滑油黏度,将整个计算过程迭代进行,直至结果收敛。在摩擦计算中,还有两个特殊的地方需要考虑,一是平底从动件中从动件(挺柱)旋转的影响,二是滚轮从动件中滚轮打滑的影响。从动件旋转和滚轮打滑是柴油机系统设计中的两个重要课题。

一些研究人员曾经探讨过配气机构润滑和摩擦分析的步骤。配气机构的摩擦一般需要被分解到每个单独部件进行模拟。在 Staron 和 Willermet(1983)以及 Crane 和 Meyer(1990)的分析和实验工作中,凸轮与从动件之间的摩擦力是使用弹流润滑理论在瞬时基础上予以计算的,而其他部件的摩擦力则是在发动机循环平均的基础上予以计算的。Paranjpe 和 Gecim(1992)也采用了瞬时摩擦的计算方法,并使用模拟手段比较了五种不同的配气机构型式(即直接驱动的顶置凸轮式、推杆式、终端带支点的指随从动件式、中心带支点的指随从动件式以及另一种顶置凸轮式)。他们试图将不同的配气机构在可比的情况下予以公平地比较,包括保持相同的气门升程、飞脱转速、输入参数(只有少数参数除外)。他们发现,直接驱动的顶置凸轮式配气机构具有最低的摩擦。那两个指随从动件机构具有最高的摩擦。另一种顶置凸轮式机构介于前面所说的这两个情况之间。

10.7.4 凸轮与平底从动件的摩擦分析

在凸轮与从动件之间的界面上的润滑条件和油膜厚度对于配气机构的磨损和耐久性至关重要。该界面的摩擦在低转速时非常重要,但在高转速时通常不太重要,原因有三。首先,在高转速时,由于气门弹簧力被配气机构动力学惯性力相抵消,位于凸轮顶部的载荷会下降(虽然在凸轮侧翼的载荷会增加)。第二,高转速能促进凸轮与从动件界面的流体动力润滑,从而减少摩擦。第三,在高转速时,其他配气机构部件(例如凸轮轴轴承和气门导管)的流体动力润滑摩擦力会增加,并在幅值上可能会超越凸轮与从动件界面上的。当通过使用滚轮从动件将凸轮与从动件之间的摩擦尽量减小后,情况更为如此。然而,对于平底从动件来讲,凸轮与从动件界面的摩擦通常占主导地位。在配气机构摩擦领域,大量工作的重点都一直被置于这个界面的润滑分析,来研究磨损、刮伤、坑蚀、抛光等问题。Naylor(1967)和 Dyson(1977,1980)在早期对配气机构的摩擦进行了研究。Dowson 等人(1986)、Taylor(1991,1993b,1994)、Zhu(1993)和 Teodorescu 等人(2003)详细评述了配气机构的润滑和凸轮的摩擦分析,包括所使用的分析模型和支持模型计算工作的实验证据。

　　平底从动件至今一直被广泛用于直接驱动的顶置凸轮式配气机构和一些推杆式配气机构中。前一种配气机构是一种很流行的设计方案,尤其是在轻型应用中。Taylor(1993b)给出了这种配气机构的凸轮和平底从动件的运动学和润滑分析。凸轮与从动件界面处的接触载荷和赫兹应力可以由配气机构动力学计算确定。Taylor(1993b)还总结了在刚性非适形表面假设下使用雷诺方程预测凸轮与从动件界面处的油膜厚度的方法,并给出了重要参考文献。事实上,他强调对于凸轮与从动件之间的接触,必须使用考虑表面弹性变形和润滑油的黏弹性效应的弹流润滑模型,来计算瞬时最小油膜厚度和中心油膜厚度(在标称赫兹接触中心的油膜厚度)。接触面上的压力分布应当同时满足油膜润滑的雷诺方程和弹流润滑中接触体变形的弹性方程。Dowson 和 Toyoda(1979)给出了关于这方面的原创模型。这里为展示参数之间的依变性,现将光滑表面的弹流简化线接触公式引述如下:

$$\begin{cases} H_{\text{o, min}} = 2.65 U_{\text{lub}}^{0.7} G_{\text{lub}}^{0.54} W_{\text{lub}}^{-0.13} \\ H_{\text{o, central}} = 3.06 U_{\text{lub}}^{0.69} G_{\text{lub}}^{0.56} W_{\text{lub}}^{-0.1} \end{cases} \tag{10.43}$$

式中,H_o 是量纲为 1 的油膜厚度,采用曲率半径 r_{ROC} 进行无量纲化(即 $h_{\text{o, min}} = H_{\text{o, min}} r_{\text{ROC}}$,而 $1/r_{\text{ROC}} = 1/r_{\text{ROC1}} + 1/r_{\text{ROC2}}$)。$U_{\text{lub}}$ 是一个量纲为 1 的速度参数,正比于卷吸速度和机油黏度($U_{\text{lub}} = \mu_v v/(\vartheta_{\text{m}} r_{\text{ROC}})$,而 $v = 0.5(v_1 + v_2)$)。G_{lub} 是一个量纲为 1 的材料参数,正比于压力黏度系数($G_{\text{lub}} = C\vartheta_{\text{m}}$,而 C 是一个压力指数)。W_{lub} 是一个量纲为 1 的单位长度上的法向载荷参数($W_{\text{lub}} = F_{\text{n}}/(\vartheta_{\text{m}} r_{\text{ROC}} b_{\text{CAM}})$,而 F_{n} 是载荷,ϑ_{m} 是相接触的固体的弹性模量,b_{CAM} 是凸轮宽度)。注意到油膜厚度对载荷相对来讲不敏感。Taylor(1993b)中的附录 2 提供了一个详细的计算例子。关于更为复杂的椭圆形接触模型,读者可以参考 Staron 和 Willermet(1983)以及 Yang 等人(1996)关于使用这类模型进行计算的方法。另外,Dowson 和 Higginson(1977)提出了一个简化的经验公式:

$$h_{\text{o, central}} = 16(\mu_{\text{v0}} v r_{\text{ROC}})^{0.5} \tag{10.44}$$

式中,$h_{\text{o, central}}$ 是以 μm 为单位的中心油膜厚度;μ_{v0} 是在接触区域进口条件下的机油黏度;v 是机油的卷吸速度;r_{ROC} 是凸轮和从动件的组合曲率半径。速度-黏度的组合参数 $\mu_{\text{v0}} v$ 的单位是 N/m。

　　需要注意的是,以上这些计算是基于准静态(稳态)假设进行的,忽略了瞬态效应。这些理论考虑了流体动力润滑的"楔形"效应,但是忽略了重要的动态"挤压油膜"效应。另外,在这些计算中,接触表面被假设为光滑的。关于油膜厚度的更为复杂的计算,可以考虑加入"挤压油膜"效应(Dowson 等人引述的,1986;Scales 等人,1996)、表面形貌、表面粗糙度的弹性变形(Lee 和 Patterson,1995)、非牛顿流体效应(Yang 等人,1996)等。事实上,Lee 和 Patterson(1995)在对一个滚轮从动件的分析中发现,考虑表面粗糙度影响后修正了的油膜厚度与使用光滑表面假设所计算的结果并没有显著不同,这是因为弹流润滑中的油膜厚度只是载荷的一个弱函数。

　　接下来,可以计算油膜厚度与粗糙度的比值,评估润滑问题的严重性和表面粗糙度接触。凸轮与从动件的界面往往处于严重的混合润滑区域,故而凸轮的摩擦力等于弹流润滑摩擦力和粗糙接触的边界摩擦力的总和：

$$F_{\mathrm{f,CAM}} = F_{\mathrm{f,CAM,h}} + F_{\mathrm{f,CAM,b}} \tag{10.45}$$

对于边界摩擦,可以用各种不同复杂程度的混合润滑模型来估计。例如,Staron 和 Willermet(1983)使用线接触弹流理论提出了一个简单模型：

$$\begin{cases} F_{\mathrm{f,CAM,b}} = f_{\mathrm{fri,b}} F_{\mathrm{n}}(1-\lambda) & \text{当} \lambda < 1 \\ F_{\mathrm{f,CAM,b}} = 0 & \text{当} \lambda \geqslant 1 \end{cases} \tag{10.46}$$

式中,$f_{\mathrm{fri,b}}$ 是边界摩擦因数;F_{n} 是凸轮载荷;λ 是油膜厚度与粗糙度之比。Yang 等人(1996)使用了更为复杂的椭圆接触弹流理论,提出一个混合润滑模型,采用 Greenwood 和 Tripp(1971)的粗糙接触理论,并假设接触椭圆的面积就是粗糙接触的表观面积。Teodorescu 等人(2003)探讨了一个类似的混合润滑模型,使用线接触弹流理论,并假设赫兹接触面积是表观粗糙接触面积。

关于滑动接触部位的弹流润滑剪切摩擦力的计算,Taylor(1993)建议使用中心油膜厚度计算如下：

$$F_{\mathrm{f,CAM,h}} = \int_{-b_{\mathrm{e}}}^{b_{\mathrm{e}}} \frac{\mu_{\mathrm{v}}(v_2 - v_1)}{h_{\mathrm{o,\ central}}} \tag{10.47}$$

式中,b_{e} 是凸轮上赫兹接触面积的半宽度;$v_2 - v_1$ 是凸轮与从动件之间接触点处的滑动速度。在前面的式(10.43)中,必须使用一个适当依压力而变化的润滑油黏度,因为这种非适形接触的黏弹性程度很高(即黏度在高油压下呈指数级增加)。由于接触区域的弹流润滑压力分布几乎与赫兹压力分布相同,所以用来计算黏度的压力也可以从计算出来的赫兹压力获取。另外,影响剪切速率的润滑油非牛顿流体特征事实上也起着重要作用,因为这里的剪切应力比 Eyring 强度要低。Yang 等人(1996)和 Teodorescu 等人(2003)考虑了非牛顿流体效应,给出了更为复杂的剪切摩擦力模型。根据计算出来的摩擦力,可以计算摩擦因数,然后需要将它与一个预先确定的极限摩擦因数(例如0.08~0.12)相比。如果计算出来的摩擦因数大于该极限值,则应该改而采用极限值。应当指出的是,对于很薄的油膜来讲(例如小于 0.1 $\mu\mathrm{m}$),弹流润滑的油膜厚度与润滑油的流变学物性和表面粗糙度所造成的更强烈影响相比,可能只起一个次要作用。

最后,凸轮与从动件之间的摩擦功率可以按下式计算：

$$\dot{W}_{\mathrm{f,CAM}} = \frac{1}{2\pi} \int_0^{2\pi} F_{\mathrm{f,\ CAM}} r_{\mathrm{C}} N_{\mathrm{CAM}} \mathrm{d}\phi_{\mathrm{CAM}} \tag{10.48}$$

式中,r_{C} 是从凸轮旋转中心到摩擦力向量的垂直距离;ϕ_{CAM} 是凸轮转角。由于摩擦热在凸轮与从动件之间的接触部位所产生的温升,可以基于 Yang 等人(1996)提出的闪光温度概念予以估算。

图 10.22 显示了油膜厚度相对于凸轮转角的典型变化规律(Soejima 等人,1999)。需要注意的是,虽然油膜厚度的两个峰值在时间尺度或凸轮转角尺度的图中看起来持续期很短,但是其实如果从空间视角来看或采用凸轮轮廓作图的话,这两个峰值实际上涵盖了凸轮侧翼上的大部分区域,一直到接近凸轮顶部。这种视觉上的错觉是由于在整个凸轮表面的接触点的速度发生大幅度变化而造成的。Dowson 等人(1986)的工作最能说明这个问题。在图 10.22 中,据观察,在接近凸轮顶部的狭小区域内,油膜厚度小而恒定。这表明,与位于凸轮侧翼大多数区域上的较厚油膜相比,这个油膜较薄区域的润滑条件比较脆弱。在凸轮顶部周围几乎恒定的油膜厚度很大程度是由于该区域内几乎恒定的凸轮曲率半径和卷吸速度在起主导作用。两个最脆弱而可能会发生边界润滑的位置

是具有理论零油膜厚度的位置,一般采用准静态和"仅带楔形效应"的假设予以预测。零油膜厚度对应于零平均卷吸速度。零速度是由于润滑油卷吸的方向发生了变化。应当指出的是,由于"挤压油膜"效应的存在,现实情况中的油膜厚度并不等于零,正如 Taylor(1993b)所指出的。在凸轮侧翼具有较厚油膜的地方,油膜厚度与粗糙度之比通常远大于 1 或 3,表明是处于弹流润滑区域。而在凸轮顶部周围,尽管凸轮与从动件之间能够维持一个非常薄的油膜(0.02~0.2 μm 数量级),油膜厚度与粗糙度之比通常小于 0.5 或 1,表明是处于严重的混合润滑(包括弹流润滑)或者甚至边界润滑区域。需要注意的是,用来判断润滑区域的油膜厚度与粗糙度之比这一标准,当使用不同类型的模型(即是否包括表面形貌和粗糙度变形)来预测油膜厚度时,应当相应地予以变化。

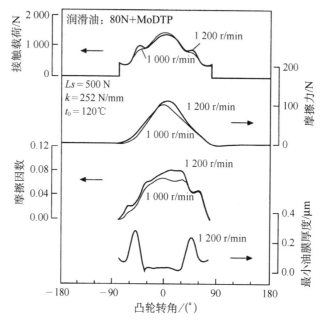

图 10.22 在刮伤刚发生之前和之后所显示的接触载荷、摩擦力、
摩擦因数和最小油膜厚度随凸轮转角变化的趋势
(引自 Soejima 等人,1999)

从式(10.48)中可以观察到,在凸轮润滑中获得良好(较大)油膜厚度的关键设计参数是凸轮载荷和瞬时平均卷吸速度。该速度是以下几个参数的函数:接触点的瞬时曲率半径、横向滑动速度、凸轮转速。凸轮载荷受弹簧力、配气机构质量和发动机转速影响。曲率半径受凸轮的基圆尺寸和凸轮型线影响。较高的卷吸速度和较大的曲率半径会增加油膜厚度。Taylor(1994)报道了装在一台 2.0 L 发动机上的带端部支点从动件的配气机构的一个设计例子。当基圆半径增加了 20% 后,从动件曲率半径增加了 12%,气门弹簧刚度在设计中得以减少 10%,使得凸轮顶部的赫兹应力减少了 19%,摩擦功率减少了 3%,凸轮顶部的油膜厚度增加了 17%。

10.7.5 平底从动件的旋转

平底从动件(挺柱)的旋转(自旋)对减少磨损的作用很早以前便得以确认。在设计中,偏心设计被广泛应用,通过在从动件中心线与凸轮中心线(沿凸轮瓣宽度方向)之间设置一定的偏心度,来促进从动件的旋转。有些设计还使用沿凸轮瓣宽度方向的斜锥形状将两个接触表面的速度变得更接近些。随着从动件的旋转,润滑油的卷吸状况得以改善,而且可以将磨损均匀地分布在一个较大的接触面积上,而不只是局限于很窄的一小片区域。因此,配气机构的耐久性得以改善。

从动件旋转对减少摩擦的影响对于科研界是一个相对较新的概念。它激发了通过实验和分析手段对这一现象进行探索的极大兴趣。Pieprzak 等人(1989)、Willermet 和 Pieprzak(1989)、Willermet 等人(1990)、Paranjpe 和 Gecim(1992)、Taylor(1994)和 Cho 等人(2004)对从动件旋转及其对凸轮摩擦的影响进行了实验和分析研究。正如 Taylor(1994)指出的,过去人们为了单纯地验证摩擦模型的预测精度,通常会将从动件的旋转约束住,以使实验中的运动学状况能够精确地匹配理论模型中所定义的运动。然而,在现实情况中,平底从动件是可以自由旋转的,以便改善耐久性。这个差异导致了很多摩擦模拟的计算结果与真实发动机摩擦实验所测试的结果之间存在着差别。从动件旋转也与在摩擦界面上的打滑有关。因此,理解、模拟和设计从动件旋转,以实现配气机构的低摩擦和低磨损,具有现实的重要意义,尽管准确模拟驱动从动件旋转的动态摩擦力矩是非常具有挑战性的任务。

凸轮与从动件界面上的摩擦力矢量与从动件中心线之间存在一个偏心距,这样就会产生一个转动力矩,驱动从动件旋转。所有设计尺寸和接触部位的几何形状以及作用在从动件上的其他力都会影响从动件旋转。例如,从动件及其套筒之间在圆周方向的黏性剪切力是一个反抗旋转运动的阻尼力。驱动力矩的大小决定了从动件的旋转速度。偏心距决定了从动件在接触点处的线速度。在极端情况下,如果从动件的线速度等于凸轮的线速度,接触点处将发生无打滑的滚动摩擦,那么摩擦力将会非常低。从动件旋转能够有效减少摩擦的主要原因就是因为在接触面之间产生了部分的滚动运动效应,因此与滑动运动相比,摩擦因数有所减小。

从动件旋转表现出以下一些特征。这里随后也会提供一些理论分析来解释这些从实验测量中所观察到的现象:

(1) 从动件瞬时旋转速度随凸轮转角而变化。随着气门开启程度越大,旋转速度会逐渐增加,并在凸轮顶部达到最大值(即当气门全开时),然后随着气门逐渐关闭而逐步减小。当气门完全关闭后,在凸轮基圆所对应的凸轮转角处的从动件旋转速度逐渐衰减,直到几乎为零;

(2) 在低发动机转速,从动件的瞬时旋转速度分布趋向于在凸轮顶部两侧互相对称。而在高发动机转速时,瞬时旋转速度的规律变得不对称,而且最大旋转速度的峰值往往位于凸轮关闭侧。发动机转速越高,该峰值就越漂移远离凸轮顶部。当发动机转速增加时,从动件瞬时旋转速度的峰值会下降,而且需要经过更长的凸轮转角区间来使得旋转速度逐渐衰减延伸到位于凸轮基圆上的零值。例如,Taylor(1994)显示,当凸轮轴的转速等于 549 r/min 时,从动件的最大旋转速度为 450 r/min;而当凸轮轴的转速等于 2 052 r/min 时,从动件的最大旋转速度下降到 300 r/min。随着发动机转速的增加,从动件瞬时旋转速度的变化幅度会变小,或者换言之,从动件会旋转得更为均匀;

(3) 从动件在一个发动机循环内的平均旋转速度往往随发动机转速的升高而增加;

(4) 从动件在一个发动机循环内的平均旋转速度大大低于凸轮轴的转速,例如只是凸轮轴转速的十分之一这种数量级;

(5) 从动件旋转主要受以下因素影响:凸轮轴转速、凸轮与从动件界面的接触区域的设计几何尺寸(例如大小和偏心度)、运动学。它不太受润滑条件的影响;

(6) 从动件旋转速度与一个凸轮循环内的凸轮-从动件摩擦力矩之间存在一定的相关性(Pieprzak 等人,1989;Willermet 和 Pieprzak,1989;Willermet 等人,1990)。较快的从动件旋转速度会导致较低的摩擦力矩。这种效应在最大气门升程时段附近达到最大,此时从动件的旋转速度很高,而且凸轮与从动件之间的接触变得更接近于滚动摩擦;

(7) 从动件的高旋转速度造成瞬时摩擦因数大为下降。而且,从动件旋转可能会造成"瞬时摩擦因
    数相对于凸轮转角"的曲线呈现出一种非对称分布形式。

上述实验特征可以由凸轮与从动件之间的瞬时摩擦力特征来解释,因为它决定了从动件的旋
转速度和与滚动摩擦的接近程度。摩擦力可以视为摩擦因数与凸轮载荷的乘积。在凸轮侧翼,由
于油膜厚度很大,摩擦因数较低。在凸轮顶部附近,混合或边界润滑占主导地位,油膜非常薄,摩擦
因数较高。在较高的发动机转速,在整个凸轮表面由于流体动力润滑效应有所增强,摩擦因数趋于
减小。需要注意的是,在凸轮与从动件之间的界面上测得的摩擦因数相对于凸轮顶部来讲可能是
非对称的,正如 Willermet 和 Pieprzak(1989)发现的;这表明了所牵涉的润滑区域的复杂本质。

在低发动机转速,凸轮载荷直接反映气门弹簧力的特点,而动态惯性载荷的影响可以忽略不
计。在高发动机转速,配气机构质量所引起的动态惯性效应可能会成为主导因素。该效应增大在
凸轮侧翼的受力,也抵消一部分弹簧力从而减小在凸轮顶部的受力。注意到惯性效应也会引起一
些振动的峰值,而气门弹簧力则是无振动地逐渐沿着凸轮转角在凸轮顶部达到最大值,并相对于凸
轮顶部基本呈对称形状。发动机高转速时的凸轮力曲线在整个凸轮循环工作段内看起来更均匀一
些。由于摇臂轴轴承的摩擦,凸轮力的曲线在低发动机转速时是不完全对称的。而且,在高转速
时,配气机构的动态振动力能够很容易地破坏凸轮力曲线上的任何对称格局。

凸轮与从动件之间的摩擦力是上述因素在复杂动力学上的净效果,它可能会在低转速时呈现
出一个处于凸轮顶部的高对称尖峰,并可能会在高转速时变得均匀却不对称。从动件的旋转是由
凸轮与从动件界面的摩擦力驱动的,因此呈现出与动态摩擦力相类似的特征。一般来讲,摩擦力越
大,从动件旋转的速度就越快。因此,从动件的旋转直接取决于不同发动机转速下特定的配气机构
动力学特征以及凸轮和从动件的几何设计特点。一个理论的挺柱旋转模型在低发动机转速下可能
能够非常准确地预测挺柱旋转,因为此时配气机构受力相对简单(即静态弹簧力起主导作用)而且
比较容易预测摩擦力。然而,在高发动机转速时,配气机构动力学模拟中的误差可能会导致在摩擦
力预测和从动件旋转速度预测方面出现很大差异。

10.7.6 凸轮与滚轮从动件的摩擦分析

滚轮从动件已被广泛用于推杆式和顶置凸轮式配气机构来显著减少摩擦。用其取代平底从动
件的其他原因一般包括以下几个:①使用平底从动件有时会遇到控制凸轮闪光温度的设计困难;
②滚动接触比滑动接触具有更高的许用凸轮应力极限;③为了能够使用负值曲率半径来实现更为
陡峭的凸轮加速度型线。Korte 等人(2000)详述了这方面的设计。

Staron 和 Willermet(1983)对一台 1.6 L 发动机的配气机构进行了润滑分析,探讨了各主要部
件的设计影响。他们发现,使用滚轮从动件能够减少大约 50% 的配气机构摩擦。Lee 等人(1994)
进行了实验工作发现,滚轮从动件的摩擦(包括滚轮销以及凸轮与滚轮之间的界面)在 750 r/min 发
动机转速占配气机构总摩擦的 11.8%,在 1 100 r/min 占 12.8%,在 1 500 r/min 占 13.3%。相比之
下,Paranjpe 和 Gecim(1992)研究发现平底从动件的摩擦占高达70%。与滚轮从动件配气机构摩擦
有关的重要问题有三个:①滚轮销轴承的摩擦和磨损;②凸轮的弹流润滑滚动摩擦;③滚轮打滑及
其相关摩擦和磨损。这些问题是相互关联的。

滚轮销的摩擦力矩和滚轮的惯性力矩通常都相当高,而后者是滚轮打滑的动因。滚轮销轴承
据认为主要运行于流体动力润滑区域。正如其他轴颈轴承一样,其供油孔的位置需要精心设计,以
便使供油孔落在非承载区域,不干扰流体动力润滑。Colechin 等人(1993)发表了一项关于滚轮从动
件配气机构及其滚轮销轴承的运动学和润滑分析。Lee 和 Patterson(1995)测量了滚轮销的摩擦,

并发现滚轮销在气门开启侧(到达凸轮顶部之前)运行于流体动力润滑区域(摩擦因数处于0.001～0.002这个数量级),而在气门关闭侧(过了凸轮顶部之后)运行于混合润滑区域。他们还发现,在同样的索末菲工况参数下,在气门开启侧的摩擦因数低于在气门关闭侧的摩擦因数。他们怀疑其原因可能是供油孔与载荷位置之间所发生的角度变化或者是气蚀造成的。这再次表明供油孔位置对于这个问题的重要性。滚轮销的摩擦与滚轮的瞬时转速有关,而这个转速受滚轮打滑影响。

在凸轮与从动件之间的界面上的滚轮摩擦因数在0.003～0.006这个数量级,而平底从动件的摩擦因数则高达0.11～0.14(Lee和Patterson,1995)。Lee和Patterson(1995)对凸轮与滚轮之间的接触进行了详细的混合润滑分析,包括考虑了表面粗糙度对弹流润滑油膜厚度的影响。凸轮与滚轮之间的摩擦力是滚动摩擦和粗糙接触边界摩擦的总和。当滚轮在不打滑情况下发生滚动时,滚轮瞬时转速等于凸轮转速,也等于机油卷吸速度。滚动摩擦可通过以下弹流润滑线接触模型(Goksem,1978)计算:

$$F_{f,rolling,CAM} = \frac{4.318}{C}(G_{lub}U_{lub})^{0.658}W_{lub}^{0.0126}r_{ROC} \tag{10.49}$$

式中,C是一个压力黏度系数;G_{lub},U_{lub},W_{lub}和r_{ROC}的定义同式(10.43)中的。

当滚轮发生打滑时,由滑动造成的额外剪切摩擦力可以采用黏性剪切原理计算如下:

$$F_{f,slip,CAM} = \frac{\mu_v A_c v_{slip}}{h_o} \tag{10.50}$$

式中,v_{slip}是由于打滑造成的相对速度;h_o是油膜厚度;A_c是接触面积。

滚轮打滑基本上是不可避免的,而且它导致的摩擦会远远高于滚动摩擦。预测滚轮打滑是滚轮摩擦分析中的最重要课题。纯滚动接触意味着凸轮与滚轮之间在接触点处的相对速度为零(即相等的表面速度)。为方便起见,将打滑比率或滑动比率简单定义为滚轮与凸轮之间转动速度的相对差异。注意到凸轮和滚轮具有相同转速并不意味着纯滚动。凸轮与滚轮之间复杂的运动学布置关系(例如半径和偏置度)决定了为保持纯滚动而在一个凸轮循环内在每个接触点上的凸轮速度和滚轮速度之间所需要保持的变化关系。任何偏离于这一规定的运动学关系的凸轮或滚轮速度,例如由于作用在滚轮上的力发生变化所引起的偏离,都会导致滚轮发生打滑。

自从滚轮打滑研究在大约30年前开始以来,这方面发表的工作一直很少。在已有文献中,Duffy(1993)、Lee等人(1994)、Lee和Patterson(1995)以及Ji和Taylor(1998)的研究大概是最重要的。实验证据显示,滚轮打滑会发生在凸轮基圆上,并在凸轮两侧侧翼相对于凸轮顶部的两个对称位置达到峰值,这两个峰值对应着油膜厚度的两个尖峰。在凸轮顶部几乎不发生打滑。打滑程度倾向于随发动机转速的升高而增大。事实上,打滑比率既可以是正值,也可以是负值(即滚轮既可以转得较快,也可以转得较慢)。而且,打滑比率可以高达10%。过去的研究表明,当凸轮与滚轮之间的界面上的表面粗糙度变得较大或者当机油黏度变得较低时,滚轮打滑的程度会变得较小。

关于对滚轮打滑机理的理解,可以以车轮打滑作为比喻。当发动机提供的车辆牵引力大于路面的附着极限时,车轮会发生打滑,例如在湿滑路面上时。类似地,滚轮打滑也是发生在当"牵引力"与在滚轮从动件接触点处的总摩擦力不匹配时。这里所不同的是,在滚轮打滑中,"牵引力"是滚轮销轴承的摩擦力。该摩擦力从本质上讲来自滚轮的旋转,这旋转起源于凸轮轴的驱动力矩。事实上,对于这种有两个摩擦力参与的情形(一个在滚轮销处,另一个在凸轮与滚轮之间的接触处),再去定义哪一个是"牵引力"和哪一个是"摩擦力或阻力"就显得不那么重要了。滚轮销轴承的摩擦力试图减缓滚轮转动,而凸轮与滚轮之间接触部位的摩擦力则试图加快滚轮转动。滚轮的角动量等于滚轮的质量转动惯量与角加速度的乘积。滚轮的力矩平衡可以表达为,滚轮的角动量等于来自凸轮与滚轮之间的摩擦以及滚轮销轴承摩擦所给出的力矩总和。如前所述,假设在一个给定的凸轮轴转速下,在凸轮工作段内的任意时刻,可以基于凸轮机构的运动学关系计算出对应于纯滚动所需要的滚轮转速的特定值。将这一转速记为滚轮"所需要的纯滚动转速"。如果要保持纯滚动,滚轮的力矩平衡必须在每一时刻都满足所需要的纯滚动转速。任何由力的变化或凸轮转速的变化而造成的偏离于这一平衡的状况,都会导致违反该纯滚动条件,也就是说会发生滚轮打滑。滚轮销的摩擦力矩是由流体动力润滑理论所决定的,而且受滚轮质量、滚轮销尺寸和转速影响。凸轮与滚轮之间的摩擦力矩是由弹流润滑或混合润滑理论决定的,而且受配气机构的动力学载荷、凸轮轴转速和表面粗糙度等影响。因此,在每个凸轮循环内,不可能总能够随时保持零滑移或无打滑条件(即纯滚动)。从滚轮的力矩平衡方程计算出来的滚轮角速度不可能总是满足由运动学关系所要求的纯滚动条件。这就是滚轮发生打滑的根本原因。

从以上分析可知,由于任何设计变更或运行条件原因而造成的滚轮销轴承摩擦力增加,往往会将滚轮减速,使得滚轮滞后于凸轮而打滑(即向后打滑),反之亦然。而当凸轮与滚轮之间的摩擦力增加时,往往会将滚轮加速,使得滚轮超前于凸轮而打滑(即向前打滑),反之亦然。任何影响这两个摩擦力的设计或运行条件上的变化都会影响滚轮打滑。发动机转速以一个复杂的方式影响滚轮打滑,比如通过它对配气机构动力学载荷的影响、对凸轮与滚轮之间接触处的弹流润滑的影响以及对滚轮销轴承处的流体动力润滑摩擦的影响。从文献中观察到的实验现象均可以很好地用这一分析理论来解释。例如,Lee 和 Patterson(1995)发现,打滑通常发生在凸轮侧翼,那里的油膜厚度很大而摩擦力较低。打滑也发生在凸轮基圆上,凸轮与滚轮之间的摩擦力在那里非常低,甚至为零。打滑效应在高发动机转速时尤为明显,那时滚轮销轴承的摩擦力较高,而凸轮与滚轮之间的摩擦力变得较低。Duffy(1993)在他的实验中发现,较低的机油黏度会降低滚轮打滑的程度,这应当是由于弹流润滑油膜厚度的减小和更为严重的粗糙接触所引起的凸轮与滚轮之间摩擦力的增加。他还指出,一个打滑指数——定义为打滑百分比与从动件升程之乘积在一个凸轮循环内的角积分,大体上与摩擦功率损失成正比。这进一步证实了滚轮打滑这一问题对于带滚轮从动件的配气机构的摩擦是非常重要的。

滚轮从动件打滑和摩擦控制对现代发动机提出了一个饶有意味并颇具挑战性的任务。耦合的动力学和润滑模拟在滚轮从动件的运动学和配气机构动力学的系统优化中起着至关重要的作用,以尽量减少滚轮打滑、摩擦和磨损。最后需要提到的是,滚轮运动的另一个重要课题是滚轮的偏斜(倾转)。它影响凸轮的应力、摩擦和磨损(第 2.9.4 节有所涉及)。Ito(2003,2004,2006)以及 Ito 和 Yang(2002)根据 Ahmadi 等人(1983)开发的一个理论方法研究了滚轮从动件的动态偏斜运动。他们的结果显示滚轮的型面和从动件的转动惯量对偏斜运动的幅度有很大影响。

10.7.7　配气机构轴承和导管的摩擦分析

虽然凸轮与从动件之间的摩擦在配气机构的摩擦中占主导作用(尤其对于平底从动件来讲),但是来自摇臂轴承、凸轮轴轴承、从动件导管和气门导管的摩擦也起着重要作用。Paranjpe 和 Gecim(1992)给出了一个带平底从动件的推杆式配气机构在 2 000 r/min 发动机转速时的模拟结果,表明凸轮与从动件之间的摩擦占配气机构总摩擦的 70%,而摇臂支点的摩擦占 16%,从动件导管摩擦占 11%,其他地方的摩擦占 3%。Teodorescu 等人(2002)报道,在对某平底从动件的测量中,摇臂轴轴承的摩擦占配气机构总摩擦的 10%。事实上,在凸轮与从动件之间的界面处的摩擦功耗有时可能不那么重要,或者可能会比所有其他部件的总摩擦耗功更低,尤其是在高转速时。

Dowson 等人(1986)的实验证明了这一点。

关于凸轮轴轴承的载荷,可以采用类似于多缸发动机中的曲轴主轴承的方法予以计算。对于一台四冲程发动机来讲,凸轮轴以曲轴转速的一半进行旋转。在发动机转速非常低时,在凸轮轴轴承中有时不能建立起有效的流体动力润滑油膜,这样就会导致带有粗糙度接触的混合润滑。在无法获知轴承内部最小油膜厚度的细节情况时,其摩擦功率计算可以简化为假设遵循流体动力润滑并按照第 10.6 节中介绍的方法进行。对于配备了机械间隙调节器的配气机构来讲,凸轮轴的载荷曲线上可能会存在一些对应于气门关闭期间的零载荷区间(具体取决于发动机的气缸数)。对于配备了液压间隙调节器的配气机构来讲,由于存在来自液压的静态载荷,凸轮轴的载荷总是大于零的。在不承载期间,黏性剪切摩擦力应该采用无气蚀的 2π 油膜假设来计算。在静态承载或动态承载期间,在来自黏性剪切和流体动压项的摩擦计算中应当适当考虑气蚀假设。与第 10.6 节中的方程相比,Staron 和 Willermet(1983)以及 Crane 和 Meyer(1990)使用了一个略有不同的凸轮轴轴承模型来计算轴颈的偏心度。Staron 和 Willermet(1983)发现,在凸轮轴的轴颈轴承中使用滚针轴承并没有减少在高转速时的摩擦,但是的确能够减少在非常低的转速时的摩擦。

Staron 和 Willermet(1983)发现,在摇臂支点使用滚针轴承能减少摩擦大约 10%。只有当气门在每个气缸中运动时,摇臂轴承才会发生摩擦。当使用轴式轴承而非滚轮轴承或球轴承时,摇臂轴承的摩擦会变得比较显著。摇臂轴不像凸轮轴那样持续地旋转。当从动件处于凸轮基圆上时,摇臂是静止的,油膜会被挤掉,从而导致摇臂轴承内发生边界润滑。当气门开启和关闭时,摇臂以低速微微地来回摇摆,并在轴承内的一个很小区域承受较高的载荷(类似于活塞销轴承的情形)。摇臂轴承的摩擦可以从推杆力或凸轮力相对于凸轮转角的曲线上清晰地观察到(图 9.5)。推杆力或凸轮力在刚过最大气门升程的凸轮转角处会瞬间急剧下降,从气门开启侧的较高力突然降到气门关闭侧的较低力。由于气门的运动方向在最大气门升程处发生逆转,这瞬间力的下降是由于摩擦力的方向变化所造成的。Teodorescu 等人(2002)测量了在一个发动机循环内的瞬时摇臂轴轴承的摩擦力矩。他们观察到,摇臂的摩擦力遵循推杆力(即法向载荷)的瞬时变化模式,这表明了其边界润滑特征。他们还测量了摇臂轴的摩擦因数,大体上为一个常数(大约 0.1～0.2),而且不受发动机转速影响。他们证实,摇臂轴承的摩擦从未达到过流体动力润滑的水平。摇臂的摩擦可以采用一个等效摩擦因数(例如如果是滚动接触的话,采用一个滚动摩擦因数)乘以轴承载荷来计算。需要注意直接驱动的顶置凸轮没有摇臂。

在确定配气机构的往复振荡运动部件(例如气门和在导管中的从动件)的摩擦损失时,可以假设往复振荡运动部件与导管(或套筒)之间的间隙是同心设置造成的并且为一常数。另外,为简单起见,可以忽略侧向载荷、倾转效应和气蚀,还可以假设间隙空间内充满润滑油。这些部件的摩擦力是流体动力润滑的黏性剪切力,正比于机油的动力黏度、滑动速度和接触面积,反比于导管间隙。如果使用一个更为复杂的模型,则可以假设在往复振荡行程的末端,部件具有零滑动速度、承受侧向载荷和处于边界润滑。Paranjpe 和 Gecim(1992)以及 Wang(2007)提供了侧向载荷的计算方法。Teodorescu 等人(2002)给出了在一个发动机循环内的气门杆瞬时摩擦力的测量数据。该数据表明,这个力非常小,只占作用于气门杆顶部的力的 1.5%～2%,而且只占配气机构总摩擦损失的 2%。他们的数据还显示,这个摩擦力不随发动机转速的增加而增大,并不是像惯常的流体动力润滑的摩擦行为所表现的那样。相反,他们测量的气门与导管之间的摩擦力在整个发动机转速范围内保持恒定,展现出混合润滑特征。而 Teodorescu 等人(2003)在某柴油机推杆式配气机构中所测量的从动件与套筒之间的摩擦力数据,展现出流体动力润滑特性(即与气门运动速度成正比)。该摩擦力同凸轮与平底从动件之间的摩擦力具有相同的数量级。

为了尽量减少润滑油消耗和颗粒物排放,往往在现代柴油机中使用气门杆密封,以大幅度减少通过气门杆和导管区域处的机油和流入燃烧室的机油(Marlin等人,1994)。过去的研究表明,气门杆密封处于边界润滑区域工作(Netzer和Maus,1998)。

10.8 用于系统设计的发动机摩擦模型

10.8.1 第一级发动机摩擦模型

第一级发动机摩擦模型是经验或半经验式和非瞬时的,并以循环平均意义上的摩擦平均有效压力表示。它包括两种类型:①比较简单的"整体集总式"模型,将所有不同部件的摩擦集总在一起;②比较复杂的"整体分解式"模型,将每个部件分别单独处理。

第一级整体发动机摩擦模型的基础可以追溯到大约半个世纪前。Gish等人(1958)探索了气缸压力(或发动机负荷)对摩擦的影响。他们采用了一台汽油机,使用示功图方法研究了发动机的压缩比对机械摩擦和热效率的影响。他们发现,在发动机机械摩擦平均有效压力与最高气缸压力之间存在着一个二阶相关性,不管气缸压力是由改变发动机的压缩比产生的还是由其他措施产生的。他们的结论是,机械摩擦随缸内气压迅速增加的主要原因是作用在第一道活塞环背面的高气压。

对于现代柴油机来讲,最高气缸压力对发动机摩擦的影响特别重要,因为现代柴油机通常在很高的增压压力和气缸压力下运行,人们由此而担心机械效率是否会下降。最高气缸压力和相对于曲轴转角的压力曲线的形状受进气歧管压力、发动机压缩比、进气门关闭定时、喷油定时等影响。

福特汽车公司的Bishop(1964)首次系统地研究了设计变量对发动机摩擦的影响。他测试了在一个大范围内的多种不同的水冷四冲程发动机,并针对下列各项摩擦平均有效压力推导出了一些经验公式:

- 活塞的摩擦平均有效压力为缸径、冲程长度、发动机压缩比、进气压力、活塞平均速度、活塞裙部长度的一个函数;
- 轴承的摩擦平均有效压力为缸径、冲程长度、轴承的直径和长度、发动机转速的一个函数;
- 配气机构的摩擦平均有效压力为缸径、冲程长度、气门数量、气门直径的一个函数,并随发动机转速的下降而线性减小;
- 辅助附件的摩擦平均有效压力正比于发动机排量和 $N_E^{1.5}$,其中 N_E 是发动机转速。

国际收割机公司(International Harvester,即Navistar的前身)的Chen和Flynn(1965)提出了一个后来被广泛使用的发动机机械摩擦公式。他们分析的发动机机械摩擦包括刮滑摩擦和辅助附件的功率损失。该公式基于单缸柴油机的测试数据,具有以下形式:

$$\varpi_{FMEP} = C_0 + C_1 p_{max} + C_2 v_{mp} \tag{10.51}$$

式中,v_{mp}是活塞平均速度;p_{max}是最高气缸压力。他们指出,机油温度对发动机摩擦有重大影响。

Millington和Hartles(1968)用拖动分解实验分析了直喷式柴油机的摩擦损失,并提出了一个关于摩擦平均有效压力的关联公式,其中包括发动机的机械摩擦和泵气损失,具体形式如下:

$$\varpi_{FMEP} = (\Omega - 4) + C_1 N_E + C_2 v_{mp}^2 \tag{10.52}$$

式中,Ω 是发动机压缩比;N_E 是发动机转速;$C_2 v_{mp}^2$ 主要用于泵气损失。他们研究了影响发动机摩擦的许多设计因素,包括活塞环、活塞重量、活塞裙部面积、发动机压缩比、机油黏度、轴承直径、附属装置耗功等。

Winterbone 和 Tennant(1981)提出以下一个公式:

$$\varpi_{\mathrm{FMEP}} = C_0 + C_1\, p_{\max} + C_2 N_{\mathrm{E}} \tag{10.53}$$

他们假设独立变量的影响(转速和负荷)可以线性叠加。他们还分析了柴油机的瞬态摩擦,并得出结论认为,与处于相同转速和负荷时的稳态工况相比,瞬态工况时明显增加的摩擦是由于曲轴在减速和加速过程中的变形及其导致的轴承摩擦变化所引起的。

Kouremenos 等人(2001)基于发动机的实验数据和对瞬时摩擦力的模拟计算提出一个具有以下形式的公式:

$$\varpi_{\mathrm{FMEP}} = C_0\, \varpi_{\mathrm{IMEP}} + C_1\, v_{\mathrm{mp}} + C_2\, p_{\max} \tag{10.54}$$

Kouremenos 等人(2001)和 Rakopoulos 等人(2002)认为,最高气缸压力的影响是相当小的(小到难以觉察或忽略不计)。

An 和 Stodolsky(1995)模拟了发动机重量对发动机摩擦和车辆的燃料经济性的影响。他们提出了一个公式,具体形式如下:

$$\varpi_{\mathrm{FMEP}} = (C_0 + C_1 N_{\mathrm{E}} + C_2 m_{\mathrm{P}} N_{\mathrm{E}}^2) + (C_3 - C_4 N_{\mathrm{E}} + C_5 m_{\mathrm{VT}} N_{\mathrm{E}}^2) \tag{10.55}$$

式中 m_P 是活塞组质量;m_{VT} 是配气机构质量。在两个括号中的项分别代表来自活塞组和配气机构的摩擦平均有效压力。$m_{\mathrm{P}} N_{\mathrm{E}}^2$ 和 $m_{\mathrm{VT}} N_{\mathrm{E}}^2$ 分别代表来自活塞组和配气机构的动态惯性载荷的贡献。Martin(1985)在他的轴承摩擦评述中认为,一般来讲,减小相关运动部件的质量会导致摩擦减少。An 和 Stodolsky(1995)认为,在高发动机转速(例如 4 000 r/min),$m_{\mathrm{P}} N_{\mathrm{E}}^2$ 可能会变成起主导作用的项。但是,Goenka 和 Meernik(1992)、Keribar 等人(1993)、Livanos 和 Kyrtatos(2006)所做的模拟工作以及 Uras 和 Patterson(1987)的实验工作显示,活塞裙部和轴承的摩擦力对载荷变化并不敏感。事实上,惯性力对摩擦的影响可以很复杂,或者说一般来讲是比较小的,原因有二。首先,活塞环是在整个圆周方向均匀承载并在单侧产生摩擦(即在活塞环表面一侧)。而与此不同的是,活塞裙部和轴承在承载侧和非承载侧具有不同的摩擦力。当负荷(包括缸内气压载荷和惯性载荷)发生变化时,载荷会推着活塞裙部或轴颈在间隙空间内发生偏心移动。这会导致润滑油膜在一侧变薄,而在另一侧却变厚。而且,油膜在非承载侧会发生气蚀。这样,在两侧的黏性剪切摩擦力的变化可能会在很大程度上相互抵消,只要润滑区域仍然处于流体动力润滑。因此,活塞裙部或轴承的总黏性摩擦力可能会保持不变。其次,随着载荷的增加,流体动力润滑区域内的摩擦因数实际上是在减小。

福特汽车公司的 Lee 等人(1999)总结了他们在使用整体发动机摩擦模型进行发动机系统概念评估方面的经验。他们的分析工作,包括关于动力总成部件的关键几何参数和重量,是基于福特公司的 Bishop(1964)所建立的传统模型的基础上进行的。

Ciulli(1993)评述了各种整体发动机摩擦模型之间的差异,并在一台四缸四冲程直喷柴油机上使用了这些模型。他观察到,大多数公式都没有直接的可比性,因为这些公式是从不同类型的发动机和不同的运行条件下获得的。

总结上述结果,可以将不区分来自每个部件之贡献的第一级整体集总式发动机摩擦模型写成以下形式,作为一些基本设计和运行参数的一个函数:

$$\varpi_{\text{FMEP}} = C_0 + C_1 p_{\max} + C_2 v_{mp} + C_3 N_E + C_4 m_{E,\,\text{mov}} N_E^2 + C_5 N_E^2 \tag{10.56}$$

式中,常数项 C_0 代表边界润滑摩擦,该项与发动机转速无关。最高气缸压力项 $C_1 p_{\max}$ 代表由缸内气压载荷(与发动机压缩比有关)造成的活塞环组中气环的混合润滑和边界润滑摩擦。线性项 $C_2 v_{mp}$ 代表滑动部件(例如活塞裙部和活塞环)的流体动力润滑摩擦,该项正比于活塞平均速度。线性项 $C_3 N_E$ 代表旋转部件(例如轴承)的流体动力润滑摩擦,该项正比于曲轴转速。二次项 $C_4 m_{E,\,\text{mov}} N_E^2$ 代表与发动机运动件质量的动态惯性力有关的一个校正项,其中 C_4 对于设计良好的柴油机来讲通常非常小。二次项 $C_5 N_E^2$ 代表附属装置耗功中的流体泵送。需要注意的是,式(10.56)中没有与 v_{mp}^2 有关的泵气损失项,因为泵气损失不属于发动机摩擦的一部分。

第一级整体摩擦模型可以进一步扩大到包括设计的具体几何参数,例如气缸直径和冲程(像 Ciulli 于 1993 年评述的那些公式一样),或者分解到每一个部件(例如活塞、活塞环、轴承、密封件、配气机构、附属装置),并将它们的基本设计参数包括进来作为输入数据。Fujii 等人(1988)试图使用一个分析式方法来推导摩擦平均有效压力与缸径、冲程和发动机转速之间的关系。虽然他们的分析是为一台转速极高的摩托车汽油发动机而做的,但是他们所采用的方法是一个具有普遍意义的通用方法,值得关注。最完整的第一级整体分解式发动机摩擦模型是由美国麻省理工学院(MIT)的 Patton 等人(1989)为汽油机而开发的,而后由 Sandoval 和 Heywood(2003)改进并完善。Shayler 等人(2005)使用这一模型并与轻载柴油机的测试数据进行了比较。整体分解式模型的基本思想是假设摩擦因数遵循斯特里贝克图。因此,摩擦因数在流体动力润滑区域内基本上正比于斯特里贝克工况参数或其平方根,在混合润滑区域内与发动机转速成反比,并在边界润滑区域内为一个常数。摩擦力可以靠将摩擦因数与载荷(法向力)相乘而求得。每个部件的摩擦项可以依靠使用式(10.6)所示的摩擦平均有效压力格式求出。Heywood(1988)、Patton 等人(1989)以及 Ferguson 和 Kirkpatrick(2001)给出了该模型的详细推导。Sandoval 和 Heywood(2003)总结了对此模型的改进,包括引入了与润滑油黏度、活塞环张力和气缸壁表面粗糙度有关的一些修正因子。

第一级整体分解式发动机摩擦模型可以用下式予以总结:

$$\varpi_{\text{FMEP}} = \left[C_1 \frac{d_B}{B_E^2 S_E n_E} + C_2 \left(\frac{\mu_v}{\mu_{v0}}\right)^n \frac{N_E^m d_B^3 L_B n_B}{B_E^2 S_E n_E} + C_3 \frac{N_E^2 d_B^2 n_B}{n_E} \right]_{\text{曲轴}}$$

$$+ \left[\begin{aligned} &C_4 \left(\frac{\mu_v}{\mu_{v0}}\right)^n \frac{v_{mp}^m}{B_E} + C_5 \left(\frac{F_{rt}}{F_{rt,\,0}}\right)\left(\frac{\sigma_{sr}}{\sigma_{sr0}}\right)\left(1+\frac{C_0}{N_E}\right)\frac{1}{B_E^2} \\ &+ C_6 \left(\frac{\mu_v}{\mu_{v0}}\right)^n \frac{N_E^m d_B^3 L_B n_B}{B_E^2 S_E n_E} \end{aligned} \right]_{\text{活塞组}}$$

$$+ \left[C_7 \left(\frac{\mu_v}{\mu_{v0}}\right)^n \frac{p_{\text{boost}}}{p_{\text{AMB}}} \cdot \Omega + C_8 \left(\frac{F_{rt}}{F_{rt,\,0}}\right)\frac{p_{\text{boost}}}{p_{\text{AMB}}} \cdot \Omega^{(1.33-C_9 v_{mp})} \right]_{\text{气体载荷}}$$

$$+ \left[\begin{aligned} &C_{10} + C_{11}\left(\frac{\mu_v}{\mu_{v0}}\right)^n \frac{N_E^m n_B}{B_E^2 S_E n_E} + C_{12}\left(1+\frac{C_0}{N_E}\right)\frac{n_{\text{VAL}}}{S_E n_E} + C_{13}\frac{N_E n_{\text{VAL}}}{S_E n_E} \\ &+ C_{14}\left(\frac{\mu_v}{\mu_{v0}}\right)^n \frac{l_{\text{VAL, max}}^{1.5} N_E^{0.5} n_{\text{VAL}}}{B_E S_E n_E} + C_{15}\left(1+\frac{C_0}{N_E}\right)\frac{l_{\text{VAL, max}} n_{\text{VAL}}}{S_E n_E} \end{aligned} \right]_{\text{配气机构}}$$

$$+ \left[C_{16} + C_{17} N_E + C_{18} N_E^2 \right]_{\text{辅助附件}}$$

$$\tag{10.57}$$

式中，C_i 是经验常数；n 是黏度摩擦指数；m 是转速指数。n 和 m 的取值对于不同部件可以不同。

式(10.57)中第一个方括号内的各项分别表示由曲轴主轴承密封件、主轴承流体动力润滑、输送机油流过轴承的湍流耗散所造成的摩擦。参数 d_B 是轴承直径，L_B 是轴承长度，n_B 是轴承数量。需要注意的是，湍流耗散项可以从这里去除掉而包括在油泵耗功中。

第二个方括号内的各项分别表示由活塞组往复运动的流体动力润滑、活塞环在无气压载荷情况下的摩擦、连杆轴承的流体动力润滑所造成的摩擦。F_{rt} 是活塞环的张力，μ_v 是润滑油黏度，σ_{sr} 是表面粗糙度。下标"0"代表用来调整模型用的一个基线值。

第三个方括号内的各项表示因为气体压力载荷而增加的摩擦，其中 p_{boost} 是进气歧管增压压力，Ω 是发动机的压缩比。值得注意的是，这些项其实可以采用更为通用的含有最高气缸压力的项予以取代来改进。

第四个方括号内的前两项分别代表由凸轮轴轴承密封的边界润滑和凸轮轴轴承的流体动力润滑所造成的摩擦。参数 n_{VAL} 是每个气缸的气门数目，$l_{VAL,\,max}$ 是最大气门升程。第四个方括号内的第三项和第四项代表凸轮与从动件之间的摩擦。需要注意的是，这两项中只能选用其中一项——第三项适用于平底从动件，第四项适用于滚轮从动件。第四个方括号内的最后两项分别代表由配气机构的往复运动部件在挺柱及其套筒之间的流体动力润滑或混合润滑所造成的摩擦，以及在气门杆与导管之间的混合润滑或边界润滑所造成的摩擦。

在最后一个方括号内的各项代表发动机辅助附件诸如机油泵、水泵、燃油泵和发电机等的摩擦和耗功损失。关于发动机和车辆的辅助附件的详细内容，读者可以参考 SAE J1343(2000)、J2743(2007)、J1342(2007)、J1341(2003)、J1340(2003)。

值得注意的是，在摩擦计算中，对机油黏度的修正是很重要的，因为发动机起动时的摩擦功率可能会是暖机后的发动机摩擦功率的两倍之高(Sandoval 和 Heywood，2003)。黏度摩擦指数 n 的取值对不同的部件会有所不同(Shayler 等人，2005)。通常地，$n=0.5$。式(10.57)中发动机转速 N_E 或活塞平均速度 v_{mp} 上的指数 m 可以使用小于 1 的取值(例如 0.5～0.6)，以便在低温和低转速条件下能够更好地匹配实验数据，正如 Shayler 等人(2005)所尝试的那样。实际上，m 的值取决于在摩擦因数与斯特里贝克工况参数之间的相关式中的指数取值。另外，还应注意到，在式(10.15)和(10.57)中，部件间隙和活塞裙部长度的影响已经隐含地体现在经验常数里了。如果要评估这些参数在设计变化上的影响，就需要使用第二级或第三级摩擦模型。

10.8.2 第二级发动机摩擦模型

过去的研究结果表明，活塞组、曲轴、凸轮轴、燃油泵的瞬时摩擦力矩包含着比发动机循环平均值大得多的尖峰值。将第一级发动机摩擦模型提升到第二级摩擦模型，有两个目的：①预测具有曲轴转角精度的瞬时摩擦扭矩，采用更基于物理本质的方法而减少经验性，并且同时仍保持实时计算能力；②覆盖更多的发动机设计和运行参数，将它们作为输入数据，这样就可以评估它们对摩擦的影响，例如活塞裙部的长度和宽度、活塞环的张力、轴承的长度和直径、间隙、气门弹簧的预紧力和刚度。

第二级摩擦模型在预测瞬时扭矩和冷起动的发动机动力学模拟方面起着非常重要的作用。第二级模型需要单独分析每个部件的摩擦。它在计算摩擦力上所采用的方法是，要么使用库仑类型的摩擦模型(即摩擦因数乘以法向载荷)，要么对特定部件使用已有的解析公式(例如 Taraza 等人(2007)使用的"短轴承"理论)。这两种方法都是基于瞬时曲轴转角的。其中的法向载荷可以用发动机循环模拟和动力学模型计算获得，而这些模型都是发动机系统设计的常用工具。有些摩擦因数可以通过斯特里贝克式曲线图予以确定(例如活塞环)，比如基于一个润滑参数(作为首选方法)、或者一个工况参数(传统方法)、或者油膜厚度与粗糙度之比。

与第三级模型不同,第二级模型不需要部件表面的润滑油膜厚度和压力的空间分布的详细内容。第二级和第三级模型之间的主要区别是处理摩擦因数的方法。第二级模型的优势在于,一些摩擦因数可以从实验确定的斯特里贝克图中得到(例如活塞环)。在第三级的分析模型中,摩擦因数是靠求解雷诺方程导出的。在第三级模型中,需要做许多简化假设和使用一些边界条件。在真实情况中,发动机活塞组和轴承是在瞬态的热力和动力条件下运行的,而这些都很难用流体动力润滑的雷诺方程来准确模拟。

美国韦恩州立大学的一个研究小组研发了瞬时发动机摩擦模型,主要是关于柴油机的,最早始于Rezeka-Henein 模型(Rezeka 和 Henein,1984),后被一系列摩擦研究所补充(Gardner 和 Henein,1988;Taraza 等人,1996;Henein 等人,1997;Stanley 等人,1999;Teodorescu 等人,2003)。Ciulli 评述了他们的模型(Ciulli,1993,图 10.23)。Taraza 等人(2000,2007)对这套模型做了总结。Rezeka-Henein 模型也被其他研究者广泛使用和改进(例如 Tuccillo 等人,1993),特别是雅典国立技术大学的一组研究人员(Kouremenos 等人,2001;Rakopoulos 等人,2002,2004a,2004b,2007;Rakopoulos 和Giakoumis,2009)。Rezeka-Henein 模型从斯特里贝克图中查找摩擦因数计算活塞环摩擦,采用短轴承假设的解析方法计算轴承摩擦,并使用弹流润滑理论计算凸轮与从动件之间的摩擦。该模型未能对活塞裙部的摩擦计算进行有效处理,因为它试图用库仑式摩擦模型在瞬态基础上计算动态承载润滑部件的黏性摩擦力。

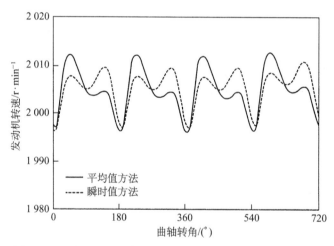

图 10.23　采用平均值的摩擦损失公式(Millington 和 Hartles)
以及采用瞬时值的摩擦损失公式(Rezeka 和 Henein)
计算得到的发动机曲轴瞬时角速度的变化趋势
(引自 Ciulli,1993)

具有曲轴转角精度的瞬时发动机摩擦计算的其他几个重要模型如下:
- Dowson 等人(1996)正确有效地处理了活塞裙部的摩擦模拟。他们直接使用一个简化的黏性剪切力计算方法,避免使用斯特里贝克图中的摩擦因数。这项工作是第二级发动机摩擦模型的最重要参考文献;
- Nakada 等人(1997)提出了一个简化而有效的模型计算活塞的摩擦;
- Coy(1997)使用斯特里贝克图查取摩擦因数,并研发了一个发动机磨损模型;
- Zweiri 等人(2000)给出了一个与 Rezeka-Henein 模型类似的模型,并提供了详细的推导细节。

第二级发动机摩擦模型可以总结为以下形式：

$$
\begin{aligned}
\dot{W}_{\mathrm{f,E}}(\phi) ={}& \dot{W}_{\mathrm{f,\,油环}} + \dot{W}_{\mathrm{f,\,气环}} + \dot{W}_{\mathrm{f,\,活塞裙部}} + \dot{W}_{\mathrm{f,\,轴承}} \\
& + \dot{W}_{\mathrm{f,\,凸轮}} + \dot{W}_{\mathrm{f,\,辅助附件}} + \dot{W}_{\mathrm{f,\,气门往复运动}} + \dot{W}_{\mathrm{f,\,密封}} \\
={}& \Big[\sum C_{\mathrm{cav}} f_{\mathrm{fri}} F_{\mathrm{n}} v_{\mathrm{mp}}\Big]_{\mathrm{油环}} + \Big[\sum C_{\mathrm{cav}} f_{\mathrm{fri}} F_{\mathrm{n}} v_{\mathrm{mp}}\Big]_{\mathrm{气环}} \\
& + \left[\int_{0}^{L_{\mathrm{p}}} \left(C_{\mathrm{cav}} \frac{\mu_{\mathrm{v}} v_{\mathrm{mp}}}{h_{\mathrm{o}}}\right) \mathrm{d}A_{\mathrm{c}}\right]_{\mathrm{活塞裙部}} + \Big[\sum F_{\mathrm{f,\,B}} r_{\mathrm{B}} N_{\mathrm{B}}\Big]_{\mathrm{轴承}} \\
& + \big[f_{\mathrm{fri}} F_{\mathrm{n}} v\big]_{\mathrm{凸轮}} + \left[\sum \left(\frac{\dot{m} p}{\eta_{\mathrm{PUMP}}} + \cdots\right)\right]_{\mathrm{辅助附件}} \\
& + \dot{W}_{\mathrm{f,\,气门往复运动}} + \dot{W}_{\mathrm{f,\,密封}}
\end{aligned}
\tag{10.58}
$$

式中，摩擦因数 f_{fri}、法向载荷 F_{n}、相对速度 v 对于每个部件的取值均不同。$\dot{m}$ 是泵的流量，η_{PUMP} 是泵的效率，C_{cav} 是考虑气蚀或油膜破裂对减少摩擦的影响的气蚀因数。应当注意，如果摩擦因数中已经包括了气蚀效应，那么 C_{cav} 应该设置为 1，以避免重复计算。C_{cav} 反映气蚀区域中能够施加黏性剪切摩擦力的有效油膜面积，而非由空气或蒸气占据的面积。C_{cav} 取决于气蚀的严重性、油膜破裂的程度和空气或蒸气填充间隙的情况。因此，C_{cav} 是以下参数的一个复杂函数：部件的动态偏心度（对于活塞裙部和轴承而言）、动态倾转角度和倾转速度（对于活塞裙部）、横向挤压速度、滑动速度等。式(10.58)中的每一项均需要在瞬时基础上进行计算（如果可能的话），其详细计算公式可以在上述文献中找到。

总结前文所述，在第二级发动机摩擦模型中，活塞环的摩擦可以使用下列方法之一进行计算：①使用一个预先建立的斯特里贝克式曲线图，基于润滑参数或工况参数（为润滑油黏度、速度、载荷和接触形状的函数）查取摩擦因数；②采用解析方法求解一维雷诺方程。

因为活塞裙部和发动机轴承是动态承载部件，它们的摩擦计算不应使用库仑式摩擦模型，也不应使用斯特里贝克图查取摩擦因数。在发动机循环内的某些曲轴转角位置，这些部件在零法向载荷下仍具有很高的黏性剪切摩擦力。对于活塞裙部和轴承不应使用库仑式摩擦模型的另一原因是，库仑式模型过分偏重承载侧情况，这样在部件的重量或缸内气压增大时会过度预测其对摩擦的整体影响。作用于活塞裙部和轴承上的黏性剪切摩擦力应使用式(10.58)中所示的黏性摩擦模型予以计算（以活塞裙部为例）。

活塞销的摩擦力可以通过用一个边界摩擦因数 0.08～0.12 乘以法向载荷的方法计算。连杆大端轴承、曲轴主轴承和凸轮轴轴承的摩擦力可以使用第 10.6 节中描述的模型计算。连杆大端轴承由于其相对较为缓慢的速度，经常处于混合润滑区域运行，并具有较高的磨损。有时为了简单起见，连杆大端轴承的摩擦力可以使用与连杆小端轴承（活塞销）类似的计算方式来近似。作用在曲轴主轴上的总法向力可以被简化为两个相邻的曲柄或气缸给出的反作用力之和（Taraza 等人，2000）。关于轴颈轴承计算的其他相关内容，读者可以参考 Schnurbein(1970)、Kozhevnikov(1974)、Mourelatos 等人(1987)的论述。Taraza 等人(2000，2007)给出了关于轴承、凸轮和发动机辅助附件的详细摩擦计算模型。

发动机瞬态过程中的摩擦力矩据研究认为是与在相同的发动机转速和喷油量的稳态工况下的值有所不同(Winterbone 和 Tennant，1981)。Rakopoulos 等人(2004b，2007)提供了关于此课题的详细讨论。

10.8.3 第三级发动机摩擦模型

第三级发动机摩擦模型指的是以不同的复杂程度求解雷诺润滑方程,从最简单的刚体、完全浸润的、无表面粗糙度的流体动力润滑模型,到最复杂的包括表面粗糙度影响和先进的润滑油膜气蚀解法在内的热弹流润滑模型。通常情况下,如果需要在每个时间步长上都采用数值计算方法求解一个两维雷诺方程并对润滑和动力学模型进行耦合求解的话,第三级模型是不具备实时计算能力的。研究第三级摩擦模型的目的包括以下几个:

(1) 对活塞环求解一维雷诺方程可以导出摩擦因数,这样能够为第二级发动机摩擦模型中的活塞环模拟提供便利。需要指出的是,以解析方法(而非数值方法)快速求解一维雷诺方程是完全可行的;

(2) 可以了解部件设计变更对减少摩擦并维持足够的油膜厚度的潜力;

(3) 为了发动机控制和瞬态系统设计的需求,可以使用第三级模型产生大量的非实时摩擦数据,然后使用曲面拟合或神经网络技术将这些数据提炼转化为实时摩擦模型。Wilhelm 等人(2007)和 Meng 等人(2007a)介绍了这方面的尝试。

第三级摩擦模型的详细模拟方法已在前面几节予以了详述。在文献方面,值得注意的是,通用汽车公司的 Goenka 等人(1992)以及 Paranjpe 和 Cusenza(1992)的工作为第三级模型提供了范例。Livanos 和 Kyrtatos(2006)则总结了活塞环、活塞裙部和轴承的雷诺方程的求解方法。

10.9 参考文献和书目

10.9.1 英文参考文献和书目

Ahmadi N, Keer L M, Mura T. 1983. Non-Hertzian contact stress analysis for an elastic half space-normal and sliding contact [J]. *International Journal of Solids and Structures*, 19 (4): 357-373.

Ai X, Cheng H S, Hua D, Moteki K, Aoyama S. 1998. A finite element analysis of dynamically loaded journal bearings in mixed lubrication [J]. *Tribology Transactions*, 41 (2): 273-281.

Ajayi O, Erck R, Erdemir A, Fenske G, Goldblatt I. 2008. Effect of exhaust gas recirculation (EGR) on diesel engine oil - impact on wear [C]. *Proceedings of the Directions in Engine-Efficiency and Emissions Research (DEER) Conference Presentations*. Dearborn, MI. August 4-7.

An F, Stodolsky F. 1995. Modeling the effect of engine assembly mass on engine friction and vehicle fuel economy [C]. SAE paper 950988.

Andersson P, Tamminen J, Sandstrom C E. 2002. Piston ring tribology - a literature survey [J]. *VVT Tiedotteita - Valtion Teknillinen Tutkimuskeskus*, 2178: 8-105.

Andersson S, Soderberg A, Bjorklund S. 2007. Friction models for sliding dry, boundary and mixed lubricated contacts [J]. *Tribology International*, 40: 580-587.

Arcoumanis C, Duszynski M, Flora H, Ostovar P. 1995. Development of a piston-ring lubrication test-rig and investigation of boundary conditions for modelling lubricant film properties [C]. SAE paper 952468.

Arcoumanis C, Ostovar P, Mortier R. 1997. Mixed lubrication modelling of a Newtonian and shear thinning liquids in a piston-ring configuration [C]. SAE paper 972924.

Armstrong W B, Buuck B A. 1981. Valve gear energy consumption: effect of design and operation parameters [C]. SAE paper 810787.

Audette W E, Wong V W. 1999. A model for estimating oil vaporization from the cylinder liner as a contributing mechanism to engine oil consumption [C]. SAE paper 1999-01-1520.

Baba Y, Hoshi M. 1986. Analysis on driving forces of oil pumps for internal combustion engines [C]. SAE paper 860230.

Beardmore J M. 1982. Piston stick slip noise generation mechanism [C]. SAE paper 820753.

Bishop G R, Leavitt A H. 1975. Performance simulation of a diesel piston and ring system [C]. SAE paper 750768.

Bishop I N. 1964. Effect of design variables on friction and economy [C]. SAE paper 640807.

Blair W L, Hoult D P, Wong V W. 1990. The role of piston distortion on lubrication in a reciprocating engine [J]. *Transactions of the ASME, Journal of Engineering for Gas Turbines and Power*, 112: 287-300.

Booker J F. 1965. Dynamically loaded journal bearings: mobility method of solution [J]. *Transactions of the ASME,*

Journal of Basic Engineering, 187: 537-546.

Cameron A. 1966. *The Principles of Lubrication* [M]. New York, NY: Wiley.

Cameron A. 1981. *Basic Lubrication Theory* [M]. 3rd edition. Chichester, UK: Ellis Horwood.

Campbell J, Love P P, Martin F A, Rafique S O. 1967. Bearings for reciprocating machinery: a review of the present state of theoretical, experimental and service knowledge [J]. *Proc. IMechE*, Part 3A, 182: 51-74.

Cann P, Ioannides, E, Jacobson B, Lubrecht A A. 1994. The lambda ratio – a critical re-examination [J]. *Wear*, 175 (1-2): 177-188.

Carden P, Bell D, Priest M, Barrell D. 2006. Piston assembly friction losses: comparison of measured and predicted data [C]. SAE paper 2006-01-0426.

Chen J, Richardson D E. 2000. Predicted and measured ring pack performance of a diesel engine [C]. SAE paper 2000-01-0918.

Chen S K, Flynn P F. 1965. Development of a single cylinder compression ignition research engine [C]. SAE paper 650733.

Chittenden R J, Priest M. 1993. Analysis of the piston assembly, bore distortion and future developments [M]//Taylor C M (editor). *Engine Tribology*. Amsterdam, Netherlands: Elsevier Science. 241-270.

Cho M-R, Kim H-J, Moon T-S, Han D-C. 2004. Theoretical and experimental evaluation of tappet rotation for a direct acting valve train system [J]. *International Journal of Vehicle Design*, 34 (1): 35-51.

Choi J K, Min B S, Oh D Y. 1995. A study on the friction characteristics of engine bearing and cam/tappet contacts from the measurement of temperature and oil film thickness [C]. SAE paper 952472.

Ciulli E. 1992. A review of internal combustion engine losses, part 1: specific studies on the motion of pistons, valves and bearings [J]. *Proc. IMechE, Part D: Journal of Automobile Engineering*, 206: 223-236.

Ciulli E. 1993. A review of internal combustion engine losses, part 2: studies for global evaluations [J]. *Proc. IMechE, Part D: Journal of Automobile Engineering*, 207: 229-240.

Colechin M, Stone C R, Leonard H J. 1993. Analysis of roller-follower valve gear [C]. SAE paper 930692.

Colgan T, Bell J C. 1989. A predictive model for wear in automotive valve train systems [C]. SAE paper 892145.

Comfort A. 2003. An introduction to heavy-duty diesel engine frictional losses and lubricant properties affecting fuel economy — Part I [C]. SAE paper 2003-01-3225.

Coy R C. 1997. Practical applications of lubrication models in engines [C]. *IMechE Proceedings of the First World Tribology Congress on New Directions in Tribology*. September. 197-209.

Crane M E, Meyer R C. 1990. A process to predict friction in an automotive valve train [C]. SAE paper 901728.

Curtis J M. 1981. Piston ring dynamics and its influence on the power cylinder performance [C]. SAE paper 810935.

Das P K. 1976. Analysis of piston ring lubrication [C]. SAE paper 760008.

De Petris C, Giglio V, Police G. 1996. Some insights on mechanisms of oil consumption [C]. SAE paper 961216.

Dowson D. 1993. Piston assemblies; background and lubrication analysis [M]//Taylor C M (editor). *Engine Tribology*. Amsterdam, Netherlands: Elsevier Science. 213-240.

Dowson D. 1998. *History of Tribology* [M]. 2nd edition. London, UK: Professional Engineering Publishing.

Dowson D, Economou P N, Ruddy B L, Strachan P J, Baker A J S. 1979. Piston ring lubrication — part II: theoretical analysis of a single ring and a complete ring pack [M]//Rohde S M, Wilcock D F, Cheng H S (editors). *Energy Conservation Through Fluid Film Lubrication Technology: Frontiers in Research and Design*. New York, NY: ASME. 23-52.

Dowson D, Harrison P, Taylor C M. 1986. The lubrication of automotive cams and followers [C]. *Twelfth Leeds-Lyon Symposium on Tribology — Mechanisms and Surface Distress*. Oxford, UK: Butterworths. 305-322.

Dowson D, Higginson G R. 1977. *Elasto-Hydrodynamic Lubrication* [M]. SI edition. New York, NY: Pergamon Press.

Dowson D, Taylor C M, Yang L. 1996. Friction modelling for internal combustion engines [J]. *Tribology Series*, 31: 301-318.

Dowson D, Toyoda S. 1979. A central film thickness formula for elastohydrodynamic line contacts [C]. *Elastohydrodynamics and Related Topics, Proceedings of the 5th Leeds-Lyon Symposium on Tribology*. London, UK: Mechanical Engineering Publications (IMechE). 60-65.

Duffy P E. 1993. An experimental investigation of sliding at cam to roller tappet contacts [C]. SAE paper 930691.

Dursunkaya Z, Keribar R. 1992. Simulation of secondary dynamics of articulated and conventional piston assemblies [C]. SAE paper 920484.

Dursunkaya Z, Keribar R, Ganapathy V. 1994. A model of piston secondary motion and elastohydrodynamic skirt lubrication [J]. *Transactions of the ASME, Journal of Tribology*, 116: 777-785.

Dursunkaya Z, Keribar R, Richardson D E. 1993. Experimental and numerical investigation of inter-ring gas pressures and blowby in a diesel engine [C]. SAE paper 930792.

Dyson A. 1977. Elastohydrodynamic lubrication and wear of cams bearing against cylinderical tappets [C]. SAE paper 770018.

Dyson A. 1980. Kinematics and wear patterns of cam and finger follower automotive valve gear [J]. *Tribology International*, 13 (3): 121-132.

Economou P N, Dowson D, Baker A J S. 1979. Piston ring lubrication – part Ⅰ: the historical development of piston ring technology [M]//Rohde S M, Wilcock D F, Cheng H S (editors). *Energy Conservation Through Fluid Film Lubrication Technology: Frontiers in Research and Design*. New York, NY: ASME. 1-21.

Essig G, Kamp H, Wacker E. 1990. Diesel engine emissions reduction – the benefits of low oil consumption design [C]. SAE paper 900591.

Fenske G, Ajayi L, Erck R, Demas N. 2011. Lubricants – pathway to improving fuel efficiency of legacy fleet vehicles [C]. *Proceedings of the Directions in Engine-Efficiency and Emissions Research (DEER) Conference Presentations*. Detroit, MI. October 3-6.

Ferguson C R, Kirkpatrick A T. 2001. *Internal Combustion Engines – Applied Thermosciences* [M]. 2nd edition. New York, NY: John Wiley & Sons.

Feuga L, Bury C. 1984. Piston and ring mechanical losses [C]. SAE paper 841296.

Fujii I, Yagi S, Sono H, Kamiya H. 1988. Total engine friction in four stroke S. I. motorcycle engine [C]. SAE paper 880268.

Furuhama S. 1987. Tribology on reciprocating internal combustion engines [J]. *JSME International Journal*, 30: 1189-1199.

Furuhama S, Hiruma M, Tsuzita M. 1979. Piston ring motion and its influence on engine tribology [C]. SAE paper 790860.

Furuhama S, Sasaki S. 1983. New device for the measurement of piston frictional forces in small engines [C]. SAE paper 831284.

Furuhama S, Takiguchi M, Tomizawa K. 1981. Effect of piston and piston ring designs on the piston friction forces in diesel engines [C]. SAE paper 810977.

Gardner T P, Henein N A. 1988. Diesel starting: a mathematical model [C]. SAE paper 880426.

George S, Balla S, Gautam V, Gautam M. 2007. Effect of diesel soot on lubricant oil viscosity [J]. *Tribology International*, 40: 809-818.

Gish R E, McCullough J D, Retzloff J B, Mueller H T. 1958. Determination of true engine friction [J]. *SAE Transactions*, 66: 649-661. SAE paper 580063.

Glidewell J, Korcek S. 1998. Piston ring / cylinder bore friction under flooded and starved lubrication using fresh and aged engine oils [C]. SAE paper 982659.

Goenka P K, Meernik P R. 1992. Lubrication analysis of piston skirts [C]. SAE paper 920490.

Goenka P K, Paranjpe R S. 1992. A review of engine bearing analysis methods at General Motors [C]. SAE paper 920489.

Goenka P K, Paranjpe R S, Jeng Y R. 1992. FLARE: an integrated package for friction and lubrication analysis of automotive engines, part I: overview and application [C]. SAE paper 920487.

Goksem P G. 1978. The effect of viscous shear heating on both film thickness and rolling traction in an EHL line contact [J]. *Transactions of the ASME, Journal of Lubrication Technology*, 100: 346-352.

Greenwood J A, Tripp J H. 1971. The contact of two nominally flat rough surfaces [J]. *Proc. IMechE*, 185: 625-633.

Guertler R W. 1986. Excessive cylinder wear and bore polishing in heavy duty diesel egnines: causes and proposed remedies [C]. SAE paper 860165.

Gulwadi S D. 2000. Analysis of tribological performance of a piston ring pack [J]. *Tribology Transactions*, 43 (2): 151-162.

Guzzomi A L, Hesterman D C, Stone B J. 2010. Some effects of piston friction and crank or gudgeon pin offset on crankshaft torsional vibration [J]. *Journal of Ship Research*, 54 (1): 41-52.

Haddad S D, Tjan K-T. 1995. An analytical study of offset piston and crankshaft designs and the effect of oil film on piston slap excitation in a diesel engine [J]. *Mechanism and Machine Theory*, 30 (2): 271-284.

Hairer E, Wanner G. 1996. *Solving Ordinary Differential Equations II: Stiff and Differential-Algebraic Problems* [M]. Heidelberg: Springer.

Henein N A, Huang S, Bryzik W. 1997. A new approach to determine lubrication regimes of piston-ring assemblies [J]. *Transactions of the ASME, Journal of Tribology*, 119: 808-816.

Herbst H M, Priebsch H H. 2000. Simulation of piston ring dynamics and their effect on oil consumption [C]. SAE paper 2000-01-0919.

Heywood J B. 1988. *Internal Combustion Engine Fundamentals* [M]. New York, NY: McGraw-Hill.

Hitosugi H, Nagoshi K, Komada M, Furuhama S. 1996. Study on mechanism of lubricating oil consumption caused by cylinder bore deformation [C]. SAE paper 960305.

Hu Y, Cheng H S, Arai T, Kobayashi Y, Aoyama S. 1994. Numerical simulation of piston ring in mixed lubrication-a nonaxisymmetrical analysis [J]. *Transactions of the ASME, Journal of Tribology*, 116: 470-478.

ISO Standard 6621-1. 2007. Internal combustion engines – Piston rings – Part 1: Vocabulary [S].

Ito A. 2003. An analysis of skew motion of roller tappets in an OHV type DI diesel engine, 2nd report: comparison between measurement and calculation [C]. *JSAE Annual Congress Proceedings*. No. 1-03, 17-20.

Ito A. 2004. An analysis of skew motion of roller tappets in an OHV type DI diesel engine, 3rd report: the estimation of the roller skew motion [C]. *JSAE Annual Congress Proceedings*. No. 27-04, 15-18.

Ito A. 2006. A study on the measurement and estimation method of skew motion of roller-tappets in an OHV type DI diesel engine [C]. SAE paper 2006-01-3348.

Ito A, Shirakawa H, Nakamura M, Yoshida K, Akiyama H. 2005. A study on the mechanism of lubricating oil consumption of diesel engines - 1st report: the effect of the design of piston skirt on lubricating oil consumption [C]. SAE paper 2005-01-2169.

Ito A, Yang L. 2002. An analysis of skew motion of roller-tappets in an OHV type DI diesel engine, 1st report: measurement and calculation [M]//Dowson D, Priest M, Dalmaz G, Lubrecht A A (editors). *Tribology Series, Vol. 40, Boundary and Mixed Lubrication: Science and Applications*. 535-538.

Jacobson B. 1996. How lubricants behave in EHL contacts [J]. *Tribology Series*, 31: 555-558.

Jacobson B. 1997. At the boundary between lubrication and wear [M]//Hutchings I (editor). *New Directions in Tribology*. London, UK: Mechanical Engineering Publications. 291-298.

Jeng Y-R. 1992a. Friction and lubrication analysis of a piston-ring pack [C]. SAE paper 920492.

Jeng Y-R. 1992b. Theoretical analysis of piston-ring lubrication, part I - fully flooded lubrication [J]. *Tribology Transactions*, 35 (4): 696-706.

Jeng Y-R. 1992c. Theoretical analysis of piston-ring lubrication, part II - starved lubrication and its application to a complete ring pack [J]. *Tribology Transactions*, 35 (4): 707-714.

Ji F, Taylor C M. 1998. A tribological study of roller follower valve trains, part 1: a theoretical study with a numerical lubrication model considering possible sliding [J]. *Tribology Series*, 34: 489-497.

Kapadia R G, Bovington C H, Lee-Prudhoe I. 2007. A tribological investigation of lubricant effects on bearing friction and fuel economy for passenger car engines and heavy duty diesel engines [J]. *Lubrication Science*, 19: 11-23.

Keribar R, Dursunkaya Z. 1992a. A comprehensive model of piston skirt lubrication [C]. SAE paper 920483.

Keribar R, Dursunkaya Z. 1992b. Modeling of piston secondary dynamics and tribology [C]. *Proceedings of Society of Automotive Engineers*. P-256, 657-677.

Keribar R, Dursunkaya Z, Flemming M F. 1991. An integrated model of ring pack performace [J]. *Transactions of the ASME, Journal of Engineering for Gas Turbines and Power*, 113: 382-389.

Keribar R, Dursunkaya Z, Ganapathy V. 1993. An integrated design analysis methodology to address piston tribological issues [C]. SAE paper 930793.

Kimura T, Takahashi K, Sugiyama S. 1999. Development of a piston secondary motion analysis program with elastically deformable piston skirt [C]. SAE paper 1999-01-3303.

Knoll G D, Peeken H J. 1982. Hydrodynamic lubrication of piston skirts [J]. *Transactions of the ASME, Journal of Lubrication Technology*, 104: 504-509.

Knoll G, Peeken H, Lechtape-Gruter R, Lang J. 1996. Computer-aided simulation of piston and piston ring dynamics [J]. *Transactions of the ASME, Journal of Engineering for Gas Turbines and Power*, 118: 880-886.

Korte V, Glas T, Lettmann M, Krepulat W, Steinmetz C. 2000. Cam roller follower design for heavy duty diesel engines [C]. SAE paper 2000-01-0525.

Kouremenos D A, Rakopoulos C D, Hountalas D T, Zannis T K. 2001. Development of a detailed friction model to predict mechanical losses at elevated maximum combustion pressures [C]. SAE paper 2001-01-0333.

Kovach J T, Tsakiris E A, Wong L T. 1982. Engine friction reduction for improved fuel economy [C]. SAE paper 820085.

Kozhevnikov S N. 1974. Structure and dynamics of statically indeterminate mechanisms [C]. ASME paper 74-DET-104.

Kuo T-W, Sellnau M C, Theobald M A, Jones J D. 1989. Calculation of flow in the piston-cylinder-ring crevices of a homogeneous-charge engine and comparison with experiment [C]. SAE paper 890838.

Lee J, Patterson D J. 1995. Analysis of cam/roller follower friction and slippage in valve train systems [C]. SAE paper 951039.

Lee J, Patterson D J, Morrison K M, Schwartz G B. 1994. Friction measurement in the valve train with a roller follower [C]. SAE paper 940589.

Lee S, Shannon B A, Mikulec A, Vrsek G. 1999. Applications of friction algorithms for rapid engine concept assessments [C]. SAE paper 1999-01-0558.

Li C H. 1982. Piston thermal deformation and friction considerations [C]. SAE paper 820086.

Li D F, Ezzat H A. 1983. An automotive piston lubrication model [J]. *ASLE Transactions*, 26 (2): 151-160.

Ling F F, Klaus E E, Fein R S. 1969. *Boundary lubrication - an appraisal of world literature* [M]. New York, NY: ASME.

Livanos G, Kyrtatos N P. 2006. A model of the friction losses in diesel engines [C]. SAE paper 2006-01-0888.

Ludema K C. 1984. A review of scuffing and running-in of lubricated surfaces, with asperities and oxides in perspective [J]. *Wear*, 100: 315-331.

Ma J, Ryan T W, Winter J, Dixon R. 1996a. The piston ring shape and its effects on engine performance [C]. SAE paper 960052.

Ma M-T, Sherrington I, Smith E H. 1996b. Implementation of an algorithm to model the starved lubrication of a piston ring in distorted bores: prediction of oil flow and onset of gas blow-by [J]. *Proc. IMechE, Part J: Journal of Engineering Tribology*, 210: 29-44.

Ma M-T, Sherrington I, Smith E H, Grice N. 1997. Development of a detailed model for piston-ring lubrication in IC engines with circular and non-circular cylinder bores [J]. *Tribology International*, 30 (11): 779-788.

Ma M-T, Smith E H, Sherrington I. 1995a. A three-dimensional analysis of piston ring lubrication. Part 1: modelling [J]. *Proc. IMechE, Part J: Journal of Engineering Tribology*, 209: 1-14.

Ma M-T, Smith E H, Sherrington I. 1995b. A three-dimensional analysis of piston ring lubrication. Part 2: sensitivity analysis [J]. *Proc. IMechE, Part J: Journal of Engineering Tribology*, 209: 15-27.

Maekawa K, Mitsutake S, Morohoshi S. 1986. A study on engine lubricating oil consumption by computer simulation [C]. SAE paper 860546.

Mansouri S H, Wong V W. 2004. Effects of piston design parameters on piston secondary motion and skirt-liner friction [C]. SAE paper 2004-01-2911.

Marlin P J, Fiedler D F, Bruns I J. 1994. Development of valve seals for turbocharged compression ignition engines [C]. SAE paper 940588.

Martin F A. 1983. Developments in engine bearing design [J]. *Tribology International*, 16 (3): 147-164.

Martin F A. 1985. Friction in internal combustion engine bearings [C]//*Combustion Engines — Reduction of Friction and Wear*. Paper C67/85. *IMechE Conference Publications*. London, UK: Institution of Mechanical Engineers. 1-17.

Martin F A. 1993. Engine bearing design: design studies, wider aspects and future developments [M]//Taylor C M (editor). *Engine Tribology*. Amsterdam, Netherlands: Elsevier Science. 113-157.

McGeehan J A. 1978. A literature review of the effects of piston and ring friction and lubricating oil viscosity on fuel economy [C]. SAE paper 780673.

McGeehan J A. 1979. A survey of the mechanical design factors affecting engine oil consumption [C]. SAE paper 790864.

McGeehan J A, et al. 2002. API CI-4: the first oil category for diesel engines using cooled exhaust gas recirculation [C]. SAE paper 2002-01-1673.

McGeehan J A, et al. 2006. API CJ-4: diesel oil category for both legacy engines and low emission engines using diesel particulate filters [C]. SAE paper 2006-01-3439.

McGeehan J A, et al. 2007. API CJ-4: diesel oil category for pre-2007 engines and new low emission engines using cooled exhaust gas recirculation and diesel particulate filters [C]. SAE paper 2007-01-1966.

Meng F M, Hu Y Z, Wang H, Zhang Y Y. 2007a. Analysis of the dynamic performances of a piston-crankshaft system considering oil-film forces reconstructed by a neural network [J]. *Proc. IMechE, Part D: Journal of Automobile Engineering*, 221: 171-180.

Meng F-M, Wang J-X, Xiao K. 2010. A study of the influences of particles in the gas flow passage of a piston ring pack on the tribological performances of the piston ring [J]. *Proc. IMechE, Part C: Journal of Mechanical Engineering Science*, 224: 201-215.

Meng F M, Zhang Y Y, Hu Y Z, Wang H. 2007b. Numerical study of influences of hard particles in lubricant on tribological performances of the piston ring [J]. *Proc. IMechE, Part C: Journal of Mechanical Engineering Science*, 221: 361-372.

Michail S K, Barber G C. 1995. The effects of roughness on piston ring lubrication, part I: model development [J]. *Tribology Transactions*, 38 (1): 19-26.

Miller T. 2010. The road to improved heavy duty fuel economy [C]. *Proceedings of the Directions in Engine-Efficiency and Emissions Research (DEER) Conference Presentations*. Detroit, MI. September 27-30.

Millington B W, Hartles E R. 1968. Frictional losses in diesel engines [C]. SAE paper 680590.

Monaghan M L. 1988. Engine friction — a change in emphasis: a new approach which may result in significant fuel consumption gains [J]. *Industrial Lubrication and Tribology*, 40 (2): 4-11.

Mourelatos Z P, Parsons M G, Karni Z H. 1987. Steady-state equilibrium of a flexible shaft in a hydrodynamic journal bearing [J]. *Transactions of the ASME, Journal of Tribology*, 109: 374-375.

Müller R. 1966. The effect of lubrication on cam and tappet performance [J]. *Motortechnische Zeitung*, 27: 58.

Munro R, Parker A. 1975. Transverse movement analysis and its influence on diesel piston design [C]. SAE paper 750800.

Nakada T, Yamomoto A, Abe T. 1997. A numerical approach for piston secondary motion analysis and its application to the piston related noise [C]. SAE paper 972043.

Nakamura M, Hayashi H, Ito A. 2005. A study on the mechanism of lubricating oil consumption of diesel engines - 2nd report: mechanism of oil film generation on piston skirt [C]. SAE paper 2005-01-2167.

Nakamura M, Hayashi H, Ito A. 2006. A study on the mechanism of lubricating oil consumption of diesel engines - 3rd report: effect of piston motion on piston skirt oil film behavior [C]. SAE paper 2006-01-3349.

Nakayama K, Tamaki S, Miki H, Takiguchi M. 2000. The effect of crankshaft offset on piston friction force in a gasoline engine [C]. SAE paper 2000-01-0922.

Nakayama K, Yasutake Y, Takiguti M, Furuhama S. 1997. Effect of piston motion on piston skirt friction of a gasoline engine [C]. SAE paper 970839.

Naylor H. 1967. Cam and friction drives [J]. *Proc. IMechE*, 182 (3A): 237-247.

Netzer J, Maus K-H. 1998. Improvements of valve stem seals to meet future emission requirements [C]. SAE paper 980581.

Oetting H, Pundt D, Ebbinghaus W. 1984. Friction in the piston group and new ideas for piston design [C]. SAE paper 841299.

Offner G, Herbst H M, Priebsch H H. 2001. A methodology to simulate piston secondary movement under lubricated contact conditions [C]. SAE paper 2001-01-0565.

Oh K P, Li C H, Goenka P K. 1987. Elastohydrodynamic lubrication of piston skirts [J]. *Transactions of the ASME, Journal of Tribology*, 109: 356-362.

Paranjpe R S, Cusenza A. 1992. FLARE: an integrated package for friction and lubrication analysis of automotive engines, part II: experimental validation [C]. SAE paper 920488.

Paranjpe R, Gecim B. 1992. Comparative friction assessment of different valve-train types using the FLARE (friction and lubrication analysis) code [C]. SAE paper 920491.

Paranjpe R S, Tseregounis S I, Viola M B. 2000. Comparison between theoretical calculations and oil film thickness measurements using the total capacitance method for crankshaft bearings in a firing engine [J]. *Tribology Transactions*, 43 (3): 345-356.

Parker D A. 1990. The tribology of automobile components: development of verified predictive design techniques [J]. *Proc. IMechE, Part D: Journal of Automobile Engineering*, 204: 1-19.

Parker D A, Adams D R. 1982. Friction losses in the reciprocating internal combustion engine [C]. IMechE paper C5/82.

Patir N, Cheng H S. 1979. Application of average flow model to lubrication between rough sliding surfaces [J]. *Transactions of the ASME, Journal of lubrication Technology*, 101 (2): 220-230.

Patton K J, Nitschke R G, Heywood J B. 1989. Development and evaluation of a friction model for spark ignition engines [C]. SAE paper 890836.

Pawlus P. 1996. A study of the dependence of the functional properties of the cylinder liner surface layer on the operating conditions [J]. *Proc. IMechE, Part J: Journal of Engineering Tribology*, 210: 17-27.

Pawlus P. 1997. Change of cylinder surface topography in the initial stage of engine life [J]. *Wear*, 209: 69-83.

Pieprzak J M, Willermet P A, Klassen D. 1989. A tappet rotation monitor based on light reflectance - development and functional testing [C]. SAE paper 890722.

Priest M, Taylor R I, Dowson D, Taylor C M. 1996. Boundary conditions for Reynolds equation with particular reference to piston ring lubrication [J]. *Tribology Series*, 31: 441-452.

Rakopoulos C D, Giakoumis E G. 2009. *Diesel Engine Transient Operation: Principles of Operation and Simulation Analysis* [M]. London, UK: Springer-Verlag London Limited.

Rakopoulos C D, Giakoumis E G, Dimaratos A M. 2007. Evaluation of various dynamic issues during transient operation of turbocharged diesel engine with special reference to friction development [C]. SAE paper 2007-01-0136.

Rakopoulos C D, Giakoumis E G, Hellas SA L, Rakopoulos D C. 2004a. The effect of friction modelling on the prediction of turbocharged diesel engine transient operation [C]. SAE paper 2004-01-0925.

Rakopoulos C D, Giakoumis E G, Hountalas D T, Rakopoulos D C. 2004b. The effect of various dynamic, thermodynamic and design parameters on the performance of a turbocharged diesel engine operating under transient load conditions [C]. SAE paper 2004-01-0926.

Rakopoulos C D, Hountalas D T, Koutroubousis A P, Zannis T C. 2002. Application and evaluation of a detailed friction model on a DI diesel engine with extremely high peak combustion pressures [C]. SAE paper 2002-01-0068.

Rao V D N, Boyer B A, Cikanek H A. 1999. Effects of honing and surface texture of cylinder bore on engine mechanical friction [C]. ASME paper 99-ICE-216.

Rezeka S, Henein N A. 1984. A new approach to evaluate instantaneous friction and its components in internal combustion engines [C]. SAE paper 840179.

Richardson D E. 2000. Review of power cylinder friction for diesel engines [J]. *Transactions of the ASME, Journal of Engineering for Gas Turbines and Power*, 122: 506-519.

Richardson D E, Borman G L. 1992. Theoretical and experimental investigations of oil films for application to piston ring lubrication [C]. SAE paper 922341.

Rosenberg R. 1982. General friction considerations for engine design [C]. SAE paper 821576.

Ruddy B L, Dowson D, Economou P N, Baker A J S. 1979. Piston ring lubrication - part III: the influence of ring dynamics and ring twist [M]//Rohde S M, Wilcock D F, Cheng H S (editors). *Energy Conservation Through Fluid Film Lubrication Technology: Frontiers in Research and Design*. New York, NY: ASME. 191-215.

SAE Surface Vehicle Information Report J357. 2006. Physical and chemical properties of engine oils [R].

SAE Surface Vehicle Information Report J2227. 2006. International tests and specifications for automotive engine oils [R].

SAE Surface Vehicle Recommended Practice J1340. 2003. Test method for measuring power consumption of air conditioning and brake compressors for trucks and buses [S].

SAE Surface Vehicle Recommended Practice J1341. 2003. Test method for measuring power consumption of hydraulic pumps for trucks and buses [S].

SAE Surface Vehicle Recommended Practice J1342. 2007. Test method for determining power consumption of engine cooling fan drive systems [S].

SAE Surface Vehicle Recommended Practice J1343. 2000. (R) Information relating to duty cycles and average power requirements of truck and bus engine accessories [S].

SAE Surface Vehicle Recommended Practice J1423. 2003. (R) Classification of energy conserving engine oil for passenger cars, vans, sport utility vehicles, and light-duty trucks [S].

SAE Surface Vehicle Recommended Practice J2743. 2007. Air compressor size rating recommended practice — truck and bus [S].

SAE Surface Vehicle Standard J183. 2006. (R) Engine oil performance and engine service classification (other than "energy conserving") [S].

SAE Surface Vehicle Standard J300. 2004. Engine oil viscosity classification [S].

SAE Surface Vehicle Standard J2612. 2002. Internal combustion engines – piston vocabulary [S].

Sanda S, Murakami M, Noda T, Konomi T. 1997. Analysis of lubrication of a piston ring package (effect of oil starvation on oil film thickness [J]. *JSME International Journal*, Series B, 40 (3): 478-486.

Sandoval D, Heywood J B. 2003. An improved friction model for spark-ignition engines [C]. SAE paper 2003-01-0725.

Sawicki J T, Yu B. 2000. Analytical solution of piston ring lubrication using mass conserving cavitation algorithm [J]. *Tribology Transactions*, 43 (3): 419-426.

Scales L E, Rycroft J E, Horswill N R, Williamson B P. 1996. Simulation and observation of transient effects in elastohydrodynamic lubrication [C]. SAE paper 961143.

Schipper D J, De Gee A W J. 1995. Lubrication modes and the IRG diagram [J]. *Lubrication Science*, 8 (1): 27-35.

Schipper D J, Vroegop P H, De Gee A W J. 1991. Prediction of lubrication regimes of concentrated contacts [J]. *Lubrication Science*, 3 (2): 131-139.

Schnurbein E V. 1970. A new method of calculating plain bearings of statically indeterminate crankshafts [C]. SAE paper 700716.

Scholz B, Bargende M. 2000. Three-dimensional simulation of the piston group [C]. SAE paper 2000-01-1239.

Schwaderlapp M, Koch F, Dohmen J. 2000. Friction reduction – the engine's mechanical contribution to saving fuel [C]. *Proceedings of the 28th FISITA World Automotive Congress*. Seoul. June 12-15. Paper F2000A165.

Shah P, Mourelatos Z P, Patel P. 2007. Piston secondary dynamics considering elastohydrodynamic lubrication [C]. SAE paper 2007-01-1251.

Shayler P J, Leong D K W, Murphy M. 2005. Contributions to engine friction during cold, low speed running and the dependence on oil viscosity [C]. SAE paper 2005-01-1654.

Shiao Y J, Moskwa J J. 1993. An investigation of load force and dynamic error magnitude using the lumped mass connecting rod model [C]. SAE paper 930617.

Shin S, Cusenza A, Shi F. 2004. Offset crankshaft effects on SI engine combustion and friction performance [C]. SAE paper 2004-01-0606.

Soejima M, Ejima Y, Wakuri Y, Kitahara T. 1999. Improvement of lubrication for cam and follower [J]. *Tribology Transactions*, 42 (4): 755-762.

Spearot J A, Murphy C K, Deysarkar A K. 1989. Interpreting experimental bearing oil film thickness data [C]. SAE paper 892151.

Spikes H A. 1995. Boundary lubricating films [C]. *Proc. Int. Tribology Conference*. Yokohama. *Satellite Forum on Tribochemistry*, Japanese Society of Tribologists, Tokyo. October.

Spikes H A. 1997. Mixed lubrication — an overview [J]. *Lubrication Science*, 9 (3): 221-253.

Stanley R, Taraza D, Henein N, Bryzik W. 1999. A simplified friction model of the piston ring assembly [C]. SAE paper 1999-01-0974.

Staron J T, Willermet P A. 1983. An analysis of valve train friction in terms of lubrication principles [C]. SAE paper 830165.

Suhara T, Ato S, Takiguchi M, Furuhama S. 1997. Friction and lubrication characteristics of piston pin boss bearings of an automotive engine [C]. SAE paper 970840.

Sui P C, Ariga S. 1993. Piston ring pack friction and lubrication analysis of an automotive engine using a mixed lubrication model [C]. SAE paper 931937.

Tamminen J, Sandstrom C-E, Andersson P. 2006. Influence of load on the tribological conditions in piston ring and cylinder liner contacts in a medium-speed diesel engine [J]. *Tribology International*, 39: 1643-1652.

Tanaka M. 1999. Recent analyses and designs of thick-film bearings [J]. *Journal of Japanese Society of Tribologists*, 44 (5): 308-319.

Taraza D, Henein N A, Bryzik W. 1996. Experimental determination of the instantaneous frictional torque in multicylinder engines [C]. SAE paper 962006.

Taraza D, Henein N, Bryzik W. 2000. Friction losses in multi-cylinder diesel engines [C]. SAE paper 2000-01-0921.

Taraza D, Henein N A, Ceausu R, Bryzik W. 2007. Engine friction model for transient operation of turbocharged, common rail diesel engines [C]. SAE paper 2007-01-1460.

Taylor C M. 1991. Valve train lubrication analysis [C]. *Seventeenth Leeds-Lyon Symposium on Tribology — Vehicle Tribology*. *Tribology Series* 18. Oxford, UK: Elsevier. 119-131.

Taylor C M (editor). 1993a. *Engine Tribology* [M]. Amsterdam, Netherlands: Elsevier Science.

Taylor C M. 1993b. Valve train – cam and follower: background and lubrication analysis [M]//Taylor C M (editor). *Engine Tribology*. Amsterdam, Netherlands: Elsevier Science. 159-181.

Taylor C M. 1994. Fluid film lubrication in automobile valve trains [J]. *Proc. IMechE, Part J: Journal of Engineering Tribology*, 208: 221-234.

Taylor C M. 1998. Automobile engine tribology – design considerations for efficiency and durability [J]. *Wear*, 221: 1-8.

Taylor R I. 1997. Engine friction: the influence of lubricant rheology [J]. *Proc. IMechE, Part J: Journal of Engineering Tribology*, 211: 235-246.

Taylor R I. 2000. Heavy duty diesel engine fuel economy: lubricant sensitivities [C]. SAE paper 2000-01-2056.

Teodorescu M, Taraza D, Henein N, Bryzik W. 2002. Experimental analysis of dynamics and friction in valve train systems [C]. SAE paper 2002-01-0484.

Teodorescu M, Taraza D, Henein N, Bryzik W. 2003. Simplified elasto-hydrodynamic friction model of the cam-tappet contact [C]. SAE paper 2003-01-0985.

Teraguchi S, Suzuki W, Takiguchi M, Sato D. 2001. Effects of lubricating oil supply on reductions of piston slap vibration and piston friction [C]. SAE paper 2001-01-0566.

Thirouard B, Tian T, Hart D P. 1998. Investigation of oil transport mechanisms in the piston ring pack of a single cylinder diesel engine, using two dimensional laser induced fluorescence [C]. SAE paper 982658.

Tian T, Noordzij B, Wong V W, Heywood J B. 1996a. Modeling piston-ring dynamics, blowby, and ring-twist effects [C]. *ASME* 1996 *Fall Technical Conference*, ICE-Vol. 27-2, Vol. 2: 67-80.

Tian T, Rabute R, Wong V W, Heywood J B. 1997. Effects of piston-ring dynamics on ring/groove wear and oil consumption in a diesel engine [C]. SAE paper 970835.

Tian T, Wong V W, Heywood J B. 1996b. A piston ring-pack film thickness and friction model for multigrade oils and rough surfaces [C]. SAE paper 962032.

Tian T, Wong V W, Heywood J B. 1998. Modeling the dynamics and lubrication of three piece oil control rings in internal combustion engines [C]. SAE paper 982657.

Ting L L. 1985. A review of present information on piston ring tribology [C]. SAE paper 882355.

Ting L L. 1993a. Development of a reciprocating test rig for tribological studies of piston engine moving components – part I: rig design and piston ring friction coefficients measuring method [C]. SAE paper 930685.

Ting L L. 1993b. Development of a reciprocating test rig for tribological studies of piston engine moving components – part II: measurement of piston ring friction coefficients and rig test confirmation [C]. SAE paper 930686.

Ting L L, Mayer J E. 1974a. Piston ring lubrication and cylinder bore wear analysis, part I – theory [J]. *Transactions of the ASME, Journal of Lubrication Technology*, 96: 258-266.

Ting L L, Mayer J E. 1974b. Piston ring lubrication and cylinder bore wear analysis, part II – theory verification [J]. *Transactions of the ASME, Journal of Lubrication Technology*, 96: 305-314.

Tuccillo R, Arnone L, Bozza F, Nocera R, Senatore A. 1993. Experimental correlations for heat release and mechanical losses in turbocharged diesel engines [C]. SAE paper 932459.

Uras H M, Patterson D J. 1983. Measurement of piston and ring assembly friction instantaneous IMEP method [C]. SAE paper 830416.

Uras H M, Patterson D J. 1984. Effect of some lubricant and engine variables on instantaneous piston and ring assembly friction [C]. SAE paper 840178.

Uras H M, Patterson D J. 1985. Oil and ring effects on piston-ring assembly friction by the instantaneous IMEP method [C]. SAE paper 850440.

Uras H M, Patterson D J. 1987. Effect of some piston variables on piston and ring assembly friction [C]. SAE paper 870088.

Urabe M, Tomomatsu T, Ishiki K, Takiguchi M, Someya T. 1998. Variation of piston friction force and ring lubrication condition in a diesel engine with EGR [C]. SAE paper 982660.

Wacker E A, Sander W, Schmidt K. 1978. Heavy-duty diesel engine piston design for low blowby and oil consumption [C]. ASME paper 78-DGP-16.

Wakabayashi R, Takiguchi M, Shimada T, Mizuno Y, Yamauchi T. 2003. The effects of crank ratio and crankshaft offset on piston friction losses [C]. SAE paper 2003-01-0983.

Wakuri Y, Ono S, Soejima M, Masuda K. 1981. Oil-film behaviour of reciprocating slider with circular profile (optical measurement of oil-film separation boundary) [J]. *Bulletin of the JSME*, 24 (194): 1462-1469.

Wakuri Y, Soejima M, Ejima Y, Hamatake T, Kitahara T. 1995. Studies on friction characteristics of reciprocating engines [C]. SAE paper 952471.

Wang Y. 2007. *Introduction to Engine Valvetrains* [M]. Warrendale, PA: SAE International.

Werner L. 1987. Control of piston stick slip noise in a 4-cylinder gasoline engine [C]. SAE paper 870991.

Wilhelm C, Winsel T, Ayeb M, Theuerkauf H J, Brandt S, Busche E, Longo C, Knoll G D. 2007. A combined physical / neural approach for real-time models of losses in combustion engines [C]. SAE paper 2007-01-1345.

Willermet P A, Pieprzak J. 1989. Some effects of lubricant composition and tappet rotation on cam / tappet friction [J]. *Transactions of the ASME, Journal of Tribology*, 111 (3): 683-691.

Willermet P A, Pieprzak J M, Dailey D P. 1990. Tappet rotation and friction reduction in a center pivot rocker arm contact [J]. *Transactions of the ASME, Journal of Tribology*, 112 (4): 655-661.

Winship J W. 1967. Designing an automotive engine piston [C]. SAE paper 670020.

Winterbone D E, Tennant D W H. 1981. The variation of friction and combustion rates during diesel engine transients [C]. SAE paper 810339.

Wong V W, Tian T, Lang H, Ryan J P, Sekiya Y, Kobayashi Y, Aoyama S. 1994. A numerical model of piston secondary motion and piston slap in partially flooded elastohydrodynamic skirt lubrication [C]. SAE paper 940696.

Xin Q. 1999. *Analytical and Numerical Study of Lubrication Dynamics for Internal Combustion Engine Piston Assemblies and Journal Bearings* [D]. D. Sc. (Doctor of Science) degree dissertation. St. Louis, Missouri, USA: Washington University.

Yagi T, Yamagata I. 1982. Experimental method of determining piston profile by use of composite materials [C]. SAE paper 820769.

Yang L, Ito A, Negishi H. 1996. A valve train friction and lubrication analysis model and its application in a cam/tappet wear study [C]. SAE paper 962030.

Yang Q, Keith T G. 1995. An elastohydrodynamic cavitation algorithm for piston ring lubrication [J]. *Tribology Transactions*, 38 (1): 97-107.

Yang Q, Keith T G. 1996a. Two-dimensional piston ring lubrication‐part I: rigid ring and liner solution [J]. *Tribology Transactions*, 39 (4): 757-768.

Yang Q, Keith T G. 1996b. Two-dimensional piston ring lubrication‐part II: elastic ring consideration [J]. *Tribology Transactions*, 39 (4): 870-880.

Zhang C, Cheng H S, Wang Q J. 2004. Scuffing behavior of piston-pin/bore bearing in mixed lubrication — part II: scuffing mechanism and failure criterion [J]. *Tribology Transactions*, 47: 149-156.

Zhu D, Cheng H S, Arai T, Hamai K. 1992. A numerical analysis for piston skirts in mixed lubrication — part I: basic modeling [J]. *Transactions of the ASME, Journal of Tribology*, 114: 553-562.

Zhu D, Hu Y-Z, Cheng H S, Arai T, Hamai K. 1993. A numerical analysis for piston skirts in mixed lubrication-part II: deformation considerations [J]. *Transactions of the ASME, Journal of Tribology*, 115: 125-133.

Zhu G. 1993. Valve trains-design studies, wider aspects and future developments [M]// Taylor C M (editor). *Engine Tribology*. Amsterdam, Netherlands: Elsevier Science. 183-211.

Zweiri Y H, Whidborne J F, Senvirante L D. 2000. Instantaneous friction components model for transient engine operation [J]. *Proc. IMechE, Part D: Journal of Automobile Engineering*, 214: 809-824.

10.9.2 中文参考文献和书目

10.9.2.1 系统设计中发动机摩擦分析的目的

陈国安,刘洋,张苏瑛.发动机技术的发展与摩擦学[J].内燃机,1996(6):6-8.

陈国安,辛志南.内燃机摩擦学设计势在必行[J].柴油机,1998(4):33-36.

豆立新,龚华栋,吕振坚,崔占平.摩擦学界面和技术发展的初步思考[J].润滑与密封,2002(3):58-59.

巩志德.摩擦学及状态监测技术应用的发展[J].润滑与密封,1999(1):70-71.

江茂修.与摩擦和润滑相关技术发展动态概述[J].润滑油,1999,14(4):7-13.

李景贤.摩擦学研究中的新课题[J].润滑与密封,1992(6):52-56.

李久盛.摩擦学的最新进展和发展趋势[J].润滑油与燃料,2007,17(1):1-10.

李茂生.工业摩擦学与润滑材料的发展[J].润滑与密封,2010,35(6):126-131.

刘鸣,程方启,姜明,吴琼,曹孔胜.内燃机广义润滑系统的分析与现代设计[J].机械设计,21(专辑):125-126.

刘维民,薛群基.摩擦学研究及发展趋势[J].中国机械工程,2000,11(1-2):77-80.

刘永强,张栋.润滑技术的新进展和发展趋势[J].润滑与密封,2003(4):103-104,106.

孟凡明,张优云.内燃机流体润滑技术的发展及其在我国的应用[J].润滑与密封,2006(8):160-164,184.

孙军,姚春德,张炜.内燃机摩擦学研究的现状与动向[J].小型内燃机,1996,25(1):15-18.

王松年,江亲瑜,周卉.摩擦学对改进机车车辆性能的重要性[J].内燃机车,1995(12):9-12.

王伟,王静,王光恩,刘焜.内燃机摩擦学设计系统主框架的研究[J].车用发动机,2009(1):24-26,30.

温诗铸.我国摩擦学研究的现状与发展[J].机械工程学报,2004,40(11):1-6.

温诗铸.我国摩擦学研究的历史回顾——为纪念中国机械工程学会摩擦学分会成立25周年而作[J].润滑与密封,2006(1):1-7.

谢友柏.摩擦学——廿一世纪技术革命的关键:记日本横滨95国际摩擦学会议[J].润滑与密封,1996(3):2-4.

张嗣伟.我国摩擦学界面临的挑战与机遇[J].润滑与密封,2003(2):1-2,5.

张嗣伟.关于我国摩擦学发展战略的初步思考[J].润滑与密封,2006(9):4-7.

10.9.2.2 发动机摩擦学基础概述

戴雄杰.摩擦学基础[M].上海:上海科学技术出版社,1984.

豆立新,龚华栋,吕振坚,崔占平,王斌,刘建栋.润滑的本质——物质消耗论[J].润滑与密封,2002(4):11-13,16.

葛培琪,张鹏顺.流变弹流润滑理论的发展[J].润滑与密封,1997(3):2-4.

胡泽祥,左凤,王昆.柴油成膜润滑机制探讨[J].润滑与密封,2007,32(11):161-164.

历建全,朱华.表面织构及其对摩擦学性能的影响[J].润滑与密封,2009,34(2):94-97,103.

李振学,李俊捷.中心动力滚动摩擦系数的计算方法[J].润滑与密封,2001(1):9-10.

刘剑平,王兰美,蔡红英,程方启.影响弹流润滑偏离经典弹流润滑理论的三种因素[J].润滑与密封,2005(1):112-114.

雒建斌,温诗铸,黄平,史兵.润滑理论的新进展——薄膜润滑[J].润滑与密封,1994(6):2-10,14.

马纲,徐万孚,徐广州,沈心敏.建立雷诺方程的一种新概念[J].润滑与密封,2006(9):36-39,43.

孟凡明,刘永军,张优云.基于MATLAB的流体润滑求解和可视化研究[J].润滑与密封,2004(3):50-51.

孙军,唐宗海,段京华.润滑油膜测量技术的现状和发展趋势[J].小型内燃机,1998,27(1):6-9.

王文中,王顺,胡元中,王慧.全膜润滑到边界润滑的过渡研究[J].润滑与密封,2006(9):32-35.

王晓力,温诗铸,桂长林.基于平均流动模型的广义雷诺方程[J].润滑与密封,1998(3):16-18.

汪久根,张建忠.边界润滑膜的形成与破裂分析[J].润滑与密封,2005(6):4-8,48.

温诗铸.从弹流润滑到薄膜润滑——润滑理论研究的新领域[J].润滑与密封,1993(6):48-55.

严升明.对流体动力润滑基本方程的再探讨[J].润滑与密封,2005(1):59-62,65.

10.9.2.3 发动机整体的摩擦特性

刘巽俊,林学东,许允.轿车发动机机械损失的降低[J].汽车技术,1995(7):5-9.

宋传平.润滑对汽车节能的影响[J].润滑与密封,2004(2):89-90,95.

王忠,历宝录,马淋军,唐颐.柴油机整机与零部件机械损失的评价指标及实验分析[J].中国机械工程,2006,17(22):2387-2391.

10.9.2.4 活塞组润滑动力学

陈传举.活塞裙部型线对流体动力润滑特性的影响[J].润滑与密封,2004(5):30-32,35.

陈传举.内燃机活塞裙部的流体动力润滑特性[J].农业机械学报,2005,36(8):13-16.

陈传举著.内燃机活塞裙部型面设计[M].北京:机械工业出版社,2006.

丁恒鉴,肖云魁,阳建成,唐彦峰.汽油机活塞销轴心轨迹计算及在故障诊断中的应用[J].内燃机学报,2001,19(2):187-191.

范庆生,柳锡庆.活塞裙部外圆表面微观结构对其使用性能的影响[J].山东内燃机,2002(1):34-35.

洪超,宋立权.汽车发动机活塞裙部外形型线的计算机辅助设计与优化[J].内燃机,2010(4):23-28.

姜恩沪,夏建新,陈立志,施绍祺.柴油机活塞二阶运动的测量[J].柴油机,1990(5):32-34.

李长明,陆瑞松.应用复合材料进行活塞裙部型面的试验[J].内燃机工程,1990,11(2):78-83.

刘焜,桂长林,谢友柏.活塞裙部的润滑分析及活塞系统2阶运动的研究[J].内燃机学报,1998,16(2):191-195.

楼狄明,姜恩沪,夏建新(1992a).内燃机活塞开发设计的预测技术[J].发动机配件技术,1992(3):1-8.

楼狄明,姜恩沪,夏建新(1992b).柴油机铰接活塞二阶运动的模拟计算与分析[J].内燃机学报,1992,10(3):283-289.

楼狄明,俞水良,刘永辉,徐峰.柴油机活塞裙部曲面造型的研究[J].车用发动机,1998(5):22-26.

马呈新,赵旭东.优化活塞结构 降低柴油机机油耗[J].内燃机与动力装置,2007(5):37-39.

马学军.车用发动机活塞裙部椭圆设计[J].内燃机配件,1998(2):22-24.

孟凡明,董光能,张优云.耦合弹性变形的活塞裙润滑有限元求解[J].内燃机学报,2003,21(6):461-466.

孟凡明,张优云(2004a).计入活塞混合润滑的内燃机连杆瞬态响应分析[J].润滑与密封,2004(4):8-10.

孟凡明,张优云(2004b).活塞裙润滑油膜温度场有限元分析[J].内燃机学报,2004,22(6):543-548.

孟凡明,赵荣珍,张优云.气缸振动对活塞裙润滑的影响[J].内燃机学报,2003,21(2):179-182.

孟祥慧,谢友柏.内燃机活塞裙部二次型线的弹性流体润滑分析[J].润滑与密封,2008,33(11):1-4,54.

潘晓彬,尤祖盛,唐亚明,周晓军.缸套磨合面储油能力评价方法研究[J].润滑与密封,2011,36(1):95-97.

浦耿强,周良弼,盛凯夫.发动机活塞组摩擦力实时测量装置及试验研究[J].汽车技术,1997(6):24-29.

盛凯夫,王元庆.用浮动缸套法测量活塞组摩擦损失及减少摩擦损失的优化途径[J].汽车技术,1998(10):10-12,20.

盛凯夫,周良弼,朱凛然,浦耿强,裴崇伟,卞鸿林.发动机着火运行活塞组摩擦力实时测量装置的发展与研究[J].汽车工程,1995,17(4):238-245.

王树青,郭金宝,郑洪国,王亮,韩立国.基于GLIDE软件的发动机活塞型线设计优化[J].内燃机与动力装置,2009(6):25-28.

王树青,刘世英.利用Glide软件 优化设计活塞摩擦副组[J].山东内燃机,2004(1):9-12.

王政,唐建,于旭东,王成焘,谢友柏.活塞裙部型线对活塞系统二阶运动和摩擦功率的影响[J].内燃机学报,1999,17(4):383-387.

吴金源,巫立民,杨鹏,黄立贤,黄汉龙.现代中速柴油机活塞缸套匹配分析[J].柴油机,2007,29(5):18-22.

夏建新,姜恩沪,楼狄明.用实验方法确定柴油机活塞的裙部型面[J].活塞·活塞环·气缸套·轴瓦经验交流,1990(1):1-7.

夏建新,姜恩沪,张宗才,孙自力.发动机活塞组瞬态摩擦力特性的实验研究[J].内燃机工程,1989,10(1):1-8.

肖秀华.活塞外侧形状的椭圆度[J].内燃机工程,1993,14(4):64-68,73.

肖秀华.活塞裙面纵向型线规律研究[J].内燃机,1999(6):6-10.

肖秀华.活塞裙面纵向型线研究——纵向基线数据的拟合处理[J].内燃机与配件,2011(1):20-25,7.

谢艳平,许栋青.铝活塞裙部微观表面及其检测[J].内燃机配件,1998(6):29-32.

杨光明,王中营,程丽君,李月霞.气缸套平台网纹谈[J].内燃机配件,2004(5):1-7.

杨俊伟,于旭东,王成焘,谢友柏.活塞裙部润滑油膜厚度的计算及试验研究[J].内燃机学报,2001,19(5):485-488.

杨俊伟,于旭东,王成焘,谢友柏(2002a).考虑活塞热变形的活塞裙部润滑计算分析[J].内燃机学报,2002,20(4):365-368.

杨俊伟,于旭东,王成焘,谢友柏(2002b).基于润滑分析的活塞参数设计研究[J].润滑与密封,2002(5):5-6,70.

杨润东,姜凤林,车传阳,杨永群.用试验法确定6133柴油机活塞型面和冷态配缸间隙[J].车用发动机,1997(2):20-21,53.

杨世文,张翼,苏铁熊,赵振峰,张红兵.重载柴油机气缸套变形分析及结构参数优化[J].内燃机工程,2003,24(2):25-29.

余志壮,孟凡明,董光能,谢友柏.增压条件下活塞的动压润滑分析[J].润滑与密封,2005(3):11-12,15.

张家玺,薛兴建,马保吉,朱均,丘大谋.发动机活塞裙部润滑分析[J].车用发动机,1997(1):26-31.

张丽强,张翼,付月磊.柴油机活塞二阶运动仿真分析[J].柴油机设计与制造,2010,16(2):9-13.

张启,毛军红,谢友柏.IMEP法测量内燃机活塞组摩擦力的分析计算方法[J].内燃机学报,2007,25(6):560-564.

赵士钦,秘国芳,马力明.活塞表面处理技术综述[J].内燃机配件,2001(6):18-20.

赵以贤,毕小平.活塞式内燃机的摩擦产热仿真研究[J].内燃机工程,2006,27(4):47-50.

邹稳根.内燃机车柴油机缸内摩擦副与节能降耗[J].内燃机配件,2007(6):10-13.

10.9.2.5 活塞环润滑动力学特征

活塞环润滑动力学特征

白敏丽,丁铁新,董卫军.活塞环-气缸套润滑摩擦研究[J].内燃机学报,2005,23(1):72-76.

白敏丽,沈胜强,陈家骅,张志千.活塞环摩擦热对燃烧室部件耦合系统的传热影响模拟研究[J].内燃机学报,2001,19(2):182-186.

蔡毓麟.现代汽车发动机活塞组件发展新趋势[J].发动机配件技术,1996(1-2):4-10.

禅怀彬,陈大健,林涵.论活塞环功能对内燃机性能的影响[J].内燃机配件,2000(5):17-22.

禅怀彬,孙虹.论活塞环的自转及抑制[J].内燃机配件,2002(1):11-12.

程方启,刘鸣,姜明,吴琼,曹孔胜.内燃机缸套-活塞环润滑计算的研究进展[J].山东内燃机,2004(3):1-3.

丁福建.活塞环型线设计的理论研究[J].内燃机学报,2000,18(2):175-179.

丁其国编.活塞环材料、工艺及润滑状态分析[J].内燃机与配件,2010(11):26-28.

丁业武,谢宗法.柴油机活塞环/缸套摩擦副匹配性能的试验[J].内燃机配件,2006(6):1-5.

符永宏,陆华才,蔡兰,王霄,袁润.内燃机缸套-活塞环润滑理论模型概述[J].润滑与密封,2004(5):120-123.

符永宏,张华伟,纪敬虎,华希俊.微造型活塞环表面的润滑性能数值分析[J].内燃机学报,2009,27(2):180-185.

高敦华.切口密封活塞环的简介[J].内燃机配件,2004(2):39-40.

桂长林,焦明华.内燃机气缸-活塞环组润滑状态的分析方法[J].内燃机学报,1993,11(1):71-76.

郝放.活塞环铬基陶瓷复合镀[J].内燃机与配件,2010(5):22-25.

黄胜.16V280ZJA型柴油机气缸套-活塞环摩擦损失计算分析[J].内燃机车,2008(6):19-21,41.

贾东明,杨燃.关于活塞环一些计算公式的推导[J].内燃机配件,2007(1):16-17.

鞠杭利.组合活塞环的发展与现状[J].内燃机配件,2003(1):24-26.

柯开波,邱复兴.车用发动机活塞环对口原因及预防[J].车用发动机,2002(1):47-49.

孔凌嘉,谢友柏.缸套-活塞环摩擦学系统漏气与润滑和摩擦与磨损的计算[J].内燃机学报,1992,10(3):267-274.

林建生.金属陶瓷镀膜技术在车用内燃机上的应用研究[J].汽车技术,2002(12):32-34.

刘成俊.钢质活塞环概论[J].发动机配件技术,1992(4):1-7.

刘焜,桂长林,谢友柏.活塞环-缸套润滑状态周向不均匀性的研究[J].内燃机学报,1997,15(3):281-289.

刘焜,谢友柏.内燃机缸套-活塞环混合润滑特性及摩擦力分析[J].内燃机学报,1995,13(3):299-305.

刘启华,朱埏章,倪翔华,程德兴.螺旋撑簧油环刮油边高度的研究[J].内燃机工程,1991,12(3):59-63.

刘志华.活塞环弹力公式推导[J].内燃机配件,2003(1):27-28.

鹿云.柴油机活塞环缸套摩擦学特性研究[J].汽车技术,2008(12):48-51.

吕平,葛蕴珊,张卫正.柴油机活塞环油膜厚度的计算研究[J].车辆与动力技术,2004(4):37-40.

马晨波,朱华.缸套-活塞环磨合过程中微凸体承载的理论研究[J].车用发动机,2008(4):32-35.

孟凡明,张优云(2004a).污染颗粒对活塞环腔气体压力的影响[J].内燃机工程,2004,25(4):24-27.

孟凡明,张优云(2004b).运动颗粒对活塞环润滑的影响[J].内燃机学报,2004,22(2):169-175.

孟凡明,张优云.污染颗粒-活塞环-缸套接触数值研究[J].内燃机学报,2005,23(6):562-566.

漆世泽,鹿云,韩志勇,潘艳春.柴油机活塞环镀层摩擦学特性研究[J].汽车技术,2005(9):28-32.

宋炳坤,王文中,王慧,胡元中.发动机缸套-活塞环摩擦磨损特性试验研究[J].润滑与密封,2004(3):29-30,32.

汤义虎,孟祥慧,张执南,谢友柏.基于反演法的活塞环廓形优化设计[J].润滑与密封,2010,35(11):48-52.

田文三,李世忠,胡柏泉.活塞环设计的联想[J].发动机配件技术,1992(3):9-14.

王伯年,禅怀彬,刘志华,张振东.测量活塞环切向弹力的新方法[J].内燃机学报,2005,23(3):279-282.

王刚,刘海斌,马强.叠加封口式活塞环在柴油机上的应用研究[J].车用发动机,2008(2):80-82,86.

王海林(1997a).内燃机缸套-活塞环摩擦学系统分析(一)[J].内燃机,1997(5):7-9.

王海林(1997b).内燃机缸套-活塞环摩擦学系统分析(二)[J].内燃机,1997(6):6-8.

王佩银,刘定遂.浅析活塞环漏光[J].内燃机配件,2004(3):9-10.

王树青,吴国栋,郭金宝,刘瑞.活塞环动力学数值模拟计算及试验研究[J].内燃机与动力装置,2008(1):14-19,29.

王伟,刘焜,焦明华,刘小君.活塞环-缸套液固二相润滑研究[J].内燃机学报,2005,23(2):176-181.

王伟先,李钢,丛民强.车用柴油机活塞环的试验研究[J].柴油机设计与制造,2005,14(3):20-23.

谢宗法,程勇,张小印,王增才,常英杰.柴油机单刮油边螺旋撑簧油环的研究[J].内燃机学报,2005,23(6):572-576.

谢宗法,曲云山,吴亚兰,张小印.改进柴油机螺旋撑簧油环性能的研究[J].内燃机学报,2006,24(1):83-87.

辛惠祥,王海山,岳惊涛,王树林.内燃机气缸流体动压润滑油膜3维分布预测方法的研究[J].内燃机学报,1998,16(3):342-347.

杨积羲.活塞环螺旋撑簧设计计算法[J].内燃机配件,2000,(6):4-7.

杨明,窦朝举,尹国锋.现代钢质活塞环的发展和应用[J].内燃机配件,2006(3):25-28.

杨应捷.无端隙活塞环(对角线切口活塞环)[J].内燃机,2001(3):31-33.

叶晓明,蒋炎坤,陈国华,邹云川.活塞环-气缸套三维润滑性能分析[J].小型内燃机与摩托车,2005,34(2):33-37.

叶晓明,蒋炎坤,郝秀丽,张毅(2007a).气缸套径向变形对活塞环弹流润滑性能的影响[J].车用发动机,2007(2):22-25.

叶晓明,蒋炎坤,张毅,郝秀丽(2007b).结构参数对活塞环润滑性能影响的分析[J].车用发动机,2007(4):19-22,26.

易秀明,袁栋,代青龙.新型活塞环的润滑密封性分析[J].润滑与密封,2010,35(7):115-118.

余志壮,董光能,谢友柏.内燃机活塞环组降低摩擦功耗的新方法[J].润滑与密封,2005(6):18-20.

袁兆成,王望予,李过房.活塞环径向压力分布的精确测量方法[J].汽车工程,1998,20(6):379-382.

张长春.活塞环螺旋撑簧的设计要点[J].内燃机与配件,2010(2-3):1-3.

张家玺,方心明,徐寅生.发动机活塞环组的摩擦润滑状态分析[J].车用发动机,1996(5):25-31.

张家玺,高群钦,朱均.内燃机缸套-活塞环摩擦学研究回顾与展望[J].润滑与密封,1999(5):26-29.

张家玺,马保吉,朱均,沈惠贤,蒋德明.内燃机活塞环回转运动机理分析[J].内燃机工程,1997,18(4):19-25.

赵高晖,王伯年,徐兆坤.活塞环切向弹力测量的研究[J].内燃机工程,1997,18(2):61-64.

赵高晖,徐兆坤,陈意兰.活塞环径向压力分布测量方法的分析研究[J].柴油机,1999(6):31-33.

赵国伟,李娜.内燃机缸套活塞环系统的摩擦学设计[J].润滑与密封,1998(4):35-38.

赵晓波.活塞环径向压力多点测量法的理论分析[J].内燃机学报,1990,8(3):225-232.

周聪蔚,周开方译.日本理研公司活塞环和密封环手册[J].内燃机与配件,2010(2-3):52-80.

周龙,白敏丽,吕继组,刘佳伟.用耦合分析法研究内燃机活塞环-气缸套传热润滑摩擦问题[J].内燃机学报,2008,26(1):69-75.

周全保(1991a).内燃机活塞环组的混合润滑模型及其应用[J].内燃机学报,1991,9(1):83-90.

周全保(1991b).内燃机活塞环组润滑特性的综合分析[J].内燃机学报,1991,9(3):227-232.

周晓华,刘铜庆.导热作用对活塞环设计的影响[J].山东内燃机,2002(1):20-22.

朱维南,李春艳,梁兰红,谭玉霞,李进祥.环保、恒性密封活塞环的研制[J].内燃机配件,2007(1):13-15.

朱有慧.中国活塞环行业现状与发展展望[J].内燃机配件,2001(1):40-41.

窜气

崔仁卫,罗南春,胡波.车用柴油机活塞漏气量试验及其限值的分析[J].车用发动机,1999(3):7-11.

蒋景峰.浅析如何减少活塞环对发动机漏气量的影响[J].内燃机与配件,2010(12):12-14.

吕远林,何名显.柴油机窜气问题分析[J].内燃机配件,2005(5):33-35.

王宪成,孙嘉林,王书义.漏气率对柴油机性能的影响[J].内燃机学报,1994,12(2):164-168.

吴楠.柴油机刮炭环技术的应用与分析[J].柴油机,2006,28(6):45-47.

吴义民,孟庆军,张运泰.发动机漏气量超标机理分析及解决措施[J].山东内燃机,2004.(5):34-36.

吴志红.改进活塞环设计降低漏气量[J].内燃机配件,2005(1):19-21.

张卧波,刘世英.发动机缸内摩擦副组件性能数值模拟与试验研究[J].内燃机工程,2008,29(2):42-45.

周玉,戴松高.柴油机活塞漏气量分析及其限值的确定[J].内燃机,2000(2):12-15.

机油消耗

陈安和,李松和.车用发动机活塞环组对润滑油消耗的机理分析[J].润滑与密封,2002(5):94,96.

陈奎彪,何大林.活塞环各参数对机油耗的影响[J].内燃机配件,1999(6):11-15.

杜子文,周鑫.发动机机油消耗量过大的故障分析及排除方法[J].内燃机,2010(1):61-62.

冯长征,侯宪春.内燃机润滑油过量消耗的原因分析及对策[J].内燃机,1998(4):40-43.

冯长征,王体民.柴油发动机机油上窜的原因分析及控制[J].重型汽车,2007(6):37-39.

管友锐.柴油机缸套刮碳环喷涂技术的应用[J].柴油机设计与制造,2003(3):18-20.

何大林,陈奎彪,胡敏.第二道环闭口间隙与机油消耗[J].内燃机配件,2001(1):4-7.

纪丽伟,董尧清.重型柴油机润滑油消耗特性研究[J].内燃机工程,2010,31(4):69-72.

李文祥,葛蕴珊,李骏,李鹏,胡芳,王金武.低排放柴油机的机油消耗量控制技术研究[J].内燃机工程,2004,25(6):1-3.

刘铜庆,周晓华.浅谈活塞环对发动机机油耗的影响[J].山东内燃机,2001(4):4-7.

刘勇,黄一扬.降低机车机油消耗的方法[J].内燃机车,2002(3):27-29.

钱小玲.有效降低柴油机机油消耗率的设计改进[J].柴油机设计与制造,2007,15(4):18-21.

伞桂权.发动机下排气量大、机油耗高和断环问题的分析及改进[J].内燃机配件,2006(1):30-31.

苏怀林,罗翠萍.国Ⅳ重型柴油机降机油耗技术探讨[J].内燃机与配件,2010(5):14-16.

王军,姜斯平,廖祥兵.润滑油消耗的研究[J].润滑与密封,2001(1):44-46.

韦斌,高金刚,戚娟娟.柴油机机油耗超标原因及预防[J].内燃机配件,2007(4):16-18.

尹琪,卓斌,邬静川.车用柴油机降低机油耗减少颗粒排放研究动态[J].车用发动机,1996(1):12-17.

徐军,张希圣.发动机机油耗及影响因素[J].内燃机配件,2004(3):15-17.

张爱民,纪丽伟,郁秀峰,刘维民.柴油机润滑油及其消耗[J].柴油机设计与制造,2004(4):9-13.

仲志全,李华宇,尹琪.发动机运行工况对机油耗影响的试验研究[J].内燃机工程,2004,25(5):69-71.

仲志全,尹琦.柴油机缸内润滑油消耗途径分析[J].小型内燃机与摩托车,2004(1):10-12.

仲志全,尹琪,张光辉,邵力清,王宇宾.发动机缸内机油消耗途径及影响因素分析[J].车用发动机,2003(5):16-18.

朱玲玉.降低机油耗的途径和措施[J].山东内燃机,2001(1):1-5,23.

朱玲玉.柴油机机油耗高的原因分析[J].内燃机配件,2009(5):10-12.

朱玲玉.低排放柴油机机油消耗控制技术探讨[J].内燃机与动力装置,2010(3):51-55.

10.9.2.6　发动机轴承润滑动力学

戴旭东,马雪芬,赵三星,谢友柏.曲轴主轴承油膜动力润滑与系统动力学的耦合分析[J].内燃机学报,2003,21(1):86-90.

段晓霞,苏铁熊.基于 AVL Excite Designer 的 WD615 柴油机曲轴轴承润滑性能研究[J].内燃机,2010(5):11-13,17.

冯凯,张优云.低气压对发动机轴承性能的影响[J].润滑与密封,2007,32(3):12-17,20.

冯凯,张优云,朱永生.沙尘和低气压对发动机轴承性能的耦合影响[J].润滑与密封,2007,32(4):72-75.

何芝仙,干洪,童宝宏.曲轴-轴承系统多工况动力学与摩擦学耦合分析[J].车用发动机,2010(3):23-26.

何芝仙,桂长林.曲轴系多学科行为耦合研究现状、讨论与展望[J].车用发动机,2008(2):1-4.

何芝仙,桂长林,李震,孙军.曲轴轴承系统动力学和摩擦学行为耦合分析[J].车用发动机,2007(4):86-92.

胡以怀,周铁尘.柴油机主轴颈运动惯性的理论计算及诊断应用[J].内燃机工程,1999(1):47-53.

蒯苏苏.内燃机滑动轴承最小油膜厚度分布状态的研究[J].农业机械学报,2000,31(2):64-66.

李柱国.内燃机滑动轴承[M].上海:上海交通大学出版社,2003.

刘剑,张卫正.基于有限体积法的内燃机滑动轴承性能计算分析[J].润滑与密封,2005(3):60-63.

吕玮丽,阎庆华,安琪.若干参数对内燃机曲柄滑动轴承润滑特性的影响[J].润滑与密封,2005(5):98-100.

马富康.曲轴轴承不同仿真模型的比较分析[J].内燃机与动力装置,2008(5):16-19.

马艳艳,李桂国.动载滑动轴承润滑设计计算的研究进展[J].润滑与密封,2003(4):96-98.

石志华,刘秀清,郭振杰.发动机滑动轴承的弹性流体润滑设计[J].轴承,2007(6):9-10,39.

孙军.内燃机曲轴-轴承系统摩擦学、刚度和强度的耦合分析[M].合肥:合肥工业大学出版社,2008.

孙军,符永红,邓玫,蔡晓霞,桂长林.计及曲轴强度的曲轴轴承优化设计[J].内燃机学报,2009,27(1):92-95.

孙军,桂长林,汪景峰,潘忠德.曲轴-轴承系统计入曲轴变形的轴承摩擦学性能分析[J].内燃机学报,2007,25(3):258-264.

童宝宏,桂长林,陈华,孙军.热变形对内燃机主轴承润滑特性影响的仿真分析[J].农业机械学报,2007,38(6):1-5,18.

王刚志,郝延明,马维忍,李兆文.内燃机主轴承热弹性流体动力润滑研究[J].内燃机工程,2010,31(5):63-68.

王刚志,舒歌群,梁兴雨.多缸内燃机主轴承油膜厚度的试验研究[J].内燃机工程,2008,29(4):76-80.

王刚志,舒歌群,王养军,汪森.增压内燃机主轴承载荷计算方法及其对轴心轨迹的影响[J].内燃机工程,2007,28(1):27-30.

王克琦.单缸柴油机动轴承润滑的计算机仿真[J].小型内燃机与摩托车,2008,37(1):38-43.

王谦,高永平,施爱平,何志霞.发动机曲轴主轴承润滑分析与节省功率的研究[J].农业机械学报,2003,34(4):19-21.

王晓力,温诗铸,桂长林.内燃机轴承润滑设计的研究现状及展望[J].内燃机工程,1998,19(4):20-25.

汪森,沈颖刚,舒歌群,王刚志,卫海桥.内燃机主轴承 EHD 模拟计算研究[J].润滑与密封,2007,32(3):156-160.

向建华,廖日东,张卫正.高强化柴油机曲轴主轴承润滑特性研究[J].润滑与密封,2009,34(12):63-68.

易太连,欧阳光耀,朱石坚.利用轴心轨迹和有限元计算油膜压力[J].内燃机工程,2006,27(6):55-58,62.

张宝元(2008a).内燃机曲轴滑动轴承(轴瓦)设计计算(Ⅰ、Ⅱ)[J].内燃机配件,2008(2):1-14,(4):1-11.

张宝元(2008b).内燃机曲轴轴承的气蚀损坏[J].内燃机配件,2008(6):1-4.

张朝,张直明.计入非牛顿效应的曲轴轴承的混合润滑分析[J].内燃机学报,1999,17(3):303-307.

张青雷,卢修连,朱均.边界条件对滑动轴承性能的影响[J].润滑与密封,2002(5):12-13,16.

10.9.2.7 配气机构的润滑和摩擦

艾晓岚,俞海清.内燃机凸轮-挺柱副非稳态弹流润滑过程的数值分析[J].内燃机学报,1989,7(3):199-206.

柴苍修.考虑润滑油膜厚度的凸轮挺杆设计参数选择[J].柴油机,1995(5):30-33,36.

柴苍修,吴景枢,胡正群.发动机挺柱转动及其影响因素的试验研究[J].内燃机工程,1989,10(1):37-43.

常秋英,杨沛然.预紧力对内燃机排气凸轮/挺柱间润滑的影响研究[J].润滑与密封,2007,32(2):10-12.

常秋英,杨沛然,陈全世,王静.内燃机排气凸轮/挺柱机构的瞬态热弹性流体动力润滑研究[J].润滑与密封,2006(8):1-3.

陈新强,柴苍修,万鹏.内燃机凸轮弹性流体动力润滑的研究[J].柴油机设计与制造,2002(4):16-19.

何家敏,姜树李,王德海,张申林.内燃机配气凸轮-挺柱副的动态润滑[J].内燃机学报,1992,10(1):41-46.

李延平,杨富富,常勇.新型凸轮机构滚子作纯滚动条件的研究[J].机械设计,2010,27(2):54-57.

林财和.凸轮的弹性流体动力润滑的探讨[J].润滑与密封,1999(4):8-9,36.

刘建美.发动机配气机构凸轮挺柱的弹流润滑设计[J].小型内燃机与摩托车,2008,37(5):26-27.

刘靖,郑德林,肖敏,曾朝阳.CA488 型发动机凸轮润滑特性分析[J].汽车技术,1996(7):28-31.

梅雪松,谢友柏.凸轮-挺柱摩擦学特性与几何设计的关系[J].内燃机工程,1990,11(1):11-17.

梅雪松,谢友柏.高速内燃机凸轮与挺柱付润滑过程的数值分析[J].内燃机学报,1994,12(1):71-77.

曲庆文,柴山.凸轮传动系统的摩擦学设计[J].润滑与密封,2004(1):8-10.

于瑞涛.内燃机凸轮-挺柱润滑品质的评估[J].内燃机与动力装置,2009(5):7-8,12.

俞海清,艾晓岚.对 Holland 凸轮挺柱副非稳态弹流润滑膜厚计算方法的实用性探讨[J].内燃机学报,1990,8(2):137-142.

竺志超.高速凸轮机构滚子的纯滚动力学条件[J].机械设计,2001(4):4-8.

10.9.2.8 用于系统设计的发动机摩擦模型

杜家益,袁银南,孙平,陈笃红,王林.车用柴油机机械损失功率分配[J].汽车工程,2002,24(6):503-506.

杜家益,袁银南,孙平.高速直喷柴油机机械损失的预测[J].内燃机工程,2003,24(1):51-54,58.

孟凡明,张优云.基于 RBF 神经网络的气缸摩擦学系统仿真[J].内燃机学报,2003,21(4):261-265.

余皎,许成,罗国良.重型柴油机摩擦性能研究[J].内燃机与动力装置,2010(4):13-16.

张春丰,陈笃红,陈汉玉.6105ZLQ 柴油机机械损失及其影响因素分析[J].内燃机工程,2007,28(1):10-13.

10.9.2.9 润滑油

陈惠卿.车用柴油机排放法规与机油的发展[J].柴油机,2004(2):28-31.

党兰生.内燃机油和基础油的发展趋势[J].润滑油,1999,14(6):1-6.

党兰生,赵虹.国外润滑油添加剂现状与市场需求[J].润滑油与燃料,2004,14(3):13-17.

范亦工,胡华.排放法规的发展和内燃机油的升级换代[J].润滑油,2005,20(2):1-3.

范亦工,秦晓东.满足欧Ⅳ排放的不同柴油机技术路线对润滑油规格发展的影响[J].润滑油,2007,22(6):1-5.

关子杰.内燃机润滑油应用原理[M].北京:中国石化出版社,2000.

胡性禄.我国内燃机油的应用和发展趋势[J].润滑油,1994(4):35-41.

胡性禄.国际上车用润滑油的分类[J].润滑油,1996,11(2):41-45.

黄之杰,费逸伟,尚振锋.纳米材料作为润滑油添加剂的应用与发展趋势[J].润滑油,2005,20(2):21-25.

李桂云.低排放、长寿命柴油机对燃料和润滑油的需求[J].润滑油与燃料,2007,17(2):1-4.

李桂云,袁茂泉.低排放、长寿命柴油机对燃料和润滑油的需求[J].润滑油,2007,22(5):1-4.

李鹤尊,张晓昊.利用 Stribeck 曲线评价润滑油性能的方法研究[J].润滑油,2009,24(5):61-64.

李建国.国外车用润滑油添加剂最新进展[J].润滑油,2001,16(3):6-11.

李久盛,张立,王会东.润滑油纳米添加剂研究现状及趋势[J].润滑油,2008,23(1):5-9.

李兴虎.发动机润滑油的环境影响[J].内燃机,2009(1):32-37.

李兴虎,赵晓静.润滑油黏度的影响因素分析[J].润滑油,2009,24(6):59-64.

李月蓉,蔡祝华.内燃机油规格的最新发展及趋势[J].润滑油,2002,17(5):6-11.

粟斌,陈德友,黄书琴,李海波.军用车辆润滑油脂系列标准简介[J].润滑油,2000,15(1):56-59.

粟斌,史永刚,陈国需,徐金龙.润滑油黏度等级对发动机性能的影响[J].润滑油,2010,25(3):20-25.

粟斌,史永刚,徐金龙,龚海峰,陈国需.发动机润滑油黏度等级对其性能的影响[J].润滑与密封,2011,36(1):92-94.

廖国勤,杨俊杰,周惠娟,汤仲平,伏喜胜.中国车用润滑油 30 年[J].汽车工程,2009,31(8):691-693,708.

刘红.船舶发动机的发展以及大型船舶对润滑油的要求[J].润滑与密封,2010,35(8):121-124.

卢成锹,邱寅生,仇延生.欧洲车用润滑油的特点——赴欧考察报告(上、下)[J].润滑油,1996,11(2):1-12,11(3):3-12.

卢培刚.环保与内燃机油的发展[J].润滑油,2004,19(3):1-5.

潘元青.润滑油规格最新进展及其对配方技术的影响[J].润滑油与燃料,2005,15(5/6):4-8.

乔栋钢.柴油机发展趋势及其润滑要求[J].润滑油,2002,17(1):23-28.

秦晓东,范亦工.润滑油燃料经济性要求及其对发动机油发展影响[J].润滑油,2008,23(1):1-4.

秦晓东,徐惠昌,中村良知,杨道胜.生物燃料的发展及其对发动机油性能的影响[J].润滑油,2009,24(5):1-8.

屈智煜,郑鹏宇,秦鹤年.车辆重载化与用油的协调发展[J].润滑油,2007,22(5):5-9.

史宗冈,杨道胜.世界汽车及其润滑油的发展与排放的相关性分析[J].润滑油,2002,17(2):1-7.

汤仲平,孙丁伟,荆海东.柴油机油的发展现状及趋势[J].润滑油,2000,15(6):25-30.

汤仲平,孙丁伟,文斌,张少明,刘维民.通用内燃机油的国内外发展情况和趋势[J].润滑油,2005,20(5):1-5.

汤仲平,王会东,孙丁伟,金鹏,张勤.美国内燃机油规格发展新动向[J].润滑油,2007,22(1):56-59.

唐俊杰.汽车润滑剂系列知识讲座之一~六[J].润滑油,1998,13(1):59-64,13(2):58-64,13(3):59-65,13(4):60-64,13(5):53-63,13(6):56-63.

唐俊杰.合成润滑油基础知识讲座之一~二[J].润滑油,1999,14(5):59-64,14(6):59-64.

唐俊杰.合成润滑油基础知识讲座之三~七[J].润滑油,2000,15(1):60-64,15(2):61-64,15(3):59-64,15(5):61-64,15(6):62-64.

王成勇.车用润滑剂的发展历程[J].润滑油,2000,15(5):7-15.

王德岩,徐连芸,常明华.绿色润滑剂的过去、现在和将来[J].润滑油,2005,20(4):6-11.

王建昕.汽车节能与排放控制技术进步及其对润滑油的要求[J].润滑油,2007,22(1):1-5.

王莉萍.船用润滑油系列知识之一~二[J].润滑油,2000,15(5):51-60,15(6):59-61.

王莉萍.船用润滑油系列知识之三[J].润滑油,2001,16(1):62-64.

王善彰.美国内燃机车柴油机机油的发展与新标准动态[J].中国铁路,2003(10):60-62,64.

文斌,汤仲平,孙丁伟.国内外内燃机油的规格现状[J].润滑油与燃料,2004,14(3):1-12.

吴进会.欧洲重负荷柴油机油的发展[J].润滑油,2000,15(2):5-11.

谢惊春,牛成继,刘文俊.车用润滑油新规格及台架评定方法的发展[J].润滑油,2003,18(2):59-64.

许汉立.内燃机润滑油产品与应用[M].北京:中国石化出版社,2004.

徐金龙,郭小军.柴油机油标准的发展及对我国标准制订的启示[J].润滑油,2008,23(2):56-60.

徐小红.排放标准对美国柴油机油规格发展的影响[J].润滑油,2004,19(5):1-6.

徐小红.美国最新内燃机油规格发展[J].润滑油,2005,20(4):50-55.

徐小红,谢惊春,刘文俊,薛群基.润滑油性质对汽车排放后处理系统的影响[J].润滑与密封,2009,34(12):113-117.

徐元强.改善润滑对汽车节能的影响及车用润滑油的发展趋势[J].汽车技术,1997(3):6-11.

徐元强,唐小平.汽车内燃机润滑油性能和质量发展现状及趋势[J].内燃机工程,2003,24(4):82-84.

杨道胜.内燃机油的升级换代与黏度指数改进剂的发展趋势[J].润滑油,2002,17(1):16-22.

杨杰丹,张建国,佟云鹏.重负荷柴油机润滑油技术的发展与应用[J].内燃机工程,1999(2):10-15,28.

杨俊杰,翟月奎.大功率内燃机润滑油 30 年[J].内燃机学报,2008,26(增刊):47-52.

姚文钊,李连民,刘雨花,谢建海.内燃机油添加剂的研究现状及发展趋势[J].润滑油,2007,22(3):1-4.

姚文钊,薛卫国,刘雨花,刘玉峰.低硫酸盐灰分、低磷和低硫发动机油添加剂发展现状及趋势[J].润滑油,2009,24(1):48-53.

姚勇,邸敏艳,姚玮洁.柴油机排放标准对润滑油发展的影响[J].润滑与密封,2005(5):187-198,211.

翟月奎,孙翔兰.轻负荷柴油发动机润滑特点及其润滑油规格发展[J].润滑油,2008,23(3):7-10.

张春辉,朱建华.柴油发动机油对烟炱的处理能力要求及评定[J].润滑与密封,2003(6):33-36.

张春辉,朱建华,余磊.国内乘用车燃料限值法规对润滑油市场的影响[J].车用发动机,2007(1):9-12,34.

张广军,黄平,温诗铸,孟惠荣.润滑剂的温度非牛顿效应及其对润滑性能的影响[J].润滑与密封,1996(3):5-9.

张红奎,丁芳玲,蔡继元.内燃机油燃料经济性能及试验方法[J].润滑油与燃料,2005,15(1/2):15-19,22.

张杰,高辉.海洋环保法规的发展及其对船用燃料和润滑油的影响[J].润滑油,2009,24(1):16-21.

张淑华.国内外发动机油质量规格标准的发展[J].润滑油,2003,18(增刊):32-39.

周宜寿.柴油机油性能升级及评定技术的发展[J].润滑油,2001,16(2):1-3.

10.9.2.10　润滑系统

陈光辉,窦连贵.发动机润滑系统仿真软件开发[J].小型内燃机与摩托车,2006,35(2):5-7,62.

黄小辉,毕小平.大功率柴油机润滑系统传热仿真计算[J].车用发动机,2005(3):32-35.

童宝宏,桂长林,陈华,孙军,赵小勇.发动机润滑系统的研究与进展[J].车用发动机,2007(2):5-8,17.

徐立华.大功率低速柴油机气缸的注油润滑[J].柴油机,2002(6):45-46,49.

张文锋,余金秋.柴油机润滑系统各元件对工作压力的影响分析[J].柴油机设计与制造,2006,14(2):36-38,43.

左正兴.柴油机润滑系统仿真模拟的技术探讨[J].车用发动机,1997(6):35-37.

10.9.2.11　密封

陈敏,刘晓叙.现代中、小型柴油机密封设计技术[J].润滑与密封,2001(5):68-69.

黄兴,林原.新世纪密封技术面临的问题及其发展趋势[J].润滑与密封,2002(1):76-78.

李建新.车用涡轮增压器的轴密封与轴承[J].车用发动机,1999(6):18-22.

娄秀东,吕剑.对柴油发动机静密封问题的探讨[J].内燃机配件,2003(6):32-34.

马玲玲.浅谈 6190 柴油机密封改进[J].内燃机,2008(6):26-29.

屈盛官,夏伟,陶志奇,张志强,黄荣华,成晓北.柴油机气门导管密封结构的设计、计算和试验研究[J].内燃机工程,2005,26(3):34-38.

屈盛官,夏伟,王颖.柴油机气门导管润滑与密封性研究[J].润滑与密封,2004(5):67-70,72.

屈盛官,薛颎,杨圣东,刘小平.高速大功率柴油机曲轴油封密封性研究[J].车用发动机,2001(1):17-19,41.

施中堂.发动机密封技术与密封材料研究(一、二)[J].内燃机,2004(3):42-43,46;(4):27-28.

张瑞,李家国,娄秀东.发动机静密封技术[J].小型内燃机与摩托车,2005,34(3):31-34.

张维强.内燃机密封技术的研究与发展[J].小型内燃机,1994,23(5):16-17.

11

柴油发动机系统设计中的噪声、振动和不平顺性

摘要:本章论述柴油发动机系统设计中的噪声、振动和不平顺性(NVH)特性。侧重于噪声——发动机竞争力的关键性能属性之一,本章对系统工程师能够采用系统设计和分析工具来进行评估的 NVH 问题做了全面介绍。首先介绍动力系和柴油机 NVH 的基本原理,并建立一个三级系统模拟方法分析发动机噪声。本章对发动机整机和各个子系统的噪声特征和降噪设计措施做了总结,具体包括燃烧、活塞敲击、配气机构、齿轮系、曲轴系、辅助装置和空气动力源的噪声。

11.1 噪声、振动和不平顺性概述

11.1.1 噪声、振动和不平顺性的基本概念

噪声、振动和不平顺性(NVH)指的是发动机或车辆在噪声方面的一种综合性能属性。它与动力学密切相关,但是研究内容更偏重于噪声。本章的主旨是系统人员在 NVH 方面应当了解哪些内容和能够做哪些工作。

声音或噪声由环境空气压力波动造成的行波产生。声波速度遵循下式:

$$v_{sound} = \sqrt{\kappa \cdot R_{gas} \cdot T} \tag{11.1}$$

式中,κ 是比热容的比值(对于空气,$\kappa = 1.41$);R_{gas} 是空气的气体常量($R_{gas} = 287 \text{ J}/(\text{kg} \cdot \text{K})$);$T$ 是单位为 K 的环境空气温度。在正常环境温度下,声音的传播速度大约为 340 m/s。当声波传播时,会产生声压。大多数发动机的噪声起源于一个能量源(例如燃料燃烧),产生于具有高振动加速度的各种发动机部件固体表面的振动运动,辐射到周围空气中,并被人耳所感知。其他一些发动机噪声是气动产生的,例如进、排气。振动是一种往复振荡的机械运动。发动机整机的振动被作用于曲轴系部件的气缸压力和惯性力所激励,并通过发动机悬置传递到传动系和整个车身。过度的振动会造成人员的不适,甚至会引起部件的耐久性故障。不平顺性通常是指一种噪声或振动方面的不愉快的主观感受特征,比如一阵短促的噪声尖峰或者身体能感觉得到的一波波冲击峰,以及摇晃过后的振荡或振动。

人耳耳蜗中的不同部位会对不同的声音激励频率有所反应。当空气压力的波动被转化为耳蜗的机械运动时,人耳就能在响度和尖锐程度这两方面感知噪声。噪声特征往往在声学性能脉谱图中采用声压级和频率分别作为横、纵两根坐标轴并绘制等响度线来表征和描述。声压级的单位是分贝(dB,即单位 Bel 的十分之一),实为一功率单位。声压级不是噪声响度指标,因为人耳并非对所有频率都同样敏感。如果某噪声的声压集中于一个人耳较敏感的较高频率的范围内,它可能听起来会比另一个具有相同声压级但集中于人耳不太敏感的较低频率范围内的噪声更响亮。为了制定比声压级更能反映真实响度的等级参数,声级计往往采纳三种不同的频率加权体系(A,B 和 C)。A 加权

最贴切地模仿人耳,它故而在噪声控制中使用最为广泛。A 加权的声级在单位上记为 dB(A)或 dBA。一个人小声说话的声音大约是 1 kHz 和 30 dB(A)。正常谈话的声音是 0.5 kHz 和65 dB(A)。机器操作员接触的噪声环境大约是 0.5～5 kHz 和 90～100 dB(A)。居民区的噪声水平大约是 50 dB(A)。车辆噪声可以达到 85 dB(A)。一般来讲,高于 75 dB(A)的声压级被认为属于嘈杂,而噪声水平超过 90 dB(A)便被认为是非常高的。人的听力痛阈大约为 120 dB(A)。为了减少或防止听力损伤,各标准化组织(例如美国的职业安全与健康管理机构——Occupational Safety and Health Administration 或缩写为 OSHA)和国家劳动法普遍规定了噪声的极限值,并强制规定了听力保护措施。

按照倍频程宽度可以将人耳能够听到的频率范围(20 Hz～20 kHz)分成一些频带。一个倍频程是频率比为 2 的两个声音之间的频率间隔[表 11.1(a)和(b)]。在噪声信号的频率分析中,窄频谱数据(例如通过快速傅里叶变换获得的)能够给出最高的分辨率,但结果更为定性些。一般来讲,具有 1/3(三分之一)倍频程(或者有时是倍频程或 1/12 倍频程)并带中心频率数据的频谱往往被用于噪声分析中,以提供更为定量的数据信息。常用的另一种频带为噪声的"临界频带"。它将频率范围划分为 24 个频带,以 Bark 为单位[Zwicker 定义,表 11.1(c)]。它的每个频带具有的中心频率从最低频带的 50 Hz 一直变化到最高频带的 13 500 Hz。它具有的频带宽度是从几个低频率频带的 100 Hz 直到最高频带的 3 500 Hz。

表 11.1　噪声频带定义

(a) 倍频程带中心频率(单位:Hz)

31.5	63	125	250	500	1 000	2 000	4 000	8 000	16 000

(b) 三分之一倍频程带中心频率(单位:Hz)

31.5	40	50	63	80	100	125	160	200	250
315	400	500	630	800	1 000	1 250	1 600	2 000	2 500
3 150	4 000	5 000	6 300	8 000	10 000	12 500	16 000	20 000	25 000

(c) Zwicker 临界频带定义

临界频带(Bark)	1	2	3	4	5	6	7	8
中心频率(Hz)	50	150	250	350	450	570	700	840
频带宽(Hz)	100	100	100	100	110	120	140	150

临界频带(Bark)	9	10	11	12	13	14	15	16
中心频率(Hz)	1 000	1 170	1 370	1 600	1 850	2 150	2 500	2 900
频带宽(Hz)	160	190	210	240	280	320	380	450

临界频带(Bark)	17	18	19	20	21	22	23	24
中心频率(Hz)	3 400	4 000	4 800	5 800	7 000	8 500	10 500	13 500
频带宽(Hz)	550	700	900	1 100	1 300	1 800	2 500	3 500

在理想情况下,发动机噪声是在一个自由场环境中从环绕着发动机周围的不同位置予以测量的(即在无声波反射或回声的消声环境中)。可以采用静电麦克风测量声压(一个具有标量性质的"点"属性),或者使用声强探针测量声强(一个具有矢量性质的"场"属性)。声强指的是单位面积上从声源辐射出来的声功率,由下式给出:

$$I_s = p_s v_{air} \tag{11.2}$$

式中,声速 v_{air} 是空气粒子当地振动运动的速度。声功率 $\dot{W}_s$、声强 I_s 和声压 p_s 对于发动机来讲按下式相关联:

$$\dot{W}_s = \int I_s \cdot dA = I_s A = \frac{p_s^2}{\rho v_{sound}} \cdot A \tag{11.3}$$

式中,ρ 为空气密度;A 为面积。

声音的大小是由声压或声功率表征的。由于人耳对响度的感觉正比于声压的对数尺度,而不是线性尺度,所以通常使用对数尺度来定义声压级,以 dB 为单位如下所示:

$$p_{SPL} = 10 \cdot \log_{10} \left(\frac{p_s}{p_{s,ref}} \right)^2 = 20 \cdot \log_{10} \frac{p_s}{p_{s,ref}} \tag{11.4}$$

式中,$p_{s,ref}$ 是一个参考声压,通常等于 20 μPa,即人耳能听到的最小音量。规定 20 μPa 的声压对应于 0 dB 的声压级。当任何声压值增加一倍时,声压级便增加 6.02 dB。声压值乘以 10 对应着声压级增加 20 dB。声压与到声源的距离成反比。该距离每增加一倍,声压级便降低 6 dB。

声功率级由下式给出,以 dB 为单位:

$$\dot{W}_{SWL} = 10 \cdot \log_{10} \frac{\dot{W}_s}{\dot{W}_{s,ref}} \tag{11.5}$$

式中,$\dot{W}_{s,ref}$ 是一个参考声功率,通常等于 1×10^{-12} W。声功率级与声压级通过下式相联系:

$$p_{SPL} = \dot{W}_{SWL} - 20 \cdot \log_{10} l - 10.9 + C_s \tag{11.6}$$

式中,l 是到噪声源的距离,以 m 为单位;C_s 是 Harris(1979)给出的一个修正项。

声强级由下式给出,以 dB 为单位:

$$I_{SIL} = 10 \cdot \log_{10} \frac{I_s}{I_{s,ref}} \tag{11.7}$$

式中,$I_{s,ref}$ 是一个参考声强,通常等于 1×10^{-12} W/m^2。通过声强测量能估计声功率。声强测量技术能提供关于声源辐射特性及其空间分布的信息。

发动机的振动可以用刚性安装到测试结构上的小质量加速度计来测量。诸如位移、速度和加速度等的振动信号也可以被分别转换为以 dB 单位的振动位移级、速度级和加速度级,按如下所示:

$$l_{VDL} = 20 \cdot \log_{10} \frac{l}{l_{ref}} \tag{11.8}$$

$$v_{VVL} = 20 \cdot \log_{10} \frac{v}{v_{ref}} \tag{11.9}$$

$$a_{\text{VACL}} = 20 \cdot \log_{10} \frac{a}{a_{\text{ref}}} \tag{11.10}$$

式中，l_{ref} 是一个参考位移，例如 $1 \times 10^{-12}\,\text{m}$；$v_{\text{ref}}$ 是一个参考速度，例如 $1 \times 10^{-9}\,\text{m/s}$；$a_{\text{ref}}$ 是一个参考加速度，例如 $1 \times 10^{-6}\,\text{m/s}^2$。另外，迁移率指的是结构上激励点的速度响应与在该点的作用力之间的比值。

噪声和振动一般由整体水平值和详细信号值这两类数据所表征。整体水平值通常是指一个平均值（比如均方根，RMS）或峰值信号，往往是距离发动机表面 $1\,\text{m}$ 处安装于不同位置的四个麦克风的平均值。详细信号值包括声压级或振动数据的时间历程或频率分布。噪声测试中经常使用 A 加权的整体声压级数据和三分之一倍频程的详细频谱数据。关于噪声的更多基本知识，读者可以参考 Harris(1979) 和 Hickling(2005) 的论述。

11.1.2 对噪声的客观和主观的评估

噪声和振动信号可以被客观地测量和评价。然而，由于人体有其自身的频率响应（例如人耳对不同频率的反应），NVH 也在很大程度上与主观感受或声音质量相联系，而这些都属于心理声学的领域。人耳对于声压波幅度具有对数响应，并对大约 $1\,\text{kHz}$ 的频率最敏感。另外，人耳对宽频带具有冲击性的噪声也很敏感。坏的柴油机噪声质量会导致主观感受上的厌烦感，即使声压级比较低亦如此。关于人的听觉感受和声音质量评价方法的更为深入的内容，读者可以借鉴 Sasaki 和 Nakashima(2007) 的工作。

人的听觉对声压的反应是非线性的。正因为如此，噪声工程中才采用了分贝这个单位。虽然简单的频率加权（例如 A 加权）试图模仿人类的听觉反应，但它本身并不能够表征声音质量。许多心理声学参数往往是使用音调尺度（从 0 到 24 Bark，是一种修改了的频率尺度）来评价噪声。大体上讲，心理声学所涉及的内容包括以下一些声音质量参数：响度（以 sone 为单位），音量（以 phon 为单位），尖锐程度或严重性（以 acum 为单位的强调高频的权重），波动幅度或强度（表征极低频率比如低于 $20\,\text{Hz}$ 的不愉快声音信号），粗糙度（用来评价在 $20 \sim 300\,\text{Hz}$ 频率范围内的调节效果），音调（区分噪声中的纯音调内容），周期性噪声的重复频率（以 Hz 为单位的令人感受到的一种周期性），以峰度来衡量的冲击性或爆震性，和谐性或声压分布性，空间选择性等。研究人员已开发出关于这些心理声学参数的模型和评价方法，以利于在设计中评判噪声质量。直喷式柴油机是柴油车辆内部噪声的最重要来源。发动机的主观噪声特性可以采用 AVL 制定的厌烦指数（Annoyance Index）来描述和评价。该指数将测得的心理声学参数与评价人员所感知到的噪声质量联系起来，通常是作为响度、感受到的周期性、尖锐程度和冲击性的一个函数而出现。

在发动机的研发工作中，噪声控制的主要目标是减小以 dB(A) 为单位的客观噪声水平，以满足车辆法规要求；但同时也希望减少噪声的烦扰程度，以满足客户对主观感受到的噪声质量的要求。声压级和烦扰程度是两个完全不同的属性。相差几个 dB(A) 的两个不同的客观噪声水平在主观上听起来可能会具有同等的烦扰程度，而以 dB(A) 为单位减少噪声水平的措施不一定能导致噪声质量的改进，它甚至经常会造成主观噪声特征的恶化（Schiffbanker 等人，1991）。关于柴油机噪声的主观特征、主客观噪声之间的协调、噪声测量方法和柴油机噪声数据的典型示例等方面的更多内容，读者可以参考 Rust 等人(1989) 和 Corcione 等人(1989) 的论述。

11.2　车辆和动力系的噪声、振动和不平顺性

11.2.1　噪声法规

如同柴油机的污染物排放法规变得越来越严格一样，在过去的 40 年中，车辆噪声法规的限值也逐步大幅度下降而变得更为严格。自从欧洲于 1970 年、日本于 1971 年、美国于 1978 年实行车辆"通过噪声"(pass-by noise)法规以来，NVH 的研发工作一直是针对车辆层面的法规进行的。车辆的噪声测试通常包括以下内容：①在观察者面前的车辆通过噪声；②在各种负荷工况下驾驶员听到的噪声；③车厢内的乘客听到的噪声。美国的联邦卡车噪声法规要求在 15 m 距离内的车辆通过噪声在使用变速器中挡并踩足油门踏板加速时不大于 80 dB(A)(美国环保署联邦法规第 205 部分，SAE J366)；而且在 15 m 距离内的定置噪声不超过 85 dB(A)(美国环保署联邦法规第 325 部分，SAE J1096)[①]。为了使新造车辆满足外部噪声法规，需要测试车辆加速时的通过噪声(即测量辐射噪声的声压级)。为了通过设计有效减少车辆的外部噪声，发动机和车辆的分析、设计和测试人员需要了解主要噪声源及其噪声传递路径。

将车辆的通过噪声与发动机噪声的设计目标相关联是一项重要的系统设计任务。柴油机是车辆的一个主要的 NVH 激励源。当发动机运转时，一小部分能量通过发动机的振动以噪声形式丢失到了周围空气中。为了满足车辆在加速过程中的通过噪声法规，比如 80 dB(A)，就需要建立一个低于法规值的工程研发目标，例如 78 dB(A)，以预留一定的安全裕度照顾到产品的容差和多变性，从而能够通过对量产化大批量产品的抽样检查。另外，还需要确定发动机噪声对整个车辆的通过噪声水平的贡献，例如 75 dB(A)。注意到每 6 dB 声压级的减少对应着声波能量减少一半。除了发动机外，对车辆通过噪声的贡献还来自轮胎和车身。重要的是要认识到发动机和轮胎这两者对车辆总噪声水平的贡献的相对重要性。如果车辆总噪声较低而轮胎噪声较高，发动机的贡献就变得不那么重要。

发动机噪声级的测量通常根据 SAE J1074 的标准步骤在发动机实验间中进行。在系统设计中，可以设置一个噪声控制目标，例如规定在稳态额定功率时在距发动机表面 1 m 远处的声压级为 93 dB(A)。这样一种发动机层面的噪声设计目标需要能够保证在装车时满足车辆的通过噪声法规中的 80 dB(A)限值。从道路加速的车辆层面的噪声目标逐级下派到实验间里的稳态运行发动机的噪声目标，在很大程度上需要依赖经验而不精确，而且非常复杂。然而，这正是一个系统设计人员能够发挥重大作用的关键领域，其努力将使这一设计目标的转换变得更具有分析上的严格性和准确性。

应当指出的是，全球各地的噪声法规在彼此之间并没有直接的可比性，因为它们所用的测试标准各不相同。例如，在欧洲采用的噪声法规 ISO R362 中，测试是在距麦克风位置 7.5 m 处进行的。而在美国的 SAE 测试标准中，同样的内容则是在距麦克风位置 15 m 处进行的。以往的实践证明，欧洲噪声法规似乎更严格些(Wodtke 和 Bathelt，2004)。关于车辆噪声法规的更详细内容，读者可以参考 Reinhart(1991)和 Cherne(1993)的论述。另外，在本章末尾的参考文献一节中所开列的美国汽车工程师学会(SAE)标准也提供了一些关于车辆和发动机的噪声及其测量方法的基础知识。

11.2.2　动力系和传动系的噪声、振动和不平顺性问题的分类

正如驾驶和操纵性能(即纵向、垂向和横向动力学性能)以及耐久性等产品属性一样，NVH 是

[①] 适用于空载加速和减速期，即从怠速到发动机的最大调速转速，然后再回到怠速。

车辆最重要的性能属性之一。车辆的 NVH 从主观感受者的角度来看,可以分为三类问题,即声学的、视觉的和触觉的。这些问题的例子包括驾驶员和乘客听到的噪声、过往行人听到的噪声、后视镜的振动、方向盘的振动、座椅的震动等。

车辆的 NVH 问题也可以从另一个角度分为内部和外部的两大类。内部的 NVH 问题处理的是噪声级、噪声质量和车厢内的乘客所体验到的振动等。关于车厢内部噪声的设计标准,简单的话可以是在某个车速和负荷时驾驶员和所有乘员感受到的声压级,复杂的话可以是一套完整的噪声质量指标(例如 Zwicker 噪声质量指标)。车辆发出的外部噪声对周围人们的生活质量有着直接影响,因而要以车辆的通过噪声法规予以限制。柴油机在声压级和噪声质量上均对车辆的内部和外部噪声有极大影响。

车辆的 NVH 问题还可以按照动态激励源来划分。外部激励源包括路面、风和其他环境影响因素。内部激励源包括动力系(含发动机和变速器)和传动系产生的力以及进排气气流,例如发动机的燃烧气压、往复不平衡力、振动和扭矩的周期性变化、来自由发动机驱动的辅助附件的干扰力、发动机悬置的振动、齿轮啮合的变化、变矩器的不平衡、传动轴和半轴的不平衡、轮胎和车轮的不平衡、制动器引起的力。柴油卡车通常具有三个主要噪声源:柴油机(包括排气系统)、冷却风扇、轮胎。需要注意的是,进气和排气的气动噪声一般被认为是属于发动机噪声的一部分,因为它们的起源是发动机内部的气波动力学;而进排气结构传播的噪声(例如进气系统支架、排气管架、隔热罩)则可被视为是车辆噪声的一部分。

发动机的噪声无疑是动力系研发中最重要的噪声。然而,变速器噪声(主要是齿轮敲击噪声)有时也会变得比较显著,例如手动变速器在怠速时。齿轮敲击噪声主要与齿轮转动时的传递误差和变化有关。如果动力系在共振频率下发生振荡,齿轮敲击噪声便会增加。值得关注的是,混合动力系具有其独特的 NVH 问题,例如发动机与电动马达之间在扭矩混并上发生的不匹配,由于电动马达的扭矩脉动造成的在低速时的传动系振动,电动马达的齿轮敲击噪声等。Steyer 等人(2005)、Juang 等人(2006)、Wellmann 等人(2007)、Tousignant 等人(2009)和 Govindswamy 等人(2009)对动力系和传动系的 NVH 问题进行了更为详细的讨论。

根据车速不同,还可以将主要噪声源简单地追溯到以下两个来源:发动机噪声和道路轮胎噪声。在低车速时,发动机噪声占主导地位。在高车速时,道路轮胎噪声占主导地位。风产生的噪声通常相对较低。

另外,车辆和发动机的噪声还可以按照传播机理分为以下两类:结构传播的和空气传播的。Anderton 和 Zheng(1993)给出了这两类定义:

"通过声波路径传播到空气中的声音是由一个内部声源辐射发出的,例如气门落座的碰撞及其通过声波媒介的声音传播,而且再穿过气门盖的壁面进行传递。这种类型的辐射噪声称为空气传播噪声。通过结构路径传播到空气中的声音是由一个振动的能量源产生的,而这一振源是从发动机及其部件(包括配气机构本身)的振动力通过结构(无论是弯曲波还是压缩波)传递形成的。这种类型的辐射噪声称为结构传播噪声。"

结构传播噪声通过发动机悬置、传动轴和其他连接元件传递到车身中。空气传播噪声则直接从发动机机舱穿过车体壳壁传递进入车辆,增加了车内总噪声。汽车的结构传播噪声一般处于低频范围内的 500～1 000 Hz 以下。空气传播噪声通常在高频范围内,处于从 300 Hz 到 7 kHz 的宽广区间内。Riding 和 Weeks(1991)详细介绍了这两种传播噪声和激励源的分类。

最后,根据频率范围,噪声可分为低频噪声和高频噪声。例如,通过发动机悬置传递到车身的结构传播噪声发生于 800 Hz 以下的频率范围内,故而可被认为是低频噪声。另一方面,从发动机表面辐射到周围空气中的发生在 800 Hz 以上频率范围内的结构传播噪声可以被认为是高频噪声。

11.2.3　车辆动力系和传动系的噪声、振动和不平顺性的研发过程

Castillo(2001)、Alt 等人（2003）、Laux 等人（2005）、Mori 等人（2005）、March 等人（2005a，2005b）和 Afaneh 等人(2007)介绍了车辆动力系和传动系 NVH 的研发过程，这里不予赘述。了解发动机的 NVH 目标是如何从车辆层面逐级下派而来，对于系统设计非常重要。

11.3　柴油发动机的噪声、振动和不平顺性

11.3.1　发动机噪声、振动和不平顺性的分类

从学科管理的角度来看，发动机的动力学（含振动）和噪声是两个相关而又不同的领域。发动机振动的领域非常广泛，包括发动机平衡、发动机内部的激励力、发动机悬置的振动和隔振等。与振动相比，噪声是一个在用户满意程度方面更为直接而表观的性能参数。发动机的噪声源来自燃烧过程、机械运动、吸气和排气过程。其中，被激励的振动由部件结构吸收和传递，一些噪声从振动表面产生。发动机的噪声包括由高频冲击性的力激发的（例如燃烧压力、活塞敲击的影响）和被低频作用于部件上的惯性载荷激励的；具体地，包括从燃烧、活塞敲击、配气机构、喷油器、曲轴系、发动机缸体（包括各种壳盖和隔热罩）、齿轮系、辅助附件、涡轮增压器、进气和排气气流来的噪声。它们可以分为三大类型：燃烧噪声、机械噪声、气动噪声。燃烧噪声和机械噪声主要是结构传播噪声。

机械噪声主要由于气缸压力载荷和惯性力造成的运动部件之间的机械碰撞所引起。这些碰撞发生在活塞与气缸壁之间、发动机轴承、气门座、齿轮传动装置等。机械噪声还包括附属装置内的液压波动所引起的噪声，例如燃油喷射系统和机油泵，以及发电机内的电磁机理所产生的噪声。燃烧噪声主要受气缸压力的上升速率和高上升速率所持续的时间影响。这种噪声在频域上高于发动机的点火频率及其诸多谐频。它直接被气缸内的燃烧气体的压力波振荡所激励，并从缸盖、活塞、连杆、曲轴、发动机缸体的振动表面辐射出来。气动噪声主要是一种在进排气系统、涡轮增压器和冷却风扇中的气流压力波引起的空气传播噪声。需要注意的是，风扇噪声往往被认为是车辆噪声的一部分。

关于发动机的噪声及控制的实验和分析研究通常涵盖以下几方面内容：
- 从拖动、无负荷到全负荷并横跨整个发动机转速范围的整体声压级；
- 在不同的发动机转速和负荷下，在频谱、阶谱或者时间域、曲轴转角域上的详细声压级信号（例如，在"噪声频率相对于发动机转速"区域上的声压级等值线图，即 Cambell 图；在"噪声频率相对于曲轴转角"区域上的声功率级等值线图，即 Wigner-Ville 分析法）；
- 声强值测量；
- 噪声质量测量和分析（例如，双声头录音、客观和主观评价等）；
- 频谱上的噪声源识别以判断和区别结构传播噪声和空气传播噪声的贡献，以及噪声辐射贡献排序；
- 频谱上的噪声源识别以区别燃烧噪声、机械噪声和气动噪声的贡献；
- 频谱上反映出的在不同发动机转速和负荷时的机械噪声分解分析（例如活塞组、配气机构、曲轴

系、机体、齿轮系、皮带、链条、泵等）；
- 稳态噪声与瞬态噪声之间的差异；
- 在频谱上反映出的噪声传递路径和结构衰减特征；
- 从发动机表面发出的辐射噪声值（例如机体、支架、曲轴箱、曲轴皮带轮、飞轮盖、前盖、气缸盖罩、油底壳、隔热罩、歧管、悬置、气缸盖、空气滤清器、排气管、增压器、泵、发电机、起动器）。

11.3.2 柴油与汽油发动机噪声的区别

柴油机的噪声水平普遍高于汽油机是一个公认的事实。柴油机的噪声质量也往往要差一些，这是由于其内部冲击性的激励引发高频噪声造成的。由于柴油机在滞燃期后具有较高的缸内压力升高速率，柴油机中的非均匀燃烧一般来讲要比汽油机中的均匀燃烧产生的噪声更大一些。所谓的柴油机爆震主要是指在 $500\sim6\,000$ Hz 频率范围内的噪声。人们已经认识到，柴油机爆震是用户感觉噪声质量较差的主要原因，特别是在低怠速工况。

汽油机的最高气缸压力比柴油机的低得多。与汽油机相比，柴油机的运动部件被设计得相对较重而且强度较大，以满足在较高气缸压力下的耐久性要求。因此，如果在相同的发动机转速进行比较的话，柴油机的机械碰撞噪声要高于汽油机的。但是，如果在它们各自的额定转速相比，其噪声水平往往相似，这是因为汽油机具有较高的额定转速。需要注意的是，柴油机的燃烧噪声和活塞噪声所具有的声学相似性，往往使得这两种噪声很难被区分开，这样使得对活塞噪声的主观评价变得很困难（Künzel 等人，2000，2001）。另外，柴油机通常比汽油机具有更多的辅助附件或挂件，例如喷油泵和涡轮增压器。它们都是额外的噪声和振动的潜在来源。

另一方面，汽油机呈现出一些柴油机所没有的噪声，例如在低转速无负荷工况下的活塞销滴答响的噪声（Werkmann 等人，2005；Moshrefi 等人，2007），由于某种三阶运动引起的冷起动时的活塞咔嗒响的噪声（Pollack 等人，2005），以及从被激励的曲轴传出的明显的活塞粘着滑动噪声（Beardmore，1982；Werner，1987）。这些噪声是由于汽油机独特的质量和气体载荷特点引起的（Künzel 等人，2000，该文献列于第 11.13.1.3 节）。

Stucklschwaiger 等人（1999）比较了柴油机和汽油机在 NVH 方面的差异。他们讨论了在整车层面和动力总成层面与 NVH 特性相关的设计选型。而且，他们详细论述了轻型货车中的发动机悬置、发动机平衡、发动机夹角、平衡轴的设计以及其他 NVH 方面的重要设计问题。

11.3.3 柴油发动机噪声的特征

了解燃烧、机械碰撞和空气动力效应在发动机转速和负荷区域上对发动机总噪声的贡献，以及了解它们在频谱上的表现，对于识别和优先选择噪声控制的设计措施是很关键的。例如，对于燃烧噪声占主导地位的发动机，改进的手段应侧重于燃烧和燃料系统的设计、排放标定和结构衰减。

发动机的全负荷噪声特性尤为重要，这是由于为了满足车辆噪声法规，常常非常有必要减少发动机在全负荷运转时的噪声。机械噪声通常随着发动机转速的增加而增大。图 11.1 表明，点火与拖动工况之间的噪声水平差异很大，尤其在低转速时。在较高的发动机转速，由于逐渐增大的机械噪声，这个差异变得越来越小。图 11.1 还显示了活塞对噪声的影响。

Badawi 等人（2007）的测量结果提供了大量的揭示柴油机噪声基本特征的信息。他们将 NVH 的运行特征绘制在时间频域图上，包括配气机构运行、燃油喷射、燃烧、活塞敲击。Govindswamy 等

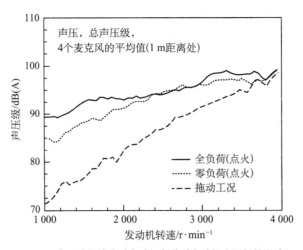

(a) 在不同的转速时发动机负荷对发动机声压级的影响

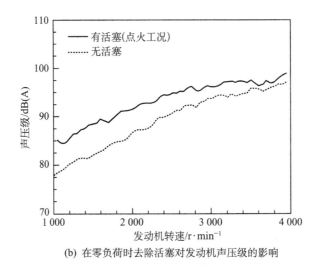

(b) 在零负荷时去除活塞对发动机声压级的影响

图11.1　柴油机运行条件对噪声水平的影响

人(2007)展示了柴油机的冲击性噪声,包括柴油机爆震、喷油器滴答响的噪声和齿轮敲击噪声。柴油发动机制动器的噪声则在第6章中有所介绍。

11.3.4　发动机噪声识别

为了设计低噪声发动机,必须了解噪声产生和传递的来源和路径。以下几种方法可以用来分离噪声源。首先,将发动机分别在点火和拖动工况运行可以在某种程度上分离机械噪声源和燃烧噪声源。第二,采用覆铅技术可以识别需要评估的部件或机体表面的噪声辐射特性。例如,将整个发动机由具有声学屏蔽功能的吸收材料所组成的铅板包裹,然后将每个部件(例如油底壳、歧管)依次暴露,以确定其对发动机噪声的贡献。第三,可以在测试过程中采用每次移去一个部件的方法来获取机械噪声的分解组分和每个部件的贡献度。

一般来讲,将燃烧噪声与机械噪声明确分开是很困难的,因为机械噪声受缸内气压载荷影响。为了将这两种噪声分开,可以在不同的燃烧激励水平下测量发动机噪声,然后估算来自燃烧和机械的频谱分布贡献和整体噪声值。例如,在一个给定频率下,如果"测量的发动机声压级相对于缸内气压的分贝水平"的数据形成为一条直线的话,直线的斜率表示缸内气压的结构衰减水平,而截距大致反映机械噪声的声压级。结构衰减特性本质上反映了系统的某种传递函数,由系统在某一位置的输出(响应)与系统在另一位置的输入(驱动力)之比来衡量。不同的输入和输出位置会给出不同的传递函数。科研人员在分离燃烧和机械噪声方面进行过广泛研究。这个课题对于准确估计燃烧造成的噪声份额并降低该噪声非常重要。

11.3.5 瞬态发动机噪声

大多数的发动机噪声研究是基于稳态测量的,因为高度动态或瞬态的声学测试条件不那么容易得到。然而,车辆噪声法规所要求的通过测试是在瞬态加速过程中进行的。柴油机的瞬态噪声与其对应的稳态条件相比(即在相同转速和喷油量时)显著不同。例如,瞬态噪声可能会比稳态全负荷噪声高出 6 dB(Dhaenens 等人,2001)。如果车辆在怠速或小负荷工况运转一段时间后加速,由于较长的滞燃期和较高的缸内压力上升速率,瞬态加速过程中的噪声将高于稳态噪声。造成较长滞燃期的原因可以是较冷的进气空气温度、涡轮增压器滞后性所造成的较低增压压力、较低的燃烧室壁温、较为提前的动态喷油定时等。其实,瞬态噪声取决于瞬态工况发生之前发动机运行的时间历程。不同的历程会产生关于瞬稳态噪声之间差异的不同结论(Shu 等,2005b, 2006)(见第 11.13.1.2节文献)。Head 和 Wake(1980)、Rust 和 Thien(1987)、Dhaenens 等人(2001)和 Shu 等人(2005b, 2006)对瞬态噪声进行了研究。模拟瞬态(尤其是车辆通过测试中的加速瞬态)与稳态噪声之间的差异是一个很有意义的课题。

11.3.6 柴油发动机噪声、振动和不平顺性的变化

柴油机在 NVH 方面的变化性是在噪声研发、测量和系统设计中需要考虑的另一个重要课题。它包括多次测试之间的多变性和发动机个体之间的多变性。统计意义上的多变性可能会掩盖设计变更所给出的微小差异。Reinhart 等人(2003)介绍了发动机 NVH 多变性的理论和在降噪中的应用。他们指出,目前 NVH 实践中的很多设计决定其实都竟然是基于一些微小而没有统计意义的测量差异,足见这方面之薄弱。因此,制定合理的测试计划以获得统计上有意义的结果非常关键。他们采用 SAE J1074 噪声测试中的一个例子强调说明,如果使用单个对比测试中的数据来评估设计变更影响的话,要想在统计上达到 90% 的置信度以确保新设计的确会产生差别,测试数据的差异必须大于 0.8 dB。换言之,测出的 0.8 dB 差异反映在统计上的真实差异其实可能是在 0 dB(即没有变化)和 1.6 dB(很大变化)之间的任何数值。系统设计中能够帮助 NVH 设计成功的三个要素可以归纳为:采用先进的模拟工具准确量化设计变更的收益(尤其是微小变化),应用抗扰性设计中的为多变性而设计的理论,考虑 NVH 的多变性。

11.3.7 发动机噪声、振动和不平顺性的研发过程

良好的 NVH 特性是发动机产品的主要竞争优势之一。由于其复杂性,这方面的问题或故障往往导致昂贵的后期设计变更。将 NVH 在柴油机系统设计中从概念阶段便予以把握,并开发实用而先进并可用于系统设计的工程准则,将这一部件层面工作占统治地位的领域扭转为在系统概念阶段也有效开展和协调起来,是系统设计人员需要探索和策划的重要任务。

发动机 NVH 的研发过程一般分两个阶段:①概念设计和分析阶段;②产品设计和测试验证阶段。在概念阶段,NVH 的设计指标从系统层面到部件层面经由一个目标设定和逐级下派过程

以自上而下的方法予以确定。另外，该阶段需要对发动机内部的激励力或噪声源（例如燃烧、机械和气动噪声）进行模拟。一般来讲，NVH 问题是以"输入–传递–响应"式工作链进行分析的。它的输入数据或激励源可以采用系统设计中常用的多体动力学来处理，以确定载荷力。由于解决柴油机 NVH 问题的最佳办法是在激励源上予以控制，系统设计的作用便十分关键，因为主要的发动机设计参数和载荷需要在系统层面予以优化确定。NVH 问题的传递路径通常采用有限元分析（FEA）或统计能量分析（SEA）处理。声学响应可用边界元法（BEM）模拟。一旦样机设计完成，就可以使用有限元分析来计算发动机部件的模态和振动响应，并用边界元法预测辐射噪声。

在产品设计和测试阶段，需要在整机和某些噪声源（例如进排气噪声）处对发动机的声压级（SAE J1074）、声强和声功率予以测量，并采用自下而上的方法从部件到系统层面予以集成。另外，还需要对噪声质量指标进行评价并对频率响应函数和传递路径进行分析。而且，需要测量发动机悬置振动和扭转振动，以及卡车的通过噪声（SAE J366，Ruffinen 等人，1995）和定置噪声（SAE J1096），并对车内噪声进行评价。本章末开列了与噪声有关的美国汽车工程师学会和国际标准化组织的一些标准。

在详细设计和有限元分析阶段，需要预测固有频率、模态（振型）和阻尼等方面的结构振动响应。有限元的模拟精度取决于以下参数在模型中的准确性：结构材料的物理性质、受约束结构的边界条件、动态载荷力函数的类型和施加位置、模数、关注的频率范围。在有限元分析中，质量和刚度矩阵用以确定系统的特征值和特征向量（或固有频率和模态）。阻尼和固有频率决定了系统的动力学行为，例如振动幅度、过冲、稳定时间。当所有部件设计都提出方案后，有限元分析在系统集成阶段能发挥预测整机噪声的重要作用。Beidl 等人（2001）详述了低噪声发动机的设计过程。

11.3.8　降低发动机噪声和振动的设计措施

减少发动机 NVH 的设计措施一般分为四大类：①以设计或运行手段降低激励源强度；②消声（对于气动噪声而言）；③以结构衰减减少或隔离噪声传递路径；④隔声和封闭。发动机系统设计侧重于前两类工作，它们将在后面几节予以详述。其他两类通常属于部件设计工作。然而，为了准确预测整机噪声，系统人员也需要了解后两类的设计特点。

在结构衰减中，大体上有四种方法可以降低从发动机表面发出的辐射噪声：①增加结构刚度和共振频率（例如加入肋板或翅片，或者增加壁厚）；②减小表面面积；③增大噪声传递损耗（例如对于空气传播噪声使用具有吸收性或阻隔性的材料）；④切断噪声传递路径（例如对于结构传播噪声使用质量阻尼器实现结构隔离、悬置和阻尼）。当结构刚度增加后，共振会向着较高频率转移，动态激励力的振幅会变小（Wodtke 和 Bathelt，2004）。噪声的阻尼机理是将噪声能量转化成另一种能量，通常是热能。典型的阻尼降噪例子是采用泡沫或多孔材料制成的部件。当今的设计中包括很多发动机减重方案，以增大功率质量比。但是降低发动机的重量一般会削弱结构衰减效果，从而导致较高噪声。发动机的设计需要达成介于性能与振动声学舒适性之间的一个最佳折中。

噪声隔离的机理是阻断和反射声波。除了发动机机体表面外，大量的噪声会从附在本体结构上的辅助配件或隔板辐射出来，例如油底壳和涡轮增压器。这些附件的重量通常很轻，控制它们的噪声比控制发动机机体本体的噪声要容易一些。附件应紧固于具有低振动或高刚度的位置，以避免高噪声。局部的噪声控制壳盖（例如气缸盖罩、油底壳盖、齿轮系盖）能够有效降低相关部件的辐射噪声。另外，还可将阻尼材料用于噪声控制壳盖或隔板的表面，以进一步消散噪声。最后，将发动机进行全封闭是一种有效减小噪声的措施。但是，发动机的全封闭非常昂贵，并且会增加发动机的重量和体积。它也需要特殊的通风设计，以防止发动机表面过热。

在降噪设计文献方面，Walker(1999)总结了重载柴油机的 NVH。Schulte(1999)和 Wolf 等人(2003)介绍了轻载柴油机的 NVH。Austen 和 Priede(1959)、Grover 和 Lalor(1973)、Priede (1980)、Hickling 和 Kamal(1982)、Challen 和 Croker(1982)、Russell(1982)、Yawata 和 Crocker (1983)、Haddad(1984)、Cuschieri 和 Richards(1985)、Farnell 和 Riding(1999)以及 Gaikwad 等人 (2007)对柴油机噪声进行了评述。Priede 等人(1969)、Jenkins 和 Kuehner(1973)、Anderton 和 Priede(1982)以及 Challen(1982)总结了关于噪声控制的柴油机结构设计准则。Anderton(1984)、Brandl 等人(1987)和 Boesch(1987)详述了低噪声柴油机的整体设计策略。Miura 和 Kojima(2003) 研究了柴油机怠速噪声特性。Kwak 等人(2007)给出了一个现代低 NVH 柴油机的设计范例。Nathak 等人(2007)介绍了柴油机噪声封闭技术。

11.3.9　柴油发动机系统设计中采用的关于噪声、振动和不平顺性的方法

NVH 一词被广泛用于一并处理噪声和振动这两个问题。这两者确实存在密切联系。它们都是发动机的性能子属性。但事实上，振动还是结构耐久性的一个子属性，因为过度振动可能会导致动态结构失效。柴油机系统设计的中心主题是以系统层面而非部件层面为重点并基于耐久性约束条件进行偏重于性能的设计。因此，许多耐久性方面的部件层面的振动问题不属于发动机系统设计的范围(例如曲轴扭振减振器的动态应力评估以及机体、摇臂盖和油底壳的弯曲)。然而，对低噪声和低振动发动机的总体规划确实属于发动机系统设计的工作范围。

NVH 这一子属性经常与其他属性相冲突，例如封装性、耐久性、成本，以及其他性能子属性。这就需要采用系统层面的优化来平衡这些属性。由于 NVH 问题的极端复杂性和模拟技术的不甚成熟，往往需要对实际零件进行实验测试，以便做出最终的设计判断。然而，分析式计算方法能够有效缩小所要测试的对象范围，并且能够缩短认证的工作周期。

在 NVH 中，一个"自上而下"的系统设计并不等于所有部件设计汇集后所进行的"自下而上"的总装或集成。按照重要性来讲，这后者最多可以称其为在设计周期的后期验证阶段在所有设计都已经基本完成以后所发生的"系统合成"或检查。在 NVH 领域，在系统工作与部件工作之间定义和区分好各自的角色是很重要的，这样可以避免各自失去工作重点并避免在两者之间出现不必要的重复。系统设计工作具有以下特点：①拥有规划系统层面的 NVH 载荷及其相关的发动机硬件和软件控制的权力；②预测系统层面的 NVH 运行特征；③系统优化。系统人员不太关心部件的局部设计解决方案，除非那个设计直接影响整个系统。

一般来讲，用于 NVH 领域在虚拟动力系分析方面的高等模拟工具有以下五个：①气波动力学；②发动机循环模拟；③多体动力学；④有限元分析(FEA)；⑤边界元法(BEM)。前三个工具特别适合于发动机系统的 NVH 分析。系统人员每天的日常工作就是使用这几个工具来分析气流的系统表现和系统的振动，所以他们具备先天的优势可以将这些工具的用途再往前拓展一步，便能够将它们用于 NVH 领域。特别地，发动机动力学模拟中的多体动力学包括配气机构动力学、活塞组动力学、曲轴系动力学、发动机平衡、齿轮系动力学等。有限元分析和边界元法通常在计算时间上非常耗时，故而通常更适于部件层面的设计分析。

在柴油机系统设计中，可以采用以下三级 NVH 模型以各种不同的复杂程度预测激励源、振动甚至噪声：

- 第一级系统噪声模型：它不具备曲轴转角精度；
- 第二级系统 NVH 模型：它在所有的激励源上均具有瞬时曲轴转角精度。它在计算能力上无须是实时的，但是为了进行系统优化，要求运算速度较快。这级模型是柴油机系统设计中处理 NVH 问题的主要方法。需要注意的是，具有实时计算能力的第二级模型可以用于与噪声问题相关的实时发动机控制，例如故障诊断和主动噪声控制措施；
- 第三级系统 NVH 模型：它包括有限元分析或边界元法之类的模拟。其计算时间非常长，并且不具备实时计算能力。它能够预测结构衰减（或者噪声传递函数）和噪声辐射。该模型的输出包括发动机表面的振动速度分布和噪声。该模型能在系统合成分析阶段进行详细模拟。

　　NVH 模拟要采用分析式与经验式相结合的方法（模型详见第 11.12 节）。

11.4　燃烧噪声

　　燃烧噪声在燃烧系统的设计和性能标定中是一个主要考虑因素。燃烧噪声是大多数自然吸气直喷式柴油机的主要噪声源。虽然涡轮增压柴油机的燃烧噪声在高转速和高负荷的稳态工况不是主导性的噪声，但是它在怠速、低负荷或加速工况可能会成为主要噪声。

　　燃烧噪声会通过气缸盖、气缸壁、活塞、连杆、曲轴、主轴承、曲轴箱等进行传递。它与预混燃烧阶段的缸内气压上升速率（$dp/d\phi$）及其持续期有关，而后者直接受滞燃期持续时间控制。研究发现，急剧上升的气缸压力会引发高度瞬态的振荡冲击波，激发缸体结构振动并发出噪声。另外，当非均匀燃烧过程中的气波被气缸壁反射回来后，会形成高度振荡的气波而产生噪声。由于气缸结构部件的固有频率大多处于中频或高频范围，发动机结构会受到燃烧过程的激励而在中高频率范围内产生听起来很具冲击性和令人不愉快的燃烧噪声。

　　燃烧噪声对气缸压力的上升速率很敏感。虽然缸压曲线上的微小变化不会显著影响输出功率，但是它可能会明显影响燃烧噪声。为了控制燃烧噪声，就需要对缸压曲线进行频域分析，以确定敏感度和解决方案。燃烧噪声主要受中频范围内（$100 \sim 1\,000$ Hz）与 $dp/d\phi$ 有关的气缸压力水平（以 dB 为单位）影响，并受高频范围内（例如高于 $1\,000$ Hz）与 $d^2p/d\phi^2$ 有关的缸压影响。在低频范围内，缸压曲线表现出相对于频率的一种振荡和衰减模式，而频率反映出的是发动机的点火频率及其多倍谐波，看上去就像一个典型的周期性作用力函数一样。在中高频率范围内体现出的连续而单调的模式，对应着在时间域上的缸压曲线具有上升斜率。而较大的 $dp/d\phi$ 在频域上会给出较为平坦的压力水平斜率，从而导致较高的燃烧噪声。

　　Tung 和 Crocker（1982）发现，对于涡轮增压柴油机，缸内燃烧气压中直到 300 Hz 左右的频率成分与最高气缸压力有关。介于 300 Hz 和 $2\,000$ Hz 之间的频率与气缸压力上升速率的最大值有关。$2\,000$ Hz 以上的频率则与气缸压力的二阶导数的幅值和持续期有关。他们还发现，气缸压力波动的频率与燃烧室内的空腔共振频率密切相关。

　　由于柴油机许多部件的共振频率处于中高频率范围内（例如 $1\,000$ Hz 以上），故而相较于低频，在中高频范围内更容易发生结构振动和噪声问题。因此，低频范围内缸压的较大振幅通常并不会转化为高振动和噪声。结构衰减从定义上讲是指以 dB 为单位的缸压与从发动机表面发出的声压级之间的差额。发动机在低频范围内具有较强的结构衰减效应，而在高频范围内结构衰减则较弱。当气缸的结构刚度非常大时，共振频率就变得很高。如果共振频率高于燃烧激励频率，便能有效衰减高频燃烧噪声。

　　柴油机爆震或咔嗒响的噪声是一种冲击性噪声。它在低转速或低负荷时最为明显。燃烧标定或减小燃烧噪声结构传递函数都能够减少柴油机爆震。另外,有些先进的柴油机在运行范围内会使用多种燃烧模式,以满足严格的排放标准。而后处理系统的各种工况则往往会要求性能参数发生突变,例如空燃比、排气再循环率和喷油定时等。在燃烧模式或运行参数上的突然变化可能会导致噪声水平和感受到的噪声质量发生突变。这就给 NVH 带来一些新的挑战。发动机的标定和控制策略必须能够实现在不同运行模式之间的平稳过渡,以消除 NVH 问题,使驾驶员感觉不到这些过渡。

通过降低气缸压力水平(以 dB 为单位)或者增加结构衰减(尤其在中高频率范围内),能够降低燃烧噪声。实际上,影响压力频谱的是缸压曲线的形状,而非压力最高值。当滞燃期减小时,缸压的上升速率和压力中的高频成分都会降低,从而能够减小燃烧噪声。一般来讲,以下措施能够降低燃烧噪声:改进燃烧室设计(例如减小滞燃期和缸压上升速率);采用非直喷燃烧室;在上止点处产生较高压缩压力和温度;采用较高的压缩比;增大进气歧管增压压力;维持较高的气缸壁温度;推迟喷油定时;使用较高的排气再循环率;降低发动机转速;减小负荷或喷油量;增大气缸结构衰减(例如通过采用较大的行程缸径比或较多的气缸增加结构刚度,使用刚性较大的气缸套和机体);通过设计变更和提高动力系模态频率来抑制顶岸振动(例如在气缸盖顶岸上添加筋板作为增强措施)。

预喷射的定时和喷油量以及主喷射的定时和喷油压力都会影响燃烧噪声。现代燃油喷射系统为优化 NVH 提供了灵活性,但是,NVH 的优化在燃烧开发和标定中必须与排放和其他性能方面的要求进行权衡。如果在降噪工作中从燃烧和标定方面进行改进的潜力较小的话,那么发动机结构设计的传递特性和在车辆中的噪声传递路径设计在燃烧噪声声压级和噪声质量控制方面就变得更为重要。这些都需要采用一个系统方法来进行优化。

在燃烧噪声的文献方面,Challen(1975)、Anderton(1979)和 Wolschendorf 等人(1991)评述了发动机的燃烧噪声。Brandl 等人(2007)提出了一个分离燃烧噪声和机械噪声的方法。Badaoui(2005)研究了如何将燃烧噪声与活塞敲击噪声分离开来。Shu(2005a)采用实验方法研究了发动机结构衰减的传递函数。Wang 等人(2007)介绍了采用结构衰减进行燃烧噪声优化和使用燃烧噪声计的工作。Torregrosa 等人(2007)开发了一个利用气缸压力分解来评估燃烧噪声的重要而新颖的方法。他们发现该方法给出的结果比经典的"机体衰减曲线"方法更准确,因而可以作为一种很有前途的替代方法计算燃烧噪声。关于燃料对燃烧噪声的影响,Machado 和 De Melo(2005)测量了柴油的十六烷值对发动机噪声的影响。Russell 等人(1990)、Kohketsu 等人(1994)、Tabuchi 等人(1995)、Badami 等人(2002)、Mallamo 等人(2002)、Roy 和 Tsunemoto(2002)、Carlucci 等人(2004)、Mendez 和 Thirouard(2008)以及 Costa 等人(2009a,2009b)对燃料系统设计、喷油策略、排放标定优化对发动机噪声的影响进行了广泛研究。Alt 等人(2005)分析了柴油机冷起动的噪声。Blunsdon 等人(1995)和 Luckhchoura 等人(2008)对燃烧噪声的起源及其敏感度试图用缸内计算流体动力学(CFD)进行详细模拟。Gazon 和 Blaisot(2006)研究了柴油机燃烧噪声的变化性(即各周期之间和各气缸之间的波动)。另外,Alt 等人(2001)描述了在动力系产品开发中关于燃烧噪声优化的一个整体过程。

11.5　活塞敲击噪声和活塞组动力学

11.5.1　活塞敲击噪声

活塞噪声包括三种类型:活塞拍击的嘎嘎响(rattling)噪声(即活塞顶岸接触缸壁)、活塞销的滴答响(ticking)噪声(即活塞销与其轴承之间的碰撞)、活塞敲击(slap)噪声(即活塞裙部接触缸壁)。前两类噪声是可以通过适当的设计来避免或消除的。活塞敲击是不可能被消除的,因为它是由在裙部与气缸之间的间隙内所发生的活塞二阶运动造成的,而这些间隙和运动从本质上均起源于曲柄滑块机构的运动机理。活塞敲击通常对机械噪声影响最大,尤其在柴油机中。在受力方面,对于一个无间隙活塞来讲,侧推力是与发动机转速有关的低频作用力函数(见第10章)。在实际发动机中具有配缸间隙的情况下,作用在缸套上的侧向力的时间历程就会被在间隙中运动的活塞所施加的额外尖锐撞击力而改变。这些冲击性的撞击力是驱动着缸套和机体发生振动并辐射出具有冲击性噪声的高频作用力函数。活塞的敲击噪声也会从活塞传递到连杆和曲轴,并最终传到发动机机体。另外,活塞敲击会导致缸套发生过度振动,进而在重载柴油机中造成缸套的穴蚀侵蚀(Yonezawa 和 Kanda,1985)。遗憾的是,一些能够减少活塞裙部摩擦的设计方案一般都会对活塞敲击产生不利影响。

在发动机系统设计中,关于活塞敲击问题的科研要点包括以下三个:①活塞敲击的特点;②模拟方法;③对活塞组进行优化的整体规划以期平衡在燃料经济性与噪声之间的折中。虽然柴油机与汽油机在活塞裙部重量、裙部刚度和缸内压力载荷等方面相当不同,但是这两种发动机在活塞敲击方面具有许多相似特征。因此,本节中提到的一些参考文献是来自汽油机的。人们在 20 世纪 60 年代就开始对活塞敲击问题进行研究。Ross 和 Ungar(1965)、Munro 和 Parker(1975)、Whitacre(1990)、Slack 和 Lyon(1982)、Chien(1995)、De Luca 和 Gerges(1996)、Künzel 等人(2001)和 Fabi 等人(2007)介绍了活塞敲击激励、噪声和相关的设计特点。

在活塞裙部与气缸壁之间发生的活塞敲击由交变的活塞侧推力所驱动,由裙部与缸壁之间的间隙内发生的二阶运动(包括横向和倾转)所引起。活塞不仅发生横向运动,而且还围绕活塞销倾转,这通常会导致裙部的上部或下部对缸壁进行敲击。由于活塞的侧推力在一个发动机循环中存在几次来回的换向,这样就会发生好几次活塞敲击事件(图 11.2)。其中最显著的一次敲击通常发生于刚过点火上止点(0°)以后的曲轴转角处。关于这次敲击的详细过程可以这样解释:当活塞在曲轴转角上跨越点火上止点的过程中,活塞从压缩冲程后期的压着副推力侧的滑动运动变化为刚

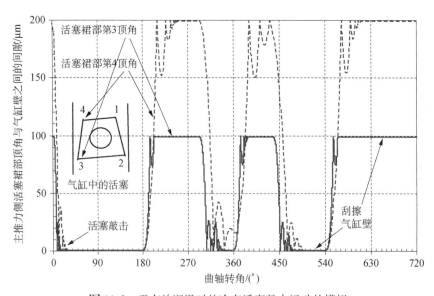

图 11.2　无有效润滑时的冷态活塞敲击运动的模拟

过上止点后的一个敲击主推力侧的运动。作用于活塞上的气体载荷会形成一个绕着活塞销的力矩来使活塞发生倾转,从而影响敲击噪声。在控制活塞敲击噪声的措施中,应努力减少在点火上止点附近的最严重的活塞敲击。

以下因素是影响活塞敲击噪声的机理中的重要因素。

1. 活塞的侧推力

较低的往复运动质量、较低的发动机转速、较低的气缸压力、较大的连杆长度与曲柄半径之比能够减小活塞的侧推力,从而降低活塞敲击噪声(Oetting 等人,1984)。

2. 环绕活塞销的力矩

较小的转动惯量、恰当的活塞销偏置量、合适的曲轴偏置量、气缸压力作用点位置以及来自气缸压力、活塞重力、润滑油膜法向力、活塞环横向摩擦力和活塞销摩擦力的力矩能够减小或改变作用在活塞销上的力矩,从而减小或改变活塞敲击噪声。活塞环与其环槽之间的摩擦力处于边界润滑区域(摩擦因数等于 0.1~0.2),它对活塞敲击发生的时刻有很大影响。当活塞环在环槽中发生漂浮时,从活塞环施加的反抗活塞敲击的摩擦力就消失了,这通常会加剧活塞敲击。Munro 和 Parker(1975)报道,当活塞环与环槽之间存在横向摩擦力时(摩擦因数等于 0.1),活塞敲击的撞击速度会减半,而撞击动能则可以减小 4 倍。

3. 在撞击缸壁前所允许的活塞运动距离

裙部与气缸壁之间的较小间隙能够减小活塞敲击噪声。例如,较低的缸套温度会通过缸套收缩而减小间隙。较高的活塞温度也会使间隙减小。虽然使用较小的裙部-缸壁间隙能减轻活塞敲击的严重性,但是会增加黏性剪切摩擦。在设计活塞间隙时,在低发动机噪声与高机械效率之间存在着一个权衡。

4. 反抗活塞二次运动的阻尼力

对活塞裙部给予充足的机油供应能够显著减少活塞敲击。使用张力较低的活塞环(特别是油环)能够增大缸壁上的润滑油膜厚度。这将造成较大的油膜阻尼效应以减轻活塞敲击、减小撞击速度和噪声。受活塞裙部长度、润滑油黏度和表面波纹度或粗糙度影响的润滑油膜厚度和润滑油膜力能够减小活塞撞击速度,从而降低敲击噪声。Ryan 等人(1994)的研究表明,在尽量减小活塞敲击噪声方面,似乎存在一个最佳机油黏度;比它更高或更低的黏度都会增加敲击强度。使用较长的活塞裙部以实现更好的导向作用和更佳的表面阻尼效应,可能能够降低活塞敲击噪声。另外,通过气缸和活塞裙部的设计变更(例如活塞椭圆度)来增加活塞敲击时的接触面积用以提高油膜阻尼效果,也可以减小活塞敲击噪声。

5. 活塞撞击速度

上述所有因素其实最终均影响活塞撞击的横向速度,而该参数在很大程度上表征着敲击的严重性。

6. 活塞重量

活塞的重量对撞击冲量或动能有直接影响。较大的活塞重量和较高的撞击速度会产生较大的活塞敲击噪声。

7. 在敲击过程中的接触面积

接触面积会影响瞬态弹性碰撞过程和撞击力特征。如果活塞敲击发生在一个较大的接触面积上,撞击能量便可以被较好地吸收,以减小敲击噪声。活塞裙部的垂直形状(型线)和圆周方向形状(椭圆度)均影响接触面积,从而影响活塞敲击噪声。

8. 接触部位的刚度和阻尼

刚度和阻尼影响在弹性碰撞过程中的撞击力特征或恢复因数。如果活塞裙部的较软部分(例如裙部下部)敲击气缸壁,噪声会因接触部位变形较大而较小。裙部的刚度或弹性分布应尽可能均匀。适度增加活塞顶岸间隙以避免非常坚硬的顶岸部分与气缸壁发生碰撞接触是非常重要的。活塞顶岸实质上是一块具有很高刚度的实心金属盘。它与气缸壁发生接触会产生尖锐的拍击(rattling)噪声。因此,出于避免噪声和刮伤等原因,顶岸不应接触气缸壁。

9. 气缸套和机体的结构噪声衰减特性

在所有设计因素中,将活塞销相对于活塞重心在横向偏置是控制活塞敲击噪声的最常用技术。正如前面活塞敲击机理中所言,围绕活塞销的力矩控制活塞倾转。该力矩受活塞销的横向偏置量和纵向位置影响。缸内气压在很大程度上影响倾转力矩。诸如润滑油膜法向力等的横向力在控制倾转力矩上也具有同等重要的作用。因此,活塞销横向偏置的有效性取决于活塞销的纵向位置。当将活塞销向主推力侧偏置时,缸内气压会将活塞绕着活塞销向副推力侧倾转。这种转动可以保证在裙部上部横跨间隙发生撞击之前裙部底部就首先接触主推力侧,从而减小顶部换向后的撞击力。裙部底部的刚性通常不如顶部的大,因此活塞敲击的噪声就不那么严重。相较而言,将活塞销向副推力侧偏置则往往会导致较大的敲击噪声,这是由于活塞的倾转力矩使得裙部上部的较硬部分在点火上止点附近撞击缸壁。然而,将活塞销向副推力侧偏置可能会使得裙部的摩擦发生小幅度下降。应当指出的是,过大的活塞销偏置量会造成活塞在上止点附近发生过度倾转,并导致窜气量、机油消耗量和摩擦力的上升。有时在活塞敲击噪声与活塞倾转姿态角之间会存在一个权衡。在裙部型面的优化设计中,可以通过改变作用于活塞销上的润滑力矩缓解这种权衡。总之,从对上述因素的讨论可见,控制活塞敲击是一项复杂任务,但是也存在许多优化的机会。

控制活塞敲击噪声在整机降噪中的重要性取决于发动机的种类、用途和工况。例如,船用柴油机的活塞间隙相对较大,活塞敲击便在总噪声中占主导地位,而活塞敲击在小型汽油机中就不那么明显。活塞敲击噪声在发动机处于冷态而且活塞间隙较大并缺乏有效润滑时(例如冷起动工况)特别突出。虽然活塞敲击噪声随发动机转速和最高气缸压力的增加而增大,这种噪声在冷起动和怠速时听起来最明显,另外在低转速高负荷等其他噪声相对不太明显的工况时也比较明显。Künzel 等人(2001)发现,对于轿车柴油机来讲,活塞敲击噪声在低转速(例如 1 000～2 000 r/min)从低负荷到高负荷听起来是最突出的。另一个比较重要的情形是,活塞敲击噪声在冷起动之后会比较显著,因为这时活塞与缸壁之间的间隙最大,金属呈冷态,也没有有效的润滑。例如,Richmond 和 Parker (1987)发现,在中转速和低负荷(例如 1 600 r/min,三分之一负荷,冷起动后加速到 48 km/h 车速),活塞敲击噪声变得最为明显。最大限度地减小活塞敲击噪声的主要设计措施是在所有运行条件下优化活塞的二阶运动,使得通过改变裙部与缸壁之间的接触方式造成只有最小一部分碰撞能量被传递到发动机结构中。控制活塞敲击噪声的最常用的两种技术是减小裙部与缸壁之间的间隙和偏置活塞销。另外,活塞裙部型面在降噪中也起着重要作用。

气缸套或发动机机体的振动或加速度信号已被研究证明是表征活塞敲击噪声的一个良好指标。据悉,缸套振动与活塞碰撞动能之间存在非常强的相关性。Kamiya 等人(2007)使用较小的薄膜压力传感器直接测量了在活塞敲击位置处的油膜压力,试图了解在敲击部位的激振力。他们发现,位于副推力侧的裙部顶部附近的油膜压力与在缸套顶部附近测量的缸套加速度之间存在着明显的相关性。这验证了在发生活塞敲击时,活塞裙部的流体动力润滑会产生一个较大的挤压油膜反作用力或油膜压力。它表明,在润滑表面的活塞敲击速度也可以用来作为表征活塞敲击噪声的指标。

活塞敲击噪声以及对缸套和机体振动的测量在过去的 30 年里是很热门的研究课题(DeJong 和 Parsons，1982；Furuhama 和 Hirukawa，1983；Kaiser 等人，1988；Richmond 和 Parker，1987；Vora 和 Ghosh，1991；Kamp 和 Spermann，1995；Ryan 等人，1994；Nakada 等人，1997；Teraguchi 等人，2001)。这些测量结果对正确理解活塞敲击现象的参数依变性帮助很大，而且为开发先进的分析计算模型提供了支持。

11.5.2 关于活塞敲击的活塞组动力学模拟

活塞敲击现象是一个非常复杂的动态过程，主要涉及以下课题：
- 整个活塞组和曲轴的多体动力学；
- 多相动力学，包括非刮擦与刮擦运动之间的转换；
- 刚体碰撞和反弹动力学；
- 为预测表面粗糙度承载的边界润滑的摩擦模拟；
- 润滑和挤压油膜效应；
- 弹性碰撞和反弹；
- 变形；
- 气缸套的振动响应。

数值模拟可以依靠计算工具揭示那些难以测量的物理机理，并有效预测设计变更影响。活塞敲击模拟的终极目标是预测敲击噪声。然而，噪声计算极其复杂，计算上也很费时。即使在实验工作中，直接测量活塞敲击噪声也是很困难的，因为不容易将活塞敲击噪声从其他噪声中分离出来。相反，使用一些替代性和更易获得的参数，比如缸套振动或加速度信号，可以判断活塞敲击的严重程度。通过适当的模型校准，可以用一个传递函数将缸套加速度转换为估计的活塞敲击噪声。在模拟中也可以采用类似的替代方法来评估动能损失或碰撞冲量。实际上，可以使用活塞的碰撞和反弹速度作为关键参数来评估活塞敲击。实验工作表明，活塞敲击噪声几乎线性正比于碰撞激励的总动能。碰撞力的时间历程和频谱也非常重要。

活塞敲击从本质上讲是受活塞侧推力驱动的。在很短一段时间内，经过一系列的碰撞和反弹运动，当碰撞速度衰减得小到忽略不计时，活塞就进入刮擦的运动相(阶段)。在刮擦阶段，活塞裙部与气缸壁接触的部分由边界摩擦的表面粗糙接触来承载，裙部的其余部分可能会继续处于流体动力润滑状态。活塞组的润滑动力学构造在第 10 章关于摩擦的讨论中有过介绍。本节将论述在详细的第二级和第三级的活塞敲击 NVH 模型中的关键问题，以及活塞敲击与活塞摩擦之间的联系。第二级和第三级模型均具有瞬时曲轴转角精度。当计算模型包含使用有限元分析和边界元法的结构衰减计算或噪声计算而变得足够复杂时，它就是一个第三级模型。活塞敲击方面简化的第一级模型将在第 11.12 节的系统层面的总结中予以论述。

关于活塞敲击的模拟研究始于 20 世纪 70 年代。这方面的数值模拟最初集中于使用多体多相动力学计算刚体圆柱形活塞的敲击速度，并基于某个假设的碰撞恢复因数计算活塞的反弹速度。关于活塞与气缸壁之间的摩擦，人们曾通过使用简单的库仑摩擦模型来计算，而没有使用流体动力润滑模型。这种模型与活塞二阶运动的实验测量数据相比，能够比较合理地预测运动趋势，并揭示活塞敲击的许多基本机理。这种模型特别适用于发动机冷态条件下，因为那时活塞裙部还未能有效建立润滑。这类模型的典型工作包括 Wilson 和 Fawcett(1974)、Haddad 和 Howard (1980)、Haddad 和 Tjan(1995)、Haddad(1995)的研究。关于活塞组多体动力学方程的详细推导，包括碰撞动力学，在 Wilson 和 Fawcett(1974)、Haddad(1995)、Xin(1999)的工作中有大量论述。当活塞动力学模型从多体简化为单体(即只包括活塞裙部)时,在活塞的侧推力和倾转力矩的计算中就会出现较大误差。一些研究人员为了简单起见使用单体动力学方法。然而,这种方法是不能准确地模拟活塞敲击的时间和碰撞速度的。Rohrle(1975)和 Sander 等人(1979)测量了活塞敲击和刮擦运动。

从活塞敲击传递到机体激发振动再到辐射噪声的能量来自于活塞对气缸壁的撞击。碰撞不是一次性事件。相反,它通常是一系列连续的碰撞事件。由于碰撞能量会逐渐耗散到结构材料中,碰撞速度会逐次减小。碰撞和反弹现象是用恢复因数这一概念模拟的。恢复因数反映了反弹速度相对于撞击速度的衰减程度。当碰撞速度变得小到可以忽略不计时,而且当这时仍然存在一个法向力推着裙部压向气缸壁时,活塞的运动便可视为以边界润滑沿着气缸壁滑动的刮擦运动。应当强调的是,反弹运动模拟很重要,因为活塞在碰撞气缸壁后可能会反弹而离开壁面并且不经历那些紧接着的一连串反复撞击和反弹运动,这时活塞就会保持于或进入一个非刮擦的运动阶段,从而不经历边界润滑摩擦。在刮擦运动阶段,由表面粗糙度承载的负荷可以基于活塞的力平衡和力矩平衡计算。摩擦力可以通过假设一个摩擦因数来计算,或者也可采用更复杂的粗糙微凸体接触模型来计算。

活塞的碰撞过程通常假设是发生在极小的时间间隔内;而且,在刚要发生碰撞之前和碰撞刚刚结束之后,相关机构的运动学位置变化可以忽略不计。当碰撞发生时,瞬间释放的动能是通过动量守恒理论和使用活塞的横向和倾转速度来计算的。在碰撞时耗散的动能取决于所采用的恢复因数。恢复因数、在润滑和非润滑表面发生的碰撞和反弹以及带摩擦的碰撞是机械碰撞动力学和摩擦学研究领域内的重要课题。碰撞动力学是介于非刮擦与刮擦运动阶段之间的一个桥梁。所假设的恢复因数能够给出反弹后的活塞横向速度,以使用其作为初始条件在数值计算上能够继续求解活塞动力学运动的常微分方程。需要注意的是,活塞敲击分析的重点是一系列的碰撞事件,而边界润滑摩擦分析的重点是撞击事件发生以后的刮擦运动。

活塞裙部是否存在有效的润滑取决于特定的发动机运行条件。Furuhama 和 Hirukawa(1983)从他们的实验中发现,在低温冷态怠速条件下,在活塞与气缸壁之间的较大间隙中,几乎所有地方都充满着气体,即存在着严重的供油不足情况,因而润滑油膜的挤压效应也不明显。在这种情况下,使用一个不带润滑的活塞敲击的动力学模型还是有一定道理的。

虽然忽略活塞裙部的润滑模型仍然能够获得关于活塞碰撞和刮擦运动的很多有用的模拟结果,但是实验结果表明,充足的供油和在裙部表面充分持油能够降低活塞敲击噪声。润滑模型会在以下几个方面影响所预测的活塞横向、倾转和刮擦运动以及碰撞速度(要么更准确,要么更不准确):

- 活塞裙部的润滑模型可能会由于油膜的空间分布而显著改变围绕着活塞销的力矩平衡。这一点,对于模拟非圆柱形的桶形活塞尤其如此,这是因为这种活塞在主推力侧和副推力侧会同时出现很大的法向油膜润滑力,故而油膜润滑力的力矩会发挥很关键的作用;
- 活塞裙部的润滑模型会通过动态的"挤压油膜"效应提供强大的油膜阻尼作用,以缓冲和减小活塞的撞击速度;
- 油膜的存在会影响活塞敲击过程中在接触面积上的等效刚度和阻尼效果,从而影响动能耗散、恢复因数(活塞反弹)和活塞敲击噪声;
- 活塞裙部的润滑模型会影响在刮擦运动中裙部的力和力矩平衡,这样会影响计算出来的粗糙微凸体接触上的承载负荷。当活塞刮着气缸壁上下滑行的时候,流体动力润滑油膜产生的压力可以承载很大一部分负荷,而其余的负荷则必须由表面粗糙微凸体接触来承担。这样就会影响在刮擦的边界润滑摩擦中的计算精度。

　　活塞裙部的润滑模型可以是简单到一个阻尼器,或者也可以复杂到一个完整的雷诺方程。理论上讲,根据挤压油膜润滑的雷诺方程推断,挤压油膜阻尼器的阻尼因子与油膜厚度的三次方成反比。Haddad 和 Tjan(1995)给出了一个简化的油膜厚度模型和一个油膜压力的半经验公式(作为裙部-缸壁间隙的函数)。Gerges 等人(2005)采用一个简化的动力学模型模拟了混合空气气泡的油膜特征。他们的模型由一个弹簧(代表在碰撞事件中在油膜里产生的空气气泡)和一个阻尼缓冲器(代表油膜)串联组成。他们发现,机油曝气会大大降低油膜的承载能力。Kobayashi 等人(2007)使用了包括油膜内空气气泡的曝气效应的弹流润滑模型。Nakada 等人(1997)采用了一个刚度元件和一个阻尼器来模拟活塞裙部,采用一个黏滞阻尼器模拟油膜,并采用了一个刚度元件和一个阻尼器模拟气缸套。这些元件在模型中是串联的。为了加快计算速度,他们在雷诺方程中只考虑了活塞的横向运动而删除了倾转运动项,从而将雷诺方程从二维简化成一维。他们因此获得了油膜压力和润滑力的封闭形式解析解。与他们的实验数据相比,即使这样一个高度简化了的润滑模型都仍然能够相当准确地预测活塞敲击运动。Wong 等人(1994)采用二维雷诺方程模拟了带润滑的活塞敲击,并且包括了桶形活塞的弹流润滑和变形效应。

　　活塞敲击中与变形有关的模拟包括以下两方面内容:在发生碰撞之前部件的热变形或机械变形,以及在短暂碰撞过程中部件的弹性变形。部件变形模拟在活塞敲击分析中起着一个比较重要的作用,因为它可以通过对碰撞力历程的细节模拟来加强对真实的弹性碰撞过程的理解。首先,部件的变形会影响裙部与气缸套之间的间隙,从而会通过活塞碰撞速度和油膜阻尼力影响活塞敲击的位置和严重程度。其次,活塞裙部与气缸套之间的弹性碰撞是一个高度复杂的瞬态碰撞过程。在该过程中,碰撞动能的一部分被转化到弹性变形中,剩下可以用于第二次碰撞的动能就变得较低。作为一种替代模拟方法,弹性碰撞模型可能会比刚体碰撞模型在模拟碰撞力的时间历程上更为准确。碰撞力基本上等于活塞的侧推力加上冲击性的敲击力。在刚体碰撞模型中,人们使用恢复因数来假设碰撞和反弹的过程是在一个极短的时间间隔内发生的,并且用碰撞冲量与所假设的短暂碰撞时段之比来估算碰撞过程中所发生的很大的平均冲击力。虽然碰撞的冲击力远比侧推力大,当活塞横跨裙部间隙后突然地将这较小的侧推力作用在碰撞表面上的这种突发效应,对于噪声的预测精度也很有影响,正如 Lalor 等人(1980)所指出的。在这种刚体碰撞方法中,活塞的碰撞速度是唯一的关键参数,因为碰撞过程的持续时间是不确定或未知的。然而,在弹性碰撞模型中,碰撞力是一个更为重要的参数,它等于侧推力再叠加上一个活塞与气缸壁碰撞时产生的较大的振荡或振动式冲击力(即侧推力被振动力"放大"了)。振荡力所包含的动力学效应包括活塞-油膜-气缸套这个弹性系统中的刚度元件、阻尼元件和活塞碰撞速度等因素。其中,所有的力都是沿着垂直于气缸壁面的横向。振荡力控制着活塞的碰撞和反弹行为,并能够比刚体假设的方法提供关于碰撞过程的更多细节。与刚体碰撞模型相比,弹性碰撞模型的优势之一是碰撞作用力函数能够被更为准确地从时域转换到频域,以便实现以下两点:①直接分析活塞敲击噪声的频率特性;②将活塞敲击噪声的谐波内容与 NVH 领域中常用的其他频率信号(例如气缸套的加速度)相关联。需要注意的是,活塞侧推力具有较低频率(例如小于 500 Hz),而增加了带冲击性的活塞敲击力之后会导致在高频区(例如 1~3 kHz)出现很大的具有主导性的力的振幅。活塞的撞击力和气缸套的振动响应可以用来估计活塞敲击噪声和气缸套穴蚀。

　　在弹性碰撞模拟领域,Lalor 等人(1980)提出了一个简化的活塞敲击模型。该模型使用质量-弹簧系统代表活塞、气缸套和发动机机体。Paranjpe(1998)使用了类似的简单弹簧-阻尼系统模拟弹性碰撞过程和在频域上的活塞与气缸套之间的接触作用力函数。Ohta 等人(1987)给出了一个重要的建模方法,通过使用刚度和阻尼元件来模拟活塞敲击过程中的瞬态撞击力和耦合的活塞-气缸套系统的动态振动响应。他们计算了碰撞作用力函数的时间历程和频谱。其计算的气缸套加速度的时间历程和频谱与测量结果吻合得极好。他们的工作是活塞敲击领域中最重要的成就之一。

　　在部件变形的模拟方面,包括裙部和气缸变形的活塞敲击模拟由 Sander 等人(1979)在无润滑模型的情况下进行了一些早期研究。Kageyama 等人(1994)对一个桶形裙部在无润滑情况下使用了一个简化的接触变形或变刚度模型。Patel 等人(2007)使用了一个互补性方法和干接触模型对非圆柱形活塞进行了活塞敲击模拟。他们考虑了气缸变形和裙部变形的影响,计算了活塞敲击的动能损失,并且估算了摩擦力。

　　准确地直接预测气缸套的振动对于更为直接地预测活塞敲击噪声是很重要的模拟手段。Ohta 等人(1987)给出了一个关于活塞-气缸套振动系统的动力学模拟实用方法。他们使用的是一组常微分方程(而非偏微分方程),非常适合发动机系统层面的设计分析。Kobayashi 等人(2007)提出了一个非常复杂的方法,使用气缸体和活塞的有限元模型来模拟活塞敲击、部件变形和气缸套振动。他们的计算非常耗时。虽然这种方法在部件层面的设计中可以令人接受,但是不适合于早期概念层面的系统设计。

　　综上所述,从柴油机系统设计的角度看,对于系统人员来讲,在 NVH 领域中分析和量化活塞敲击噪声的一个可行的方法是采用求解活塞组和气缸套的多体多相动力学的常微分方程的计算方法。这种模型在撞击力的细节上具有一定的高保真度,并能够模拟反复发生的碰撞和反弹运动,而且能够预测活塞撞击的作用力函数和气缸套振动响应的时间历程和频谱。这些分析都要求以瞬时曲轴转角精度来进行模拟。在一个发动机循环内计算出来的活塞碰撞动能损失总和是能够表征噪声声压级的一个指示参数。

　　活塞敲击所引起的发动机噪声水平可以按下式估算:

$$p_{SPL} = \dot{W}_{SWL} - 10 \cdot \log_{10}(4\pi l^2) \tag{11.11}$$

式中,p_{SPL}是声压级(dB);$\dot{W}_{SWL}$是声功率级;l是从发动机中心到测试用的麦克风的距离。活塞敲击的声功率可以按下式估算:

$$\dot{W}_s = Z_{sm}Z_{sr}\left(C \cdot \sum_i E_{k,slap,i}\right) \tag{11.12}$$

式中,Z_{sm}是机械阻抗;Z_{sr}是辐射阻抗;$\sum_i E_{k,slap,i}$是一个发动机循环内所有活塞碰撞事件的总动能;C是一个模型校准常数,用以抵消在动能计算上的误差。Z_{sm}和Z_{sr}是测量或模拟的已知输入参数。

11.5.3　活塞设计和发动机运行对活塞敲击的影响

　　在整个发动机循环内,活塞敲击问题通常在膨胀冲程(0~180°)最为严重并具有最大噪声,这是因为膨胀冲程所具有的较高的缸内点火压力的缘故。将活塞销向主推力侧偏置通常能够减小在膨胀冲程中以较硬的活塞裙部上缘进行敲击的严重程度,但是可能会增加在其他冲程中以较软的活塞裙部下缘发生敲击的机会。图 11.2 显示了一个冷态活塞以简化的裙部型面在无有效润滑的情况下在一个发动机循环内的活塞敲击和反弹运动的模拟结果。在该算例中,发动机转速为 2 300 r/min。图 11.3 展示了在有润滑的条件下不同的活塞设计所给出的瞬时活塞动能的计算结果。这些数值模拟为洞察难以测量的复杂物理过程提供了很好的帮助。

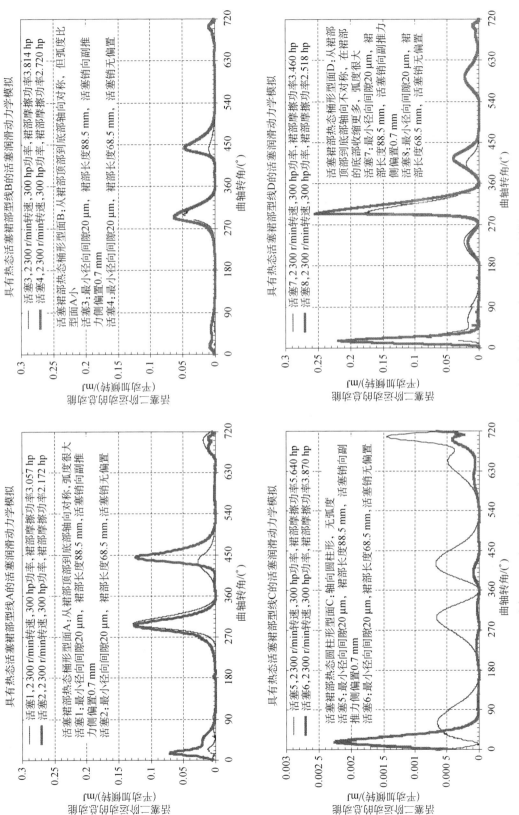

图 11.3　关于不同的活塞设计所导致的二阶运动动能的活塞润滑动力学模拟

11.6 配气机构噪声

配气机构噪声对于发动机声压级的贡献一般比较小。然而,该噪声由于其高频性质(例如高于 3 kHz)可能会产生噪声质量问题。配气机构 NVH 是发动机整机 NVH 规划和配气机构设计中需要考虑的一个重要课题。

配气机构噪声的激励机理包括以下三个来源:

1. **凸轮加速度激励**

凸轮加速度型线上的开启侧和关闭侧的正峰值(或者更本质地讲,从凸轮跃度即加速度的导数来看)会由于高转速时的惯性力以高频激励配气机构振动。加速度型线上任何不连续或不光滑的部分都会产生"锤击式"的冲击载荷,激发剧烈振动并产生噪声。

2. **配气机构碰撞激励**

这些激励包括气门开启时在凸轮与从动件之间的冲击性碰撞载荷(对于机械间隙调节器来讲)、气门关闭时在气门与气门座之间的冲击载荷以及在高转速时在气门工作段中当配气机构发生飞脱、跳跃和反弹时的冲击载荷。最常见的配气机构碰撞是气门落座碰撞。推杆式配气机构中的主要噪声源往往是气门落座碰撞。

3. **摩擦振动**

这种情形发生在严重的边界润滑条件下。这时,凸轮与从动件之间会发生金属的粗糙接触。典型的发生部位是在靠近凸轮顶部的两侧的理论润滑油卷吸速度为零的两个位置。这种噪声在低转速时可能会比较突出。

Hanaoka 和 Fukumura(1973)、Dent 和 Chen(1989)、Kalser 等人(1991)以及 Suh 和 Lyon(1999)在配气机构噪声识别方面的实验工作验证了以上所讲的这些噪声。它们可以反映在气门加速度的测量值相对于凸轮转角的谱图上(Hanaoka 和 Fukumura, 1973)或时间-频率图上(Suh 和 Lyon, 1999)。气门加速度的振动(高度振荡)信号通常有三组,分别位于凸轮开启侧的侧翼、凸轮关闭侧的侧翼、气门关闭处。它们都是高频信号,尤其是在气门落座时。当位于气门开启侧和关闭侧的气门加速度激励达到最大峰值时,气缸盖会在类似的曲轴转角定时处发生振动。配气机构噪声一般随发动机转速的增加而增大。

配气机构噪声通过空气传播和结构传播路径传递。Anderton 和 Zheng(1993)发现空气传播的配气机构噪声对配气机构总噪声贡献极大,特别是在高于 2000～3300 r/min 的高转速。气缸盖罩内的空气传播噪声主要受气门落座碰撞影响。Suh 和 Lyon(1999)发现,气门落座碰撞造成的激励在结构中的振动传递路径有两个:①通过气门座直接传给气缸盖(这是主要路径);②通过配气机构部件和凸轮轴传递给气缸盖。至于由于凸轮加速度引起的激励,其振动是从凸轮传递到气缸盖表面。

Suh 和 Lyon(1999)发现,凸轮加速度和气门落座碰撞这两种激励源对于气缸盖振动响应的贡献在幅度上相类似。他们的结论是,这两种激励源基本主导了在高达 6 kHz 频率范围内的由结构表面发出的噪声辐射。他们发现,气门落座会在很宽的频带范围内激励振动,而且是在高于 10～20 kHz 的频率范围内的唯一主导噪声源。Savage 和 Matterazzo(1993)在一台 3.3 L 的汽油机上进行过一项实验,调查了可能会影响配气机构噪声的多种因素,例如凸轮跃度水平、气门弹簧负荷、挺柱与套筒之间的间隙、气门杆间隙和光洁度、摇臂轴承间隙、气门重叠角、气缸盖质量和阻尼。他们发现,减小凸轮跃度比消除气门落座碰撞对减小配气机构噪声的声压级有着明显的更大影响。当在其实验中使用一个带垫隙片的挺柱将气门落座碰撞完全消除时,配气机构噪声在低于 3 000 r/min 的发动机转速范围内竟然一直都没有减小。因此,他们总结认为,凸轮加速度或跃度水平是在整个发动机转速范围内影响配气机构噪声的最重要因素,而对气门落座速度的控制只在高转速(例如 3 500 r/min 以上)时才对降噪起重要作用。

配气机构的噪声可以靠减弱激励源或阻碍噪声传递路径来控制,具体如以下几个设计措施所示:

- 采用非常光滑的凸轮加速度型线,降低加速度水平,并将凸轮加速度与配气机构刚度合理匹配和优化。这样可以控制与气门开启速度、飞脱和反弹有关的配气机构惯性激励力。减小凸轮加速度和跃度往往会导致较小的气门流通面积和充量因数。对配气机构进行整体优化可以最大限度地缓和在配气机构噪声与燃料经济性之间的折中或权衡。
- 使用具有高精密度的加工方式切削凸轮,使制造的凸轮拥有光滑的加速度和跃度型线。实验数据表明,制造精度对于配气机构噪声非常重要(Hanaoka 和 Fukumura,1973)。
- 使用较高的配气机构刚度和较低的重量来减小配气机构的振动。
- 使用液压间隙调节器以消除配气机构间隙和在气门开启时的撞击。
- 依靠使用光滑的凸轮加速度型线和对配气机构振动的控制来降低气门落座速度。为凸轮缓冲段设计适当的运动学速度也很重要。通过减小凸轮关闭缓冲段上的速度来降低气门落座速度一直是减小配气机构噪声的传统方法。但是,其实使用光滑的凸轮加速度可以更为有效地减小气门落座速度,而且还能够降低配气机构的惯性激励。
- 减小挺柱与套筒之间的间隙来减少碰撞。
- 降低凸轮轴承力的激励水平。
- 依靠设计来增大润滑油膜厚度,减少或消除由于摩擦引起的振动噪声。
- 控制噪声的传播路径。使用特殊的高频隔离材料减小结构传播噪声。增加气缸盖重量、刚度和材料阻尼,以减小气缸盖表面的振动水平。
- 降低噪声辐射效率。气缸盖罩能够衰减罩下的空气传播噪声。另外,气缸盖罩需要以高阻尼、高刚度或隔离等手段产生较低的振动响应,以尽量减小结构传播噪声。

关于配气机构噪声的计算,系统人员可以采用具有瞬时曲轴转角精度的第二级系统 NVH 模型做如下分析。在给定的转速和负荷工况,首先使用配气机构动力学模型计算振动的凸轮力和气门落座速度。然后,利用快速傅里叶变换将振动力和碰撞冲量的时间历程数据转换为激励源的频谱。气缸盖表面的振动响应频谱可以用激励源频谱乘以一个表征噪声传递路径的已知的或测量出的传递函数来计算。总响应的频谱是这两个激励机理的叠加。最后,辐射噪声的频谱可以转化为 A 加权后的频谱。Kalser 等人(1991)给出了关于配气机构噪声计算的类似于此的一个实用方法。

11.7 齿轮系噪声

齿轮敲击(rattle)噪声是车用传动系例如变速器中的主要噪声问题。在正时齿轮和用于驱动辅助附件(例如柴油机的燃油泵)的齿轮中,齿轮噪声也是个重要问题。发动机将不均匀的扭矩从曲轴系传递到传动系或齿轮系,这会造成齿轮敲击噪声。

汽车的齿轮箱、手动变速器、离合器、齿轮联轴器等均是由齿轮连接的机件。它们中的啮合齿表不可避免地会存在间隙,以便容纳热膨胀和制造容差。当齿轮轻度承载高度振荡的扭矩并在低速下转动时,很可能发生啮合齿的分离及其导致的齿面之间的振动碰撞。这种在工作间隙内发生于齿面上的振动式能量激励会产生恼人的敲击噪声。动力系和传动系中的齿轮敲击噪声与扭振有关。另一种烦人的齿轮噪声是鸣鸣响的(whine)噪声,它由制造误差和承载时轮齿变形所导致的啮合传动误差造成。齿轮敲击噪声受变速器输入速度的波动、运动学的传动误差、轮齿啮合的齿隙、作用于齿轮上的摩擦力等因素影响。

日益增加的气缸压力和喷油压力极大地加剧了柴油机齿轮系的扭振激励。齿轮的碰撞噪声在很多运行条件下,尤其是在全负荷时,可能会成为重要的噪声源。齿轮系的噪声水平强烈地受以下因素或参数影响:齿轮系的尺寸、啮合齿数、齿轮系的位置(前置或后置)、来自曲轴和燃油系统的扭振输入幅度(Zhao 和 Reinhart,1999)。优化齿轮型面以及依靠降低制造和装配误差来最大限度地减小传输误差也能够减小齿轮系的噪声。

Spessert 和 Ponsa(1990)以及 Zhao 和 Reinhart(1999)研究了发动机齿轮系的噪声。齿轮系动力学以及齿轮的运动和噪声的模拟是非常复杂的。Croker 等人(1995)、Padmanabhan 等人(1995)、Meisner 和 Campbell(1995)、Lahey 等人(2001)和 Wang 等人(2001)在这些方面的工作是很好的参考文献。

11.8　曲轴系和发动机机体噪声

曲轴扭振、发动机机体的较薄部分以及紧固在曲轴箱和气缸体上的诸如气缸盖罩、油底壳等各种壳盖都是 NVH 的重要噪声源。在这些以部件层面问题为主的领域内,可以使用复杂的商业软件(例如里卡多的 ENGDYN)并配之以非线性油膜润滑模型,来预测耦合的曲轴系和机体系统的时域响应(Offner 等人,2004)。辐射噪声则可以采用 Rayleigh 方程依据表面法向速度计算。另外,可以对每一振动表面均计算辐射噪声功率和噪声辐射效率,比如将每一表面近似处理为平板;还可以计算整个表面的声强。动力系的关键振动模态也需要予以识别。曲轴系动力学及其与气缸体之间的相互作用目前已经能够很可靠地采用模拟手段来进行研究。

在文献方面,Russell(1972)、Ochiai 和 Yokota(1982)以及 Maetani 等人(1993)给出了关于曲轴、曲轴箱和发动机机体振动和噪声的详细论述。Shangguan(2009)评述了发动机悬置领域。曲轴系动力学和发动机平衡在文献中均有广泛论述(例如 Thomson,1978;Lee 等人,2000)。

11.9　辅助设备噪声

来自辅助设备的噪声在现代低噪声柴油机中是比较显著的。油泵(齿轮泵)的噪声主要由机油压力的峰值所激励。发电机的噪声主要来自于风扇和转子的气动噪声以及轴承的机械噪声。由于较高的周期性力矩所造成的燃油系统的扭振会影响齿轮系噪声。某些类燃油系统只具有很低的周期性力矩,这样就不会增加太多的齿轮噪声。Haller 等人(1993)评述了重载柴油机中的辅助设备激励引起的噪声,包括油泵、发电机、往复式空气压缩机、液压油泵等。Skaistis(1975)详细阐述了液压流体传播噪声。

11.10　空气动力噪声

11.10.1　进气噪声

发动机进气噪声的激励源是由活塞往复运动和配气定时所产生的气体压力波动。当湍流空气流过开启的进气门时,进气道内的压力脉动和高流速会产生进气噪声。由于进气管的机械振动所产生的噪声也可以算作进气噪声的一部分,或称作次要空气传播噪声。

虽然与变化的气门流通面积相关的进气噪声包含着较宽的频率范围,但进气噪声通常以低频成分为主。其最强低频成分直接与转速相关如下:

$$f_{q,\text{intake}} = i\frac{N_E n_E}{60 n_s} \tag{11.13}$$

式中,i 是谐波数;N_E 是发动机曲轴转速(以 r/min 为单位);n_E 是气缸数。对于四冲程发动机来讲,$n_s=2$;对于二冲程发动机,$n_s=1$。

进气噪声随发动机转速的升高而增大,这主要是因为进气流量和空气压力的脉动幅度和频率随转速的增加而增大。进气系统设计通过气波动力学对进气噪声施加主要影响。发动机排量、进气门尺寸、气门开启定时、进气支管和进气歧管都会影响进气噪声。另外,空气进气口管道的形状(例如圆形或在宽高比上呈扁平状)对进气噪声也有影响。进气噪声可能会随着开口的圆形横截面面积的缩小或节流而降低。但是,过分扁平的空气进口设计可能会产生额外的呼啸式噪声。

在发动机的降噪手段中,通常有三种方法可以控制进气噪声:①使用消声器;②降低进气压力的脉动幅度;③减小进气门气流的湍流水平。消声器历来是用于减少进气噪声和排气噪声的最有效设计措施。进气噪声可以采用两类消声器来减小:吸收(耗散)式和反应式消声器。

吸收式消声器使用内衬吸声材料的一个管道或多个平行管道将声波能量耗散成热量。这类消声器在中高频范围内非常有效,但往往在低频具有较差的噪声衰减特性。另外,较高的平均气流速度会造成吸收式衬里的快速侵蚀。吸收式消声器在内燃机上的用途通常很有限(Onorati,1999)。

反应式消声器包括膨胀室(例如大容量空气滤清器)和抵消式谐振器(例如亥姆霍兹型或四分之一波长型)。谐振器可以靠容量、孔口面积、有效长度和内部结构(例如沿通道的穿孔数目或内部孔口数量)等方面的具体设计调整到适合于某个或某些频率。当进气系统产生一个气压波时,谐振器会反射一个具有相同频率和振幅但相位相反的波,从而在该频率上抵消进气噪声。谐振器只在被调整到的很窄的频率工作范围内有效,通常在低中频范围内。宽带谐振器能减少来自进气系统或涡轮增压器的特定噪声。

消声器的性能由插入损失和传输损失表征。插入损失是指在某个指定的位置上使用消声器之前与之后在声压级上的差异。传输损失是指在消声器的进口与出口之间在声功率级上的差异(Tao和 Seybert,2003)。

应当指出,所有的消声器技术通常都会与发动机机舱内紧凑的封装性要求发生冲突。消声器的设计应当适合噪声源的频谱,同时具有最小的压力损失和良好的包装尺寸。内部级段的数量、体积、压力降和膨胀比是选择消声器时的关键设计参数。另外,进气消声器通常被设计成空气滤清器的一部分,而且在几乎所有发动机上它都是一个标准部件。

Davies(1996)给出了关于活塞式发动机的进排气声学设计的评述。Silvestri 等人(1994)对发动机进气系统声学的气波动力学进行了模拟。

11.10.2 排气噪声

发动机排气噪声的激励源是排气管内的压力脉冲,它们由发动机周期性的吸气和排气过程所产生。管道内的高速排气流会产生显著的湍流和旋涡脱落以及相关噪声。由于排气管的机械振动所造成的噪声也可以作为排气噪声的一部分,称为管壳噪声。正像进气噪声一样,排气噪声通常也是以低频成分为主,虽然与变化的气门流通面积相联系的排气噪声包含着一个宽广的频率范围。在低频范围内的最强的排气噪声成分的频率可以采用与进气噪声类似的方式和式(11.13)予以估计。

排气噪声及其共振放大效应在很大程度上受后处理系统中的流动阻力影响。尖锐的共振可以靠流动阻力来减小。流动阻力由排气与管壁之间的黏性力或者在带旋涡的湍动气流之间的黏性力所造成。流动阻力(即排气阻力)会导致静压损失,并且会对发动机的性能产生不利影响。

正如进气噪声,排气噪声水平也随发动机转速或负荷的增加而增大,这主要是因为排气流量以及压力脉动的幅值和频率随转速或负荷的增加而增大。排气系统设计通过气波动力学对排气噪声产生重大影响。发动机排量、排气门尺寸、气门开启定时、在排气门开启处的缸内压力水平、排气支管和歧管设计等都对排气噪声有影响。长而细的排气管可能有助于降低排气噪声。然而,过细的排气管会增加排气阻力,从而损害发动机的"呼吸"性能。Pang 等人(2003)讨论了汽车排气声学系统的整体设计。

类似于进气噪声控制,排气噪声控制一般也有三种方法:①采用消声器;②降低排气压力的脉动幅度;③减小排气门气流的湍流水平。Munjal(1981)详细评述了排气噪声控制工作。

排气消声可以使用反应式消声器(即反射式、声波反射式、抵消式)、反应耗散穿孔式消声器或者吸收式(耗散式)消声器,或者它们之间的组合。收缩式消声器的工作原理是依靠孔口限制,故而会导致过高的流动阻力,因此不太可取。吸收式和抵消式消声器通常是目前的首选类型。吸收式消声器依靠在多孔介质中将噪声能量耗散掉来降低排气噪声,而抵消式消声器则采用反相压力波来抵消噪声的压力波和降低排气噪声。

消声器设计通常是噪声衰减与排气(或进气)流动阻力压力降之间的一个权衡。设计目的是在可接受的噪声水平下实现良好的发动机"呼吸"性能。排气管出口处的整体辐射噪声是"气体脉冲"噪声和气动"气体流动"噪声这两者之和(Onorati, 1999)。消声器设计需要避免在消声器内部产生过多的气体流动噪声。Kunz(1999)和 Pang 等人(2005)解释了排气气体脉冲噪声和气体流动噪声的机理和理论。气体脉冲噪声可以利用发动机循环模拟中的非线性气波动力学模型来模拟。气体流动噪声通常只能基于半经验公式估计。Yadav 等人(2007)介绍了分析式消声器设计。

发动机循环工作过程和气波动力学的模拟在排气噪声控制中起着关键作用。Jones(1984)和Onorati(1999)评述了发动机排气系统的声学模拟。Ghafouri 和 Ricci(1993)提出了排气声学模拟的基本理论。Onorati(1995)、Isshiki 等人(1996)、Morel 等人(1999)和 Siano 等人(2005)对发动机的排气噪声进行了模拟。Onorati(1999)给出了采用一维非线性气波动力学模型进行消声器模拟的详细内容。采用耦合的发动机-消声器系统中的非定常流动模拟能够预测排气管辐射噪声的声压级频谱,以及消声器设计对发动机性能的影响。另外,非线性气体动力学模型比过度简化的线性声学模型更为先进和可靠,因为后者仅仅是建立于管道中的小幅压力摄动假设的基础上。Onorati(1999)在他的评述文章中表明,通过与大范围内的消声管道系统的宽频带测量数据相比较,消声器模拟技术已经证明达到了能够对噪声衰减曲线做出较好预测的阶段。

柴油颗粒过滤器已被广泛用于现代柴油机来控制颗粒物。虽然将柴油颗粒过滤器和消声器在设计上分开处理也行,但目前常将二者合并成一个单元,以节省成本和包装空间。合并后的部件设计需要平衡颗粒过滤和排气噪声衰减这两者的要求。了解作为一个消声器的颗粒过滤器的噪声衰减特性,对于柴油机行业是一个新颖而颇具挑战性的领域。集成式噪声和颗粒控制是声学模拟和设计的未来发展方向。Katari 等人(2004)、Allam 和 Åbom(2005,2006)以及 Feng 等人(2008)研究了过滤器的声学性能。

综上所述,排气噪声预测的科研重点需要安排在以下三个方面:

- 采用气波动力学非线性模拟来预测气体脉冲噪声;
- 使用和开发经验公式来预测气体流动噪声;
- 开发柴油颗粒过滤器的声学模拟模型。

以下两种方法可以用来模拟排气噪声:①在非线性气体动力学模型中使用详细的消声器模型或柴油颗粒过滤器模型(例如从供应商处获得);②使用简化的流动阻力模型和已知的消声器或柴油颗粒过滤器的衰减频谱曲线或经验关系式来估计排气尾管末端的噪声。

11.10.3 涡轮增压器噪声

涡轮增压会改变进排气噪声和发动机的 NVH 特性。压气机和涡轮削弱了经进气和排气系统的噪声传播,所以进气和排气噪声一般都会减小。这是因为压气机的机壳就好比一个小型的反应式消声元件一样,而涡轮则通常会耗散掉一部分排气气流的脉动。涡轮的工作轮会对排气脉动起阻尼作用,使得涡轮出口处的排气噪声比自然吸气发动机的排气噪声低得多。

然而,涡轮增压器可能会产生诸如呼啸式(whooshing)噪声的音质问题(Evans 和 Ward,2006),这是由于较高的流量以及与压气机和涡轮叶片数量有关的呜呜响(whining)噪声造成的。涡轮增压器在不同频率范围内的这种噪声能通过适当的转子平衡等手段减小(Lu 和 Jen,2007)。

涡轮增压器的隔热罩是另一个噪声源。Lu 和 Jen(2007)的研究表明,当隔热罩被拆除后,涡轮增压器噪声可以减小 2~4 dB。他们指出,涡轮增压器所需的隔热罩由于其辐射面积大而刚度小,对噪声有负面影响。因此,对其形状和刚度应予以优化,以降低辐射噪声。他们发现,使用双层隔热罩设计与使用单层隔热罩相比,可以将噪声降低大约 1~3 dB。

涡轮增压器的其他噪声包括以下几种:①在一定频率范围内的排气尾管共振;②当部件刚度不够高时,涡轮增压器支架上发生的某些局部共振;③与涡轮增压器的高转速相关的一些高频噪声,以及由转子动力学和排气脉冲引起的叶片振动所造成的某些次谐波和不平衡振动。

压气机上可以使用消声器以缓解其湍流进气气流的噪声问题。这类消声器通常是孔腔式谐振器、干扰式谐振器(例如 Herschel-Quincke 管式谐振器)或吸收式消声器等。

在文献方面,Rämmal 和 Åbom(2007)评述了涡轮增压器噪声。Trochon(2001)、Evans 和 Ward(2005)以及 Lee 等人(2009a)研究了涡轮增压器的噪声控制方法。Inagaki 等人(1993)分析了增压器的结构振动。Knutsson 和 Åbom(2007)分析了与涡轮增压有关的中冷器声学性能。

11.10.4 冷却风扇噪声

冷却风扇用于发动机冷却液温度控制和散热量控制。冷却风扇噪声是车辆 NVH 的一个重要组成部分,对车辆客舱内的安静和舒适程度非常重要。冷却风扇的设计需要具有体积小、噪声低、耗能低、成本低等特点。当发动机本体的氮氧化物排放降低或者当额定功率增大时,冷却液的散热量会增加。这时,风扇的设计将变得越来越困难。冷却风扇工作在一个宽广的冷却空气质量流量范围内,而且其最高效率运行点与最低噪声运行点不一定一致。为特定的应用场合优化风扇的气动性能和噪声特性十分重要。

冷却风扇噪声与风扇尺寸(直径)、风扇转速、叶片设计和气道结构有关。诸如减小叶端间隙和优化俯仰角等设计措施可以提高风扇效率并降低风扇噪声。风扇叶片的优化设计也能够减少风扇振动和噪声。例如,风扇叶片通道噪声是风扇总噪声的一个重要组成部分,它由风扇转子上下游气流的不均匀性所引起。在叶片通过频率上发生的离散噪声可能会导致严重的噪声问题。采用适当的叶片间距设计可以降低这种噪声。优化气道结构（流道）能够改善进气气流分布的均匀性，并减少风扇叶片的颤动，从而降低风扇的噪声水平。另外，除了声压级方面的要求外，冷却风扇的心理声学特征也很重要，即需要满足在听觉舒适性和烦恼程度的主观评价方面的要求。Mellin(1980)详细论述了发动机冷却风扇的噪声和性能。

11.11　发动机制动器噪声

第6章论述了发动机制动器的性能和设计。压缩释放式发动机制动器有其独特的噪声特性。第6.4.8节对发动机制动器的噪声有过详细讨论。压缩释放式制动器的噪声与排气歧管和排气尾管内的气波动力学密切相关，是一种排气气流引起的噪声。这种噪声是由于在制动上止点附近的缸内充量被突然快速排出而引起。该噪声可以通过采用更好的制动机理予以控制。这些机理往往会控制或改变发动机气门的流量特征。这种噪声也可以通过采用先进的消声器来控制。发动机循环模拟加上排气系统的声学模拟模型可以用来分析发动机制动器噪声。关于这方面噪声的更多内容，读者可以借鉴 Reinhart 和 Wahl(1997) 以及 Wahl 和 Reinhart(1997) 的论述。

11.12　关于噪声、振动和不平顺性的柴油发动机系统设计模型

11.12.1　第一级系统噪声模型

用于柴油机系统设计的第一级系统噪声模型是非瞬时的（即不具有曲轴转角精度的）半经验模型。这类模型中的系数或常数一般局限于或仅适用于那些特定的用来导出公式的发动机，而不能被广泛用于其他发动机上来准确预测绝对数值。然而，这类模型对于了解噪声的基本或主要参数依变关系还是很有用的，可以用来粗略估计参数的相对影响或趋势。

整体发动机或整机的噪声水平可以按下式表达为：

$$p_{SPL,E} = \sum_i p_{SPL,i} \tag{11.14}$$

式中，$p_{SPL,E}$ 是距发动机表面 1 m 远处的整机声压级；$p_{SPL,i}$ 代表分别来自燃烧、活塞敲击、配气机构、齿轮、喷油系统和辅助附件对整机噪声的贡献。

Jenkins(1975)指出，由不同激励源引起的发动机噪声可由下式表示：

$$\begin{cases} p_{SPL,Combusion} = f(N_E^{n_c}, B_E, F_E) \\ p_{SPL,PistonSlap} = f(N_E^2, B_E, p, f_P) \\ p_{SPL,Valvetrain} = f(N_E^{5.8}, f_{VT}, c_{VT}) \\ p_{SPL,FuelInjection} = f(N_E^{4.3}, \dot{m}_{fuel}, v_{inj}) \end{cases} \tag{11.15}$$

式中，N_E 是发动机转速；B_E 是气缸直径；F_E 是发动机负荷；n_c 是燃烧系统的一个燃烧指数；p 是气缸压力；f_P 是一个活塞设计因子；f_{VT} 是一个配气机构设计因子；c_{VT} 是配气机构间隙；$\dot{m}_{fuel}$ 是喷油量；v_{inj} 是在喷油始点处的一个喷油器特征速度。

整体发动机噪声模型的最基本形式其实是基于大量发动机的燃烧噪声测量数据导出的，其具体形式如下（Anderton 等人，1970；Challen，1975；Corcione 等人，2003）：

$$p_{SPL,E} = C_1 \cdot \log_{10} N_E + C_2 \cdot \log_{10} B_E + C_3 \tag{11.16}$$

式中，$p_{SPL,E}$是以 dB(A)为单位并距发动机表面 1 m 处的整机声压级；N_E 是发动机转速(r/min)；B_E 是气缸直径。C_1，C_2 和 C_3 是通过拟合测量数据得到的经验常数。C_1 与气缸压力级的频谱有关(即与燃烧系统有关)。C_3 则反映了发动机的结构特征。需要注意的是，式(11.16)中两个最具影响力的参数分别是发动机转速和缸径大小。后者实际上反映了燃烧室大小。实验表明，发动机噪声对负荷的依变关系是很弱的。对于四冲程涡轮增压柴油机来讲，$C_1 = 40$，$C_2 = 50$，$C_3 = -136.7$(B_E 的单位是 mm)[①]，(Anderton 等人，1970)。式(11.16)的含义是，在系统设计中，为了获得低噪声，选择较低的额定转速和较小的缸径(或者对于给定的发动机排量采用较多的气缸数)是很重要的。需要注意的是，式(11.16)是从旧时代具有较低的有效平均压力和较低的喷油压力的一批柴油机上获得的，故而有一定的局限性。

对于给定的缸径尺寸和发动机转速来讲，燃烧系统的差异会造成发动机噪声发生很大变化。为了分析气缸压力上升速率对燃烧噪声的影响，并表征不同的燃烧系统，Hawksley 和 Anderton(1978)提出了以下公式：

$$n_c = 4.3 - 0.21 f_{rpr} \tag{11.17}$$

式中，n_c 是一个燃烧指数；f_{rpr} 是以"bar 每度曲轴转角"为单位的缸内压力升高速率。f_{rpr} 的值会随发动机负荷发生极大变化。基于以下关于噪声强度的关系(Anderton 等人，1970)：

$$I_s \propto N_E^{n_c} B_E^5 \tag{11.18}$$

他们提出，涡轮增压柴油机的噪声水平可以由下式表达：

$$p_{SPL,E} = 30 \cdot \log_{10} N_E + 50 \cdot \log_{10} B_E + (2.1 f_{rpr} - 13) \cdot \log_{10} \frac{5\,455}{N_E} - 103 \tag{11.19}$$

需要注意的是，该公式通过 f_{rpr} 这个参数包含了发动机负荷的影响。

基于大量发动机的噪声测量结果，Anderton(1979)总结了整机噪声水平与五个关键参数(即发动机转速、气缸直径、给定频率下的气缸压力频谱、燃烧指数、形状因子)之间的关系：

$$p_{SPL,E} = 10 n_c \cdot \log_{10} \frac{N_E}{1\,000} + 50 \cdot \log_{10} B_E + C_{rpr(1.0)} - C_2 \tag{11.20}$$

式中，$p_{SPL,E}$是以 dB(A)为单位的整机噪声水平；N_E 是发动机转速(r/min)；B_E 是气缸直径(mm)；$C_{rpr(1.0)}$ 是在 1.0 Hz/(rev/min)时的简化缸压频谱值(以 dB 为单位)；n_c 是一个燃烧指数，它等于简化缸压频谱斜率的十分之一(以 dB/decade 为单位)；C_2 是一个 A 加权形状因数，作为燃烧指数 n_c 的一个函数。Anderton(1979)具体给出了式(11.20)中反映不同类型发动机的一些平均常数。例如，对于涡轮增压二冲程和四冲程柴油机来讲，$C_{rpr(1.0)} = 144$ dB，$n_c = 5.1$。

Tung 和 Crocker(1982)在他们的研究中使用了具有以下形式的一个更为简单的公式：

$$p_{SPL,E} = C_1 \cdot \log_{10} N_E + C_2 \cdot \log_{10} \dot{W}_E + C_3 \tag{11.21}$$

式中，$\dot{W}_E$ 是发动机有效功率。

机械噪声的研究重点以往一直主要集中于活塞敲击噪声，因为它是柴油机中最重要的机械噪

[①] 如果 B_E 的单位是 in，$C_3 = -66.5$。

声。Usami 等人(1975)提出了一个公式,基于一台非直喷柴油机在 3 700 r/min 转速时的测量数据,如下所示:

$$
\begin{cases}
E_{k,slap} \propto c_P^{1.3} \\
p_{SPL,E} = 10 \cdot \log_{10}(c_{P1}^{1.3} + 1.74 c_{P2}^{1.3}) - 80.4
\end{cases}
\tag{11.22}
$$

式中,$E_{k,slap}$ 是活塞敲击的碰撞能量;c_{P1} 和 c_{P2} 分别是位于活塞裙部的顶部和底部的活塞与气缸壁之间的间隙。需要注意的是,该公式与发动机转速无关,而且基本上只包含一个参数——活塞与气缸壁之间的间隙 c_P。

Lalor 等人(1980)给出了由于活塞敲击动能所引起的噪声强度的经验公式,作为发动机转速 N_E 和活塞与气缸壁之间间隙 c_P 的一个函数:

$$
I_s \propto N_E^{0.667} c_P^{1.333}
\tag{11.23}
$$

Priede(1982)开发了一个关于活塞敲击的噪声强度的经验公式:

$$
I_s \propto \left(\frac{dF_P}{dt} m_P\right)^{1/3} c_P^{1.333} \cdot K_{s,liner} \cdot B_E
\tag{11.24}
$$

式中,I_s 是声强;c_P 是活塞与气缸壁之间的间隙;m_P 是活塞质量;$K_{s,liner}$ 是气缸套刚度;dF_P/dt 是活塞横向力的变化速率。

Jenkins 等人(1973)提供了关于低噪声柴油机的其他一些基本设计计算准则。

Stout 等人(2005)针对三台 V6 汽油机提出了以下经验公式:

$$
\begin{cases}
p_{SPL,E} = 50 \cdot \log_{10} N_E + 40 \cdot \log_{10} S_E + 30 \cdot \log_{10} B_E - 223.5 \\
p_{SPL,mech} = 0.9 \times 50 \cdot \log_{10} N_E + 1.6 \times 40 \cdot \log_{10} S_E - 0.7 \times 30 \cdot \log_{10} B_E - 158
\end{cases}
\tag{11.25}
$$

式中,$p_{SPL,E}$ 是整机噪声水平;$p_{SPL,mech}$ 是机械噪声;S_E 是发动机冲程。

基于 14 台满足美国环保署 1994 年或欧洲二号(Euro Ⅱ)排放标准的柴油机的测量结果(从 3 L 到 16 L 发动机排量),Zhao 和 Reinhart(1999)总结出以下经验公式,其中包括齿轮系噪声的影响:

$$
\begin{cases}
p_{SPL,E,Rated} = 93.9 + 2.6(n_G - 1) + 4.8 i_F \\
p_{SPL,E,PeakTorque} = 91.5 + 2.5(n_G - 1) + i_F \\
p_{SPL,E,LowIdle} = 85.9 + 0.8(n_G - 1) \\
p_{SPL,E,HighIdle} = 99 + 1.2(n_G - 1)
\end{cases}
\tag{11.26}
$$

式中,$p_{SPL,E,Rated}$ 是根据 SAE J1074 在距发动机表面 1 m 处测量到的在额定功率工况的整机噪声水平;n_G 是曲轴与燃油喷射装置之间的齿轮啮合齿数。对于前置齿轮系,$i_F = 1$。对于后置齿轮系,$i_F = 0$。这项研究表明,发动机的噪声水平在全负荷时比在部分负荷时对啮合齿数更为敏感。

基于以上观察,上述所有方程实际上对柴油机系统设计只能提供很有限的价值,这是由于它们在参变量关系和数值有效性方面的局限性和过于简化的关系所造成。对于系统设计的需求来讲,需要开发更基于物理本质的模型,它们就是第二级系统 NVH 模型。

11.12.2 第二级系统噪声、振动和不平顺性模型

系统设计中的第二级 NVH 模型具有瞬时曲轴转角精度和以下特点:

- 以各种不同的复杂程度模拟激励源；
- 使用虚拟的燃烧噪声计，并依靠模拟的气缸压力数据估计燃烧噪声；
- 使用活塞组和气缸套的动力学模型估计活塞敲击噪声；
- 使用配气机构动力学模型估计配气机构的振动和噪声；
- 使用基于气波动力学的发动机循环工作过程的模拟模型，并耦合于消声器或柴油颗粒过滤器的声学模型来预测进气和排气噪声；
- 如果对模型予以简化，这类模型能够具备实时计算能力，并可用于发动机控制中的先进的主动噪声控制和故障诊断。

涉及以上课题的所有模拟工具都是系统设计人员的日常工具和专长。在系统层面进行 NVH 设计和分析时，系统设计人员具有这方面的明显优势。

燃烧噪声计(例如 Lucas CAV 和 AVL 的燃烧噪声计)已被广泛用于 NVH 和发动机标定等领域，来方便地测量燃烧对发动机噪声的影响，或者本质地讲是气缸压力变化的影响。燃烧噪声计的开发是基于缸压频谱与距发动机表面 1 m 处所测整机噪声水平频谱之间的关系而进行的。从整机噪声频谱中减去缸压频谱，即可确定机体的结构衰减。可以通过对许多发动机进行测量而得到一批结构衰减频谱，然后计算出一个平均衰减频谱，将其放入燃烧噪声计中使用。而后，一旦气缸压力数据已知，便不必测量整机噪声，即可用燃烧噪声计来预测燃烧噪声。由于气缸压力变化所导致的噪声变化可被视为燃烧噪声的变化所做的贡献。该技术适用于具有类似结构衰减频谱的发动机。

燃烧噪声等于气缸压力减去结构衰减(以 dB 为单位在频谱上进行计算)。燃烧室压力是发动机研发中的常规测量参数。燃烧噪声计使用来自气缸压力传感器的具有曲轴转角精度的信号计算燃烧噪声水平——所得结果将等同于距发动机 1 m 处测量到的噪声水平，如果仅与燃烧有关的噪声被包括在内的话。燃烧噪声计采用对气缸压力信号的频率分析(快速傅里叶变换)产生频谱，例如三分之一倍频程的。整体噪声水平是整个频谱的对数平均值。然后，它通过一个衰减过滤器从缸压频谱中减去发动机机体结构的衰减函数，获得燃烧噪声频谱。衰减过滤器通常是一个平均自由场响应过滤器，代表着基于很多发动机实验结果的质量和结构上的平均响应。衰减过滤器通常还包括一些可供选择的低通滤波器函数(例如 10 kHz 的低通)以筛去燃烧室的共振信号。燃烧噪声信号然后经由 A 加权过滤器处理，产生人耳对其敏感的以 dB(A) 为单位的噪声值。最后，燃烧噪声计会报告一个噪声的均方根单值。这样，便可以通过这种方式靠气缸压力来测算燃烧噪声，而不必使用声压计。另外，机械噪声与测得的燃烧噪声是分离开的。这种噪声计也可以用于记录在瞬态条件下的燃烧噪声。

气缸压力相对于时间的导数是燃烧噪声计的一项输出参数。在缸压导数与燃烧噪声之间通常具有直接的对应关系，而在最高气缸压力与燃烧噪声之间的关系则远远不那么明确，虽然对于一台给定的涡轮增压发动机来讲增加气缸压力有时会导致燃烧噪声的增加。需要注意的是，最高气缸压力也会影响机械噪声，例如活塞敲击噪声和齿轮敲击噪声。Russell(1984)、Russell 和 Young(1985)、Reinhart(1987) 和 Wang 等人(2007)提供了关于燃烧噪声计的详细内容。Lee 等人(2009b)讨论了更为准确地考虑结构衰减特性的一些方法。Torregrosa 等人(2007)论述了经典的"机体衰减曲线"方法的局限性和一个更为先进的替代方法。

系统设计人员能够使用发动机循环模拟以虚拟手段分析气缸压力信号。虽然从数值模拟中获取的气缸压力数据与实际测试数据相比可能通常不包含那么详细或丰富的压力导数信息(例如 $\mathrm{d}p/\mathrm{d}\phi$ 或 $\mathrm{d}p/\mathrm{d}t$)，而且不能反映燃烧系统的设计变更，但是模拟数据仍然能够正确反映某些运行参数的变化效应，例如发动机转速、喷油量、空燃比、排气再循环率、喷油定时、滞燃期、十六烷值的影响。事实上,燃烧噪声对这些参数非常敏感(Reinhart,1987),而且它们都是重要的系统设计参数。因此,完全可以开发一个虚拟的燃烧噪声计来估算在整个转速-负荷区域内和加速瞬态过程中燃烧噪声的变化以及主要系统设计参数的影响。在模型中使用的结构衰减函数可以基于某一特定的发动机予以测量和开发。需要注意的是,现代柴油机的结构衰减总体上讲可能会比目前的燃烧噪声计中所使用的结构衰减高很多,这是因为燃烧噪声计中的数据往往是基于比较陈旧的发动机结构数据导出的。其实,即使结构衰减响应不是很准确,这种方法在预测燃烧噪声的相对差异(而非绝对值)方面仍然是有效的。值得注意的是,在燃烧噪声的预测中,还可以考虑气缸压力分解技术(即将总的气缸压力信号分解为压缩-膨胀、燃烧和共振压力,Siano 和 Bozza,2009)。另外,随着更为先进的零维或一维燃烧模型的进一步发展,在发动机循环模拟软件中对燃烧和气缸压力细节的预测能力将继续提高。将燃烧噪声的分析向虚拟世界发展无疑是正确的科研方向。柴油机系统设计在这个过程中能够发挥一个关键作用,可以有效地将燃烧噪声分析集成融入到系统设计的过程中。关于燃烧噪声预测的相关文献,读者可以参考 Corcione 等人(2003)、Scarpati 等人(2007)和 Siano 等人(2007)的工作。

第二级活塞噪声和配气机构噪声的模型和分析方法在第 11.5 节和第 11.6 节中有过论述。应当指出的是,与燃烧噪声不同,在发动机实验中分离或测量活塞敲击噪声和配气机构噪声是比较困难的,这是由于测量碰撞事件的困难造成的。虚拟世界中的模拟在这些 NVH 领域中起着关键作用。

整体发动机噪声合成是系统 NVH 分析的一个重要组成部分。所谓的合成,是指下列一些工作内容(图 11.4):①将不同来源的所有噪声结合在一起,以预测整机噪声水平,实现在声压级上的合成;②为了改进噪声质量而在频域上进行合成分析;③对不同子系统之间在设计或运行方面的变化所造成的敏感度进行比较(即比较不同的噪声源),以便在系统层面平衡或协调,解决最为重要的问题;④在时域上进行瞬态噪声合成。当从每个噪声源的噪声(燃烧、活塞敲击、配气机构等)进行合成来分析整机噪声时,其结果取决于哪个噪声占主导地位。例如,燃烧噪声在自然吸气柴油机中占

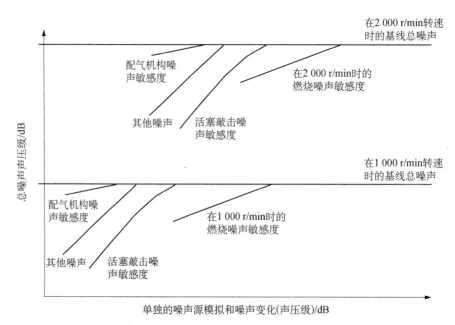

图 11.4 柴油机 NVH 系统合成分析的概念

主导地位,有时燃烧噪声只比整机噪声低 1～2 dB。然而,在涡轮增压柴油机中,在某些条件下,燃烧噪声水平会远低于整机噪声水平,因而对整体发动机噪声的影响不大。在合成分析中,不仅整机噪声水平与每个部件的噪声水平(即贡献)之间的差异很重要,而且每个噪声源的敏感度曲线的斜率(大于或小于 1)和形状(线性或非线性)对于系统设计也很重要,并且能够为噪声控制提供丰富的信息。

Stout(1997,1999,2001)、Stout 等人(2007)和 Morel 等人(2003)提供了涉及曲轴系、配气机构和发动机机体的系统层面的动力系 NVH 分析的参考文献。

11.12.3 第三级系统噪声、振动和不平顺性模型

第三级系统 NVH 模型采用有限元分析和边界元法预测结构衰减、传递函数和噪声辐射。它不具备实时计算能力。它往往在系统合成阶段将关键的部件模型装配在一起进行总体验算检查,或者被用于详细的部件设计层面。发动机系统设计的首要重点是在设计的早期阶段产生系统指标。因此,复杂的第三级模型不是系统设计的工作重点。

关于动力系动力学和结构噪声辐射的第三级模型的参考文献,读者可以参考 Moulin(2003)、Payer 和 Platnick(1998)、Priebsch 和 Krasser(1998)、Schneider 等人(2002)、Hayes 和 Quantz(1982)、Loibnegger 等人(1997)、Sung 等人(1997)、Seybert 等人(1997)、Richardson 和 Riding(1997)的论文。

11.13 参考文献和书目

11.13.1 英文参考文献和书目

11.13.1.1 一般的噪声、振动和不平顺性

Afaneh A H, Abdelhamid M K, Qatu M S. 2007. Engineering challenges with vehicle noise and vibration in product development [C]. SAE paper 2007-01-2434.

Allam S, Åbom M. 2005. Acoustic modelling and testing of diesel particulate filters [J]. *Journal of Sound and Vibration*, 288 (1-2):255-273.

Allam S, Åbom M. 2006. Sound propagation in an array of narrow porous channels with application to diesel particulate filters [J]. *Journal of Sound and Vibration*, 291 (3-5):882-901.

Alt N W, Nehl J, Heuer S, Schlitzer M W. 2003. Prediction of combustion process induced vehicle interior noise [C]. SAE paper 2003-01-1435.

Anderton D. 1979. Relation between combustion system and engine noise [C]. SAE paper 790270.

Anderton D. 1984. Design options for low noise in I. C. engines [M]//Haddad S D, Watson N (editors). *Design and Applications in Diesel Engineering*. Chichester, UK: Ellis Horwood Limited. Chapter 9, 284-316.

Anderton D, Grover E C, Lalor N, Priede T. 1970. Origins of reciprocating engine noise-its characteristics, prediction, and control [C]. ASME paper 70-WA/DGP-3.

Anderton D, Priede T. 1982. Applications of engine noise control research [M]//Hickling R, Kamal M M (editors). *Engine Noise-Excitation, Vibration, and Radiation*. New York, NY: Plenum Press.

Anderton D, Zheng J H. 1993. A new measurement method for separating airborne and structure borne sound from an I. C. engine's valve train mechanism [C]. SAE paper 931335.

Austen A E W, Priede T. 1959. Origins of diesel engine noise [C]. SAE paper 590127.

Badawi B A, Kholosy M, Omer A A, Shahin M A. 2007. Identification of diesel engine events from acoustic signals using independent component analysis and time-frequency analysis [C]. SAE paper 2007-01-2278.

Beardmore J M. 1982. Piston stick slip noise generation mechanism [C]. SAE paper 820753.

Beidl C, Rust A, Rasser M. 2001. Key steps and methods in the development of low noise engines [J]. *Sound and Vibration*, 35 (4):48-54.

Brandl F K, Affenzeller J, Thien G E. 1987. Some strategies to meet future noise regulations for truck engines [C]. SAE paper 870950.

Boesch N J W. 1987. The development of low-noise DI diesel engines [C]. SAE paper 870951.

Castillo M S. 2001. Noise control for heavy duty trucks, a systems approach [C]. SAE paper 2001-01-1531.

Challen B J. 1975. The effect of combustion system on engine noise [C]. SAE paper 750798.

Challen B J. 1982. Techniques for engine noise control [M]//Hickling R, Kamal M M (editors). *Engine Noise-Excitation, Vibration, and Radiation*. New York, NY: Plenum Press.

Challen B J, Croker D M. 1982. A review of recent progress in diesel engine noise reduction [C]. SAE paper 820517.

Cherne K D. 1993. Motor vehicle noise regulations [C]. SAE paper 931281.

Corcione F E, Mattia M G, Paciucci R. 1989. Acoustic intensity measurements of noise emission from a light duty T. C. D. I. diesel engine [C]. SAE paper 891130.

Corcione F E, Siano D, Vaglieco B M, Corcione G E, Lavorgna M, Viscardi M, Ladevaia M, Lecce L. 2003. Analysis and control of noise emissions of a small single cylinder D. I. diesel engine [C]. SAE paper 2003-01-1459.

Croker M D, Amphlett S A, Barnard A I. 1995. Heavy duty diesel engine gear train modelling to reduce radiated noise [C]. SAE paper 951315.

Cuschieri J M, Richards E J. 1985. On the prediction of impact noise, part VIII: diesel engine noise [J]. *Journal of Sound and Vibration*, 102 (1):21-56.

Davies P O A L. 1996. Piston engine intake and exhaust system design [J]. *Journal of Sound and Vibration*, 190 (4): 677-712.

Dent W T, Chen C R. 1989. A new approach for the analysis of OHC engine cam shape [C]. SAE paper 891768.

Dhaenens M, Linden G, Nehl J, Thiele R. 2001. Analysis of transient noise behavior of a truck diesel engine [C]. SAE paper 2001-01-1566.

Evans D, Ward A. 2005. Minimising turbocharger whoosh noise for diesel powertrains [C]. SAE paper 2005-01-2485.

Evans D, Ward A. 2006. The reduction of turbocharger whoosh noise for diesel powertrains [C]//*8th International Conference on Turbochargers and Turbocharging*. Cambridge, UK: Woodhead Publishing. 29-42.

Farnell R, Riding D. 1999. Engine noise [M]//Challen B, Baranescu R (editors). *Diesel Engine Reference Book*. 2nd edition. Warrendale, PA: SAE International. Chapter 20, 487-507.

Feng L, Gao W, Niu W. 2008. An investigation on acoustic model and test of diesel particulate filter [C]. SAE paper 2008-01-1757.

Gaikwad A, Mahale P, Raju S. 2007. Noise assessment of diesel engines [C]. SAE paper 2007-26-038.

Ghafouri M M, Ricci G. 1993. A numerical method for the prediction of exhaust noise in internal combustion engine exhaust systems [C]. SAE paper 931348.

Govindswamy K, Wellmann T, Eisele G. 2009. Aspects of NVH integration in hybrid vehicles [C]. SAE paper 2009-01-2085.

Govindswamy K, Wolff K, Heuer S. 2007. Aspects of powertrain noise with special emphasis on impulsive noise [C]. SAE paper 2007-01-2411.

Grover E C, Lalor N. 1973. A review of low noise diesel engine design at I. S. V. R. [J]. *Journal of Sound and Vibration*, 28 (3):403-431.

Haddad S D. 1984. Mechanically-induced noise and vibration in diesel engines [M]//Haddad S D, Watson N (editors). *Design and Applications in Diesel Engineering*. Chichester, UK: Ellis Horwood Limited. Chapter 8, 253-283.

Haller H, Beisenbusch K, Spessert B, Cordes H, Querengasser J. 1993. Noise excitation by auxiliary units of internal combustion engines [C]. SAE paper 931293.

Hanaoka M, Fukumura S. 1973. A study of valve train noises and a method of cam design to reduce the noises [C]. SAE paper 730247.

Harris C M (editor). 1979. *Handbook of Noise Control* [M]. 2nd edition. New York, NY: McGraw-Hill.

Hayes P A, Quantz C A. 1982. Determining vibration, radiation efficiency, and noise characteristics of structural designs using analytical techniques [C]. SAE paper 820440.

Head H E, Wake J D. 1980. Noise of diesel engines under transient conditions [C]. SAE paper 800404.

Hickling R. 2005. A plea for linear units as an alternative to decibels and octaves [C]. SAE paper 2005-01-2549.

Hickling R, Kamal M M (editors). 1982. *Engine Noise-Excitation, Vibration, and Radiation* [M]. New York, NY: Plenum Press.

Inagaki M, Yoshikawa K, Wakabayashi M, Takama K. 1993. Structural vibration analysis in turbocharger-exhaust systems [C]. SAE paper 931318.

ISO Standard 3046-5. 2001. Reciprocating internal combustion engines-Performance-Part 5: Torsional vibrations [S].

ISO Standard 5130. 2007. Acoustics-Measurements of sound pressure level emitted by stationary road vehicles [S].

ISO Standard 13332. 2000. Reciprocating internal combustion engines-Test code for the measurement of structure-borne noise emitted from high-speed and medium-speed reciprocating internal combustion engines measured at the engine feet [S].

Isshiki Y, Shimamoto Y, Wakisaka T. 1996. Simultaneous prediction of pressure losses and acoustic characteristics in silencers by numerical simulation [C]. SAE paper 960637.

Jenkins S H. 1975. Analysis and treatment of diesel-engine noise [J]. *Journal of Sound and Vibration*, 43 (2):293-304.

Jenkins S H, Kuehner H K. 1973. Diesel engine noise reduction hardware for vehicle noise control [C]. SAE paper 730681.

Jenkins S H, Lalor N, Grover E C. 1973. Design aspects of low-noise diesel egnines [C]. SAE paper 730246.

Jones A D. 1984. Modeling the exhaust noise radiated from reciprocating internal combustion engines-a literature review [J]. *Noise Control Engineering Journal*, 23 (1):12–31.

Juang T B, Harvey K E, Burzlaff M W, Rockett P J. 2006. Analytical and experimental development to improve powertrain system induced vehicle NVH issues [C]. SAE paper 2006-01-1533.

Kalser H J, Deges R, Schwarz D, Meyer J. 1991. Investigations on valve train noise in multi-valve engines [C]. SAE paper 911062.

Katari A, Syed M, Sickels M, Wahl T, Rajadurai S. 2004. Effect of aspect ratio on pressure drop and acoustics in diesel particulate filters [C]. SAE paper 2004-01-0695.

Knutsson M, Åbom M. 2007. Acoustic analysis of charge air coolers [C]. SAE paper 2007-01-2208.

Kunz F. 1999. Semi-empirical model for flow noise prediction on intake and exhaust systems [C]. SAE paper 1999-01-1654.

Kwak W-H, Kim H-S, Jung I-S, Yoo D-K, Kang K-T. 2007. NVH optimization of HMC 3.0L V6 diesel engine [C]. SAE paper 2007-01-2371.

Lahey H-P, Steffens C, Schultz C. 2001. Simulation method for geartrain NVH assessment and optimization [C]. SAE paper 2001-01-1593.

Laux P C, Blauwkamp K J, Cho P E, Unglenieks R J. 2005. Robust process for the design and development of automotive noise control systems (a.k.a. acoustic integration) [C]. SAE paper 2005-01-2395.

Lee S-D, Shannon B A, Mikulec A. 2000. Cranktrain system geometry optimization and dynamic assembly of parametric solid models [J]. *International Journal of Vehicle Design*, 23 (1):16–29.

Loibnegger B, Rainer G P, Bernard L, Micelli D, Turino G. 1997. An integrated numerical tool for engine noise and vibration simulation [C]. SAE paper 971992.

Lu M H, Jen M U. 2007. Gain and loss of NVH characteristics from naturally aspirated to turbocharged engine [C]. SAE paper 2007-01-2282.

Maetani Y, Niikura T, Suzuki S, Arai S, Okamura H. 1993. Analysis and reduction of engine front noise induced by the vibration of the crankshaft system [C]. SAE paper 931336.

March J, Strong G, Gregory S, Rediers B. 2005a. Achieving diesel vehicle appeal, part 1: vehicle NVH perspective [C]. SAE paper 2005-01-2484.

March J, Ward A, Bennett C, Towalski C. 2005b. Achieving diesel vehicle appeal, part 2: powertrain NVH perspective [C]. SAE paper 2005-01-2489.

Meisner S, Campbell B. 1995. Development of gear rattle analytical simulation methodology [C]. SAE paper 951317.

Mellin R C. 1980. Noise and performance of automotive cooling fans [C]. SAE paper 800031.

Miura Y, Kojima N. 2003. Noise generating mechanism at idling for a four-cylinder in-line diesel engine [C]. SAE paper 2003-01-1720.

Morel T, Keribar R, Leonard A. 2003. Virtual engine/powertrain/vehicle simulation tool solves complex interacting system issues [C]. SAE paper 2003-01-0372.

Morel T, Silvestri J, Goerg K-A, Jebasinski R. 1999. Modeling of engine exhaust acoustics [C]. SAE paper 1999-01-1665.

Mori T, Takaoka A, Maunder M. 2005. Achieving a vehicle level sound quality target by a cascade to system level noise and vibration targets [C]. SAE paper 2005-01-2394.

Moshrefi N, Mazzella G, Yeager D, Homco S. 2007. Gasoline engine piston pin tick noise [C]. SAE paper 2007-01-2290.

Moulin L. 2003. Simulation study of the internal mechanical excitations to reduce the noise emitted by a heavy duty engine [C]. SAE paper 2003-01-1727.

Munjal M L. 1981. Evaluation and control of the exhaust noise of reciprocating IC engines [J]. *Shock and Vibration Digest*, 13 (1):5–14.

Nathak S S, Rao M D, Derk J R. 2007. Development and validation of an acoustic encapsulation to reduce diesel engine noise [C]. SAE paper 2007-01-2375.

Ochiai K, Yokota K. 1982. Light-weight, quiet automotive D.I. diesel engine oriented design method [C]. SAE paper 820434.

Offner G, Priebsch H H, Ma M T, Karlsson U, Wikstrom A, Loibnegger B. 2004. Quality and validation of cranktrain vibration predictions-effect of hydrodynamic journal bearing models [M]//*Multi-Body Dynamics: Monitoring and Simulation Techniques*-◇Ⅲ◇◇. 255–271.

Onorati A. 1995. Numerical simulation of exhaust flows and tailpipe noise of a small single cylinder diesel engine [C]. SAE paper 951755.

Onorati A. 1999. Numerical simulation of unsteady flows in internal combustion engine silencers and the prediction of tailpipe noise [M]//Winterbone D E, Pearson R J. *Design Techniques for Engine Manifolds*. Warrendale, PA: SAE International. Chapter 6, 267–340.

Padmanabhan C, Rook T E, Singh R. 1995. Modeling of automotive gear rattle phenomenon: state of the art [C]. SAE paper 951316.

Pang J, Kurrle P, Qatu M, Rebandt R, Malkowski R. 2003. Attribute analysis and criteria for automotive exhaust systems [C]. SAE paper 2003-01-0221.

Pang J, Rebandt R, Knapp G, Qatu M, Demmith D, Sheng G. 2005. Flow excited noise analysis of exhaust [C]. SAE paper 2005-01-2352.

Payer E, Platnick J L. 1998. The use of CAE for the optimization of engine NVH behaviour: state-of-the-art and future trends [C]. SAE paper 980274.

Pollack M, Govindswamy K, Hartwig M. 2005. Cold start engine clatter noise evaluations [C]. SAE paper 2005-01-2455.

Priebsch H H, Krasser J. 1998. Simulation of vibration and structure borne noise of engines-a combined technique of FEM and multi body dynamics [C]. *The 16th CAD-FEM Users' Meeting*. Bad Neuenahr, Germany. October 7-9.

Priede T. 1980. In search of origins of engine noise-an historical review [C]. SAE paper 800534.

Priede T. 1982. Road vehicle noise [M]//White R G (editor). *Noise and Vibration*. Chichester, UK: Ellis Horwoood Limited. 389-437.

Priede T, Grover E C, Lalor N. 1969. Relation between noise and basic structural vibration of diesel engines [C]. SAE paper 690450.

Rämmal H, Åbom M. 2007. Acoustics of turbochargers [C]. SAE paper 2007-01-2205.

Reinhart T E. 1991. U. S. vehicle noise regulations and the effects on vehicle condition [C]. SAE paper 912709.

Reinhart T E, Sampath A, Bagga K S, Leistensnider G W. 2003. NVH variations in diesel engine populations [C]. SAE paper 2003-01-1723.

Reinhart T E, Wahl T J. 1997. Reducing compression brake noise [C]. SAE paper 971870.

Richardson S H, Riding D H. 1997. Predictive design support in the achievement of refined power for the Jaguar XK8 [C]. SAE paper 972041.

Riding D, Weeks R. 1991. The application of noise simulation techniques to conceptual automotive powertrain design [C]. SAE paper 911077.

Ruffinen M A Z, Hamilton D A, Hayes P A, Reinhart T E. 1995. J366 driveby variability [C]. SAE paper 951357.

Russell M F. 1972. Reduction of noise emissions from diesel engine surfaces [C]. SAE paper 720135.

Russell M F. 1982. Diesel engine noise: control at source [C]. SAE paper 820238.

Rust A, Schiffbaenker H, Brandl F K. 1989. Complete NVH optimisation of a passenger vehicle with a D. I. diesel engine to meet subjective market demands and future legislative requirements [C]. SAE paper 890125.

Rust A, Thien G E. 1987. Effect of transient conditions on combustion noise of NA-DI diesel engines [C]. SAE paper 870989.

SAE Surface Vehicle Information Report J1242. 1991. (R) Acoustic emission test methods [R].

SAE Surface Vehicle Recommended Practice J57. 2000. Sound level of highway truck tires [S].

SAE Surface Vehicle Recommended Practice J336. 2001. Sound level for truck cab interior [S].

SAE Surface Vehicle Recommended Practice J986. 1998. Sound level for passenger cars and light trucks [S].

SAE Surface Vehicle Recommended Practice J1074. 2000. Engine sound level measurement procedure [S].

SAE Surface Vehicle Recommended Practice J1096. 2000. Measurement of exterior sound levels for heavy trucks under stationary conditions [S].

SAE Surface Vehicle Recommended Practice J1207. 2000. Measurement procedure for determination of silencer effectiveness in reducing engine intake or exhaust sound level [S].

SAE Surface Vehicle Recommended Practice J1477. 2000. Measurement of interior sound levels of light vehicles [S].

SAE Surface Vehicle Recommended Practice J1492. 2008. (R) Measurement of light vehicle stationary exhaust system sound level engine speed sweep method [S].

SAE Surface Vehicle Standard J88. 2006. (R) Sound measurement-off-road work machines-exterior [S].

SAE Surface Vehicle Standard J366. 2001. Exterior sound level for heavy trucks and buses [S].

SAE Surface Vehicle Standard J1169. 2007. Measurement of light vehicle exhaust sound level under stationary conditions [S].

SAE Surface Vehicle Standard J1470. 1998. (R) Measurement of noise emitted by accelerating highway vehicles [S].

SAE Surface Vehicle Standard J2555. 2000. Vehicle idle gear rattle evaluation procedure [S].

SAE Surface Vehicle Standard J2805. 2008. Measurement of noise emitted by accelerating road vehicles [S].

Sasaki M, Nakashima K. 2007. Human auditory models and sound quality evaluation method for diesel noise [C]. SAE paper 2007-01-2219.

Savage J, Matterazzo J. 1993. Application of design of experiments to determine the leading contributors to engine valvetrain noise [C]. SAE paper 930884.

Schiffbanker H, Brandl F K, Thien G E. 1991. Development and application of an evaluation technique to assess the subjective character of engine noise [C]. SAE paper 911081.

Schneider M, Lahey H-P, Steffens C, Sonntag H-D. 2002. CAE process to eliminate powertrain noise and vibration [C]. SAE paper 2002-01-0459.

Schulte H S-H. 1999. Passenger car engines [M]//Challen B, Baranescu R (editors). *Diesel Engine Reference Book*. 2nd edition. Warrendale, PA: SAE International. Chapter 22, 524-551.

Seybert A F, Hamilton D A, Hayes P A. 1997. Prediction of radiated noise from engine components using the BEM and the Rayleigh integral [C]. SAE paper 971954.

Shangguan W-B. 2009. Engine mounts and powertrain mounting systems: a review [J]. *International Journal of Vehicle Design*, 49 (4):237-258.

Siano D, Corcione F E, Bozza F, Gimelli A, Manelli S. 2005. Characterization of the noise emitted by a single cylinder diesel engine: experimental activities and 1D simulation [C]. SAE paper 2005-01-2483.

Siano D, Valentino G, Corcione F , Bozza F, Arnone L, Manelli S. 2007. Experimental and numerical analyses of performances and noise emission of a common rail light duty D. I. diesel engine [C]. SAE paper 2007-24-0017.

Silvestri J, Morel T, Costello M. 1994. Study of intake system wave dynamics and acoustics by simulation and experiment [C]. SAE paper 940206.

Skaistis S J. 1975. Hydraulic fluidborne noise mechanics [C]. SAE paper 751179.

Spessert B, Ponsa R. 1990. Investigation in the noise from main running gear, timing gears and injection pump of DI diesel engines [C]. SAE paper 900012.

Steyer G, Voight M, Sun Z. 2005. Balancing competing design imperatives to achieve overall driveline NVH performance objectives [C]. SAE paper 2005-01-2308.

Stout J L. 1997. Valvetrain unbalance and its effects on powertrain NVH [C]. SAE paper 971993.

Stout J L. 1999. Concept level powertrain radiated noise analysis [C]. SAE paper 1999-01-1746.

Stout J L. 2001. Engine excitation decomposition methods and V engine results [C]. SAE paper 2001-01-1595.

Stout J L, Chien M-H, Rahimo G, Hoffman D, Williams R, Festag G, Holmes E, Mallela R, Mancini M. 2007. NVH design and development of the Duratec35 engine from Ford Motor Company [C]. SAE paper 2007-01-2414.

Stout J L, Rahimo G, Chien M-H. 2005. Engine radiated noise prediction modeling using noise source decomposition and regression analysis [C]. SAE paper 2005-01-2383.

Stucklschwaiger W, Hargreaves N M, Beidl C V. 1999. NVH considerations to make modern diesel engines an attractive alternative for SUV powertrains [C]. SAE paper 1999-01-1772.

Suh I-S, Lyon R H. 1999. An investigation of valve train noise for the sound quality of I. C. engines [C]. SAE paper 1999-01-1711.

Sung S H, Nefske D J, Chen F H K, Fannin M P. 1997. Development of an engine system model for predicting structural vibration and radiated noise of the running engine [C]. SAE paper 972039.

Tao Z, Seybert A F. 2003. A review of current techniques for measuring muffler transmission loss [C]. SAE paper 2003-01-1653.

Thomson W. 1978. *Fundamentals of Automotive Engine Balance* [M]. London, UK: Mechanical Engineering Publications.

Tousignant T, Wellmann T, Govindswamy K, Heuer S, Workings M. 2009. Application of combustion sound level (CSL) analysis for powertrain NVH development and benchmarking [C]. SAE paper 2009-01-2168.

Trochon E P. 2001. A new type of silencers for turbocharger noise control [C]. SAE paper 2001-01-1436.

Wahl T J, Reinhart T E. 1997. Developing a test procedure for compression brake noise [C]. SAE paper 972038.

Walker S. 1999. Larger engine noise and vibration control [M]//Challen B, Baranescu R (editors). *Diesel Engine Reference Book*. 2nd edition. Warrendale, PA: SAE International. Chapter 21, 511-519.

Wang M Y, Manoj R, Zhao W. 2001. Gear rattle modeling and analysis for automotive manual transmissions [J]. *Proc. IMechE, Part D: Journal of Automobile Engineering*, 215:241-258.

Wellmann T, Govindswamy K, Braun E, Wolff K. 2007. Aspects of driveline integration for optimized vehicle NVH characteristics [C]. SAE paper 2007-01-2246.

Werkmann M, Tunsch M, Kuenzel R. 2005. Piston pin related noise-quantification procedure and influence of pin bore geometry [C]. SAE paper 2005-01-3967.

Werner L. 1987. Control of piston stick slip noise in a 4-cylinder gasoline engine [C]. SAE paper 870991.

Wodtke H-W, Bathelt H. 2004. Noise emissions [M]//Basshuysen R, Schafer F (editors). *Internal Combustion Engine Handbook*. Warrendale, PA: SAE International. 753-768.

Wolf A, Gaertner U, Droege T. 2003. Noise reduction and sound design for diesel engines-an achievable development target for US passenger cars? [C]. SAE paper 2003-01-1719.

Yadav P S, Muthukumar A, Kiran V V P, Tandon V, Raju S. 2007. Optimized design of silencer-an integrated approach [C]. SAE paper 2007-26-037.

Yawata Y, Crocker M J. 1983. Identification of internal noise sources in diesel engines [C]. SAE paper 831330.

Zhao H, Reinhart T E. 1999. The influence of diesel engine architecture on noise levels [C]. SAE paper 1999-01-1747.

11. 13. 1. 2 燃烧噪声

Alt N, Sonntag H-D, Heuer S, Thiele R. 2005. Diesel engine cold start noise improvement [C]. SAE paper 2005-01-2490.

Alt N W, Wiehagen N, Steffens C, Heuer S. 2001. Comprehensive combustion noise optimization [C]. SAE paper 2001-01-1510.

Anderton D. 1979. Relation between combustion system and engine noise [C]. SAE paper 790270.

Badami M, Mallamo F, Millo F, Rossi E E. 2002. Influence of multiple injection strategies on emissions, combustion noise and BSFC of a DI common rail diesel engine [C]. SAE paper 2002-01-0503.

Badaoui M E, Daniere J, Guillet F, Serviere C. 2005. Separation of combustion noise and piston-slap in diesel engine-part I : separation of combustion noise and piston-slap in diesel engine by cyclic Wiener filtering [J]. *Mechanical Systems and Signal Processing*, 19:1209-1217.

Blunsdon C A, Dent J C, Das S. 1995. Modelling the origins of combustion noise in the indirect injection diesel engine [C]. SAE paper 952432.

Brandl F, Veit J, Arndt R, Priebsch H-H. 2007. The application of a new software tool for separating engine combustion and mechanical noise excitation [C]. SAE paper 2007-01-2376.

Carlucci P, Ficarella A, Chiara F, Giuffrida A, Lanzafame R. 2004. Preliminary studies on the effects of injection rate modulation on the combustion noise of a common rail diesel engine [C]. SAE paper 2004-01-1848.

Challen B J. 1975. The effect of combustion system on engine noise [C]. SAE paper 750798.

Costa M, Siano D, Allocca L, Montanaro A, Bozza F. 2009a. Light duty diesel engine: optimization of performances, noxious emission and radiated noise [C]. SAE paper 2009-32-0105.

Costa M, Siano D, Valentino G, Corcione F E, Bozza F. 2009b. Prediction and optimization of the performances, noxious emissions and radiated noise of a light duty common-rail diesel engine [C]. SAE paper 2009-24-0011.

Gazon M, Blaisot J-B. 2006. Cycle-to-cycle fluctuations of combustion noise in a diesel engine at low speed [C]. SAE paper 2006-01-3410.

Hawksley G J, Anderton D. 1978. Studies into combustion and noise in turbocharged engines [C]. IMechE paper C72/78.

Kohketsu S, Mori K, Kato T, Sakai K. 1994. Technology for low emission, combustion noise and fuel consumption on diesel engine [C]. SAE paper 940672.

Lee M, Bolton J S, Suh S. 2009b. Estimation of the combustion-related noise transfer matrix of a multi-cylinder diesel engine [J]. *Measurement Science and Technology*, 20 (1):015106 (13 pp).

Luckhchoura V, Won H W, Sharma A, Paczko G, Peters N. 2008. Investigation of combustion noise development with variation in start of injection using 3-dimensional simulations by applying representative interactive flamelet (RIF) model [C]. SAE paper 2008-01-0950.

Machado G B, De Melo T C C. 2005. Diesel cetane number versus noise emission [C]. SAE paper 2005-01-2150.

Mallamo F, Badami M, Millo F. 2002. Analysis of multiple injection strategies for the reduction of emissions, noise and BSFC of a DI CR small displacement non-road diesel engine [C]. SAE paper 2002-01-2672.

Mendez S, Thirouard B. 2008. Using multiple injection strategies in diesel combustion: potential to improve emissions, noise and fuel economy trade-off in low CR engines [C]. SAE paper 2008-01-1329.

Reinhart T E. 1987. An evaluation of the Lucas combustion noise meter on Cummins B series engines [C]. SAE paper 870952.

Roy M M, Tsunemoto H. 2002. Effect of injection pressure and split injection on exhaust odor and engine noise in DI diesel engines [C]. SAE paper 2002-01-2874.

Russell M F. 1984. Combustion noise in automotive diesel engines [M]//Haddad S D, Watson N (editors). *Design and Applications in Diesel Engineering*. Chichester, UK: Ellis Horwood Limited. Chapter 7, 203-252.

Russell M F, Young C D. 1985. Measurement of diesel combustion noise [C]. *Proc. IMechE Conference Autotech '85*. Birmingham. October.

Russell M F, Young C D, Nicol S W. 1990. Modulation of injection rate to improve direct injection diesel engine noise [C]. SAE paper 900349.

Scarpati J, Wikström A, Jönsson O, Glav R, Händel P, Hjalmarsson H. 2007. Prediction of engine noise using parameterized combustion pressure curves [C]. SAE paper 2007-01-2373.

Shu G-Q, Wei H-Q, Han R. 2005a. The transfer function of combustion noise in DI-diesel engine [C]. SAE paper 2005-01-2486.

Shu G-Q, Wei H-Q, Liang X-Y. 2005b. Experimental study on combustion noise in transient conditions of DI-diesel engine [C]. SAE paper 2005-01-2487.

Shu G-Q, Wei H-Q, Wang Y-J, Yang Z-Y, Wei J-S. 2006. Secondary influence factors of combustion noise mechanism under transient conditions of DI-diesel engine [C]. SAE paper 2006-01-1530.

Siano D, Bozza F. 2009. Combustion noise prediction in a small diesel engine finalized to the optimization of the fuel injection strategy [C]. SAE paper 2009-01-2077.

Tabuchi T, Fujitani N, Makino N. 1995. Recent technology to improve engine combustion noise and exhaust emission by optimizing fuel injection system [C]. SAE paper 951791.

Torregrosa A J, Broatch A, Martin J, Monelletta L. 2007. Combustion noise level assessment in direct injection diesel engines by means of in-cylinder pressure components [J]. *Measurement Science and Technology*, 18:2131-2142.

Tung V T C, Crocker M J. 1982. Diesel engine noise and relationship to cylinder pressure [C]. SAE paper 820237.

Wang S, Chalu C, Gautier F. 2007. Optimization of combustion noise of modern diesel engines for passenger cars [C]. SAE paper 2007-01-2379.

Wolschendorf J, Dürnholz M, Schmillen K. 1991. The IDI diesel engine and its combustion noise variations [C]. SAE paper 910228.

11.13.1.3 活塞敲击噪声

Chien M H. 1995. Engine impact measurement and quantification [C]. SAE paper 951236.

DeJong R G, Parsons N E. 1982. Piston slap noise reduction in a Vee-block diesel engine [C]. SAE paper 820240.

De Luca J C, Gerges S N Y. 1996. Piston slap excitation: literature review [C]. SAE paper 962395.

Fabi P, Flekiewicz M, Madej H, Wojnar G, Flekiewicz B. 2007. Influence of piston slap on engine block vibration [C]. SAE paper 2007-01-2163.

Furuhama S, Hirukawa K. 1983. Piston slap motion and engine noise under low temperature idling operation od diesel engines [C]. SAE paper 830066.

Gerges S N Y, De Luca J C, Lalor N. 2005. Effect of cylinder lubrication on piston slap [C]. SAE paper 2005-01-2165.

Haddad S D. 1995. Theoretical treatment of piston motion in I. C. piston engine for the prediction of piston slap excitation [J]. *Mechanism and Machine Theory*, 30 (2):253-269.

Haddad S D, Howard D A. 1980. Analysis of piston slap-induced noise and assessment of some methods of control in diesel engines [C]. SAE paper 800517.

Haddad S D, Tjan K-T. 1995. An analytical study of offset piston and crankshaft designs and the effect of oil film on piston slap excitation in a diesel engine [J]. *Mechanism and Machine Theory*, 30 (2):271-284.

Kageyama H, Hara S, Kawabata Y. 1994. Study of the simulation of piston skirt contact [C]. JSAE paper 9430095.

Kaiser H J, Schmillen K, Spessert B. 1988. Acoustical optimization of the piston slap by combination of computing and experiments [C]. SAE paper 880100.

Kamiya M, Kobayashi T, Mihara Y, Someya T. 2007. Measurement of piston skirt oil-film pressure under piston slap [C]. SAE paper 2007-01-2215.

Kamp H, Spermann J. 1995. New methods of evaluating and improving piston related noise in internal combustion engines [C]. SAE paper 951238.

Kobayashi T, Takahashi Y, Bell D J. 2007. How to predict the piston slap-noise using 3D piston motion simulation [C]. SAE paper 2007-01-1245.

Künzel R, Tunsch M, Werkmann M. 2000. Piston related noise with spark ignition engines-characterization, quantification and mechanisms of excitation [C]. SAE paper 2000-01-3311.

Künzel R, Werkmann M, Tunsch M. 2001. Piston related noise with diesel engines parameters of influence and optimization [C]. SAE paper 2001-01-3335.

Lalor N, Grover E C, Priede T. 1980. Engine noise due to mechanical impacts at pistons and bearings [C]. SAE paper 800402.

Munro R, Parker A. 1975. Transverse movement analysis and its influence on diesel piston design [C]. SAE paper 750800.

Nakada T, Yamomoto A, Abe T. 1997. A numerical approach for piston secondary motion analysis and its application to the piston related noise [C]. SAE paper 972043.

Oetting H, Pundt D, Ebbinghaus W. 1984. Friction in the piston group and new ideas for piston design [C]. SAE paper 841299.

Ohta K, Irie Y, Yamamoto K, Ishikawa H. 1987. Piston slap induced noise and vibration of internal combustion engines (1st report, theoretical analysis and simulation) [C]. SAE paper 870990.

Paranjpe R S. 1998. Development of a math-based piston noise model [C]. SAE paper 980564.

Patel P, Mourelatos Z P, Shah P. 2007. A comprehensive method for piston secondary dynamics and piston-bore contact [C]. SAE paper 2007-01-1249.

Richmond J W, Parker D A. 1987. The quantification and reduction of piston slap noise [J]. *Proc. IMechE, Part D: Transport Engineering*, 201 (4):235-244.

Rohrle M D. 1975. Affecting diesel engine noise by the piston [C]. SAE paper 750799.

Ross D, Ungar E E. 1965. On piston slap as a source of engine noise [C]. ASME paper 65-OGP-10.

Ryan J P, Wong V W, Lyon R H, Hoult D P, Sekiya Y, Kobayashi Y, Aoyama S. 1994. Engine experiments on the effects of design and operational parameters on piston secondary motion and piston slap [C]. SAE paper 940695.

Sander W, Steidle W, Wacker E. 1979. Piston movement and its influence on noise of automotive engines [C]. SAE paper 790272.

Slack J W, Lyon R H. 1982. Piston slap [M]//Hickling R, Kamal M M (editors). *Engine Noise-Excitation, Vibration, and Radiation*. New York, NY: Plenum Press.

Teraguchi S, Suzuki W, Takiguchi M, Sato D. 2001. Effects of lubricating oil supply on reductions of piston slap vibration and piston friction [C]. SAE paper 2001-01-0566.

Usami T, Wada S, Sonoda S. 1975. Piston slap noise of indirect combustion diesel engine [C]. SAE paper 750801.

Vora K C, Ghosh B. 1991. Vibration due to piston slap and combustion in gasoline and diesel engines [C]. SAE paper 911060.

Whitacre J P. 1990. Automotive gasoline engine piston noise, sources and solutions [C]. SAE paper 901491.

Wilson R, Fawcett J N. 1974. Dynamics of the slider-crank mechanism with clearance in the sliding bearing [J]. *Mechanism and Machine Theory*, 9:61-80.

Wong V W, Tian T, Lang H, Ryan J P, Sekiya Y, Kobayashi Y, Aoyama S. 1994. A numerical model of piston secondary motion and piston slap in partially flooded elastohydrodynamic skirt lubrication [C]. SAE paper 940696.

Xin Q. 1999. *Analytical and Numerical Study of Lubrication Dynamics for Internal Combustion Engine Piston Assemblies and Journal Bearings* [D]. D. Sc. (Doctor of Science) degree dissertation. St. Louis, Missouri, USA: Washington University.

Yonezawa T, Kanda H. 1985. Analysis of cavitation erosion on cylinder liner and cylinder block [C]. SAE paper 850401.

11.13.2　中文参考文献和书目

11.13.2.1　噪声、振动和不平顺性概述

冯苗锋,吕玉恒.吸声材料的市场需求及发展趋势探讨[J].噪声与振动控制,2007(5):9-12.

韩国华,袁卫平,周岳康,王晖.声源辐射表面声功率的理论研究[J].内燃机工程,2006,27(4):70-72,76.

刘恩泽,严济宽,陈瑞石.噪声主动控制系统研究概况及发展趋势[J].噪声与振动控制,1999(3):2-6.

马大猷.噪声控制新进展[J].噪声与振动控制,1994(1):2-7,23.

石岩,毕凤荣,林漫群,景亚兵.心理声学基本理论及其在声音品质主观评价中的应用[J].小型内燃机与摩托车,2006,35(1):57-60.

王孚懋,王建春.噪声测量中1/3倍频程与倍频程频谱的关系与计算[J].噪声与振动控制,1996(3):39-41.

严济宽.关于振动控制的一些基本概念[J].噪声与振动控制,1990(1):8-14.

赵玫,周海亭,陈光冶,朱蓓丽.机械振动与噪声学[M].北京:科学出版社,2004.

赵扬,虞和济.评述主动噪声控制技术[J].噪声与振动控制,1997(4):6-9.

朱从云,赵则祥,李春广,黄其柏.噪声控制研究进展与展望[J].噪声与振动控制,2007(3):1-8,19.

11.13.2.2　车辆和动力系的噪声、振动和不平顺性

[英]Matthew Harrison.如何将汽车制造成精品——汽车噪声与振动控制[M].李惠彬,上官云飞译.北京:机械工业出版社,2009.

曹金山(2006a).重型汽车车外加速噪声控制[J].重型汽车,2006(5):13-16.

曹金山(2006b).虚拟产品开发技术在车辆传动系声学上的应用[J].重型汽车,2006(6):9-11.

陈剑,杨雯,李伟毅.汽车声品质主观评价试验方法探究[J].汽车工程,2009,31(4):389-392,339.

陈剑,张海娟,张红军.用于发动机机舱内吸声材料与结构的测试及工程应用[J].噪声与振动控制,2006(4):84-86.

陈鑫,王登峰,陈书明,朱磊,马正东.由动力总成引起的车内噪声统计能量分析与控制[J].汽车技术,2008(8):17-23.

邓兆祥,李克强,何渝生,徐滇,郑郧,杨正江.汽车噪声声强测量分析系统的开发及应用[J].汽车工程,1994,16(5):283-288.

高书移,张庆才,孟庆雨.客车降噪分析与设计[J].客车技术与研究,2004,26(2):11-14.

何健,沈国华,王铁刚.汽车NVH特性概述[J].客车技术与研究,2007(5):15-17.

贾智骏,蒋伟康,王秀峰.客车主要噪声源识别的试验研究[J].汽车工程,2004,26(4):485-487.

李洪亮,丁渭平,王务林.汽车噪声控制技术的最新进展与发展趋势[J].汽车技术,2007(4):1-4.

李进,欧阳明高.电控柴油机动力系统窜振控制策略研究[J].汽车工程,2006,28(3):238-241.

李林凌,郑四发,郝鹏,连小珉,李克强.重型汽车噪声源识别及其控制研究[J].汽车工程,2007,29(5):381-384.

林逸,马天飞,姚为民,张建伟.汽车NVH特性研究综述[J].汽车工程,2002,24(3):177-181,186.

刘军,何铁平,秦洪武,李衍德,郭晨海.汽车加速过程噪声分析与控制[J].农业机械学报,2006,37(12):24-28.

刘涛,顾彦.统计能量分析在汽车车内噪声分析中的应用[J].噪声与振动控制,2006(2):66-69.

刘晓杰,徐放.控制柴油机客车噪声的几种方法[J].客车技术,2003(2):31-33.

刘宗巍,王登峰,梁杰.车内噪声质量的主观评价及其改善措施的研究与发展[J].汽车技术,2006(7):1-4.

马怀琳.汽车变速器的降噪设计[J].汽车技术,1990(7):22-28,62.

秦志东.客车车内外噪声研究[J].客车技术与研究,2007(6):15-18.

任诗发.大客车噪声源分析及降噪措施[J].重型汽车,2002(1):16-17.

舒歌群,刘宁.车辆及发动机噪声声音品质的研究与发展[J].汽车工程,2002,24(5):403-407.

舒歌群,王养军,卫海桥,王刚志.汽车车内噪声声音品质的测试与评价[J].内燃机学报,2007,25(1):77-83.

孙林.国内外汽车噪声法规和标准的发展[J].汽车工程,2000,22(3):154-158,209.

田万仓,沙伟平,胡子正,董学峰,高广兴.重型汽车噪声诊断及降噪方法的研究[J].汽车工程,1995,17(5):307-315.

王昕,蒋炳生.车外噪声的原因分析及控制对策[J].重型汽车,2007(5):22-24.

魏昌宏.中欧加等国对汽车噪声的限值要求及试验方法比较[J].客车技术与研究,2010(6):46-48.

吴修义.降低机械变速器噪声的设计[J].重型汽车,2001(2):12-14.

吴修义(2004a).影响汽车变速器噪声产生和传播的设计因素[J].重型汽车,2004(3):16-17.

吴修义(2004b).汽车机械变速器降低噪声的设计方法[J].重型汽车,2004(4):12-13.

于学华,张家栋.汽车车内噪声产生机理及控制技术[J].噪声与振动控制,2008(5):122-125.

张辉,邱彬.加速行驶车外噪声试验研究及我国载客汽车噪声水平分析[J].汽车工程,2007,29(6):515-519.

赵春,周登峰.汽车车内主要噪声源控制方法[J].噪声与振动控制,2007(4):69-72,126.

赵化民,刘仕民,姜文军,李元宝.载货汽车车内噪声的控制[J].汽车技术,1995(10):35-38.

郑联珠,刘明树,张友坤,葛剑敏.汽车传动系自激扭振机理研究[J].汽车工程,2001,23(6):407-410.

郑四发,郝鹏,李西朝,李克强,连小珉.车外加速噪声的传递特性模型及声源识别[J].汽车工程,2010,32(5):439-442.

周昌林,何若天.汽车加速行驶车外噪声的研究[J].噪声与振动控制,1989(1):13-17.

左言言,曾发林,郭建新,王昊.轻型客车车内噪声的试验研究[J].汽车工程,2000,22(3):204-206,191.

11.13.2.3 柴油发动机的噪声、振动和不平顺性

曹志芬.内燃机噪声源的形成及其控制措施[J].内燃机,2008(6):43-46.

陈卫锋,候俊香.柴油机噪声试验研究[J].内燃机与动力装置,2010(2):33-36.

陈馨蕊,郝志勇,杨陈.基于层次分析法的柴油机噪声源识别[J].汽车工程,2010,32(1):41-44.

葛蕴珊,李慧明,黄三元.柴油机中薄板部件的辐射噪声控制[J].内燃机工程,2004,25(1):71-75.

韩军,郝志勇,刘月辉.柴油机表面噪声的声强测量与分析[J].汽车工程,2003,25(3):272-274.

郝志勇,韩军.小波变换技术在内燃机振声信号分析中的应用[J].内燃机工程,2003,24(6):7-9.

郝志勇,韩军.车用发动机主要噪声源的声强测试方法研究[J].内燃机工程,2004,25(2):15-17,22.

郝志勇,刘月辉,毕凤荣,韩军.乘用车柴油机噪声源识别方法的试验研究[J].内燃机学报,2004,22(2):150-154.

胡国强,陈晓东,孙柏林,罗浩锋,卫海桥,刘岳文,张祚.4缸柴油机怠速噪声及声品质优化研究[J].内燃机工程,2009,30(4):78-81,86.

胡昆鹏,张宗杰,黄民备,刘少彦.柴油机瞬态工况振动噪声的测量和分析[J].柴油机设计与制造,2002(2):32-35.

胡涛,邹园.一种发动机噪声源识别与控制方法的应用[J].车辆与动力技术,2008(2):39-42,64.

黄雄健.汽车发动机噪声的综合治理[J].内燃机,2001(5):39-42.

金岩,郝志勇.利用振动信号的小波变换识别内燃机噪声源的研究[J].内燃机工程,2006,27(2):61-63.

李玉军,杨建国.内燃机噪声控制技术研究现状和发展趋势[J].柴油机,2006,28(6):33-37.

梁佳,樊文欣,张芳萍.基于小波分析识别内燃机噪声源[J].噪声与振动控制,2008(6):32-34.

梁杰,卢鹏宇,孙强,卢炳武,姜文君,赵彤航.柴油机噪声烦躁度的评价研究[J].噪声与振动控制,2010(1):118-121.

梁兴雨,舒歌群.柴油机噪声源的识别研究[J].内燃机工程,2005,26(6):67-71.

梁兴雨,舒歌群.基于相干功率谱分析的复杂柴油机噪声源识别[J].内燃机学报,2006,24(4):344-350.

林运,付先龙,朱晓天.D114系列柴油机降噪技术研究[J].柴油机设计与制造,2006,14(2):21-22,26.

林运,杨卫东,朱晓天.声源定位法在柴油机噪声控制中的应用[J].柴油机设计与制造,2007,15(1):34-36.

刘成,颜伏伍.车用发动机振动测试方法的新进展[J].柴油机,2006,28(5):41-43,49.

刘佳才.柴油机增压及转速强化对振动声学特性的影响[J].噪声与振动控制,1996(3):17-21.

刘月辉,郝志勇,付鲁华,韩松涛(2002a).车用发动机表面辐射噪声的研究[J].汽车工程,2002,24(3):213-216.

刘月辉,郝志勇,韩松涛,付鲁华(2002b).车用发动机表面辐射噪声源识别的研究[J].汽车技术,2002(3):15-18.

吕兴才,黄震.柴油机噪声源的声强识别方法[J].农业机械学报,2004,35(5):51-54.

牟向东.汽车发动机噪声源的分析与控制[J].内燃机,1999(6):42-45.

齐晓霞,王文.船用柴油机的噪声控制技术[J].噪声与振动控制,2003(2):18-21,30.

任武超,罗浩锋,潘虹,韩勇成,卫海桥.结合多种方法进行六缸柴油机噪声源识别研究[J].内燃机工程,2008,29(2):66-70.

沙云东,盛元生.用声强法测量内燃机噪声的有效性研究[J].内燃机工程,2001,22(1):48-53.

舒歌群,高文志,刘月辉.动力机械振动与噪声[M].天津:天津大学出版社,2008.

潭达明.内燃机振动控制[M].成都:西南交通大学出版社,1993.

王宝林,于锱隆,王爽.现代控制理论在内燃机振动主动控制中的应用[J].小型内燃机与摩托车,2008,37(6):92-96.

王勇,赵永杰(2007a).柴油机表面噪声源识别技术研究[J].内燃机与动力装置,2007(1):41-44.

王勇,赵永杰(2007b).内燃机表面辐射噪声源识别技术初探[J].噪声与振动控制,2007(5):112-114,131.

王勇,赵永杰.柴油机表面噪声源识别及降噪技术研究[J].柴油机,2008,30(1):45-48.

王永新.基于声强测量的发动机噪声源识别[J].柴油机设计与制造,2009,16(2):25-29.

王之东,沈颖刚,毕凤荣.基于声强法识别柴油机表面辐射噪声源的研究[J].噪声与振动控制,2008(5):182-184.

吴炎庭,袁卫平.内燃机噪声振动与控制[M].北京:机械工业出版社,2005.

肖文兵.内燃机噪声控制技术[J].内燃机,2004(3):24-27.

肖永清.车用发动机的噪声及其控制[J].客车技术与研究,2004,26(4):22-24.

谢兴旺,张维海,李艳红.柴油机机械噪声影响因素及其控制[J].内燃机与动力装置,2009(5):49-51,56.

杨安杰.我国内燃机噪声标准的发展及应用[J].噪声与振动控制,2009(4):160-163.

杨金才,郝志勇,贾维新.内燃机传动噪声识别的小波分析方法[J].内燃机工程,2005,26(5):74-76.

杨庆佛.内燃机噪声控制[M].太原:山西人民出版社,1985.

要志斌,樊文欣,阎文兵.声强法在柴油机噪声测量中的工程应用[J].车用发动机,2007(2):69-72.

余成波,何怀波,石晓辉.内燃机振动控制及应用[M].北京:国防工业出版社,1997.

岳东鹏,郝志勇,刘月辉,段秀兵,宋宝安.柴油机表面辐射噪声源识别的研究[J].汽车工程,2004,26(5):613-615,618.

张保成,崔志琴,过永德.内燃机噪声控制技术的现状及发展趋势[J].车用发动机,1997(6):1-4.

张晶,韩树,索文超.内燃机噪声研究的现状与发展[J].机械工程师,2005(7):26-29.

张俊红,付鲁华,张殿昌.内燃机振动的主动控制[J].小型内燃机,2000,29(2):44-46.

张难生.满足载货汽车发动机噪声未来法规的若干途径[J].重型汽车,1997(1):11-16.

张志华,周松,黎苏.内燃机排放与噪声控制[M].哈尔滨:哈尔滨工程大学出版社,1999.

张子辰,韩景峰,刘洪德,于春杰.降低柴油机噪声技术研究[J].内燃机与动力装置,2006(6):19-22.

赵永杰,王勇,杨海鹏.柴油机表面噪声源识别技术研究[J].内燃机车,2007(9):5-7.

郑立新.柴油机噪声的控制[J].山东内燃机,2005(6):34-36,44.

郑忠华,彭建平,翁家庆,申立中.不同大气压下内燃机噪声特性初探[J].云南工业大学学报,1998,14(3):21-23,45.

朱晓健.低噪声柴油机装置降噪新技术研究[J].柴油机,2004(6):39-42.

11.13.2.4 燃烧噪声

蔡继业,蔡忆昔.评价柴油机燃烧噪声的新指标[J].小型内燃机与摩托车,2005,34(1):31-34.

丁春雨,薛冬新,宋希庚,段军.预喷射技术对柴油机噪声影响的试验研究[J].小型内燃机与摩托车,2009,38(4):5-9.

李兆文,舒歌群,卫海桥,梁兴雨.EGR对直喷式柴油机瞬态工况燃烧噪声影响的试验研究[J].内燃机工程,2010,31(3):17-22.

李兆文,舒歌群,卫海桥,张祚,王利民,吴庆敏.增压前后柴油机燃烧噪声的对比分析[J].内燃机工程,2009,30(2):29-33.

梁友才,沈颖刚,陈贵升,潘明章,刘灵.不同海拔下柴油机燃用生物柴油的噪声频谱特性研究[J].小型内燃机与摩托车,2010,39(4):89-92.

刘波,唐新华,李兴章,王晓辉.预喷射对柴油机噪声影响的研究[J].内燃机与配件,2010(10):5-7.

刘正刚,闫伟.压力示功图的频谱分析及其处理[J].小型内燃机与摩托车,2002,31(5):18-20.

舒歌群,李兆文,张家雨,卫海桥.增压柴油机瞬态工况燃烧噪声实验研究[J].汽车工程,2009,31(3):209-213.

舒歌群,卫海桥,王养军.直喷式柴油机瞬态工况燃烧噪声机理[J].燃烧科学与技术,2005,11(3):197-201.

汤东,罗福强,梁昱,朱超峰.柴油机燃烧噪声的频谱特性[J].农业机械学报,2007,38(10):186-189.

汤东,罗福强,刘胜吉,尹必峰.柴油机加速工况时燃烧噪声的研究[J].内燃机学报,2002,20(5):429-432.

王平,宋希庚,薛冬新,周海涛,孙有根(2008a).高压共轨电控直喷式柴油机喷油规律和放热规律对燃烧噪声的影响[J].燃烧科学与技术,2008,14(5):406-411.

王平,宋希庚,薛冬新,周海涛,孙有根(2008b).预喷射对柴油机燃烧噪声的影响[J].燃烧科学与技术,2008,14(6):496-500.

王兴亚,李志军,刘书亮.车用汽油机爆燃与柴油机工作粗暴之异同[J].内燃机,2001(3):41-43.

王之东,沈颖刚,毕凤荣,翁家庆,李晓宁.柴油机机械噪声与燃烧噪声识别的试验研究[J].内燃机,2007(6):38-41,46.

卫海桥,舒歌群.内燃机燃烧噪声的研究与发展[J].小型内燃机与摩托车,2003,32(6):26-28,31.

卫海桥,舒歌群.内燃机缸内压力与燃烧噪声[J].燃烧科学与技术,2004,10(1):56-61.

卫海桥,舒歌群,韩睿,梁兴雨.直喷式柴油机燃烧噪声和活塞拍击噪声的探讨[J].汽车工程,2004,26(6):662-665,670.

卫海桥,舒歌群,梁兴雨,韩睿(2006a).燃烧噪声一级影响模型的多元回归分析[J].内燃机工程,2006,27(4):66-69.

卫海桥,舒歌群,王养军,杨志毅(2006b).瞬态工况对内燃机燃烧噪声的影响研究[J].内燃机工程,2006,27(2):54-60.

卫海桥,舒歌群,王养军,杨志毅.直喷式柴油机瞬态工况燃烧噪声二级影响机理研究[J].内燃机学报,2007,25(3):208-216.

卫海桥,舒歌群,杨志毅,王养军(2006c).直喷式柴油机瞬态工况燃烧噪声的试验研究与分析[J].内燃机学报,2006,24(3):215-221.

袁兆成,方华,王天灵,张旭升,丁万龙.车用柴油机气缸压力升高率与燃烧噪声的关系[J].燃烧科学与技术,2006,12(1):11-14.

岳常智,郭晓平.AVL 燃烧分析仪去除燃烧噪声的研究[J].内燃机,2006(1):42-44,50.

张展腾.柴油发动机标定参数对噪声的影响[J].内燃机与动力装置,2010(4):1-5.

周海涛,薛冬新,王平,宋希庚.预喷射控制柴油机燃烧噪声的试验研究[J].车用发动机,2007(2):9-13.

11.13.2.5　活塞敲击噪声和活塞组动力学

陈友庆.内燃机活塞偏缸与敲缸分析[J].内燃机,1995(2):36-39.

丁恒鉴,肖云魁,邢文华,许洪军,曲大伟.汽油机活塞敲缸响的力学分析[J].内燃机学报,2001,19(5):489-495.

郭磊,郝志勇,张鹏伟,刘波.活塞动力学二阶运动的仿真方法与试验研究[J].内燃机工程,2009,30(6):41-47.

姜恩沪,夏津新,陈立志.内燃机活塞二阶运动的模拟计算[J].内燃机学报,1989,7(3):265-273.

靳春梅,邱阳,樊灵,张陵.含间隙机构动力学研究若干问题[J].机械强度,2001,23(1):80-84.

蓝宇翔,刘振锋.活塞销偏置对活塞二次运动的影响[J].内燃机与配件,2010(1):11-13.

裘祖干,金孝维,张慧生,陈伯贤.内燃机活塞运动历程的计算和分析[J].内燃机学报,1993,11(1):63-70.

沈火群.柴油机活塞敲击气缸套的分析[J].内燃机,1989(3):21-24.

沈火群.内燃机活塞销与连杆小端撞击的动力学分析[J].内燃机,2010(1):18-21.

王国庆,刘宏昭.含间隙内燃机曲柄滑块机构动力学研究[J].农业机械学报,2001,32(6):5-7.

卫海桥,舒歌群.内燃机活塞拍击表面振动与燃烧噪声的关系[J].内燃机学报,2004,22(1):27-32.

11.13.2.6　配气机构噪声

司景萍,刘鹏,高志鹰,刘占峰.基于振动信号分析的发动机气门间隙异常诊断[J].小型内燃机与摩托车,2007,36(2):73-75.

11.13.2.7　齿轮系噪声

刘友汉.内燃机齿轮噪声控制[J].内燃机工程,1998,19(1):62-69.

11.13.2.8　曲轴系和发动机机体噪声

戴旭东,王义亮,袁小阳,谢友柏.多缸内燃机缸体瞬态动力分析[J].内燃机学报,2003,21(3):277-282.

邓晓龙,张宗杰,李少鹤.内燃机油底壳加强板声学优化[J].内燃机工程,2003,24(1):47-50.

段秀兵,郝志勇,岳东鹏,宋宝安.汽车发动机曲轴扭振的多体动力学分析[J].汽车工程,2005,27(2):233-235,250.

郝志勇,段秀兵,宋宝安,岳东鹏.车用柴油机曲轴系动力学仿真[J].农业机械学报,2005,36(7):4-7.

何泽海,宋立权,罗书明,田宏艳,樊照钟.双质量飞轮设计模型研究[J].内燃机,2010(2):1-5.

贾维新,郝志勇,杨金才(2005a).6108G 型柴油机机体虚拟改进设计及性能预测[J].内燃机工程,2005,26(1):16-19.

贾维新,郝志勇,杨金才(2005b).发动机油底壳辐射噪声预测方法的研究[J].内燃机学报,2005,23(3):269-273.

李伟,史文库.双质量飞轮(DMF)的研究综述[J].噪声与振动控制,2008(5):1-5.

李震,桂长林,孙军.内燃机曲轴系振动分析研究的现状、讨论与展望[J].内燃机学报,2002,20(5):469-474.

吕兴才,舒歌群,沈红斌.汽车发动机曲轴纵向振动的研究[J].汽车工程,2001,23(5):332-336.

王韬,郝志勇,李秀山,冯捷.曲轴模拟分析和测试技术的研究进展[J].农业机械学报,2003,34(3):142-145.

王义亮,谢友柏.主轴承力作用下的多缸内燃机机体结构动力响应分析[J].内燃机学报,2002,20(5):459-464.

杨万里,许敏,潘影影,刘国庆.发动机曲轴系统动力学数值模拟研究[J].内燃机工程,2006,27(1):45-47.

11.13.2.9　发动机平衡

陈敏,刘晓叙.小型柴油机平衡方式的比较与探讨[J].小型内燃机,2000,29(6):22-24.

樊文欣,张保成,张雪东,杨桂通.直列四缸柴油机平衡机构优化设计[J].内燃机工程,2007,28(3):52-54.

李人宪.多缸柴油机曲轴平衡重的合理配置[J].内燃机工程,1996,17(2):28-33,38.

李树生,吕一丹,李丹.柴油机振动控制与平衡优化技术的研究[J].柴油机,2004(增刊):206-208.

刘卫国,董芳,赵大文.直列四缸柴油机二阶往复惯性力平衡的新概念[J].内燃机,2003(3):7-8.

罗福强,王琦.用平衡轴降低高速往复式内燃机的振动和噪声[J].内燃机工程,2002,23(1):72-74.

吕一丹.Z6V190 型柴油机的平衡分析与平衡机构设计[J].内燃机工程,1990,11(3):63-71.

曲贵龙.曲轴动平衡的方法和应用[J].重型汽车,2004(4):17-19.

孙树亭,张有,尉世明.四缸柴油机平衡设计的趋势[J].柴油机设计与制造,2002(4):4-9.

王福明,张保成,樊文欣.大功率柴油发动机平衡优化减振技术的研究[J].内燃机学报,1999,17(4):375-378.

王姗,舒歌群,李小倩,卫海桥.直列四缸发动机单平衡轴方案的计算及比较分析[J].汽车工程,2008,30(9):764-767.

王延荣,张自明,魏志明,张保成.直列四缸柴油机平衡方案的计算及对比分析[J].柴油机,2004(增刊):203-205.

肖华,刘新彦,朱晓天.四缸柴油机去平衡机构振动与噪声研究[J].柴油机设计与制造,2010,16(2):14-17,36.

徐永贤,魏延刚,郑智论.错拐 V8 发动机的动力特性和平衡原理[J].内燃机车,1997(3):12-17.

徐兆坤,孙树亭,吴伟蔚,吴明威.四缸内燃机振动分析及其对策[J].噪声与振动控制,2007(6):50-53.

杨寿藏,陈云彪.现代先进发动机技术——平衡和振动(1~2)[J].柴油机设计与制造,2002(4):29-39,2003(1):25-26,2003(2):31-41,2003(3):21-32.

张保成,郭常立,樊文欣,张生保,郝玉军.错拐技术对内燃机内部激励力的影响研究[J].车用发动机,2007(4):8-11.

张保成,苏铁熊,张林仙.内燃机动力学[M].北京:国防工业出版社,2009.

张保成,尹立森,过永德,张浅秋.V6 发动机整机振动控制的工程化实现[J].内燃机工程,2004,25(3):48-50.

张保成,赵俊生,樊文欣,王增全.60°V8 发动机平衡分析及平衡机构设计[J].内燃机工程,2002,23(2):20-23.

张娜,曾帅,徐兆坤.四缸柴油机减振分析及平衡机构设计[J].柴油机设计与制造,2010,16(3):18-21,56.

张有,赵春暖.从系列化柴油机整机平衡分析看 V 型夹角的选取[J].车用发动机,1998(5):42-44.

朱孟华.内燃机振动的现场平衡[J].噪声与振动控制,1998(1):2-5.

11.13.2.10 空气动力噪声

进气噪声

褚志刚,王光建,贺岩松,徐中明,徐少华.基于修正传递函数的消声器传声损失测量[J].内燃机工程,2009,30(2):45-48,52.

葛蕴珊,张宏波,宋艳冗,谭建伟,韩秀坤,高力平.改进车辆进排气系统降低整车车外加速噪声[J].汽车工程,2006,28(4):376-378.

贾维新,郝志勇.空滤器声学性能预测及低频噪声控制的研究[J].内燃机工程,2006,27(5):67-70.

金岩,郝志勇,刘永.空气滤清器声学性能的改进设计[J].内燃机工程,2007,28(6):58-60.

靳晓雄,张强,侯臣元,王万英.进气噪声对动力总成噪声影响试验研究[J].汽车技术,2008(10):44-46.

阮登芳,邓兆祥,杨诚.共振式消声器声学性能分析[J].内燃机工程,2006,27(1):66-70.

吴彦昭.进气噪声原理的研究探讨与降噪措施[J].客车技术,2008(1):7-9.

徐红梅,郝志勇,郭磊.阶次分析在发动机进气噪声研究中的应用[J].小型内燃机与摩托车,2008,37(1):83-86.

杨诚,邓兆祥,阮登芳,梁锡昌.进气噪声产生机理分析及其降噪[J].汽车工程,2005,27(1):68-71.

赵海军,邓兆祥,潘甫生.共振式消声器气流再生噪声发生机理研究[J].内燃机工程,2010,31(1):74-77.

赵志芳,苏铁熊,冯慧华.进排气系统隔声性能试验与仿真分析方法综述[J].车用发动机,2009(5):1-6.

排气噪声

白云,陈永光,李宁,王银,丁岩.基于 GT-Power 软件的抗性消声器性能分析[J].小型内燃机与摩托车,2009,38(5):72-75.

陈永光.消声器容积计算公式分析研究[J].小型内燃机与摩托车,2008,37(5):71-74.

陈永新,陈剑,饶建渊.汽车排气消声器的消声性能研究[J].汽车工程,2009,31(4):381-384,330.

邓军,黄映云,孙昭君.柴油机排气噪声的自适应有源控制[J].内燃机,2000(3):24-27.

范钱旺,沈颖刚,舒歌群,梁兴雨,卫海桥.车用柴油机排气消声器的改进设计研究[J].小型内燃机与摩托车,2008,37(2):84-87.

方华,李冰,郑广勇,刘金玉,孙勇,郭东劭.排气消声器消声性能仿真分析[J].小型内燃机与摩托车,2007,36(6):49-51.

葛蕴珊,张宏波.基于发动机热力过程的汽车排气消声器设计[J].汽车工程,2004,26(3):275-278.

郭文勇,黄映云,朴甲哲.柴油机排气噪声有源控制的试验研究[J].内燃机学报,2001,19(1):39-42.

侯献军,刘庆,刘志恩.基于 GT-Power 的汽车排气消声器性能分析及改进[J].汽车技术,2009(1):38-40,55.

胡效东,王吉岱,孙静,周以齐,方建华.柴油机转速对抗性消声器消声效果影响的研究[J].噪声与振动控制,2009(1):126-129,133.

黄其柏,夏薇.内燃机排气消声元件声学传递特性研究[J].内燃机学报,1991,9(3):233-240.

季振林,宋congeng.内燃机排气消声系统声学特性的数值预测[J].内燃机工程,1998,19(3):7-12.

江洪,白云.基于 GT-Power 软件的排气消声器优化设计[J].小型内燃机与摩托车,2010,39(4):53-56.

姜鹏明,富喜,吴帮玉.汽车消声器优化设计与综合评价指数[J].汽车工程,2008,30(3):247-254,230.

姜哲,郭骅.内燃机排气消声器插入损失的探讨[J].内燃机工程,1993,14(1):67-73.

李洪亮,王务林,王太勇.汽车排气消声器的降噪优化设计[J].噪声与振动控制,2007(3):89-92.

李景渊,许响林.排气噪声的控制研究[J].内燃机,2007(4):43-44,48.

李力,吴隆,贺红勋,张素香.拖拉机消声器的降噪特性分析[J].农业机械学报,2003,34(6):169-170.

李英,柳贡民,马文彬,田华宏.SYSNOISE 软件在消声器传递损失特性分析中的应用[J].柴油机,2004(增刊):223-225.

廖长武,郭文勇.柴油机低频排气噪声规律分析[J].噪声与振动控制,2002(2):37-38.

林大渊,郝志勇,程熙.排气消声器设计参数与评价指标的研究[J].内燃机工程,1989,10(3):16-20.

林辉江.内燃机排气消声器主要参数的选择(一、二)[J].内燃机,2001(4):12-14,(5):3-5.

柳贡民,张天元,张洪田.废气涡轮增压对柴油机排气噪声的影响[J].噪声与振动控制,1992(3):36-39.

皮兴民,吴超,耿红涛,王秀琴.中型客车排气噪声的研究与控制[J].客车技术,2003(3):27-29.

马强,季振林,张志华.边界元法与特征线法联合用于内燃机排气噪声预报及消声器声学性能分析[J].内燃机学报,1997,15(1):82-90.

马强,李翔,张志华,张天元.用特征线法和传递矩阵法解析预报柴油机排气噪声[J].内燃机学报,1991,9(3):259-266.

孟进,韩国华,袁卫平,叶怀汉.单缸柴油机排气系统声学性能的仿真[J].内燃机工程,2006,27(3):66-68,72.

宋艳冗,葛蕴珊,张宏波(2005a).汽车排气消声器设计研究[J].车辆与动力技术,2005(2):49-52.

宋艳冗,葛蕴珊,张宏波(2005b).发动机工作过程和排气消声器耦合研究[J].汽车工程,2005,27(6):719-723.

王晓军,李志远,魏浩征.发动机消声器静态性能的测试与分析研究[J].噪声与振动控制,2007(4):47-49.

王雪仁,缪旭弘,季振林,张天元.管道和消声器声学性能的试验测量技术研究[J].内燃机工程,2009,30(2):39-44.

肖其亚,曾发林.抗性消声器消声模型及仿真研究[J].噪声与振动控制,2007(3):93-96.

谢田峰,金国栋,钟绍华.GT-POWER 在内燃机排气消声器设计中的应用[J].内燃机,2003(1):12-14.

邢磊.柴油机消声器改进设计[J].柴油机设计与制造,2007,15(2):12-14.

颜伏伍,杨伦,刘志恩,黄恒.GT-Power 软件的微型车消声器设计与优化[J].内燃机工程,2010,31(2):64-67.

伊善贞,费仁元,周大森,刘太文.发动机排气有源消声技术研究进展及发展趋势[J].车用发动机,2003(5):5-10.

张文平,马强,张志华,张天云,刘志刚.柴油机水下排气噪声的实验研究[J].内燃机工程,1994,15(2):52-56,62.

张永波,黄其柏,王勇,周明刚.基于 GT-Power 的并联内插管双室扩张式消声器插入损失研究[J].噪声与振动控制,2007(1):87-89.

赵海军,邓兆祥,杨杰,潘甫生.插入管消声器传声损失数值计算方法对比及参数分析[J].内燃机工程,2008,29(6):65-69.

赵骞,顾灿松.排气系统尾管对发动机性能及排气噪声影响研究[J].内燃机,2010(6):5-8,11.

钟绍华,金国栋,谢田峰.基于 GT-Power 软件的内燃机消声器设计与分析方法[J].汽车技术,2003(7):7-10.

柴油颗粒过滤器噪声

陈凌珊,王键.碳烟捕集泡沫陶瓷吸声性能的试验研究[J].小型内燃机与摩托车,2010,39(5):19-21.

陶海涛,武显亮,张晓杰,吴帮玉.部分流式颗粒过滤器的声学性能研究[J].内燃机,2009(5):43-44,49.

涡轮增压器噪声

李惠彬,周江伟,孙振莲.车用涡轮增压器噪声与振动机理和控制[M].北京:机械工业出版社,2012.

郑光清,楼狄明.车用柴油机涡轮增压器涡轮 BPF 噪声的试验研究[J].柴油机,2008,30(1):42-44,48.

风扇噪声

陈汇龙,施卫东,魏东.发动机冷却风扇降低噪声的研究[J].佳木斯工学院学报,1998,16(3):311-313.

贾继德,刘学渊,邱峰,陈剑.兼顾冷却、降噪要求的后置客车冷却系统研究[J].汽车技术,2006(11):13-16.

王斌,吴锦武,陈志军.风扇系统噪声对发动机整机噪声的影响[J].内燃机工程,2004,25(6):52-54.

11. 13. 2. 11　发动机悬置和隔振

陈继红,沈密群,严济宽.汽车发动机悬置系统的一些设计问题[J].噪声与振动控制,1999(1):5-11.

陈晓白,张建武,何克强.机车柴油机隔振初探[J].内燃机车,2006(3):26-29.

陈阳,林运.隔振在降低柴油机噪声中的应用[J].柴油机设计与制造,2008,15(1):35-37,44.

范让林,吕振华.汽车动力总成三点式悬置系统的设计方法探讨[J].汽车工程,2005,27(3):304-308.

黄鼎友,俞荣明.基于 Matlab 的发动机悬置系统设计及优化[J].噪声与振动控制,2007(1):57-60.

吉向东,黄鼎友.汽车动力总成悬置系统的研究发展[J].噪声与振动控制,2004(1):10-13,17.

李正国,付鲁华.内燃机振动的隔离[J].小型内燃机,1997,26(6):6-10,19.

梁天也,史文库,唐明祥.发动机悬置研究综述[J].噪声与振动控制,2007(1):6-10.

刘会兵,廖昌荣,李锐,陈伟民.发动机振动隔离控制技术研究进展[J].车用发动机,2008(3):1-7.

吕品华,范让林,冯振东.汽车动力总成隔振悬置布置的设计思想论析[J].内燃机工程,2004,25(3):37-43.

任晓松,王立公.汽车动力总成悬置系统配置规律的研究[J].汽车技术,1995(10):1-6.

孙林峰,樊文欣.发动机悬置技术的发展研究[J].内燃机,2010(3):19-22.

汤望.大客车发动机悬置设计有关问题的探讨[J].客车技术与研究,2001,23(4):13-15.

喻惠然.发动机隔振的研究[J].汽车技术,1992(9):23-27,52.

11. 13. 2. 12　关于噪声、振动和不平顺性的柴油发动机系统设计模型

邓晓龙,李修蓬,冯敬.基于 Virtual Lab / Acoustic 的发动机结构噪声预测[J].噪声与振动控制,2007(6):80-83.

冯慧华,左正兴,廖日东,马朝臣.基于 BEM/FEM 耦合技术的柴油机外声场模拟技术研究[J].内燃机学报,2004,22(2):155-161.

李惠珍,俞明,袁兆成,李盛成,方华.内燃机机体模态分析及辐射噪声的预测[J].内燃机工程,1994,15(2):1-6.

刘佳才.柴油机工作过程参数的声学优化[J].内燃机工程,1996,17(2):17-22.

刘佳才,鲁卡宁 B H.内燃机振动声学特性的预测[J].内燃机学报,1993,11(3):267-273.

王鑫,季振林.柴油机辐射噪声预测及控制技术研究[J].噪声与振动控制,2008(2):87-91.

谢志强,杨建国.发动机噪声预测的研究现状与发展趋势[J].柴油机,2004(增刊):220-222,225.

杨贵春,牛军,陈茜,曾高文.基于现代设计方法的柴油机振动特性研究[J].车用发动机,2010(5):56-60.

袁兆成,方华,李盛成.降低车用柴油机振动噪声的设计方法[J].农业机械学报,2004,35(6):26-29.

第四部分

柴 油 发 动 机 系 统 设 计

柴油发动机系统设计中的散热量、空气系统、发动机控制和系统集成

12

柴油发动机散热量和冷却

摘要:本章基于发动机的热力学第一定律能量平衡,为柴油发动机系统设计提出了关于散热量的分析方法。发动机零散热损失的理论分析构成该分析方法的基础。本章还提出了发动机本体冷却液散热量的概念,并说明其特征。然后讨论了冷却系统的设计计算,论述了冷却器性能、冷却能力和冷却液温度。

12.1 发动机能量平衡分析

12.1.1 从热负荷到散热量控制所面临的挑战

涡轮增压柴油机比非增压柴油机具有更高的热负荷。对发动机的传热和热负荷的研究在过去的几十年里一直被广为重视。Heywood(1988)总结了内燃机传热的基础知识。Sitkei(1974)以及Challen和Baranescu(1999)详细论述了热负荷和发动机冷却。热负荷通常是指施加到部件上的气体温度和热通量。发动机中较高的热负荷往往由较高的压气机出口空气温度、进气歧管气体温度、缸内气体温度、排气歧管气体温度所表征。高的热负荷会导致很多耐久性问题,例如气缸盖和排气歧管内的裂缝,以及涡轮转子内的损伤。管理热负荷和降低排气歧管气体温度已经成为现代涡轮增压发动机在设计上的重大挑战。

在非排气再循环发动机中控制热负荷的措施包括以下一些方面:①冷却空气充量以降低进气歧管温度;②提高压气机效率以降低压气机出口空气温度;③改进涡轮增压器匹配或歧管设计来增大进气歧管与排气歧管之间的压差,以期增强换气时从进气道到排气道的新鲜空气扫气;④在凸轮设计中增大气门重叠角,以期增强换气时的新鲜空气扫气;⑤提高空燃比以降低排气温度;⑥增强气缸盖的冷却能力;⑦调整喷油定时和放热率形状以降低排气温度。

然而,上述很多措施都不适用于现代排气再循环发动机。例如,出于驱动排气再循环气流的需要,采用负值发动机压差(即进气歧管压力高于排气歧管压力)加强换气扫气是不可能的。但从另一方面来看,当缸内充量包含了冷却的排气再循环气体后,其较高的比热能够大幅度降低缸内气体温度。因此,排气温度和热负荷会相应降低。然而,冷却排气再循环会增加发动机的总散热量(单位上实为散热速率),不论是经由高温发动机冷却液冷却、低温散热器冷却液冷却还是环境空气冷却。随着排气再循环率的增加,散热量也会增大。本质上讲,现代柴油机的很大一部分热负荷是被排气再循环机理从气侧转移到了水侧。发生这种转移的根本动因是发动机需要在较冷气体温度下运行,以满足氮氧化物排放要求。这样,设计上的挑战就变成了如何管理所增加的散热量。事实上,在目前的大量发动机与车辆的动力总成项目中,首要任务之一就是控制发动机的散热量和成功设计满足封装性要求的冷却系统,以期控制散热器进口的冷却液温度。

现代柴油机中冷却液散热量增加的原因主要有三个:高排气再循环率、低进气歧管气体温度、高额定功率。前两者是为了满足严格的排放法规所需,第三个是为了满足用户日益增长的对加速性、爬坡和拖挂重物的需求。由于在散热量控制和冷却系统设计方面目前已经存在的巨大困难(Bowman 等人,2005),所有的散热量数据都必须经过严格仔细的审查以确保准确。任何不精确的估算方法都已变得过时有害。这其中一个关键任务就是准确预测在各种极端环境条件下的散热量(包括气缸散热量)。

12.1.2 散热量和冷却分析的系统方法

冷却液流量和温度的测量误差会造成冷却液散热量的测量值发生变化。例如,散热量的误差会在从 3 到 20 kW 的范围内变化,而这么大的误差范围对于精密设计来讲实在是大得令人不可接受。因此,如果想直接测量发动机气缸冷却液散热量的话,就必须尽量减小实验误差。另一方面,实际上可以使用具有足够精度的间接方法计算冷却液散热量,作为替代手段。使用缸内计算流体动力学(CFD)的气缸传热数值模拟通常既不准确也不切合实际,这是因为缸内湍流条件极为复杂。在这种情况下,就需要为发动机系统设计开发一个实用方法,来处理冷却液散热量和冷却器设计参数的预测问题,正如本章下面所提出的。该方法包括以下核心内容:
(1) 该方法的基础建立于发动机的零散热损失(亦称余项热损失)估算。
(2) 它采用热力学第一定律,针对两种不同的边界位置定义方法对发动机的能量平衡进行计算,并比较两种方法给出的气缸散热量数值。
(3) 该方法定义了损失于发动机本体冷却液散热量的燃料能量占燃料总能量的百分比,并将该百分比作为散热量分析基础的一个特征参数。
(4) 该方法在发动机循环工作过程的模拟模型中采用关于缸内气侧传热系数的 Woschni 准则或类似的其他准则,并基于上述第三条予以校准。
(5) 该方法给出了关于冷却器和散热器的冷却介质温度的估算方法。
(6) 该方法定义了冷却器和散热器的冷却能力。

12.1.3 基于热力学第一定律的发动机能量平衡分析方法

作为发动机系统设计中散热量分析方法的一部分,发动机的能量平衡方程可以用来基于已知的气体流量和温度计算散热量。现将计算能量平衡的两种方法论述如下。它们在划分系统的控制体边界位置上有所不同。

第一种方法将气流的控制体边界设置于压气机进口和涡轮出口,并将燃油流量的控制边界设置在油箱处。如果使用低压环路排气再循环,气流的边界则设置在排气再循环抽取处之后。作为示例,使用冷却液进行冷却的涡轮增压发动机的能量平衡方程可按下式给出:

$$\dot{m}_{comp}h_{CompIn} + \dot{m}_{fuel}h_{FuelIn} + \dot{m}_{fuel}q_{LHV}$$
$$= \dot{W}_E + \dot{W}_{Eacc} + \dot{m}_{exh}h_{TurbOut} + \dot{Q}_{base\text{-}coolant} + \dot{Q}_{EGRcooler} + \dot{Q}_{CAC} + \dot{Q}_{ISC} + \dot{Q}_{FuelCooler} + \dot{Q}_{miscellaneous,1}$$

(12.1)

式中,$\dot{m}_{comp}$是压气机的空气或气体流量;h_{CompIn}是压气机进口空气或气体的比焓;$\dot{m}_{fuel}$是燃油流量;h_{FuelIn}是处于油箱温度的燃料的比焓。需要注意的是,$\dot{m}_{fuel}h_{FuelIn}$与空气气流的焓值相比通常很小。q_{LHV}是燃料的低热值,与燃料组分有关(详见 ASTM 美国国家标准 D4868-00 和 SAE J1498)。柴油燃料的汽化焓值与其低热值相比通常较小。$\dot{W}_E$是发动机点火时的有效输出功率(曲轴轴功)。$\dot{W}_{Eacc}$是某几项特定的发动机或车辆的辅助附件耗功,包括发电机、空气压缩机、冷却风扇。$\dot{m}_{exh}$是排气流量。$h_{TurbOut}$是涡轮出口排气的比焓。$\dot{Q}_{base\text{-}coolant}$定义为发动机本体冷却液散热量（后面详述）。$\dot{Q}_{EGRcooler}$是排气再循环冷却器（排冷器）的散热量。$\dot{Q}_{CAC}$是中冷器的散热量。$\dot{Q}_{ISC}$是压缩机的级间冷却器（间冷器）散热量（如果有的话）。$\dot{Q}_{FuelCooler}$是燃油冷却器的散热量（如果有的话）。$\dot{Q}_{miscellaneous,1}$是零散热损失，例如从排气歧管、排气再循环环路的连接管（排冷器本身除外）、发动机机体和涡轮增压器的表面所产生的对流和辐射传热，以及未燃或不完全燃烧的燃料热能（这最后一项有时高达柴油机燃料总能量的$1\%\sim2\%$）。

　　第二种方法将气流的控制体边界设置于进气歧管和涡轮进口，并将燃油流量的控制边界设置在油箱处。如果使用高压环路排气再循环，气流的边界将设置在排气再循环抽取处之前。作为示例，使用冷却液进行冷却的涡轮增压发动机的能量平衡方程可按下式给出：

$$\dot{m}_{air}h_{IMT,air} + \dot{m}_{EGR}h_{IMT,EGR} + \dot{m}_{fuel}h_{FuelIn} + \dot{m}_{fuel}q_{LHV}$$
$$= \dot{W}_E + \dot{W}_{Eacc} + \dot{W}_{EGRpump} + \dot{W}_{supercharger} + \dot{m}_{ex}h_{TurbIn} + \dot{Q}_{base\text{-}coolant} + \dot{Q}_{FuelCooler} + \dot{Q}_{miscellaneous,2}$$
$$(12.2)$$

式中，$h_{IMT,air}$是流入进气歧管的新鲜空气的比焓；$h_{IMT,EGR}$是流入进气歧管的排气再循环气体的比焓；h_{TurbIn}是涡轮进口处排气的比焓；$\dot{W}_{EGRpump}$是排气再循环泵的耗功（如果有的话）；$\dot{W}_{supercharger}$是机械增压器的耗功（如果有的话）。应当指出的是，$\dot{Q}_{miscellaneous,2}$在数值上低于$\dot{Q}_{miscellaneous,1}$。另外，变速器冷却器和其他辅助装置的小型冷却器的散热量没有被明确地包括在上述两个方程中。例如，变速器内部产生的热量来自齿轮或变矩器的摩擦功率损失，但它们已经被划归为发动机曲轴的有效输出功率的一部分。同样地，车辆附属装置的阻力功（例如动力转向泵和空调压缩机的耗功）也需要由发动机曲轴功率$\dot{W}_E$的一部分来提供。

　　基于压气机功率必须等于涡轮功率这一原则，式(12.1)和式(12.2)实际上可经推导证明它们之间的等价性，即如果将两式相减，等号两侧的所有项将相互抵消最后都变成零。在两式中，气流的焓值可以通过下式计算：

$$h = \int_0^T c_p \cdot dT$$

式中，为了获得令人满意的精度，比热c_p必须作为气体的温度和组分的一个函数来处理。冷却器的散热量可以通过下式计算：

$$\dot{Q}_{cooler} = \dot{m}_{gas}c_p(T_{CoolerInletGas} - T_{CoolerOutletGas}) \qquad (12.3)$$

　　为了有效表征发动机本体散热量，首先要区分两种类型的工作流体：①缸内流体（包括新鲜空气、排气再循环气体和燃料）；②缸外的冷却介质（包括冷却液和机油）。气缸入口处气体和燃油的压力和温度受其各自的泵送耗功影响（例如，对于新鲜空气来讲，这指的是压气机或机械增压器；对于排气再循环气流来讲，这可能会涉及排气再循环泵；对于燃油来讲，这指的是燃油泵），而且也受冷却器的散热量影响（例如中冷器、排冷器、燃油冷却器）。缸内气流参与发动机循环工作过程，其所带能量最终以轴功、排气焓和散热量的形式离开气缸。而另一方面，用来泵送缸外冷却介质的水泵和机油泵的耗功最终仅是以散热量的形式耗散掉。因此，将"发动机本体冷却液散热量"定义为包括来自以下三部分的散热量，通常会比较方便和有效：

- 气缸（含活塞、气门、气缸套、气缸盖，包括排气道）；
- 机油冷却器（包括对活塞的直接喷注机油冷却和机械刮滑摩擦）；
- 水泵和机油泵的耗功。

发动机本体指的是不包括大多数冷却器,但包括机油冷却器。发动机本体散热量是一个极为关键的表征发动机本体基本设计和运行特征的系统参数。基于这一定义,不同的发动机便可以在"损失于发动机本体散热量的燃料总能量百分数"这一共同基础上予以比较,以评估它们在性能上的竞争力。应当注意的是,如果气缸传热作为研究重点的话,发动机的摩擦和水泵与油泵的功率就应当从发动机本体冷却液散热量的定义中灵活去除。

在式(12.1)和式(12.2)中,$\dot{Q}_{base\text{-}coolant}$是唯一的未知数。如果在气体温度和流量的测量上没有任何实验误差的话,无论使用第一种方法还是第二种方法都可以获得关于发动机本体冷却液散热量的相同结果。因此,上述的两种能量平衡方法可以为以下五个目的服务:

(1) 为冷却系统设计的需求准确计算冷却液散热量,包括以往很难估计的气缸散热量。应当注意的是,车辆的散热器冷却液散热量等于发动机本体、排气再循环冷却器和其他使用冷却液的冷却器的散热量总和;

(2) 将第一种和第二种方法计算出的冷却液散热量与从直接的冷却液流量测量所获得的散热量数据相比较,以便验证每个方法的数据准确性;

(3) 检查关于气体温度和气流流量的发动机性能测试数据的准确性;

(4) 根据热力学第一定律,揭示发动机的能量平衡分布,并分析发动机本体设计在控制传热损失方面的竞争力;

(5) 在发动机循环工作过程的模拟模型中调整和校准缸内传热的子模型(例如调整缸内气侧Woschni 传热系数的乘数因子),以便在损失于发动机本体散热量的燃料总能量百分数方面匹配发动机的实验数据。

图 12.1 显示了一条经过校准的缸内传热系数曲线。该传热系数发生于气缸的气侧,即从缸内气体到气缸金属内壁。从缸内气体到冷却液的整体传热系数的角度来看,缸内传热系数在热阻上的体现远比冷却液侧的传热系数更占主导地位。需要注意的是,当喷油定时提前时,缸内压力、温度和传热系数的曲线会相应地发生变化或平移,而且发动机本体冷却液散热量占燃料总能量的百分比会增加。图 12.2 显示了采用发动机全负荷测试数据计算出的能量平衡示例。可以观察到,第一种方法和第二种方法所给出的计算结果吻合良好。图 12.3 显示了柴油机的典型能量平衡分布。Wallace 和 Kremer(2009)给出了关于柴油机能量平衡的另外一些例子。

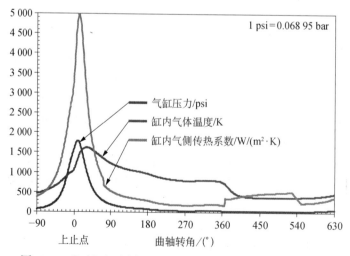

图 12.1 发动机缸内循环的气体压力、温度和传热系数的模拟

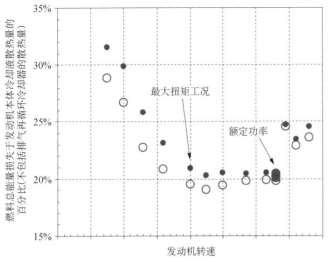

图 12.2　全负荷外特性曲线上的能量平衡计算

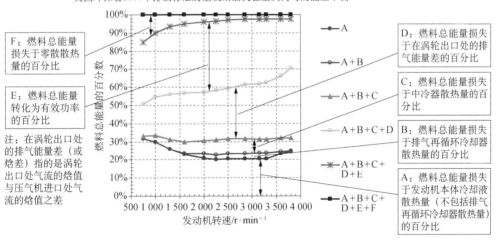

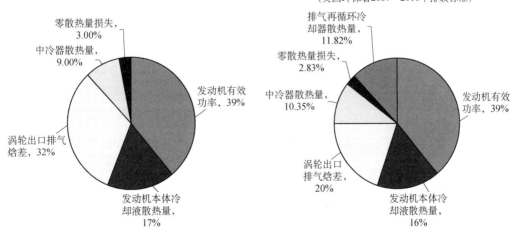

图 12.3　无排气再循环与带排气再循环的柴油机之间的能量平衡比较

12.2 发动机零散能量损失

12.2.1 零散能量损失概述

在能量平衡方程(12.1)和(12.2)中,为了计算发动机本体冷却液散热量,零散热损失被视为一个已知项。在现代高排气再循环发动机的散热量精密控制中,零散热损失不能忽略不计(图12.3)。事实上,零散热损失的分析非常复杂。其传热部分与发动机转速(即传热的时间尺度)和排气歧管气体温度(取决于发动机负荷等)有关。只有当算出零散热损失后,才能够在发动机系统设计中使用第一种或第二种能量平衡方法对冷却液散热量进行估算。因此,零散热损失分析在柴油机系统设计里的传热理论中至关重要。Xin 和 Zheng(2009)开发了关于零散热损失分析的完整理论。

Xin 和 Zheng(2009)发现,损失于零散热损失的燃料总能量的百分比是某个特征气体温度(例如排气歧管气体温度)、冷却介质温度、发动机转速和负荷的函数。图12.4表明,当转速或负荷下降时,零散热损失占燃料总能量的百分比会增加。他们还使用了第一种能量平衡方法评估了一台水冷式柴油机的零散热损失。如果将不完全燃烧所造成的损失忽略不计的话,而且如果假设在测试间或发动机机舱内环绕着发动机周围所发生的换热是自然对流换热的话,采用第一种方法估算时,损失于零散热损失的燃料能量百分比在全负荷工况从最大扭矩到额定功率大约为3%。另外,第一种与第二种方法之间计算出的百分比差异大概是1.8%(图12.5)。

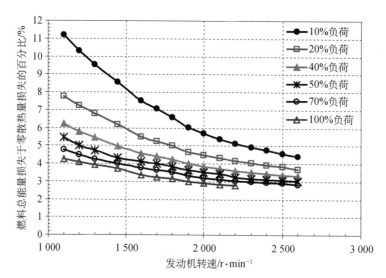

图12.4 由能量平衡的第一种方法计算的与发动机转速和负荷有关的零散热量损失

12.2.2 零散热量损失的参数依变关系

记零散热损失在燃料总能量中的百分比为

$$G = \frac{\dot{Q}_{miscellaneous}}{\dot{Q}_{fuel}} \tag{12.4}$$

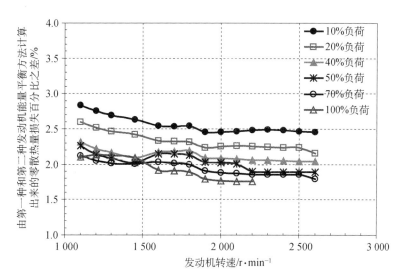

图 12.5 由能量平衡的第一种方法与第二种方法计算的
零散热量损失占燃料总能量的百分比之差

式中，$\dot{Q}_{fuel}$是燃料能量变化率。采用第一种能量平衡方法的零散热损失可以按下式表达（Xin 和
Zheng，2009）：

$$\dot{Q}_{miscellaneous,1} = C_1 + C_2 T_{ch} + C_3 T_{ch}^4 \tag{12.5}$$

式中C_1，C_2 和 C_3 是待定系数。T_{ch}是某个选择的特征气体温度（例如排气歧管气体温度）。$C_2 T_{ch}$
这一项代表从发动机表面到冷却介质的对流换热。$C_3 T_{ch}^4$这一项代表辐射传热。注意，辐射传热中
的复杂非线性温度效应已被集总混入这些系数了。将式（12.5）代入式（12.4），可以得到下式：

$$G_1 = \frac{C_1 + C_2 T_{ch} + C_3 T_{ch}^4}{C_4 + C_5 N_E + C_6 J_E + C_7 N_E J_E} \tag{12.6}$$

式中，根据从发动机测试数据中观察到的趋势，将燃料能量变化率模拟为发动机的转速 N_E 和有效
扭矩 J_E 的一个函数。这里 G 的下标 1 表示第一种能量平衡方法。

特征温度（这里采用排气歧管气体温度）主要受发动机转速、负荷、空燃比、排气再循环率、喷油
定时影响。测量所得的排气歧管气体温度一般体现为转速和负荷的一个函数。据观察，在一个宽
广范围内，该特征温度基本上是线性正比于发动机扭矩，而与发动机转速的相关性则较弱。

当发动机有效扭矩 J_E 保持恒定时，式（12.6）中的分子便可以简化为一个常数。因此，采用第
一种能量平衡方法的零散热损失的百分比就变成

$$G_{1,J} = \frac{C_8}{C_9 + C_{10} N_E} \tag{12.7}$$

式中，C_8，C_9 和 C_{10}是待定系数。图 12.4 中所示的零散热损失百分比与发动机转速之间的参数依
变关系，可以用式（12.7）在理论上予以解释。

如果发动机转速 N_E 保持恒定，零散热损失的百分比就可以简化为

$$G_{1,N} = \frac{C_1 + C_2 T_{ch} + C_3 T_{ch}^4}{C_{11} + C_{12} J_E} \approx \frac{C_1 + C_2 T_{ch}}{C_{11} + C_{12} J_E} \tag{12.8}$$

式中, C_{11} 和 C_{12} 是待定系数。式(12.8)中的辐射项 $C_3 T_{ch}^4$ 一般来讲比较小。为简单起见, $C_3 = 0$ 。从发动机性能测试数据中可以观察到,有效扭矩的增加通常比排气温度的增加快得多。例如,当发动机有效扭矩从 136 N·m 到 816 N·m 增加了五倍时,排气歧管气体温度只从 505K 到 783 K 增加了不到一倍。因此,当有效扭矩增加时,零散热损失的百分比会下降。

12.2.3 发动机零散热量损失的比例估算

如果输入数据比较完整,可以通过传热方程详细计算零散热损失。然而,当发动机机体的发射率、机体面积、对流换热系数、平均机体温度等数据都无法获知时,便需要进行简化分析,即可以假设两台类似的发动机之间的零散热损失($\dot{Q}_{\text{miscellaneous}}$)比例正比于 $(V_{E1}/V_{E2})^{2/3}$,式中 V_{E1} 和 V_{E2} 是这两台发动机的排量。事实上, $V_E^{2/3}$ 一般正比于与零散热损失有关的特征传热面积。上面所说的两台发动机之间的相似性是指其各自的型式构造,例如直列式或 V 形、排气再循环连接管路、传热损失的特征温度等。

发动机的零散热损失占燃料总能量的百分比可以近似为

$$G_1 \propto \frac{K_{h1} T_{ch1} V_{E1}^{2/3}}{\left(\dfrac{J_{E1} N_{E1}}{\eta_{th1}}\right)} \propto \frac{K_{h1} T_{ch1} V_{E1}^{2/3} \eta_{th1}}{\varpi_{BMEP1} V_{E1} N_{E1}} = \frac{K_{h1} T_{ch1} \eta_{th1}}{\varpi_{BMEP1} V_{E1}^{1/3} N_{E1}} \tag{12.9}$$

式中,这里的下标 1 表示第一台发动机; $K_{h1} T_{ch1} V_{E1}^{2/3}$ 是对零散热损失的一个近似估计; $J_{E1} N_{E1}/\eta_{th1}$ 是燃料能量变化率; η_{th} 是发动机有效热效率。类似地,第二台发动机的零散热损失占燃料总能量的百分比可以近似为

$$G_2 \propto \frac{K_{h2} T_{ch2} \eta_{th2}}{\varpi_{BMEP2} V_{E2}^{1/3} N_{E2}} \tag{12.10}$$

因此,第一台与第二台发动机之间的零散热损失百分比的比率为

$$\frac{G_1}{G_2} = \frac{K_{h1}}{K_{h2}} \cdot \frac{T_{ch1}}{T_{ch2}} \cdot \frac{\eta_{th1}}{\eta_{th2}} \cdot \frac{\varpi_{BMEP2}}{\varpi_{BMEP1}} \cdot \frac{N_{E2}}{N_{E1}} \cdot \left(\frac{V_{E2}}{V_{E1}}\right)^{1/3} \tag{12.11}$$

当两台发动机具有相似性时,式(12.11)右侧的前几项中的每一项都会变成 1。这样,就可以得到下面的近似公式,作为一个比例法则来使用:

$$\frac{G_1}{G_2} = \left(\frac{V_{E2}}{V_{E1}}\right)^{1/3} \tag{12.12}$$

12.3 发动机本体冷却液散热量的特征

12.3.1 发动机本体冷却液散热量的组成元素

重载直喷式柴油机通常带有一个使用发动机冷却液作为冷却介质的机油冷却器。因此,发动机冷却液散热量包括机油冷却器的散热量。机油冷却器散热量主要由两部分组成:活塞的机油喷注冷却和发动机的刮滑摩擦功率损失。对于系统模拟这种目的,总的刮滑摩擦可以从测得的发动机拖动功率减去计算出的泵气损失和辅助附件耗功而得。这里说的发动机的辅助附件包括水泵、机油泵、燃油泵、发电机等。估算拖动功率的一个实用方法是油耗线法,亦称 Willan 曲线法

（Heywood，1988）。在该方法中，在燃料流量相对于有效平均压力的曲线图上，将曲线经外插插值到燃料流量等于零的那个点，便能够确定拖动工况时的有效平均压力或功率。

为了在与这部分有关的发动机系统模拟中提高精度，可以考虑采用更详细的全局式摩擦模型（Taraza 等人，2000）。这种模型由各摩擦部件和辅助附件的模型组成（例如活塞组、轴承、配气机构），包含一些反映摩擦机理的相对简单的物理模型，并包含各部件的一些最重要的设计参数。当然，对于子系统或部件层面的设计分析来讲，这种全局式模型过于粗糙，需要使用更为详细的摩擦模型。在这方面，作为用于子系统设计的先进分析工具示例，第 10 章论述了非常复杂的活塞组润滑动力学的摩擦模型。

在文献方面，French(1972)、Pimenta 和 Filho(1993)、Mian(1997)、Varghese 等人(2005)以及 Agarwal 和 Goyal(2007)研究了活塞冷却及其散热量。SAE J1244(2008)、J1468(2006)、J2414(2005)、Adams(1999)和 Adams 等人(1999)讨论了关于机油冷却器的设计和测试内容。Alkidas(1993)、Imabeppu 等人(1993)、Shaylor 等人(1996)、Franco 和 Martorano(1999)、Campbell 等人(2000)和 Luján 等人(2003)讨论了发动机冷却液散热量。Kluck 等人(1986)、Mian(1997)以及 Klingebiel 和 Kahlstorf(2000)介绍了发动机的润滑系统设计。冷却系统与润滑系统在工作机理、分析方法和模拟建模等方面联系密切。Killmann 和 Tholen(1999)介绍了风冷柴油机。

排气道散热量也属于发动机本体冷却液散热量的一部分。Hires 和 Pochmara(1976)、Rush(1976)和 Malchow 等人(1979)给出了关于这方面的计算。Norris 等人(1993)报道了关于气缸盖冷却的研究。

最后，需要补充说明的是，冷却液散热量可以表述为以下三种形式：①以 kW 或 Btu/min 为单位的传热速率（图 12.6）；②单位有效功率散热量，例如以 kW/hp 为单位；③损失于冷却液散热量的燃料总能量的百分比。在对不同的发动机进行比较时，该百分比通常是一个更为合适的竞争性基准参数。

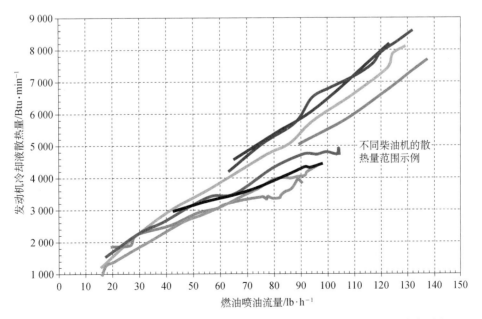

图 12.6 与燃料流量相关的发动机本体冷却液散热量的多台发动机竞争性数据分析

12.3.2 低散热量发动机

发动机冷却液散热量主要是由燃烧室内热边界层里相对较大的从缸内气体到气缸内壁的气侧热阻决定的,而不是由相对较小的从缸套外壁到冷却液的水侧热阻决定的。尽管陶瓷的导热性能比金属弱得多(低一到两个数量级),使用陶瓷作为气缸壁或缸内部件隔热材料的"绝热"发动机(即所谓的低散热量发动机,LHR)事实上并没有将散热量减少一个数量级。其原因就在于气侧热阻在整体热阻中是起主要作用的。通过减少缸内散热量改善热效率一直是低散热量发动机的主要目标。研究发现,与采用传统方式冷却的发动机相比,低散热量发动机的滞燃期和预混燃烧成分均有所减少,而扩散燃烧的持续期则有所增加。低散热量发动机的一个不利方面是,气缸壁会变得热得多,故而会加热吸入的空气并造成充量因数下降和氮氧化物排放增加。总的来讲,业界关于此类发动机的调查研究和结论仍存在很大的不一致性而没有定论。据报道,低散热量发动机在燃料消耗方面的改进幅度在4%~10%的范围内(Jaichandar 和 Tamilporai,2003)。低散热量发动机在缸内传热特性和摩擦学上的影响是非常复杂的,研究人员至今还没有完全了解。

在文献方面,以下研究人员广泛报道了关于低散热量柴油机的研究工作:Morel 等人(1986)、Assanis(1989)、Sharma 和 Gaur(1990)、Reddy 等人(1990)、Woods 等人(1992)、Kimura 等人(1992)、Kobori 等人(1992)、Schwarz 等人(1993)、Bryzik 等人(1993)、Sun 等人(1994)、Yonushonis(1997)、Kamo 等人(1987,1996,2000a,2000b,2003)、Kamo(1999)、Jaichandar 和 Tamilporai(2003,2004)、Tamilporai 等人(2003)、Hergart 等人(2005)、Sutor 等人(2005)、Saad 等人(2007)、Rakopoulos 和 Giakoumis(2007)、Yasar(2008)。

12.3.3 发动机本体冷却液散热量的敏感度分析

发动机冷却系统设计中最关键的一个参数就是散热量,因为它直接影响发动机出口的冷却液温度、耐久性和车辆前端冷却系统设计的封装性问题。一旦知道了散热量,散热器和中冷器的冷却介质流量、水泵功率和冷却风扇功率的计算都相对来讲比较容易处理。

除了能表达为单位有效功率散热量外,发动机本体冷却液散热量还可以表征为燃料能量变化率的一个"百分比"。该发动机本体散热量百分比受气缸传热面积、瞬时传热系数、发动机摩擦等影响。具体来讲,相关的设计或运行参数包括以下内容:①气缸直径和冲程;②燃烧室的体积与表面积之比,以及发动机压缩比;③气缸套、活塞和排气道设计,尤其是暴露于冷却介质的金属表面积;④涡流比和缸内湍流水平;⑤缸内的空气加排气再循环气体的充量质量与燃料质量之比;⑥进气歧管气体温度;⑦燃油喷射定时;⑧发动机转速和负荷;⑨活塞平均速度;⑩水泵和油泵功率等。

值得注意的是,缸内充量与燃料之比越大,发动机本体散热量百分比就越低。另外,喷油定时越推迟,该百分比就越低,但是有效燃油消耗率会越高(图12.1)。冷却液温度、冷却水侧的对流换热系数、气缸盖材料(铸铁或者铝合金)对冷却液散热量的影响相对较小。低油耗和低散热量的设计往往要求降低发动机本体冷却液散热量占燃料总能量的比例。图12.7中的发动机循环模拟结果表明发动机本体散热量百分比随着负荷的减小而增大。图12.8表明,从设计方向上看,减小缸内涡流会造成较低的气侧传热系数,因而会给出较低的发动机本体冷却液散热量和油耗。图12.9表明,排气道长度对气道散热量有重要影响。图12.10给出了发动机功率、排气再循环率、空燃比和涡轮增压器效率对发动机本体冷却液散热量的敏感度影响。关于燃烧参数对这个问题的影响,见图7.5和图7.6。

在固定的发动机转速下，发动机本体冷却液散热量占燃料总能量的百分比

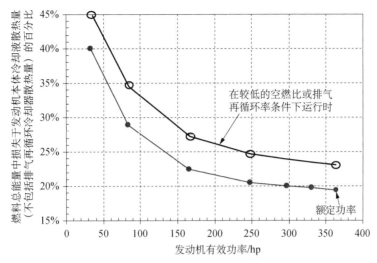

图 12.7　发动机本体冷却液散热量的特征

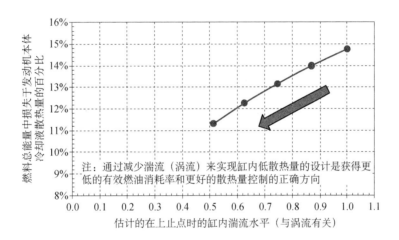

重载柴油机在额定功率和恒定的空燃比与最高缸内气体温度时的模拟结果

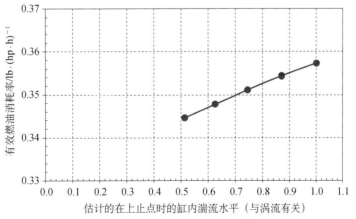

图 12.8　缸内湍流对发动机本体冷却液散热量的影响

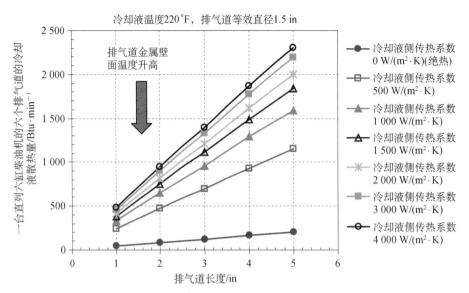

图 12.9 在额定功率时排气道长度对发动机冷却液散热量的影响

12.4 冷却系统设计计算

12.4.1 冷却系统设计中需要考虑的问题

冷却系统的性能对于发动机性能非常重要。冷却的目的是要维持发动机部件的金属温度和温度梯度处于合适的水平。例如，为了防止润滑油膜性能恶化，对于铸铁大约要求低于 380 ℃，对于铝合金，温度稍低些；对于活塞顶环槽，要求 180～200 ℃。冷却不足的发动机可能会产生下列问题：材料强度降低、高的热应变、润滑油退化、动力缸内的部件过热和刮伤、进气加热、充量因数下降等。而另一方面，冷却过度的发动机则可能会表现出燃烧变坏、燃油经济性恶化、散热量过大、活塞环和气缸套的磨损增加、发动机的摩擦和噪声变大等。如果缸套温度过低，甚至低于燃烧气体的冷凝温度，可能会导致气缸套腐蚀。重载柴油机的最大冷却能力通常是基于在车条件下在夏季高海拔地区在额定功率下运行时并且打开空调时的情况进行设计的，而在部分负荷或处于寒冷天气时，发动机冷却液可能会过冷，这样会对燃烧和性能产生不利影响。另外，在某些运行条件下，如果冷却器设计中出现过度冷却，往往需要添加额外措施来解决这种问题。例如，如果把中冷器出口的空气温度设计得低于露点温度，水就会在冷却器中凝结，这样就可能需要使用某个设备来将冷凝水分离。另一个例子是在部分负荷当排气再循环冷却器出口的气体温度过低时，在排冷器中往往会出现碳氢化合物的结垢和腐蚀问题，以及酸性蒸气的冷凝水问题。

在系统设计中，为了达到进气歧管气体温度的目标值来控制排放，在中冷器大小（实为效能）与排气再循环冷却器大小之间存在着一个平衡，而这种平衡是受它们各自所允许的封装性、耐久性和成本所限制。过冷的进气歧管混合物充量温度有时可能会对氮氧化物控制反而有害，其原因是充量过冷会增加滞燃期，造成预混燃烧部分增多和氮氧化物排放增加。

当碳烟和硫酸盐颗粒沉积在冷却管道表面时，排冷器的传热性能和流动阻力会显著恶化。在冷却器选型中，要保证在效能和压力降上留有足够的安全裕度，以考虑排冷器结垢。关于这方面的论述和相关文献，前面在耐久性部分的第 2.12 节中有过详述。Ap(2000)、Stolz 等人(2001)、

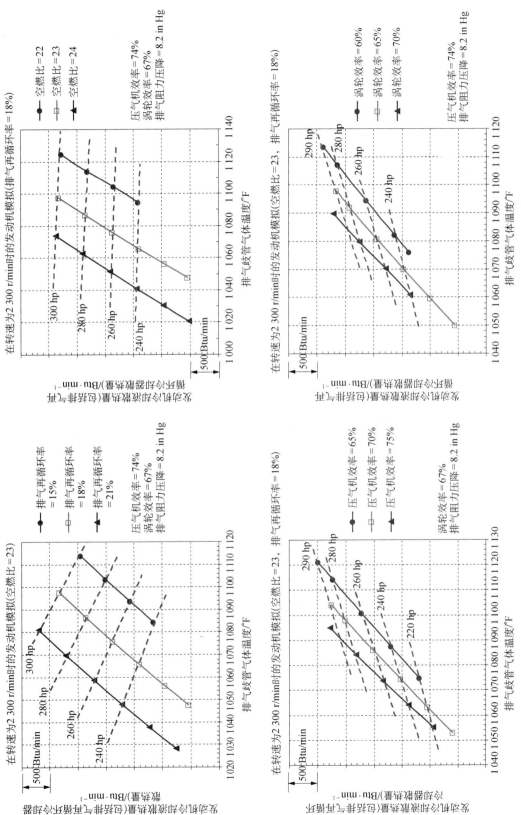

图12.10 关于不同的设计对发动机冷却液散热量影响的参变量模拟结果

Chalgren 等人(2002)、Melgar 等人(2004)、Honma 等人(2004)和 Mosburger 等人(2008)阐述了排冷器设计及其冷却性能。另外,虽然有时会见到水冷中冷器的应用(Kern 和 Wallner,1986;Chalgren 等人,2004),车用柴油机中广泛使用气冷中冷器。关于其他车辆冷却系统的设计问题或部件介绍(例如发动机机舱热管理、散热器、冷却风扇等),读者可以参考 Habchi 等人(1994)、Avequin 等人(2001)、Muto 等人(2001)、Burke 和 Haws(2001)、Chang 等人(2003)、Shah(2003)、Malipeddi(2003)、Cotton(2004)、Scott 和 McDonald(2005)的论述。

在发动机冷却液选择上,应当维持强制对流或过冷沸腾,并避免饱和沸腾。一旦发生饱和沸腾,蒸气层和膜态沸腾带来的风险就极大(详见第 2.12.2 节),往往会导致冷却器部件过热和热疲劳。SAE J814(2007)、Hannigan(1993)和 Brosel(1999)给出了关于冷却液的更多讨论。

在冷却系统设计中,性能目标往往是为了实现某个给定的进气歧管气体温度,而优化目标往往是为了在车辆前端封装性约束条件下控制或降低散热量。为了达成这些目标,需要对各种不同的冷却介质和冷却器配置方案进行选型比较。出于发动机散热量与散热器和水泵在运行特性之间的匹配性质,最热的发动机出口冷却液温度通常发生于介于最大扭矩与额定功率之间的某个中间转速。发动机系统设计需要考虑最恶劣的环境条件,以便照顾到最高发动机出口冷却液温度这类最严苛的应用情形。一些极端环境条件的例子包括海平面海拔及 38 ℃热环境、1 676 m 海拔高度及 30 ℃、3 048 m 及热环境。另外,还应当考虑由于在车状态下发动机机舱内的加热效应所引起的压气机进气温度升高现象。而且,在分析冷却介质温度(即冷却器环境温度)时,不应忽略使用空调的影响和在散热器及中冷器周围热空气再循环的影响。

在文献方面,SAE J631(2007)、J1004(2004)、J1148(2004)、J1393(2004)、J2082(1992)、J1994(2008)和 J1339(2009)提供了关于发动机冷却系统的一些基础知识。Bosch 和 Real(1990)和 Kanefsky 等人(1999)介绍了冷却系统设计的基本原理。Rahman 和 Sun(2003)、Rahman 等人(2007)和 Savage 等人(2007)对冷却系统性能的敏感度进行了分析。Tang 等人(2008)对散热器顶部水箱温度做了分析。Valaszkai 和 Jouannet(2000)、Koch 和 Haubner(2000)、Pantow 等人(2001)、Hughes 和 Wiseman(2001)、Chalgren 和 Allen(2005)以及 Burke 等人(2010)报道了冷却系统的设计和优化工作。Sakai 等人(1994)、Mohan 等人(1997)、Ap(1999)和 Hughes 等人(2001)对冷却系统进行了模拟。Chalgren 等人(2002)开发了关于排气再循环系统和冷却系统及其控制的模拟方法。

12.4.2　冷却器性能计算

冷却器性能的设计指标一般包括效能、散热量以及气侧和冷却介质侧的压力损失。散热器的热工性能计算基本上是基于两个公式:①冷却器效能的定义;②传热速率方程。现以排气再循环冷却器为例,将其传热计算示意如下。冷却器效能的定义为:

$$
\begin{aligned}
\varepsilon_{cooler} &= \frac{\text{实际传热速率}}{\text{最大可能的传热速率}} \\
&= \frac{\dot{m}_{gas} c_{p,gas} (T_{gas,in} - T_{gas,out})}{(\dot{m}c_p)_{min} (T_{gas,in} - T_{coolant,in})} \\
&= \frac{\dot{m}_{coolant} c_{p,coolant} (T_{coolant,out} - T_{coolant,in}}{(\dot{m}c_p)_{min} (T_{gas,in} - T_{coolant,in})} \\
&= \frac{T_{gas,in} - T_{gas,out}}{T_{gas,in} - T_{coolant,in}}
\end{aligned}
\tag{12.13}
$$

冷却器的散热量可以表达为

$$\dot{Q}_{\text{cooler}} = K_{\text{h}} \cdot A_{\text{h}} \cdot \Delta T_{\text{mean}} \tag{12.14}$$

式中,K_{h} 是整体传热系数;A_{h} 是传热面积。换热器平均温差的定义为

$$\Delta T_{\text{mean}} = \frac{(T_{\text{gas, in}} - T_{\text{coolant, in}}) - (T_{\text{gas, out}} - T_{\text{coolant, out}})}{\ln\left(\dfrac{T_{\text{gas, in}} - T_{\text{coolant, in}}}{T_{\text{gas, out}} - T_{\text{coolant, out}}}\right)}$$

另外,冷却器的传热速率也可以表达为

$$\begin{aligned}\dot{Q}_{\text{cooler}} &= \dot{m}_{\text{gas}} c_{p,\text{gas}} (T_{\text{gas, in}} - T_{\text{gas, out}}) \\ &= \dot{m}_{\text{coolant}} c_{p,\text{coolant}} (T_{\text{coolant, out}} - T_{\text{coolant, in}})\end{aligned} \tag{12.15}$$

对于顺流式冷却方式,冷却器效能可以按下式计算:

$$\varepsilon_{\text{cooler}} = \frac{1 - \exp\left[\dfrac{-K_{\text{h}}A_{\text{h}}}{\dot{m}_{\text{gas}} c_{p,\text{gas}}}\left(1 + \dfrac{\dot{m}_{\text{gas}} c_{p,\text{gas}}}{\dot{m}_{\text{coolant}} c_{p,\text{coolant}}}\right)\right]}{1 + \dfrac{\dot{m}_{\text{gas}} c_{p,\text{gas}}}{\dot{m}_{\text{coolant}} c_{p,\text{coolant}}}} = \frac{1 - e^{-f_{\text{NTU}}(1+\tau_{\text{c}})}}{1 + \tau_{\text{c}}} \tag{12.16}$$

对于逆流式冷却方式,冷却器效能则可以按下式计算:

$$\varepsilon_{\text{cooler}} = \frac{1 - e^{-f_{\text{NTU}}(1-\tau_{\text{c}})}}{1 - \tau_{\text{c}} \cdot e^{-f_{\text{NTU}}(1-\tau_{\text{c}})}} \tag{12.17}$$

式中,传热单元数(NTU)定义为

$$f_{\text{NTU}} = \frac{K_{\text{h}}A_{\text{h}}}{\dot{m}_{\text{gas}} c_{p,\text{gas}}} \tag{12.18}$$

另外,τ_{c} 的定义为

$$\tau_{\text{c}} = \frac{\dot{m}_{\text{gas}} c_{p,\text{gas}}}{\dot{m}_{\text{coolant}} c_{p,\text{coolant}}} \tag{12.19}$$

对于排冷器来讲,τ_{c} 的值一般非常小(大约为 0.02)。从式(12.16)或式(12.17)可以看出,排冷器效能是排气再循环气体质量流量和冷却器传热能力 $K_{\text{h}}A_{\text{h}}$ 的一个函数。需要注意的是,冷却器效能并不取决于冷却器的冷却介质温度。图 12.11 显示了计算的排冷器效能特征。中冷器和车辆散热器的稳态性能可以采用类似的方式计算。在发动机循环模拟中,冷却液温度和冷却器的冷却介质温度可以由上述公式并耦合于发动机冷却液散热量计算来求解。需要注意的是,在瞬态工况,与稳态工况不同,发动机散热量不一定等于冷却器散热量,这时冷却液或冷却介质的温度会发生变化。

至于冷却器自身的瞬态性能,Pearson 等人(2000)给出了一个关于中冷器边界条件的压力波动模型理论分析,以及预测冷却器瞬时效能和传热系数的一个方法(将它们都作为空气质量流量的一个函数处理)。

12.4.3 冷却器环境温度和冷却能力

冷却器环境温度的计算对于发动机系统设计非常重要,因为它会影响冷却系统设计以及准确

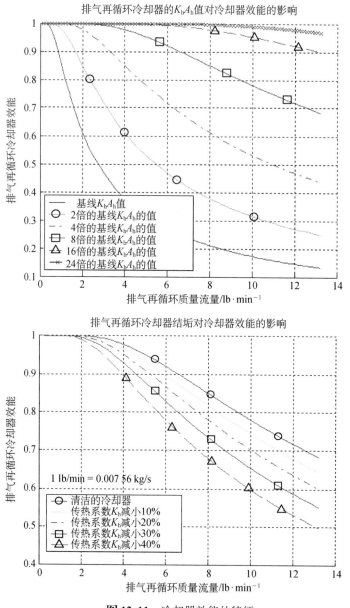

图 12.11 冷却器效能的特征

预测散热量和冷却器出口的发动机空气或气体温度。冷却器环境温度是指冷却介质的入口温度。对于中冷器或散热器来讲,该温度是指在冷却器前的冷却空气温度。对于排冷器或水冷间冷器来讲,冷却器环境温度是指冷却液入口温度。对于发动机气缸来讲,冷却器环境温度是指散热器出口的冷却液温度。如果发动机的散热量大于散热器的冷却能力,冷却液温度将以瞬态形式持续上升。如果发动机的散热量等于散热器的冷却能力,冷却液温度将以稳态形式保持不变。很明显,冷却器环境温度取决于车辆冷却系统的型式,例如中冷器是置于散热器之前还是之后。图 12.12 显示了排冷器环境温度对冷却器大小的影响。据观察,在该算例中,为了达到同样的进气歧管气体温度目标 167℉(75℃),如果排冷器环境温度增加 10℉(5.6℃),排冷器效能必须增加 1%。

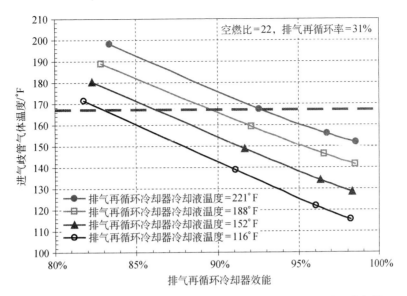

图 12.12 在 2 300 r/min 转速和 300 hp 额定功率时排气再循环冷却器
效能与冷却器的冷却液温度之间关系的模拟结果

系统设计中的一个重要参数是散热器进口冷却液温度(即顶部水箱温度)。将式(12.13)和式(12.15)用于散热器,可得以下公式计算该温度:

$$T_{RAD, InletCoolant} = \frac{\dot{Q}_{RAD, hrj}}{\varepsilon_{RAD}(\dot{m}c_p)_{min}} + T_{sink, RAD} \tag{12.20}$$

如果像在通常情况下那样将散热器置于中冷器之后,$T_{sink, RAD}$ 即等于在中冷器出口处较热的冷却空气温度,它可以用下式计算:

$$T_{CAC, CoolingAirOut} = \frac{\dot{Q}_{CAC, hrj}}{\dot{m}_{CoolingAir}c_{p, air}} + T_{CAC, CoolingAirIn} \tag{12.21}$$

式中,$T_{CAC, CoolingAirIn}$ 是中冷器环境温度,并有

$$T_{CAC, CoolingAirIn} = T_{AMB} + \Delta T_{recir} \tag{12.22}$$

式中,ΔT_{recir} 是由于中冷器前冷却空气发生回流而造成的温升。需要注意的是,$\dot{m}_{CoolingAir}$ 取决于车速、风扇转速、海拔高度(由于环境空气密度发生变化)。散热器出口的冷却液温度可以在获得散热器进口的冷却液温度后予以计算,只要散热器的散热量和冷却液的流量为已知参数。

关于冷却器冷却能力的推导,记 $(\dot{m}c_p)_{min} = (\dot{m}_{cal}c_p)_{min}f_{cm}$。式中,$\dot{m}_{cal}$ 是在选定的模型校准发动机转速下的冷却介质或被冷却充量的流量(取两者中较小值);f_{cm} 是该流量的冷却能力乘数(后面详述)。另外,记 $\varepsilon_{RAD} = \varepsilon_{RAD, cal}f_{c\varepsilon}$。式中,$\varepsilon_{RAD, cal}$ 是在模型校准条件下的散热器效能;$f_{c\varepsilon}$ 是该效能的冷却能力乘数。将散热器的冷却能力定义为

$$\Phi_{RAD} = \varepsilon_{RAD}(\dot{m}c_p)_{min} = \varepsilon_{RAD, cal}f_{c\varepsilon, RAD} \cdot (\dot{m}_{cal}c_p)_{min}f_{cm, RAD} \tag{12.23}$$

将式(12.23)代入式(12.20),可以得到以下方程:

$$\Phi_{\text{RAD}} = \frac{\dot{Q}_{\text{RAD,hrj}}}{T_{\text{RAD,InletCoolant}} - T_{\text{sink,RAD}}} \tag{12.24}$$

$$T_{\text{RAD,InletCoolant}} = \frac{\dot{Q}_{\text{RAD,hrj}}}{\Phi_{\text{RAD}}} + T_{\text{sink,RAD}} \tag{12.25}$$

$$T_{\text{sink,RAD}} = \frac{\dot{Q}_{\text{CAC,hrj}}}{(\dot{m}_{\text{cal}} c_p)_{\text{min,CAC}} f_{\text{cm,CAC}}} + T_{\text{AMB}} + \Delta T_{\text{recir}} \tag{12.26}$$

式(12.24)可以用来校准冷却能力,例如在某个工况下获取冷却空气流量 $\dot{m}_{\text{cal}}$ 和效能 ε_{cal}。在其他工况下,冷却空气流量则变为 $\dot{m}_{\text{cal}} f_{\text{cm}}$,效能则变为 $\varepsilon_{\text{cal}} f_{\text{cε}}$。相应地,冷却能力 Φ_{RAD} 按照 $\Phi_{\text{RAD,cal}} f_{\text{cε}} f_{\text{cm}}$ 也发生变化。乘数 $f_{\text{cε}} f_{\text{cm}}$ 将冷却能力从模型校准条件转换到另一转速或负荷工况或者其他环境条件(例如高海拔)下的冷却能力。因此,如果 $f_{\text{cε}}$ 和 f_{cm} 已知,在任何其他运行条件下的散热器冷却液温度可以用式(12.25)和式(12.26)计算。

定义 $f_{\text{cε}} \overset{\triangle}{=} f_{\text{cε1}} f_{\text{cε2}} f_{\text{cε3}}$ 和 $f_{\text{cm}} \overset{\triangle}{=} f_{\text{cm1}} f_{\text{cm2}} f_{\text{cm3}} f_{\text{cm4}}$。参数 $f_{\text{cε1}}$ 是冷却器效能的海拔高度乘数。在海平面海拔,$f_{\text{cε1}} \overset{\triangle}{=} 1$。在高海拔地区:

$$f_{\text{cε1}} = 1 + \frac{\rho_{\text{air,altitude}} - \rho_{\text{air,SeaLevel}}}{\rho_{\text{air,SeaLevel}} \cdot x\%} \tag{12.27}$$

环境的空气密度可以由下式计算:

$$\rho_{\text{air}} = \frac{p_{\text{AMB}}}{287 \cdot T_{\text{air}}} \tag{12.28}$$

式中,ρ_{air} 的单位是 kg/m^3;p_{AMB} 的单位是 Pa;T_{air} 的单位是 K。式(12.27)是基于以下这样一个假设构造的:冷却空气质量流量或环境空气密度减少 $x\%$ 对应于散热器效能降低 1%。例如,如果在高海拔地区散热器的冷却空气质量流量减少 75% 对应着冷却器效能降低 35%,这就意味着平均来讲冷却空气流量或环境空气密度每减少 2.14%,效能就降低 1%,即 $x = 2.14$。这个例子意味着海拔高度每增加 304.8 m(1 000 ft),发动机顶部水箱的冷却液温度大约会增加 2 ℃。

参数 $f_{\text{cε2}}$ 是表征散热器或中冷器的冷却空气流动均匀性和分布不均的一个乘数。在模型校准条件下,$f_{\text{cε2}} \overset{\triangle}{=} 1$。参数 $f_{\text{cε3}}$ 是考虑由于 $(\dot{m}c_p)_{\text{min}}$ 的变化引起冷却器效能变化的一个乘数。如图 12.13 所示,$f_{\text{cε3}}$ 可以模拟为

$$f_{\text{cε3}} = \frac{1 - (1 - \varepsilon_{\text{cal}}) \left[(\tilde{\dot{m}}_{\text{cal}} \tilde{c}_p)_{\text{min}} f_{\text{cm}} \right]^n}{\varepsilon_{\text{cal}}} \tag{12.29}$$

式中,$\tilde{\dot{m}}_{\text{cal}}$ 是在模型校准条件下经规范化后的冷却介质或被冷却充量的质量流量(取两者中较小者)。参数 ε_{cal} 是在模型校准条件下的已知效能值。式(12.29)中的指数 n 可以进行调整,以反映效能特性曲线的形状和间距(例如 $n = 0.5$)。

乘数 f_{cm1} 是关于冷却空气流量的与冷却风扇转速相关的一个乘数,与发动机转速成正比。参数 f_{cm2} 是车辆迎面风空气流速的一个乘数,与车速成正比。参数 f_{cm3} 是水泵转速的一个乘数,与发动机转速成正比。参数 f_{cm4} 是反映车辆发动机机舱内冷却空气流动阻力和任何模型校准方面不确定性的一个乘数。在模型校准条件下,$f_{\text{cm1}} = f_{\text{cm2}} = f_{\text{cm3}} = f_{\text{cm4}} \overset{\triangle}{=} 1$。如果 $(\dot{m}_{\text{cal}} c_p)_{\text{min}}$ 指的是冷却液流量(对于散热器来讲)或者发动机充量空气流量(对于气冷中冷器来讲),$f_{\text{cm1}} = f_{\text{cm2}} = f_{\text{cm4}} = 1$,因

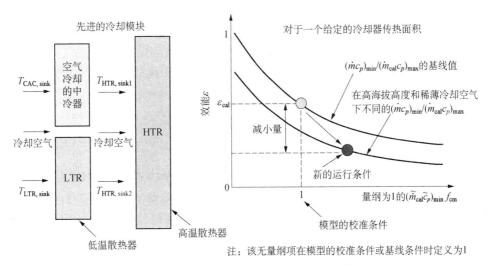

图 12.13 冷却器冷却能力和冷却器环境温度的概念

为这些乘数不适用于这些情况。对于气冷中冷器或者当 $(\dot{m}c_p)_{min}$ 指的是散热器的冷却空气流量时，$f_{cm3}=1$，因为这个乘数不适用。需要注意的是，在不同的发动机转速或运行条件下，当 $(\dot{m}c_p)_{min}$ 在冷却空气流量与冷却液流量之间切换时，便不能再使用涉及 $(\dot{m}_{cal}\,c_p)_{min}\,f_{cm,RAD}$ 的模型式(12.25)。这时，就必须使用在每个转速或运行条件下的实际 $(\dot{m}c_p)_{min}$，就像式(12.20)中那样。

式(12.25)显示，散热器冷却液温度直接取决于冷却能力。在发动机系统设计中，一个常用的做法是估算在规范化的散热器冷却能力上所需的设计变更(即本质上是效能乘以冷却空气流量)，以保证发动机出口的冷却液温度在预测的散热量下能够达到设计目标。例如，规范化冷却能力等于 1.58 表示比基准冷却能力高 58%。这代表了一种系统层面的设计要求。

发动机模拟结果表明，虽然冷却液散热量在额定功率时达到最大值，散热器进口的冷却液温度通常在最大扭矩或某个中等转速全负荷时达到最高值(即最坏情形)。另外，冷却液温度在较热环境温度下和较高的海拔地区会升高。图 12.14 显示了一台重载柴油机在全负荷曲线上的模拟算例。

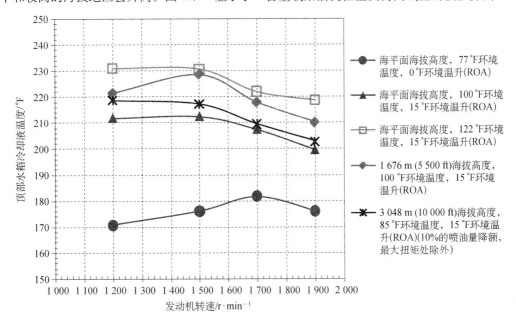

图 12.14 在全负荷时重载柴油机冷却液温度的模拟结果

本节论述的关于冷却器环境温度和冷却能力的分析方法,不仅对于在冷却系统设计和散热量控制中预测散热器进口温度十分重要,而且对于发动机冷却液散热量的准确预测也非常必要,因为只有将冷却器环境温度在发动机循环模拟中反复迭代计算,最后才能获得所有相关参数值的收敛解。

12.5 发动机暖机分析

发动机暖机是一个典型的瞬态工作过程。它会影响排放、噪声和摩擦。虽然暖机工况不是柴油机系统设计中所采用的典型运行条件,了解其瞬态散热量和冷却液温升特征与计算方法对于发动机模拟是有帮助的。为了论题涵盖的完整性,这里给出一些相关的暖机研究方面的参考文献(Shayler 等人,1993,1997;Jarrier 等人,2000,2002;Samhaber 等人,2001)。

12.6 余热回收和可用能分析

余热回收(WHR)是改进发动机热效率的一项极为重要的技术。余热回收技术大体上分两种:①将余热转化为机械能或电能(例如涡轮复合增压和热力学低温底部循环);②将余热转化为直接使用的热能(例如车厢加热和热电联产)(Mollenhauer 和 Tschoeke,2010)。

在高排气再循环发动机中,尽管冷却液散热量很大,但是由于温度较低,冷却液的可用能相当低。而且,大量排气流入排气再循环环路而非流经涡轮。所以,这种发动机在涡轮出口处的排气可用能比非排气再循环发动机的要低。这会导致涡轮复合增压的效能有所下降。除了涡轮复合增压外(该技术将在第 13.8 节详述),有机兰金循环(ORC)是另一种受到广泛关注的将废热转化为机械功或电功的余热回收技术,可减少散热量和改进燃料经济性(图 12.15)。该技术自 20 世纪 70 年代以来便得到大量研究(DiBella 等人,1983;Diehl 等人,2001;Crane 等人,2001;Kapich,2002;Li 和 Figliola,2004;Chammas 和 Clodic,2005;Arias 等人,2006;Stobart 和 Weerasinghe,2006;Teng 等人,2006,2007a,2007b;Hountalas 等人,2007;Kruiswyk,2008;Nelson,2009;Ringler 等人,

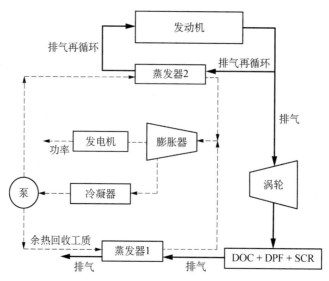

图 12.15 有机兰金循环示意图

2009；Teng，2010；Edwards 等人，2010，2012；Hirschbichler，2010；Briggs 等人，2010，2012；Chiew 等人，2011；Arunachalam 等人，2012；Latz 等人，2012；Lopes 等人，2012）。兰金循环可用于回收排气再循环散热量、中冷器散热量、涡轮出口废热，甚至发动机冷却液散热量（只是效果较差而已）。事实上，在余热回收领域，重载柴油机在未来一二十年内的总体发展趋势是从机械涡轮复合增压向电力复合增压转变，并加入兰金循环或布雷顿循环、热电转化技术和电动或机械混合动力。

余热回收技术应当用于最有潜力和最为实际的能量回收源上，即那些质高量大并能用颇具成本效益的方式进行回收的热源。热源与冷却介质之间的温差必须足够大，这样才能确保换热器的尺寸比较合理而不至于过大。排气和排气再循坏气流由于温度较高都具有高"质量"。另外，排气、排气再循环气流（在很多情况下）、冷却液在拥有热量的"数量"上都很大（见后面的图 13.16）。例如，如果燃料能量的 20% 由排气带走，那么可以使用兰金循环将 2% 的燃料能量从排气中回收为有用功。类似地，如果燃料能量的另外 15% 耗散成排冷器的散热量，那么可以使用兰金循环再从排气再循环气流回收 1.5% 的燃料能量。这些回收成曲轴轴功的 3.5% 的燃料能量可将发动机的热效率从 50% 提高到 53.5%。在中等排气再循环率水平下（例如 25%），排冷器散热量一般比涡轮出口的排气能量要低。然而，当排气再循环率大幅增加后（例如 40%），排冷器散热量可能会比涡轮出口的排气能量更高。将余热回收应用于排气再循环可以减少冷却液散热量，减轻车辆冷却系统的设计负担，使得车辆前端的散热器变小（当然兰金循环中的冷凝器会增大），改善卡车的空气动力学设计。当然，对排气再循环使用余热回收技术会增加设计和电控的复杂性。这种余热回收在改善热效率方面的效能极大地取决于排气再循环流量，而这后者则取决于发动机本体的氮氧化物排放目标和相关的氮氧化物后处理装置的转化效率。

兰金循环的主要部件包括蒸发器、膨胀器、冷凝器、泵。工质通常为三氟乙醇或具有较低全球变暖潜力值的制冷剂（例如 R245fa）。蒸发器是一个高效换热器，使用工质从排气或排气再循环气流中吸热。膨胀器一般需要能够处理两相流，将工质的热能转化为机械功或电功。膨胀器可以是轴流式涡轮、活塞式膨胀器或涡旋式膨胀器等。冷凝器也需要能够处理两相流，将余热耗散到环境中。对于车用发动机，兰金循环需要设计得尽量简单，并具备以下四个基本工作过程：①以泵压缩工质；②外部热源在定压下对工质加热；③膨胀器使用等熵膨胀产生输出功率；④在冷凝器中进行定压散热。然而，在真实的热力学循环中，膨胀器中和传热过程中所具有的不可逆性会不可避免地使得等熵膨胀和定压蒸发和冷却过程偏离理想循环（Chammas 和 Clodic，2005）。余热回收在改善发动机热效率上的潜力不仅取决于所利用的热源和车辆上的冷凝器大小，而且还取决于兰金循环部件的效率，例如涡轮式膨胀器（效率一般大约为 75%）、泵（30%）、功率传递效率（90%），以及阀门、管道、蒸发器和冷凝器中的流动阻力损失。

与混合动力系统相比，余热回收在省油潜力上更适合于没有太多的走走停停而是长时间运行于稳定的发动机转速和负荷的重载长途运输应用场合，而混合动力则更适合于有很多走走停停的轻载或中载场合。康明斯公司（Nelson，2009）报道，对发动机冷却液散热量使用余热回收能够使热效率相对增加 0.5%。这么小的好处与所涉及的额外系统成本和复杂性相比就不值得了。另外，对中冷器散热量使用余热回收能使热效率相对增加 1%。对涡轮出口排气使用余热回收能使热效率相对增加 3%~5%（基于美国 2007 年的排气再循环率水平），而对排气再循环热量使用余热回收则能使热效率相对增加 2.0%~2.5%。

兰金循环的实施困难在于系统的复杂性、重量、封装性方面的尺寸和成本（Hountalas 等人，2007）。兰金循环比涡轮复合增压系统昂贵得多，也重得多。另外，对排气进行余热回收会给车辆冷却系统增加显著的负担，这是因为原本耗散到排气管外的排气热的大部分现在都由冷凝器转而排入车辆前端,而其中只有一小部分的排气能够被回收成为有用功。这样,就要求重新设计散热器、水泵和冷却风扇,增大它们的尺寸或能力。如果车辆冷却系统不能处理这么多散热量的话,就必须考虑减少冷凝器散热量,这样则势必减少余热回收在改善发动机热效率上所带来的收益。

12.7　参考文献和书目

12.7.1　英文参考文献和书目

Adams M. 1999. New developments in oil / coolant heat exchangers for heavy duty engine and transmission applications [C]. SAE paper 1999-01-2823.

Adams M, Banzhaf M, Weiss E G. 1999. First-time use of aluminum for engine oil coolers in heavy commercial vehicles [C]. SAE paper 1999-01-0235.

Agarwal A K, Goyal S K. 2007. Experimental and numerical investigations of jet impingement cooling of piston of heavy-duty diesel engine for controlling the non-tail pipe emissions [C]. SAE paper 2007-01-0763.

Alkidas A C. 1993. Effects of operating parameters on structural temperatures and coolant heat rejection of a S. I. engine [C]. SAE paper 931124.

Ap N S. 1999. A simple engine cooling system simulation model [C]. SAE paper 1999-01-0237.

Ap N S. 2000. Exhaust heat exchange coefficient in a pipe of an internal combustion engine: EGR cooler and passenger compartment heating applications [C]. SAE paper 2000-01-0966.

Arias D A, Shedd T A, Jester R K. 2006. Theoretical analysis of waste heat recovery from an internal combustion engine in a hybrid vehicle [C]. SAE paper 2006-01-1605.

Arunachalam P N, Shen M, Tuner M, Tunestal P, Thern M. 2012. Waste heat recovery from multiple heat sources in a HD truck diesel engine using a Rankine cycle-a theoretical evaluation [C]. SAE paper 2012-01-1602.

Assanis D N. 1989. Effect of combustion chamber insulation on the performance of a low heat rejection diesel engine with exhaust heat recovery [J]. *Heat Recovery Systems & CHP*, 9 (5): 475-484.

ASTM American National Standard. Reapproved 2005. Standard test method for estimation of net and gross heat of combustion of burner and diesel fuels [S]. D4868-00.

Avequin S, Potier M, Mahe C, Gille G, Martins C. 2001. Engine cooling multi-exchanger [C]. SAE paper 2001-01-1749.

Bosch D J, Real J D. 1990. Heavy truck cooling systems [C]. SAE paper 900001.

Bowman J P, Krishnan S S, Nalim R. 2005. Cooling challenges of modern truck diesel engines [C]. *Proceedings of ICES 2005, ASME Internal Combustion Engine Division 2005 Spring Technical Conference*. Chicago, IL. April 5-7. 439-445.

Briggs I, McCullough G, Spence S, Douglas R, O'Shaughnessy R, Hanna A, Rouaud C, Seaman R. 2012. Waste heat recovery on a diesel-electric hybrid bus using a turbogenerator [C]. SAE paper 2012-01-1945.

Briggs T E, Wagner R, Edwards K D, Curran S, Nafziger E. 2010. A waste heat recovery system for light duty diesel engines [C]. SAE paper 2010-01-2205.

Brosel M B. 1999. Overview of engine coolant testing in Europe with particular regard to its development in Germany [J]. *ASTM Special Technical Publication*, 1335: 392-408.

Bryzik W, Schwarz E, Kamo R, Woods M. 1993. Low heat rejection from high output ceramic coated diesel engine and its impact on future design [C]. SAE paper 931021.

Burke J, Haws J. 2001. Vehicle thermal systems modeling using FLOWMASTER2 [C]. SAE paper 2001-01-1696.

Burke R D, Brace C J, Hawley J G, Pegg I. 2010. Review of the systems analysis of interactions between the thermal, lubricant, and combustion processes of diesel engines [J]. *Proc. IMechE, Part D: Journal of Automobile Engineering*, 224: 681-704.

Campbell N A F, Hawley J G, Robinson K, Leathard M J. 2000. Review of predictive analysis applied to IC engine coolant heat transfer [J]. *Journal of the Institute of Energy*, 73 (495): 78-86.

Chalgren R D, Allen D J. 2005. Light duty diesel advanced thermal management [C]. SAE paper 2005-01-2020.

Chalgren R D, Barron L, Bjork D R. 2004. A controllable water cooled charge air cooler (WCCAC) for diesel trucks [C]. SAE paper 2004-01-2614.

Chalgren R D, Parker G G, Arici O, Johnson J. 2002. A controlled EGR cooling system for heavy duty diesel applications using the vehicle engine cooling system simulation [C]. SAE paper 2002-01-0076.

Challen B, Baranescu R (editors). 1999. *Diesel Engine Reference Book* [M]. 2nd edition. Warrendale, PA: SAE International.

Chammas R E, Clodic D. 2005. Combined cycle for hybrid vehicles [C]. SAE paper 2005-01-1171.

Chang F-C, Malipeddi S, Uppuluri S, Shapiro S. 2003. Underhood thermal management of off-highway machines using 1D-network simulations [C]. SAE paper 2003-01-3405.

Chiew L, Clegg M W, Willats R H Delplanque G, Barrieu E. 2011. Waste heat energy harvesting for improving vehicle efficiency [C]. SAE paper 2011-01-1167.

Cotton N. 2004. New materials and new design criteria for heat exchangers [J]. *Metall*, 58 (7-8): 435-439.

Crane D, Jackson G, Holloway D. 2001. Towards optimization of automotive waste heat recovery using thermoelectrics [C]. SAE paper 2001-01-1021.

DiBella F A, DiNanno L R, Koplow M D. 1983. Laboratory and on-highway testing of diesel organic Rankine compound long-haul vehicle engine [C]. SAE paper 830122.

Diehl P, Haubner F, Klopstein S, Koch F. 2001. Exhaust heat recovery system for modern cars [C]. SAE paper 2001-01-1020.

Edwards K D, Wagner R, Briggs T. 2010. Investigating potential light-duty efficiency improvements through simulation of turbo-compounding and waste-heat recovery systems [C]. SAE paper 2010-01-2209.

Edwards S, Eitel J, Pantow E, Geskes P, Lutz, R, Tepas J. 2012. Waste heat recovery: the next challenge for commercial vehicle thermomanagement [C]. SAE paper 2012-01-1205.

Franco A, Martorano L. 1999. Methods to evaluate in-cylinder heat transfer and thermal load in the small internal combustion engines [C]. SAE paper 1999-01-1252.

French C C J. 1972. Piston cooling [C]. SAE paper 720024.

Habchi S D, Ho S Y, Elder J, Singh S. 1994. Airflow and thermal analysis of underhood engine enclosures [C]. SAE paper 940316.

Hannigan H J. 1993. Review of automotive engine coolant technology [J]. *ASTM Special Technical Publication*, 1192: 6-10.

Hergart C-A, Louki A, Peters N. 2005. On the potential of low heat rejection DI diesel engines to reduce tail-pipe emissions [C]. SAE paper 2005-01-0920.

Heywood J B. 1988. *Internal Combustion Engine Fundamentals* [M]. New York, NY: McGraw-Hill.

Hires S D, Pochmara G L. 1976. An analytical study of exhaust gas heat loss in a piston engine exhaust port [C]. SAE paper 760767.

Hirschbichler F. 2010. Exhaust heat recovery [M]//Mollenhauer K, Tschöke H (editors). *Handbook of Diesel Engines*. New York, NY: Springer. Chapter 14, 401-413.

Honma J, Murao T, Yamashita Y, Tsujita M, Sugihara H. 2004. Development of a highly efficient and reliable multi-tube EGR cooler [C]. SAE paper 2004-01-1446.

Hountalas D T, Katsanos C O, Lamaris V T. 2007. Recovering energy from the diesel engine exhaust using mechanical and electrical turbocompounding [C]. SAE paper 2007-01-1563.

Hughes C, Mitts C, Jacquelin F, Wiseman M. 2001. Heavy duty truck cooling system design using co-simulation [C]. SAE paper 2001-01-1707.

Hughes C A V, Wiseman M W. 2001. Feasibility of intelligent control strategies to reduce cooling system size [C]. SAE paper 2001-01-1759.

Imabeppu S, Shimonosono H, Hirano Y, Fujigaya K, Inoue K. 1993. Development of a method for predicting heat rejection to the engine coolant [C]. SAE paper 931114.

Jaichandar S, Tamilporai P. 2003. Low heat rejection engines-an overview [C]. SAE paper 2003-01-0405.

Jaichandar S, Tamilporai P. 2004. The status of experimental investigations on low heat rejection engines [C]. SAE paper 2004-01-1453.

Jarrier L, Champoussin J C, Yu R, Gentile D. 2000. Warm-up of a D. I. diesel engine: experiment and modeling [C]. SAE paper 2000-01-0299.

Jarrier L, Gyan P, Champoussin J C. 2002. Thermo-hydraulic oil loop modeling for I.C.E. warm-up investigation [C]. SAE paper 2002-01-2197.

Kamo L S. 1999. Preliminary investigation of developmental low heat rejection engine piston tribology [C]. *ASME 1999 Fall Technical Conference*. Paper No. 99-ICE-218. ICE-Vol. 33-1: 155-164.

Kamo L, Kamo R, Bryzik W, Mekari M, Jin Y S, Li S H. 2000b. Advancements in high temperature cylinder liner and piston ring tribology [C]. SAE paper 2000-01-1237.

Kamo L S, Kleyman A S, Bryzik W, Mekari M. 1996. High temperature tribology for piston ring and cylinder liner in advanced low heat rejection engines [C]. *ASME Internal Combustion Engine Division (publication) ICE*, 27 (2): 89-96.

Kamo L, Saad P, Mnatsakanov R, Bryzik W, Mekari M. 2003. Development of high temperature diesel engine piston ring and cylinder liner tribology [C]. SAE paper 2003-01-1104.

Kamo L, Woods M, Bryzik W, Mekari M. 2000a. Thermal barrier coatings for monolithic ceramic low heat rejection diesel engine components [C]. SAE paper 2000-01-1236.

Kamo R, Bryzik W, Glance P. 1987. Adiabatic engine trends-worldwide [C]. SAE paper 870018.

Kanefsky P, Nelson V A, Ranger M. 1999. *A Systems Engineering Approach to Engine Cooling Design* [M]. The 44th L. Ray Buckendale Lecture, SP-1541. SAE paper 1999-01-3780. Warrendale, PA: SAE International.

Kapich D. 2002. Turbo-hydraulic engine exhaust power recovery system [C]. SAE paper 2002-01-2731.

Kern J, Wallner R. 1986. Water-cooled charge air coolers for heavy diesel engines [C]. IMechE paper C116/86.

Killmann I G, Tholen P. 1999. Aircooled engines [M]//Challen B, Baranescu R (editors). *Diesel Engine Reference Book*. 2nd edition. Warrendale, PA: SAE International. 424-448.

Kimura S, Matsui Y, Itoh T. 1992. Effects of combustion chamber insulation on the heat rejection and thermal efficiency of diesel engines [C]. SAE paper 920543.

Klingebiel F, Kahlstorf U. 2000. Simulating engine lubrication systems with 1-D fluid flow models [C]. SAE paper 2000-01-0284.

Kluck C E, Olsen P W, Skriba S W. 1986. Lubrication system design considerations for heavy-duty diesel engines [C]. SAE paper 861224.

Kobori S, Kamimoto T, Luta M T. 1992. Combustion in low-heat-rejection diesel engines [J]. *JSME International Journal, Series 2: Fluids Engineering, Heat Transfer, Power, Combustion, Thermophysical Properties*, 35 (1): 1-9.

Koch F W, Haubner F G. 2000. Cooling system development and optimization for DI engines [C]. SAE paper 2000-01-0283.

Kruiswyk R W. 2008. An engine system approach to exhaust waste heat recovery [C]. *Proceedings of the Directions in Engine-Efficiency and Emissions Research (DEER) Conference Presentations*. Dearborn, MI. August 4-7.

Kruiswyk R W. 2010. An engine system approach to exhaust waste heat recovery [C]. *Proceedings of the Directions in Engine-Efficiency and Emissions Research (DEER) Conference Presentations*. Detroit, MI. September 27-30.

Latz G, Andersson S, Munch K. 2012. Comparison of working fluids in both subcritical and supercritical Rankine cycles for waste-heat recovery systems in heavy-duty vehicles [C]. SAE paper 2012-01-1200.

Li H, Figliola R S. 2004. Optimization of an automotive cooling system based on exergy analysis [C]. SAE paper 2004-01-3541.

Lopes J, Douglas R, McCullough G, O'Shaughnessy R, Hanna A, Rouaud C, Seaman R. 2012. Review of Rankine cycle systems components for hybrid engines waste heat recovery [C]. SAE paper 2012-01-1942.

Luján J M, Serrano J R, Arnau F, Dolz V. 2003. Heat transfer model to calculate turbocharged HSDI diesel engines performance [C]. SAE paper 2003-01-1066.

Malchow G L, Sorenson S C, Buckius R O. 1979. Heat transfer in the straight section of an exhaust port of a spark ignition engine [C]. SAE paper 790309.

Malipeddi S R. 2003. Guidelines for underhood thermal management of off-highway vehicles [J]. *Vehicle Thermal Management Systems*, 6: 879-888.

Melgar A, Horrillo A, Cabaco G, Castaño C, Grande J A. 2004. Theoretical and experimental methodology for the improvement of EGR-coolers design [C]. SAE paper 2004-01-0052.

Mian M A. 1997. Design and analysis of engine lubrication systems [C]. SAE paper 970637.

Mohan K V, Arici O, Yang S L, Johnson J H. 1997. A computer simulation of the turbocharged diesel engine as an enhancement of the vehicle engine cooling system simulation [C]. SAE paper 971804.

Mollenhauer K, Tschoeke H (editors). 2010. *Handbook of Diesel Engines* [M]. Johnson K G E (translator). Springer-Verlag Berlin Heidelberg.

Morel T, Keribar R, Blumberg P N, Fort E F. 1986. Examination of key issues in low heat rejection engines [C]. SAE paper 860316.

Mosburger M, Fuschetto J, Assanis D, Filipi Z, McKee H. 2008. Impact of high sulfur military JP-8 fuel on heavy duty diesel engine EGR cooler condensate [C]. SAE paper 2008-01-1081.

Muto S, Sugimoto T, Utikawa A, Yamamoto M. 2001. Development of a cooling module containing a radiator and a condenser, part 1: product design [C]. SAE paper 2001-01-1018.

Nelson C. 2009. Exhaust energy recovery [C]. *Proceedings of the Directions in Engine-Efficiency and Emissions Research (DEER) Conference Presentations*. Dearborn, MI. August 3-6.

Norris P M, Wepfer W, Hoag K L, Courtine-White D. 1993. Experimental and analytical studies of cylinder head cooling [C]. SAE paper 931122.

Pantow E, Kern J, Banzhaf M, Lutz R, Tillmann A. 2001. Impact of US02 and Euro4 emission legislation on power train cooling challenges and solutions for heavy duty trucks [C]. SAE paper 2001-01-1716.

Pearson R J, Bassett M D, Winterbone D E, Bromnick P A. 2000. Comprehensive charge-cooler model for simulating gas dynamics in engine manifolds [C]. SAE paper 2000-01-1264.

Pimenta M M, Filho R. 1993. Cooling of automotive pistons: study of liquid-cooling jets [C]. SAE paper 931622.

Rahman S, Sun R. 2003. Robust engineering of engine cooling system [C]. SAE paper 2003-01-0149.

Rahman S, Kayupov M, Li J, Mourelatos Z P. 2007. Balance between reliability and robustness in engine cooling system optimal design [C]. SAE paper 2007-01-0594.

Rakopoulos C D, Giakoumis E G. 2007. Study of the transient operation of low heat rejection turbocharged diesel engine including wall temperature oscillations [C]. SAE paper 2007-01-1091.

Reddy C S, Domingo N, Graves R L. 1990. Low heat rejection engine research status: where do we go from here? [C]. SAE paper 900620.

Ringler J, Seifert M, Guyotot V, Hübner W. 2009. Rankine cycle for waste heat recovery of IC engines [C]. SAE paper 2009-01-0174.

Rush J H. 1976. Exhaust port heat rejection in a piston engine, a preliminary report [C]. SAE paper 760766.

Saad D, Saad P, Kamo L, Mekari M, Bryzik W, Schwarz E, Tasdemir J. 2007. Thermal barrier coatings for high output turbocharged diesel engine [C]. SAE paper 2007-01-1442.

SAE Surface Vehicle Information Report J814. 2007. Engine coolants [R].

SAE Surface Vehicle Information Report J1004. 2004. Glossary of engine cooling system terms [R].

SAE Surface Vehicle Information Report J1498. 2005. Heating value of fuels [R].

SAE Surface Vehicle Information Report J2082. 1992. Cooling flow measurement techniques [R].

SAE Surface Vehicle Recommended Practice J1148. 2004. (R) Engine charge air cooler (CAC) nomenclature [S].

SAE Surface Vehicle Recommended Practice J1244. 2008. (R) Oil cooler nomenclature and glossary [S].

SAE Surface Vehicle Recommended Practice J1339. 2009. Test method for measuring performance of engine cooling fans [S].

SAE Surface Vehicle Recommended Practice J1393. 2004. (R) Heavy duty vehicle cooling test code R [S].

SAE Surface Vehicle Recommended Practice J1468. 2006. Application testing of oil-to-air oil coolers for heat transfer performance [S].

SAE Surface Vehicle Recommended Practice J1994. 2008. Laboratory testing of vehicle and industrial heat exchangers for heat transfer and pressure drop performance [S].

SAE Surface Vehicle Standard J631. 2007. Radiator Nomenclature [S].

SAE Surface Vehicle Standard J2414. 2005. Application testing of oil-to-water oil coolers for heat transfer performance [S].

Sakai T, Ishiguro S, Sudoh Y, Raab G, Hager J. 1994. The optimum design of engine cooling system by computer simulation [C]. SAE paper 942270.

Samhaber C, Wimmer A, Loibner E. 2001. Modeling of engine warm-up with integration of vehicle and engine cycle simulation [C]. SAE paper 2001-01-1697.

Savage J, Tang Y, Xie Z, Rahman S S. 2007. Sensitivity analysis of powertrain cooling system performance [C]. SAE paper 2007-01-0598.

Schwarz E, Reid M, Bryzik W, Danielson E. 1993. Combustion and performance characteristics of a low heat rejection engine [C]. SAE paper 930988.

Scott T C, McDonald L K. 2005. Cooling fan modeling to support robust AC/cooling system simulation [C]. SAE paper 2005-01-1905.

Shah R K. 2003. Advances in automotive heat exchanger technology [C]. SAE paper 2003-01-0533.

Sharma J K, Gaur R R. 1990. Some analytical investigations on a four stroke diesel engine for high specific output and low heat rejection [C]. SAE paper 900618.

Shayler P J, Chick J P, Ma T. 1996. Effect of coolant mixture composition on engine heat rejection Rate [C]. SAE paper 960275.

Shayler P J, Chick J P, Ma T. 1997. Correlation of engine heat transfer for heat rejection and warm-up modeling [C]. SAE paper 971851.

Shayler P J, Christian S J, Ma T. 1993. A model for the investigation of temperature, heat flow and friction characteristics during engine warm-up [C]. SAE paper 931153.

Sitkei G. 1974. *Heat Transfer and Thermal Loading in Internal Combustion Engines* [M]. Budapest: Akademiai Kaido.

Stobart R, Weerasinghe R. 2006. Heat recovery and bottoming cycles for SI and CI engines-a perspective [C]. SAE paper 2006-01-0662.

Stolz A, Fleischer K, Knecht W, Nies J, Strähle R. 2001. Development of EGR coolers for truck and passenger car application [C]. SAE paper 2001-01-1748.

Sun X, Wang W G, Bata R M, Gao X. 1994. Performance evaluation of low heat rejection engines [J]. *Transactions of the ASME, Journal of Engineering for Gas Turbines and Power*, 116 (4): 758-764.

Sutor P, Schwarz E E, Pangilinan H. 2005. Major advances in tribology for low heat rejection engines-a ten-year overview [C]. *Proceedings of the World Tribology Congress III-WTC 2005*. 575-576.

Tamilporai P, Baluswamy N, Jawahar P M, Subramaniyam S, Chandrasekaran S, Vijayan K, Jaichandar S, Rani J J, Arunachalam K. 2003. Simulation and analysis of combustion and heat transfer in low heat rejection diesel engine using two zone combustion model and different heat transfer models [C]. SAE paper 2003-01-1067.

Tang Y, Grall N, Savage J. 2008. Various impacting factors on a radiator top tank temperature [C]. SAE paper 2008-01-1438.

Taraza D, Henein N, Bryzik W. 2000. Friction losses in multi-cylinder diesel engines [C]. SAE paper 2000-01-0921.

Teng H. 2010. Waste heat recovery concept to reduce fuel consumption and heat rejection from a diesel engine [C]. SAE paper 2010-01-1928.

Teng H, Regner G, Cowland C. 2006. Achieving high engine efficiency for heavy-duty diesel engines by waste heat recovery using supercritical organic-fluid Rankine cycle [C]. SAE paper 2006-01-3522.

Teng H, Regner G, Cowland C. 2007a. Waste heat recovery of heavy-duty diesel engines by organic Rankine cycle, part I: hybrid energy system of diesel and Rankine engines [C]. SAE paper 2007-01-0537.

Teng H, Regner G, Cowland C. 2007b. Waste heat recovery of heavy-duty diesel engines by organic Rankine cycle, part II: working fluids for WHR-ORC [C]. SAE paper 2007-01-0543.

Valaszkai L, Jouannet B. 2000. Cooling system optimization for Euro4-EPA/02 heavy duty trucks [C]. SAE paper 2000-01-0964.

Varghese M B, Goyal S K, Agarwal A K. 2005. Numerical and experimental investigation of oil jet cooled piston [C]. SAE paper 2005-01-1382.

Wallace S J, Kremer G G. 2009. Diesel engine energy balance study operating on diesel and biodiesel fuels [C]. *Proceedings of ASME International Mechanical Engineering Congress and Exposition*, 17: 337-343.

Woods M, Bryzik W, Schwarz E. 1992. Heat rejection from high output adiabatic diesel engine [C]. SAE paper 920541.

Xin Q, Zheng J. 2009. Theoretical analysis of internal combustion engine miscellaneous heat losses [C]. SAE paper 2009-01-2881.

Yasar H. 2008. First and second law analysis of low heat rejection diesel engine [J]. *Journal of the Energy Institute*, 81 (1): 48-53.

Yonushonis T M. 1997. Overview of thermal barrier coatings in diesel engines [J]. *Journal of Thermal Spray Technology*, 6 (1): 50-56.

12.7.2　中文参考文献和书目

12.7.2.1　发动机能量平衡分析

龚正波,骆清国,张更云,唐智,曹立峰.柴油机全工况热平衡台架试验研究[J].车用发动机,2009(3):31-35.

刘忠民,俞小莉,沈瑜铭.发动机排气热量测量方法[J].农业机械学报,2007,38(7):193-195.

刘忠民,俞小莉,沈瑜铭.发动机热平衡试验研究[J].浙江大学学报(工学版),2008,42(7):1247-1250.

俞小莉,李婷.发动机热平衡仿真研究现状与发展趋势[J].车用发动机,2005(5):1-5.

12.7.2.2　发动机零散能量损失

零散热量损失

毕小平,赵以贤,刘西侠,李海军.基于集总参数法的坦克发动机热性能模型[J].燃烧科学与技术,2004,10(1):13-16.

焦其伟,张锡朝.WD615发动机可用冷却水热量分析[J].内燃机与动力装置,2007(6):22-25.

王鹏.热力学第一定律在估算柴油机冷却水量中的应用[J].船舶,2005(5):44-45.

赵以贤,毕小平,王普凯(2003a).基于集总参数法的车用内燃机传热计算机仿真研究[J].内燃机学报,2003,21(4):239-243.

赵以贤,毕小平,王普凯,刘西侠(2003b).车用内燃机冷却系的流动与传热仿真[J].内燃机工程,2003,24(4):1-5.

发动机机舱热管理

毕小平,王普凯,刘西侠,许翔.环境温度和压力对坦克柴油机冷却空气影响的CFD仿真研究[J].内燃机工程,2006,27(4):43-46.

王忠,历宝录,黄成海,唐颐,杨殿勇.后置发动机客车机舱空间温度场的试验研究[J].汽车工程,2006,28(3):262-266.

徐权奎,祝轲卿,陈自强,杨林,卓斌.基于仿真的电控柴油机ECU热优化设计[J].内燃机工程,2008,29(2):31-36.

袁侠义,谷正气,杨易,袁志群,姜乐华,苏伟.汽车发动机舱散热的数值仿真分析[J].汽车工程,2009,31(9):843-847,853.

12.7.2.3　发动机本体冷却液散热量的特征和缸内零部件传热

发动机本体冷却液散热量和缸内传热系数的特征

陈国强.满足排放法规的发动机冷却散热规律的研究[J].柴油机设计与制造,2006,14(3):5-10,15.

陈红岩,黄震.柴油机气缸内热辐射研究方法的探讨[J].内燃机工程,2000(2):27-31.

韩树,蔡锋,骆清国,张更云,桂勇.车用柴油机全工况热平衡试验研究[J].柴油机,2009,31(4):15-18.

刘明安,潘克煜,陈硕(2000a).柴油机缸内火焰辐射传热新模型[J].燃烧科学与技术,2000,6(1):32-37.

刘明安,潘克煜,陈硕(2000b).预测柴油机气缸内火焰辐射传热的一个单区模型[J].内燃机工程,2000(2):37-41.

潘克煜,周龙保,杨中乐,王琼.直喷式柴油机气缸内辐射传热的试验研究[J].内燃机工程,1996,17(4):59-67.

钱兰,陈宁.发动机壁面瞬态换热系数的试验求取与分析[J].小型内燃机,1998,27(4):10-15.

钱兰,陈宁.壁温对内燃机缸内传热影响的试验研究[J].内燃机学报,1999,17(1):91-95.

钱兰,陈宁,刘秋才,郭七一.表面温度法在缸内传热研究中的问题及探讨[J].车用发动机,1998(2):11-15.

王建昕,黄宜谅.高温冷却柴油机工作过程的研究[J].内燃机学报,1991,9(3):199-204.

熊仕涛,陈国华.柴油机缸内传热计算[J].内燃机学报,2001,19(3):215-218.

俞水良.内燃机缸内传热研究的现状[J].车用发动机,1996(2):1-6.

俞水良,蒋德明.多参数对倒拖柴油机气缸盖壁局部瞬态传热影响的实验研究[J].内燃机工程,1996,17(3):73-77,83.

张慎良,陈宁.内燃机缸内传热问题的理论分析[J].内燃机学报,1989,7(4):369-375.

周剑.壁面模型对缸内传热多维瞬态数值模拟计算的影响[J].内燃机与动力装置,2009(4):25-28.

周毅.内燃机气缸壁面传热的数值模拟[J].小型内燃机,2000,29(1):35-38.

訾琨,黄永青,朱涛,龙志军.内燃机缸内传热研究进展[J].拖拉机与农用运输车,2010,37(5):3-5.

低散热发动机

白敏丽,陈家骅,周海.绝热发动机表面瞬态传热的实验研究与解析计算[J].内燃机工程,1995,16(4):20-25.

陈炳贻.柴油机用热障涂层[J].车用发动机,1993(3):37-39.

段树林,吕林,吴锦翔,高孝洪.低散热发动机的研究现状及展望[J].车用发动机,1999(2):1-6.

韩树,姚玮.低散热柴油机燃烧过程模拟研究[J].内燃机工程,2007,28(6):20-23.

刘育民,舒国才,杨长林,王懿铭,赵奎翰.低散热发动机缓燃现象浅释[J].内燃机工程,1994,15(3):20-25.

孙平,陈英军.无冷却柴油机陶瓷活塞及气缸套的结构设计和热负荷计算分析[J].小型内燃机,1993,22(1):50-55.

张勇,张有.车用发动机低散热活塞的传热[J].内燃机工程,1999(3):43-46.

张有,张勇,孟铭,王增全.大功率车用发动机隔热活塞的结构设计及计算分析[J].车用发动机,1997(5):7-10.

水套和气缸盖的计算流体动力学分析

傅松,胡玉平,李新才,陈志忠,李国祥.柴油机缸盖水腔沸腾传热的修正计算[J].车用发动机,2010(3):39-42.

黄振宇,罗金,幺红波,宋亚东.车用柴油机冷却系统的优化设计[J].内燃机与动力装置,2009(2):22-26.

李婷,俞小莉,李迎,李京鲁,李红珍.基于有限元法的活塞-缸套-冷却水系统固流耦合传热研究[J].内燃机工程,2006,27(5):41-45.

李迎,俞小莉,陈红岩,李孝禄.发动机冷却系统流固耦合稳态传热三维数值仿真[J].内燃机学报,2007,25(3):252-257.

刘巽俊,陈群,李骏,李康,陈海娥.车用柴油机冷却系统的CFD分析[J].内燃机学报,2003,21(2):125-129.

骆清国,刘红彬,龚正波.柴油机缸体-缸套-缸盖-冷却水整体耦合传热仿真研究[J].车用发动机,2009(1):31-35.

王虎,桂长林.内燃机缸体-冷却液流固耦合模型的共轭传热研究[J].汽车工程,2008,30(4):317-321,353.

徐劲松,毕玉华,申立中,雷基林,梁晓瑜.增压中冷柴油机冷却水套流动特性研究[J].汽车工程,2010,32(11):956-961.

张强,王志明.基于CFD的船用柴油机缸体水套设计[J].内燃机学报,2005,23(6):548-553.

赵伟,苏铁熊.缸盖冷却水的沸腾传热模型[J].内燃机与配件,2010(6):5-7,14.

缸内零部件传热

白敏丽,丁铁新,吕继组.活塞组-气缸套耦合传热模拟[J].内燃机学报,2005,23(2):168-175.

白敏丽,蒋惠强,陈家骅.发动机活塞组-缸套整体耦合系统瞬态温度场数值模拟[J].小型内燃机,1994,23(4):12-16.

白敏丽,沈胜强,陈家骅,张志千(2000a).内燃机传热全仿真模拟研究进展综述[J].内燃机学报,2000,18(1):96-99.

白敏丽,沈胜强,陈家骅,张志千(2000b).燃烧室部件耦合系统循环瞬态传热模型的研究[J].内燃机学报,2000,18(1):100-103.

白敏丽,沈胜强,陈家骅,张志千.燃烧室部件耦合系统过渡工况传热全仿真模拟研究[J].内燃机学报,2001,19(3):229-234.

丁铁新,白敏丽.用耦合分析法解决内燃机活塞传热问题[J].小型内燃机与摩托车,2004(5):8-11,41.

范立云,冯立岩,隆武强,许锋,孙秀峰.接触热阻的方法在活塞组耦合模型有限元分析中的应用[J].内燃机工程,2005,26(4):39-42.

陆瑞松.内燃机的传热与热负荷[M].北京:国防工业出版社,1985.

王义春,杨立红,卡夫塔拉泽 R.内燃机缸内进气涡流强度对局部传热的影响[J].车用发动机,2002(3):10-13.

杨万里,陈国华,陈燕,王春发(2003a).内燃机燃烧室耦合零件系统过渡工况的传热模拟[J].内燃机学报,2003,21(2):161-166.

杨万里,陈国华,王春发,廖全勇(2003b).内燃机缸内零件系统传热的计算机模拟进展[J].小型内燃机与摩托车,2003,32(2):46-48.

张卫正,魏春源,陈光辉.内燃机整机散热量的多模型耦合计算[J].内燃机学报,2000,18(4):435-438.

赵宏国,白敏丽,王宇,吕继组,周龙.耦合法在柴油机传热研究中的应用[J].小型内燃机与摩托车,2007,36(6):1-5.

12.7.2.4 冷却系统设计计算和匹配

冷却系统设计和匹配

陈华进.大中型养路机械用柴油机冷却系统匹配技术研究[J].柴油机,2006,29(2):33-36,53.

成晓北,潘立,鞠洪玲(2008a).现代车用发动机冷却系统研究进展[J].车用发动机,2008(1):1-7.

成晓北,潘立,周祥军(2008b).车用发动机冷却系统工作过程与匹配计算[J].汽车工程,2008,30(9):758-763.

崔洪江,孙培廷,李明海.内燃机车冷却系统虚拟样机建模与仿真研究[J].内燃机车,2010(4):1-5,19.

董军启,陈江平,何新燕.车辆发动机冷却模块试验与仿真研究[J].内燃机工程,2008,29(5):75-79.

段宏昌.发动机的内部冷却技术[J].车用发动机,1996(4):12-17.

桂勇,骆清国,张更云,韩树,龚正波.高功率密度柴油机智能冷却系统设计研究[J].车用发动机,2008(增刊):62-65.

郭新民,高平,吴海荣,傅旭光,刘永进.筑路机械发动机冷却系统的改进设计[J].内燃机,2006(1):6-8,16.

韩树,蔡锋,骆清国,张更云.军用履带车辆柴油机冷却系统研究与发展综述[J].内燃机,2007(5):5-8.

韩树,蔡锋,骆清国,张更云.车用发动机冷却系统控制仿真研究综述[J].内燃机,2008(5):1-4.

韩恺,赵长禄,朱秀娟,高思远.动力装置冷却系统分布式仿真的研究与实现[J].汽车工程,2009,31(10):952-956.

赫强,梁烽,杨林,卓斌.基于Simulink的柴油机冷却水温度实时仿真模型[J].车用发动机,2004(2):32-35.

胡骅.后置水冷发动机客车底盘冷却系的布置[J].客车技术与研究,1991,13(3):207-211.

黄河,刘伟楠.后置发动机的机油散热[J].客车技术与研究,1996,18(4):215-219.

蒋彤.降低柴油机机油温度的分析和研究[J].山东内燃机,2004(3):39-43.

蒋学锋.后置发动机汽车冷却系统的研究[J].汽车技术,2000(2):10-13.

孔丽君.交流传动机车冷却技术的发展[J].内燃机车,2009(4):1-5,16.

李春荣.论如何从设计和配套上解决发动机水温不正常的问题[J].内燃机,2008(4):18-21,33.

李晓田,王安麟,吴仁智.工程机械柴油机动态工况冷却系统热平衡研究[J].内燃机工程,2009,30(4):43-47.

李彦.单缸柴油机散热器冷却系统的设计研究[J].小型内燃机与摩托车,2010,39(1):39-41,91.

李云龙,韩恺.集成仿真在发动机冷却系统设计中的应用[J].车辆与动力技术,2008(3):27-30,39.

梁小波,袁侠义,谷正气,杨易,袁志群.运用一维/三维联合仿真的汽车热管理分析[J].汽车工程,2010,32(9):793-798,817.

刘桂林.客车冷却系统的设计[J].客车技术与研究,2008(2):32-35.

刘疆,骆周全.无水冷却液在发动机上的应用[J].柴油机设计与制造,2005,14(4):32-38.

刘伟,邱东杰.大功率干线内燃机车冷却水系统的研究[J].内燃机车,2009(4):6-10.

刘毅.内燃机工作温度对使用寿命的影响[J].汽车技术,2000(4):34-36.

刘毅,周大森,张红光.车用内燃机整机热平衡动态传热模型[J].内燃机工程,2006,27(6):47-50.

刘毅,周大森,张红光.车用内燃机冷却系统动态传热模型[J].内燃机工程,2007,28(3):49-51.

刘越琪,耿晓哲.汽车发动机冷却系仿真优选方法的研究[J].内燃机工程,2006,27(4):51-54.

卢广锋,郭新民,孙运柱,尹克荣,牟晓玉.汽车冷却系统水温对发动机性能的影响[J].山东内燃机,2002(1):29-33.

陆国栋,俞小莉,张毅,李逆.装载机冷却组优化匹配的试验研究[J].内燃机工程,2005,26(4):47-49.

骆清国,冯建涛,刘红彬,陈明飞.基于耦合仿真的柴油机冷却系统自行加温过程研究[J].车用发动机,2010(3):60-63.

马虎根,李美玲,李科群,张生.汽车发动机冷却系统计算机辅助设计[J].汽车工程,2000,22(3):207-209.

齐斌,倪计民,顾宁,仲韵.发动机热管理系统试验和仿真研究[J].车用发动机,2008(4):40-43.

祁照岗,陈江平,陈芝久.汽车空调系统与发动机冷却系统的耦合分析[J].汽车工程,2006,28(5):471-473.

盛明星.整车冷却系统优化匹配方法浅谈[J].柴油机设计与制造,2006,14(2):9-13,17.

汤启源.几种内燃机车冷却技术的比较[J].内燃机车,1997(3):1-5,43.

田红霞.发动机热管理试验技术研究[J].内燃机与动力装置,2010(4):17-19.

王刚,李云清,梁新月,张志强.对某型发动机冷却系统的设计与匹配研究[J].车辆与动力技术,2007(4):32-35.

王平.提高内燃机车冷却能力计算的准确性探讨[J].内燃机车,1996(6):12-16.

王湘卿,李中华.坦克装甲车辆散热系统的设计与试验[J].车辆与动力技术,2007(3):1-6.

王兆媛.散热器、中冷器和风扇的选型校核计算[J].柴油机设计与制造,2009,16(4):20-31.

汪茂海,陈涛,张扬军,杨宏,刘景平,诸葛伟林.高原发动机热管理系统性能分析研究[J].汽车工程,2010,32(10):851-853,864.

文坤坤.重卡冷却系统匹配性探讨研究[J].内燃机,2010(5):21-22,30.

向建华,张卫正,原彦鹏,张新宇.坦克冷却系统的整体优化匹配研究[J].车辆与动力技术,2003(4):29-33.

徐磊,亢文祥.内燃机车冷却系统技术经济模型的建立及优化设计[J].内燃机,2003(12):9-11.

严永华.工程机械用柴油机冷却系统匹配技术研究[J].柴油机设计与制造,2004(3):21-25,37.

杨俊杰,汤启源.内燃机车冷却系统的优化设计计算法[J].内燃机车,1992(7):1-4,20.

姚仲鹏,王新国.车辆冷却传热[M].北京:北京理工大学出版社,2001.

于恩中,孙彦君,吴明,徐伟峰,李政.发动机后置客车冷却系的总体布置与设计[J].客车技术与研究,2006(3):30-31,36.

于海群,魏琪.汽车发动机冷却系统动态特性仿真[J].内燃机与动力装置,2006(5):24-28.

于莹潇,袁兆成,田佳林,马家义.现代汽车热管理系统研究进展[J].汽车技术,2009(8):1-7.

余云,刘伟红.SL6601型客车发动机过热问题的分析及改进措施[J].汽车技术,2001(10):36-37.

张金柱.现代发动机冷却系统的发展趋势[J].山东内燃机,2005(3):6-8.

张铁柱,张洪信.水冷柴油机最佳冷却液工作温度的试验研究[J].内燃机学报,2002,20(4):377-380.

张雯静.客车冷却系的设计与布置[J].客车技术与研究,2007(2):37-39.

张毅,俞小莉,陆国栋,夏立峰,蒋平灶(2006a).间距对散热器模块匹配性能影响的试验研究[J].内燃机工程,2006,27(5):46-49.

张毅,俞小莉,陆国栋,夏立峰,蒋平灶(2006b).安装参数影响散热器模块性能的风洞研究[J].汽车工程,2006,28(5):455-459.

张钊,张扬军,诸葛伟林.发动机电控冷却系统性能仿真研究[J].汽车工程,2005,27(3):296-299.

赵东梅,谷中师,王义春.电传动车辆冷却系统优化设计[J].重型汽车,2003(1):15-17.

赵军.重型载重车发动机冷却系统设计改进及试验研究[J].柴油机设计与制造,2008,15(3):28-31,35.

赵利德.后置大客车的冷却系设计[J].客车技术与研究,2002,24(3):20-21,25.

左卫民.汽车空调与发动机性能匹配研究[J].内燃机,2000(5):31-33.

中冷器

方祖华,张建华,侯树荣,孙济美.空-空中冷器特性的研究[J].车用发动机,1997(4):44-47,55.

谷操,姜红霞,白宇.坦克装甲车辆新型中冷系统技术探讨[J].车辆与动力技术,2007(3):52-54.

何雅玲,唐连伟,高健,陶文铨.一种新型车用柴油机中冷器的热力计算方法及分析[J].内燃机学报,2005,23(5):447-450.

黄流军.中冷技术对涡轮增压柴油机性能影响的研究[J].小型内燃机与摩托车,2010,39(1):20-23.

李国祥,顾宏中,刘云岗,陆辰,陆家祥.车用柴油机气-气中冷器数学模型及应用[J].内燃机学报,1997,15(3):327-332.

刘云岗,李德钢,张锡朝,张济勇.冷轧翅片管式中冷器的设计计算方法[J].内燃机学报,2003,21(5):361-364.

刘云岗,李国祥,王仁人,陆家祥.车用增压柴油机中冷器数学模型[J].农业机械学报,1997,28(2):15-18.

陆国栋,俞小莉,夏立峰.中冷器位置对柴油发电机冷却机组性能的影响[J].农业机械学报,2007,38(2):69-71.

任淑琼.铝翼散热管式中冷器的设计计算方法[J].山东内燃机,2004(4):35-38.

汪佐怀,赵冬梅.机车柴油机行驶风中冷器初探[J].内燃机车,2000(3):26-28.

姚仲鹏,王义春.强化型管片式空冷器传热元件的研究[J].内燃机学报,1996,14(1):92-96.

张峰,高东顺.柴油机中冷器结构与设计[J].内燃机车,2002(2):1-5.

张建华,方祖华,张纪鹏,孙济美.车用增压柴油机中冷器模型及其性能预测[J].内燃机学报,1995,13(1):65-70.

郑光,欧国强,肖冰.内燃机车中冷器热负荷计算与设计[J].内燃机车,2005(10):10-14.

换热器

唐作兴,蒋文明.发动机机油冷却器的设计原理及应用[J].内燃机,1999(1):9-12.

王谦,罗新浩,吴小勇,何志霞,高永平.柴油机废气再循环冷却器的改进设计[J].农业机械学报,2005,36(2):16-18,34.

余金秋,张文锋.板翅式机油冷却器在发动机中的应用与设计[J].柴油机设计与制造,2006,14(1):28-32.

周永刚,赵书明.客车燃油加热器的匹配计算[J].客车技术与研究,2003,25(6):16-17.

散热器

曹金山.重型汽车散热器由铜换铝可行性研究[J].重型汽车,2007(1):10-13.

陈吉安,王登峰,郑联珠,彭巧励,吕伟.散热器散热规律分析与最佳工作参数的确定[J].农业机械学报,2000,31(4):81-84.

黄晖,马翠英.汽车散热器的材料及其发展[J].内燃机,2005(5):36-38,51.

黄晖,马翠英,李国祥.汽车散热器材料及其制造新技术[J].客车技术与研究,2006(4):45-48.

亢文祥,徐磊,王兆华.内燃机车散热器散热面积与冷却风扇功率的匹配[J].内燃机车,2003(5):12-14,33.

李科群,李美玲,关欣,马虎根.内燃机散热器的设计研究[J].内燃机工程,2001,22(4):66-69.

李岳林,张志沛,郭晓汾.管片式散热器在汽车发动机冷却系匹配设计中的数值模拟[J].汽车工程,2001,23(1):64-66,71.

马虎根,李美玲,李科群.汽车散热器传热及阻力特性的预测方法[J].内燃机工程,2002,23(1):33-36.

唐进元,亢文祥,杨相稳.DF7型内燃机车散热器散热特性研究[J].内燃机工程,2006,27(6):51-54.

王贤海.汽车散热器发展现状及新技术[J].重型汽车,2007(6):13-15.

燕来荣.汽车水冷发动机散热器技术的发展方向[J].客车技术与研究,2007(5):31-33,51.

张行周,马重芳.汽车发动机散热器特性仿真研究[J].车用发动机,2005(4):23-26,34.

张秀琴,苏清祖,王忠.汽车散热器性能评价的分析法[J].汽车工程,2005,27(6):751-753.

风扇

安相璧,刘瑞林,孙武全,赵传利,王大玮,周广猛.海拔高度对电磁风扇离合器工作特性影响的试验研究[J].汽车技术,2007

(1):28-30,40.

陈文,刘立明,周小伟,梁升.军用车辆动力舱排风控制研究[J].车辆与动力技术,2005(4):44-47,62.

戴宏鸣.硅油风扇离合器简介[J].柴油机设计与制造,2004(1):54-56.

郭新民,高平,孙世民,郭清南,丁健鲁.自控电动冷却风扇在汽车发动机上的应用[J].内燃机工程,1993,14(1):79-82.

郭新民,郭清南,丁健鲁,高平,王荣军,杨连富.车用发动机冷却风扇驱动方式的探讨[J].车用发动机,1991(4):44-47.

姬芬竹,杜发荣,卫尧.风冷发动机冷却风扇试验和数据处理的探讨[J].内燃机工程,2001,22(3):48-50,55.

刘青.客车冷却系统风扇驱动方式研究[J].客车技术与研究,2010(1):29-31.

刘瑞林,孙武全,岳新莉,赵传利,宋兰庭,吴晓.不同海拔高度硅油风扇离合器对发动机性能影响的研究[J].内燃机学报,2004,22(6):510-513.

刘晓晴,胡军.电动冷却风扇低能耗、低噪声大客车的研发[J].客车技术与研究,2007(6):19-22.

刘越琪,耿晓哲,潘秀明.风扇在汽车发动机冷却系统中的匹配与优选方法[J].内燃机,1997(4):5-8.

马源,马彪.车辆冷却风扇调速技术的现状和发展[J].车辆与动力技术,2003(2):50-53,58.

上官文斌,王益有,吴敏,刘敦绿(2010a).基于无量纲性能曲线的发动机冷却风扇设计方法[J].汽车工程,2010,32(5):455-458.

上官文斌,吴敏,王益有,刘敦绿(2010b).发动机冷却风扇气动性能的计算方法[J].汽车工程,2010,32(9):799-802.

向建华,张卫正.基于MATLAB的离心风扇优化设计[J].内燃机工程,2002,23(1):29-32.

杨建华,唐维新,袁文华.风冷发动机离心式冷却风扇的优化试验技术[J].内燃机工程,2002,23(1):81-84.

尹静,孙燕,郭新民.发动机冷却系统驱动方式的现状及发展方向[J].山东内燃机,2003(4):4-6.

张仁新.环形风扇的选型及在发动机上的布置设计要点——中重型商用车冷却系统[J].柴油机设计与制造,2005,14(2):55-56.

水泵

张道中.高速柴油机离心水泵的基本参数分析[J].内燃机,1989(5):41-45.

张纪鹏.柴油机与冷却水泵的匹配分析[J].汽车技术,1991(4):10-13.

12.7.2.5 发动机暖机分析

刘忠民,俞小莉,沈瑜铭.发动机热平衡试验研究[J].浙江大学学报(工学版),2008,42(7):1247-1250.

盛明星,严永华,花德保,费英.冬季如何提高柴油机冷却液温度[J].柴油机设计与制造,2007,15(3):29-32.

姚春德,高雪飞.降低柴油机暖车阶段有害物HC、碳烟排放的试验研究[J].车辆与动力技术,2003(3):1-6.

姚春德,高雪飞,傅晓光,刘文胜(2003a).减少柴油机暖机阶段HC排放的控制策略研究[J].小型内燃机与摩托车,2003,32(2):22-24.

姚春德,高雪飞,傅晓光,刘文胜(2003b).柴油机暖车阶段未燃碳氢排放影响因素的研究[J].天津大学学报,2003,36(5):557-561.

张卫东,岳云.发动机系统热力学模拟的现状[J].车用发动机,2000(3):7-11.

12.7.2.6 余热回收和可用性分析

甘念重.船舶主机热平衡分析及其余热利用[J].船海工程,2008,37(2):66-69.

谷操,张敏,卫继新.装甲车辆发动机尾气余热发电的一种新思路[J].车辆与动力技术,2007(3):49-51.

黄根法.柴油机余热在空调领域的应用[J].柴油机,2002(2):43-45.

景国辉,范建新.船舶柴油机总能利用系统技术发展概况[J].柴油机,2010,32(6):1-4.

聂相虹,俞小莉,方奕栋,陈平录.基于冷却水能量回收的气动/柴油混合动力试验研究[J].内燃机工程,2010,31(5):58-62.

彭庆华,张弘韬,齐晓明,马书恒.客车水暖系统的优化设计[J].客车技术与研究,2006(3):32-34.

秦洪武,赵闯,谢文磊,臧志成,胡剑文,周欣平.发动机排气热能回收装置工作过程的试验研究[J].小型内燃机与摩托车,2007,36(6):16-18.

孙文学,徐永绥,傅远征.内燃机车余热分析与利用[J].内燃机车,2007(7):26-27.

唐振龙.汽车废气余热再利用新思路[J].客车技术与研究,2004,26(3):30-31.

赵重文,谢幼华.客车采暖技术的现状与发展趋势[J].客车技术与研究,2000,22(1):6-9.

13

柴油发动机空气系统设计

摘要：本章提出了基于循环工作过程模拟的柴油发动机空气系统设计理论，包括涡轮增压器、歧管和排气再循环(EGR)系统，论述了第4章所提出的泵气损失控制和子系统相互作用理论的具体应用。首先概述由排放配方(即空燃比、排气再循环率、进气歧管气体温度等)所决定的空气系统要求，然后讨论不同的排气再循环系统型式、涡轮增压器匹配和排气歧管设计。在比较全面地展示现代涡轮增压排气再循环柴油机的热力学第二定律分析后，本章给出了详细的涡轮复合增压分析。最后，以理论分析和数值模拟相结合，提出了一个关于减小排量、降低转速和降低呼吸的统一理论，以改进发动机的燃料经济性。

13.1 发动机空气系统设计的目的

柴油机空气系统主要包括进气歧管、排气歧管、涡轮增压器、中冷器(CAC)、排气再循环环路、进气节气门(IT)、排气背压阀(EBP阀门)、其他空气或气体控制阀、配气机构。空气系统与其他系统的关系如图13.1所示。空气系统的设计目标是实现所需要的空燃比、排气再循环率、排气温度和进气氧浓度，以便满足发动机本体的排放要求和后处理系统的运行要求，同时实现最低的泵气损失和油耗，并在所有驾驶和环境条件下所涉及的发动机转速和负荷的工作区域内不违反任何耐久性设计约束条件。低泵气损失可以依靠低发动机压差获得。容积效率或称充量因数也会影响泵气损失，其具

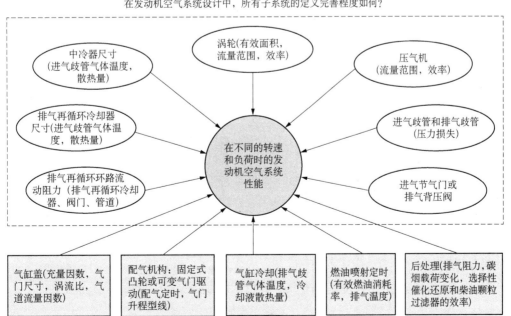

图13.1 柴油机空气系统设计的边界

体效应取决于流动阻力和配气定时等不同的机理。设计约束条件一般包括气缸压力、排气歧管气体压力和温度、发动机压差、压气机出口空气温度、涡轮增压器转速、冷却液散热量等参数的最大限值。设计约束条件也包括某些最小限值,例如令人满意的进气歧管气体温度和压气机喘振裕度。需要注意的是,来自柴油机后处理装置的要求对于空气系统来讲是全新的挑战。空气系统设计的核心是控制泵气损失。第 4 章提出了空气系统的设计原则所基于的泵气损失理论和数学公式构造。本章将重点论述它们在发动机上的工程应用。图 13.2 展示了发动机压差与油耗之间的直接相关性。图 13.3

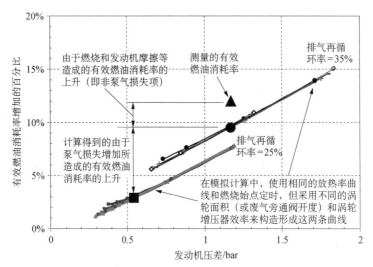

图 13.2 在额定功率时发动机压差对有效燃油消耗率的影响

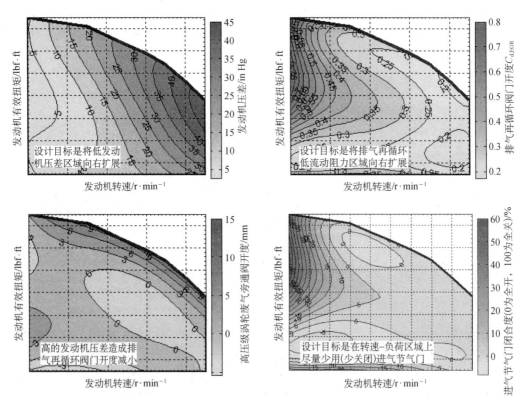

图 13.3 呈现在转速和负荷区域上的发动机空气系统控制参数

展示了某些空气系统控制因子的典型特性以及它们在发动机转速和负荷区域上的正确设计方向。

13.2 低排放设计对空气系统要求的概述

在给定排量的发动机本体设计中,有五大因素直接影响空气系统的性能,具体来讲是在容积效率(充量因数)、散热量、泵气损失和机械摩擦方面的性能。这五大因素是:①气缸数;②行程缸径比;③气门流通面积(与气门数和气门尺寸有关);④气门重叠高度;⑤用来衡量参与燃烧的空气所占比例的"K因子"。K因子是指活塞顶部凹腔容积与位于上止点的总燃烧室容积之比。气缸数量较少会导致部件较少和材料成本较低,但是会增加每个气缸的往复运动质量。往复惯性力在高转速时一般较高,采用较多的气缸数目是减小惯性力的方法之一。增加气缸数目会增大面容比和传热损失。较大的行程缸径比能够减小活塞环周长和在冷起动过程中可能发生的漏气,另外也能减小位于上止点处的缸内容积的面容比和传热损失。较小的行程缸径比允许使用较大的进气门或排气门尺寸,以获得较高的容积效率和较低的泵气损失。发动机的摩擦力和惯性力随活塞平均速度的增加而增大,而活塞平均速度正比于行程缸径比。K因子影响空气系统设计,因为它不仅与活塞组、气缸盖和垫片的容差有关,而且也与气门凹陷量或活塞上的气门坑深浅有关,因而与在上止点的气门重叠高度有关。K因子越大,燃烧室内的死体积就越小。气门重叠角是与发动机的"呼吸"性能和配气机构动力学有关的关键设计参数。减小余隙容积能够增大K因子、减少碳烟排放、改进排烟极限。发动机数据分析表明,K因子似乎具有一个以行程缸径比为函数的趋势。当行程缸径比从1.0变到1.2时,K因子的范围大体上从0.7增加到0.8。最佳的系统设计是在行程缸径比、K因子与气门重叠高度之间的一个最佳权衡。

现代柴油机中流行的气缸盖设计是采用四气门。与两气门设计相比,四气门具有以下一些优点:①具有较高的容积效率;②允许使用位于气缸盖中心的垂直型喷油器;③能够关闭两个进气道中的一个以便调节涡流;④具有较轻的配气机构重量和较好的配气机构动力学性能。在进气道设计中,恰当的涡流比需要基于以下一些因素来确定:①与喷油参数相匹配以便具有良好的贯穿和混合特性;②与燃烧室形状相匹配以便实现恰当的空气运动和空气利用率;③与气缸直径相匹配以便控制喷油撞壁和气缸壁上的燃油油膜蒸发;④与气道流量因数或容积效率达成适当的权衡;⑤高低转速之间的涡流水平处于适当的平衡;⑥气缸冷却液散热量需要令人满意(它受缸内空气湍流影响极大)。目前重载柴油机设计的趋势是减小进气涡流比并增加喷油压力、喷孔数和燃烧室直径。Gale(1990)详细评述了柴油机气缸盖的设计工作。

与自然吸气发动机相比,涡轮增压中冷能够提高空燃比和减少碳烟排放。提高喷油压力也能够大大减少碳烟。氮氧化物主要依靠使用排气再循环和推迟喷油定时来控制。为了在车用柴油机所具有的较宽转速范围内满足不同的空气量需求,固定截面涡轮已逐渐被废气旁通涡轮或可变截面涡轮所取代。涡轮增压所形成的发动机压差可以由调节涡轮面积来改变,以便在高压环路排气再循环系统中驱动排气再循环气流。排气再循环系统的另一种型式是使用低压环路用压气机将排气再循环气体泵送入进气歧管。涡轮增压、进气道与凸轮型线之间的协调联合设计以及与排气再循环系统的恰当匹配,是在较宽转速范围内满足空气流量要求之关键。关于涡轮增压排气再循环柴油机的空气系统型式和性能方面的更多基础知识,读者可以借鉴 Jacobs 等人(2003)和Hochegger 等人(2002)的论述。

涡轮出口气体温度和排气歧管气体温度是空气系统设计中的另外两个关键参数。前者涉及后处理装置再生,而后者影响涡轮增压器性能,另外也常被用来衡量发动机部件的热负荷。当缸内气体温度升高时,动力缸内部件的热通量一般会增加,有时排气歧管气体温度也会增加。采用下列措施可以降低排气歧管气体温度:①增大空燃比或排气再循环率;②将喷油定时提前;③加强气缸冷却。过去,当柴油机的设计不是按照排放驱动的逻辑进行的时候,涡轮增压参数是基于涡轮进气温度目标值来选择的,而后者则是基于令人满意的热负荷和发动机可靠性的要求所确定的,并对应于一定的空燃比和较大的气门重叠角。涡轮面积和压比是基于所需的进气增压压力和增压器的效率决定的。现在的情况则完全不同,这是因为需要采用排放驱动的逻辑进行设计。涡轮增压器的选型标准改变为根据空燃比和排气再循环率来确定,以首先满足排放要求,而排气歧管的最高气体温度是作为一个耐久性设计约束条件来使用的。

13.3　排气再循环系统型式

13.3.1　排气再循环系统的分类

排气再循环系统可以分为外部和内部两类。内部排气再循环通常是不带冷却的,指的是滞留在气缸中的燃烧产物残余废气和从排气歧管或排气道倒流进入气缸内的气流。虽然带冷却的外部排气再循环系统的散热量较大,从而会增加冷却系统的设计负担,但是它在节能减排方面比不带冷却的内部排气再循环一般来讲要有效得多。外部排气再循环可以进一步分为高压环路(HPL)、低压环路(LPL)、混合型(双环路)三类(图13.4)。

在文献方面,Siewert 等人(2001)和 Partridge 等人(2002)研究了柴油机排气再循环与空气之间的混合问题。Akiyama 等人(1996)、Baert 等人(1996,1999)、Kohketsu 等人(1997)、Mattarelli 等人(2000)、Graf 等人(2000)、Lundqvist 等人(2000)、Luján 等人(2001)、Osborne 和 Morris(2002)、Andersson 等人(2002)、Chatterjee 等人(2003)、Maiboom 等人(2008)和 Shutty(2009)对各种柴油机排气再循环系统进行了广泛研究。

13.3.2　排气再循环发动机的设计原则

减少发动机泵气损失是排气再循环系统设计中最重要的目标。现代柴油机的油耗在很大程度上由泵气损失所主导(图13.2)。控制泵气损失至关重要,其原因有三:①在高排气再循环发动机中从最大扭矩到额定功率工况的宽广转速范围内保持低油耗;②增大空燃比以减少碳烟排放;③减小最高气缸压力和排气歧管气体压力,以缓解它们在满足耐久性设计限值方面的困难。发动机压差在转速-负荷区域上分布的一个例子如图13.3所示。使用传统凸轮驱动的固定式配气机构的空气系统在设计上的控制因子主要包括涡轮面积、废气旁通阀开度、排气再循环阀开度、进气节气门开度。空气系统设计中的可变气门驱动在第9章中有详细论述。废气旁通从本质上讲意味着较高的泵气损失。减小排气再循环阀开度表明排气再循环环路的流动阻力出现人为的不良增加。减小进气节气门开度则会导致空燃比大幅度下降。

为了获得低油耗,具有较高排气再循环率的发动机的空气系统设计准则包括以下几条:

(1) 以排气再循环环路的低流动阻力或低发动机压差来实现较高的排气再循环率;

(2) 消除在排气再循环阀、进气节气门和涡轮废气旁通阀等处的局部节流损失(即㶲损耗或熵增);

(3) 使用成本低廉的方法实现较高的涡轮增压器效率(例如在匹配中将发动机运行点在压气机性能图上移向高效率区域)。

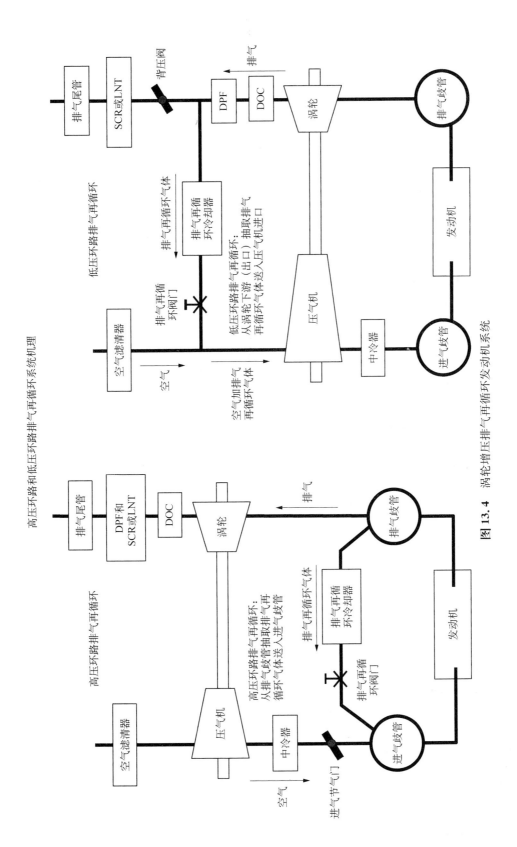

图 13.4 涡轮增压排气再循环发动机系统

四冲程排气再循环发动机的空气系统设计和标定原则可以用第 4 章中提出的四个核心方程予以诠释,即式(4.40)(发动机容积效率或充量因数)、式(4.44)(排气再循环环路压降)、式(4.47)(涡轮增压器功率平衡)、式(4.57)(涡轮面积或流量方程),汇总如下所示:

$$
\begin{cases}
\eta_{\text{vol}} = \dfrac{2(\dot{m}_{\text{air}} + \dot{m}_{\text{EGR}})T_{2a}R_{\text{gas}}}{(p_2 - \Delta p_{\text{IntakeThrottle}} - \Delta p_{\text{CAC}})N_E V_E} \\[3mm]
p_{\text{EGRin}} - p_{\text{EGRout}} = f(C_{d,\text{EGR}}, \dot{m}_{\text{EGR}}, T_{\text{EGRcoolerOut}}) \approx C_0 + C_1 \dot{m}_{\text{EGR}}^2 \\[3mm]
1 - \left(\dfrac{p_2}{p_1}\right)^{\frac{\kappa_c - 1}{\kappa_c}} + \eta_C\,\eta_T\,\eta_{\text{TC,mech}}\left(\dfrac{\dot{m}_T}{\dot{m}_C}\right)\left(\dfrac{c_{p,T}}{c_{p,C}}\right)\left(\dfrac{T_3}{T_1}\right)\left[1 - \left(\dfrac{p_4}{p_3}\right)^{\frac{\kappa_t - 1}{\kappa_t}}\right] = 0 \\[3mm]
\dot{m}_T = A_T \cdot \dfrac{p_3}{\sqrt{R_{\text{ex}}T_3}} \cdot \sqrt{\dfrac{2\kappa_t}{\kappa_t - 1}} \cdot \sqrt{\left(\dfrac{p_4}{p_3}\right)^{\frac{2}{\kappa_t}} - \left(\dfrac{p_4}{p_3}\right)^{\frac{\kappa_t + 1}{\kappa_t}}}
\end{cases}
\tag{13.1}
$$

在给定的空气流量和排气再循环率的设计目标下,可以使用这四个核心方程求解任意四个未知数(例如压气机出口增压压力 p_2,排气歧管压力 p_3,涡轮面积 A_T,排气再循环环路流动阻力因数 $C_{d,\text{EGR}}$)。基于这些方程所描述的机理,在任何排气再循环系统的设计中,都需要考虑两个问题:
(1) 该排气再循环系统是否会不恰当地增加发动机压差而恶化泵气损失?
(2) 以下因素中的哪一个会导致发动机油耗变得更差:①采用泵的耗功来泵送排气再循环气流;②发动机的泵气损失。
对于这些问题的答案实际上取决于涡轮增压器的效率,后面会有详述。

13.3.3　高压环路排气再循环系统的优点和难点

排气再循环发动机传统上历来一直使用高压环路排气再循环。高压环路系统采用涡轮增压器所建立的发动机压差驱动从排气歧管到进气歧管的排气再循环气流。在高压环路中,较高的排气再循环率需要较高的发动机压差来驱动。现代柴油机需要从最大扭矩到额定功率的全负荷工况驱动大量的排气再循环并维持充足的空燃比,以减少氮氧化物和碳烟,满足严格的排放要求。如果采用固定截面涡轮,在排气再循环阀全开的情况下(即流阻最低时),涡轮面积要选择得足够小,以便在最大扭矩工况附近驱动所需的排气再循环率。而在额定功率或高转速工况,通常需要对涡轮进行废气旁通,以避免过度增压使得最高气缸压力和排气歧管压力超标。涡轮面积越小,在高转速时的废气旁通就越多。与无废气旁通的可变截面涡轮相比,为了获得相同的增压压力,废气旁通必须使用更高的涡轮压比来补偿其在涡轮质量流量上的损失,以保持相同的涡轮功率。这就是为什么废气旁通会导致较高的发动机压差和油耗的原因。因此,对于使用固定截面涡轮的增压器匹配来讲,在泵气损失和系统效率方面存在着高低转速之间的一个权衡。可变截面涡轮能够在不同的发动机转速灵活使用不同的涡轮面积来解决这一难题,但是往往伴随着在增压器成本和耐久性方面的代价。另外,在涡轮叶片开度很小和很大时,涡轮效率都会下降。进气节气门的作用是在最大扭矩或高速低负荷等工况将过高的空燃比予以降低,或者以增加节流损失为代价稍微增加一些排气再循环率。过高的空燃比有时会导致过高的氮氧化物排放和发动机压差。这个问题通常是因为涡轮增压器的效率相对过高而造成的。但是,应当指出的是,在大多数情况下,最大扭矩工况的空燃比与理想要求值相比其实往往是短缺的,而不是过高。

当发动机压差不能在低转速和高负荷工况驱动足够的排气再循环率时,可以考虑以下措施:①减小排气再循环阀和排冷器的气侧流动阻力(例如将串联的排冷器改为并联的);②采用单向止回阀从排气再循环气流的脉动中捕集一部分流量,并防止排气再循环的倒流损失;③使用小涡轮面积或可变截面涡轮以提高发动机压差;④使用进气节气门以降低进气歧管压力;⑤使用文丘里喉管装置在排气再循环与新鲜空气的混合位置处局部降低静压,以便将排气再循环气流吸入进气歧管内;⑥使用排气再循环泵,消耗机械功或电功来泵送排气再循环气流。

重载柴油机高压环路排气再循环系统的弱点是在最大扭矩工况附近需要采用发动机压差来驱动大量的排气再循环。从原则上讲,任何改进的系统都必须能够提供一个更好的泵送排气再循环的办法,以获得较低的发动机压差和较高的涡轮增压器效率。一个可能的方案是使用低压环路或双环路排气再循环系统,以帮助在最大扭矩或低转速时驱动排气再循环,使得能够选择较大的涡轮面积以避免在高转速时发生较大的泵气损失。然而,需要注意的是,过大的涡轮面积可能无法在高海拔高度提供所需的空燃比。

13.3.4 低压环路排气再循环系统的设计原则

在清洁低压环路排气再循环系统中(图13.4),再循环气流是由抽取处(通常位于柴油颗粒过滤器下游)与压气机进口之间的压差所驱动的。为了防止压气机出口气体温度超过允许的设计限值,需要对排气再循环进行冷却。另外,需要尽量减小排气再循环环路的流动阻力,因为在驱动压差方面,任何超出系统所能提供的"无代价自然所获压差"的人为增加部分都会导致泵气损失的大幅增加。这种人为增加的阻力包括减小安装在颗粒过滤器下游的排气背压阀的开度,或者减小安装在压气机进口处的进气节气门的开度。这后一种方式通常会导致更大的泵气损失。式(13.1)的分析表明,在低压环路排气再循环中靠增加排气阻力(与 p_4 有关)或进气阻力(与 p_1 有关)来驱动排气再循环实际会导致发动机压差大幅度增加。

如果具备以下四个条件,低压环路排气再循环系统便会比较有前途:

(1) 具有足够大的"无代价自然所获压差"(即无须产生额外的泵气损失代价)以驱动排气再循环气流。这方面的例子包括在压气机进口靠近叶轮处依靠吸力产生很高的局部真空度,或者在排气管内的排气再循环抽取处依靠扩压器产生较高的局部压力;

(2) 系统的设计可以使得涡轮面积选得足够大,以便减小发动机压差,并且能够在最大扭矩附近和高海拔工况提供足够高的空燃比;

(3) 能够将发动机的运行点在增压器性能图上从低效率区域转移到高效率区域(图13.5);

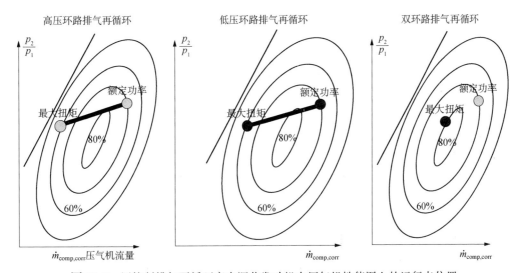

图 13.5 用控制排气再循环率来调节发动机在压气机性能图上的运行点位置

（4）低压环路排气再循环系统中所使用的任何排气再循环泵的耗功能够被较低的发动机压差所带来的有效燃油消耗率方面的收益远远抵消掉。

需要指出的是,低压环路排气再循环系统比高压环路具有更大的涡轮流量。因此,低压环路系统需要尺寸更大的后处理装置,以保持足够低的排气阻力水平。由于其增大的压气机流量,低压环路系统还需要较大的压气机尺寸,并且会产生较高的压气机出口温度和较大的中冷器散热量。另外,低压环路系统还需要较长的排气再循环管路。而且,由于排气再循环气体清除时间较长以及增压器惯性较大,低压环路系统的瞬态响应较差。

13.3.5　高压和低压环路排气再循环系统之间的比较

在高转速和高负荷以及高排气再循环率时,由于涡轮功率和泵气损失相对较低,高压环路排气再循环通常优于低压环路。在低转速或低负荷或者低排气再循环率时,如果压气机匹配良好并在较高效率下运行的话,低压环路可能会呈现出一定的优势。混合式排气再循环系统将高压和低压环路这两者的优势结合起来,能够给出最低的泵气损失,但是其代价是设计的复杂性和成本都会增加。如果出现以下这两种情况,混合式排气再循环系统便是一个合理的选择。首先,如果涡轮增压器效率较低从而必须使用小涡轮面积来补偿以达到所需增压压力的话,由此所导致的发动机压差就成了一个无代价自然所获压差,它可以用来驱动排气再循环。这时,就需要使用高压环路,然后余下不足的排气再循环率的部分可以由低压环路补充。其次,在不同的发动机转速或负荷下,如果在低压环路与高压环路运行之间能够实现灵活的切换,便可以依靠调节压气机的流量将发动机运行点维持在压气机性能图上的高效率区域。

图13.6给出了一台重载柴油机在额定功率工况高压与低压环路排气再循环之间的模拟比较。所分析的低压系统使用背压阀人为地产生足够大的环路压差以驱动排气再循环气流。因此,该系统在油耗方面代价较大。这表明,如果低压环路系统设计得不正确,在燃料经济性上会出现问题。另外,需要注意增压器效率对不同排气再循环系统之间的比较有很大影响。

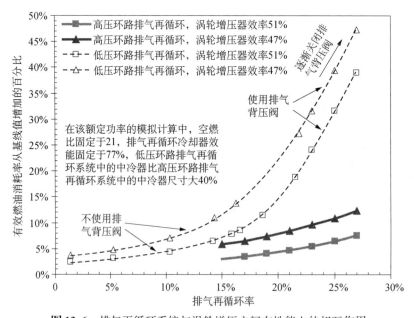

图13.6　排气再循环系统与涡轮增压之间在性能上的相互作用

13.4 空气增压型式和匹配

13.4.1 涡轮增压器型式

13.4.1.1 涡轮增压器基础

一般来讲,排气涡轮增压(SAE J922,1995)在热效率方面优于机械或电动增压。带中冷的涡轮增压能够提高进气密度、发动机功率和燃料经济性,同时降低燃烧噪声和排放。车用涡轮增压器的设计已经从早期的固定截面涡轮增压器演变到今天的电控废气旁通涡轮和可变截面涡轮增压器。涡轮效率可以高达70%~80%。涡轮流道设计的关键是使排气以最佳的角度和速度冲击涡轮叶片。压气机扩压器的优化设计能够最大限度地提高在压气机出口处的总压。离心式压气机的效率取决于叶片和扩压器的设计。

在压气机性能图的左上侧有一条喘振极限曲线,右侧有一条阻塞极限曲线。这两条极限曲线代表稳定与不稳定运行之间的界限。喘振是一种可以自行维持但不稳定地反映在流量和压比上的振荡,由压气机叶片上的边界层内的流动逆转所引发。当喘振发生时,压气机会发出剧烈的振动声。当空气流速在压气机叶轮或扩压器进口处达到声速时,压气机会发生阻塞。阻塞流量随叶尖速度而变化。压气机性能图上阻塞曲线的精确位置比喘振更难确定,因为它取决于内部边界层的流场结构。有时为了近似简便起见,假设当压气机的效率等值线减小到55%左右时,就会发生阻塞。

13.4.1.2 脉冲涡轮增压和定压涡轮增压

涡轮增压的方式大体分为两类:脉冲增压和定压增压。在脉冲涡轮增压中,为了尽量减小压力波的干扰或者气缸之间在排气换气上的间隔间隙以提高涡轮的平均效率,通常将具有一定点火间隔(最理想为大约240°曲轴转角)的气缸以具有小容积的排气歧管组合在一起,保持强有力的排气压力脉冲。另外,脉冲转换器可以用来消除脉冲干扰。关于涡轮的进口设计,带分隔式进口的涡轮能够将几组不同的脉冲完全分开,但在高转速下的泵气损失可能会比带非分隔式进口的涡轮更大。在可变截面涡轮中,有时很难使用分隔式进口,因为安装在涡轮内的额外控制装置会阻碍分隔带的设计。另外,当涡轮接受非定常高能量气流时,涡轮效率可能会降低。

在定压涡轮增压中,所有气缸的排气流量被收集在一个容积较大的排气歧管内,消除所有压力波动。这种涡轮具有单一进口,并接受定常高能量气流,较易匹配于涡轮稳态流量测试性能图上的最高效率处。在脉冲增压中出现的非定常气流在发动机循环内所给出的涡轮效率的平均值通常低于定压增压中所能匹配到的最大效率。但是这种效率损失上的缺点通常能够被给予涡轮的脉冲能量所具有的优势所远远抵消。实际上,发动机整体排气能量利用效率是由脉冲能量和涡轮效率这两者相结合的性能所表征的。

过去的实验表明,当压气机压比较低时,例如在部分负荷,脉冲增压比定压增压的整体效率更高。但当压气机压比非常高时,情况正好相反,因为在非常高的瞬时涡轮压比下(例如高于3:1),脉冲涡轮的效率较低。另外,在瞬态加速期间,由于排气歧管容积较小并且在涡轮加速方面涡轮进口能量脉冲所给出的响应较快,脉冲增压更为优越。而且,在具有低排气再循环率的发动机上,带止回阀的脉冲涡轮增压能够比定压涡轮增压驱动更大的排气再循环流量,并具有更低的发动机泵气损失。

13.4.1.3 单级、两级和双平行涡轮增压

一般来讲,单级涡轮增压能够提供大约3.5~4.5的压气机压比,具体取决于叶轮材料和设计。

压气机转速受叶轮所允许的最大离心力限制。最高压气机转速和空气动力学叶片形状限制着压比能力(Arnold,2004)。另外,由铝合金制成的压气机叶轮和机壳受材料强度的限制,通常对应于最大允许压气机出口空气温度204～210℃。钛制叶轮能够承受更高的温度,因而能够用简单的单级增压提供较高的压比,但是钛材料和钛轮制造过程比较昂贵。钛制叶轮的另一个缺点是重量和惯性较大。需要注意的是,即使压气机叶轮或机壳能够在耐久性方面承受高温,中冷器却往往不能,而这会造成中冷器的材料和接管在系统设计上成为瓶颈。

尽管在成本、重量、繁琐的连管和包装空间等方面存在着不利因素,两级涡轮增压仍然在以下几个方面要优于单级增压:①压气机压比较高;②每一级的压比相对较低,造成涡轮增压器的整体效率较高;③能够采用级间冷却,以降低高压级压气机出口空气温度和压气机功率来提高增压系统效率;④对于大转速跨度、高额定功率、高最大扭矩的情形,更容易进行涡轮增压器匹配;⑤喘振裕度较大,因而发动机的高海拔能力有所改善;⑥由于高压级涡轮增压器的尺寸较小而且转子转动惯量较小,发动机的瞬态响应较快;⑦压气机叶轮的低循环疲劳寿命有所改进,而且由于涡轮增压器转速过高所导致的耐久性问题较少。

在双平行涡轮增压器型式中,可以将两个涡轮均置于接近发动机每侧的气缸盖处,以尽量减小由于歧管容积、压力降和传热造成的排气能量损失。

13.4.1.4 废气旁通涡轮增压和可变截面涡轮增压

可变截面涡轮与废气旁通涡轮相比,所具有的优势可以总结如下:①没有废气旁通阀的节流损失和排气能量损失;②在发动机低转速时更容易获得较高的空燃比和扭矩;③能够更好地实现车辆的快速加速能力,而无须在发动机高转速时产生高泵气损失的代价;④发动机压差整体较低;⑤能够在发动机转速-负荷区域上涵盖更大的低油耗区域。可变截面涡轮的面积变化可以是连续的,也可以是离散的几档设置,具体取决于发动机性能和可靠性方面的设计要求。大多数可变截面涡轮的最大效率发生于大约60％～70％的中等叶片开度。在叶片全开或全关时,涡轮效率均会迅速下降。目前,可变截面涡轮设计中的难点包括减少气体泄漏、增加涡轮效率和增强可靠性(Furukawa等人,1993)。

13.4.1.5 关于涡轮增压过去所进行的研究

在涡轮增压的文献方面,Japikse 和 Baines(1997)、Wilson 和 Korakianitis(1998)以及 Japikse(2009)介绍了涡轮机械的基础知识。Watson 和 Janota(1982)以及 Watson(1999)总结了关于非排气再循环发动机涡轮增压的详细理论。Baines(2005b)给出了一个较为近期的关于内燃机涡轮增压的总结。SAE J1826(1995)提供了关于利用涡轮增压器气体实验台的测试数据生成性能图的工作步骤。

早期关于非排气再循环柴油机涡轮增压的代表性工作包括 Freeman 和 Walsham(1978)、Watson 等人(1978)、Flynn(1979)、Watson(1979)的工作。Bozza 等人(1997)和 Galindo 等人(2007)发表了关于排气再循环柴油机的涡轮增压工作。Arnold 等人(2001,2005)、Arnold(2004)、Amos(2002)、Carter 等人(2010)和 Tufail(2010)讨论了排气再循环柴油机的先进涡轮增压技术。

Ubanwa 和 Kowalczyk(1993)给出了废气旁通涡轮增压器与发动机匹配的步骤。Watson(1982,1986)、Flaxington 和 Szczupak(1982)、Watson 和 Banisoleiman(1986)、Yokota 等人(1986)、Wallace 等人(1986)、Hishikawa 等人(1988)、Kawamoto 等人(2001)、Arnold 等人(2002)、Tange 等人(2003)和 Uchida 等人(2006)研究了可变截面涡轮的性能。Ghadiri-Zareh 和 Wallace(1978)、Watson 等人(1978)、Saulnier 和 Guilain(2004)、Millo 等人(2005)、Choi 等人

(2006)和 Serrano 等人(2008)研究了柴油机的两级涡轮增压。Cantemir(2001)发表了关于双平行涡轮增压方面的研究结果。

值得注意的是,非"可变喷嘴"涡轮类的可变截面涡轮(VGT)的设计和开发(亦称可变面积涡轮或 VAT)自 20 世纪 70 年代以来一直比较活跃。与可变喷嘴涡轮(VNT)相比,可变面积涡轮具有设计简单、可靠性好、成本低廉等优势。然而,可变面积涡轮的效率一般存在一些问题。在可变面积涡轮方面的主要设计研究包括以下一些作者的工作:Pampreen(1976)、Chapple 等人(1980)、Bhinder(1984)、Hirabayashi 等人(1986 年)、Okazaki 等人(1986)、Franklin 和 Walsham(1986)、Franklin(1989)、Inoue 等人(1989)、Ogura 等人(1989)、Umezaki 等人(1989)、Ogura 和 Shao(1995)、Shao 等人(1996)、Wang(1996)。近期最引人注目和最有前途的可变面积涡轮设计是由日本的 Aisin Sekei 公司开发而由其他公司使用的可变流量涡轮(VFT)(Kawaguchi 等人,1999;Ishihara 等人,2002;Inter-Tech Energy Progress,2003;Andersen 等人,2006;Ito 等人,2007)。

另一个引人注目和颇有前途的涡轮增压技术是由 Anada 等人(1997)开发的旋流喷射涡轮。旋流喷射涡轮在涡轮出口利用废气旁通气流产生旋转的排气气流,使得涡轮出口压力在局部得到有效下降,增加了涡轮压比、涡轮功率和涡轮转速。与此同时,涡轮进气压力和发动机压差得以降低。通过适当控制涡轮废气旁通阀开度或旋转射流,可以获得较高的空燃比、较低的发动机压差和泵气损失。类似于旋流喷射涡轮的设计也被 Baker 等人(2001)以及 Schmid 和 Sumser(2007)报道过。

另外,Nasser 和 Playfoot(1999)、Gurney(2001)、Galindo 等人(2006)、Zhuge 等人(2009)和 Park 等人(2010)开发了涡轮增压的模拟模型。

13.4.2　压气机的匹配、空气动力学设计和耐久性

涡轮增压器是发动机上最昂贵的部件之一,因此需要密切关注。涡轮增压器的大小和效率的选择是基于满足空燃比、排气再循环率和瞬态加速性能等目标要求来进行的。涡轮增压器的大小决定了流量范围和压比。涡轮增压器匹配的目标是在性能上在发动机转速-负荷范围内达到最佳折中。

SAE J1826(1995)给出了一个增压器测试步骤——涡轮增压器气体实验台测试程序。原则上讲,压气机性能图可以从气流台架实验中通过调节两个阀门产生。一个阀门安装在驱动涡轮进口,另一个安装在压气机出口。在每个涡轮阀门开度下,可以逐步关小压气机出口阀门,获得一系列压气机流量点(从高到低,直到喘振);在这期间压气机转速几乎会保持不变。在不同的涡轮阀门开度下重复这一过程,最终可以获得在许多转速下在整个流量范围内的压气机流量点,正如任何离心式压气机性能图所示。

发动机与压气机之间匹配的重点是分析压气机性能图上在不同的转速、负荷和环境条件下发动机的运行特征点。柴油机的特征线包括全负荷曲线、定发动机转速曲线、定负荷曲线等。在压气机性能图上的定发动机转速曲线的斜率,本质上讲是压力与空气质量流量之间的比值,与发动机充量因数的倒数相关(特别是当排气再循环率为零或很低时)。因此,任何影响充量因数的因素都会对发动机转速特征线的形状产生影响。这些因素包括配气机构设计(气门尺寸、配气定时、升程型线)、气门和气道的流量因数、进气道加热效应、发动机压差、进气歧管气体温度等。发动机的充量因数(或容积效率)的特征会在后面的图 13.11 中进一步讨论。

为了实现具有良好成本效益的设计,对于给定的压气机叶轮或机壳尺寸,可以产生一族系具有各种叶尖宽度和中心圆直径的不同叶片。压气机机壳的尺寸取决于发动机的最大空气流量要求,

而诸如导流轮直径、轮盘和轮罩型线以及扩压器宽度等另一些设计参数确定了压气机的细调型式。这些细调会给出不同的喘振和阻塞流量特征以及效率上的变化。压气机性能图上的效率曲线和转速特征曲线可以靠使用其他一些微调参数进一步调整,包括叶轮分流叶片出口角、扩压器进口角和扩压器尺寸或形状等。例如,改变扩压器进口角或叶片中心圆直径可以将性能图曲线绕着坐标原点"旋转",使得压气机喘振线发生移动。应当注意的是,改变压气机的空气动力学设计会影响叶尖速度和应力。Rodgers 和 Rochford(2002)、Watson 和 Janota(1982)以及 Watson(1999)给出了涡轮增压器的设计细节。

图 13.7 显示了一个典型的涡轮增压器压气机的性能图。以较小的白圈表示的在不同发动机转速和环境条件下的发动机工作点反映了一台带单级固定截面涡轮增压器的柴油机的运行情况。可以注意到,发动机工作点的压气机压比随着海拔高度的升高而增大。

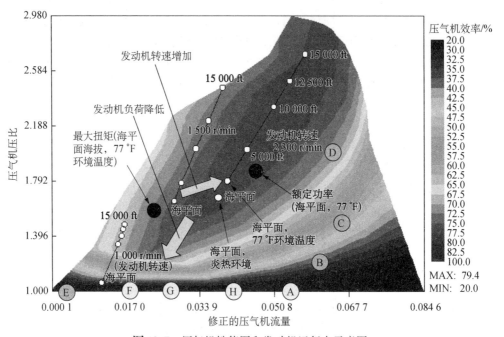

图 13.7 压气机性能图和发动机运行点示意图

在压气机性能图 13.7 中所示的从 A 点到 H 点的位置中,并不是所有的点都可以在现实世界中运行。发动机可以在 E 点和 D 点的位置稳定运行。虽然有可能能够在 B 点和 C 点的位置运行,但是它们处于阻塞区,压气机效率非常低。阻塞是相对而言的,通常定义在一个给定的低压气机效率处(一般大约 55%)。在阻塞区,发动机的性能变得很差。影响压气机功率的三个主要因素是空气流量、压气机效率和压比。对于一个所需的增压压力而言,当效率很低时,压气机功率会变得很高。这就需要涡轮产生很大的膨胀比来提供很高的功率,故而会增加排气歧管压力和泵气损失。位置 B 的效率很低(30%~35%),但是压比也很低。位置 C 具有高得多的效率,但是压比也较高。它们的压气机功率可能会有所不同。在比较位置 B 和 C 时另一个需要考虑的因素是,涡轮增压器的止推轴承的轴向载荷在位置 B 会较大,因为在涡轮工作轮背面可能会出现比较高的压力,而在压气机叶轮背面的压力则低得多;这可能会导致止推轴承出现故障。

图 13.7 中的运行位置 F、G、H 和 A 在现实世界中不能稳定运行。为简单示意起见,无需另画

一张压气机图,就假想这四个位置是一个两级串联顺序增压系统中较小的高压级压气机所要运行的位置。高压级压气机一般被选得非常小,以便在部分负荷具有良好的瞬态性能。在额定功率时,需要开启高压级涡轮的废气旁通阀以避免过度增压。高压级压气机在较高发动机转速时实际就像一个较大的流动阻力装置,所以在位置 F、G、H 或 A 上的发动机所需要的空气流量将无法流过高压级压气机。这时,不仅高压级涡轮需要旁通阀,高压级压气机也需要旁通阀。如果将高压级涡轮废气旁通阀开启而将高压级压气机旁通阀关闭,位置 A 是不能在无阻塞情况下稳定运行的,虽然这时涡轮增压器仍然旋转着,而且有一小部分流量仍然可以流过高压级压气机。实际发生的情况是,涡轮转速会急剧下降,因为高压级压气机的功率很小或者几乎为零。事实上,压气机需要与涡轮在同一转速下运行(例如很低的 10 000 r/min)。在压气机性能图上,这样一条低转速曲线会给出一个很小的阻塞流量值。在 10 000 r/min 转速线上压气机压比等于 1 的运行点对应于在这一转速下能够穿越高压级压气机的最大流量。该流量要比对应于几个更高转速的位置 F、G、H 和 A 各点的流量都低得多。换言之,该流量低于在高转速或高负荷支持发动机运行所需要的流量。另外,当压气机旁通阀开启时,压气机压比实际低于 1,这是因为旁通阀会有微小的压降。这时,压气机实际上是稍微"膨胀"了空气,而不是压缩了空气。

综上所述,现将离心式压气机的匹配准则归纳为以下十条:

(1) 匹配应当适合发动机的正常运行环境,并考虑极端环境条件,包括从海平面海拔高度和寒冷的冬天到具有最小功率降额幅度的高海拔高度和炎热的夏天,以确保匹配的运行工况不违反任何设计约束条件;

(2) 应当尽量使用单级涡轮增压器,以降低成本、重量和复杂性;

(3) 在所有发动机转速-负荷工况下,包括零排气再循环条件下(例如快速瞬态、后处理再生、寒冷天气),应提供适当的压比和空气流量;

(4) 应当在全负荷曲线上确保压气机不发生喘振,尤其是在低于最大扭矩转速的速度时。应当为一些特殊情况保留适当的喘振裕度(例如达到压气机性能图上喘振流量的 10%～15%)。这些情况包括发动机瞬态、在不同的环境温度(例如寒冷天气)和海拔高度条件下进气流量发生变化以及由于空气过滤器堵塞所造成的高进气阻力这类极端情况;

(5) 压气机的流量范围应当足够宽阔,以便在所有的海拔高度和环境温度下均不发生压气机阻塞和超速(即在压气机内部不发生音速流,不在非常低的效率区比如小于大约 55% 的效率区运行等);

(6) 以足够高的空燃比和排气再循环率来控制涡轮进口温度不超标,而且尽可能在压气机的高效率区域运行,以降低压气机出口的气体温度;

(7) 应将全负荷和典型车辆驾驶工况匹配在压气机性能图的高效率区以减少泵气损失。可将给定驾驶循环内的最低油耗作为匹配的优化目标;

(8) 压气机的转动惯量应当尽可能低,以减小涡轮增压器的滞后性,获得良好的发动机瞬态加速性能;

(9) 压气机的耐久性寿命必须令人满意。涡轮增压器的使用寿命主要取决于压气机叶轮在相对缓慢的驾驶循环或使用循环内在循环载荷作用下的低循环疲劳使用寿命(详见第 2 章)。压气机叶轮的寿命由以下因素决定:最大叶尖速度,在典型驾驶循环或后处理再生循环内的最大与最小转速之差,循环频率。这些因素可以在"涡轮增压器转速相对于行驶时间"之类的载荷循环图中予以展示和分析。在涡轮增压器匹配中,增压器的最大转速极限值是由计算得到的压气机疲劳寿命确定的,而这种计算是基于瞬态车辆工作循环、应变、叶轮材料(铝或钛)和保修史数据进行的(Ryder 等人,2002)。另外,在发动机高转速时需要对最大喷油量予以限制,以控制涡轮增压器的最大转速；

（10）对于一个给定的密封设计来讲，从轴承区域到压气机部分不应当出现由于压气机的压差设计或标定不当而造成的漏油。

压气机本身的设计知识对于系统人员的增压匹配工作也比较重要。关于离心式压气机设计的讨论，读者可以借鉴 Flaxington 和 Swain（1999）、Japikse（2001）、Japikse 和 Platt（2004）、Japikse（1996）、Pan 等人（1999）、Moroz 等人（2005）、McCutcheon（1978）、Came 和 Bellamy（1982）、Japikse（2000）、Yamaguchi 等人（2002）、Griffith（2007）、Kuiper（2007）、Jiao 等人（2009）的工作。Spraker（1991）、Sharp 等人（1999）、Casey（2007）和 Nili-Ahmadabadi 等人（2008）讨论了压气机中的损失，例如叶尖间隙效应。

13.4.3 涡轮的匹配、空气动力学设计和耐久性

涡轮流量特性图显示，涡轮的修正流量是压比的强函数和涡轮转速的弱函数。涡轮性能图可以从气流台架实验中依靠调节涡轮进口压力和压气机功率（载荷）来产生。将该过程在不同转速下反复进行，直到获得每条转速线为止。涡轮效率是叶片速比 v_T/C_{T0} 的强函数和压比的弱函数。一般来讲，高效率常处于大压比和高流量。记 v_T 为径流式涡轮转子叶尖速度：

$$v_T = d_T N_T \tag{13.2}$$

并记 C_{T0} 为假设气体从涡轮进口条件等熵膨胀到出口压力的理论速度。C_{T0} 可按下式计算：

$$C_{T0} = \sqrt{2 c_p T_{03} \left[1 - \left(\frac{p_4}{p_{03}} \right)^{\frac{\kappa_t - 1}{\kappa_t}} \right]} \tag{13.3}$$

通常，较大的涡轮增压器具有较高的效率，这是由于其间隙与轮径之比较小以及相关的泄漏较少。测得的涡轮性能图效率是绝热效率乘以机械效率。涡轮增压器效率在低流量下显著地受通过增压器机壳从涡轮到压气机的传热影响。传热会降低测得的涡轮进口温度，并增加压气机出口温度，从而导致压气机效率人为地降低，而涡轮效率人为地升高。不同增压器制造商测量的涡轮效率之间有时没有可比性，因为测量方法和气体台架设计可能均存在着差异。例如，不同的涡轮进口温度会导致不同的传热效果。

涡轮的流量范围由"A/R"比值确定。该值是指涡轮机壳进口通道的最小面积与从轴心到进口面积重心的径向距离之间的比值。较小的 A/R 比值或涡轮面积会给出较高的冲击涡轮叶片的切向流速，因此可获得较高的涡轮转速、压比和压气机增压压力。然而，小 A/R 比值也会增加排气歧管压力和泵气损失。一旦压气机的机壳大小和涡轮的转子轮大小被选定后，便可按照发动机的流量要求选择具有不同蜗壳横截面积或不同喷嘴定子环（各种叶片角度）的涡轮机壳。在可变截面涡轮中，要么 A/R 比值是可以调节的，要么喷嘴叶片是可以调节的，不论是连续地还是离散地。可变截面涡轮的效率可能会低于固定截面涡轮的，这是由于前者具有较大的间隙和流动干扰。图 13.8 诠释了涡轮与发动机匹配的原理。图中发动机给定转速的"呼吸"特征线与空燃比要求线之间的交点决定了所需要的涡轮面积。

现将涡轮匹配的准则归纳为以下十条：

（1）涡轮的尺寸需要足够小，以便在低发动机转速（例如最大扭矩工况）时驱动足够的排气再循环气流。而且，涡轮的尺寸需要合适，以提供足够的功率驱动压气机在最大扭矩和更低转速全负荷时产生所需的空燃比。涡轮的有效面积是由喷嘴环或蜗壳控制的，它的选择是介于高低转速

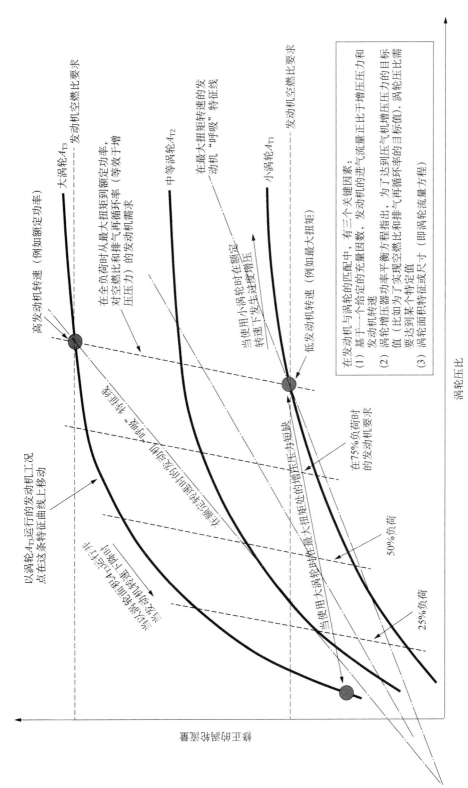

图13.8 发动机与涡轮之间的匹配理论

或高低负荷之间的最佳权衡。如果为了照顾最大扭矩工况将涡轮面积选得很小,在额定功率就需要采用废气旁通,以防止过度增压和最高气缸压力超过结构极限值。最高缸内压缩压力可用下式估算:

$$p_{\text{compression}} \approx p_{\text{boost}} \Omega^{1.36} \qquad (13.4)$$

式中,Ω 是发动机的几何压缩比。如果废气旁通引起的泵气损失过高,便需要考虑采用更为复杂的可变截面涡轮,其代价是成本较高;

(2) 需要在各种环境条件下检查废气旁通的必要性,以防止增压器超速;

(3) 不应使涡轮发生阻塞。在脉冲涡轮增压中,有必要将涡轮的机壳尺寸定得大到足以容纳最高的瞬时流量;

(4) 涡轮效率需要适当并与涡轮面积匹配,既不能过高也不能过低。其原则是需要提供恰当的涡轮功率来满足空燃比和排气再循环率的要求。涡轮或压气机有时被刻意匹配在低效率区,这是为了在发动机高转速时限制增压压力以便将最高气缸压力控制在设计限值以下,或者为了在低转速时采用很小的涡轮面积形成高发动机压差驱动排气再循环;

(5) 某些特殊的排气再循环型式需要涡轮增压器的效率越高越好。在这种情况下,涡轮增压器便可能会成为发动机开发中的制约或瓶颈因素;

(6) 为了获得良好的空气动力学性能,压气机与涡轮之间不应在尺寸上或速度上不匹配。在低发动机转速驱动大量排气再循环时,需要采用较小的涡轮面积或较小的修正流量。而另一方面,额定功率所要求的高空气流量则要求采用较大的压气机尺寸。将相对较大的压气机与非常小的涡轮相匹配,这可能会由于其速度不匹配而造成涡轮增压器性能不佳。如果它们在尺寸上的差异过大,涡轮效率则可能会降低,而且增压器轴承可能会由于过度的轴向载荷而发生磨损。可能的应对措施包括在涡轮与压气机之间对型式尺寸(涡轮出口面积或压气机进口导流轮面积)和叶轮大小进行平衡微调(Arnold,2004);

(7) 为了实现快速瞬态性能,涡轮大小(或 A/R 比值)或转动惯量应尽可能小,以减小涡轮增压器的滞后性,例如采用轻质陶瓷涡轮工作轮;

(8) 将脉冲涡轮增压与适当的涡轮进口设计型式相配合使用,可以较好地利用排气能量,在部分负荷工况增大空燃比并改善瞬态加速性能;

(9) 需要优化两级涡轮增压中两级之间的涡轮功率分配,以实现最佳的排气再循环驱动、油耗、压气机出口温度控制,并将两级压气机的喘振和阻塞风险降到最低。在不同的发动机转速运行时,两级之间的过渡需要平滑顺畅,并且不应产生较高的发动机压差;

(10) 涡轮的耐久性寿命必须令人满意。钢制工作轮和铁制机壳必须能承受最高的排气歧管气体温度。涡轮的温度极限是由工作轮和机壳材料的蠕变和扩展属性控制的。

在涡轮设计的文献方面,Moustapha 等人(2003)、Okazaki 等人(1982)、Hussain 和 Bhinder (1984)、Spraker(1992)、Baines(2002,2005a)、Rodgers(2003)和 Zhang 等人(2007)介绍了涡轮设计的具体内容。Spraker(1987)和 Keshavarz 等人(2003)讨论了涡轮中的流动损失。Bhinder 和 Gulati (1978)、Ehrlich 等人(1997)、Gu 等人(2001)、Macek 等人(2002)、Lam 等人(2002)、Winkler 等人 (2005)、Capobianco 和 Marelli(2006)、Macek 和 Vítek(2008)研究了涡轮脉动气流的非定常性能特征。Kessel 等人(1998)和 Luján 等人(2006)讨论了可变截面涡轮的空气动力学性能模拟。

13.4.4　涡轮增压器在极限环境条件下的性能

高海拔高度的增压器性能可以用空气系统的四个核心方程,即式(4.40)、(4.44)、(4.47)和

(4.57)[或者式(13.1)所示的合并形式]来解释。当空气密度和空气质量流量减小时,涡轮进口排气温度会由于空燃比降低而增加。当环境压力下降时,涡轮压比会增加。因此,增压器转速和压气机压比会增加,使得发动机进气密度的下降能够得到部分补偿,以舒缓功率降额的严重性。在炎热环境里,空燃比会下降,这时的运行限制参数通常是烟度、压气机出口空气温度和涡轮进口排气温度。在寒冷环境里,最高气缸压力或压气机喘振可能会成为限制因素。总之,环境温度或海拔高度上的大幅度变化可能会导致涡轮增压出现问题,例如压气机喘振、阻塞、过度增压、压气机超速、过高的排气歧管气体温度、低空燃比、高烟度。这些情况被在各种环境条件下所使用的排气再循环策略进一步搞得更为复杂。例如,压气机在高海拔高度当排气再循环阀完全关闭时可能会发生阻塞。另外,涡轮增压器在高海拔高度的运行性能会影响发动机的功率降额策略。

在文献方面,Dennis(1971)、Wu 和 McAulay(1973)以及 Bi 等人(1996)分析了涡轮增压柴油机的高海拔性能。Wiesner(1979)和 Strub 等人(1987)研究了离心式压气机在高海拔高度时的空气动力学性能。

13.4.5 考虑瞬态排放控制和性能的机械增压和电动增压系统

随着柴油机本体氮氧化物排放变得越来越低以及排放控制对氮氧化物后处理装置的依赖越来越少,由于使用大量的排气再循环和传统的涡轮增压器滞后性所引起的瞬态空气不足的问题会变得愈发严峻。需要寻求解决办法以提高瞬态空燃比来确保令人满意的碳烟控制和快速的负荷响应(例如在具有快速瞬态变化的公交车驾驶循环内踩油门的瞬态工况那样)。瞬态空气增压技术一般包括以下三类:可变截面涡轮增压,喷射空气,机械或电动增压。可变截面涡轮在辅助瞬态空气增压方面的潜力有限,这是由于其涡轮增压器的转动惯量和最小涡轮面积的限值所决定的。喷射空气技术包括使用外部空气源(例如车辆上的空气罐)将高压空气以短促的快速喷射形式注入进气歧管,或者采用消耗燃料的燃烧器来制备炽热的排气并将其喷射注入排气歧管来加速涡轮。

机械或电动增压(SAE J1723,1995;Cantore 等人,2001;Ueda 等人,2001;VanDyne 和 Wagner,2008;Birckett 等人,2012)通常是控制瞬态氮氧化物和碳烟排放、辅助实现快速的瞬态负荷响应、减少瞬态油耗的最有效措施,但是会伴随着硬件成本的增加。瞬态油耗的微降据信是由于空燃比较高而改善了瞬态燃烧,另外也是由于泵气损失在瞬态有所减少。机械或电动增压还能够增加低端扭矩(例如产生较高的最大扭矩或者将最大扭矩转速降低到800~1 000 r/min),以实现为了二氧化碳排放达标而采用的降低转速策略,或者改善驾驶性能。事实上,机械或电动增压由于其本身所固有的热力学第二定律方面的缺陷而历来被认为不如涡轮增压。这一观点在稳态油耗方面是正确的,正如后面的图 13.21 所示。然而,瞬态性能方面的收益和为了满足温室气体法规所进行的全面策略规划要求对现代柴油机上的机械或电动增压所具备的潜力予以重新审视和权衡。例如,降低转速的效应可能会在补充排放测试(SET)和过渡工况循环(RMC)的十三工况总体上或者在联邦测试程序(FTP)循环内造成油耗下降,而柴油颗粒过滤器中碳烟量的减少会使得再生周期延长以及再生所需的燃油加注量下降和发动机油耗下降。另一方面,机械或电动增压的成效取决于排气再循环量的大小和供给涡轮增压器的排气能量的多少,而且还取决于驾驶循环类型。在某些驾驶循环中(例如长途运输卡车),机械或电动增压所需要消耗的额外功率实际上可能会造成油耗增加。另外,这类增压系统可能会随带离合器,从而使得产品变得更为复杂,耐久性也会变差。

13.5 涡轮增压发动机的排气歧管设计

排气歧管设计是柴油机空气系统设计的一个重要组成部分。它与配气机构、排气再循环和涡轮增压的设计一起同属空气系统。现代排气再循环发动机的排气歧管设计中需要考虑的问题包括以下几个:①排气歧管型式;②涡轮进口型式(分隔式或非分隔式);③排气再循环抽取位置和驱动潜力。排气歧管型式可分为分隔式和非分隔式两种,或者分为用于脉冲涡轮增压和定压涡轮增压的不同类型。排气歧管的设计分析通常采用一维气波动力学结合发动机循环模拟的软件进行。高排气能量利用率、低泵气损失、良好的部分负荷和瞬态性能是排气歧管设计的关键目标。

涡轮增压系统的效率一般可由下式表征:

$$\eta_{ts} = \eta_{cyl}\eta_{TC} \tag{13.5}$$

式中,η_{cyl}是从气缸到涡轮进口的能量传递效率;η_{TC}是涡轮增压器效率,等于$\eta_T \eta_C \eta_{TC, mech}$。在相同的发动机转速下,$\eta_{cyl}$通常随着发动机负荷的降低而减小。在相同的发动机功率下,η_{cyl}随着发动机转速的降低而减小。实际上,在发动机设计中,压力损失往往是比η_{cyl}使用起来更为方便的一个参数。一般来讲,以下设计措施可以提高脉冲能量利用效率和η_{cyl}:

(1) 使用快速的排气门开启型线、较大的排气门直径和较高的气门升程。在排气冲程中,减少跨越排气门的超音速流动节流损失和在排气歧管内的流动阻力或摩擦,以减小泵气损失;

(2) 使用适当的排气支管分组和涡轮进口设计型式;

(3) 优化排气歧管管道的横截面积,以求获得最佳的气波动力学效果;

(4) 使用短排气支管和歧管管道,避免急转弯或者在横截面上发生突变。

分隔式排气歧管连同脉冲涡轮增压很早便被用于一些非排气再循环发动机和近年来的排气再循环发动机中。将分隔式简化为非分隔式排气歧管的设计时,往往需要评估其对排气再循环驱动能力和油耗的影响——例如,将排气歧管内具有三个较大排气压力脉冲的直列六缸发动机的分隔式排气歧管与具有六个较小压力脉冲的非分隔式排气歧管相比较。另外一些歧管设计方案上的典型比较包括分隔式和非分隔式涡轮进口所造成的脉冲差异,或者不同类型的排气歧管和涡轮进口所具有的最佳排气再循环抽取位置上的差异。排气歧管设计通常需要考虑以下几方面内容:

(1) 排气压力脉冲对容积效率(充量因数)和发动机压差的影响;

(2) 排气压力脉冲对瞬态涡轮修正流量和涡轮效率的影响;

(3) 压力脉冲与排气再循环驱动能力之间的关系。这个问题需要就两种情况来分析:使用和不使用止回阀。对于具有低排气再循环率的发动机来讲,在最大扭矩条件下,排气再循环率会比较低;这样,在排气再循环环路进口的气压脉冲(排气歧管背压)在曲轴转角域上的曲线就会被进气歧管压力的波动曲线横穿或者相交。在这种情况下,使用止回阀可以捕获更多的排气再循环流量,因为在那些背压脉冲小于增压压力的曲轴转角位置上的倒流都可以被止回阀消除。排气脉冲越大,止回阀就越有效。然而,对于具有高排气再循环率的发动机来讲,由于需要采用较大的循环平均值压差来驱动高排气再循环流量,背压与增压压力之间就变得彼此相差很大,以至于在曲轴转角域上不相交。在这种情况下,止回阀就不能帮助获取更多的排气再循环流量,因而它不会影响两个排气歧管之间的比较;

(4) 介于排气压力脉冲的最大峰值与所允许的压力设计极限之间的裕度。非分隔式排气歧管具有较小的、振荡不太猛烈的压力脉冲,所以与分隔式排气歧管相比,它能够以较高的循环平均歧管压力达到压力设计极限,从而在额定功率工况能够产生较高的空燃比。

图13.9显示了一台V8重载柴油机在不同的发动机转速和负荷时的排气歧管压力脉动特性。

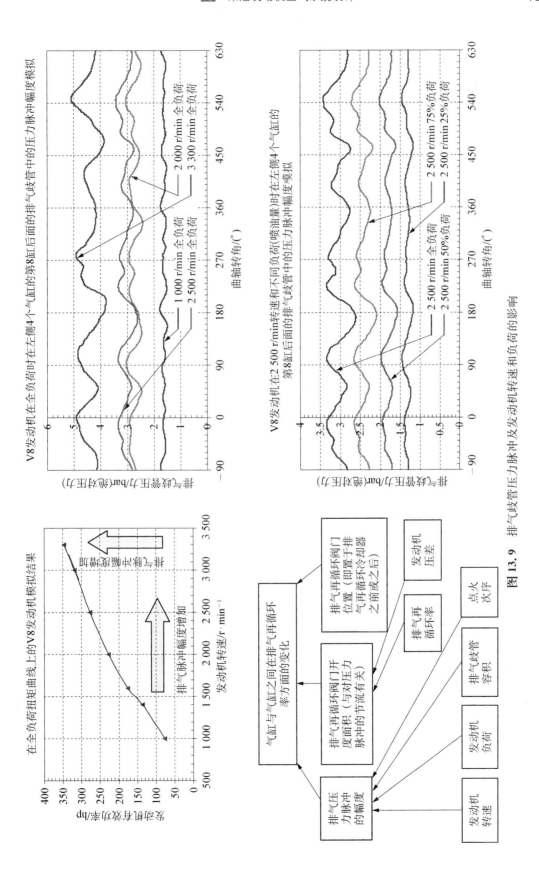

图 13.9　排气歧管压力脉冲及发动机转速和负荷的影响

在文献方面,Winterbone 和 Pearson(1999,2000)总结了发动机排气歧管的设计和分析理论。Tabaczynski(1982)、Winterbone 等人(1985)、Capobianco 等人(1993)、Bassett 等人(2000)、Laksjmikantha 和 Kec(2002)、Fu 等人(2005)和 He 等人(2006)在这方面进行了大量研究。Hribernik(1997)和 Costall 等人(2009)研究了涡轮进口设计对性能的影响。Bassett 等人(2000)、Yang 等人(2006)和 Zhang 等人(2008b)研究了脉冲转换器。

13.6 涡轮增压排气再循环发动机的泵气损失控制原理

正如第 4 章中论述的,泵气损失包括来自发动机压差和进气歧管混合充量容积效率的影响。图 13.10~图 13.11 使用模拟数据分别显示了一些主要设计措施对发动机压差和容积效率的影响。图中,通过调节排气再循环阀开度将排气再循环率保持恒定(除非特别注明)。图 13.10 显示,当调节可变截面涡轮叶片开度(涡轮面积)时,发动机压差主要受空燃比影响。实际上,如果空燃比是通过改变涡轮增压器效率而非涡轮面积来改变的,那么发动机压差基本上不受影响。

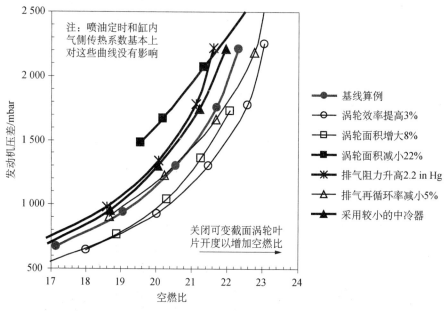

图 13.10 不同的设计参数在额定功率时对发动机压差的影响

从图 13.11 可以观察到,对于给定的配气机构和气缸盖设计来讲,容积效率强烈地受发动机压差影响,因为缸内的残余废气分数极大地受从排气道到进气道之间的压差影响,而这些影响取决于气门重叠角大小。当残余废气增加时,容积效率降低。另外,进气歧管气体温度也强烈影响容积效率。在相同的进气歧管质量流量时,较热的充量实际上会给出较高的进气歧管容积效率数值。较热的充量可以用较小的排气再循环冷却器或较小的中冷器来产生。因此,当比较不同发动机的容积效率数值并且当试图据此评估气缸盖、配气机构和歧管的设计效果时,重要的是要在类似或可比的进气歧管气体温度和发动机压差下进行比较,以避免误导性的结论。

为了满足燃烧和排放要求,发动机的每个稳态转速和负荷工况都有一个精确的关于空燃比和

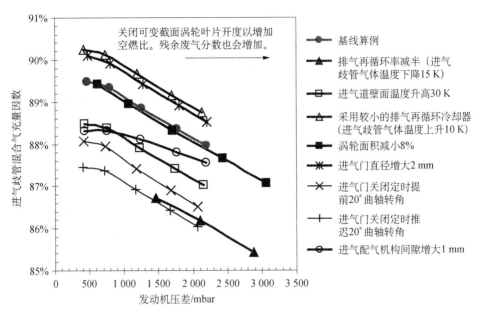

图 13.11 不同的设计参数在额定功率时对发动机充量因数的影响

排气再循环率的设计目标。在理想情况下,排气再循环阀应当全开,以保证最小的流动阻力来减少泵气损失。但是在现实情况中,出于以下几个原因,排气再循环阀必须在某些转速和负荷下设置为部分开启:①由于涡轮增压器效率不足,故而必须采用小涡轮面积,从而导致发动机压差较高;②为了从阀门开启到关闭工况实现必要的顺利过渡;③可变截面涡轮的叶片在快速瞬态过程中往往需要突然关小,这时如果排气再循环阀的执行器响应时间过长的话,阀门就不能相配合地做到及时快速地完全关闭。具体地讲,如果涡轮增压器效率不够高,就必须依靠使用小涡轮面积来升高排气歧管压力,产生足够高的涡轮压比和涡轮功率,满足空燃比目标值。这就会造成很大的发动机压差,迫使排气再循环阀不得已而部分关闭(即人为节流)。另一方面,如果涡轮效率过高,就必须依靠使用大涡轮面积减小排气歧管压力,降低涡轮功率以防止在空燃比上过度增压。这时,发动机压差就可能会变得过低,而无法驱动足够的排气再循环流量。不适当的发动机压差的根源恰是基于增压器效率有其在涡轮机械设计上的固有特征这样一个现实状况。该效率无法在每个转速和负荷均灵活匹配发动机的需求。一般来讲,减小排气再循环阀开度会造成排气再循环率下降和空燃比增加。关小可变截面涡轮的叶片开度或者废气旁通阀开度可能会导致排气再循环率和空燃比均增加。增大涡轮增压器效率会导致空燃比增加,而基本上不太影响(减小)排气再循环率。减小排气背压阀或进气节气门的开度会导致空燃比大幅度下降和排气再循环率小幅度上升。图 13.12~13.13 使用发动机循环模拟计算数据显示了不同的空气系统类型在灵活控制空燃比和排气再循环率方面的能力。

当评估在空气系统设计中需要设置多少个调节"旋钮"(即可调手段)或者需要调节多少个控制装置(参数)来实现空气和排气再循环流量等的目标值时,可以用任意灵活的组合形式使用表 4.1 中构造的数学系统,比如清点硬件设计或标定控制参数的个数以匹配方程组系统中未知数的个数。这样的话,空气系统控制中就不会发生过度约束或约束不足的情况。另外,每个控制参数的相对有效性可以依靠分析第 4 章中的方程予以比较。例如,为了达到一对给定的空燃比和排

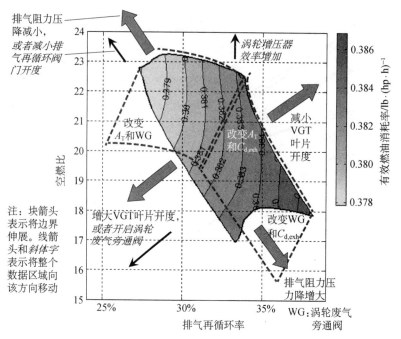

图 13.12(a) 使用不同硬件设备控制空燃比和
排气再循环率的空气系统能力

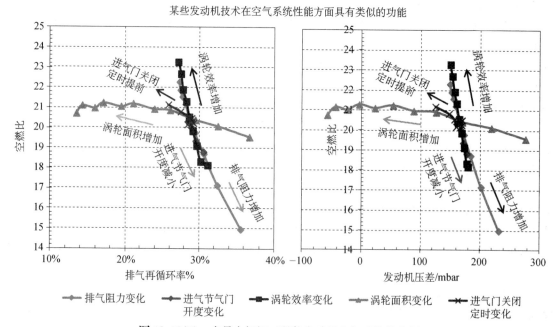

图 13.12(b) 在最大扭矩工况的发动机空气系统能力图

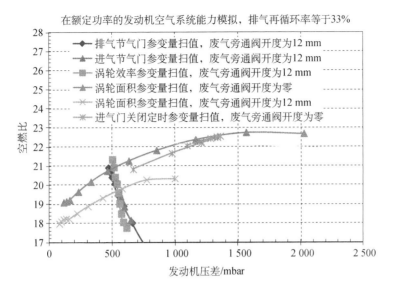

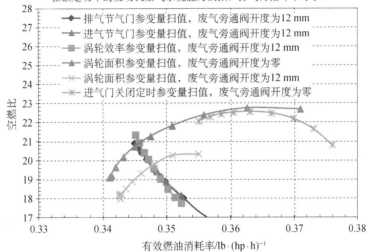

图 13.12(c) 在额定功率工况的发动机空气系统能力图

气再循环率的目标值,在排气再循环环路阻力很低(例如将排气再循环阀全开)和涡轮废气旁通阀全关的情况下,所需的涡轮面积 A_T 和涡轮增压器效率 η_{TC} 可以作为两个未知数采用第 10 号系统的方程组来求解。换言之,需要两个设计上的"旋钮":A_T 和 η_{TC}。然而,由于涡轮增压器设计上的限制,增压器效率通常不能在整个发动机的转速-负荷区域内随意调整。后处理装置所引起的排气阻力也不能随意调整。在这种情况下,就必须使用第 2 号系统的方程组来求解所需的涡轮面积(例如可变截面涡轮的叶片开度)和排气再循环阀的开度,以满足空燃比和排气再循环率的目标值。这种情形是当空气系统的硬件已经选配设计完毕后标定工程师在发动机标定阶段经常遇到的情形。应当指出的是,关闭排气再循环阀会升高发动机压差,导致很高的泵气损失。

从理论上解释,使用涡轮废气旁通阀有两个原因:①采用第 10 号系统在低发动机转速时计算

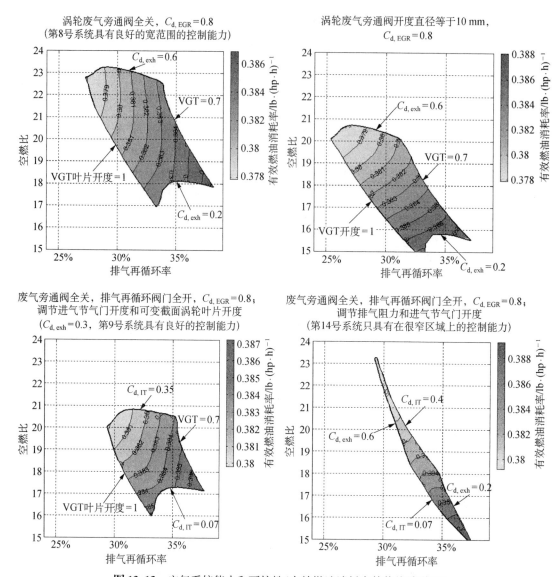

图 13.13 空气系统能力和可控性(有效燃油消耗率等值线脉谱图)

出来的所需涡轮面积比高转速时的要小;②快速瞬态响应要求涡轮惯性必须很小,这就要求涡轮面积不能选得太大,所以在高转速时就需要用废气旁通阀将部分排气放掉。第3号系统可以用来求解涡轮质量流量 $\dot{m}_T$,其实它实质上对应着废气旁通阀开度。在第13号系统中,涡轮面积为已知,废气旁通阀开度和涡轮增压器效率作为未知数来求解,以满足空燃比和排气再循环率的目标值。如果配气定时、涡轮面积、涡轮增压器效率和排气再循环环路流动阻力必须作为固定的已知输入数据来处理的话,在空气系统中通常就需要使用废气旁通阀和排气背压阀(或进气节气门)来获得所需的调节能力(即第11号和第12号系统)。

进气节气门有时被用来吸入更多的排气再循环气流或者降低空燃比。需要注意的是,如果进气节气门是系统中唯一可以用来调节性能的"旋钮",那么只能将排气再循环率或空燃比这两者之一设置为目标,而不能同时设两个目标。例如,在第14号系统中,在最大扭矩处,排气再循环阀被设置为全开,废气旁通阀全关,涡轮面积和涡轮增压器效率是固定的已知参数。如果排气阻力因数 $C_{d,exh}$ 也被固定了,那么唯一可以进行调节的"旋钮"就是进气节气门。图 13.14 采用一个示例解释了进气节气门的功能。

在最大扭矩工况的柴油发动机运行情况

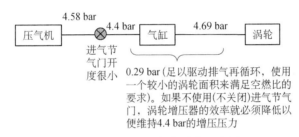

图 13.14 进气节气门功能示意图

从上述理论可以看出,改变以下七个参数中的任意两个都能够达到一对给定的空燃比和排气再循环率的目标值(假设其他参数的数值设置恰当):①排气再循环环路的流动阻力;②涡轮面积(或可变截面涡轮叶片开度);③涡轮废气旁通阀开度;④涡轮或压气机效率;⑤排气阻力或背压阀开度;⑥进气节气门开度;⑦配气定时(本质上体现为充量因数或容积效率)。然而,它们对发动机压差和空气系统能力范围的影响是不同的。为了减小发动机压差,需要采用大的涡轮面积或废气旁通;同时,为了维持同样的排气再循环率,需要采用低的排气再循环环路流动阻力。如果不能减少排气阻力,为了维持相同的空燃比,就需要采用较高的涡轮增压器效率。如果增强了排气再循环的冷却效果,就可以使用更低的排气再循环率来达到同样的排放值,这可以降低发动机压差。

综合性的柴油机空气系统设计和标定的文献不是很多。过去在空气系统、排放和电控领域出现的一些相关研究工作大多比较零散。Boulouchos 和 Stebler(1998)、Hawley 等人(1999)、Chi 等人(2002)、Pfeifer 等人(2002)、Senoguz 等人(2008)和 Adachi 等人(2009)探索了空气系统的协调控制(例如可变截面涡轮、排气再循环系统、进气节气门)对优化排放和性能的影响。

13.7 关于发动机系统的热力学第二定律分析

热力学第一定律(即在"数量"上的能量平衡)已被广泛用于柴油机系统设计和分析。实际上,热力学第二定律(即关于可用能量或㶲的"质量"评估)在系统设计中同样重要或者甚至更为重要。

在系统设计过程中,首要的是了解在系统效率方面设计改进的终极潜力,并从能量质量的角度比较和评价系统设计的工作质量。现代柴油机在以下几个方面需要热力学第二定律分析的指导:

- 从排气系统和冷却系统进行余热回收的潜力(例如涡轮出口废气、排气再循环散热量、中冷器散热量);
- 发动机空气系统改进设计的终极潜力;
- 发动机系统中高额损失的根源;
- 不同的硬件装置之间在系统和部件损失上的比较(例如不同的涡轮增压系统、排气再循环系统、空气系统中的各种控制阀门,以及具有不同排气阻力水平的后处理系统)。

先进的发动机系统分析应当运用热力学第二定律来回答和解决这些问题。第二定律分析能够量化发生在不同子系统中的各种损失(例如燃烧、空气、冷却、摩擦),并指出系统缺陷的根源。对于冷却系统部件来讲,其损失包括来自传热和流动阻力等的㶲损耗。对于空气系统部件来讲,㶲损耗包括来自部件效率的损失(例如低涡轮增压器效率)、流动损失(例如排气和进气阻力)、在所有空气系统控制阀门处的节流损失(例如排气再循环阀、涡轮废气旁通阀、排气背压阀、进气节气门)。

图 13.15～图 13.17 给出了基于发动机循环模拟数据的一台现代重载柴油机的热力学第一定律与第二定律之间的全面比较分析。第二定律的分析是在将"死态"基准定义为 1 个大气压和 298.15 K (25 ℃)的情况下进行的。图 13.15 显示了在最大扭矩和额定功率工况下能量、可用能和㶲损耗的分解分布百分比。据观察,第二定律分析能够比第一定律更准确地量化每个余热源的潜力。例如,第一定律分析表明,在额定功率时,排气再循环冷却器散热量、中冷器加间冷器散热量、涡轮出口废气能量分别占燃料总能量的 13.28%、9.10%、23.48%。而第二定律分析指出,这三项的可用能其实分别为燃料总可用能的 2.89%、1.04%、9.61%。

另外,可以看到,第二定律分析能够揭示系统损失的根源,比较各子系统或部件和过程的㶲损耗,并指出对这些损失进行设计改进的潜力。相比之下,第一定律分析无法做到这些。例如,第二定律分析表明,在额定功率时,涡轮增压系统、排气阻力、发动机机械摩擦、排气再循环阀节流、涡轮废气旁通阀节流的㶲损耗分别是燃料总可用能的 3.96%、1.70%、1.15%、0.39%、0.23%。这表明,在现代柴油机后处理装置中的高排气阻力对系统造成的损害,几乎与发动机摩擦损失、排气再循环节流损失和涡轮废气旁通阀节流损失三项的总和相当。而且,由排气阻力造成的这个㶲损耗高达涡轮增压系统的㶲损耗的 43%。

第二定律分析表明,改进柴油机效率的巨大潜力存在于对涡轮出口废气和排气再循环气流进行余热回收。除此之外,潜力较低的一些方面依次为:改善涡轮增压器效率,减少排气阻力,降低冷却器流动阻力,减少机械摩擦,减小在排气再循环阀和涡轮废气旁通阀处的节流损失。如果使用进气节气门,它可能会在系统中造成较大的或者至少不可忽视的㶲损耗。应当指出的是,对于一个设计不良的空气系统,系统中的流动损失和节流损失会比在这个算例中所显示的数据高得多。图 13.16～图 13.17给出了表达在发动机转速-负荷区域上的热力学第一定律和第二定律分解图的完整分析。它们显示出第二定律分析能够在能量转换过程方面对发动机系统行为提供深刻的理解,是一个指导系统设计和部件设计向着将发动机系统效率最大化的正确方向发展的强有力方法。

在文献方面,关于柴油机的热力学第二定律分析在过去的几十年里一直比较活跃,尽管其在工业设计应用上还有待继续推广。Flynn(2001)以及 Rakopoulos 和 Giakoumis(2006,2009)给出了关于热力学第二定律和相关发动机分析的基础知识和评述总结。第 13.10.1.2 节完整地开列了关于热力学第二定律在发动机应用方面较重要的参考文献。

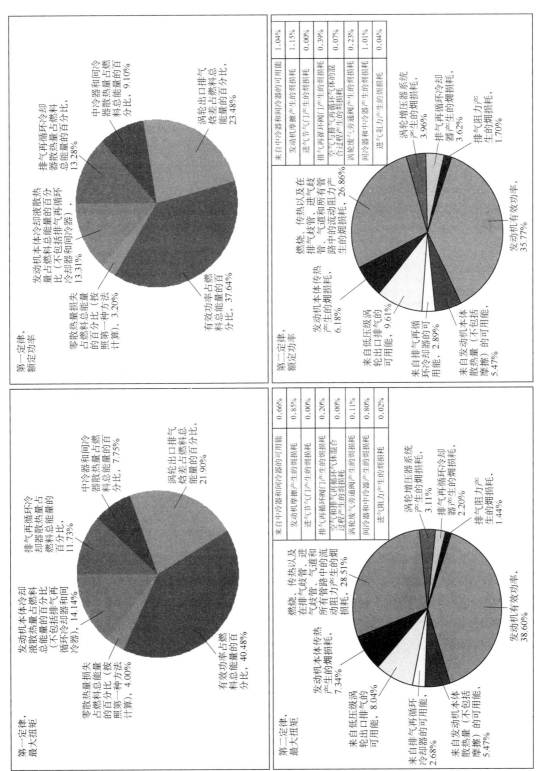

图 13.15 在最大扭矩和额定功率时热力学第一定律和第二定律的分析

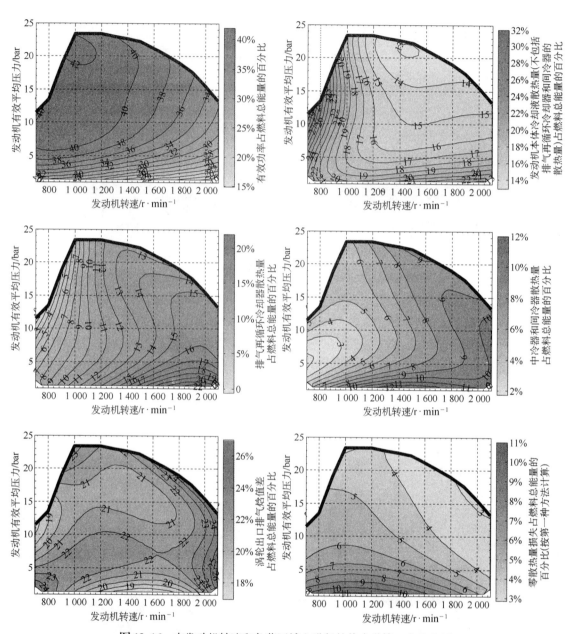

图 13.16　在发动机转速和负荷区域上进行的热力学第一定律分析

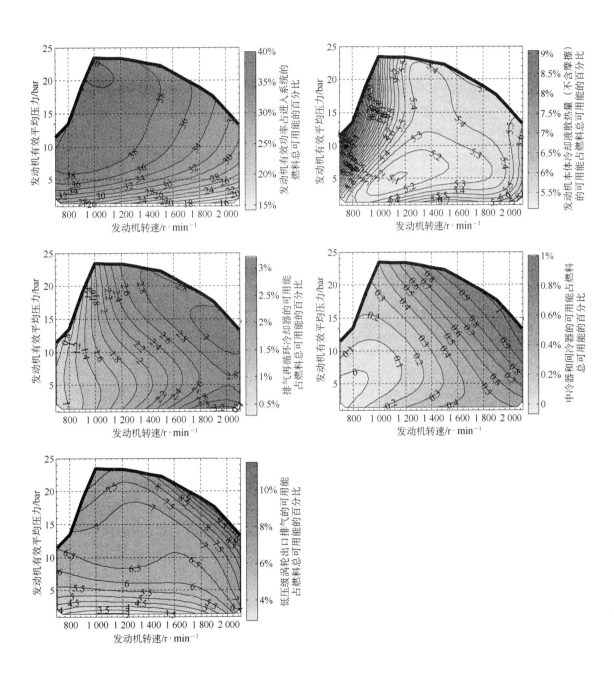

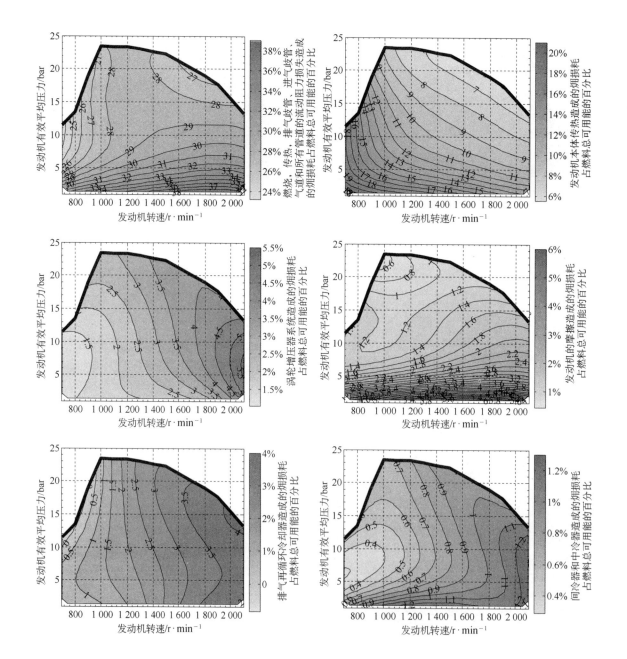

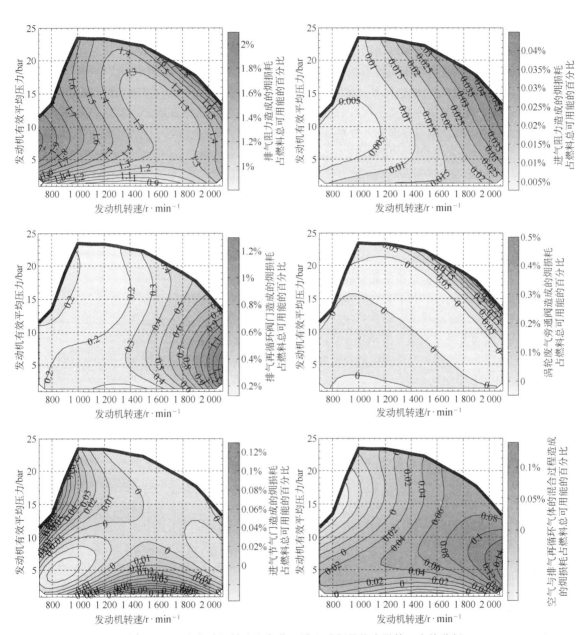

图 13.17 在发动机转速和负荷区域上进行的热力学第二定律分析

13.8　涡轮复合增压

目前典型的公路用重载柴油机具有大约 42%～43% 的最高热效率。剩余的燃料能量中的绝大部分通过冷却介质或排气耗散到环境大气中。如果排气再循环率较低,冷却液散热量便较少,而排气中包含的热能会较多。如果排气再循环率较高,上述情形刚好相反。回收排气余热在降低油耗方面潜力很大。涡轮复合增压和热力学低温底部循环(例如兰金循环)是余热回收(WHR)的两项主要技术。由于其机理不同,这两种技术在性能、耐久性、封装性、成本上具有不同的属性和设计要求。它们通过不同的子系统相互作用影响热效率,例如排气阻力、泵气损失、与涡轮增压的相干性、空燃比能力、碳烟排放、低温底部循环效率、后处理装置气体温度。

涡轮复合增压,曾作为一种增加功率密度的技术具有悠久的历史,并于 20 世纪 50 年代以后的半个多世纪内在几种道路和非道路用的量产化柴油机上使用过并应用至今,例如 1981 年的康明斯(Cummins)的 NH 牌发动机、1986 年的卡特彼勒(Caterpillar)的 3406 系列柴油机、斯堪尼亚(Scania)的 11 L 发动机、2002 年的沃尔沃的 D12 500TC 发动机、2007 年的戴姆勒(Daimler)的 DDC 15 L 发动机,以及一些军用柴油机。一般来讲,量产化或科研样机中的涡轮复合增压型式分为以下四类:

- 第一类:使用动力涡轮的机械涡轮复合增压[图 13.18(a)];
- 第二类:使用涡轮增压器涡轮的机械涡轮复合增压[亦称机械式驱动涡轮增压器,图 13.18(b)];
- 第三类:使用动力涡轮的电动涡轮复合增压[亦称涡轮发电机,图 13.18(c)];
- 第四类:使用涡轮增压器涡轮的电动涡轮复合增压[亦称电动式驱动涡轮增压器或电动涡轮增压器,图 13.18(d)]。

第一类涡轮复合增压在涡轮增压器涡轮的下游使用一个动力涡轮来产生机械功率。动力涡轮可以是轴流式,也可以是径流式。动力涡轮的转轴通过一个齿轮组与曲轴相连接,实现减速功能。由于机械连接的局限性,动力涡轮通常需要被布置得离曲轴很近。为了使曲轴扭振不损坏那些高速齿轮和动力涡轮,通常需要采用一个隔振的黏性流体耦合部件。第一类涡轮复合增压装置通常体积大、重量重、复杂、昂贵。从热力学的观点来看,动力涡轮所产生的膨胀比与该涡轮的转速和面积有关(面积在图 13.19～图 13.20 中用涡轮质量流量乘数来模拟),它对于其上游的涡轮增压器涡轮来讲等同于增加的排气阻力或背压,因此对于涡轮增压器涡轮的增压能力或发动机的泵气损失而言具有负面影响。另外,由于动力涡轮与曲轴之间是以固定的机械方式相连接,而且在低负荷时排气能量相当低,当动力涡轮的输出功收益不能抵消这些机械损失时,动力涡轮实际上会变成机械耗功装置,油耗会增加。涡轮复合增压的性能也极大地依赖于排气再循环率,如图 13.19～图 13.22 所示。高排气再循环率会使得动力涡轮或涡轮增压器涡轮所获得的排气能量减少。在下述所有的涡轮复合增压的模拟算例中,均假设功率转换效率为 90%,并假设空燃比固定(除非特别标注),以便使得计算结果具有可比性。图 13.20 显示,在第一类涡轮复合增压中,介于动力涡轮与曲轴之间的变速齿轮需要根据空燃比和油耗予以优化。图中在额定功率时的空燃比相对于齿轮比变化的趋势非常明显,而油耗相对于齿轮比变化的趋势在不同的动力涡轮面积下则显得比较复杂。这里将齿轮比的优化值选择为 10。

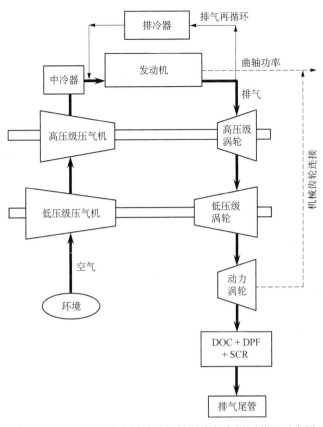

图 13.18(a) 使用动力涡轮的机械涡轮复合增压装置示意图

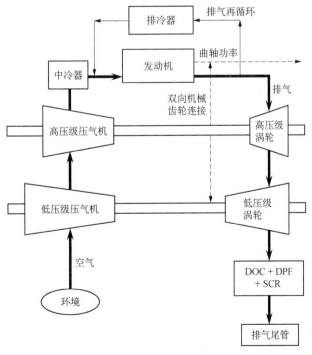

图 13.18(b) 使用涡轮增压器涡轮的机械涡轮复合增压装置
（亦称机械式驱动涡轮增压装置）示意图

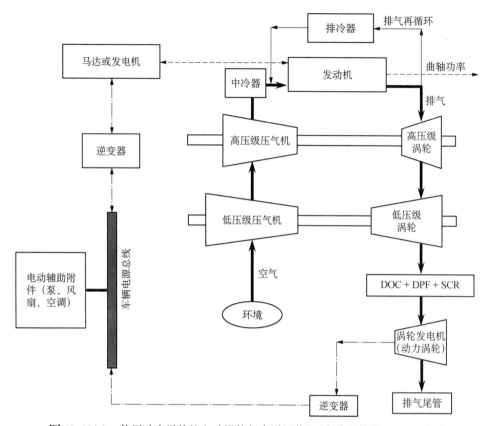

图 13.18(c)　使用动力涡轮的电动涡轮复合增压装置(亦称涡轮发电机)示意图

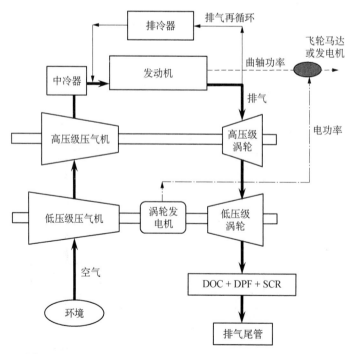

图 13.18(d)　使用涡轮增压器涡轮的电动涡轮复合增压装置
(亦称电动式驱动涡轮增压装置)示意图

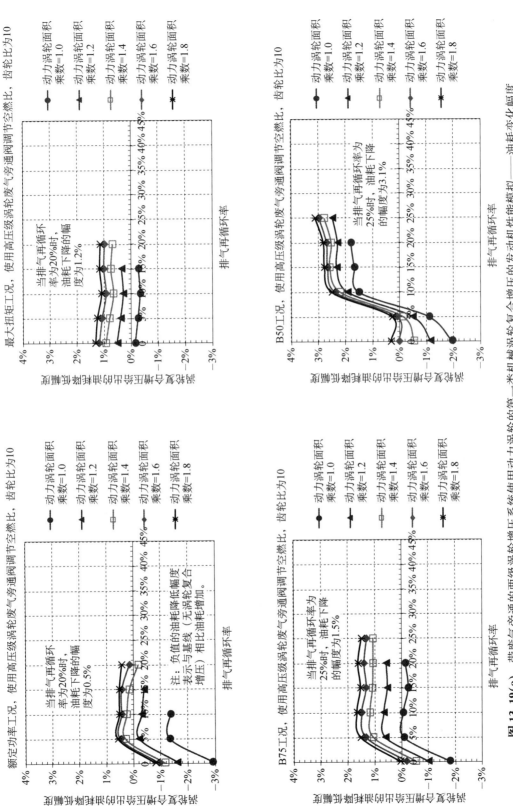

图 13.19(a) 带废气旁通的两级涡轮增压系统使用动力涡轮的第一类机械涡轮复合增压的发动机性能模拟——油耗变化幅度

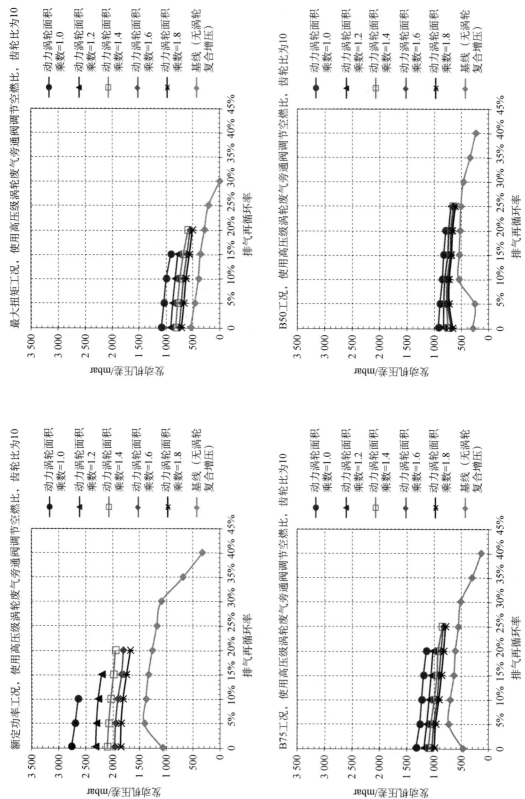

图 13.19(b) 带废气旁通的两级涡轮增压系统使用动力涡轮的第一类机械涡轮复合增压的发动机性能模拟——发动机压差

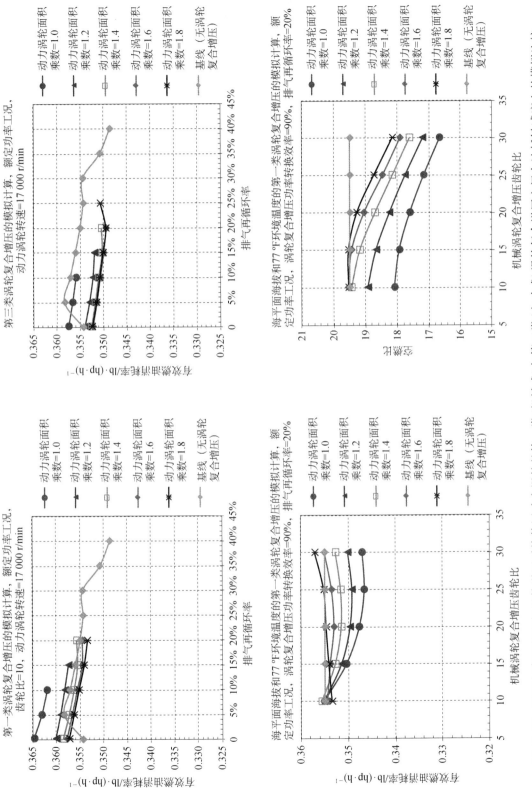

图13.20 带废气旁通的两级涡轮增压系统使用动力涡轮的第一类（机械式）与第三类（电动式）涡轮复合增压之间在油耗敏感度上的模拟比较

第二类涡轮复合增压不使用动力涡轮。曲轴与涡轮增压器涡轮经由一个齿轮组直接以机械方式相连，用来控制涡轮转速。在某一齿轮比所对应的给定涡轮轴速下，涡轮增压器涡轮的功率输出或耗功状态由涡轮与压气机之间的功率平衡所决定。压气机作为一个负荷装置消耗功率以提供一定的空燃比。涡轮作为一个功率输出装置，其功率可以由涡轮废气旁通阀或涡轮面积（例如可变截面涡轮叶片）调节。如果涡轮功率大于压气机功率，涡轮将以复合增压模式对曲轴输出净机械功。如果涡轮功率小于压气机功率，涡轮将以机械增压模式从曲轴吸收净机械功。因此，第二类涡轮复合增压在灵活切换复合增压与机械增压之间具有一定的吸引力，而且这一概念对今天的第四类电动式驱动涡轮增压器技术产生了深远影响。事实上，第二类涡轮复合增压在涡轮复合增压的早期历史上就曾出现过，例如 1954 年 Napier Nomad 的 12 缸二冲程柴油机。图 13.21 展示了采用一个低压级涡轮的第二类涡轮复合增压的计算模拟结果，其中高压级涡轮增压器采用废气旁通或可变截面涡轮。结果显示，降低油耗方面的收益其实很小。图 13.21 也显示了虽然机械增压能够减小发动机压差，但是它在稳态运行时会使油耗变差。例如，低压级涡轮以 90 000 r/min 转速运行曲线上的 20% 排气再循环率的运行点具有 29 kW 来自曲轴的机械增压功率，它维持着压气机的增压以保证空燃比达到 19.5 的目标值。虽然该点的发动机压差很低（仅 600 mbar），但是在有效燃油消耗率上却恶化了 5.3%。

在第三类涡轮复合增压中，动力涡轮的输出功率被传送给一个发电机，为发动机或车辆用电提供电能。动力涡轮的输出功率也可以被储存于电池中以备灵活使用（Hopmann 和 Algrain，2003）。由于它不需要复杂和笨重的机械连接装置，动力涡轮可以被置于远离曲轴甚至位于全部后处理装置下游的位置，以便最大限度地优化系统性能和封装性。事实上，这类涡轮复合增压能够在任何发动机转速和负荷下更为灵活地调节动力涡轮的转速，而不像第一类中受固定的机械变速齿轮比的约束。在图 13.20 所示的 17 000 r/min 动力涡轮转速条件下，第一类与第三类之间在油耗方面的差异仅仅是由于动力涡轮相对于后处理装置的位置变化造成的。

在第四类涡轮复合增压中，涡轮增压器涡轮的转轴与一电动装置相连，来灵活地实现输出功率的涡轮复合增压（又称发电）模式或者吸收功率的电动增压（又称电机）模式。理论上讲，电动增压模式可以使涡轮增压器转速加快，从而能够灵活地调节发动机压差、泵气损失、排气再循环驱动、空燃比。如果装在涡轮增压器转轴上的发电机或马达较小，这类涡轮复合增压系统在封装性布置上会比较紧凑。发电机既可以置于压气机前端，也可以集成于压气机叶轮与涡轮叶轮之间的轴承室内。如果置于压气机前端，转子动力学、应力、转轴弯曲和封装性通常是设计上的挑战。如果集成于轴承室内，定子和电磁铁的热管理是首要的设计考量。尽管第四类涡轮复合增压装置的体积较小，它的转动惯量仍然较大，而且其电流和电压也较大，热负荷方面的约束条件也较为严苛。图 13.22 展示了在恒定的空燃比下此类涡轮复合增压的计算模拟结果。事实上，降低油耗方面的收益是相当小的，尤其在部分负荷工况。

由于电动附属装置能够较为灵活地进行功率调节以满足系统的需求，而且储能装置能用来运行车厢内司机所需要的空调采暖等生活用电功能从而避免发动机怠速，所以将车辆电气化以改善燃料经济性是很有吸引力的举措。第三类和第四类涡轮复合增压特别适合作为电动混合动力和储能策略的一部分。其输出功率可供车辆用电之需（例如冷却泵、机油泵、冷却风扇、动力转向、空气压缩机、空调、车厢居住用电需要），也可储存于电池中。事实上，涡轮发电机在近年来的科研中（例如美国的超级卡车项目）是一项比较引人注目的技术，而且它与商用车电气化和混合动力化的发展趋势相一致，因为马达和发电机在电动混合动力系统中也是必需的部件。另外，需要注意的是，第二类和第四类涡轮复合增压能够实现机械增压或电动增压的所有优点，例如低速端扭矩提升、降低发动机转速、瞬态空气补充、瞬态排放和油耗的控制、快速负荷响应等。

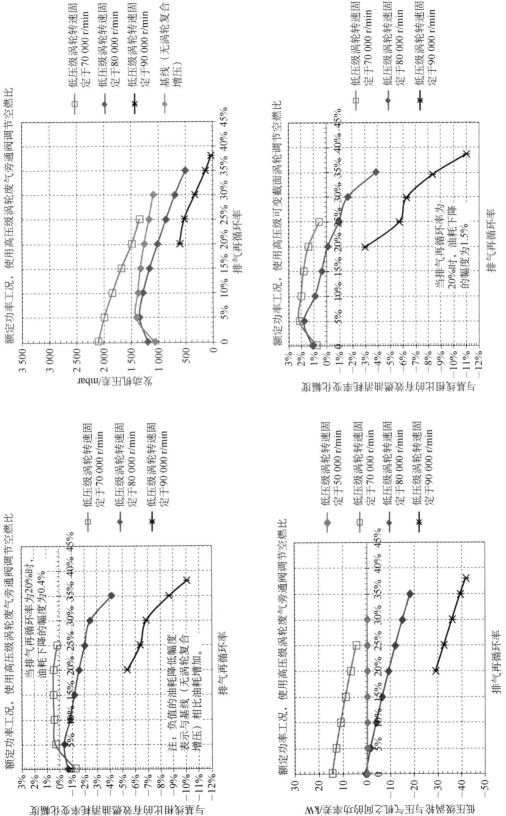

图13.21　使用涡轮增压器涡轮的机械式涡轮复合增压（第二类涡轮复合增压，机械式驱动的两级涡轮增压系统）的发动机性能模拟计算

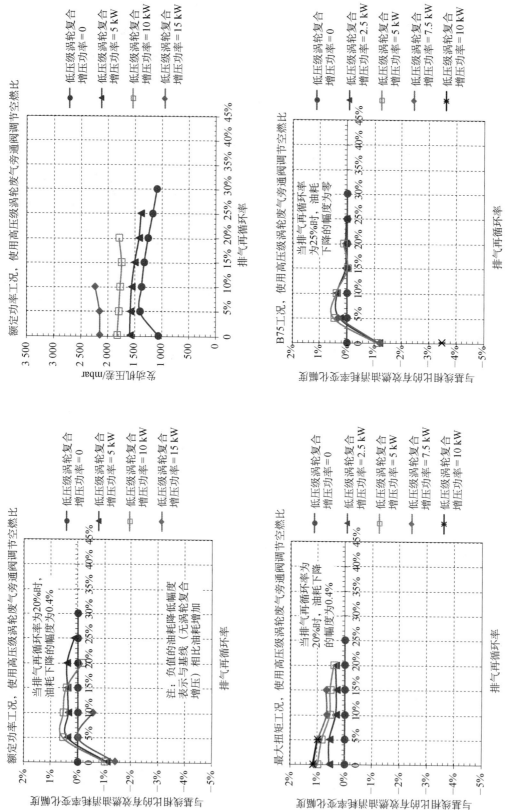

图 13.22　使用涡轮增压器涡轮的电动式涡轮复合增压（第四类涡轮复合增压、电动式驱动的带废气旁通阀涡轮增压系统）的发动机性能模拟计算

在评估涡轮复合增压的油耗收益时,两个最为重要的方面是:①要计算维持足够而恒定的空燃比所需要的压气机功率;②要分析由于动力涡轮具有膨胀比而导致涡轮增压器排气阻力增加,或者由于涡轮压比增大而导致排气歧管压力增加。这些效应所导致的泵气损失增加可能会造成发动机热效率方面的净收益非常小,即使在全负荷时。需要强调的是,油耗的比较必须在相同的排放水平(或者其等效相同的空燃比和排气再循环率)下进行,这样的比较才公平和清晰。事实上,在涡轮复合增压研究领域所发表的许多文献在这方面都存在问题或局限性——即在不同的氮氧化物和碳烟水平下比较不同装置的油耗,这样做实际会使结论无效或模糊。

综上所述,涡轮复合增压对于现代柴油机在提高功率密度和降低油耗方面具有较为有限的优势,具体取决于涡轮复合增压类型、涡轮型式、涡轮面积、功率传递和变速齿轮比、安装位置、排气再循环率等(图 13.23)。其降低油耗的收益一般在高负荷、高转速或某些部分负荷(B50)工况下最为明显。事实上,文献中报道第一类涡轮复合增压在发动机热效率上的最大改进程度为 3%~5%,在长途运输应用中为 3%。采用动力涡轮的涡轮复合增压性能取决于动力涡轮的转速、面积和机械或电动能量转换效率。驱动式涡轮增压器的性能取决于涡轮的废气旁通阀开度或可变截面涡轮面积以及能量转换效率。可变截面动力涡轮能够灵活控制涡轮复合增压的功率输出,并且可以增加在部分负荷或低转速时的功率输出。它还能够帮助控制发动机空气流量和瞬态响应。在给定的发动机转速-负荷工况和排气再循环率下,涡轮面积或废气旁通阀开度具有一个最佳值,对应着最大的油耗收益。这一最佳值是介于背压与排气能量利用之间的一个微妙平衡。另外,较高的涡轮增压器效率或动力涡轮效率能够极大地缓解涡轮复合增压中遇到的高背压问题,以便维持足够高的空燃比。这种高效率要求有时甚至会成为使用涡轮复合增压系统实现节能减排的重要先决条件(Kruiswyk,2008,2010)。尽管机械或电动增压能够减小发动机压差,但是会伴随很大的油耗损失。总体来讲,采用动力涡轮的复合增压似乎比不采用动力涡轮的方案在降低发动机的有效燃油消耗率上更为有效(图 13.23)。但是,动力涡轮的额外重量对车辆的燃料经济性会带来不利影响。

涡轮复合增压的一个局限之处是在动力涡轮或涡轮增压器涡轮出口处或者说后处理装置的进口处的排气温度会下降(图 13.23)。这会使后处理系统的效能下降,导致柴油颗粒过滤器发生更为频繁的主动再生或者导致选择性催化还原和稀薄氮氧化物捕集器需要具有更为严苛的热管理要求。

Assanis 和 Heywood(1986)、Tennant 和 Walsham(1989)、Kapich(2002)、Hopmann 和 Algrain(2003)、Millo 等人(2006)、Hountalas 等人(2007)、Greszler(2008)、Kruiswyk(2008,2010)、McGuire 等人(2009)、Patterson 等人(2009)、Divekar 等人(2010)、Edwards 等人(2010)、Ismail 等人(2012)、Eriksson 等人(2012)和 Ishii(2009,2012)给出了关于柴油机涡轮复合增压方面的更多分析内容。

13.9 发动机减小排量、降低转速和降低呼吸

在 20 世纪 90 年代初期,11~13 L 排量的柴油机在重型卡车市场占主导地位。到了本世纪初,13~15 L 排量的发动机开始占据主导地位,并伴随着额定功率的增长。在当前的二氧化碳减排时代,发动机排量将逐步减小,并保持相同或者甚至更高的额定功率(即更高的有效平均压力或功率密度),以便减少二氧化碳排放量和发动机重量。

泵气损失基本上正比于发动机压差与排量的乘积。在给定的排气再循环率目标下,为了减小发动机压差或泵气损失,对以下基于充量因数的定义而移项改写的方程式(13.6)所做的理论分析表明,降低呼吸、减小排量、降低转速是三项在机理上可以类比或者相通的有效技术:

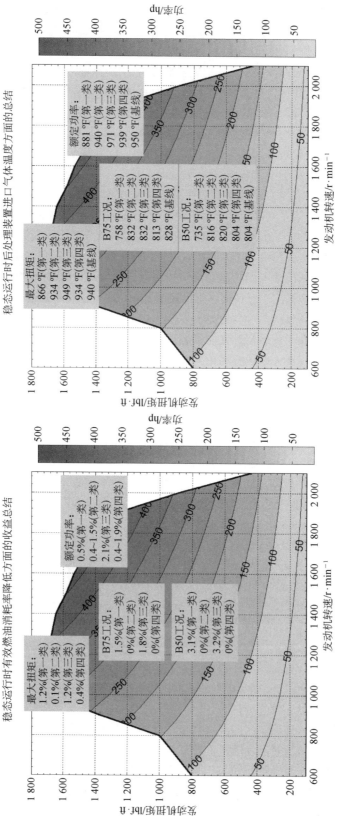

图 13.23 关于降低油耗的收益和后处理装置进口气体温度的涡轮复合增压稳态性能性总结

$$\eta_{\mathrm{vol}} V_{\mathrm{E}} N_{\mathrm{E}} = \frac{2(\dot{m}_{\mathrm{air}} + \dot{m}_{\mathrm{EGR}}) T_{2a} R_{\mathrm{gas}}}{p_2 - \Delta p_{\mathrm{IT}} - \Delta p_{\mathrm{CAC}}} \tag{13.6}$$

这三项技术可以类比的原因是因为式(13.6)左侧的项含有充量因数、发动机排量、发动机转速，而且这三个参数在数学上可以互换并且均在式(13.1)所表述的空气系统核心方程组中只出现过一次，因此它们对发动机压差的影响在数学上是相似的。这一统一理论在图 13.24 中予以示意。

然而，这三项技术因其各自不同的机理在泵气损失、空燃比能力和油耗方面具有不同的影响。例如，在相同的排气再循环率、空燃比和额定功率条件下，减小排量在减少泵气损失方面的机理主要是由于较小的排量，而非较低的发动机压差。减小排量的发动机(例如减小 10%)要求涡轮面积也要相应地减小(例如基本上也是 10%)，以便能够在最大扭矩工况提供相同的排气再循环率；这样，发动机压差就会大体相同。减小排量还可以通过以下机理减少油耗：较高的负荷率(即较高的有效平均压力，机械摩擦功率相对于指示功率的比例较小)，减小的机械摩擦损失(由于较小的气缸直径或冲程)，较小的气缸传热损失。

降低转速(Mayer 等人，1982；Ostrowski 等人，2012；Keidel 等人，2012)可以通过降低发动机压差、升高负荷率和减少机械摩擦等改善油耗。在某些降低转速的策略中，需要减小涡轮面积，这会增加发动机压差，从而在某种程度上抵消泵气损失减少方面的收益。在减小排量或降低转速方面存在一个有效平均压力的极限。高于该极限值时，增压压力和发动机压差会变得过大，从而不再有油耗降低方面的收益，除非能够提高涡轮增压器效率。另外，高于该极限值时，最高气缸压力、排气歧管压力和压气机出口空气温度将变得过高。

降低呼吸指的是依靠使用先进的热力学循环(例如米勒循环)、提前进气门关闭定时(即缩短"呼吸"区间)、采用超高增压压力来减小充量因数。在给定的涡轮面积或废气旁通阀开度下，将进气门关闭定时提前会同时减小发动机压差和空燃比。降低呼吸，特别是当与消除涡轮废气旁通相结合时，能够通过降低发动机压差、缩短进气门工作段区间、减小泵气损失、在下止点处产生内部膨胀冷却效应、依靠高增压压力匹配出较高的压气机效率来减少油耗。然而，过度的降低呼吸会导致空燃比或发动机压差过低(即增加碳烟排放或影响驱动排气再循环)。减小涡轮面积会增大发动机压差和空燃比，从而会抵消降低呼吸的效应。然而，降低呼吸与消除废气旁通联用能够维持相同的空燃比并降低泵气损失。关于降低呼吸的详细分析可见第 9 章的可变气门驱动一节。

减小排量是一项在发动机全转速-负荷区域内降低油耗的有效技术，特别是在低负荷或高转速(Mayer 等人，1982；Ecker 等人，2000；Saulnier 和 Guilain，2004；Bargende 和 Berner，2005；Banks 等人，2009；Fraser 等人，2009；Lumsden 等人，2009；Chadwell 和 Walls，2010；Kirwan 等人，2010；Sisken 等人，2010；Thirouard 和 Pacaud，2010；Ge 等人，2011；Gheorghiu，2011；Pohorelsky 等人，2012)。在相同的有效功率下减小排量(或者甚至与降低转速相结合)意味着有效平均压力升高，因而由美国补充排放测试(SET)十三工况法或联邦测试程序(FTP)循环认证所重新定义的发动机转速-负荷工况会具有升高的平均有效压力水平和由此造成的较低的有效燃油消耗率和二氧化碳单位功率时间质量排放量。事实上，减小排量广义上讲包括两种，它们均具有强化的涡轮增压和增大的进气歧管压力。第一种称为定功率减小排量，即在减小排量时保持额定功率和全负荷扭矩曲线不变。第二种实际应当称为升额，即在保持排量不变的情况下提高额定功率或修改全负荷扭矩曲线的形状。这两种均具有升高的有效平均压力，但是只有第一种才是真正的减小排量技术，能够较大幅度地减少油耗。现将减小排量与升额之间的区别具体解释如下。

748　　　柴油发动机系统设计

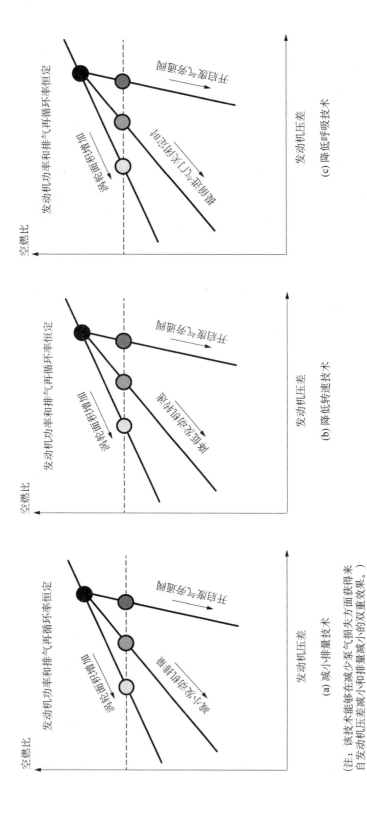

(注：该技术能够在减少泵气损失方面获得来自发动机压差减小和排量减小的双重效果。)

图 13.24 反映于空气系统能力图上的关于发动机减小排量、降低转速和降低呼吸技术的理论

在定功率减小排量技术中[表 13.1 和图 13.25(a)],如前所述,如果涡轮面积不变,发动机压差会减小,导致在最大扭矩附近的排气再循环驱动能力变得不足。为了防止这一状况而在最大扭矩维持相同的排气再循环率和空燃比,就需要采用较小的涡轮面积(基本正比于发动机排量减小的幅度)以恢复到原有的发动机压差[图 13.25(b)]。由于发动机排量变小,泵气损失会减小。油耗会在整个转速-负荷区域上变低,特别是在低负荷或高转速[图 13.25(c)]。另外,进气增压压力、压气机出口空气温度和最高气缸压力均会增加[图 13.25(d)~(f)]。

表 13.1　发动机减小排量所需的设计变更

计算模拟中使用的发动机硬件假设	与基线相比的发动机缸径比率	行程缸径比	高压级涡轮面积乘数	低压级涡轮面积乘数	高压级压气机流量乘数	低压级压气机流量乘数	与基线相比的高压级涡轮面积比率	在额定功率时的间冷器效能	发动机压缩比
基线算例	1	1.317	1.04	1.0	1.0	1.0	1	0%	17
降低排量 10%	0.965	1.317	0.88	1.0	1.0	1.0	0.846	0%	17
降低排量 20%	0.928	1.317	0.822	0.83	0.9	0.88	0.790	28%	16.3
降低排量 30%	0.888	1.317	0.717	0.67	0.8	0.77	0.689	30%	15.7
降低排量 40%	0.843	1.317	0.623	0.50	0.7	0.65	0.599	40%	15

升额(图 13.26)有三种可能的情形,取决于是否使用可变截面涡轮。如果用之,在整条全负荷扭矩曲线(包括最大扭矩工况)均提升到更高的有效平均压力水平时,发动机在高转速时可能并不会产生较高的泵气损失,因为可变截面涡轮能够灵活地调节涡轮面积,只要有效平均压力水平不变得过高而导致发动机压差过大的话。如果使用的是固定截面涡轮,而且如果当额定功率升高时最大扭矩并不增加的话(即减小扭矩储备系数),通常并不需要减小涡轮面积,因此在高转速高负荷工况(例如额定功率)并不会产生很大的泵气损失。然而,如果使用的是固定截面涡轮,而且如果当额定功率升高时最大扭矩也增加(即在扭矩曲线上维持扭矩储备系数),则需要采用较小的涡轮面积以保持相同的空燃比,这就会导致在额定功率时付出泵气损失的代价,从而部分地抵消在十三工况组合油耗中由部分负荷工况所带来的油耗降低上的收益。如前所述,有效平均压力存在一个最优值。高于此值时,泵气损失和其他设计极限参数会变得过大而抵消油耗收益。而且,需要注意的是,在相同的有效平均压力下进行比较时,减小排量与升额实际上对油耗有不同的影响。减小排量能够降低油耗[图 13.25(c)],而升额在高速全负荷时可能会使得油耗变差(图 13.26)。重载柴油机在额定转速(1 700 r/min 或 1 600 r/min)下的升额计算中油耗大幅增加是由于小的可变截面涡轮面积造成很大的泵气损失,而这则部分地是由于模拟中所做的固定硬件的假设等某些局限条件造成的,例如后处理装置的固定尺寸所导致的较高排气阻力、固定大小的中冷器所给出的较高的流动阻力压降、不采用间冷器等。实际上,对于升额来讲,这些硬件装置往往可以重新选型做大以缓解在较高有效平均压力时恶化的油耗。

减小排量或升额的一个主要的共同设计难点在于从结构上应对升高的最高气缸压力。升额的另一个设计挑战是由于功率或喷油量增加所造成的散热量增大,需要由车辆冷却系统来应对。图 13.27显示了发动机扭矩曲线形状的变化或降低转速对匹配车辆传动系和选择后桥传动比的影响。适当的匹配可以调整发动机扭矩曲线与车辆阻力功率曲线之间的交点,以便获得令人满意的油耗和爬坡或加速所需的功率储备。

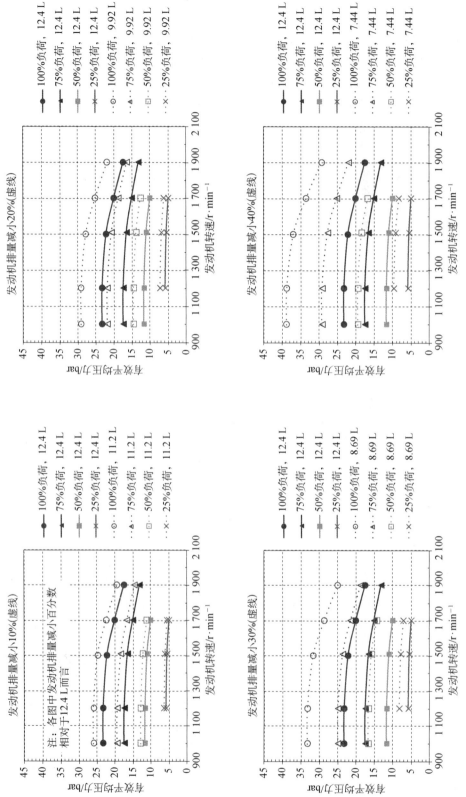

图 13.25(a) 柴油机减小排量对有效平均压力的影响

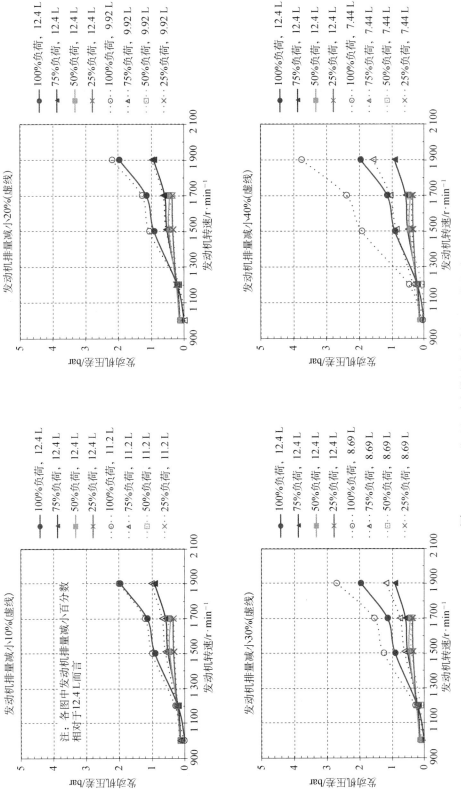

图 13. 25 (b) 柴油机减小排量对发动机压差的影响

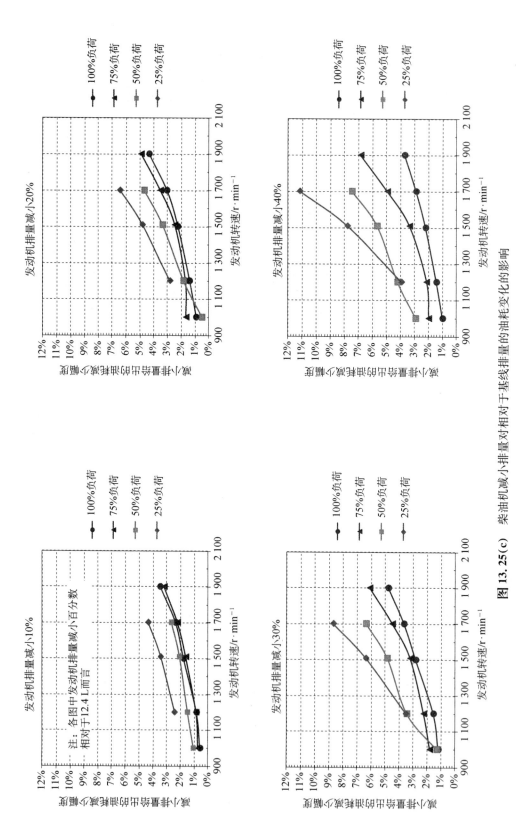

图 13. 25(c) 柴油机减小排量对相对于基线排量的油耗变化的影响

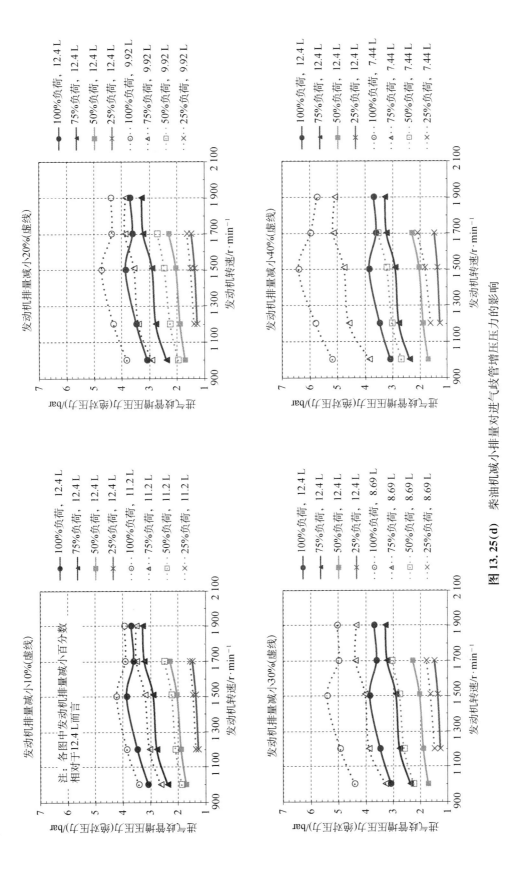

图 13.25 (d) 柴油机减小排量对进气歧管增压压力的影响

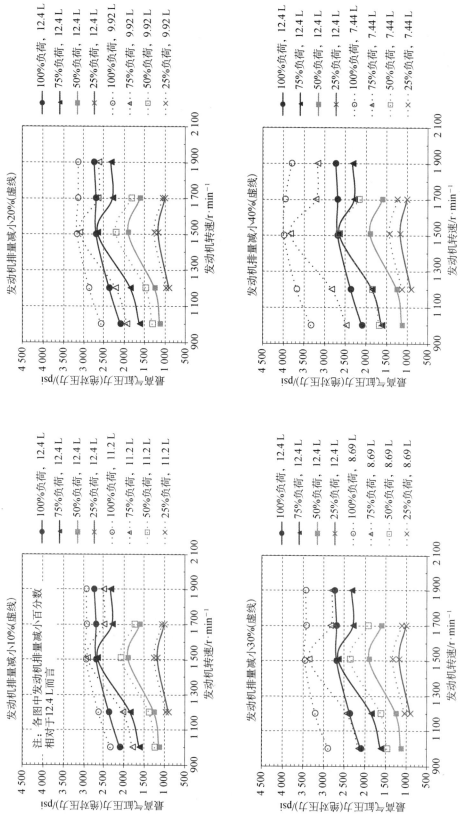

图 13.25 (e) 柴油机减小排量对最高气缸压力的影响

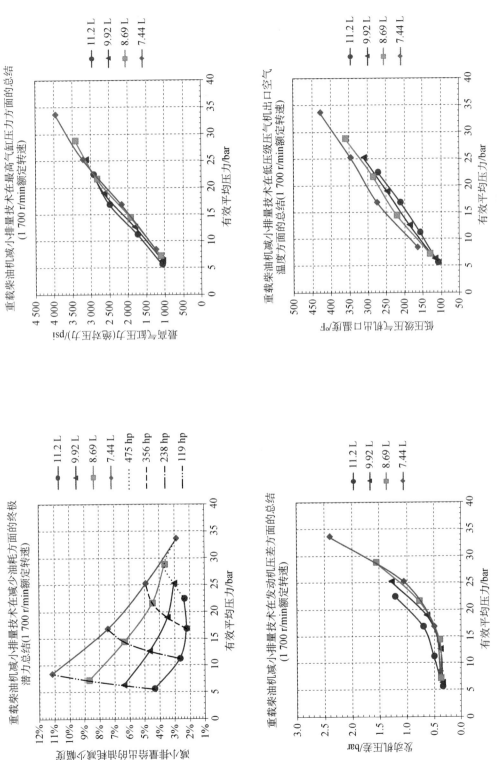

图13.25(f) 柴油机减小排量技术在减少油耗和设计约束条件方面的总结

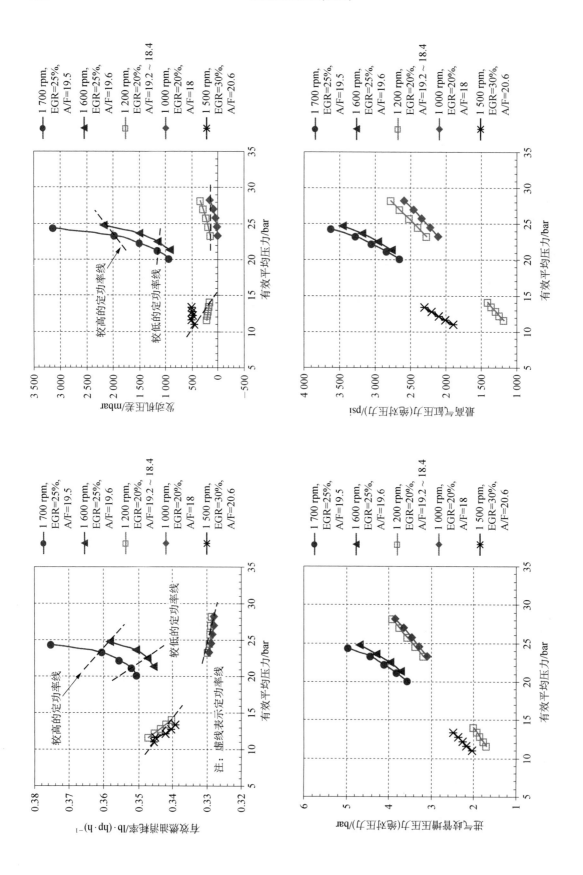

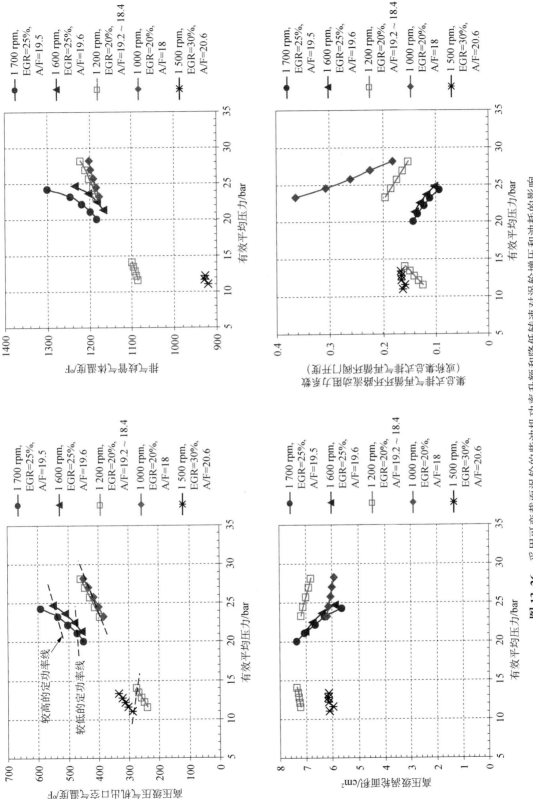

图 13.26 采用可变截面涡轮的柴油机功率升额和降低转速对涡轮增压和油耗的影响

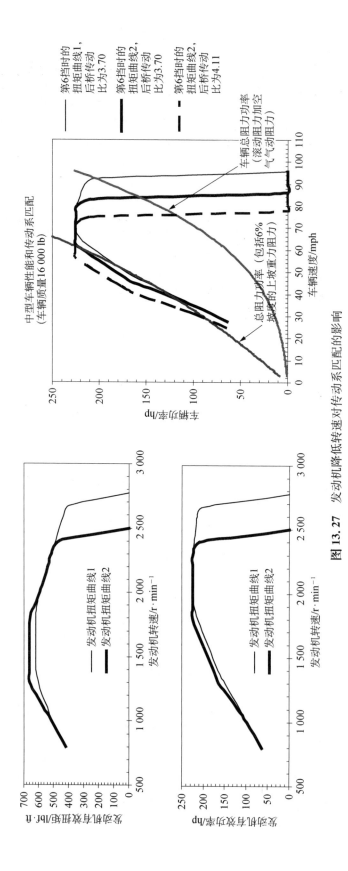

图 13.27 发动机降低转速对传动系匹配的影响

　　相比于汽油机,柴油机在减小排量方面具有其固有优势,这是由于柴油燃烧能够适应涡轮增压造成的很高的增压压力。另外,相比于单级涡轮增压,两级增压具有很大优势,它能够提供减小排量所要求的较高增压压力。减小排量是轻载发动机的一个流行趋势,即使在对爆震和增压很敏感的汽油机中亦如此(Boggs 和 King,2011),并在重载柴油机中开始受到重视,以期满足温室气体法规(例如在美国的超级卡车研究项目中)。轻载与重载在减小排量程度上的区别在于轻载的非常激进,并得到来自混合动力系统的辅助或支持。例如,当将一台 2.4 L 自然吸气的 MAHLE 汽油机减小排量至 2.0 L 和 1.2 L 的涡轮增压汽油直喷发动机时,新欧洲驾驶循环(NEDC)的二氧化碳排放量分别减少了 9% 和 26%(Blaxill,2011)。当将弱电动混合动力系统加在那台 1.2 L 的发动机上并适当减小额定功率时,与原 2.4 L 发动机相比,二氧化碳排放量减少了 35%。当带混合动力的发动机进一步减小排量到 0.8 L 时,二氧化碳排放量减少了 41%(均与原 2.4 L 发动机相比)。Blaxill(2011)的这项研究也报道了 US06 驾驶循环中的比较情形:当从 2.4 L 排量降低到 2.0 L 和 1.2 L 涡轮增压汽油直喷机型时,二氧化碳排放量分别减少了 11.8% 和 12%。当对 1.2 L 排量的发动机加入弱混合动力后,二氧化碳减少了15.4%。当该机进一步减小排量到 0.8 L 后,二氧化碳减少了 14.7%,显示出对于某些转速-负荷工况在有效平均压力水平上的减小排量极限。上述两个不同驾驶循环在降低二氧化碳排放上的收益之差别大概与汽油机在某些高负荷工况的减小排量极限有关。重载柴油机在近期内将无法依靠混合动力来帮助实现额定功率,因此与轻载发动机相比其减小排量的程度将会更受限制。

　　表 13.1 和图 13.25(a)～(f)展示了重载柴油机在整个转速-负荷区域上减小排量的模拟结果和节能收益。结果表明,发动机减小排量是减少油耗和二氧化碳排放的一项非常有效的技术。相对于其他一些通常只能在高负荷或高泵气损失区域减少油耗的技术来讲(例如可变截面涡轮或米勒循环),减小排量在低负荷时对减少油耗特别有效,实际上是在低负荷时比在高负荷时效益更为明显。这一特征使得这一技术非常独特。而且,减小排量技术在减少油耗方面的收益在高转速时比在低转速时更为明显。与其他用于满足温室气体法规的新兴发动机技术(例如兰金循环)相比,减小排量是一项相对来讲更为成熟、能够量产化、具有较好成本效益、渐进式的技术。当然,研发具有高平均有效压力的小排量发动机并不容易,仍面临着热机械耐久性方面的严峻挑战。当发动机排量减小时,涡轮面积也需要基本上同比例减小以驱动相同的排气再循环率和空燃比(即维持相同的排放以使分析结果可比)。当排量大幅度减小时,低负荷时的空燃比可能会变得比原来更低,对这一问题可能造成的过度碳烟排放需要认真予以评估。图 13.25(a)～(f)中对不同程度的减小排量的模拟结果指出并量化了设计上存在的挑战,例如升高的最高气缸压力、进气歧管增压压力、排气歧管压力、发动机压差、高压级和低压级压气机出口的空气温度。对于油耗来讲,减小排量存在一个终极极限和最佳的有效平均压力水平[图 13.25(f)]。这个极限实质上受制于承受最高气缸压力的结构设计能力、与喘振有关的压气机性能图的宽度(流量)和高度(压比)、低压级压气机出口的空气温度、影响配气机构运行的发动机压差幅度。发动机减小排量的设计趋势将系统型式推向两级增压、间冷、降低发动机压缩比或者强化结构能力以便能够承受升高的最高气缸压力。

　　最后,需要注意的是,停缸在本质上讲是可变发动机排量技术,是一种灵活减小排量的方法。它能够在很低的负荷时给出很大的降低油耗的收益。然而,停缸技术也面临很多设计上的挑战,具体如第 9.9 节所述。

13.10 参考文献和书目

13.10.1 英文参考文献和书目

13.10.1.1 柴油发动机空气系统

Adachi T, Aoyagi Y, Kobayashi M, Murayama T, Goto Y, Suzuki H. 2009. Effective NO_x reduction in high boost, wide range and high EGR rate in a heavy duty diesel engine [C]. SAE paper 2009-01-1438.

Akiyama M, Sakai H, Yamada T, Kanesaka H. 1996. An elegant solution for vehicular diesel's emission and economy-hybrid EGR system [C]. SAE paper 960842.

Amos R S. 2002. Trends in turbocharger application [C]. IMechE paper C602/038/2002.

Anada S, Kawakami T, Shibata N. 1997. Development of SJ (swirl jet) turbocharger for diesel engine vehicles [C]. SAE paper 970341.

Andersen J, Karlsson E, Gawell A. 2006. Variable turbine geometry on SI engine [C]. SAE paper 2006-01-0020.

Andersson S, Akerlund C, Blomquist M. 2002. Low pressure EGR calibration strategies for reliable diesel particulate filter regeneration on HDD engines [C]. SAE paper 2002-01-2780.

Arnold S D. 2004. Turbocharging technologies to meet critical performance demands of ultra-low emissions diesel engines [C]. SAE paper 2004-01-1359.

Arnold S, Balis C, Jeckel D, Larcher S, Uhl P, Shahed S M. 2005. Advances in turbocharging technology and its impact on meeting proposed California GHG emission regulations [C]. SAE paper 2005-01-1852.

Arnold S, Groskreutz M, Shahed S M, Slupski K. 2002. Advanced variable geometry turbocharger for diesel engine applications [C]. SAE paper 2002-01-0161.

Arnold S, Slupski K, Groskreutz M, Vrbas G, Cadle R, Shahed S M. 2001. Advanced turbocharging technologies for heavy-duty diesel engines [C]. SAE paper 2001-01-3260.

Assanis D N, Heywood J B. 1986. Development and use of a computer simulation of the turbocompounded diesel engine system for engine performance and component heat transfer studies [C]. SAE paper 860329.

Baert R S G, Beckman D E, Veen A. 1999. Efficient EGR technology for future HD diesel engine emission targets [C]. SAE paper 1999-01-0837.

Baert R S G, Beckman D E, Verbeek R P. 1996. New EGR technology retains HD diesel economy with 21st century emissions [C]. SAE paper 960848.

Baines N. 2002. Radial and mixed flow turbine options for high boost turbochargers [C/OL]. *Seventh International Conference on Turbochargers and Turbocharging*. May 14-15. Available at http://www. conceptsnrec. com/tech_papers. html

Baines N. 2005a. Radial turbines: an integrated design approach [OL]. Available at http://www. conceptsnrec. com/tech_papers. html

Baines N C. 2005b. *Fundamentals of Turbocharging* [M]. White River Junction, VT: Concepts NREC.

Baker G L, Henderson G H, Free P D. 2001. Multiple nozzle ejector for wastegated turbomachinery [P]. US patent 6 202 413.

Banisoleiman K, Smith L A, French B A. 1991. The interaction of diesel engine turbocharging and tuned inlet manifold systems under steady state and transient operation [J]. *Proc. IMechE, Part A: Journal of Power and Energy*, 205 (4): 269-281.

Banks A, Carden P, Cooper B, Harding K, Jeremy M, Strong G, Downes T. 2009. The new global passenger car diesel engine: will it be a downsized 3-cylinder engine? [C]. SAE paper 2009-26-0019.

Bargende M, Berner H-J. 2005. A downsized, turbocharged natural gas SI engine-including hybridization-for minimized CO_2 emissions [C]. SAE paper 2005-24-026.

Bassett M D, Winterbone D E, Pearson R J. 2000. Modelling engines with pulse converted exhaust manifolds using one-dimensional techniques [C]. SAE paper 2000-01-0290.

Bhinder F S. 1984. Some unresolved problems in the design of turbochargers [C]. SAE paper 840018.

Bhinder F S, Gulati P S. 1978. A method for predicting the performance of centripetal turbines in non-steady flow [C]. IMechE paper C77/78.

Bi X, Zhang G, Zheng X. 1996. Predicting vehicle turbocharged diesel engine performance at altitude [C]. SAE paper 961826.

Birckett A, Tomazic D, Bowyer S, Bevan K, Wetzel P, Keidel S, Biller B. 2012. Transient drive cycle modeling of supercharged powertrains for medium and heavy duty on-highway diesel applications [C]. SAE paper 2012-01-1962.

Blaxill H. 2011. The role of IC engines in future energy use [C/OL]. *Proceedings of the Directions in Engine-Efficiency and Emissions Research (DEER) Conference Presentations*. Detroit, MI. October 3-6. Available at: http://www1. eere. energy. gov/vehiclesandfuels/resources/proceedings

Boggs D, King J. 2011. Application of synergistic technologies to achieve high levels of gasoline engine downsizing [C]. *Proceedings of the Directions in Engine-Efficiency and Emissions Research（DEER）Conference Presentations*. Detroit, MI. October 3-6.

Boulouchos K, Stebler H. 1998. Combustion features and emissions of a DI-diesel engine with air path optimization and common rail fuel injection [C]. SAE paper 981931.

Bozza F, Cameretti M C, Senatore A, Tuccillo R. 1997. Experimental investigation and numerical modelling of an advanced turbocharged D. I. diesel engine [C]. SAE paper 970057.

Came P M, Bellamy A G. 1982. Design and performance of advanced large turbochargers [C]. IMechE paper C37/82.

Cantemir C-G. 2001. Twin turbo strategy operation [C]. SAE paper 2001-01-0666.

Cantore G, Mattarelli E, Fontanesi S. 2001. A new concept of supercharging applied to high speed DI diesel engines [C]. SAE paper 2001-01-2485.

Capobianco M, Gambarotta A, Nocchi M. 1993. Unsteady flow phenomena and volume effects in automotive engines manifolds [C]. SAE paper 931897.

Capobianco M, Marelli S. 2006. Turbocharger turbine performance under steady and unsteady flow: test bed analysis and correlation criteria [C]. *8th International Conference on Turbochargers and Turbocharging*. Cambridge, UK: Woodhead Publishing. 193-206.

Carter J, Sharp N K, Tennant H. 2010. Turbocharging technologies for heavy-duty diesel engines [M]//Zhao H (editor). *Advanced Direct Injection Combustion Engine Technologies and Development*, *Volume 2: Diesel Engines*. Cambridge, UK: Woodhead Publishing. Chapter 10.

Casey M V. 2007. Accounting for losses and definitions of efficiency in turbomachinery stages [J]. *Proc. IMechE*, *Part A: Journal of Power and Energy*, 221:735-743.

Carter J, Sharp N K, Tennant H. 2010. Turbocharging technologies for heavyduty diesel engines [M]//Zhao H (editor). *Advanced Direct Injection Combustion Engine Technologies and Development*, *Volume 2: Diesel Engines*. Cambridge, UK: Woodhead Publishing.

Chadwell C J, Walls M. 2010. Analysis of a superturbocharged downsized engine using 1-D CFD simulation [C]. SAE paper 2010-01-1231.

Chapple P M, Flynn P F, Mulloy J M. 1980. Aerodynamic design of fixed and variable geometry nozzleless turbine casings [J]. *Transactions of the ASME*, *Journal of Engineering for Power*, 102:141-147.

Chatterjee S, Conway R, Viswanathan S, Blomquist M, Klüsener B, Andersson S. 2003. NO$_x$ and PM control from heavy duty diesel engines using a combination of low pressure EGR and continuously regenerating diesel particulate filter [C]. SAE paper 2003-01-0048.

Chi Y, Cheong J, Kim C, Choi K. 2002. Effects of VGT and injection parameters on performance of HSDI diesel engine with common rail FIE system [C]. SAE paper 2002-01-0504.

Choi C, Kwon S, Cho S. 2006. Development of fuel consumption of passenger diesel engine with 2-stage turbocharger [C]. SAE paper 2006-01-0021.

Costall A W, McDavid R M, Martinez-Botas R F, Baines N C. 2009. Pulse performance modeling of a twin entry turbocharger turbine under full and unequal admission [C]. *Proceedings of ASME Turbo Expo 2009*. Orlando, FL. June 8-12.

Dennis J W. 1971. Turbocharged diesel engine performance at altitude [C]. SAE paper 710822.

Divekar P S, Ayalew B, Prucka R. 2010. Coordinated electric supercharging and turbo-generation for a diesel engine [C]. SAE paper 2010-01-1228.

Ecker, H J, Schwaderlapp M, Gill D K. 2000. Downsizing of diesel engines: 3-cylinder / 4-cylinder [C]. SAE paper 2000-01-0990.

Edwards K D, Wagner R, Briggs T. 2010. Investigating potential light-duty efficiency improvements through simulation of turbo-compounding and waste-heat recovery systems [C]. SAE paper 2010-01-2209.

Ehrlich D A, Lawless P B, Fleeter S. 1997. On-engine turbocharger turbine inlet flow characterization [C]. SAE paper 971565.

Eriksson L, Lindell T, Leufven O, Thomasson A. 2012. Scalable component-based modeling for optimizing engines with supercharging, E-boost and turbocompound concepts [C]. SAE paper 2012-01-0713.

Flaxington D, Swain E. 1999. Turbocharger aerodynamic design [J]. *Proc. IMechE*, *Part C: Journal of Mechanical Engineering Science*, 213:43-57.

Flaxington D, Szczupak D T. 1982. Variable area radial-inflow turbine [C]. IMechE paper C36/82.

Flynn P. 1979. Turbocharging four-cycle diesel engines [C]. SAE paper 790314.

Franklin P C. 1989. Performance development of the Holset variable geometry turbocharger [C]. SAE paper 890646.

Franklin P C, Walsham B E. 1986. Variable geometry turbochargers in the field [C]. IMechE paper C121/86.

Fraser N, Blaxill H, Lumsden G, Bassett M. 2009. Challenges for increased efficiency through gasoline engine downsizing [C]. SAE paper 2009-01-1053.

Freeman P F, Walsham B E. 1978. A guide to some analytical turbocharger matching techniques [C]. IMechE paper C59/78.

Fu H, Chen X, Shilling I, Richardson S. 2005. A one-dimensional model for heat transfer in engine exhaust systems [C]. SAE paper 2005-01-0696.

Furukawa H, Yamaguchi H, Takagi K, Okita A. 1993. Reliability on variable geometry turbine turbocharger [C]. SAE paper 930194.

Gale N F. 1990. Diesel engine cylinder head design: the compromises and techniques [C]. SAE paper 900133.

Galindo J, Luján J M, Climent H, Guardiola C. 2007. Turbocharging system design of a sequentially turbocharged diesel engine by means of a wave action model [C]. SAE paper 2007-01-1564.

Galindo J, Luján J M, Guardiola C, Lapuente G S. 2006. A method for data consistency checking in compressor and variable-geometry turbine maps [J]. *Proc. IMechE, Part D: Journal of Automobile Engineering*, 220:1465-1473.

Ge H-W, Lee C-W, Shi Y, Reitz R, Willems W. 2011. Coupling of scaling laws and computational optimization to develop guidelines for diesel engine down-sizing [C]. SAE paper 2011-01-0836.

Ghadiri-Zareh M S, Wallace F J. 1978. Variable geometry vs two stage turbocharging of high output diesel engines [C]. IMechE paper C63/78.

Gheorghiu V. 2011. Ultra-downsizing of internal combustion engines [C]. SAE paper 2011-01-0049.

Graf G, Hrauda G, Bartsch P. 2000. Layout of a high load EGR system for LD, MD and HD truck engines by means of simulation [C]. SAE paper 2000-01-0225.

Greszler A. 2008. Diesel turbo-compound technology [C]. *ICCT/NESCCAF Workshop: Improving the Fuel Economy of Heavy Duty Fleets II*. February 20.

Griffith R C. 2007. Series turbocharging for the Caterpillar heavy-duty on-highway truck engines with ACERT™ technology [C]. SAE paper 2007-01-1561.

Gu F, Engeda A, Benisek E. 2001. A comparative study of incompressible and compressible design approaches of radial inflow turbine volutes [J]. *Proc. IMechE, Part A: Journal of Power and Energy*, 215:475-486.

Gurney D. 2001. The Design of Turbocharged Engines Using 1D Simulation [C]. SAE paper 2001-01-0576.

Hawley J G, Wallace F J, Cox A, Horrocks R W, Bird G L. 1999. Reduction of steady state NO_x levels from an automotive diesel engine using optimised VGT/EGR schedules [C]. SAE paper 1999-01-0835.

He Y, Battiston P A, Alkidas A C. 2006. Thermal studies in the exhaust manifold of a turbocharged V6 diesel engine operating under steady-state conditions [C]. SAE paper 2006-01-0688.

Hirabayashi Y, Sumi Y, Nishiguchi F. 1986. Development of Nissan variable geometry JET turbocharger [C]. SAE paper 860105.

Hishikawa A, Okazaki Y, Busch P. 1988. Development of variable area radial turbines for small turbochargers [C]. SAE paper 880120.

Hochegger W, Hrauda G, Prenninger P, Seitz H F. 2002. Effect of various EGR systems on HDT-turbocharging [C]. IMechE paper C602/040/2002.

Hopmann U, Algrain M C. 2003. Diesel engine electric turbo compound technology [C]. SAE paper 2003-01-2294.

Hountalas D T, Katsanos C O, Lamaris V T. 2007. Recovering energy from the diesel engine exhaust using mechanical and electrical turbocompounding [C]. SAE paper 2007-01-1563.

Hribernik A. 1997. Advantages and disadvantages of the application of a single entry turbine for pulse system turbocharging of 4-cylinder engine [C]. SAE paper 972775.

Hussain M, Bhinder F S. 1984. Experimental study of the performance of a nozzle-less volute casing for turbocharged turbines [C]. SAE paper 840571.

Inoue K, Kubota O, Kishi N, Yano S. 1989. A high power, wide torque range, efficient engine with a newly developed variable geometry turbocharger [C]. SAE paper 890457.

Inter-Tech Energy Progress, Inc. 2003. Variable flow turbocharger developed by Aisin [J]. *Engine Technology Progress in Japan, Compression-Ignition Engine Technology*, No. 22003015.

Ishihara H, Adachi K, Kono S. 2002. Development of VFT part 2 [C]. SAE paper 2002-01-2165.

Ishii M. 2009. System optimization of turbo-compound engine (first report: compressor and turbine pressure ratio) [C]. SAE paper 2009-01-1940.

Ishii M. 2012. System optimization of turbo-compound engine (second report: effects of compression ratio) [C]. SAE paper 2012-01-1734.

Ismail Y, Durrieu D, Menegazzi P, Chesse P, Chalet D. 2012. Potential of exhaust heat recovery by turbocompounding [C]. SAE paper 2012-01-1603.

Ito N, Ohta T, Kono R, Arikawa S, Matsumoto T. 2007. Development of a 4-cylinder gasoline engine with a variable flow turbo-charger [C]. SAE paper 2007-01-0263.

Jacobs T, Assanis D, Filipi Z. 2003. The impact of exhaust gas recirculation on performance and emissions of a heavy-duty diesel engine [C]. SAE paper 2003-01-1068.

Japikse D. 1996. *Centrifugal Compressor Design and Performance* [M]. Wilder, VT: Concepts ETI, Inc.

Japikse D. 2000. Decisive factors in advanced centrifugal compressor design and development [C/OL]. Presented at the *International Mechanical Engineering Congress & Exposition (IMechE)*. November. Available at http://www.conceptsnrec.com/tech_papers.html

Japikse D. 2001. Progress and potential in agile engineering for turbomachinery [C]. *ASME 2001 Fluids Engineering Division Summer Meeting*. New Orleans, LA. June 1.

Japikse D. 2009. Turbomachinery performance modeling [C]. SAE paper 2009-01-0307.

Japikse D, Baines N C. 1997. *Introduction to Turbomachinery* [M]. White River Junction, VT: Concepts ETI, Inc. and Oxford University Press.

Japikse D, Platt M J. 2004. Optimization in component design and redesign [C]. *10th International Symposium on Transport Phenomena and Dynamics of Rotating Machinery*. Honolulu, HI. March 7-11.

Jiao K, Li X, Sun H, Schram T, Krivitzky E, Larosiliere L M. 2009. Numerical investigation of advanced compressor technologies to meet future diesel emission regulations [C]. SAE paper 2009-01-1469.

Kapich D. 2002. Turbo-hydraulic engine exhaust power recovery system [C]. SAE paper 2002-01-2731.

Kawaguchi J, Adachi K, Kono S, Kawakami T. 1999. Development of VFT (variable flow turbocharger) [C]. SAE paper 1999-01-1242.

Kawamoto A, Takahashi Y, Koike T, Nakamura F. 2001. Variable geometry system turbocharger for passenger car diesel engine [C]. SAE paper 2001-01-0273.

Keidel S, Wetzel P, Biller B, Bevan K, Birckett A. 2012. Diesel engine fuel economy improvement enabled by supercharging and downspeeding [C]. SAE paper 2012-01-1941.

Keshavarz A, Chapman K S, Shultz J, Kuiper D G. 2003. Effect of turbine blade tip clearance on turbocharger performance: an experimental investigation [C]. *Proceedings of 2003 Fall Technical Conference of the ASME Internal Combustion Engine Division*. ICEF2003-703. Erie, PA. September 7-10.

Kessel J-A, Schaffnit J, Schmidt M. 1998. Modelling and real-time simulation of a turbocharger with variable turbine geometry (VTG) [C]. SAE paper 980770.

Kirwan J E, Shost M, Roth G, Zizelman J. 2010. 3-cylinder turbocharged gasoline direct injection: a high value solution for low CO_2 and NO_x emissions [C]. SAE paper 2010-01-0590.

Kohketsu S, Mori K, Sakai K, Hakozaki T. 1997. EGR technologies for a turbocharged and intercooled heavy-duty diesel engine [C]. SAE paper 970340.

Kruiswyk R W. 2008. An engine system approach to exhaust waste heat recovery [C]. *Proceedings of the Directions in Engine-Efficiency and Emissions Research (DEER) Conference Presentations*. Dearborn, MI. August 4-7.

Kruiswyk R W. 2010. An engine system approach to exhaust waste heat recovery [C]. *Proceedings of the Directions in Engine-Efficiency and Emissions Research (DEER) Conference Presentations*. Detroit, MI. September 27-30.

Kuiper D. 2007. Turbocharger design and performance analysis, part 1 of 2 (compressor analysis) [C]. *Proceedings of the Gas Machinery Research Council's 2007 Gas Machinery Conference*. Dallas, TX. October 1-3.

Lakshmikantha M, Kec M. 2002. Optimization of exhaust systems [C]. SAE paper 2002-01-0059.

Lam J K-W, Roberts Q D H, McDonnell G T. 2002. Flow modelling of a turbocharger turbine under pulsating flow [C]. IMechE paper C602/025/2002.

Luján J M, Payri F, Vera F, Guardiola C. 2001. Modelling, effect and behaviour of the EGR venturi in a heavy-duty diesel engine [C]. SAE paper 2001-01-3227.

Luján J M, Serrano J R, Cervello C, Arnau F J, Soltani S. 2006. A one-dimensional model for variable and fixed geometry radial turbines for turbochargers [C]. *8th International Conference on Turbochargers and Turbocharging*. Cambridge, UK: Woodhead Publishing. 97-117.

Lumsden G, OudeNijeweme D, Fraser N, Blaxil H. 2009. Development of a turbocharged direct injection downsizing demonstrator engine [C]. SAE paper 2009-01-1503.

Lundqvist U, Smedler G, Stalhammar P. 2000. A comparison between different EGR systems for HD diesel engines and their effect on performance, fuel consumption and emissions [C]. SAE paper 2000-01-0226.

Macek J, Vávra J, Vítek O. 2002. 1-D model of radial turbocharger turbine calibrated by experiments [C]. SAE paper 2002-01-0377.

Macek J, Vitek O. 2008. Simulation of pulsating flow unsteady operation of a turbocharger radial turbine [C]. SAE paper 2008-01-0295.

Maiboom A, Tauzia X, Hetet J-F. 2008. Influence of high rates of supplemental cooled EGR on NO_x and PM emissions of an automotive HSDI diesel engine using an LP EGR loop [J]. *International Journal of Energy Research*, 32: 1383-1398.

Mattarelli E, Bianchi G M, Ivaldi D. 2000. Experimental and numerical investigation on the EGR system of a new automotive diesel engine [C]. SAE paper 2000-01-0224.

Mayer A, Schruf G M, Kirchhofer H. 1982. Downsizing and downspeeding of automotive diesel engines-theory and practice [C]. SAE paper 820443.

McCutcheon A R S. 1978. Aerodynamic design and development of a high pressure ratio turbocharger compressor [C]. IMechE paper C73/78.

McGuire J, Tett D, Patterson A. 2009. Electric-turbocompounding on heavy duty diesel engines [J]. *VDI Berichte*, 2068: 211-214.

Millo F, Mallamo F, Mego G G. 2005. The potential of dual stage turbocharging and Miller cycle for HD diesel engines

[C]. SAE paper 2005-01-0221.

Millo F, Mallamo F, Pautasso E, Mego G G. 2006. The potential of electric exhaust gas turbocharging for HD diesel engines [C]. SAE paper 2006-01-0437.

Moroz L, Govoruschenko Y, Pagur P, Romanenko L. 2005. Integrated conceptual design environment for centrifugal compressors flow path design [C]. *Proceedings of 2008 ASME International Mechanical Engineering Congress and Exposition*. IMECE2008-69122. Boston, MA. October 31-November 6.

Moustapha H, Zelesky M F, Baines N C, Japikse D. 2003. *Axial and Radial Turbines* [M]. White River Junction, VT: Concepts NREC.

Nasser S H, Playfoot B B. 1999. A turbocharger selection computer model [C]. SAE paper 1999-01-0559.

Nili-Ahmadabadi M, Hajilouy-Benisi A, Durali M, Ghadak F. 2008. Investigation of a centrifugal compressor and study of the area ratio and tip clearance effects on performance [J]. *Journal of Thermal Science*, 17(4):314-323.

Ogura M, Shao J. 1995. Research development of variable nozzle turbocharger, part 1: a new axially movable turbocharger [C]. SAE paper 952102.

Ogura M, Umezaki E, Tomita T. 1989. Study of variable scroll type turbocharger (performance test in diesel engine) [C]. SAE paper 891873.

Okazaki T, Uchiyama K, Yamada K, Tsubouchi H. 1982. Development of high speed small turbochargers for passenger cars [C]. IMechE paper C33/82.

Okazaki Y, Matsudaira N, Hishikawa A. 1986. A case of variable geometry turbocharger development [C]. IMechE paper C111/86.

Osborne R P, Morris T. 2002. Aspects of EGR control on turbocharged light-duty diesel engines [C]. IMechE paper C602/013/2002.

Ostrowski G, Neely G D, Chadwell C J, Mehta D, Wetzel P. 2012. Downspeeding and supercharging a diesel passenger car for increased fuel economy [C]. SAE paper 2012-01-0704.

Pampreen R C. 1976. The use of variable inlet guide vanes for automotive gas turbine engine augmentation and load control [C]. SAE paper 760285.

Pan D, Whitfield A, Wilson M. 1999. Design considerations for the volutes of centrifugal fans and compressors [J]. *Proc. IMechE, Part C: Journal of Mechanical Engineering Science*, 213:401-410.

Park S, Matsumoto T, Oda N. 2010. Numerical analysis of turbocharger response delay mechanism [C]. SAE paper 2010-01-1226.

Partridge W P, Lewis S A, Ruth M J, Muntean G G, Smith R C, Stang J H. 2002. Resolving EGR distribution and mixing [C]. SAE paper 2002-01-2882.

Patterson A T C, Tett R J, McGuire J. 2009. Exhaust heat recovery using electro-turbogenerators [C]. SAE paper 2009-01-1604.

Pfeifer A, Smeets M, Herrmann H-O, Tomazic D, Richert F, Schloßer A. 2002. A new approach to boost pressure and EGR rate control development for HD truck engines with VGT [C]. SAE paper 2002-01-0964.

Pohorelsky L, Brynych P, Macek J, Vallaude P-Y, Ricaud J-C, Obernesser P, Tribotté. 2012. Air system conception for a downsized two-stroke diesel engine [C]. SAE paper 2012-01-0831.

Rodgers C. 2003. The characteristics of radial turbines for small gas turbines [C]. *Proceedings of the ASME Turbo Expo 2003: Power for Land, Sea, and Air*. GT2003-38026. Atlanta, GA. June 16-19.

Rodgers C, Rochford K. 2002. Small turbocharger turbomachinery [C]. IMechE paper C602/003/2002.

Ryder O, McKenzie D J A, Johnson S. 2002. Turbo matching techniques for highly cyclic bus applications [C]. IMechE paper C602/006/2002.

SAE Surface Vehicle Recommended Practice J922. 1995. Turbocharger nomenclature and terminology [S].

SAE Surface Vehicle Recommended Practice J1826. 1995. Turbocharger gas stand test code [S].

SAE Surface Vehicle Standard J1723. 1995. Supercharger testing standard [S].

Saulnier S, Guilain S. 2004. Computational study of diesel engine downsizing using two-stage turbocharging [C]. SAE paper 2004-01-0929.

Schmid W, Sumser S. 2007. Exhaust gas turbocharger for an internal combustion engine [P]. US patent 7 162 872.

Senoguz M T, Bozkurt H A, Karadeniz C, Adil K N. 2008. Modeling and testing of the throttle body usage in a diesel engine to improve NO_x emissions [C]. SAE paper 2008-01-2646.

Serrano J R, Arnau F J, Dolz V, Tiseira A, Lejeune M, Auffret N. 2008. Analysis of the capabilities of a two-stage turbocharging system to fulfill the US2007 anti-pollution directive for heavy duty diesel engines [J]. *International Journal of Automotive Technology*, 9(3):277-288.

Shao J, Ogura M, Liu Y, Yoshino M. 1996. Performance development of a new axially moveable vane turbocharger [C]. SAE paper 961747.

Sharp C A, Khair M K, Gorel A. 1999. The effect of a turbocharger clearance control coating on the performance and emissions of a 2-stroke diesel engine [C]. SAE paper 1999-01-3665.

Shutty J. 2009. Control strategy optimization for hybrid EGR engines [C]. SAE paper 2009-01-1451.

Siewert R M, Krieger R B, Huebler M S, Baruah P C, Khalighi B, Wesslau M. 2001. Modifying an intake manifold to improve cylinder-to-cylinder EGR distribution in a DI diesel engine using combined CFD and engine experiments [C]. SAE paper 2001-01-3685.

Sisken K, Allain M, Aneja R, Barton J. 2010. Increased engine efficiency via advancements in engine combustion systems [C]. *Proceedings of the Directions in Engine-Efficiency and Emissions Research (DEER) Conference Presentations*. Detroit, MI. September 27-30.

Spraker W A. 1987. Contour clearance losses in radial in-flow turbines for turbochargers [C]. ASME paper 87-ICE-53.

Spraker W A. 1991. Clearance and Reynolds number effects on the efficiency of radial flow compressors [C]. SAE paper 910417.

Spraker W A. 1992. The aerodynamic design of variable power turbines for turbochargers [C]. SAE paper 920041.

Strub R A, Bonciani L, Borer C J, Casey M V, Cole S L, Cook B B, Kotzur J, Simon H, Strite M A. 1987. Influence of the Reynolds number on the performance of centrifugal compressors [J]. *Transactions of the ASME, Journal of Turbomachinery*, 109:541-544.

Tabaczynski R J. 1982. Effects of inlet and exhaust system design on engine performance [C]. SAE paper 821577.

Tange H, Ikeya N, Takanashi M, Hokari T. 2003. Variable geometry diffuser of turbocharger compressor for passenger vehicles [C]. SAE paper 2003-01-0051.

Tennant D W H, Walsham B E. 1989. The turbocompound diesel engine [C]. SAE paper 890647.

Thirouard M, Pacaud P. 2010. Increasing power density in HSDI engines as an approach for engine downsizing [C]. SAE paper 2010-01-1472.

Tufail K. 2010. Turbocharging and air-path management for light-duty diesel engines [M]//Zhao H (editor). *Advanced Direct Injection Combustion Engine Technologies and Development, Volume 2: Diesel Engines*. Cambridge, UK: Woodhead Publishing. Chapter 5.

Ubanwa B, Kowalczyk M. 1993. Optimization procedure for matching exhaust waste-gate turbocharger to automotive diesel engine [C]. SAE paper 931102.

Uchida H, Kashimoto A, Iwakiri Y. 2006. Transient performance prediction of the turbocharging system with the variable geometry turbochargers [C]. *8th International Conference on Turbochargers and Turbocharging*. Cambridge, UK: Woodhead Publishing. 341-350.

Ueda N, Matsuda, Kamata M, Sakai H, Kanesaka H. 2001. Proposal of new supercharging system for heavy duty vehicular diesel and simulation results of transient characteristics [C]. SAE paper 2001-01-0277.

Umezaki E, Ogura M, Tomita T. 1989. Study of variable scroll type turbocharger (determination of shape of scroll) [C]. SAE paper 891874.

VanDyne E A, Wagner R. 2008. SuperTurbocharger presentation [C]. *Proceedings of the Directions in Engine-Efficiency and Emissions Research (DEER) Conference Presentations*. Dearborn, MI. August 4-8.

Wallace F J, Howard D, Roberts E W, Anderson U. 1986. Variable geometry turbocharging of a large truck diesel engine [C]. SAE paper 860452.

Wang R. 1996. *Study on the Flow in VGT Scroll and the Performance of Turbocharger* [D]. Doctoral dissertation (in Chinese). Shanghai, China: Shanghai Jiao-Tong University.

Watson N. 1978. Turbocharger system options for vehicle engines [C]. IMechE paper C61/78.

Watson N. 1979. Turbochargers for the 1980s-current trends and future prospects [C]. SAE paper 790063.

Watson N. 1982. Resonant intake and variable geometry turbocharging systems for a V8 diesel engine [C]. IMechE paper C40/82.

Watson N. 1986. Performance of a highly rated vehicle diesel engine with a variable geometry turbocharger [C]. IMechE paper C103/86.

Watson N. 1999. *The Theory of Turbocharging* [M]//Challen B, Baranescu R (editors). *Diesel Engine Reference Book*. 2nd edition. Warrendale, PA: SAE International. 27-72.

Watson N, Banisoleiman L. 1986. Performance of a highly rated vehicle diesel engine with a variable geometry turbocharger [C]. IMechE paper C103/86.

Watson N, Janota M S. 1982. *Turbocharging the Internal Combustion Engine* [M]. London, UK: Macmillan Publishers Limited.

Watson N, Marzouk M, Baazaari Z. 1978. An evaluation of two stage turbocharging for efficient high-output diesel engines [C]. *ASME Energy Technology Conference & Exhibition*. Houston, Texas. ASME paper 78-DGP-2.

Westin F, Angstorm H E. 2002. A method of investigating the on-engine turbine efficiency combining experiments and modeling [C]. IMechE paper C602/029/2002.

Wiesner F J. 1979. A new appraisal of Reynolds number effects on centrifugal compressor performance [J]. *Transactions of the ASME, Journal of Engineering for Power*, 101:384-396.

Wilson D, Korakianitis T. 1998. *The Design of High-Efficiency Turbomachinery and Gas Turbines* [M]. Upper Saddle River, NJ: Prentice Hall.

Winkler N, Ångström H-E, Olofsson U. 2005. Instantaneous on-engine twin-entry turbine efficiency calculations on a diesel engine [C]. SAE paper 2005-01-3887.

Winterbone D E, Nichols J R, Alexander G I. 1985. Efficiency of the manifolds of turbocharged engines [J]. *IMechE Proc*

Instn Mech Engrs，199(D2):137-149.

Winterbone D E, Pearson R J. 1999. *Design Techniques for Engine Manifolds* [M]. Warrendale, PA: SAE International.

Winterbone D E, Pearson R J. 2000. *Theory of Engine Manifold Design* [M]. London, UK: Professional Engineering Publishing.

Wu T, McAulay K J. 1973. Predicting diesel engine performance at various ambient conditions [C]. SAE paper 730148.

Yamaguchi S, Yamaguchi H, Goto S, Nakao H, Nakamura F. 2002. The development of effective casing treatment for turbocharger compressors [C]. IMechE paper C602/008/2002.

Yang S, Wang L-S, Gu H, Deng K, Cui Y. 2006. MIXPC turbocharging system for diesel engines [C]. SAE paper 2006-01-3390.

Yokota K, Hattori H, Shimizu M, Furukawa H. 1986. A highly BMEP diesel engine with variable geometry turbocharger [C]. IMechE paper C119/86.

Zhang J, Zhuge W, Hu L, Li S. 2007. Design of turbocharger variable nozzle [C]. *Proceedings of the ASME Turbo Expo 2007: Power for Land, Sea, and Air*. GT2007-27562. Montreal, Canada. May 14-17. 1313-1319.

Zhang Z, Deng K, Wang Z, Zhu X. 2008a. Experimental study on the three-phase sequential turbocharging system with two unequal size turbochargers [C]. SAE paper 2008-01-1698.

Zhang Z, Gu H, Guo Z, Deng K. 2008b. Modular multi-purpose pulse converter turbocharging system for four-stroke diesel engines [J]. *International Journal of Energy Research*, 32(6):569-580.

Zhuge W, Zhang Y, Zheng X, Yang M, He Y. 2009. Development of an advanced turbocharger simulation method for cycle simulation of turbocharged internal combustion engines [J]. *Proc. IMechE, Part D: Journal of Automobile Engineering*, 223:661-672.

13.10.1.2　热力学第二定律

Alkidas A C. 1988. The application of availability and energy balances to a diesel engine [J]. *Transactions of the ASME, Journal of Engineering for Gas Turbines and Power*, 110:462-469.

Alkidas A C. 1989. The use of availability and energy balances in diesel engines [C]. SAE paper 890822.

Bozza F, Nocera R, Senatore A, Tuccillo R. 1991. Second law analysis of turbocharged engine operation [C]. SAE paper 910418.

Bueno A V, Velásquez J A, Milanez L F. 2004. Exergy based diagnosis of in-cylinder diesel engine [C]. SAE paper 2004-01-3258.

Caton J A. 2000a. A review of investigations using the second law of thermodynamics to study internal-combustion engines [C]. SAE paper 2000-01-1081.

Caton J A. 2000b. Operating characteristics of a spark-ignition engine using the second law of thermodynamics: effects of speed and load [C]. SAE paper 2000-01-0952.

Caton J A. 2002. A cycle simulation including the second law of thermodynamics for a spark-ignition engine: implications of the use of multiple-zones for combustion [C]. SAE paper 2002-01-0007.

Caton J A. 2005. Use of a cycle simulation incorporating the second law of thermodynamics: results for spark-ignition engines using oxygen enriched combustion air [C]. SAE paper 2005-01-1130.

Edwards K D, Wagner R M, Graves R L. 2008. Identification of potential efficiency opportunities in internal combustion engines using a detailed thermodynamic analysis of engine simulation results [C]. SAE paper 2008-01-0293.

Endo T, Kawajiri S, Kojima Y, Takahashi K, Baba T, Ibaraki S, Takahashi T, Shinohara M. 2007. Study on maximizing exergy in automotive engines [C]. SAE paper 2007-01-0257.

Fijalkowski S, Nakonieczny K. 1997. Operation of exhaust systems of turbocharged diesel engines identified by means of exergy analysis [J]. *Proc. IMechE, Part D: Journal of Automobile Engineering*, 211:391-406.

Flynn P F. 2001. How chemistry controls engine design [C]. *Proceedings of the 2001 Fall Technical Conference of the ASME Internal Combustion Engine Division, Diesel Combustion and Emissions, Fuel injection and Sprays*, 1:1-9.

Flynn P F, Hoag K L, Kamel M M, Primus R J. 1984. A new perspective on diesel engine evaluation based on second law analysis [C]. SAE paper 840032.

Gallo W L R. 1992. Thermodynamic evaluation of variable valve timing [C]. SAE paper 921479.

Gerpen J H V, Shapiro H N. 1990. Second-law analysis of diesel engine combustion [J]. *Transactions of the ASME, Journal of Engineering for Gas Turbines and Power*, 112:129-137.

Giakoumis E G. 2007. Cylinder wall insulation effects on the first-and second-law balances of a turbocharged diesel engine operating under transient load conditions [J]. *Energy Conversion and Management*, 48(11):2925-2933.

Giakoumis E G, Andritsakis E C. 2007. Irreversibility production during transient operation of a turbocharged diesel engine [J]. *International Journal of Vehicle Design*, 45(1/2):128-149.

Kanoglu M, Dincer I, Rosen M A. 2008. Exergetic performance investigation of a turbocharged stationary diesel engine [J]. *International Journal of Exergy*, 5(2):193-203.

Kyritsis D C, Rakopoulos C D. 2001. Parametric study of the availability balance in an internal combustion engine cylinder [C]. SAE paper 2001-01-1263.

Li J, Zhou L, Pan K, Jiang D, Chae J. 1995. Evaluation of the thermodynamic process of indirect injection diesel engines by the first and second law [C]. SAE paper 952055.

Lipkea W H, DeJoode A D. 1989. A comparison of the performance of two direct injection diesel engines from a seond law perspective [C]. SAE paper 890824.

McKinley T L, Primus R J. 1988. An assessment of turbocharging systems for diesel engines from first and second law perspectives [C]. SAE paper 880598.

Nakonieczny K. 2002. Entropy generation in a diesel engine turbocharging system [J]. *Energy*, 27(11):1027-1056.

Naterer G F, Camberos J A. 2008. *Entropy Based Design and Analysis of Fluids Engineering Systems* [M]. Boca Raton, FL: CRC Press.

Primus R J. 1984. A second law approach to exhaust system optimization [C]. SAE paper 840033.

Primus R J, Flynn P F. 1985. Diagnosing the real performance impact of diesel engine design parameter variation (a primer in the use of second law analysis) [C]. *International Symposium on Diagnostics and Modeling of Combustion in Reciprocating Engines*. Tokyo, Japan. 529-538.

Primus R J, Hoag K L, Flynn P F, Brands M C. 1984. An appraisal of advanced engine concepts using second law analysis techniques [C]. SAE paper 841287.

Rakopoulos C D, Giakoumis E G. 1997. Speed and load effects on the availability balances and irreversibilities production in a multi-cylinder turbocharged diesel engine [J]. *Applied Thermal Engineering*, 17(3):299-313.

Rakopoulos C D, Giakoumis E G. 2004a. Availability analysis of a turbocharged diesel engine operating under transient load conditions [J]. *Energy*, 29:1085-1104.

Rakopoulos C D, Giakoumis E G. 2004b. Parametric study of transient turbocharged diesel engine operation from the second-law perspective [C]. SAE paper 2004-01-1679.

Rakopoulos C D, Giakoumis E G. 2005. Second-law analysis of indirect injection turbocharged diesel engine operation under steady-state and transient conditions [C]. SAE paper 2005-01-1131.

Rakopoulos C D, Giakoumis E G. 2006. Second-law analyses applied to internal combustion engines Operation [J]. *Progress in Energy and Combustion Science*, 32:2-47.

Rakopoulos C D, Giakoumis E G. 2009. *Diesel Engine Transient Operation-Principles of Operation and Simulation Analysis* [M]. London, UK: Spring-Verlag London Limited.

Shapiro H N, Gerpen J H V. 1989. Two zone combustion models for second law analysis of internal combustion engines [C]. SAE paper 890823.

Teh K-Y, Miller S L, Edwards C F. 2008a. Thermodynamic requirements for maximum internal combustion engine cycle efficiency. Part 1: optimal combustion strategy [J]. *International Journal of Engine Research*, 9:449-465.

Teh K-Y, Miller S L, Edwards C F. 2008b. Thermodynamic requirements for maximum internal combustion engine cycle efficiency. Part 2: work extraction and reactant preparation strategies [J]. *International Journal of Engine Research*, 9:467-481.

Velásquez J A, Milanez L F. 1994. Analysis of the irreversibilities in diesel engines [C]. SAE paper 940673.

13.10.2 中文参考文献和书目

13.10.2.1 发动机空气系统设计的目的

邓元望,朱梅林,向东.柴油机废气再循环技术评述[J].柴油机设计与制造,2001(4):26-28,25.

郝强,朱梅林,何齐渔.柴油机高压比涡轮增压系统述评[J].车用发动机,1994(4):1-8.

何邦全,姚德德,刘增勇,李万众.柴油机 NO_x 排放控制与废气再循环技术[J].小型内燃机,2000,29(1):22-26.

曲明辉,贺宇,姚广涛,王秉利,吴良勤(2000a).采用废气再循环降低柴油机 NO_x 排放[J].小型内燃机,2000,29(2):29-32.

曲明辉,张春海,贺宇(2000b).采用排气再循环降低柴油机 NO_x 排放[J].柴油机,2000(5):19-22.

周奇,倪计民,孟铭,陈源,鹿坚.车用排气再循环系统的发展及应用研究[J].小型内燃机与摩托车,2002,31(2):4-6.

周玉明,包正清.探讨车用内燃机的增压技术(一、二)[J].内燃机,2000(2):6-9,(3):10-12.

13.10.2.2 低排放设计对空气系统要求的概述

白富强,周龙保,王贺武.采用含氧燃料和 EGR 同时降低直喷式柴油机碳烟和 NO_x 排放的试验研究[J].燃烧科学与技术,2002,8(6):515-519.

蔡茂春,杨雪茹,孙平.增压柴油机采用废气再循环的燃烧过程和排放特性研究[J].小型内燃机与摩托车,2008,37(2):68-71.

常丽,庞华廷.进气参数对柴油机排放及性能的影响[J].车用发动机,2004(4):24-27.

陈群,刘巽俊,李骏,王金武.CA498 车用柴油机 EGR 的试验研究[J].内燃机学报,2001,19(6):557-561.

陈上华,王忠,袁银南,王林,张晓春.EGR 对柴油机循环波动及燃烧过程的影响[J].汽车工程,2006,28(4):343-345.

陈暹,蔡锐彬,陈子健.排气再循环中 CO_2 对车用直喷式柴油机排气排放的影响[J].小型内燃机,1999,28(3):22-25,37.

陈暹,蔡锐彬.排气再循环温度对直喷式柴油机排放的影响[J].车用发动机,2001(1):33-35.

杜德兴,顾洁.废气再循环成分对扩散燃烧中碳烟形成影响的研究[J].燃烧科学与技术,2002,8(6):529-532.

范钱旺,石塑,陈以川,邓俊,胡宗杰,李理光.EGR 对柴油机的燃烧、关键反应组分和排放的影响[J].汽车工程,2010,32 (11):940-946.

房克信,邓康耀,邹静川.EGR 温度对涡轮增压柴油机燃烧和排放的影响[J].农业机械学报,2004,35(6):40-43.

宫长明,闫淑芳,苏岩,曹东海,李骏.车用增压柴油机 EGR 下排放特性[J].农业机械学报,2005,36(4):144-146.

郭亮,刘忠长,田径,任尚峰,李康.车用重型高压共轨柴油机 EGR 性能及优化[J].车用发动机,2009(2):49-53.

胡庭军,张海英,黄鹏.EGR 技术在应用过程中对 EGR 率的控制和匹配[J].小型内燃机与摩托车,2006,35(3):42-43.

胡文君.EGR 技术在柴油机上的应用[J].小型内燃机与摩托车,2008,37(1):75-78.

姜水生,潘秀明,熊翔辉,刘政晖,顾志义.493 柴油机增压前后燃烧特性的对比分析[J].内燃机工程,1999(1):59-62.

李博,楼狄明,谭丕强,胡志远,孔桂香,杨辉.增压器结构参数对非道路直喷式柴油机排放性能的影响[J].内燃机工程,2008, 29(3):52-55.

李彩芬,李国岫.柴油机废气再循环技术的应用研究[J].柴油机,2004(1):20-22.

李娜,张强,房克信,李国祥.EGR 在柴油机中的研究应用[J].车用发动机,2002(2):23-26.

李文祥,葛蕴珊,刘金玉,胡芳.内部 EGR 在增压柴油机的应用研究[J].内燃机工程,2006,27(6):43-46.

林学东,刘巽俊,季雨.采用排气循环技术改善车用柴油机 NOx 的排放特性[J].汽车工程,1998,20(5):308-311.

林学东,刘巽俊,王霆.排气再循环对增压真喷式柴油机排放特性的影响[J].汽车技术,1997(1):18-22.

刘省波,李岳林,李薛,张楚书,张宁.关于高 EGR 率下的柴油机燃烧及排放的研究[J].小型内燃机与摩托车,2010,39(4): 25-28.

刘忠长,刘巽俊,方俊华,张兆合.进气涡流对车用直喷式柴油机微粒排放的影响[J].燃烧科学与技术,2000,6(4):311-314.

楼狄明,邓晓光,谭丕强,周平.增压柴油机 EGR 技术的试验研究[J].柴油机,2007,29(6):15-18,29.

宁智,资新运,王宪成.脉动排气对柴油机微粒凝并作用的研究[J].燃烧科学与技术,2002,8(6):503-506.

邱国平,凌建群,步裕方,吕纪斌.重型车用 EGR 国Ⅲ发动机的性能开发[J].柴油机设计与制造,2010,16(1):4-7.

孙跃东,张振东,王龑.增压中冷柴油机 EGR 排放特性试验研究[J].农业机械学报,2004,35(5):47-50.

田维,林学东,李德刚,黄丫.EGR 影响高速直喷柴油机 NOx 和烟度排放机理的研究[J].汽车技术,2009(9):26-29.

王浒,尧命发,郑尊清,林铁坚.基于 VGT 的 EGR 对电控柴油机影响的试验研究[J].内燃机学报,2009,27(2):109-115.

王天灵,李骏,吴君华,王占峰.废气再循环降低增压柴油机排放的试验研究[J].汽车技术,2005(12):12-15.

王晓勇,刘浩龙,陆玲亚,梁显,罗福强.小缸径增压中冷柴油机燃烧特性及放热规律分析[J].车用发动机,2005(2):16-19.

王忠.废气再循环对 S195 柴油机工作过程及性能的影响[J].内燃机工程,1998,19(3):62-66.

王忠.排气再循环对柴油机工作过程参数、性能和排放的影响[J].内燃机学报,2002,20(5):387-390.

王忠,谭正三,吴小江.柴油机采用排气再循环的试验研究[J].小型内燃机,1991(6):1-4.

汪洋,郑尊清,尧命发,刘世文.纯柴油、柴油/CNG 两种燃烧模式下应用 EGR 的发动机性能研究[J].汽车工程,2004,26(6): 648-651,685.

邹静川,邓康耀,尹琪,朱义伦,宋金瓯,张雨松.开发 EGR、压缩空气补气技术,综合治理车用柴油机的有害排放[J].柴油机 设计与制造,2001(2):15-19.

席端良,方锡邦.废气再循环在增压中冷柴油机上的试验研究[J].柴油机设计与制造,2007,15(2):28-31,56.

邢居真,包俊江,钟绍华,高俊华.采用电控直列泵+冷却 EGR 技术的国Ⅲ柴油机排放性能的研究[J].汽车工程,2010,32 (1):37-40.

杨帅,李秀元,应启戛,张振东,周毅,姚喜贵.EGR 率对柴油机排放特性影响的试验[J].农业机械学报,2006,37(5):29-33.

杨帅,姚喜贵,应启戛,张振东,李秀元,胡大志.EGR 结合机外净化技术降低柴油机排放的研究[J].车用发动机,2005(3): 40-43.

姚喜贵,张振东,张忠孝,吴汶芪.装备 EGR 系统柴油机的结构参数优化及排放性能试验研究[J].汽车技术,2008(2):50- 52,56.

于超,肖建华,王建昕,帅石金.EGR 率对燃用生物柴油的重型柴油机排放特性影响[J].汽车工程,2008,30(10):871-874.

张惠明,赵奎翰,张学颖,李旺,李万众.增压压力对增压柴油机喷雾混合和着火的影响[J].内燃机学报,2000,18(4): 345-348.

张煜盛,常汉宝,陆艺红.排气再循环对柴油机性能影响的计算研究[J].小型内燃机与摩托车,2001,30(4):1-4.

张煜盛,常汉宝,徐波,李智勇,安士杰,郑远春.可控进气涡流对柴油机低负荷性能影响的研究[J].内燃机学报,2004,22(5): 419-424.

张振东,方毅博,陈振天.增压直喷式柴油机 EGR 率测试及优化研究[J].内燃机工程,2006,27(2):81-84.

张振东,钟玉伟,褚超美.YC4112ZLQ 柴油机电控 EGR 系统的研究[J].内燃机学报,2003,21(5):308-312.

章俊良,黄震,Seiichi S,Machacon H T C.EGR 与富氧进气控制柴油机排放的机理探讨[J].内燃机学报,1998,16(4):399-404.

赵伟民,党进.EGR/EGC技术结合系统降低柴油机排放的研究[J].内燃机,2006(4):52-54,62.
周玉明,胡健丽.内燃机增压对排放的影响[J].内燃机,1999(5):29-31.
朱昌吉,刘忠长,许允.瞬态工况下EGR率测量方法的研究[J].内燃机学报,2006,24(3):276-279.
朱昌吉,刘忠长,许允,张振东.废气再循环对车用柴油机性能与排放的影响[J].汽车工程,2004,26(2):145-148.
朱瑞军,王锡斌,蒋德明.自然吸气和增压柴油机排放特性研究[J].车用发动机,2008(6):68-72.
朱戈,居钰生,王鹏,邓永林,林学新.废气再循环在增压中冷柴油机上的应用研究[J].内燃机工程,2005,26(2):40-43.
庄兵,彭飞舟,黄贤龙.内燃机废气再循环(EGR)率评价方法分析[J].小型内燃机与摩托车,2007,36(4):31-33.

13.10.2.3 排气再循环系统型式

邓康耀,朱义伦,大谷正彦,下水木信久.增压柴油机实现废气再循环(EGR)系统的模拟计算研究[J].内燃机学报,2001,19(2):117-122.
付吉平,张振东,汪坤,朱顺良.增压直喷柴油机EGR系统开发与试验研究[J].内燃机,2008(6):37-39,49.
郭鹏江,王天灵,李德刚,高希彦.利用文丘里管和VNT提高柴油机EGR率的研究[J].内燃机学报,2009,27(2):140-145.
侯玉春,王丽,唐凯宁,陆辰,肖福明.柴油机EGR中的微粒过滤器应用[J].山东内燃机,2002(3):15-18.
李爱娟,郭新民,刘刚,牛化武,孙新年.柴油机EGR电控冷却系统试验研究[J].内燃机学报,2009,27(1):55-61.
李人宪.柴油机实现高EGR率方法的计算分析[J].内燃机工程,2004,25(3):27-32.
李素华.卡车废气再循环系统[J].重型汽车,1998(2):36-37.
林建华,倪计民.废气再循环系统在车用发动机上的应用研究[J].车用发动机,2007(2):1-4.
路琼琼,申立中,毕玉华,颜文胜.增压柴油机废气再循环(EGR)系统的优化设计[J].昆明理工大学学报(理工版),2009,34(4):58-62.
王泓亮,邓康耀,朱义伦,易生海.文曲利管排气再循环系统在涡轮增压柴油机上的应用研究[J].内燃机学报,2002,20(2):129-132.
王平,司建明,王彦伟,邓洪星.关于废气再循环(EGR)技术[J].内燃机与动力装置,2006(4):52-55.
王兴海,谢程宁,宁智(2007a).单向阀和双向阀EGR系统对柴油机性能影响的分析[J].车辆与动力技术,2007(4):1-5.
王兴海,谢程宁,宁智(2007b).基于GT-Power的进气节流EGR系统对柴油机性能影响的分析[J].内燃机,2007(4):17-20.
吴君华,黄震,王天灵,陶毅.用于增压柴油机EGR系统的文丘里管的试验研究[J].车用发动机,2004(3):41-44.
吴南,邱卓丹,陶泽民.YC6105ZLQ柴油机废气再循环系统文丘里管的设计[J].内燃机,2006(1):45-47,50.
颜文胜,申立中,郑伟,雷基林,毕玉华,沈颖刚.文丘利管在增压中冷柴油机EGR系统中的应用[J].农业机械学报,2006,37(6):5-8.
杨辉,郭宝圣.增压柴油机废气再循环技术的应用研究[J].内燃机,2008(5):32-34.
杨帅,张振东.增压直喷柴油机EGR系统设计与试验研究[J].车用发动机,2003(6):35-37.
姚春德,何邦全,李万众.高速车用柴油机废气再循环系统[J].小型内燃机与摩托车,2001,30(2):29-32.
张振东,褚超美,周萍.增压直喷柴油机EGR控制系统设计[J].汽车工程,2004,26(2):136-138,156.
郑伟,张振东,胡大志,郭辉,姚喜贵,张毅.具有自动控制功能的柴油机EGR系统的研制[J].内燃机工程,2010,31(5):52-57.
周玉明,胡健丽.内燃机的废气再循环技术[J].内燃机,2004(4):40-42,44.

13.10.2.4 空气增压型式和匹配

顾宏中.涡轮增压柴油机性能研究[M].上海:上海交通大学出版社,1998.
顾宏中.MIXPC涡轮增压系统研究与优化设计[M].上海:上海交通大学出版社,2006.
顾宏中,邹静川.柴油机增压及其优化控制[M].上海:上海交通大学出版社,1995.
蒋德明.内燃机的涡轮增压[M].北京:机械工业出版社,1986.
李磊,李元生,敖良波,李立州,于明,温志勋,岳珠峰.船用大功率柴油机涡轮增压器多学科设计优化[M].北京:科学出版社,2011.
林建生,谭旭光.燃气轮机与涡轮增压内燃机原理与应用[M].天津:天津大学出版社,2005.
陆家祥.车用内燃机增压[M].北京:机械工业出版社,1993.
陆家祥.柴油机涡轮增压技术[M].北京:机械工业出版社,1999.
宋守信.内燃机增压技术[M].上海:同济大学出版社,1993.
唐开元.柴油机增压原理[M].北京:国防工业出版社,1985.
朱大鑫.涡轮增压与涡轮增压器[M].北京:机械工业出版社,1992.

固定截面增压器的分析、设计和测试

毕小平,欧阳明高,左承基,刘建敏.一种适用于实时仿真的压气机特性计算方法[J].内燃机工程,1998,19(3):78-81.

常婉帜,戴韧,邢卫东,张继忠,裴伟.增压器涡轮性能试验与 CFD 计算方法的研究[J].车用发动机,2007(6):68-71.

陈林根,彭义恒,曹跃云.增压压气机的最优设计研究[J].内燃机学报,1993,11(3):211-216.

杜鹃,张翼,杨帆,由力鹏.增压器涡轮内部通道的流动特性分析[J].小型内燃机与摩托车,2010,39(5):44-46.

房克信,李国祥,孙学军,张锡朝,邹静川(2001a).不同型线蜗壳喷嘴出口的速度分布特性[J].内燃机学报,2001,19(4):383-386.

房克信,李国祥,张强,王胜利,邹静川(2001b).涡轮增压器蜗壳喷嘴出口速度分布的数值模拟[J].车用发动机,2001(2):16-19.

房克信,张强,孙学军,李国祥(2001c).蜗壳型线对喷嘴出口速度分布的影响[J].山东内燃机,2001(1):19-23.

房再勤,王有槐.增压器中轴流式和径流式涡轮的特点[J].柴油机,1997(5):40-43.

丰镇平,沈祖达.不同进口型线的径流式涡轮叶轮的特性分析[J].车用发动机,1995(2):16-21.

丰镇平,沈祖达(1997a).一种适用于车用增压器涡轮的前弯后掠式叶轮[J].内燃机学报,1997,15(4):471-478.

丰镇平,沈祖达(1997b).径流式涡轮前、后弯叶轮特性的数值分析和试验研究[J].内燃机工程,1997,18(3):12-17,30.

宫志国,魏名山.涡轮增压器转子动平衡技术研究[J].车用发动机,2005(6):46-49.

顾兆林,郁永章.新型车用废气涡旋增压器的设计研究[J].车用发动机,1995(5):34-37.

顾兆林,郁永章,刘传李,蒋德明.废气涡旋式增压器的理论研究[J].内燃机工程,1996,17(1):23-28.

韩占忠,赵福堂,华智刚.压气机蜗壳通道中气流流动的数值模拟[J].内燃机学报,2002,20(2):125-128.

何健.涡轮增压器空气加速器设计[J].柴油机,1997(4):16-19.

洪汉池,马朝臣.车用涡轮增压器轴向力数值计算[J].车辆与动力技术,2006(2):47-50.

胡辽平,马朝臣,赵俊生.涡轮增压器止推轴承润滑机理数值分析[J].车用发动机,2008(3):58-60.

黄流军.基于神经网络的压气机特性的计算[J].柴油机设计与制造,2010,16(4):22-25,43.

黄若.涡轮增压器产业技术的现状与发展[J].内燃机工程,2003,24(1):81-84.

黄若,王绍卿,魏名山.涡轮增压器机械损失测量方法及装置[J].内燃机工程,2010,31(6):92-97.

贾延林,张翼,乔林虎.增压器涡轮温度场的研究[J].内燃机车,2010(10):16-18.

蒋朝贵,徐广业,魏秀丽.废气涡轮增压器在四冲程汽、柴油发动机上的应用[J].润滑油,2010,25(2):47-54.

金永亮,朱勇更.废气涡轮增压器压气机两种进气预旋及其性能研究[J].内燃机工程,1994,15(1):67-74,83.

兰轩花,张虹.车用涡轮增压器零部件参数化模型设计[J].车用发动机,2004(5):4-7,31.

李建新.车用涡轮增压器的轴密封与轴承[J].车用发动机,1999(6):18-22.

李文清,朱玲娴,顾作成,李程.涡轮增压器空气加速器的研制[J].柴油机,1992(3):42-44.

李亚卓,诸葛伟林,张扬军,张继忠.发动机增压匹配的涡轮通流模型研究[J].车用发动机,2007(4):71-77.

梁晓瑜,毕玉华,申立中,叶年业,雷基林.涡轮增压器压气机内部流场的 CFD 分析[J].小型内燃机与摩托车,2007,36(5):12-14,34.

廖日东,左正兴,马朝臣,文占科,陈宏.利用现代 CAD 技术和有限元法进行增压器涡轮叶片变结构模态特性的研究[J].内燃机学报,1999,17(3):308-312.

凌志光,徐守义,范孝铨.我国涡轮增压器的设计、试验和发展[J].内燃机工程,1989,10(2):19-27.

刘厚根.机械增压器的研究现状与开发建议[J].车用发动机,2004(5):1-3.

刘厚根,朱晓东,赵厚继.罗茨式机械增压器转子型线简化及建模方法[J].内燃机与动力装置,2008(2):27-30.

刘淑华.谈进气弯管与扩压器对增压器性能的影响[J].内燃机车,1998(3):27-30.

刘淑华.柴油机废气涡轮增压器的研制[J].内燃机车,2003(1):19-22.

刘云岗,陆家祥,秦立军,张锡朝.增压柴油机涡轮内热力过程模拟计算[J].车用发动机,1993(2):35-38.

陆克久.车用涡轮增压器的轻量化技术[J].车用发动机,1999(5):44-46.

马朝臣,施新,杨长茂,张虹,魏名山,杨策.车用涡轮增压器混流涡轮的性能试验研究[J].内燃机学报,2002,20(2):141-143.

马朝臣,朱庆,杨长茂,李改林,张虹,王延生.增压器涡轮叶片设计方法研究[J].汽车技术,1997(4):18-21.

任柏森.离心式压气机任意型叶型设计方法[J].内燃机学报,1992,10(1):69-76.

任洪娟,田永祥.优化喷嘴叶片提高增压器和整机性能[J].内燃机工程,2007,28(3):41-44.

任彦领,王仁人.涡轮增压器蜗壳形状对其喷嘴出口速度场的影响[J].内燃机,2004(1):11-13.

施新,刘荣,鲍捷,唐波.增压混流涡轮的设计和试验研究[J].车用发动机,2008(2):90-92.

施新,马朝臣.车用涡轮增压器涡轮测功方法的发展[J].车用发动机,2003(2):4-6,19.

施新,马朝臣,王延生.车用涡轮增压器混流式涡轮的发展[J].柴油机,2000(6):14-18.

施新,马朝臣,王延生.应用准三元流动分析的涡轮性能预测研究[J].内燃机学报,2001,19(1):73-75.

施新,王延生.车用发动机涡轮增压器整体动平衡[J].柴油机,2008,30(2):45-47.

施新,张锐.一种增压器涡轮箱0-0截面计算方法[J].车用发动机,2009(2):21-23.

田永祥,刘云岗,王志明,陈礼璠.喷嘴叶片形状的改善对涡轮增压器效率的影响[J].汽车工程,2007,29(4):328-332.

王仁人,房克信,李国祥(2001a).增压器无叶喷嘴宽度对其出口流场影响的研究[J].车用发动机,2001(2):12-15.

王仁人,房克信,万金邻,李国祥(2001b).蜗壳型线对喷嘴出口速度场影响的研究[J].内燃机工程,2001,22(2):61-64.

王绍卿,黄若,曹林,杨迪.车用混流涡轮增压器研究[J].车辆与动力技术,2010(2):58-64.

王秀琳.涡轮增压器压气机前倾后弯叶片整体叶轮的研究[J].内燃机工程,1992,13(1):12-19.

王有槐.船用柴油机增压器技术发展——2005年中国国际海事会议和展览会展品技术透析[J].柴油机,2006,28(4):32-36.

杨策,马朝臣,王航,老大中.离心压气机叶轮设计方法研究进展[J].内燃机工程,2002,23(2):54-59.

杨策,马朝臣,王憔,老大中.离心压气机的初步设计及其优化方法[J].内燃机学报,2001,19(5):454-458.

于立国,马朝臣,施新.一种车用涡轮增压器涡轮绝热效率测量的新方法[J].内燃机学报,2008,26(3):272-277.

于立国,马朝臣,施新,张志强,张强,朱智富,赵佳.车用涡轮增压器涡轮非稳态特性试验研究[J].内燃机工程,2010,31(5):36-40.

张晋东.我国车用增压器产品现状及发展趋势[J].柴油机,2005,27(4):33-35.

张俊红,李志刚,王铁宁.车用涡轮增压技术的发展回顾、现状及展望[J].小型内燃机与摩托车,2007,36(1):66-69.

张克松,王桂华,李国祥,岳健雄,王航.蜗壳截面变化规律对蜗壳内流动及其出口参数的影响[J].内燃机与动力装置,2009(4):20-24.

张然治,任继文.车用发动机增压技术现状及市场预测[J].车用发动机,1997(2):1-9,19.

张然治,任继文,綦天.车用发动机增压技术现状及市场预测(续)[J].车用发动机,1997(3):1-7.

张万平,张杰,熊可嘉,肖国权.基于逆向工程的涡轮增压器涡轮级三维模型设计[J].内燃机,2008(5):14-16.

张镇.涡轮增压器动态性能数值仿真研究[J].车用发动机,1995(6):48-52.

赵永娟,马超,刘云岗.径流式涡轮性能研究的进展[J].内燃机与动力装置,2009(2):8-13,17.

朱大鑫.日本小型涡轮增压器的崛起[J].车用发动机,1991(4):26-37.

朱大鑫.日本小型涡轮增压器的发展现状(Ⅰ、Ⅱ、Ⅲ)[J].车用发动机,1992(3):1-6,(4):7-14,(5):1-7.

祝勇,胡昌元,王憔,王志学.采用切向进气扩大压气机流量范围的研究[J].车辆与动力技术,2002(2):1-5.

可变截面增压器的分析、设计和测试

段金栋.ABB公司的可变几何涡轮增压器[J].车用发动机,1998(4):22-23,43.

郭林福,马朝臣,鲍捷.车用可变几何涡轮增压器执行机构的设计计算[J].车用发动机,2002(2):5-8.

黄若,赵小兰,马朝臣,毕金光,施新,王剑.车用可变几何涡轮增压器喷嘴环叶片初步研究[J].车用发动机,2007(4):81-85.

李娜,李国祥,陆家祥.车用柴油机舌形挡板变截面增压器的特性与匹配[J].农业机械学报,2002,33(4):18-21.

陆家祥,李国祥,张锡朝,刘云岗,王仁人,顾宏中,刘凤虎,刘恩来,徐作春.双舌形挡板变截面涡轮(VGT)的研究[J].内燃机学报,1999,17(1):75-78.

陆家祥,秦立军,刘云岗,张锡朝.舌形挡板变截面涡轮(VGT)的研究[J].内燃机学报,1994,12(2):145-150.

马朝臣,朱庆,杨长茂,李改林,张虹,王延生.车用增压器用套式移动结构可调涡轮研究[J].内燃机学报,1997,15(2):253-257.

沈祖达,丰镇平,徐进峰.车用增压器变截面无叶蜗壳和涡轮气动性能的研究[J].内燃机学报,1990,8(1):59-64.

王航,黄若,胡昌元,施新,张虹,马朝臣.JK80VNT增压器的开发研究[J].内燃机工程,2004,25(3):33-36.

王仁人,刘云岗,张锡朝,陆家祥.舌形挡板变截面涡轮增压器涡轮蜗壳内气体流动的研究[J].内燃机学报,1993,11(4):320-327.

王仁人,陆家祥.变截面涡轮(VGT)无叶喷嘴出口气流速度均匀系数及蜗壳系数[J].柴油机,2001(2):25-27,5.

王仁人,万金领,李国祥,刘云岗,张锡朝,陆家祥(2000a).VGT涡轮喷嘴出口气流速度分布的试验研究[J].农业机械学报,2000,31(5):78-80,84.

王仁人,万金领,张锡朝,刘云岗,李国祥,陆家祥(2000b).双舌形挡板变截面涡轮增压器与柴油机的匹配试验[J].车用发动机,2000(5):31-33.

王仁人,万金领,张锡朝,刘云岗,李国祥,陆家祥,顾宏中.VGT蜗壳流道截面上速度分布的试验研究[J].内燃机学报,2001,19(1):88-91.

张汝坤.可变涡轮增压技术及其试验研究[J].汽车技术,2000(2):17-19.

张哲,马朝臣.VGT的发展及可调结构配合间隙优化方法的研究[J].车辆与动力技术,2005(2):57-61.

张哲,马朝臣,邓康耀.VGT可调机构配合间隙优化研究[J].内燃机学报,2006,24(6):548-553.

涡轮增压器的喘振

刘家澄.压气机喘振的空气动力学分析和防范措施[J].柴油机,2003(1):32-33.

龚凯伦.对 ATL25 柴油机增压器喘振裕度的研讨[J].柴油机,2010,32(1):36-39.

金永亮,施蕙兰.机车柴油机在运行中的防喘方法及其性能研究[J].内燃机车,1995(8):8-12,44.

何义团,马朝臣,吕伟,于立国,魏名山.径流式二级增压系统的喘振分析与试验研究[J].车用发动机,2007(4):78-80,85.

侯彪,闫小龙,孙齐虎,郑发彬.船用柴油机增压器喘振成因研究及对策[J].内燃机与动力装置,2009(增刊):100-103.

李文华,范赢.涡轮增压器防喘振系统设计研究[J].内燃机,2008(5):11-13.

吕红卫,张博.柴油机增压器智能防喘装置的研制[J].柴油机,2009,31(3):36-38,42.

马超,王任信,尹政,朱智富,刘云岗.离心压气机喘振临界点工况下非稳态数值模拟与分析[J].内燃机与动力装置,2010(6):28-33.

王常智,安帮贤,张博.内燃机车增压器低温喘振现象的研究[J].内燃机车,2010(10):19-21.

张宪,李忠厚.增压器喘振自动控制系统[J].内燃机车,1992(11):21-24.

朱智富,马朝臣,张志强.小尺寸高转速离心压气机喘振试验研究[J].车用发动机,2008(6):77-79,84.

朱智富,马超,马朝臣(2010a).离心压气机喘振发生发展过程分析[J].车用发动机,2010(2):38-41.

朱智富,马朝臣,张志强,陈山(2010b).车用涡轮增压器喘振判断方法的研究[J].内燃机工程,2010,31(4):59-62,68.

祝勇,马朝臣,李向荣,王樵,张学文,胡昌元.利用切向进气降低压气机喘振流量的研究[J].内燃机学报,2002,20(2):133-136.

高原性能

丰镇平,沈祖达,赵剑兵.高原车用增压器离心式压气机特性的修正转换及其探讨[J].内燃机学报,1992,10(2):129-134.

雷基林,申立中,毕玉华,杨永忠,颜文胜,张韦.不同海拔地区的增压柴油机性能研究[J].小型内燃机与摩托车,2005,34(6):9-13.

刘瑞林,刘宏威,秦德.涡轮增压柴油机高海拔(低气压)性能试验研究[J].内燃机学报,2003,21(3):213-216.

任素惠,李人宪.高原条件下柴油机速度特性的计算模拟[J].内燃机,2007(1):25-28.

申立中,毕玉华,张韦,雷基林,颜文胜,杨永忠,张宁(2005a).不同海拔下增压及增压中冷柴油机的燃烧过程[J].燃烧科学与技术,2005,11(6):524-529.

申立中,沈颖刚,毕玉华,颜文胜.不同海拔高度下自然吸气和增压柴油机的燃烧过程[J].内燃机学报,2002,20(1):49-52.

申立中,沈颖刚,毕玉华,颜文胜,易宁.不同海拔地区下的自然吸气柴油机性能研究[J].汽车技术,2001(2):13-16.

申立中,沈颖刚,易宁,毕玉华,颜文胜.柴油机运行在不同海拔地区的碳烟排放特性[J].内燃机工程,1997,18(4):67-71.

申立中,沈颖刚,易宁,毕玉华,颜文胜.应用无量纲分析法对柴油机性能的大气修正[J].内燃机学报,1999,17(2):128-131.

申立中,杨永忠,雷基林,毕玉华,颜文胜,杨育军.不同海拔下增压中冷柴油机性能和排放的研究[J].内燃机学报,2006,24(3):250-255.

申立中,杨永忠,雷基林,毕玉华,颜文胜,张韦(2005b).不同海拔地区下增压中冷柴油机的性能研究[J].汽车工程,2005,27(6):674-677.

沈颖刚,何保红,申立中,颜文胜,毕玉华.大气压力对涡轮增压柴油机燃烧过程影响的试验研究[J].内燃机,2002(3):29-31.

孙崎,张云飞.工程机械用柴油机高原运行性能的研究[J].内燃机工程,2001,22(2):34-39,42.

魏名山,程晓青,何永玲,张明,季凯,张晓林,马朝臣.增压柴油机高原性能模拟程序的开发[J].内燃机工程,2007,28(4):40-42.

徐斌,薄东,尧辉.高原发动机涡轮增压的效率修正计算[J].车用发动机,2009(6):7-10.

郑杰,王成.非增压柴油机高原有效功率修正[J].昆明理工大学学报(理工版),2006,31(5):100-105.

郑伟,胡大志,文良起,姚喜贵,沈颖刚,申立中.运行在不同海拔下增压柴油机的 EGR 试验研究[J].小型内燃机与摩托车,2006,35(1):9-11,30.

周文波,朱梅林.高原柴油机的涡轮增压技术研究[J].柴油机设计与制造,2003(3):4-8.

周则平,殷木一,陈玉林.浅析高原气候环境对内燃机工作的影响[J].内燃机,2007(2):19-20,36.

訾琨.柴油机高原效率分析及增压后性能预测[J].云南工学院学报,1994,10(2):13-19.

单级涡轮增压匹配

常思勤,刘雪洪.车用高速增压柴油机部分负荷工况性能改进的研究[J].内燃机学报,2001,19(1):19-22.

常思勤,倪计民,谭幼林.车用高速柴油机增压匹配的数值模拟[J].车用发动机,2000(3):16-18.

陈大伟,蒋向佩,王惠萍,钱致疆,王立君,孙济美.车用增压柴油机低速性能的研究[J].内燃机工程,1992,13(2):8-15.

陈鑫凯,赵长禄,张付军,吕宏美.旁通补燃系统改善柴油机外特性的仿真研究[J].内燃机工程,2006,27(3):36-38.

邓大伟,石磊,邓康耀,刑卫东,朱向国.车用柴油机涡轮增压匹配系统软件开发[J].柴油机,2010,32(3):16-19,39.

段家修,许斯都,卓松芳,沈捷.提高车用增压中冷柴油机低速扭矩的试验研究[J].汽车技术,1999(1):16-19.

顾宏中(1995a).提高增压柴油机性能的顾氏系统[J].船舶工程,1995(4):13-16,39.

顾宏中(1995b).二次进气增压系统和顾氏系统的研究[J].内燃机学报,1995,13(1):1-8.

顾宏中,夏颖.一种新型车用柴油机高增压系统的研究[J].车用发动机,1997(2):26-31.

顾宏中,杨世友,郭中朝.车用柴油机涡轮增压系统的选择[J].车用发动机,1998(2):16-20.

郭林福,马朝臣,施新,鲍捷.有叶普通涡轮增压器与发动机稳态匹配模型的建立、验证与模拟[J].内燃机工程,2003,24(3):61-66.

韩国强,张晋东,朱爱国,冀丽琴,郭海滨.涡轮增压器进气旁通再循环系统的研究[J].车用发动机,2009(5):65-68.

韩恺,赵长禄,郭子安.车用增压发动机匹配仿真方法研究[J].车用发动机,2009(5):12-15.

黄鹤,陈天平,黎菁.电控增压技术在柴油机上的应用[J].柴油机,2009,31(6):42-43,49.

黄燊.V型柴油机采用定压和脉冲增压系统对性能影响的比较[J].内燃机,2003(6):12-14.

江光讯,朱梅林,程信华.改善车用增压柴油机低速扭矩特性的技术途径[J].柴油机设计与制造,2003(2):4-9.

江礼蛟,顾鹰.涡轮增压器排气旁通阀对柴油机性能的影响[J].内燃机,2005(4):16-19.

李程.使用条件对涡轮增压器性能的影响[J].内燃机,1993(5):25-27.

林学东,袁兆成,刘巽俊.增压器结构参数对柴油机性能的影响[J].农业机械学报,1999,30(1):73-76.

刘淑艳,黄佑生,郑令仪.提高涡轮增压柴油机匹配性能的新方案[J].内燃机工程,1994,15(4):52-56.

刘蕴星.带排气放气阀涡轮增压器与柴油机匹配时影响低速性能的因素分析[J].柴油机设计与制造,2005,14(2):25-28.

楼狄明,何建华,戚文星.柴油机涡轮谐振复合增压技术的应用[J].内燃机工程,1998,19(1):6-10.

马朝臣,朱庆,杨长茂,张虹,吴中佐,鲍捷,李辉.涡轮调节方式对增压柴油机匹配性能的影响[J].内燃机学报,2000,18(2):165-167.

马云明.涡轮增压技术的发展——增压器优化选型[J].内燃机工程,1992,13(2):1-7.

孟德千.涡轮增压器与车用柴油机匹配研究[J].柴油机设计与制造,2007,15(3):33-36.

倪计民,孟铭,周奇,陈源.涡旋增压器与发动机匹配的理论计算研究[J].汽车技术,2002(10):15-18.

曲秀华.车用涡轮增压柴油机低速和加速性能研究分析[J].重型汽车,1998(4):8-9,29.

舒宇舟,肖彬,郑国世,周念东,高峻.涡轮增压器与L360柴油机的优化匹配研究[J].内燃机,2008(3):6-11.

苏展望,庞志伟,郭军良,徐树伟.涡轮增压器与燃气发动机的匹配及主要增压参数的计算[J].内燃机与动力装置,2008(6):15-17.

孙大立,许忠厚,郑明.增压发动机排气放气阀系统的计算机模拟[J].内燃机学报,1992,10(3):215-220.

孙万臣,刘巽俊,刘忠长,李骏.车用柴油机复合增压系统的模拟计算及验证[J].农业机械学报,2000,31(3):11-14.

孙万臣,刘巽俊,刘忠长,李骏.复合增压系统结构参数对车用柴油机进气过程的影响[J].汽车工程,2002,24(3):209-212.

唐大学,龚金科,刘金武,张柄庚,周永洪.SUV车用"电喷"发动机废气涡轮增压技术初探[J].内燃机,2007(1):1-2,10.

王军,苏铁熊,张俊跃.车用柴油机增压匹配数值模拟研究[J].内燃机工程,2007,28(5):48-51.

王伟才,王银燕,王贺春.基于MATLAB的增压柴油机高工况放气研究[J].内燃机工程,2007,28(5):59-62.

王银燕,张洪义.几种增压系统及其组合的理论分析[J].内燃机车,1992(2):31-39,7.

王应红,郑国璋.废气涡轮增压与发动机匹配的理论计算研究[J].内燃机,2004(1):1-3,6.

吴锋,尹立森.8V165增压中冷柴油机降低热负荷性能改进研究[J].内燃机学报,2003,21(1):57-61.

吴榕.降低机车柴油机增压空气温度的意义及实施方案[J].内燃机车,1998(10):9-11.

邬静川,谢子明,顾宏中.高速增压柴油机增压系统优化设计[J].内燃机学报,1991,9(4):330-336.

肖民,张庆松,程昌圻.涡轮增压柴油机循环模拟程序模块化技术研究[J].小型内燃机,2000,29(5):6-9.

杨林,顾宏中.柴油机性能优化及顾氏系统的研究[J].内燃机学报,1998,16(3):270-277.

杨世友,顾宏中.改善8V大功率柴油机低速工况性能的试验研究[J].车用发动机,2000(6):18-21.

杨世友,顾宏中,郭中朝.可变进排气供油正时涡轮增压柴油机的研究[J].内燃机学报,2000,18(3):238-243.

杨远江.柴油机NO_x排放测试在柴油机与增压器优化匹配中的应用[J].内燃机,2004(2):36-38.

叶飞帆,邬静川,顾宏中.回热旁通增压系统的试验研究和数值模拟[J].内燃机学报,1990,8(3):197-202.

张然治,任继文,岳云.对带废气放气阀涡轮增压器的应用分析[J].车用发动机,1997(4):26-29.

张有,顾宏中.采用扫气旁通系统改善车用高增压柴油机低工况性能的计算研究[J].车用发动机,1999(2):7-11.

张有,顾宏中.车用发动机增压系统的选型及计算分析[J].车用发动机,2001(6):24-28.

周广猛,郝士祥,周平,任晓江,尚永新,王强.改善涡轮增压内燃机低速扭矩性能的技术措施[J].内燃机与动力装置,2010(3):7-11.

周红秀,姚春德.改善车用增压发动机加速性的技术发展[J].柴油机设计与制造,2008,15(2):1-5,10.

周兴利,陆家祥.12缸V型柴油机增压系统方案讨论[J].山东内燃机,2001(4):1-3,7.

两级或相继涡轮增压匹配

何义团,马朝臣,魏名山,朱智富(2007a).二级增压系统压比分配试验研究[J].车辆与动力技术,2007(2):1-3.

何义团,马朝臣,朱智富,魏名山,韩静(2007b).车用二级增压系统匹配方法与模拟计算[J].车用发动机,2007(3):83-85,92.

景国辉.提升大背压柴油机功率的增压系统研究[J].柴油机,2010,32(2):34-37.

李恒芳,朱大鑫.应用MPC-顺序增压系统改善车用柴油机低速性能的研究[J].内燃机工程,1991,12(1):24-31.

梁桂森,范建新,张南林.柴油机相继增压系统设计及性能模拟[J].柴油机,1998(4):23-26.

梁桂森,沈勇,陈瑾,张南林.船用柴油机相继增压系统性能研究[J].柴油机,1999(6):10-14.

任自中.柴油机相继增压系统的理论与试验研究[J].内燃机工程,2001,22(1):32-37.

王伟才,王银燕,张鹏奇,王贺春.带有进排气旁通的相继增压柴油机的计算分析[J].内燃机工程,2007,28(2):72-75.

王银燕,高维成,赵建平,吴英海,阿荣其其格.应用MPC-相继增压系统改善船用柴油机低负荷性能的研究[J].内燃机学报,1999,17(1):13-17.

王银燕,田祥裕,盛世承,张洪义.带有相继增压的旁通补燃动力涡轮复合式发动机的计算分析[J].内燃机学报,1994,12(3):276-282.

王振彪,田伟,邓春龙,邓康耀,崔毅,石磊.某大功率柴油机顺序增压系统切换过程试验研究[J].车用发动机,2009(5):80-84.

王振业.柴油机两级涡轮增压系统不稳定流动模拟计算的研究[J].内燃机,2003(5):8-11.

魏名山,何永玲,马朝臣.可调二级增压系统涡轮级热力学分析[J].内燃机工程,2008,29(1):43-47.

魏名山,季凯,马朝臣.车用柴油机的二级增压[J].汽车技术,2005(1):25-28.

魏名山,尹子明,马朝臣.高速柴油机二级可调增压系统的设计计算方法[J].内燃机工程,2006,27(6):11-14.

魏名山,张志,方金莉,马朝臣,施新,邢卫东(2009a).带有放气阀的二级增压系统的设计与试验[J].内燃机学报,2009,27(2):166-170.

魏名山,张志,何永玲,马朝臣,刑卫东(2009b).带不同类型调节阀的二级增压系统结构与性能对比[J].内燃机工程,2009,30(1):51-54.

吴旭艳,张克松,刘莹,王桂华.相继涡轮增压的发展[J].内燃机与动力装置,2010(6):1-6,37.

杨林,顾宏中.舰船用超高增压柴油机的顾氏系统研究[J].柴油机,1998(4):18-22,40.

尹天佐,张明亮,丁技峰,张云静.大功率柴油机顺序增压技术应用研究[J].小型内燃机与摩托车,2010,39(4):29-31.

张海波,刘新田,邓康耀(2009a).柴油机两级相继涡轮增压系统研究[J].小型内燃机与摩托车,2009,38(1):21-24,50.

张海波,刘新田,邓康耀(2009b).两级和三级相继涡轮增压系统比较研究[J].小型内燃机与摩托车,2009,38(3):15-18.

张永洋,杨彦涛,王禹华.相继增压技术的应用研究[J].柴油机,2009,31(4):23-27.

张哲,钱跃华,刘博,邓康耀.车用柴油机大小涡轮相继增压系统固定转速切换的试验研究[J].内燃机工程,2010,31(1):51-55.

张哲,王希波,邓康耀.相继涡轮增压系统对D6114型柴油机性能的影响[J].农业机械学报,2008,39(5):30-35.

可变截面涡轮增压匹配

郭林福,马朝臣,施新,鲍捷.可变几何涡轮增压器与发动机稳态匹配模型的研究[J].内燃机学报,2003,21(2):155-160.

郭鹏江,王天灵,吴君华,高希彦.可变喷嘴涡轮增压器喷嘴环叶片位置对柴油机性能的影响[J].内燃机工程,2010,31(2):41-47.

郝利君,葛蕴珊,黄英,张付军,朱辉.天然气发动机可变喷嘴涡轮增压器匹配研究[J].内燃机工程,2010,31(1):47-50.

靳素华,李自强,冯仰利,管浩.可变喷嘴涡轮增压技术开发应用[J].汽车工程,2009,31(10):924-926,918.

马朝臣,杨长茂,朱庆,李改林,张虹,王延生(1997a).可调涡轮增压器改善柴油机低速扭矩特性的试验研究[J].汽车技术,1997(6):20-23.

马朝臣,朱庆,杨长茂,张虹,李改林,王延生(1997b).可调涡轮增压器与柴油机匹配试验研究[J].汽车技术,1997(11):18-20,38.

王恩华,周明,李建秋,欧阳明高,王戈一.可变喷嘴涡轮增压器与发动机的匹配分析[J].车用发动机,2003(4):18-21.

王军秋,王延生,刘毅.电控可变几何涡轮增压器与J6110Z柴油机匹配性能研究[J].车用发动机,1995(3):6-10.

王天灵,郭鹏江,吴君华,李德刚.VNT改善柴油机低速性能的试验研究[J].车用发动机,2009(4):76-79.

吴君华,黄震,王天灵.可变喷嘴增压器与增压柴油机的匹配试验研究[J].汽车工程,2005,27(1):40-43.

杨策,马朝臣,沈宏继.大型柴油机可变几何涡轮增压器的研制及试验研究[J].内燃机学报,2002,20(6):551-554.

张砾,邓康耀,邹静川,朱义伦.涡轮增压柴油机变截面涡轮与单向阀废气再循环系统的计算研究[J].内燃机工程,2000(2):17-21.

机械、电动、气动辅助增压

段宏昌.柴油机的微增压与自增压[J].内燃机工程,1996,17(3):41-44,51.

纪常伟,韩爱民,马慧,赵勇,李超.SOFIM 柴油机气波增压研究[J].内燃机学报,2004,22(3):257-264.

雷艳,张博彦.气波增压对柴油机性能的影响研究[J].内燃机工程,2003,24(4):28-30.

雷艳,周大森.气波增压柴油机性能的影响因素分析[J].内燃机工程,2007,28(5):56-58.

李文祥,葛蕴珊,徐振波,邓广勇.电动增压器应用技术研究[J].汽车技术,2005(9):8-12.

刘瑞林,管金发,刘刚,周广猛,孙武全.电动增压器应用技术现状[J].小型内燃机与摩托车,2009,38(2):41-43.

吕植中,叶霭云,雷艳,张有才,李俊城.493ZQ 柴油机匹配气波增压器的研究[J].内燃机学报,2001,19(1):15-18,22.

孟铭,倪计民,周奇.涡旋增压技术在轻型车用发动机上的应用优势[J].车用发动机,2002(3):43-45.

王文阁.应用电动增压器提高车辆高原行驶的动力性[J].汽车技术,2004(9):5-8.

张克松,王桂华,李国祥.电辅涡轮增压技术的发展综述[J].内燃机与动力装置,2008(2):31-35,40.

赵付舟,常思勤,韩国强.混合涡轮增压系统的特点及关键技术研究[J].小型内燃机与摩托车,2010,39(5):15-18,25.

赵永生,张虹,王绍卿.车用电辅助涡轮增压技术发展[J].车辆与动力技术,2010(2):54-57,64.

13.10.2.5 涡轮增压发动机的进排气系统

进气系统

常汉宝,秦建文,丁家松,王新昌.柴油机主辅双进气道系统性能优化研究[J].内燃机工程,2007,28(6):45-48.

邓康耀.涡轮增压可变谐振进气系统的试验研究[J].内燃机工程,1999(2):42-44,51.

邓康耀,张砾.涡轮增压柴油机可变谐振进气系统的计算研究[J].汽车工程,1999,21(5):299-302,294.

段家修,尧命发,许斯都,李远洪.四气门柴油机进气道组合对涡流和流量影响的研究[J].内燃机工程,2000(2):51-55,59.

段家修,尧命发,许振忠.柴油机进气道性能试验与评价方法[J].汽车技术,2001(7):23-25.

韩同群,吴胜军,李伟.四气门车用柴油机进气道设计及试验评价[J].内燃机工程,2007,28(2):39-42.

纪常伟,陈熙,林雅,韩爱民.气波增压柴油机进气管设计与优化[J].农业机械学报,2004,35(3):49-52.

李春荣.浅谈汽车进气系统的设计布置[J].内燃机,2009(2):19-21,25.

李刚.影响空气滤清器进气阻力的因素[J].内燃机与配件,2011(1):1-2.

马超,赵永娟,刘云岗,程勇.车用发动机谐振进气系统[J].内燃机与动力装置,2009(5):41-48.

孟嗣宗,张文海.循环模拟计算在发动机可变进气系统设计中的应用[J].车用发动机,1995(4):22-26.

倪计民,高征,王才峰,杜丽玫.车用柴油机 4 气门结构设计研究[J].内燃机学报,2005,23(4):357-362.

牛军,梁永森,崔艳军,吴永兴,赵敏建.进气阻力对柴油机性能影响的试验研究[J].车用发动机,2010(4):79-82.

邱卓丹,沈捷.直喷式柴油机螺旋进气道性能试验及评价方法[J].内燃机工程,2005,26(3):27-30.

苏昌光.增压柴油机进气系统部件与涡轮排气管配合的研究[J].内燃机工程,1991,12(1):18-23.

孙平,陆文霞,缪岳川,徐毅.进气道螺旋段结构参数对流动特性影响的研究[J].内燃机工程,2011,32(1):70-74.

孙绍重,陈海娥.柴油机谐振进气岐管的研究[J].汽车技术,1991(8):12-20.

孙万臣,刘忠长,郭永田,李文喜.谐振进气改善增压中冷柴油机性能和排放的研究[J].车用发动机,2005(6):10-13.

王普凯,毕小平,王颖.空气滤清器功率损失计算模型[J].车用发动机,2004(5):11-13.

王新权,甘海燕,陈志忠,姚叔林.8LA250Z-1 型柴油机进排气系统设计及增压器匹配研究[J].柴油机,2002(4):16-20,26.

王忠,梅德清,杨雄,朱永彬.柴油机二、四气门进气道流动特性评价指标与对比分析[J].小型内燃机与摩托车,2001,30(6):8-12.

许俊峰,李玉峰,李丽莉,许斯都,刘书亮.高速 4 气门直喷柴油机可变进气涡流的研究[J].内燃机学报,2001,19(5):400-404.

杨寿藏,陈云彪(2001a).现代先进发动机技术——进排气系统(一及续)[J].柴油机设计与制造,2001(1):8-14,(2):8-14.

杨寿藏,陈云彪(2001b).发动机先进技术——进气和排气系统(二及续)[J].柴油机设计与制造,2001(3):9-26;(4):10-16,9.

叶霭云,王景升,吕植中,林周先,张凯,赫宝军.车用气波增压柴油机进排气系统的设计与计算[J].小型内燃机,1997,26(1):1-7.

于洪,于瑞涛.内燃机进气道稳流特性测定方法诠释[J].内燃机与动力装置,2009(6):9-14.

余兀.进气系统阻力对柴油机性能影响的试验研究[J].柴油机设计与制造,2006,14(1):42-43,47.

张会明,洪家娣.改进柴油机进气系统的研究[J].小型内燃机,1998,27(6):11-13.

张兆合,刘忠长,闫淑方,刘巽俊,李骏.用喷气式可变涡流进气系统改善柴油机的排放性能[J].内燃机学报,1999,17(4):335-338.

赵春明,吴志新,马宁,郑广州.气道稳流模拟试验系统开发及评价方法数值处理分析[J].内燃机工程,2004,25(5):1-4.

赵三明.车用发动机进气系统设计发展趋势[J].内燃机技术,1996(1):1-15.

庄志.后置客车进气系统的设计[J].客车技术与研究,1998,20(4):9-12.

祖炳锋,康秀玲,付光琦,徐玉梁,刘捷.多气门发动机进、排气道的结构设计与评价[J].农业机械学报,2005,36(5):28-31,35.

排气系统

陈征,张波,尧命发,张雷,曾德林.基于数值模拟的排气歧管优化策略[J].内燃机工程,2009,30(3):51-56.

甘在见,王士钫,刘永长,刘会猛.Gat121柴油机的性能分析及螺旋流增压排气系统的设计[J].柴油机设计与制造,2000(3):8-11.

顾宏中(2003a).MIXPC涡轮增压系统应用与发展[J].柴油机,2003(2):1-5.

顾宏中(2003b).MIXPC涡轮增压系统用于4缸柴油机[J].柴油机,2003(3):1-4.

顾宏中(2003c).MIXPC涡轮增压系统用于增压器中置八缸柴油机[J].柴油机,2003(4):1-3.

顾宏中.新开发的MIXPC涡轮增压系统排气管系[J].柴油机,2004(4):1-3,9.

顾宏中,郭中朝(2006a).结构最简单的MIXPC增压系统[J].柴油机,2006,28(1):1-4,8.

顾宏中,郭中朝(2006b).一种创新的MMPC涡轮增压系统[J].柴油机,2006,28(3):1-4.

顾宏中,郭中朝.MMPC涡轮增压系统在柴油机上的应用[J].柴油机,2007,29(3):34-37.

郭德昌,郑志刚,侯晓良.小缸径增压柴油机的排气管设计[J].柴油机设计与制造,2004(3):8-12,20.

郭中朝,顾宏中.MPC增压系统的研究[J].柴油机,1998(2):12-16,21.

刘杨,李国岫,邢卫东,胡力峰.增压柴油机排气系统结构参数的仿真优化[J].柴油机设计与制造,2009,16(2):1-6.

刘毅,张保中,周允刚,黄佑生.用V-MPC增压系统改善车用柴油机低速性能的研究[J].内燃机工程,1996,17(2):79-83.

卢浩义,邹宝瑜,高桐生.车用柴油机MPC增压系统设计与试验研究[J].内燃机工程,1992,13(4):38-44.

骆方林,徐家树,顾宏中,杨世友,郭中朝.MIXPC增压系统在大功率机车柴油机上的应用[J].内燃机车,2003(8):1-6.

帅石金,胡欲立,刘永长.MPC结构参数优化数学模型的研究[J].车用发动机,1996(5):44-46.

帅石金,刘永长,王智慧,胡欲立.柴油机新型螺旋流排气系统的设计和试验[J].内燃机工程,2000(1):40-44.

孙桂苓,吴旭陵,罗一平,邹静川,郭中朝,顾宏中.车用增压柴油机排气管的优化设计[J].内燃机工程,1991,12(3):11-15.

万本华,刘永长,熊亚东.MPC排气系统的热力学分析及其评价指标[J].内燃机工程,1994,15(3):50-55.

王连春,姚春雷,张国征.MIXPC排气系统在8V150柴油机上的应用研究[J].内燃机,2010(4):50-51.

王绍明,邓康耀,崔毅,邢卫东.可变几何排气管增压系统的模拟试验研究[J].内燃机工程,2011,32(1):64-69.

杨世友,顾宏中.大功率8缸柴油机改用脉冲转换器排气系统的模拟计算与研究[J].车用发动机,1999(1):18-22.

杨守平,张付军,张金伦,高思远.涡轮增压柴油机MPC增压系统优化设计[J].车用发动机,2010(2):11-15.

朱小慧,顾宏中.MAN B&W 20/27中速柴油机MIXPC增压系统的计算研究[J].柴油机,2001(3):14-17.

卓斌,顾宏中.排气能量传递分析与结构优化[J].内燃机学报,1990,8(1):13-18.

13.10.2.6 涡轮增压排气再循环发动机的泵气损失控制原理

邓康耀,朱义伦,张砾.涡轮增压柴油机废气再循环系统的发展[J].车用发动机,2000(5):12-15.

范建新.近几年国外增压技术的进展[J].柴油机,1996(2):9-10,18.

李恒芳.车用柴油机增压系统的发展——改善涡轮增压器与发动机的配合性能及发动机低速性能[J].车用发动机,1990(2):36-42.

李洪志.车用柴油机增压技术的应用及展望[J].柴油机,1999(2):5-7.

任自中.船用大中型高压比增压器技术的发展趋势[J].柴油机,2006,28(5):37-40.

杨世友,顾宏中,郭中朝.柴油机涡轮增压系统研究现状与进展[J].柴油机,2001(4):1-5.

杨寿藏,陈云彪.现代先进发动机技术——涡轮增压系统(一)[J].柴油机设计与制造,1999(3):32-43.

杨寿藏,陈云彪.现代先进发动机技术——涡轮增压系统(二)[J].柴油机设计与制造,2000(2):24-39.

13.10.2.7 关于发动机系统的热力学第二定律分析

毕小平,张更云.直喷式柴油机缸内过程的能量可用性分析[J].内燃机学报,1998,16(1):9-17.

陈丽超,余敏,赵东旭,杨茉.内燃机循环熵产分析和性能评价[J].内燃机与配件,2011(11):15-17.

陈林根,孙丰瑞,陈文振.热漏对热机功率效率特性的影响[J].内燃机学报,1995,13(3):275-280.

楚兆鼎.内燃机能量贬值原理[J].内燃机与动力装置,2008(3):49-56.

楚兆鼎.现在使用的内燃机为什么存在严重能量贬值[J].内燃机与动力装置,2009(6):51-54.

姚寿广.内燃机有限时间内不可逆循环热力学分析[J].内燃机学报,1994,12(2):157-163.

张卫东,岳云.发动机系统热力学模拟的现状[J].车用发动机,2000(3):7-11.

郑令仪,赵长禄.Hyperbar 涡轮复合发动机循环的热力学第二定律分析[J].工程热物理学报,1989(3):236-239.

訾琨,兰旭光.仅考虑热阻时发动机不可逆过程中熵的变化[J].内燃机学报,2003,21(5):313-316.

13.10.2.8　涡轮复合增压

孙万臣,程鹏,尹程秋,刘巽俊,李骏.车用柴油机谐振涡轮复合增压系统的研究[J].汽车工程,2000,22(3):179-182.

赵士杭,柯玄龄,孟昭勇,裴胜利,孟繁娟.绝热涡轮复合发动机用动力涡轮的研制[J].内燃机工程,1991,12(4):34-39.

朱大鑫.涡轮复合发动机的发展现状[J].车用发动机,1992(1):41-48.

14

柴油发动机系统动力学、瞬态性能和电子控制

摘要:本章基于瞬态性能和发动机电子控制建立了动态发动机系统设计的基础。系统设计领域所采用的系统动力学方法与发动机控制专业的工作方法有着共同的基础。本章首先讨论稳态与瞬态性能之间的区别,以及硬件设计和软件控制策略对涡轮增压柴油机瞬态性能的影响。然后进一步论述平均值模型、具有曲轴转角精度的高保真实时模型、空气路径的基于模型的控制、预测式动态在线控制器、燃料路径的控制。最后,以排气歧管气体温度传感器为例讨论了虚拟传感器模拟,并指出分析式控制器设计是发动机系统设计能够做出重大贡献的一个重要领域。

14.1 柴油发动机瞬态性能和控制的概述

14.1.1 发动机硬件设计和软件控制的作用

发动机控制需要满足来自性能(包括排放)和耐久性的要求。电子控制使得灵活的硬件设计在现代发动机中成为可能。近二三十年以来,由软件和标定这两部分所组成的电控系统已经演变发展成为发动机基本结构中的一个核心部分。当将硬件设计与电控集成在一起时,人们面临着两个基本概念问题和挑战:①应当控制什么硬件——即应当使用哪些传感器和控制器快速而可靠地实现设置值?②应当如何控制硬件——即如何构造最优算法并严密地将其集成到系统设计的层级结构中,以最佳权衡来尽量减小瞬态排放尖峰和泵气损失?

发动机空气系统的硬件需要设计得具有令人满意的瞬态能力,以尽量减小涡轮增压器滞后性、瞬态泵气损失、燃料消耗和排放,并且确保实现快速暖机。瞬态模拟在发动机开发过程中起着至关重要的作用,从预测车辆瞬态工况到评估电控策略。经常遇到的车辆瞬态工况包括负荷响应、车辆起步、加速、驾驶循环等。另外,预测瞬态工况可以帮助分析性能和耐久性问题,揭示参数依变关系。例如,压气机叶轮的疲劳寿命可以靠涡轮增压器的瞬态负荷计算予以评估;另外还可以依靠瞬态性能计算评估驾驶循环内变速器齿轮换挡对部件耐久性寿命的影响。

14.1.2 稳态与瞬态性能之间的区别

自然吸气柴油机的瞬态加速或减速过程可以由一系列连续的稳态运行工况来近似。然而,在涡轮增压柴油机中,涡轮在瞬态过程中的功率不等于压气机功率,而且增压器转速受增压器惯性和功率不平衡影响。涡轮增压器具有滞后性,即在滞后期间压气机的增压压力逐渐改变而达到一个新的稳定状态。另外,进气歧管、排气歧管和排气再循环环路均具有一定容积。在进气歧管内存在着一个清除排气再循环和填充空气的瞬态响应过程。瞬态响应时间通常长达好几个发动机循环。而且,在瞬态过程中还存在着一个空燃比排烟极限,根据空气量的多少限制最大燃油喷射量。在瞬

态期间,空燃比、排气再循环率、与热惯性有关的缸内金属壁温都与稳态时的状况不同。这些因素所导致的在燃烧条件、燃烧效率和泵气损失方面的恶化造成了稳态与瞬态之间在排放和燃料经济性上的差异。气门重叠角对瞬态加速性能也有很大影响。在加速的起始阶段,出于各种原因(例如排气再循环阀关闭),排气歧管压力比进气歧管压力高很多。如果气门重叠角较大,较高的发动机压差会导致大量残余废气从排气歧管倒流进入气缸和进气歧管。缸内增加的残余废气分数会降低空燃比,从而阻碍喷油和车辆加速。相反,出于同类原因,小的气门重叠角有助于瞬态加速。

14.1.3 发动机瞬态性能的控制

稳态排放测试在整个发动机转速-负荷区域上通过设置标定参数建立了氮氧化物、颗粒物、碳氢化合物、一氧化碳的排放水平值。标定参数通常包括喷油定时和压力、可变截面涡轮叶片开度、排气再循环阀开度、进气节气门开度等。电控领域研究报道过关于这些标定参数例如排气再循环阀与可变截面涡轮的协调控制以及排气再循环阀与进气节气门的协调控制(Nieuwstadt,2003)。增压压力(或空燃比)和排气再循环率在稳态标定中一般是被作为响应参数映射分布于整个转速-负荷区域。关于瞬态排气再循环率和空燃比的排气再循环阀和可变截面涡轮的联合控制一直是颇具挑战性的。由于涡轮增压器的滞后性和歧管动力学效应,那些稳态空燃比和排气再循环率在快速瞬态工况是无法实现的,即使在标定脉谱图的查找表格中的稳态位置设置点上施加瞬态增益也不能完全解决问题。

与稳态排放水平值相比,在发动机控制中可以使用以下三种基本策略设计瞬态排放时变曲线:①形成沿时间变化的超调尖峰;②形成沿时间变化的下冲或缓慢接近模式;③既不过分超调也不下冲地尽量折中匹配某个预定目标。采用哪种策略也取决于瞬态供油量的变化。每种策略在氮氧化物与碳烟之间都具有不同模式的瞬态折中,而且在瞬态发动机压差和泵气损失上也具有不同的运行特征。例如,氮氧化物的瞬态尖峰排放值通常是由于在快速加速过程中关闭排气再循环造成的。瞬态排放时变曲线是可以通过适当的硬件与电控组合设计出来的,而不应是一种被动的瞬态标定结果。这个概念很重要。瞬态设计比稳态设计更为复杂之处在于增加了一维时滞效应(数学上体现为常微分方程)。在发动机开发的早期阶段需要并且能够预测稳态与瞬态之间的排放差异和裕度。另外,瞬态排放和驾驶循环燃料经济性要求是能够通过适当的瞬态和准瞬态设计得到满足的。

满足美国补充排放测试(SET)的十三工况稳态组合排放目标并不意味着发动机能在联邦测试程序(FTP)的瞬态循环中满足相同的排放量目标。事实上,随着氮氧化物、颗粒物和二氧化碳排放法规越来越严格,FTP瞬态排放与SET稳态排放之间的相对差异可能会变得更大。这个增大的差异可能会导致为了满足瞬态排放目标而将稳态排放目标定得不切实际地极低。为避免如此,在瞬态工况中就必须使用动态的高排气再循环率并对喷油定时和喷油压力予以调整,以减少瞬态排放。在瞬态运行期间,发动机空气系统控制的目的是计算和调节排气再循环阀和涡轮增压器执行器等部件的参数设置值,以便实现最低的排放并保持令人满意的驾驶性能。这些设置值可以从位置表查得,或者也可以通过基于模型的控制算法计算。所使用的各种不同的发动机控制方法会导致不同的瞬态性能。传统的方法是使用各种基于增益的瞬态控制器调节排气再循环阀和可变截面涡轮叶片或废气旁通阀。但是,即使采用最为复杂的基于脉谱图的增益设置,在转速和负荷均发生快速变化的瞬态工况中仍然难以达到所规定的排放折中值。采用基于模型的控制调整瞬态排放的时变曲线是最有希望的解决方法。

14.1.4 考虑发动机瞬态的硬件设计分析

涡轮增压柴油机不能像自然吸气柴油机那么快地响应在转速或负荷上的突然变化,这是因为压气机流量的变化滞后于喷油量的变化。瞬态滞后性的原因如下:①由于歧管具有一定的容积,它需要时间(通常是几个发动机循环)来逐步建立排气歧管和进气歧管内的气体压力;②在快速加速过程中,当排气再循环阀关闭后,需要一些时间将进气歧管内的排气再循环气体清除出去;③由于涡轮增压器转子具有一定的转动惯量,所以需要一些时间以涡轮与压气机之间的功率差靠涡轮将压气机逐步加速到较高转速(即涡轮增压器滞后性)。在排烟控制方面,在快速加速的瞬态过程中,供油量和发动机功率会基于所获的进气增压压力受到一定限制。减小进气歧管和排气歧管的体积能够减少瞬态滞后性。例如,带小体积歧管的脉冲涡轮增压比定压增压具有更好的瞬态响应。为低转速低负荷工况匹配的小涡轮面积能够在瞬态过程中更快地产生较大的涡轮功率并减少涡轮增压器滞后性。另一种减少滞后性的方法是减小涡轮增压器的转动惯量,比如:①减小涡轮尺寸;②使用两个较小的涡轮增压器取代一个较大的;③在两级增压中的高压级采用具有低转动惯量的小涡轮增压器;④使用陶瓷涡轮转子。其他能够减少瞬态滞后性并改善排烟极限和瞬态响应的方法包括:①将排气再循环阀置于接近进气歧管处,以减少排气再循环气体的清除时间;②减少气缸和排气歧管的传热损失;③采用较小的气门重叠角;④改善瞬态燃烧效率;⑤推迟喷油定时,以增加涡轮进口排气温度;⑥使用辅助增压装置,例如在快速加速过程中喷注额外的空气或者采用机械增压或电动增压。

涡轮增压器选型中的一个重要考虑因素是控制瞬态工况中压气机的喘振。在压气机性能图上,转速快速增加的瞬态工况运行轨迹位于稳态运行点的右侧。负荷快速增加或转速快速降低的瞬态工况运行轨迹位于稳态运行点的左侧,而这可能会导致压气机发生喘振。在快速瞬态过程中,当压气机流量迅速地对发动机转速变化做出响应时,流量下降会比滞后的增压压力下降快得多,这样就会发生喘振。增压压力受涡轮增压器的转速和惯性影响。在涡轮增压器匹配中,需要模拟快速减速瞬态来检查压气机喘振。

除涡轮增压器外,与瞬态加速性能有关的其他发动机硬件设计评估内容通常包括以下一些参数的影响:发动机惯性、中冷器或间冷器的体积和冷却介质温度、歧管体积和管道、排气再循环环路的体积和排气再循环气体的清除时间、后处理部件的位置等。

在文献方面,Stobart 等人(2001)评述了发动机的电子控制。Shigemori(1988)、Gant 和 Alves (1990)、Anderson(1991)、Winterbone 和 Jai-In(1991)、Hirschlieb 等人(1995)、Guzzella 和 Amstutz(1998)、Guzzella 和 Onder(2004)以及 Grondin 等人(2004)给出了关于柴油机控制的评述。Hafner(2001)、Lehner 等人(2001)、Smith 等人(2007)、Turin 等人(2007,2008)、Šika 等人(2008)、Stobart 等人(1998)、Atkinson 等人(2009)和 Guzzella(2010)提供了关于发动机基于模型的控制方面的综述。Krämmer 等人(2003)、Baumann 等人(2004)以及 Erkkinen 和 Breiner(2007)描述了发动机控制流程开发。

14.2 涡轮增压柴油发动机的瞬态性能

涡轮增压柴油机的瞬态性能自 20 世纪 70 年代以来一直在实验和分析领域受到广泛研究。Lundstrom 和 Gall(1986)、Pilley 等人(1989)、Brace 等人(1999)和 Filipi 等人(2001)对可变截面涡轮增压器的瞬态性能进行了研究。Wijetunge 等人(1999)探索了动态优化以及稳态与瞬态工况之间的差异,涉及动态瞬变过程中子系统的协调和相互作用。Serrano 等人(2005)评估了柴油机排气再循环环路的瞬态性能。Rakopoulos 和 Giakoumis(2009)在他们的著作中对柴油机瞬态运行系统地做了总结。

关于涡轮增压柴油机瞬态性能的计算机模拟,读者可以参考以下研究人员的工作成果:Ledger 和 Walmsley(1971)、Watson 和 Marzouk(1977)、Winterbone 等人(1977)、Marzouk 和 Watson(1978)、Watson(1981)、Ma 和 Gu(1990)、Qiao 等人(1992)、Ma 和 Agnew(1994),以及西班牙的瓦伦西亚理工大学(Universidad Politecnica de Valencia)的一个研究小组(Payri 等人,1999,2002;Benajes 等人,2000,2002),还有希腊的雅典国立技术大学(National Technical University of Athens)的一组研究人员(Rakopoulos 等人,1997b,2004,2005,2007;Rakopoulos 和 Giakoumis,2006a,2006b,2007,2009;Theotokatos 和 Kyrtatos,2001)。

特别需要提到的是,Watson 等人(1980),Felsch 等人(2009)和 Serrano 等人(2009a,2009b)对用于发动机瞬态和控制模拟的燃烧放热率模型做了探索。与过去偏重于研究发动机硬件对瞬态性能的影响不同,Watson(1984)提出了一种模拟方法,将发动机控制与瞬态性能之间的关系建立起来,带电控的发动机性能模拟工作和需求便从此繁荣起来。

14.3 基于模型的控制中的平均值模型

平均值(mean-value)的实时瞬态模型目前是用于汽油机和柴油机控制的主要模拟方法。为了减少计算时间,平均值模型采用诸如充量因数图和排气歧管气体温度图之类的发动机脉谱图作为输入数据。这些脉谱图被构造为其他依变参数(例如发动机转速、负荷、增压压力)的函数。这种模型不具备曲轴转角精度,它将发动机的热力学和流动状态参数用其各自在整个发动机循环内的单一时间平均值表示。现将该领域的重要进展简要介绍如下。Shamsi(1980)、Hendricks(1989)和 Jensen 等人(1991)于 20 世纪 80 年代开启了柴油机实时模拟工作。在汽油机的实时平均值模型方面,Hendricks 等人(1996)总结了进气歧管气体动力学,Chevalier 等人(2000)总结了平均值模型的有效性和适用性,Buckland 等人(2000)总结了这种模型在直喷式汽油机上的应用。Kao 和 Moskwa(1995)在运用非线性发动机控制的涡轮增压柴油机模拟方面进行了一项重要研究。Moraal 和 Kolmanovsky(1999)、Allmendinger 等人(2001)、Eriksson(2002)、Jung 等人(2002)、Schulten 和 Stapersma(2003)、Chung 等人(2005)、Fiorani 等人(2006)、Eriksson(2007)、Pettiti 等人(2007)、Chen(2008)和 Olin(2008)在 20 世纪 90 年代后研究了更为先进的平均值模型。上述的大量模拟工作是采用 MATLAB/Simulink 或其他编程语言进行的。美国的伽马技术(Gamma Technologies)公司的商业软件 GT-POWER 是用于发动机系统模拟的领先工具。Silvestri 等人(2000)、Papadimitriou 等人(2005)、He(2005)、He 等人(2006)以及 He 和 Lin(2007)发表了关于使用 GT-POWER 进行平均值模型模拟的工作,包括控制器模拟。

上述讨论集中于发动机的空气系统。在燃油系统方面,Woermann 等人(1999)研究了用于硬件在环(HIL)测试的燃油喷射动力学实时模型。Caraceni 等人(2003)和 Nagar 等人(2010)报道了关于发动机或后处理控制的其他实时模型。

14.4 基于模型的控制中的具有曲轴转角精度的实时模型

发动机工作过程瞬态性能模拟的细节分辨率处理可分为以下四种方法:

(1) 缸内过程模拟采用平均值,歧管进排气模拟不包括气波动力学;
(2) 缸内过程模拟采用曲轴转角精度,歧管进排气模拟不包括气波动力学;
(3) 缸内过程模拟采用平均值,歧管进排气模拟包括气波动力学;
(4) 缸内过程模拟采用曲轴转角精度,歧管进排气模拟包括气波动力学。

　　具有曲轴转角精度的高保真实时模型比平均值模型更为先进。这种模型不使用预先规定的在循环平均意义上的平均值脉谱图,而是以曲轴转角精度预测缸内循环工作过程的细节,又不失实时计算能力。这种类型的模型(尤其是上述第四类模型)是系统设计中的未来发展方向。Schulze 等人(2007)提出了不包括歧管气波动力学的、实时的具有曲轴转角精度的模型。Pacitti 等人(2008)开发了包括歧管气波动力学的、实时的具有曲轴转角精度的模型。Wurzenberger 等人(2009)报道了其他的相关工作。

14.5　空气路径基于模型的控制

14.5.1　发动机瞬态的空气系统控制中的查表法

　　在传统的查表法控制中,设置点通常要么是执行器的位置参数(例如排气再循环阀的工作循环值),要么是性能参数(例如空气质量流量、歧管空气压力、当量空燃比、空燃比、进气歧管氧浓度)。在瞬态过程中,空气系统部件的执行器(例如可变截面涡轮叶片)被驱动到预定位置。该位置基于在给定的发动机转速和负荷工况下的稳态标定结果,再叠加上瞬态的 PID 增益值和带反馈的 PID 控制的瞬态算法修正值。例如,在空气质量流量(MAF)的控制中,通过 PI 或 PID 控制器可以调节执行器来获得预设的空燃比。控制器接收来自所需空气质量流量与传感器信号之间的反馈差值。传感器信号可以是实际测量信号,也可以是来自虚拟传感器的计算信号。需要注意的是,执行器内的运动部件具有一定的时变瞬态响应特性,该瞬态延迟是由于部件的时间常数特征造成的,它导致执行器不能对来自发动机控制单元的命令产生即时响应。

　　查表法不够灵活,不足以处理发动机在现实世界中所遇到的各种变化情形。查表法无法补偿来自某些因素的干扰,例如制造上的变化、部件的老化、发动机加速或减速的瞬态过程。查表法局限性的一个例子是关于后处理装置的动态加注剂量控制,例如在主动式减少氮氧化物催化器中的碳氢化合物加注和用于选择性催化还原的尿素加注。在具有涡轮增压器滞后或阀门开度滞后的瞬态过程中,从稳态标定的查表法中定出来的加注剂量可能会不合适,或者会导致过大的逸流泄漏量。

14.5.2　发动机瞬态基于模型的控制

　　传统的发动机控制过去一直使用查表法。在现代涡轮增压排气再循环发动机的开发中,随着新功能及其相关控制表格或脉谱图数量的增加,标定工作的复杂程度呈指数级成倍增加。电控已经向着数学化基于模型的控制方向演变和发展,无论是开环还是闭环控制。基于模型的控制已经成为系统设计和诊断的一个重要组成部分。基于模型的在线控制成功与否,在很大程度上依赖于热力学循环性能模型的准确性。这些模型在构建上可以涵盖各种运行条件,例如新发动机和老化的发动机、正常的和极端的环境条件等。基于模型的空气系统控制使用传感器和执行器来检测和控制在气缸内外的气流,例如使用气门、排气再循环阀、进气节气门、排气背压阀、涡轮叶片。基于模型的冷却系统控制使用传感器和执行器来检测和控制冷却液流动。为了按需提供灵活的冷却能力,减少驱动装置耗功并改善发动机性能,未来的理想冷却系统将在当前使用的泵、风扇和温控器之外增加更多的电控器。气侧数据与水侧数据可通过包括散热量和其他性能参数的模型链接起来。在关于排气再循环阀和涡轮驱动器的基于模型的协调控制中,根据第 4 章的理论,阀门开度和执行器设置值可以依靠在以下三个参数中指定其中任意两个作为性能目标予以计算:新鲜空气流量、排气再循环率、进气歧管增压压力。用于基于模型的控制中的性能参数可以是来自真实传感器的测量信号,也可以是来自虚拟传感器的计算模拟数据。

各种气流控制阀的开启位置可以基于目标性能参数予以计算。例如,流过排气再循环阀的气体质量流量可以用理想气体等熵可压缩流方程模拟:

$$\dot{m}_{\mathrm{EGR}} = C_{\mathrm{EGR}} \frac{A_{\mathrm{EGR}} p_{\mathrm{upstream}}}{\sqrt{R_{\mathrm{gas}} T_{\mathrm{upstream}}}}$$

$$\times \sqrt{\frac{2\kappa_{\mathrm{t}}}{\kappa_{\mathrm{t}} - 1}} \cdot \sqrt{\left(\frac{p_{\mathrm{downstream}}}{p_{\mathrm{upstream}}}\right)^{\frac{2}{\kappa_{\mathrm{t}}}} - \left(\frac{p_{\mathrm{downstream}}}{p_{\mathrm{upstream}}}\right)^{\frac{\kappa_{\mathrm{t}}+1}{\kappa_{\mathrm{t}}}}} \tag{14.1}$$

式中,A_{EGR} 是在给定开度时的排气再循环阀的理论有效流通面积。C_{EGR} 是一个可变修正因数。A_{EGR} 可以从阀的流通面积与阀门升程之间的相关性获得。C_{EGR} 依据在不同发动机流量下的测量数据来校准,用来修正理论流通面积中的任何不准确之处。为了满足阀门执行器控制的要求,可以根据在给定的发动机转速和负荷工况下想要获得的排气再循环质量流量先以式(14.1)计算出所需的阀门流通面积,然后将阀门面积转换成阀门升程位置。在基于模型的控制中,为了实现想要获得的瞬态排气再循环率(它可能与稳态标定值大相径庭),可以灵活地定义某种形状的瞬态流量目标曲线,将其作为瞬态转速和负荷变化率的函数。例如,可以将瞬态排气再循环流量的目标值制定为某个预定的排气再循环率乘以测得的发动机总进气质量流量。另外,在基于模型的控制中,也能够模拟部件的动态性能特征。

为了说明不同的发动机控制方法对瞬态性能的影响,图 14.1 举例显示了喷油量发生阶跃增加和阶跃减少时的瞬态工况。发动机转速和有效扭矩因此在三个相关的稳态工况(记为 A、B 和 C)之间发生变化。这种喷油量波动情况比较典型地代表着真实世界中驾驶循环内所发生的变化。由于涡轮增压器的滞后性,在这种喷油量发生快速变化的瞬态过程中,排气和进气歧管内的压力响应会不可避免地存在延迟。喷油量突增导致空燃比在瞬态过程的开始阶段迅速下降,可能会低到排烟极限。发动机控制所指令的排气再循环率对空燃比、氮氧化物和碳烟排放有直接影响。例如,在排气再循环阀的位置控制方法中,阀门开度从工况 A 的稳态标定开度经历急剧变化后变到工况 B 和 C 的稳态标定开度,所造成的排气再循环流量会使空燃比降低,瞬态碳烟排放增加,并保持较低的瞬态氮氧化物排放。然而,在 λ(即当量空燃比)控制或空气质量流量(MAF)控制的方法中,为了在瞬态过程中维持空燃比的稳态设置值,当喷油量突增时,排气再循环阀被命令关闭;当喷油量突减时,排气再循环阀被命令开启得更多。这样,在负荷阶跃增加时,就会获得更小或甚至为零的排气再循环流量,因此便可以实现较高的空燃比和较低的瞬态碳烟,但是瞬态氮氧化物排放和泵气损失(由于发动机压差较高)可能会比位置控制方法中的更高。

由于涡轮增压器的滞后性,瞬态碳烟排放尖峰是在快速加速过程中很难避免的一个现象。排气再循环控制的任务是调节排气再循环流量,以便尽可能减小瞬态排放尖峰,或者达到在氮氧化物、碳烟、泵气损失与驾驶性能四者之间的最佳权衡。同时,排气再循环控制需要与涡轮增压器控制相协调,以控制进气歧管增压压力。对于进排气阻力所发生的变化、制造容差的变化和环境条件

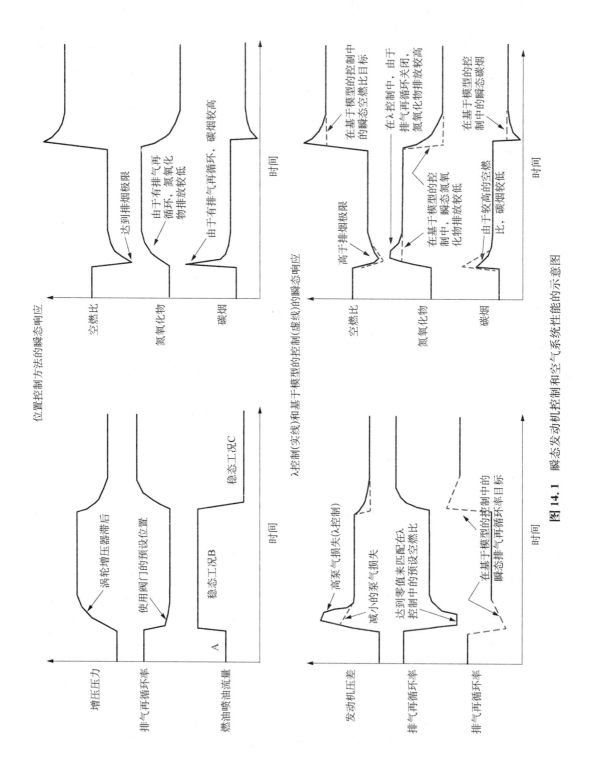

图 14.1 瞬态发动机控制和空气系统性能的示意图

的变化,基于模型的控制都可以迅速做出较好的响应,而基于位置的控制想要完成这些任务就很困难。空气质量流量(MAF)控制或歧管空气压力(MAP)控制只能部分地满足这些要求。一个良好的基于模型的控制能够使用经过校准的模型,基于预设的理想性能目标值,准确地计算出执行器的位置(例如排气再循环阀开度或可变截面涡轮叶片位置)。预设目标可以是想要达到的瞬态排气再循环流量曲线、动态喷油控制参数、氮氧化物或碳烟的排放值(如果使用实时排放模型的话)等。基于模型的控制方法的另一个优点是,与基于位置的控制相比,其稳态标定设置值和瞬态标定增益值不依赖于某个具体硬件,这是因为其设置值是采用更为基础的性能参数(例如空燃比和排气再循环率),而不是某个特定的阀门或涡轮开度。图 14.1 说明了基于模型的排气再循环率控制或空燃比控制的概念,并显示了如何在负荷增加和负荷减少的瞬态同时优化在氮氧化物、碳烟、泵气损失、驾驶性能这四者之间的权衡。

关于可变截面涡轮的有效面积开度或涡轮废气旁通阀开度,可以类似地使用一个孔口流量方程式(4.57)和涡轮功率方程来模拟。基于模型的涡轮增压器控制能够减小涡轮增压器滞后性,并防止发生瞬态压气机喘振。Ammann 等人(2003)给出了基于模型的可变截面涡轮和排气再循环系统的非线性控制的详细理论。综上所述,硬件设计需要与电控策略相匹配,以便能够最为有效地缓解瞬态工况中所具有的一些固有的和本质性的困难(例如涡轮增压器滞后性、歧管容积效应、较高的瞬态泵气损失等)。

涡轮增压柴油机的空气路径控制策略通常包括以下一些研究课题:排气再循环与可变截面涡轮之间的协调控制算法,利用歧管空气压力(MAP)、空气质量流量(MAF)或排气歧管压力进行控制,空气充量控制,以及控制器设计。关于这些课题的广泛研究成果,读者可以借鉴以下作者的工作:Watson 和 Banisoleiman(1988)、Winterbone 和 Jai-In(1988)、Gissinger 等人(1990)、Duffy 等人(1999)、Weber 和 Guzzella(2000)、Shirawaka 等人(2001)、Wijetunge 等人(2004)、Nieuwstadt 等人(2000)、Osborne 和 Morris(2002)、Nieuwstadt(2003)、Ammann 等人(2003)、Kolmanovsky 和 Stefanopoulou(2000,2001)、Kolmanovsky 等人(1999)、Yokomura 等人(2004)、Mueller 等人(2005)、Kobayashi 等人(2005)、Darlington 等人(2006)、Black 等人(2007)、Luján 等人(2007)、Das 和 Dhinagar(2008)、Plianos 和 Stobart(2008)、Körfer 等人(2009)、Moulin 等人(2009)。

14.5.3 基于模型的控制和预测式动态在线控制器

现代重载柴油机具有复杂的电控系统,以满足排放和燃料经济性法规、优化性能并承担耐久性保护。这些是靠先进的传感技术、执行器技术、控制算法或预测式模型在系统层面精密地协调处理不同子系统之间的相互作用而实现的。发动机控制的发展目前具有以下几个趋势。首先,电控的任务正从标准排放物(主要为氮氧化物和碳烟)控制过渡到控制二氧化碳排放和减少燃料消耗。第二,电控的执行方式已从过去的被动式或基于脉谱图的查表法控制演变为预测式或基于模型的控制。第三,电控优化的先进趋势是采用带优化器的在线实时瞬态动态控制。

随着排放法规变得愈发严格,自 20 世纪 90 年代重载柴油机采用电控技术以来,传感器和执行器的数量一直呈指数级增长,从 90 年代末的一个控制喷油的执行器发展到 2010 年的 6 个执行器(喷油阀、排气再循环阀、可变截面涡轮叶片或废气旁通阀、进气节气门、碳氢化合物加注器、尿素加注器)。满足未来的温室气体法规将需要更多的传感器和执行器,例如冷却器旁通、可变气门驱动和余热回收。Atkinson 等人(2005,2007,2011)总结回顾了重载柴油机电控系统复杂性和控制参数的历史演变过程并提出了对未来的展望,具体如下:
* 在 20 世纪 90 年代,电控系统仅具有燃油喷射的单一定时控制;

- 2002—2004 年,在高压共轨和其他先进的喷油系统出现后,电控系统增加了对喷油压力、多次喷射、排气再循环和可变截面涡轮的控制;
- 2007 年,增加了柴油颗粒过滤器的控制,以满足美国 2007 年对于碳烟控制的排放法规;
- 2010 年,增加了选择性催化还原的控制,以满足美国 2010 年氮氧化物和碳烟的排放法规;
- 可以预计,缸内燃烧反馈控制技术将在 2012—2014 年出现于量产化发动机中;
- 从 2014 年开始,为满足温室气体法规,多次喷射策略及其控制将变得越来越重要;
- 可以预计,2014 年后,多种燃烧方式(例如低温燃烧)及其控制将在量产化柴油机上成为可行的技术;
- 到 2017 年左右,与余热回收、混合动力、辅助附件电气化和其他能量回收技术相关的电控技术将变得成熟;
- 到 2020 年,预计关于燃料质量或代用燃料(例如生物燃料)的燃料兼容与传感技术将变得适合于量产化;
- 到 2025 年,全独立的气门驱动控制、单个气缸控制、主动式气缸与气缸之间对燃料和气流变化的控制、对循环与循环之间变化的控制将在量产化发动机中成为现实。

增多的控制变量(执行器和传感器)使得发动机的控制更为灵活,但也使得基于脉谱图的控制和标定越来越难以优化。不仅是设置点的标定和优化变得越来越费时,而且在控制算法中调整控制增益以获得稳态稳定性与瞬态响应之间的最佳平衡也变得非常困难。

基于模型的控制在现代柴油机中已变得极为需要。这一技术也与虚拟传感、在线诊断、基于模型的标定等技术相兼容(Nanjundaswamy 等人,2012b)。它可以缓解开发控制算法方面的负担和大量的标定工作负荷,因为算法可以由全部预测式的模型来代替,而标定工作可以由排放和性能的目标设置和实时在线优化来代替。先进的发动机控制是向着无脉谱图和预测式控制器的方向发展,包括使用实时瞬态动态优化器实现在线排放和油耗控制。这类控制器包括一个发动机性能模型,该模型基于热力学原理和发动机系统动力学,或者基于经验式的曲面拟合或神经网络模型。经验式的模型可以采用稳态或瞬态发动机测试数据。基于模型的控制器的输入参数为诸如排放和燃料经济性等的性能目标。输出参数为设置点或执行器信号,例如空燃比、涡轮废气旁通阀开度、排气再循环阀开度位置、喷油定时和压力、后处理燃料加注和尿素加注命令。在发动机控制器中的实时动态在线优化器能够用前馈预测式模型和对应的逆向控制模型所产生的执行器信号计算最优的加权的排放和燃料经济性目标作为设置点,来优化在稳态和瞬态运行时的氮氧化物和碳烟排放以及油耗。美国的底特律柴油机公司(Detroit Diesel Corporation)在该领域报道过很多进展,包括他们最近在超级卡车项目中的先进电控应用(Allain 等人,2007,2009;Aneja 等人,2009,2011;Zhang 等人,2009;Allain 和 Atkinson,2010)。

14.6 燃油路径控制和柴油发动机的调速器

燃油路径控制是柴油机控制中的另一个重要领域。它的模拟工作主要包括以下三个方面:①发动机转速和调速器控制;②为硬件在环(HIL)服务的燃油系统液压动力学实时模拟;③燃油输送的不均匀性检测和失火检测及其基于模型的控制。柴油机的燃油路径动力学与气道喷射汽油机的燃油路径动力学在问题的机理和处理方法上都非常不同,因为柴油机没有那些诸如在燃油输送过程中的壁面湿润和混合蒸发等问题。

机械式调速器和现代电子式调速器被用于柴油机来控制转速(SAE J830,1999)。柴油燃料控制和调速器设计一般属于燃油子系统开发工作的一部分。Gant（1984）、Howes 等人（1986）、Okazaki 等人（1990）、Bazari（1990）、Rakopoulos 等人（1997a）、Mruthunjaya 和 Dhariwal（2000）、Stefanopoulou 和 Smith（2000）、Larisch 和 Sobieszczanski（2001）、Makartchouk（2002）、Chatlatanagulchai 等人（2009）和 Deng 等人（2010）对柴油机调速器和燃油路径控制进行了研究。

　　燃油输送的不均匀性检测和失火检测对于喷油量控制很重要，尤其在喷油故障的实时校正方面。不均匀性是指喷油量在气缸与气缸之间或者循环与循环之间的差异。Macián 等人（2005，2006a，2006b）对这一故障诊断领域进行了探索，并提出了改进的控制算法和控制器设计。传统的诊断技术是利用发动机一个循环内的瞬时曲轴转速作为输入信息。虽然这种技术能够探测到低转速时的失火，但是它们在高转速时就不是很有效，尤其在低负荷时（Macián 等人，2006a）。为了更好地进行故障诊断和为了在高转速时更好地检测燃油供给的不均匀性以便控制喷射和燃烧过程，人们探索使用其他发动机系统性能参数来取代或补充曲轴转速信号。这些参数包括排气歧管压力、瞬时涡轮增压器转速、排气道内的气体平均温度。Macián 等人（2006b）报道，使用瞬时增压器转速作为输入信号，能够有效控制喷油量，达到对喷油不均匀性进行修正的令人满意的结果。在发动机系统设计中，实际上可以将热力学性能与发动机动力学的子模型结合起来，开发一个系统层面的故障诊断模型，为开发燃料控制系统提供方便。

14.7　基于扭矩的控制

　　基于扭矩的控制已广泛用于汽油机和柴油机，以满足整个动力总成系统的控制要求。发动机系统设计模型能够在开发更为准确的基于扭矩的控制模型方面发挥关键作用，这是因为系统设计人员在其日常工作中大量分析发动机扭矩数据，并对稳态和瞬态工况下的扭矩特征具备透彻的理解。系统工程师在这方面可以很好地补充电控工程师的工作。例如，用于基于扭矩的控制中的摩擦扭矩和泵气损失扭矩的估算可以由系统设计职能予以细化和加强。另外，系统设计人员能够开发出关于指示扭矩和有效扭矩的更为先进的参变量依赖关系模型，这样便可以更为准确地计算出在各种运行条件或老化条件下的发动机扭矩。Ginoux 和 Champoussin（1997）、Müller 和 Schneider（2000）、Greff 和 Günther（2001）、Heintz 等人（2001）、Lee 等人（2001）、Park 和 Sunwoo（2003）、Wang 和 Chu（2005）、Katsumata 等人（2007）和 Livshiz 等人（2004，2008）研究了汽油机基于扭矩的控制。Maloney（2004）、Li 等人（2002）、Grünbacher 等人（2003）、Chauvin 等人（2004）、Brahma 等人（2008）、Tian 等人（2008）和 Oh 等人（2009）研究了柴油机基于扭矩的控制。

14.8　动力系动力学和瞬态控制

14.8.1　瞬态性能模拟

　　瞬态发动机测试比稳态测试更为困难和昂贵。使用发动机循环性能模拟研究瞬态过程是一种非常有效的方法，尤其是实时瞬态模拟。发动机曲轴的集总模型可以采用式（5.20）。在瞬态发动机扭矩模拟中，通常使用"填充和排空法"模拟零维歧管气体动力学，以减少计算时间。在瞬态发动机循环模拟中，以下几个关键问题与模型的准确性有关。

（1）在快速加速瞬态过程中，喷油量突增会导致空燃比迅速下降，这可能会引起不完全燃烧。燃烧效率——作为空燃比的函数，通常在热力学循环瞬态模拟中假设为已知输入条件。试图量化

这种瞬态燃烧效率变化的发动机测试或复杂的燃烧模拟至今不很成功,仍面临严峻挑战;

(2) 瞬时涡轮增压器转速 N_{TC}(以每秒转数为单位)可由下式计算:

$$4\pi^2 I_{TC} \frac{dN_{TC}}{dt} = \frac{\dot{W}_T - \dot{W}_C - \dot{W}_{f,TC}}{N_{TC}} \tag{14.2}$$

式中,I_{TC} 是涡轮增压器的转动惯量;$\dot{W}_T$ 是涡轮功率;$\dot{W}_C$ 是压气机功率;$\dot{W}_{f,TC}$ 是涡轮增压器轴承的摩擦功率。涡轮的瞬时气体温度、压力和效率均影响 N_{TC} 和涡轮增压器滞后性。瞬态涡轮增压器性能的模拟通常由准稳态方法近似,该方法是在发动机循环内逐点查取稳态涡轮增压器性能图来计算瞬时变化的涡轮增压器参数。精确揭示稳态与瞬态涡轮效率之间的差异目前仍然很困难。在这个问题上,不同研究人员之间的结论有着巨大差异(Capobiano 等人,1989;Westin 和 Angstorm,2002)。这些研究人员使用不同的测量方法(例如脉动气流实验台或直接在发动机上所做的测试)或者计算流体动力学(CFD)模拟来获取他们各自的数据。至于涡轮流量,据报道,在非定常条件下的涡轮比稳态测量的流量能力(质量修正流量)要高出 3%~6%(Capobiano 等人,1989)。排气歧管的热损失、体积和热惯性也对涡轮增压器滞后性和发动机瞬态性能的模拟精度有显著影响;

(3) 瞬态发动机性能模拟和驾驶循环燃料经济性的准确预测要求使用准确的发动机控制模型。这种模型需要能够反映在转速-负荷区域上的标定设置值、真实的瞬态控制策略以及传感器和执行器的动态响应;

(4) 关于冷起动、预热和热起动瞬态过程的准确模拟对于分析瞬态排放循环非常重要;

(5) 瞬态模拟需要精确的机械损失模型,包括主要摩擦部件(即活塞-活塞环-缸套组件、轴承、配气机构等)和辅助附件的耗功(Taraza 等人,2007)。

14.8.2 实时高保真法和平均值法的瞬态模拟

正如第 14.3 节中提到的,目前已经出现了具有详细的瞬时缸内过程加歧管气波动力学的实时高保真模拟手段。在该方法出现之前,平均值模型曾被大量用于发动机控制设计和车辆驾驶循环分析中的实时模拟。平均值模型采用简化的基于脉谱图的方法,而不以曲轴转角精度计算缸内循环过程。通常情况下,这类脉谱图包括充量因数、指示效率和排气能量分数等,作为诸如转速、喷油量、进气歧管压力、空燃比等某些参数的函数。平均值模型有一些缺点:①需要在前期花费巨大精力运行试验设计数据以建立上面所说的脉谱图,而这些脉谱图其实仅局限于某个特定硬件,而且脉谱图这种技术本身其实就比较原始和近似;②该模型不能很方便而准确地预测涡轮增压器滞后性的瞬态。平均值模型可以使用一个发动机循环这种数量级的大时间步长,而详细的缸内过程模型需要 1~5° 曲轴转角精度。目前的趋势是开发和使用实时高保真模拟,以取代平均值模型,提高预测性。在发动机控制的模拟中,往往使用软件在环(SIL)和硬件在环(HIL)与高保真模型一起来验证稳态和瞬态运行的算法。

14.9 传感器动力学和基于模型的虚拟传感器

14.9.1 发动机传感器的分类

前面所述的关于阀门和涡轮增压器的基于模型的控制从本质上讲是关于执行器的。在它们的性能方程中,发动机的温度、压力和流量参数可以从实际的测量值获得,也可以从用虚拟传感器的模拟计算获得。基于模型的虚拟传感器在发动机和后处理系统中可以取代一些实际的物理传感器,以便降低成本或者使得更为先进而灵活的控制成为可能。例如,可以靠基于燃烧过程的缸内参数预测实现在不同的转速和负荷区域之间切换燃烧模式。虚拟传感器的开发在很大程度上依赖于发动机的热力学性能模拟。

发动机的传感器可以分为两大类:物理传感器(亦称真实传感器)和虚拟传感器。物理传感器通常包括以下一些:感应发动机转速、上止点位置、喷油定时和持续时间的曲轴位置传感器和凸轮位置传感器,油门踏板位置传感器(SAE J1843,2009),感应歧管空气压力(MAP)、大气环境压力、柴油颗粒过滤器进口压力、机油压力和燃油压力的压力传感器,感应进气歧管空气、排气歧管气体、颗粒过滤器进出口气体、机油、燃油和冷却液温度的温度传感器,空气质量流量(MAF)传感器,排气氧浓度传感器或称 λ 传感器,后处理装置中使用的氮氧化物和氨气传感器,机油和冷却液的液位传感器等。

虚拟传感器按照算法可以分为两大类:基于物理模型的和基于经验数据的(例如响应曲面模型或神经网络模型)。另外,虚拟传感器也可以分为稳态虚拟传感器和动态瞬态虚拟传感器。这些虚拟传感器需要采用不同的模拟算法。第 14.9.3 节给出了一个虚拟传感器的计算例子。

14.9.2 发动机传感器的开发需求

未来下一代智能型柴油机在稳态和瞬态上对虚拟传感器的需求是巨大的。从技术领域的策划角度看,虚拟传感器的研发需求主要包括以下内容:

- 稳态虚拟空气质量流量(MAF)和歧管空气压力(MAP)传感器;
- 其他关于气体流量、压力和温度的稳态虚拟传感器,具体地讲,是指可以采用第 4 章中构造发动机空气系统的 19 个方程[式(4.39)～式(4.57)]来计算的稳态虚拟传感器;
- 用于动力系扭矩协调中基于扭矩的控制里的虚拟发动机扭矩传感器;
- 关于缸内实时参数的瞬态虚拟传感器,例如用于均质充量压燃着火燃烧控制中的压缩冲程内的缸内空气温度、压力和充量当量比的计算;
- 采用启发式依靠宏观参数的排放模型并基于缸内循环工作过程计算的发动机本体氮氧化物、颗粒物、碳烟和碳氢化合物的虚拟传感器;
- 基于启发式依靠宏观参数的排气尾管后处理排放模型的虚拟传感器;
- 将以上虚拟传感器相结合,模拟整个发动机,使用适度的计算时间来实现集成式虚拟传感技术,并将这种经过充分验证的物理模型用于发动机控制的实时预测算法中。

发动机性能和排放模拟是建立这些先进的虚拟传感器的基础。这一领域开启了发动机系统集成分析和设计方面的许多机遇,也面临着很多挑战。

在文献方面,Westbrook 和 Turner(1994)介绍了汽车传感器。Challen 和 Stobart(1998)给出了一个关于柴油机物理传感器的综述。Grimes 等人(2005)讨论了基于物理机理的虚拟传感器。Atkinson 等人(1998)和 Nareid 等人(2005)给出了关于基于神经网络的虚拟传感技术和虚拟传感器的综述。Maaß 等人(2009)探索了使用神经网络虚拟传感器预测排放。Müller 等人(2001)和 Leroy 等人(2009)对排气再循环和残余废气的传感技术进行了研究。Höckerdal 等人(2008)研究了关于柴油机空气质量流量的传感技术。Culbertson 等人(2008)以及 Hori 和 Todo(2009)评估了柴油机排气温度的传感技术。Olin 和 Maloney(1999)提出了一个用于大气压力和海拔高度检测的虚拟传感器。Ueno 等人(2008)论述了关于柴油颗粒过滤器运行工况的排气压力传感器。Kato 等人(1999)和 Orban 等人(2005)研究了氮氧化物传感器技术。Re 等人(2005)和 Subramaniam 等人

(2008)讨论了氮氧化物虚拟传感器。Allan 等人(2003)、Warey 和 Hall(2005)、Hauser(2006)、Diller 等人(2008,2009)以及 Cai 和 Ma(2009)讨论了颗粒物传感器。Ulrich 等人(2001)和 Hasegawa 等人(2006)讨论了气缸压力传感器。Palma 等人(2004)和 Wang 等人(2005)探索了虚拟缸内压力传感器。

14.9.3　排气歧管气体温度虚拟传感器的建模

排气歧管气体温度虚拟传感器对于发动机的耐久性和排气再循环率控制非常重要。它的模拟是基于热力学第一定律能量平衡方程式(12.2)。假设:

$$\begin{cases} \dot{W}_E = \eta_{th} \cdot (q_{LHV} \dot{m}_{fuel}) \\ \dot{Q}_{base\text{-}coolant} = B \cdot (q_{LHV} \dot{m}_{fuel}) \\ \dot{Q}_{miscellaneous,2} = G_2 \cdot (q_{LHV} \dot{m}_{fuel}) \end{cases} \tag{14.3}$$

式中,η_{th},B 和 G_2 是常数或发动机转速、负荷、空燃比和喷油定时等的已知函数;那么,稳态排气歧管气体温度可用式(12.2)变换计算如下:

$$T_{turbine\text{-}inlet} = \frac{\left(\dfrac{\dot{m}_{IM}}{\dot{m}_{fuel}}\right) c_{p,in} T_{IM} + q_{LHV}(1 - \eta_{th} - B - G_2)}{\left(\dfrac{\dot{m}_{IM}}{\dot{m}_{fuel}} + 1\right) c_{p,ex}} \tag{14.4}$$

式中,$\dot{m}_{IM}$ 是进气歧管的混合物流量,包括新鲜空气和排气再循环气体。$c_{p,ex}$ 和 $c_{p,in}$ 分别是排气歧管气流和进气歧管气流的等效平均比热容。从式(14.4)可以观察到,排气歧管气体温度是充量质量与燃料质量之比($\dot{m}_{IM}/\dot{m}_{fuel}$)的一个函数。在式(14.4)中,估算发动机有效热效率 η_{th} 的一种方法是使用基于扭矩的控制中所得到的指示扭矩和发动机摩擦扭矩来计算有效功率。实际上,指示扭矩和有效扭矩的预测,作为汽车动力系协调换挡控制的一部分,已被越来越多地采用。在式(14.4)中,关于 B 值(发动机本体冷却液散热量百分比)的准确估计是比较困难的。B 值取决于转速、负荷、充量质量与燃料质量之比、喷油定时、进气歧管气体温度、冷却液温度等。一种方法是使用缸内循环过程方程加上第 4 章中介绍的 Woschni 传热系数 α_g,先计算出瞬时排气歧管气体温度,然后在整个发动机循环内做时间平均来获得循环平均排气歧管气体温度。另一种方法是针对 B 的稳态值开发启发式模型,以建立它相对于其他发动机性能和运行参数的敏感度。第 12 章给出了关于零散热损失的百分比 G_2 的详细讨论。

稳态发动机性能测试数据表明,在跨越气缸的气流温差与"燃料质量与充量质量之比"之间存在着线性相关(图 14.2),而且相关关系式的拟合线的斜率在不同的发动机转速会发生变化。这种相关性可以解释如下。如果假设 $\dot{m}_{IM}$ 远远大于 $\dot{m}_{fuel}$,而且 $c_{p,in} \approx c_{p,ex}$,式(14.4)则可以简化为:

$$T_{turbine\text{-}inlet} - T_{IM} \approx \frac{q_{LHV}(1 - \eta_{th} - B - G_2)}{c_{p,ex}}\left(\frac{\dot{m}_{fuel}}{\dot{m}_{IM}}\right) = C\left(\frac{\dot{m}_{fuel}}{\dot{m}_{IM}}\right) \tag{14.5}$$

式中,系数 C 是发动机转速的函数。这样,便可以将排气歧管气体温度的虚拟传感器用以下一个简化的经验模型来描述:

$$T_{turbine\text{-}inlet} - T_{IM} = (C_1 + C_2 N_E) + (C_3 + C_4 N_E)\left(\frac{\dot{m}_{fuel}}{\dot{m}_{IM}}\right) \tag{14.6}$$

式中，C_1，C_2，C_3 和 C_4 是模型调整常数；N_E 是发动机转速。应当指出的是，虽然式(14.6)中的模型能够比较合理地预测稳态排气温度，但是由于该模型中缺乏与热滞后效应有关的因素，故而该模型或许不能准确地预测在快速瞬态过程中的排气温度。

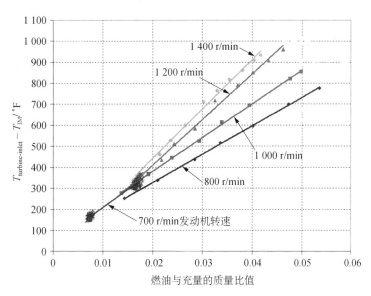

图 14.2 虚拟传感器的示例——排气歧管气体温度与燃油充量比之间的相关性

14.10 在线诊断和故障诊断

除了需要满足标准排放物和温室气体法规外，美国用于 6 350 kg(14 000 lb)以上的车辆额定总质量的道路用车辆的重载发动机从 2010—2013 年的逐步实施阶段开始还需要满足重型在线诊断(OBD)法规。与很早之前在乘用车上采用的轻型一号在线诊断法规(OBD I，1988)和适用于所有轻型车辆的二号在线诊断法规(OBD II，1996)有所不同，重型在线诊断对于柴油机工业界来讲相对较新(Grimaldi 和 Mariani，1999；Geraldo，2006；Vitale 等人 2007；Fischer 等人，2009；Nanjundaswamy 等人，2011,2012a)。在线诊断研发和在用测试是 2010 年以后生产的柴油机的一大重点。

在线诊断法规中的很多要求都会影响系统设计、硬件型式、软件算法、标定和发动机制造企业的总体保修成本。在线诊断能够帮助监控性能以确保发动机确实满足低排放法规，并确保排放控制部件在车辆的寿命期内和在用条件下均正常工作。在线诊断的排放阈值监视器或功能监视器在设计上需要能够在排放量超过阈值之前及时对故障进行检出和处理。这些故障包括空气系统、燃料系统、排气和排放传感器系统、后处理系统、冷却系统、曲轴箱通风系统等的故障。与空气系统有关的问题通常包括过度增压、增压不足、涡轮增压器响应迟缓、气流流量过低、气流流量过高、排气再循环系统响应迟缓、排冷器和中冷器的冷却性能问题、可变气门驱动的充气性能问题等。与燃料系统有关的问题通常涉及喷油压力、定时、喷油量、失火等。与后处理系统有关的问题通常涉及选择性催化还原的转化效率、工作液加注、柴油颗粒过滤器的过滤性能和再生频率等。与冷却系统有关的问题通常涉及恒温器和发动机冷却液温度传感器等。在线诊断的监测系统需要能够识别非正常工作并影响排放的系统、传感器或执行器(即处于失效状态的元件)，并能够识别从失效状态恢复到正常状态,而且需要能够尽量做到不错误地放过失效系统或者不错误地误报良好系统。

在用于在线诊断的基于模型的控制中,可以对每个传感器开发一个发动机性能模型,来预测该传感器所应当输出的信号。这种虚拟信号与物理传感器给出的真实信号相比较,可以检查信号的真伪。这类虚拟传感器的在线模型能够预测瞬态响应,并诊断传感器,将物理传感器和虚拟传感器的信号均输入到控制逻辑中。这些用于在线诊断监视器设计和标定的与气压、温度和流量有关的气液性能模型直接受发动机系统和部件的设计变更和标定设置值影响。因此,在产品研发中提前将在线诊断的需求予以完善考虑是在产品开发成本和保修费用上总体来讲最具成本效益的方法。

在线诊断(SAE J1699-2,1998;J1699-3,2009;J1930,2008)是发动机控制中的一个课题。Grimaldi 和 Mariani(1999)、Geraldo(2006)、Vitale 等人(2007)、Millo 等人(2009)和 Fischer 等人(2009)在这方面做过很多研究工作。关于柴油机在线诊断的先进分析方法,笔者在与 Nanjundaswamy 等人(2011)合作的论文中有详细论述,故不在此重复。

发动机故障诊断与系统设计和电子控制密切相关,因为在诊断中使用的许多参数都是系统层面的性能参数,比如瞬时气体压力、温度、流量和部件的转速。基于模型的诊断通常需要一个系统层面的动力学模型。Haddad(1984)曾对发动机故障诊断领域进行过评述,而后 Schwarte 和 Isermann(2002)、Macián 等人(2004,2005,2006a,2006b)和 Yan 等人(2007)对该领域做了进一步研究。Fouch 和 Gross(1991)评述了柴油机保护方面的课题。

14.11　发动机控制器设计

现代控制理论在柴油机控制器设计中的应用一直比较薄弱,控制器设计与系统性能之间的结合也不够紧密。现代控制工程的理论基础在 Ogata(2002,2004)、Palm III(2005)、Dorf 和 Bishop(2007)、DiStefano 等人(1990)撰写的经典教科书中有很好的总结。Guzzella 和 Onder(2004)以及 Guzzella 和 Sciarretta(2005)介绍了内燃机控制和模拟。

发动机控制器设计本身一般并不属于柴油机系统设计的范畴。它属于控制工程师的工作职责。然而,如果不考虑控制器设计,动态发动机系统设计就无法实施。柴油机的控制(例如空气路径控制、燃料系统控制、速度控制等)属于非线性控制。线性设计和降阶设计是用于控制器设计的常用方法。PI、PD 和 PID 控制器仍然是发动机中使用最为广泛的控制器。发动机系统动力学的非线性数值模拟能够提供关于控制器行为和控制策略的虚拟验证,但是模拟本身并不是控制器的设计工具。在现代发动机设计中,有必要弥合发动机系统模拟与控制器设计之间的距离,以促进实现基于模拟的非线性控制器设计,特别是对于空气路径控制和动力总成控制。

Chin 和 Coats(1986)、Weisman(1987)、Tsai 和 Goyal(1986)、Tuken 等人(1990)、Moore-McKee(1994)、Scotson 和 Heath(1996)、Banning 等人(1997)、Sokolov 和 Perkovic(2000)、Balfour 等人(2000)、Christen 等人(2001)、Wu 等人(2002)、Malkhede 等人(2005)、Komar 等人(2009)和 SAE J1922(2008)讨论了发动机控制和控制器设计。Fullmer 等人(1992)报道了自适应扭矩控制器设计。Strom 和 Hagglund(1995,2005)总结了 PID 控制器的设计理论。Mruthunjaya 和 Dhariwal(2000)研究了关于柴油机转速控制的 PID 控制器。Memering 和 Meckl(1994,2002)研究了怠速控制。Stefanopoulou 等人(2000)和 Utkin 等人(2000)研究了柴油机空气系统(排气再循环和可变截面涡轮)的控制器设计。Wahlström 等人(2008)调查了柴油机排气再循环和可变截面涡轮协调控制中 PID 控制器的调节问题。Lauber 等人(2002)介绍了用于汽油机的 PID 控制器设计。Stefanopoulou 和 Smith(2000)研究了多输入和多输出(MIMO)控制器,用以减少船用柴油机的瞬态

排烟。Tsuchiya 等人(2003)给出了关于 PID 控制器与神经网络控制器之间的比较。Plianos 等人 (2007)研究了柴油机的模糊逻辑控制器。Xiros(2002)总结了船用柴油机的抗扰性控制。

14.12 软件在环和硬件在环

软件在环(SIL)在 Philipp 等人(2005)和 Mitts 等人(2009)的工作中有所介绍。硬件在环 (HIL)已被大量用于发动机和动力总成的控制开发工作,并得到广泛研究(Isermann 等人,1998; Rolfsmeier 等人,2003;Nabi 等人,2004;Shayler 等人,2005;Köhl 和 Jegminat,2005;Steiber 等 人,2005;Corti 和 Solieri,2005;Wanpal 等人,2006;Schuette 和 Ploeger,2007;Wang 等人,2009; Dhaliwal 等人,2009)。关于软件在环与硬件在环的集成方法,在笔者与 Nanjundaswamy 等人 (2011)合作的论文中有详细论述,故不在此赘述。

14.13 基于气缸压力的控制

闭环燃烧控制在前面第 7 章中的第 7.2.5 节中有所讨论。Johnson 等人(1999)、Nakayama 等 人(2003,2008)、Klein 等人(2007)和 Husted 等人(2007)提供了关于柴油机基于气缸压力控制方面 的很有价值的参考文献。由于篇幅所限,这里对细节不予讨论。

14.14 均质充量压燃着火控制

均质充量压燃着火控制是燃烧控制的一个重要领域。第 7 章的第 7.2.6 节和第 9 章的第 9.8 节给出了关于均质充量压燃着火的详细讨论。为了内容涵盖上的完整性,这里挑选提供一些参考 价值比较高的文献(Olsson 等人,2001;Zhao 和 Asmus,2003;Strandh 等人,2005;Bengtsson 等 人,2006;Narayanaswamy 和 Rutland,2006;Chauvin 等人,2006;Wang,2007;Tunestål 和 Johansson,2007;Kumar 等人,2007)。

14.15 参考文献和书目

14.15.1 英文参考文献和书目

Allain M, Atkinson C. 2010. Model-based diesel engine control with on-board fuel efficiency optimization [C/OL]. *Proceedings of the Directions in Engine-Efficiency and Emissions Research (DEER) Conference Presentations*. Detroit, MI. September 27-30. Available at: http://www1.eere.energy.gov/vehiclesandfuels/resources/proceedings.

Allain M, Kropp A, Kalish Y, Zhang H, Atkinson C. 2009. Demonstrating and validating a next generation model-based controller for fuel efficient, low emissions diesel engines [C]. *Proceedings of the Directions in Engine-Efficiency and Emissions Research (DEER) Conference Presentations*. Dearborn, MI. August 3-6.

Allain M, Savonen C, Kalish Y, Zhang H. 2007. Next generation diesel engine control [C]. *Proceedings of the Directions in Engine-Efficiency and Emissions Research (DEER) Conference Presentations*. Detroit, MI. August 13-16.

Allan W D E, Freeman R D, Pucher G R, Faux D, Bardon M F, Gardiner D P. 2003. Development of a smoke sensor for diesel engines [C]. SAE paper 2003-01-3084.

Allmendinger K, Guzzella L, Seiler A, Loffeld O. 2001. A method to reduce the calculation time for an internal combustion engine model [C]. SAE paper 2001-01-0574.

Ammann M, Fekete N P, Guzzella L, Glattfelder A H. 2003. Model-based control of the VGT and EGR in a turbocharged common-rail diesel engine: theory and passenger car implementation [C]. SAE paper 2003-01-0357.

Anderson R C. 1991. Electronic diesel engine controls for industrial applications: a systems perspective [C]. SAE paper 912684.

Aneja R, Kalish Y, Kayes D. 2009. Integrated powertrain and vehicle technologies for fuel efficiency improvement and CO₂ reduction [C]. *Proceedings of the Directions in Engine-Efficiency and Emissions Research (DEER) Conference Presentations*. Dearborn, MI. August 3-6.

Aneja R, Singh S, Sisken K, Rotz D, Ziegler M. 2011. SuperTruck-50% improvement in class 8 freight efficiency [C]. *Proceedings of the Directions in Engine-Efficiency and Emissions Research (DEER) Conference Presentations*. Detroit, MI. October 3-6.

Atkinson C M, Allain M, Kalish Y, Zhang H. 2009. Model-based control of diesel engines for fuel efficiency optimization [C]. SAE paper 2009-01-0727.

Atkinson C, Allain M, Savonen C. 2005. Model-based transient calibration optimization for next generation diesel engines [C]. *Proceedings of the Directions in Engine-Efficiency and Emissions Research (DEER) Conference Presentations*. Detroit, MI. August.

Atkinson C, Allain M, Sisken K. 2011. Demonstrating fuel consumption and emissions reductions with next generation model-based diesel engine control [C]. *Proceedings of the Directions in Engine-Efficiency and Emissions Research (DEER) Conference Presentations*. Detroit, MI. October 3-6.

Atkinson C, Allain M, Zhang H, Kalish Y, Savonen C. 2007. Fuel efficiency and emissions optimization of heavy-duty diesel engines using model-based transient calibration [C]. *Proceedings of the Directions in Engine-Efficiency and Emissions Research (DEER) Conference Presentations*. Detroit, MI. August 13-16.

Atkinson C M, Long T W, Hanzevack E L. 1998. Virtual sensing: a neural network-based intelligent performance and emissions prediction system for on-board diagnostics and engine control [C]. SAE paper 980516.

Balfour G, Dupraz P, Ramsbottom M, Scotson P. 2000. Diesel fuel injection control for optimum driveability [C]. SAE paper 2000-01-0265.

Banning R, Johnson M A, Grimble M J. 1997. Advanced control design for marine diesel engine propulsion systems [J]. *Transactions of the ASME, Journal of Dynamic Systems, Measurement and Control*, 119 (2): 167-174.

Baumann J, Torkzadeh D D, Kiencke U, Schlegl T, Oestreicher W. 2004. Integration of a common rail diesel engine model into an industrial engine software development process [C]. SAE paper 2004-01-0900.

Bazari Z. 1990. The transient performance analysis of a turbocharged vehicle diesel engine with electronic fuelling control [C]. SAE paper 900236.

Benajes J, Luján J M, Bermudez V, Serrano J R. 2002. Modelling of turbocharged diesel engines in transient operation, part 1: insight into the relevant physical phenomena [J]. *Proc. IMechE, Part D: Journal of Automobile Engineering*, 216: 431-441.

Benajes J, Luján J M, Serrano J R. 2000. Predictive modelling study of the transient load response in a heavy-duty turbocharged diesel engine [C]. SAE paper 2000-01-0583.

Bengtsson J, Strandh P, Johansson R, Tunestål P, Johansson B. 2006. Multi-output control of a heavy duty HCCI engine using variable valve actuation and model predictive control [C]. SAE paper 2006-01-0873.

Black J, Eastwood P G, Tufail K, Winstanley T, Hardalupas Y, Taylor A M K P. 2007. Diesel engine transient control and emissions response during a European Extra-Urban Drive Cycle (EUDC) [C]. SAE paper 2007-01-1938.

Brace C J, Cox A, Hawley J G, Vaughan N D, Wallace F W, Horrocks R W, Bird G L. 1999. Transient investigation of two variable geometry turbochargers for passenger vehicle diesel engines [C]. SAE paper 1999-01-1241.

Brahma I, Sharp M C, Frazier T R. 2008. Estimation of engine torque from a first law based regression model [C]. SAE paper 2008-01-1014.

Buckland J, Cook J, Kolmanovsky I, Sun J. 2000. Technology assessment of boosted direct injection stratified charge gasoline engines [C]. SAE paper 2000-01-0249.

Cai W, Ma L. 2009. Numerical investigation of an optical sensor for modern diesel engines [C]. SAE paper 2009-01-1514.

Capobiano M, Gambarotta A, Cipolla G. 1989. Influence of the pulsating flow operation on the turbine characteristics of a small internal combustion engine turbocharger [C]. *IMechE Conference Transactions of the Seventh International Conference on Turbochargers and Turbocharging*. IMechE paper C372/019/1989.

Caraceni A, Cristofaro F D, Ferrara F, Scala S, Philipp O. 2003. Benefits of using a real-time engine model during engine ECU development [C]. SAE paper 2003-01-1049.

Challen B J, Stobart R K. 1998. Some more diesel engine sensors [C]. SAE paper 980167.

Chatlatanagulchai W, Aroonsrisopon T, Wannatong K. 2009. Robust common-rail pressure control for a diesel-dual-fuel engine using QFT-based controller [C]. SAE paper 2009-01-1799.

Chauvin J, Petit N, Rouchon P, Corde G, Moulin P, Castagné M. 2004. Observer design for torque balancing on a DI engine [C]. SAE paper 2004-01-1370.

Chauvin J, Petit N, Rouchon P, Paris E M, Corde G, Vigild C. 2006. Air path estimation on diesel HCCI engine [C]. SAE paper 2006-01-1085.

Chen J-S. 2008. Mean value engine model using object oriented modeling [C]. SAE paper 2008-01-0982.

Chevalier A, Müller M, Hendricks E. 2000. On the validity of mean value engine models during transient operation [C]. SAE paper 2000-01-1261.

Chin Y-K, Coats F E. 1986. Engine dynamics: time-based versus crank-angle based [C]. SAE paper 860412.

Christen U, Vantine K J, Collings N. 2001. Event-based mean-value modeling of DI diesel engines for controller design [C]. SAE paper 2001-01-1242.

Chung N, Kim S, Sunwoo M. 2005. Nonlinear dynamic model of a turbocharged diesel engine [C]. SAE paper 2005-01-0017.

Corti E, Solieri L. 2005. Rapid control prototyping system for combustion control [C]. SAE paper 2005-01-3754.

Culbertson D P, Harvey D D, Kovacevich S A. 2008. The development of active thermocouples for diesel exhaust temperature measurement [C]. SAE paper 2008-01-2492.

Darlington A, Glover K, Collings N. 2006. A simple diesel engine air-path model to predict the cylinder charge during transients: strategies for reducing transient emissions spikes [C]. SAE paper 2006-01-3373.

Das H B, Dhinagar S J. 2008. Airpath modelling and control for a turbocharged diesel engine [C]. SAE paper 2008-01-0999.

Deng J, Winward E, Stobart R, Desai P R. 2010. Modeling Techniques to Support Fuel Path Control in Medium Duty Diesel Engines [C]. SAE paper 2010-01-0332.

Dhaliwal A, Nagaraj S C, Ali S. 2009. Hardware-in-the-loop simulation for hybrid electric vehicles-an overview, lessons learned and solutions implemented [C]. SAE paper 2009-01-0735.

Diller T T, Hall M J, Matthews R D. 2008. Further development of an electronic particulate matter sensor and its application to diesel engine transients [C]. SAE paper 2008-01-1065.

Diller T T, Osara J, Hall M J, Matthews R D. 2009. Electronic particulate matter sensor-mechanisms and application in a modern light-duty diesel vehicle [C]. SAE paper 2009-01-0647.

DiStefano J J, Stubberud A R, Williams I J. 1990. *Schaum's Outline of Theory and Problems of Feedback and Control Systems* [M]. 2nd edition. New York, NY: McGraw-Hill.

Dorf R C, Bishop R H. 2007. *Modern Control Systems* [M]. 11th edition. Upper Saddle River, NJ: Pearson Education.

Duffy K P, Miller R L, Bowyer R, Bromnick P A, Mason J, Stobart R, Wilson R P, Middlemiss I D, Parsons M A. 1999. Model-based EGR control development for an HSDI engine [C]. *ASME* 1999 *Fall Technical Conference*. ASME paper No. 99-ICE-204. ICE-Vol. 33-1:21-32.

Eriksson L. 2002. Mean value models for exhaust system temperatures [C]. SAE paper 2002-01-0374.

Eriksson L. 2007. Modeling and control of turbocharged SI and DI engines [J]. *Oil & Gas Science and Technology-Rev. IFP*, 62(4):523-538.

Erkkinen T, Breiner S. 2007. Automatic code generation-technology adoption lessons learned from commercial vehicle case studies [C]. SAE paper 2007-01-4249.

Felsch C, Hoffmann K, Vanegas A, Drews P, Barths H, Abel D, Peters N. 2009. Combustion model reduction for diesel engine control design [J]. *International Journal of Engine Research*, 10(6):359-387.

Filipi Z, Wang Y, Assanis D. 2001. Effect of variable geometry turbine (VGT) on diesel engine and vehicle system transient response [C]. SAE paper 2001-01-1247.

Fiorani P, Gambarotta A, Tonetti M, Lanfranco E. 2006. A real-time model for the simulation of transient behaviour of automotive diesel engines [C]. SAE paper 2006-01-3007.

Fischer M, Boettcher J, Kirkham C, Georgi R. 2009. OBD of diesel EGR using artificial neural networks [C]. SAE paper 2009-01-1427.

Fouch W H, Gross D M. 1991. Advances in diesel protection systems [C]. SAE paper 911877.

Fullmer R R, Tuken T, Gerpen J H V. 1992. Adaptive torque control of a diesel engine for transient test cycles [C]. SAE paper 920238.

Gant G C. 1984. The governing of diesel engines [M]//Haddad S D, Watson N (editors). *Principles and Performance in Diesel Engineering*. Chichester, UK: Ellis Horwood Limited. 77-121.

Gant G C, Alves G J. 1990. Progress in electronic control of large diesel engines [J]. *Transactions of the ASME, Journal of Engineering for Gas Turbines and Power*, 112(3):280-286.

Geraldo G. 2006. Differences between on board diagnostic systems (EOBD, OBD-Ⅱ, OBD-BR1 and OBD-BR2 [C]. SAE paper 2006-01-2671.

Ginoux S, Champoussin J-C. 1997. Engine torque determination by crankangle measurements: state of the art, future prospects [C]. SAE paper 970532.

Gissinger G L, Frank P M, Wunnennberg J. 1990. Model-based electronic diesel engine and turbocharger control [C]. SAE paper 900595.

Greff A, Günther T. 2001. A new approach for a multi-fuel, torque based ECU concept using automatic code generation [C]. SAE paper 2001-01-0267.

Grimaldi C N, Mariani F. 1991. Prediction of engine operational parameters for on board diagnostics using a free model technology [C]. SAE paper 1999-01-1224.

Grimes M R, Verdejo J R, Bogden D M. 2005. Development and usage of a virtual mass air flow sensor [C]. SAE paper 2005-01-0074.

Grondin O, Stobart R, Chafouk H, Maquet J. 2004. Modelling the compression ignition engine for control: review and future trends [C]. SAE paper 2004-01-0423.

Grünbacher E, Langthaler P, Steinmaurer G, del Re L, Kokal H. 2003. Adaptive inverse torque control of a diesel engine using adaptive mapping update [C]. SAE paper 2003-01-0397.

Guzzella L. 2010. Advanced control and engine management for future light-duty diesel engines [M]//Zhao H (editor). *Advanced Direct Injection Combustion Engine Technologies and Development, Volume 2: Diesel Engines*. Cambridge, UK: Woodhead Publishing. Chapter 7.

Guzzella L, Amstutz A. 1998. Control of diesel engines [J]. *IEEE Control Systems*, October: 53-71.

Guzzella L, Onder C H. 2004. *Introduction to Modeling and Control of Internal Combustion Engine Systems* [M]. Berlin, Germany: Springer-Verlag.

Guzzella L, Sciarretta A. 2005. *Vehicle Propulsion Systems—Introduction to Modeling and Optimization* [M]. Berlin, Germany: Springer-Verlag.

Haddad S D. 1984. Condition monitoring and fault diagnosis in diesel engines [M]//Haddad S D, Watson N (editors). *Principles and Performance in Diesel Engineering*. Chichester, UK: Ellis Horwood Limited. 246-277.

Hafner M. 2001. Model based determination of dynamic engine control function parameters [C]. SAE paper 2001-01-1981.

Hasegawa M, Shimasaki Y, Yamaguchi S, Kobayashi M, Sakamoto H, Kitayama N, Kanda T. 2006. Study on ignition timing control for diesel engines using in-cylinder pressure sensor [C]. SAE paper 2006-01-0180.

Hauser G. 2006. Smoke particulate sensors for OBD and high precision measuring [C]. SAE paper 2006-01-3549.

He Y. 2005. Development and validation of a 1D model of a turbocharged V6 diesel engine operating under steady-state and transient conditions [C]. SAE paper 2005-01-3857.

He Y, Lin C-C. 2007. Development and validation of a mean value engine model for integrated engine and control system simulation [C]. SAE paper 2007-01-1304.

He Y, Lin C-C, Gangopadhyay A. 2006. Integrated simulation of the engine and control system of a turbocharged diesel engine [C]. SAE paper 2006-01-0439.

Heintz N, Mews M, Stier G, Beaumont A J, Noble A D. 2001. An approach to torque-based engine management systems [C]. SAE paper 2001-01-0269.

Hendricks E. 1989. Mean value modelling of large turbocharged two-stroke diesel engines [C]. SAE paper 890564.

Hendricks E, Chevalier A, Jensen M, Sorenson S C, Trumpy D, Asik J. 1996. Modelling of the intake manifold filling dynamics [C]. SAE paper 960037.

Hirschlieb G, Schiller G, Stottler S. 1995. Engine control [M]//Jurgen R (editor). *Automotive Electronics Handbook*. New York, NY: McGraw-Hill. Chapter 12.

Höckerdal E, Eriksson L, Frisk E. 2008. Air mass-flow measurement and estimation in diesel engines equipped with EGR and VGT [C]. SAE paper 2008-01-0992.

Hori T, Todo Y. 2009. High accuracy exhaust gas temperature sensor with anti-resonance structure [C]. SAE paper 2009-01-0641.

Husted H, Kruger D, Fattic G, Ripley G, Kelly E. 2007. Cylinder pressure-based control of pre-mixed diesel combustion [C]. SAE paper 2007-01-0773.

Howes P, Law D, Dissanayake D. 1986. The electronic governing of diesel engines for the agricultural industry [C]. SAE paper 860146.

Isermann R, Sinsel S, Schaffnit J. 1998. Modeling and real-time simulation of diesel engines for control design [C]. SAE paper 980796.

Jensen J-P, Kristensen A F, Sorenson S C, Houbak N, Hendricks E. 1991. Mean value modeling of a small turbocharged diesel engine [C]. SAE paper 910070.

Johnson W P, Li S C, Oppenheim A K. 1999. Potential for closed loop air-fuel ratio management of a diesel engine [C]. SAE paper 1999-01-0517.

Jung M, Ford R G, Glover K, Collings N, Christen U, Watts M. 2002. Parameterization and transient validation of a variable geometry turbocharger for mean-value modeling at low and medium speed-load points [C]. SAE paper 2002-01-2729.

Kämmer A, Liebl J, Krug C, Munk F, Reuss H-C. 2003. Real-time engine models [C]. SAE paper 2003-01-1050.

Kao M, Moskwa J J. 1995. Turbocharged diesel engine modeling for nonlinear engine control and state estimation [J]. *Transactions of the ASME, Journal of Dynamic Systems, Measurement, and Control*, 117:20-30.

Kato N, Kokune N, Lemire B, Walde T. 1999. Long term stable NO_x sensor with integrated in-connector control electronics [C]. SAE paper 1999-01-0202.

Katsumata M, Kuroda Y, Ohata A. 2007. Development of an engine torque estimation model: integration of physical and statistical combustion model [C]. SAE paper 2007-01-1302.

Klein P, Grüter R, Loffeld O. 2007. Real-time estimation of the exhaust gas recirculation ratio based on cylinder pressure signals [C]. SAE paper 2007-01-0493.

Kobayashi M, Aoyagi Y, Misawa M, Odaka M, Goto Y. 2005. Proposal for electronic control system using intake air oxygen concentration in high boost and high EGR system in multi-cylinder diesel engine [J]. *Review of Automotive*

Engineering，26(4):399-403.

Köhl S, Jegminat D. 2005. How to do hardware-in-the-loop simulation right [C]. SAE paper 2005-01-1657.

Kolmanovsky I, Nieuwstadt M, Moraal P. 1999. Optimal control of variable geometry turbocharged diesel engines with exhaust gas recirculation [C]. *Proceedings of the ASME Dyanmic Systems and Control Division*, 67:265-273.

Kolmanovsky I, Stefanopoulou A G. 2000. Evaluation of turbocharger power assist system using optimal control techniques [C]. SAE paper 2000-01-0519.

Kolmanovsky I V, Stefanopoulou A G. 2001. Optimal control techniques for assessing feasibility and defining subsystem level requirements: an automotive case study [J]. *IEEE Transactions on Control Systems Technology*, 9(3):524-534.

Komar I, Antonić R, Kulenović Z. 2009. Experimental tuning of marine diesel engine speed controller parameters on engine test bed [J]. *Transactions of Famena*, 33(2):51-70.

Körfer T, Tomazic D, Ruhkamp L, Kinoo B, Tatur M, Lincks M, Schnorbus T, Adolph D. 2009. New air control logics for HD diesel engines for most stringent emission demands and best customer value in terms of fuel consumption and engine response [C]. *Proceedings of the ASME 2009 Internal Combustion Engine Division Fall Technical Conference*. Lucerne. September 20-24. 243-253.

Kumar R, Zheng M, Asad U, Reader G T. 2007. Heat release based adaptive control to improve low temperature diesel engine combustion [C]. SAE paper 2007-01-0771.

Larisch J, Sobieszczanski M. 2001. Impact of the proportional factors of electronic speed governor on diesel engine performance [C]. SAE paper 2001-01-0265.

Lauber J, Guerra T-M, Perruquetti W. 2002. IC Engine: tracking control for an inlet manifold with EGR [C]. SAE paper 2002-01-2156.

Ledger J D, Walmsley S. 1971. Computer simulation of a turbocharged diesel engine operating under transient load conditions [C]. SAE paper 710177.

Lee B, Rizzoni G, Guezennec Y, Soliman A, Cavalletti M, Waters J. 2001. Engine control using torque estimation [C]. SAE paper 2001-01-0995.

Lehner C, Parker G, Arici O, Johnson J. 2001. Design and development of a model based feedback controlled cooling system for heavy duty diesel truck applications using a vehicle engine cooling system simulation [C]. SAE paper 2001-01-0336.

Leroy T, Bitauld M, Chauvin J, Petit N. 2009. In-cylinder burned gas rate estimation and control on VVA diesel engines [C]. SAE paper 2009-01-0366.

Li J, Yang M, Zhou M, Li X. 2002. Advanced torque estimation and control algorithm of diesel engines [C]. SAE paper 2002-01-0198.

Livshiz M, Kao M, Will A. 2004. Validation and calibration process of powertrain model for engine torque control development [C]. SAE paper 2004-01-0902.

Livshiz M, Kao M, Will A. 2008. Engine torque control variation analysis [C]. SAE paper 2008-01-1016.

Luján J M, Climent H, Guardiola C, Garcia-Ortiz J V. 2007. A comparison of different algorithms for boost pressure control in a heavy-duty tubocharged diesel engine [J]. *Proc. IMechE, Part D: Journal of Automobile Engineering*, 221:629-640.

Lundstrom R R, Gall J M. 1986. A comparison of transient vehicle performance using a fixed geometry, wastegated turbocharger and a variable geometry turbocharger [C]. SAE paper 860104.

Ma J, Agnew B. 1994. Numerical solution and study of thermal effect of transient processes of a turbocharged diesel engine [C]. SAE paper 941731.

Ma J, Gu H. 1990. A mathematical simulation and test to transient performance of turbo-charged diesel engine [C]. SAE paper 901671.

Maaß B, Stobart R, Deng J. 2009. Diesel engine emissions prediction using parallel neural networks [C]. *Proceedings of 2009 American Control Conference*. St. Louis, MO. June 10-12. 1122-1127.

Macián V, Galindo J, Luján J M, Guardiola C. 2005. Detection and correction of injection failures in diesel engines on the basis of turbocharger instantaneous speed frequency analysis [J]. *Proc. IMechE, Part D: Journal of Automobile Engineering*, 219:691-701.

Macián V, Luján J M, Bermudez V, Guardiola C. 2004. Exhaust pressure pulsation observation from turbocharger instantaneous speed measurement [J]. *Measurement Science and Technology*, 15(6):1185-1194.

Macián V, Luján J M, Guardiola C, Perles A. 2006a. A comparison of different methods for fuel delivery unevenness detection in diesel engines [J]. *Mechanical Systems and Signal Processing*, 20(8):2219-2231.

Macián V, Luján J M, Guardiola C, Yuste P. 2006b. DFT-based controller for fuel injection unevenness correction in turbocharged diesel engines [J]. *IEEE Transactions on Control Systems Technology*, 14(5):819-827.

Makartchouk A. 2002. *Diesel Engine Engineering: Thermodynamics, Dynamics, Design, and Control* [M]. New York, NY: Marcel Dekker.

Malkhede D N, Seth B, Dhariwal H C. 2005. Mean value model and control of a marine turbocharged diesel engine [C]. SAE paper 2005-01-3889.

Maloney P J. 2004. Embedded torque estimator for diesel engine control application [C]. SAE paper 2004-01-1371.

Marzouk M, Watson N. 1978. Load acceptance of turbocharged diesel engines [C]. IMechE paper C54/78.

Memering D W, Meckl P H. 1994. A comparison of control techniques applied to diesel engine idle speed regulation [C]. *ASME 16th Annual Fall Technical Conference*. Lafayette, IN. October. ICE-Vol. 22, *Heavy Duty Engines: A Look at the Future*. 57-66.

Memering D W, Meckl P H. 2002. Comparison of adaptive control techniques applied to diesel engine idle speed regulation [J]. *Transactions of the ASME*, *Journal of Dynamic Systems, Measurement, and Control*, 124:682-688.

Millo F, Ferraro C V, Giacominetto P F, Cianflone F. 2009. An experimental investigation on OBD Ⅱ techniques for fuel injection system monitoring in a common rail passenger car diesel engine [C]. SAE paper 2009-01-0240.

Mitts K J, Lang K, Roudier T, Kiskis D L. 2009. Using a co-simulation framework to enable software-in-the-loop powertrain system development [C]. SAE paper 2009-01-0520.

Moore-McKee A L. 1994. Application builder: a method for building application software for Caterpillar electronic engines [C]. *ASME Internal Combustion Engine Division (Publication) ICE*, 22:67-72.

Moraal P, Kolmanovsky I. 1999. Turbocharger modeling for automotive control applications [C]. SAE paper 1999-01-0908.

Moulin P, Grondin O, Fontvieille L. 2009. Control of a two stage turbocharger on a diesel engine [C]. *Proceedings of Joint 48th IEEE Conference on Decision and Control and 28th Chinese Control Conference*. Shanghai, P. R. China. December 16-18. 5200-5206.

Mruthunjaya U, Dhariwal H C. 2000. Investigation of control of speed of diesel engines using PID governor [C]. SAE paper 2000-01-0264.

Mueller V, Christmann R, Muenz S, Gheorghiu V. 2005. System structure and controller concept for an advanced turbocharger/EGR system for a turbocharged passenger car diesel engine [C]. SAE paper 2005-01-3888.

Müller M, Olin P M, Schreurs B. 2001. Dynamic EGR estimation for production engine control [C]. SAE paper 2001-01-0553.

Müller R, Schneider B. 2000. Approximation and control of the engine torque using neural networks [C]. SAE paper 2000-01-0929.

Nabi S, Balike M, Allen J, Rzemien K. 2004. An overview of hardware-in-the-loop testing systems at Visteon [C]. SAE paper 2004-01-1240.

Nagar N, He X, Iyengar V, Acharya N, Kalinowski A, Kotrba A, Gardner T, Yetkin A. 2010. Real time implementation of DOC-DPF models on a production-intent ECU for controls and diagnostics of a PM emission control system [J]. *SAE International Journal of Commercial Vehicles*, 2(2):222-233.

Nakayama S, Fukuma T, Matsunaga A, Miyake T, Wakimoto T. 2003. A new dynamic combustion control method based on charge oxygen concentration for diesel engines [C]. SAE paper 2003-01-3181.

Nakayama S, Ibuki T, Hosaki H, Tominaga H. 2008. An application of model based combustion control to transient cycle-by-cycle diesel combustion [C]. SAE paper 2008-01-1311.

Nanjundaswamy H, Tatur M, Tomazic D, Dahodwala M, Eping T, Virnich L, Xin Q, Gorczowski W, Read M. 2011. Development and calibration of on-board-diagnostic strategies using a micro-HiL approach [C]. SAE paper 2011-01-0703.

Nanjundaswamy H, Tomazic D, Koehler E. 2012a. Advanced on-board-diagnostic strategy designs to address monitoring challenges for diesel engines [C]. *SAE 2012 Commercial Vehicle Engineering Congress (COMVEC)*. Oral-only presentation 12CV-0189 in CV310 session 'Powertrain Controls'.

Nanjundaswamy H, Tomazic D, Koehler E, Schnorbus T, Geiger J, Körfer T, Schaub J. 2012b. Emission based air path control for maximum raw emission robustness [C]. *SAE 2012 Commercial Vehicle Engineering Congress (COMVEC)*. Oral-only presentation 12CV-0199 in CV310 session 'Powertrain Controls'.

Narayanaswamy K, Rutland C J. 2006. A modeling investigation of combustion control variables during DI-diesel HCCI engine transients [C]. SAE paper 2006-01-1084.

Nareid H, Grimes M, Verdejo J. 2005. A neural network based methodology for virtual sensor development [C]. SAE paper 2005-01-0045.

Nieuwstadt M. 2003. Coordinated control of EGR valve and intake throttle for better fuel economy in diesel engines [C]. SAE paper 2003-01-0362.

Nieuwstadt M J, Kolmanovsky I V, Moraal P E. 2000. Coordinated EGT-VGT control for diesel engines: an experimental comparison [C]. SAE paper 2000-01-0266.

Ogata K. 2002. *Modern Control Engineering* [M]. 4th edition. Upper Saddle River, NJ: Prentice Hall.

Ogata K. 2004. *System Dynamics* [M]. 4th edition. Upper Saddle River, NJ: Pearson Prentice Hall.

Oh S, Kim D, Kim J, Oh B, Lee K, Sunwoo M. 2009. Real-time IMEP estimation for torque-based engine control using an in-cylinder pressure sensor [C]. SAE paper 2009-01-0244.

Okazaki T, Akagi J, Yawata Y. 1990. Komatsu high pressure fuel injection pump "KP21" [C]. SAE paper 901669.

Olin P M. 2008. A mean-value model for estimating exhaust manifold pressure in production engine applications [C]. SAE paper 2008-01-1004.

Olin P M, Maloney P J. 1999. Barometric pressure estimator for production engine control and diagnostics [C]. SAE paper

1999-01-0206.

Olsson J-O, Tunestål P, Johansson B. 2001. Closed-loop control of an HCCI engine [C]. SAE paper 2001-01-1031.

Orban J E, Naber S J, Sharp C A, Khair M K, McGill R N. 2005. Long-term aging of NO_x sensors in heavy-duty engine exhaust [C]. SAE paper 2005-01-3793.

Osborne R P, Morris T. 2002. Aspects of EGR control on turbocharged light-duty diesel engines [C]. IMechE paper C602/013/2002.

Pacitti G C, Amphlett S, Miller P, Norris R, Truscott A. 2008. Real-time crank-resolved engine simulation for testing new engine management systems [C]. SAE paper 2008-01-1006.

Palm Ⅲ W J. 2005. *System Dynamics* [M]. New York, NY: McGraw-Hill.

Palma G, Scognamiglio O, Lavorgna M. 2004. Low cost virtual pressure sensor [C]. SAE paper 2004-01-1367.

Papadimitriou I, Warner M, Silvestri J, Lennblad J, Tabar S. 2005. Neural network based fast-running engine models for control-oriented applications [C]. SAE paper 2005-01-0072.

Park S, Sunwoo M. 2003. Torque estimation of spark ignition engines via cylinder pressure measurement [J]. *Proc. IMechE, Part D: Journal of Automobile Engineering*, 217:809-817.

Payri F, Benajes J, Galindo J, Serrano J R. 2002. Modelling of turbocharged diesel engines in transient operation. Part 2: wave action models for calculating the transient operation in a high speed direct injection engine [J]. *Proc. IMechE, Part D: Journal of Automobile Engineering*, 216:479-493.

Payri F, Reyes E, Serrano J R. 1999. A model for load transients of turbocharged diesel engines [C]. SAE paper 1999-01-0225.

Pettiti M, Pilo L, Millo F. 2007. Development of a new mean value model for the analysis of turbolag phenomena in automotive diesel engines [C]. SAE paper 2007-01-1301.

Philipp O, Buhl M, Diehl S, Huber M, Roehlich S, Thalhauser J. 2005. Engine ECU function development using software-in-the-loop methodology [C]. SAE paper 2005-01-0049.

Pilley A D, Noble A D, Beaumont A J, Needham J R, Porter B C. 1989. Optimization of heavy-duty diesel engine transient emissions by advanced control of a variable geometry turbocharger [C]. SAE paper 890395.

Plianos A, Stobart R. 2008. Modeling and control of diesel engines equipped with a two-stage turbo-system [C]. SAE paper 2008-01-1018.

Plianos A, Stobart R, Achir A. 2007. Real-time adaptive predictive control of the diesel engine air-path based on fuzzy parameters estimation [C]. SAE paper 2007-01-0971.

Qiao J, Dent J C, Garner C P. 1992. Diesel engine modelling under steady and transient conditions using a transputer based concurrent computer [C]. SAE paper 922226.

Rakopoulos C D, Giakoumis E G. 2006a. Review of thermodynamic diesel engine simulations under transient operating conditions [C]. SAE paper 2006-01-0884.

Rakopoulos C D, Giakoumis E G. 2006b. Comparative first-and second-law parametric study of transient diesel engine operation [J]. *Energy*, 31:1927-1942.

Rakopoulos C D, Giakoumis E G. 2007. Study of the transient operation of low heat rejection turbocharged diesel engine including wall temperature oscillations [C]. SAE paper 2007-01-1091.

Rakopoulos C D, Giakoumis E G. 2009. *Diesel Engine Transient Operation-Principles of Operation and Simulation Analysis* [M]. London, UK: Spring-Verlag London Limited.

Rakopoulos C D, Giakoumis E G, Dimaratos A M. 2007. Evaluation of various dynamic issues during transient operation of turbocharged diesel engine with special reference to friction development [C]. SAE paper 2007-01-0136.

Rakopoulos C D, Giakoumis E G, Hountalas D T. 1997a. A simulation analysis of the effect of governor technical characteristics and type on the transient performance of a naturally aspirated IDI diesel engine [C]. SAE paper 970633.

Rakopoulos C D, Giakoumis E G, Hountalas D T, Rakopoulos D C. 2004. The effect of various dynamic, thermodynamic and design parameters on the performance of a turbocharged diesel engine operating under transient load conditions [C]. SAE paper 2004-01-0926.

Rakopoulos C D, Hountalas D T, Mavropoulos G C, Giakoumis E G. 1997b. An integrated transient analysis simulation model applied in thermal loading calculations of an air-cooled diesel engine under variable speed and load conditions [C]. SAE paper 970634.

Rakopoulos C D, Michos C N, Giakoumis E G. 2005. Study of the transient behavior of turbocharged diesel engines including compressor surging using a linearized quasi-steady analysis [C]. SAE paper 2005-01-0225.

Re L, Langthaler P, Furtmueller C, Winkler S, Affenzeller M. 2005. NO_x virtual sensor based on structure identification and global optimization [C]. SAE paper 2005-01-0050.

Rolfsmeier A, Richert J, Leinfellner R. 2003. A new calibration system for ECU development [C]. SAE paper 2003-01-0131.

SAE Surface Vehicle Recommended Practice J1699-2. 1998. OBD-Ⅱ related SAE specification verification test procedures [S].

SAE Surface Vehicle Recommended Practice J1699-3. 2009. (R) Vehicle OBD Ⅱ compliance test cases [S].

SAE Surface Vehicle Recommended Practice J1843. 2009. Accelerator pedal position sensor for use with electronic controls in medium-and heavy-duty vehicle applications – truck and bus [S].

SAE Surface Vehicle Recommended Practice J1922. 2008. Powertrain control interface for electronic controls used in medium and heavy-duty diesel on-highway vehicle applications [S].

SAE Surface Vehicle Recommended Practice J1930. 2008. (R) Electrical/electronic systems diagnostic terms, definitions, abbreviations, and acronyms-equivalent to ISO/TR 15031-2 [S].

SAE Surface Vehicle Standard J830. 1999. Fuel injection equipment nomenclature [S].

Schuette H, Ploeger M. 2007. Hardware-in-the-loop testing of engine control units – a technical survey [C]. SAE paper 2007-01-0500.

Schulten P J M, Stapersma D. 2003. Mean value modeling of the gas exchange of a 4-stroke diesel engine for use in powertrain applications [C]. SAE paper 2003-01-0219.

Schulze T, Wiedemeier M, Schuette H. 2007. Crank angle-based diesel engine modeling for hardware-in-the-loop applications with in-cylinder pressure sensors [C]. SAE paper 2007-01-1303.

Schwarte A, Isermann R. 2002. Model-based fault detection of diesel intake with common production sensors [C]. SAE paper 2002-01-1146.

Scotson P G, Heath W P. 1996. Crank-angle based control of high speed diesel engines [C]. SAE paper 960619.

Serrano J R, Arnau F J, Dolz V, Piqueras P. 2009a. Methodology for characterisation and simulation of turbocharged diesel engines combustion during transient operation. Part 1: Data acquisition and post-processing [J]. *Applied Thermal Engineering*, 29:142-149.

Serrano J R, Climent H, Arnau F J, Traumat G. 2005. Global analysis of the EGR circuit in a HSDI diesel engine in transient operation [C]. SAE paper 2005-01-0699.

Serrano J R, Climent H, Guardiola C, Piqueras P. 2009b. Methodology for characterisation and simulation of turbocharged diesel engines combustion during transient operation. Part 2: Phenomenological combustion simulation [J]. *Applied Thermal Engineering*, 29:150-158.

Shamsi S S. 1980. Development of a real-time digital computer simulation of a turbocharged diesel engine [C]. SAE paper 800521.

Shayler P J, Allen A J, Roberts A L. 2005. Running real-time engine model simulation with hardware-in-the-loop for diesel engine development [C]. SAE paper 2005-01-0056.

Shigemori M. 1988. Overview on electronic controls for vehicular diesel engines [C]. *Proceedings of International Congress on Transportation Electronics – Convergence '88*. Dearborn, MI. 295-303.

Shirawaka T, Miura M, Itoyama H, Aiyoshizawa E, Kimura S. 2001. Study of model-based cooperative control of EGR and VGT for a low-temperature, premixed combustion diesel engine [C]. SAE paper 2001-01-2006.

Šika Z, Valášek M, Florián M, Macek J, Polášek M. 2008. Multilevel predictive models of IC engine for model predictive control implementation [C]. SAE paper 2008-01-0209.

Silvestri J, Morel T, Lang O, Schernus C, Rauscher M. 2000. Advanced engine/drivetrain/vehicle modeling techniques [C]. *9th Aachener Kolloquium Fahrzeug-und Motorentechnik*.

Smith P F, Prabhu S M, Friedman J. 2007. Best practices for establishing a model-based design culture [C]. SAE paper 2007-01-0777.

Sokolov A, Perkovic A. 2000. Entropy generation in flow restrictions: modeling and identification for engine control [C]. SAE paper 2000-01-0937.

Stefanopoulou A G, Kolmanovsky I, Freudenberg J S. 2000. Control of variable geometry turbocharged diesel engines for reduced emissions [J]. *IEEE Transactions on Control Systems Technology*, 8(4):733-745.

Stefanopoulou A G, Smith R. 2000. Maneuverability and smoke emission constraints in marine diesel propulsion [J]. *Control Engineering Practice*, 8:1023-1031.

Steiber J, Surampudi B, Treichel B, Kluger M. 2005. Vehicle HIL, the near term solution for optimizing engine and transmission development [C]. SAE paper 2005-01-1050.

Stobart R K, Challen B J, Bowyer R. 2001. Electronic controls – breeding new engines [C]. SAE paper 2001-01-0255.

Stobart R K, May A, Challen B J, Morel T. 1998. Modeling for diesel engine control: the CPower environment [C]. SAE paper 980794.

Strandh P, Bengtsson J, Johansson R, Tunestål P, Johansson B. 2005. Variable valve actuation for timing control of a homogeneous charge compression ignition engine [C]. SAE paper 2005-01-0147.

Strom K J, Hagglund T. 1995. *PID Controllers: Theory, Design and Tuning* [M]. 2nd edition. Research Triangle Park, NC: ISA—The Instrumentation, Systems, and Automation Society.

Strom K J, Hagglund T. 2005. *Advanced PID Control* [M]. Research Triangle Park, NC: ISA–The Instrumentation, Systems, and Automation Society.

Subramaniam M N, Tomazic D, Tatur M, Laermann M. 2008. An artificial neural network-based approach for virtual NOₓ sensing [C]. SAE paper 2008-01-0753.

Taraza D, Henein N A, Ceausu R, Bryzik W. 2007. Engine friction model for transient operation of turbocharged, common rail diesel engines [C]. SAE paper 2007-01-1460.

Theotokatos G, Kyrtatos N P. 2001. Diesel engine transient operation with turbocharger compressor surging [C]. SAE paper 2001-01-1241.

Tian S, Li J, Yang F, Ouyang M. 2008. A control oriented simplified transient torque model of turbocharged diesel engines [C]. SAE paper 2008-01-1708.

Tsai S-C, Goyal M R. 1986. Dynamic turbocharged diesel engine model for control analysis and design [C]. SAE paper 860455.

Tsuchiya T, Morishita S, Enomoto T, Sasaki H, Yoshimura M. 2003. Revolution control of generator diesel engine by neural network controller [C]. SAE paper 2003-01-0365.

Tuken T, Fullmer R R, Gerpen J V. 1990. Modeling, identification, and torque control of a diesel engine for transient test cycles [C]. SAE paper 900235.

Tunestål P, Johansson B. 2007. HCCI control [M]//Zhao H (editor). *HCCI and CAI Engines for the Automotive Industry*. Cambridge, UK: Woodhead Publishing. Chapter 7.

Turin R, Chang M-F, Zhang R, Dagci O H. 2007. A three-pillar framework for model-based engine control system development [C]. SAE paper 2007-01-1624.

Turin R, Zhang R, Chang M-F. 2008. Systematic model-based engine control design [C]. SAE paper 2008-01-0994.

Ueno M, Izumi T, Watanabe Y, Baba H. 2008. Exhaust gas pressure sensor [C]. SAE paper 2008-01-0907.

Ulrich O, Wlodarczyk R, Wlodarczyk M T. 2001. High-accuracy low-cost cylinder pressure sensor for advanced engine controls [C]. SAE paper 2001-01-0991.

Utkin V I, Chang H-C, Kolmanovsky I, Cook J A. 2000. Sliding model control for variable geometry turbocharged diesel engines [C]. *Proceedings of the American Control Conference*. Chicago, IL. June. 584-588.

Vitale G, Siebenbrunner P, Hülser H, Bachler J, Pfahl U. 2007. OBD algorithms: model-based development and calibration [C]. SAE paper 2007-01-4222.

Wahlström J, Eriksson L, Nielsen L. 2008. Controller tuning based on transient selection and optimization for a diesel engine with EGR and VGT [C]. SAE paper 2008-01-0985.

Wang J. 2007. Hybrid robust control for engines running low temperature combustion and conventional diesel combustion modes [C]. SAE paper 2007-01-0770.

Wang J, Roecker R C, Roberts C E. 2005. Virtual cylinder pressure sensor (VCPS) with individual variable-oriented independent estimators [C]. SAE paper 2005-01-0059.

Wang Y, Chu F. 2005. Application of non-linear observers to on-line estimation of indicated torque in automotive engines [J]. *Proc. IMechE*, *Part D: Journal of Automobile Engineering*, 219:65-75.

Wang Y M, Zhang F J, Wang Y T, Liu B L. 2009. Hardware-in-the-loop research on the electronic control unit for diesel engines [J]. *Journal of Beijing Institute of Technology* (English edition), 18(4):416-421.

Wanpal A, Babu M G, Kankariya N, Mundhra K, Sundaresan S A, Deshpande A S. 2006. ECU testing and verification using hardware-in-the-loop [C]. SAE paper 2006-01-1444.

Warey A, Hall M J. 2005. Performance characteristics of a new on-board engine exhaust particulate matter sensor [C]. SAE paper 2005-01-3792.

Watson N. 1981. Transient performance simulation and analysis of turbocharged diesel engines [C]. SAE paper 810338.

Watson N. 1984. Dynamic turbocharged diesel engine simulator for electronic control system development [J]. *Transactions of the ASME*, *Journal of Dynamic Systems, Measurement, and Control*, 106:27-45.

Watson N, Banisoleiman K. 1988. A variable-geometry turbocharger control system for high output diesel engines [C]. SAE paper 880118.

Watson N, Marzouk M. 1977. A non-linear digital simulation of turbocharged diesel engines under transient conditions [C]. SAE paper 770123.

Watson N, Pilley A D, Marzouk M. 1980. A combustion correlation for diesel engine simulation [C]. SAE paper 800029.

Weber F, Guzzella L. 2000. Control oriented modeling of a pressure wave supercharger [C]. SAE paper 2000-01-0567.

Weisman S M. 1987. A control system design for heavy duty diesel engines [C]. ASME paper 87-ICE-33.

Westbrook M H, Turner J D. 1994. *Automotive Sensors* [M]. Bristol and Philadelphia, PA: Institute of Physics Publishing.

Westin F, Angstrom H E. 2002. A method of investigating the on-engine turbine efficiency combining experiments and modelling [C]. IMechE paper C602/029/2002.

Wijetunge R S, Brace C J, Hawley J G, Vaughan N D, Horrocks R W, Bird G L. 1999. Dynamic behaviour of a high speed direct injection diesel engine [C]. SAE paper 1999-01-0829.

Wijetunge R S, Hawley J G, Vaughan N D. 2004. Application of alternative EGR and VGT strategies to a diesel engine [C]. SAE paper 2004-01-0899.

Winterbone D E, Jai-In S. 1988. Control studies of an automotive turbocharged diesel engine with variable geometry turbine [C]. SAE paper 880485.

Winterbone D E, Jai-In S. 1991. The application of modern control theory to a turbocharged diesel engine powerplant [J]. *Proc. IMechE*, *Part I: Journal of Systems and Control Engineering*, 205:69-83.

Winterbone D E, Thiruarooran C, Wellstead P E. 1977. A wholly dynamic model of a turbocharged diesel engine for transient function evaluation [C]. SAE paper 770124.

Woermann R J, Theuerkauf H J, Heinrich A. 1999. A real-time model of a common rail diesel engine [C]. SAE paper 1999-01-0862.

Wu K, Zhang Q, Hansen A, Alleyne A. 2002. A multiple locally-linearized diesel engine model [J]. *Transactions of the American Society of Agricultural Engineers*, 45(2):273-280.

Wurzenberger J C, Heinzle R, Schuemie A, Katrasnik T. 2009. Crank-angle resolved real-time engine simulation - integrated simulation tool chain from office to testbed [C]. SAE paper 2009-01-0589.

Xiros N. 2002. *Robust Control of Diesel Ship Propulsion* [M]. London, UK: Spring-Verlag London Limited.

Yan W, Scacchioli A, Rizzoni G. 2007. Model based fault diagnosis for engine under speed control [C]. SAE paper 2007-01-0775.

Yokomura H, Kouketsu S, Kotooka S, Akao Y. 2004. Transient EGR control for a turbocharged heavy duty diesel engine [C]. SAE paper 2004-01-0120.

Zhang H, Kalish Y, Allain M, Zhu G. 2009. High efficiency clean combustion for heavy-duty engine [C]. *Proceedings of the Directions in Engine-Efficiency and Emissions Research (DEER) Conference Presentations*. Dearborn, MI. August 3-6.

Zhao F, Asmus T. 2003. HCCI control and operating range extension [M]//Zhao F, Asmus T W, Assanis D N, Dec J E, Eng J A, Najt P M (editors). *Homogeneous Charge Compression Ignition (HCCI) Engines - Key Research and Development Issues*. Warrendale, PA: SAE International. Chapter 4.

14.15.2　中文参考文献和书目

14.15.2.1　柴油发动机瞬态性能和控制的概述

[德]金恩科,[瑞典]尼尔森.汽车控制系统:发动机、传动系和整车控制[M].第2版.李道飞,俞小莉译.北京:高等教育出版社,2010.

常久鹏,程昌圻,范伯元.大功率柴油机管理系统的开发研究与应用[J].内燃机学报,2001,19(1):5-9.

常久鹏,周德义.柴油机管理系统开发与设计方法的研究[J].汽车技术,2002(5):7-10.

李国勇.智能控制与MATLAB在电控发动机中的应用[M].北京:电子工业出版社,2007.

李理光.国际汽车电子技术发展新动态——42V汽车供电系统[J].汽车技术,2001(2):5-8.

李铁军.柴油机电控技术实用教程[M].北京:机械工业出版社,2009.

林学东,王霆.车用发动机电子控制技术[M].北京:机械工业出版社,2008.

刘巽俊,韩永强.用数字化电控平台实现我国车用柴油机的技术革命[J].汽车技术,2003(6):1-2,6.

冒晓建,李金印,卢成委,周兴利,杨林,卓斌.电控柴油机线束设计[J].汽车技术,2006(8):5-8.

宋恩哲.柴油机电控技术研究及应用[J].柴油机,2011,33(4):16-20.

王尚勇,杨青.柴油机电子控制技术[M].北京:机械工业出版社,2005.

王文山.柴油发动机管理系统[M].北京:机械工业出版社,2009.

于世涛,杨林,王俊席,龚元明,卓斌.柴油机高压共轨电控系统开发方案的研究[J].汽车工程,2005,27(6):678-681.

张幽彤,刘兴华,王珂,程昌圻.大功率车用柴油机电子控制技术的研究[J].内燃机学报,2000,18(4):359-364.

周文华,何文华,邵千钧,郭建波,严降龙.柴油机电控技术综合研究[J].汽车工程,2002,24(4):306-309.

14.15.2.2　涡轮增压柴油发动机的瞬态性能

艾钢,赵同宾,曾宪友,顾爱中.高背压发电用柴油机动态过程建模及仿真[J].柴油机,2005,27(3):4-7.

曹立峰,白思春,褚全红,武爱军,范燕朝,靳范萍,张炜.柴油机电控系统冒烟控制策略研究[J].车用发动机,2009(5):61-64,68.

陈华清.船用series相继增压柴油机1TC/2TC切换过程仿真分析[J].热能动力工程,2009,24(2):226-229.

崔毅,邬静川,邓康耀(2001a).车用增压柴油机瞬态性能及排放模拟[J].内燃机工程,2001,22(1):11-14.

崔毅,邬静川,邓康耀(2001b).车用柴油机瞬变工况排放测试方法与控制措施初探[J].内燃机工程,20001,22(4):1-4.

高翔,丁焰,谭建伟,何超,葛蕴珊.基于发动机动态试验台的整车排放特性研究[J].车辆与动力技术,2008(4):25-30.

葛蕴珊,梁宾,李海涛,张学敏,吴思进.在用柴油车加载减速烟度和柴油机全负荷烟度的相关性研究[J].内燃机工程,2005,26(3):8-10.

韩永强,刘忠长,程鹏,刘巽俊.柴油机恒转矩增转速瞬态工况的烟度及燃烧特性分析[J].内燃机学报,2003,21(5):293-297.

韩永强,刘忠长,刘晓明,刘巽俊.柴油机恒转速增转矩瞬态工况的燃烧过程分析及其对烟度的影响[J].燃烧科学与技术,2004,10(1):23-27.

韩永强,刘忠长,王忠恕,朱若群.HPAS控制策略对柴油机瞬态烟度影响[J].内燃机学报,2006,24(6):513-517.

韩永强,刘忠长,朱昌吉,王志伟.增压中冷车用柴油机EGR率阶跃工况响应[J].燃烧科学与技术,2007,13(3):209-213.

冀树德,贾桢,张伟(2010a).柴油机瞬态特性的台架模拟[J].小型内燃机与摩托车,2010,39(3):16-18,22.

冀树德,许世永,张伟,贾桢(2010b).柴油机瞬态试验循环的线性回归分析[J].车用发动机,2010(5):52-55.

姜磊,葛蕴珊,何超,谭建伟,韩秀坤.ETC瞬态循环控制技术研究[J].内燃机工程,2009,30(1):41-44.

李德桃,朱亚娜,吴健,杨文明,潘剑峰.柴油机非稳态燃烧的循环模拟及其实测示功图验证[J].燃烧科学与技术,2002,8(3):238-240.

梁锋,谭文春,肖文雍,王俊席,卓斌.高压共轨式电控柴油机动态仿真研究[J].车用发动机,2003(6):21-24.

刘波澜,黄英,张付军,赵长禄.车用柴油机加速瞬态过程控制策略研究[J].车用发动机,2008(6):8-10,19.

刘江唯,刘忠长,刘巽俊,刘晓明.车用直喷柴油机加速工况下进气、供油及微粒排放的动态响应[J].燃烧科学与技术,2003,9(1):49-53.

刘强,陈华清,张宁.柴油机相继增压系统仿真研究[J].柴油机,2004(增刊):88-91.

刘忠长,刘巽俊,张兆合.进气涡流对车用直喷式柴油机瞬态工况下微粒排放的影响[J].内燃机学报,2000,18(2):153-155.

刘忠长,王忠恕,李骏,王永红.CA6DE1—21K柴油机瞬态工况下的烟度排放特性[J].燃烧科学与技术,2004,10(6):484-488.

马捷,顾宏中(1989a).复合增压切换系统对柴油机瞬态特性的改善[J].内燃机学报,1989,7(2):111-116.

马捷,顾宏中(1989b).短接压气机对涡轮增压柴油机瞬态特性的改善[J].柴油机,1989(4):27-33.

邵利民,常汉宝,安士杰.舰用大功率柴油机瞬态工况滞燃期的研究[J].柴油机,2004(增刊):80-83.

邵利民,常汉宝,安士杰.MWMTBD620柴油机加载过渡工况的性能研究[J].车用发动机,2005(1):8-11.

孙万臣,韩永强,刘忠长,刘巽俊.可变喷嘴涡轮增压器对车用柴油机瞬态性能的影响[J].汽车工程,2006,28(2):122-124.

孙万臣,朱昌吉,刘忠长,韩永强.车用柴油机EGR瞬态响应特性[J].汽车工程,2007,29(4):333-336.

汤东,罗福强.车用柴油机加速工况时喷油与燃烧特性的研究[J].车用发动机,2005(3):21-23.

王延岭,欧阳明高,卢青春,陈志坚.车用电控柴油机瞬态过程控制研究[J].汽车工程,1999,21(6):338-343.

王仲芝,邓碧伟.论柴油车自由加速烟度排放[J].汽车技术,2004(6):4-7.

王忠恕,刘忠长,戈非.柴油机瞬态工况烟度排放特性及分析[J].内燃机学报,2005,23(5):404-409.

王忠恕,刘忠长,郭永田,王永红.柴油机瞬态工况下微粒排放特性及影响因素[J].农业机械学报,2004,35(6):19-21,25.

王忠恕,吴楠,许允,刘忠长.增压直喷柴油机瞬态工况燃烧参数的变化规律[J].内燃机学报,2007,25(5):385-389.

许允,刘江唯,刘忠长,刘巽俊.车用直喷柴油机瞬态工况控制与微粒排放测量[J].燃烧科学与技术,2003,9(1):88-92.

杨殿勇,王忠,历宝录,王林,苏家竹.VNT增压柴油机与整车速度瞬态响应的试验分析[J].车用发动机,2005(5):41-44.

于立国,王建国,马朝臣,施新,张志强,朱智富,赵佳.一种涡轮增压器涡轮非稳态特性试验台[J].车用发动机,2009(3):25-30,35.

张卫东,岳云.发动机系统热力学模拟的现状[J].车用发动机,2000(3):7-11.

张雨松,尹琪,邬静川.用补气改善公交柴油车急加速烟度研究[J].内燃机工程,2002,23(1):53-55.

张增建,洪伟,刘巽俊,孙济美.用加减速法评价内燃机性能的研究[J].农业机械学报,2001,32(1):19-22.

赵春生,黄树和,丁技峰.150柴油机瞬态特性分析研究[J].小型内燃机与摩托车,2008,37(6):9-11.

赵同宾,曾宪友,艾钢.基于非线性模型的舰船电站柴油机瞬态特性仿真及试验研究[J].内燃机工程,2007,28(1):71-74.

14.15.2.3 基于模型的控制中的平均值模型

毕小平,欧阳明高,孙鸿,张人千,马志雄.一个车用增压柴油机的实时动态仿真模型[J].内燃机工程,2000(2):65-69.

毕小平,欧阳明高,孙鸿,张人千,王熙.一个车用增压柴油机的平均值模型[J].汽车工程,1999,21(3):158-161,170.

陈策,毕小平,林德群.涡轮增压柴油机平均参数模型及其仿真[J].车用发动机,2000(5):16-19.

孔峰,宋希庚,张育华,朱雪桦,曾洁.增压中冷电控单体泵柴油机的平均值模型[J].内燃机工程,2006,27(5):20-23.

鹿笑冬,欧阳明高,白露.用于发动机控制模型的基于循环的平均值离散建模方法[J].内燃机学报,2001,19(1):80-83.

帅英梅,高世伦.涡轮增压柴油机的平均值模型及仿真[J].柴油机设计与制造,2004(2):19-23.

孙建波,郭晨.大型低速二冲程柴油机动力装置的准稳态仿真[J].内燃机学报,2006,24(4):351-356.

王海燕,任光,张均东.船用大型低速二冲程柴油机的动态模型[J].内燃机学报,2006,24(5):452-458.

王海燕,张均东.大型低速柴油机线性变参数状态空间模型[J].内燃机学报,2006,24(6):543-547.

肖民,姚寿广,甘霏斐.船舶柴油主机动态过程实时仿真模型研究[J].柴油机,2004(增刊):66-69.

余宏峰,陈辉.基于Matlab/Simulink的车用增压柴油机建模与仿真[J].内燃机,2006(2):47-49.

周海涛,闫萍,王新权.电控柴油机平均值模型建模研究[J].柴油机,2010,32(2):12-17.

朱辉,王丽清,张幽彤,程昌圻.用MATLAB/SIMULINK实现柴油机及其控制系统的动态仿真[J].内燃机学报,1998,16(3):314-321.

14.15.2.4 基于模型的控制中的具有曲轴转角精度的实时模型

方昌良,张宗杰,杨继红.一种适用于柴油机控制的缸内子模型[J].柴油机设计与制造,2000(4):15-18.

姜丹娜,张付军,赵长禄.用"缸平移"法提高柴油机模型实时性的方法研究[J].内燃机工程,2006,27(2):43-45.

王海燕,张伟,周海涛.船用大型低速电控柴油机的容积法模型[J].内燃机学报,2008,26(5):452-456.

朱辉,王丽清,程昌圻.用于控制分析的柴油机动态模型[J].内燃机学报,1999,17(3):211-218.

14.15.2.5 空气路径的基于模型的控制和其他控制方法

李宏键,姚正军,陈立钦.发动机 EGR 和 VNT 执行器系统仿真[J].车用发动机,2007(2):44-47.

侯玉春,肖福明,陆辰,黄震.空气反馈信号控制柴油机排气再循环系统研究[J].内燃机工程,2004,25(1):9-12.

14.15.2.6 燃油路径控制和柴油发动机的调速器

白思春,褚全红,孟长江,王孝,姜承赋,刘洪涛.基于 PowerPC 的柴油机电子控制通用平台[J].车用发动机,2008(6):53-59.

毕小平,陈黎,马志雄,张志远,韩树.装甲车辆柴油机调速系统的仿真模型[J].内燃机学报,2001,19(5):481-484.

蔡遂生.车用柴油机电控技术综述[J].柴油机设计与制造,1999(4):3-10.

程文志,张衡,徐辉,蔡遂生.高压共轨柴油机怠速控制策略研究[J].车用发动机,2009(4):61-64.

葛林,周文华,徐航.车用电控柴油机控制 Map 的匹配研究[J].车用发动机,2000(5):20-23.

郝晓伟,程峰,李希斌.车用直喷式柴油机低速稳定性研究[J].柴油机,2001(6):7-13.

洪应昌.GK₁ 型调车机车柴油机"压转速"原因分析及解决措施[J].内燃机车,1997(2):25-34.

胡鹤,吕彩琴.高压共轨柴油机轨压控制策略研究[J].内燃机,2010(6):9-11.

黄锦川,黄锦星.船用增压柴油机动态特性的评估方法分析[J].柴油机,2008,30(4):19-23.

霍宏煜,刘巽俊,李骏.国外车用柴油机电控技术的现状与发展[J].汽车技术,1998(1):1-8.

李欢,黄镇平.柴油机车飞车的分析和处理[J].柴油机,2004(5):49-51.

李素文,于秀敏,陈燕春.柴油机电控系统平台开发及应用[J].汽车技术,2007(8):30-33.

李学民,于秀敏,高跃,何玲.柴油机怠速分缸均衡控制的试验研究[J].内燃机工程,2008,29(2):62-65.

李煜辉,崔可润.柴油机动态过程的非线性特性分析[J].车用发动机,2003(4):12-14.

刘俊明,徐劲松,张学文,何琪,申立中.高压共轨柴油机的保护策略研究[J].内燃机工程,2009,30(5):36-40.

卢新湘,金洪.135 系列柴油机 B 型喷油泵机械调速器改装电子调速器试验研究[J].小型内燃机与摩托车,2009,38(2):69-71,84.

马景龙,刘振军,秦大同,张辉.重型 AMT 汽车发动机转速控制[J].内燃机,2007(4):21-23,37.

任自中.国外大功率柴油机电喷电控系统的新进展[J].柴油机,2008,30(5):7-12.

苏岩,刘忠长,郭亮,雷霆.基于 PID 对柴油机怠速稳定性控制的研究与优化[J].内燃机工程,2008,29(3):20-24.

王德山,吴朝晖.船用大功率电控柴油机的特点和使用优势[J].柴油机,2008,30(3):10-12.

王有信,王赟松.柴油机电子控制的现状与进展[J].山东内燃机,2002(1):1-6.

韦雄,朱志伟,祝轲卿,冒晓建,卓斌.电控单体泵柴油机怠速控制策略的开发[J].内燃机工程,2009,30(2):49-52.

肖文雍,冒晓建,杨林,卓斌.GD-1 高压共轨式电控柴油机急减速控制策略的研究[J].车用发动机,2005(2):35-37.

徐劲松,申立中,王贵勇,颜文胜,张学文.高压共轨柴油机怠速柔性控制策略的研究[J].内燃机工程,2010,31(6):49-53.

杨俊恩,孟长江,褚全红,王孝,范燕昭,张维彪.柴油机电子调速系统的优化设计[J].小型内燃机与摩托车,2010,39(3):60-63.

杨鲲,袁银南,徐刚,陈笃红,王羲,朱磊.发动机的动态模型及其调速仿真应用[J].小型内燃机与摩托车,2006,35(1):40-45.

俞士良,胡金寿.重卡用柴油机倒飞车的原因分析[J].柴油机设计与制造,2004(3):52-53.

袁银南,朱磊.基于准线性模型的柴油机电子调速仿真研究[J].柴油机,2006,28(1):19-22,38.

袁银南,朱磊,杨鲲,陈俊波(2006a).实现柴油机全程电子调速 PID 参数整定的仿真研究[J].内燃机工程,2006,27(1):23-28.

袁银南,朱磊,杨鲲,王曦,王存磊(2006b).优化柴油机动态电子调速控制算法的仿真[J].农业机械学报,2006,37(6):159-161.

曾东建,黄海波,李聪明,高晓江,颜平涛.柴油机智能飞车保护装置设计仿真[J].内燃机,2009(3):5-8,11.

张凤桐.装置全程式及二极式调速器柴油机工作特性比较[J].车用发动机,1996(6):23-26.

张会明.柴油机调速系统动态仿真与最佳设计分析[J].内燃机工程,1996,17(2):50-55.

张林森,王永生.柴-柴联合动力装置单调速器并车控制法的数学建模和仿真[J].内燃机工程,2006,27(5):54-56.

张永铭,居钰生,王吉华,罗福强.柴油机电子调速系统与冷 EGR 的控制集成[J].内燃机工程,2008,29(5):71-74.

张幽彤,翟涌,程昌圻.车用柴油机怠速性能分析和控制研究[J].内燃机工程,2000(1):20-24.

赵新武.内燃机车柴油机怠速游车故障处理[J].内燃机车,2008(6):34-37.

周杰,吴莲英,唐昭辉.几种柴油发动机的电控特点介绍[J].客车技术与研究,2005(6):34-35.

邹开凤,李育学,安士杰.利用 Matlab/Fuzzy Logic 进行柴油机电子调速器 PID 参数模糊自整定设计与仿真[J].内燃机工程,2003,24(6):67-71.

14.15.2.7 基于扭矩的控制

杜常清,颜伏伍,李劲松,侯献军.发动机性能测试及扭矩控制原型建立方法研究[J].内燃机工程,2010,31(1):60-64.

杜常清,颜伏伍,杨平龙,杜传进.基于 BP 神经网络的发动机转矩估计[J].汽车工程,2008,30(7):588-591.

于世涛,周兴利,杨晓峰,龚元明,杨林,卓斌.基于扭矩控制的电控单体泵柴油机仿真模型的研究[J].内燃机工程,2006,27(2):29-32.

14.15.2.8 动力系动力学和瞬态控制

毕小平,陈策,王普凯.装甲车辆非稳定工况驱动性能仿真模型[J].汽车工程,2001,23(6):404-406,410.

陈虞涛,曾凡明,吴家明,陈国钧.相继增压柴油机并车推进装置控制策略优化研究[J].内燃机工程,2007,28(5):52-55.

花传杰,刘民成.废气涡轮增压发动机瞬态响应特性分析[J].车用发动机,1997(1):61-62.

曾凡明,陈虞涛,吴家明,陈国钧.柴油机并车推进装置并车过程试验与仿真研究[J].内燃机工程,2004,25(5):5-9.

14.15.2.9 传感器动力学和基于模型的虚拟传感器

成森.传感器技术的发展及其在汽车和发动机电控中的应用[J].车用发动机,1994(3):49-50.

蒋玉秀,黄鹏超.基于二传感器信息融合的柴油机压力传感器输出特性校正[J].内燃机,2010(2):58-60.

刘忠民,俞小莉,李建锋,沈瑜铭,齐放.多传感器数据融合技术在气门动态特性试验中的应用[J].内燃机学报,2005,23(3):264-268.

谈建,滕勤,陈利明.开关型废气氧传感器稳态非线性输出特性的建模研究[J].内燃机与动力装置,2006(4):1-5.

王兴玮,黎德源.内燃机压力传感技术的比较和前景展望[J].柴油机,2003(4):20-23.

14.15.2.10 在线诊断和故障诊断

柴油机的瞬时转速

程勇,胡玉平,唐向臣,吴波,张立梅.根据飞轮瞬时转速诊断发动机各缸燃烧差异的探讨[J].内燃机学报,1999,17(1):82-85.

董大伟,闫兵,谭达明.根据曲轴转动状况量化内燃机各缸作功大小的方法研究[J].内燃机工程,1998,19(4):32-40.

胡重庆,李艾华,王涛,朱春红.基于瞬时转速测量的指示转矩估计技术评述[J].小型内燃机与摩托车,2008,37(5):88-92.

李建秋,欧阳明高,周明,李希浩.汽车发动机瞬时转速的随车测量与分析[J].汽车工程,2002,24(1):41-45.

梁锋,肖文雍,谭文春,卓斌.傅立叶变换在柴油机瞬态转速计算中的应用研究[J].车用发动机,2003(1):23-26.

梁锋,杨林,赫强,谭文春,肖文雍,卓斌.电控柴油机的在线失火诊断策略研究[J].内燃机学报,2004,22(4):332-336.

林瑞霖,孙云岭.基于瞬时转速相关分析的柴油机工作均匀性检测[J].内燃机,2006(4):18-20.

刘建新,谈荣望.利用瞬态转速波动进行内燃机故障诊断的试验方法[J].内燃机车,1993(4):31-33,36.

刘世元,杜润生,杨叔子(2000a).利用转速波动信号在线识别内燃机气缸压力的研究[J].内燃机工程,2000(3):37-43.

刘世元,杜润生,杨叔子(2000b).利用转速波动信号诊断内燃机失火故障的研究(1)——诊断模型方法[J].内燃机学报,2000,18(3):315-319.

刘世元,杜润生,杨叔子(2000c).利用转速波动信号诊断内燃机失火故障的研究(3):多特征综合方法[J].内燃机学报,2000,18(4):395-398.

刘兴华,王裕鹏,刘福水,梁海强.电控系统转速计算对燃烧循环变动的影响研究[J].车用发动机,2009(1):53-59.

任卫军,贺昱曜,张卫钢.基于曲轴段加速度的内燃机失火故障在线诊断[J].汽车工程,2010,32(4):339-342,368.

苏铁熊.利用实测发动机瞬态转速波动估计平均指示压力[J].内燃机工程,2003,24(3):27-32.

苏铁熊,张浅秋.利用实测发动机瞬态转速波动估计缸内燃气压力[J].内燃机工程,2004,25(3):54-57.

苏铁熊,张浅秋.利用实测发动机瞬态转速波动诊断单缸熄火[J].车辆与动力技术,2006(4):40-43.

王赟松,褚福磊,郭丹.基于二阶滑模技术的内燃机气缸压力的估计[J].内燃机学报,2004,22(6):555-561.

伍学奎,陈进,周铁尘.内燃机瞬时转速的研究[J].内燃机学报,1999,17(3):313-315.

吴波.发动机转速的应用[J].山东内燃机,2000(2):8-11,15.

吴锋,朱建新.谱距离指标应用于内燃机故障诊断的研究[J].车用发动机,1998(4):53-56.

向阳,周铁尘,史习智.发动机瞬时转速信号的小波分析[J].内燃机工程,1999(3):37-42,46.

严莉,姚竹亭.基于小波分析的柴油机瞬时转速信号研究[J].内燃机车,2009(12):8-10.

杨少波,张永祥,孙云岭,朴甲哲.柴油机瞬时转速的建模及仿真研究[J].内燃机车,2003(8):10-13.

于明进,程勇,吴波,谢坤.发动机转速的应用研究[J].汽车技术,1998(5):36-39.

张韬略,孙强,何建辉,田丰,杨林.重型柴油机失火诊断研究[J].车用发动机,2010(1):81-84,88.

张永祥,李琳,向科.基于非线性动力学模型的柴油机瞬时转速仿真和缸内压力重构研究[J].内燃机车,2010(4):12-16.

热工参数性能诊断

胡以怀,万碧玉,詹玉龙.柴油机性能故障仿真及信息特征分析[J].内燃机学报,1999,17(3):233-240.

姜建中,张保中,郭玉肥,王信义.车用发动机运行状态监测的新方法[J].车用发动机,1996(4):38-40.

刘建敏,乔新勇,安钢,丛华.柴油机技术状况的评估参数研究[J].车用发动机,2004(1):6-10.

刘孟祥,龚金科.车用发动机热工状况在线监测系统[J].农业机械学报,2008,39(9):203-206.

刘毅言.一种发动机冷却剂温度模型及应用于冷却系统诊断的研究[J].山东内燃机,2005(4):13-17.

马修真,李文辉,郭晓明.柴油机中冷器故障诊断仪的研制[J].内燃机工程,2000(1):71-73,86.

施嘉林.机车柴油机诊断参数的优化选择[J].内燃机车,1993(4):34-36.

王德志,吕文涛,段文华.机车柴油机诊断技术开发方向的探讨[J].内燃机车,1990(6):1-5.

王立安.柴油机工况监测系统[J].车用发动机,1994(6):28-34.

王小哲.柴油机工作状况监测与故障分析[J].柴油机,2002(4):32-34.

于怒涛,宁乾冰,李宗立,吴琼,万德玉.船舶主机状态监测和故障诊断研究[J].柴油机,2006,28(2):20-23.

张军,苏万华.大功率柴油机综合故障诊断系统的研究与开发[J].内燃机,2004(6):4-6,11.

张鹏,孔峰,王忠,张育华.电控柴油机工况判别和转换策略的仿真研究[J].车用发动机,2007(2):54-57,61.

振动和噪声诊断

曹雄涛,杜发荣.基于LabVIEW的柴油机状态监测系统[J].柴油机设计与制造,2006,14(3):38-43.

常勇,胡以怀.柴油机振动监测及故障诊断系统[J].噪声与振动控制,2008(1):93-96.

程利军,张英堂,齐子元,范红波.基于概率神经网络和声压的柴油机故障诊断[J].车用发动机,2008(1):62-64.

程利军,张英堂,齐子元,任国全(2009a).基于排气噪声的柴油机各缸工作不均匀故障诊断[J].内燃机工程,2009,30(3):57-64.

程利军,张英堂,齐子元,任国全(2009b).基于排气噪声的柴油机失火故障诊断[J].噪声与振动控制,2009(1):137-139.

邓名华.基于缸盖振动信号的柴油机多工况性能预测[J].燃烧科学与技术,2001,7(2):123-125.

段礼祥,张来斌,王朝晖.柴油机状态监测与故障诊断特征参数研究[J].车用发动机,2007(1):76-79.

樊新海,苗卿敏,安钢.基于排气噪声双谱分析的坦克柴油机失火检测[J].内燃机学报,2003,21(6):445-448.

樊新海,刘建敏,安钢,苗卿敏.基于排气噪声的坦克柴油机各缸工作不均匀性评价[J].内燃机学报,2004,22(4):363-366.

何庆飞,王汉功,陈小虎,毋文峰.基于小波包与神经网络的柴油机故障诊断[J].内燃机与动力装置,2007(4):51-53.

胡以怀,刘永长,杨叔子.柴油机排气门漏气故障诊断的试验研究[J].内燃机工程,1997,18(3):51-58.

黄强,高世伦,刘永长,宾鸿赞.基于小波理论变换和神经网络的柴油机故障诊断方法的研究[J].柴油机设计与制造,2006,14(1):9-14.

黄强,刘永长,刘会猛,史俊.基于振动信号的柴油机进排气系统故障诊断研究[J].车用发动机,2002(5):34-37.

纪少波,程勇,杨滨,兰欣,唐娟.基于S变换的柴油机燃烧差异的诊断研究[J].车用发动机,2007(4):23-26.

李涛,李艾华,王涛,张振仁.基于时序分析的气阀机构故障诊断研究[J].内燃机工程,2004,25(6):73-75.

李涛,李艾华,徐斌,张振仁.统计模拟在气阀机构故障诊断中的应用[J].内燃机工程,2005,26(2):72-75.

贾继德,吴礼林,李志远.活塞敲缸故障的诊断研究[J].农业机械学报,2000,31(2):79-81.

陆金铭,王醇涛,马捷.基于EMD与SVM的柴油机故障诊断[J].内燃机,2009(3):24-26,29.

谭达明,秦萍,余欲为.柴油机工作过程故障振动诊断的基础研究[J].内燃机学报,1992,10(4):341-346.

王成栋,朱永生,张优云,夏勇.时频分析与支持向量机在柴油机气阀故障诊断中的应用[J].内燃机学报,2004,22(3):245-251.

夏勇,商斌梁,张振仁,薛模根,郭明芳(2001a).基于小波包与图像处理的内燃机故障诊断研究[J].内燃机学报,2001,19(1):62-68.

夏勇,张振仁,成曙,商斌梁,郭明芳(2001b).基于小波分析与神经网络的气阀机构故障诊断研究[J].内燃机学报,2001,19(3):235-240.

夏勇,张振仁,商斌梁,薛模根,郭明芳(2001c).基于小波分析与气缸压力的气门故障诊断[J].内燃机工程,2001,22(1):23-27,31.

姚志斌,沈玉娣.柴油机扭转振动诊断综述[J].汽车工程,2004,26(2):149-152.

于明进,程勇,吴波,谢坤.发动机故障的振动诊断[J].车用发动机,1998(3):54-57.

张海军,屈梁生,肖云魁.汽车发动机诊断的统计模拟方法[J].汽车工程,2003,25(1):96-100.

张英堂,沈寿林,李国章.发动机气门漏气故障的振动诊断研究[J].车用发动机,1999(5):23-25.

张雨,李岳,温熙森.基于二进小波变换的高速柴油机故障特征辨识[J].内燃机工程,1999(4):55-59.

在线诊断

卜建国,张伟,李红勋,张卫锋.用于柴油车 SCR 系统的 OBD-Ⅱ新构型的设计[J].汽车工程,2010,32(11):1002-1005.

蔡永祥,金华标,喻方平.基于 SCR 控制器的国Ⅳ柴油机 OBD 系统设计[J].车用发动机,2010(1):5-10.

崔鹏飞,储江伟.基于 OBDⅡ系统监测信息的故障分析方法[J].汽车技术,2005(10):42-46.

李素文,于秀敏.柴油机控制系统故障自诊断功能设计[J].汽车技术,2008(3):32-35.

梁锋,杨林,谭文春,肖文雍,卓斌.高压共轨式电控柴油机故障诊断策略仿真研究[J].内燃机学报,2004,22(6):532-537.

马春阳.排放控制用车载诊断系统[J].客车技术,2008(3):44-48.

汪荣会.SCR 国Ⅳ柴油机的 OBD 实现策略[J].柴油机设计与制造,2010,16(4):9-13.

汪云.电控柴油机在线故障诊断系统实用简单计算方法研究[J].小型内燃机与摩托车,2002,31(4):8-11.

汪云,张幽彤.电控柴油机实时故障诊断系统[J].车辆与动力技术,2000(4):41-44.

汪云,张幽彤.电控柴油机实时智能诊断系统实验研究[J].内燃机,2006(4):21-23.

汪云,张幽彤,周开利,程昌圻.电控柴油机实时监控系统的开发与设计[J].兵工学报:坦克装甲车与发动机分册,2000(2):57-60.

杨超,李锦,张华,周荣.重型车车载诊断系统中的 DPF 和 SCR 系统的监控[J].内燃机,2007(1):44-46.

张成祥.电控发动机故障码的读取与清除[J].内燃机,2009(4):52-54.

张伟,徐正飞,邓成林,庞海龙,李浩.柴油机 SCR 系统 OBD 功能的诊断策略研究[J].汽车工程,2011,33(1):23-25.

张翔,颜伏伍,邹斌.现代车载诊断系统及其在我国的应用[J].柴油机,2007,29(3):9-12.

智能诊断和专家系统

曹龙汉.柴油机智能化故障诊断技术[M].北京:国防工业出版社,2005.

程瑞琪,周美玉.关于柴油机故障诊断专家系统的探讨[J].内燃机车,1999(6):27-29.

从胜辉,邓恩书,刘建英,苏万华,张新赛,林铁坚,裴毅强.柴油机智能状态跟踪及故障诊断系统的开发[J].内燃机车,2006(2):11-13,17.

鄂加强,龚金科,王耀南,刘湘玲,成志明.柴油机故障诊断专家系统知识库设计[J].汽车工程,2006,28(11):1047-1050.

高诚,张兴华,吴国胜,祁林,王令金.柴油机 CMFD 技术向生产力转化的策略研究[J].山东内燃机,2000(4):6-10.

何琪,王贵勇,徐劲松,刘俊明,申立中.高压共轨柴油机智能判缸策略[J].汽车工程,2009,31(5):474-478.

黄文虎,纪常伟,姜兴渭,荣吉利.基于故障树模型的智能诊断的确定性推理[J].机械强度,1995,17(2):38-42.

贾继德,满维龙.发动机故障诊断现状及发展动态[J].车用发动机,1996(6):8-10.

刘伯运,欧阳光耀,常汉宝.基于神经网络和 D-S 证据理论的柴油机状态评估[J].车用发动机,2005(5):14-17.

刘润华,蒋新华.柴油机综合智能故障诊断系统[J].柴油机,2002(1):9-11.

刘影,万耀青.设计学与诊断学的联姻[J].机械设计,1999(6):1-3.

刘赟.智能化——未来舰船监控系统的灵魂[J].柴油机,2006,28(4):19-21.

陆怀民,李美华,窦美霞,郭秀荣,赵志国.神经网络专家系统在发动机故障诊断中的应用[J].车辆与动力技术,2008(2):53-56.

门艳忠,王福林.神经网络和专家系统在汽车发动机故障诊断中的应用研究[J].机械设计,2007,24(12):64-65.

彭强,孙宇.结构树和粗糙集相结合的车辆故障诊断系统[J].汽车工程,2004,26(4):481-484.

王树德.技术诊断及其在国外内燃机车上的应用[J].内燃机车,1993(4):5-11.

王学合,黄震.发动机故障集成诊断系统研究[J].车用发动机,2000(4):29-32.

许心远.浅谈汽车发动机智能故障诊断技术[J].机械研究与应用,2009(1):110-112.

袁华,路峻.一种基于 DSP 的内燃机状态检测与故障诊断系统[J].山东内燃机,2004(6):8-11.

张蕾,董恩国,窦莉.融合技术在柴油机故障诊断中的应用[J].小型内燃机与摩托车,2002,31(3):33-36.

张伟,陈慧岩.自动变速电控系统故障诊断技术的发展[J].车辆与动力技术,2002(2):48-53.

张友亮,何瑞香.内燃机状态监测与故障诊断综述[J].山东内燃机,2005(1):21-25.

14.15.2.11 发动机控制器设计

蔡一凡,冒晓建,韦雄,王俊席,唐航波,卓斌.基于双闭环的电控柴油机 EGR 系统控制研究[J].车用发动机,2009(4):33-36.

程龙群,黄新洪.增压柴油机排气再循环(EGR)控制系统的设计[J].重型汽车,2008(4):18-19.

傅旭光,郭新民,刘永进,程世利,李东民,李淑廷.柴油机废气再循环冷却控制系统设计与试验[J].农业机械学报,2006,37

(5):34-36,44.

龚振青,周明,李希浩,欧阳明高.车用柴油机可变截面涡轮增压器控制系统研究[J].汽车工程,2001,23(4):279-282.

李智,申立中,徐劲松,路琼琼.运用软件 ASCET 实现电控柴油机的增压调节[J].汽车工程,2010,32(11):947-950.

廖华新,韦雄,祝轲卿,梁锋,卓斌.柴油机电控系统车速处理及最高车速限制策略开发[J].车用发动机,2008(5):66-70.

凌英,宁智,孙金凤.柴油机动态工况仿真模型及控制算法的对比分析研究[J].柴油机设计与制造,2003(1):17-20.

孟长江,褚全红,张春,白思春,胡勇,王恩华.可变喷嘴涡轮增压器控制策略研究[J].车用发动机,2008(3):72-75.

孟建,郭新民,傅旭光,刘永进.工程机械发动机及液压系统的冷却系统的智能控制[J].山东内燃机,2005(1):17-20.

彭美春,黄华,胡强.柴油机废气再循环电控系统设计[J].农业机械学报,2008,39(9):15-19.

施展,陆平,樊林星,高翔.车用柴油机转速与废气再循环综合控制系统的设计与研究[J].柴油机设计与制造,2003(4):11-14.

万兵,龚元明,陈挺.增压柴油机废气再循环控制系统[J].车用发动机,2009(6):46-50.

王恩华,周明,李建秋,王戈一,欧阳明高.可变喷嘴涡轮增压器电控系统的设计与匹配[J].内燃机学报,2002,20(6):559-563.

王秀雷,桑海浪,刘信奎,姜文博.国Ⅲ发动机 EGR 控制系统开发与应用[J].内燃机与动力装置,2010(4):33-35,42.

席端良,方锡邦,王平.柴油机废气再循环电控系统的设计及应用[J].柴油机,2008,30(2):5-9.

徐斌,刘泽文.可变喷嘴涡轮增压器电控系统控制策略的研究[J].内燃机,2007(5):28-30,33.

尹静,刘永进,郭新民,孟建.工程机械发动机和液压系统智能冷却系统[J].山东内燃机,2004(2):19-21.

郁秀峰,程昌圻.大功率柴油机增压电控调节系统的研究[J].柴油机设计与制造,2000(1):30-34.

袁慧彬,蒋开正,刘章棋.汽车发动机冷却系统节温器的智能控制[J].内燃机,2009(3):15-17.

张友荣,李宗堂.康明斯柴油机引擎控制器分析[J].内燃机,2006(5):49-51,54.

张振明,张惠明,张德福.发动机 PC 控制系统的开发研究[J].车用发动机,2004(5):19-22.

赵佳佳,刘忠长,牛志明,刘巽俊.可变喷嘴涡轮增压器电控系统设计[J].汽车工程,2005,27(5):525-527,536.

14.15.2.12　软件在环和硬件在环

孔峰,张育华,宋希庚,王飞,许科.共轨柴油机仿真系统及 ECU 的硬件在环仿真[J].柴油机,2005,27(4):12-14.

李国岫,王磊,朱辉.柴油机电控系统动态特性匹配的研究[J].内燃机学报,1999,17(2):122-127.

李静,李幼德,赵健,宋大凤.汽车电子控制系统快速开发[J].汽车工程,2005,27(4):471-475.

刘巨江,周文华,何正胤,杭勇.基于模型的发动机 ECU 开发[J].汽车工程,2007,29(11):938-941.

刘志,羌嘉曦,陈自强,敖国强,杨林.柴油机混合动力总成硬件在环仿真系统硬件设计[J].汽车技术,2008(12):8-11.

孟长江,马安丽,贾利,范燕朝,付海燕,张维彪.快速控制原型在柴油机电控单元开发中的应用[J].车用发动机,2008(5):62-65.

齐鲲鹏,隆武强,陈雷.硬件在环仿真在汽车控制系统开发中的应用及关键技术[J].内燃机,2006(5):24-27.

齐鲲鹏,隆武强,冯立岩.硬件在环仿真系统中柴油机工作过程建模研究[J].内燃机工程,2007,28(6):49-52.

吴长水,于世涛,杨时威,杨林,卓斌.电控柴油机 ECU 软件设计及应用[J].车用发动机,2007(1):48-51.

杨闻睿,敖国强,刘志,杨林.高压共轨柴油机 ECU 硬件在环仿真系统软件设计[J].内燃机工程,2009,30(5):41-45.

张剑平,欧大生,周加东,欧阳光耀.高压共轨硬件在环仿真系统与试验研究[J].内燃机,2009(2):31-33,37.

周加东,欧阳光耀,欧大生,吴欣颖,王明鹤.船用共轨柴油机控制策略的硬件在环验证[J].内燃机工程,2010,31(5):74-77,80.

朱辉,王丽清,程昌圻(1998a).ECU 硬件在环仿真系统的构成技术[J].车用发动机,1998(5):27-34.

朱辉,王丽清,程昌圻(1998b).柴油机电控单元硬件在环仿真系统研究[J].内燃机学报,1998,16(4):389-398.

祝轲卿,徐权奎,王俊席,杨林,卓斌.自动代码生成工具在电控柴油机喷油系统控制软件开发中的应用[J].内燃机,2006(5):12-15.

14.15.2.13　基于气缸压力的控制

韩健,王军,韩树,张更云.基于压力信息的电控柴油机燃烧过程[J].四川兵工学报,2010,31(8):61-64.

14.15.2.14　均质充量压燃着火控制

陈俊杰,王谦,吴小勇.HCCI 发动机着火过程控制参数的研究[J].内燃机,2009(1):10-14,16.

王辉,苏万华,刘斌.基于调制多脉冲喷油模式的柴油预混合燃烧和排放特性的研究[J].内燃机学报,2005,23(4):289-296.

14.15.2.15　模糊和灰色理论——发动机控制

艾延廷,何家葵,王志,闻邦椿.内燃机整机振动模糊自适应主动控制技术研究[J].内燃机工程,2004,25(6):55-59.

曹恒,孙宝元.柴油机模糊智能控制器和改进算法[J].内燃机学报,2000,18(4):409-413.

曹恒,孙宝元,段军,潘大德,李天福.确定模糊控制最少推理规则数量的原则[J].车用发动机,2000(5):24-27.

黄铁雄,高世伦.柴油机高压共轨系统自适应模糊滑模控制[J].车用发动机,2008(4):57-60.

蒋玉珍.柴油机转速和负荷的模糊控制[J].农业机械学报,1999,30(4):51-55.

李文华,范赢.模糊自适应PID在变喷嘴涡轮增压器中的应用[J].客车技术与研究,2008(6):4-6.

闵海涛,史文库,林逸.汽车发动机主动悬置模糊PID控制策略研究[J].汽车工程,2007,29(11):987-990.

宋百玲,费景洲,宋恩哲.船用柴油机模糊-PID复合调速及快速控制原型研究[J].内燃机工程,2010,31(4):54-58.

宋国民,杨福源,欧阳明高,胡林峰,杭勇.基于自适应模糊控制的共轨逐缸平衡算法研究[J].内燃机学报,2005,23(5):451-456.

王珂,李丹,李骏,刘巽俊.车用柴油机电子调速器的模糊控制研究[J].内燃机学报,1999,17(3):219-222.

王云成,施国标,唐志东,吴锦秋.模糊控制在AMT系统发动机转速控制中的应用[J].内燃机工程,2000(2):11-16.

赵志强,范伯元.模糊PID数字调速器的设计[J].内燃机工程,1999(2):21-28.

朱建新,王曦,张德庆,于子冬.内燃机整机振动模糊控制系统的设计[J].小型内燃机与摩托车,2003,32(2):4-6.

15

柴油发动机系统指标的设计和子系统的相互作用

摘要：本章展示了在一个四维设计空间内的发动机系统设计分析过程。该四维设计空间包括硬件型式和控制策略、硬件和软件设计指标、发动机转速和负荷、环境温度和海拔高度。而且，总结了关键工况的设计准则（例如最大扭矩、额定功率），包括关于系统设计约束条件的考量，并给出了关于子系统相互作用和优化的大量模拟实例。最后，提出了一个对于缸内低氮氧化物排放的柴油机和使用选择性催化还原（SCR）的高氮氧化物排放的柴油机均普适的系统设计方法。

15.1 系统设计分析的流程

正如第 1 章提到的，柴油发动机系统设计的主要目的是通过使用先进模拟工具构造参变量敏感度设计图或优化图，以产生系统性能设计指标并验证优化的系统设计点。在此过程中，需要使用先进软件的原因很明显，具体有三：①对空气系统性能进行原始的手工计算对于精密的系统设计来讲是不够准确的；②使用试验设计拟合器生成参变量设计图，并进行非线性约束优化，这些都只能采用专门软件来计算；③在硬件选型中需要进行大量的复杂的瞬态分析，如果不使用模拟软件的话就无法进行。

图 15.1 展示了在以下一个四维设计空间内发动机系统设计的复杂过程：①硬件型式（例如单级或两级涡轮增压器）和控制策略；②硬件和软件设计指标（包括稳态和瞬态，正常运行和后处理再生，例如涡轮面积和排气再循环阀开度）；③发动机转速和负荷；④环境温度和海拔高度。这个设计过程始于设置约束条件并识别所有可能能够达到排放配方目标或其等效空气系统要求的系统。这些要求主要包括空燃比，排气再循环率和进气歧管气体温度，详见第 7 章和第 13 章。通常需要使用试验设计方法快速排除一些方案，然后基于设计约束条件优化各子系统设计指标以求获得最低的有效燃油消耗率。所涉子系统包括涡轮增压器、配气机构、气道、歧管、排气再循环、排气阻力、冷却等。敏感度设计图就是在这个阶段产生的。在每个转速和负荷工况，试验设计因子可以包括以下参数中的一部分或全部：排气阻力、中冷器大小、排气再循环冷却器大小、压气机和涡轮效率（如果不使用涡轮增压器性能图）或效率乘数（如果使用涡轮增压器性能图）、涡轮面积、涡轮废气旁通阀开度、排气再循环环路流动阻力因数、某些影响发动机充量因数的设计因素（例如气门大小、配气定时、气门和气道的流量因数）、燃烧始点或喷油始点定时等。分析输出数据包括重要的瞬时参数，例如缸内过程细节和在管道中的气流脉动。输出参数还包括描述整个发动机系统性能的主要循环平均值和循环峰值参数，例如空燃比、排气再循环率、氧质量分数、有效燃油消耗率、最高气缸压力、最高缸内整体气体温度、泵气损失、发动机压差、充量因数、歧管压力和气体温度、散热量、冷却器效能和流动阻力、涡轮增压器流量、压比和温度、涡轮增压器效率（如果使用涡轮增压器性能图）。

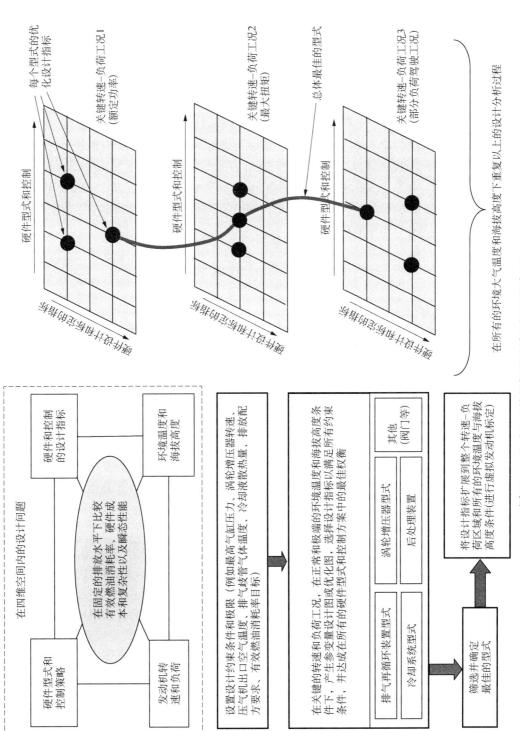

图 15.1 发动机系统指标的设计空间和设计过程

系统分析方面的文献目前很少。以下研究人员的工作具有一定的参考价值：Page 和 Edgar (1998)、Burtt 和 James(2004)、Berard 等人（2000）和 Fussey 等人（2001）描述了一些系统层面的设计和优化技术。

15.2　改善燃料经济性的路线图

在提高燃料经济性方面，发动机系统设计的作用是引导确定合理的技术路线图，并将其逐级下派到各子系统实施设计变更。这种路线图，如图 15.2 所示(此例为改进一台非优化的高泵气损失发动机)，主要包括以下六个方面：①后处理；②燃烧和燃料系统；③气缸、配气机构、气缸盖和歧管的设计；④涡轮增压器、排气再循环和余热回收系统；⑤机械摩擦和辅助附件耗功；⑥车辆传动系匹配。改进措施既可以是基于已有设计的渐进变更，也可以是全新技术。图 15.3 显示了降低油耗的模拟分析方法，具体包括改进空气系统、冷却系统和燃烧系统的设计或标定参数。第 16 章给出了关于燃料经济性法规和技术的更多讨论。

15.3　在各种环境条件下关键工况点的设计

15.3.1　系统设计的约束条件

在发动机系统指标的设计或制订中，存在两类极限值，它们通常适用于全负荷工况，即：①硬件设计极限；②一个稍低些的用于确定标定设置值的标定极限。之所以需要规定两类极限值，是因为产品硬件具有统计分布变化特点，而且在排放认证和真实世界驾驶条件下所出现的最坏环境条件会不同于标准环境。在标准正常环境条件下的"标称"发动机设计或标定的设计点或设置点（例如进气歧管压力或排气歧管气体温度）应当再以一定裕度低于标定极限。所以，系统指标中在全负荷工况运行的硬件参数应当被设计得远低于设计极限。另外，不同的设计极限可能会出现于不同的环境条件或发动机转速（如第 3.4.5 节所示），现具体阐述如下。

- 为了满足美国环保署的"不超过"（NTE）排放要求，排气再循环冷却器和中冷器的大小和选型需要在海平面海拔高度和热环境下进行（例如 38 ℃），以达到进气歧管气体温度的设计目标；
- 用于两级涡轮增压器中的压气机间冷器在大小和选型上需要有足够的冷却能力和适当的冷却器环境温度（即冷却介质温度），以确保高压级压气机在热环境和海平面或高海拔条件下能够正常运行。压气机出口空气温度要低于压气机叶轮、壳体和中冷器入口软管的材料极限；
- 发动机冷却液散热量和相关的排气再循环策略需要设计得确保在高海拔和热环境条件下（例如 38 ℃）发动机出口或散热器进口冷却液温度不超过耐久性极限。高海拔是指例如 1 676 m——美国环保署的 NTE 极限，或者在实际应用中遇到的 3 048 m 等海拔；
- 涡轮增压器控制和排气再循环策略需要在高海拔和热环境条件下予以适当调节，以确保在空燃比较低时碳烟排放仍低于排烟极限。另外，排气歧管气体温度应控制在气缸盖和涡轮耐久性所允许的限值以下；
- 压气机的尺寸需要选择得足够大，以确保涡轮增压器的转速在高海拔和不过分进行功率降额时仍然低于最大极限值；

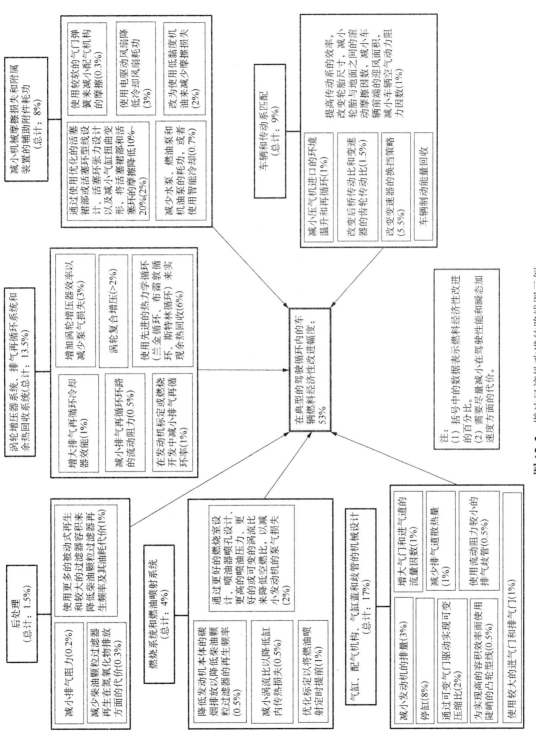

图 15.2 燃油经济性改进的路线图示例

减小机械摩擦损失和附属
装置的辅助附件耗功
（总计：8%）

使用较软的气门弹
簧来减小配气机构
的摩擦(0.3%)

使用电驱动风扇降
低冷却风扇耗功
(3%)

改为使用低黏度机
油来减少摩擦损失
(2%)

通过使用优化的活塞
裙部或活塞环型张力设
计，活塞环张力和变形
以及减小气缸扭曲变
形，将活塞裙部和活
塞环的摩擦降低10%~
20%(2%)

减少水泵、燃油泵和
机油泵的耗功，或者
使用智能冷却(0.7%)

车辆和传动系匹配
（总计：9%）

提高传动系的效率，
改变轮胎尺寸，减小
轮胎与地面之间的滚
动摩擦因数，减小车
辆前端的迎风面积，
减小车辆空气动力阻
力因数(1%)

减小压气机进口的环境
温升和再循环(1%)

改变后桥传动比和变速
器的齿轮传动比(1.5%)

改变变速器的换挡策略
(5.5%)

车辆制动能量回收

涡轮增压器系统、排气再循环系统和
余热回收系统(总计：13.5%)

增加涡轮增压器效率以
减少泵气损失(3%)

增大排气再循环冷却
器效能(1%)

涡轮复合增压(>2%)

减小排气再循环回路
的流动阻力(0.5%)

使用先进的热力学循环
(兰金循环，布雷敦循
环，斯特林循环)来实
现余热回收(6%)

在发动机中减小排气再循
环开发中减小排气再循
环率(1%)

在典型的驾驶循环内的车
辆燃料经济性改进幅度：
53%

注：
(1) 括号中的数据表示燃料经济性改进
的百分比。
(2) 需要尽量减小在驾驶性能和瞬态动
速度方面的代价。

后处理
（总计：1.5%）

减小排气阻力(0.2%)

减小柴油颗粒过滤器
再生在氮氧化物排放
方面的代价(0.3%)

使用更多的被动式再生
和较大的过滤器容积来
降低柴油颗粒过滤器再
生频率及其油耗代价(1%)

燃烧系统和燃油喷射系统
（总计：4%）

降低发动机本体的碳
烟排放以降低柴油颗
粒过滤器的再生频率
(0.5%)

减小涡流比以降低缸
内传热损失(0.5%)

优化标定以将燃油喷
射定时提前

通过更好的燃烧室设
计、喷油器喷孔设计、
更高的喷油压力、更
好的或可变的涡流比
来降低燃烧，以减
小发动机的泵气损失
(2%)

气缸、配气机构、气缸盖和歧管的机械设计
（总计：17%）

增大气门进气道的
流量因数(1%)

减少排气道散热量
(1%)

使用流动阻力较小的
排气歧管(0.5%)

减小发动机的排量(3%)

停缸(8%)

通过可变气门驱动实现可变
压缩比(2%)

为实现高的容积效率而使用
陡峭的凸轮型线(0.5%)

使用较大的进气门和排气门(1%)

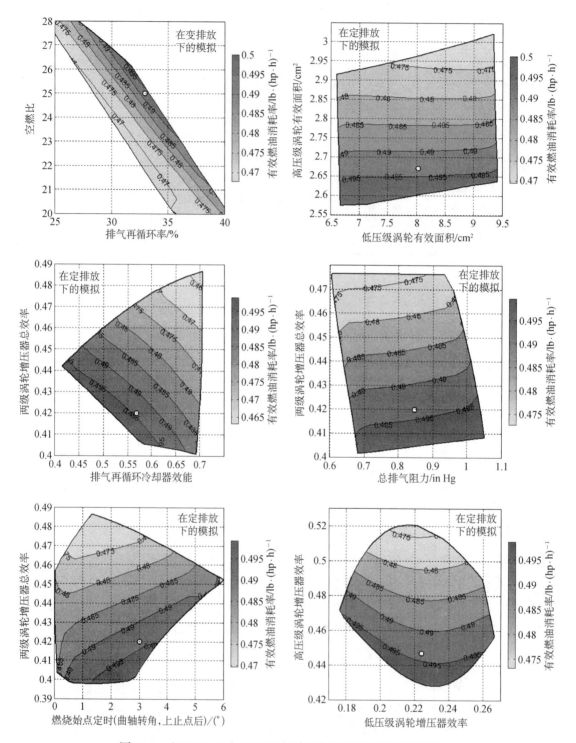

图 15.3 在 2 000 r/min 转速和 30% 负荷工况运行时不同的设计和
标定参数对有效燃油消耗率影响的总结

- 最高气缸压力、温度和热通量必须低于动力缸内部件的机械应力和热应力的联合耐久性极限。
- 涡轮增压器和排气再循环控制需要设计得确保在全负荷扭矩曲线上的最高气缸压力在寒冷天气下不超过结构极限值。另外,应避免压气机在寒冷环境中发生喘振。全负荷扭矩曲线包括美国补充排放测试(SET)中的 A100、B100、C100、最大扭矩和额定功率等工况。
- 在稳态和瞬态的点火和发动机制动工况中,排气歧管压力应控制在结构限值以下。发动机压差应保持在使排气门跳浮离座的极限值以下。
- 对于运行在极潮湿气候条件下的高排气再循环发动机来讲,进气歧管气体温度需要设计得不低于冷凝水控制和抗腐蚀所需的耐久性极限。
- 发动机最大制动功率运行工况也需要满足所有硬件设计的约束条件。

15.3.2 从极限环境到标准实验台条件的设计

发动机硬件选型中所采用的环境条件通常包括以下一些:

(1) 海平面(零海拔)和正常环境温度(例如 25 ℃);

(2) 美国环保署关于重载发动机排放的某些 NTE 环境限值(零海拔,从寒冷环境到 38 ℃热环境;1 676 m 海拔高度,从寒冷环境到 30 ℃大气环境,加上一个湿度范围);

(3) 实际驾驶环境(例如 1 676 m 海拔高度和炎热天气,2 438～3 048 m 极高海拔和热环境,零海拔和－18 ℃寒冷环境)。

另外,在设计中还需要考虑下列因素:车盖下的热空气再循环,开启空调,以及由于发动机机舱内的加热所引起的压气机进口处空气温度升高。

图 15.4 显示了系统设计工作顺序的一个示例,即从极端环境加在车条件到标准实验室环境条

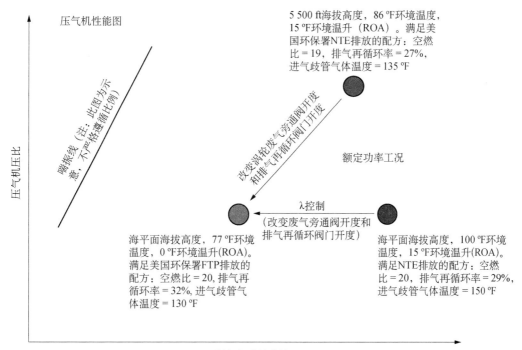

图 15.4 从极限环境工况到标准实验室条件下所进行的发动机系统设计的示意图

件。在炎热环境或高海拔高度时所要求的排气再循环率受排放要求、进气温度、空燃比和氧浓度影响。所需的排气再循环率在极端环境条件与海平面海拔高度之间的差异取决于排放法规水平、特定的发动机设计和燃油系统能力。在同一海拔高度但不同环境温度下所能获得的排气再循环率和空燃比由空气系统的发动机控制策略所决定。例如,在海平面海拔高度和热环境时的可变截面涡轮叶片开度可以由排气歧管压力或进气歧管压力来控制。在 λ 控制中,在给定的海拔高度下,空燃比会保持恒定,例如依靠通过调节排气再循环阀开度改变排气再循环率来实现。

图 15.5 显示了在不同环境条件下在全负荷扭矩曲线上的发动机性能的典型特征。可以观察到,高海拔高度和热环境下的排气歧管气体温度和压气机出口空气温度比在海平面海拔高度和正常环境温度下的值要高。为了增大高海拔高度时的空燃比,如果将排气再循环率降低并将涡轮废气旁通阀开度减小的话,发动机压差会变得更高。在极端环境条件下有效燃油消耗率较高的原因主要是由于空燃比下降而导致在压缩冲程和膨胀冲程内的指示功率下降,其次要原因是由于受发动机压差和泵气损失增加的影响。

15.3.3　考虑排气流量变化的设计

除了在环境压力和温度条件上的变化外,硬件匹配也会由于在排气再循环气流和后处理系统的排气阻力上所发生的大幅度变化而变得十分复杂。例如,排气再循环率可能会从非常冷的环境条件或者快速瞬态过程中的零值变化到正常环境条件下的一个很高的值。另外,当柴油颗粒过滤器中的碳烟量发生变化时,排气阻力可能会发生大幅度波动。因此,压气机的尺寸需要大到足以涵盖所有这些变化。

15.3.4　关键工况点设计——额定功率

在重型应用中,在设计硬件的最大能力和比较不同的选型方案时,需要选取一些关键的转速和负荷工况进行分析,例如额定功率、最大扭矩、车辆匹配分析所确定的典型部分负荷驾驶工况等。在轻型应用中,在实际驾驶条件下其实很少会用到额定功率和最大扭矩工况,而且在全负荷工况通常只需要使用很少的排气再循环量即可满足轻型排放认证要求。在轻型或中型应用场合中,两个比较现实并经常会用到的运行工况是:①高发动机转速和高负荷;②低发动机转速和高负荷。它们都具有较高的排气再循环需求,因此需要将其包括到系统硬件选型的关键工况分析中。

应当强调指出,系统设计的最重要目标就是在适当的发动机转速和负荷区域内能在稳态和瞬态这两种运行工况下均尽量减小发动机的泵气损失和燃料消耗。低泵气损失主要依靠排气再循环和涡轮增压器系统中的低发动机压差来实现,但是在配气机构、气道和歧管方面能够减小流动阻力而使容积效率提高的设计手段也很重要。对于一些耐久性设计目标或极限值,可以采取模拟过速和过度喷油来确定发动机的最大潜力和安全裕度。

成功地设计额定功率工况对于重载发动机来讲极其重要。前面提到的所有那些设计约束条件均适用于额定功率。另外,在高转速时,往复惯性力是结构强度方面的另一个约束条件。设计一系列具有不同额定功率或用途的发动机的常用方法通常包括以下几个:①提高额定转速;②使用涡轮增压技术,获得不同程度的充量空气密度和对应的额定功率,而无需改变发动机气缸直径和冲程;③增大气缸直径或冲程,以便增大发动机的排量和额定功率;④增加或减少气缸数目以实现不同的额定功率等级。其他增加额定功率的方法包括依靠改进配气机构或气道的设计来提高容积效率、减少机械摩擦、提高最高气缸压力的结构设计极限等。

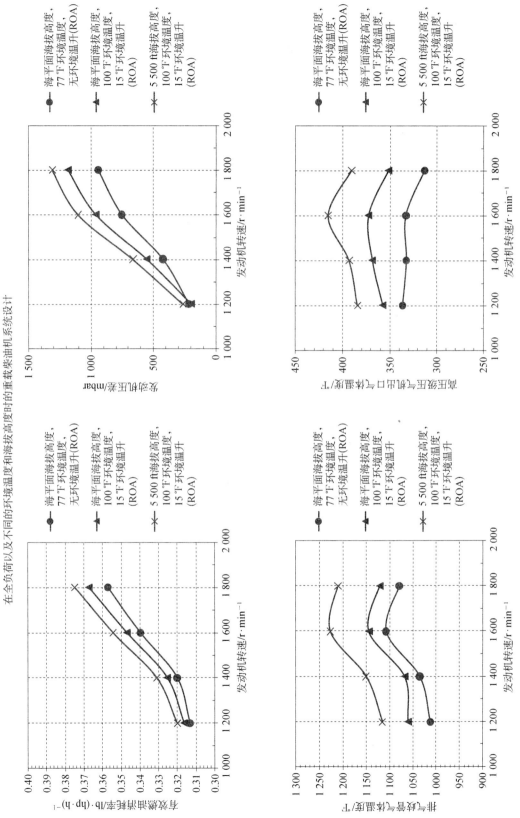

图 15.5　在标准实验室条件下和极限环境工况时的发动机系统设计

　　图 15.6 显示了发动机的排量和额定功率对最高气缸压力的影响。在一个给定的发动机转速和一个固定的最高气缸压力的设计约束条件下,空燃比、排气再循环率和额定功率之间存在着权衡或折中的关系。图 15.7(a)展示了这些权衡。随着燃料经济性要求日趋严格,人们对于依靠增强承受发动机最高气缸压力的能力来改善热效率往往会很感兴趣。然而,这个问题需要仔细加以辨析,因为有若干种不同的方式都可以增加最高气缸压力,比如增加喷油量(或功率)、喷油定时、发动机压缩比、排气再循环率、空燃比,而这些措施对于热效率具有不同的影响。增强承受最高气缸压力的结构能力能够使发动机实现更高的额定功率,而高功率(高负荷)时的有效燃油消耗率可能会比低负荷时的要低。如果在同样的功率下予以比较,具有较高氮氧化物排放量的发动机允许喷油定

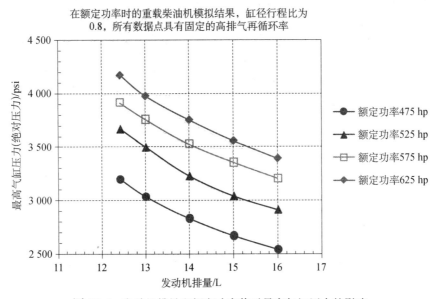

图 15.6　发动机排量和额定功率值对最高气缸压力的影响

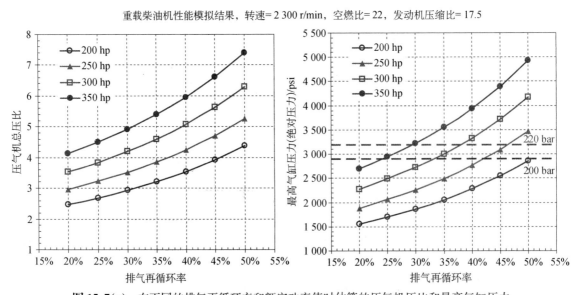

图 15.7(a)　在不同的排气再循环率和额定功率值时估算的压气机压比和最高气缸压力

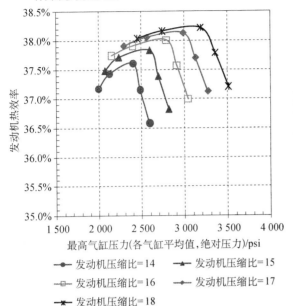

在固定的排气再循环率和B100全负荷工况(1 544 r/min转速和338 hp)时的模拟结果，采用固定的涡轮增压器性能图，对可变截面涡轮叶片开度和发动机压缩比进行两维参变量扫值

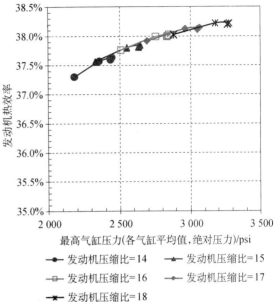

在固定的排气再循环率和B100全负荷工况(1 544 r/min转速和338 hp)时的模拟结果，采用固定的可变截面涡轮叶片开度，对涡轮效率和发动机压缩比进行两维参变量扫值

图例：
- 发动机压缩比=14
- 发动机压缩比=15
- 发动机压缩比=16
- 发动机压缩比=17
- 发动机压缩比=18

图 15.7(b) 在固定的喷油定时条件下最高气缸压力对发动机热效率的影响

时比较提前，以利用这种增强了的最高气缸压力方面的结构能力来减小油耗。这种机理所获得的油耗增益可能会相当大，而且最高气缸压力的增大情形取决于气缸压力曲线在点火上止点附近的峰值模式。另外，在相同的功率下，获取较高的排气再循环率(以降低氮氧化物)或较高的空燃比(以减少碳烟)会导致较高的进气歧管压力和由此造成的较高的最高气缸压力。如果涡轮增压器的效率不能提高的话，发动机实际上将会出现更高的发动机压差、泵气损失和有效燃油消耗率。即使涡轮增压器的效率升高了，增大的最高气缸压力对发动机热效率的积极影响也会随着气缸压力的增大而逐渐变小[如图 15.7(b)所示]。而且，需要注意的是，较高的气缸压力可能会导致发动机机械摩擦的增加。

在任何给定的转速和负荷工况，发动机还存在另一个内在的固有折中，即最高气缸压力与排气歧管气体温度之间的权衡——这两个参数均为耐久性设计约束条件。该固有折中受放热率形状、喷油定时和发动机摩擦等影响。图 15.8 中的模拟数据显示了在额定功率时为控制气缸压力和排气温度所需要采取的措施，即将整条曲线向左下方移动。降低发动机压缩比能够减小气缸压力，但代价是在某种程度上牺牲热效率和无辅助冷起动能力。

额定功率工况通常用来定义压气机和涡轮的最大流量范围、冷却器大小、最大散热量、进排气阻力。高排气再循环发动机在额定功率时，发动机压差一般比较高，这是由于涡轮面积过小造成的，而其根源是由于按照最大扭矩工况所需的排气再循环率和空燃比选择涡轮或者由于涡轮增压器效率不足。因此，排气再循环阀在额定功率必须部分关闭，以避免排气再循环量过大。所以，额定功率不应用来定义排气再循环环路的最小流动阻力。

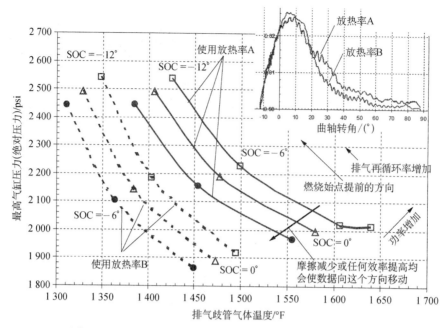

图 15.8 在给定的转速和功率时发动机内在的固有折中规律

15.3.5 关键工况点设计——最大扭矩

最大扭矩工况具有最大平均有效压力,而且由于其较低的发动机空气流量和相对较高的增压压力,容易出现压气机喘振,尤其在高海拔高度。由于发动机压差可能会不足,这个工况或同速稍低负荷的工况(例如 75％负荷)通常也在排气再循环驱动方面最为困难。排气再循环环路的最低流动阻力(当阀门全开时,不管带不带止回阀)和所需要的最小涡轮面积往往取决于最大扭矩的排气再循环驱动要求,尽管也需要检查低于最大扭矩的转速和在高海拔时的空燃比以确保涡轮选型正确。实际上严格来讲,所需的最小涡轮面积应以综合指标最为严苛的运行工况来确定,而不是简单的"最大扭矩"。这种最严苛工况指的是排气再循环驱动、空燃比、扭矩、海拔这四者相结合的要求。在某些车用场合,最大扭矩或介于最大扭矩与额定功率之间的中等转速可能会具有最高发动机出口冷却液温度。虽然该工况的冷却液散热量低于额定功率的,但是由于此工况的冷却液流量相对较低,故而冷却液温度可能会变得最高。

15.3.6 关键工况点设计——部分负荷和其他工况点

在部分负荷工况,重要的是要使用所选择的涡轮增压器检查泵气损失、燃料经济性、排气再循环驱动能力、控制空气系统或冷却系统的能力,以便为后处理热管理(例如 DPF 再生和 SCR 运行)提高涡轮出口排气温度。

15.4 子系统的相互作用和优化

15.4.1 敏感度分析的种类

在采用参变量扫值法或优化的敏感度分析中,一般有以下三类模拟:

● A 类:在完全固定的排放值约束条件下的模拟,即固定氮氧化物和碳烟值,并比较有效燃油消耗率和硬件成本等。可将模拟结果用等值线形式表达在由两个子系统的两个特征参数所构成的横纵坐标轴所组成的区域上,即把因子值和响应值在该区域上用等值线图来表达。

- B类:在部分固定的排放值约束条件下的模拟,例如固定氮氧化物或碳烟值,或者固定排气再循环率或空燃比。可将模拟结果用等值线形式表达在类似 A 类的子系统参数区域上。

- C类:在变化的排放值或变化的空燃比和排气再循环率下的模拟。模拟结果用等值线形式表达在代表空气系统能力的"空燃比相对于排气再循环率"等的区域上。

　　A 类和 B 类分析可以用来很方便地研究两个子系统之间的相互作用。这两个子系统由脉谱图上的两根坐标轴代表,这样就可以很方便地从图中选择系统设计点。C 类分析在排放配方或设计约束条件不确定时,或者当所需的空燃比和排气再循环率是移动目标时特别有用。在 A 类分析中,排放约束条件通常可以采用下列方法之一来近似:①一对固定的空燃比和排气再循环率;②一对固定的最高缸内气体温度和空燃比;③一对固定的最高缸内气体温度和进气歧管氧质量分数;④一对由排放模型预测的固定的氮氧化物和碳烟排放值。图 15.9 展示了分析子系统相互作用和优化整个系统的一个分析过程。

> 系统设计工程师从燃烧排放测试部门收到在最低有效燃油消耗率下的空气系统设计要求
> (例如进气歧管气体温度、空燃比、排气再循环率、相配的喷油定时)

> 系统设计工程师进行A、B、C三类模拟分析以定义发动机空气系统
>
> > A类分析:在固定的氮氧化物和碳烟的排放目标下研究子系统之间的相互作用,优化在关键的转速和负荷时的硬件要求。设备选型的顺序一般为:冷却器大小,排气再循环环路的流动阻力,排气阻力,涡轮增压器。为C类分析确定试验设计因子的基线值
> >
> > B类分析:在固定的排气再循环率和移动(可变)的空燃比下(或者在固定的空燃比和移动的排气再循环率下),模拟以下三者之间的子系统相互作用——排气再循环环路的流动阻力、涡轮增压器、排气阻力
> >
> > C类分析:在移动(可变)的排放目标下,模拟系统性能和硬件要求,以检查发动机性能的响应参数对于空燃比和排气再循环率变化的敏感度

> 将空气系统的定义和设计指标提供给供应商(涡轮增压器、后处理、排气再循环冷却器、排气再循环阀门、中冷器等),让供应商提出子系统或部件设计方案

> 分析和审查供应商的设计提议,并协调子系统要求方面的冲突

> 分析和审查供应商的修改设计提议。用发动机循环模拟和实际的涡轮增压器性能图来检查发动机在稳态工况和瞬态工况时的性能。如果所选的涡轮增压器是可以接受的,敲定所有供应商的设计要求并定制样机硬件。如果不行,修改设计

图 15.9 用来优化子系统相互作用的发动机系统设计过程

　　图 15.10～图 15.16 给出了 A 类分析的模拟算例。图中,不同的子系统被置于横纵坐标轴上,以展示在大体固定的排放值下子系统之间的相互作用。这些算例经由试验设计拟合器优化而得。图中数据域上的每个点的有效燃油消耗率都是在试验设计因子范围内在优化约束条件下经过优化

（最小化）了的。基于这些敏感度等值线图所反映的不同子系统之间的最佳权衡,可以选择硬件的一个系统设计点（例如图中所示的白色圆圈）。

图 15.17～图 15.18 展示了 B 类分析。图 15.19～图 15.21 展示了 C 类分析,显示出发动机性能对于排放目标变化的敏感度。从这些分析图中,基于暂时确定的排放目标与设计约束条件之间的最佳权衡,可以选择系统设计点。

需要指出的是,在一个给定的发动机转速和负荷工况下,基于一对固定并已知的空燃比（或空气流量）和排气再循环率（或排气再循环流量）的目标值所进行的系统设计,在数学本质上是基于在第 4 章、第 9 章和第 13 章中提到的发动机空气系统的四个核心方程[式(9.31)、式(13.1)]所提炼转化而得的"两个方程求解两个未知数"的非线性数学方程组构造,即

$$\begin{cases} \dot{m}_{air} = f_1(x_1, x_2) \\ \dot{m}_{EGR} = f_2(x_1, x_2) \end{cases} \tag{15.1}$$

这是在柴油机氮氧化物和碳烟排放控制时代所采用的一种非常典型而有效的定目标设计方法,也是这个时代柴油机系统设计理论的重要基础之一。这种方法称为基于排放要求的系统设计方法,亦称"空气系统的两方程两未知数"方法。它基于先确立排放配方的设计目标,确保排放达标。未知数 x_1 和 x_2 的典型参数分别为涡轮面积和排气再循环环路流动阻力因数。

另一种在非排放控制时代或耐久性优先的情形下所采用的方法是基于耐久性要求的系统设计方法,亦称"耐久性的两方程两未知数"方法。它是基于发动机的能量平衡方程和最高气缸压力方程予以构造,如下所示：

$$\begin{cases} \dot{m}_{air}h_{IMT,air} + \dot{m}_{EGR}h_{IMT,EGR} + \dot{m}_{fuel}h_{FuelIn} + \dot{m}_{fuel}q_{LHV} \\ = \dot{W}_E + \dot{W}_{Eacc} + \dot{W}_{EGRpump} + \dot{W}_{supercharger} + \dot{m}_{ex}h_{TurbIn} + \dot{Q}_{base\text{-}coolant} + \dot{Q}_{FuelCooler} + \dot{Q}_{miscellaneous,2} \\ p_{max} = f_{ccpr}p_{2a}\Omega^{1.36} \end{cases}$$

$$\tag{15.2}$$

式中,第一个方程中的符号解释同第 12 章中的式(12.2)；h_{TurbIn} 是涡轮进口处排气的比焓,直接与排气歧管气体温度 T_3 有关；p_{max} 是最高气缸压力；f_{ccpr} 是缸内最高压力与理论压缩压力之比。式(15.2)可以简写为以一对排气歧管气体温度和最高气缸压力为优先考量设计目标值的方程组：

$$\begin{cases} T_3 = f_1(x_1, x_2) \\ p_{max} = f_2(x_1, x_2) \end{cases} \tag{15.3}$$

在新的温室气体控制和燃料经济性法规时代,在有效燃料消耗率方面需要达标,正如在排放指标上需要达标一样,成为强制性要求。这就要求关于定目标设计（定点设计）的系统设计理论发生相应的转变,从目前基于排放配方的设计方法过渡到基于排放配方加燃料消耗率配方的设计方法。如果将燃料消耗率配方或设计目标的范围缩小到空气系统,它就变成了泵气损失或发动机压差 Δp_E,例如在每一工况对发动机压差制订明确的设计目标。在数学上,这意味着"空气系统的两方程两未知数"的构造需要由四个核心方程提炼改变为"空气系统的三方程三未知数"的构造如下：

$$\begin{cases} \dot{m}_{air} = f_1(x_1, x_2, x_3) \\ \dot{m}_{EGR} = f_2(x_1, x_2, x_3) \\ \Delta p_E = f_3(x_1, x_2, x_3) \end{cases} \tag{15.4}$$

三个未知数 x_1、x_2、x_3 的典型参数分别为涡轮面积、排气再循环环路流动阻力因数、涡轮增压器效

率。当然,x_3 也可以是进气节气门开度或排气歧管气体温度等。事实上,这一构造能够比式(15.1)更为全面地反映这三个参数之间的相互作用关系。例如,在最大扭矩工况,如果将排气再循环阀设置为全开,并将涡轮面积选定得能够满足排气再循环率的设计目标,那么一般来讲将无法满足空燃比的设计目标。这时,如果空燃比过高,便需要被迫减小进气节气门开度或者降低涡轮增压器效率。如果空燃比过低,解决办法是提高涡轮增压器效率或者减小涡轮面积,但是后者会导致排气再循环阀半关,从而使得排冷器的低流动阻力设计优势变得没有用武之地。如果要将涡轮增压器匹配得真正能够利用低流阻排冷器的优势以达到某个预定的较低的发动机压差设计目标值,就必须使用式(15.4)来耦合求解所需要的涡轮增压器效率、排气再循环环路流动阻力因数和涡轮面积。

15.4.2 子系统的相互作用和优化分析

在发动机空气系统设计中,以下四个参数之间存在着强烈的依变关系:排气阻力、排气再循环环路流动阻力、涡轮面积、涡轮增压器效率。在每个转速和负荷工况的硬件选型中,如果都具备一对空燃比和排气再循环率的设计目标,那么当排气再循环阀全开以尽量减小发动机压差时,所需要的涡轮面积和涡轮增压器效率便可以明确确定(表4.1)。但是,实际情况是,涡轮增压器效率不可能在所有转速和负荷都达到像这样计算出来的理想值。在某些工况下,如果实际的涡轮增压器效率过低,空燃比就会过低。为了弥补这一不足,就必须使用较小的涡轮面积来补偿,同时必须将排气再循环阀开度相应减小些,以顺应所增加的发动机压差。另一方面,如果涡轮增压器的实际效率过高,空燃比就会过高。为了降低空燃比以防止过度增压,就必须采用较大的涡轮面积或废气旁通将压气机减速。而这样的话,发动机压差可能会变得过低而不足以驱动排气再循环,即使在排气再循环阀全开时。以上所述的这些效应均显示在图15.19~图15.21中。

关于与后处理装置之间的相互作用,对于给定的后处理硬件来讲,其排气阻力流量因数只随柴油颗粒过滤器的碳烟积聚量变化而改变。当排气阻力或涡轮出口压力增大时,涡轮压比和空燃比会下降。为了补偿这一效应,便需要采用较小的涡轮面积来恢复增压器的转速和增压压力。因此,排气再循环阀开度就需要减小,这样便造成泵气损失增加(图15.13)。

冷却系统设计会通过进气歧管气体温度和排冷器或中冷器的流动阻力影响泵气损失。较高的冷却器效能和较低的流动阻力在达到同样的空燃比和排气再循环率目标时会使所需的发动机压差变小,尤其在最大扭矩处;这就使得可以选择较大的涡轮面积以减小泵气损失。冷却器效能、流动阻力、封装性尺寸之间存在着权衡。图15.11~图15.12显示了冷却器大小的影响。

在具有较高排气再循环率的大功率发动机中,由于增压压力较高,往往采用两级涡轮增压。低压级涡轮进口处压力较低一般会导致高压级涡轮功率增加和低压级涡轮功率减小。分析两级涡轮面积大小和级间相互作用的一个比较先进的方法是分别在最大扭矩和额定功率工况按照排放配方要求(例如空燃比和排气再循环率)进行最小油耗优化(图15.22)。图中的横轴代表高压级涡轮面积,纵轴代表低压级涡轮面积。据观察,排气再循环系统和涡轮增压器的硬件能力以及控制能力范围在不同的转速和负荷工况是很不同的。为了选择好高、低两级的最佳尺寸,通常需要进行折中。类似的一个比较困难的权衡抉择是关于使用小涡轮还是进气节气门的问题。使用小涡轮能够帮助在最大扭矩工况驱动排气再循环,但在额定功率会产生高泵气损失(如果采用废气旁通)。相比之下,在最大扭矩使用进气节气门能够略微增加排气再循环率,使得涡轮面积可以稍微选得大一些,但是要以空燃比大幅度下降为代价。虽然额定功率的油耗会因为涡轮较大而变低,但是最大扭矩处的空燃比过低会造成油耗变差。发动机的转速范围越宽,就越难以平衡这一折中。最好的解决办法是使用可变截面涡轮或可变气门驱动。如果不能使用这些技术,就需要基于车辆的频繁运行工况(低转速还是高转速)和瞬时加速要求对涡轮大小做出明智的抉择。

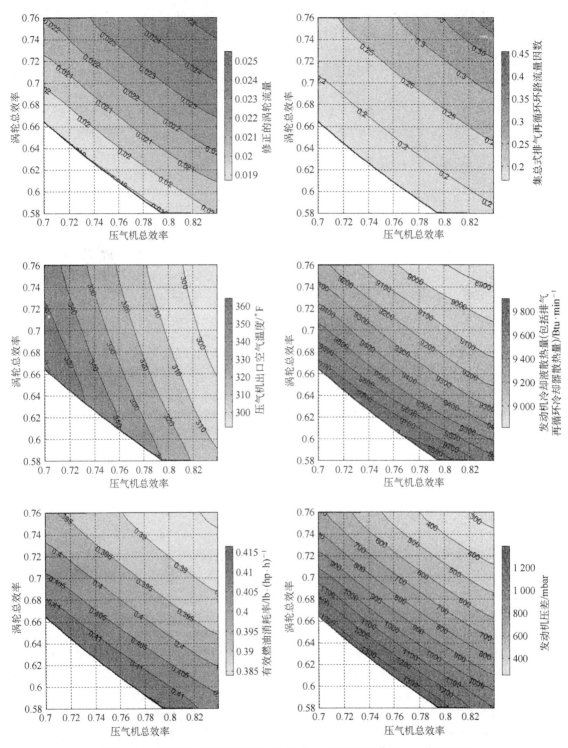

图 15.10　在额定功率时重载柴油机子系统之间的相互作用——当固定的
空燃比等于 22 和排气再循环率等于 31% 时的 A1 类分析

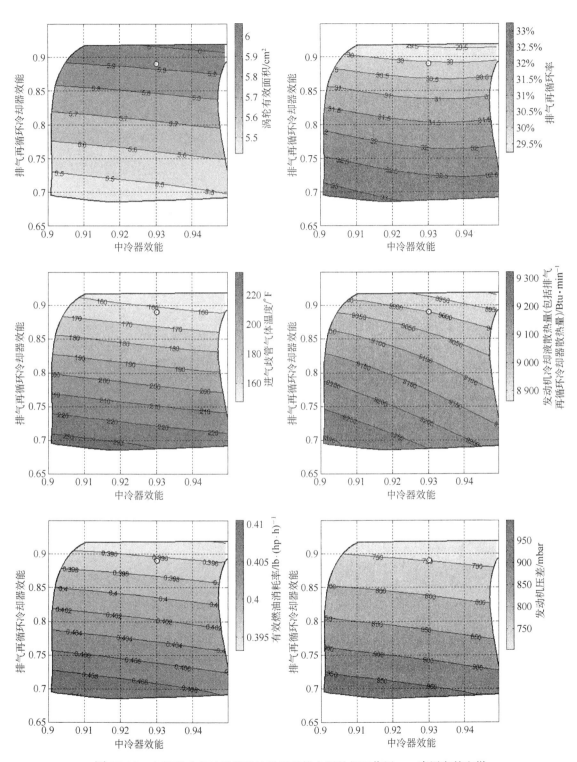

图 15.11　在额定功率时重载柴油机子系统之间的相互作用——当固定的空燃
比等于 22 和最高缸内气体温度等于 2 429 ℉时的 A2 类分析

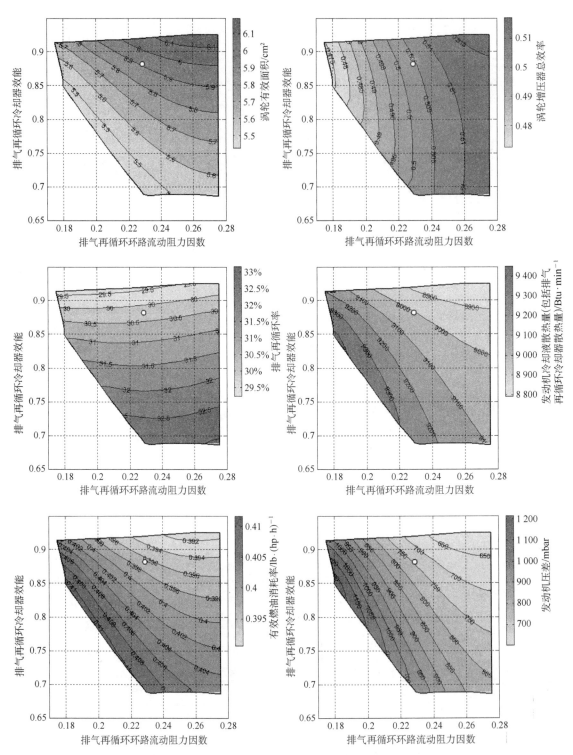

图 15.12 在额定功率时重载柴油机子系统之间的相互作用——当固定的空燃
比等于 22 和最高缸内气体温度等于 2 429 ℉时的 A3 类分析

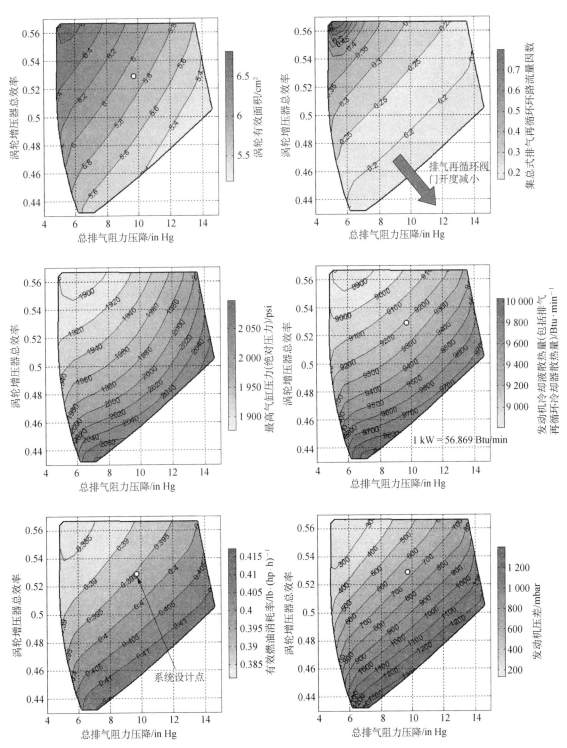

图 15.13 在额定功率时重载柴油机子系统之间的相互作用——当固定的空燃比等于 22 和最高缸内气体温度等于 2 439 ℉时的 A4 类分析

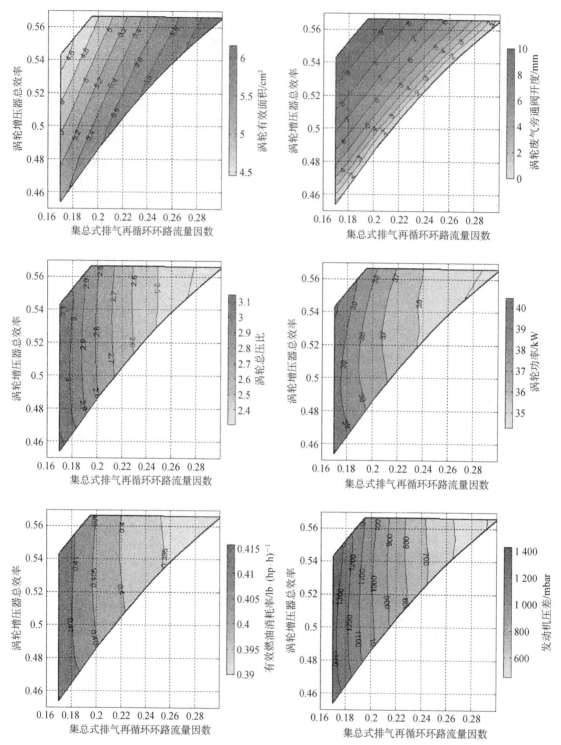

图 15.14　在额定功率时重载柴油机子系统之间的相互作用——当固定的空燃比等于 22 和最高缸内气体温度等于 2 439 °F 时的 A5 类分析(排气阻力压降等于 9.7 in Hg,进气歧管混合气体温度等于 150 °F)

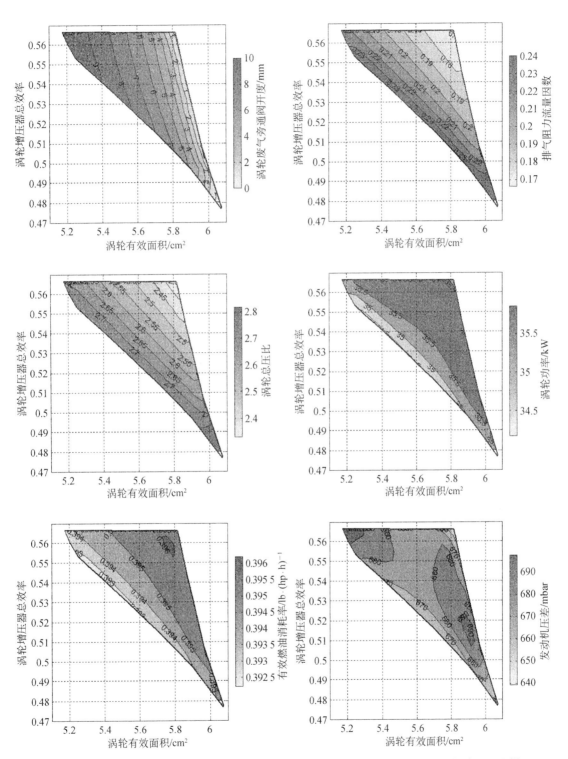

图 15.15 在额定功率时重载柴油机子系统之间的相互作用——当排气再循环阀门全开且空燃
比等于 22 和最高缸内气体温度等于 2 439 °F 时的 A6 类分析

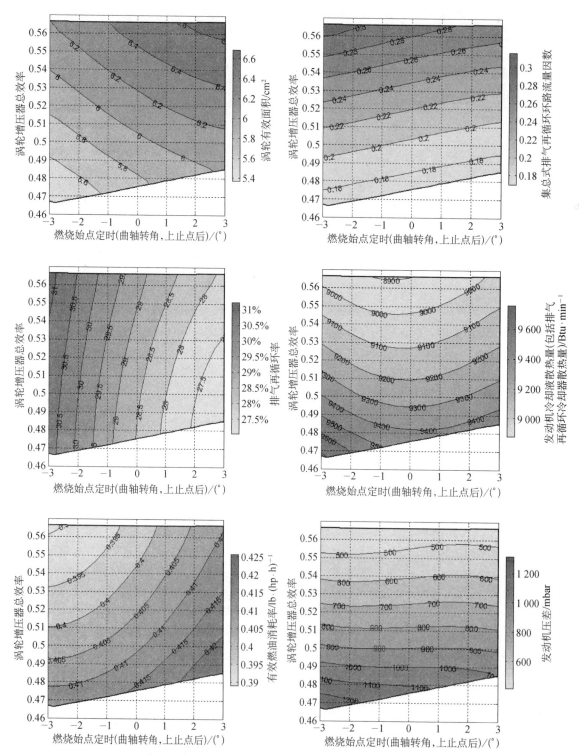

图 15.16 在额定功率时重载柴油机子系统之间的相互作用——当排气阻力流量因数、排气再循环冷却器尺寸和中冷器尺寸均固定且空燃比等于 22 和最高缸内气体温度等于 2 439 °F时的 A9 类分析

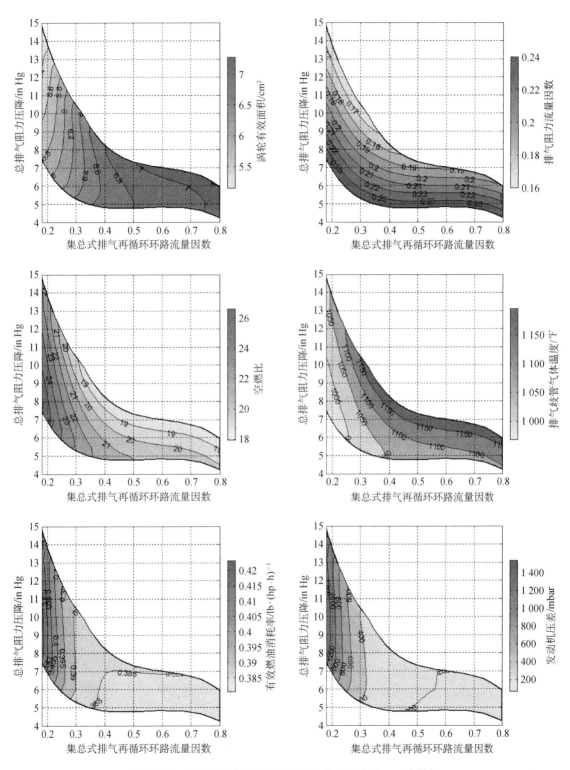

图 15.17 在额定功率时重载柴油机空燃比的影响——当排气再循环率等于 31%时的 B1 类分析

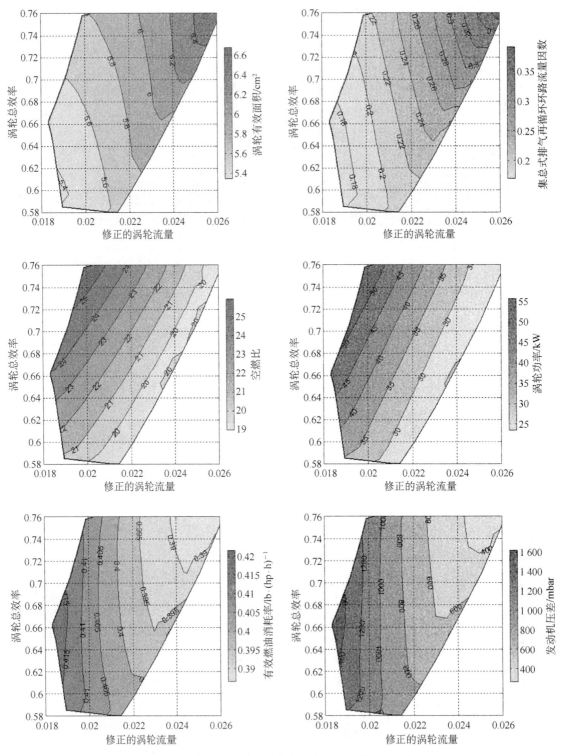

图15.18 在额定功率时重载柴油机空燃比的影响——当排气
再循环率等于31%时的B2类分析

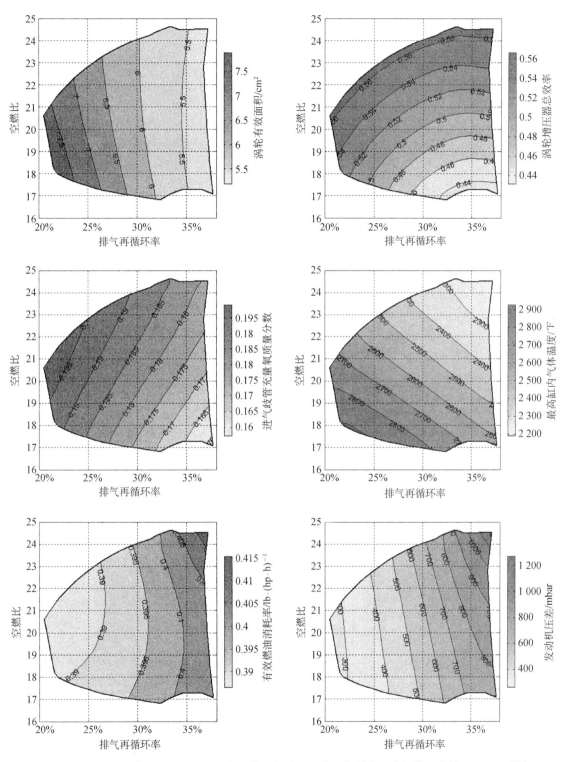

图 15.19 在额定功率时重载柴油机空气系统的能力——当进气歧管混合气体温度等于 150 °F、排气阻力压降等于 9.7 in Hg、排气再循环阀门全开、涡轮废气旁通阀全关时的 C1 类分析

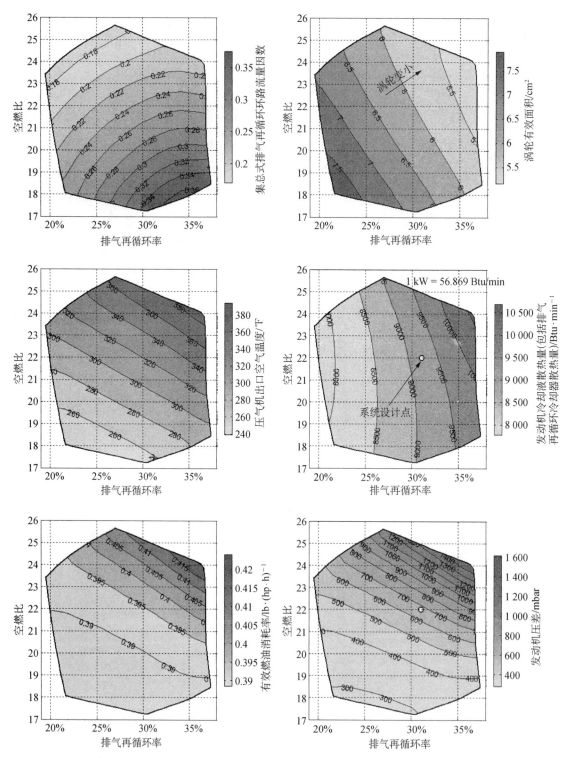

图 15.20 在额定功率时重载柴油机空气系统的能力——当进气歧管混合气体温度等于 150 °F、排气阻力压降等于 9.7 in Hg、涡轮增压器总效率等于 53%、涡轮废气旁通阀全关时的 C2 类分析

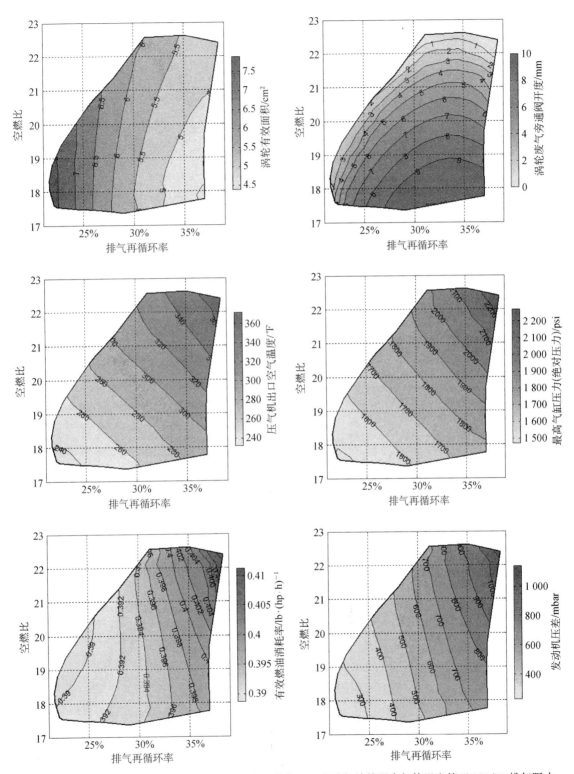

图 15.21 在额定功率时重载柴油机空气系统的能力——当进气歧管混合气体温度等于 150 ℉、排气阻力压降等于 9.7 in Hg、涡轮增压器总效率等于 53%、排气再循环阀门全开时的 C3 类分析

在额定功率工况，在固定的空燃比和排气再循环率情况下，高压级涡轮废气旁通阀开度和排气再循环阀门开度的空气系统控制能力模拟，以及泵气损失

在最大扭矩工况，在另一组固定的空燃比和排气再循环率情况下，进气节气门开度和排气再循环阀门开度的空气系统控制能力模拟，以及泵气损失

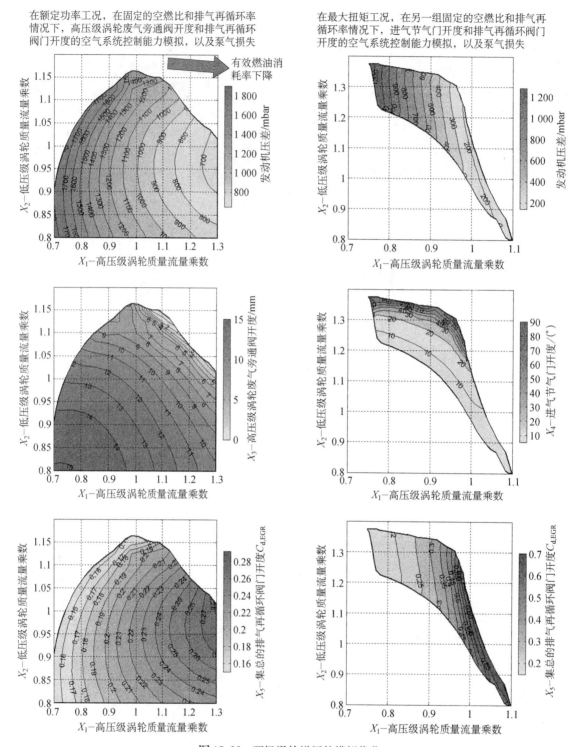

图 15.22　两级涡轮增压的模拟优化

总之,虽然发动机硬件的选型过程是在子系统之间互相影响着迭代进行的,但下面开列的设备选型顺序一般可以作为一个准则来采用:①排气阻力;②中冷器和排冷器能力;③排气再循环环路流动阻力;④涡轮增压器。以上讨论适用于带传统的凸轮配气机构的发动机系统。关于涉及可变气门驱动的子系统相互作用,分析发动机性能的最佳办法是使用空气系统能力图,正如第9章中的图9.12(c)~(d)所示。

在基于正常和极端环境条件按照关键工况完成空气系统的硬件选型后,需要在整个发动机转速-负荷区域进行关于性能和排放的虚拟标定,包括在整个区域上和各种运行条件之间进行适当的参数平滑和过渡(例如图7.8)。另外,还需要进行动力系瞬态模拟,评估硬件能力和电控策略。

15.4.3 普适于不同氮氧化物排放水平的发动机硬件选型和标定的系统设计方法

前面的讨论主要涉及空气系统和冷却系统的子系统相互作用和属性权衡。为了将发动机系统设计方法扩展到包括喷油和燃烧系统,很有必要在模拟计算中引入氮氧化物模型来针对不同的发动机本体氮氧化物排放水平和油耗改进潜力进行硬件选型和虚拟标定(例如与空气系统有关的图15.23和与喷油定时有关的图15.24)。排放模型对于选择性催化还原发动机尤其重要,这是因为这种发动机的系统方案的焦点问题是非常敏感的喷油定时、氮氧化物排放和油耗,而不像在高排气再循环缸内技术发动机那样由于使用非常推迟的喷油定时故而相对来讲更为重视空气系统。需要指出的是,在系统设计中加入排放模型在处理排放配方上是一个本质性的飞跃。

采用缸内排放控制路线与氮氧化物后处理路线的发动机设计策略在很多方面是非常不同的,包括排气再循环率、空燃比、喷油定时、燃烧噪声、涡轮增压器匹配、压气机级间冷却、散热量、耐久性参数要求(排气歧管气体温度、最高气缸压力、压气机出口温度等)。缸内低氮氧化物柴油机系统设计具有以下特征:高排气再循环率(例如在全负荷高于30%,在部分负荷高于40%)、低空燃比、推迟的喷油定时、高碳烟排放、较为频繁的柴油颗粒过滤器再生、高进气歧管增压压力、高泵气损失、高中冷器散热量、高冷却液散热量、高气缸压力(由高压缩压力造成)、低缸内温度、高压气机出口空气温度、低排气歧管气体温度。相比较而言,选择性催化还原(SCR)发动机正好相反,例如采用从零到低中度排气再循环率(例如全负荷时20%~25%),但有两个例外,一是空燃比较低,二是气缸压力较高(由高燃烧压力造成)。

高氮氧化物选择性催化还原(SCR)柴油机系统设计的关键在于确定SCR的氮氧化物转化效率(图15.24~图15.26)和对排气再循环率的正确选择。虽然一般来讲油耗随发动机本体氮氧化物排放水平的增加而下降,但是并不一定总如此,而且有时油耗上的收益会变得很弱,具体取决于排气再循环率和喷油定时影响油耗的机理。在确定优化的SCR氮氧化物转化效率时的另一个考量是油耗与尿素消耗之间的平衡。最佳转化效率对应于燃油和尿素总消耗量的最小值(Stanton,2009)。

SCR柴油机在空气系统与燃烧系统之间的子系统相互作用可以用图15.25~图15.26中所示的发动机系统设计方法和参变量模拟结果很好地予以解释。图中显示的结果为在最大扭矩和额定功率工况对于排气再循环率和喷油定时所进行的参变量扫值计算。这里采用的氮氧化物模型是使用试验设计测试数据而建立的神经网络模型。图15.25~图15.26显示排气再循环对于减少氮氧化物排放非常有效,使用中度的排气再循环率能够显著减轻对SCR转化效率的要求。对SCR转化效率不能过高依赖的原因之一是在美国联邦测试程序(FTP)循环中的冷态部分的SCR转化效率至今仍然较低,仍是柴油机界的一大设计挑战。依靠将喷油定时提前而降低油耗所展现出来的越来越弱的收益可以从图15.25~图15.26中很清楚地看到。而且,在排气再循环率上存在一个阈值。高于此阈值时,发动机压差、泵气损失和油耗会急剧上升,其原因是为维持所需的最低空燃比的涡轮面积变得非常小。在图 15.25～图 15.26 中显示的三个大圆圈展示了从参变量扫值图中挑选发动机系统设计点时的横向比较（即在相同的氮氧化物排放水平上将 A 点与 B 点相比较）和纵向比较（即在相同的排气再循环率上将 B 点与 C 点相比较）。它们显示，为了达到一个对应于合理的 SCR 转化效率的发动机本体氮氧化物排放目标，使用较高的排气再循环率的策略（即 B 点）比使用较低的排气再循环率的策略（即 A 点）要更好，因为 B 点能够采用比 A 点更为提前的喷油定时来降低油耗。

在图 15.25 中，涡轮的"Phi"参数，亦称修正质量流量，代表涡轮面积。排气再循环率和空燃比相结合决定了所需的涡轮面积和排气再循环环路流动阻力（例如在最大扭矩工况将排气再循环阀全开）。集总排气再循环阀的开度流量因数为零代表阀门全关。集总排气再循环流量因数为 0.6 在这里代表阀门全开。较大的排气再循环环路流量因数意味着跨越环路的气体阻力压降较小，因而通常是设计上所追求的目标。所需要的排气再循环环路流量因数是基于排气再循环流量和涡轮面积形成的发动机压差所决定的。它们能够实现空燃比和排气再循环率目标，正如式（13.1）所揭示的系统原理所示。需要注意的是，最大的排气再循环环路流量因数并不发生于非常低或非常高的排气再循环率时，而其实是发生于中度的排气再循环率（例如在最大扭矩时 20%～25%）。在图 15.25～15.26 中，作为一种空气系统特征，额定功率工况的发动机压差在 20%～25% 排气再循环率处显现出平坦的变化趋势或一个较低的优化"低谷"。发动机压差和油耗曲线在排气再循环率低于 30% 阈值时呈平坦形状的原因包括：在较高排气再循环率时排气温度较冷，排气体积流量较低，因而排气阻力压降会变小；当排气再循环率和进气歧管气体温度增高时，充量因数会增大；由于增压压力升高，两级涡轮增压中的高压级涡轮和压气机的效率会增加。所有以上原因都会在排气再循环率和进气歧管压力增大时抑制排气歧管压力的增加，因此会造成基本恒定或者甚至下降的发动机压差。另外，较低的排气再循环率会使得压气机压比较低，因而能使用单级增压。但是，这种低排气再循环率和低增压压力的策略会要求 SCR 具有较高的转化效率，并要求发动机具有较高的排气歧管气体温度这一耐久性设计极限，如图 15.26 所示。

最后，需要注意的是，在全负荷（特别是额定功率）的发动机系统设计点的选择也被耐久性设计约束条件所制约，尤其是最高气缸压力、排气歧管气体温度、压气机出口空气温度、中冷器进口空气温度、散热量这几个参数。系统设计点可以选在定氮氧化物目标的特征曲线（例如 A 点与 B 点的连线）与一个耐久性参数（例如排气歧管气体温度）的约束线或极限值线之间的交点，也可以选在参变量设计图上两个最严苛的耐久性参数的约束线之间的交点（图 15.26）。图 15.25～15.26 所示的系统设计示例给出了一个强有力而普适的方法，用以理解复杂的子系统相互作用和优化，不但适用于缸内低氮氧化物发动机，而且也适用于 SCR 高氮氧化物发动机。

15.5　参考文献和书目

Berard F, Cotta A, Stokes J, Thring R, Wheals J. 2000. An integrated powertrain (IPT) model-stage one [C]. SAE paper 2000-01-0864.

Burtt D J, James I B. 2004. Use of system design techniques in the optimization of integrated powertrains incorporating an IVT [C]. SAE paper 2004-01-0352.

Fussey P M, Goodfellow C L, Oversby K K, Porter B C, Wheals J C. 2001. An integrated powertrain (IPT) model-stage 2: systems integration, supervisory control and simulation of emissions control technology [C]. SAE paper 2001-01-0938.

Page D L, Edgar B L. 1998. A systems-level optimization strategy for diesel engines [C]. SAE paper 981914.

Stanton D. 2009. Technology development for high efficiency clean diesel engines and a pathway to 50% thermal efficiency [C/OL]. *Proceedings of the Directions in Engine-Efficiency and Emissions Research (DEER) Conference Presentations*. Dearborn, MI. August 3-6. Available at: http://www1.eere.energy.gov/vehiclesandfuels/resources/proceedings/.

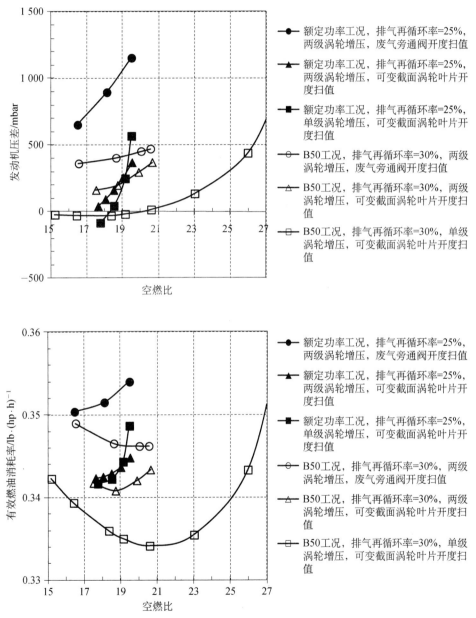

图 15. 23 空燃比对发动机压差的影响

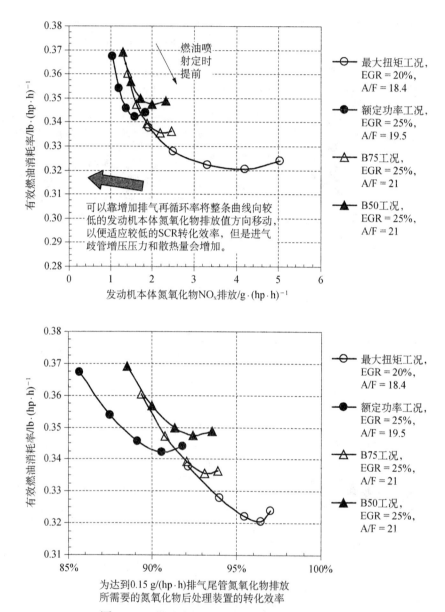

图 15.24　燃油喷射定时对减少油耗的影响和潜力

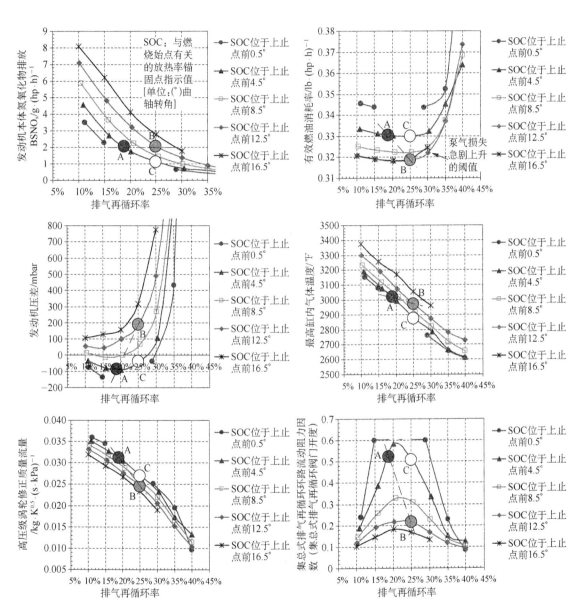

图 15.25 在最大扭矩工况的柴油机子系统相互作用和系统优化
(使用可变截面涡轮和涡轮废气旁通阀全关及空燃比等于 18.5)

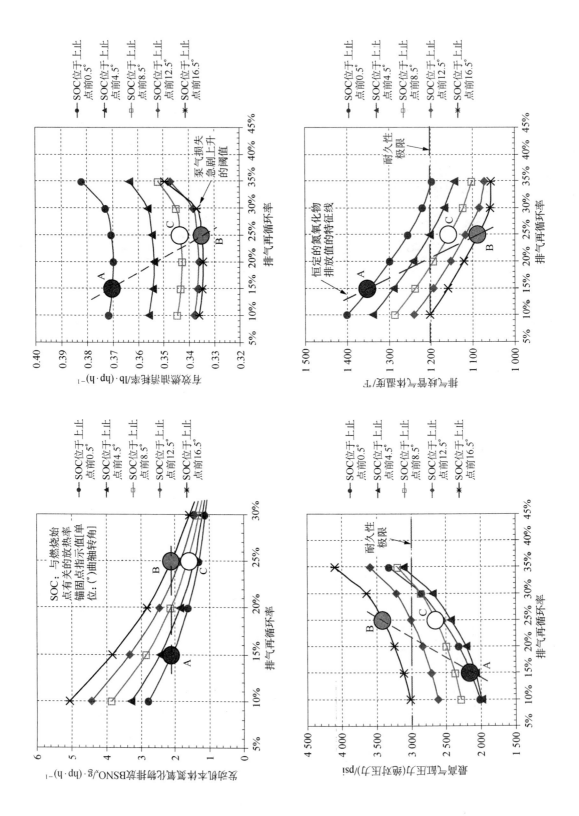

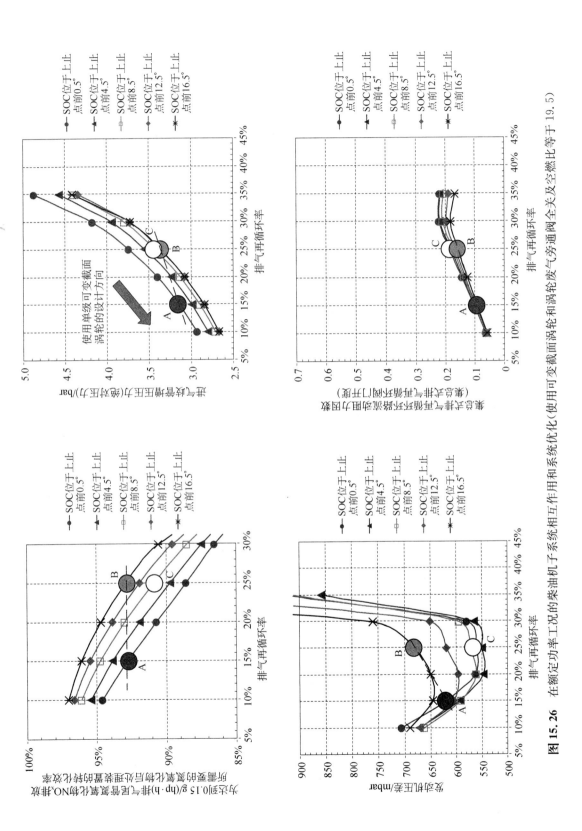

图15.26 在额定功率工况的柴油机子系统相互作用和系统优化（使用可变截面涡轮涡轮和涡轮废气旁通阀废气旁通阀全关及空燃比等于19.5）

16

排放和燃料经济性法规及其对先进发动机技术研究和技术路线选择的影响

摘要：重载柴油机及其系统设计对于 21 世纪的节能减排和低碳运输非常重要。发动机系统设计领域的建设和发展由三个支柱组成：①产生并维护系统设计指标；②开发先进的模拟模型和分析方法；③以系统集成和优化的分析方法开发先进的发动机技术。系统设计的一个重要方面是开发先进技术。了解在车辆、发动机和燃料技术上的最新进展对于系统工程师是非常重要的。本章给出了最新的重载车用发动机法规和技术方向的概述，特别是燃料经济性法规，并且偏重于陈述系统设计的第三个支柱的内容。另外，从系统角度指出了在车辆、发动机和燃料技术选择中的子系统相互作用和产品属性之间的权衡。

16.1　美国排放法规和温室气体法规

近 20 年以来，满足标准污染物排放（即氮氧化物、颗粒物、碳氢化合物、一氧化碳）一直是全球范围内柴油机研发的主要工作重心（Majewski 和 Khair，2006；Liu，2010；Mollenhauer 和 Tschoeke，2010）。大多数柴油机，不论是轻载还是重载，道路用或非道路用，迄今为止均在控制排放上取得了巨大进展，甚至几乎达到零排放，特别是美国、欧洲和日本的产品。随着这个排放控制时代接近结束，从 2011 年开始，一个新的技术革新和产品竞争的时代已经到来，其重点在于满足严格的温室气体法规并显著改进燃料经济性。

由公路、航空、水路和铁路所组成的世界运输业每年消耗大量能源，例如 2007 年消耗了 128 EJ[①]。Greene 和 Baker（2011）估计，如果不控制燃料消耗的话，到 2050 年能量消耗量将增加到 309 EJ。然而，如果采取积极措施减少二氧化碳排放和改善油耗，2050 年的能量消耗量将能够减少到 121 EJ，即基本上是维持今天的水平。这表明了在运输行业减少发动机燃料消耗的迫切需要。在运输业中，公路运输的能耗所占比例最大，大约 75% ～ 85%。因此，减少公路用内燃机的能耗是当务之急。另外，从温室气体控制的角度来看（主要是二氧化碳，它直接与油耗相关），在美国 2006 年的所有移动能耗源中（包括乘用车、轻型卡车、重型卡车、非道路、船用、航空、铁路等），乘用车和轻型卡车排放了 54% 的温室气体，占第一位。重型卡车居第二位，排放了高达 18% 的温室气体。这表明了在诸如货运卡车、特种卡车、公交客车、校车等重型车辆上减少温室气体排放和能耗的迫切需要（Cooper 等人，2009；Dressler 等人，2010；Greszler，2011；Hausberger 等人，2012）。

如前所述，由法规控制的柴油机排放通常包括以下四种标准污染：氮氧化物（NO_x）、颗粒物（PM）、碳氢化合物（HC）、一氧化碳（CO）。排放限值不仅适用于新的量产化柴油机，而且也适用于排放耐久性和质保期内，通常规定为在一定的最低里程数或时间段内发动机必须满足排放标准

---

① 1 EJ（艾焦耳 exajoules）＝10^{18} J

(DieselNet 网址:http://www.dieselnet.com/standards/us/hd. php;Dollmeyer 等人,2007;Nicol, 2007;Seger,2010;Lei,2012)。全球范围内艰苦的减排历程始于 20 世纪 90 年代,美国 2010 年的重载柴油机排放法规基本在技术上标志着排放控制时代的结束。它体现于获得了几乎为零的氮氧化物[0.2 g/(hp•h)]、颗粒物[0.01 g/(hp•h)]和非甲烷碳氢化合物[NMHC,0.14 g/(hp•h)]排放,并辅之以超低硫柴油燃料标准。美国 2014—2017 年的重型温室气体和燃料经济性法规的实施开启了运输业低碳控制的历程,开始将柴油机的设计重心移向诸如石油消耗和国家能源安全等能源问题以及全球气候变化等问题。未来车辆、发动机和燃料研发的发展方向是在法规制约下的节能减排并举,政府法规的要求与客户的市场需求从此完全吻合在一起(Subramanian 等人,2008;Seger 等人,2011)。

重型发动机和车辆的排放和燃料经济性法规与轻型部分具有类似的发展足迹。在美国的轻型领域,乘用车的燃料经济性需要从 2010 年的 11.69 km/L 提高到 2016 年的 16.07 km/L。轻型卡车的燃料经济性需要从 2010 年的 9.99 km/L 提高到 2016 年的 12.24 km/L。在美国企业平均燃料经济性(CAFE)要求中,混合平均值需要从 2010 年的 11.60 km/L 提高到 2016 年的 15.09 km/L。美国的主要汽车企业已同政府达成意向,到 2025 年之前将属于 CAFE 要求的乘用车和轻型卡车的燃料经济性提高到 23.16 km/L(Jackson,2012)。在未来的轻型温室气体法规立法中,一个很清晰的趋势是乘用车的二氧化碳排放(以 g/mile 为单位)从 2010 年到 2040 年每年将以 4%~5%的幅度下降;这种立法一般会设定几个阶段性目标,每个阶段覆盖几年时间。预期在未来的几十年内在重型领域也会有类似连续而大幅度的下降。事实上,1897 年时柴油机的早期雏形的热效率是 27%。经过 100 多年的研发,今天道路用重载柴油机的热效率提高到了大约 42%,而污染物排放几乎降为零。很显然,目前的汽车工业进入的是一个加速改善排放、燃料经济性和热效率的时代。在运输业,改善货运效率不仅要求发动机方面的进展,而且也要求改进车辆。同时,优化的系统集成将越来越重要。

美国环保署(EPA)和国家高速公路交通安全署(NHTSA)于 2011 年颁布了一套关于重型发动机和商用车辆的温室气体和燃料经济性的联合法规(US EPA 2011;US EPA Industry/EPA Workshop Compliance Division,2011a,2011b;US EPA Industry/EPA/NHTSA Workshop,2011a, 2011b;Bunker,2011;Bunker 等人,2011;Lee 等人,2011)。这个于 2014—2017 年开始实施的温室气体法规是美国第一个中型和重型燃料消耗方面的国家标准。它在发动机与车辆之间分别设置不同的标准,以确保两者均有改进。该法规期望工业界能够使用已有的现成量产化技术来达到要求。美国环保署的温室气体法规将于 2014 年开始生效,于 2017 年将变得更为严格。国家高速公路交通安全署的燃料消耗法规在 2014、2015 和 2016 年度为自愿遵从性质,但在 2017 年度将成为强制性法规。

美国 2014—2017 年的温室气体法规对二氧化碳、一氧化二氮、甲烷、氢氟碳化物(HFC)、燃料消耗分别设置了不同的排放标准。二氧化碳与燃料消耗的标准之间是互相吻合与一致的。需要注意的是,二氧化碳功率时间质量排放量[g/(hp•h)]、发动机有效燃油消耗率[BSFC,lb/(hp•h)]、发动机热效率、卡车货运效率(gallon/(ton•mile)或 ton•mile/gallon)这四者之间具有直接的对应关系(图 16.1)。二氧化碳与燃料消耗量之间的对应关系与尿素用量无关。但是,在选择性催化还原(SCR)后处理装置中使用尿素会增加一氧化二氮排放,它在温室气体全球变暖潜力值方面是二氧化碳的 296 倍。需要注意的是,美国温室气体法规并没有对诸如在 SCR 中使用的液态尿素等后处理工作液的消耗量予以立法约束。事实上,尿素从能源消费的角度来讲并不是白来的,其生产会直接消耗诸如天然气或煤等不可再生能源。虽然减少原油消耗对于国家能源安全来讲至关重要,但

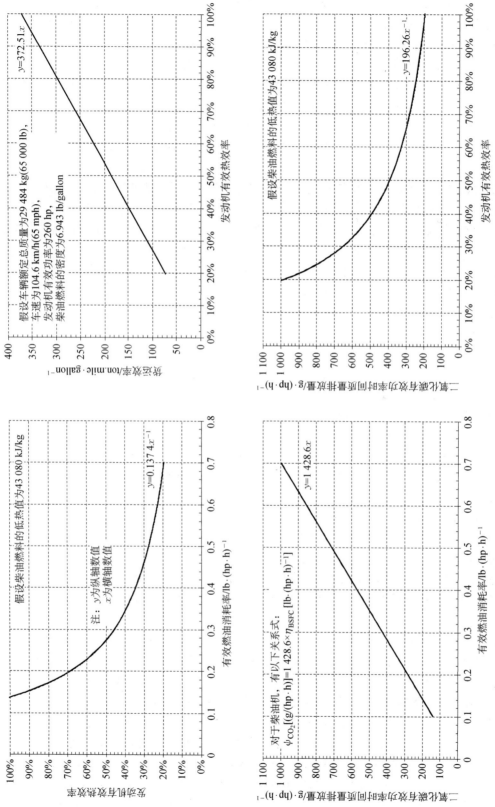

图16.1 二氧化碳有效功率时间质量排放量、有效燃油消耗率、发动机热效率、车辆货运效率四者之间的关系

是在温室气体立法中使用工作液经济性(而并非只是燃油燃料经济性)而将尿素消耗也包括在内会更为合理和完善,也会更好地保护终端用户的利益,并且会鼓励和提升先进的柴油机技术发展。

美国环保署的温室气体法规与国家高速公路交通安全署的燃料消耗法规之间的主要区别如下。环保署法规对所有重型车辆(除了中型乘用车或称 MDPV)和发动机的二氧化碳排放以 g/mile、g/(ton·mile)和 g/(hp·h)为单位来约束,从 2014 年生效,并且覆盖一氧化二氮、甲烷和空调泄漏的氢氟碳化物制冷剂(HFC)。交通安全署法规以 gallon/mile、gallon/(ton·mile)和 gallon/(hp·h)为单位约束燃料消耗,从 2017 年开始强制生效,而且不包括娱乐车辆。尽管环保署的法规考虑了尿素对于排气尾管处一氧化二氮排放的影响,但是交通安全署的法规并未考虑与一氧化二氮有关的工作介质的消耗量,例如 SCR 中使用的尿素。

美国 2014—2017 年的重型温室气体法规适用于车辆额定总质量大于 3 856 kg(8 500 lb)的道路用车辆及其发动机,除了被 2012—2016 年度轻型车辆温室气体法规和企业平均燃料经济性(CAFE)法规所覆盖的中型乘用车(MDPV)以外。该重型温室气体法规将中型和重型运输业的设备按照以下方法划分为三类:

(1) 连体式或长途运输的拖车(7 级和 8 级车辆)及其发动机;

(2) 重型皮卡卡车和厢式货车(2b 级和 3 级车辆)及其发动机;

(3) 专用或特种车辆(在 2b 级到 8 级内所有不属于前两类的车辆)及其发动机。

上述第三类包括用于送货、收拾垃圾、维修设备、倒料、制备水泥的卡车,还包括城市客车、校车、紧急车辆、拖车用卡车、移动房车等。

美国环保署关于不同发动机的二氧化碳限值是基于车辆用途和发动机功率范围制定的,以 g/(hp·h)为单位,而关于不同车辆的二氧化碳限值是根据车辆用途、重量和设计特征(例如带与不带卧铺的车厢)制定的,以 g/(ton·mile)为单位。温室气体法规要求连体拖车制造企业对车辆的空气动力学、减重、轮胎、怠速管理和车速限制器等设计进行认证;要求专用车辆的底盘制造企业对轮胎进行认证;另外,要求发动机制造企业对氮氧化物、颗粒物、二氧化碳、一氧化二氮、甲烷等排放物进行认证。美国 2014—2017 年温室气体法规对挂车制造企业尚未予以约束。需要注意的是,温室气体和燃料经济性的认证方法对于发动机和车辆来讲有所不同。另外,在二氧化碳和燃料消耗测试中所使用的测试循环对于以上三类设备来讲也各自不同。规定的测试循环有以下两种:拖车工作循环(即美国补充排放测试 SET 的十三工况法)和专用车辆工作循环(即联邦测试程序 FTP 循环)。第一类设备中的发动机需要采用发动机测功器以稳态补充排放测试(SET)进行认证测试,而车辆则需要采用美国环保署的温室气体 GEM 模型(Gas Emissions Model,即气体排放模型)进行认证(Bunker 等人,2011)。对于第二类设备中的发动机和车辆,需要采用底盘认证测试方法。在第三类设备中,发动机需要采用联邦测试程序(FTP)的瞬态测试循环进行认证,而车辆则需要采用 GEM 模型进行认证。压燃式发动机的甲烷和一氧化二氮排放需要采用重载发动机的联邦测试程序(FTP)循环进行认证。

温室气体法规允许制造企业灵活地使用排放的平均、积累和交换策略(ABT)。该法规还对使用先进技术采取鼓励积分策略,例如电动或燃料电池车辆、混合动力系统、兰金循环余热回收系统、代用燃料。关于温室气体法规的更多具体内容,读者可见美国环保署的网站 www.epa.gov 和 www.DieselNet.com。

16.2 全球其他地域的排放和温室气体法规

排放和温室气体法规的终极目的是为了引导发动机工业界采用先进而低成本的技术达到零有

害污染物和零碳运输。世界各地的内燃机排放法规各有不同,其中以美国、欧洲和日本的最为严格。其他地方一般均采用这三处的法规之一而迟于一定的时限予以实施。使用超低硫柴油燃料(ULSD)通常是达成严格而有效的氮氧化物和碳烟排放控制所必需的前提条件。出于国家能源安全或应对全球气候变暖的考虑,大多数工业国家也已经制定了针对燃料经济性和温室气体(包括二氧化碳、甲烷、一氧化二氮)的法规。另外,包括生物柴油和其他低碳清洁燃料在内的燃料技术也受到广泛重视,作为降低二氧化碳排放的一种潜在手段。

欧盟关于重载柴油机的排放法规称为欧洲一号到六号(即 Euro I 到 Euro VI)。第一个法规(欧洲一号)是 1992 年实施的(DieselNet,"European Union:emission standards")。目前最新的法规(欧洲六号)在氮氧化物和颗粒物控制的严格程度上基本上与美国 2010 年的排放法规差不多,于 2013年开始实施。它还包括了关于颗粒物数量的排放标准、包含偏离循环工况和在用测试在内的新的测试要求、更为严格的在线诊断要求。俄国基于欧洲四号引入了于 2010 年生效的法规,并且基于欧洲五号计划于 2014 年实施更为严格的法规。欧盟从 2007 年开始调研并设立关于重型车辆燃料经济性和二氧化碳排放的研究项目。为了考虑各种不同的车辆和工作循环,欧盟制定了一个通用的模拟工具,在关于燃料经济性和二氧化碳排放的标准认证程序中使用。预期欧盟的温室气体法规将于 2015 年开始实施(Bandivadekar,2012)。

日本自 20 世纪 80 年代后期便开始制定排放法规(DieselNet,"Japan:emission standards")。重型车辆的"后新长期排放"标准(PNLT)自 2009 年 10 月开始生效,对应于介于美国 2010 年与欧洲五号法规之间的一个排放水平。日本的道路用轻型和重型车辆均需要满足强制性的燃料经济性标准。在日本的燃料经济性法规的历史上有两套主要的标准。第一套标准生效于 2005 年 11 月,是世界上首个关于重型车辆的燃料经济性法规。该法规采用一个向最佳产品看齐的方法,即按照市场上燃料经济性最好的车辆为指标设置未来需要达到的目标。该法规采用的单位为每升燃油能够行驶的公里数(即 km/L),并按照车辆重量类别分别制订标准值。生产企业需要在每一财年在每个车辆重量类别内以其所有车辆的平均燃料经济性满足法规的标准要求。第二套标准于 2007 年予以更新制订,是关于卡车和客车的,并将于 2015 年生效。卡车的企业平均燃料经济性目标定为 7.09 km/L(396.6 g_{CO_2}/km),对应于比 2002 年的基线值改进 12.2%。客车的企业平均燃料经济性目标定为 6.30 km/L(416.0 g_{CO_2}/km),比 2002 年的基线值改进 12.1%。与欧洲认证方法类似,日本的车辆油耗和性能也是通过计算机模拟来实现的。但是,与欧洲不同的是,日本的主要重点是在发动机技术,而不是车辆整体。因此,它所采用的模拟工具能够用来评估发动机和动力系技术,包括采用硬件在环的模拟方法来评价混合动力系统。

中国的重载柴油机排放标准是基于欧洲法规并在实施年限上有一定推迟(DieselNet,"China:emission standards")。中国的国四标准是基于欧洲四号法规,预期于 2013 年后逐步实施,由于燃油质量的原因比初始的预期实施日期晚了几年。中国快速增长的重载运输市场是有害空气污染物(包括氮氧化物和颗粒物)的主要来源。基于油耗和车辆使用数据,某些研究认为重型车辆比乘用车大概多排放三倍的二氧化碳(China Greentech Initiative,2011)。2012 年 9 月,中国政府提出了首个重型燃料经济性法规,并计划于 2014 年 7 月实施。该法规适用于质量大于 3 500 kg 的柴油驱动车辆,并涵盖诸如卡车、施工车辆、半挂车、长途客车、城市客车等各种用途类别。燃料消耗量的标准限值是按照每 100 公里油耗制订的,对于卡车来讲其范围是 13~45.5 L 油耗,施工车辆是 15~49 L,半挂车 33~48 L,长途客车 12.5~29.5 L,城市客车 14~49 L。

印度自 2000 年以来在轻型和重型车辆方面开始采用欧洲的排放和燃料质量标准。基于欧洲三号法规的 Bharat 第三阶段法规目前在全国实施,除了几个大城市以外——它们已经自 2010 年以来在采用基于欧洲四号的更为严格的 Bharat 第四阶段法规（DieselNet，"India：emission standards"）。印度在重型车辆方面是一个新兴的重要市场，因此会极大地获益于更为清洁高效的发动机技术。

南美使用的大多数重载排放标准和认证测试循环基本上基于欧洲法规。在 21 世纪初，巴西基于欧洲三号和四号法规制订并采用了其 PROCONVE P5 和 P6 法规，于 2006—2009 年实施。然而，PROCONVE P6 法规事实上并没有来得及真正实施，旋即基于欧洲五号法规的更新的 PROCONVE P7 便被推出并于 2012 年 1 月开始实施。与其他国家相比（例如阿根廷、哥伦比亚、智利、秘鲁、乌拉圭），巴西基本上是在南美大陆具有最为严格的排放法规的国家，而那些其他国家目前仍然在实施欧洲三号或四号法规（DieselNet，"Brazil：emission standards"）。

16.3 温室气体法规对车辆技术选择的影响

美国 2014—2017 年温室气体法规要求连体式拖车的燃料消耗量从 2010 年到 2017 年减少 20%，专用车辆的燃料消耗量要求减少 7%～10%，重载皮卡卡车和厢式货车的燃料消耗量减少 17%。与发动机工业界 2010 年的平均值相比，预期到 2014 年发动机上实现的二氧化碳减排将达 3%～5%，到 2017 年再减少 2%～4%。其余所需的减排份额将来自车辆方面的改进。

车辆方面改善燃料经济性的技术通常包括以下一些内容：在拖车车身形状上采用减小气动阻力的先进空气动力学设计，减少车辆前端面积，采用车顶扰流板、空气动力学保险杠、空气动力学视镜，采用拖挂车之间的间隙减小装置，使用整体式驾驶室顶部整流罩，在挂车侧面加整流裙，在燃料箱侧部加整流罩，采用挂车尾部整流罩或船式尾部，使用低滚动阻力轮胎，减少怠速等。使用电控机械式自动变速器能够较好地匹配发动机与车辆，降低货运车队驾驶员之间在燃料消耗量上的差别，从而减少二氧化碳排放。将原先需要用发动机机械功率驱动的辅助附件电气化也能减少燃料消耗，特别是用于代替发动机怠速来满足车厢内的生活功率需求。

16.4 排放和温室气体法规对发动机研发的影响

美国 2010 年排放法规和 2014—2017 年重型温室气体和燃料经济性法规极大地影响着发动机和车辆工业，并且将对未来几十年内的发动机技术选择具有深远的影响。另外，发动机的设计和标定也需要满足在线诊断法规。在发动机与车辆的研发中，将发动机归属或匹配于恰当的用途或车辆类别并为其选择正确的技术路线以满足排放和燃料经济性要求至关重要。

在目前的温室气体法规新时代的前 10～20 年内，研发的重点将是改进传统柴油机的油耗。回顾道路用柴油机技术演化的历史（图 16.2），可以注意到以下六大技术初现于氮氧化物和颗粒物污染控制历程的不同时期：①20 世纪 70 年代到 80 年代的涡轮增压技术；②20 世纪 80 年代到 90 年代的增压空气中冷技术；③20 世纪 90 年代的电控喷油系统；④2002—2004 年的冷却排气再循环技术；⑤2010 年的柴油颗粒过滤器技术；⑥2010—2012 年的选择性催化还原技术。现在问题的提法是在二氧化碳排放控制时代，在上述六大技术之上，哪项技术将会成为下一个重载柴油机主流技术。这个问题的答案或许是发动机减小排量或余热回收（WHR）。另一种可能的答案是从轻载汽油机行业迅速吸纳可变气门驱动（VVA）方面的成熟量产化技术，将其应用于重载柴油机。

在过去十余年的柴油机研发中，世界上主要出现过以下三条技术路线：
（1）采用高排气再循环率，但是不采用选择性催化还原（SCR）；

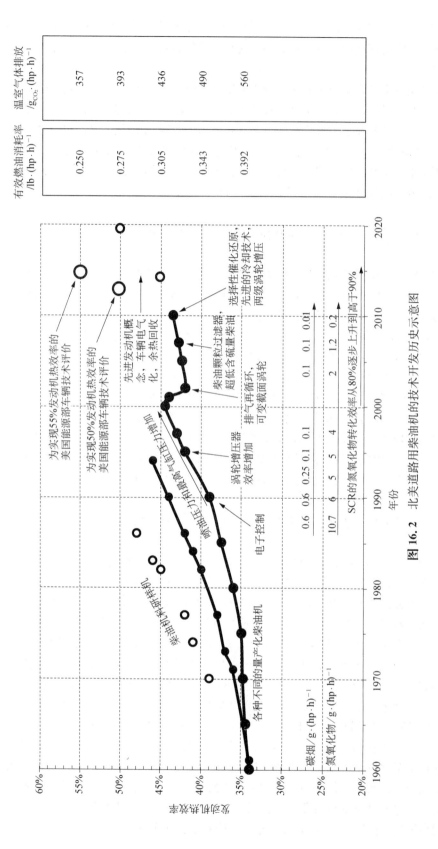

图 16.2 北美道路用柴油机的技术开发历史示意图

(2) 不采用排气再循环(EGR),但是采用选择性催化还原(SCR);

(3) 采用中度排气再循环率,并且同时采用选择性催化还原(SCR)。

在发动机技术选择上,首先需要确定与后处理装置相匹配的发动机本体排放值目标。而且,技术路线的选择需要保证在满足排放与燃料经济性法规之间的良好连续性或衔接性,而这种衔接性不仅来自于对排放法规演变的良好跟踪和预期,也来自于对发动机子系统性能相互作用和产品属性相互作用的深刻理解。事实上,对于满足美国 2010 年或欧洲六号(Euro VI)排放法规来讲,一般均需要采用柴油颗粒过滤器对碳烟进行控制,并采用冷却的排气再循环对氮氧化物进行控制。上述这三条技术路线对于与发动机本体氮氧化物排放目标、系统型式、性能、耐久性、成本和温室气体达标方法有关的设计策略来讲具有重大影响。这些技术路线也受柴油燃料中的硫含量、选择性催化还原的转化效率和理想的尿素消耗量影响或制约。

冷却的排气再循环对于减少氮氧化物排放非常有效。它也会影响柴油燃料和低碳代用燃料的燃烧性能。另外,它会影响燃烧噪声、散热量、泵气损失、瞬态响应、空气系统型式、喷油定时等。相应地,排气再循环还会影响与耐久性有关的几个关键系统设计性能参数,例如最高气缸压力、排气歧管气体温度和压力、压气机出口空气温度。在上述第一条技术路线中,只采用大量的排气再循环而不采用选择性催化还原或其他氮氧化物后处理装置(即依靠先进的缸内排放控制技术)对于引领柴油机工业界的技术进步具有非常积极的意义。然而,这一路线也是最为困难和要求最先进技术的一条道路。例如,它对发动机的空气系统、冷却系统和本体设计均提出了很严苛的要求,例如需要采用很小的涡轮面积在全负荷驱动大量的排气再循环,使用很大的散热器或者甚至低温散热器将大尺寸排冷器的高额散热量耗散掉,以及提升最高气缸压力的设计极限来实现为减少油耗的发动机减小排量策略等。虽然这一技术路线具有一定的成本优势(由于删除了氮氧化物后处理装置及其工作液),但是由于它的喷油定时比较推迟以便控制缸内氮氧化物排放,所以这一路线的油耗较高(如果不采用其他降低油耗的设计措施予以抵消的话)。这条路线包括柴油燃料和液态尿素消耗量两者在内的工作液经济性对于 $0.2\,\mathrm{g/(hp \cdot h)}$[即 $0.268\,\mathrm{g/(kW \cdot h)}$]氮氧化物排放水平来讲也未必最佳。由于具有很高进气歧管增压压力方面的严苛要求,这一路线通常需要采用两级涡轮增压。另外,控制气缸与气缸之间的排气再循环分布也变得非常重要。由于排气再循环率较高,还会出现瞬态空气短缺问题,故而在瞬态工况需要采用电力辅助增压、机械增压或者甚至理论配比燃烧。

与之相反,只采用选择性催化还原而不采用排气再循环的第二条技术路线走向另一个极端。这条路线的喷油定时往往不能设置得非常提前,因为否则的话氮氧化物排放会过高,除非采用极高的 SCR 氮氧化物转化效率。因此,这条路线的油耗和氮氧化物排放都不能降得非常低。事实上,这条路线的一个主要技术障碍正是不能获得很高的 SCR 氮氧化物转化效率(例如 97%)。实际上即使转化效率很高的话,在依靠喷油定时提前减少油耗与 SCR 转化效率之间也仍然存在着不匹配的问题,即当喷油定时被设置得非常提前而且发动机本体的氮氧化物排放值变得很高时,有效燃油消耗率的下降幅度可能会变得特别小或者甚至开始升高(图 15.24)。而且,在目前的高有效平均压力发动机中,在很多转速-负荷工况下涡轮面积必须被选得足够小,以便能够给出足够高的空燃比,这样就已经会造成正值的发动机压差,即排气歧管压力大于进气歧管压力,而不是在低有效平均压力时的负值发动机压差或泵气收益。所以不使用排气再循环其实并不会在减少泵气损失方面比排气再循环发动机强多少。实际上,在排气再循环率与所要求的 SCR 氮氧化物转化效率之间存在一个优化组合来获得最佳的发动机系统设计方案,具体地体现于氮氧化物控制、减小泵气损失和油耗、增压压力要求、散热量和冷却系统能力等方面。第二条技术路线的其他一些设计挑战包括:需要成功地将尿素转化为氨气,不出现过多的 SCR 沉积物,氨逸流氧化型催化器中的氮氧化物选择性,紧凑的 SCR 装置尺寸和低流动阻力降,在瞬态 FTP 排放循环中的 SCR 暖机部分实施省油而有效的排气热管理(例如采用有效的喷油策略,采用空气系统和冷却系统的控制进行辅助等)。

第一条和第二条技术路线在满足最为严格的氮氧化物排放法规上均或多或少地会遇到困难。目前,较为现实、成熟和量产化可行的技术路线是第三条路线,即采用选择性催化还原并加中度的排气再循环率,以相对增加硬件成本和散热量为代价。这一技术路线可在较为合理可控的泵气损失下将排气再循环的优势最大化,并能够采用非常提前的喷油定时来降低油耗(只要不超过最高气缸压力极限,尤其在全负荷时)。这一技术路线目前能够给出产品属性之间的最佳权衡,并能够实现从满足氮氧化物和颗粒物排放法规到满足温室气体法规的最顺利转变。其原因是由于从目前来讲降低油耗的最容易的手段即为简单地将喷油定时提前,而且其他减少燃料消耗的技术(例如涡轮复合增压、兰金循环余热回收、显著减小排量或极大地提高有效平均压力)在量产化方面尚未完全成熟。从提升柴油机技术、优化产品的整体属性(例如成本)或者提升产品竞争力的角度来看,将选择性催化还原与排气再循环相结合的第三条技术路线并不一定是最好的选择。然而,它的确是最容易同时满足标准污染物排放法规和温室气体法规的一条技术路线。具体地讲,它是靠权衡发动机各子系统的不同产品属性(性能、耐久性、封装性、成本)来实现的。

16.5 轻载柴油机技术的影响

过去的研究预测指出(Cackette,2010),使用液体化石燃料和生物燃料的由汽油机驱动的轻型车辆的产量从 2010 年到 2020 年将稳步缓慢增长,而从 2020 年后将由于越来越严格的温室气体法规而急剧减少,到 2050 年时其产量将大致减半。相比之下,微混合动力、弱混合动力、全混合动力、插入式电动混合动力车辆在产量上将将从 2010 年到 2030 年持续增长,并且到 2050 年一直将维持一个稳定而巨大的市场份额。另外,一旦电池的能量储存技术获得突破,电动车辆从 2020 年开始将在产量上连续增长,预计到 2050 年会形成很大的市场份额。使用天然气和生物制气的车辆到 2050 年时将增长为占据一个较小的市场份额。而且,一旦燃料电池和氢气储存技术获得突破,并且在氢气供气的基础设施建成以后,燃料电池车辆将会在 2050 年时能够占据一个小的市场份额。

尽管直喷柴油机的成本比传统的气道喷射汽油机的要高,但是柴油机的热效率也高很多(Austin 等人,2008)。内燃机的研发是向着热效率提高和成本增加的方向发展。这一趋势对于几项主要的轻载汽油机技术来讲是非常明显的(Steinberg 和 Goblau,2004;Kuhn,2007;Ryan,2008;Eckerle,2010;Johnson,2010;Tatur,2010;Jackson,2012),例如减小排量的涡轮增压直喷火花点火式发动机(Blaxill,2011)、高能点火汽油机、冷却的高排气再循环汽油机、反应率控制的压燃点火(RCCI)双燃料(汽油加柴油)发动机(Wagner 等人,2011)。另一方面,柴油机的热效率和成本在温室气体法规压力下也在不断上升。尽管柴油机在满足温室气体法规方面比汽油机具有一定优势,但是满足严格的美国轻载排放法规(例如第二阶段第三档和第五档,即 Tier 2 Bin 3 和 Bin 5)所需要采用的昂贵的后处理系统仍然是柴油机进入北美轻型市场的主要障碍。重载和轻载具有不同的用途特征。了解在满足排放和温室气体法规方面的轻载技术及其与重载技术的区别对于策划重载技术是很重要的。2013—2016—2025 年的轻载柴油机和直喷汽油机(GDI)的技术趋势和研究热点主要包括以下一些内容:

(1) 在保持额定功率和最大扭矩情况下减小排量和极大程度地减小排量;

(2) 降低转速并结合使用较大的驱动桥传动比;

(3) 改善燃油喷射；

(4) 使用先进的燃烧模式，包括低温燃烧；

(5) 改进空气增压技术，包括电动补充增压；

(6) 使用双环路排气再循环系统；

(7) 使用可变气门驱动技术，包括消除进气节气门或者采用米勒循环；

(8) 采用排气余热回收（例如热电发电装置）和冷却液余热回收；

(9) 减少发动机辅助附件耗功和机械摩擦；

(10) 使用智能辅助附件减少耗功（例如可开关调节的活塞冷却、可变转速水泵、智能发电机）；

(11) 减少发动机和车辆的重量；

(12) 采用停止-起动式的微混合动力管理系统减少发动机的怠速油耗；

(13) 使用电动混合动力车辆和插入式电动混合动力车辆；

(14) 使用具有高转化效率的后处理系统（针对稀薄氮氧化物捕集器、选择性催化还原等装置而言）；

(15) 采用离发动机本体安装距离紧凑的柴油氧化型催化器和颗粒过滤器；

(16) 使用低碳燃料配方。

作为与重型超级卡车研究项目相对应的项目，美国政府（能源部）目前正在资助一个称为"用于轻型车辆的先进技术动力系（ATP-LD）"的轻型项目（Singh 等人，2012）来探索先进的发动机和车辆技术。康明斯（Cummins）、福特（Ford）、通用汽车（GM）、克莱斯勒（Chrysler）、德尔福（Delphi）汽车系统和博世（Robert Bosch）是该项目中来自工业界的参加者。该项目的目标是将汽油机的燃料经济性提高到比目前最好的气道喷射汽油机（作为比较的基线）高出 25％，并且将柴油机的燃料经济性提高到比基线汽油机的高出 40％。

在上述技术中，值得注意的是减小排量和可变气门驱动这两项技术在轻载发动机上特别流行。有些公司（例如 MAHLE）宣称将发动机的排量减小 50％能够改善燃料经济性高达 30％。事实上，在轻载发动机中减小排量会比在重载发动机中要容易些，因为轻载在实际驾驶循环中在全负荷时运行的时间要比重载的少得多，故而其耐久性要求通常也不如重载的严苛。可变气门驱动（VVA）在轻载上广泛应用的原因是大多数汽油机曾使用进气节气门来调节空气流量，以便获得理论配比燃烧。因此，采用可变气门驱动代替进气节气门来实现负荷调节和减少泵气损失具有巨大的潜力。

关于在轻载柴油机中使用先进的燃烧模式来降低氮氧化物排放的问题，要认识到轻载排放认证循环中的主要部分是位于低转速和低负荷区域的，因此能够采用先进的低温燃烧达到很低的氮氧化物排放目标。轻载测试循环中只有一小部分（即高转速和高负荷区域）是需要使用传统的柴油燃烧模式的。所以，减少使用或者甚至完全消除氮氧化物后处理装置都是有可能的。相比之下，重载柴油机排放认证循环中的大部分工况处于高转速和高负荷区域，这使得采用先进的燃烧模式变得比在轻载中更为困难。

轻载应用场合一般为短途运输，因而汽油机、混合动力系统和电池都能够发挥很大作用。与此不同的是，在重载领域（尤其是长途运输业），目前为止还没有比柴油机或压燃点火循环加低碳液体燃料更好的选择。虽然电气化在轻载应用中能够大幅度减少燃料消耗，重型车辆中尚未见到这样的趋势和可行性。最后，需要注意的是，为降低二氧化碳排放而进行的技术选择（例如依靠混合动力或低碳燃料）不应将视角局限于仅仅满足温室气体法规所规定的标准限值。实际上，需要进行全生命周期的二氧化碳排放分析和比较，包括燃料生产、燃料消费、电能消费、后期处置能耗等，以便真正识别各技术之间的区别并达到减少全生命周期二氧化碳的目的。

16.6 重型车辆和发动机在改善燃料经济性方面的最新科研进展和技术选择

重型发动机和商用车辆技术的发展一直被法规要求和市场需求驱动着。在过去二十年里,柴油机的设计在持续地追求大胆的挑战,例如以下一些历史性飞跃(图 16.2):美国环保署 2004—2007—2010 年关于氮氧化物和颗粒物的排放法规实施,2014—2017 年温室气体法规实施,以及在道路用柴油机上实现 55%热效率的研发目标等。从历史上看,道路用柴油机的热效率从 20 世纪 60 年代的 34%一直稳步增长到 21 世纪初的 44%,然后在 2004 年下降到 41%(由于为了满足美国 2004 年排放法规而使用冷却的排气再循环),而后在 2004—2010 年又稍微恢复到 42%(尽管排放法规变得更加严格)。热效率的恢复或大幅度增加在选择性催化还原发动机上表现得更为明显,这是由于此类发动机能够使用更为提前的喷油定时的缘故。然而,从美国 2007 年的 1.2 g/(hp·h)氮氧化物加 DPF 的柴油机到 2010 年的 0.2 g/(hp·h)氮氧化物加 DPF 和 SCR 的柴油机所降低的油耗幅度其实并不是很大,在热效率上只有大约 1%～3%的增加,这主要是由于当时选择性催化还原装置的氮氧化物转化效率还比较有限造成的。

可以预期,2012 年以后,发动机的热效率将呈加速提升的趋势。业界已经开始谈论诸如"30—300—3 000"之类的高技术性能指标作为未来的发展趋势。这里"30"代表 30 bar[①] 有效平均压力的高功率密度,"300"代表 300 bar 最高气缸压力以利于使用非常提前的喷油定时、很高的发动机压缩比和大幅度减小排量以便提高热效率,"3 000"代表 3 000 bar 最高喷油压力以期实现缸内氮氧化物和碳烟的排放控制和改善的燃烧效率。在耐久性和成本等属性方面,也存在着类似的高期望目标,例如更长的 B10 寿命和删除氮氧化物后处理装置等。

改善发动机热效率对于提高货运效率极为重要。货运效率和二氧化碳排放的改善来自三部分:车辆、发动机、驾驶员操作行为。在不同的应用场合中,这三部分具有不同的重要程度。通过车辆的能量平衡分析可以发现,在低车速时(例如低于 56.3 km/h),发动机内的损失主导着总能耗。在中等车速(例如 56.3～88.5 km/h),轮胎的摩擦则占主导作用。而在高车速(例如高于 88.5 km/h),空气气动阻力开始占主导作用。在长途运输应用中,车辆、发动机和驾驶员操作在改善货运效率的潜力方面大体相同,均为 33%左右。然而,在特种用途中(例如垃圾回收卡车),车辆和驾驶员操作的潜力可能会降到各占 10%,而发动机的潜力则可能会升至 80%。

目前的道路用柴油机在全负荷时的热效率大约是 42%,而 28%的燃料能量会浪费于排气(包括 4%去了泵气损失),另外 28%的燃料能量作为各种散热量通过冷却介质耗散于环境大气中(包括 4%去了机械摩擦和辅助附件耗功),剩下的 2%的燃料能量耗散于零散热损失。散热量与排气能量之间存在着强烈的相互作用,主要取决于排气再循环率和泵气损失。当排气再循环率增加时,散热量增大,而排气能量减小。泵气损失与排气再循环率和空燃比有关,本质上讲与排气再循环环路的流动阻力、涡轮面积和涡轮增压器效率有关。发动机能量平衡分布上的变化会影响余热回收策略。在策划如何获得 50%～55%的发动机热效率的产品路线图时,需要对能量分布的每一部分或者每一个子系统分配和设置改进的目标。

基于上述柴油机在历史上由来已久的快节奏而充满活力的变化、业界的高追求目标和改进热效率方面所牵涉的复杂机理,人们会问:"下一代柴油机和重型车辆技术将向何处去?","未来的主

---

① 1 bar＝10⁵ Pa

流技术是什么？它们在商用化和量产化上有没有成熟？”，“政府在引导和帮助工业界方面能够起到什么样的作用？”为了回答这些问题，可以考察一下目前由美国政府（能源部）和工业界合作伙伴于2010—2014 年联合赞助的为期四年的超级卡车（SuperTruck）科研项目（Stanton，2009，2010；Lei，2009；Aneja 等人，2009，2011；Amar 等人，2011；Zhang 等人，2009；Sisken 等人，2010；Eckerle，2011；De Ojeda，2011；Jadin 和 Taylor，2011a，2011b；Amar，2012；De Ojeda 和 Rajkumar，2012；Jadin 和 Nine，2012a，2012b；Koeberlein，2012；Koeberlein 和 Newhouse，2012；Rotz 和 Sisken，2012）。柴油机工业界过去得到的一个教训是在美国环保署出台 2002/2004 年排放法规时由于初次使用排气再循环技术而造成发动机热效率显著下降。随着 2004 年后更为得力的政府赞助的科研项目的开展（Davis，2011），在满足后来推出的 2007—2010 年排放法规时就避免了热效率的损失。因此，在先进发动机和车辆技术科研方面，政府与工业界的联手支持对于指导工业界获得超高的热效率和货运效率是非常必要的。

美国的超级卡车科研项目具有以下几个研发目标：

(1) 在标准实验室条件下，在对应于 29 484 kg 重的卡车在无坡度道路上以 104.6 km/h 车速行驶的运行条件下，在满足美国环保署 2010 年排放法规的发动机上展示等于或高于 50% 的有效热效率（目标为 2015 年商品化）。这一车辆运行条件大体对应于一辆重型车辆以 193.9 kW 功率行驶，即发动机转速为 1 000 r/min，扭矩为 1 852 N·m（例如 80% 负荷率或者接近于美国补充排放测试工况中的 A75）；或者转速为 1 500 r/min，扭矩为 1 234 N·m（例如 55% 负荷率或者接近于 B50 工况），或者转速为 2 000 r/min，扭矩为 926 N·m（例如 55% 负荷率）；

(2) 使用上述发动机，在某个预定义的驾驶循环内展示货运效率（以每加仑燃料能给出的货物吨乘以里程数为单位）提高至少 50%。该 50% 的效率改善幅度具体分配为发动机占 20%、车辆占 30%；

(3) 在某个预定义的 24 h 范围的工作循环内展示货运效率提高 68%。该循环包括上条中的驾驶循环再加上一段较长时间的怠速期，代表着实际的长途运输驾驶情形；

(4) 通过技术评估和分析展示 55% 发动机热效率（期望 2020 年商品化）。

康明斯（Cummins）、戴姆勒（Daimler）北美卡车、纳威司达（Navistar）和沃尔沃（Volvo）是超级卡车项目的工业界参与者。该项目试验评估了大量的先进技术，具体如下所列。下述括号中的数据为整个发动机转速-负荷区域上的驾驶循环内的平均改进百分比的大体估计值。$f_{VF\eta}$ 是车辆货运效率的改进百分比。$f_{ET\eta}$ 是发动机热效率的改进百分比。例如，$f_{ET\eta}=5\%$ 意味着发动机热效率从42% 增加到 44.1%。不同的技术在不同的发动机转速和负荷对燃料消耗率有着不同的影响。由于在温室气体法规中美国补充排放测试（SET）十三工况（适用于长途运输）和联邦测试程序（FTP）循环（适用于专用卡车）均重视高转速和高负荷重载工况的燃料消耗，因此技术评价不应仅局限于部分负荷。现将用于改善燃料经济性的主要先进车辆和发动机技术按以下的路线图策划如下（图 16.3）。

(1) 减小拖车和挂车的空气气动阻力（$f_{VF\eta}=15\%$）；

(2) 减小轮胎的滚动阻力（$f_{VF\eta}=3\%\sim4\%$）；

(3) 改进传动系、变速器和车桥（$f_{VF\eta}=3\%\sim4\%$）；

(4) 采用抗怠速技术以减少发动机怠速和采用停车充电、节能辅助功率装置、储能系统等（$f_{VF\eta}=8\%\sim10\%$）；

(5) 采用带在线全球定位系统和三维数字地图的预测式巡航控制技术来预测道路坡度和车辆限速的变化以改进车辆的燃料经济性（$f_{VF\eta}=2\%\sim3\%$）；

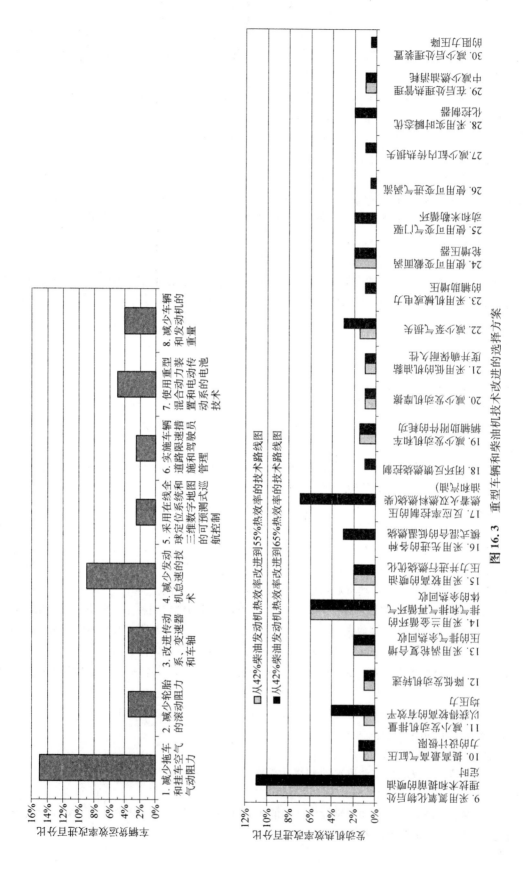

图 16.3 重型车辆和柴油机技术改进的选择方案

(6) 采用道路限速和驾驶员操作管理系统(即预测式扭矩管理、智能换挡、加速程度控制等;$f_{VF\eta}=2\%\sim3\%$);

(7) 使用重载混合动力系统和电池驱动的电动技术($f_{VF\eta}=4\%\sim6\%$);

(8) 减小车辆和发动机的重量($f_{VF\eta}=3\%\sim5\%$);

(9) 在发动机标定中将喷油定时提前,并采用选择性催化还原或其他氮氧化物后处理技术来处理较高的发动机本体氮氧化物排放($f_{ET\eta}=10\%\sim12\%$);

(10) 对发动机气缸盖和机体采用具有成本效益的材料来承受增大了的最高气缸压力,以便允许采用较高的发动机压缩比、较为提前的喷油定时和较高的排气再循环率($f_{ET\eta}=1\%\sim2\%$);

(11) 降低发动机排量以获得较高的有效平均压力($f_{ET\eta}=4\%$);

(12) 降低发动机转速并维持令人满意的耐久性和振动要求($f_{ET\eta}=1\%$);

(13) 采用涡轮复合增压进行排气余热回收($f_{ET\eta}=2\%$);

(14) 采用有机兰金循环进行尾气和排气再循环的余热回收($f_{ET\eta}=5\%\sim7\%$);

(15) 对先进的燃料系统(例如更高的喷油压力)和燃烧系统进行优化($f_{ET\eta}=2\%$);

(16) 采用先进的高效清洁的混合燃烧模式(即低温燃烧、起升火焰燃烧、理论配比柴油燃烧等;$f_{ET\eta}=3\%$);

(17) 采用双燃料(柴油加汽油)实现反应率控制的压燃点火燃烧(即 RCCI;$f_{ET\eta}=7\%$);

(18) 采用闭环反馈的燃烧控制($f_{ET\eta}=1\%$);

(19) 减小发动机和车辆的辅助附件耗功(例如,采用可变流量的水泵和油泵、灵活控制的由电力驱动的附属部件;$f_{ET\eta}=1\%\sim2\%$);

(20) 减少发动机的机械摩擦($f_{ET\eta}=1\%$);

(21) 减小机油黏度并保证耐久性要求(例如通过机油冷却器控制机油温度,寒冷天气时的 $f_{ET\eta}=1\%$);

(22) 通过优化的排气再循环率、较低的空燃比、较小的排气再循环系统流动阻力、改进的压气机和涡轮效率来减少泵气损失($f_{ET\eta}=2\%\sim4\%$);

(23) 采用机械式或电动式补充增压($f_{ET\eta}=1\%$);

(24) 采用可变截面涡轮增压器($f_{ET\eta}=2\%$);

(25) 采用可变气门驱动和米勒循环($f_{ET\eta}=2\%$);

(26) 采用可变进气涡流($f_{ET\eta}=0.5\%$);

(27) 减少耗散于冷却液的缸内传热损失,对气缸和排气系统采用更好的隔热措施($f_{ET\eta}=1\%$);

(28) 采用带在线参数预估的先进的瞬态电控技术来实时优化排放和燃料消耗($f_{ET\eta}=2\%$);

(29) 在后处理热管理中减少燃料消耗(例如,提高氮氧化物后处理装置在低温下的转化效率,减少柴油颗粒过滤器的碳烟负荷和主动式再生;$f_{ET\eta}=1\%$);

(30) 在后处理装置中减小流动阻力压降($f_{ET\eta}=0.5\%$);

(31) 在氮氧化物后处理中采用更佳的氨气供给系统(例如固氨技术);

(32) 采用低碳燃料配方。

在以上的路线图中,车辆货运效率的改进百分比 $f_{VT\eta}$ 的总和(即仅车辆加驾驶员操作部分)大约为 45%。发动机热效率改进百分比 $f_{ET\eta}$ 的总和(即仅发动机部分)大约为 55%。这几部分加在一起的货运效率改进百分比大约为 100%。一般来讲,在每个单项设计或标定上的改进都不会有巨大的收益,但是将各项加在一起的总改进潜力则相当可观。唯一比较突出的单项巨大收益来自减小重型卡车的空气气动阻力。这方面的努力实际上已经持续了几十年,从 20 世纪 50 年代的空气气动阻力因数为0.85下降到21世纪初的0.55。超级卡车的车身外观造型向着高速列车一样的光滑流线型车体和超低阻力因数的方向发展。另一个在降低油耗方面相对较大的单项收益来自使用喷油定时提前和选择性催化还原,这一技术伴随着较高的发动机本体氮氧化物排放和升高的最高气缸压力。另外,减小排量和配以修改的扭矩曲线的降低转速技术是未来发动机研发的两个值得关注的趋势。减小排量能够提高有效平均压力,降低泵气损失、摩擦和油耗,减小发动机重量和封装空间,并能给出优化的排气热管理特性。降低转速也能够提高有效平均压力,降低泵气损失、摩擦和油耗,而且能够降低发动机噪声。此外,对车辆进行限速能够降低巡航负荷和空气气动阻力。

在概念设计阶段,技术评估非常重要,以便为发动机产品开发选择正确的发展路径。技术路线的选择往往是在不同属性或参数之间进行折中的过程,或好或坏地将系统设计点遵循着发动机、燃料和车辆运行的物理机理在设计空间内移动。属性或子系统之间的折中意味着改进一个方面会以牺牲另一个方面为代价。折中分为三级:属性级、子属性级、参数级。这些折中特性受技术或产品的物理机理所控制。系统优化的实质就是要挖掘参变量关系上所具有的最大潜力,并将折中造成的代价降到最小。这后者往往要依靠牺牲某些可以退让的属性以寻求解决方案,或者依靠发现新颖而可行的措施以打破现有的折中或者缓解现有权衡中所存在的困难,而不仅仅是将设计风险从一个地方简单地转移到另一个地方。

在选择技术时,降低成本和维持耐久性对于产品的成功极为重要。重量也很重要。有时某些增加重量的技术能够改善发动机热效率,但是却可能会降低车辆货运效率,比如采用兰金循环或混合动力系统。然而,有些技术(例如减小排量)则能够很理想地同时提高热效率和减轻重量。另外,在系统设计中还需要考虑技术之间的兼容性,因为不同技术的效果未必能够叠加,有时甚至会彼此冲突或功能重复。例如,同时使用可变截面涡轮和进气可变气门驱动在高转速下在减小泵气损失时的功能就有所重复。

由于为了满足温室气体法规而采用更为先进的技术,发动机成本将显著增加,正如美国2004—2007—2010年出台的排放法规所造成的成本代价一样。然而,从运行成本的角度看,美国环保署和国家高速公路交通安全署估计随着温室气体法规的实施,拖车的油耗与2011年相比将下降10%～23%,专用车辆的油耗将下降6%～9%,皮卡卡车和厢式货车的油耗将下降12%～17%。他们预期2014—2017年的温室气体法规对八级拖车将造成6 220美元的成本增加,对中载专用车辆将造成380美元的成本增加,而对皮卡卡车和厢式货车将造成1 050美元的成本增加(Bunker, 2011)。这些车辆在全寿命周期内所节省的燃料费用则分别为79 100美元、5 900美元、7 200美元。因此,投资回收期大约为1～2年。但是,在降低发动机初始成本方面的市场压力下,低成本(例如少于500美元)的温室气体控制技术实际上将决定重载柴油机的技术路线。这些技术包括减小排量、提高最高气缸压力的承受能力、低黏度机油、先进的电控技术、可变流量水泵和油泵等。诸如可变气门驱动和机械式涡轮复合增压等中度增加成本的技术(例如低于1 000美元)将有机会进入量产化,如果能够充分证明这些技术能够带来多重先进功能的话。诸如兰金循环和电动涡轮复合增压之类的高成本技术(例如高于2 000美元)将在控制温室气体的科研上持续被工业界所关注,但是它们的量产化将受到其他低成本而成熟的渐进式传统技术的强力挑战。燃料、发动机和车辆在不同子系统和产品属性上的技术进步要求采用高度集成的系统设计方法来优化整个技术路线和产品。

关于发动机技术选择,读者可以参考以下一些作者的研究成果。Merrion(1994)、Regueiro和Chen(1997)、Chen等人(1997)、Khair(1997)、Hikosaka(1997)、Schindler(1997)、Hountalas(2000)以及Conley和Taylor(2002)给出了对柴油机技术的评述和评估。Rickeard等人(1996)、Eberhardt(1999)、Singh(2000)和Thompson等人(2004)对一些柴油机研究项目进行了评述和总结。

16.7 参考文献和书目

16.7.1 英文参考文献和书目

Amar P. 2012. SuperTruck — development and demonstration of a fuel-efficient class 8 highway vehicle — vehicle systems [C/OL]. *2012 DOE Hydrogen and Fuel Cells Program and Vehicle Technologies Program Annual Merit Review and Peer Evaluation Meeting*. Washington D. C. May 14-18. Available at: http://www1. eere. energy. gov/vehiclesandfuels/resources/proceedings/2012_merit_review. html

Amar P, Gibble J, Brantley K. 2011. Volvo SuperTruck overview & approach [C/OL]. *Proceedings of the Directions in Engine-Efficiency and Emissions Research (DEER) Conference Presentations*. Detroit, MI. October 3-6. Available at: http://www1. eere. energy. gov/vehiclesandfuels/resources/proceedings

Aneja R, Kalish Y, Kayes D. 2009. Integrated powertrain and vehicle technologies for fuel efficiency improvement and CO_2 reduction [C]. *Proceedings of the Directions in Engine-Efficiency and Emissions Research (DEER) Conference Presentations*. Dearborn, MI. August 3-6.

Aneja R, Singh S, Sisken K, Rotz D, Ziegler M. 2011. SuperTruck-50% improvement in class 8 freight efficiency [C]. *Proceedings of the Directions in Engine-Efficiency and Emissions Research (DEER) Conference Presentations*. Detroit, MI. October 3-6.

Austin T C, Carlson T R, Lyons J M. 2008. The benefits of reducing fuel consumption and greenhouse gas emissions from light-duty vehicles [C]. SAE paper 2008-01-0684.

Bandivadekar A. 2012. Heavy-duty vehicle fuel efficiency regulatory developments around the world [R/OL]. The International Council on Clean Transportation (ICCT). Available at: http://www. theicct. org/sites/default/files/Bandivadekar_Bangalore_july2012. pdf

Blaxill H. 2011. The role of IC engines in future energy use [C]. *Proceedings of the Directions in Engine-Efficiency and Emissions Research (DEER) Conference Presentations*. Detroit, MI. October 3-6.

Bunker B. 2011. U.S. HDV GHG and fuel efficiency final rule: the role for ICEs in our energy future [C]. *Proceedings of the Directions in Engine-Efficiency and Emissions Research (DEER) Conference Presentations*. Detroit, MI. October 3-6.

Bunker B, Zhang H, Lee B, Lee S. 2011. Integrated virtual lab in supporting heavy duty engine and vehicle emission rulemaking [C]. *Proceedings of the Directions in Engine-Efficiency and Emissions Research (DEER) Conference Presentations*. Detroit, MI. October 3-6.

Cackette T. 2010. The path to low carbon passenger vehicles [C]. *Proceedings of the Directions in Engine-Efficiency and Emissions Research (DEER) Conference Presentations*. Detroit, MI. September 27-30.

China Greentech Initiative. 2011. Cleaner internal combustion engine vehicles in China-market challenges for existing ICE technologies [R/OL]. CGTI White Paper 2011. Available at: http://www.chinagoabroad. com/sites/default/files/v1_attachments/2012/04/CGTI2011-CT-WS1-Cleaner_ICE_Vehicles. pdf

Chen S K, Mather D, Reitz R. 1997. Current and advanced design concepts for high power-density mid-range truck diesel engines, part Ⅱ: the development of advanced design process for combustion system optimization [C]. SAE paper 972689.

Conley J, Taylor S. 2002. Technological evaluation of fuel efficiency improvement concepts to meet future regulatory requirements in the North American market [C]. SAE paper 2002-01-2809.

Cooper C, Kamakaté F, Reinhart T, Kromer M, Wilson R. 2009. Overview of the study method [R]//Miller P (editor). *Reducing heavy-duty long haul combination truck fuel consumption and CO_2 emissions*. Report by NESCCAF (Northeast States Center for a Clean Air Future), ICCT (International Council on Clean Transportation), Southwest Research Institute, and TIAX, LLC. 19-47.

Davis P. 2011. U.S. Department of Energy vehicle technologies program overview [C]. *2011 DOE Hydrogen Program and Vehicle Technologies Program Annual Merit Review and Peer Evaluation Meeting*. Washington D. C. May 9-13.

De Ojeda W. 2011. Development and demonstration of a fuel-efficient HD engine (Dept of Energy Supertruck program) [C]. *Proceedings of the Directions in Engine-Efficiency and Emissions Research (DEER) Conference Presentations*. Detroit, MI. October 3-6.

De Ojeda W, Rajkumar M. 2012. Engine technologies for clean and high efficiency heavy duty engines [C]. SAE paper 2012-01-1976.

DieselNet. Brazil: diesel fuel regulations [OL]. Available at: http://www. dieselnet. com/standards/br/fuel. php

DieselNet. Brazil: emission standards — on-road vehicles and engines [OL]. Available at: http://www. dieselnet. com/standards/br/

DieselNet. China: emission standards [OL]. Available at: http://www. dieselnet. com/standards/cn/

DieselNet. China: fuel regulations [OL]. Available at: http://www. dieselnet. com/standards/cn/fuel. php

DieselNet. Emission standards: United States heavy-duty vehicles (GHG emissions & fuel economy) [OL]. Available at:

http://www.dieselnet.com/standards/us/fe_hd.php

DieselNet. Emissions standards: United States heavy-duty truck and bus engines [OL]. Available at: http://www.dieselnet.com/standards/us/hd.php

DieselNet. European Union: diesel fuel regulations [OL]. Available at: http://www.dieselnet.com/standards/eu/fuel.php

DieselNet. European Union: emission standards – heavy-duty diesel truck and bus engines [OL]. Available at: http://www.dieselnet.com/standards/eu/hd.php

DieselNet. India: emission standards – on-road vehicles and engines [OL]. Available at: http://www.dieselnet.com/standards/in/

DieselNet. India: fuel regulations [OL]. Available at: http://www.dieselnet.com/standards/in/fuel.php

DieselNet. Japan: diesel fuel [OL]. Available at: http://www.dieselnet.com/standards/jp/fuel.php

DieselNet. Japan: emission standards [OL]. Available at: http://www.dieselnet.com/standards/jp/

DieselNet. Japan: emission standards – fuel economy [OL]. Available at: http://www.dieselnet.com/standards/jp/fe.php

Dollmeyer T A, Vittorio D A, Grana T A, Katzenmeyer J R, Charlton S J, Clerc J, Morphet R G, Schwandt B W. 2007. Meeting the US 2007 heavy-duty diesel emission standards — designing for the customer [C]. SAE paper 2007-01-4170.

Dressler N, Bernhart W, Shen J, Keese S, Fernandez A, Pietras F. 2010. Truck powertrain 2020 mastering the CO_2-challenge [R/OL]. Roland Berger Strategy Consultants. Available at: http://www.rolandberger.com/expertise/industries/automotive/truck_manufacturers/2010-09-21-rbsc-pub-Truck_Powertrain_2020.html

Eberhardt J J. 1999. Overview of the DOE heavy vehicle technologies R & D program [C]. SAE paper 1999-01-2235.

Eckerle W. 2010. Future directions in engines and fuels [C]. *Proceedings of the Directions in Engine-Efficiency and Emissions Research (DEER) Conference Presentations*. Detroit, MI. September 27-30.

Eckerle W. 2011. Overview of high-efficiency engine technologies [C]. *Proceedings of the Directions in Engine-Efficiency and Emissions Research (DEER) Conference Presentations*. Detroit, MI. October 3-6.

Greene D L, Baker Jr H H. 2011. The energy efficiency potential of global transport to 2050 [C]. *Proceedings of the Directions in Engine-Efficiency and Emissions Research (DEER) Conference Presentations*. Detroit, MI. October 3-6.

Greszler A. 2011. The role of the internal combustion engine in our energy future [C]. *Proceedings of the Directions in Engine-Efficiency and Emissions Research (DEER) Conference Presentations*. Detroit, MI. October 3-6.

Hausberger S, Kies A, Laine P, Rexeis M, Samaras Z, Sandström-Dahl C, Schulte L-E, Silberholz G, Heinz S, Verbeek R. 2012. Reduction and testing of greenhouse gas emissions from heavy duty vehicles – lot 2 [R/OL]. Available at: http://ec.europa.eu/clima/policies/transport/vehicles/heavy/docs/hdv_2011_01_09_en.pdf

Hikosaka N. 1997. A view of the future of automotive diesel engines [C]. SAE paper 972682.

Hill N, Finnegan S, Norris J, Brannigan C, Wynn D, Baker H, Skinner I. 2011. Reduction and testing of greenhouse gas (GHG) emissions from heavy duty vehicles — lot 1: strategy [R/OL]. ED46904 Final Report. Available at: http://ec.europa.eu/clima/policies/transport/vehicles/docs/ec_hdv_ghg_strategy_en.pdf

Hountalas D T. 2000. Available strategies for improving the efficiency of DI diesel engines — a theoretical investigation [C]. SAE paper 2000-01-1176.

Jackson N. 2012. Future Low Carbon Vehicles [OL]. Available at: http://www.racfoundation.org/research/environment/the-green-charge

Jadin D W, Nine R. 2012a. SuperTruck – development and demonstration of a fuel-efficient class 8 tractor & trailer – engine systems [C/OL]. *2012 DOE Hydrogen and Fuel Cells Program and Vehicle Technologies Program Annual Merit Review and Peer Evaluation Meeting*. Washington D. C. May 14-18. Available at: http://www1.eere.energy.gov/vehiclesandfuels/resources/proceedings/2012_merit_review.html

Jadin D W, Nine R. 2012b. SuperTruck – development and demonstration of a fuel-efficient class 8 tractor & trailer – vehicle systems [C/OL]. *2012 DOE Hydrogen and Fuel Cells Program and Vehicle Technologies Program Annual Merit Review and Peer Evaluation Meeting*. Washington D. C. May 14-18.

Jadin D W, Taylor S. 2011a. SuperTruck – development and demonstration of a fuel-efficient class 8 tractor & trailer – engine systems [C/OL]. *2011 DOE Hydrogen Program and Vehicle Technologies Program Annual Merit Review and Peer Evaluation Meeting*. Washington D. C. May 9-13. Available at: http://www1.eere.energy.gov/vehiclesandfuels/resources/proceedings/2011_merit_review.html

Jadin D W, Taylor S. 2011b. SuperTruck – development and demonstration of a fuel-efficient class 8 tractor & trailer – vehicle systems [C/OL]. *2011 DOE Hydrogen Program and Vehicle Technologies Program Annual Merit Review and Peer Evaluation Meeting*. Washington D. C. May 9-13.

Johnson S. 2010. Future directions in engines and fuels [C]. *Proceedings of the Directions in Engine-Efficiency and Emissions Research (DEER) Conference Presentations*. Detroit, MI. September 27-30.

Khair M K. 1997. Technical and synergistic approaches towards the twenty-first century diesel engine [C]. SAE paper 972687.

Koeberlein D. 2012. Cummins SuperTruck program: technology and system level demonstration of highly efficient and clean, diesel powered class 8 trucks [C/OL]. *2012 DOE Hydrogen and Fuel Cells Program and Vehicle Technologies*

Program Annual Merit Review and Peer Evaluation Meeting. Washington D. C. May 14-18. Available at: http://www1. eere. energy. gov/vehiclesandfuels/resources/proceedings/2012_merit_review. html

Koeberlein D, Newhouse S. 2012. DoE SuperTruck program — technology and system level demonstration of highly efficient and clean, diesel powered class 8 trucks [C]. *2012 DOE Hydrogen and Fuel Cells Program and Vehicle Technologies Program Annual Merit Review and Peer Evaluation Meeting*. Washington D. C. May 14-18.

Kuhn M. 2007. Diesel fuel economy and CO_2 challenge [C]. *Proceedings of the Directions in Engine-Efficiency and Emissions Research (DEER) Conference Presentations*. Detroit, MI. August 13-16.

Law K, Jackson M. D, Chan M. 2011. European Union greenhouse gas reduction potential for heavy-duty vehicles [R/OL]. TIAX Reference No. D562. Available at: http://www. theicct. org/sites/default/files/publications/ICCT%20GHG%20Reduction%20Potential_final. pdf

Lee S, Lee B, Zhang H, Sze C, Quinones L, Sanchez J. 2011. Development of greenhouse gas emissions model for 2014-2017 heavy- and medium-duty vehicle compliance [C]. SAE paper 2011-01-2188.

Lei N. 2009. HD truck and engine fuel efficiency opportunities and challenges post EPA2010 [C]. *Proceedings of the Directions in Engine-Efficiency and Emissions Research (DEER) Conference Presentations*. Dearborn, MI. August 3-6.

Lei N. 2012. Integrated technology approach for NO_x reduction [C]. *The 4th CTI NO_x Reduction International Conference: Current and Future Solutions for On -and Off-Road Application*. Detroit, MI.

Liu Z. 2010. Overview of heavy-duty diesel engine [M]//Zhao H (editor). *Advanced Direct Injection Combustion Engine Technologies and Development, Volume 2: Diesel Engines*. Cambridge, UK: Woodhead Publishing. Chapter 8, 269-287.

Majewski W A, Khair M K. 2006. *Diesel Emissions and Their Control* [M]. Warrendale, PA: SAE International.

Merrion D F. 1994. *Diesel Engine Design for the 1990s* [M]. The 40th L. Ray Buckendale Lecture, SAE SP-1011. SAE paper 940130. Warrendale, PA: SAE International.

Mollenhauer K, Tschoeke H (editors). 2010. *Handbook of Diesel Engines* [M]. Johnson K G E (translator). Springer-Verlag Berlin Heidelberg.

Nicol A. 2007. Heavy-duty diesel engine trends to meet future emissions standards (Euro Ⅵ) [C]. *AECC Technical Seminar on Heavy-duty Engine Emissions*. Brussels, Belgium.

Regueiro J F, Chen S K. 1997. Current and advanced design concepts for high power-density mid-range truck diesel engines, part Ⅰ: technology review [C]. SAE paper 972688.

Rickeard D J, Bonetto R, Signer M. 1996. European programme on emissions, fuels and engine technologies (EPEFE) — comparison of light and heavy duty diesel studies [C]. SAE paper 961075.

Rotz D, Sisken K. 2012. Recovery act — class 8 truck freight efficiency improvement project [C/OL]. *2012 DOE Hydrogen and Fuel Cells Program and Vehicle Technologies Program Annual Merit Review and Peer Evaluation Meeting*. Washington D. C. May 14-18. Available at: http://www1. eere. energy. gov/vehiclesandfuels/resources/proceedings/2012_merit_review. html

Ryan T. 2008. Cost effectiveness of technology solutions for future vehicle systems [C]. *Proceedings of the Directions in Engine-Efficiency and Emissions Research (DEER) Conference Presentations*. Dearborn, MI. August 4-7.

Schindler K-P. 1997. Why do we need the diesel? [C]. SAE paper 972684.

Seger J P. 2010. Vehicle integration for US EPA 2010 emissions and lowest cost of ownership [C]. SAE paper 2010-01-1956.

Seger J, Hwang L, Shao J, Grana T, Charlton S. 2011. Systems engineering approach for the design of a low carbon, fuel efficient, diesel engine powertrains for commercial vehicles [C]. SAE paper 2011-01-2189.

Singh G, Graves R L, Storey J M, Partridge W P, Thomas J F, Penetrante B M, Brusasco R M, Merritt B T, Vogtlin G E, Aardahl C L, Habeger C F, Balmer M L. 2000. Emission control research to enable fuel efficiency: department of energy heavy vehicle technologies [C]. SAE paper 2000-01-2198.

Singh G, Howden K, Gravel R, Fairbanks J. 2012. Overview of the advanced combustion engine R & D [C]. *2012 DOE Hydrogen and Fuel Cells Program and Vehicle Technologies Program Annual Merit Review and Peer Evaluation Meeting*. Washington D. C. May 14-18.

Sisken K, Allain M, Aneja R, Barton J. 2010. Increased engine efficiency via advancements in engine combustion systems [C]. *Proceedings of the Directions in Engine-Efficiency and Emissions Research (DEER) Conference Presentations*. Detroit, MI. September 27-30.

Stanton D. 2009. Technology development for high efficiency clean diesel engines and a pathway to 50% thermal efficiency [C]. *Proceedings of the Directions in Engine-Efficiency and Emissions Research (DEER) Conference Presentations*. Dearborn, MI. August 3-6. Available at: http://www1. eere. energy. gov/vehiclesandfuels/resources/proceedings/

Stanton D. 2010. High efficient clean combustion for SuperTruck [C]. *Proceedings of the Directions in Engine-Efficiency and Emissions Research (DEER) Conference Presentations*. Detroit, MI. September 27-30.

Steinberg P, Goblau D. 2004. Fuel Consumption [M]//Basshuysen R, Schafer F (editors). *Internal Combustion Engine Handbook*. Warrendale, PA: SAE International, 737-751.

Subramanian K A, Das L M, Babu M K G. 2008. Control of GHG emissions from transport vehicles: issues & challenges [C]. SAE paper 2008-28-0056.

Tatur M. 2010. Future directions in engines and fuels [C]. *Proceedings of the Directions in Engine-Efficiency and Emissions Research (DEER) Conference Presentations*. Detroit, MI. September 27-30.

Thompson N, Ntziachristos L, Samaras Z, Aakko P, Wass U, Hausberger S, Sams T. 2004. Overview of the European "particulates" project on the characterization of exhaust particulate emissions from road vehicles: results for heavy duty engines [C]. SAE paper 2004-01-1986.

US Environmental Protection Agency (EPA) Office of Transportation and Air Quality. 2011. EPA and NHTSA adopt first-ever program to reduce greenhouse gas emissions and improve fuel efficiency of medium-and heavy-duty vehicles [R]. EPA-420-F-11-031.

US EPA Industry/EPA/NHTSA Workshop. 2011a. Greenhouse gas (GHG) emission requirements combination tractors and vocational vehicles [C/OL]. Available at: http://www.epa.gov/otaq/climate/regs-heavy-duty.htm

US EPA Industry/EPA/NHTSA Workshop. 2011b. Greenhouse gas (GHG) emission requirements for heavy-duty engines and vehicles-overview [C/OL]. Available at: http://www.epa.gov/otaq/climate/regs-heavy-duty.htm

US EPA Industry/EPA Workshop Compliance Division. 2011a. Greenhouse gas (GHG) emission requirements heavy-duty pickup trucks and vans [C/OL]. Available at: http://www.epa.gov/otaq/climate/regs-heavy-duty.htm

US EPA Industry/EPA Workshop Compliance Division. 2011b. Greenhouse gas (GHG) emission requirements heavy-duty engines [C/OL]. Available at: http://www.epa.gov/otaq/climate/regs-heavy-duty.htm

Wagner R, Curran S, Hanson R, Barone T, Briggs T, Kokjohn S, Reitz R. 2011. Addressing the challenges of RCCI operation on a light-duty multi-cylinder engine [C]. *Proceedings of the Directions in Engine-Efficiency and Emissions Research (DEER) Conference Presentations*. Detroit, MI. October 3-6.

Zhang H, Kalish Y, Allain M, Zhu G. 2009. High efficiency clean combustion for heavy-duty engine [C]. *Proceedings of the Directions in Engine-Efficiency and Emissions Research (DEER) Conference Presentations*. Dearborn, MI. August 3-6.

16.7.2 中文参考文献和书目

16.7.2.1 燃料经济性法规

梁晶晶,郭家强.各国车辆燃料经济性标准对比及对中国的启示[J].天津汽车,2008(10):12-14.

柳献初.美国是怎样施行汽车燃料经济性管理的[J].汽车工业研究,2009(5):44-48.

民和.对乘用车燃料消耗量限值强制性标准的分析与评述[J].世界标准化与质量管理,2005(1):52-53.

颜祥.美国汽车燃料经济性法规评述[J].世界标准化与质量管理,2007(1):44-48.

阳冬波,张红卫,刘莉,蔡凤田.美国重型车燃油经济性法规研究及对中国的启示[J].公路与汽运,2012(4):1-5.

郑天雷.世界轻型车油耗及温室气体排放法规对比分析(上、下)[J].节能与环保,2010(8):14-17;(9):24-26.

郑天雷,金约夫,王兆,保翔.中美重型车油耗及温室气体排放法规对比分析[J].节能,2012,31(8):4-7.

朱毅.美国中重型车辆油耗和温室气体排放控制法规[J].汽车与配件,2011(52):34-37.

16.7.2.2 整机研制

陈永明,佘荣林,李玙,王旭骏.提高 12V20/27 柴油机功率的研究[J].柴油机,2004(5):25-27,37.

姜锋,童金菊,凌君旸,虞标,王兵.SC11CK 电控国Ⅲ柴油机的研制[J].柴油机设计与制造,2008,15(2):11-14,33.

李春荣.YC4F 系列国Ⅲ柴油发动机的开发配套[J].内燃机,2007(2):27-29,57.

孟德千.达欧Ⅱ排放的 D6114ZLQ9B 型大功率柴油机性能开发[J].柴油机设计与制造,2006,14(4):17-21.

沈捷,覃义,尧命发,董家枝.YC6108ZQ 4 气门柴油机的开发及性能研究[J].内燃机学报,2003,21(2):130-134.

吴锋,王增全,侯新荣.8V150 增压中冷柴油机性能研究[J].内燃机工程,2003,24(1):62-65,69.

阳春启,严胜琪,王景祜,楼狄明,戚文星,夏建新.495AZD 型涡轮增压柴油机的研制[J].内燃机工程,1995,16(2):66-72.

杨寿藏,蔡杰.日野新型 P11C 增压中冷重载柴油机实现低燃油耗的先进技术[J].柴油机设计与制造,1999(1):16-25.

姚春德,何邦全,周广友,刘峰.一种超长行程的高速柴油机设计与研制[J].小型内燃机,2000,29(5):10-12,34.

朱梅林,黄贤斌,汪宜家,王荣,吴发祥,张晓铭.降低 6DS-18A 柴油机燃油消耗率的研究[J].内燃机工程,1995,16(1):1-7.

17

柴油发动机系统设计的结束语和展望

摘要: 本章总结前面各章的要点,并对柴油发动机系统设计中的关键研究课题给予展望。强调了耐久性预测、系统可靠性分析、排放预测、发动机瞬态模拟、空气系统集成、虚拟发动机标定的重要性,并论述了在未来的柴油动力总成设计方面进行系统集成的远景。最后,对系统设计的文献学研究和学科发展给出了规划。

17.1 对柴油发动机系统设计的十六个技术领域的总结和展望

柴油机以其优越的热效率和可靠性将在未来几十年内在重载运输行业仍持续作为最主要的动力源而存在。严格的排放和燃料经济性法规以及在动力、噪声、振动和可靠性方面日益增长的用户需求将对未来的柴油机技术提出更大的挑战。诸如燃油直喷技术、先进的燃烧和空气系统技术、后处理、电子控制和动力总成等发动机设计的不同方面,需要进行严密的集成。快节奏的发动机产品开发需要一个精密的由排放驱动的系统设计方法,来整合不同的技术领域,以减少开发时间和成本。作为一个新兴技术领域,柴油发动机系统设计(DESD),特别是发动机性能与系统集成(EPSI),将变得愈为重要。本书总结了柴油机系统设计的理论和分析方法,并阐述了系统设计与其他相关技术领域的关系,而且从系统设计的角度为传统的机械设计领域提供了一个新的视角。发动机系统设计的内容由三个支柱和十六个技术领域所组成(详见中文版前言)。如第 16 章中所述,第一个支柱是产生并维护系统设计指标,第二个支柱是开发先进的模拟模型和分析方法,第三个支柱是以系统集成和优化的分析方法开发先进的发动机技术。第 1 章涵盖了第一个和第十六个技术领域(即系统工程理论和发动机用途),第 2 章至第 15 章分别涵盖了第二个至第十五个技术领域。三个支柱的工作内容以交叉贯穿全书的形式在各章中均有所体现。

柴油机系统设计需要一个系统工程的方法来协调不同的产品属性和子系统。由于柴油机系统设计主要用于工业产品设计,可靠性便成为其终极目标,而且在系统设计阶段就需要予以考虑。这就要求系统设计同时考虑系统工程方法以及抗扰性工程和可靠性工程的理念,来妥善处理多变性和可靠性的优化问题。仅为标称目标而进行的设计作为系统设计方案来讲是不够的。设计时必须考虑为多变性而设计和为可靠性而设计。系统设计中的四大产品属性(性能、耐久性、封装性、成本)需要予以平衡。系统设计中的组织理论和发动机不同用途的设计特征研究为系统设计在发动机项目中的产业化实施奠定了基础。这些概念从系统工程的角度为柴油机系统设计的逻辑和发展思路做了铺设,它们是第 1 章中讨论的论题。

发动机系统设计是一个性能驱动的活动,并以耐久性为约束条件。为了最大限度地利用耐久性约束条件的潜力,正确理解它们是如何导出的对于系统工程师至关重要。系统设计方案往往刚好建立在耐久性约束条件的最大极限处,以便能最大限度地发挥发动机的性能能力。因此,绝对不容忽视关于耐久性和可靠性问题的分析和实验研究。这些是第 2 章的论题。

　　系统人员在日常工作中需要使用先进的优化技术来处理发动机子系统之间的复杂相互作用。单目标优化和多目标优化、确定性和非确定性(概率)优化(即试验设计的响应曲面方法和蒙特卡罗模拟)、基于多变性或可靠性的优化都是必需的手段。这些论题在第 3 章中予以了讨论。

　　柴油发动机系统设计的四大基石是静态设计、动态设计、热力学第一定律、热力学第二定律。第 4 章为解释发动机缸内循环过程中的系统设计参数之间的关系打下一个基础。它也阐述了发动机气流网路,集中于对泵气损失的论述,因为泵气损失是现代高排气再循环涡轮增压柴油机中的关键问题。第 4 章还提出了系统层面的数学公式[例如四个核心方程,式(4.40)、式(4.44)、式(4.47)、式(4.57)],这些方程有助于理解子系统之间的相互作用和后面各章中讨论的其他论题。第 4 章中提出的基础理论可以用来探索低泵气损失发动机的设计方案和基于模型的发动机控制。

　　发动机系统设计中的三个中心任务是发动机与车辆的匹配、发动机与后处理装置的匹配、发动机与涡轮增压器的匹配。这些匹配被许多边界条件所围绕,例如来自燃烧、排放、冷却、结构等方面的要求。发动机与车辆之间的界面是系统人员在一个"自上而下"的方法中第一个需要考虑的设计界面。第 5 章强调了这一概念,并展示了车辆或动力系层面与发动机层面之间的参数关系。第 5 章中的车辆集成理论可以用来建立一个真正的"自上而下"的针对现实世界的驾驶情形的优化设计方法。

　　作为车辆和发动机系统性能方面的一部分考量,在发动机系统设计阶段就需要考虑发动机制动器。这个论题不应当在空气系统的硬件选型中被忽视。第 6 章总结了所有缓速器的性能和设计课题,包括车辆的制动性能、发动机制动器的设计和性能优化、发动机制动的热力学循环,以及发动机制动器与配气机构、可变气门驱动和涡轮增压器之间的相互作用。发动机制动器性能的技术基础是热力循环过程和发动机的气门流量特性。深入理解发动机制动器的性能及其循环模拟,将为系统人员提供宝贵的学习经验,以理解相关的模拟和设计技术,至少在开始涉及更为复杂的燃烧和排放课题之前。

　　第 7 章建立了从排放到整个发动机系统尤其是空气系统的设计逻辑。它将发动机开发周期中的三个顺序职能连接起来:燃烧排放研发、发动机系统设计、发动机标定。排放策略、排放模拟、燃烧系统设计、燃烧模型、先进燃烧模式(例如均质充量压燃着火)、燃烧控制、燃料系统优化、标定和控制策略是需要考虑的常见课题。标定这一职能在不良设计实践中常被忽略。事实上,发动机标定的要求必须在系统设计的早期阶段通过使用虚拟标定予以考虑,以确保系统设计团队所产生的发动机系统指标正确反映后续工作阶段所面临的发动机现实状况。第 8 章讲述了发动机与后处理之间的集成和后处理标定,来处理缸内燃烧所产生的发动机本体排放。

　　配气机构是一个具备空气系统和机械系统双重特性的独特子系统。它是空气系统的一部分,因为它控制发动机的气体流量、充量因数(容积效率)和发动机压差。它也具有许多与运动学和动力学相关的设计问题。第 9 章开始将前面几章所论述的热力学和热流问题与诸如动力学和振动的机械设计考量相联系,以便为系统设计人员提供一个关于所有属性的平衡观点。配气机构的集成一般包括配气系统型式、性能和设计的优化、可变气门驱动、停缸、驱动系统及附属装置的功率损失、凸轮设计、配气机构动力学等方面。可变气门驱动对于柴油机来讲非常重要。米勒循环、带消除或减少废气旁通的进气可变气门驱动是极少的可以同时减少氮氧化物排放和燃料消耗量的措施之一。可变气门驱动的性能在第 9 章中有详细论述。

　　发动机摩擦是一个基于机械设计考虑的、典型的与性能有关的课题。摩擦模拟不仅对于发动机系统设计模型的精度非常重要,而且对于改善燃料经济性也至关重要。第 10 章深入阐述了发动机摩擦的理论。

　　第 11 章中论述的噪声、振动和不平顺性(NVH,主要是噪声),是在柴油机系统设计中的一个非常重要的性能属性,绝对不可忽视。噪声对于柴油机产品的竞争力极为重要。系统设计这一职能蕴含着巨大的潜力,可以帮助优化 NVH 的开发过程以节省成本并改善发动机产品的 NVH。虽然模拟计算的难度非常大,系统的 NVH 领域有潜力成为柴油机系统设计中的最大亮点之一。NVH 和摩擦代表着系统工程师需要了解的两个最重要的机械课题。有的时候它们之间是相互联系的,例如活塞组动力学便涵盖活塞敲击噪声和活塞摩擦这两方面的内容。

散热量或许是系统设计人员在开始使用发动机循环模拟工具进行稳态系统设计之前所需要理解掌握的最后一个但也是最重要的准备性课题。准确预测散热量对于冷却系统的设计非常重要。缸内散热量是内燃机历史上最具挑战性的研究课题之一。第 12 章提出了从发动机系统设计的角度处理散热量计算的一个全新方式。这一理论基于使用热力学第一定律的发动机能量平衡,并基于关于发动机的零散热损失的理论分析。该章对于以兰金循环为代表的余热回收先进技术也做了简要论述。

第 13 章论述了柴油机系统设计中的一个核心领域——空气系统。它包括涡轮增压器、歧管、排气再循环系统等。这一章概述了设计准则,并展示了泵气损失理论的应用。它将第 4 章中开发的数学理论应用到空气系统的设计中,指出发动机子系统之间相互作用的原因。第 13 章还给出了现代涡轮增压排气再循环柴油机在热力学第二定律方面的一个全面分析,以说明系统设计中的这一强有力方法。另外,第 13 章还对几项先进的发动机技术(例如涡轮复合增压和减小排量等)做了详细分析,并提出了一个关于减小排量、降低转速、降低呼吸的统一理论将它们三者连接在一起。

第 14 章基于瞬态发动机性能和电子控制构成了动态系统设计的基础。发动机控制专业所使用的模拟方法往往是从系统角度所采用的方法,因为很明显他们需要控制整个发动机系统。这种模型一般需要很快的甚至实时的计算速度。系统动力学的方法是柴油机系统设计专业为动态系统设计而采用的方法,它与发动机控制专业具有共同的基础。系统设计除了可以在评估发动机硬件和控制策略的瞬态性能方面发挥关键作用外,可以预见的是,分析式控制器设计可能会成为系统设计能够做出重大贡献的一个领域。第 14 章还涉及预测式动态在线控制器、虚拟传感器和在线诊断,并展示了发动机系统设计可以极大地帮助这些领域的性能建模工作。

第 15 章介绍了关于子系统相互作用和优化的设计方法和大量模拟算例,并总结了基于排放模型的普适于缸内氮氧化物控制和选择性催化还原的柴油机系统设计方法。为了加强柴油机系统设计的第三个支柱的建设,第 16 章总结了最新的重载车用发动机法规和先进技术的最新进展,特别指出了从排放法规到燃料经济性法规的历史性转变和对发动机技术的影响。

正如前面各章中所论述的,为了使模拟更加准确、使系统集成过程更为有效,这就需要找出柴油机系统设计中存在的关键研究课题。这些课题不仅存在于每个子系统本身,而且存在于在车辆、发动机、后处理、燃烧、增压器、排气再循环系统之间的所有界面上。现将柴油发动机系统设计中的 20 个关键的重大挑战提出并总结如下。

(1) 需要以开发跨学科的分析工具大力促进耐久性方面的分析式预测能力,以便完善系统设计中所采用的约束条件(第 2 章中有所讨论);

(2) 在第 1 章和第 3 章中采用蒙特卡罗模拟来解决的"为多变性而设计"和"为可靠性而设计"的两个概念,需要被广泛应用于发动机系统设计,以补充采用"为定目标而设计"的方法所产生的设计指标数据;

(3) 发动机系统的可靠性理论(第 2 章)和基于可靠性的设计优化(第 3 章)需要予以充分探索,并应用于柴油机系统设计的各个领域;

(4) 试验设计(DoE)、神经网络、蒙特卡罗模拟是系统设计中标准的数据处理技术(第 3 章)。需要研究更先进的多目标优化方法,以便在进行系统设计决策时能够更好地考虑介于不同产品属性之间的权衡；

(5) 需要研发先进而计算快速的放热率燃烧模型,以便在发动机工作循环模拟中更好地预测排放、有效燃油消耗率和排气温度(第4章)。这种燃烧模型也可以用于对燃烧噪声的有效预测(第11章)；

(6) 能够捕捉瞬态细节的车辆动力系动力学的高保真模拟将有助于传统动力系和混合动力系的性能模拟(第5章)。需要对用于车辆驾驶循环模拟的稳态发动机脉谱图(尤其是排放性能图)进行准确的瞬态修正。这是因为与现实世界中的瞬态驾驶情况相比,这一瞬态修正问题会极大地影响预测的精度；

(7) 需要持续不断地探索新颖的发动机制动机理(第6章),以便做到:①充分利用压缩释放和制动气再循环(BGR)过程的潜力,同时妥善考虑最高气缸压力和排气歧管气体温度的耐久性设计约束条件；②尽量降低在较高气缸压力下作用在制动部件上的气压载荷；③尽量从激励源上减小压缩释放式发动机制动器的噪声；

(8) 有效预测稳态排放与瞬态排放之间的差异并实现虚拟标定仍是一个巨大挑战。这个挑战对于今后的低排放发动机特别重要(第7章)；

(9) 在燃烧、排放(第7章)、后处理(第8章)诸领域开发适合于发动机系统设计需求的启发式系统排放模型,是仍然需要大力发展的极具挑战性的科研方向；

(10) 需要积极提倡对整个配气机构的设计进行完整的系统优化,以便有效处理传统的凸轮驱动的配气机构所涉及的大量设计参数(第9章)；

(11) 需要进一步探索采用可变气门驱动和其他空气控制阀门的创新型系统集成方案,并考虑它们与涡轮增压在空气系统能力方面的相互作用,以最低的成本来减少泵气损失并实现优异的燃料经济性(第9章)；

(12) 具有实时计算能力的、具有曲轴转角精度的、准确的发动机系统摩擦模型对于发动机故障诊断和瞬态性能预测是非常需要的(第10章)；

(13) 需要在发动机系统的NVH研究中进一步开发先进的高保真(曲轴转角精度)模型,以便实现对部件和整机的噪声预测(第11章)；

(14) 在传热和冷却领域(第12章),需要进一步研究和模拟排气再循环冷却器的碳烟结垢、发动机的瞬态传热和排气歧管气体温度；

(15) 新颖的空气系统设计方案将继续是柴油机系统设计中最热门的课题之一。它包括在发动机气流网路中新颖的气流控制阀及其与涡轮增压器、排气再循环系统和先进的配气机构之间的相互作用和整合。为了实现可靠和具有成本效益的系统设计,评估不同涡轮增压系统的性能和耐久性亦非常重要,例如单级与两级增压、废气旁通涡轮与可变截面涡轮,以及不同类型的可变截面涡轮(即可变喷嘴涡轮和无叶片可变面积涡轮等)(第13章)；

(16) 在柴油机系统设计中广泛应用热力学第二定律将极大地提高工作质量,并为动力系中的能量系统问题提供更为深刻的洞察力。这类分析包括混合动力系统的可用能模拟(第5章)、余热回收(第12章)、空气系统的空气和排气再循环泵送和节流损失(第13章)；

(17) 在电子控制系统方面,尽管在瞬态模拟的某些方面仍存在很大难度,由于需要精确模拟发动机的负荷响应、后处理系统的瞬态过程、车辆驾驶循环性能、虚拟标定,发动机系统设计需要在瞬态动力系性能模拟并结合开发基于模型的控制方面进行巨大的努力。另外,瞬态或动态系统设计理论将促使在分析式非线性控制器设计方面采用更为先进的方法,以改善现代低排放低油耗柴油机的瞬态性能(第14章)；

(18) 虚拟传感器是基于物理模型(主要基于压力、温度、流量、排放和发动机扭矩等的热流模型)或者经验模型(基于曲面拟合或神经网络技术)来开发的。可以预见的是,柴油机系统设计专业能够通过与发动机控制专业的密切合作,在这方面做出巨大贡献(第14章);

(19) 将发动机的运行循环从四冲程改变成二冲程为现代轻载和重载柴油机的节能减排提供了既具有前途又富有挑战性的机会。二冲程运行所固有的缸内气体温度较低和内部排气再循环率较高的特点,使其在严格控制缸内氮氧化物排放方面提供了一个颇具吸引力的机会。然而,在负值的发动机压差下泵送冷却的外部排气再循环气流的困难以及管理扫气和气体交换的困难亦向发动机系统设计人员提出了严峻挑战;

(20) 所有上述技术进展最终应当给出一个成功的发动机系统指标设计和对子系统相互作用的优化,以及在四维设计空间内的虚拟发动机标定(第15章)。正确地整合这些技术,并简明地表达一个高度复杂的多维设计问题的系统设计方案,对于系统人员来讲仍然将是一个需要不断克服的挑战。

柴油机系统设计是一个多学科领域。它整合热流、动力学和控制专业的知识,来优化各个产品属性。先进的分析式设计和系统集成的概念不仅应当应用于新兴的先进技术,而且也应当渗透到所有传统的机械设计领域,以提高每个子系统设计的工作质量。特别需要强调的是,必须在系统设计的每个领域广泛开展以先进的模拟手段为支撑的有效的竞争性基准分析。

柴油机系统设计不仅提供量产化设计方案,而且也参与和集成出现于发动机设计中的每个子系统的先进技术。例如,柴油均质充量压燃着火、代用燃料、改进的热力学循环、余热回收、兰金循环、先进的两级涡轮增压技术、减小排量和高功率密度、停缸、混合式排气再循环系统、可变压缩比、可变气门驱动、可变涡流、灵活冷却、混合动力系统和能量回收、闭环燃烧控制、无脉谱图的发动机控制等,都是与提高未来发动机性能和节能减排有关的重要领域。评价新兴发动机技术对其他技术的影响以及优化整合它们,正是发动机系统设计的作用。我们所面临的问题将是:"为了设计一个良好的具有成本效益的系统,我们真的需要在一台发动机上采用很多的这些技术吗? 如果不是的话,我们应该如何简化整个方案?"使用一个系统集成的方法为未来的动力系统研究发动机的性能是非常重要的。

17.2 柴油发动机系统设计的文献学研究和学科规划与建设

前文总结了系统设计的三个支柱的工作性质及其所涉及的十六个技术领域,这些对于学科的发展和产业化操作应用都给出了一个比较系统而完整的规划。最后,从学科史研究、学科规划与研究成果分析、学科发展与创新能力的角度谈一下系统设计的人才培养和文献学研究。这些考量的基础不仅需要集成和创新的思维,而且需要高度重视对相关文献的整理分析。因此,这一节将主要围绕国内柴油机的文献状况进行分析讨论并提出期望。任何新学科的成长都不应该是无源之水和空中楼阁,都可以从相关学科的历史发展中汲取经验教训,从文献中提取营养和灵感并发现问题。这一点对于系统人员尤为重要,因为他们肩负着统筹全局的重要使命。

如果要用系统设计的思想来研究每个相关领域或支持领域,对每个领域或课题的已有文献的了解和对整体科研方向的把握是非常必要的。系统人员如果想做好自己的工作,首先需要在专业训练方面具备全面的知识,并了解部件人员在他们的各个领域里是怎样工作的。系统设计的工作与每个相关子系统领域内的人员的工作方法有所不同。因此,系统人员不应当重复子系统人员的科研课题,而应当侧重于研究子系统之间的相互作用和各个子系统对整个系统性能指标的影响和要求。本书开列的中文文献是国内柴油机领域近二十余年的精华和整个行业积累的宝贵知识财富。由于本书的篇幅所限,不能对每个课题的中文参考文献均给出具体的评述,而且也没有必要花费篇幅重复论述或介绍这些前人的工作。读者可以通过对这些精心挑选出来的文献的学习,比较迅速地掌握各个课题的框架和综述。国内在文献引文方面一般比较薄弱,而把柴油机各个领域在系统设计的统筹下予以交流、整合和融会贯通,可以极大地促进整机和部件研发水平的提高以及各领域学术水平和训练水平的提升。这正是本书不遗余力地对大量英文和中文文献高度重视和进行整理的原因。

加强系统设计的文献学研究,对于系统设计领域的策划和建设、科研课题和经费的管理、科研成果的管理和论文质量的提高均具有重要意义。系统设计的文献学研究的对象是系统设计领域本身和与之相关的其他领域的文献。其研究目的是为了评估和指导在系统设计的十六个领域内(详见中文版前言)的科研经费分配和从大系统的角度统一地宏观统筹规划科研方向。文献学研究自身宜作为起总领作用的系统工程学中的一个分支存在于系统设计的第一个技术领域之内,而不宜作为系统设计的第十七个技术领域独立存在。系统设计的文献学是一个基于历史科研成果汇报(发表物)的分类、评估、统计、综述的全新的交叉研究领域,其意义对于国家和组织的宏观科研管理十分重要,其研究内容十分新颖和丰富。它要解决的是"应该做哪些科研"的问题。这个问题的答案是通过对每一个科研方向的过去、现在和未来的状况进行具体评估后才能够得到。基于文献学的研究成果,科研政策和经费分配能够在选题上予以导向,继续加强优势领域并积极扶植和弥补薄弱领域。系统设计的文献学研究的特征包括领衔性、综述性、主客观评价模糊性、长时效性、宏观系统性、统计有效性、历史性、检讨性、前瞻性等。它可以从一个大的历史区间(例如 10 年)在总体上正确把握和指导一个国家或者一个学科领域的科研发展,以避免错误的课题选向和盲目跟风"热点"等。例如,国际上的历史教训最终表明,陶瓷绝热发动机在民用领域是没有前途的,那么如果当初在这个领域出现了大量跟风式的科研而且一拥而上地发表了大量论文的话,那不能不说在科研导向把握上和对大量经费的使用上是有失误的,也不能不说文献学的前瞻性研究没有做到位以帮助和指导决策者和科研人员。

按照柴油发动机系统设计的需要,可以将柴油机文献分为三类:核心文献(即系统设计领域本身的论文和著作)、重要支持文献(即其他领域内的对系统设计领域的建设有显著帮助的论文和著作)、一般支持文献(即其他领域内与系统设计领域的建设有关但是却质量较差的或者没有显著帮助的论文和著作)。另外,可以定义一个文献选择因子为核心文献和重要支持文献的数量总和与柴油机全部三类文献数量总和之比值。论文成果可以反映科研经费的投入方向。文献数量一般反映出每个领域的繁荣或匮乏程度。繁荣程度从某种程度上能够体现出经费的投入量和对该领域的重视程度,但并不等同于科研工作的高质量。文献数量也受论文写作方式的影响,比如论文的完整性或者将一个论题拆散发表为几篇论文的分散性等。然而,在每个领域或科研方向的文献选择因子能够从某种程度上反映出科研管理和经费投入产出的有效性或者某给定领域与系统设计的文献不相关性。文献选择因子的值越高,反映出某给定领域的发展状况或质量越好,或者该相关领域的科研越支持系统设计领域的发展。文献质量较差一方面可以反映为成果本身较差,另一方面也可能说明互相抄袭或重复的工作较多。对系统设计没有显著帮助说明这个工作应该做但是从系统设计的需求来看并没有做到位而存在失误或不足。当然,文献选择因子不可避免地存在一定的主观判定倾向和局限性。第一,对于新兴的或不太成熟的领域(例如缓速器)、非常重要的领域、文献较为匮乏的领域,选择标准会略有放宽,这样的话,文献选择因子的值就会增大。因此,有些比较初级的科普性质的文章也收录于本书,以便打些基础和方便读者学习。第二,文献选择因子也受论文数量影响。如果某个领域的论文很少但是每篇都是精华的话,文献选择因子会很高,但是这并不能反映论文数量匮乏的情况。基于上述三种文献的数量和文献选择因子,可以使用文献统计符(例如 A-B/C 格式)对每一领域的文献状况进行评估。例如,A 可以表示数量质量综合评价指数,分为以下五挡在总体质量和数量上(即将文献选择因子和数量相结合)对与系统设计有关的领域的文献状况进行评价:较强、充足、不足、严重缺乏、空白。B 可以表示核心和重要支持文献的总数量。C 可以表示全部支持文献的数量。B/C 就是文献选择因子。系统设计的文献学研究还可以引入图书馆学中的文献学标准参数，例如发表源刊影响因子和引用次数等。另外，还需要注意建立部件与系统在文献中的关系。部件是基础，系统是灵魂。没有部件，系统就是空对空。没有系统，部件的科研就是一盘散沙。所以，系统人员在撰写系统研究方面的论文时，要高度重视部件研究成果，以部件科研论文作为营养基础，不能对部件的局部视角盲目打压或加以指责。

表 17.1 给出了与柴油机系统设计有关的国内论文的主要发表源刊。图 17.1～图 17.15 给出了国内柴油机文献统计的总体分析和分科分析，反映出各领域的现状和科研需求。图 17.1 的纵轴显示了对应于本书前十六章的国内文献分类，横轴则显示了文献数量或选择因子的值。图 17.2～图 17.15 的纵轴分别显示了本书前十四章中每章基本按照节编排的文献领域分类。

表 17.1 与柴油机系统设计有关的国内主要科研期刊

内燃机工程类	车辆工程类	机械工程类	高校学报类
内燃机学报	汽车工程	机械工程学报	天津大学学报
内燃机工程	汽车技术	农业机械学报	上海交通大学学报
燃烧科学与技术	车辆与动力技术	农业工程学报	西安交通大学学报
小型内燃机与摩托车	拖拉机与农用运输车	中国机械工程	北京理工大学学报
车用发动机	客车技术与研究	机械科学与技术	同济大学学报（自然科学版）
现代车用动力	客车技术	机械设计	吉林大学学报（工学版）
柴油机	重型汽车	机械强度	浙江大学学报（工学版）
柴油机设计与制造	商用汽车	热科学学报	清华大学学报（自然科学版）
内燃机车		振动工程学报	华中科技大学学报（自然科学版）
内燃机		振动测试与诊断	昆明理工大学学报（理工版）
内燃机与动力装置		振动与冲击	江苏大学学报（自然科学版）
内燃机配件		噪声与振动控制	山东大学学报（工学版）
润滑油		摩擦学学报	大连理工大学学报
润滑油与燃料		润滑与密封	湖南大学学报（自然科学版）
		控制理论与应用	合肥工业大学学报（自然科学版）
		系统工程理论与实践	中北大学学报（自然科学版）
			哈尔滨工程大学学报
			重庆大学学报（自然科学版）

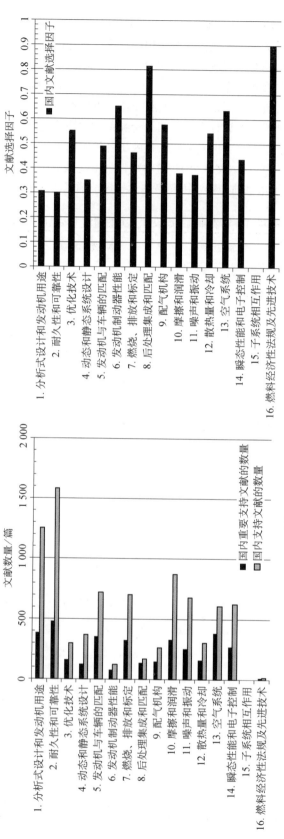

图 17.1　国内柴油机文献统计总体分析

　　图 17.1 从整体来看，文献的数量和质量在各个领域之间具有参差不齐的较大差异。该图显示出与柴油机系统设计相关的各支持领域的国内文献的选择因子普遍偏低(即小于 0.5)，但仍具有一定的基础(即大于 0.2)。国内在发动机各个用途方面的论文数量较多，表明其广阔的柴油机市场。国内在耐久性和可靠性、摩擦和润滑、NVH、瞬态性能和电控方面保有大量论文，但是重复过多、内部课题发展不均衡且水平不高。在众多领域均应当采用的优化技术方面，国内是落后的，体现于论文数量较少。在发动机制动和后处理方面论文很少，而在子系统相互作用和燃料经济性法规方面的论文则非常匮乏。在燃烧、排放、配气机构和空气系统等系统设计的基础领域方面相对来讲总体数量和质量稍好。

　　图 17.2 反映出第 1 章的中文文献选择因子总体很低，表明科研资源的利用率有待提高。值得注意的是，国内在铁路用和船舶舰艇用柴油机方面的论文数量较多。图 17.3 显示国内在热机械耐久性上的大量科研工作集中于传统的活塞、曲轴、气缸盖、气门，而在后处理方面极为薄弱。相对于较为"急性"的热机械失效，国内在"慢性"的磨损方面保有大量的论文，但重复的科研工作太多，而在排气再循环冷却器耐久性方面的研究几乎是空白。相反，国内在科研投入上过于热衷于模糊和灰色理论这些看似时髦但是却不太实用的软技术。国内的一个相对强项是可靠性分析，这方面的论文数量较多。图 17.4 表明国内在优化方面的科研是相当薄弱的，不仅论文数量少，而且空白领域甚多，尽管优化这一领域从学术上讲是基于数学等国内的传统优势专业。这不得不令人忧思诸如应用数学和优化等技术科学不能被有效引导进入内燃机等工程行业所反映出来的科研管理和立项投资等问题。优化是系统集成的核心之一，这一领域的短板将直接影响系统设计在国内水平的提高。而令人注意的一枝独秀是神经网络在国内的发展与其他优化技术相比呈现出极为不平衡的状况。这方面的论文数量虽然众多，但是课题重复多、水平低，造成科研资源的大量浪费。神经网络与模糊和灰色理论类似，在科研投入上具有盲目跟风的痕迹。图 17.5 显示在发动机性能和缸内热力学循环过程方面的科研具有较扎实的基础。图 17.6 显示在车辆与发动机的匹配方面的科研总体来讲比较繁荣和健康，包括混合动力系的性能。图 17.7 表明，国内在缓速器和发动机制动器方面的科研是比较落后的，反映在论文总体数量很少、质量不高、相对来讲过于偏重传动系缓速器而对于更为先进的发动机制动器的科研投入严重不足。图 17.8 显示，燃烧和排放方面的科研论文数量较大，但课题重复和低水平的论文也较多。在掺水燃烧、低温燃烧和燃烧排放模拟方面的科研比较活跃。在重要的瞬态标定优化方面的科研几乎为空白，对燃烧室设计和燃油喷射系统方面的科研也应当继续加强。图 17.9 表明在柴油机后处理性能方面虽然初具基础，但是论文数量还有待极大提高。图 17.10 显示，国内在配气机构的科研上仍然主要偏重于传统的动力学分析和凸轮型线设计，而对将性能和动力学结合起来的分析式设计和优化的论文数量则不足。另外，对柴油机可变气门驱动的先进技术研究也严重不足。图 17.11 表明国内对发动机整机摩擦特性的研究较少，而大量集中于活塞、活塞环和轴承的部件润滑动力学以及润滑油。它们中的一些重复性和低水平的工作需要在将来的科研立项和任务执行中注意避免。图 17.12 显示在整机 NVH 和燃烧、曲轴、机体和空气动力各分项噪声方面的科研工作很多，但在配气机构、齿轮系、柴油颗粒过滤器、涡轮增压器、风扇、发动机制动器的噪声科研方面投入不足。图 17.13 表明冷却系统的科研集中于设计计算和匹配。虽然其他传热或冷却领域的论文数量较少，例如余热回收和兰金循环的科研较为薄弱，但总体来看情况尚好。图 17.14 显示以涡轮增压性能为核心的柴油机空气系统一直是国内的一大科研重点以及在质量和数量上的相对优势，而对排气再循环系统、涡轮复合增压和热力学第二定律分析的科研投入则最少，应当予以大力加强。图 17.15 暴露了国内在瞬态性能和电控方面科研的重大问题，即大量的科研资源被过度投入在陈旧落后的调速器技术和过度偏重于在线诊断和故障诊断领域，

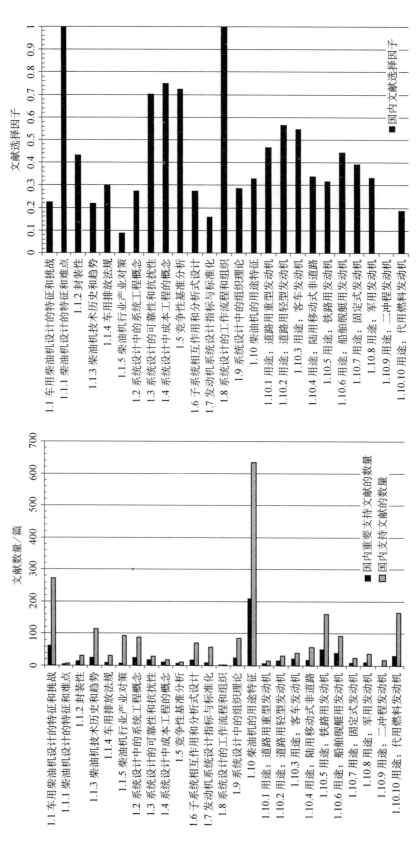

图 17.2 在分析式设计和发动机用途方面的国内柴油文献统计分析

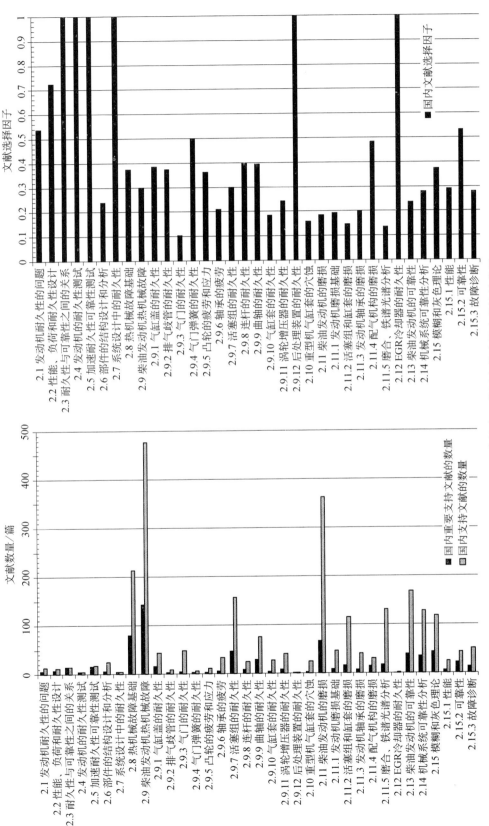

图 17.3 在耐久性和可靠性方面的国内柴油机文献统计分析

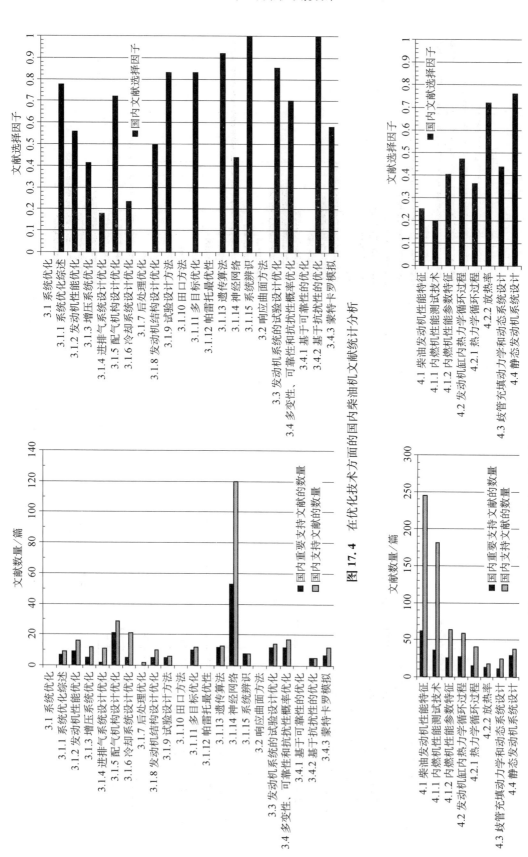

图 17.4 在优化技术方面的国内柴油机文献统计分析

图 17.5 在动态和静态系统设计方面的国内柴油机文献统计分析

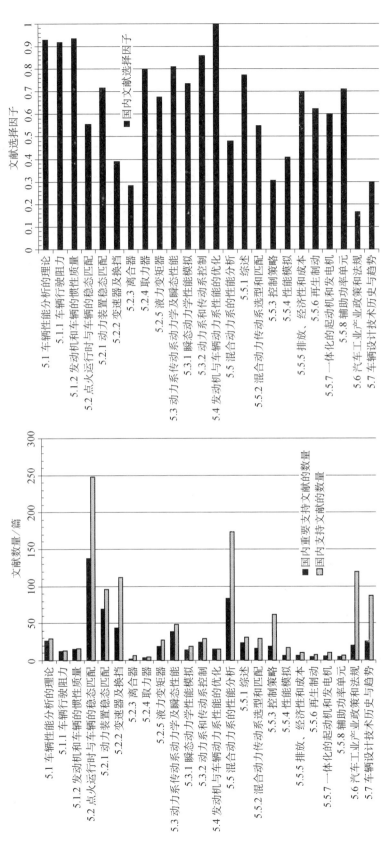

图 17.6 在发动机与车辆的匹配方面的国内柴油文献统计分析

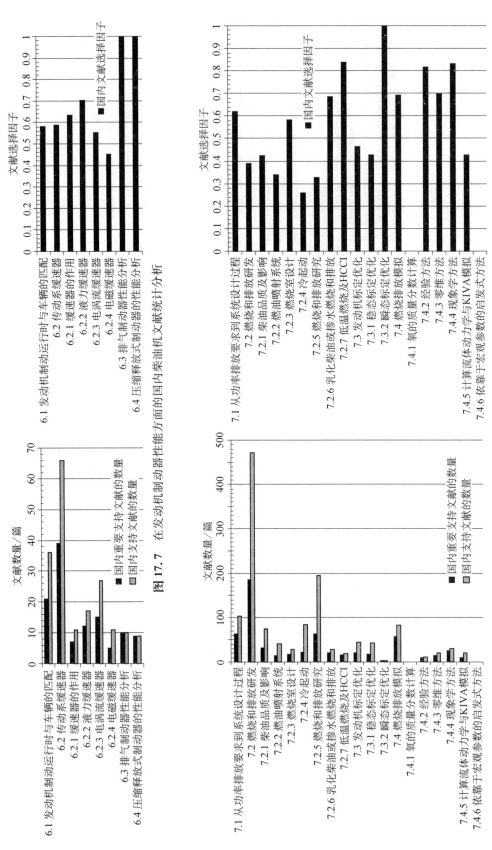

图 17.7　在发动机制动器性能方面的国内柴油机文献统计分析

图 17.8　在燃烧、排放和标定方面的国内柴油机文献统计分析

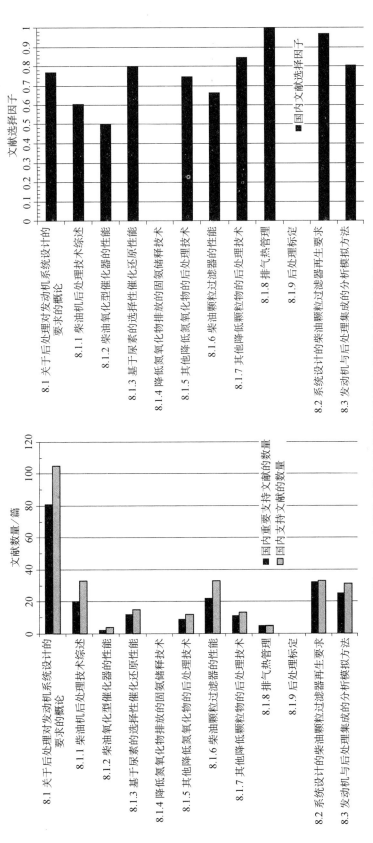

图 17.9 在后处理集成和匹配方面的国内柴油机文献统计分析

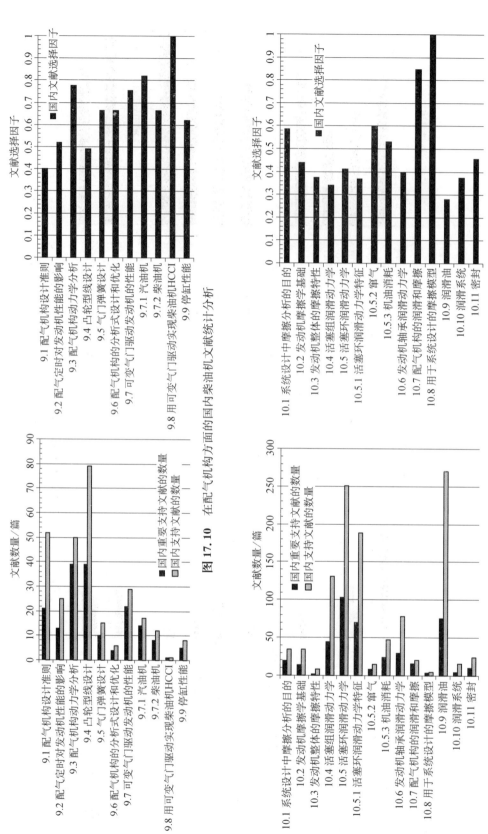

图 17.10 在配气机构方面的国内柴油机文献统计分析

图 17.11 在摩擦和润滑方面的国内柴油机文献统计分析

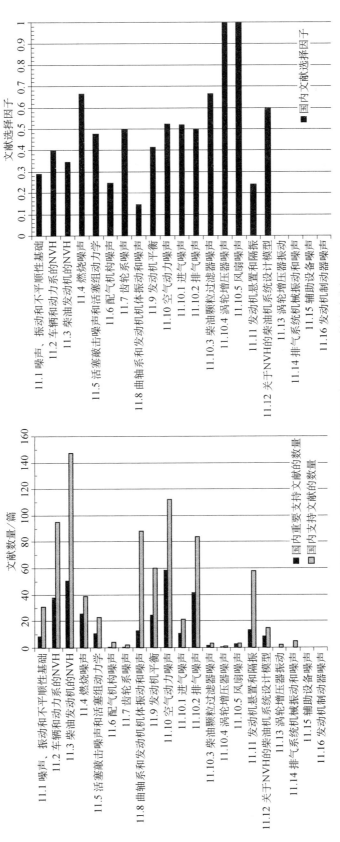

图 17.12 在噪声和振动方面的国内柴油机文献统计分析

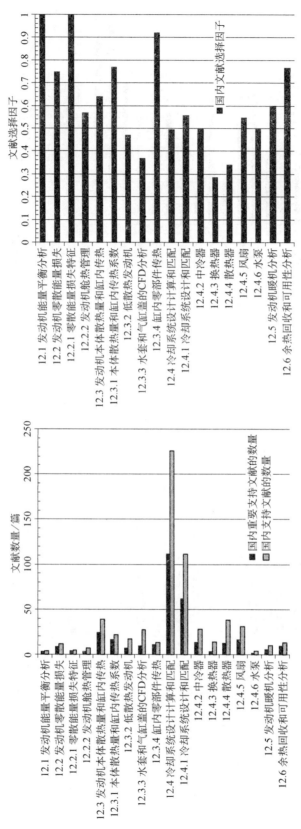

图 17.13 在散热量和冷却方面的国内柴油机文献统计分析

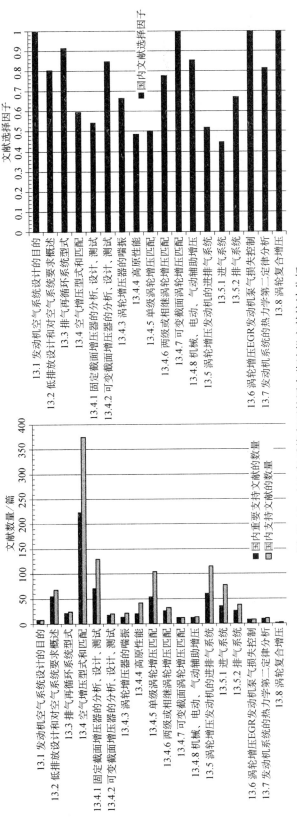

图 17.14 在空气系统方面的国内柴油机文献统计分析

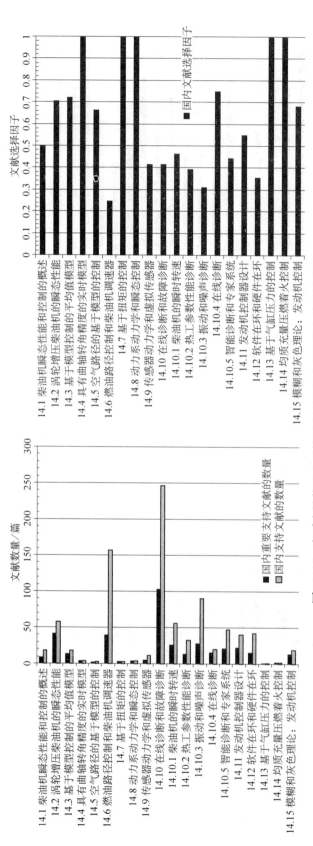

图17.15 在瞬态性能和电子控制方面的国内柴油机文献统计分析

而且存在大量的重复和浪费。对于现代柴油机极为重要的瞬态性能、平均值模型、高精度实时模型、基于模型的控制、动力系瞬态控制、虚拟传感、控制器设计、缸内反馈控制等先进核心领域，则明显投入不足。从总体来看，国内在与系统设计有关的十几个领域的整体科研基础尚好，在科研管理、经费导向和工作质量上的改进潜力也很大。系统设计的文献学研究能够有效地补充系统工程理论，发挥对各子系统和部件工作的协调和指导作用。

综上所述，展望未来，柴油发动机系统设计将以其三个支柱为基础，以 16 个技术领域为主线，在产学研相结合的背景下快速发展，在柴油机研发中发挥关键作用。

17.3　参考文献和书目

17.3.1　学科史研究

李思孟,宋子良.科学技术史[M].武汉:华中科技大学出版社,2000.
柳献初.重视对汽车史和汽车产业史的研究[J].重型汽车,2006(2):6-8.
王一然,郭可谦.对机械史研究的初步看法[J].机械工程,1989(2):36-38.
张柏春.对中国机械史研究的回顾与思考[J].科学技术与辩证法,1994,11(3):36-38.
张柏春.中国机械史研究要略[J].机械工程,1995(3):35.

17.3.2　学科规划与研究成果分析

陈立新.学科结构研究的新视角——基于学术期刊论文引文的学科结构探索[J].统计与信息论坛,2011,26(5):105-108.
程宏.产品专业研究工作的学术水平与技术价值[J].内燃机学报,1990,8(1):1-4.
方英.《内燃机工程》论文及引文的统计与分析[J].内燃机工程,1998,19(1):70-76.
杨立英,周秋菊,岳婷,金碧辉,丁洁兰.中国科学:发展水平与学科结构的思考——2010 年 SCI 论文统计分析[J].科学观察,2011,6(1):23-50.
张金柱.情报学的学科结构及其演化分析[J].情报资料工作,2011(3):34-37.

17.3.3　学科发展与创新能力

李群,董守义,孙立成,杨彤.我国高层次人才发展预测与对策[J].系统工程理论与实践,2008(2):125-130.
李锐锋,徐建桂.提高我国自主创新能力的系统思考[J].系统科学学报,2009,17(2):54-57.
刘同舫.技术创新与观念更新的系统整合[J].系统科学学报,2009,17(1):30-34.
路甬祥.我国学科发展和中国科学院学科结构调整的思考[J].科学学研究,1994,12(3):3-5,19.
张雪.用系统论的观点看当前高校学科结构调整[J].文教资料,2007(14):15-17.

附录

附录1 概率分析的统计学摘要

表 A.1 统计学公式

参数名称	参数符号	公式
样本均值	$\overline{Y}$	$\overline{Y} = \dfrac{1}{n}\sum\limits_{i=1}^{n} Y_i$
总体均值	μ	$\mu = \displaystyle\int_{-\infty}^{\infty} x f_{\mathrm{PDF}}(x)\,\mathrm{d}x$
样本方差	σ_{SV}^2	$\sigma_{\mathrm{SV}}^2 = \dfrac{1}{n-1}\sum\limits_{i=1}^{n}(Y_i - \overline{Y})^2$
总体方差	σ^2	$\sigma^2 = \dfrac{1}{n}\sum\limits_{i=1}^{n}(Y_i - \mu)^2$ 或 $\sigma^2 = \displaystyle\int_{-\infty}^{\infty} x^2 f_{\mathrm{PDF}}(x)\,\mathrm{d}x - \mu^2$
标准差	σ_{SV} 或 σ	$\sigma_{\mathrm{SV}} = \sqrt{\sigma_{\mathrm{SV}}^2}$ 或 $\sigma = \sqrt{\sigma^2}$
变异系数	f_{cov}	$f_{\mathrm{cov}} = \dfrac{\sigma_{\mathrm{SV}}}{\overline{Y}}$
样本偏度	Ψ_{S}	$\Psi_{\mathrm{S}} = \dfrac{\dfrac{1}{n}\sum\limits_{i=1}^{n}(Y_i - \overline{Y})^3}{\left[\dfrac{1}{n}\sum\limits_{i=1}^{n}(Y_i - \overline{Y})^2\right]^{1.5}}$
总体偏度	Ψ_{P}	$\Psi_{\mathrm{P}} = \dfrac{\sqrt{n(n-1)}}{n-2} \cdot \dfrac{\dfrac{1}{n}\sum\limits_{i=1}^{n}(Y_i - \overline{Y})^3}{\left[\dfrac{1}{n}\sum\limits_{i=1}^{n}(Y_i - \overline{Y})^2\right]^{1.5}}$
样本峰度	$\Theta_{1\mathrm{S}}$	$\Theta_{1\mathrm{S}} = \dfrac{\dfrac{1}{n}\sum\limits_{i=1}^{n}(Y_i - \overline{Y})^4}{\left[\dfrac{1}{n}\sum\limits_{i=1}^{n}(Y_i - \overline{Y})^2\right]^{2}}$
样本赢余峰度	$\Theta_{2\mathrm{S}}$	$\Theta_{2\mathrm{S}} = \dfrac{\dfrac{1}{n}\sum\limits_{i=1}^{n}(Y_i - \overline{Y})^4}{\left[\dfrac{1}{n}\sum\limits_{i=1}^{n}(Y_i - \overline{Y})^2\right]^{2}} - 3$
总体赢余峰度	$\Theta_{2\mathrm{P}}$	$\Theta_{2\mathrm{P}} = \dfrac{n(n+1)}{(n-1)(n-2)(n-3)} \cdot \dfrac{\sum\limits_{i=1}^{n}(Y_i - \overline{Y})^4}{\sigma^4} - \dfrac{3(n-1)^2}{(n-2)(n-3)}$

注：n 是样本数，$f_{\mathrm{PDF}}(x)$ 是概率密度函数。当 $n > 30$，$\sigma_{\mathrm{SV}}^2 \approx \sigma^2$。

表 A. 2　常用的连续概率分布

(a) 概率分布名称	正态分布
分布参数	α(位置参数), β(尺度参数)
支集	$x \in (-\infty, +\infty)$
概率密度函数(PDF)	$f_{\text{PDF}}(x; \alpha, \beta) = \dfrac{1}{\beta\sqrt{2\pi}} \exp\left[-\dfrac{(x-\alpha)^2}{2\beta^2}\right]$
累积分布函数(CDF)	$f_{\text{CDF}}(x; \alpha, \beta) = \dfrac{1}{2} + \dfrac{1}{2}\operatorname{erf}\left(\dfrac{x-\alpha}{\beta\sqrt{2}}\right)$ 式中, $\operatorname{erf}(x)$ 是高斯误差函数, 定义为 $\operatorname{erf}(x) = \dfrac{2}{\sqrt{\pi}}\displaystyle\int_0^x e^{-t^2}\, dt$
均值	α
方差	α^2
众数	α
偏度	0
赢余峰度	0
标准形式	● 当 $\alpha=0$ 和 $\beta=1$ 时, 该分布称为标准正态分布。 ● 正态分布的一般形式与标准形式之间的下列关系 $f_{\text{CDF}}(x; a, b) = f_{\text{CDF}}\left(\dfrac{x-a}{b}; 0, 1\right)$ 普遍地适用于该分布的累积分布函数。另外, 以下的关系 $f_{\text{PDF}}(x; a, b) = \dfrac{1}{b} \cdot f_{\text{PDF}}\left(\dfrac{x-a}{b}; 0, 1\right)$ 普遍地适用于该分布的概率密度函数。 ● 在 a 与 b 之间的随机数 $x(a, b)$ 可以用 $x(a, b) = a + b \cdot x(0, 1)$ 来获得。

(b) 概率分布名称	对数正态分布
分布参数	α(位置参数), β(尺度参数, $\beta > 0$)
支集	$x \in [0, +\infty)$
概率密度函数(PDF)	$f_{\text{PDF}}(x; \alpha, \beta) = \dfrac{1}{x\beta\sqrt{2\pi}} \exp\left[-\dfrac{(\ln x-\alpha)^2}{2\beta^2}\right]$
累积分布函数(CDF)	$f_{\text{CDF}}(x; \alpha, \beta) = \dfrac{1}{2} + \dfrac{1}{2}\operatorname{erf}\left(\dfrac{\ln x-\alpha}{\beta\sqrt{2}}\right)$ 式中, $\operatorname{erf}(x)$ 是高斯误差函数, 定义为 $\operatorname{erf}(x) = \dfrac{2}{\sqrt{\pi}}\displaystyle\int_0^x e^{-t^2}\, dt$
均值	$e^{\alpha+0.5\beta^2}$
方差	$(e^{\beta^2}-1)e^{2\alpha+\beta^2}$
众数	$e^{\alpha-\beta^2}$
偏度	$(e^{\beta^2}+2)\sqrt{e^{\beta^2}-1}$
赢余峰度	$e^{4\beta^2}+2e^{3\beta^2}+3e^{2\beta^2}-6$
相关分布	如果 $x(x=\ln y)$ 是一个具有正态分布的随机变量, 那么 $y(y=e^x)$ 具有对数正态分布。

(c) 概率分布名称	贝塔分布

分布参数	α（位置参数） β（尺度参数） γ_1（形状参数，$\gamma_1 > 0$） γ_2（形状参数，$\gamma_2 > 0$）
支集	$x \in [\alpha;\ \alpha + \beta]$
概率密度函数（PDF）	一般形式： $$f_{\mathrm{PDF}}(x;\ \alpha,\ \beta,\ \gamma_1,\ \gamma_2) = \frac{(x-\alpha)^{\gamma_1-1}(\alpha+\beta-x)^{\gamma_2-1}}{\left[\int_0^1 u^{\gamma_1-1}(1-u)^{\gamma_2-1}\mathrm{d}u\right]\cdot \beta^{\gamma_1+\gamma_2-1}}$$ 标准形式： $$f_{\mathrm{PDF}}(x;\ \gamma_1,\ \gamma_2) = \frac{x^{\gamma_1-1}(1-x)^{\gamma_2-1}}{\int_0^1 u^{\gamma_1-1}(1-u)^{\gamma_2-1}\mathrm{d}u}$$
累积分布函数（CDF）	$$f_{\mathrm{CDF}}(x;\ \gamma_1,\ \gamma_2) = \mathrm{P}(X \leqslant x) = \int_{-\infty}^{x} f_{\mathrm{PDF}}(u)\mathrm{d}u =$$ $$\frac{\int_0^x u^{\gamma_1-1}(1-u)^{\gamma_2-1}\mathrm{d}u}{\int_0^1 u^{\gamma_1-1}(1-u)^{\gamma_2-1}\mathrm{d}u} = \frac{\mathrm{B}_x(\gamma_1,\ \gamma_2)}{\mathrm{B}(\gamma_1,\ \gamma_2)} = \mathrm{I}_x(\gamma_1,\ \gamma_2)$$ （对于标准形式的贝塔分布来讲），式中 B 是贝塔函数，B_x 是不完全贝塔函数，I_x 是正规化的不完全贝塔函数。
均值	$\dfrac{\gamma_1}{\gamma_1+\gamma_2}$
方差	$\dfrac{\gamma_1\gamma_2}{(\gamma_1+\gamma_2)^2(\gamma_1+\gamma_2+1)}$
众数	$\dfrac{\gamma_1-1}{\gamma_1+\gamma_2-2}$　当 $\gamma_1 > 1$，$\gamma_2 > 1$ 时
偏度	$\dfrac{2(\gamma_2-\gamma_1)\sqrt{\gamma_1+\gamma_2+1}}{(\gamma_1+\gamma_2+2)\sqrt{\gamma_1\gamma_2}}$
赢余峰度	$\dfrac{6[\gamma_1^3-\gamma_1^2(2\gamma_2-1)+\gamma_2^2(\gamma_2+1)-2\gamma_1\gamma_2(\gamma_2+2)]}{\gamma_1\gamma_2(\gamma_1+\gamma_2+2)(\gamma_1+\gamma_2+3)}$
标准形式	当 $\alpha = 0$ 和 $\beta = 1$ 时，该分布称为标准贝塔分布。
相关分布	● 贝塔分布 $f_{\mathrm{PDF}}(x;\ 1,\ 1)$ 与标准均匀分布相同。 ● 如果 x 具有一个正态分布 $f_{\mathrm{PDF}}(x;\ 0,\ 1)$，那么 $y = x^2$ 具有贝塔分布 $f_{\mathrm{PDF}}(y;\ 0.5,\ 1)$。

(d) 概率分布名称	伽马分布

分布参数	β（尺度参数，$\beta > 0$），γ（形状参数，$\gamma > 0$）
支集	$x \in [0,\ +\infty)$
概率密度函数（PDF）	$$f_{\mathrm{PDF}}(x;\ \beta,\ \gamma) = x^{\gamma-1}\frac{\mathrm{e}^{-\frac{x}{\beta}}}{\Gamma(\gamma)\beta^{\gamma}}$$ 式中 Γ 是伽马函数。
累积分布函数（CDF）	$$f_{\mathrm{CDF}}(x;\ \beta,\ \gamma) = \int_{-\infty}^{x} f_{\mathrm{PDF}}(u;\ \beta,\ \gamma)\mathrm{d}u$$

续 表

(d) 概率分布名称	伽马分布
均值	$\beta\gamma$
方差	$\beta^2\gamma$
众数	$(\gamma-1)\beta$ 当 $\gamma\geqslant1$ 时
偏度	$\dfrac{2}{\sqrt{\gamma}}$
赢余峰度	$\dfrac{6}{\gamma}$
相关分布	• 如果 x_1 和 x_2 分别具有独立的伽马分布 $f_{\mathrm{PDF}}(x_1;\beta_1,\gamma)$ 和 $f_{\mathrm{PDF}}(x_2;\beta_2,\gamma)$，$y=\dfrac{x_1}{x_1+x_2}$ 则具有贝塔分布 $f(y;\gamma_1=\beta_1,\gamma_2=\beta_2)$。 • 当 γ 值很大时，伽马分布收敛于正态分布，均值为 $\mu=\beta\gamma$，方差为 $\sigma^2=\beta^2\gamma$。

(e) 概率分布名称	均匀(长方)分布
分布参数	β_1 和 β_2（尺度参数，$\beta_1<\beta_2$）
支集	$\beta_1\leqslant x\leqslant\beta_2$
概率密度函数（PDF）	$f_{\mathrm{PDF}}(x;\beta_1,\beta_2)=\begin{cases}\dfrac{1}{\beta_2-\beta_1} & \text{如果 }\beta_1\leqslant x\leqslant\beta_2\\[2mm]0 & \text{如果 }x<\beta_1\text{ 或 }x>\beta_2\end{cases}$
累积分布函数（CDF）	$f_{\mathrm{CDF}}(x;\beta_1,\beta_2)=\begin{cases}0 & \text{如果 }x<\beta_1\\[2mm]\dfrac{x-\beta_1}{\beta_2-\beta_1} & \text{如果 }\beta_1\leqslant x\leqslant\beta_2\\[2mm]1 & \text{如果 }x>\beta_2\end{cases}$
均值	$\dfrac{\beta_1+\beta_2}{2}$
方差	$\dfrac{(\beta_2-\beta_1)^2}{12}$
众数	介于 β_1 与 β_2 之间的任何值
偏度	0
赢余峰度	-1.2
标准形式	当 $\beta_1=0$ 和 $\beta_2=1$ 时，该分布称为标准均匀分布。
相关分布	• 如果 x 具有标准均匀分布 $f_{\mathrm{PDF}}(x;0,1)$，那么 $y=1-x$ 也具有标准均匀分布 $f_{\mathrm{PDF}}(y;0,1)$。 • 如果 x 具有标准均匀分布 $f_{\mathrm{PDF}}(x;0,1)$，那么 $y=1-x^{1/\beta}$ 具有贝塔分布 $f_{\mathrm{PDF}}(y;1,\beta)$。 • 两个独立同分布的均匀分布的和是一个对称的三角分布。

(f) 概率分布名称	韦布尔分布
分布参数	α（位置参数） β（尺度参数，$\beta>0$） γ（形状参数，$\gamma>0$）

(f) 概率分布名称	韦布尔分布
支集	$x \in [0, +\infty)$ 适用于两参数韦布尔分布 $x \in [\alpha, +\infty)$ 适用于三参数韦布尔分布
概率密度函数(PDF)	对于两参数韦布尔分布($\alpha=0$)： $$f_{\mathrm{PDF}}(x; \beta, \gamma) = \begin{cases} \dfrac{\gamma}{\beta}\left(\dfrac{x}{\beta}\right)^{\gamma-1} \mathrm{e}^{-(x/\beta)^\gamma} & \text{如果 } x \geqslant 0 \\ 0 & \text{如果 } x < 0 \end{cases}$$ 对于三参数韦布尔分布($\alpha \neq 0$)： $$f_{\mathrm{PDF}}(x; \alpha, \beta, \gamma) = \begin{cases} \dfrac{\gamma}{\beta}\left(\dfrac{x-\alpha}{\beta}\right)^{\gamma-1} \mathrm{e}^{-\left(\frac{x-\alpha}{\beta}\right)^\gamma} & \text{如果 } x \geqslant \alpha \\ 0 & \text{如果 } x < \alpha \end{cases}$$
累积分布函数(CDF)	$f_{\mathrm{CDF}}(x; \beta, \gamma) = 1 - \mathrm{e}^{-(x/\beta)^\gamma}$（对于两参数韦布尔分布）
均值	$\beta \cdot \Gamma\left(1 + \dfrac{1}{\gamma}\right)$　式中，$\Gamma(x)$ 是伽马函数（仅对于两参数韦布尔分布而言）
方差	$\beta^2 \left[\Gamma\left(1 + \dfrac{2}{\gamma}\right) - \Gamma^2\left(1 + \dfrac{1}{\gamma}\right) \right]$（仅对于两参数韦布尔分布而言）
众数	$\beta\left(\dfrac{\gamma-1}{\gamma}\right)^{\frac{1}{\gamma}}$　如果 $\gamma > 1$（仅对于两参数韦布尔分布而言）
赢余峰度	$\dfrac{-6\Gamma_1^4 + 12\Gamma_1^2\Gamma_2 - 3\Gamma_2^2 - 4\Gamma_1\Gamma_3 + \Gamma_4}{(\Gamma_2 - \Gamma_1^2)^2}$ 式中，$\Gamma_i = \Gamma\left(1 + \dfrac{i}{\gamma}\right)$（仅对于两参数韦布尔分布而言）
标准形式	当 $\alpha=0$ 和 $\beta=1$ 时，该分布称为标准韦布尔分布。
相关分布	● 如果 x 具有标准均匀分布 $f_{\mathrm{PDF}}(x; 0, 1)$，那么 $y = \beta(-\ln x)^{1/\gamma}$ 具有韦布尔分布 $f_{\mathrm{PDF}}(y; 0, \beta, \gamma)$。 ● 当 $\gamma=1$ 时，两参数韦布尔分布变成指数分布。 ● 如果 γ 的值介于 3 和 4 之间，韦布尔分布近似于正态分布。 ● 韦布尔分布是广义极值分布的一个特例。

注：众数是对应着概率密度函数峰值的样本值，或者讲是一组数据中出现次数最多的数值。

附录 2　中英对照名词索引和主题索引

本索引是按中文词条的汉语拼音字母顺序排列

附录 3　图表索引